线性代数

裘渔洋　王海敏 主编

浙江工商大学出版社
ZHEJIANG GONGSHANG UNIVERSITY PRESS
·杭州·

图书在版编目（CIP）数据

线性代数 / 裘渔洋，王海敏主编. -- 杭州 ：浙江工商大学出版社，2024. 9. -- ISBN 978-7-5178-6195-9

Ⅰ. O151.2

中国国家版本馆 CIP 数据核字第 2024GN0372 号

线性代数

XIANXINGDAISHU

裘渔洋　王海敏 主编

责任编辑　吴岳婷
责任校对　沈黎鹏
封面设计　蔡思婕
责任印制　包建辉
出版发行　浙江工商大学出版社
（杭州市教工路 198 号　邮政编码 310012）
（E-mail:zjgsupress@163.com）
（网址:http://www.zjgsupress.com）
电话:0571-88904980,88831806(传真)
排　　版　杭州朝曦图文设计有限公司
印　　刷　杭州高腾印务有限公司
开　　本　787mm×960mm　1/16
印　　张　26.25
字　　数　526 千
版 印 次　2024 年 9 月第 1 版　2024 年 9 月第 1 次印刷
书　　号　ISBN 978-7-5178-6195-9
定　　价　68.00 元

前　言

线性代数是高等学校的一门重要基础课程，它在自然科学、社会科学和工程科学的很多领域具有广泛的应用.进行线性代数课程的学习，不仅能为后续专业课的学习打下必要的数学基础，而且还能促进学生的抽象思维和推理能力的发展.

本教材是在我们多年教学实践的基础上根据本科数学基础课程基本要求并参照非数学专业硕士研究生考试对线性代数部分的要求编写的.全书共分5章，第1章介绍了行列式的概念、性质、特殊的解法和简单的应用；第2章介绍了矩阵的概念、特殊矩阵、逆阵、矩阵的秩和分块矩阵；第3章介绍了向量、相关性和线性方程组解的结构；第4章介绍了特征值和特征向量、矩阵的对角化；第5章介绍了二次型、标准化、正定型.本书以矩阵为工具，彻底地解决了线性方程组解的问题，再利用行列式和解方程组的知识解决了矩阵对角化和二次型标准化的问题.

在内容的编写上，我们力求做到科学性和通俗性相结合，由浅入深，循序渐进.读者只要有高中数学的基础知识就能顺利阅读本书.根据我们的教学经验，讲完本教材所需课时在64个左右，如果课时少，可根据实际情况和要求取舍内容.

本书的大纲和体系由集体讨论而定.第1章由袁中扬执笔；第2章由王海敏执笔；第3章由裘渔洋执笔；第4章由韩兆秀执笔；第5章由裘春晗执笔；附录由王海敏执笔，全书最后由裘渔洋、王海敏统稿定稿.

本书编写过程中参考了大量的国内外教材；浙江工商大学出版社对本书的编审和出版给予了热情支持和帮助，尤其是吴岳婷老师在本书的编辑和出版过程中付出了大量心血；浙江工商大学统计与数学学院自始至终对本书的出版给予大力支持.在此一并致谢！

由于编者水平有限，加之时间比较仓促，教材中一定存在不妥之处，恳请专家、同行、读者批评指正，使本书在教学实践中不断完善.

编者于浙江工商大学

目 录
Contents

第 1 章　行列式

解线性方程组是代数中一个基本的问题，行列式正是在对线性方程组的研究中建立起来的，并成为研究线性方程组的重要工具.

本章首先引入二阶和三阶行列式的概念，进而讨论 n 阶行列式的定义、性质及计算方法，最后介绍用行列式求解线性方程组的克拉默(Cramer)法则.

§1.1　n 阶行列式的定义

1.1.1　二阶和三阶行列式

对于二元线性方程组

$$\begin{cases} a_{11}x_1 + a_{12}x_2 = b_1, \\ a_{21}x_1 + a_{22}x_2 = b_2, \end{cases} \tag{1-1}$$

当 $a_{11}a_{22} - a_{12}a_{21} \neq 0$ 时，方程组(1-1)有唯一解

$$x_1 = \frac{b_1a_{22} - b_2a_{12}}{a_{11}a_{22} - a_{12}a_{21}}, \quad x_2 = \frac{a_{11}b_2 - a_{21}b_1}{a_{11}a_{22} - a_{12}a_{21}}. \tag{1-2}$$

如果记

$$\begin{vmatrix} a & b \\ c & d \end{vmatrix} = ad - bc, \tag{1-3}$$

则(1-2)式可以表示成

$$x_1 = \frac{\begin{vmatrix} b_1 & a_{12} \\ b_2 & a_{22} \end{vmatrix}}{\begin{vmatrix} a_{11} & a_{12} \\ a_{21} & a_{22} \end{vmatrix}}, \qquad x_2 = \frac{\begin{vmatrix} a_{11} & b_1 \\ a_{21} & b_2 \end{vmatrix}}{\begin{vmatrix} a_{11} & a_{12} \\ a_{21} & a_{22} \end{vmatrix}}.$$

把(1-3)式中由四个数 a,b,c,d 排成的两行两列的式子

$$\begin{vmatrix} a & b \\ c & d \end{vmatrix}$$

称为**二阶行列式**，它是一个数，由(1-3)式确定.

由 9 个元素 $a_{ij}(i,j=1,2,3)$ 排成三行三列的式子定义为

$$\begin{vmatrix} a_{11} & a_{12} & a_{13} \\ a_{21} & a_{22} & a_{23} \\ a_{31} & a_{32} & a_{33} \end{vmatrix} = a_{11}a_{22}a_{33}+a_{12}a_{23}a_{31}+a_{13}a_{21}a_{32} - a_{13}a_{22}a_{31}-a_{12}a_{21}a_{33}-a_{11}a_{23}a_{32}, \tag{1-4}$$

称它为**三阶行列式**.行列式中横排、纵排分别称为它的**行**和**列**,数 a_{ij} 称为它的**元素**,而 i 和 j 表示元素 a_{ij} 的**行标**和**列标**.行列式中从左上角到右下角的对角线称为**主对角线**,主对角线上的元素称为**主对角元**,相应地,从右上角到左下角的对角线称为**副对角线**,其上元素称为**副对角元**.

三阶行列式的计算可以用图 1-1 来记忆,这一计算方法称为**对角线法则**.

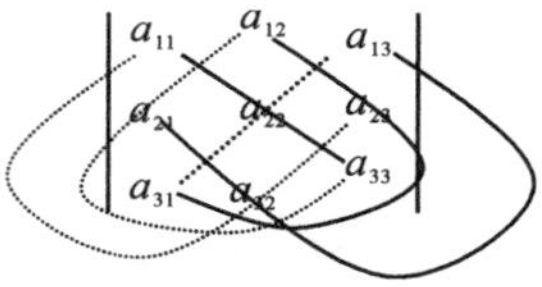

图 1-1 对角线法则

例 1 计算三阶行列式 $D=\begin{vmatrix} 2 & -3 & 1 \\ 4 & 1 & -2 \\ 5 & 1 & 3 \end{vmatrix}$.

解 $D=2\times1\times3+(-3)\times(-2)\times5+1\times4\times1-1\times1\times5 -(-3)\times4\times3-2\times(-2)\times1=75.$

对于三元线性方程组

$$\begin{cases} a_{11}x_1+a_{12}x_2+a_{13}x_3=b_1, \\ a_{21}x_1+a_{22}x_2+a_{23}x_3=b_2, \\ a_{31}x_1+a_{32}x_2+a_{33}x_3=b_3, \end{cases}$$

有与二元线性方程组相仿的结论,即当三阶行列式

$$D=\begin{vmatrix} a_{11} & a_{12} & a_{13} \\ a_{21} & a_{22} & a_{23} \\ a_{31} & a_{32} & a_{33} \end{vmatrix} \neq 0$$

时,上述三元方程组有唯一解

$$x_1=\frac{D_1}{D}, \qquad x_2=\frac{D_2}{D}, \qquad x_3=\frac{D_3}{D}.$$

其中 $D_1=\begin{vmatrix} b_1 & a_{12} & a_{13} \\ b_2 & a_{22} & a_{23} \\ b_3 & a_{32} & a_{33} \end{vmatrix}$, $D_2=\begin{vmatrix} a_{11} & b_1 & a_{13} \\ a_{21} & b_2 & a_{23} \\ a_{31} & b_3 & a_{33} \end{vmatrix}$, $D_3=\begin{vmatrix} a_{11} & a_{12} & b_1 \\ a_{21} & a_{22} & b_2 \\ a_{31} & a_{32} & b_3 \end{vmatrix}$.

把这个结果推广到 n 元线性方程组

$$\begin{cases} a_{11}x_1 + a_{12}x_2 + \cdots + a_{1n}x_n = b_1, \\ a_{21}x_1 + a_{22}x_2 + \cdots + a_{2n}x_n = b_2, \\ \quad\vdots \\ a_{n1}x_1 + a_{n2}x_2 + \cdots + a_{nn}x_n = b_n \end{cases}$$

的情形.为此,我们首先要给出 n 阶行列式的定义,并讨论它的性质.

1.1.2 排列及逆序数

作为定义 n 阶行列式的准备,我们先来讨论一下排列.

定义 1.1 由自然数 $1,2,\cdots,n$ 组成的一个有序数组 $i_1i_2\cdots i_n$,称为一个 n **级排列**.

例如,4213 是一个四级排列;35241 是一个五级排列.

例 2 由自然数 1,2,3 可组成的三级排列共有 $3!=6$ 个,它们是

123; 132; 213; 231; 312; 321.

一般地,n 级排列的总数有 $n!$ 个.

显然,$12\cdots n$ 也是一个 n 级排列,这一排列称为 n 元**自然序排列**.这个排列具有自然顺序,就是按递增的顺序排起来的,其他的排列都或多或少地破坏自然顺序.

定义 1.2 在一个 n 级排列 $i_1i_2\cdots i_n$ 中,如果较大的数 i_s 排在较小的数 i_t 的前面,即 $i_s > i_t$ 时,称这一对数 i_s, i_t 构成一个**逆序**.一个排列中逆序的总数称为它的**逆序数**,记为 $\tau(i_1i_2\cdots i_n)$.逆序数为偶数的排列称为**偶排列**;逆序数为奇数的排列称为**奇排列**.

例如,排列 4213 中,42,41,43,21 是逆序,$\tau(4213)=4$,它是偶排列;而排列 35241 中,32,31,52,54,51,21,41 是逆序,$\tau(35241)=7$,它是奇排列.

例 3 求 n 级排列 $n(n-1)\cdots 21$ 的逆序数.

解 $\tau(n(n-1)\cdots 21)=(n-1)+(n-2)+\cdots+2+1=\dfrac{1}{2}n(n-1)$.

定义 1.3 把一个排列中某两个数的位置互换,而其余的数不动,就得到另一个排列.这样一个变换称为一个**对换**.

例如,在五级排列 35241 中,经过 2,4 对换得到一个新的排列 35421,此时 $\tau(35421)=8$,即 35241 是奇排列,35421 是偶排列.

关于排列的奇偶性,我们有下面的基本事实.

定理 1.1 对换改变排列的奇偶性.

这就是说,经过一次对换,奇排列变成偶排列,偶排列变成奇排列.

证 先看一个特殊的情形,即对换的两个数在排列中是相邻的情形.设排列

$$\cdots j\,k\cdots, \tag{1-5}$$

经过 j, k 对换变为

$$\cdots k\ j \cdots, \tag{1-6}$$

这里“…”表示那些不动的数. 显然，在排列(1-5)中，如果 j,k 与其他的数构成逆序，则在排列(1-6)中仍然构成逆序；如不构成逆序，则在(1-6)中也不构成逆序；不同的只是 j,k 的次序. 如果原来 j,k 构成逆序，那么经过对换，逆序数就减少 1. 如果原来 j,k 不构成逆序，那么经过对换，逆序数就增加 1. 总之，排列的逆序数的奇偶性是变化的. 因此，对于这种特殊的情形，定理是正确的.

再看一般的情形. 设排列为

$$\cdots j\ i_1 i_2 \cdots i_s k \cdots, \tag{1-7}$$

经过 j,k 对换变为

$$\cdots k\ i_1 i_2 \cdots i_s j \cdots. \tag{1-8}$$

不难看出，这样一个对换可以通过一系列的相邻数的对换来实现. 从排列(1-7)出发，依次把 k 与 $i_s, i_{s-1}, \cdots, i_1, j$ 对换. 经过 $s+1$ 次相邻位置的对换，排列(1-7)变成

$$\cdots k\ j\ i_1 i_2 \cdots i_s \cdots. \tag{1-9}$$

从排列(1-9)出发，再把 j 一位一位地向右移动，经过 s 次相邻位置的对换，即成为排列(1-8). 因此，j,k 对换可以通过 $2s+1$ 次相邻位置的对换来实现，奇数次这样的对换的最终结果还是改变奇偶性.

推论　在全部 n 级排列中 $(n \geqslant 2)$，奇偶排列各占一半.

证　假设在全部 $n(n \geqslant 2)$ 级排列中奇排列有 s 个，偶排列有 t 个. 将每个奇排列中的前两个数字对换，得到 s 个不同的偶排列，因此 $s \leqslant t$. 同样可证 $t \leqslant s$. 于是 $s = t$，奇、偶排列的总数相等，各有 $\dfrac{n!}{2}$ 个.

1.1.3　n 阶行列式

考察三阶行列式的定义式(1-4)的结构

$$\begin{vmatrix} a_{11} & a_{12} & a_{13} \\ a_{21} & a_{22} & a_{23} \\ a_{31} & a_{32} & a_{33} \end{vmatrix} = a_{11}a_{22}a_{33} + a_{12}a_{23}a_{31} + a_{13}a_{21}a_{32} - a_{13}a_{22}a_{31} - a_{12}a_{21}a_{33} - a_{11}a_{23}a_{32},$$

可以看出：

(1)该式右边是一些乘积的代数和，恰有 3! 项，每一项乘积都由行列式中位于不同行、不同列的元素构成，并且展开式恰恰就是由所有这种可能的乘积组成.

(2)项的一般形式可以写成

$$a_{1j_1} a_{2j_2} a_{3j_3},$$

其中 $j_1 j_2 j_3$ 是 1,2,3 的一个排列. 当 $j_1 j_2 j_3$ 是偶排列时，对应的项符号为正；当 $j_1 j_2 j_3$ 是奇排列时，对应的项符号为负.

因此三阶行列式也可以写成

$$\begin{vmatrix} a_{11} & a_{12} & a_{13} \\ a_{21} & a_{22} & a_{23} \\ a_{31} & a_{32} & a_{33} \end{vmatrix} = \sum_{j_1j_2j_3}(-1)^{\tau(j_1j_2j_3)}a_{1j_1}a_{2j_2}a_{3j_3},$$

其中 $\sum\limits_{j_1j_2j_3}$ 表示对所有三级排列求和.

对于二阶行列式,也具有相同的规律.自然地,我们把这种概念推广到 n 阶行列式.

定义 1.4 n 阶行列式

$$\begin{vmatrix} a_{11} & a_{12} & \cdots & a_{1n} \\ a_{21} & a_{22} & \cdots & a_{2n} \\ \vdots & \vdots & & \vdots \\ a_{n1} & a_{n2} & \cdots & a_{nn} \end{vmatrix}$$

等于所有取自不同行不同列的 n 个元素的乘积

$$a_{1j_1}a_{2j_2}\cdots a_{nj_n} \tag{1-10}$$

的代数和,这里 $j_1j_2\cdots j_n$ 是一个 n 级排列.当 $j_1j_2\cdots j_n$ 为偶排列时,项(1-10)取正号;当 $j_1j_2\cdots j_n$ 为奇排列时,项(1-10)取负号.即 n 阶行列式

$$\begin{vmatrix} a_{11} & a_{12} & \cdots & a_{1n} \\ a_{21} & a_{22} & \cdots & a_{2n} \\ \vdots & \vdots & & \vdots \\ a_{n1} & a_{n2} & \cdots & a_{nn} \end{vmatrix} = \sum_{j_1j_2\cdots j_n}(-1)^{\tau(j_1j_2\cdots j_n)}a_{1j_1}a_{2j_2}\cdots a_{nj_n}. \tag{1-11}$$

其中 $\sum\limits_{j_1j_2\cdots j_n}$ 表示对所有 n 级排列求和.

n 阶行列式简记作 $\det(a_{ij})$,数 a_{ij} 称为行列式 $\det(a_{ij})$ 的**元素**.

由定义式(1-11)可知,n 阶行列式是由 $n!$ 项组成的.特别地,当 $n=1$ 时,一阶行列式 $|a|=a$,注意不要与绝对值符号混淆.

例 4 **计算下三角形行列式**(当 $i<j$ 时,$a_{ij}=0$,即主对角线以上元素都为零)

$$\begin{vmatrix} a_{11} & 0 & 0 & \cdots & 0 \\ a_{21} & a_{22} & 0 & \cdots & 0 \\ a_{31} & a_{32} & a_{33} & \cdots & 0 \\ \vdots & \vdots & \vdots & & \vdots \\ a_{n1} & a_{n2} & a_{n3} & \cdots & a_{nn} \end{vmatrix}.$$

解 我们先来考虑行列式的定义式(1-11)中,哪些项不为零,然后再来判断它们的符号.项的一般形式为

$$a_{1j_1}a_{2j_2}\cdots a_{nj_n}.$$

行列式中，第一行的元素除去 a_{11} 外全为零，因此，展开式中可能不为零的项中必有 a_{1j_1} 只能取 a_{11}；第二行中，除去 a_{21}，a_{22} 外，其余的全为零，同时注意到 a_{21} 与 a_{11} 位于同一列，故 a_{2j_2} 只能取 a_{22}；…，这样逐步推下去，只有项 $a_{11}a_{22}\cdots a_{nn}$ 才可能不为零，因此

$$\begin{vmatrix} a_{11} & 0 & 0 & \cdots & 0 \\ a_{21} & a_{22} & 0 & \cdots & 0 \\ a_{31} & a_{32} & a_{33} & \cdots & 0 \\ \vdots & \vdots & \vdots & & \vdots \\ a_{n1} & a_{n2} & a_{n3} & \cdots & a_{nn} \end{vmatrix} = (-1)^{\tau(12\cdots n)} a_{11}a_{22}\cdots a_{nn} = a_{11}a_{22}\cdots a_{nn}.$$

由此可知，下三角形行列式的值等于主对角元素的乘积.

同理可得，**上三角形行列式**（当 $i > j$ 时，$a_{ij} = 0$，即主对角线以下元素都为零）

$$\begin{vmatrix} a_{11} & a_{12} & a_{13} & \cdots & a_{1n} \\ 0 & a_{22} & a_{23} & \cdots & a_{2n} \\ 0 & 0 & a_{33} & \cdots & a_{3n} \\ \vdots & \vdots & \vdots & & \vdots \\ 0 & 0 & 0 & \cdots & a_{nn} \end{vmatrix} = a_{11}a_{22}\cdots a_{nn}.$$

作为下三角形行列式（或上三角形行列式）的特殊情形，**对角形行列式**（当 $i \neq j$ 时，$a_{ij} = 0$，即主对角线以外的元素全为零）

$$\begin{vmatrix} a_{11} & 0 & 0 & \cdots & 0 \\ 0 & a_{22} & 0 & \cdots & 0 \\ 0 & 0 & a_{33} & \cdots & 0 \\ \vdots & \vdots & \vdots & & \vdots \\ 0 & 0 & 0 & \cdots & a_{nn} \end{vmatrix} = a_{11}a_{22}\cdots a_{nn}.$$

例 5 计算行列式 $D = \begin{vmatrix} 3x & -1 & 3 & 2 \\ x & x & 1 & -2 \\ 1 & 2 & x & 3 \\ -x & 1 & 2 & 2x \end{vmatrix}$ 中 x^4 与 x^3 项的系数.

解 由行列式的定义知，要出现 x^4 的项，则 $a_{ij_i}(i = 1, 2, 3, 4)$ 均需取到含 x 的元素，因此含 x^4 的项为

$$(-1)^{\tau(1234)} a_{11}a_{22}a_{33}a_{44} = 6x^4,$$

该项的系数为 6.

类似地，含 x^3 的项为

$$(-1)^{\tau(2134)} a_{12}a_{21}a_{33}a_{44} = 2x^3 \text{ 和} (-1)^{\tau(4231)} a_{14}a_{22}a_{33}a_{41} = 2x^3,$$

于是 D 中含 x^3 的项的系数为 $2 + 2 = 4$.

在行列式的定义中,为了决定每一项的正负号,我们把 n 个元素按行指标排起来. 事实上,数的乘法是可交换的,因而这 n 个元素的顺序也可以任意交换. 一般地,n 阶行列式中的项可以写成

$$a_{i_1j_1}a_{i_2j_2}\cdots a_{i_nj_n},$$

其中 $i_1i_2\cdots i_n$, $j_1j_2\cdots j_n$ 是两个 n 级排列. 利用排列的性质,我们可以证明,各项的符号规则还可以由下面的结论来代替.

定理 1.2 n 阶行列式 $D=\det(a_{ij})$ 的项可以写成

$$(-1)^{\tau(i_1i_2\cdots i_n)+\tau(j_1j_2\cdots j_n)}a_{i_1j_1}a_{i_2j_2}\cdots a_{i_nj_n}, \tag{1-12}$$

其中,$i_1i_2\cdots i_n$ 和 $j_1j_2\cdots j_n$ 是两个 n 级排列.

例如,已知 $a_{31}a_{24}a_{42}a_{13}$ 是四阶行列式中的一项,该项的符号为

$$(-1)^{\tau(3241)+\tau(1423)}=(-1)^{4+2}=1.$$

特别地,当式(1-12)的列标按自然序排列时,这一项就是

$$(-1)^{\tau(i_1i_2\cdots i_n)+\tau(12\cdots n)}a_{i_11}a_{i_22}\cdots a_{i_nn}.$$

由此可得以下推论.

推论 n 阶行列式

$$D=\det(a_{ij})=\sum_{i_1i_2\cdots i_n}(-1)^{\tau(i_1i_2\cdots i_n)}a_{i_11}a_{i_22}\cdots a_{i_nn}, \tag{1-13}$$

其中 $\sum\limits_{i_1i_2\cdots i_n}$ 表示对所有 n 级排列求和.

§1.2 行列式的性质

直接利用行列式的定义计算行列式一般较烦琐. 下面介绍行列式的基本性质,运用这些性质,不仅可以简化行列式的计算,而且对行列式的理论研究也很重要.

1.2.1 行列式的性质

设 n 阶行列式为

$$D=\begin{vmatrix} a_{11} & a_{12} & \cdots & a_{1n} \\ a_{21} & a_{22} & \cdots & a_{2n} \\ \vdots & \vdots & & \vdots \\ a_{n1} & a_{n2} & \cdots & a_{nn} \end{vmatrix},$$

把 D 中的行与列对应互换,得到新的行列式记为 D^{T},即

$$D^{\mathrm{T}}=\begin{vmatrix} a_{11} & a_{21} & \cdots & a_{n1} \\ a_{12} & a_{22} & \cdots & a_{n2} \\ \vdots & \vdots & & \vdots \\ a_{1n} & a_{2n} & \cdots & a_{nn} \end{vmatrix},$$

则称 D^{T} 为 D 的**转置行列式**.

性质 1 行列互换,行列式的值不变,即 $D=D^{\mathrm{T}}$.

证 设 $D=\det(a_{ij})$,又设 $D^{\mathrm{T}}=\det(b_{ij})$,其中 $b_{ij}=a_{ji}(i,j=1,2,\cdots,n)$,由行列式的定义式(1-11)及式(1-13),有

$$D^{\mathrm{T}}=\sum_{j_1j_2\cdots j_n}(-1)^{\tau(j_1j_2\cdots j_n)}b_{1j_1}b_{2j_2}\cdots b_{nj_n}=\sum_{j_1j_2\cdots j_n}(-1)^{\tau(j_1j_2\cdots j_n)}a_{j_11}a_{j_22}\cdots a_{j_nn}=D.$$

性质 1 表明,在行列式中行和列的地位是相同的. 也就是说,对于"行"成立的性质,对于"列"也成立. 下面行列式的其他性质都具有这个特点,因此一般仅对行给出证明.

性质 2 对换行列式中两行(列)的位置,行列式只改变符号,即

$$\begin{array}{r} \\ \\ 第\ s\ 行\rightarrow \\ \\ 第\ t\ 行\rightarrow \\ \\ \\ \end{array}\begin{vmatrix} a_{11} & a_{12} & \cdots & a_{1n} \\ \vdots & \vdots & & \vdots \\ a_{s1} & a_{s2} & \cdots & a_{sn} \\ \vdots & \vdots & & \vdots \\ a_{t1} & a_{t2} & \cdots & a_{tn} \\ \vdots & \vdots & & \vdots \\ a_{n1} & a_{n2} & \cdots & a_{nn} \end{vmatrix}=-\begin{vmatrix} a_{11} & a_{12} & \cdots & a_{1n} \\ \vdots & \vdots & & \vdots \\ a_{t1} & a_{t2} & \cdots & a_{tn} \\ \vdots & \vdots & & \vdots \\ a_{s1} & a_{s2} & \cdots & a_{sn} \\ \vdots & \vdots & & \vdots \\ a_{n1} & a_{n2} & \cdots & a_{nn} \end{vmatrix}.$$

证 设上式行列式左边为 D,右边为 D_1,且 D_1 的第 i 行第 j 列元素为 b_{ij},则 D 的第 s 行、第 t 行与 D_1 的第 t 行、第 s 行的元素之间有关系:

$$a_{sj}=b_{tj},\quad a_{tj}=b_{sj}\quad (j=1,2,\cdots,n),$$

此外,

$$a_{ij}=b_{ij}\quad (i\neq s,\ t;\ j=1,2,\cdots,n).$$

对换改变排列的奇偶性,由行列式的定义,得

$$\begin{aligned} D&=\sum_{j_1j_2\cdots j_s\cdots j_t\cdots j_n}(-1)^{\tau(j_1j_2\cdots j_s\cdots j_t\cdots j_n)}a_{1j_1}a_{2j_2}\cdots a_{sj_s}\cdots a_{tj_t}\cdots a_{nj_n} \\ &=\sum_{j_1j_2\cdots j_s\cdots j_t\cdots j_n}(-1)^{\tau(j_1j_2\cdots j_s\cdots j_t\cdots j_n)}b_{1j_1}b_{2j_2}\cdots b_{tj_s}\cdots b_{sj_t}\cdots b_{nj_n} \\ &=\sum_{j_1j_2\cdots j_s\cdots j_t\cdots j_n}(-1)^{\tau(j_1j_2\cdots j_s\cdots j_t\cdots j_n)}b_{1j_1}b_{2j_2}\cdots b_{sj_t}\cdots b_{tj_s}\cdots b_{nj_n} \\ &=-\sum_{j_1j_2\cdots j_t\cdots j_s\cdots j_n}(-1)^{\tau(j_1j_2\cdots j_t\cdots j_s\cdots j_n)}b_{1j_1}b_{2j_2}\cdots b_{sj_t}\cdots b_{tj_s}\cdots b_{nj_n}=-D_1. \end{aligned}$$

推论 如果行列式中有两行(列)完全相同,则行列式的值为零.

证　设行列式为 D，交换相同两行元素的位置，仍得原来的行列式，由性质 2 有 $D = -D$，故 $D = 0$.

性质 3　如果行列式中某一行(列)每个元素都有公因子 k，则 k 可提到行列式符号外，即

$$\begin{vmatrix} a_{11} & a_{12} & \cdots & a_{1n} \\ \vdots & \vdots & & \vdots \\ ka_{i1} & ka_{i2} & \cdots & ka_{in} \\ \vdots & \vdots & & \vdots \\ a_{n1} & a_{n2} & \cdots & a_{nn} \end{vmatrix} = k \begin{vmatrix} a_{11} & a_{12} & \cdots & a_{1n} \\ \vdots & \vdots & & \vdots \\ a_{i1} & a_{i2} & \cdots & a_{in} \\ \vdots & \vdots & & \vdots \\ a_{n1} & a_{n2} & \cdots & a_{nn} \end{vmatrix}.$$

证　由行列式的定义，有

$$\begin{aligned} \text{左端} &= \sum_{j_1 j_2 \cdots j_n} (-1)^{\tau(j_1 j_2 \cdots j_n)} a_{1j_1} a_{2j_2} \cdots (k a_{ij_i}) \cdots a_{nj_n} \\ &= k \sum_{j_1 j_2 \cdots j_n} (-1)^{\tau(j_1 j_2 \cdots j_n)} a_{1j_1} a_{2j_2} \cdots a_{ij_i} \cdots a_{nj_n} = \text{右端}. \end{aligned}$$

推论 1　如果行列式中有一行(列)元素全为零，则行列式的值为零.

推论 2　如果行列式中有两行(列)元素对应成比例，则行列式的值为零.

性质 4　如果行列式的某一行(列)的每个元素都是两个数之和，则此行列式可以写成两个行列式之和. 这两个行列式的这一行(列)的元素分别为对应的两个加数之一，其余各行(列)的元素与原行列式相同，即

$$\begin{vmatrix} a_{11} & a_{12} & \cdots & a_{1n} \\ \vdots & \vdots & & \vdots \\ b_{i1}+c_{i1} & b_{i2}+c_{i2} & \cdots & b_{in}+c_{in} \\ \vdots & \vdots & & \vdots \\ a_{n1} & a_{n2} & \cdots & a_{nn} \end{vmatrix} = \begin{vmatrix} a_{11} & a_{12} & \cdots & a_{1n} \\ \vdots & \vdots & & \vdots \\ b_{i1} & b_{i2} & \cdots & b_{in} \\ \vdots & \vdots & & \vdots \\ a_{n1} & a_{n2} & \cdots & a_{nn} \end{vmatrix} + \begin{vmatrix} a_{11} & a_{12} & \cdots & a_{1n} \\ \vdots & \vdots & & \vdots \\ c_{i1} & c_{i2} & \cdots & c_{in} \\ \vdots & \vdots & & \vdots \\ a_{n1} & a_{n2} & \cdots & a_{nn} \end{vmatrix}.$$

证　由行列式的定义，有

$$\begin{aligned} \text{左端} &= \sum_{j_1 j_2 \cdots j_n} (-1)^{\tau(j_1 j_2 \cdots j_n)} a_{1j_1} \cdots (b_{ij_i} + c_{ij_i}) \cdots a_{nj_n} \\ &= \sum_{j_1 j_2 \cdots j_n} (-1)^{\tau(j_1 j_2 \cdots j_n)} a_{1j_1} \cdots b_{ij_i} \cdots a_{nj_n} + \sum_{j_1 j_2 \cdots j_n} (-1)^{\tau(j_1 j_2 \cdots j_n)} a_{1j_1} \cdots c_{ij_i} \cdots a_{nj_n} \\ &= \text{右端}. \end{aligned}$$

性质 5　行列式的某一行(列)的各元素乘以同一个数 k 然后加到另一行(列)上，行列式的值不变，即

$$\begin{vmatrix} a_{11} & a_{12} & \cdots & a_{1n} \\ \vdots & \vdots & & \vdots \\ a_{i1} & a_{i2} & \cdots & a_{in} \\ \vdots & \vdots & & \vdots \\ a_{j1} & a_{j2} & \cdots & a_{jn} \\ \vdots & \vdots & & \vdots \\ a_{n1} & a_{n2} & \cdots & a_{nn} \end{vmatrix} = \begin{vmatrix} a_{11} & a_{12} & \cdots & a_{1n} \\ \vdots & \vdots & & \vdots \\ a_{i1} & a_{i2} & \cdots & a_{in} \\ \vdots & \vdots & & \vdots \\ a_{j1}+ka_{i1} & a_{j2}+ka_{i2} & \cdots & a_{jn}+ka_{in} \\ \vdots & \vdots & & \vdots \\ a_{n1} & a_{n2} & \cdots & a_{nn} \end{vmatrix}.$$

证 右端

$$\xlongequal{\text{性质 4}} \begin{vmatrix} a_{11} & a_{12} & \cdots & a_{1n} \\ \vdots & \vdots & & \vdots \\ a_{i1} & a_{i2} & \cdots & a_{in} \\ \vdots & \vdots & & \vdots \\ a_{j1} & a_{j2} & \cdots & a_{jn} \\ \vdots & \vdots & & \vdots \\ a_{n1} & a_{n2} & \cdots & a_{nn} \end{vmatrix} + \begin{vmatrix} a_{11} & a_{12} & \cdots & a_{1n} \\ \vdots & \vdots & & \vdots \\ a_{i1} & a_{i2} & \cdots & a_{in} \\ \vdots & \vdots & & \vdots \\ ka_{i1} & ka_{i2} & \cdots & ka_{in} \\ \vdots & \vdots & & \vdots \\ a_{n1} & a_{n2} & \cdots & a_{nn} \end{vmatrix}$$

$$\xlongequal{\text{性质 3 推论 2}} \begin{vmatrix} a_{11} & a_{12} & \cdots & a_{1n} \\ \vdots & \vdots & & \vdots \\ a_{i1} & a_{i2} & \cdots & a_{in} \\ \vdots & \vdots & & \vdots \\ a_{j1} & a_{j2} & \cdots & a_{jn} \\ \vdots & \vdots & & \vdots \\ a_{n1} & a_{n2} & \cdots & a_{nn} \end{vmatrix} + 0 = \text{左端}.$$

1.2.2 利用行列式的性质计算行列式

为了使行列式计算过程中的表达式简明，引进下面一些记号：

(1) $r_i \leftrightarrow r_j (c_i \leftrightarrow c_j)$ 表示将行列式第 i 行(列)与第 j 行(列)互换；

(2) $r_i \times \frac{1}{k} \left(c_i \times \frac{1}{k} \right)$ 表示将行列式第 i 行(列)的所有元素提取公因子 $\frac{1}{k}$；

(3) $r_i + kr_j (c_i + kc_j)$ 表示将行列式第 j 行(列)所有元素的 k 倍加到第 i 行(列)对应元素上[第 j 行(列)元素不变].

例 1 计算行列式 $D = \begin{vmatrix} 1 & 3 & 302 \\ -4 & 3 & 297 \\ 2 & 2 & 203 \end{vmatrix}$.

解 $D=\begin{vmatrix}1&3&300+2\\-4&3&300-3\\2&2&200+3\end{vmatrix}\xlongequal{\text{性质 4}}\begin{vmatrix}1&3&300\\-4&3&300\\2&2&200\end{vmatrix}+\begin{vmatrix}1&3&2\\-4&3&-3\\2&2&3\end{vmatrix}=0+5=5.$

例 2 证明：$\begin{vmatrix}by+az&bz+ax&bx+ay\\bx+ay&by+az&bz+ax\\bz+ax&bx+ay&by+az\end{vmatrix}=(a^3+b^3)\begin{vmatrix}x&y&z\\z&x&y\\y&z&x\end{vmatrix}.$

证 左端$\xlongequal{\text{性质 4}}\begin{vmatrix}by&bz+ax&bx+ay\\bx&by+az&bz+ax\\bz&bx+ay&by+az\end{vmatrix}+\begin{vmatrix}az&bz+ax&bx+ay\\ay&by+az&bz+ax\\ax&bx+ay&by+az\end{vmatrix}$

$$\xlongequal[\text{性质 5}]{\text{性质 3}}b\begin{vmatrix}y&bz+ax&bx\\x&by+az&bz\\z&bx+ay&by\end{vmatrix}+a\begin{vmatrix}z&ax&bx+ay\\y&az&bz+ax\\x&ay&by+az\end{vmatrix}$$

$$=b^2\begin{vmatrix}y&bz+ax&x\\x&by+az&z\\z&bx+ay&y\end{vmatrix}+a^2\begin{vmatrix}z&x&bx+ay\\y&z&bz+ax\\x&y&by+az\end{vmatrix}$$

$$=b^3\begin{vmatrix}y&z&x\\x&y&z\\z&x&y\end{vmatrix}+a^3\begin{vmatrix}z&x&y\\y&z&x\\x&y&z\end{vmatrix}$$

$$\xlongequal{\text{性质 2}}a^3(-1)^2\begin{vmatrix}x&y&z\\z&x&y\\y&z&x\end{vmatrix}+b^3(-1)^2\begin{vmatrix}x&y&z\\z&x&y\\y&z&x\end{vmatrix}=\text{右端}.$$

例 3 计算四阶行列式 $D=\begin{vmatrix}2&-5&1&2\\-3&7&-1&4\\5&-9&2&7\\4&-6&1&2\end{vmatrix}.$

解 $D\xlongequal{c_1\leftrightarrow c_3}-\begin{vmatrix}1&-5&2&2\\-1&7&-3&4\\2&-9&5&7\\1&-6&4&2\end{vmatrix}\xlongequal[r_4-r_1]{\substack{r_2+r_1\\r_3-2r_1}}-\begin{vmatrix}1&-5&2&2\\0&2&-1&6\\0&1&1&3\\0&-1&2&0\end{vmatrix}$

$$\xlongequal{r_2\leftrightarrow r_3}\begin{vmatrix}1&-5&2&2\\0&1&1&3\\0&2&-1&6\\0&-1&2&0\end{vmatrix}\xlongequal[r_4+r_2]{r_3-2r_2}\begin{vmatrix}1&-5&2&2\\0&1&1&3\\0&0&-3&0\\0&0&3&3\end{vmatrix}$$

$$\xlongequal{r_4+r_3}\begin{vmatrix}1&-5&2&2\\0&1&1&3\\0&0&-3&0\\0&0&0&3\end{vmatrix}=-9.$$

本题利用行列式的性质，把原行列式化为上三角形行列式，再利用上三角形行列式的计算求出行列式的值. 这种将行列式化为上(下)三角形行列式的方法是计算行列式的基本方法之一.

例 4 计算 n 阶行列式 $D_n=\begin{vmatrix}a&b&b&\cdots&b\\b&a&b&\cdots&b\\b&b&a&\cdots&b\\\vdots&\vdots&\vdots&&\vdots\\b&b&b&\cdots&a\end{vmatrix}$.

解 $$D_n\xlongequal{c_1+c_2+\cdots+c_n}\begin{vmatrix}a+(n-1)b&b&b&\cdots&b\\a+(n-1)b&a&b&\cdots&b\\a+(n-1)b&b&a&\cdots&b\\\vdots&\vdots&\vdots&&\vdots\\a+(n-1)b&b&b&\cdots&a\end{vmatrix}$$

$$=[a+(n-1)b]\begin{vmatrix}1&b&b&\cdots&b\\1&a&b&\cdots&b\\1&b&a&\cdots&b\\\vdots&\vdots&\vdots&&\vdots\\1&b&b&\cdots&a\end{vmatrix}$$

$$\xlongequal[i=2,3,\cdots,n]{r_i-r_1}[a+(n-1)b]\begin{vmatrix}1&b&b&\cdots&b\\0&a-b&0&\cdots&0\\0&0&a-b&\cdots&0\\\vdots&\vdots&\vdots&&\vdots\\0&0&0&\cdots&a-b\end{vmatrix}$$

$$=[a+(n-1)b](a-b)^{n-1}.$$

凡是各行(列)和相等的行列式都可用类似的方法计算.

例 5 计算 $D_n=\begin{vmatrix}1&1&1&\cdots&1\\1&2&0&\cdots&0\\1&0&3&\cdots&0\\\vdots&\vdots&\vdots&&\vdots\\1&0&0&\cdots&n\end{vmatrix}$.

解　将第一列除 a_{11} 位置外其他的 1 消掉,使之成为一个上三角形行列式.

$$D_n \xlongequal{c_1-\frac{1}{2}c_2-\cdots-\frac{1}{n}c_n} \begin{vmatrix} 1-\frac{1}{2}-\cdots-\frac{1}{n} & 1 & 1 & \cdots & 1 \\ 0 & 2 & 0 & \cdots & 0 \\ 0 & 0 & 3 & \cdots & 0 \\ \vdots & \vdots & \vdots & & \vdots \\ 0 & 0 & 0 & \cdots & n \end{vmatrix} = \left(1-\sum_{i=2}^{n}\frac{1}{i}\right)n!.$$

§1.3　行列式按行(列)展开

简化行列式计算的另一思路,就是将高阶行列式化为较低阶的行列式进行计算.我们先介绍行列式的余子式和代数余子式的概念.

定义 1.5　在 n 阶行列式

$$D = \begin{vmatrix} a_{11} & a_{12} & \cdots & a_{1n} \\ a_{21} & a_{22} & \cdots & a_{2n} \\ \vdots & \vdots & & \vdots \\ a_{n1} & a_{n2} & \cdots & a_{nn} \end{vmatrix}$$

中,划去元素 a_{ij} 所在的第 i 行和第 j 列,剩下的元素按原来的顺序构成的低一阶的行列式,称为元素 a_{ij} 的**余子式**,记作 M_{ij},即

$$M_{ij} = \begin{vmatrix} a_{11} & a_{12} & \cdots & a_{1,j-1} & a_{1,j+1} & \cdots & a_{1n} \\ a_{21} & a_{22} & \cdots & a_{2,j-1} & a_{2,j+1} & \cdots & a_{2n} \\ \vdots & \vdots & & \vdots & \vdots & & \vdots \\ a_{i-1,1} & a_{i-1,2} & \cdots & a_{i-1,j-1} & a_{i-1,j+1} & \cdots & a_{i-1,n} \\ a_{i+1,1} & a_{i+1,2} & \cdots & a_{i+1,j-1} & a_{i+1,j+1} & \cdots & a_{i+1,n} \\ \vdots & \vdots & & \vdots & \vdots & & \vdots \\ a_{n1} & a_{n2} & \cdots & a_{n,j-1} & a_{n,j+1} & \cdots & a_{nn} \end{vmatrix}.$$

记 $A_{ij} = (-1)^{i+j}M_{ij}$,$A_{ij}$ 称为元素 a_{ij} 的**代数余子式**.

例 1　设 $D = \begin{vmatrix} 1 & 0 & -2 \\ 1 & 1 & 4 \\ -2 & 3 & 2 \end{vmatrix}$,求 M_{13}, M_{32}, A_{13}, A_{32}.

解　$M_{13} = \begin{vmatrix} 1 & 1 \\ -2 & 3 \end{vmatrix} = 5$,　　$M_{32} = \begin{vmatrix} 1 & -2 \\ 1 & 4 \end{vmatrix} = 6$,

$A_{13} = (-1)^{1+3}M_{13} = 5$,　　$A_{32} = (-1)^{3+2}M_{32} = -6$.

定理 1.3　n 阶行列式

$$D=\begin{vmatrix} a_{11} & a_{12} & \cdots & a_{1n} \\ a_{21} & a_{22} & \cdots & a_{2n} \\ \vdots & \vdots & & \vdots \\ a_{n1} & a_{n2} & \cdots & a_{nn} \end{vmatrix}$$

等于它的任意一行(列)的各个元素与其对应的代数余子式的乘积之和,即

$$D=a_{i1}A_{i1}+a_{i2}A_{i2}+\cdots+a_{in}A_{in}\quad(i=1,2,\cdots,n),\tag{1-14}$$

或

$$D=a_{1j}A_{1j}+a_{2j}A_{2j}+\cdots+a_{nj}A_{nj}\quad(j=1,2,\cdots,n).\tag{1-15}$$

证 这里只证明式(1-14)成立.因为 A_{ij} 是一个 $n-1$ 阶行列式,共有 $(n-1)!$ 项,$a_{ij}A_{ij}(j=1,2,\cdots,n)$ 也有 $(n-1)!$ 项,所以式(1-14)右端共有 $(n-1)!n=n!$ 项,即式(1-14)两端所含项数相同.

又由于 $a_{ij}A_{ij}=(-1)^{i+j}a_{ij}M_{ij}$,其中

$$M_{ij}=\begin{vmatrix} a_{11} & a_{12} & \cdots & a_{1,j-1} & a_{1,j+1} & \cdots & a_{1n} \\ a_{21} & a_{22} & \cdots & a_{2,j-1} & a_{2,j+1} & \cdots & a_{2n} \\ \vdots & \vdots & & \vdots & \vdots & & \vdots \\ a_{i-1,1} & a_{i-1,2} & \cdots & a_{i-1,j-1} & a_{i-1,j+1} & \cdots & a_{i-1,n} \\ a_{i+1,1} & a_{i+1,2} & \cdots & a_{i+1,j-1} & a_{i+1,j+1} & \cdots & a_{i+1,n} \\ \vdots & \vdots & & \vdots & \vdots & & \vdots \\ a_{n1} & a_{n2} & \cdots & a_{n,j-1} & a_{n,j+1} & \cdots & a_{nn} \end{vmatrix},$$

所以 $a_{ij}M_{ij}$ 中的每一项都可以写成

$$a_{ij}a_{1j_1}\cdots a_{i-1,j_{i-1}}a_{i+1,j_{i+1}}\cdots a_{nj_n},\tag{1-16}$$

其中,$j_1\cdots j_{i-1}j_{i+1}\cdots j_n$ 是 $1,\cdots,j-1,j+1,\cdots,n$ 的一个排列.

显然式(1-16)是 D 中取自不同行、不同列的 n 个元素的乘积,因而也是 D 中的一项.

在 $a_{ij}A_{ij}$ 中,项(1-16)的符号为

$$(-1)^{i+j}\cdot(-1)^{\tau(j_1\cdots j_{i-1}j_{i+1}\cdots j_n)}.$$

在 D 中,项(1-16)的符号应为

$$\begin{aligned}(-1)^{\tau(i1\cdots(i-1)(i+1)\cdots n)+\tau(jj_1\cdots j_{i-1}j_{i+1}\cdots j_n)}&=(-1)^{i-1}\cdot(-1)^{j-1+\tau(j_1\cdots j_{i-1}j_{i+1}\cdots j_n)}\\&=(-1)^{i+j}\cdot(-1)^{\tau(j_1\cdots j_{i-1}j_{i+1}\cdots j_n)}.\end{aligned}$$

因此,式(1-14)右端中 $a_{ij}A_{ij}$ 的每一项都是 D 中的一项,并且符号相同.

综合上述知式(1-14)成立.

推论 n 阶行列式的某一行(列)的各元素与另一行(列)的对应元素的代数余子式的乘积之和为零,即

$$a_{i1}A_{j1}+a_{i2}A_{j2}+\cdots+a_{in}A_{jn}=0,\quad i\neq j$$

或

$$a_{1i}A_{1j}+a_{2i}A_{2j}+\cdots+a_{ni}A_{nj}=0,\quad i\neq j.$$

证　设

$$D=\begin{vmatrix} a_{11} & a_{12} & \cdots & a_{1n} \\ \vdots & \vdots & & \vdots \\ a_{i1} & a_{i2} & \cdots & a_{in} \\ \vdots & \vdots & & \vdots \\ a_{j1} & a_{j2} & \cdots & a_{jn} \\ \vdots & \vdots & & \vdots \\ a_{n1} & a_{n2} & \cdots & a_{nn} \end{vmatrix}\begin{matrix} \\ \\ \text{第 } i \text{ 行} \\ \\ \text{第 } j \text{ 行} \\ \\ \\ \end{matrix},$$

再构造一个行列式

$$D_1=\begin{vmatrix} a_{11} & a_{12} & \cdots & a_{1n} \\ \vdots & \vdots & & \vdots \\ a_{i1} & a_{i2} & \cdots & a_{in} \\ \vdots & \vdots & & \vdots \\ a_{i1} & a_{i2} & \cdots & a_{in} \\ \vdots & \vdots & & \vdots \\ a_{n1} & a_{n2} & \cdots & a_{nn} \end{vmatrix}\begin{matrix} \\ \\ \text{第 } i \text{ 行} \\ \\ \text{第 } j \text{ 行} \\ \\ \\ \end{matrix}.$$

行列式 D 与 D_1 除了第 j 行元素不同外，其余元素都相同，则它们第 j 行对应元素的代数余子式也相同. 设 A_{j1}，A_{j2}，…，A_{jn} 是行列式 D 的第 j 行元素的代数余子式，现对行列式 D_1 按第 j 行展开，得 $D_1=\sum\limits_{k=1}^{n}a_{ik}A_{jk}$，即

$$\sum_{k=1}^{n}a_{ik}A_{jk}=\begin{vmatrix} a_{11} & a_{12} & \cdots & a_{1n} \\ \vdots & \vdots & & \vdots \\ a_{i1} & a_{i2} & \cdots & a_{in} \\ \vdots & \vdots & & \vdots \\ a_{i1} & a_{i2} & \cdots & a_{in} \\ \vdots & \vdots & & \vdots \\ a_{n1} & a_{n2} & \cdots & a_{nn} \end{vmatrix}\begin{matrix} \\ \\ \text{第 } i \text{ 行} \\ \\ \text{第 } j \text{ 行} \\ \\ \\ \end{matrix}.$$

由于上式右端的行列式第 i 行与第 j 行对应元素相等，所以 $\sum\limits_{k=1}^{n}a_{ik}A_{jk}=0$.

我们可以把定理 1.3 和推论统一写成

$$a_{1i}A_{1j}+a_{2i}A_{2j}+\cdots+a_{ni}A_{nj}=\begin{cases} D, & i=j, \\ 0, & i\neq j, \end{cases}$$

或

$$a_{i1}A_{j1}+a_{i2}A_{j2}+\cdots+a_{in}A_{jn}=\begin{cases}D, & i=j,\\0, & i\neq j.\end{cases}$$

下面我们将利用行列式展开定理进行行列式的计算.但直接用行列式展开定理计算行列式一般来说计算量较大,可先利用行列式的性质将行列式中某一行(列)化为仅含有一个非零元素,再按此行(列)展开,化为一个低一阶的行列式,如此继续下去直到化为一个三阶或二阶行列式.

例 2 计算行列式 $D=\begin{vmatrix}3 & 1 & -1 & 2\\-5 & 1 & 3 & -4\\2 & 0 & 1 & -1\\1 & -5 & 3 & -3\end{vmatrix}$.

解 $D\xlongequal[c_4+c_3]{c_1-2c_3}\begin{vmatrix}5 & 1 & -1 & 1\\-11 & 1 & 3 & -1\\0 & 0 & 1 & 0\\-5 & -5 & 3 & 0\end{vmatrix}\xlongequal{\text{按第 3 行展开}}1\times(-1)^{3+3}\begin{vmatrix}5 & 1 & 1\\-11 & 1 & -1\\-5 & -5 & 0\end{vmatrix}$

$\xlongequal{r_2+r_1}\begin{vmatrix}5 & 1 & 1\\-6 & 2 & 0\\-5 & -5 & 0\end{vmatrix}\xlongequal{\text{按第 3 列展开}}1\times(-1)^{1+3}\begin{vmatrix}-6 & 2\\-5 & -5\end{vmatrix}=40.$

例 3 设四阶行列式 $\begin{vmatrix}3 & 5 & 7 & -5\\11 & 32 & 8 & 7\\4 & 3 & 9 & -5\\2 & 3 & 5 & 7\end{vmatrix}$,计算 $21A_{22}+7A_{24}$.

解 除了分别计算 A_{22}、A_{24} 外,也可利用定理 1.3 及性质 5 作如下计算:

$$21A_{22}+7A_{24}=\begin{vmatrix}3 & 5 & 7 & -5\\0 & 21 & 0 & 7\\4 & 3 & 9 & -5\\2 & 3 & 5 & 7\end{vmatrix}\xlongequal{c_2-3c_4}\begin{vmatrix}3 & 20 & 7 & -5\\0 & 0 & 0 & 7\\4 & 18 & 9 & -5\\2 & -18 & 5 & 7\end{vmatrix}=7\begin{vmatrix}3 & 20 & 7\\4 & 18 & 9\\2 & -18 & 5\end{vmatrix}$$

$$\xlongequal{r_3+r_2}7\begin{vmatrix}3 & 20 & 7\\4 & 18 & 9\\6 & 0 & 14\end{vmatrix}\xlongequal{r_3-2r_1}7\begin{vmatrix}3 & 20 & 7\\4 & 18 & 9\\0 & -40 & 0\end{vmatrix}=7(-1)^{3+2}(-40)\begin{vmatrix}3 & 7\\4 & 9\end{vmatrix}$$

$$=-280.$$

例 4 计算 $n(n>1)$ 阶行列式 $D_n=\begin{vmatrix} x & y & 0 & \cdots & 0 & 0 \\ 0 & x & y & \cdots & 0 & 0 \\ \vdots & \vdots & \vdots & & \vdots & \vdots \\ 0 & 0 & 0 & \cdots & x & y \\ y & 0 & 0 & \cdots & 0 & x \end{vmatrix}$.

解 行列式中每行(列)都含有很多零,可将 D_n 按第一列展开得

$$D_n = x\begin{vmatrix} x & y & \cdots & 0 & 0 \\ 0 & x & \cdots & 0 & 0 \\ \vdots & \vdots & & \vdots & \vdots \\ 0 & 0 & \cdots & x & y \\ 0 & 0 & \cdots & 0 & x \end{vmatrix} + y(-1)^{n+1}\begin{vmatrix} y & 0 & \cdots & 0 & 0 \\ x & y & \cdots & 0 & 0 \\ 0 & x & \cdots & 0 & 0 \\ \vdots & \vdots & & \vdots & \vdots \\ 0 & 0 & \cdots & x & y \end{vmatrix}$$
$$= x^n + (-1)^{n+1}y^n.$$

例 5 计算 n 阶行列式

$$D_n = \begin{vmatrix} \alpha+\beta & \alpha\beta & 0 & \cdots & 0 & 0 \\ 1 & \alpha+\beta & \alpha\beta & \cdots & 0 & 0 \\ 0 & 1 & \alpha+\beta & \cdots & 0 & 0 \\ \vdots & \vdots & \vdots & & \vdots & \vdots \\ 0 & 0 & 0 & \cdots & \alpha+\beta & \alpha\beta \\ 0 & 0 & 0 & \cdots & 1 & \alpha+\beta \end{vmatrix},$$

此行列式称为**三对角行列式**.

解 将行列式按第一行展开,得

$$D_n = (\alpha+\beta)D_{n-1} - \alpha\beta\begin{vmatrix} 1 & \alpha\beta & 0 & \cdots & 0 & 0 \\ 0 & \alpha+\beta & \alpha\beta & \cdots & 0 & 0 \\ 0 & 1 & \alpha+\beta & \cdots & 0 & 0 \\ \vdots & \vdots & \vdots & & \vdots & \vdots \\ 0 & 0 & 0 & \cdots & \alpha+\beta & \alpha\beta \\ 0 & 0 & 0 & \cdots & 1 & \alpha+\beta \end{vmatrix}$$
$$= (\alpha+\beta)D_{n-1} - \alpha\beta D_{n-2},$$

由此可得

$$D_n - \alpha D_{n-1} = \beta(D_{n-1} - \alpha D_{n-2}) = \cdots = \beta^{n-2}(D_2 - \alpha D_1),$$

而

$$D_2 = \begin{vmatrix} \alpha+\beta & \alpha\beta \\ 1 & \alpha+\beta \end{vmatrix} = \alpha^2 + \alpha\beta + \beta^2, \qquad D_1 = |\alpha+\beta| = \alpha+\beta,$$

所以

$$D_n - \alpha D_{n-1} = \beta^{n-2}(\alpha^2 + \alpha\beta + \beta^2 - \alpha^2 - \alpha\beta) = \beta^n,$$

依次类推可得

$$D_{n-1} - \alpha D_{n-2} = \beta^{n-1},\ D_{n-2} - \alpha D_{n-3} = \beta^{n-2}, \cdots, D_2 - \alpha D_1 = \beta^2,$$

故

$$\begin{aligned} D_n &= \beta^n + \alpha D_{n-1} = \beta^n + \alpha(\beta^{n-1} + \alpha D_{n-2}) = \beta^n + \alpha\beta^{n-1} + \alpha^2 D_{n-2} \\ &= \beta^n + \alpha\beta^{n-1} + \alpha^2\beta^{n-2} + \cdots + \alpha^{n-3}\beta^3 + \alpha^{n-2} D_2 \\ &= \beta^n + \alpha\beta^{n-1} + \alpha^2\beta^{n-2} + \cdots + \alpha^{n-2}\beta^2 + \alpha^{n-1}\beta + \alpha^n. \end{aligned}$$

本例计算行列式的方法是，先用一次展开，从而找出降阶的规律，得出一个递推公式，最后只要迭代递推公式就能得出结果. 这种方法称为**递推法**.

例 6 证明**范德蒙**(Vandermonde)**行列式**

$$D_n = \begin{vmatrix} 1 & 1 & 1 & \cdots & 1 \\ x_1 & x_2 & x_3 & \cdots & x_n \\ x_1^2 & x_2^2 & x_3^2 & \cdots & x_n^2 \\ \vdots & \vdots & \vdots & & \vdots \\ x_1^{n-1} & x_2^{n-1} & x_3^{n-1} & \cdots & x_n^{n-1} \end{vmatrix} = \prod_{1 \leqslant j < i \leqslant n}(x_i - x_j),$$

其中 $\prod\limits_{1 \leqslant j < i \leqslant n}(x_i - x_j) = (x_2 - x_1)(x_3 - x_1)\cdots(x_n - x_1)$

$$\cdot (x_3 - x_2)\cdots(x_n - x_2)$$

$$\cdots\cdots$$

$$\cdot (x_n - x_{n-1}).$$

证 用数学归纳法.

当 $n = 2$ 时，$D_2 = \begin{vmatrix} 1 & 1 \\ x_1 & x_2 \end{vmatrix} = (x_2 - x_1)$，结论成立.

假设结论对于 $n-1$ 阶范德蒙行列式成立，下面证明对 n 阶范德蒙行列式结论也成立.

在 D_n 中，从第 n 行起依次将前一行乘 $(-x_1)$ 加到后一行，有

$$D_n = \begin{vmatrix} 1 & 1 & 1 & \cdots & 1 \\ 0 & x_2 - x_1 & x_3 - x_1 & \cdots & x_n - x_1 \\ 0 & x_2(x_2 - x_1) & x_3(x_3 - x_1) & \cdots & x_n(x_n - x_1) \\ \vdots & \vdots & \vdots & & \vdots \\ 0 & x_2^{n-2}(x_2 - x_1) & x_3^{n-2}(x_3 - x_1) & \cdots & x_n^{n-2}(x_n - x_1) \end{vmatrix},$$

按第一列展开，并提取公因子，得

$$D_n=(x_2-x_1)(x_3-x_1)\cdots(x_n-x_1)\begin{vmatrix}1&1&1&\cdots&1\\x_2&x_3&x_4&\cdots&x_n\\x_2^2&x_3^2&x_4^2&\cdots&x_n^2\\\vdots&\vdots&\vdots&&\vdots\\x_2^{n-2}&x_3^{n-2}&x_4^{n-2}&\cdots&x_n^{n-2}\end{vmatrix}.$$

上式右端的行列式是 $n-1$ 阶范德蒙行列式,由假设得

$$D_n=(x_2-x_1)(x_3-x_1)\cdots(x_n-x_1)\prod_{2\leqslant j<i\leqslant n}(x_i-x_j)=\prod_{1\leqslant i<j\leqslant n}(x_j-x_i).$$

例 7 证明 $D=\begin{vmatrix}a_{11}&a_{12}&\cdots&a_{1k}&0&\cdots&0\\a_{21}&a_{22}&\cdots&a_{2k}&0&\cdots&0\\\vdots&\vdots&&\vdots&\vdots&&\vdots\\a_{k1}&a_{k2}&\cdots&a_{kk}&0&\cdots&0\\c_{11}&c_{12}&\cdots&c_{1k}&b_{11}&\cdots&b_{1m}\\\vdots&\vdots&&\vdots&\vdots&&\vdots\\c_{m1}&c_{m2}&\cdots&c_{mk}&b_{m1}&\cdots&b_{mm}\end{vmatrix}$

$$=\begin{vmatrix}a_{11}&a_{12}&\cdots&a_{1k}\\a_{21}&a_{22}&\cdots&a_{2k}\\\vdots&\vdots&&\vdots\\a_{k1}&a_{k2}&\cdots&a_{kk}\end{vmatrix}\begin{vmatrix}b_{11}&b_{12}&\cdots&b_{1m}\\b_{21}&b_{22}&\cdots&b_{2m}\\\vdots&\vdots&&\vdots\\b_{m1}&b_{m2}&\cdots&b_{mm}\end{vmatrix}.$$

证 设

$$A=\begin{vmatrix}a_{11}&a_{12}&\cdots&a_{1k}\\a_{21}&a_{22}&\cdots&a_{2k}\\\vdots&\vdots&&\vdots\\a_{k1}&a_{k2}&\cdots&a_{kk}\end{vmatrix},\ B=\begin{vmatrix}b_{11}&b_{12}&\cdots&b_{1m}\\b_{21}&b_{22}&\cdots&b_{2m}\\\vdots&\vdots&&\vdots\\b_{m1}&b_{m2}&\cdots&b_{mm}\end{vmatrix}.$$

对 A 的阶数 k 作数学归纳法.

当 $k=1$ 时,$D\xlongequal{\text{按第 1 行展开}}(-1)^{1+1}a_{11}\,|B|=|a_{11}|\,|B|$(这里 $|a_{11}|$ 是一阶行列式),结论成立.

假设 A 为 $k-1$ 阶时结论成立,下面考虑 A 为 k 阶的情形.此时,将 D 按第一行展开,得

$$D=(-1)^{1+1}a_{11}M_{11}^D+(-1)^{1+2}a_{12}M_{12}^D+\cdots+(-1)^{1+k}a_{1k}M_{1k}^D,$$

其中 M_{1j}^D 是 a_{1j} 在 D 中的余子式 $(j=1,2,\cdots,k)$. 根据归纳假设有

$$M_{1j}^D=M_{1j}^A\,|B|\quad(j=1,2,\cdots,k),$$

其中 M_{1j}^A 是 a_{1j} 在 $|A|$ 中的余子式. 故有

$$D=\left[(-1)^{1+1}a_{11}M_{11}^{A}+(-1)^{1+2}a_{12}M_{12}^{A}+\cdots+(-1)^{1+k}M_{1k}^{A}\right]|B|=|A||B|.$$

§1.4 克拉默法则

现在我们来应用行列式解决线性方程组的问题. 这里只考虑方程个数与未知量个数相等的情形,至于更一般的情形留到第 3 章讨论. 以下我们将得出与二元和三元线性方程组相仿的公式.

定理 1.4(克拉默法则) 如果线性方程组

$$\begin{cases}a_{11}x_1+a_{12}x_2+\cdots+a_{1n}x_n=b_1\\ a_{21}x_1+a_{22}x_2+\cdots+a_{2n}x_n=b_2\\ \cdots\cdots\\ a_{n1}x_1+a_{n2}x_2+\cdots+a_{nn}x_n=b_n\end{cases}\tag{1-17}$$

的系数行列式

$$D=\begin{vmatrix}a_{11}&a_{12}&\cdots&a_{1n}\\ a_{21}&a_{22}&\cdots&a_{2n}\\ \vdots&\vdots&&\vdots\\ a_{n1}&a_{n2}&\cdots&a_{nn}\end{vmatrix}\neq 0,$$

那么线性方程组(1-17)有唯一解

$$x_1=\frac{D_1}{D},\quad x_2=\frac{D_2}{D},\quad \cdots,\quad x_n=\frac{D_n}{D}.\tag{1-18}$$

其中

$$D_j=\begin{vmatrix}a_{11}&\cdots&a_{1,j-1}&b_1&a_{1,j+1}&\cdots&a_{1n}\\ a_{21}&\cdots&a_{2,j-1}&b_2&a_{2,j+1}&\cdots&a_{2n}\\ \vdots&&\vdots&\vdots&\vdots&&\vdots\\ a_{n1}&\cdots&a_{n,j-1}&b_n&a_{n,j+1}&\cdots&a_{nn}\end{vmatrix},\ j=1,2,\cdots,n,$$

即 D_j 是系数行列式 D 中第 j 列元素用线性方程组(1-17)右端的常数项 $b_1,b_2,\cdots,b_n$ 替代后所得到的行列式.

这个定理在第 2 章中可利用逆矩阵的性质简洁地推得,故在此叙而不证.

例 1 用克拉默法则解线性方程组 $\begin{cases}x_1-x_2-\ \ x_3-2x_4=-1,\\ x_1+x_2-2x_3+\ \ x_4=1,\\ x_1+x_2\qquad\quad+\ \ x_4=2,\\ \qquad\ x_2+\ \ x_3-\ \ x_4=1.\end{cases}$

解 方程组的系数行列式

$$D=\begin{vmatrix}1&-1&-1&-2\\1&1&-2&1\\1&1&0&1\\0&1&1&-1\end{vmatrix}=-10\neq 0.$$

根据克拉默法则,方程组有唯一解.

又

$$D_1=\begin{vmatrix}-1&-1&-1&-2\\1&1&-2&1\\2&1&0&1\\1&1&1&-1\end{vmatrix}=-9,\quad D_2=\begin{vmatrix}1&-1&-1&-2\\1&1&-2&1\\1&2&0&1\\0&1&1&-1\end{vmatrix}=-8,$$

$$D_3=\begin{vmatrix}1&-1&-1&-2\\1&1&1&1\\1&1&2&1\\0&1&1&-1\end{vmatrix}=-5,\quad D_4=\begin{vmatrix}1&-1&-1&-1\\1&1&-2&1\\1&1&0&2\\0&1&1&1\end{vmatrix}=-3.$$

所以方程组的解为

$$x_1=\frac{D_1}{D}=\frac{9}{10},\ x_2=\frac{D_2}{D}=\frac{4}{5},\ x_3=\frac{D_3}{D}=\frac{1}{2},\ x_4=\frac{D_4}{D}=\frac{3}{10}.$$

如果线性方程组(1-17)的常数项全为零,即

$$\begin{cases}a_{11}x_1+a_{12}x_2+\cdots+a_{1n}x_n=0,\\a_{21}x_1+a_{22}x_2+\cdots+a_{2n}x_n=0,\\\qquad\cdots\cdots\\a_{n1}x_1+a_{n2}x_2+\cdots+a_{nn}x_n=0,\end{cases}\tag{1-19}$$

则称此线性方程组为**齐次线性方程组**.

显然,该齐次线性方程组一定有**零解**(即 $x_j=0,\ j=1,2,\cdots,n$),我们关心的问题常常是,它除去零解以外还有没有其他解,或者说,它有没有**非零解**.应用克拉默法则就有如下定理.

定理1.5 若齐次线性方程组(1-19)的系数行列式 $D\neq 0$,则此齐次线性方程组只有零解.

推论 如果齐次线性方程组(1-19)有非零解,则系数行列式 $D=0$.

推论说明系数行列式 $D=0$ 是齐次方程组(1-19)有非零解的必要条件,在第3章中我们还将证明此条件也是充分的.

例2 设齐次线性方程组 $\begin{cases}x_1+\ x_2+\ x_3=0,\\ax_1+bx_2+cx_3=0,\\bcx_1+acx_2+abx_3=0\end{cases}$ 有非零解,试确定 a,b,c 应满足

何种条件.

解 根据定理 1.5,如果线性方程组有非零解,那么系数行列式

$$\begin{vmatrix} 1 & 1 & 1 \\ a & b & c \\ bc & ac & ab \end{vmatrix} = (a-b)(b-c)(c-a) = 0,$$

所以 $a=b$ 或 $b=c$ 或 $c=a$,即 a,b,c 中至少有两个相等.

克拉默法则的意义主要在于它给出了解与系数的明显关系,这一点在以后许多问题的讨论中是重要的.但是用克拉默法则去求解一个有 n 个方程 n 个未知量的线性方程组是不方便的,因为按这一法则要计算 $n+1$ 个 n 阶行列式,这个计算量是很大的.

习题一

(A)

1. 计算下列行列式:

(1) $\begin{vmatrix} a^2 & ab \\ ab & b^2 \end{vmatrix}$;　(2) $\begin{vmatrix} 1 & 0 & -1 \\ 3 & 5 & 0 \\ 0 & 4 & 1 \end{vmatrix}$;　(3) $\begin{vmatrix} 1 & x & x \\ x & 2 & x \\ x & x & 3 \end{vmatrix}$.

2. 求以下六级排列的逆序数,并指出它们的奇偶性:

(1)531246;　(2)264351;　(3)416235.

3. 在六阶行列式中,$a_{23}a_{31}a_{42}a_{56}a_{14}a_{65}$,$a_{32}a_{43}a_{14}a_{51}a_{66}a_{25}$ 这两项应带有什么符号?

4. 利用行列式的定义计算行列式:

(1) $\begin{vmatrix} 0 & 0 & \cdots & 0 & 1 \\ 0 & 0 & \cdots & 2 & 0 \\ \vdots & \vdots & & \vdots & \vdots \\ 0 & n-1 & \cdots & 0 & 0 \\ n & 0 & \cdots & 0 & 0 \end{vmatrix}$;　(2) $\begin{vmatrix} 0 & 1 & 0 & \cdots & 0 \\ 0 & 0 & 2 & \cdots & 0 \\ \vdots & \vdots & \vdots & & \vdots \\ 0 & 0 & 0 & \cdots & n-1 \\ n & 0 & 0 & \cdots & 0 \end{vmatrix}$.

5. 利用行列式的性质计算行列式:

(1) $\begin{vmatrix} 246 & 427 & 327 \\ 1\,014 & 543 & 443 \\ -342 & 721 & 621 \end{vmatrix}$;　(2) $\begin{vmatrix} 1 & -3 & 2 \\ -2 & 3 & 1 \\ -203 & 300 & 105 \end{vmatrix}$;

(3) $\begin{vmatrix} 1 & 1 & 1 & 1 \\ -1 & 1 & 1 & 1 \\ -1 & -1 & 1 & 1 \\ -1 & -1 & -1 & 1 \end{vmatrix}$;　(4) $\begin{vmatrix} 5 & 0 & 4 & 2 \\ 1 & -1 & 2 & 1 \\ 4 & 1 & 2 & 0 \\ 1 & 1 & 1 & 1 \end{vmatrix}$;

(5) $\begin{vmatrix} -2 & 5 & -1 & 3 \\ 1 & -9 & 13 & 7 \\ 3 & -1 & 5 & -5 \\ 2 & 8 & -7 & -10 \end{vmatrix}$；　　(6) $\begin{vmatrix} 1 & 2 & 3 & 4 \\ 2 & 3 & 4 & 1 \\ 3 & 4 & 1 & 2 \\ 4 & 1 & 2 & 3 \end{vmatrix}$；

(7) $\begin{vmatrix} a+b+2c & a & b \\ c & 2a+b+c & b \\ c & a & a+2b+c \end{vmatrix}$；

(8) $\begin{vmatrix} a^2 & (a+1)^2 & (a+2)^2 & (a+3)^2 \\ b^2 & (b+1)^2 & (b+2)^2 & (b+3)^2 \\ c^2 & (c+1)^2 & (c+2)^2 & (c+3)^2 \\ d^2 & (d+1)^2 & (d+2)^2 & (d+3)^2 \end{vmatrix}$；

(9) $\begin{vmatrix} 1 & -1 & 1 & x-1 \\ 1 & -1 & x+1 & -1 \\ 1 & x-1 & 1 & -1 \\ x+1 & -1 & 1 & -1 \end{vmatrix}$；　　(10) $\begin{vmatrix} 1 & 1 & 2 & 3 \\ 1 & 2-x^2 & 2 & 3 \\ 2 & 3 & 1 & 5 \\ 2 & 3 & 1 & 9-x^2 \end{vmatrix}$.

6. 证明：$\begin{vmatrix} a_1+b_1 & b_1+c_1 & c_1+a_1 \\ a_2+b_2 & b_2+c_2 & c_2+a_2 \\ a_3+b_3 & b_3+c_3 & c_3+a_3 \end{vmatrix} = 2\begin{vmatrix} a_1 & b_1 & c_1 \\ a_2 & b_2 & c_2 \\ a_3 & b_3 & c_3 \end{vmatrix}$.

7. 若 $f(x)$，$g(x)$，$h(x)$ 在 $[a, b]$ 上连续，在 (a, b) 内可导，证明：$\exists \xi \in (a, b)$，使得 $\begin{vmatrix} f(a) & g(a) & h(a) \\ f(b) & g(b) & h(b) \\ f'(\xi) & g'(\xi) & h'(\xi) \end{vmatrix} = 0$，且由此导出拉格朗日中值定理和柯西中值定理.

8. 若 n 阶行列式 D 的元素满足 $a_{ij} = -a_{ji}(i, j = 1, 2, \cdots, n)$，则称行列式 D 为**反对称行列式**. 证明奇数阶反对称行列式的值为零.

9. n 阶行列式 D 的第 i 行、第 j 列元素 $a_{ij} = |i-j|$ $(i, j = 1, 2, \cdots, n)$，试计算行列式 D.

10. 计算下列行列式的值：

(1) $D_n = \begin{vmatrix} 1 & 2 & 3 & \cdots & n \\ 1 & x+1 & 3 & \cdots & n \\ 1 & 2 & x+1 & \cdots & n \\ \vdots & \vdots & \vdots & & \vdots \\ 1 & 2 & 3 & \cdots & x+1 \end{vmatrix}$；

(2) $D_n=\begin{vmatrix} a & b & 0 & \cdots & 0 & 0 \\ 0 & a & b & \cdots & 0 & 0 \\ 0 & 0 & a & \cdots & 0 & 0 \\ \vdots & \vdots & \vdots & & \vdots & \vdots \\ 0 & 0 & 0 & \cdots & a & b \\ b & 0 & 0 & \cdots & 0 & a \end{vmatrix}$；

(3) $D_{n+1}=\begin{vmatrix} x & a_1 & a_2 & \cdots & a_{n-1} & 1 \\ a_1 & x & a_2 & \cdots & a_{n-1} & 1 \\ a_1 & a_2 & x & \cdots & a_{n-1} & 1 \\ \vdots & \vdots & \vdots & & \vdots & \vdots \\ a_1 & a_2 & a_3 & \cdots & x & 1 \\ a_1 & a_2 & a_3 & \cdots & a_n & 1 \end{vmatrix}$；

(4) $D_{n+1}=\begin{vmatrix} a & ax & ax^2 & \cdots & ax^{n-1} & ax^n \\ -1 & a & ax & \cdots & ax^{n-2} & ax^{n-1} \\ 0 & -1 & a & \cdots & ax^{n-3} & ax^{n-2} \\ \vdots & \vdots & \vdots & & \vdots & \vdots \\ 0 & 0 & 0 & \cdots & a & ax \\ 0 & 0 & 0 & \cdots & -1 & a \end{vmatrix}$；

(5) $D_n=\begin{vmatrix} a & 0 & 0 & \cdots & 0 & 1 \\ 0 & a & 0 & \cdots & 0 & 0 \\ 0 & 0 & a & \cdots & 0 & 0 \\ \vdots & \vdots & \vdots & & \vdots & \vdots \\ 0 & 0 & 0 & \cdots & a & 0 \\ 1 & 0 & 0 & \cdots & 0 & a \end{vmatrix}$；

(6) $D_{n+1}=\begin{vmatrix} -a_1 & a_1 & 0 & \cdots & 0 & 0 \\ 0 & -a_2 & a_2 & \cdots & 0 & 0 \\ \vdots & \vdots & \vdots & & \vdots & \vdots \\ 0 & 0 & 0 & \cdots & -a_n & a_n \\ 1 & 1 & 1 & \cdots & 1 & 1 \end{vmatrix}$；

(7) $D_{n+1}=\begin{vmatrix} a_0 & 1 & 1 & \cdots & 1 \\ 1 & a_1 & 0 & \cdots & 0 \\ 1 & 0 & a_2 & \cdots & 0 \\ \vdots & \vdots & \vdots & & \vdots \\ 1 & 0 & 0 & \cdots & a_n \end{vmatrix}$ $(a_i\neq 0, i=1,2,\cdots,n)$；

(8) $D_n=\begin{vmatrix} 1+a_1 & 1 & 1 & \cdots & 1 & 1 \\ 1 & 1+a_2 & 1 & \cdots & 1 & 1 \\ 1 & 1 & 1+a_3 & \cdots & 1 & 1 \\ \vdots & \vdots & \vdots & & \vdots & \vdots \\ 1 & 1 & 1 & \cdots & 1 & 1+a_n \end{vmatrix}$ $(a_i\neq 0, i=1,2,\cdots,n)$；

(9) $D_n=\begin{vmatrix} 1 & 1 & \cdots & 1 & -a \\ 1 & 1 & \cdots & -a & 1 \\ \vdots & \vdots & & \vdots & \vdots \\ 1 & -a & \cdots & 1 & 1 \\ -a & 1 & \cdots & 1 & 1 \end{vmatrix}$；

(10) $D_n=\begin{vmatrix} \cos\theta & 1 & 0 & \cdots & 0 & 0 \\ 1 & 2\cos\theta & 1 & \cdots & 0 & 0 \\ 0 & 1 & 2\cos\theta & \cdots & 0 & 0 \\ \vdots & \vdots & \vdots & & \vdots & \vdots \\ 0 & 0 & 0 & \cdots & 1 & 2\cos\theta \end{vmatrix}$；

(11) $D_n=\begin{vmatrix} 5 & 3 & 0 & 0 & \cdots & 0 & 0 & 0 \\ 2 & 5 & 3 & 0 & \cdots & 0 & 0 & 0 \\ 0 & 2 & 5 & 3 & \cdots & 0 & 0 & 0 \\ \vdots & \vdots & \vdots & \vdots & & \vdots & \vdots & \vdots \\ 0 & 0 & 0 & 0 & \cdots & 2 & 5 & 3 \\ 0 & 0 & 0 & 0 & \cdots & 0 & 2 & 5 \end{vmatrix}$；

(12) $D_6=\begin{vmatrix} 1 & 1 & 0 & 0 & 0 & 1 \\ x_1 & x_2 & 0 & 0 & 0 & x_3 \\ a_1 & b_1 & 1 & 1 & 1 & c_1 \\ a_2 & b_2 & x_1 & x_2 & x_3 & c_2 \\ x_1^2 & x_2^2 & 0 & 0 & 0 & x_3^2 \\ a_3 & b_3 & x_1^2 & x_2^2 & x_3^2 & c_3 \end{vmatrix}$.

11. 用克拉默法则解下列线性方程组：

(1) $\begin{cases} 2x_1+3x_2+11x_3+5x_4=2, \\ x_1+x_2+5x_3+2x_4=1, \\ 2x_1+x_2+3x_3+2x_4=-3, \\ x_1+x_2+3x_3+4x_4=-3; \end{cases}$　　(2) $\begin{cases} x_1+3x_2-2x_3+x_4=1, \\ 2x_1+5x_2-3x_3+2x_4=3, \\ -3x_1+4x_2+8x_3-2x_4=4, \\ 6x_1-x_2-6x_3+4x_4=2. \end{cases}$

12. 已知三个平面 $\begin{cases} x=ay+bz, \\ y=cz+ax, \\ z=bx+cy, \end{cases}$ 求证：它们至少相交于一条直线的充要条件为 $a^2+b^2+c^2+2abc=1$.

13. 设 $f(x)=a_0+a_1x+a_2x^2+\cdots+a_nx^n$，试用克拉默法则证明：若 $f(x)$ 有 $n+1$ 个不同的根，则 $f(x)\equiv 0$.

(B)

一、填空题

1. 若九级排列 $3972i15j4$ 是奇排列，则 $i=$________，$j=$________.

2. 行列式 $\begin{vmatrix} 1 & 1 & 1 & 1 \\ 1 & 2 & 0 & 0 \\ 1 & 0 & 3 & 0 \\ 1 & 0 & 0 & 4 \end{vmatrix}=$________.

3. 行列式 $\begin{vmatrix} a & 1 & 0 & 0 \\ b & a & 1 & 0 \\ 0 & b & a & 1 \\ 0 & 0 & b & a \end{vmatrix}=$________.

4. 行列式 $\begin{vmatrix} 1 & 0 & 2 & -1 \\ 0 & 2 & 1 & 0 \\ 1 & -1 & 0 & 1 \\ 1 & 2 & 3 & 4 \end{vmatrix}=$________.

5. 设行列式 $D=\begin{vmatrix} 3 & 0 & 4 & 0 \\ 2 & 2 & 2 & 2 \\ 0 & -7 & 0 & 0 \\ 5 & 3 & -2 & 2 \end{vmatrix}$，其第四行各元素余子式之和的值为________.

6. 设 $f(x)=\begin{vmatrix} x & -1 & 0 & x \\ 2 & 2 & 3 & x \\ -7 & 10 & 4 & 3 \\ 1 & -7 & 1 & x \end{vmatrix}$，则 $f(x)$ 的常数项 = ________.

7. 若 $\begin{vmatrix} 1 & 2 & 3 & 4 \\ 5 & 6 & 7 & 8 \\ 0 & 0 & x & 3 \\ 0 & 0 & 4 & 5 \end{vmatrix}=0$，则 $x=$ ________.

8. $\begin{vmatrix} 1+x & 1 & 1 & 1 \\ 1 & 1-x & 1 & 1 \\ 1 & 1 & 1+y & 1 \\ 1 & 1 & 1 & 1-y \end{vmatrix}=$ ________.

9. 设 $\begin{vmatrix} 1 & 1 & 1 & 1 \\ -1 & 1 & 2 & 3 \\ 1 & 1 & 4 & 15 \\ 1 & x & x^2 & x^3 \end{vmatrix}+\begin{vmatrix} 1 & 1 & 1 & 1 \\ 2 & 1 & 2 & 5 \\ 1 & 1 & 4 & 15 \\ 1 & x & x^2 & x^3 \end{vmatrix}+\begin{vmatrix} 1 & 1 & 1 & 1 \\ 1 & 2 & 4 & 8 \\ 0 & 2 & 5 & 12 \\ 1 & x & x^2 & x^3 \end{vmatrix}=0$，则方程的解为 $x=$ ________.

10. 设 $x^4+3x^2+2x+1=0$ 的 4 个根为 $\alpha_1, \alpha_2, \alpha_3, \alpha_4$，则 $\begin{vmatrix} \alpha_1 & \alpha_2 & \alpha_3 & \alpha_4 \\ \alpha_2 & \alpha_3 & \alpha_4 & \alpha_1 \\ \alpha_3 & \alpha_4 & \alpha_1 & \alpha_2 \\ \alpha_4 & \alpha_1 & \alpha_2 & \alpha_3 \end{vmatrix}=$ ____.

11. 设 a, b, c, d 是互不相同的正实数，x, y, z, w 是实数，满足 $a^x=bcd$，$b^y=cda$，$c^z=dab$，$d^w=abc$，则行列式 $\begin{vmatrix} -x & 1 & 1 & 1 \\ 1 & -y & 1 & 1 \\ 1 & 1 & -z & 1 \\ 1 & 1 & 1 & -w \end{vmatrix}=$ ________.

二、单项选择题

1. n 阶行列式 D_n 中满足(　　)，则 $D_n=0$.

(A)D_n 中零元素的个数大于 n 个　　(B)D_n 中主对角元素全为零

(C)D_n 中有一列是另外二列之和　　(D)D_n 中每个元素均为两数之和

2. 若 n 阶行列式 $|a_{ij}|$ 中等于零的元素个数大于 n^2-n，则该行列式 $|a_{ij}|=$(　　).

(A)0　　(B)1　　(C)-1　　(D)1 或 -1

3. 多项式 $f(x)=\begin{vmatrix}1&2&3&x\\1&2&x&3\\1&x&2&3\\x&1&2&x\end{vmatrix}$ 中 x^4 与 x^3 的系数依次为(　　).

(A) $-1,-1$　　(B) $1,-1$　　(C) $-1,1$　　(D) $1,1$

4. 行列式 $\begin{vmatrix}-2&-x&2x&-3x\\1&0&x&0\\x&2x&0&2\\-x&0&-1&x\end{vmatrix}$ 展开式中 x^4 的系数是(　　).

(A) -5　　(B) 5　　(C) -6　　(D) 6

5. 设三阶行列式 $\begin{vmatrix}a&1&1\\2&-4&b\\-1&2&b\end{vmatrix}\neq 0$，则(　　).

(A) $b\neq 0$　　(B) $a\neq -\frac{1}{2}$

(C) $b=0, a=-\frac{1}{2}$　　(D) $b\neq 0$ 且 $a\neq -\frac{1}{2}$

6. 方程 $g(x)=\begin{vmatrix}x-1&-1&0\\-1&x&-1\\0&-1&x-1\end{vmatrix}=0$ 的根为(　　).

(A) $1, 0, 1$　　(B) $1, 1, 2$

(C) $-1, 1, 2$　　(D) $-1, 1, 1$

7. 行列式 $\begin{vmatrix}1&1&0&0\\0&2&2&0\\0&0&3&3\\4&0&0&4\end{vmatrix}=$(　　).

(A) 48　　(B) 24　　(C) 12　　(D) 0

8. 四阶行列式 $\begin{vmatrix}a_1&0&0&b_1\\0&a_2&b_2&0\\0&b_3&a_3&0\\b_4&0&0&a_4\end{vmatrix}$ 的值等于(　　).

(A) $a_1a_2a_3a_4-b_1b_2b_3b_4$　　(B) $a_1a_2a_3a_4+b_1b_2b_3b_4$

(C) $(a_1a_2-b_1b_2)(a_3a_4-b_3b_4)$　　(D) $(a_2a_3-b_2b_3)(a_1a_4-b_1b_4)$

9. 已知 $\begin{vmatrix} a_{11} & a_{12} & a_{13} \\ a_{21} & a_{22} & a_{23} \\ a_{31} & a_{32} & a_{33} \end{vmatrix}=m\neq 0$，则 $\begin{vmatrix} a_{21} & a_{22} & a_{23} \\ 2a_{31}-5a_{11} & 2a_{32}-5a_{12} & 2a_{33}-5a_{13} \\ 3a_{11}+2a_{21} & 3a_{12}+2a_{22} & 3a_{13}+2a_{23} \end{vmatrix}=(\quad)$.

(A) $6m$　(B) $-6m$　(C) $12m$　(D) $-12m$

10. 行列式 $\begin{vmatrix} 0 & a & 0 & 0 & b \\ b & 0 & a & 0 & 0 \\ 0 & b & 0 & a & 0 \\ 0 & 0 & b & 0 & a \\ a & 0 & 0 & b & 0 \end{vmatrix}=(\quad)$.

(A) a^5+b^5　(B) $-a^5+b^5$　(C) a^5-b^5　(D) $-a^5-b^5$

11. 设 $D=\begin{vmatrix} 1 & 2 & 3 & 4 \\ 2 & 3 & 4 & 1 \\ 3 & 4 & 1 & 2 \\ 4 & 1 & 2 & 3 \end{vmatrix}$，$A_{i4}$ 是 D 中元素 $a_{i4}(i=1,2,3,4)$ 的代数余子式，则 $A_{14}+2A_{24}+3A_{34}+4A_{44}=(\quad)$.

(A) 0　(B) 1　(C) -1　(D) D

12. 已知四阶行列式 D，其第 3 列元素分别为 1，3，-2，2，它们对应的余子式分别为 3，-2，1，1，则行列式 $D=(\quad)$.

(A) -5　(B) 5　(C) -3　(D) 3

13. 若线性方程组 $\begin{cases} x_1+kx_2-x_3=0, \\ 4x_2+x_3=0, \\ kx_1-7x_2-x_3=0 \end{cases}$ 只有零解，则 k 可为(　　).

(A) 0　(B) -3　(C) -1　(D) -1 或 -3

14. 若线性方程组 $\begin{cases} kx+z=0, \\ 2x+ky+z=0, \\ kx-2y+z=0 \end{cases}$ 有非零解，则 k 的值为(　　).

(A) 0　(B) 2　(C) -1　(D) -2

第2章 矩 阵

矩阵是线性代数的一个主要研究对象，也是一种重要的数学工具. 在科学技术的各个分支及经济定量分析、经济管理等许多领域，拥有广泛的应用. 今天，矩阵又为我们应用计算机来处理各类问题带来很大方便与可能.

本章的主要内容有：矩阵的概念；矩阵的基本运算——加法、数乘、乘法、求逆以及矩阵分块运算；矩阵的初等变换与矩阵的秩.

§2.1 矩阵的概念

2.1.1 矩阵的概念

矩阵是从解决实际问题的过程中抽象出来的一个数学概念，是数（或函数）的矩形数表. 在给出矩阵定义之前，先看几个例子.

例 1 设有 5 个城市 A,B,C,D,E，其城市间有道路相通（用线段相连表示），如右下图所示. A,B,C,D,E 之间的通路关系可以利用矩形数表简明地表示出来，即

$$\begin{array}{c} \\ A \\ B \\ C \\ D \\ E \end{array}\begin{array}{c} \begin{array}{ccccc} A & B & C & D & E \end{array} \\ \begin{pmatrix} 1 & 1 & 1 & 0 & 2 \\ 1 & 1 & 1 & 3 & 1 \\ 1 & 1 & 1 & 1 & 1 \\ 0 & 3 & 1 & 1 & 1 \\ 2 & 1 & 1 & 1 & 1 \end{pmatrix} \end{array}$$

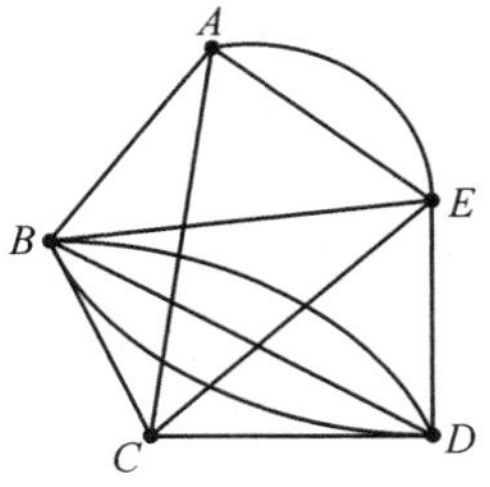

每一个数字给出了各个城市之间道路的相通情况，如第 2 行第 4 列的数字 3 表明 B 与 D 两城市间有 3 条道路相通.

例 2 国民经济的 n 个部门组成一个经济系统，各部门既是生产者，又是消耗者. 设 c_{ij} 表示第 j 个部门生产的单位产值需消耗第 i 个部门产值数，称 c_{ij} 为第 j 个部门对第 i 个部门的直接消耗系数 ($c_{ij} \geqslant 0$). 为简单起见，令 $n=3$，如煤碳部门、电力部门、铁路运输部门，它们的关系如下表：

消耗系数 部门 / 部门		消耗部门		
		煤 碳	电 力	铁 运
生产部门	煤 碳	0	0.65	0.55
	电 力	0.25	0.05	0.10
	铁 运	0.25	0.05	0

引入矩形数表

$$\begin{pmatrix} 0 & 0.65 & 0.55 \\ 0.25 & 0.05 & 0.10 \\ 0.25 & 0.05 & 0 \end{pmatrix},$$

这就是一个简单的投入产出数学模型.

一般地,有以下定义.

定义 2.1 由 $m\times n$ 个数 $a_{ij}(i=1,2,\cdots,m;\ j=1,2,\cdots,n)$ 排成的一个 m 行 n 列的矩形数表

$$\begin{pmatrix} a_{11} & a_{12} & \cdots & a_{1n} \\ a_{21} & a_{22} & \cdots & a_{2n} \\ \vdots & \vdots & & \vdots \\ a_{m1} & a_{m2} & \cdots & a_{mn} \end{pmatrix}$$

称为一个 $m\times n$ **矩阵**. 其中 a_{ij} 称为矩阵的第 i 行第 j 列的**元素**. 当 a_{ij} 均为实数时,称为**实矩阵**. 本书的矩阵除特别说明外,都指实矩阵.

通常用大写黑斜体字母 $\boldsymbol{A},\boldsymbol{B},\boldsymbol{C}$ 等表示矩阵. 有时为了指明矩阵的某些属性,也记为 $\boldsymbol{A}_{m\times n}$ 或 $\boldsymbol{A}=(a_{ij})_{m\times n}$,在不致引起混淆时,也可简记为 $\boldsymbol{A}=(a_{ij})$.

特别地,当 $m=n$ 时,$\boldsymbol{A}=(a_{ij})_{n\times n}$ 称为 **n 阶方阵或 n 阶矩阵**,记为 $\boldsymbol{A}_n$,元素 $a_{11},a_{22},\cdots,a_{nn}$ 称为方阵 $\boldsymbol{A}$ 的**主对角元**,它们所在位置叫做方阵 $\boldsymbol{A}$ 的**主对角线**,方阵的另一条对角线称为**副对角线**.

定义 2.2 设矩阵 $\boldsymbol{A}=(a_{ij})_{m\times n}$,$\boldsymbol{B}=(b_{ij})_{s\times r}$,如果 $m=s$,$n=r$ 且 $a_{ij}=b_{ij}(i=1,2,\cdots,m,\ j=1,2,\cdots,n)$,则称矩阵 $\boldsymbol{A}$ 和 $\boldsymbol{B}$ **相等**,记作 $\boldsymbol{A}=\boldsymbol{B}$. 也就是说,只有完全相同的矩阵才叫做相等.

例如,设 $\boldsymbol{A}=\begin{pmatrix} 2 & -3 & 4 \\ 0 & -4 & 5 \end{pmatrix}$,$\boldsymbol{B}=\begin{pmatrix} 2 & x & 4 \\ y & -4 & z \end{pmatrix}$,若 $\boldsymbol{A}=\boldsymbol{B}$,则 $x=-3$,$y=0$,$z=5$.

2.1.2 几种特殊矩阵

1. 零矩阵

元素全为零的 $m\times n$ 矩阵称为**零矩阵**，记为 $\boldsymbol{O}_{m\times n}$，在不致引起混淆的情况下，可简记为 $\boldsymbol{O}$.

2. 行矩阵与列矩阵

只有一行的 $1\times n$ 矩阵

$$(a_1 \quad a_2 \quad \cdots \quad a_n)$$

称为**行矩阵**，又称为 $\boldsymbol{n}$ **维行向量**. 为了避免元素间的混淆，一般用逗号将各个元素隔开，也记作

$$(a_1, a_2, \cdots, a_n).$$

只有一列的 $n\times 1$ 矩阵

$$\begin{pmatrix} a_1 \\ a_2 \\ \vdots \\ a_n \end{pmatrix}$$

称为**列矩阵**，又称为 $\boldsymbol{n}$ **维列向量**.

3. 上(下)三角形矩阵

方阵中，如果在主对角线之下的所有元素都是零（当 $i>j$ 时，$a_{ij}=0$），即形如

$$\begin{pmatrix} a_{11} & a_{12} & \cdots & a_{1n} \\ 0 & a_{22} & \cdots & a_{2n} \\ \vdots & \vdots & & \vdots \\ 0 & 0 & \cdots & a_{nn} \end{pmatrix}$$

的方阵，称为**上三角形矩阵**. 类似地，在主对角线之上的所有元素都是零（当 $i<j$ 时，$a_{ij}=0$），即形如

$$\begin{pmatrix} a_{11} & 0 & 0 & 0 \\ a_{21} & a_{22} & \cdots & 0 \\ \vdots & \vdots & & \vdots \\ a_{n1} & a_{n2} & \cdots & a_{nn} \end{pmatrix}$$

的方阵，称为**下三角形矩阵**.

4. 对角矩阵

方阵中非主对角线上的所有元素都是零（当 $i\neq j$ 时，$a_{ij}=0$），即形如

$$\begin{pmatrix} a_{11} & 0 & \cdots & 0 \\ 0 & a_{22} & \cdots & 0 \\ \vdots & \vdots & & \vdots \\ 0 & 0 & \cdots & a_{nn} \end{pmatrix}$$

的方阵称为**对角矩阵**,可记作 $\text{diag}(a_{11}, a_{22}, \cdots, a_{nn})$.

5. 数量矩阵

当对角矩阵的主对角上的元素都相同时,$\text{diag}(\lambda,\lambda,\cdots,\lambda)$ 称为**数量矩阵**. 特别地,当 $\lambda = 1$ 时,称 n 阶数量矩阵

$$\begin{pmatrix} 1 & 0 & \cdots & 0 \\ 0 & 1 & \cdots & 0 \\ \vdots & \vdots & & \vdots \\ 0 & 0 & \cdots & 1 \end{pmatrix}$$

为 n 阶**单位矩阵**,记作 $\boldsymbol{E}_n$ 或 $\boldsymbol{E}$.

§ 2.2　矩阵的运算

矩阵的意义不仅在于将一些数据排成数表形式,而且在于便于探讨它们之间的相互关系—— 矩阵运算,这能够反映某些数学研究对象的客观规律,从而使矩阵成为进行理论研究和解决实际问题的有力工具.

2.2.1　矩阵的线性运算

定义 2.3　设有两个 $m\times n$ 矩阵 $\boldsymbol{A} = (a_{ij})_{m\times n}$ 和 $\boldsymbol{B} = (b_{ij})_{m\times n}$,我们定义矩阵

$$\boldsymbol{C} = (c_{ij})_{m\times n} = (a_{ij} + b_{ij})_{m\times n},$$

为 $\boldsymbol{A}$ 和 $\boldsymbol{B}$ 的**和**,记作 $\boldsymbol{C} = \boldsymbol{A} + \boldsymbol{B}$.

定义 2.4　设 $m\times n$ 矩阵 $\boldsymbol{A} = (a_{ij})_{m\times n}$,且 λ 是某一常数,我们定义矩阵

$$(\lambda a_{ij})_{m\times n},$$

称为常数 λ 与矩阵 $\boldsymbol{A}$ 的**数量乘法**,简称为**数乘**,记作 $\lambda\boldsymbol{A}$.

换句话说,常数 λ 与矩阵 $\boldsymbol{A}$ 的数乘就是把矩阵 $\boldsymbol{A}$ 的每一个元素都乘上 λ.

矩阵

$$\begin{pmatrix} -a_{11} & -a_{12} & \cdots & -a_{1n} \\ -a_{21} & -a_{22} & \cdots & -a_{2n} \\ \vdots & \vdots & & \vdots \\ -a_{m1} & -a_{m2} & \cdots & -a_{mn} \end{pmatrix}$$

称为矩阵 $\boldsymbol{A}$ 的**负矩阵**，记为 $-\boldsymbol{A}$. 显然有

$$\boldsymbol{A}+(-\boldsymbol{A})=\boldsymbol{O}.$$

利用负矩阵，我们定义矩阵的**减法**：

$$\boldsymbol{A}-\boldsymbol{B}=\boldsymbol{A}+(-\boldsymbol{B}).$$

于是就有

$$\boldsymbol{A}+\boldsymbol{B}=\boldsymbol{C} \Leftrightarrow \boldsymbol{A}=\boldsymbol{C}-\boldsymbol{B}.$$

这就是我们熟悉的移项规则.

不难证明，矩阵的加法与数乘运算满足下列运算规律：

(1) $\boldsymbol{A}+\boldsymbol{B}=\boldsymbol{B}+\boldsymbol{A}$；

(2) $\boldsymbol{A}+(\boldsymbol{B}+\boldsymbol{C})=(\boldsymbol{A}+\boldsymbol{B})+\boldsymbol{C}$；

(3) $\boldsymbol{A}+\boldsymbol{O}=\boldsymbol{O}+\boldsymbol{A}$；

(4) $\boldsymbol{A}+(-\boldsymbol{A})=\boldsymbol{O}$；

(5) $1\boldsymbol{A}=\boldsymbol{A}$；

(6) $\lambda(\mu\boldsymbol{A})=(\lambda\mu)\boldsymbol{A}$；

(7) $(\lambda+\mu)\boldsymbol{A}=\lambda\boldsymbol{A}+\mu\boldsymbol{A}$；

(8) $\lambda(\boldsymbol{A}+\boldsymbol{B})=\lambda\boldsymbol{A}+\lambda\boldsymbol{B}$.

在数学中，把具有上述八条规律的运算称为**线性运算**.

例 1 设 $\boldsymbol{A}=\begin{pmatrix}1&1&0\\2&-1&4\end{pmatrix}$，$\boldsymbol{B}=\begin{pmatrix}2&2&1\\-3&1&2\end{pmatrix}$，求 $2\boldsymbol{A}-\boldsymbol{B}$.

解 $2\boldsymbol{A}-\boldsymbol{B}=\begin{pmatrix}2\times1-2&2\times1-2&2\times0-1\\2\times2-(-3)&2\times(-1)-1&2\times4-2\end{pmatrix}=\begin{pmatrix}0&0&-1\\7&-3&6\end{pmatrix}$.

2.2.2 矩阵的乘法

先看一个例子：

例 2 某工厂的车间Ⅰ、车间Ⅱ、车间Ⅲ生产甲、乙两种商品. 三个车间一天内生产甲、乙产品的数量矩阵（单位：kg）及甲、乙产品的单位价格和单位利润矩阵（单位：元）分别为

$$\boldsymbol{A}=\begin{pmatrix}120&200\\150&180\\115&220\end{pmatrix}\begin{matrix}\text{车间 I}\\\text{车间 II}\\\text{车间 III}\end{matrix}\ (\text{列：甲、乙}),\quad \boldsymbol{B}=\begin{pmatrix}50&20\\40&15\end{pmatrix}\begin{matrix}\text{甲}\\\text{乙}\end{matrix}\ (\text{列：单位价格、单位利润}).$$

试将该厂三个车间一天内各自的总产值和总利润用矩阵表示.

解 依题意得，

某车间的总产值＝甲产品生产数量×甲产品单位价格

+乙产品生产数量×乙产品单位价格；

某车间的总利润=甲产品生产数量×甲产品单位利润

+乙产品生产数量×乙产品单位利润.

容易得出，三个车间一天内各自的总产值和总利润矩阵为

$$
\begin{array}{c} \\ C= \end{array}
\begin{array}{c} \text{总产值} \qquad\qquad\qquad \text{总利润} \\ \begin{pmatrix} 120\times50+200\times40 & 120\times20+200\times15 \\ 150\times50+180\times40 & 150\times20+180\times15 \\ 115\times50+220\times40 & 115\times20+220\times15 \end{pmatrix} \end{array}
\begin{array}{l} \\ \text{车间 I} \\ \text{车间 II}. \\ \text{车间 III} \end{array}
$$

由于总产值是产品生产数量与产品单位价格之积，总利润是产品生产数量与产品单位利润之积，可以把总产值和总利润矩阵 $\boldsymbol{C}$ 看成是产品的数量矩阵 $\boldsymbol{A}$ 与单位价格和单位利润矩阵 $\boldsymbol{B}$ 的积，即

$$
\begin{aligned}
\boldsymbol{AB} &= \begin{pmatrix} 120 & 200 \\ 150 & 180 \\ 115 & 220 \end{pmatrix} \begin{pmatrix} 50 & 20 \\ 40 & 15 \end{pmatrix} \\
&= \begin{pmatrix} 120\times50+200\times40 & 120\times20+200\times15 \\ 150\times50+180\times40 & 150\times20+180\times15 \\ 115\times50+220\times40 & 115\times20+220\times15 \end{pmatrix} = \boldsymbol{C},
\end{aligned}
$$

其中乘积矩阵 $\boldsymbol{C}$ 的第 i 行第 j 列元素 c_{ij} 等于矩阵 $\boldsymbol{A}$ 的第 i 行各元素与 $\boldsymbol{B}$ 的第 j 列对应各元素乘积之和，即

$$c_{ij} = a_{i1}b_{1j} + a_{i2}b_{2j},$$

其中 $i = 1,2,3$；$j = 1,2$.

这样的乘积结构具有普遍意义. 受此启发，我们给出矩阵的乘法定义.

定义 2.5 给定 $m\times l$ 矩阵 $\boldsymbol{A}=(a_{ij})_{m\times l}$ 与 $l\times n$ 矩阵 $\boldsymbol{B}=(b_{ij})_{l\times n}$，作这样一个 $m\times n$ 矩阵 $\boldsymbol{C}=(c_{ij})_{m\times n}$，它的第 i 行第 j 列的元素 c_{ij} 等于 $\boldsymbol{A}$ 的第 i 行元素与 $\boldsymbol{B}$ 的第 j 列对应元素乘积的和，即

$$c_{ij} = a_{i1}b_{1j} + a_{i2}b_{2j} + \cdots + a_{il}b_{lj},$$

其中 $i = 1,2,\cdots,m$；$j = 1,2,\cdots,n$. 称矩阵 $\boldsymbol{C}$ 为矩阵 $\boldsymbol{A}$ 与 $\boldsymbol{B}$ 的**乘积**，记为 $\boldsymbol{C}=\boldsymbol{AB}$.

这个乘法法则可表示如下：

$$
\begin{pmatrix} c_{11} & \cdots & c_{1j} & \cdots & c_{1n} \\ \vdots & & \vdots & & \vdots \\ c_{i1} & \cdots & \boxed{c_{ij}} & \cdots & c_{in} \\ \vdots & & \vdots & & \vdots \\ c_{m1} & \cdots & c_{mj} & \cdots & c_{mn} \end{pmatrix} = \begin{pmatrix} a_{11} & a_{12} & \cdots & a_{il} \\ \vdots & \vdots & & \vdots \\ a_{i1} & a_{i2} & \cdots & a_{il} \\ \vdots & \vdots & & \vdots \\ a_{m1} & a_{m2} & \cdots & a_{ml} \end{pmatrix} \begin{pmatrix} b_{11} & \cdots & b_{1j} & \cdots & b_{1n} \\ b_{21} & \cdots & b_{2j} & \cdots & b_{2n} \\ \vdots & & \vdots & & \vdots \\ b_{l1} & \cdots & b_{lj} & \cdots & b_{ln} \end{pmatrix}.
$$

由矩阵乘法的定义可以看出，只有当第一个矩阵 $\boldsymbol{A}$ 的列数等于第二个矩阵 $\boldsymbol{B}$ 的行数时，$\boldsymbol{A}$ 与 $\boldsymbol{B}$ 才能相乘，乘积 $\boldsymbol{AB}$ 的行数为 $\boldsymbol{A}$ 的行数，$\boldsymbol{AB}$ 的列数为 $\boldsymbol{B}$ 的列数.

例 3 设 $\boldsymbol{A}=\begin{pmatrix} a_1 \\ a_2 \\ \vdots \\ a_n \end{pmatrix}$，$\boldsymbol{B}=(b_1,\ b_2,\ \cdots,\ b_n)$，求 $\boldsymbol{AB}$ 与 $\boldsymbol{BA}$.

解

$$\boldsymbol{AB}=\begin{pmatrix} a_1 \\ a_2 \\ \vdots \\ a_n \end{pmatrix}(b_1,\ b_2,\ \cdots,\ b_n)=\begin{pmatrix} a_1b_1 & a_1b_2 & \cdots & a_1b_n \\ a_2b_1 & a_2b_2 & \cdots & a_2b_n \\ \vdots & \vdots & & \vdots \\ a_nb_1 & a_nb_2 & \cdots & a_nb_n \end{pmatrix},$$

$$\boldsymbol{BA}=(b_1,\ b_2,\ \cdots,\ b_n)\begin{pmatrix} a_1 \\ a_2 \\ \vdots \\ a_n \end{pmatrix}=b_1a_1+b_2a_2+\cdots+b_na_n.$$

即 $\boldsymbol{AB}$ 是 n 阶矩阵，$\boldsymbol{BA}$ 是一阶矩阵.

例 4 设 $\boldsymbol{A}=\begin{pmatrix} -2 & 4 & 2 \\ 5 & -3 & 1 \\ -1 & 0 & 1 \end{pmatrix}$，$\boldsymbol{B}=\begin{pmatrix} 1 & 3 \\ 2 & 1 \\ -1 & 4 \end{pmatrix}$，求 $\boldsymbol{AB}$.

解

$$\boldsymbol{AB}=\begin{pmatrix} -2\times1+4\times2+2\times(-1) & -2\times3+4\times1+2\times4 \\ 5\times1+(-3)\times2+1\times(-1) & 5\times3+(-3)\times1+1\times4 \\ -1\times1+0\times2+1\times(-1) & -1\times3+0\times1+1\times4 \end{pmatrix}=\begin{pmatrix} 4 & 6 \\ -2 & 16 \\ -2 & 1 \end{pmatrix}.$$

注意，$\boldsymbol{B}$ 是 3×2 矩阵，$\boldsymbol{A}$ 为 3×3 矩阵，$\boldsymbol{B}$ 的列数不等于 $\boldsymbol{A}$ 的行数，所以 $\boldsymbol{B}$ 与 $\boldsymbol{A}$ 不能相乘，即 $\boldsymbol{BA}$ 无意义.

例 5 设 $\boldsymbol{A}=\begin{pmatrix} 1 & 1 \\ -1 & -1 \end{pmatrix}$，$\boldsymbol{B}=\begin{pmatrix} 1 & -1 \\ -1 & 1 \end{pmatrix}$，$\boldsymbol{C}=\begin{pmatrix} -1 & 1 \\ 1 & -1 \end{pmatrix}$，计算 $\boldsymbol{AB}$，$\boldsymbol{BA}$ 及 $\boldsymbol{AC}$.

解

$$\boldsymbol{AB}=\begin{pmatrix} 1 & 1 \\ -1 & -1 \end{pmatrix}\begin{pmatrix} 1 & -1 \\ -1 & 1 \end{pmatrix}=\begin{pmatrix} 0 & 0 \\ 0 & 0 \end{pmatrix},$$

$$\boldsymbol{BA}=\begin{pmatrix} 1 & -1 \\ -1 & 1 \end{pmatrix}\begin{pmatrix} 1 & 1 \\ -1 & -1 \end{pmatrix}=\begin{pmatrix} 2 & 2 \\ -2 & -2 \end{pmatrix},$$

$$\boldsymbol{AC}=\begin{pmatrix} 1 & 1 \\ -1 & -1 \end{pmatrix}\begin{pmatrix} -1 & 1 \\ 1 & -1 \end{pmatrix}=\begin{pmatrix} 0 & 0 \\ 0 & 0 \end{pmatrix}.$$

从上面的例题中可以看出，矩阵的乘法与我们熟悉的数的乘法有许多不同之处：

(1)矩阵的乘法不满足交换律，即一般说来，$\boldsymbol{AB}\neq\boldsymbol{BA}$. 首先，当 $m\neq n$ 时，$\boldsymbol{A}_{m\times l}\boldsymbol{B}_{l\times n}$ 有

意义,但 $\boldsymbol{B}_{l\times n}\boldsymbol{A}_{m\times l}$ 没有意义(如例4).其次,$\boldsymbol{A}_{m\times n}\boldsymbol{B}_{n\times m}$ 和 $\boldsymbol{B}_{n\times m}\boldsymbol{A}_{m\times n}$ 虽然都有意义,但当 $m\neq n$ 时,第一个矩阵是 $m\times m$ 矩阵而第二个矩阵是 $n\times n$ 矩阵,它们不能相等(如例3).最后,即使 $\boldsymbol{A}_{n\times n}\boldsymbol{B}_{n\times n}$ 和 $\boldsymbol{B}_{n\times n}\boldsymbol{A}_{n\times n}$ 都是 $n\times n$ 矩阵,它们也未必相等(如例5).

由于矩阵的乘法不满足交换律,将 $\boldsymbol{AB}$ 称为 $\boldsymbol{A}$ **左乘** $\boldsymbol{B}$,或者说成 $\boldsymbol{B}$ **右乘** $\boldsymbol{A}$.

(2)两个非零矩阵的乘积可以是零矩阵(如例5),即当 $\boldsymbol{AB}=\boldsymbol{O}$ 时不一定有 $\boldsymbol{A}=\boldsymbol{O}$ 或 $\boldsymbol{B}=\boldsymbol{O}$.这是矩阵乘法的一个特点.

(3)矩阵乘法的消去律不成立,即当 $\boldsymbol{AB}=\boldsymbol{AC}$ 时不一定有 $\boldsymbol{B}=\boldsymbol{C}$(如例5).

通过矩阵的乘法定义,可以验证矩阵的乘法满足以下运算规律:

(1)结合律　$(\boldsymbol{AB})\boldsymbol{C}=\boldsymbol{A}(\boldsymbol{BC})$;

(2)左乘分配律　$\boldsymbol{A}(\boldsymbol{B}+\boldsymbol{C})=\boldsymbol{AB}+\boldsymbol{AC}$;

　右乘分配律　$(\boldsymbol{B}+\boldsymbol{C})\boldsymbol{A}=\boldsymbol{BA}+\boldsymbol{CA}$;

(3)$\lambda(\boldsymbol{AB})=(\lambda\boldsymbol{A})\boldsymbol{B}=\boldsymbol{A}(\lambda\boldsymbol{B})$(其中 λ 是常数).

例6　如果两矩阵 $\boldsymbol{A}$ 与 $\boldsymbol{B}$ 相乘,有 $\boldsymbol{AB}=\boldsymbol{BA}$,则称矩阵 $\boldsymbol{A}$ 与 $\boldsymbol{B}$ 为**可交换**的.设 $\boldsymbol{A}=\begin{pmatrix}1&1\\0&1\end{pmatrix}$,试求出所有与 $\boldsymbol{A}$ 可交换的矩阵.

解　由条件可知,如果 $\boldsymbol{A}$ 与 $\boldsymbol{B}$ 可交换,则 $\boldsymbol{A}$ 与 $\boldsymbol{B}$ 必为同阶方阵.故设

$$\boldsymbol{X}=\begin{pmatrix}x_{11}&x_{12}\\x_{21}&x_{22}\end{pmatrix}$$

为与 $\boldsymbol{A}$ 可交换的矩阵.由于

$$\boldsymbol{AX}=\begin{pmatrix}1&1\\0&1\end{pmatrix}\begin{pmatrix}x_{11}&x_{12}\\x_{21}&x_{22}\end{pmatrix}=\begin{pmatrix}x_{11}+x_{21}&x_{12}+x_{22}\\x_{21}&x_{22}\end{pmatrix},$$

$$\boldsymbol{XA}=\begin{pmatrix}x_{11}&x_{12}\\x_{21}&x_{22}\end{pmatrix}\begin{pmatrix}1&1\\0&1\end{pmatrix}=\begin{pmatrix}x_{11}&x_{11}+x_{12}\\x_{21}&x_{21}+x_{22}\end{pmatrix},$$

则由 $\boldsymbol{AX}=\boldsymbol{XA}$ 可推得 $x_{21}=0$,$x_{11}=x_{22}$,且 x_{11},x_{12} 可取任意值,即

$$\boldsymbol{X}=\begin{pmatrix}x_{11}&x_{12}\\0&x_{11}\end{pmatrix}.$$

例7　对于单位矩阵 $\boldsymbol{E}_n$,可直接计算知有如下的性质:

$$\boldsymbol{A}_{m\times n}\boldsymbol{E}_n=\boldsymbol{A}_{m\times n},\quad \boldsymbol{E}_n\boldsymbol{A}_{n\times p}=\boldsymbol{A}_{n\times p}.$$

特别地有

$$\boldsymbol{A}_{n\times n}\boldsymbol{E}_n=\boldsymbol{A}_{n\times n}=\boldsymbol{E}_n\boldsymbol{A}_{n\times n}.$$

可见,单位矩阵在矩阵的乘法中的作用类似于常数1在数的乘法中的作用.

值得一提的是,线性方程组可以利用矩阵乘法表示出来.对于一般的线性方程组

$$\begin{cases} a_{11}x_1 + a_{12}x_2 + \cdots + a_{1n}x_n = b_1, \\ a_{21}x_1 + a_{22}x_2 + \cdots + a_{2n}x_n = b_2, \\ \quad\cdots\cdots \\ a_{m1}x_1 + a_{m2}x_2 + \cdots + a_{mn}x_n = b_m, \end{cases}$$

若定义下列矩阵

$$\boldsymbol{A}=\begin{pmatrix} a_{11} & a_{12} & \cdots & a_{1n} \\ a_{21} & a_{22} & \cdots & a_{2n} \\ \vdots & \vdots & & \vdots \\ a_{m1} & a_{m2} & \cdots & a_{mn} \end{pmatrix}, \quad \boldsymbol{x}=\begin{pmatrix} x_1 \\ x_2 \\ \vdots \\ x_n \end{pmatrix}, \quad \boldsymbol{b}=\begin{pmatrix} b_1 \\ b_2 \\ \vdots \\ b_m \end{pmatrix}.$$

则线性方程组可以简洁地用矩阵等式

$$\boldsymbol{Ax}=\boldsymbol{b}$$

来表示，其中 $\boldsymbol{A}$ 称为线性方程组的**系数矩阵**，而且矩阵

$$\begin{pmatrix} a_{11} & a_{12} & \cdots & a_{1n} & b_1 \\ a_{21} & a_{22} & \cdots & a_{2n} & b_2 \\ \vdots & \vdots & & \vdots & \vdots \\ a_{m1} & a_{m2} & \cdots & a_{mn} & b_m \end{pmatrix}$$

是由 $\boldsymbol{b}$ 结合 $\boldsymbol{A}$ 所得，称为方程组的**增广矩阵**，可记为 $\bar{\boldsymbol{A}}$ 或$(\boldsymbol{A}, \boldsymbol{b})$.

2.2.3 方阵的幂

由矩阵的乘法满足结合律，我们还可以定义**方阵的幂**的概念.

定义 2.6 设 $\boldsymbol{A}$ 为 n 阶矩阵，m 为正整数，m 个 $\boldsymbol{A}$ 连乘积，称为方阵 $\boldsymbol{A}$ 的 m 次**幂**，记作 $\boldsymbol{A}^m$，即

$$\boldsymbol{A}^m=\underbrace{\boldsymbol{AA}\cdots\boldsymbol{A}}_{m个}=\boldsymbol{A}^{m-1}\boldsymbol{A}.$$

我们再规定

$$\boldsymbol{A}^0=\boldsymbol{E}.$$

这样，一个 n 阶矩阵的任意非负整数次方幂就有意义了. 不难证明

$$\boldsymbol{A}^k\boldsymbol{A}^l=\boldsymbol{A}^{k+l}, \quad (\boldsymbol{A}^k)^l=\boldsymbol{A}^{kl},$$

其中 k,l 为任意非负整数. 应该注意的是，因为矩阵的乘法不适合交换律，所以一般 $(\boldsymbol{AB})^k$ 与 $\boldsymbol{A}^k\boldsymbol{B}^k$ 不相等.

例 8 设 $\boldsymbol{A}=\begin{pmatrix} 1 & 1 & 0 \\ 0 & 1 & 1 \\ 0 & 0 & 1 \end{pmatrix}$，求 $\boldsymbol{A}^3$，$\boldsymbol{A}^4$ 及 $\boldsymbol{A}^4-\boldsymbol{A}^3+2\boldsymbol{A}$.

解 计算得

$$A^2=\begin{pmatrix}1&1&0\\0&1&1\\0&0&1\end{pmatrix}\begin{pmatrix}1&1&0\\0&1&1\\0&0&1\end{pmatrix}=\begin{pmatrix}1&2&1\\0&1&2\\0&0&1\end{pmatrix},$$

$$A^3=A^2A=\begin{pmatrix}1&2&1\\0&1&2\\0&0&1\end{pmatrix}\begin{pmatrix}1&1&0\\0&1&1\\0&0&1\end{pmatrix}=\begin{pmatrix}1&3&3\\0&1&3\\0&0&1\end{pmatrix},$$

$$A^4=A^3A=\begin{pmatrix}1&3&3\\0&1&3\\0&0&1\end{pmatrix}\begin{pmatrix}1&1&0\\0&1&1\\0&0&1\end{pmatrix}=\begin{pmatrix}1&4&6\\0&1&4\\0&0&1\end{pmatrix},$$

从而

$$A^4-A^3+2A=\begin{pmatrix}1&4&6\\0&1&4\\0&0&1\end{pmatrix}-\begin{pmatrix}1&3&3\\0&1&3\\0&0&1\end{pmatrix}+2\begin{pmatrix}1&1&0\\0&1&1\\0&0&1\end{pmatrix}=\begin{pmatrix}2&3&3\\0&2&3\\0&0&2\end{pmatrix}.$$

设 $f(x)=a_0x^m+a_1x^{m-1}+\cdots+a_{m-1}x+a_m$ 是 x 的一个多项式，$\boldsymbol{A}$ 为 n 阶方阵，$\boldsymbol{E}$ 为与 $\boldsymbol{A}$ 同阶的单位矩阵，称

$$f(\boldsymbol{A})=a_0\boldsymbol{A}^m+a_1\boldsymbol{A}^{m-1}+\cdots+a_{m-1}\boldsymbol{A}+a_m\boldsymbol{E}$$

为矩阵 $\boldsymbol{A}$ 的 m 次多项式.

显然 n 阶方阵 $\boldsymbol{A}$ 的 m 次多项式仍为 n 阶方阵.

例 9 设矩阵 $\boldsymbol{A}=\begin{pmatrix}1&-3\\0&2\end{pmatrix}$，且 $f(x)=x^2-3x+2$，求 $f(\boldsymbol{A})$.

解 因为

$$\boldsymbol{A}^2=\begin{pmatrix}1&-3\\0&2\end{pmatrix}\begin{pmatrix}1&-3\\0&2\end{pmatrix}=\begin{pmatrix}1&-9\\0&4\end{pmatrix},$$

所以

$$f(\boldsymbol{A})=\boldsymbol{A}^2-3\boldsymbol{A}+2\boldsymbol{E}=\begin{pmatrix}1&-9\\0&4\end{pmatrix}-3\begin{pmatrix}1&-3\\0&2\end{pmatrix}+2\begin{pmatrix}1&0\\0&1\end{pmatrix}=\begin{pmatrix}0&0\\0&0\end{pmatrix}.$$

2.2.4 矩阵的转置

定义 2.7 设 $m\times n$ 矩阵

$$\boldsymbol{A}=\begin{pmatrix}a_{11}&a_{12}&\cdots&a_{1n}\\a_{21}&a_{22}&\cdots&a_{2n}\\\vdots&\vdots&&\vdots\\a_{m1}&a_{m2}&\cdots&a_{mn}\end{pmatrix},$$

把 $\boldsymbol{A}$ 的行列依次互换所得到的 $n\times m$ 矩阵

$$\begin{pmatrix} a_{11} & a_{21} & \cdots & a_{m1} \\ a_{12} & a_{22} & \cdots & a_{m2} \\ \vdots & \vdots & & \vdots \\ a_{1n} & a_{2n} & \cdots & a_{mn} \end{pmatrix}$$

称为 $\boldsymbol{A}$ 的**转置矩阵**，记为 $\boldsymbol{A}^{\mathrm{T}}$（或 $\boldsymbol{A}'$）.

例如 $\boldsymbol{A}=\begin{pmatrix} 4 & -2 & 3 \\ 0 & 5 & -2 \end{pmatrix}$，则 $\boldsymbol{A}^{\mathrm{T}}=\begin{pmatrix} 4 & 0 \\ -2 & 5 \\ 3 & -2 \end{pmatrix}$；又如 $\boldsymbol{A}=(a_1, a_2, \cdots, a_n)$，

则 $\boldsymbol{A}^{\mathrm{T}}=\begin{pmatrix} a_1 \\ a_2 \\ \vdots \\ a_n \end{pmatrix}$.

矩阵的转置满足以下的运算法则：

(1) $(\boldsymbol{A}^{\mathrm{T}})^{\mathrm{T}}=\boldsymbol{A}$；

(2) $(\boldsymbol{A}+\boldsymbol{B})^{\mathrm{T}}=\boldsymbol{A}^{\mathrm{T}}+\boldsymbol{B}^{\mathrm{T}}$；

(3) $(\lambda\boldsymbol{A})^{\mathrm{T}}=\lambda\boldsymbol{A}^{\mathrm{T}}$（$\lambda$ 是常数）；

(4) $(\boldsymbol{AB})^{\mathrm{T}}=\boldsymbol{B}^{\mathrm{T}}\boldsymbol{A}^{\mathrm{T}}$.

运算法则(1)表示两次转置就还原，这是显然的.(2)(3)也很容易由定义直接验证.下面证明(4).

设 $\boldsymbol{A}=(a_{ij})_{m\times n}$，$\boldsymbol{A}^{\mathrm{T}}=(a'_{ij})_{n\times m}$，$\boldsymbol{B}=(b_{ij})_{n\times p}$，$\boldsymbol{B}^{\mathrm{T}}=(b'_{ij})_{p\times n}$（其中 $a_{ji}=a'_{ij}$，$b_{ji}=b'_{ij}$），则 $(\boldsymbol{AB})^{\mathrm{T}}$ 与 $\boldsymbol{B}^{\mathrm{T}}\boldsymbol{A}^{\mathrm{T}}$ 都是 $p\times m$ 矩阵，且若 c_{ji} 为 $\boldsymbol{AB}$ 中的第 j 行第 i 列元素，则 $(\boldsymbol{AB})^{\mathrm{T}}$ 中的第 i 行第 j 列元素

$$\begin{aligned} c'_{ij} = c_{ji} &= a_{j1}b_{1i}+a_{j2}b_{2i}+\cdots+a_{jn}b_{ni} = a'_{1j}b'_{i1}+a'_{2j}b'_{i2}+\cdots+a'_{nj}b'_{in} \\ &= b'_{i1}a'_{1j}+b'_{i2}a'_{2j}+\cdots+b'_{in}a'_{nj}. \end{aligned}$$

以上亦为 $\boldsymbol{B}^{\mathrm{T}}\boldsymbol{A}^{\mathrm{T}}$ 中的第 i 行第 j 列元素.于是 $(\boldsymbol{AB})^{\mathrm{T}}$ 与 $\boldsymbol{B}^{\mathrm{T}}\boldsymbol{A}^{\mathrm{T}}$ 的对应元素均相同，因此有

$$(\boldsymbol{AB})^{\mathrm{T}}=\boldsymbol{B}^{\mathrm{T}}\boldsymbol{A}^{\mathrm{T}}.$$

运算法则(4)可以推广到多个矩阵乘积的情形.由数学归纳法容易证明：

$$(\boldsymbol{A}_1\boldsymbol{A}_2\cdots\boldsymbol{A}_s)^{\mathrm{T}}=\boldsymbol{A}_s^{\mathrm{T}}\cdots\boldsymbol{A}_2^{\mathrm{T}}\boldsymbol{A}_1^{\mathrm{T}}.$$

例 10 设 $\boldsymbol{A}=\begin{pmatrix} 1 & 3 & 2 \\ 2 & -1 & 3 \end{pmatrix}$，$\boldsymbol{B}=\begin{pmatrix} 0 & 1 \\ 2 & 2 \\ 3 & -1 \end{pmatrix}$，于是

$$\boldsymbol{AB}=\begin{pmatrix}1&3&2\\2&-1&3\end{pmatrix}\begin{pmatrix}0&1\\2&2\\3&-1\end{pmatrix}=\begin{pmatrix}12&5\\7&-3\end{pmatrix},$$

$$\boldsymbol{B}^{\mathrm{T}}\boldsymbol{A}^{\mathrm{T}}=\begin{pmatrix}0&2&3\\1&2&-1\end{pmatrix}\begin{pmatrix}1&2\\3&-1\\2&3\end{pmatrix}=\begin{pmatrix}12&7\\5&-3\end{pmatrix}=(\boldsymbol{AB})^{\mathrm{T}}.$$

定义 2.8 设 n 阶方阵 $\boldsymbol{A}=(a_{ij})_{n\times n}$，若 $\boldsymbol{A}^{\mathrm{T}}=\boldsymbol{A}$，则 $\boldsymbol{A}$ 称为**对称矩阵**. 这就是说，若 $\boldsymbol{A}$ 为方阵，且 $a_{ij}=a_{ji}(i,\ j=1,2,\cdots,n)$，则 $\boldsymbol{A}$ 是对称的；若 $\boldsymbol{A}^{\mathrm{T}}=-\boldsymbol{A}$，则 $\boldsymbol{A}$ 称为**反对称矩阵**. 这就是说，若 $\boldsymbol{A}$ 为方阵，且 $a_{ij}=-a_{ji}(i,\ j=1,2,\cdots,n)$，则 $\boldsymbol{A}$ 是反对称的.

例如

$$\boldsymbol{A}=\begin{pmatrix}1&2&3\\2&4&5\\3&5&6\end{pmatrix},\qquad \boldsymbol{B}=\begin{pmatrix}0&2&3\\-2&0&5\\-3&-5&0\end{pmatrix},$$

$\boldsymbol{A}$ 是一个三阶对称矩阵，而 $\boldsymbol{B}$ 是一个三阶反对称矩阵.

应该注意到，反对称矩阵的主对角线上的元素皆为零.

例 11 设 $\boldsymbol{A},\boldsymbol{B}$ 都是 n 阶对称矩阵，试证 $\boldsymbol{A}+\boldsymbol{B}$ 为对称矩阵.

证 由已知条件知 $\boldsymbol{A}^{\mathrm{T}}=\boldsymbol{A},\boldsymbol{B}^{\mathrm{T}}=\boldsymbol{B}$，则

$$(\boldsymbol{A}+\boldsymbol{B})^{\mathrm{T}}=\boldsymbol{A}^{\mathrm{T}}+\boldsymbol{B}^{\mathrm{T}}=\boldsymbol{A}+\boldsymbol{B},$$

即 $\boldsymbol{A}+\boldsymbol{B}$ 为对称矩阵.

必须注意的是，两个对称矩阵 $\boldsymbol{A}$ 和 $\boldsymbol{B}$ 的乘积不一定是对称矩阵. 这是因为 $(\boldsymbol{AB})^{\mathrm{T}}=\boldsymbol{B}^{\mathrm{T}}\boldsymbol{A}^{\mathrm{T}}=\boldsymbol{BA}$，而 $\boldsymbol{BA}$ 不一定等于 $\boldsymbol{AB}$. 只有当 $\boldsymbol{A},\boldsymbol{B}$ 可交换时，$\boldsymbol{AB}$ 才是对称矩阵.

例 12 设 $\boldsymbol{A}$ 是 $m\times n$ 矩阵，试证 $\boldsymbol{A}^{\mathrm{T}}\boldsymbol{A}$ 和 $\boldsymbol{AA}^{\mathrm{T}}$ 都是对称矩阵.

证 因为 $\boldsymbol{A}^{\mathrm{T}}\boldsymbol{A}$ 是 n 阶矩阵，且 $(\boldsymbol{A}^{\mathrm{T}}\boldsymbol{A})^{\mathrm{T}}=\boldsymbol{A}^{\mathrm{T}}(\boldsymbol{A}^{\mathrm{T}})^{\mathrm{T}}=\boldsymbol{A}^{\mathrm{T}}\boldsymbol{A}$，故 $\boldsymbol{A}^{\mathrm{T}}\boldsymbol{A}$ 是 n 阶对称矩阵. 同理可证 $\boldsymbol{AA}^{\mathrm{T}}$ 是 m 阶对称矩阵.

例 13 证明：若 $\boldsymbol{A}^{\mathrm{T}}=\boldsymbol{A}$，且 $\boldsymbol{A}^2=\boldsymbol{O}$，则 $\boldsymbol{A}=\boldsymbol{O}$.

证法 1 设 $A=(a_{ij})_{n\times n}$，由 $\boldsymbol{A}^2=\boldsymbol{AA}^{\mathrm{T}}=\boldsymbol{O}$ 得

$$\boldsymbol{A}^2=\begin{pmatrix}a_{11}&a_{12}&\cdots&a_{1n}\\a_{21}&a_{22}&\cdots&a_{2n}\\\vdots&\vdots&&\vdots\\a_{n1}&a_{n2}&\cdots&a_{nn}\end{pmatrix}\begin{pmatrix}a_{11}&a_{21}&\cdots&a_{n1}\\a_{12}&a_{22}&\cdots&a_{n2}\\\vdots&\vdots&&\vdots\\a_{1n}&a_{2n}&\cdots&a_{nn}\end{pmatrix}=\boldsymbol{O}.$$

取 $\boldsymbol{A}^2$ 的主对角线上的元素有

$$a_{i1}^2+a_{i2}^2+\cdots+a_{in}^2=0,\quad i=1,2,\cdots,n.$$

由此得 $a_{ij}=0(i,\ j=1,2,\cdots,n)$，故 $\boldsymbol{A}=\boldsymbol{O}$.

证法 2 若 $\boldsymbol{A}\neq\boldsymbol{O}$,则 $\boldsymbol{A}$ 中至少有一个非零元素. 不妨设 $a_{ij}\neq 0$,则 $\boldsymbol{A}^2$ 中第 i 行第 i 列处的元素等于 $\boldsymbol{A}$ 中第 i 行元素 $(a_{i1},\cdots,a_{ij},\cdots,a_{in})$ 与 $\boldsymbol{A}^{\mathrm{T}}(\boldsymbol{A}^{\mathrm{T}}=\boldsymbol{A})$ 中第 i 列元素 $\begin{pmatrix} a_{1i} \\ \vdots \\ a_{ji} \\ \vdots \\ a_{ni} \end{pmatrix}$ 的乘积:$a_{i1}^2+a_{i2}^2+\cdots+a_{ij}^2+\cdots a_{in}^2\neq 0$,这与 $\boldsymbol{A}^2=\boldsymbol{O}$ 矛盾. 故 $\boldsymbol{A}=\boldsymbol{O}$.

2.2.5 方阵的行列式

定义 2.9 由 n 阶方阵 $\boldsymbol{A}$ 的元素按原来的位置所构成的行列式,称为**方阵 $\boldsymbol{A}$ 的行列式**,记作 $|\boldsymbol{A}|$ 或 $\det\boldsymbol{A}$.

方阵 $\boldsymbol{A}$ 和它的行列式 $|\boldsymbol{A}|$ 当 $n\geqslant 2$ 时是两个完全不同的概念. 方阵 $\boldsymbol{A}$ 代表的是一个数表,而 $|\boldsymbol{A}|$ 是由该数表按一定的运算法则确定的一个数.

方阵的行列式具有以下性质:

(1) $|\boldsymbol{A}^{\mathrm{T}}|=|\boldsymbol{A}|$;

(2) $|\lambda\boldsymbol{A}|=\lambda^n|\boldsymbol{A}|$;

(3) $|\boldsymbol{AB}|=|\boldsymbol{A}||\boldsymbol{B}|$.

证 (1)由行列式的性质 1,显然成立.

(2)设 $\boldsymbol{A}=(a_{ij})_{n\times n}$,则

$$|\lambda\boldsymbol{A}|=\begin{vmatrix} \lambda a_{11} & \lambda a_{12} & \cdots & \lambda a_{1n} \\ \lambda a_{21} & \lambda a_{22} & \cdots & \lambda a_{2n} \\ \vdots & \vdots & & \vdots \\ \lambda a_{n1} & \lambda a_{n2} & \cdots & \lambda a_{nn} \end{vmatrix}=\lambda^n\begin{vmatrix} a_{11} & a_{12} & \cdots & a_{1n} \\ a_{21} & a_{22} & \cdots & a_{2n} \\ \vdots & \vdots & & \vdots \\ a_{n1} & a_{n2} & \cdots & a_{nn} \end{vmatrix}=\lambda^n|\boldsymbol{A}|.$$

注意,不要将这一结论与行列式的性质 3 混淆.

(3)设 $\boldsymbol{A}=(a_{ij})_{n\times n}$,$\boldsymbol{B}=(b_{ij})_{n\times n}$. 作一个 $2n$ 阶行列式

$$D=\begin{vmatrix} a_{11} & a_{12} & \cdots & a_{1n} & 0 & 0 & \cdots & 0 \\ a_{21} & a_{22} & \cdots & a_{2n} & 0 & 0 & \cdots & 0 \\ \vdots & \vdots & & \vdots & \vdots & \vdots & & \vdots \\ a_{n1} & a_{n2} & \cdots & a_{nn} & 0 & 0 & \cdots & 0 \\ -1 & 0 & \cdots & 0 & b_{11} & b_{12} & \cdots & b_{1n} \\ 0 & -1 & \cdots & 0 & b_{21} & b_{22} & \cdots & b_{2n} \\ \vdots & \vdots & & \vdots & \vdots & \vdots & & \vdots \\ 0 & 0 & \cdots & -1 & b_{n1} & b_{n2} & \cdots & b_{nn} \end{vmatrix}=\begin{vmatrix} \boldsymbol{A} & \boldsymbol{O} \\ -\boldsymbol{E} & \boldsymbol{B} \end{vmatrix}.$$

由§1.3 的例 7 知，$D=|\boldsymbol{A}||\boldsymbol{B}|$.

另一方面，在 D 中，将第 $n+1$ 行的 a_{i1} 倍，第 $n+2$ 的 a_{i2} 倍，…，第 $2n$ 行的 a_{in} 倍加到第 i 行($i=1,2,\cdots,n$)，得

$$D=\begin{vmatrix} 0 & 0 & \cdots & 0 & c_{11} & c_{12} & \cdots & c_{1n} \\ 0 & 0 & \cdots & 0 & c_{21} & c_{22} & \cdots & c_{2n} \\ \vdots & \vdots & & \vdots & \vdots & \vdots & & \vdots \\ 0 & 0 & \cdots & 0 & c_{n1} & c_{n2} & \cdots & c_{nn} \\ -1 & 0 & \cdots & 0 & b_{11} & b_{12} & \cdots & b_{1n} \\ 0 & -1 & \cdots & 0 & b_{21} & b_{22} & \cdots & b_{2n} \\ \vdots & \vdots & & \vdots & \vdots & \vdots & & \vdots \\ 0 & 0 & \cdots & -1 & b_{n1} & b_{n2} & \cdots & b_{nn} \end{vmatrix}=\begin{vmatrix} \boldsymbol{O} & \boldsymbol{C} \\ -\boldsymbol{E} & \boldsymbol{B} \end{vmatrix},$$

其中 $\boldsymbol{C}=(c_{ij})_{n\times n}$，$c_{ij}=a_{i1}b_{1j}+a_{i2}b_{2j}+\cdots+a_{in}b_{nj}$.

再对 D 作变换 $c_j\leftrightarrow c_{n+j}$($j=1,2,\cdots,n$)，有

$$D=(-1)^n\begin{vmatrix} \boldsymbol{C} & \boldsymbol{O} \\ \boldsymbol{B} & -\boldsymbol{E} \end{vmatrix}.$$

于是

$$D=(-1)^n\,|\boldsymbol{C}||-\boldsymbol{E}|=(-1)^n|\boldsymbol{C}|\cdot(-1)^n=|\boldsymbol{C}|.$$

所以

$$|\boldsymbol{AB}|=|\boldsymbol{A}||\boldsymbol{B}|.$$

性质(3)可以推广到多个矩阵因子的情形，即对于 m 个 n 阶矩阵 $\boldsymbol{A}_1,\boldsymbol{A}_2,\cdots,\boldsymbol{A}_m$，总有

$$|\boldsymbol{A}_1\boldsymbol{A}_2\cdots\boldsymbol{A}_m|=|\boldsymbol{A}_1||\boldsymbol{A}_2|\cdots|\boldsymbol{A}_m|.$$

例 14　设 $\boldsymbol{A},\boldsymbol{B}$ 均为三阶方阵，且 $|\boldsymbol{A}|=\dfrac{1}{2}$，$|\boldsymbol{B}|=2$，求 $|2\boldsymbol{B}^{\mathrm{T}}\boldsymbol{A}^2|$ 的值.

解　$|2\boldsymbol{B}^{\mathrm{T}}\boldsymbol{A}^2|=2^3|\boldsymbol{B}^{\mathrm{T}}||\boldsymbol{A}^2|=8|\boldsymbol{B}||\boldsymbol{A}|^2=8\times2\times\dfrac{1}{4}=4$.

§2.3　矩阵的逆

在上一节矩阵运算中我们看到，矩阵与数相仿，有加、减、乘三种运算. 矩阵的乘法是否也和数的乘法一样有逆运算除法呢？我们知道，只有非零数 a，才有“逆” a^{-1}，即 $\dfrac{1}{a}$(a 的倒数). a 与它的倒数 a^{-1} 我们可以用等式

$$aa^{-1}=1$$

来刻画. 注意到单位矩阵在矩阵乘法中的地位类似于 1 在数中的地位. 相仿地，我们引入

逆阵的概念.

定义 2.10 设 $\boldsymbol{A}$ 是 n 阶矩阵,如果存在 n 阶矩阵 $\boldsymbol{B}$,使得

$$\boldsymbol{AB}=\boldsymbol{BA}=\boldsymbol{E}, \tag{2-1}$$

则称 $\boldsymbol{A}$ 为**可逆矩阵**,简称 $\boldsymbol{A}$ **可逆**,而 $\boldsymbol{B}$ 就称为 $\boldsymbol{A}$ 的**逆矩阵**,记为 $\boldsymbol{A}^{-1}$.

应该指出的是:首先,由矩阵的乘法规则,只有方阵才能满足(2-1),也就是说,对于方阵,我们才讨论其是否可逆的问题;其次,若 $\boldsymbol{A}$ 是可逆矩阵,则其逆矩阵是唯一的.事实上,若 $\boldsymbol{B},\boldsymbol{C}$ 均是 $\boldsymbol{A}$ 的逆矩阵,则有

$$\boldsymbol{AB}=\boldsymbol{BA}=\boldsymbol{E},\qquad \boldsymbol{AC}=\boldsymbol{CA}=\boldsymbol{E}.$$

从而

$$\boldsymbol{B}=\boldsymbol{BE}=\boldsymbol{B}(\boldsymbol{AC})=(\boldsymbol{BA})\boldsymbol{C}=\boldsymbol{EC}=\boldsymbol{C}.$$

矩阵 $\boldsymbol{A}$ 在什么条件下是可逆的?如果 $\boldsymbol{A}$ 可逆,怎样求 $\boldsymbol{A}^{-1}$?下面我们解决这些问题.

定义 2.11 如果 n 阶矩阵 $\boldsymbol{A}$ 的行列式 $|\boldsymbol{A}|\neq 0$,则称 $\boldsymbol{A}$ 是**非奇异的**(或**非退化的**),否则称 $\boldsymbol{A}$ 为**奇异的**(或**退化的**).

定义 2.12 设 n 阶矩阵 $\boldsymbol{A}=(a_{ij})_{n\times n}$,$A_{ij}$ 为 $\boldsymbol{A}$ 中元素 a_{ij} 的代数余子式,矩阵

$$\begin{pmatrix} A_{11} & A_{21} & \cdots & A_{n1} \\ A_{12} & A_{22} & \cdots & A_{n2} \\ \vdots & \vdots & & \vdots \\ A_{1n} & A_{2n} & \cdots & A_{nn} \end{pmatrix}$$

称为 $\boldsymbol{A}$ 的**伴随矩阵**,记为 $\boldsymbol{A}^*$ 或 adj$\boldsymbol{A}$.

回忆第 1 章中行列式的按行展开定理,有

$$a_{k1}A_{i1}+a_{k2}A_{i2}+\cdots+a_{kn}A_{in}=\begin{cases}|\boldsymbol{A}|, & i=k,\\ 0, & i\neq k.\end{cases}$$

我们得到

$$\begin{aligned}\boldsymbol{AA}^* &= \begin{pmatrix} a_{11} & a_{12} & \cdots & a_{1n} \\ a_{21} & a_{22} & \cdots & a_{2n} \\ \vdots & \vdots & & \vdots \\ a_{n1} & a_{n2} & \cdots & a_{nn} \end{pmatrix}\begin{pmatrix} A_{11} & A_{21} & \cdots & A_{n1} \\ A_{12} & A_{22} & \cdots & A_{n2} \\ \vdots & \vdots & & \vdots \\ A_{1n} & A_{2n} & \cdots & A_{nn} \end{pmatrix} \\ &= \begin{pmatrix} |\boldsymbol{A}| & 0 & \cdots & 0 \\ 0 & |\boldsymbol{A}| & \cdots & 0 \\ \vdots & \vdots & & \vdots \\ 0 & 0 & \cdots & |\boldsymbol{A}| \end{pmatrix} = |\boldsymbol{A}|\begin{pmatrix} 1 & 0 & \cdots & 0 \\ 0 & 1 & \cdots & 0 \\ \vdots & \vdots & & \vdots \\ 0 & 0 & \cdots & 1 \end{pmatrix},\end{aligned}$$

即

$$AA^* = |A|E. \tag{2-2}$$

类似地可得

$$A^*A = |A|E. \tag{2-3}$$

由此,我们可得到如下定理.

定理 2.1 矩阵 A 是可逆的充分必要条件是 A 是非奇异的,且当 A 可逆时,有

$$A^{-1} = \frac{1}{|A|}A^* \tag{2-4}$$

证 如果 A 可逆,则存在 B,使得 $AB=E$. 两边取行列式,得

$$|A||B| = |E| = 1.$$

因而 $|A| \neq 0$,即 A 非奇异. 必要性得证.

下面证明充分性.

如果 A 非奇异,即 $|A| \neq 0$. 由式(2-2)、式(2-3)可知

$$A\left(\frac{1}{|A|}A^*\right) = \left(\frac{1}{|A|}A^*\right)A = E.$$

故矩阵 A 可逆,并且

$$A^{-1} = \frac{1}{|A|}A^*.$$

推论 设 A,B 都是 n 阶矩阵,若 $AB=E$,则 A,B 均可逆,且

$$A^{-1}=B, \quad B^{-1}=A.$$

证 由 $AB=E$,可得 $|AB|=|A||B|=1$,故 $|A| \neq 0$ 且 $|B| \neq 0$. 由定理 2.1 知 A,B 都可逆,从而 A^{-1},B^{-1} 存在. 在 $AB=E$ 两边左乘 A^{-1},得

$$A^{-1}(AB) = A^{-1}E, \quad \text{即 } B = A^{-1}.$$

同理在等式 $AB=E$ 两边右乘 B^{-1},可得 $A=B^{-1}$.

这个推论表明,若 $AB=E$,则必有 $BA=E$,即 A,B 互为逆矩阵. 因此,若要证明"A 可逆,且其逆为 B"这样的命题,只要验证一个 $AB=E$ 或 $BA=E$ 即可,不必像定义 2.10 那样,既检验 $AB=E$,又检验 $BA=E$.

定理 2.1 不仅给出了一个矩阵可逆的条件,同时也给出了求逆矩阵的一种方法,我们称之为**伴随矩阵法**.

例 1 单位矩阵 E 是可逆的,且 $E^{-1}=E$,因为 $EE=E$.

例 2 主对角线上元素都是非零数的对角阵是可逆的,且

$$\begin{pmatrix} a_1 & & & \\ & a_2 & & \\ & & \ddots & \\ & & & a_n \end{pmatrix}^{-1} = \begin{pmatrix} a_1^{-1} & & & \\ & a_2^{-1} & & \\ & & \ddots & \\ & & & a_n^{-1} \end{pmatrix}.$$

例 3 设 $\boldsymbol{A}=\begin{pmatrix} a & b \\ c & d \end{pmatrix}$. 试证此矩阵可逆的充要条件为 $ad-bc\neq 0$. 若此条件成立的话,求 $\boldsymbol{A}^{-1}$.

证 由定理 2.1 知,$\boldsymbol{A}$ 可逆$\Leftrightarrow|\boldsymbol{A}|\neq 0$,即

$$\begin{vmatrix} a & b \\ c & d \end{vmatrix}=ad-bc\neq 0.$$

又

$$\boldsymbol{A}^{*}=\begin{pmatrix} A_{11} & A_{21} \\ A_{12} & A_{22} \end{pmatrix}=\begin{pmatrix} d & -b \\ -c & a \end{pmatrix}.$$

则

$$\boldsymbol{A}^{-1}=\frac{1}{|\boldsymbol{A}|}\boldsymbol{A}^{*}=\frac{1}{ad-bc}\begin{pmatrix} d & -b \\ -c & a \end{pmatrix}.$$

从这个例子可以看出,当一个二阶矩阵可逆时,利用伴随矩阵法,很容易求出其逆矩阵(注意到 $\boldsymbol{A}^{*}$ 的元素与 $\boldsymbol{A}$ 的元素间的关系,便可直接写出 $\boldsymbol{A}^{*}$). 这个结论要记住.

例 4 试判断三阶矩阵 $\boldsymbol{A}=\begin{pmatrix} 1 & 1 & 1 \\ 1 & 2 & 1 \\ 1 & 1 & 3 \end{pmatrix}$是否可逆? 若可逆,求出其逆矩阵.

解 由于

$$|\boldsymbol{A}|=\begin{vmatrix} 1 & 1 & 1 \\ 1 & 2 & 1 \\ 1 & 1 & 3 \end{vmatrix}=\begin{vmatrix} 1 & 1 & 1 \\ 0 & 1 & 0 \\ 0 & 0 & 2 \end{vmatrix}=2\neq 0,$$

所以 $\boldsymbol{A}$ 可逆. 并且

$$\boldsymbol{A}^{-1}=\frac{1}{|\boldsymbol{A}|}\boldsymbol{A}^{*}=\frac{1}{|\boldsymbol{A}|}\begin{pmatrix} A_{11} & A_{21} & A_{31} \\ A_{12} & A_{22} & A_{32} \\ A_{13} & A_{23} & A_{33} \end{pmatrix},$$

其中

$$A_{11}=\begin{vmatrix} 2 & 1 \\ 1 & 3 \end{vmatrix}=5,\qquad A_{21}=-\begin{vmatrix} 1 & 1 \\ 1 & 3 \end{vmatrix}=-2,\qquad A_{31}=\begin{vmatrix} 1 & 1 \\ 2 & 1 \end{vmatrix}=-1,$$

$$A_{12}=-\begin{vmatrix} 1 & 1 \\ 1 & 3 \end{vmatrix}=-2,\qquad A_{22}=\begin{vmatrix} 1 & 1 \\ 1 & 3 \end{vmatrix}=2,\qquad A_{32}=-\begin{vmatrix} 1 & 1 \\ 1 & 1 \end{vmatrix}=0,$$

$$A_{13}=\begin{vmatrix} 1 & 2 \\ 1 & 1 \end{vmatrix}=-1,\qquad A_{23}=-\begin{vmatrix} 1 & 1 \\ 1 & 1 \end{vmatrix}=0,\qquad A_{33}=\begin{vmatrix} 1 & 1 \\ 1 & 2 \end{vmatrix}=1.$$

所以

$$A^{-1}=\frac{1}{2}\begin{pmatrix}5 & -2 & -1\\ -2 & 2 & 0\\ -1 & 0 & 1\end{pmatrix}=\begin{pmatrix}\frac{5}{2} & -1 & -\frac{1}{2}\\ -1 & 1 & 0\\ -\frac{1}{2} & 0 & \frac{1}{2}\end{pmatrix}.$$

对于三阶以上的矩阵，用伴随矩阵法求逆矩阵，计算量一般是非常大的，在以后我们将给出另一种求法.

例 5 已知 n 阶方阵 $\boldsymbol{A}$ 满足矩阵方程 $\boldsymbol{A}^2-3\boldsymbol{A}-2\boldsymbol{E}=\boldsymbol{O}$，其中 $\boldsymbol{A}$ 给定. 证明 $\boldsymbol{A}$ 和 $\boldsymbol{A}+2\boldsymbol{E}$ 都可逆，并求出它们的逆矩阵.

证 由 $\boldsymbol{A}^2-3\boldsymbol{A}-2\boldsymbol{E}=\boldsymbol{O}$，得 $\boldsymbol{A}^2-3\boldsymbol{A}=2\boldsymbol{E}$，从而有

$$\boldsymbol{A}\left[\frac{1}{2}(\boldsymbol{A}-3\boldsymbol{E})\right]=\boldsymbol{E}.$$

由定理 2.1 推论知 $\boldsymbol{A}$ 可逆，且 $\boldsymbol{A}^{-1}=\frac{1}{2}(\boldsymbol{A}-3\boldsymbol{E})$.

又由 $\boldsymbol{A}^2-3\boldsymbol{A}-2\boldsymbol{E}=\boldsymbol{O}$，得 $(\boldsymbol{A}+2\boldsymbol{E})(\boldsymbol{A}-5\boldsymbol{E})=-8\boldsymbol{E}$，从而有

$$(\boldsymbol{A}+2\boldsymbol{E})\left[\frac{1}{8}(5\boldsymbol{E}-\boldsymbol{A})\right]=\boldsymbol{E},$$

故 $\boldsymbol{A}+2\boldsymbol{E}$ 可逆，且 $(\boldsymbol{A}+2\boldsymbol{E})^{-1}=\frac{1}{8}(5\boldsymbol{E}-\boldsymbol{A})$.

例 6 设 $\boldsymbol{A}=\begin{pmatrix}1 & 0 & 0\\ 2 & 2 & 0\\ 3 & 4 & 5\end{pmatrix}$，$\boldsymbol{A}^*$ 是 $\boldsymbol{A}$ 的伴随矩阵，求 $(\boldsymbol{A}^*)^{-1}$.

解 由 $\boldsymbol{A}\boldsymbol{A}^*=|\boldsymbol{A}|\boldsymbol{E}$，得 $\frac{\boldsymbol{A}}{|\boldsymbol{A}|}\boldsymbol{A}^*=\boldsymbol{E}$，故

$$(\boldsymbol{A}^*)^{-1}=\frac{\boldsymbol{A}}{|\boldsymbol{A}|}=\frac{1}{10}\begin{pmatrix}1 & 0 & 0\\ 2 & 2 & 0\\ 3 & 4 & 5\end{pmatrix}=\begin{pmatrix}\frac{1}{10} & 0 & 0\\ \frac{1}{5} & \frac{1}{5} & 0\\ \frac{3}{10} & \frac{2}{5} & \frac{1}{2}\end{pmatrix}.$$

利用定理 2.1，可简洁地证明第 1 章的克拉默法则. 首先将线性方程组

$$\begin{cases}a_{11}x_1+a_{12}x_2+\cdots+a_{1n}x_n=b_1,\\ a_{21}x_1+a_{22}x_2+\cdots+a_{2n}x_n=b_2,\\ \qquad\cdots\cdots\\ a_{n1}x_1+a_{n2}x_2+\cdots+a_{nn}x_n=b_n\end{cases}$$

改写为矩阵形式

$$\boldsymbol{Ax}=\boldsymbol{b}, \tag{2-5}$$

其中,$\boldsymbol{A}=(a_{ij})_{n\times n}$为系数矩阵,$\boldsymbol{x}=(x_1, x_2, \cdots, x_n)^{\mathrm{T}}$,$\boldsymbol{b}=(b_1, b_2, \cdots, b_n)^{\mathrm{T}}$. 克拉默法则的条件是 $D=|\boldsymbol{A}|\neq 0$,即 $\boldsymbol{A}$ 可逆,故 $\boldsymbol{A}^{-1}$存在. 在式(2-5)两边左乘 $\boldsymbol{A}^{-1}$得

$$\boldsymbol{x}=\boldsymbol{A}^{-1}\boldsymbol{b}=\frac{1}{|\boldsymbol{A}|}\boldsymbol{A}^{*}\boldsymbol{b},$$

即

$$\begin{pmatrix} x_1 \\ x_2 \\ \vdots \\ x_n \end{pmatrix}=\frac{1}{D}\begin{pmatrix} A_{11} & A_{21} & \cdots & A_{n1} \\ A_{12} & A_{22} & \cdots & A_{n2} \\ \vdots & \vdots & & \vdots \\ A_{1n} & A_{2n} & \cdots & A_{nn} \end{pmatrix}\begin{pmatrix} b_1 \\ b_2 \\ \vdots \\ b_n \end{pmatrix},$$

此亦即

$$x_j=\frac{1}{D}(b_1A_{1j}+b_2A_{2j}+\cdots+b_nA_{nj}),\ j=1,2,\cdots,n.$$

上述等式与将 D_j 按第 j 列展开计算 D_j 相同,故

$$x_j=\frac{D_j}{D}.$$

若 $\boldsymbol{x}_1$,$\boldsymbol{x}_2$ 均为(2-5)的解,即 $\boldsymbol{Ax}_1=\boldsymbol{b}$,$\boldsymbol{Ax}_2=\boldsymbol{b}$,$\boldsymbol{Ax}_1=\boldsymbol{Ax}_2$,两边同左乘 $\boldsymbol{A}^{-1}$即得 $\boldsymbol{x}_1=\boldsymbol{x}_2$. 唯一性得证.

例 7 若 $\boldsymbol{A}$ 为可逆矩阵,在矩阵方程 $\boldsymbol{AX}=\boldsymbol{C}$ 两边同左乘 $\boldsymbol{A}^{-1}$得其唯一解 $\boldsymbol{X}=\boldsymbol{A}^{-1}\boldsymbol{C}$;在矩阵方程 $\boldsymbol{XA}=\boldsymbol{C}$ 两边同右乘 $\boldsymbol{A}^{-1}$得其唯一解 $\boldsymbol{X}=\boldsymbol{CA}^{-1}$.

例 8 已知 $\boldsymbol{AB}-\boldsymbol{B}=\boldsymbol{A}$,其中 $\boldsymbol{B}=\begin{pmatrix} 1 & -2 & 0 \\ 2 & 1 & 0 \\ 0 & 0 & 2 \end{pmatrix}$,求 $\boldsymbol{A}$.

解 由 $\boldsymbol{AB}-\boldsymbol{B}=\boldsymbol{A}$ 得 $\boldsymbol{AB}-\boldsymbol{A}=\boldsymbol{B}$,即 $\boldsymbol{A}(\boldsymbol{B}-\boldsymbol{E})=\boldsymbol{B}$. 因为

$$|\boldsymbol{B}-\boldsymbol{E}|=\begin{vmatrix} 0 & -2 & 0 \\ 2 & 0 & 0 \\ 0 & 0 & 1 \end{vmatrix}=4\neq 0,$$

所以 $\boldsymbol{B}-\boldsymbol{E}$ 可逆. 在 $\boldsymbol{A}(\boldsymbol{B}-\boldsymbol{E})=\boldsymbol{B}$ 两边右乘$(\boldsymbol{B}-\boldsymbol{E})^{-1}$,得

$$\boldsymbol{A}=\boldsymbol{B}(\boldsymbol{B}-\boldsymbol{E})^{-1}=[(\boldsymbol{B}-\boldsymbol{E})+\boldsymbol{E}](\boldsymbol{B}-\boldsymbol{E})^{-1}=\boldsymbol{E}+(\boldsymbol{B}-\boldsymbol{E})^{-1}.$$

而

$$(\boldsymbol{B}-\boldsymbol{E})^{-1}=\begin{pmatrix} 0 & -2 & 0 \\ 2 & 0 & 0 \\ 0 & 0 & 1 \end{pmatrix}^{-1}=\frac{1}{4}\begin{pmatrix} 0 & 2 & 0 \\ -2 & 0 & 0 \\ 0 & 0 & 4 \end{pmatrix}=\frac{1}{2}\begin{pmatrix} 0 & 1 & 0 \\ -1 & 0 & 0 \\ 0 & 0 & 2 \end{pmatrix}.$$

故

$$A=\begin{pmatrix}1 & \frac{1}{2} & 0\\ -\frac{1}{2} & 1 & 0\\ 0 & 0 & 2\end{pmatrix}.$$

可逆矩阵具有以下性质：

性质 1 如果 $\boldsymbol{A}$ 可逆，则 $\boldsymbol{A}^{-1}$ 也可逆，且 $(\boldsymbol{A}^{-1})^{-1}=\boldsymbol{A}$.

证 由 $\boldsymbol{A}\boldsymbol{A}^{-1}=\boldsymbol{E}$，即得 $\boldsymbol{A}^{-1}$ 可逆，且 $(\boldsymbol{A}^{-1})^{-1}=\boldsymbol{A}$.

性质 2 如果 $\boldsymbol{A}$ 可逆，则 $\lambda\boldsymbol{A}(\lambda\neq 0)$ 也可逆，且 $(\lambda\boldsymbol{A})^{-1}=\frac{1}{\lambda}\boldsymbol{A}^{-1}$.

证 由于

$$(\lambda\boldsymbol{A})\left(\frac{1}{\lambda}\boldsymbol{A}^{-1}\right)=\left(\lambda\cdot\frac{1}{\lambda}\right)(\boldsymbol{A}\boldsymbol{A}^{-1})=1\boldsymbol{E}=\boldsymbol{E},$$

所以 $\lambda\boldsymbol{A}$ 也可逆，且 $(\lambda\boldsymbol{A})^{-1}=\frac{1}{\lambda}\boldsymbol{A}^{-1}$.

性质 3 如果 $\boldsymbol{A}$ 可逆，则 $\boldsymbol{A}^{\mathrm{T}}$ 也可逆，且 $(\boldsymbol{A}^{\mathrm{T}})^{-1}=(\boldsymbol{A}^{-1})^{\mathrm{T}}$.

证 由于

$$\boldsymbol{A}^{\mathrm{T}}(\boldsymbol{A}^{-1})^{\mathrm{T}}=(\boldsymbol{A}^{-1}\boldsymbol{A})^{\mathrm{T}}=\boldsymbol{E}^{\mathrm{T}}=\boldsymbol{E},$$

所以 $\boldsymbol{A}^{\mathrm{T}}$ 可逆，且 $(\boldsymbol{A}^{\mathrm{T}})^{-1}=(\boldsymbol{A}^{-1})^{\mathrm{T}}$.

性质 4 $\boldsymbol{A}$，$\boldsymbol{B}$ 都可逆，则 $\boldsymbol{AB}$ 也可逆，且 $(\boldsymbol{AB})^{-1}=\boldsymbol{B}^{-1}\boldsymbol{A}^{-1}$.

证 由于

$$(\boldsymbol{AB})(\boldsymbol{B}^{-1}\boldsymbol{A}^{-1})=\boldsymbol{A}(\boldsymbol{B}\boldsymbol{B}^{-1})\boldsymbol{A}^{-1}=\boldsymbol{A}\boldsymbol{A}^{-1}=\boldsymbol{E},$$

所以 $\boldsymbol{AB}$ 可逆，且 $(\boldsymbol{AB})^{-1}=\boldsymbol{B}^{-1}\boldsymbol{A}^{-1}$.

性质 4 可推广到多个 n 阶可逆矩阵乘积的情形. 即若 $\boldsymbol{A}_1$，$\boldsymbol{A}_2$，…，$\boldsymbol{A}_s$ 都可逆，则 $\boldsymbol{A}_1\boldsymbol{A}_2\cdots\boldsymbol{A}_s$ 也可逆，且

$$(\boldsymbol{A}_1\boldsymbol{A}_2\cdots\boldsymbol{A}_s)^{-1}=\boldsymbol{A}_s^{-1}\boldsymbol{A}_{s-1}^{-1}\cdots\boldsymbol{A}_1^{-1}.$$

注意：若 $\boldsymbol{A}$，$\boldsymbol{B}$ 都可逆，而 $\boldsymbol{A}+\boldsymbol{B}$ 不一定可逆，即使 $\boldsymbol{A}+\boldsymbol{B}$ 可逆，一般情况下 $(\boldsymbol{A}+\boldsymbol{B})^{-1}\neq\boldsymbol{A}^{-1}+\boldsymbol{B}^{-1}$. 读者不难举出这样的例子(可用对角阵举例).

例 9 设 $\boldsymbol{A},\boldsymbol{B},\boldsymbol{C}$ 为同阶方阵，且 $\boldsymbol{AB}=\boldsymbol{AC}$. 若 $\boldsymbol{A}$ 可逆，则 $\boldsymbol{B}=\boldsymbol{C}$.

证 由于 $\boldsymbol{A}$ 可逆，故 $\boldsymbol{A}^{-1}$ 存在. 在等式 $\boldsymbol{AB}=\boldsymbol{AC}$ 两边同左乘 $\boldsymbol{A}^{-1}$ 即得 $\boldsymbol{B}=\boldsymbol{C}$.

这个例子说明，对于可逆矩阵而言，矩阵的消去律成立.

例 10 若 $\boldsymbol{A}$ 可逆，试证 $\boldsymbol{A}^*$ 也可逆，且 $(\boldsymbol{A}^*)^{-1}=(\boldsymbol{A}^{-1})^*$.

证 在 $\boldsymbol{A}\boldsymbol{A}^*=|\boldsymbol{A}|\boldsymbol{E}$ 两边取行列式得

$$|\boldsymbol{A}||\boldsymbol{A}^*|=|\boldsymbol{A}|^n.$$

因为 $\boldsymbol{A}$ 可逆，故 $|\boldsymbol{A}|\neq 0$. 所以 $|\boldsymbol{A}^*|=|\boldsymbol{A}|^{n-1}\neq 0$，说明 $\boldsymbol{A}^*$ 可逆.

在 $\boldsymbol{AA}^*=|\boldsymbol{A}|\boldsymbol{E}$ 两边取逆矩阵，得

$$(\boldsymbol{A}^*)^{-1}\boldsymbol{A}^{-1}=\frac{1}{|\boldsymbol{A}|}\boldsymbol{E}^{-1}=\frac{1}{|\boldsymbol{A}|}\boldsymbol{E}.$$

上式两边同右乘 $\boldsymbol{A}$，得

$$(\boldsymbol{A}^*)^{-1}=\frac{1}{|\boldsymbol{A}|}\boldsymbol{A}.$$

而

$$(\boldsymbol{A}^{-1})^*=|\boldsymbol{A}^{-1}|(\boldsymbol{A}^{-1})^{-1}=\frac{1}{|\boldsymbol{A}|}\boldsymbol{A}.$$

所以$(\boldsymbol{A}^*)^{-1}=(\boldsymbol{A}^{-1})^*$.

例 11 设 $\boldsymbol{A}$ 为 n 阶方阵，且$|\boldsymbol{A}|=3$，求$|2\boldsymbol{A}^*-7\boldsymbol{A}^{-1}|$.

解 由于 $\boldsymbol{A}^*=|\boldsymbol{A}|\boldsymbol{A}^{-1}=3\boldsymbol{A}^{-1}$，所以

$$|2\boldsymbol{A}^*-7\boldsymbol{A}^{-1}|=|6\boldsymbol{A}^{-1}-7\boldsymbol{A}^{-1}|=|-\boldsymbol{A}^{-1}|=(-1)^n|\boldsymbol{A}^{-1}|=\frac{(-1)^n}{|\boldsymbol{A}|}=\frac{(-1)^n}{3}.$$

§2.4 分块矩阵

在矩阵运算中，为了理论分析与计算方便，在处理大型矩阵（矩阵的行数和列数都比较多）的运算时，常常采用矩阵分块的方法，将大型矩阵的运算化为小矩阵的运算，这种技巧在实际应用中是非常重要的.本节将简单介绍如何将矩阵分块、分块矩阵的运算及一些特殊的分块矩阵的性质.

设 $\boldsymbol{A}$ 是一个矩阵，我们在它的行或列之间加上一些线，把这个矩阵分成若干个小矩阵，每个小矩阵称为矩阵 $\boldsymbol{A}$ 的**子块**，以子块为元素的矩阵称为**分块矩阵**.

例如，设矩阵 $\boldsymbol{A}=(a_{ij})_{4\times 3}$ 分成

$$\boldsymbol{A}=\left(\begin{array}{c:cc} a_{11} & a_{12} & a_{13} \\ a_{21} & a_{22} & a_{23} \\ \hdashline a_{31} & a_{32} & a_{33} \\ a_{41} & a_{42} & a_{43} \end{array}\right).$$

若记

$$\boldsymbol{A}_{11}=\begin{pmatrix} a_{11} \\ a_{21} \end{pmatrix},\qquad \boldsymbol{A}_{12}=\begin{pmatrix} a_{12} & a_{13} \\ a_{22} & a_{23} \end{pmatrix},$$

$$\boldsymbol{A}_{21}=\begin{pmatrix} a_{31} \\ a_{41} \end{pmatrix},\qquad \boldsymbol{A}_{22}=\begin{pmatrix} a_{32} & a_{33} \\ a_{42} & a_{43} \end{pmatrix}.$$

则 $\boldsymbol{A}_{11}, \boldsymbol{A}_{12}, \boldsymbol{A}_{21}, \boldsymbol{A}_{22}$ 为 $\boldsymbol{A}$ 的子块，此时矩阵 $\boldsymbol{A}$ 可表示为分块矩阵形式

$$A=\begin{pmatrix} A_{11} & A_{12} \\ A_{21} & A_{22} \end{pmatrix}.$$

给定一个矩阵可以有各种不同的分块方法，如上面矩阵 A 也可分成

$$A=\left(\begin{array}{ccc} a_{11} & a_{12} & a_{13} \\ \hdashline a_{21} & a_{22} & a_{23} \\ a_{31} & a_{32} & a_{33} \\ a_{41} & a_{42} & a_{43} \end{array}\right),\quad A=\left(\begin{array}{c:cc} a_{11} & a_{12} & a_{13} \\ \hdashline a_{21} & a_{22} & a_{23} \\ a_{31} & a_{32} & a_{33} \\ \hdashline a_{41} & a_{42} & a_{43} \end{array}\right).$$

矩阵分块的目的是把一个大矩阵看成是由一些小矩阵组成的. 在矩阵运算中可把这些小矩阵当作“数”来处理. 某些矩阵经过适当分块后，可以使其结构简洁明了，便于运算.

下面我们讨论分块矩阵的运算. 这些运算不是一些新的运算，而只是矩阵运算的简化，其运算规则与普通矩阵的运算规则类似.

1. 加法运算

设 A, B 都是 $m\times n$ 矩阵，将 A, B 按相同的方法进行分块

$$A=\begin{pmatrix} A_{11} & A_{12} & \cdots & A_{1t} \\ A_{21} & A_{22} & \cdots & A_{2t} \\ \vdots & \vdots & & \vdots \\ A_{s1} & A_{s2} & \cdots & A_{st} \end{pmatrix},\quad B=\begin{pmatrix} B_{11} & B_{12} & \cdots & B_{1t} \\ B_{21} & B_{22} & \cdots & B_{2t} \\ \vdots & \vdots & & \vdots \\ B_{s1} & B_{s2} & \cdots & B_{st} \end{pmatrix},$$

其中 A_{ij}, B_{ij} 都是 $m_i\times n_j$ 矩阵($i=1,2,\cdots,s$; $j=1,2,\cdots,t$)，且 $\sum\limits_{i=1}^{s}m_i=m$, $\sum\limits_{j=1}^{t}n_j=n$. 则

$$A+B=\begin{pmatrix} A_{11}+B_{11} & A_{12}+B_{12} & \cdots & A_{1t}+B_{1t} \\ A_{21}+B_{21} & A_{22}+B_{22} & \cdots & A_{2t}+B_{2t} \\ \vdots & \vdots & & \vdots \\ A_{s1}+B_{s1} & A_{s2}+B_{s2} & \cdots & A_{st}+B_{st} \end{pmatrix}.$$

2. 数乘运算

设 λ 是一个常数，矩阵 A 分法如上，则

$$\lambda A=\begin{pmatrix} \lambda A_{11} & \lambda A_{12} & \cdots & \lambda A_{1t} \\ \lambda A_{21} & \lambda A_{22} & \cdots & \lambda A_{2t} \\ \vdots & \vdots & & \vdots \\ \lambda A_{s1} & \lambda A_{s2} & \cdots & \lambda A_{st} \end{pmatrix}.$$

由于矩阵的加法与数乘比较简单，一般不需用分块计算.

3. 乘法运算

设 $A=(a_{ij})_{m\times n}$, $B=(b_{ij})_{n\times p}$. 若对矩阵 A 的列的分法与对矩阵 B 的行的分法一致，即

$$A=\begin{array}{cccc} n_1 & n_2 & \cdots & n_l \\ \left[\begin{array}{cccc} A_{11} & A_{12} & \cdots & A_{1l} \\ A_{21} & A_{22} & \cdots & A_{2l} \\ \vdots & \vdots & & \vdots \\ A_{t1} & A_{t2} & \cdots & A_{tl} \end{array}\right. & & & \left.\begin{array}{c} \\ \end{array}\right\}\begin{array}{c} m_1 \\ m_2 \\ \vdots \\ m_t \end{array} \end{array},\qquad B=\begin{array}{cccc} p_1 & p_2 & \cdots & p_r \\ \left[\begin{array}{cccc} B_{11} & B_{12} & \cdots & B_{1r} \\ B_{21} & B_{22} & \cdots & B_{2r} \\ \vdots & \vdots & & \vdots \\ B_{l1} & B_{l2} & \cdots & B_{lr} \end{array}\right. & & & \left.\begin{array}{c} \\ \end{array}\right\}\begin{array}{c} n_1 \\ n_2 \\ \vdots \\ n_l \end{array} \end{array},$$

其中 $\sum_{i=1}^{t} m_i = m$，$\sum_{i=1}^{l} n_i = n$，$\sum_{i=1}^{r} p_i = p$. A_{ij} 是 $m_i \times n_j$ 小矩阵，B_{ij} 是 $n_i \times p_j$ 小矩阵，则有

$$C=AB=\begin{array}{cccc} p_1 & p_2 & \cdots & p_r \\ \left[\begin{array}{cccc} C_{11} & C_{12} & \cdots & C_{1r} \\ C_{21} & C_{22} & \cdots & C_{2r} \\ \vdots & \vdots & & \vdots \\ C_{t1} & C_{t2} & \cdots & C_{tr} \end{array}\right. & & & \left.\begin{array}{c} \\ \end{array}\right\}\begin{array}{c} m_1 \\ m_2 \\ \vdots \\ m_t \end{array} \end{array},$$

其中

$$C_{ij} = \sum_{k=1}^{l} A_{ik} B_{kj} = A_{i1} B_{1j} + A_{i2} B_{2j} + \cdots + A_{il} B_{lj}, \quad i=1,2,\cdots,t; \ j=1,2,\cdots,r.$$

例 1 设 $A=\begin{pmatrix} 2 & 0 & 0 & 1 & 0 \\ 0 & 2 & 0 & 0 & 1 \\ 0 & 0 & 2 & 2 & -1 \\ 0 & 0 & 0 & 1 & 4 \\ 0 & 0 & 0 & 0 & 1 \end{pmatrix}$，$B=\begin{pmatrix} 1 & 1 & 1 \\ 1 & 1 & 1 \\ 1 & 1 & 1 \\ 0 & 1 & 0 \\ 0 & 0 & 1 \end{pmatrix}$，利用分块矩阵计算 AB.

解 将矩阵 A，B 分块(比如先确定 A 的分法，再确定 B 的分法，因为 A 的列的分法必须与 B 的行的分法一致).

$$A=\begin{pmatrix} 2 & 0 & 0 & 1 & 0 \\ 0 & 2 & 0 & 0 & 1 \\ 0 & 0 & 2 & 2 & -1 \\ 0 & 0 & 0 & 1 & 4 \\ 0 & 0 & 0 & 0 & 1 \end{pmatrix}=\left(\begin{array}{ccc:cc} 2 & 0 & 0 & 1 & 0 \\ 0 & 2 & 0 & 0 & 1 \\ 0 & 0 & 2 & 2 & -1 \\ \hdashline 0 & 0 & 0 & 1 & 4 \\ 0 & 0 & 0 & 0 & 1 \end{array}\right) \xlongequal{\text{记为}} \begin{pmatrix} 2E_3 & A_{12} \\ O_{23} & A_{21} \end{pmatrix},$$

$$B=\begin{pmatrix} 1 & 1 & 1 \\ 1 & 1 & 1 \\ 1 & 1 & 1 \\ 0 & 1 & 0 \\ 0 & 0 & 1 \end{pmatrix}=\left(\begin{array}{c:cc} 1 & 1 & 1 \\ 1 & 1 & 1 \\ 1 & 1 & 1 \\ \hdashline 0 & 1 & 0 \\ 0 & 0 & 1 \end{array}\right)=\begin{pmatrix} B_{11} & B_{12} \\ O_{21} & E_2 \end{pmatrix}.$$

则有

$$\boldsymbol{AB}=\begin{pmatrix}2\boldsymbol{E}_3 & \boldsymbol{A}_{12}\\ \boldsymbol{O}_{2\times 3} & \boldsymbol{A}_{21}\end{pmatrix}\begin{pmatrix}\boldsymbol{B}_{11} & \boldsymbol{B}_{12}\\ \boldsymbol{O}_{2\times 1} & \boldsymbol{E}_2\end{pmatrix}=\begin{pmatrix}2\boldsymbol{B}_{11} & 2\boldsymbol{B}_{12}+\boldsymbol{A}_{12}\\ \boldsymbol{O}_{21} & \boldsymbol{A}_{21}\end{pmatrix}.$$

这样 $2\boldsymbol{B}_{11}$，$\boldsymbol{A}_{21}$ 可直接写出，仅需计算

$$2\boldsymbol{B}_{12}+\boldsymbol{A}_{12}=2\begin{pmatrix}1 & 1\\ 1 & 1\\ 1 & 1\end{pmatrix}+\begin{pmatrix}1 & 0\\ 0 & 1\\ 2 & -1\end{pmatrix}=\begin{pmatrix}3 & 2\\ 2 & 3\\ 4 & 1\end{pmatrix}.$$

因此

$$\boldsymbol{AB}=\begin{pmatrix}2 & 3 & 2\\ 2 & 2 & 3\\ 2 & 4 & 1\\ 0 & 1 & 4\\ 0 & 0 & 1\end{pmatrix}.$$

例 2　设矩阵 $\boldsymbol{A}=(a_{ij})_{m\times n}$，$\boldsymbol{B}=(b_{ij})_{n\times s}$. 若将 $\boldsymbol{B}$ 按列分成 s 块，即

$$\boldsymbol{B}=(\boldsymbol{B}_1,\ \boldsymbol{B}_2,\ \cdots,\ \boldsymbol{B}_s),$$

其中 $\boldsymbol{B}_j=(b_{1j},\ b_{2j},\ \cdots,\ b_{nj})^{\mathrm{T}}(j=1,2,\cdots,s)$，则

$$\boldsymbol{AB}=\boldsymbol{A}(\boldsymbol{B}_1,\ \boldsymbol{B}_2,\ \cdots,\ \boldsymbol{B}_s)=(\boldsymbol{AB}_1,\ \boldsymbol{AB}_2,\ \cdots,\ \boldsymbol{AB}_s).$$

若设 $\boldsymbol{AB}=\boldsymbol{O}$，则 $\boldsymbol{B}$ 按上述方法分块后，有

$$\boldsymbol{AB}=(\boldsymbol{AB}_1,\ \boldsymbol{AB}_2,\ \cdots,\ \boldsymbol{AB}_s)=(\boldsymbol{O},\ \boldsymbol{O},\ \cdots,\ \boldsymbol{O}).$$

从而有 $\boldsymbol{AB}_j=\boldsymbol{O}_{m\times 1}(j=1,2,\cdots,s)$，即 $\boldsymbol{B}$ 的每一列都是线性方程组 $\boldsymbol{Ax}=\boldsymbol{0}$ 的解.

4. 转置

设分块矩阵

$$\boldsymbol{A}=\begin{pmatrix}\boldsymbol{A}_{11} & \boldsymbol{A}_{12} & \cdots & \boldsymbol{A}_{1q}\\ \boldsymbol{A}_{21} & \boldsymbol{A}_{22} & \cdots & \boldsymbol{A}_{2q}\\ \vdots & \vdots & & \vdots\\ \boldsymbol{A}_{p1} & \boldsymbol{A}_{p2} & \cdots & \boldsymbol{A}_{pq}\end{pmatrix},$$

则有

$$\boldsymbol{A}^{\mathrm{T}}=\begin{pmatrix}\boldsymbol{A}_{11}^{\mathrm{T}} & \boldsymbol{A}_{21}^{\mathrm{T}} & \cdots & \boldsymbol{A}_{p1}^{\mathrm{T}}\\ \boldsymbol{A}_{12}^{\mathrm{T}} & \boldsymbol{A}_{22}^{\mathrm{T}} & \cdots & \boldsymbol{A}_{p2}^{\mathrm{T}}\\ \vdots & \vdots & & \vdots\\ \boldsymbol{A}_{1q}^{\mathrm{T}} & \boldsymbol{A}_{2q}^{\mathrm{T}} & \cdots & \boldsymbol{A}_{pq}^{\mathrm{T}}\end{pmatrix}.$$

注意，分块矩阵转置时，不但要将行列互换，而且行列互换后的各子矩阵都应转置.

5. 求逆

利用矩阵分块，可以将高阶矩阵求逆归结为低阶矩阵求逆，从而简化计算.

例 3 设分块矩阵 $\boldsymbol{D}=\begin{pmatrix}\boldsymbol{A} & \boldsymbol{O}\\ \boldsymbol{C} & \boldsymbol{B}\end{pmatrix}$，其中 $\boldsymbol{A}$，$\boldsymbol{B}$ 均为可逆矩阵，求分块矩阵 $\boldsymbol{D}$ 的逆矩阵 $\boldsymbol{D}^{-1}$.

证 设分块矩阵

$$\boldsymbol{D}^{-1}=\begin{pmatrix}\boldsymbol{X}_{11} & \boldsymbol{X}_{12}\\ \boldsymbol{X}_{21} & \boldsymbol{X}_{22}\end{pmatrix},$$

那么应该有

$$\begin{pmatrix}\boldsymbol{A} & \boldsymbol{O}\\ \boldsymbol{C} & \boldsymbol{B}\end{pmatrix}\begin{pmatrix}\boldsymbol{X}_{11} & \boldsymbol{X}_{12}\\ \boldsymbol{X}_{21} & \boldsymbol{X}_{22}\end{pmatrix}=\begin{pmatrix}\boldsymbol{E}_k & \boldsymbol{O}\\ \boldsymbol{O} & \boldsymbol{E}_r\end{pmatrix}.$$

比较等式两边，得

$$\begin{cases}\boldsymbol{A}\boldsymbol{X}_{11}=\boldsymbol{E}_k\\ \boldsymbol{A}\boldsymbol{X}_{12}=\boldsymbol{O}\\ \boldsymbol{C}\boldsymbol{X}_{11}+\boldsymbol{B}\boldsymbol{X}_{21}=\boldsymbol{O}\\ \boldsymbol{C}\boldsymbol{X}_{12}+\boldsymbol{B}\boldsymbol{X}_{22}=\boldsymbol{E}_r\end{cases}.$$

因为 $\boldsymbol{A}$ 可逆，用 $\boldsymbol{A}^{-1}$ 左乘第一、二式得

$$\boldsymbol{X}_{11}=\boldsymbol{A}^{-1},\quad \boldsymbol{X}_{12}=\boldsymbol{A}^{-1}\boldsymbol{O}=\boldsymbol{O}.$$

将 $\boldsymbol{X}_{12}=\boldsymbol{O}$ 代入第四式得 $\boldsymbol{B}\boldsymbol{X}_{22}=\boldsymbol{E}_r$，再以 $\boldsymbol{B}^{-1}$ 左乘，得

$$\boldsymbol{X}_{22}=\boldsymbol{B}^{-1}.$$

将 $\boldsymbol{X}_{11}=\boldsymbol{A}^{-1}$ 代入第三式得 $\boldsymbol{B}\boldsymbol{X}_{21}=-\boldsymbol{C}\boldsymbol{X}_{11}=-\boldsymbol{C}\boldsymbol{A}^{-1}$，以 $\boldsymbol{B}^{-1}$ 左乘，得

$$\boldsymbol{X}_{21}=-\boldsymbol{B}^{-1}\boldsymbol{C}\boldsymbol{A}^{-1}.$$

于是

$$\boldsymbol{D}^{-1}=\begin{pmatrix}\boldsymbol{A}^{-1} & \boldsymbol{O}\\ -\boldsymbol{B}^{-1}\boldsymbol{C}\boldsymbol{A}^{-1} & \boldsymbol{B}^{-1}\end{pmatrix}.$$

特别地，当 $\boldsymbol{C}=\boldsymbol{O}$ 时，有

$$\begin{pmatrix}\boldsymbol{A} & \boldsymbol{O}\\ \boldsymbol{O} & \boldsymbol{B}\end{pmatrix}^{-1}=\begin{pmatrix}\boldsymbol{A}^{-1} & \boldsymbol{O}\\ \boldsymbol{O} & \boldsymbol{B}^{-1}\end{pmatrix}.$$

类似地，若 $\boldsymbol{A}$，$\boldsymbol{B}$ 可逆，我们还可以得到：

(1) $\begin{pmatrix}\boldsymbol{A} & \boldsymbol{C}\\ \boldsymbol{O} & \boldsymbol{B}\end{pmatrix}^{-1}=\begin{pmatrix}\boldsymbol{A}^{-1} & -\boldsymbol{A}^{-1}\boldsymbol{C}\boldsymbol{B}^{-1}\\ \boldsymbol{O} & \boldsymbol{B}^{-1}\end{pmatrix}$；

(2) $\begin{pmatrix}\boldsymbol{O} & \boldsymbol{A}\\ \boldsymbol{B} & \boldsymbol{O}\end{pmatrix}^{-1}=\begin{pmatrix}\boldsymbol{O} & \boldsymbol{B}^{-1}\\ \boldsymbol{A}^{-1} & \boldsymbol{O}\end{pmatrix}$.

最后我们介绍一类分块矩阵，它的运算性质非常简明.

6. 准对角矩阵

形如

$$\begin{pmatrix} \boldsymbol{A}_1 & \boldsymbol{O} & \cdots & \boldsymbol{O} \\ \boldsymbol{O} & \boldsymbol{A}_2 & \cdots & \boldsymbol{O} \\ \vdots & \vdots & & \vdots \\ \boldsymbol{O} & \boldsymbol{O} & \cdots & \boldsymbol{A}_l \end{pmatrix}$$

的分块矩阵，其中 $\boldsymbol{A}_i$ 是 $n_i \times n_i$ 矩阵($i=1,2,\cdots,l$)，称上述为**准对角矩阵**.

对于两个有相同分块的准对角矩阵

$$\boldsymbol{A}=\begin{pmatrix} \boldsymbol{A}_1 & \boldsymbol{O} & \cdots & \boldsymbol{O} \\ \boldsymbol{O} & \boldsymbol{A}_2 & \cdots & \boldsymbol{O} \\ \vdots & \vdots & & \vdots \\ \boldsymbol{O} & \boldsymbol{O} & \cdots & \boldsymbol{A}_l \end{pmatrix}, \qquad \boldsymbol{B}=\begin{pmatrix} \boldsymbol{B}_1 & \boldsymbol{O} & \cdots & \boldsymbol{O} \\ \boldsymbol{O} & \boldsymbol{B}_2 & \cdots & \boldsymbol{O} \\ \vdots & \vdots & & \vdots \\ \boldsymbol{O} & \boldsymbol{O} & \cdots & \boldsymbol{B}_l \end{pmatrix},$$

如果它们相应的分块是同阶的，则根据分块的运算，有

$$\boldsymbol{A}+\boldsymbol{B}=\begin{pmatrix} \boldsymbol{A}_1+\boldsymbol{B}_1 & \boldsymbol{O} & \cdots & \boldsymbol{O} \\ \boldsymbol{O} & \boldsymbol{A}_2+\boldsymbol{B}_2 & \cdots & \boldsymbol{O} \\ \vdots & \vdots & & \vdots \\ \boldsymbol{O} & \boldsymbol{O} & \cdots & \boldsymbol{A}_l+\boldsymbol{B}_l \end{pmatrix},$$

$$\boldsymbol{AB}=\begin{pmatrix} \boldsymbol{A}_1\boldsymbol{B}_1 & \boldsymbol{O} & \cdots & \boldsymbol{O} \\ \boldsymbol{O} & \boldsymbol{A}_2\boldsymbol{B}_2 & \cdots & \boldsymbol{O} \\ \vdots & \vdots & & \vdots \\ \boldsymbol{O} & \boldsymbol{O} & \cdots & \boldsymbol{A}_l\boldsymbol{B}_l \end{pmatrix}.$$

如果 $\boldsymbol{A}_1, \boldsymbol{A}_2, \cdots, \boldsymbol{A}_l$ 都是可逆矩阵，则 $\boldsymbol{A}$ 也可逆，且

$$\boldsymbol{A}^{-1}=\begin{pmatrix} \boldsymbol{A}_1 & \boldsymbol{O} & \cdots & \boldsymbol{O} \\ \boldsymbol{O} & \boldsymbol{A}_2 & \cdots & \boldsymbol{O} \\ \vdots & \vdots & & \vdots \\ \boldsymbol{O} & \boldsymbol{O} & \cdots & \boldsymbol{A}_l \end{pmatrix}^{-1}=\begin{pmatrix} \boldsymbol{A}_1^{-1} & \boldsymbol{O} & \cdots & \boldsymbol{O} \\ \boldsymbol{O} & \boldsymbol{A}_2^{-1} & \cdots & \boldsymbol{O} \\ \vdots & \vdots & & \vdots \\ \boldsymbol{O} & \boldsymbol{O} & \cdots & \boldsymbol{A}_l^{-1} \end{pmatrix}.$$

例 4 设 $\boldsymbol{A}=\begin{pmatrix} 1 & 1 & 0 & 0 & 0 \\ -1 & 3 & 0 & 0 & 0 \\ 0 & 0 & -2 & 0 & 0 \\ 0 & 0 & 0 & 1 & 2 \\ 0 & 0 & 0 & 0 & 1 \end{pmatrix}$，求 $\boldsymbol{A}^{-1}$.

解 设 $\boldsymbol{A}_1=\begin{pmatrix} 1 & 1 \\ -1 & 3 \end{pmatrix}$，$\boldsymbol{A}_2=(-2)$，$\boldsymbol{A}_3=\begin{pmatrix} 1 & 2 \\ 0 & 1 \end{pmatrix}$，则

$$\boldsymbol{A}=\begin{pmatrix}\boldsymbol{A}_1 & \boldsymbol{O} & \boldsymbol{O}\\ \boldsymbol{O} & \boldsymbol{A}_2 & \boldsymbol{O}\\ \boldsymbol{O} & \boldsymbol{O} & \boldsymbol{A}_3\end{pmatrix},$$

而

$$\boldsymbol{A}_1^{-1}=\frac{1}{4}\begin{pmatrix}3 & -1\\ 1 & 1\end{pmatrix}=\begin{pmatrix}\frac{3}{4} & -\frac{1}{4}\\ \frac{1}{4} & \frac{1}{4}\end{pmatrix},\quad \boldsymbol{A}_2^{-1}=\left(-\frac{1}{2}\right),\quad \boldsymbol{A}_3^{-1}=\begin{pmatrix}1 & -2\\ 0 & 1\end{pmatrix}.$$

故

$$\boldsymbol{A}^{-1}=\begin{pmatrix}\boldsymbol{A}_1^{-1} & \boldsymbol{O} & \boldsymbol{O}\\ \boldsymbol{O} & \boldsymbol{A}_2^{-1} & \boldsymbol{O}\\ \boldsymbol{O} & \boldsymbol{O} & \boldsymbol{A}_3^{-1}\end{pmatrix}=\begin{pmatrix}\frac{3}{4} & -\frac{1}{4} & 0 & 0 & 0\\ \frac{1}{4} & \frac{1}{4} & 0 & 0 & 0\\ 0 & 0 & -\frac{1}{2} & 0 & 0\\ 0 & 0 & 0 & 1 & -2\\ 0 & 0 & 0 & 0 & 1\end{pmatrix}.$$

例 5 设 $\boldsymbol{A}=\begin{pmatrix}1 & 1 & 0 & 0\\ 0 & 1 & 0 & 0\\ 0 & 0 & 1 & -1\\ 0 & 0 & -1 & 1\end{pmatrix}$，求 $\boldsymbol{A}^n$.

解 设 $\boldsymbol{A}=\begin{pmatrix}\boldsymbol{B} & \boldsymbol{O}\\ \boldsymbol{O} & \boldsymbol{C}\end{pmatrix}$，其中 $\boldsymbol{B}=\begin{pmatrix}1 & 1\\ 0 & 1\end{pmatrix}$，$\boldsymbol{C}=\begin{pmatrix}1 & -1\\ -1 & 1\end{pmatrix}$.

$$\boldsymbol{B}^2=\begin{pmatrix}1 & 2\\ 0 & 1\end{pmatrix},\quad \boldsymbol{B}^3=\boldsymbol{B}^2\boldsymbol{B}=\begin{pmatrix}1 & 3\\ 0 & 1\end{pmatrix},\ \cdots$$

用数学归纳法可推得 $\boldsymbol{B}^n=\begin{pmatrix}1 & n\\ 0 & 1\end{pmatrix}$.

$$\boldsymbol{C}^2=\begin{pmatrix}1 & -1\\ -1 & 1\end{pmatrix}\begin{pmatrix}1 & -1\\ -1 & 1\end{pmatrix}=\begin{pmatrix}2 & -2\\ -2 & 2\end{pmatrix}=2\begin{pmatrix}1 & -1\\ -1 & 1\end{pmatrix}=2\boldsymbol{C},$$

故 $\boldsymbol{C}^n=\boldsymbol{C}^2\boldsymbol{C}^{n-2}=2\boldsymbol{C}^{n-1}=2^{n-1}\boldsymbol{C}$.

从而

$$\boldsymbol{A}^n=\begin{pmatrix}\boldsymbol{B}^n & \boldsymbol{O}\\ \boldsymbol{O} & \boldsymbol{C}^n\end{pmatrix}=\begin{pmatrix}1 & n & 0 & 0\\ 0 & 1 & 0 & 0\\ 0 & 0 & 2^{n-1} & -2^{n-1}\\ 0 & 0 & -2^{n-1} & 2^{n-1}\end{pmatrix}.$$

§2.5 矩阵的初等变换与初等矩阵

这一节我们介绍矩阵的初等变换以及它与矩阵乘法之间的联系. 在此基础上,给出用初等变换求逆矩阵的方法.

2.5.1 矩阵的初等变换

定义 2.13 矩阵的**初等行(列)变换**是指对一个矩阵施行的下列变换:

(1)交换矩阵的某两行(列)的位置,如将第 i,j 行(列)对换,记为 $r_i \leftrightarrow r_j$ ($c_i \leftrightarrow c_j$),称为**对换行(列)变换**;

(2)用一个非零常数 k 乘以矩阵的某一行(列),即将第 i 行(列)的每一个元素乘 k,记为 kr_i (kc_i),称为**倍乘行(列)变换**;

(3)将矩阵的某一行(列)乘以非零数 k 后加到另一行(列),即将第 j 行(列)的每一元素乘以 k 后加到第 i 行(列)的对应元素上,记为 $r_i + kr_j$ ($c_i + kc_j$),称为**倍加行(列)变换**.

定义 2.14 如果矩阵 $\boldsymbol{B}$ 可以由矩阵 $\boldsymbol{A}$ 经过有限次初等变换得到,则称 $\boldsymbol{A}$ 和 $\boldsymbol{B}$ 为**等价矩阵**,记作 $\boldsymbol{A} \cong \boldsymbol{B}$.

不难证明,矩阵间的等价关系具有下列性质:

(1)反身性 $\boldsymbol{A} \cong \boldsymbol{A}$;

(2)对称性 若 $\boldsymbol{A} \cong \boldsymbol{B}$,则 $\boldsymbol{B} \cong \boldsymbol{A}$;

(3)传递性 若 $\boldsymbol{A} \cong \boldsymbol{B}$,$\boldsymbol{B} \cong \boldsymbol{C}$,则 $\boldsymbol{A} \cong \boldsymbol{C}$.

例 1 已知矩阵

$$\boldsymbol{A} = \begin{pmatrix} 3 & 1 & 5 & 6 \\ 1 & -1 & 3 & -2 \\ 2 & 1 & 3 & 5 \\ 1 & 1 & 1 & 1 \end{pmatrix},$$

对其作如下初等行变换:

$$\boldsymbol{A} = \begin{pmatrix} 3 & 1 & 5 & 6 \\ 1 & -1 & 3 & -2 \\ 2 & 1 & 3 & 5 \\ 1 & 1 & 1 & 1 \end{pmatrix} \xrightarrow{r_1 \leftrightarrow r_4} \begin{pmatrix} 1 & 1 & 1 & 1 \\ 1 & -1 & 3 & -2 \\ 2 & 1 & 3 & 5 \\ 3 & 1 & 5 & 6 \end{pmatrix}$$

$$\xrightarrow[r_4 - 3r_1]{\substack{r_2 - r_1 \\ r_3 - 2r_1}} \begin{pmatrix} 1 & 1 & 1 & 1 \\ 0 & -2 & 2 & -3 \\ 0 & -1 & 1 & 3 \\ 0 & -2 & 2 & 3 \end{pmatrix} \xrightarrow{r_2 \leftrightarrow r_3} \begin{pmatrix} 1 & 1 & 1 & 1 \\ 0 & -1 & 1 & 3 \\ 0 & -2 & 2 & -3 \\ 0 & -2 & 2 & 3 \end{pmatrix}$$

$$\xrightarrow[r_4-2r_2]{r_3-2r_2}\begin{pmatrix}1&1&1&1\\0&-1&1&3\\0&0&0&-9\\0&0&0&-3\end{pmatrix}\xrightarrow{-\frac{1}{9}r_3}\begin{pmatrix}1&1&1&1\\0&-1&1&3\\0&0&0&1\\0&0&0&-3\end{pmatrix}$$

$$\xrightarrow{r_4+3r_3}\begin{pmatrix}1&1&1&1\\0&-1&1&3\\0&0&0&1\\0&0&0&0\end{pmatrix}=\boldsymbol{B},$$

则 $\boldsymbol{A}\cong\boldsymbol{B}$.

一般地,形如矩阵 $\boldsymbol{B}$ 的矩阵称为**行阶梯形矩阵**,它具有以下两个特征:

(1)若有零行(矩阵中的元素全为零的行),则零行都位于矩阵的下方;

(2)从第一行起,每行第一个非零元素前面零的个数逐行增加.

对矩阵 $\boldsymbol{B}$ 再作初等行变换:

$$\boldsymbol{B}=\begin{pmatrix}1&1&1&1\\0&-1&1&3\\0&0&0&1\\0&0&0&0\end{pmatrix}\xrightarrow[r_2-3r_3]{r_1-r_3}\begin{pmatrix}1&1&1&0\\0&-1&1&0\\0&0&0&1\\0&0&0&0\end{pmatrix}\xrightarrow{r_1+r_2}\begin{pmatrix}1&0&2&0\\0&-1&1&0\\0&0&0&1\\0&0&0&0\end{pmatrix}$$

$$\xrightarrow{-r_2}\begin{pmatrix}1&0&2&0\\0&1&-1&0\\0&0&0&1\\0&0&0&0\end{pmatrix}=\boldsymbol{C},$$

则有 $\boldsymbol{B}\cong\boldsymbol{C}$,从而 $\boldsymbol{A}\cong\boldsymbol{C}$.

称形如矩阵 $\boldsymbol{C}$ 的矩阵为**行简化阶梯形矩阵**,即阶梯形矩阵中非零行第一个非零元素为 1,且其所对应的列的其他元素都为零.

如果对矩阵 $\boldsymbol{C}$ 再作初等列变换:

$$\boldsymbol{C}=\begin{pmatrix}1&0&2&0\\0&1&-1&0\\0&0&0&1\\0&0&0&0\end{pmatrix}\xrightarrow{c_3-2c_1}\begin{pmatrix}1&0&0&0\\0&1&-1&0\\0&0&0&1\\0&0&0&0\end{pmatrix}\xrightarrow{c_3+c_2}\begin{pmatrix}1&0&0&0\\0&1&0&0\\0&0&0&1\\0&0&0&0\end{pmatrix}$$

$$\xrightarrow{c_3\leftrightarrow c_4}\begin{pmatrix}1&0&0&0\\0&1&0&0\\0&0&1&0\\0&0&0&0\end{pmatrix}=\boldsymbol{D}.$$

矩阵 $\boldsymbol{D}$ 的左上角为一个单位矩阵 $\boldsymbol{E}_3$,其余的分块都是零矩阵.

一般地，我们称矩阵 $\boldsymbol{D}$ 为矩阵 $\boldsymbol{A}$ 的**等价标准形矩阵**，简称**标准形矩阵**，它具有以下特征：

(1)位于左上角的子块是一个 r 阶单位矩阵；

(2)其余的子块(如果有的话)都是零矩阵.

例 1 中，对矩阵 $\boldsymbol{A}$ 施行初等行变换后，得到行阶梯形矩阵 $\boldsymbol{B}$，再对矩阵 $\boldsymbol{B}$ 施行初等行变换，得到行简化阶梯形矩阵 $\boldsymbol{C}$，进一步施行初等列变换，将矩阵 $\boldsymbol{C}$ 化为标准形矩阵 $\boldsymbol{D}$.

需要注意的是，将矩阵 $\boldsymbol{A}$ 进行初等行变换后化为行简化阶梯形矩阵 C 的过程，在本书接下来的章节中具有普遍意义. 一般地，有：

定理 2.2　(1)任意矩阵都可以经过若干次初等行变换化为行阶梯形矩阵与行简化阶梯形矩阵；

(2)任意矩阵都可以经过若干次初等变换化为标准形矩阵.

证　仅给出(2)的证明. 设 $\boldsymbol{A}$ 为 $m\times n$ 矩阵.

如果 $\boldsymbol{A}=\boldsymbol{O}$，则其已是标准形矩阵；

如果 $\boldsymbol{A}\neq\boldsymbol{O}$，则不妨设 $a_{11}\neq 0$（假设 $a_{11}=0$，因为 $\boldsymbol{A}\neq\boldsymbol{O}$，则 $\boldsymbol{A}$ 中必存在一个 $a_{ij}\neq 0$. 经过交换行或列的初等变换，将 a_{ij} 移至矩阵 $\boldsymbol{A}$ 的左上角). 将第一行元素乘以 $-\dfrac{a_{i1}}{a_{11}}$ 倍加到第 i 行上去($i=2,3,\cdots,m$)，于是第一列的元素除 a_{11} 外都变成了零；再将第一列元素乘以 $-\dfrac{a_{1j}}{a_{11}}$ 倍加到第 j 列上去($j=2,3,\cdots,n$)，从而第一行的元素除 a_{11} 外都变成了零；再以 $\dfrac{1}{a_{11}}$ 倍乘第一行，则矩阵 $\boldsymbol{A}$ 经过这样一系列初等变换后变成如下形状的矩阵

$$\boldsymbol{A}\to\begin{pmatrix}1 & 0 & \cdots & 0\\ 0 & a_{22}^{(1)} & \cdots & a_{2n}^{(1)}\\ \vdots & \vdots & & \vdots\\ 0 & a_{m2}^{(1)} & \cdots & a_{mn}^{(1)}\end{pmatrix}=\begin{pmatrix}1 & 0 & \cdots & 0\\ 0 & & & \\ \vdots & & \boldsymbol{A}_1 & \\ 0 & & & \end{pmatrix},$$

其中 $\boldsymbol{A}_1$ 是一个 $(m-1)\times(n-1)$ 矩阵. 对 $\boldsymbol{A}_1$ 重复以上的步骤，这样下去就可以得到 $\boldsymbol{A}$ 的标准形.

2.5.2　初等矩阵

定义 2.15　将单位矩阵 $\boldsymbol{E}$ 作一次初等变换所得到的矩阵称为**初等矩阵**.

当然，每个初等变换都有一个与之对应的初等矩阵.

(1)对换矩阵 $\boldsymbol{E}$ 的第 i,j 行(列)的位置，得

$$
\boldsymbol{P}(i,j)=
\begin{array}{c}
\begin{array}{ccccccccccc} & & & i\text{列} & & & & j\text{列} & & & \end{array}\\
\begin{pmatrix}
1 & & & & & & & & & & \\
 & \ddots & & & & & & & & & \\
 & & 1 & & & & & & & & \\
 & & & 0 & & \cdots & & 1 & & & \\
 & & & & 1 & & & & & & \\
 & & & \vdots & & \ddots & & \vdots & & & \\
 & & & & & & 1 & & & & \\
 & & & 1 & & \cdots & & 0 & & & \\
 & & & & & & & & 1 & & \\
 & & & & & & & & & \ddots & \\
 & & & & & & & & & & 1
\end{pmatrix}
\end{array}
\begin{array}{l} \\ \\ \\ \\ i\text{行} \\ \\ \\ \\ j\text{行} \\ \\ \\ \\ \end{array}.
$$

(2)用非零常数 k 乘 $\boldsymbol{E}$ 的第 i 行(列),得

$$
\boldsymbol{P}(i(k))=
\begin{array}{c}
\begin{pmatrix}
1 & & & & & & \\
 & \ddots & & & & & \\
 & & 1 & & & & \\
 & & & k & & & \\
 & & & & 1 & & \\
 & & & & & \ddots & \\
 & & & & & & 1
\end{pmatrix}\\
\begin{array}{ccccccc} & & & i\text{列} & & & \end{array}
\end{array}
\begin{array}{l} \\ \\ \\ i\text{行}. \\ \\ \\ \\ \\ \end{array}
$$

(3)把矩阵 $\boldsymbol{E}$ 的第 j 行的 k 倍加到第 i 行(或第 i 列的 k 倍加到第 j 列),有

$$
\boldsymbol{P}(i,j(k))=
\begin{array}{c}
\begin{array}{ccccccc} & & i\text{列} & & j\text{列} & & \end{array}\\
\begin{pmatrix}
1 & & & & & & \\
 & \ddots & & & & & \\
 & & 1 & \cdots & k & & \\
 & & & \ddots & \vdots & & \\
 & & & & 1 & & \\
 & & & & & \ddots & \\
 & & & & & & 1
\end{pmatrix}
\end{array}
\begin{array}{l} \\ \\ \\ i\text{行} \\ \\ j\text{行} \\ \\ \\ \end{array}.
$$

初等矩阵均可逆,其逆矩阵仍为初等矩阵,且

$$
\boldsymbol{P}(i,\ j)^{-1}=\boldsymbol{P}(i,\ j),\ \boldsymbol{P}(i(k))^{-1}=\boldsymbol{P}\left(i\left(\frac{1}{k}\right)\right),\ \boldsymbol{P}(i,j(k))^{-1}=\boldsymbol{P}(i,j(-k)),
$$

利用逆矩阵的定义很容易证明上述结论.

由矩阵乘法运算的特点,我们发现,矩阵的初等行(列)变换可用初等矩阵与该矩阵作乘法运算来实现.

定理2.3 对一个 $m\times n$ 矩阵 $\boldsymbol{A}$ 作一次初等行变换相当于在 $\boldsymbol{A}$ 的左边乘上相应的 m 阶初等矩阵;对 $\boldsymbol{A}$ 作一次初等列变换就相当于在 $\boldsymbol{A}$ 的右边乘上相应的 n 阶初等矩阵.

证 仅对初等行变换的情形加以证明,初等列变换的情形可同样证明.

设 $\boldsymbol{B}=(b_{ij})$ 为任意一个 m 阶矩阵. 将 $\boldsymbol{A}$ 按行分块,$\boldsymbol{A}_i$ 为第 i 行($i=1,2,\cdots,m$),则由矩阵的分块乘法得

$$\boldsymbol{BA}=\begin{pmatrix} b_{11}\boldsymbol{A}_1+b_{12}\boldsymbol{A}_2+\cdots+b_{1m}\boldsymbol{A}_m \\ b_{21}\boldsymbol{A}_1+b_{22}\boldsymbol{A}_2+\cdots+b_{2m}\boldsymbol{A}_m \\ \vdots \\ b_{m1}\boldsymbol{A}_1+b_{m2}\boldsymbol{A}_2+\cdots+b_{mm}\boldsymbol{A}_m \end{pmatrix}.$$

特别地,令 $\boldsymbol{B}=\boldsymbol{P}(i,j)$,得

$$\boldsymbol{P}(i,j)\boldsymbol{A}=\begin{pmatrix} \boldsymbol{A}_1 \\ \vdots \\ \boldsymbol{A}_j \\ \vdots \\ \boldsymbol{A}_i \\ \vdots \\ \boldsymbol{A}_m \end{pmatrix}\begin{matrix} \\ \\ i\text{ 行} \\ \\ j\text{ 行} \\ \\ \\ \end{matrix},$$

这相当于把 $\boldsymbol{A}$ 的第 i 行与第 j 行互换. 令 $\boldsymbol{B}=\boldsymbol{P}(i(k))$,得

$$\boldsymbol{P}(i(k))\boldsymbol{A}=\begin{pmatrix} \boldsymbol{A}_1 \\ \vdots \\ k\boldsymbol{A}_i \\ \vdots \\ \boldsymbol{A}_m \end{pmatrix} i\text{ 行},$$

这相当于用非零常数 k 乘 $\boldsymbol{A}$ 的第 i 行. 令 $\boldsymbol{B}=\boldsymbol{P}(i,j(k))$,得

$$\boldsymbol{P}(i,j(k))\boldsymbol{A}=\begin{pmatrix} \boldsymbol{A}_1 \\ \vdots \\ \boldsymbol{A}_i+k\boldsymbol{A}_j \\ \vdots \\ \boldsymbol{A}_j \\ \vdots \\ \boldsymbol{A}_m \end{pmatrix}\begin{matrix} \\ \\ i\text{ 行} \\ \\ j\text{ 行} \\ \\ \\ \end{matrix},$$

这相当于把 $\boldsymbol{A}$ 的第 j 行的 k 倍加到第 i 行.

推论 矩阵 $\boldsymbol{A}$ 与 $\boldsymbol{B}$ 等价的充分必要条件是存在初等矩阵 $\boldsymbol{P}_1, \boldsymbol{P}_2, \cdots, \boldsymbol{P}_s$ 与 $\boldsymbol{Q}_1, \boldsymbol{Q}_2, \cdots, \boldsymbol{Q}_t$,使得

$$\boldsymbol{B}=\boldsymbol{P}_s\cdots\boldsymbol{P}_2\boldsymbol{P}_1\boldsymbol{A}\boldsymbol{Q}_1\boldsymbol{Q}_2\cdots\boldsymbol{Q}_t.$$

2.5.3 求逆矩阵的初等变换法

作为初等变换的应用,下面我们给出另一种求逆矩阵的方法——**初等变换法**.

定理 2.4 n 阶矩阵 $\boldsymbol{A}$ 可逆的充分必要条件是它可以表示为若干个初等矩阵的乘积.

证 因为 $\boldsymbol{A}$ 可逆,则由定理 2.3 的推论知,存在 n 阶初等矩阵 $\boldsymbol{P}_1,\boldsymbol{P}_2,\cdots,\boldsymbol{P}_s$ 与 $\boldsymbol{Q}_1,\boldsymbol{Q}_2,\cdots,\boldsymbol{Q}_t$,使得

$$\boldsymbol{P}_s\cdots\boldsymbol{P}_2\boldsymbol{P}_1\boldsymbol{A}\boldsymbol{Q}_1\boldsymbol{Q}_2\cdots\boldsymbol{Q}_t=\boldsymbol{E}.$$

由初等矩阵的性质知,$\boldsymbol{P}_1, \boldsymbol{P}_2, \cdots, \boldsymbol{P}_s$ 与 $\boldsymbol{Q}_1, \boldsymbol{Q}_2, \cdots, \boldsymbol{Q}_t$ 都是可逆矩阵且其逆矩阵仍是初等矩阵,因此

$$\boldsymbol{A}=\boldsymbol{P}_1^{-1}\boldsymbol{P}_2^{-1}\cdots\boldsymbol{P}_s^{-1}\boldsymbol{E}\boldsymbol{Q}_t^{-1}\cdots\boldsymbol{Q}_2^{-1}\boldsymbol{Q}_1^{-1}=\boldsymbol{P}_1^{-1}\boldsymbol{P}_2^{-1}\cdots\boldsymbol{P}_s^{-1}\boldsymbol{Q}_t^{-1}\cdots\boldsymbol{Q}_2^{-1}\boldsymbol{Q}_1^{-1},$$

故矩阵 $\boldsymbol{A}$ 可以表示为若干个初等矩阵的乘积.

推论 任意可逆矩阵都可经过初等行变换化为单位矩阵.

证 由定理 2.4 知,若 $\boldsymbol{A}$ 是可逆矩阵,则 $\boldsymbol{A}$ 可以表示为若干个初等矩阵的乘积,即存在一系列初等矩阵 $\boldsymbol{P}_1, \boldsymbol{P}_2, \cdots, \boldsymbol{P}_s$,使得

$$\boldsymbol{A}=\boldsymbol{P}_1\boldsymbol{P}_2\cdots\boldsymbol{P}_s,$$

于是 A 的逆矩阵为

$$\boldsymbol{A}^{-1}=\boldsymbol{P}_s^{-1}\boldsymbol{P}_{s-1}^{-1}\cdots\boldsymbol{P}_1^{-1}. \tag{2-5}$$

因此

$$\boldsymbol{P}_s^{-1}\boldsymbol{P}_{s-1}^{-1}\cdots\boldsymbol{P}_1^{-1}\boldsymbol{A}=\boldsymbol{A}^{-1}\boldsymbol{A}=\boldsymbol{E}, \tag{2-6}$$

上式表明,$\boldsymbol{A}$ 只用初等行变换(左乘初等矩阵相当于进行初等行变换)就可以化为单位矩阵.

事实上,以上讨论提供了一个求逆矩阵的方法.

对可逆矩阵 $\boldsymbol{A}$,构造一个 $n\times 2n$ 矩阵$(\boldsymbol{A}\mid\boldsymbol{E})$,由式(2-5)及(2-6),用 $\boldsymbol{A}^{-1}$ 左乘$(\boldsymbol{A}\mid\boldsymbol{E})$,根据分块矩阵的乘法,得

$$\boldsymbol{P}_s^{-1}\boldsymbol{P}_{s-1}^{-1}\cdots\boldsymbol{P}_1^{-1}(\boldsymbol{A}\mid\boldsymbol{E})=(\boldsymbol{P}_s^{-1}\boldsymbol{P}_{s-1}^{-1}\cdots\boldsymbol{P}_1^{-1}\boldsymbol{A}\mid\boldsymbol{P}_s^{-1}\boldsymbol{P}_{s-1}^{-1}\cdots\boldsymbol{P}_1^{-1}\boldsymbol{E})=(\boldsymbol{E}\mid\boldsymbol{A}^{-1}),$$

这就表明,如果用一系列初等行变换把左边矩阵 $\boldsymbol{A}$ 化为单位矩阵 $\boldsymbol{E}$,那么同样地也可用这些初等行变换右边的单位矩阵 $\boldsymbol{E}$ 化为 $\boldsymbol{A}^{-1}$.

例 2 设 $\boldsymbol{A}=\begin{pmatrix}2&1&1\\3&1&2\\1&-1&0\end{pmatrix}$,求 $\boldsymbol{A}^{-1}$.

解　$(\boldsymbol{A}|\boldsymbol{E})=\left(\begin{array}{ccc:ccc}2&1&1&1&0&0\\3&1&2&0&1&0\\1&-1&0&0&0&1\end{array}\right)\xrightarrow{r_1\leftrightarrow r_3}\left(\begin{array}{ccc:ccc}1&-1&0&0&0&1\\3&1&2&0&1&0\\2&1&1&1&0&0\end{array}\right)$

$$\xrightarrow[r_3-2r_1]{r_2-3r_1}\left(\begin{array}{ccc:ccc}1&-1&0&0&0&1\\0&4&2&0&1&-3\\0&3&1&1&0&-2\end{array}\right)\xrightarrow{r_2-r_3}\left(\begin{array}{ccc:ccc}1&-1&0&0&0&1\\0&1&1&-1&1&-1\\0&3&1&1&0&-2\end{array}\right)$$

$$\xrightarrow{r_3-3r_2}\left(\begin{array}{ccc:ccc}1&-1&0&0&0&1\\0&1&1&-1&1&-1\\0&0&-2&4&-3&1\end{array}\right)\xrightarrow[r_3\times\left(-\frac{1}{2}\right)]{r_2+\frac{1}{2}r_3}\left(\begin{array}{ccc:ccc}1&-1&0&0&0&1\\0&1&0&1&-\frac{1}{2}&-\frac{1}{2}\\0&0&1&-2&\frac{3}{2}&-\frac{1}{2}\end{array}\right)$$

$$\xrightarrow{r_1+r_2}\left(\begin{array}{ccc:ccc}1&0&0&1&-\frac{1}{2}&\frac{1}{2}\\0&1&0&1&-\frac{1}{2}&-\frac{1}{2}\\0&0&1&-2&\frac{3}{2}&-\frac{1}{2}\end{array}\right).$$

于是

$$\boldsymbol{A}^{-1}=\begin{pmatrix}1&-\frac{1}{2}&\frac{1}{2}\\1&-\frac{1}{2}&-\frac{1}{2}\\-2&\frac{3}{2}&-\frac{1}{2}\end{pmatrix}=\frac{1}{2}\begin{pmatrix}2&-1&1\\2&-1&-1\\-4&3&-1\end{pmatrix}.$$

初等变换不仅可以求逆矩阵，还可以用来求解某些简单的矩阵方程. 事实上，若 $\boldsymbol{AX}=\boldsymbol{B}$，$\boldsymbol{A}$ 是 n 阶可逆矩阵，$\boldsymbol{B}$ 是 $n\times m$ 矩阵，则 $\boldsymbol{X}=\boldsymbol{A}^{-1}\boldsymbol{B}$. 如果对矩阵$(\boldsymbol{A}|\boldsymbol{B})$仅施行初等行变换，由式(2-6)知

$$\boldsymbol{P}_s^{-1}\boldsymbol{P}_{s-1}^{-1}\cdots\boldsymbol{P}_1^{-1}(\boldsymbol{A}|\boldsymbol{B})=(\boldsymbol{P}_s^{-1}\boldsymbol{P}_{s-1}^{-1}\cdots\boldsymbol{P}_1^{-1}\boldsymbol{A}|\boldsymbol{P}_s^{-1}\boldsymbol{P}_{s-1}^{-1}\cdots\boldsymbol{P}_1^{-1}\boldsymbol{B})=(\boldsymbol{E}|\boldsymbol{A}^{-1}\boldsymbol{B}),$$

即对 $\boldsymbol{A}$ 施行初等行变换，把 $\boldsymbol{A}$ 化为单位矩阵 $\boldsymbol{E}$ 时，同样的初等行变换就将 $\boldsymbol{B}$ 化为 $\boldsymbol{A}^{-1}\boldsymbol{B}=\boldsymbol{X}$.

例 3　假设矩阵 $\boldsymbol{A}$ 和 $\boldsymbol{B}$ 满足关系 $\boldsymbol{AB}=\boldsymbol{A}+2\boldsymbol{B}$，其中

$$\boldsymbol{A}=\begin{pmatrix}4&2&3\\1&1&0\\-1&2&3\end{pmatrix},$$

求矩阵 $\boldsymbol{B}$.

解　依题意有$(\boldsymbol{A}-2\boldsymbol{E})\boldsymbol{B}=\boldsymbol{A}$. 由于

$$|\boldsymbol{A}-2\boldsymbol{E}|=\begin{vmatrix}2&2&3\\1&-1&0\\-1&2&1\end{vmatrix}=-1\neq0,$$

故 $\boldsymbol{A}-2\boldsymbol{E}$ 可逆,从而 $\boldsymbol{B}=(\boldsymbol{A}-2\boldsymbol{E})^{-1}\boldsymbol{A}$.

$$(\boldsymbol{A}-2\boldsymbol{E}|\boldsymbol{A})=\left(\begin{array}{ccc:ccc}2&2&3&4&2&3\\1&-1&0&1&1&0\\-1&2&1&-1&2&3\end{array}\right)$$

$$\xrightarrow{r_1\leftrightarrow r_2}\left(\begin{array}{ccc:ccc}1&-1&0&1&1&0\\2&2&3&4&2&3\\-1&2&1&-1&2&3\end{array}\right)\xrightarrow[r_3+r_1]{r_2-2r_1}\left(\begin{array}{ccc:ccc}1&-1&0&1&1&0\\0&4&3&2&0&3\\0&1&1&0&3&3\end{array}\right)$$

$$\xrightarrow{r_3\leftrightarrow r_4}\left(\begin{array}{ccc:ccc}1&-1&0&1&1&0\\0&1&1&0&3&3\\0&4&3&2&0&3\end{array}\right)\xrightarrow{r_3-4r_2}\left(\begin{array}{ccc:ccc}1&-1&0&1&1&0\\0&1&1&0&3&3\\0&0&-1&2&-12&-9\end{array}\right)$$

$$\xrightarrow{r_2+r_3}\left(\begin{array}{ccc:ccc}1&-1&0&1&1&0\\0&1&0&2&-9&-6\\0&0&-1&2&-12&-9\end{array}\right)\xrightarrow[r_3\times(-1)]{r_1+r_2}\left(\begin{array}{ccc:ccc}1&0&0&3&-8&-6\\0&1&0&2&-9&-6\\0&0&1&-2&12&9\end{array}\right).$$

因此

$$\boldsymbol{B}=(\boldsymbol{A}-2\boldsymbol{E})^{-1}\boldsymbol{A}=\begin{pmatrix}3&-8&-6\\2&-9&-6\\-2&12&9\end{pmatrix}.$$

§2.6 矩阵的秩

这一节,我们介绍矩阵秩的概念及其求法.

定义 2.16 在一个 $m\times n$ 矩阵 $\boldsymbol{A}$ 中任意选定 k 行 k 列($k\leqslant\min(m,n)$),位于这些选定的行和列的交点上的 k^2 个元素按原来的顺序所组成的 k 阶行列式,称为 $\boldsymbol{A}$ 的一个 **k 阶子式**.

例 1 在矩阵

$$\boldsymbol{A}=\begin{pmatrix}1&1&-1&1&1\\0&3&-1&1&2\\0&0&0&2&3\\0&0&0&0&0\end{pmatrix}$$

中,选第 1,2 行和第 3,5 列,它们交点上的元素所组成的二阶行列式

$$\begin{vmatrix} -1 & 1 \\ -1 & 2 \end{vmatrix} = -1$$

就是一个二阶子式. 又如选第 1,2,3 行和第 1,2,4 列,相应的三阶子式就是

$$\begin{vmatrix} 1 & 1 & 1 \\ 0 & 3 & 1 \\ 0 & 0 & 2 \end{vmatrix} = 6.$$

因为第 4 行元素全为零,所以所有四阶子式都为零.

由于行和列的选法很多,所以 k 阶子式也是很多的. 一个 $m\times n$ 矩阵的 k 阶子式有 $C_m^k C_n^k$ 个.

定义 2.17 设 $\boldsymbol{A}$ 是 $m\times n$ 矩阵,若 $\boldsymbol{A}$ 中有一个 r 阶子式不为零,同时所有 $r+1$ 阶子式全为零,则称 $\boldsymbol{A}$ 的**秩**为 r,记为秩$(\boldsymbol{A})$或 $r(\boldsymbol{A})$.

零矩阵的秩规定为 0. 若 $\boldsymbol{A}$ 为非零矩阵,则 $r(\boldsymbol{A})\geqslant 1$.

从矩阵秩的定义不难看出:

(1)若 $\boldsymbol{A}$ 为 $m\times n$ 矩阵,则 $0\leqslant r(\boldsymbol{A})\leqslant \min(m,n)$.

(2)$r(\boldsymbol{A}^{\mathrm{T}})=r(\boldsymbol{A})$;$r(k\boldsymbol{A})=r(\boldsymbol{A})(k\neq 0)$.

(3)若 $\boldsymbol{A}$ 有一个 r 阶子式不为零,则 $r(\boldsymbol{A})\geqslant r$;若 $\boldsymbol{A}$ 的所有 $r+1$ 阶子式全为零,则 $r(\boldsymbol{A})\leqslant r$.

(4)对于 n 阶矩阵 $\boldsymbol{A}$,它的 n 阶子式只有一个$|\boldsymbol{A}|$,且 $\boldsymbol{A}$ 不存在 $n+1$ 阶子式,故 $r(\boldsymbol{A})=n\Leftrightarrow |\boldsymbol{A}|\neq 0$;$r(\boldsymbol{A})<n\Leftrightarrow |\boldsymbol{A}|=0$. 由于 n 阶可逆矩阵的秩等于 n,所以可逆矩阵也称为**满秩矩阵**.

例 2 设 $\boldsymbol{A}$, $\boldsymbol{B}$ 是任意两个行数相同的矩阵,试证 $\boldsymbol{A}$ 的秩不超过分块矩阵$(\boldsymbol{A},\boldsymbol{B})$的秩,即 $r(\boldsymbol{A})\leqslant r(\boldsymbol{A},\boldsymbol{B})$.

证 设 $r(\boldsymbol{A})=r$,则 $\boldsymbol{A}$ 中有一个不为零的 r 阶子式,这个子式也是分块矩阵$(\boldsymbol{A},\boldsymbol{B})$中的一个 r 阶子式,于是 $r(\boldsymbol{A},\boldsymbol{B})\geqslant r$,即 $r(\boldsymbol{A})\leqslant r(\boldsymbol{A},\boldsymbol{B})$.

定理 2.5 初等变换不改变矩阵的秩.

证 先证明,若 $\boldsymbol{A}$ 经过一次初等行变换化为 $\boldsymbol{B}$,则 $r(\boldsymbol{A})\leqslant r(\boldsymbol{B})$.

设 $r(\boldsymbol{A})=r$,且 $\boldsymbol{A}$ 的某个 r 阶子式 $D_r\neq 0$.

当 $\boldsymbol{A}\xrightarrow{r_i\leftrightarrow r_j}\boldsymbol{B}$ 或 $\boldsymbol{A}\xrightarrow{r_i\times k}\boldsymbol{B}$ 时,在 $\boldsymbol{B}$ 中总能找到与 D_r 相对应的 r 阶子式 D_r'. 由于 $D_r'=D_r$ 或 $D_r'=-D_r$ 或 $D_r'=kD_r$,因此 $D_r'\neq 0$,从而 $r(\boldsymbol{B})\geqslant r$.

$\boldsymbol{A}\xrightarrow{r_i+kr_j}\boldsymbol{B}$ 时,分三种情形讨论:(1)D_r 中不含第 i 行;(2)D_r 中同时含第 i 行和第 j 行;(3)D_r 中含第 i 行但不含第 j 行.

对(1)(2)两种情形,显然 $\boldsymbol{B}$ 中与 D_r 对应的 r 阶子式 $D_r'=D_r\neq 0$,从而 $r(\boldsymbol{B})\geqslant r$.

对于情形(3),由于

$$D_r' = \begin{vmatrix} \vdots \\ \boldsymbol{\alpha}_i + k\boldsymbol{\alpha}_j \\ \vdots \end{vmatrix} = \begin{vmatrix} \vdots \\ \boldsymbol{\alpha}_i \\ \vdots \end{vmatrix} + k\begin{vmatrix} \vdots \\ \boldsymbol{\alpha}_j \\ \vdots \end{vmatrix} = D_r + kD_r'',$$

若 $D_r'' \neq 0$，由 D_r'' 中不含第 i 行知，$\boldsymbol{A}$ 有不含第 i 行的 r 阶非零子式，从而知 $r(\boldsymbol{B}) \geqslant r$；若 $D_r''=0$，则 $D_r'=D_r\neq 0$，也有 $r(\boldsymbol{B})\geqslant r$.

这样就证明了，若 $\boldsymbol{A}$ 经过一次初等行变换为 $\boldsymbol{B}$，则 $r(\boldsymbol{A})\leqslant r(\boldsymbol{B})$. 由于 $\boldsymbol{B}$ 亦可以经过一次初等行变换变为 $\boldsymbol{A}$，故也有 $r(\boldsymbol{B})\leqslant r(\boldsymbol{A})$. 因此 $r(\boldsymbol{A})=r(\boldsymbol{B})$.

矩阵的秩经过一次初等行变换不变，从而可知经过有限次初等行变换矩阵的秩仍不变.

设 $\boldsymbol{A}$ 经初等列变换变为 $\boldsymbol{B}$，则 $\boldsymbol{A}^{\mathrm{T}}$ 经过初等行变换变为 $\boldsymbol{B}^{\mathrm{T}}$，由上面的证明知 $r(\boldsymbol{A})=r(\boldsymbol{B})$. 而 $r(\boldsymbol{A}^{\mathrm{T}})=r(\boldsymbol{A})$，$r(\boldsymbol{B}^{\mathrm{T}})=r(\boldsymbol{B})$，因此 $r(\boldsymbol{A})=r(\boldsymbol{B})$.

总之，初等变换不改变矩阵的秩.

推论 若矩阵 $\boldsymbol{A}$ 与 $\boldsymbol{B}$ 等价，则 $r(\boldsymbol{A})=r(\boldsymbol{B})$.

定理 2.6 阶梯形矩阵的秩等于其中非零行的个数.

证 设 $\boldsymbol{A}$ 是一阶梯型矩阵，不为零的行数是 r. 因为初等列变换不改变矩阵的秩，所以适当调换列的顺序，不妨设

$$\boldsymbol{A}=\begin{pmatrix} a_{11} & a_{12} & \cdots & a_{1r} & \cdots & a_{1n} \\ 0 & a_{22} & \cdots & a_{2r} & \cdots & a_{2n} \\ \vdots & \vdots & & \vdots & & \vdots \\ 0 & 0 & \cdots & a_{rr} & \cdots & a_{rn} \\ 0 & 0 & \cdots & 0 & \cdots & 0 \\ \vdots & \vdots & & \vdots & & \vdots \\ 0 & 0 & \cdots & 0 & \cdots & 0 \end{pmatrix},$$

其中 $a_{ii}\neq 0, i=1,2,\cdots,r$. 显然，$\boldsymbol{A}$ 的左上角的 r 阶子式

$$\begin{vmatrix} a_{11} & a_{12} & \cdots & a_{1r} \\ 0 & a_{22} & \cdots & a_{2r} \\ \vdots & \vdots & & \vdots \\ 0 & 0 & \cdots & a_{rr} \end{vmatrix} = a_{11}a_{22}\cdots a_{rr}\neq 0.$$

而 $\boldsymbol{A}$ 的任意 $r+1$ 阶子式中必有一行全为零，所以，$\boldsymbol{A}$ 的所有 $r+1$ 阶子式全为零. 因此，$\boldsymbol{A}$ 的秩为 r.

利用定义 2.17 确定一个矩阵的秩既不容易，也不方便. 而上面两个定理告诉我们，为了计算一个矩阵的秩，只要用初等行变换把它变成阶梯形，这个阶梯形矩阵中的非零的行的个数就是所求矩阵的秩.

例3 设$\boldsymbol{A}=\begin{pmatrix}1&3&-2&5&4\\1&4&1&3&5\\1&4&2&4&3\\2&7&-3&6&13\end{pmatrix}$,求 $r(\boldsymbol{A})$.

解 $$\boldsymbol{A}=\begin{pmatrix}1&3&-2&5&4\\1&4&1&3&5\\1&4&2&4&3\\2&7&-3&6&13\end{pmatrix}\xrightarrow[r_4-2r_1]{\substack{r_2-r_1\\r_3-r_1}}\begin{pmatrix}1&3&-2&5&4\\0&1&3&-2&1\\0&1&4&-1&-1\\0&1&1&-4&5\end{pmatrix}$$

$$\xrightarrow[r_4-r_2]{r_3-r_2}\begin{pmatrix}1&3&-2&5&4\\0&1&3&-2&1\\0&0&1&1&-2\\0&0&-2&-2&4\end{pmatrix}\xrightarrow{r_4+2r_3}\begin{pmatrix}1&3&-2&5&4\\0&1&3&-2&1\\0&0&1&1&-2\\0&0&0&0&0\end{pmatrix},$$

因此 $r(\boldsymbol{A})=3$.

例4 设$\boldsymbol{A}=\begin{pmatrix}a_1b_1&a_1b_2&\cdots&a_1b_n\\a_2b_1&a_2b_2&\cdots&a_2b_n\\\vdots&\vdots&&\vdots\\a_nb_1&a_nb_2&\cdots&a_nb_n\end{pmatrix}$,其中 $a_i\neq0,b_i\neq0(i=1,2,\cdots,n)$,求矩阵 $\boldsymbol{A}$ 的秩 $r(\boldsymbol{A})$.

解 由于 $a_i\neq0,b_j\neq0(i,j=1,2,\cdots,n)$,故 $\boldsymbol{A}\neq\boldsymbol{O}$. 所以 $r(\boldsymbol{A})\geqslant1$. 但由于 $\boldsymbol{A}$ 中任意两行或两列成比例,故 $\boldsymbol{A}$ 的任意二阶子式为零,因而 $r(\boldsymbol{A})<2$. 因此 $r(\boldsymbol{A})=1$.

例5 设可逆矩阵 $\boldsymbol{P},\boldsymbol{Q}$ 使 $\boldsymbol{PAQ}=\boldsymbol{B}$,试证 $r(\boldsymbol{A})=r(\boldsymbol{B})$.

证 因为 $\boldsymbol{P},\boldsymbol{Q}$ 是可逆矩阵,故它们都可表为一系列初等矩阵的乘积. $\boldsymbol{P}$ 左乘 $\boldsymbol{A}$ 相当于对 $\boldsymbol{A}$ 作一系列的初等行变换,$\boldsymbol{Q}$ 右乘 $\boldsymbol{A}$ 相当于对 $\boldsymbol{A}$ 作一系列的初等列变换. 由定理2.5知初等变换不改变矩阵的秩,因而 $r(\boldsymbol{A})=r(\boldsymbol{B})$.

例6 设 $\boldsymbol{A},\boldsymbol{B}$ 均为 n 阶非零矩阵,证明:若 $\boldsymbol{AB}=\boldsymbol{O}$,则必有 $r(\boldsymbol{A})<n$ 和 $r(\boldsymbol{B})<n$.

证 用反证法. 假设 $r(\boldsymbol{A})=n$,即 $\boldsymbol{A}$ 是满秩矩阵,故 $\boldsymbol{A}$ 可逆. 用 $\boldsymbol{A}^{-1}$ 左乘 $\boldsymbol{AB}=\boldsymbol{O}$ 得 $\boldsymbol{A}^{-1}\boldsymbol{AB}=\boldsymbol{O}$,即 $\boldsymbol{B}=\boldsymbol{O}$. 这与题设 $\boldsymbol{B}\neq\boldsymbol{O}$ 矛盾. 故 $r(\boldsymbol{A})<n$. 同理可证 $r(\boldsymbol{B})<n$.

习题二

(A)

1. 设 $\boldsymbol{A}=\begin{pmatrix}1&1&-2\\2&0&3\end{pmatrix},\boldsymbol{B}=\begin{pmatrix}-3&-1&4\\0&1&2\end{pmatrix}$,求 $\boldsymbol{A}-\boldsymbol{B},\boldsymbol{A}^{\mathrm{T}}\boldsymbol{B}$.

2. 将杀虫剂喷在植物上以防治昆虫. 然而，一些杀虫剂却被植物吸收. 当昆虫吃了喷有药剂的植物后，也同时吸收了药剂. 为了知道一只食草虫吃下的药剂量，我们如此处理：假设有 3 份杀虫剂、4 株植物，令 a_{ij} 代表被植物 j 吸收的杀虫剂 i 之量. 可以用矩阵表示如下：

$$\begin{array}{c} \\ \boldsymbol{A}= \end{array}\begin{array}{c} \begin{matrix} \text{植物 1} & \text{植物 2} & \text{植物 3} & \text{植物 4} \end{matrix} \\ \begin{pmatrix} 2 & 3 & 4 & 3 \\ 3 & 2 & 2 & 5 \\ 4 & 1 & 6 & 4 \end{pmatrix} \end{array}\begin{array}{l} \\ \text{杀虫剂 1} \\ \text{杀虫剂 2}. \\ \text{杀虫剂 3} \end{array}$$

设有 3 只食草虫，令 b_{ij} 表示食草虫 j 每月所食的植物 i 之量，这资料可以用矩阵表示如下：

$$\begin{array}{c} \\ \boldsymbol{B}= \end{array}\begin{array}{c} \begin{matrix} \text{食草虫 1} & \text{食草虫 2} & \text{食草虫 3} \end{matrix} \\ \begin{pmatrix} 20 & 12 & 8 \\ 28 & 15 & 15 \\ 30 & 12 & 10 \\ 40 & 16 & 20 \end{pmatrix} \end{array}\begin{array}{l} \\ \text{植物 1} \\ \text{植物 2} \\ \text{植物 3}. \\ \text{植物 4} \end{array}$$

试问 $\boldsymbol{AB}$ 中的元素代表什么意思？

3. 计算下列矩阵的乘积：

(1) $\begin{pmatrix} 1 & 0 & -1 \\ 1 & 1 & -3 \end{pmatrix}\begin{pmatrix} 0 & 3 \\ 1 & 2 \\ 3 & 1 \end{pmatrix}$；

(2) $(1,-1,2)\begin{pmatrix} 2 & -1 & 0 \\ 1 & 1 & 3 \\ 4 & 2 & 1 \end{pmatrix}$；

(3) $\begin{pmatrix} 2 & -1 & 0 \\ 1 & 1 & 3 \\ 4 & 2 & 1 \end{pmatrix}\begin{pmatrix} 1 \\ -1 \\ 2 \end{pmatrix}$；

(4) $(2,3,-1)\begin{pmatrix} 1 \\ -1 \\ -1 \end{pmatrix}$；

(5) $\begin{pmatrix} 1 \\ -1 \\ -1 \end{pmatrix}(2,3,-1)$；

(6) $(x_1,x_2)\begin{pmatrix} a_{11} & a_{12} \\ a_{21} & a_{22} \end{pmatrix}\begin{pmatrix} x_1 \\ x_2 \end{pmatrix}$.

4. 求所有与 $\boldsymbol{A}$ 可交换的矩阵，其中：

(1) $\boldsymbol{A}=\begin{pmatrix} 1 & 1 \\ 0 & 1 \end{pmatrix}$；

(2) $\boldsymbol{A}=\begin{pmatrix} 1 & 1 & 0 \\ 0 & 1 & 1 \\ 0 & 0 & 1 \end{pmatrix}$.

5. 计算下列矩阵的幂：

(1) $\begin{pmatrix} 1 & 1 \\ 0 & 1 \end{pmatrix}^n$；

(2) $\begin{pmatrix} 0 & 1 \\ -1 & 0 \end{pmatrix}^n$；

(3) $\begin{pmatrix} \cos\varphi & -\sin\varphi \\ \sin\varphi & \cos\varphi \end{pmatrix}^n$；　　(4) $\begin{pmatrix} 0 & 1 & 0 & 0 \\ 0 & 0 & 1 & 0 \\ 0 & 0 & 0 & 1 \\ 0 & 0 & 0 & 0 \end{pmatrix}^n$；

(5) $\begin{pmatrix} 1 & -1 & 2 \\ 2 & -2 & 4 \\ -1 & 1 & -2 \end{pmatrix}^n$；　　(6) $\begin{pmatrix} 1 & 2 & 0 \\ 0 & 1 & 1 \\ 0 & 0 & 1 \end{pmatrix}^n$.

6. 设 $f(x)=3x^2-2x+5$，$\boldsymbol{A}=\begin{pmatrix} 1 & -2 & 3 \\ 2 & -4 & 1 \\ 3 & -5 & 2 \end{pmatrix}$，求 $f(\boldsymbol{A})$.

7. 对于任意 n 阶矩阵 $\boldsymbol{A}$，证明：

(1) $\boldsymbol{A}+\boldsymbol{A}^{\mathrm{T}}$ 是对称矩阵，$\boldsymbol{A}-\boldsymbol{A}^{\mathrm{T}}$ 是反对称矩阵；

(2) $\boldsymbol{A}$ 可表示为一对称矩阵与一反对称矩阵之和.

8. 设 $\boldsymbol{A}$，$\boldsymbol{B}$ 都是 n 阶对称矩阵. 证明：

(1) $\boldsymbol{A}+\boldsymbol{B}$，$\boldsymbol{A}-2\boldsymbol{B}$ 也都是对称矩阵；

(2) $\boldsymbol{AB}$ 是对称矩阵的充分必要条件是 $\boldsymbol{A}$ 与 $\boldsymbol{B}$ 可交换；

(3) 若 $\boldsymbol{AB}+\boldsymbol{E}$ 可逆，$(\boldsymbol{AB}+\boldsymbol{E})^{-1}\boldsymbol{A}$ 也是对称矩阵.

9. 设 $\boldsymbol{A}$ 为 n 阶方阵且 $\boldsymbol{AA}^{\mathrm{T}}=\boldsymbol{E}$，又 $|\boldsymbol{A}|<0$. (1) 求行列式 $|\boldsymbol{A}|$ 的值；(2) 求证行列式 $|\boldsymbol{A}+\boldsymbol{E}|=0$.

10. n 阶矩阵 $\boldsymbol{A}=(a_{ij})_{n\times n}$ 主对角线上元素之和称为矩阵 $\boldsymbol{A}$ 的**迹**，记作 $\mathrm{tr}\boldsymbol{A}$，即 $\mathrm{tr}\boldsymbol{A}=a_{11}+a_{22}+\cdots+a_{nn}=\sum_{i=1}^{n}a_{ii}$. 设 $\boldsymbol{A}$，$\boldsymbol{B}$ 均为 n 阶矩阵，证明：

(1) $\mathrm{tr}(\boldsymbol{A}+\boldsymbol{B})=\mathrm{tr}\boldsymbol{A}+\mathrm{tr}\boldsymbol{B}$；　　(2) $\mathrm{tr}(k\boldsymbol{A})=k\,\mathrm{tr}\boldsymbol{A}$（$k$ 为任意常数）；

(3) $\mathrm{tr}\boldsymbol{A}^{\mathrm{T}}=\mathrm{tr}\boldsymbol{A}$；　　(4) $\mathrm{tr}(\boldsymbol{AB})=\mathrm{tr}(\boldsymbol{BA})$.

11. 判断下列方阵是否可逆，如果可逆，求其逆矩阵：

(1) $\begin{pmatrix} 2 & 5 \\ 1 & 3 \end{pmatrix}$；　　(2) $\begin{pmatrix} 1 & 1 & -1 \\ 2 & 1 & 0 \\ 1 & -1 & 0 \end{pmatrix}$.

12. 设矩阵 $\boldsymbol{A}=\begin{pmatrix} 1 & 2 & 1 \\ 3 & 4 & a \\ 1 & 2 & 2 \end{pmatrix}$，其中 a 为常数，矩阵 $\boldsymbol{B}$ 满足关系式 $\boldsymbol{AB}=\boldsymbol{A}-\boldsymbol{B}+\boldsymbol{E}$，其中 $\boldsymbol{E}$ 为单位矩阵且 $\boldsymbol{B}\neq\boldsymbol{E}$. 试求常数 a 的值.

13. 证明：如果 $\boldsymbol{A}$ 为可逆对称矩阵，则 $\boldsymbol{A}^{-1}$ 也是对称矩阵.

14. 设 $\boldsymbol{A}$ 为 n 阶反对称阵，证明：当 n 为奇数时，$\boldsymbol{A}^*$ 是对称阵；当 n 为偶数时，$\boldsymbol{A}^*$ 是反

对称阵.

15. 设 $\boldsymbol{A}$, $\boldsymbol{B}$ 都是 n 阶对称矩阵,且 $\boldsymbol{A}$, $\boldsymbol{E}+\boldsymbol{AB}$ 都是可逆的. 证明:$(\boldsymbol{E}+\boldsymbol{AB})^{-1}\boldsymbol{A}$ 为对称矩阵.

16. 设 $\boldsymbol{A}$, $\boldsymbol{B}$, $\boldsymbol{C}$ 为同阶方阵,其中 $\boldsymbol{C}$ 为可逆矩阵,且满足 $\boldsymbol{C}^{-1}\boldsymbol{AC}=\boldsymbol{B}$. 求证:对任意正整数 m,有 $\boldsymbol{C}^{-1}\boldsymbol{A}^m\boldsymbol{C}=\boldsymbol{B}^m$.

17. 设 $\boldsymbol{A}$ 为 n 阶矩阵,存在正整数 $k>1$,使 $\boldsymbol{A}^k=\boldsymbol{O}$(称 $\boldsymbol{A}$ 为**幂零矩阵**). 证明:$\boldsymbol{E}-\boldsymbol{A}$ 可逆,且 $(\boldsymbol{E}-\boldsymbol{A})^{-1}=\boldsymbol{E}+\boldsymbol{A}+\boldsymbol{A}^2+\cdots+\boldsymbol{A}^{k-1}$.

18. 证明:若 $\boldsymbol{A}$ 是**幂等矩阵**(即 $\boldsymbol{A}^2=\boldsymbol{A}$),且 $\boldsymbol{A}\neq\boldsymbol{E}$,则 $\boldsymbol{A}$ 不可逆.

19. 设 $\boldsymbol{A}$, $\boldsymbol{B}$ 均为幂等矩阵,证明 $\boldsymbol{A}+\boldsymbol{B}$ 是幂等矩阵的充要条件是 $\boldsymbol{AB}=\boldsymbol{BA}=\boldsymbol{O}$.

20. 设方阵 $\boldsymbol{A}$ 满足 $\boldsymbol{A}^2-\boldsymbol{A}-2\boldsymbol{E}=\boldsymbol{O}$. 证明:

(1) $\boldsymbol{A}$ 和 $\boldsymbol{E}-\boldsymbol{A}$ 都是可逆矩阵,并求它们的逆矩阵;

(2) $\boldsymbol{A}+\boldsymbol{E}$ 和 $\boldsymbol{A}-2\boldsymbol{E}$ 不可能同时都是可逆的.

21. 设 $\boldsymbol{A}$, $\boldsymbol{B}$ 均为 n 阶矩阵,且 $\boldsymbol{AB}=\boldsymbol{A}+\boldsymbol{B}$. 证明 $\boldsymbol{A}-\boldsymbol{E}$ 可逆,并求其逆.

22. 设 n 阶方阵 $\boldsymbol{A}$, $\boldsymbol{B}$, $\boldsymbol{A}+\boldsymbol{B}$ 都是可逆矩阵,证明 $\boldsymbol{A}^{-1}+\boldsymbol{B}^{-1}$ 可逆,并给出逆矩阵的表达式.

23. 如果非奇异 n 阶方阵 $\boldsymbol{A}$ 的每行元素和均为 a,试证:$\boldsymbol{A}^{-1}$ 的行元素和必为 $\frac{1}{a}$.

24. 将矩阵适当分块后计算:

(1) $$\left(\begin{array}{cc:cc} 0 & 0 & 1 & 0 \\ 0 & 0 & 0 & 1 \\ \hdashline 1 & 0 & 2 & 3 \\ 0 & 1 & 1 & -2 \end{array}\right)\left(\begin{array}{cc:cc} -2 & -1 & 3 & 0 \\ 1 & 2 & 0 & 3 \\ \hdashline 1 & 0 & 0 & 0 \\ 0 & 1 & 0 & 0 \end{array}\right);$$

(2) $$\left(\begin{array}{cc:cc} 1 & 0 & -2 & 0 \\ 0 & 1 & 0 & -2 \\ \hdashline 0 & 0 & 5 & 3 \end{array}\right)\left(\begin{array}{c:cc} 3 & 0 & -2 \\ 1 & 2 & 0 \\ \hdashline 0 & 1 & 0 \\ 0 & 0 & 1 \end{array}\right).$$

25. 设 $\boldsymbol{A}$ 和 $\boldsymbol{B}$ 为可逆矩阵,$\boldsymbol{X}=\begin{pmatrix} \boldsymbol{O} & \boldsymbol{A} \\ \boldsymbol{B} & \boldsymbol{O} \end{pmatrix}$为分块矩阵,求 $\boldsymbol{X}^{-1}$.

26. 设有分块矩阵 $\begin{pmatrix} \boldsymbol{A} & \boldsymbol{B} \\ \boldsymbol{C} & \boldsymbol{D} \end{pmatrix}$,其中矩阵 $\boldsymbol{A}$,$\boldsymbol{D}$ 皆可逆. 试证

$$\begin{vmatrix} \boldsymbol{A} & \boldsymbol{B} \\ \boldsymbol{C} & \boldsymbol{D} \end{vmatrix}=|\boldsymbol{A}-\boldsymbol{BD}^{-1}\boldsymbol{C}|\,|\boldsymbol{D}|.$$

27. 用分块矩阵求逆公式求出下面矩阵的逆矩阵:

(1) $\begin{pmatrix}1&2&0&0\\3&4&0&0\\0&0&5&6\\0&0&7&8\end{pmatrix}$；　　(2) $\begin{pmatrix}1&0&1&2\\0&1&3&4\\0&0&1&0\\0&0&0&1\end{pmatrix}$；

(3) $\begin{pmatrix}0&a_1&0&\cdots&0\\0&0&a_2&\cdots&0\\\vdots&\vdots&\vdots&&\vdots\\0&0&0&\cdots&a_{n-1}\\a_n&0&0&\cdots&0\end{pmatrix}$，其中 $\prod_{i=1}^{n}a_i\neq 0$.

28. 用初等行变换法求下列矩阵的逆矩阵：

(1) $\begin{pmatrix}2&2&3\\1&-1&0\\-1&2&1\end{pmatrix}$；　(2) $\begin{pmatrix}1&2&-1\\3&1&0\\-1&0&-2\end{pmatrix}$；　(3) $\begin{pmatrix}2&1&0&0\\3&2&0&0\\5&7&1&8\\-1&-3&-1&-6\end{pmatrix}$.

29. 求解下列矩阵方程：

(1) $\begin{pmatrix}1&1&4\\0&1&2\\2&-1&0\end{pmatrix}\boldsymbol{X}=\begin{pmatrix}0&-1\\-2&6\\4&-4\end{pmatrix}$；　(2) $\boldsymbol{X}\begin{pmatrix}1&0&0\\1&1&0\\1&1&1\end{pmatrix}=\begin{pmatrix}1&-2&1\\0&1&-1\end{pmatrix}$；

(3) $\begin{pmatrix}1&2&3\\2&1&2\\1&3&4\end{pmatrix}\boldsymbol{X}\begin{pmatrix}7&9\\4&5\end{pmatrix}=\begin{pmatrix}1&2\\1&0\\2&3\end{pmatrix}$.

30. 若矩阵 $\boldsymbol{A}$ 是 $\boldsymbol{B}=\begin{pmatrix}1&-1&1\\2&1&0\\2&1&1\end{pmatrix}$ 的逆矩阵，求 $(\boldsymbol{A}+2\boldsymbol{E})^{-1}(\boldsymbol{A}^2-4\boldsymbol{E})$，其中 $\boldsymbol{E}$ 为 3 阶单位阵.

31. 已知矩阵 $\boldsymbol{A}=\begin{pmatrix}\frac{1}{2}&\frac{1}{2}&\frac{1}{3}\\\frac{1}{2}&-\frac{1}{2}&1\\0&0&-\frac{1}{3}\end{pmatrix}$，$\boldsymbol{B}=\begin{pmatrix}1&1&1\\1&-1&1\\-2&0&1\end{pmatrix}$，又 $\boldsymbol{C}=\boldsymbol{A}^{-1}(\boldsymbol{ABA}-\boldsymbol{B}^{-1})$，试求 $\boldsymbol{C}$.

32. 设 $\boldsymbol{AB}=\boldsymbol{A}-2\boldsymbol{B}$，其中 $\boldsymbol{A}=\begin{pmatrix}-1&-1&0\\-1&0&1\\2&2&1\end{pmatrix}$，求矩阵 $\boldsymbol{B}$.

33. 已知 $\boldsymbol{X}=\boldsymbol{A}\boldsymbol{X}+\boldsymbol{B}$,其中 $\boldsymbol{A}=\begin{pmatrix}0&1&0\\-1&1&1\\-1&0&-1\end{pmatrix}$,$\boldsymbol{B}=\begin{pmatrix}1&-1\\2&0\\5&-3\end{pmatrix}$,求矩阵 $\boldsymbol{X}$.

34. 设矩阵 $\boldsymbol{A}=\begin{pmatrix}3&0&0\\2&4&0\\1&1&5\end{pmatrix}$,矩阵 $\boldsymbol{X}$ 满足等式 $\boldsymbol{X}\boldsymbol{A}=2\boldsymbol{X}+\boldsymbol{A}$,求矩阵 $\boldsymbol{X}$.

35. 设 3 阶矩阵 $\boldsymbol{X}$ 满足等式 $\boldsymbol{A}\boldsymbol{X}=\boldsymbol{B}+2\boldsymbol{X}$,其中

$$\boldsymbol{A}=\begin{pmatrix}3&1&1\\0&1&2\\0&0&4\end{pmatrix},\boldsymbol{B}=\begin{pmatrix}1&1&0\\1&0&2\\2&0&2\end{pmatrix},$$

求矩阵 $\boldsymbol{X}$.

36. 设矩阵 $\boldsymbol{A}=\begin{pmatrix}1&2&0&0\\1&3&0&0\\0&0&0&2\\0&0&-1&2\end{pmatrix}$,矩阵 $\boldsymbol{B}$ 满足 $\left[\left(\frac{1}{2}\boldsymbol{A}\right)^{*}\right]^{-1}\boldsymbol{B}\boldsymbol{A}^{-1}=2\boldsymbol{A}\boldsymbol{B}+12\boldsymbol{E}$,求矩阵 $\boldsymbol{B}$.

37. 设四阶矩阵

$$\boldsymbol{B}=\begin{pmatrix}1&-1&0&0\\0&1&-1&0\\0&0&1&-1\\0&0&0&1\end{pmatrix},\quad \boldsymbol{C}=\begin{pmatrix}2&1&3&4\\0&2&1&3\\0&0&2&1\\0&0&0&2\end{pmatrix},$$

且矩阵 $\boldsymbol{A}$ 满足关系式 $\boldsymbol{A}(\boldsymbol{E}-\boldsymbol{C}^{-1}\boldsymbol{B})^{\mathrm{T}}\boldsymbol{C}^{\mathrm{T}}=\boldsymbol{E}$,其中 $\boldsymbol{E}$ 为四阶单位矩阵.将上述关系式化简并求矩阵 $\boldsymbol{A}$.

38. 设 $\boldsymbol{A}=\begin{pmatrix}1&0&0\\1&1&0\\1&1&1\end{pmatrix}$,$B=\begin{pmatrix}0&1&1\\1&0&1\\1&1&0\end{pmatrix}$,$\boldsymbol{X}$ 是 3 阶方阵且满足

$$\boldsymbol{A}\boldsymbol{X}\boldsymbol{A}+\boldsymbol{B}\boldsymbol{X}\boldsymbol{B}=\boldsymbol{A}\boldsymbol{X}\boldsymbol{B}+\boldsymbol{B}\boldsymbol{X}\boldsymbol{A}+\boldsymbol{E},$$

求 $\boldsymbol{X}$.

39. 已知矩阵 $\boldsymbol{A}=\begin{pmatrix}1&-1&1\\-1&1&-1\\1&-1&1\end{pmatrix}$,$\boldsymbol{E}$ 为三阶单位矩阵,向量 $\boldsymbol{\alpha}=(1,-1,1)^{\mathrm{T}}$,设矩阵 $\boldsymbol{X}$ 满足 $\boldsymbol{A}\boldsymbol{X}=\boldsymbol{X}+\boldsymbol{\alpha}\boldsymbol{\alpha}^{\mathrm{T}}$.

(1)证明 $\boldsymbol{A}-\boldsymbol{E}$ 可逆;

(2)求 $\boldsymbol{X}$.

40. 已知 $\boldsymbol{AP}=\boldsymbol{PB}$,其中 $\boldsymbol{B}=\begin{pmatrix}1&0&0\\0&0&1\\0&1&0\end{pmatrix}$,$\boldsymbol{P}=\begin{pmatrix}1&0&0\\2&-1&0\\2&1&1\end{pmatrix}$,求 $\boldsymbol{A}$ 及 $\boldsymbol{A}^n$,其中 n 是正整数.

41. 设 $\boldsymbol{A}=\begin{pmatrix}1&0&0\\1&0&1\\0&1&0\end{pmatrix}$,试证:当 $n\geqslant 3$ 时,恒有 $\boldsymbol{A}^n=\boldsymbol{A}^{n-2}+\boldsymbol{A}^2-\boldsymbol{E}$,其中 n 为自然数,并利用它计算 $\boldsymbol{A}^{100}$.

42. 求下列矩阵的秩:

(1) $\begin{pmatrix}1&1&-1\\3&4&-2\\2&4&0\\0&1&1\end{pmatrix}$;

(2) $\begin{pmatrix}1&-1&2&1&0\\2&-2&4&-2&0\\3&0&6&-1&1\\0&3&0&0&1\end{pmatrix}$;

(3) $\begin{pmatrix}0&1&1&-1&2\\0&2&-2&-2&0\\0&-1&-1&1&1\\1&1&0&1&-1\end{pmatrix}$.

43. 设 $\boldsymbol{A}$ 是 n 阶矩阵,$r(\boldsymbol{A})=1$. 证明:

(1) $\boldsymbol{A}=\begin{pmatrix}a_1\\a_2\\\vdots\\a_n\end{pmatrix}(b_1,b_2,\cdots,b_n)$;

(2) $\boldsymbol{A}^2=k\boldsymbol{A}$,其中 k 是 $\boldsymbol{A}$ 的主对角线元素之和.

44. 设 $\boldsymbol{A}$ 是 $m\times n$ 矩阵,$\boldsymbol{B}$ 是 $\boldsymbol{A}$ 的前 s 行构成的 $s\times n$ 矩阵. 证明:$r(\boldsymbol{B})\geqslant r(\boldsymbol{A})+s-m$.

45. 设 $\boldsymbol{A}$, $\boldsymbol{B}$ 都是 $m\times n$ 矩阵. 证明:$\boldsymbol{A}$ 与 $\boldsymbol{B}$ 等价的充分必要条件是 $r(\boldsymbol{A})=r(\boldsymbol{B})$.

46. 已知 $\boldsymbol{A}$, $\boldsymbol{B}$ 皆为 n 阶方阵,且 $\boldsymbol{AB}=\boldsymbol{O}$. 若 $\boldsymbol{A}$ 给定,证明必存在满足题设的矩阵 $\boldsymbol{B}$ 使 $r(\boldsymbol{A})+r(\boldsymbol{B})=k$,其中 k 满足 $r(\boldsymbol{A})\leqslant k\leqslant n$.

(B)

一、填空题

1. 设 $\boldsymbol{A}$ 为 4×3 矩阵,且 $\boldsymbol{A}^{\mathrm{T}}\boldsymbol{A}=\begin{pmatrix}4&-3&4\\a&5&b\\c&2&8\end{pmatrix}$,则 $a=$ ______,$b=$ ______,$c=$ ______.

2. 设 n 维行向量 $\boldsymbol{\alpha}=\left(\frac{1}{2},0,\cdots,0,\frac{1}{2}\right)$，矩阵 $\boldsymbol{A}=\boldsymbol{E}-\boldsymbol{\alpha}^{\mathrm{T}}\boldsymbol{\alpha}$，$\boldsymbol{B}=\boldsymbol{E}+2\boldsymbol{\alpha}^{\mathrm{T}}\boldsymbol{\alpha}$，其中 $\boldsymbol{E}$ 为 n 阶单位矩阵，则 $\boldsymbol{AB}=$ ________.

3. 设 $\boldsymbol{A}=\begin{pmatrix}1 & -1 & 1\\ 1 & 2 & 3\end{pmatrix}$，$\boldsymbol{A}^{\mathrm{T}}$ 为 $\boldsymbol{A}$ 的转置矩阵，则行列式 $|\boldsymbol{A}^{\mathrm{T}}\boldsymbol{A}|=$ ________.

4. 设 $\boldsymbol{A}$，$\boldsymbol{B}$ 为 n 阶矩阵，满足 $\boldsymbol{AA}^{\mathrm{T}}=\boldsymbol{E}$，$\boldsymbol{BB}^{\mathrm{T}}=\boldsymbol{E}$，且 $|\boldsymbol{A}|+|\boldsymbol{B}|=0$，则 $|\boldsymbol{A}+\boldsymbol{B}|=$ ________.

5. 设 4 阶矩阵 $\boldsymbol{A}=(\boldsymbol{\alpha},\boldsymbol{\gamma}_1,\boldsymbol{\gamma}_2,\boldsymbol{\gamma}_3)$，$\boldsymbol{B}=(\boldsymbol{\beta},\boldsymbol{\gamma}_1,\boldsymbol{\gamma}_2,\boldsymbol{\gamma}_3)$，其中 $\boldsymbol{\alpha}$，$\boldsymbol{\beta}$，$\boldsymbol{\gamma}_1$，$\boldsymbol{\gamma}_2$，$\boldsymbol{\gamma}_3$ 均为 4 维列向量，且已知 $|\boldsymbol{A}|=4$，$|\boldsymbol{B}|=1$，则 $|\boldsymbol{A}+\boldsymbol{B}|=$ ________.

6. 设 3 阶矩阵 $\boldsymbol{A}=(\boldsymbol{\alpha}_1,\boldsymbol{\alpha}_2,\boldsymbol{\alpha}_3)$，$\boldsymbol{B}=(\boldsymbol{\alpha}_1+\boldsymbol{\alpha}_3,\boldsymbol{\alpha}_1+2\boldsymbol{\alpha}_2,\boldsymbol{\alpha}_2-2\boldsymbol{\alpha}_3)$. 若 $|\boldsymbol{A}|=-1$，则 $|\boldsymbol{B}|=$ ________.

7. 已知矩阵 $\boldsymbol{A}=\begin{pmatrix}1 & 1 & 0\\ 0 & 1 & 0\\ 0 & 0 & 1\end{pmatrix}$，则 $(\boldsymbol{A}^2+\boldsymbol{A}+\boldsymbol{E})^{-1}$ 的行列式的值为________.

8. 设 2 维向量 $\boldsymbol{\alpha}_1$，$\boldsymbol{\alpha}_2$，$\boldsymbol{\beta}_1$，$\boldsymbol{\beta}_2$ 满足 $\boldsymbol{\beta}_1=2\boldsymbol{\alpha}_1+\boldsymbol{\alpha}_2$，$\boldsymbol{\beta}_2=-\boldsymbol{\alpha}_1+\boldsymbol{\alpha}_2$. 若行列式 $|\boldsymbol{\beta}_1\boldsymbol{\beta}_2|=2$，则 $|\boldsymbol{\alpha}_1\boldsymbol{\alpha}_2|=$ ________.

9. 设 2 阶矩阵 $\boldsymbol{A}=(\boldsymbol{\alpha},\boldsymbol{\beta})$，$\boldsymbol{B}=\boldsymbol{\alpha}\boldsymbol{\beta}^{\mathrm{T}}-\boldsymbol{\beta}\boldsymbol{\alpha}^{\mathrm{T}}$，若 $\boldsymbol{A}$ 的行列式 $|\boldsymbol{A}|=-2$，则 $|\boldsymbol{B}|=$ ________.

10. 设 $\boldsymbol{A}=\begin{pmatrix}1 & 0 & 1\\ 0 & 2 & 0\\ 0 & 0 & 1\end{pmatrix}$，则 $(\boldsymbol{A}+3\boldsymbol{E})^{-1}(\boldsymbol{A}^2-9\boldsymbol{E})=$ ________.

11. 设矩阵 $\boldsymbol{A}=\begin{pmatrix}0 & 0 & 1\\ 0 & 2 & 2\\ 1 & 1 & 2\end{pmatrix}$，则 $\boldsymbol{A}^{-1}=$________.

12. 设矩阵 $\boldsymbol{A}=\begin{pmatrix}0 & 0 & 1\\ 0 & 1 & 0\\ 1 & 0 & 0\end{pmatrix}$，$\boldsymbol{C}=\begin{pmatrix}1 & -1 & 0\\ 0 & 1 & 0\\ 0 & 0 & 1\end{pmatrix}$，$\boldsymbol{D}=\begin{pmatrix}1 & 2 & 3\\ 0 & 2 & 3\\ 0 & 0 & 3\end{pmatrix}$，且 3 阶矩阵 $\boldsymbol{B}$ 满足 $\boldsymbol{ABC}=\boldsymbol{D}$，则 $|\boldsymbol{B}^{-1}|=$________.

13. 当 $\boldsymbol{A}=\begin{pmatrix}\frac{1}{2} & -\frac{\sqrt{3}}{2}\\ \frac{\sqrt{3}}{2} & \frac{1}{2}\end{pmatrix}$ 时，$\boldsymbol{A}^6=\boldsymbol{E}$，$\boldsymbol{A}^{11}=$________.

14. 设 $\boldsymbol{A}$，$\boldsymbol{B}$，$\boldsymbol{C}$ 均为 n 阶矩阵，且 $\boldsymbol{AB}=\boldsymbol{BC}=\boldsymbol{CA}=\boldsymbol{E}$，则 $\boldsymbol{A}^2+\boldsymbol{B}^2+\boldsymbol{C}^2=$________.

15. 设 $\boldsymbol{A}$ 为四阶矩阵，$\boldsymbol{A}^*$ 为 $\boldsymbol{A}$ 的伴随矩阵，已知 $|\boldsymbol{A}|=\frac{1}{3}$，则 $|(3\boldsymbol{A})^{-1}-3\boldsymbol{A}^*|=$

________.

16. 设 $\boldsymbol{A}$，$\boldsymbol{B}$ 均为 n 阶可逆矩阵，且 $(\boldsymbol{AB}-\boldsymbol{E})^{-1}=\boldsymbol{AB}-\boldsymbol{E}$，则 $\boldsymbol{AB}=$ ________.

17. 设 $\boldsymbol{A}$，$\boldsymbol{B}$ 均为三阶方阵，$\boldsymbol{E}$ 为三阶单位矩阵，已知 $\boldsymbol{AB}=2\boldsymbol{A}+\boldsymbol{B}$，$\boldsymbol{B}=\begin{pmatrix}2&0&2\\0&4&0\\2&0&2\end{pmatrix}$，则 $(\boldsymbol{A}-\boldsymbol{E})^{-1}=$ ________.

18. 设 $\boldsymbol{ABA}=\boldsymbol{C}$，其中 $\boldsymbol{A}=\begin{pmatrix}1&0&0\\1&1&3\\0&1&-1\end{pmatrix}$，$\boldsymbol{C}=\begin{pmatrix}1&0&1\\0&1&0\\0&0&1\end{pmatrix}$，则 $\boldsymbol{B}$ 的伴随矩阵 $\boldsymbol{B}^*=$ ________.

19. 设 $\boldsymbol{A}=\begin{pmatrix}1&0&0&0\\1&1&0&0\\1&1&1&0\\1&1&1&1\end{pmatrix}$，则 $|\boldsymbol{A}|$ 中所有元素代数余子式之和等于________.

20. 设 $\boldsymbol{A}=\begin{pmatrix}0&1&0&0\\0&0&\frac{1}{2}&0\\0&0&0&\frac{1}{3}\\\frac{1}{4}&0&0&0\end{pmatrix}$，那么行列式 $|\boldsymbol{A}|$ 所有元素的代数余子式之和为________.

21. $\begin{pmatrix}0&0&2&1\\0&0&1&1\\2&5&0&0\\1&3&0&0\end{pmatrix}^{-1}=$ ________.

22. 设矩阵 $\boldsymbol{A}=\begin{pmatrix}1&1\\-1&2\end{pmatrix}$，$\boldsymbol{A}^*$ 是 $\boldsymbol{A}$ 的伴随矩阵. 将 $\boldsymbol{A}$ 的第 2 列加到第 1 列得矩阵 $\boldsymbol{B}$，则 $|\boldsymbol{A}^*\boldsymbol{B}|=$ ________.

23. $\begin{pmatrix}0&0&1\\0&1&0\\1&0&0\end{pmatrix}^9\begin{pmatrix}2&1&1\\3&1&2\\1&-1&0\end{pmatrix}\begin{pmatrix}0&0&1\\0&1&0\\1&0&0\end{pmatrix}^9=$ ________.

24. 若矩阵 $\begin{pmatrix}1&-1&1\\2&3&0\\3&2&a\end{pmatrix}$ 与 $\begin{pmatrix}1&0&0\\0&1&0\\0&0&0\end{pmatrix}$ 等价，则 $a=$ ________.

25. 设 $\boldsymbol{A}$ 为二阶非零矩阵，且满足 $\boldsymbol{A}^2=\boldsymbol{O}$，则 $r(\boldsymbol{A})=$ ________.

26. 已知矩阵 $\boldsymbol{A}=(a_{ij})_{3\times3}$ 满足 $a_{11}\neq0$，且 $a_{ij}=A_{ij}(i,j=1,2,3)$，其中 A_{ij} 是 a_{ij} 的代数余子式，则 $r(\boldsymbol{A})=$ ________.

二、单项选择题

1. 设向量组 $\boldsymbol{\alpha}_1,\boldsymbol{\alpha}_2,\boldsymbol{\alpha}_3$ 为 3 维列向量，矩阵 $\boldsymbol{A}=(\boldsymbol{\alpha}_1,\boldsymbol{\alpha}_2,\boldsymbol{\alpha}_3)$，$\boldsymbol{B}=(\boldsymbol{\alpha}_2,2\boldsymbol{\alpha}_1+\boldsymbol{\alpha}_2,\boldsymbol{\alpha}_3)$. 若行列式 $|\boldsymbol{A}|=3$，则行列式 $|\boldsymbol{B}|=$（　　）.

(A)6　　(B)3　　(C)-3　　(D)-6

2. 设 $\boldsymbol{A}$，$\boldsymbol{B}$ 都是 n 阶矩阵，$\boldsymbol{A}\neq\boldsymbol{O}$，且 $\boldsymbol{AB}=\boldsymbol{O}$，则（　　）.

(A)$\boldsymbol{B}=\boldsymbol{O}$　　(B)$|\boldsymbol{B}|=0$ 或 $|\boldsymbol{A}|=0$

(C)$\boldsymbol{BA}=\boldsymbol{O}$　　(D)$(\boldsymbol{A}-\boldsymbol{B})^2=\boldsymbol{A}^2+\boldsymbol{B}^2$

3. 设 $\boldsymbol{A}$，$\boldsymbol{B}$ 都是 n 阶矩阵，以下各式不正确的是（　　）.

(A)$|\boldsymbol{A}+\boldsymbol{B}|=|\boldsymbol{A}|+|\boldsymbol{B}|$

(B)$|\boldsymbol{AB}^{\mathrm{T}}|=|\boldsymbol{A}||\boldsymbol{B}|$

(C)$||\boldsymbol{A}|\boldsymbol{B}|=|\boldsymbol{A}|^n|\boldsymbol{B}|$

(D)$|\boldsymbol{A}+\boldsymbol{B}||\boldsymbol{A}-\boldsymbol{B}|=|\boldsymbol{A}-\boldsymbol{B}||\boldsymbol{A}+\boldsymbol{B}|$

4. 已知 $\boldsymbol{x}$ 为 n 维单位向量，$\boldsymbol{x}^{\mathrm{T}}$ 为 $\boldsymbol{x}$ 的转置. 若 $\boldsymbol{C}=\boldsymbol{xx}^{\mathrm{T}}$，则 $\boldsymbol{C}^2=$（　　）.

(A)$\boldsymbol{C}$　　(B)$\pm\boldsymbol{C}$　　(C)1　　(D)$\boldsymbol{E}_n$

5. 设 $\boldsymbol{A}$，$\boldsymbol{B}$ 都是 n 阶矩阵，$\boldsymbol{E}$ 是 n 阶单位矩阵，下列命题正确的是（　　）.

(A)$(\boldsymbol{A}+\boldsymbol{B})^2=\boldsymbol{A}^2+2\boldsymbol{AB}+\boldsymbol{B}^2$　　(B)$(\boldsymbol{A}+\boldsymbol{B})(\boldsymbol{A}-\boldsymbol{B})=\boldsymbol{A}^2-\boldsymbol{B}^2$

(C)$\boldsymbol{A}^2-\boldsymbol{E}=(\boldsymbol{A}+\boldsymbol{E})(\boldsymbol{A}-\boldsymbol{E})$　　(D)$(\boldsymbol{AB})^3=\boldsymbol{A}^3\boldsymbol{B}^3$

6. 设 $\boldsymbol{A}$ 为 n 阶反对称矩阵，则必有（　　）.

(A)$|\boldsymbol{A}|=0$　　(B)$|\boldsymbol{A}|>0$

(C)$\boldsymbol{A}+\boldsymbol{A}^{\mathrm{T}}=\boldsymbol{O}$　　(D)$\boldsymbol{A}^2$ 也是 n 阶反对称矩阵

7. 设 $\boldsymbol{A}$，$\boldsymbol{B}$，$\boldsymbol{C}$ 均是 n 阶矩阵，则下列结论中正确的是（　　）.

(A) 若 $\boldsymbol{A}\neq\boldsymbol{B}$，则 $|\boldsymbol{A}|\neq|\boldsymbol{B}|$

(B) 若 $\boldsymbol{A}=\boldsymbol{BC}$，则 $\boldsymbol{A}^{\mathrm{T}}=\boldsymbol{B}^{\mathrm{T}}\boldsymbol{C}^{\mathrm{T}}$

(C) 若 $\boldsymbol{A}=\boldsymbol{BC}$，则 $|\boldsymbol{A}|=|\boldsymbol{B}||\boldsymbol{C}|$

(D) 若 $\boldsymbol{A}=\boldsymbol{B}+\boldsymbol{C}$，则 $|\boldsymbol{A}|\leqslant|\boldsymbol{B}|+|\boldsymbol{C}|$

8. 已知 $\boldsymbol{A}$，$\boldsymbol{B}$，$\boldsymbol{C}$ 均为 n 阶可逆矩阵，且 $\boldsymbol{ABC}=\boldsymbol{E}$，则下面结论必定成立的是（　　）.

(A)$\boldsymbol{ACB}=\boldsymbol{E}$　　(B)$\boldsymbol{CBA}=\boldsymbol{E}$　　(C)$\boldsymbol{BAC}=\boldsymbol{E}$　　(D)$\boldsymbol{BCA}=\boldsymbol{E}$

9. 已知 $\boldsymbol{A}$，$\boldsymbol{B}$，$\boldsymbol{C}$ 均为 n 阶矩阵，且 $\boldsymbol{AB}=\boldsymbol{BC}=\boldsymbol{CA}=\boldsymbol{E}$，则 $\boldsymbol{A}^2+\boldsymbol{B}^2+\boldsymbol{C}^2=$（　　）.

(A)$3\boldsymbol{E}$　　(B)$2\boldsymbol{E}$　　(C)$\boldsymbol{E}$　　(D)$\boldsymbol{O}$

10. 设 $\boldsymbol{A}$，$\boldsymbol{B}$，$\boldsymbol{C}$ 均为 n 阶矩阵，则下列结论中**不正确**的是（　　）.

(A)若 $\boldsymbol{ABC}=\boldsymbol{E}$，则 $\boldsymbol{A}$，$\boldsymbol{B}$，$\boldsymbol{C}$ 都可逆

(B)若 $\boldsymbol{AB}=\boldsymbol{AC}$,且 $\boldsymbol{A}$ 可逆,则 $\boldsymbol{B}=\boldsymbol{C}$

(C)若 $\boldsymbol{AB}=\boldsymbol{AC}$,且 $\boldsymbol{A}$ 可逆,则 $\boldsymbol{BA}=\boldsymbol{CA}$

(D)若 $\boldsymbol{AB}=\boldsymbol{O}$,且 $\boldsymbol{A}\neq\boldsymbol{O}$,则 $\boldsymbol{B}=\boldsymbol{O}$

11. 已知 n 阶矩阵 $\boldsymbol{A},\boldsymbol{B},\boldsymbol{C}$,其中 $\boldsymbol{B},\boldsymbol{C}$ 均可逆,且 $2\boldsymbol{A}=\boldsymbol{AB}^{-1}+\boldsymbol{C}$,则 $\boldsymbol{A}=($ $)$.

(A)$\boldsymbol{C}(2\boldsymbol{E}-\boldsymbol{B})$ (B)$\boldsymbol{C}\left(\frac{1}{2}\boldsymbol{E}-\boldsymbol{B}\right)$

(C)$\boldsymbol{B}(2\boldsymbol{B}-\boldsymbol{E})^{-1}\boldsymbol{C}$ (D)$\boldsymbol{C}(2\boldsymbol{B}-\boldsymbol{E})^{-1}\boldsymbol{B}$

12. 设 $\boldsymbol{A}$ 为 3 阶矩阵,$\boldsymbol{E}$ 为 3 阶单位矩阵,且 $(\boldsymbol{A}-\boldsymbol{E})^{-1}=\boldsymbol{A}^2+\boldsymbol{A}+\boldsymbol{E}$,则 $\boldsymbol{A}$ 的行列式 $|\boldsymbol{A}|=($ $)$.

(A)0 (B)2 (C)4 (D)8

13. 设 $\boldsymbol{A}$ 为 n 阶矩阵,且满足 $\boldsymbol{A}^2+\boldsymbol{A}=\boldsymbol{O}$,则错误的结论是( )

(A)$\boldsymbol{A}+2\boldsymbol{I}$ 可逆. (B)$\boldsymbol{A}+\boldsymbol{I}$ 可逆. (C)$\boldsymbol{A}-\boldsymbol{I}$ 可逆. (D)$\boldsymbol{A}-2\boldsymbol{I}$ 可逆.

14. 设 n 阶矩阵 $\boldsymbol{A}$, $\boldsymbol{B}$, $\boldsymbol{A}+\boldsymbol{B}$ 均可逆,则 $(\boldsymbol{A}^{-1}+\boldsymbol{B}^{-1})^{-1}=($ $)$.

(A)$\boldsymbol{A}+\boldsymbol{B}$ (B)$(\boldsymbol{A}+\boldsymbol{B})^{-1}$

(C)$\boldsymbol{A}(\boldsymbol{A}+\boldsymbol{B})\boldsymbol{B}$ (D)$\boldsymbol{B}(\boldsymbol{A}+\boldsymbol{B})^{-1}\boldsymbol{A}$

15. 矩阵 $\begin{bmatrix}0&0&a\\0&b&0\\c&0&0\end{bmatrix}$ 的伴随矩阵是( ).

(A) $\begin{bmatrix}0&0&-bc\\0&-ac&0\\-ab&0&0\end{bmatrix}$ (B) $\begin{bmatrix}0&0&-ab\\0&-ac&0\\-bc&0&0\end{bmatrix}$

(C) $\begin{bmatrix}0&0&-bc\\0&ac&0\\-ab&0&0\end{bmatrix}$ (D) $\begin{bmatrix}0&0&-ab\\0&ac&0\\-bc&0&0\end{bmatrix}$

16. 设矩阵 $\boldsymbol{A}=\begin{pmatrix}a&b\\c&d\end{pmatrix}$,且 $ad-bc=1$,则 $\boldsymbol{A}^{-1}=($ $)$.

(A) $\begin{pmatrix}d&-b\\-c&a\end{pmatrix}$ (B) $\begin{pmatrix}a&-b\\-c&d\end{pmatrix}$ (C) $\begin{pmatrix}a&-c\\-b&d\end{pmatrix}$ (D) $\begin{pmatrix}d&-c\\-b&a\end{pmatrix}$

17. 设 $\boldsymbol{A}=\begin{bmatrix}1&0&0\\0&2&0\\0&0&3\end{bmatrix}$,$\boldsymbol{B}=\begin{bmatrix}1&1&0\\1&2&2\\0&1&3\end{bmatrix}$,$\boldsymbol{C}=\boldsymbol{AB}^{-1}$,则矩阵 $\boldsymbol{C}^{-1}$ 中第 3 行第 2 列的元素是( ).

(A) $\frac{1}{3}$ (B) $\frac{1}{2}$ (C) $-\frac{1}{3}$ (D) $-\frac{3}{2}$

18. 已知矩阵 $\boldsymbol{A}=\begin{pmatrix}1&1&1&1\\3&2&1&-2\\0&-1&-2&-5\end{pmatrix}$，$\boldsymbol{B}=\begin{pmatrix}1&0&-1&-4\\0&1&2&5\\0&0&0&0\end{pmatrix}$. 若可逆矩阵 $\boldsymbol{P}$ 满足 $\boldsymbol{PA}=\boldsymbol{B}$，则 $\boldsymbol{P}$ 可以为(　　).

(A) $\begin{pmatrix}-2&1&0\\3&1&0\\-3&1&-1\end{pmatrix}$　　(B) $\begin{pmatrix}1&0&0\\-3&1&0\\-3&1&1\end{pmatrix}$

(C) $\begin{pmatrix}1&0&1\\0&0&-1\\-3&1&-1\end{pmatrix}$　　(D) $\begin{pmatrix}1&1&-3\\0&1&-1\\0&0&-1\end{pmatrix}$

19. 设 $\boldsymbol{A}$ 为 3 阶矩阵，$\boldsymbol{E}$ 为 3 阶单位矩阵，且 $(\boldsymbol{A}-\boldsymbol{E})^{-1}=\boldsymbol{A}^2+\boldsymbol{A}+\boldsymbol{E}$，则 $\boldsymbol{A}$ 的行列式 $|\boldsymbol{A}|=$(　　).

(A)0　　(B)2　　(C)4　　(D)8

20. 设 $\boldsymbol{A}=\begin{pmatrix}2&0&1\\0&3&0\\2&0&2\end{pmatrix}$，$\boldsymbol{B}=\begin{pmatrix}1&0&0\\0&-1&0\\0&0&0\end{pmatrix}$，若 $\boldsymbol{X}$ 满足 $\boldsymbol{AX}+2\boldsymbol{B}=\boldsymbol{BA}+2\boldsymbol{X}$，则 $\boldsymbol{X}^4=$(　　).

(A) $\begin{pmatrix}0&0&0\\1&0&0\\0&0&2\end{pmatrix}$　　(B) $\begin{pmatrix}0&0&0\\0&1&0\\0&0&1\end{pmatrix}$

(C) $\begin{pmatrix}1&0&0\\0&1&0\\0&0&1\end{pmatrix}$　　(D) $\begin{pmatrix}1&0&0\\0&-1&0\\0&0&1\end{pmatrix}$

21. 设 $\boldsymbol{A}$ 为 3 阶矩阵，$\boldsymbol{A}^*$ 为 $\boldsymbol{A}$ 的伴随矩阵，$\boldsymbol{A}$ 的行列式 $|\boldsymbol{A}|=2$，则 $|-2\boldsymbol{A}^*|=$(　　).

(A) -2^5　　(B) -2^3　　(C) 2^3　　(D) 2^5

22. 设 n 阶矩阵 $\boldsymbol{A}$ 非奇异($n\geqslant 2$)，$\boldsymbol{A}^*$ 是 $\boldsymbol{A}$ 的伴随矩阵，则下列结论**错误**的是(　　).

(A) $(\boldsymbol{A}^*)^{\mathrm{T}}=(\boldsymbol{A}^{\mathrm{T}})^*$　　(B) $(\boldsymbol{A}^{-1})^*=(\boldsymbol{A}^*)^{-1}$

(C) $(k\boldsymbol{A})^*=k^n\boldsymbol{A}^*$，$k$ 为常数，且 $k\neq 0$　　(D) $(\boldsymbol{A}^*)^*=|\boldsymbol{A}|^{n-2}\boldsymbol{A}$

23. 设 n 阶矩阵 $\boldsymbol{A}$ 与 $\boldsymbol{B}$ 等价，则必有(　　).

(A)当 $|\boldsymbol{A}|=a(a\neq 0)$ 时，$|\boldsymbol{B}|=a$　　(B)当 $|\boldsymbol{A}|=a(a\neq 0)$ 时，$|\boldsymbol{B}|=-a$

(C)当 $|\boldsymbol{A}|\neq 0$ 时，$|\boldsymbol{B}|=0$　　(D)当 $|\boldsymbol{A}|=0$ 时，$|\boldsymbol{B}|=0$

24. 已知矩阵 $\boldsymbol{A}=\begin{pmatrix}1&1&1\\1&1&1\\1&1&1\end{pmatrix}$，$\boldsymbol{B}=\begin{pmatrix}0&0&1\\0&0&2\\0&0&3\end{pmatrix}$，则(　　).

(A)$\boldsymbol{A}$ 与 $\boldsymbol{B}$ 等价,$\boldsymbol{AB}=\boldsymbol{BA}$　　(B)$\boldsymbol{A}$ 与 $\boldsymbol{B}$ 等价,$\boldsymbol{AB}\neq\boldsymbol{BA}$
(C)$\boldsymbol{A}$ 与 $\boldsymbol{B}$ 不等价,$\boldsymbol{AB}=\boldsymbol{BA}$　　(D)$\boldsymbol{A}$ 与 $\boldsymbol{B}$ 不等价,$\boldsymbol{AB}\neq\boldsymbol{BA}$

25. 设矩阵 $\boldsymbol{A}=\begin{pmatrix}1&2&1\\2&ab+4&2\\2&4&a+2\end{pmatrix}$ 的秩为 2,则(　　).
(A) $a=0,b=0$　　(B) $a=0,b\neq 0$
(C) $a\neq 0,b=0$　　(D) $a\neq 0,b\neq 0$

26. 设 $\boldsymbol{A}=\begin{pmatrix}1&-1&2\\2&1&-3\\-1&-2&5\end{pmatrix}$,$\boldsymbol{B}=\begin{pmatrix}3&a&-2\\0&5&a\\0&0&-1\end{pmatrix}$,则 $r(\boldsymbol{AB}-\boldsymbol{A})=$(　　).
(A)0　　(B)1　　(C)2　　(D)3

27. 设矩阵

$$\boldsymbol{A}=\begin{pmatrix}a_1b_1&a_1b_2&\cdots&a_1b_n\\a_2b_1&a_2b_2&\cdots&a_2b_n\\\vdots&\vdots&&\vdots\\a_nb_1&a_nb_2&\cdots&a_nb_n\end{pmatrix}(a_ib_i\neq 0,i,\ j=1,\ 2,\ \cdots,\ n),$$

则矩阵 $\boldsymbol{A}$ 的秩为(　　).
(A)0　　(B)1　　(C)n　　(D) 无法确定

28. 设 $\boldsymbol{A}$ 是 $m\times n$ 矩阵,$\boldsymbol{B}$ 是 $n\times m$ 矩阵,且 $m>n$,则(　　).
(A) $|\boldsymbol{AB}|=0$　　(B) $|\boldsymbol{AB}|\neq 0$
(C) $|\boldsymbol{BA}|=0$　　(D) $|\boldsymbol{BA}|\neq 0$

29. 设 $\boldsymbol{P}$ 是三阶非零矩阵,满足 $\boldsymbol{PQ}=\boldsymbol{O}$,其中 $\boldsymbol{Q}=\begin{pmatrix}1&2&3\\-1&-2&t\\2&4&6\end{pmatrix}$,则(　　).
(A)$t=-3$ 时,$r(\boldsymbol{P})=1$　　(B)$t=-3$ 时,$r(\boldsymbol{P})=2$
(C)$t\neq -3$ 时,$r(\boldsymbol{P})=1$　　(D)$t\neq -3$ 时,$r(\boldsymbol{P})=2$

30. 设 $\boldsymbol{A}$ 是四阶矩阵,其伴随矩阵 $\boldsymbol{A}^*$ 的秩 $r(\boldsymbol{A}^*)=1$,则 $r(\boldsymbol{A})=$(　　).
(A)1　　(B)2　　(C)3　　(D)4

31. 设矩阵

$$\boldsymbol{A}=\begin{pmatrix}a_{11}&a_{12}&a_{13}\\a_{21}&a_{22}&a_{23}\\a_{31}&a_{32}&a_{33}\end{pmatrix},\quad \boldsymbol{B}=\begin{pmatrix}a_{21}&a_{22}&a_{23}\\a_{11}&a_{12}&a_{13}\\a_{31}+a_{11}&a_{32}+a_{12}&a_{33}+a_{13}\end{pmatrix},$$

$$\boldsymbol{P}_1=\begin{pmatrix}0&1&0\\1&0&0\\0&0&1\end{pmatrix},\quad \boldsymbol{P}_2=\begin{pmatrix}1&0&0\\0&1&0\\1&0&1\end{pmatrix},$$

则必有(　　).

(A)$P_1P_2A=B$　　(B)$P_2P_1A=B$

(C)$AP_1P_2=B$　　(D)$AP_2P_1=B$

32. 将二阶矩阵 A 的第 2 列加到第 1 列得矩阵 B,再交换 B 的第 1 行与第 2 行得单位矩阵,则 $A=$(　　).

(A)$\begin{pmatrix}0&1\\1&1\end{pmatrix}$　(B)$\begin{pmatrix}0&1\\1&-1\end{pmatrix}$　(C)$\begin{pmatrix}1&1\\1&0\end{pmatrix}$　(D)$\begin{pmatrix}-1&1\\1&0\end{pmatrix}$

33. 设 A 为 2 阶可逆矩阵,A^* 为 A 的伴随矩阵,将 A 的第 1 行乘以 -1 得到矩阵 B,则(　　).

(A)A^{-1} 的第 1 行乘以 -1 得到矩阵 B^{-1}

(B)A^{-1} 的第 1 列乘以 -1 得到矩阵 B^{-1}

(C)A^* 的第 1 行乘以 -1 得到矩阵 B^*

(D)A^* 的第 1 列乘以 -1 得到矩阵 B^*

34. 设 A 为 n 阶可逆矩阵,A 的第二行乘以 2 为矩阵 B,则 A^{-1} 的(　　)为 B^{-1}.

(A)第二行乘以 2　　(B)第二列乘以 2

(C)第二行乘以$\dfrac{1}{2}$　　(D)第二列乘以$\dfrac{1}{2}$

35. 将 3 阶矩阵 A 的第 1 行加到第 2 行得矩阵 B,再将 B 的第 1 列加到第 2 列得矩阵 C,令 $P=\begin{bmatrix}1&0&0\\1&1&0\\0&0&1\end{bmatrix}$,则(　　).

(A)$C=PAP$　　(B)$C=PAP^{\mathrm{T}}$

(C)$C=P^{\mathrm{T}}AP$　　(D)$C=P^{\mathrm{T}}AP^{\mathrm{T}}$

第 3 章　线性方程组

求解线性方程组是线性代数中最重要的问题之一. 科学研究和工程应用中的许多数学问题都涉及或可转化为求解某个(某类)线性方程组. 这一章我们讨论一般形式的线性方程组的求解问题,借助高斯(Gauss)消元法,给出了齐次线性方程组有非零解、非齐次线性方程组有解的条件和具体求解过程. 此外,利用向量组线性相关性和矩阵的秩,进一步揭示了方程组解与解相互之间的关系,并实现了方程组的有限个解线性表示它的无穷多个解;同时也考虑了向量空间的基和坐标.

§3.1　高斯消元法

高斯消元法在方程组的理论和求解中具有广泛应用,我们先通过下面一个例子说明它的具体操作过程.

例 1　解线性方程组 $\begin{cases} 2x_1 - x_2 + 3x_3 = 1, \\ 4x_1 + 2x_2 + 5x_3 = 4, \\ 2x_1 + 2x_3 = 6, \\ 4x_1 - 2x_2 + 6x_3 = 2. \end{cases}$

解　第二个方程减去第一个方程的 2 倍,第三个方程减去第一个方程,第四个方程减去第一个方程的 2 倍,方程组变成

$$\begin{cases} 2x_1 - x_2 + 3x_3 = 1, \\ 4x_2 - x_3 = 2, \\ x_2 - x_3 = 5, \\ 0 = 0. \end{cases}$$

第二个方程减去第三个方程的 4 倍,把第二、第三个方程的次序互换,即得

$$\begin{cases} 2x_1 - x_2 + 3x_3 = 1, \\ x_2 - x_3 = 5, \\ 3x_3 = -18. \end{cases} \tag{3-1}$$

像式(3-1)这样形状的方程组称为**阶梯形方程组**. 将原方程组化为阶梯形方程组的过

程称为**消元过程**. 在此基础上，再从后往前依次求出未知量 x_3，x_2，x_1 的过程称为**回代过程**，即将第三个方程乘$\frac{1}{3}$得 $x_3=-6$；再将 $x_3=-6$ 代入第二个方程得 $x_2=-1$；再将 $x_3=-6$，$x_2=-1$ 代入第一个方程得 $x_1=9$. 这样，方程组的解为

$$\begin{cases}x_1=9,\\x_2=-1,\\x_3=-6.\end{cases}$$

分析消元过程，不难看出，它实际上是对方程组反复施行以下三种变换：

(1)用一非零常数乘某一方程；

(2)把一个方程的倍数加到另一个方程；

(3)互换两个方程的位置.

这三种变换称为**线性方程组的初等变换**. 容易证明，初等变换总是把方程组变成同解的方程组. 此外，不难发现，式(3-1)中的每个方程都是独立的，而原方程组中却有多余的方程(第四个方程).

对方程组施行初等变换的过程，就是对它的增广矩阵施行初等行变换的过程. 如例 1 的消元过程可以写成：

$$\left(\begin{array}{ccc:c}2&-1&3&1\\4&2&5&4\\2&0&2&6\\4&-2&6&2\end{array}\right)\xrightarrow[r_4-2r_1]{\substack{r_2-2r_1\\r_3-r_1}}\left(\begin{array}{ccc:c}2&-1&3&1\\0&4&-1&2\\0&1&-1&5\\0&0&0&0\end{array}\right)\xrightarrow{r_2\leftrightarrow r_3}\left(\begin{array}{ccc:c}2&-1&3&1\\0&1&-1&5\\0&4&-1&2\\0&0&0&0\end{array}\right)$$

$$\xrightarrow{r_3-4r_2}\left(\begin{array}{ccc:c}2&-1&3&1\\0&1&-1&5\\0&0&3&-18\\0&0&0&0\end{array}\right),$$

最后这个矩阵所对应的线性方程组就是阶梯形方程组(3-1).

回代过程就是继续对这阶梯形矩阵施行初等行变换，将之变成行简化阶梯形矩阵：

$$\left(\begin{array}{ccc:c}2&-1&3&1\\0&1&-1&5\\0&0&3&-18\\0&0&0&0\end{array}\right)\xrightarrow{r_3\times\frac{1}{3}}\left(\begin{array}{ccc:c}2&-1&3&1\\0&1&-1&5\\0&0&1&-6\\0&0&0&0\end{array}\right)\xrightarrow{\substack{r_2+r_3\\r_1-3r_3}}\left(\begin{array}{ccc:c}2&-1&0&19\\0&1&0&-1\\0&0&1&-6\\0&0&0&0\end{array}\right)$$

$$\xrightarrow{r_1+r_2}\left(\begin{array}{ccc:c}2&0&0&18\\0&1&0&-1\\0&0&1&-6\\0&0&0&0\end{array}\right)\xrightarrow{r_1\times\frac{1}{2}}\left(\begin{array}{ccc:c}1&0&0&9\\0&1&0&-1\\0&0&1&-6\\0&0&0&0\end{array}\right).$$

这样，就可以直接从这种行简化阶梯形矩阵“读出”原方程组的解：

$$\begin{cases} x_1 = 9, \\ x_2 = -1, \\ x_3 = -6. \end{cases}$$

对于一般线性方程组

$$\begin{cases} a_{11}x_1 + a_{12}x_2 + \cdots + a_{1n}x_n = b_1, \\ a_{21}x_1 + a_{22}x_2 + \cdots + a_{2n}x_n = b_2, \\ \qquad\vdots \\ a_{m1}x_1 + a_{m2}x_2 + \cdots + a_{mn}x_n = b_m, \end{cases} \tag{3-2}$$

其中 $x_1, x_2, \cdots, x_n$ 代表 n 个未知量，m 是方程的个数，我们称 $a_{ij}(i=1,2,\cdots,m;\ j=1,2,\cdots,n)$ 为方程组的**系数**，$b_j(j=1,2,\cdots,m)$ 为**常数项**. 方程组中未知量的个数 n 与方程的个数 m 不一定相等. 系数 a_{ij} 的第一个指标 i 表示它在第 i 个方程，第二个指标 j 表示它是 x_j 的系数.

显然，如果知道了一个线性方程组的全部系数和常数项，那么这个线性方程组已经确定. 确切地说，线性方程组(3-2)可以用它的增广矩阵

$$\overline{\mathbf{A}} = \left(\begin{array}{cccc:c} a_{11} & a_{12} & \cdots & a_{1n} & b_1 \\ a_{21} & a_{22} & \cdots & a_{2n} & b_2 \\ \vdots & \vdots & & \vdots & \vdots \\ a_{m1} & a_{m2} & \cdots & a_{mn} & b_n \end{array}\right)$$

表示.

对于方程组(3-2)，用矩阵的初等行变换将其增广矩阵 $\overline{\mathbf{A}}$ 化为阶梯形矩阵：

$$\overline{\mathbf{A}} \to \left(\begin{array}{cccccc:c} c_{11} & c_{12} & \cdots & c_{1r} & \cdots & c_{1n} & d_1 \\ 0 & c_{22} & \cdots & c_{2r} & \cdots & c_{2n} & d_2 \\ \vdots & \vdots & & \vdots & & \vdots & \vdots \\ 0 & 0 & \cdots & c_{rr} & \cdots & c_{rn} & d_r \\ 0 & 0 & \cdots & 0 & \cdots & 0 & d_{r+1} \\ 0 & 0 & \cdots & 0 & \cdots & 0 & 0 \\ \vdots & \vdots & & \vdots & & \vdots & \vdots \\ 0 & 0 & \cdots & 0 & \cdots & 0 & 0 \end{array}\right) \tag{3-3}$$

式(3-3)对应的方程组为

$$\begin{cases} c_{11}x_1 + c_{12}x_2 + \cdots + c_{1r}x_r + \cdots + c_{1n}x_n = d_1, \\ \qquad c_{22}x_2 + \cdots + c_{2r}x_r + \cdots + c_{2n}x_n = d_2, \\ \qquad\qquad \cdots\cdots \\ \qquad\qquad c_{rr}x_r + \cdots + c_{rn}x_n = d_r, \\ \qquad\qquad\qquad 0 = d_{r+1}, \\ \qquad\qquad\qquad 0 = 0, \\ \qquad\qquad\qquad \cdots\cdots \\ \qquad\qquad\qquad 0 = 0, \end{cases} \tag{3-4}$$

其中 $c_{ii} \neq 0(i = 1, 2, \cdots, r)$(若有某个 $c_{kk} = 0$，只要把方程组中的某些项调动一下就可消除这种现象). 方程组(3-4)中的"0=0"这样一些恒等式可能不出现，也可能出现，这时去掉它们也不影响(3-4)的解，而且(3-4)与(3-2)是同解的.

现在考察方程组(3-4)的解的情况.

若(3-4)中有方程 $0 = d_{r+1}$，而 $d_{r+1} \neq 0$. 这时不管 $x_1, x_2, \cdots, x_n$ 取什么值都不能使它成为等式，故(3-4)无解，因而(3-2)无解.

例 2 解线性方程组 $\begin{cases} x_1 - x_2 + 2x_3 = 3, \\ 2x_1 + 3x_2 - 4x_3 = 2, \\ 4x_1 + x_2 = 8, \\ 5x_1 + 2x_3 = 9. \end{cases}$

解 对增广矩阵作初等行变换，

$$\overline{\boldsymbol{A}} = \left(\begin{array}{ccc:c} 1 & -1 & 2 & 3 \\ 2 & 3 & -4 & 2 \\ 4 & 1 & 0 & 8 \\ 5 & 0 & 2 & 9 \end{array}\right) \xrightarrow[\substack{r_3 - 4r_1 \\ r_4 - 5r_1}]{r_2 - 2r_1} \left(\begin{array}{ccc:c} 1 & -1 & 2 & 3 \\ 0 & 5 & -8 & -4 \\ 0 & 5 & -8 & -4 \\ 0 & 5 & -8 & -6 \end{array}\right) \xrightarrow[r_4 - r_2]{r_3 - r_2} \left(\begin{array}{ccc:c} 1 & -1 & 2 & 3 \\ 0 & 5 & -8 & -4 \\ 0 & 0 & 0 & 0 \\ 0 & 0 & 0 & -2 \end{array}\right)$$

$$\xrightarrow{r_3 \leftrightarrow r_4} \left(\begin{array}{ccc:c} 1 & -1 & 2 & 3 \\ 0 & 5 & -8 & -4 \\ 0 & 0 & 0 & -2 \\ 0 & 0 & 0 & 0 \end{array}\right),$$

从最后一个矩阵的第三行 $(0 \quad 0 \quad 0 \; \vdots \; -2)$ 可以看出原方程组无解.

当 $d_{r+1} = 0$ 或(3-4)中根本没有"0=0"的方程时，分两种情形：

(1)若 $r = n$，这时阶梯形方程组为

$$\begin{cases} c_{11}x_1 + c_{12}x_2 + \cdots + c_{1n}x_n = d_1, \\ \qquad c_{22}x_2 + \cdots + c_{2n}x_n = d_2, \\ \qquad\qquad \cdots\cdots \\ \qquad\qquad c_{nn}x_n = d_n, \end{cases} \tag{3-5}$$

其中，$c_{ii} \neq 0, i = 1, 2, \cdots, n$. 由最后一个方程开始，$x_n, x_{n-1}, \cdots, x_1$ 的值就可以逐个地唯一地确定了. 在这种情形下，方程组(3-5)，也就是方程组(3-2)有唯一的解.

(2)若 $r < n$，继续对(3-3)施以初等行变换：

$$\left(\begin{array}{cccccc:c} c_{11} & c_{12} & \cdots & c_{1r} & \cdots & c_{1n} & d_1 \\ 0 & c_{22} & \cdots & c_{2r} & \cdots & c_{2n} & d_2 \\ \vdots & \vdots & & \vdots & & \vdots & \vdots \\ 0 & 0 & \cdots & c_{rr} & \cdots & c_{rn} & d_r \\ 0 & 0 & \cdots & 0 & \cdots & 0 & 0 \\ 0 & 0 & \cdots & 0 & \cdots & 0 & 0 \\ \vdots & \vdots & & \vdots & & \vdots & \vdots \\ 0 & 0 & \cdots & 0 & \cdots & 0 & 0 \end{array}\right) \rightarrow \left(\begin{array}{ccccccc:c} 1 & 0 & \cdots & 0 & c'_{1,r+1} & \cdots & c'_{1n} & d'_1 \\ \vdots & 1 & \cdots & 0 & c'_{2,r+1} & \cdots & c'_{2n} & d'_2 \\ \vdots & \vdots & & \vdots & \vdots & & \vdots & \vdots \\ 0 & 0 & \cdots & 1 & c'_{r,r+1} & \cdots & c'_{rn} & d'_r \\ 0 & 0 & \cdots & 0 & 0 & \cdots & 0 & 0 \\ 0 & 0 & \cdots & 0 & 0 & \cdots & 0 & 0 \\ \vdots & \vdots & & \vdots & \vdots & & \vdots & \vdots \\ 0 & 0 & \cdots & 0 & 0 & \cdots & 0 & 0 \end{array}\right).$$

这时相对应的阶梯形方程组可以写成

$$\begin{cases} x_1 = d'_1 - c'_{1,r+1}x_{r+1} - \cdots - c'_{1n}x_n, \\ x_2 = d'_2 - c'_{2,r+1}x_{r+1} - \cdots - c'_{2n}x_n, \\ \quad\cdots\cdots \\ x_r = d'_r - c'_{r,r+1}x_{r+1} - \cdots - c'_{rn}x_n. \end{cases} \tag{3-6}$$

由此可见，任给 $x_{r+1}, \cdots, x_n$ 一组值，就唯一地确定 $x_1, x_2, \cdots, x_r$ 的值，也就是确定方程组(3-6)的一个解. 一般地，由(3-6)我们可以把 $x_1, x_2, \cdots, x_r$ 通过 $x_{r+1}, \cdots, x_n$ 表示出来. 这样一组表达式称为方程组(3-2)的**通解**或**一般解**，而 $x_{r+1}, \cdots, x_n$ 称为一组**自由未知量**.

例 3　解线性方程组 $\begin{cases} x_1 + 3x_2 + 4x_3 = -2, \\ 2x_1 + 5x_2 + 9x_3 = 3, \\ 3x_1 + 7x_2 + 14x_3 = 8. \end{cases}$

解　对增广矩阵作初等行变换：

$$\bar{\boldsymbol{A}} = \left(\begin{array}{ccc:c} 1 & 3 & 4 & -2 \\ 2 & 5 & 9 & 3 \\ 3 & 7 & 14 & 8 \end{array}\right) \xrightarrow[r_3 - 3r_1]{r_2 - 2r_1} \left(\begin{array}{ccc:c} 1 & 3 & 4 & -2 \\ 0 & -1 & 1 & 7 \\ 0 & -2 & 2 & 14 \end{array}\right) \xrightarrow[r_2 \times (-1)]{r_3 - 2r_2} \left(\begin{array}{ccc:c} 1 & 3 & 4 & -2 \\ 0 & 1 & -1 & -7 \\ 0 & 0 & 0 & 0 \end{array}\right)$$

$$\xrightarrow{r_1 - 3r_2} \left(\begin{array}{ccc:c} 1 & 0 & 7 & 19 \\ 0 & 1 & -1 & -7 \\ 0 & 0 & 0 & 0 \end{array}\right).$$

还原成方程组的形式，得

$$\begin{cases} x_1 \qquad + 7x_3 = 19, \\ \qquad x_2 - x_3 = -7, \end{cases}$$

把 x_3 移到右边，得

$$\begin{cases} x_1 = 19 - 7x_3, \\ x_2 = -7 + x_3. \end{cases}$$

这就是原方程组的一般解，其中 x_3 是自由未知量.

应该看到，$r > n$ 的情形是不可能出现的.

以上就是用消元法解线性方程组的整个过程. 总起来说，首先用初等变换化线性方程组(3-2)为阶梯形方程组，即相当于用初等行变换化它的增广矩阵 $\bar{\mathbf{A}}$ 成阶梯形矩阵(3-3)：

(1)当 $d_{r+1} \neq 0$ 时，方程组(3-2)无解.

(2)当 $d_{r+1} = 0$ 时，方程组(3-2)有解，且若 $r = n$，方程组有唯一解；若 $r < n$，方程组有无穷多解.

归纳起来也就是下面的定理.

定理 3.1(线性方程组有解的判别定理) 非齐次线性方程组(3-2)有解的充分必要条件为它的系数矩阵

$$\mathbf{A} = \begin{pmatrix} a_{11} & a_{12} & \cdots & a_{1n} \\ a_{21} & a_{22} & \cdots & a_{2n} \\ \vdots & \vdots & & \vdots \\ a_{m1} & a_{m2} & \cdots & a_{mn} \end{pmatrix}$$

与增广矩阵

$$\bar{\mathbf{A}} = \left(\begin{array}{cccc:c} a_{11} & a_{12} & \cdots & a_{1n} & b_1 \\ a_{21} & a_{22} & \cdots & a_{2n} & b_2 \\ \vdots & \vdots & & \vdots & \vdots \\ a_{m1} & a_{m2} & \cdots & a_{mn} & b_n \end{array}\right)$$

有相同的秩，即 $r(\mathbf{A}) = r(\bar{\mathbf{A}})$. 若 $r(\mathbf{A}) = r(\bar{\mathbf{A}}) = n$，则方程组有唯一解；若 $r(\mathbf{A}) = r(\bar{\mathbf{A}}) < n$，则方程组有无穷多解.

把定理 3.1 应用到齐次线性方程组

$$\begin{cases} a_{11}x_1 + a_{12}x_2 + \cdots + a_{1n}x_n = 0, \\ a_{21}x_1 + a_{22}x_2 + \cdots + a_{2n}x_n = 0, \\ \quad\cdots\cdots \\ a_{m1}x_1 + a_{m2}x_2 + \cdots + a_{mn}x_n = 0 \end{cases} \tag{3-7}$$

就有如下定理和推论.

定理 3.2 对于齐次线性方程组(3-7)，若 $r(\mathbf{A}) < n$，则方程组有非零解；而若 $r(\mathbf{A}) = n$，则方程组只有零解.

推论 1 如果齐次线性方程组(3-7)中方程的个数 m 小于未知量的个数 n，则它有非零解.

推论 2 当齐次线性方程组(3-7)中方程的个数等于未知量的个数时，则它有非零解的充分必要条件是它的系数行列式等于 0.

§3.2 *n* 维向量

解线性方程组时，高斯消元法是最有效和最基本的方法. 但是，有时候需要直接从原方程组判断是否有解，这时，消元法并不适用. 同时，用消元法化方程组成阶梯形，剩下来的方程是否唯一？要回答这个问题就要求揭示方程组中方程与方程之间，解与解之间的关系. 为此，我们引入 n 维向量的概念.

定义 3.1 由 n 个数 $a_1, a_2, \cdots, a_n$ 组成的有序数组 $(a_1, a_2, \cdots, a_n)$，称为一个 $\boldsymbol{n}$ **维向量**，其中数 a_i 称为此向量的第 i 个**分量**.

以后我们用小写希腊字母 $\boldsymbol{\alpha}, \boldsymbol{\beta}, \boldsymbol{\gamma}, \cdots$ 来表示向量.

向量通常写成一行，有时候也可以写成一列：

$$\begin{pmatrix} a_1 \\ a_2 \\ \vdots \\ a_n \end{pmatrix}.$$

为了区别，前者称为 $\boldsymbol{n}$ **维行向量**，后者称为 $\boldsymbol{n}$ **维列向量**. 它们的区别只是写法上的不同.

从矩阵的角度来看，一个 n 维行向量就是一个 $1 \times n$ 矩阵，而一个 n 维列向量则是一个 $n \times 1$ 矩阵，从而可以将列向量看作是行向量的转置. 因此，习惯上，$\boldsymbol{n}$ **维列向量往往写成** $(a_1, a_2, \cdots, a_n)^{\mathrm{T}}$.

定义 3.2 如果两个 n 维向量 $\boldsymbol{\alpha}=(a_1, a_2, \cdots, a_n)$，$\boldsymbol{\beta}=(b_1, b_2, \cdots, b_n)$ 的对应分量都相等，即 $a_i=b_i (i=1, 2, \cdots, n)$，则称这两个向量是**相等**的，记作 $\boldsymbol{\alpha}=\boldsymbol{\beta}$.

两个 n 维向量之间的基本关系是用向量的加法和数量乘法来表达的.

定义 3.3 设 $\boldsymbol{\alpha}=(a_1, a_2, \cdots, a_n)$，$\boldsymbol{\beta}=(b_1, b_2, \cdots, b_n)$ 是两个 n 维向量，则向量

$$\boldsymbol{\gamma}=(a_1+b_1, a_2+b_2, \cdots, a_n+b_n)$$

称为向量 $\boldsymbol{\alpha}$ 与 $\boldsymbol{\beta}$ 的**和**，记为 $\boldsymbol{\gamma}=\boldsymbol{\alpha}+\boldsymbol{\beta}$.

定义 3.4 设 $\boldsymbol{\alpha}=(a_1, a_2, \cdots, a_n)$ 为 n 维向量，k 为任意常数，则向量

$$(ka_1, ka_2, \cdots, ka_n)$$

称为向量 $\boldsymbol{\alpha}$ 与常数 k 的**数乘**，记为 $k\boldsymbol{\alpha}$.

特别地，分量全为零的向量 $(0, 0, \cdots, 0)$ 称为**零向量**，记为 $\mathbf{0}$；向量 $(-a_1, -a_2, \cdots, -a_n)$ 称为向量 $\boldsymbol{\alpha}=(a_1, a_2, \cdots, a_n)$ 的**负向量**，记为 $-\boldsymbol{\alpha}$，从而向量的**减法**可以定义为

$$\boldsymbol{\alpha}-\boldsymbol{\beta}=(a_1-b_1, a_2-b_2, \cdots, a_n-b_n).$$

利用上述定义，容易验证向量的加法与数乘满足下列运算规律：

(1) $\boldsymbol{\alpha}+\boldsymbol{\beta}=\boldsymbol{\beta}+\boldsymbol{\alpha}$（加法交换律）；

(2) $(\boldsymbol{\alpha}+\boldsymbol{\beta})+\boldsymbol{\gamma}=\boldsymbol{\alpha}+(\boldsymbol{\beta}+\boldsymbol{\gamma})$（加法结合律）；

(3) $\boldsymbol{\alpha}+\mathbf{0}=\boldsymbol{\alpha}$；

(4) $\boldsymbol{\alpha}+(-\boldsymbol{\alpha})=\mathbf{0}$；

(5) $\mathrm{k}(\boldsymbol{\alpha}+\boldsymbol{\beta})=k\boldsymbol{\alpha}+k\boldsymbol{\beta}$（数乘分配律）；

(6) $(k+l)\boldsymbol{\alpha}=k\boldsymbol{\alpha}+l\boldsymbol{\alpha}$（数乘分配律）；

(7) $(kl)\boldsymbol{\alpha}=k(l\boldsymbol{\alpha})$；

(8) $1\boldsymbol{\alpha}=\boldsymbol{\alpha}$.

例 1 设向量 $\boldsymbol{\alpha}_1=(1,2,1)$，$\boldsymbol{\alpha}_2=(1,-1,0)$，$\boldsymbol{\alpha}_3=(0,1,-1)$满足

$$3(\boldsymbol{\alpha}_1-\boldsymbol{\beta})+4(\boldsymbol{\alpha}_2+\boldsymbol{\beta})=2(\boldsymbol{\alpha}_3-\boldsymbol{\beta}),$$

求向量 $\boldsymbol{\beta}$.

解 由 $3(\boldsymbol{\alpha}_1-\boldsymbol{\beta})+4(\boldsymbol{\alpha}_2+\boldsymbol{\beta})=2(\boldsymbol{\alpha}_3-\boldsymbol{\beta})$解得

$$\begin{aligned}\boldsymbol{\beta}&=\frac{1}{3}(-3\boldsymbol{\alpha}_1-4\boldsymbol{\alpha}_2+2\boldsymbol{\alpha}_3)=\frac{1}{3}[-3(1,2,1)-4(1,-1,0)+2(0,1,-1)]\\&=\frac{1}{3}(-7,0,-5)=\left(-\frac{7}{3},0,-\frac{5}{3}\right).\end{aligned}$$

设 $m\times n$ 矩阵

$$\boldsymbol{A}=\begin{pmatrix}a_{11}&a_{12}&\cdots&a_{1n}\\a_{21}&a_{22}&\cdots&a_{2n}\\\vdots&\vdots&&\vdots\\a_{m1}&a_{m2}&\cdots&a_{mn}\end{pmatrix},$$

把 $\boldsymbol{A}$ 中的每一列看作一个 m 维列向量，记

$$\boldsymbol{\alpha}_j=\begin{pmatrix}a_{1j}\\a_{2j}\\\vdots\\a_{mj}\end{pmatrix},\ j=1,2,\cdots,n,$$

称向量组 $\boldsymbol{\alpha}_1,\boldsymbol{\alpha}_2,\cdots,\boldsymbol{\alpha}_n$ 为矩阵$\boldsymbol{A}$ 的**列向量组**. 把 $\boldsymbol{A}$ 中的每一行看作一个n 维行向量，记

$$\boldsymbol{\beta}_i=(a_{i1},a_{i2},\cdots,a_{in}),\ i=1,2,\cdots,m,$$

称向量组 $\boldsymbol{\beta}_1,\boldsymbol{\beta}_2,\cdots,\boldsymbol{\beta}_m$ 为矩阵 $\boldsymbol{A}$ 的**行向量组**；这样矩阵 $\boldsymbol{A}$ 可以写成如下两种分块矩阵的形式：

$$\boldsymbol{A}=(\boldsymbol{\alpha}_1,\boldsymbol{\alpha}_2,\cdots,\boldsymbol{\alpha}_n)\quad 或\quad \boldsymbol{A}=\begin{pmatrix}\boldsymbol{\beta}_1\\\boldsymbol{\beta}_2\\\vdots\\\boldsymbol{\beta}_m\end{pmatrix}.$$

对于线性方程组(3-2),如果引入向量组

$$\boldsymbol{\alpha}_1=\begin{pmatrix}a_{11}\\a_{21}\\\vdots\\a_{m1}\end{pmatrix},\boldsymbol{\alpha}_2=\begin{pmatrix}a_{12}\\a_{22}\\\vdots\\a_{m2}\end{pmatrix},\cdots,\boldsymbol{\alpha}_n=\begin{pmatrix}a_{1n}\\a_{2n}\\\vdots\\a_{mn}\end{pmatrix},\boldsymbol{b}=\begin{pmatrix}b_1\\b_2\\\vdots\\b_m\end{pmatrix},$$

则(3-2)可以改写成向量方程

$$x_1\boldsymbol{\alpha}_1+x_2\boldsymbol{\alpha}_2+\cdots+x_n\boldsymbol{\alpha}_n=\boldsymbol{b}. \tag{3-8}$$

齐次方程组(3-7)等价于

$$x_1\boldsymbol{\alpha}_1+x_2\boldsymbol{\alpha}_2+\cdots+x_n\boldsymbol{\alpha}_n=\boldsymbol{0}. \tag{3-9}$$

因此,(3-2)是否有解等价于线性关系式(3-8)是否成立,而(3-7)是否有非零解取决于(3-9)的线性组合系数是否非零.

§3.3　向量组的线性相关性

这一节我们来进一步研究向量之间的关系.

3.3.1　向量的线性组合与线性表示

两个向量之间最简单的关系是成比例.所谓向量 $\boldsymbol{\alpha}$ 与 $\boldsymbol{\beta}$ 成比例就是说有一数 k 使

$$\boldsymbol{\alpha}=k\boldsymbol{\beta}.$$

在多个向量之间,成比例的关系表现为线性组合.

定义 3.5　对 $s+1$ 个 n 维向量 $\boldsymbol{\alpha}_1,\boldsymbol{\alpha}_2,\cdots\boldsymbol{\alpha}_s,\boldsymbol{\beta}$,如果有一组数 $k_1,k_2,\cdots,k_s$,使得

$$\boldsymbol{\beta}=k_1\boldsymbol{\alpha}_1+k_2\boldsymbol{\alpha}_2+\cdots+k_s\boldsymbol{\alpha}_s, \tag{3-10}$$

则称向量 $\boldsymbol{\beta}$ 是向量组 $\boldsymbol{\alpha}_1,\boldsymbol{\alpha}_2,\cdots,\boldsymbol{\alpha}_s$ 的一个**线性组合**,或称 $\boldsymbol{\beta}$ 能被向量组 $\boldsymbol{\alpha}_1,\boldsymbol{\alpha}_2,\cdots,\boldsymbol{\alpha}_s$ **线性表示**(或**线性表出**),其中 $k_1,k_2,\cdots,k_s$ 为**表出系数**.

例 1　由定义可以立即看出,零向量是任一向量组的线性组合(只要取系数全为 0 就行了).

例 2　任一个 n 维向量 $\boldsymbol{\alpha}=(a_1,a_2,\cdots,a_n)$ 都是向量组

$$\boldsymbol{\varepsilon}_1=(1,0,\cdots,0),\boldsymbol{\varepsilon}_2=(0,1,\cdots,0),\cdots,\boldsymbol{\varepsilon}_n=(0,0,\cdots,1)$$

的一个线性组合.因为

$$\boldsymbol{\alpha}=a_1\boldsymbol{\varepsilon}_1+a_2\boldsymbol{\varepsilon}_2+\cdots+a_n\boldsymbol{\varepsilon}_n,$$

其表出系数恰好是它的分量.通常向量组 $\boldsymbol{\varepsilon}_1,\boldsymbol{\varepsilon}_2,\cdots,\boldsymbol{\varepsilon}_n$ 称为 **n 维单位向量组**.

例 1、例 2 可以通过“凑”,实现将一个向量由特定的向量组线性表示,这依赖向量组的本身,往往是不容易的.注意到(3-10)等价于非齐次线性方程组

$$(\boldsymbol{\alpha}_1, \boldsymbol{\alpha}_2, \cdots, \boldsymbol{\alpha}_s)\begin{pmatrix} k_1 \\ k_2 \\ \vdots \\ k_s \end{pmatrix}=\boldsymbol{\beta}, \tag{3-11}$$

因此，$\boldsymbol{\beta}$ 能否被向量组 $\boldsymbol{\alpha}_1, \boldsymbol{\alpha}_2, \cdots, \boldsymbol{\alpha}_s$ 线性表示等价于非齐次线性方程组(3-11)是否有解，而这可以通过高斯消元法得到，即我们有下面的定理：

定理 3.3 向量 $\boldsymbol{\beta}$ 可由向量组 $\boldsymbol{\alpha}_1, \boldsymbol{\alpha}_2, \cdots, \boldsymbol{\alpha}_s$ 线性表示，当且仅当

$$\boldsymbol{A}\boldsymbol{x}=\boldsymbol{\beta} \tag{3-12}$$

有解，即 $r(\boldsymbol{A}, \boldsymbol{\beta})=r(\boldsymbol{A})$，且(3-12)的解就是 $\boldsymbol{\beta}$ 由 $\boldsymbol{\alpha}_1, \boldsymbol{\alpha}_2, \cdots, \boldsymbol{\alpha}_s$ 线性表出的表出系数，其中

$$\boldsymbol{A}=(\boldsymbol{\alpha}_1, \boldsymbol{\alpha}_2, \cdots, \boldsymbol{\alpha}_s), \quad \boldsymbol{x}=(k_1, k_2, \cdots, k_s)^{\mathrm{T}}. \tag{3-13}$$

进一步，还可以有如下推论.

推论 对于向量组 $\boldsymbol{\alpha}_1, \boldsymbol{\alpha}_2, \cdots, \boldsymbol{\alpha}_s, \boldsymbol{\beta}$，当 $r(\boldsymbol{A}, \boldsymbol{\beta})=r(\boldsymbol{A})$ 时，$\boldsymbol{\beta}$ 可由向量组 $\boldsymbol{\alpha}_1, \boldsymbol{\alpha}_2, \cdots, \boldsymbol{\alpha}_s$ 线性表示. 此时，它有两种具体形式：

(1) 当 $r(\boldsymbol{A})=s$ 时，则 $\boldsymbol{\beta}$ 可由向量组 $\boldsymbol{\alpha}_1, \boldsymbol{\alpha}_2, \cdots, \boldsymbol{\alpha}_s$ 唯一线性表示；

(2) 当 $r(\boldsymbol{A})<s$ 时，则 $\boldsymbol{\beta}$ 可由向量组 $\boldsymbol{\alpha}_1, \boldsymbol{\alpha}_2, \cdots, \boldsymbol{\alpha}_s$ 无穷线性表示.

例 3 设 $\boldsymbol{\alpha}_1=(1, 1, 1, 1)^{\mathrm{T}}, \boldsymbol{\alpha}_2=(1, 1, -1, -1)^{\mathrm{T}}, \boldsymbol{\alpha}_3=(1, -1, 1, -1)^{\mathrm{T}}, \boldsymbol{\alpha}_4=(1, -1, -1, 1)^{\mathrm{T}}, \boldsymbol{\beta}=(1, 2, 1, 1)^{\mathrm{T}}$，问 $\boldsymbol{\beta}$ 能否被 $\boldsymbol{\alpha}_1, \boldsymbol{\alpha}_2, \boldsymbol{\alpha}_3, \boldsymbol{\alpha}_4$ 线性表出？若能，求出具体表达式.

解 由于

$$\overline{\boldsymbol{A}}=(\boldsymbol{\alpha}_1, \boldsymbol{\alpha}_2, \boldsymbol{\alpha}_3, \boldsymbol{\alpha}_4, \boldsymbol{\beta})=\begin{pmatrix} 1 & 1 & 1 & 1 & 1 \\ 1 & 1 & -1 & -1 & 2 \\ 1 & -1 & 1 & -1 & 1 \\ 1 & -1 & -1 & 1 & 1 \end{pmatrix},$$

对其作初等行变换求得阶梯形矩阵：

$$\begin{pmatrix} 1 & 1 & 1 & 1 & 1 \\ 1 & 1 & -1 & -1 & 2 \\ 1 & -1 & 1 & -1 & 1 \\ 1 & -1 & -1 & 1 & 1 \end{pmatrix} \xrightarrow[r_4-r_1]{\substack{r_2-r_1 \\ r_3-r_1}} \begin{pmatrix} 1 & 1 & 1 & 1 & 1 \\ 0 & 0 & -2 & -2 & 1 \\ 0 & -2 & 0 & -2 & 0 \\ 0 & -2 & -2 & 0 & 0 \end{pmatrix}$$

$$\xrightarrow{\substack{r_2 \leftrightarrow r_4 \\ -\frac{1}{2}r_3 \\ -\frac{1}{2}r_2}} \begin{pmatrix} 1 & 1 & 1 & 1 & 1 \\ 0 & 1 & 1 & 0 & 0 \\ 0 & 1 & 0 & 1 & 0 \\ 0 & 0 & -2 & -2 & 1 \end{pmatrix} \xrightarrow{r_3-r_2} \begin{pmatrix} 1 & 1 & 1 & 1 & 1 \\ 0 & 1 & 1 & 0 & 0 \\ 0 & 0 & -1 & 1 & 0 \\ 0 & 0 & -2 & -2 & 1 \end{pmatrix} \xrightarrow{r_4-2r_3} \begin{pmatrix} 1 & 1 & 1 & 1 & 1 \\ 0 & 1 & 1 & 0 & 0 \\ 0 & 0 & -1 & 1 & 0 \\ 0 & 0 & 0 & -4 & 1 \end{pmatrix}.$$

因为 $r(\boldsymbol{A})=r(\bar{\boldsymbol{A}})=n=4$，所以方程组有解且解是唯一的. 因此，$\boldsymbol{\beta}$ 能被 $\boldsymbol{\alpha}_1,\boldsymbol{\alpha}_2,\boldsymbol{\alpha}_3,\boldsymbol{\alpha}_4$ 线性表出.

下面求其表出系数. 将阶梯形矩阵还原成方程组：

$$\begin{cases} k_1+k_2+k_3+k_4=1, \\ k_2+k_3=0, \\ -k_3+k_4=0, \\ -4k_4=1, \end{cases}$$

解得

$$k_1=\frac{5}{4},\quad k_2=\frac{1}{4},\quad k_3=-\frac{1}{4},\quad k_4=-\frac{1}{4}.$$

因此，

$$\boldsymbol{\beta}=\frac{5}{4}\boldsymbol{\alpha}_1+\frac{1}{4}\boldsymbol{\alpha}_2-\frac{1}{4}\boldsymbol{\alpha}_3-\frac{1}{4}\boldsymbol{\alpha}_4.$$

例 4　设三维向量 $\boldsymbol{\alpha}_1=(1+\lambda,1,1)^{\mathrm{T}}$，$\boldsymbol{\alpha}_2=(1,1+\lambda,1)^{\mathrm{T}}$，$\boldsymbol{\alpha}_3=(1,1,1+\lambda)^{\mathrm{T}}$，$\boldsymbol{\beta}=(0,\lambda,\lambda^2)^{\mathrm{T}}$. 问：当 λ 取何值时，$\boldsymbol{\beta}$ 可以由 $\boldsymbol{\alpha}_1,\boldsymbol{\alpha}_2,\boldsymbol{\alpha}_3$ 线性表出，并讨论表达式是否唯一.

解　$$(\boldsymbol{\alpha}_1,\boldsymbol{\alpha}_2,\boldsymbol{\alpha}_3,\boldsymbol{\beta})=\left(\begin{array}{ccc:c} 1+\lambda & 1 & 1 & 0 \\ 1 & 1+\lambda & 1 & \lambda \\ 1 & 1 & 1+\lambda & \lambda^2 \end{array}\right)$$

$$\rightarrow\left(\begin{array}{ccc:c} 1 & 1 & 1+\lambda & \lambda^2 \\ 1 & 1+\lambda & 1 & \lambda \\ 1+\lambda & 1 & 1 & 0 \end{array}\right)\rightarrow\left(\begin{array}{ccc:c} 1 & 1 & 1+\lambda & \lambda^2 \\ 0 & \lambda & -\lambda & \lambda-\lambda^2 \\ 0 & -\lambda & 1-(1+\lambda)^2 & -\lambda^3-\lambda^2 \end{array}\right)$$

$$\rightarrow\left(\begin{array}{ccc:c} 1 & 1 & 1+\lambda & \lambda^2 \\ 0 & \lambda & -\lambda & \lambda-\lambda^2 \\ 0 & 0 & -\lambda^2-3\lambda & -\lambda^3-2\lambda^2+\lambda \end{array}\right).$$

(1)当 $\lambda=0$ 时，阶梯形为

$$\left(\begin{array}{ccc:c} 1 & 1 & 1 & 0 \\ 0 & 0 & 0 & 0 \\ 0 & 0 & 0 & 0 \end{array}\right),$$

该阶梯形矩阵对应的方程组有无穷多解，即 $\boldsymbol{\beta}$ 可以由 $\boldsymbol{\alpha}_1,\boldsymbol{\alpha}_2,\boldsymbol{\alpha}_3$ 线性表出，表出方式无穷.

(2)当 $\lambda=-3$ 时，阶梯形为

$$\left(\begin{array}{ccc:c} 1 & 1 & -2 & 9 \\ 0 & -3 & 3 & -12 \\ 0 & 0 & 0 & 6 \end{array}\right),$$

该阶梯形对应的方程组无解，所以 $\boldsymbol{\beta}$ 不可以由 $\boldsymbol{\alpha}_1, \boldsymbol{\alpha}_2, \boldsymbol{\alpha}_3$ 线性表出.

(3)当 $\lambda \neq 0, -3$ 时，阶梯形矩阵为

$$\left(\begin{array}{ccc:c} 1 & 1 & 1+\lambda & \lambda^2 \\ 0 & 1 & -1 & 1-\lambda \\ 0 & 0 & -\lambda-3 & -\lambda^2-2\lambda+1 \end{array}\right).$$

此时，$\boldsymbol{\beta}$ 可以由 $\boldsymbol{\alpha}_1, \boldsymbol{\alpha}_2, \boldsymbol{\alpha}_3$ 线性表出，表出方式唯一，对应的非齐次方程组的唯一解为：

$$x_1=\frac{-\lambda-1}{\lambda+3},\ x_2=\frac{2}{\lambda+3},\ x_3=\frac{\lambda^2+2\lambda-1}{\lambda+3}.$$

即

$$\boldsymbol{\beta}=x_1\boldsymbol{\alpha}_1+x_2\boldsymbol{\alpha}_2+x_3\boldsymbol{\alpha}_3.$$

3.3.2　线性相关性

下面我们介绍向量组线性相关及无关的概念.

定义 3.6　给定向量组 $\boldsymbol{\alpha}_1,\boldsymbol{\alpha}_2,\cdots,\boldsymbol{\alpha}_s$，若存在 s 个不全为零的数 $k_1,k_2,\cdots,k_s$，使

$$k_1\boldsymbol{\alpha}_1+k_2\boldsymbol{\alpha}_2+\cdots+k_s\boldsymbol{\alpha}_s=\mathbf{0}, \tag{3-14}$$

则称向量组 $\boldsymbol{\alpha}_1, \boldsymbol{\alpha}_2, \cdots, \boldsymbol{\alpha}_s$ **线性相关**，否则称向量组 $\boldsymbol{\alpha}_1, \boldsymbol{\alpha}_2, \cdots, \boldsymbol{\alpha}_s$ **线性无关**.

向量组 $\boldsymbol{\alpha}_1, \boldsymbol{\alpha}_2, \cdots, \boldsymbol{\alpha}_s$ 线性无关，即没有不全为零的数 $k_1, k_2, \cdots, k_s$ 使得

$$k_1\boldsymbol{\alpha}_1+k_2\boldsymbol{\alpha}_2+\cdots+k_s\boldsymbol{\alpha}_s=\mathbf{0}.$$

或者说，如果有

$$k_1\boldsymbol{\alpha}_1+k_2\boldsymbol{\alpha}_2+\cdots+k_s\boldsymbol{\alpha}_s=\mathbf{0}$$

可以推出

$$k_1=k_2=\cdots=k_s=0.$$

对于由单个向量构成的向量组情形，按定义，向量组 $\boldsymbol{\alpha}$ 线性相关就表示有 $k\neq 0$（因为只有一个数，所以不全为零就是它不等于零）使

$$k\boldsymbol{\alpha}=\mathbf{0}.$$

由数乘的性质推知 $\boldsymbol{\alpha}=\mathbf{0}$. 因此，向量组 $\boldsymbol{\alpha}$ 线性相关就表示 $\boldsymbol{\alpha}=\mathbf{0}$.

例 5　不难看出，由 n 维单位向量 $\boldsymbol{\varepsilon}_1, \boldsymbol{\varepsilon}_2, \cdots, \boldsymbol{\varepsilon}_n$ 组成的向量组是线性无关的. 事实上，由

$$k_1\boldsymbol{\varepsilon}_1+k_2\boldsymbol{\varepsilon}_2+\cdots+k_n\boldsymbol{\varepsilon}_n=\mathbf{0},$$

可得

$$\begin{aligned}&k_1(1,0,\cdots,0)^{\mathrm T}+k_2(0,1,\cdots,0)^{\mathrm T}+\cdots+k_n(0,0,\cdots,1)^{\mathrm T}\\&=(k_1,k_2,\cdots,k_n)^{\mathrm T}=(0,0,\cdots,0)^{\mathrm T}.\end{aligned}$$

可以推出

$$k_1=k_2=\cdots=k_n=0.$$

这就是说，$\boldsymbol{\varepsilon}_1, \boldsymbol{\varepsilon}_2, \cdots, \boldsymbol{\varepsilon}_n$ 线性无关.

类似于线性表出，(3-14)等价于齐次线性方程组

$$\boldsymbol{A}\boldsymbol{x}=\boldsymbol{0}, \tag{3-15}$$

其中 $\boldsymbol{A}, \boldsymbol{x}$ 由(3-13)确定，因此，我们有下面的定理.

定理 3.4　向量组 $\boldsymbol{\alpha}_1, \boldsymbol{\alpha}_2, \cdots, \boldsymbol{\alpha}_s$ 是否线性相关的充要条件是线性方程组(3-15)是否有非零解，即是否有 $r(\boldsymbol{A})<s$ 成立：

(1)当 $r(\boldsymbol{A})=s$，$\boldsymbol{\alpha}_1, \boldsymbol{\alpha}_2, \cdots, \boldsymbol{\alpha}_s$ 是线性无关的；

(2)当 $r(\boldsymbol{A})<s$，$\boldsymbol{\alpha}_1, \boldsymbol{\alpha}_2, \cdots, \boldsymbol{\alpha}_s$ 是线性相关的.

例 6　判断向量组 $\boldsymbol{\alpha}_1=(2,-1,3,1)^{\mathrm{T}}$，$\boldsymbol{\alpha}_2=(4,-2,5,4)^{\mathrm{T}}$，$\boldsymbol{\alpha}_3=(2,-1,4,-1)^{\mathrm{T}}$ 是否线性相关.

解　设 $x_1\boldsymbol{\alpha}_1+x_2\boldsymbol{\alpha}_2+x_3\boldsymbol{\alpha}_3=\boldsymbol{0}$，按各个分量分别写出来就是下列方程组

$$\begin{cases} 2x_1+4x_2+2x_3=0, \\ -x_1-2x_2-x_3=0, \\ 3x_1+5x_2+4x_3=0, \\ x_1+4x_2-x_3=0. \end{cases}$$

方程组的系数矩阵

$$\boldsymbol{A}=\begin{pmatrix} 2 & 4 & 2 \\ -1 & -2 & -1 \\ 3 & 5 & 4 \\ 1 & 4 & -1 \end{pmatrix} \to \begin{pmatrix} 1 & 0 & 3 \\ 0 & 1 & -1 \\ 0 & 0 & 0 \\ 0 & 0 & 0 \end{pmatrix}.$$

由于 $r(\boldsymbol{A})=2<3$，所以方程组有无穷多解，当然有非零解，故 $\boldsymbol{\alpha}_1, \boldsymbol{\alpha}_2, \boldsymbol{\alpha}_3$ 线性相关. 特别的一组解，可取为 $(x_1, x_2, x_3)^{\mathrm{T}}=(3,-1,-1)^{\mathrm{T}}$，即 $3\boldsymbol{\alpha}_1-\boldsymbol{\alpha}_2-\boldsymbol{\alpha}_3=\boldsymbol{0}$，或 $\boldsymbol{\alpha}_3=3\boldsymbol{\alpha}_1-\boldsymbol{\alpha}_2$.

当向量组个数大于向量的维数，即 $s>n$ 时，注意到此时 $\boldsymbol{A}\boldsymbol{x}=\boldsymbol{0}$ 一定有非零解，因此我们有下面的推论.

推论 1　对于 s 个 n 维向量构成的向量组 $\boldsymbol{\alpha}_1, \boldsymbol{\alpha}_2, \cdots, \boldsymbol{\alpha}_s$，如果 $s>n$，则 $\boldsymbol{\alpha}_1, \boldsymbol{\alpha}_2, \cdots, \boldsymbol{\alpha}_s$ 必线性相关.

利用向量组的秩判断向量组的线性相关性要涉及行初等变换消阶梯形并求解，这往往是不容易的. 因此从向量组构成的矩阵本身寻求相关性的判断是有意义的.

推论 2　设 n 个 n 维向量组 $\boldsymbol{\alpha}_1, \boldsymbol{\alpha}_2, \cdots, \boldsymbol{\alpha}_n$，记 $\boldsymbol{A}=(\boldsymbol{\alpha}_1, \boldsymbol{\alpha}_2, \cdots, \boldsymbol{\alpha}_n)$，则

(1)该向量组线性相关当且仅当 $|\boldsymbol{A}|=0$；

(2)该向量组线性无关当且仅当 $|\boldsymbol{A}|\neq 0$.

推论 2 表明当向量组排成的矩阵 $\boldsymbol{A}$ 是方阵时，我们可以通过行列式是否为零判断该

向量组的相关性.

例 7 若实数 $a_1, a_2, \cdots, a_n$ 是互不相等的,且

$$\boldsymbol{\beta}_1=\begin{pmatrix}1\\a_1\\\vdots\\a_1^{n-1}\end{pmatrix},\boldsymbol{\beta}_2=\begin{pmatrix}1\\a_2\\\vdots\\a_2^{n-1}\end{pmatrix},\cdots,\boldsymbol{\beta}_n=\begin{pmatrix}1\\a_n\\\vdots\\a_n^{n-1}\end{pmatrix},$$

证明:向量组 $\boldsymbol{\beta}_1,\boldsymbol{\beta}_2,\cdots,\boldsymbol{\beta}_n$ 是线性无关的.

证 向量组按列排成的行列式 $D=|\boldsymbol{\beta}_1,\boldsymbol{\beta}_2,\cdots,\boldsymbol{\beta}_n|$. 注意到 D 是 n 阶范德蒙行列式,且 $a_1,a_2,\cdots,a_n$ 是互不相等的,所以 $D\neq 0$. 因此由定理 3.4 推论 2 知,向量组 $\boldsymbol{\beta}_1,\boldsymbol{\beta}_2,\cdots,\boldsymbol{\beta}_n$ 线性无关.

定理 3.5 如果向量组 $\boldsymbol{\alpha}_i=(a_{1i},a_{2i},\cdots,a_{ni})^{\mathrm{T}}(i=1,2,\cdots,s)$ 线性无关,那么在每一个向量上添一个分量所得到的 $n+1$ 维向量组 $\boldsymbol{\beta}_i=(a_{1i},a_{2i},\cdots,a_{ni},a_{n+1,i})^{\mathrm{T}}(i=1,2,\cdots,s)$ 也线性无关.

证 由于 $\boldsymbol{\alpha}_1,\boldsymbol{\alpha}_2,\cdots,\boldsymbol{\alpha}_s$ 线性无关,则向量方程

$$k_1\boldsymbol{\alpha}_1+k_2\boldsymbol{\alpha}_2+\cdots+k_s\boldsymbol{\alpha}_s=\mathbf{0}$$

只有零解 $k_1=k_2=\cdots=k_s=0$, 也即齐次线性方程组

$$\begin{cases}a_{11}k_1+a_{12}k_2+\cdots+a_{1s}k_s=0,\\a_{21}k_1+a_{22}k_2+\cdots+a_{2s}k_s=0,\\\qquad\vdots\\a_{n1}k_1+a_{n2}k_2+\cdots+a_{ns}k_s=0\end{cases}\tag{3-16}$$

只有零解. 而 $\boldsymbol{\beta}_1, \boldsymbol{\beta}_2, \cdots, \boldsymbol{\beta}_s$ 线性无关等价于齐次线性方程组

$$\begin{cases}a_{11}k_1+a_{12}k_2+\cdots+a_{1s}k_s=0,\\a_{21}k_1+a_{22}k_2+\cdots+a_{2s}k_s=0,\\\qquad\cdots\cdots\\a_{n1}k_1+a_{n2}k_2+\cdots+a_{ns}k_s=0,\\a_{n+1,1}k_1+a_{n+1,2}k_2+\cdots+a_{n+1,s}k_s=0\end{cases}\tag{3-17}$$

只有零解.

对照方程组(3-16)与(3-17)可以看出:方程组(3-17)的解全部满足方程组(3-16),即(3-17)的解全是(3-16)的解. 由于(3-16)只有零解,所以(3-17)也只有零解,从而向量组 $\boldsymbol{\beta}_1, \boldsymbol{\beta}_2, \cdots, \boldsymbol{\beta}_s$ 线性无关.

这个结果当然可以推广到添加几个分量的情形.

类似于上面的推理过程,我们有下面的推论.

推论 若向量组 $\boldsymbol{\alpha}_i=(a_{1i},a_{2i},\cdots,a_{ni})^{\mathrm{T}}(i=1,2,\cdots,s)$ 是线性相关的,则在每个向量

上减掉若干个分量所得到的 m 维的向量组 $\boldsymbol{\beta}_i=(a_{1i},a_{2i},\cdots,a_{mi})^{\mathrm{T}}(i=1,2,\cdots,s)$ 也是线性相关的，其中 $n>m$.

至此，我们已经从向量组对应的方程组求解和结构上进行了相关性的分析. 其实，向量组的线性相关性完全可以借助向量组本身相互之间的关系进行刻画.

定理 3.6　向量组 $\boldsymbol{\alpha}_1,\boldsymbol{\alpha}_2,\cdots,\boldsymbol{\alpha}_s$ 线性相关的充分必要条件是，其中至少有一个向量能被其余 $s-1$ 个向量线性表示.

证　必要性. 如果向量组 $\boldsymbol{\alpha}_1,\boldsymbol{\alpha}_2,\cdots,\boldsymbol{\alpha}_s$ 线性相关，则存在不全为零的数 $k_1,k_2,\cdots,k_s$ 使

$$k_1\boldsymbol{\alpha}_1+k_2\boldsymbol{\alpha}_2+\cdots+k_s\boldsymbol{\alpha}_s=\mathbf{0}.$$

由于 $k_1,k_2,\cdots,k_s$ 不全为零，不妨设 $k_s\neq 0$，于是上式可以改写为

$$\boldsymbol{\alpha}_s=-\frac{k_1}{k_s}\boldsymbol{\alpha}_1-\frac{k_2}{k_s}\boldsymbol{\alpha}_2-\cdots-\frac{k_{s-1}}{k_s}\boldsymbol{\alpha}_{s-1},$$

即 $\boldsymbol{\alpha}_s$ 可以由 $\boldsymbol{\alpha}_1,\boldsymbol{\alpha}_2,\cdots,\boldsymbol{\alpha}_{s-1}$ 线性表示.

充分性. 如果 $\boldsymbol{\alpha}_1,\boldsymbol{\alpha}_2,\cdots,\boldsymbol{\alpha}_s$ 中至少有一个向量能被其余向量线性表示，不妨设 $\boldsymbol{\alpha}_s$ 可以由 $\boldsymbol{\alpha}_1,\boldsymbol{\alpha}_2,\cdots,\boldsymbol{\alpha}_{s-1}$ 线性表示，则存在 $k_1,k_2,\cdots,k_{s-1}$，使得

$$\boldsymbol{\alpha}_s=k_1\boldsymbol{\alpha}_1+k_2\boldsymbol{\alpha}_2+\cdots+k_{s-1}\boldsymbol{\alpha}_{s-1},$$

移项得

$$k_1\boldsymbol{\alpha}_1+k_2\boldsymbol{\alpha}_2+\cdots+k_{s-1}\boldsymbol{\alpha}_{s-1}-\boldsymbol{\alpha}_s=\mathbf{0},$$

因为数 $k_1,k_2,\cdots,k_{s-1},-1$ 不全为零(至少 $-1\neq 0$)，所以按定义 3.6，向量组 $\boldsymbol{\alpha}_1,\boldsymbol{\alpha}_2,\cdots,\boldsymbol{\alpha}_s$ 线性相关.

从定理 3.6 可以看出，任意一个包含零向量的向量组一定是线性相关的. 还可看出，向量组 $\boldsymbol{\alpha}_1,\boldsymbol{\alpha}_2$ 线性相关就是 $\boldsymbol{\alpha}_1=k\boldsymbol{\alpha}_2$ 或者 $\boldsymbol{\alpha}_2=k\boldsymbol{\alpha}_1$.

由定理 3.6 还可得以下推论：

推论　向量组 $\boldsymbol{\alpha}_1,\boldsymbol{\alpha}_2,\cdots,\boldsymbol{\alpha}_s(s\geqslant 2)$ 线性无关的充分必要条件是，其中任何一个向量都不能被其余向量所组成的向量组线性表示.

定理 3.7　如果向量组 $\boldsymbol{\alpha}_1,\boldsymbol{\alpha}_2,\cdots,\boldsymbol{\alpha}_s$ 线性无关，而 $\boldsymbol{\alpha}_1,\boldsymbol{\alpha}_2,\cdots,\boldsymbol{\alpha}_s,\boldsymbol{\beta}$ 线性相关，则 $\boldsymbol{\beta}$ 可以由 $\boldsymbol{\alpha}_1,\boldsymbol{\alpha}_2,\cdots,\boldsymbol{\alpha}_s$ 线性表示，且表示法唯一.

证　由于 $\boldsymbol{\alpha}_1,\boldsymbol{\alpha}_2,\cdots,\boldsymbol{\alpha}_s,\boldsymbol{\beta}$ 线性相关，即存在不全为零的数 $k_1,k_2,\cdots,k_s,k_{s+1}$，使得

$$k_1\boldsymbol{\alpha}_1+k_2\boldsymbol{\alpha}_2+\cdots+k_s\boldsymbol{\alpha}_s+k_{s+1}\boldsymbol{\beta}=\mathbf{0}.$$

假若 $k_{s+1}=0$，则有

$$k_1\boldsymbol{\alpha}_1+k_2\boldsymbol{\alpha}_2+\cdots+k_s\boldsymbol{\alpha}_s=\mathbf{0}.$$

由 $\boldsymbol{\alpha}_1,\boldsymbol{\alpha}_2,\cdots,\boldsymbol{\alpha}_s$ 线性无关，得 $k_1=k_2=\cdots=k_s=0$，从而 $\boldsymbol{\alpha}_1,\boldsymbol{\alpha}_2,\cdots,\boldsymbol{\alpha}_s,\boldsymbol{\beta}$ 线性无关，这与题设 $\boldsymbol{\alpha}_1,\boldsymbol{\alpha}_2,\cdots,\boldsymbol{\alpha}_s,\boldsymbol{\beta}$ 线性相关矛盾，因而 $k_{s+1}\neq 0$，此时，

$$\boldsymbol{\beta}=-\frac{k_1}{k_{s+1}}\boldsymbol{\alpha}_1-\frac{k_2}{k_{s+1}}\boldsymbol{\alpha}_2-\cdots-\frac{k_s}{k_{s+1}}\boldsymbol{\alpha}_s,$$

即 $\boldsymbol{\beta}$ 可以由 $\boldsymbol{\alpha}_1,\boldsymbol{\alpha}_2,\cdots,\boldsymbol{\alpha}_s$ 线性表示.

假设

$$\boldsymbol{\beta}=k_1\boldsymbol{\alpha}_1+k_2\boldsymbol{\alpha}_2+\cdots+k_s\boldsymbol{\alpha}_s, \tag{①}$$

又设 $\boldsymbol{\beta}$ 还可以表示成

$$\boldsymbol{\beta}=l_1\boldsymbol{\alpha}_1+l_2\boldsymbol{\alpha}_2+\cdots+l_s\boldsymbol{\alpha}_s, \tag{②}$$

①与②相减,得

$$(k_1-l_1)\boldsymbol{\alpha}_1+(k_2-l_2)\boldsymbol{\alpha}_2+\cdots+(k_s-l_s)\boldsymbol{\alpha}_s=\mathbf{0}.$$

由于 $\boldsymbol{\alpha}_1,\boldsymbol{\alpha}_2,\cdots,\boldsymbol{\alpha}_s$ 线性无关,所以 $k_1-l_1=k_2-l_2=\cdots=k_s-l_s=0$,即

$$k_1=l_1,\quad k_2=l_2,\quad \cdots,\quad k_s=l_s,$$

说明 $\boldsymbol{\beta}$ 由 $\boldsymbol{\alpha}_1,\boldsymbol{\alpha}_2,\cdots,\boldsymbol{\alpha}_s$ 线性表示的表示法唯一.

定理 3.8 如果一向量组的一部分线性相关,那么这个向量组线性相关.

证 设向量组为 $\boldsymbol{\alpha}_1,\boldsymbol{\alpha}_2,\cdots,\boldsymbol{\alpha}_r,\cdots,\boldsymbol{\alpha}_s(r\leqslant s)$,其中一部分,比如说 $\boldsymbol{\alpha}_1,\boldsymbol{\alpha}_2,\cdots,\boldsymbol{\alpha}_r$ 是线性相关的,即有不全为零的数 $k_1,k_2,\cdots,k_r$,使得

$$k_1\boldsymbol{\alpha}_1+k_2\boldsymbol{\alpha}_2+\cdots+k_r\boldsymbol{\alpha}_r=\mathbf{0}.$$

由上式显然有

$$k_1\boldsymbol{\alpha}_1+k_2\boldsymbol{\alpha}_2+\cdots+k_r\boldsymbol{\alpha}_r+0\boldsymbol{\alpha}_{r+1}+\cdots+0\boldsymbol{\alpha}_s=\mathbf{0}.$$

因为 $k_1,k_2,\cdots,k_r$ 不全为零,所以 $k_1,k_2,\cdots,k_r,0,\cdots,0$ 也不全为零,因而 $\boldsymbol{\alpha}_1,\boldsymbol{\alpha}_2,\cdots,\boldsymbol{\alpha}_s$ 是线性相关的.

换个说法,如果一向量组线性无关,那么它的任何一个非空的部分组也线性无关. 特别地,由于两个成比例的向量是线性相关的,所以,线性无关的向量组中一定不能包含两个成比例的向量.

3.3.3 两个向量组之间的表示关系

下面我们考虑向量组之间的线性相关性.

定义 3.7 设有两个同维向量组(Ⅰ)$\boldsymbol{\alpha}_1,\boldsymbol{\alpha}_2,\cdots,\boldsymbol{\alpha}_s$ 及(Ⅱ)$\boldsymbol{\beta}_1,\boldsymbol{\beta}_2,\cdots,\boldsymbol{\beta}_t$,若(Ⅱ)中的每一个向量都可以由(Ⅰ)中的向量线性表示,则称**向量组(Ⅱ)可以由向量组(Ⅰ)线性表示**. 若向量组(Ⅰ)与向量组(Ⅱ)可以相互线性表示,则称**向量组(Ⅰ)与向量组(Ⅱ)等价**.

与矩阵等价相仿,向量组的等价关系具有以下三条性质:

(1) 反身性　每一个向量组与其自身等价;

(2) 对称性　若向量组(Ⅰ)与(Ⅱ)等价,则向量组(Ⅱ)与(Ⅰ)等价;

(3) 传递性　若向量组(Ⅰ)与(Ⅱ)等价,(Ⅱ)与(Ⅲ)等价,则向量组(Ⅰ)与(Ⅲ)等价.

如果向量组（Ⅱ）可以由（Ⅰ）线性表示，则有

$$\begin{cases}\boldsymbol{\beta}_1=k_{11}\boldsymbol{\alpha}_1+k_{21}\boldsymbol{\alpha}_2+\cdots+k_{s1}\boldsymbol{\alpha}_s,\\ \boldsymbol{\beta}_2=k_{12}\boldsymbol{\alpha}_1+k_{22}\boldsymbol{\alpha}_2+\cdots+k_{s2}\boldsymbol{\alpha}_s,\\ \qquad\cdots\cdots\\ \boldsymbol{\beta}_t=k_{1t}\boldsymbol{\alpha}_1+k_{2t}\boldsymbol{\alpha}_2+\cdots+k_{st}\boldsymbol{\alpha}_s,\end{cases}$$

记 $\boldsymbol{A}=(\boldsymbol{\alpha}_1,\boldsymbol{\alpha}_2,\cdots,\boldsymbol{\alpha}_s)$，$\boldsymbol{B}=(\boldsymbol{\beta}_1,\boldsymbol{\beta}_2,\cdots,\boldsymbol{\beta}_t)$，$\boldsymbol{K}=(k_{ij})_{s\times t}$，对应的矩阵形式为

$$\boldsymbol{B}=\boldsymbol{A}\boldsymbol{K}. \tag{3-18}$$

对于上述两个向量组的线性相关性，我们有下面的结论.

定理 3.9　如果 $\boldsymbol{\beta}_1,\boldsymbol{\beta}_2,\cdots,\boldsymbol{\beta}_t$ 能被 $\boldsymbol{\alpha}_1,\boldsymbol{\alpha}_2,\cdots,\boldsymbol{\alpha}_s$ 线性表示，且有(3-18)成立，令齐次线性方程组

$$\boldsymbol{K}\boldsymbol{x}=\boldsymbol{0}, \tag{3-19}$$

则 $\boldsymbol{\beta}_1,\boldsymbol{\beta}_2,\cdots,\boldsymbol{\beta}_t$ 的线性相关性依赖于(3-19)是否有非零解，即

(1)若 $r(\boldsymbol{K})<t$，则 $\boldsymbol{\beta}_1,\boldsymbol{\beta}_2,\cdots,\boldsymbol{\beta}_t$ 必线性相关；

(2)若 $r(\boldsymbol{K})=t$ 且 $\boldsymbol{\alpha}_1,\boldsymbol{\alpha}_2,\cdots,\boldsymbol{\alpha}_s$ 线性无关，则 $\boldsymbol{\beta}_1,\boldsymbol{\beta}_2,\cdots,\boldsymbol{\beta}_t$ 也线性无关.

证　(1)如果 $r(\boldsymbol{K})<t$，则 $\boldsymbol{K}\boldsymbol{x}=\boldsymbol{0}$ 有非零解，即存在 $\boldsymbol{y}^*\neq\boldsymbol{0}$，使得 $\boldsymbol{K}\boldsymbol{y}^*=\boldsymbol{0}$，则

$$(\boldsymbol{\beta}_1,\boldsymbol{\beta}_2,\cdots,\boldsymbol{\beta}_t)\boldsymbol{y}^*=\boldsymbol{A}\boldsymbol{K}\boldsymbol{y}^*=\boldsymbol{0},$$

所以，$\boldsymbol{\beta}_1,\boldsymbol{\beta}_2,\cdots,\boldsymbol{\beta}_t$ 是线性相关的.

(2)考虑方程组

$$(\boldsymbol{\beta}_1,\boldsymbol{\beta}_2,\cdots,\boldsymbol{\beta}_t)\boldsymbol{y}=\boldsymbol{0},$$

利用(3-18)，则

$$\boldsymbol{A}\boldsymbol{K}\boldsymbol{y}=\boldsymbol{0}.$$

如果 $\boldsymbol{\alpha}_1,\boldsymbol{\alpha}_2,\cdots,\boldsymbol{\alpha}_s$ 是线性无关的，则

$$\boldsymbol{K}\boldsymbol{y}=\boldsymbol{0},$$

由 $r(\boldsymbol{K})=t$，则该方程组只有零解，所以 $\boldsymbol{\beta}_1,\boldsymbol{\beta}_2,\cdots,\boldsymbol{\beta}_t$ 是线性无关的.

注意到当 $t>s$，$r(\boldsymbol{K})<t$，因此 $\boldsymbol{K}\boldsymbol{x}=\boldsymbol{0}$ 有非零解，所以下面的推论成立.

推论 1　设 n 维向量组（Ⅰ）$\boldsymbol{\alpha}_1,\boldsymbol{\alpha}_2,\cdots,\boldsymbol{\alpha}_s$ 和（Ⅱ）$\boldsymbol{\beta}_1,\boldsymbol{\beta}_2,\cdots,\boldsymbol{\beta}_t$，如果（Ⅱ）可以由（Ⅰ）线性表示，且 $t>s$，则向量组（Ⅱ）是线性相关的.

推论 1 表明，向量组如果可以由数量少的向量组线性表示，则向量组一定线性相关. 换个说法，即得推论 2.

推论 2　若向量组 $\boldsymbol{\alpha}_1,\boldsymbol{\alpha}_2,\cdots,\boldsymbol{\alpha}_s$ 能够被向量组 $\boldsymbol{\beta}_1,\boldsymbol{\beta}_2,\cdots,\boldsymbol{\beta}_t$ 线性表示，且向量组 $\boldsymbol{\alpha}_1,\boldsymbol{\alpha}_2,\cdots,\boldsymbol{\alpha}_s$ 线性无关，则 $s\leqslant t$.

由推论 2，得推论 3.

推论 3　两个线性无关的等价向量组，必含有相同个数的向量.

特别地，如果 $\boldsymbol{K}$ 是方阵，则定理可以进一步表示成为：

定理 3.10 如果 $\boldsymbol{\beta}_1, \boldsymbol{\beta}_2, \cdots, \boldsymbol{\beta}_s$ 能被 $\boldsymbol{\alpha}_1, \boldsymbol{\alpha}_2, \cdots, \boldsymbol{\alpha}_s$ 线性表示，且有(3-18)成立，对于齐次方程组(3-19)，有

(1)如果 $|\boldsymbol{K}|=0$，则 $\boldsymbol{\beta}_1, \boldsymbol{\beta}_2, \cdots, \boldsymbol{\beta}_s$ 必线性相关；

(2)如果 $|\boldsymbol{K}|\neq 0$，则向量组 $\boldsymbol{\alpha}_1, \boldsymbol{\alpha}_2, \cdots, \boldsymbol{\alpha}_s$ 和 $\boldsymbol{\beta}_1, \boldsymbol{\beta}_2, \cdots, \boldsymbol{\beta}_s$ 是等价的.

例 8 证明：$\boldsymbol{\alpha}_1, \boldsymbol{\alpha}_2, \boldsymbol{\alpha}_3$ 线性无关的充分必要条件是 $\boldsymbol{\alpha}_1+\boldsymbol{\alpha}_2, \boldsymbol{\alpha}_2+\boldsymbol{\alpha}_3, \boldsymbol{\alpha}_3+\boldsymbol{\alpha}_1$ 线性无关.

证 注意到

$$(\boldsymbol{\alpha}_1+\boldsymbol{\alpha}_2, \boldsymbol{\alpha}_2+\boldsymbol{\alpha}_3, \boldsymbol{\alpha}_3+\boldsymbol{\alpha}_1)=(\boldsymbol{\alpha}_1, \boldsymbol{\alpha}_2, \boldsymbol{\alpha}_3)\begin{pmatrix}1&0&1\\1&1&0\\0&1&1\end{pmatrix},$$

及

$$\begin{vmatrix}1&0&1\\1&1&0\\0&1&1\end{vmatrix}=2\neq 0,$$

所以 $\boldsymbol{\alpha}_1, \boldsymbol{\alpha}_2, \boldsymbol{\alpha}_3$ 和 $\boldsymbol{\alpha}_1+\boldsymbol{\alpha}_2, \boldsymbol{\alpha}_2+\boldsymbol{\alpha}_3, \boldsymbol{\alpha}_3+\boldsymbol{\alpha}_1$ 具有相同的线性相关性，所以命题成立.

例 9 已知向量 $\boldsymbol{\alpha}_1, \boldsymbol{\alpha}_2, \cdots, \boldsymbol{\alpha}_s(s\geqslant 2)$线性无关，设

$$\boldsymbol{\beta}_1=\boldsymbol{\alpha}_1+\boldsymbol{\alpha}_2, \boldsymbol{\beta}_2=\boldsymbol{\alpha}_2+\boldsymbol{\alpha}_3, \cdots, \boldsymbol{\beta}_{s-1}=\boldsymbol{\alpha}_{s-1}+\boldsymbol{\alpha}_s, \boldsymbol{\beta}_s=\boldsymbol{\alpha}_s+\boldsymbol{\alpha}_1,$$

试讨论向量组 $\boldsymbol{\beta}_1, \boldsymbol{\beta}_2, \cdots, \boldsymbol{\beta}_s$ 的线性相关性.

解 由题设知

$$(\boldsymbol{\beta}_1, \boldsymbol{\beta}_2, \cdots, \boldsymbol{\beta}_s)=(\boldsymbol{\alpha}_1, \boldsymbol{\alpha}_2, \cdots, \boldsymbol{\alpha}_s)\boldsymbol{K},$$

其中

$$\boldsymbol{K}=\begin{pmatrix}1&0&0&\cdots&0&1\\1&1&0&\cdots&0&0\\0&1&1&\cdots&0&0\\\vdots&\vdots&\vdots&&\vdots&\vdots\\0&0&0&\cdots&1&0\\0&0&0&\cdots&1&1\end{pmatrix}_{s\times s}.$$

注意到

$$|\boldsymbol{K}|=1+(-1)^{s+1},$$

所以，

(1)当 s 是奇数时，$|\boldsymbol{K}|\neq 0$，$\boldsymbol{\beta}_1, \boldsymbol{\beta}_2, \cdots, \boldsymbol{\beta}_s$ 是线性无关的；

(2)当 s 是偶数时，$|\boldsymbol{K}|=0$，$\boldsymbol{\beta}_1, \boldsymbol{\beta}_2, \cdots, \boldsymbol{\beta}_s$ 是线性相关的.

§3.4　向量组的秩

由上节的讨论知，当一向量组线性相关时，至少有一向量能被其余向量线性表示. 从线性表出的角度来说，该向量相对于向量组就是多余的. 一个自然的问题是，给定一组向量，可否从中找到一个部分组，该部分组不含多余的向量而又和原来的向量组等价？

3.4.1　极大线性无关组

定义 3.8　一向量组的一个部分组称为一个**极大线性无关组**，如果这个部分组本身是线性无关的，并且向这一向量组中任意添一个向量（如果还有的话），所得的部分向量组都线性相关.

例如，在向量组 $\boldsymbol{\alpha}_1=(2,-1,3,1)$，$\boldsymbol{\alpha}_2=(4,-2,5,4)$，$\boldsymbol{\alpha}_3=(2,-1,4,-1)$ 中，由 $\boldsymbol{\alpha}_1$，$\boldsymbol{\alpha}_2$ 组成的部分组就是一个极大线性无关组. 首先，$\boldsymbol{\alpha}_1$，$\boldsymbol{\alpha}_2$ 线性无关，因为它们不成比例. 同时我们知道，$\boldsymbol{\alpha}_1$，$\boldsymbol{\alpha}_2$，$\boldsymbol{\alpha}_3$ 线性相关. 不难看出，$\boldsymbol{\alpha}_2$，$\boldsymbol{\alpha}_3$ 也是一个极大线性无关组（请读者验证一下）.

应该看到，一个线性无关向量组的极大无关组就是这个向量组自身.

极大线性无关组的一个基本性质是，任意一个极大线性无关组都与向量组本身等价.

事实上，设向量组为 $\boldsymbol{\alpha}_1,\boldsymbol{\alpha}_2,\cdots,\boldsymbol{\alpha}_r,\cdots,\boldsymbol{\alpha}_s$，而 $\boldsymbol{\alpha}_1,\boldsymbol{\alpha}_2,\cdots,\boldsymbol{\alpha}_r$ 是它的一个极大无关组. 所谓等价就是它们可以互相线性表出. 因为 $\boldsymbol{\alpha}_1,\boldsymbol{\alpha}_2,\cdots,\boldsymbol{\alpha}_r$ 是 $\boldsymbol{\alpha}_1,\boldsymbol{\alpha}_2,\cdots,\boldsymbol{\alpha}_s$ 的一部分，当然可以被这个向量组线性表出，即

$$\boldsymbol{\alpha}_i=0\boldsymbol{\alpha}_1+\cdots+1\boldsymbol{\alpha}_i+0\boldsymbol{\alpha}_{i+1}+\cdots+0\boldsymbol{\alpha}_s,\ i=1,2,\cdots,r.$$

因此，问题在于 $\boldsymbol{\alpha}_1,\boldsymbol{\alpha}_2,\cdots,\boldsymbol{\alpha}_r,\cdots,\boldsymbol{\alpha}_s$ 是否可以被 $\boldsymbol{\alpha}_1,\boldsymbol{\alpha}_2,\cdots,\boldsymbol{\alpha}_r$ 线性表出. 向量 $\boldsymbol{\alpha}_1,\boldsymbol{\alpha}_2,\cdots,\boldsymbol{\alpha}_r$ 中每一个都可以被 $\boldsymbol{\alpha}_1,\boldsymbol{\alpha}_2,\cdots,\boldsymbol{\alpha}_r$ 线性表出是显然的. 现在来看 $\boldsymbol{\alpha}_{r+1},\cdots,\boldsymbol{\alpha}_s$ 中的向量，设 $\boldsymbol{\alpha}_j$ 是其中一个向量. 由极大线性无关组 $\boldsymbol{\alpha}_1,\boldsymbol{\alpha}_2,\cdots,\boldsymbol{\alpha}_r$ 的极大性，得向量组 $\boldsymbol{\alpha}_1,\boldsymbol{\alpha}_2,\cdots,\boldsymbol{\alpha}_r,\boldsymbol{\alpha}_j$ 线性相关，由定理 3.7 可知 $\boldsymbol{\alpha}_j$ 可以被 $\boldsymbol{\alpha}_1,\boldsymbol{\alpha}_2,\cdots,\boldsymbol{\alpha}_r$ 线性表出.

从上面的例子可以看到，向量组的极大线性无关组不是唯一的，但是每一个极大线性无关组都与向量组本身等价. 因而，一向量组的任意两个极大线性无关组都是等价的. 虽然极大线性无关组可以有很多，但是由定理 3.9 的推论 3，立即得出定理 3.11.

定理 3.11　一向量组的极大线性无关组都含有相同个数的向量.

定理 3.11 表明，极大线性无关组所含向量个数与极大线性无关组的选择无关，它直接反映了向量组本身的性质. 因此，我们有定义 3.9.

定义 3.9　向量组的极大线性无关组所含向量的个数称为该**向量组的秩**，记作 $r(\boldsymbol{\alpha}_1,\boldsymbol{\alpha}_2,\cdots,\boldsymbol{\alpha}_s)$.

例如,向量组 $\boldsymbol{\alpha}_1=(2,-1,3,1)$,$\boldsymbol{\alpha}_2=(4,-2,5,4)$,$\boldsymbol{\alpha}_3=(2,-1,4,-1)$的秩就是 2.

仅含零向量的向量组没有极大线性无关组,我们规定它的秩为零.

因为线性无关的向量组就是它自身的极大线性无关组,所以一向量组线性无关的充分必要条件是它的秩与它所含向量的个数相同.

我们知道,每一向量组都与它的极大线性无关组等价.由等价的传递性可知,任意两个等价向量组的极大无关组也等价.所以,等价的向量组必有相同的秩.

例 1 已知向量组 $\boldsymbol{\alpha}_1,\boldsymbol{\alpha}_2,\cdots,\boldsymbol{\alpha}_s(s>1)$的秩为 r,且

$$\begin{cases}\boldsymbol{\beta}_1=\boldsymbol{\alpha}_2+\boldsymbol{\alpha}_3+\cdots+\boldsymbol{\alpha}_s,\\ \boldsymbol{\beta}_2=\boldsymbol{\alpha}_1+\boldsymbol{\alpha}_3+\cdots+\boldsymbol{\alpha}_s,\\ \qquad\cdots\cdots\\ \boldsymbol{\beta}_s=\boldsymbol{\alpha}_1+\boldsymbol{\alpha}_2+\cdots+\boldsymbol{\alpha}_{s-1}.\end{cases}$$

证明:向量组 $\boldsymbol{\beta}_1,\boldsymbol{\beta}_2,\cdots,\boldsymbol{\beta}_s$ 的秩也为 r.

证 只要证明两个向量组等价即可.

由题设,显然 $\boldsymbol{\beta}_1,\boldsymbol{\beta}_2,\cdots,\boldsymbol{\beta}_s$ 可由 $\boldsymbol{\alpha}_1,\boldsymbol{\alpha}_2,\cdots,\boldsymbol{\alpha}_s$ 线性表示,且有

$$\boldsymbol{\beta}_1+\boldsymbol{\beta}_2+\cdots+\boldsymbol{\beta}_s=(s-1)(\boldsymbol{\alpha}_1+\boldsymbol{\alpha}_2+\cdots+\boldsymbol{\alpha}_s),$$

即

$$\boldsymbol{\alpha}_1+\boldsymbol{\alpha}_2+\cdots+\boldsymbol{\alpha}_s=\frac{1}{s-1}(\boldsymbol{\beta}_1+\boldsymbol{\beta}_2+\cdots+\boldsymbol{\beta}_s).$$

从而有

$$\boldsymbol{\alpha}_i=\frac{1}{s-1}(\boldsymbol{\beta}_1+\boldsymbol{\beta}_2+\cdots+\boldsymbol{\beta}_s)-\boldsymbol{\beta}_i\quad(i=1,2,\cdots,s).$$

说明 $\boldsymbol{\alpha}_1,\boldsymbol{\alpha}_2,\cdots,\boldsymbol{\alpha}_s$ 可由 $\boldsymbol{\beta}_1,\boldsymbol{\beta}_2,\cdots,\boldsymbol{\beta}_s$ 线性表示.因此这两个向量组等价,它们有相同的秩.

3.4.2 向量组的秩与矩阵的秩的关系

在上一节我们定义了向量组的秩.如果我们把矩阵的每一行看成一个向量,那么矩阵就可以认为是由这些行向量组成的.同样,如果把每一列看成一个向量,那么矩阵也可以认为是由列向量组成的.

定义 3.10 所谓矩阵的**行秩**就是指矩阵的行向量组的秩;矩阵的**列秩**就是矩阵的列向量组的秩.

例如,矩阵

$$\boldsymbol{A}=\begin{pmatrix}1&1&3&1\\0&2&-1&4\\0&0&0&5\\0&0&0&0\end{pmatrix}$$

的行向量组是

$$\boldsymbol{\alpha}_1=(1,\ 1,\ 3,\ 1),\boldsymbol{\alpha}_2=(0,\ 2,\ -1,\ 4),\boldsymbol{\alpha}_3=(0,\ 0,\ 0,\ 5),\boldsymbol{\alpha}_4=(0,\ 0,\ 0,\ 0).$$

可以证明，$\boldsymbol{\alpha}_1,\ \boldsymbol{\alpha}_2,\ \boldsymbol{\alpha}_3$ 是向量组 $\boldsymbol{\alpha}_1,\ \boldsymbol{\alpha}_2,\ \boldsymbol{\alpha}_3,\ \boldsymbol{\alpha}_4$ 的一个极大线性无关组. 事实上，由

$$k_1\boldsymbol{\alpha}_1+k_2\boldsymbol{\alpha}_2+k_3\boldsymbol{\alpha}_3=\mathbf{0},$$

知

$$\begin{aligned}&k_1(1,\ 1,\ 3,\ 1)+k_2(0,\ 2,\ -1,\ 4)+k_3(0,\ 0,\ 0,\ 5)\\&=(k_1,\ k_1+2k_2,\ 3k_1-k_2,\ k_1+4k_2+5k_3)=(0,\ 0,\ 0,\ 0),\end{aligned}$$

可得 $k_1=k_2=k_3=0$，这就证明了 $\boldsymbol{\alpha}_1,\ \boldsymbol{\alpha}_2,\ \boldsymbol{\alpha}_3$ 线性无关. 因为 $\boldsymbol{\alpha}_4$ 是零向量，所以把 $\boldsymbol{\alpha}_4$ 添进去就线性相关了. 因此，向量组 $\boldsymbol{\alpha}_1,\ \boldsymbol{\alpha}_2,\ \boldsymbol{\alpha}_3,\ \boldsymbol{\alpha}_4$ 的秩为 3，也就是说，矩阵 $\boldsymbol{A}$ 的行秩为 3.

$\boldsymbol{A}$ 的列向量组是

$$\boldsymbol{\beta}_1=\begin{pmatrix}1\\0\\0\\0\end{pmatrix},\quad \boldsymbol{\beta}_2=\begin{pmatrix}1\\2\\0\\0\end{pmatrix},\quad \boldsymbol{\beta}_3=\begin{pmatrix}3\\-1\\0\\0\end{pmatrix},\quad \boldsymbol{\beta}_4=\begin{pmatrix}1\\4\\5\\0\end{pmatrix}.$$

用同样的方法可证 $\boldsymbol{\beta}_1,\ \boldsymbol{\beta}_2,\ \boldsymbol{\beta}_4$ 线性无关而 $\boldsymbol{\beta}_3=\dfrac{7}{2}\boldsymbol{\beta}_1-\dfrac{1}{2}\boldsymbol{\beta}_2$，所以把 $\boldsymbol{\beta}_3$ 添进去就线性相关了. 因此，$\boldsymbol{\beta}_1,\ \boldsymbol{\beta}_2,\ \boldsymbol{\beta}_4$ 是向量组 $\boldsymbol{\beta}_1,\ \boldsymbol{\beta}_2,\ \boldsymbol{\beta}_3,\ \boldsymbol{\beta}_4$ 的一个极大线性无关组，于是向量组 $\boldsymbol{\beta}_1,\ \boldsymbol{\beta}_2,\ \boldsymbol{\beta}_3,\ \boldsymbol{\beta}_4$ 的秩为 3. 换句话说，矩阵 $\boldsymbol{A}$ 的秩也是 3. 注意到 $\boldsymbol{A}$ 已是阶梯形矩阵，其非零行个数为 3，也即矩阵 $\boldsymbol{A}$ 的秩也是 3.

矩阵的行秩等于列秩等于矩阵的秩，这一点不是偶然的. 下面我们来证明这个结果.

作为准备，先利用行秩概念把定理 3.2 改进如下：

引理　如果齐次线性方程组

$$\begin{cases}a_{11}x_1+a_{12}x_2+\cdots+a_{1n}x_n=0,\\a_{21}x_1+a_{22}x_2+\cdots+a_{2n}x_n=0,\\\qquad\cdots\cdots\\a_{m1}x_1+a_{m2}x_2+\cdots+a_{mn}x_n=0\end{cases}\tag{3-7}$$

的系数矩阵

$$\boldsymbol{A}=\begin{pmatrix}a_{11}&a_{12}&\cdots&a_{1n}\\a_{21}&a_{22}&\cdots&a_{2n}\\\vdots&\vdots&&\vdots\\a_{m1}&a_{m2}&\cdots&a_{mn}\end{pmatrix}$$

的行秩 $r<n$，那么它有非零解.

证　以 $\boldsymbol{\alpha}_1,\ \boldsymbol{\alpha}_2,\ \cdots,\ \boldsymbol{\alpha}_m$ 代表矩阵 $\boldsymbol{A}$ 的行向量组，因为它的秩为 r，所以极大线性无关组是由 r 个向量组成. 不妨设 $\boldsymbol{\alpha}_1,\ \boldsymbol{\alpha}_2,\ \cdots,\ \boldsymbol{\alpha}_r$ 是其一个极大线性无关组. 我们知道，向量

组 $\boldsymbol{\alpha}_1, \boldsymbol{\alpha}_2, \cdots, \boldsymbol{\alpha}_r, \cdots, \boldsymbol{\alpha}_m$ 与 $\boldsymbol{\alpha}_1, \cdots, \boldsymbol{\alpha}_r$ 是等价的，也就是说，方程组(3-7)与方程组

$$\begin{cases} a_{11}x_1 + a_{12}x_2 + \cdots + a_{1n}x_n = 0, \\ a_{21}x_1 + a_{22}x_2 + \cdots + a_{2n}x_n = 0, \\ \cdots\cdots \\ a_{r1}x_1 + a_{r2}x_2 + \cdots + a_{rn}x_n = 0 \end{cases} \tag{3-20}$$

同解. 对于方程组(3-20)应用定理 3.2 即得所要的结论.

由此可以证明以下内容.

定理 3.12 矩阵的行秩与列秩相等.

证 设讨论的矩阵为

$$\boldsymbol{A} = \begin{pmatrix} a_{11} & a_{12} & \cdots & a_{1n} \\ a_{21} & a_{22} & \cdots & a_{2n} \\ \vdots & \vdots & & \vdots \\ a_{m1} & a_{m2} & \cdots & a_{mn} \end{pmatrix},$$

而 $\boldsymbol{A}$ 的行秩 $=r$，列秩 $=r_1$.

我们先来证 $r \leqslant r_1$.

设 $\boldsymbol{\alpha}_1, \boldsymbol{\alpha}_2, \cdots, \boldsymbol{\alpha}_m$ 代表矩阵 $\boldsymbol{A}$ 的行向量组，不妨设 $\boldsymbol{\alpha}_1, \boldsymbol{\alpha}_2, \cdots, \boldsymbol{\alpha}_r$ 是它的一个极大线性无关组. 因为 $\boldsymbol{\alpha}_1, \boldsymbol{\alpha}_2, \cdots, \boldsymbol{\alpha}_r$ 是线性无关的，所以方程组

$$x_1\boldsymbol{\alpha}_1 + x_2\boldsymbol{\alpha}_2 + \cdots + x_r\boldsymbol{\alpha}_r = \boldsymbol{0}$$

只有零解.

由引理，这个方程组的系数矩阵

$$\begin{pmatrix} \boldsymbol{a}_{11} & \boldsymbol{a}_{21} & \cdots & \boldsymbol{a}_{r1} \\ \boldsymbol{a}_{12} & \boldsymbol{a}_{22} & \cdots & \boldsymbol{a}_{r2} \\ \vdots & \vdots & & \vdots \\ \boldsymbol{a}_{1n} & \boldsymbol{a}_{2n} & \cdots & \boldsymbol{a}_{rn} \end{pmatrix}$$

的行秩 $\geqslant r$. 故在它的行向量中可以找到 r 个线性无关的向量，比如说，向量组

$$(a_{11}, a_{21}, \cdots, a_{r1}), (a_{12}, a_{22}, \cdots, a_{r2}), \cdots, (a_{1r}, a_{2r}, \cdots, a_{rr})$$

线性无关. 根据上一节的说明，在这些向量上添上若干分量后所得的向量组

$$(a_{11}, a_{21}, \cdots, a_{r1}, \cdots, a_{m1}), (a_{12}, a_{22}, \cdots, a_{r2}, \cdots, a_{m2}), \cdots,$$
$$(a_{1r}, a_{2r}, \cdots, a_{rr}, \cdots, a_{mr})$$

也线性无关. 它们正好是矩阵 $\boldsymbol{A}$ 的 r 个列向量. 由它们的线性无关性可知矩阵 $\boldsymbol{A}$ 的列秩 r_1 至少是 r，也就是说 $r_1 \geqslant r$.

用同样的方法可证 $r \geqslant r_1$. 这样我们就证明了行秩与列秩相等.

定理 3.13 矩阵的行(列)秩与矩阵的秩相等.

证　设矩阵 $\boldsymbol{A}$ 的行(列)秩为 r. 由定理 3.9 推论 1 知矩阵 $\boldsymbol{A}$ 中任意 $r+1$ 个行向量都线性相关，矩阵 $\boldsymbol{A}$ 的任意 $r+1$ 阶子式的行向量也线性相关，故这种子式全为零.

下面来证矩阵 $\boldsymbol{A}$ 中至少有一个 r 阶子式不为零. 因为 $\boldsymbol{A}$ 的行秩为 r，所以在 $\boldsymbol{A}$ 中有 r 个行向量线性无关，比如说前 r 个行向量. 把这 r 行取出来，作一新的矩阵

$$\boldsymbol{A}_1=\begin{pmatrix} a_{11} & a_{12} & \cdots & a_{1n} \\ \vdots & \vdots & & \vdots \\ a_{r1} & a_{r2} & \cdots & a_{rn} \end{pmatrix}.$$

显然，矩阵 $\boldsymbol{A}_1$ 的行秩为 r，因而它的列秩也是 r，这就是说，在 $\boldsymbol{A}$ 中有 r 列线性无关. 不妨设前 r 列线性无关，因此，行列式

$$\begin{vmatrix} a_{11} & \cdots & a_{1r} \\ \vdots & & \vdots \\ a_{r1} & \cdots & a_{rr} \end{vmatrix} \neq 0,$$

它就是矩阵 $\boldsymbol{A}$ 中一个 r 阶子式. 这就证明了矩阵的秩也为 r.

从定理的证明中可以看出，在秩为 r 的矩阵中，不为零的 r 阶子式所在的行正是它行向量组的一个极大线性无关组，所在的列正是它列向量组的一个极大线性无关组.

例 2　设向量组

$$\boldsymbol{\alpha}_1=\begin{pmatrix} -1 \\ -1 \\ 0 \\ 0 \end{pmatrix},\ \boldsymbol{\alpha}_2=\begin{pmatrix} 1 \\ 2 \\ 1 \\ -1 \end{pmatrix},\ \boldsymbol{\alpha}_3=\begin{pmatrix} 0 \\ 1 \\ 1 \\ -1 \end{pmatrix},\ \boldsymbol{\alpha}_4=\begin{pmatrix} 1 \\ 3 \\ 2 \\ 1 \end{pmatrix},\ \boldsymbol{\alpha}_5=\begin{pmatrix} 2 \\ 6 \\ 4 \\ -1 \end{pmatrix}.$$

求此向量组的秩和它的一个极大无关组，并将其余向量用该极大无关组线性表示.

解　构造矩阵 $\boldsymbol{A}=(\boldsymbol{\alpha}_1,\boldsymbol{\alpha}_2,\boldsymbol{\alpha}_3,\boldsymbol{\alpha}_4,\boldsymbol{\alpha}_5)$，对 $\boldsymbol{A}$ 施行初等行变换将其化为阶梯形矩阵.

$$\boldsymbol{A}=\begin{pmatrix} -1 & 1 & 0 & 1 & 2 \\ -1 & 2 & 1 & 3 & 6 \\ 0 & 1 & 1 & 2 & 4 \\ 0 & -1 & -1 & 1 & -1 \end{pmatrix} \xrightarrow[r_2+r_1]{r_1(-1)} \begin{pmatrix} 1 & -1 & 0 & -1 & -2 \\ 0 & 1 & 1 & 2 & 4 \\ 0 & 1 & 1 & 2 & 4 \\ 0 & -1 & -1 & 1 & -1 \end{pmatrix}$$

$$\xrightarrow[r_4+r_2]{r_3-r_2} \begin{pmatrix} 1 & -1 & 0 & -1 & -2 \\ 0 & 1 & 1 & 2 & 4 \\ 0 & 0 & 0 & 0 & 0 \\ 0 & 0 & 0 & 3 & 3 \end{pmatrix} \xrightarrow[r_3\leftrightarrow r_4]{\frac{1}{3}r_4} \begin{pmatrix} 1 & -1 & 0 & -1 & -2 \\ 0 & 1 & 1 & 2 & 4 \\ 0 & 0 & 0 & 1 & 1 \\ 0 & 0 & 0 & 0 & 0 \end{pmatrix}=\boldsymbol{B},$$

故向量组的秩为 3，$\boldsymbol{\alpha}_1,\boldsymbol{\alpha}_2,\boldsymbol{\alpha}_4$ 是它的一个极大无关组(事实上，在每个“阶梯”上任取一个向量所组成的向量组都是它的极大无关组). 为将 $\boldsymbol{\alpha}_3,\boldsymbol{\alpha}_5$ 用此极大无关组线性表示，继续对矩阵 $\boldsymbol{B}$ 施行初等行变换，将其化为行简化阶梯形矩阵.

$$\boldsymbol{B}\xrightarrow[r_2-2r_3]{r_1+r_3}\begin{pmatrix}1&-1&0&0&-1\\0&1&1&0&2\\0&0&0&1&1\\0&0&0&0&0\end{pmatrix}\xrightarrow{r_1+r_2}\begin{pmatrix}1&0&1&0&1\\0&1&1&0&2\\0&0&0&1&1\\0&0&0&0&0\end{pmatrix},$$

从而"读出"

$$\boldsymbol{\alpha}_3=\boldsymbol{\alpha}_1+\boldsymbol{\alpha}_2,\quad \boldsymbol{\alpha}_5=\boldsymbol{\alpha}_1+2\boldsymbol{\alpha}_2+\boldsymbol{\alpha}_4.$$

上面的例子是以矩阵为工具研究向量组的问题,下面我们借助向量研究矩阵的有关问题.

例 3 设 $\boldsymbol{A}$, $\boldsymbol{B}$ 皆为 $m\times n$ 阶矩阵,证明:$r(\boldsymbol{A}+\boldsymbol{B})\leqslant r(\boldsymbol{A})+r(\boldsymbol{B})$.

证 由于 $\boldsymbol{A}+\boldsymbol{B}$ 的列向量组可由 $\boldsymbol{A}$ 和 $\boldsymbol{B}$ 的列向量组线性表出,因此,结论是显然的.

例 4 设 $\boldsymbol{A}$ 为 $m\times l$ 矩阵,$\boldsymbol{B}$ 为 $l\times n$ 矩阵,证明:$r(\boldsymbol{AB})\leqslant\min\{r(\boldsymbol{A}),\ r(\boldsymbol{B})\}$.

证 设 $\boldsymbol{A}$, $\boldsymbol{B}$ 的列分块分别为

$$\boldsymbol{A}=(\boldsymbol{\alpha}_1,\ \boldsymbol{\alpha}_2,\ \cdots,\ \boldsymbol{\alpha}_l),\quad \boldsymbol{B}=(\boldsymbol{\beta}_1,\ \boldsymbol{\beta}_2,\ \cdots,\ \boldsymbol{\beta}_n),$$

则

$$\boldsymbol{AB}=(\boldsymbol{A\beta}_1,\ \boldsymbol{A\beta}_2,\ \cdots,\ \boldsymbol{A\beta}_n).$$

注意到 $\boldsymbol{AB}$ 的每列 $\boldsymbol{A\beta}_j$ 是 $\boldsymbol{A}$ 的列向量的一个线性组合,即

$$\boldsymbol{A\beta}_j=(\boldsymbol{\alpha}_1,\ \boldsymbol{\alpha}_2,\ \cdots,\ \boldsymbol{\alpha}_l)\begin{pmatrix}b_{1j}\\b_{2j}\\\vdots\\b_{lj}\end{pmatrix}=b_{1j}\boldsymbol{\alpha}_1+b_{2j}\boldsymbol{\alpha}_2+\cdots+b_{lj}\boldsymbol{\alpha}_l,\ j=1,2,\cdots,n,$$

即 $\boldsymbol{AB}$ 的列向量组可由 $\boldsymbol{A}$ 的列向量线性表出. 因此,$r(\boldsymbol{AB})\leqslant r(\boldsymbol{A})$.

另一方面,由于 $r(\boldsymbol{AB})=r((\boldsymbol{AB})^{\mathrm{T}})=r(\boldsymbol{B}^{\mathrm{T}}\boldsymbol{A}^{\mathrm{T}})$,利用前部分的证明,有

$$r(\boldsymbol{B}^{\mathrm{T}}\boldsymbol{A}^{\mathrm{T}})\leqslant r(\boldsymbol{B}^{\mathrm{T}})=r(\boldsymbol{B}),\text{即也有 } r(\boldsymbol{AB})\leqslant r(\boldsymbol{B}).$$

从而命题成立.

例 5 设

$$\boldsymbol{A}=\begin{pmatrix}a_1b_1&a_1b_2&\cdots&a_1b_n\\a_2b_1&a_2b_2&\cdots&a_2b_n\\\vdots&\vdots&&\vdots\\a_nb_1&a_nb_2&\cdots&a_nb_n\end{pmatrix},$$

其中 $a_i\neq0,b_i\neq0(i=1,\ 2,\ \cdots,\ n)$,求 $r(\boldsymbol{A})$.

解 注意到

$$\boldsymbol{A}=\begin{pmatrix}a_1\\a_2\\\vdots\\a_n\end{pmatrix}(b_1,\ b_2,\ \cdots,\ b_n)=\boldsymbol{\alpha\beta}^{\mathrm{T}},$$

其中 $\boldsymbol{\alpha}=(a_1, a_2, \cdots, a_n)^{\mathrm{T}}$，$\boldsymbol{\beta}=(b_1, b_2, \cdots, b_n)^{\mathrm{T}}$. 则由例 4 得到

$$r(\mathbf{A})\leqslant r(\boldsymbol{\alpha})=1.$$

又因为 $a_1 \neq 0$，所以 $r(\mathbf{A})\geqslant 1$，因此 $r(\mathbf{A})=1$.

§3.5　向量空间

向量空间是线性代数最基本的概念之一. 这一节我们来介绍它的概念，并讨论它的一些简单性质和运算方法.

3.5.1　向量空间的概念

定义 3.11　设 $\mathbf{V}$ 为 n 维向量的非空集合，如果 $\mathbf{V}$ 对向量的加法和数乘运算封闭，即对于任意的 $\boldsymbol{\alpha}, \boldsymbol{\beta}\in\mathbf{V}$ 与 $k\in\mathbf{R}$，有

$$\boldsymbol{\alpha}+\boldsymbol{\beta}\in\mathbf{V},\ k\boldsymbol{\alpha}\in\mathbf{V},$$

则称集合 $\mathbf{V}$ 为**向量空间**.

定义 3.12　设 $\mathbf{V}$ 为向量空间，如果 $\boldsymbol{\alpha}_1, \boldsymbol{\alpha}_2, \cdots, \boldsymbol{\alpha}_r\in\mathbf{V}$ 满足

(1)$\boldsymbol{\alpha}_1, \boldsymbol{\alpha}_2, \cdots, \boldsymbol{\alpha}_r$ 线性无关；

(2)$\mathbf{V}$ 中任一向量均可由 $\boldsymbol{\alpha}_1, \boldsymbol{\alpha}_2, \cdots, \boldsymbol{\alpha}_r$ 线性表示，则称 $\boldsymbol{\alpha}_1, \boldsymbol{\alpha}_2, \cdots, \boldsymbol{\alpha}_r$ 为向量空间 $\mathbf{V}$ 的一组**基**，r 称为向量空间 $\mathbf{V}$ 的**维数**，记为 $\dim\mathbf{V}=r$，并称 $\mathbf{V}$ 为 **r 维向量空间**.

按定义，n 维向量全体组成的集合 $\mathbf{R}^n$ 构成向量空间，且基本向量组

$$\boldsymbol{\varepsilon}_1=(1, 0, \cdots, 0)^{\mathrm{T}}, \boldsymbol{\varepsilon}_2=(0, 1, \cdots, 0)^{\mathrm{T}}, \cdots, \boldsymbol{\varepsilon}_n=(0, 0, \cdots, 1)^{\mathrm{T}},$$

是 $\mathbf{R}^n$ 的一组基，称为**标准基**. 也正是因为 $\mathbf{R}^n$ 的基含有 n 个向量，所以 $\mathbf{R}^n$ 称为 n 维向量空间.

再例如，$\mathbf{R}^3$ 的子集 $\boldsymbol{U}=\{\boldsymbol{\alpha}=(a_1, a_2, 0)^{\mathrm{T}} \mid a_1, a_2\in\mathbf{R}\}$是一个向量空间，从几何角度看，是空间直角坐标系中 xOy 平面上的全体向量构成的. 又因为 $\boldsymbol{\varepsilon}_1=(1, 0, 0)^{\mathrm{T}}$，$\boldsymbol{\varepsilon}_2=(0, 1, 0)^{\mathrm{T}}$ 是 $\boldsymbol{U}$ 的一组基，故 $\boldsymbol{U}$ 的维数为 $\dim\boldsymbol{U}=2$.

只含零向量的集合$\{\mathbf{0}\}$也构成向量空间，称为**零向量空间**，没有基，规定维数是零.

定义 3.13　设 $\boldsymbol{U}$ 是 $\mathbf{R}^n$ 的一个非空子集，如果 $\boldsymbol{U}$ 对向量的加法与数乘运算封闭(即也构成向量空间)，称 $\boldsymbol{U}$ 为 $\mathbf{R}^n$ 的**子空间**.

易知，零向量空间$\{\mathbf{0}\}$及 $\mathbf{R}^n$ 自身都是 $\boldsymbol{R}^n$ 的子空间，称它们为**平凡子空间**，其余的则称为**非平凡子空间**.

例 1　设 $\mathbf{A}$ 为 $m\times n$ 阶矩阵，证明齐次线性方程组 $\mathbf{A}\boldsymbol{x}=\mathbf{0}$ 的解集

$$\boldsymbol{S}=\{\boldsymbol{\xi} \mid \mathbf{A}\boldsymbol{\xi}=0,\ \boldsymbol{\xi}\in\mathbf{R}^n\}$$

是 $\mathbf{R}^n$ 的一个子空间.

证　因为 $\mathbf{A0}=\mathbf{0}$，故 $\boldsymbol{S}$ 非空. 又对任意的 $\boldsymbol{\xi}_1, \boldsymbol{\xi}_2\in\boldsymbol{S}$ 与 $k\in\mathbf{R}$，有

$$A(\boldsymbol{\xi}_1+\boldsymbol{\xi}_2)=A\boldsymbol{\xi}_1+A\boldsymbol{\xi}_2=\mathbf{0},\qquad A(k\boldsymbol{\xi}_1)=k(A\boldsymbol{\xi}_1)=\mathbf{0},$$

即 $\boldsymbol{\xi}_1+\boldsymbol{\xi}_2\in \boldsymbol{S}$，$k\boldsymbol{\xi}_1\in \boldsymbol{S}$，$\boldsymbol{S}$ 对向量的加法与数乘运算封闭，故 $\boldsymbol{S}$ 是 $\mathbf{R}^n$ 的一个子空间.

如果 $\boldsymbol{\alpha}_1, \boldsymbol{\alpha}_2, \cdots, \boldsymbol{\alpha}_r$ 为向量空间 $\mathbf{V}$ 的一组基，则对任意的 $\boldsymbol{\alpha}\in\mathbf{V}$，$\boldsymbol{\alpha}$ 可由 $\boldsymbol{\alpha}_1,\boldsymbol{\alpha}_2,\cdots,\boldsymbol{\alpha}_r$ 线性表示，由定理 3.7 知，其组合系数是唯一的，即存在唯一的一组数 $x_1,x_2,\cdots,x_r$，使得

$$\boldsymbol{\alpha}=x_1\boldsymbol{\alpha}_1+x_2\boldsymbol{\alpha}_2+\cdots+x_r\boldsymbol{\alpha}_r,$$

称这组有序数为向量 $\boldsymbol{\alpha}$ 在基 $\boldsymbol{\alpha}_1, \boldsymbol{\alpha}_2, \cdots, \boldsymbol{\alpha}_r$ 下的**坐标**，记为 $(x_1, x_2, \cdots, x_r)^{\mathrm{T}}$ 或 $(x_1, x_2, \cdots, x_r)$.

例 2 在 $\mathbf{R}^3$ 中取两组基

$$\boldsymbol{\alpha}_1=\begin{pmatrix}1\\0\\0\end{pmatrix},\boldsymbol{\alpha}_2=\begin{pmatrix}0\\-1\\0\end{pmatrix},\boldsymbol{\alpha}_3=\begin{pmatrix}0\\0\\-1\end{pmatrix}$$

和

$$\boldsymbol{\beta}_1=\begin{pmatrix}-1\\0\\0\end{pmatrix},\boldsymbol{\beta}_2=\begin{pmatrix}1\\-1\\0\end{pmatrix},\boldsymbol{\beta}_3=\begin{pmatrix}1\\2\\1\end{pmatrix},$$

分别求向量 $\boldsymbol{\alpha}=\begin{pmatrix}1\\2\\3\end{pmatrix}$ 在两个基下的坐标.

解 易得 $\boldsymbol{\alpha}=\boldsymbol{\alpha}_1-2\boldsymbol{\alpha}_2-3\boldsymbol{\alpha}_3$，故 $\boldsymbol{\alpha}$ 在基 $\boldsymbol{\alpha}_1, \boldsymbol{\alpha}_2, \boldsymbol{\alpha}_3$ 下的坐标为 $(1,-2,-3)$.

由

$$(\boldsymbol{\beta}_1, \boldsymbol{\beta}_2, \boldsymbol{\beta}_3, \boldsymbol{\alpha})=\left(\begin{array}{ccc:c}-1&1&1&1\\0&-1&2&2\\0&0&1&3\end{array}\right)\rightarrow\left(\begin{array}{ccc:c}1&0&0&6\\0&1&0&4\\0&0&1&3\end{array}\right),$$

可得 $\boldsymbol{\alpha}=6\boldsymbol{\beta}_1+4\boldsymbol{\beta}_2+3\boldsymbol{\beta}_3$，故 $\boldsymbol{\alpha}$ 在基 $\boldsymbol{\beta}_1, \boldsymbol{\beta}_2, \boldsymbol{\beta}_3$ 下的坐标为 $(6, 4, 3)$.

在 n 维向量空间中，任意 n 个线性无关的向量都可以取作空间的基. 对不同的基，同一个向量的坐标一般是不同的，例 2 已经说明了这一点. 下面我们研究随着基的改变向量的坐标是怎样变化的.

3.5.2 基变换与坐标变换

设 $\boldsymbol{\alpha}_1, \boldsymbol{\alpha}_2, \cdots, \boldsymbol{\alpha}_n$ 与 $\boldsymbol{\beta}_1, \boldsymbol{\beta}_2, \cdots, \boldsymbol{\beta}_n$ 是 n 维向量空间 $\mathbf{R}^n$ 的两组基，且设它们的关系是

$$\begin{cases}\boldsymbol{\beta}_1=c_{11}\boldsymbol{\alpha}_1+c_{21}\boldsymbol{\alpha}_2+\cdots+c_{n1}\boldsymbol{\alpha}_n,\\ \boldsymbol{\beta}_2=c_{12}\boldsymbol{\alpha}_1+c_{22}\boldsymbol{\alpha}_2+\cdots+c_{n2}\boldsymbol{\alpha}_n,\\ \qquad\cdots\cdots\\ \boldsymbol{\beta}_n=c_{1n}\boldsymbol{\alpha}_1+c_{2n}\boldsymbol{\alpha}_2+\cdots+c_{nn}\boldsymbol{\alpha}_n.\end{cases}\tag{3-21}$$

利用矩阵形式可表示为

$$(\boldsymbol{\beta}_1, \boldsymbol{\beta}_2, \cdots, \boldsymbol{\beta}_n)=(\boldsymbol{\alpha}_1, \boldsymbol{\alpha}_2, \cdots, \boldsymbol{\alpha}_n)\begin{pmatrix} c_{11} & c_{12} & \cdots & c_{1n} \\ c_{21} & c_{22} & \cdots & c_{2n} \\ \vdots & \vdots & & \vdots \\ c_{n1} & c_{n2} & \cdots & c_{nn} \end{pmatrix}, \tag{3-22}$$

或简记为

$$(\boldsymbol{\beta}_1, \boldsymbol{\beta}_2, \cdots, \boldsymbol{\beta}_n)=(\boldsymbol{\alpha}_1, \boldsymbol{\alpha}_2, \cdots, \boldsymbol{\alpha}_n)\boldsymbol{C}, \tag{3-23}$$

其中 $\boldsymbol{C}=(c_{ij})_{n\times n}$. 式(3-21)或(3-22)称为**基变换公式**,而 $\boldsymbol{C}$ 称为由基 $\boldsymbol{\alpha}_1, \boldsymbol{\alpha}_2, \cdots, \boldsymbol{\alpha}_n$ 到基 $\boldsymbol{\beta}_1, \boldsymbol{\beta}_2, \cdots, \boldsymbol{\beta}_n$ 的**过渡矩阵**.

若记 $\boldsymbol{A}=(\boldsymbol{\alpha}_1, \boldsymbol{\alpha}_2, \cdots, \boldsymbol{\alpha}_n)$, $\boldsymbol{B}=(\boldsymbol{\beta}_1, \boldsymbol{\beta}_2, \cdots, \boldsymbol{\beta}_n)$,则 $\boldsymbol{A}$, $\boldsymbol{B}$ 均是可逆的,从而再由式(3-23)知,过渡矩阵 $\boldsymbol{C}$ 可逆,且

$$\boldsymbol{C}=\boldsymbol{A}^{-1}\boldsymbol{B}. \tag{3-24}$$

对于任意的向量 $\boldsymbol{\alpha}\in\mathbf{R}^n$,设其在基 $\boldsymbol{\alpha}_1, \boldsymbol{\alpha}_2, \cdots, \boldsymbol{\alpha}_n$ 下的坐标为 $(x_1, x_2, \cdots, x_n)^{\mathrm{T}}$,在基 $\boldsymbol{\beta}_1, \boldsymbol{\beta}_2, \cdots, \boldsymbol{\beta}_n$ 下的坐标为 $(y_1, y_2, \cdots, y_n)^{\mathrm{T}}$,则

$$\boldsymbol{\alpha}=x_1\boldsymbol{\alpha}_1+x_2\boldsymbol{\alpha}_2+\cdots+x_n\boldsymbol{\alpha}_n=(\boldsymbol{\alpha}_1, \boldsymbol{\alpha}_2, \cdots, \boldsymbol{\alpha}_n)\begin{pmatrix} x_1 \\ x_2 \\ \vdots \\ x_n \end{pmatrix},$$

且

$$\begin{aligned}\boldsymbol{\alpha} &= y_1\boldsymbol{\beta}_1+y_2\boldsymbol{\beta}_2+\cdots+y_n\boldsymbol{\beta}_n=(\boldsymbol{\beta}_1, \boldsymbol{\beta}_2, \cdots, \boldsymbol{\beta}_n)\begin{pmatrix} y_1 \\ y_2 \\ \vdots \\ y_n \end{pmatrix} \\ &= (\boldsymbol{\alpha}_1, \boldsymbol{\alpha}_2, \cdots, \boldsymbol{\alpha}_n)\boldsymbol{C}\begin{pmatrix} y_1 \\ y_2 \\ \vdots \\ y_n \end{pmatrix}.\end{aligned}$$

由于 $\boldsymbol{\alpha}$ 在基 $\boldsymbol{\alpha}_1, \boldsymbol{\alpha}_2, \cdots, \boldsymbol{\alpha}_n$ 下的坐标唯一,所以

$$\begin{pmatrix} x_1 \\ x_2 \\ \vdots \\ x_n \end{pmatrix}=\boldsymbol{C}\begin{pmatrix} y_1 \\ y_2 \\ \vdots \\ y_n \end{pmatrix}, \text{或} \begin{pmatrix} y_1 \\ y_2 \\ \vdots \\ y_n \end{pmatrix}=\boldsymbol{C}^{-1}\begin{pmatrix} x_1 \\ x_2 \\ \vdots \\ x_n \end{pmatrix}, \tag{3-25}$$

式(3-25)称为**坐标变换公式**.

例 3 已知 $\mathbf{R}^3$ 中的两个向量组

$$\boldsymbol{\alpha}_1=\begin{pmatrix}1\\1\\0\end{pmatrix},\boldsymbol{\alpha}_2=\begin{pmatrix}0\\-1\\1\end{pmatrix},\boldsymbol{\alpha}_3=\begin{pmatrix}1\\0\\2\end{pmatrix}$$

和

$$\boldsymbol{\beta}_1=\begin{pmatrix}3\\1\\0\end{pmatrix},\boldsymbol{\beta}_2=\begin{pmatrix}0\\1\\1\end{pmatrix},\boldsymbol{\beta}_3=\begin{pmatrix}1\\0\\4\end{pmatrix}.$$

(1)验证 $\boldsymbol{\alpha}_1,\boldsymbol{\alpha}_2,\boldsymbol{\alpha}_3$ 与 $\boldsymbol{\beta}_1,\boldsymbol{\beta}_2,\boldsymbol{\beta}_3$ 均为 $\mathbf{R}^3$ 的基；

(2)求由基 $\boldsymbol{\alpha}_1,\boldsymbol{\alpha}_2,\boldsymbol{\alpha}_3$ 到基 $\boldsymbol{\beta}_1,\boldsymbol{\beta}_2,\boldsymbol{\beta}_3$ 的过渡矩阵；

(3)写出坐标变换公式.

解 (1)只需证明 $\boldsymbol{\alpha}_1,\boldsymbol{\alpha}_2,\boldsymbol{\alpha}_3$ 与 $\boldsymbol{\beta}_1,\boldsymbol{\beta}_2,\boldsymbol{\beta}_3$ 均线性无关. 事实上，由

$$|\boldsymbol{\alpha}_1,\boldsymbol{\alpha}_2,\boldsymbol{\alpha}_3|=\begin{vmatrix}1&0&1\\1&-1&0\\0&1&2\end{vmatrix}=-1\neq0$$

和

$$|\boldsymbol{\beta}_1,\boldsymbol{\beta}_2,\boldsymbol{\beta}_3|=\begin{vmatrix}3&0&1\\1&1&0\\0&1&4\end{vmatrix}=13\neq0,$$

知 $\boldsymbol{\alpha}_1,\boldsymbol{\alpha}_2,\boldsymbol{\alpha}_3$ 与 $\boldsymbol{\beta}_1,\boldsymbol{\beta}_2,\boldsymbol{\beta}_3$ 均线性无关，故它们都是 $\mathbf{R}^3$ 的基.

(2)设由基 $\boldsymbol{\alpha}_1,\boldsymbol{\alpha}_2,\boldsymbol{\alpha}_3$ 到基 $\boldsymbol{\beta}_1,\boldsymbol{\beta}_2,\boldsymbol{\beta}_3$ 的过渡矩阵为 $\boldsymbol{C}$，即

$$(\boldsymbol{\beta}_1,\boldsymbol{\beta}_2,\boldsymbol{\beta}_3)=(\boldsymbol{\alpha}_1,\boldsymbol{\alpha}_2,\boldsymbol{\alpha}_3)\boldsymbol{C},$$

记 $\boldsymbol{A}=(\boldsymbol{\alpha}_1,\boldsymbol{\alpha}_2,\boldsymbol{\alpha}_3)$，$\boldsymbol{B}=(\boldsymbol{\beta}_1,\boldsymbol{\beta}_2,\boldsymbol{\beta}_3)$，则由 $\boldsymbol{A}$，$\boldsymbol{B}$ 的可逆性，

$$\boldsymbol{C}=\boldsymbol{A}^{-1}\boldsymbol{B}=\begin{pmatrix}2&-1&-1\\2&-2&-1\\-1&1&1\end{pmatrix}\begin{pmatrix}3&0&1\\1&1&0\\0&1&4\end{pmatrix}=\begin{pmatrix}5&-2&-2\\4&-3&-2\\-2&2&3\end{pmatrix}.$$

(3)设向量 $\boldsymbol{\alpha}\in\mathbf{R}^3$ 在基 $\boldsymbol{\alpha}_1,\boldsymbol{\alpha}_2,\boldsymbol{\alpha}_3$ 下的坐标为 $(x_1,x_2,x_3)^{\mathrm{T}}$，在基 $\boldsymbol{\beta}_1,\boldsymbol{\beta}_2,\boldsymbol{\beta}_3$ 下的坐标为 $(y_1,y_2,y_3)^{\mathrm{T}}$，则有坐标变换公式

$$\begin{pmatrix}x_1\\x_2\\x_3\end{pmatrix}=\begin{pmatrix}5&-2&-2\\4&-3&-2\\-2&2&3\end{pmatrix}\begin{pmatrix}y_1\\y_2\\y_3\end{pmatrix}.$$

由于向量空间中涉及的运算是线性运算，故也称其为**线性空间**.

§ 3.6 线性方程组解的结构

§ 3.1 讨论了线性方程组有解的判别条件，现在我们进一步来讨论线性方程组的解的结构. 在方程组的解是唯一的情况下，当然没有什么结构问题. 在有多个解的情况下，所谓解的结构问题就是解与解之间的关系问题. 下面我们将证明，虽然在这时有无穷多个解，但是全部的解都可以用有限个解表示. 这就是本节要讨论的问题和要得到的主要结果.

3.6.1 齐次线性方程组解的结构

前面我们看到，n 元线性方程组的解是 n 维向量(称为线性方程组的**解向量**). 在解不是唯一的情况下，作为方程组的解的这些向量之间有什么关系呢？我们先来看齐次线性方程组的情况.

齐次线性方程组

$$\begin{cases} a_{11}x_1 + a_{12}x_2 + \cdots + a_{1n}x_n = 0, \\ a_{21}x_1 + a_{22}x_2 + \cdots + a_{2n}x_n = 0, \\ \quad\cdots\cdots \\ a_{m1}x_1 + a_{m2}x_2 + \cdots + a_{mn}x_n = 0 \end{cases} \tag{3-7}$$

的解所成的集合具有下面重要的性质：

性质 如果 $\boldsymbol{\eta}_1, \boldsymbol{\eta}_2$ 是齐次线性方程组(3-7)的两个解，则对任意常数 k_1, k_2，$k_1\boldsymbol{\eta}_1 + k_2\boldsymbol{\eta}_2$ 也是(3-7)的解.

证 设方程组(3-7)的矩阵形式是 $\boldsymbol{Ax}=\boldsymbol{0}$，则由条件得 $\boldsymbol{A\eta}_1=\boldsymbol{0}, \boldsymbol{A\eta}_2=\boldsymbol{0}$. 而

$$\boldsymbol{A}(k_1\boldsymbol{\eta}_1 + k_2\boldsymbol{\eta}_2) = k_1\boldsymbol{A\eta}_1 + k_2\boldsymbol{A\eta}_2 = \boldsymbol{0} + \boldsymbol{0} = \boldsymbol{0},$$

即 $k_1\boldsymbol{\eta}_1 + k_2\boldsymbol{\eta}_2$ 是方程组(3-7)的解.

对于齐次线性方程组，这个性质说明解的线性组合还是方程组的解. 如果方程组有几个解，那么解的所有可能的线性组合就给出了无穷多的解. 我们要问的是：齐次线性方程组的全部解是否能够通过它的有限的几个解的线性组合给出？回答是肯定的. 为此，我们引入下面的定义.

定义 3.14 齐次线性方程组(3-7)的一组解 $\boldsymbol{\eta}_1, \boldsymbol{\eta}_2, \cdots, \boldsymbol{\eta}_s$ 称为(3-7)的一个**基础解系**，如果

(1) 向量组 $\boldsymbol{\eta}_1, \boldsymbol{\eta}_2, \cdots, \boldsymbol{\eta}_s$ 线性无关；

(2) (3-7)的任意解均可被 $\boldsymbol{\eta}_1, \boldsymbol{\eta}_2, \cdots, \boldsymbol{\eta}_s$ 线性表示.

应该注意，定义中的条件(2)是为了保证基础解系中没有多余的解. 事实上，如果 $\boldsymbol{\eta}_1$，

$\boldsymbol{\eta}_2$，…，$\boldsymbol{\eta}_s$ 线性相关，也就是其中至少有一个可以表示成其他的解的线性组合，比如说，$\boldsymbol{\eta}_s$ 可以表示成 $\boldsymbol{\eta}_1$，$\boldsymbol{\eta}_2$，…，$\boldsymbol{\eta}_{s-1}$ 的线性组合，那么 $\boldsymbol{\eta}_1$，$\boldsymbol{\eta}_2$，…，$\boldsymbol{\eta}_{s-1}$ 显然也具有条件(2)的性质.

基础解系是不唯一的，由定义容易看出，任何一个线性无关的与某一个基础解系等价的向量组都是基础解系(请读者自己证明).

定理 3.14 如果在齐次线性方程组(3-7)有非零解的情况下，那么其一定存在基础解系，并且基础解系所含解的个数等于 $n-r$，这里 r 是系数矩阵的秩.

证 设齐次线性方程组(3-7)的系数矩阵的秩为 r. 如果 $r=n$，那么方程组只有零解，当然也不存在基础解系. 以下设 $r<n$. 由高斯消元法，不失一般性，设对矩阵 $\boldsymbol{A}$ 作初等行变换将其化为行简化阶梯形矩阵：

$$\boldsymbol{A}\to\begin{pmatrix}1 & 0 & \cdots & 0 & c_{1,r+1} & \cdots & c_{1n}\\ 0 & 1 & \cdots & 0 & c_{2,r+1} & \cdots & c_{2n}\\ \vdots & \vdots & & \vdots & \vdots & & \vdots\\ 0 & 0 & \cdots & 1 & c_{r,r+1} & \cdots & c_{rn}\\ 0 & 0 & \cdots & 0 & 0 & \cdots & 0\\ \vdots & \vdots & & \vdots & \vdots & & \vdots\\ 0 & 0 & \cdots & 0 & 0 & \cdots & 0\end{pmatrix},$$

则方程组(3-7)的解为

$$\begin{cases}x_1=-c_{1,r+1}x_{r+1}-c_{1,r+2}x_{r+2}-\cdots-c_{1n}x_n,\\ x_2=-c_{2,r+1}x_{r+1}-c_{2,r+2}x_{r+2}-\cdots-c_{2n}x_n,\\ \cdots\cdots\\ x_r=-c_{r,r+1}x_{r+1}-c_{r,r+2}x_{r+2}-\cdots-c_{rn}x_n,\end{cases}\tag{3-26}$$

其中 x_{r+1}，…，x_n 为自由未知量，而 x_1，…，x_r 的值被这些自由未知量唯一确定.

依次取 $\begin{pmatrix}x_{r+1}\\ x_{r+2}\\ \vdots\\ x_n\end{pmatrix}$ 为 $\boldsymbol{\varepsilon}_1=\begin{pmatrix}1\\ 0\\ \vdots\\ 0\end{pmatrix}$，$\boldsymbol{\varepsilon}_2=\begin{pmatrix}0\\ 1\\ \vdots\\ 0\end{pmatrix}$，…，$\boldsymbol{\varepsilon}_{n-r}=\begin{pmatrix}0\\ 0\\ \vdots\\ 1\end{pmatrix}$，将它们代入(3-26)，就得到方程组(3-7)的 $n-r$ 个解向量：

$$\boldsymbol{\eta}_1=\begin{pmatrix}-c_{1,r+1}\\-c_{2,r+1}\\\vdots\\-c_{r,r+1}\\1\\0\\\vdots\\0\end{pmatrix},\ \boldsymbol{\eta}_2=\begin{pmatrix}-c_{1,r+2}\\-c_{2,r+2}\\\vdots\\-c_{r,r+2}\\0\\1\\\vdots\\0\end{pmatrix},\ \cdots,\ \boldsymbol{\eta}_{n-r}=\begin{pmatrix}-c_{1n}\\-c_{2n}\\\vdots\\-c_{n}\\0\\0\\\vdots\\1\end{pmatrix}.$$

下面证明 $\boldsymbol{\eta}_1,\boldsymbol{\eta}_2,\cdots,\boldsymbol{\eta}_{n-r}$就是所需要的一个基础解系.

(1)由于基本向量组 $\boldsymbol{\varepsilon}_1,\cdots,\boldsymbol{\varepsilon}_{n-r}$是线性无关的,而 $\boldsymbol{\eta}_1,\boldsymbol{\eta}_2,\cdots,\boldsymbol{\eta}_{n-r}$是由基本向量组中每个向量添加 r 个分量得到的,由定理 3.5 可知,$\boldsymbol{\eta}_1,\cdots,\boldsymbol{\eta}_{n-r}$是线性无关的.

(2)设 $\boldsymbol{\eta}=(k_1,k_2,\cdots,k_r,k_{r+1},\cdots,k_n)^{\mathrm{T}}$ 是(3-7)的任意一个解向量,构造

$$\boldsymbol{\eta}^*=k_{r+1}\boldsymbol{\eta}_1+k_{r+2}\boldsymbol{\eta}_2+\cdots+k_n\boldsymbol{\eta}_{n-r},$$

由性质知,$\boldsymbol{\eta}^*$ 也是(3-7)的一个解向量.注意到 $\boldsymbol{\eta}$ 和 $\boldsymbol{\eta}^*$ 最后 $n-r$ 个分量相同,而这两个解向量的前 r 个分量由后面 $n-r$ 个分量唯一确定,所以

$$\boldsymbol{\eta}=\boldsymbol{\eta}^*=k_{r+1}\boldsymbol{\eta}_1+k_{r+2}\boldsymbol{\eta}_2+\cdots+k_n\boldsymbol{\eta}_{n-r},$$

即(3-7)的任一解向量都可被 $\boldsymbol{\eta}_1,\boldsymbol{\eta}_2,\cdots,\boldsymbol{\eta}_{n-r}$线性表示.

定理的证明事实上就是一个具体找基础解系的方法.

例 1 求齐次线性方程组 $\begin{cases}x_1-x_2+5x_3-x_4=0,\\2x_1+2x_2-4x_3+6x_4=0,\\3x_1-x_2+8x_3+x_4=0,\\x_1+3x_2-9x_3+7x_4=0\end{cases}$ 的一个基础解系,并用基础解系表示它的一般解.

解 用矩阵的初等行变换把系数矩阵化为行简化阶梯形矩阵:

$$\boldsymbol{A}=\begin{pmatrix}1&-1&5&-1\\2&2&-4&6\\3&-1&8&1\\1&3&-9&7\end{pmatrix}\xrightarrow[r_4-r_1]{\substack{r_2-2r_1\\r_3-3r_1}}\begin{pmatrix}1&-1&5&-1\\0&4&-14&8\\0&2&-7&4\\0&4&-14&8\end{pmatrix}$$

$$\xrightarrow[r_4-4r_2]{\substack{\frac{1}{4}r_2\\r_3-2r_2}}\begin{pmatrix}1&-1&5&-1\\0&1&-\frac{7}{2}&2\\0&0&0&0\\0&0&0&0\end{pmatrix}\xrightarrow{r_1+r_2}\begin{pmatrix}1&0&\frac{3}{2}&1\\0&1&-\frac{7}{2}&2\\0&0&0&0\\0&0&0&0\end{pmatrix}.$$

由最后一个矩阵可知，系数矩阵的秩 $r(\boldsymbol{A})=2$，齐次方程组的基础解系含有 $4-2=2$ 个解向量，取 x_3，x_4 作为自由变量，则还原为方程组的形式为

$$\begin{cases} x_1=-\dfrac{3}{2}x_3-x_4, \\ x_2=\dfrac{7}{2}x_3-2x_4. \end{cases}$$

令 $x_3=1, x_4=0$，解得 $x_1=-\dfrac{3}{2}, x_2=\dfrac{7}{2}$，得解 $\boldsymbol{\eta}_1=\left(-\dfrac{3}{2}, \dfrac{7}{2}, 1, 0\right)^{\mathrm{T}}$；

令 $x_3=0, x_4=1$，解得 $x_1=-1, x_2=-2$，得解 $\boldsymbol{\eta}_2=(-1,-2,0,1)^{\mathrm{T}}$.

因此，方程组的基础解系为 $\boldsymbol{\eta}_1$，$\boldsymbol{\eta}_2$，其全部解为

$$\boldsymbol{x}=k_1\boldsymbol{\eta}_1+k_2\boldsymbol{\eta}_2 \quad (k_1, k_2 \text{ 是任意常数}).$$

例 2 设 $\boldsymbol{A}=(a_{ij})_{m\times n}$，$\boldsymbol{B}=(b_{ij})_{n\times t}$，且 $\boldsymbol{AB}=\boldsymbol{O}$，试证：$r(\boldsymbol{A})+r(\boldsymbol{B})\leqslant n$.

证 设 $\boldsymbol{A}$ 的秩为 r，$\boldsymbol{B}$ 的秩为 s，把矩阵 $\boldsymbol{B}$ 按列分块：

$$\boldsymbol{B}=(\boldsymbol{b}_1, \boldsymbol{b}_2, \cdots, \boldsymbol{b}_t).$$

根据分块矩阵的运算

$$\boldsymbol{AB}=\boldsymbol{A}(\boldsymbol{b}_1, \boldsymbol{b}_2, \cdots, \boldsymbol{b}_t)=(\boldsymbol{Ab}_1, \boldsymbol{Ab}_2, \cdots, \boldsymbol{Ab}_t).$$

因为 $\boldsymbol{AB}=\boldsymbol{O}$，所以

$$\boldsymbol{Ab}_i=\boldsymbol{0} \ (i=1, 2, \cdots, t),$$

即 $\boldsymbol{b}_i(i=1, 2, \cdots, t)$ 是齐次线性方程组 $\boldsymbol{Ax}=\boldsymbol{0}$ 的解向量.

向量组 $\boldsymbol{b}_1$，$\boldsymbol{b}_2$，$\cdots$，$\boldsymbol{b}_t$ 可以由齐次线性方程组 $\boldsymbol{Ax}=\boldsymbol{0}$ 的基础解系表示，而 $\boldsymbol{Ax}=\boldsymbol{0}$ 的基础解系含有 $n-r(\boldsymbol{A})$ 个解向量，所以 $r(\boldsymbol{B})\leqslant n-r(\boldsymbol{A})$，即 $r(\boldsymbol{A})+r(\boldsymbol{B})\leqslant n$.

3.6.2 非齐次线性方程组解的结构

把非齐次线性方程组

$$\begin{cases} a_{11}x_1+a_{12}x_2+\cdots+a_{1n}x_n=b_1, \\ a_{21}x_1+a_{22}x_2+\cdots+a_{2n}x_n=b_2, \\ \qquad\cdots\cdots \\ a_{m1}x_1+a_{m2}x_2+\cdots+a_{mn}x_n=b_m \end{cases} \tag{3-2}$$

的常数项换成 0，就得到齐次方程组(3-7). 方程组(3-7)称为方程组(3-2)的**导出组**. 方程组(3-2)的解与它导出组(3-7)的解之间有密切的关系：

性质 设 $\boldsymbol{\eta}_1^*$，$\boldsymbol{\eta}_2^*$ 是非齐次方程组(3-2)的两个解，$\boldsymbol{\eta}$ 是相应的导出方程组(3-7)的解，则

(1) $\boldsymbol{\eta}_1^*-\boldsymbol{\eta}_2^*$ 是导出方程组(3-7)的解；

(2) $\boldsymbol{\eta}_1^*+\boldsymbol{\eta}$ 是非齐次方程组(3-2)的解.

证　设方程组(3-2)的矩阵形式为 $\boldsymbol{A}\boldsymbol{x}=\boldsymbol{b}$. 由条件知 $\boldsymbol{A}\boldsymbol{\eta}_1^*=\boldsymbol{b}$, $\boldsymbol{A}\boldsymbol{\eta}_2^*=\boldsymbol{b}$, $\boldsymbol{A}\boldsymbol{\eta}=\boldsymbol{0}$.

(1)由于

$$\boldsymbol{A}(\boldsymbol{\eta}_1^*-\boldsymbol{\eta}_2^*)=\boldsymbol{A}\boldsymbol{\eta}_1^*-\boldsymbol{A}\boldsymbol{\eta}_2^*=\boldsymbol{b}-\boldsymbol{b}=\boldsymbol{0},$$

故 $\boldsymbol{\eta}_1^*-\boldsymbol{\eta}_2^*$ 是导出方程组(3-7)的解.

(2)由于

$$\boldsymbol{A}(\boldsymbol{\eta}_1^*+\boldsymbol{\eta})=\boldsymbol{A}\boldsymbol{\eta}_1^*+\boldsymbol{A}\boldsymbol{\eta}=\boldsymbol{b}+\boldsymbol{0}=\boldsymbol{b},$$

故 $\boldsymbol{\eta}_1^*+\boldsymbol{\eta}$ 仍是方程组(3-2)的解.

定理 3.15　设 $\boldsymbol{\eta}^*$ 是方程组(3-2)的一个解, $\boldsymbol{\eta}_1$, $\boldsymbol{\eta}_2$, $\cdots$, $\boldsymbol{\eta}_{n-r}$ 是相应的导出组(3-7)的一个基础解系,则方程组(3-2)的全部解为

$$\boldsymbol{x}=\boldsymbol{\eta}^*+k_1\boldsymbol{\eta}_1+k_2\boldsymbol{\eta}_2+\cdots+k_{n-r}\boldsymbol{\eta}_{n-r},$$

其中 k_1, k_2, $\cdots$, k_{n-r} 为任意常数.

证　设 $\boldsymbol{x}$ 是方程组(3-2)的任意一个解,令 $\boldsymbol{\eta}=x-\boldsymbol{\eta}^*$,则 $\boldsymbol{\eta}$ 是导出组(3-7)的任一个解,而 $\boldsymbol{\eta}$ 可以用导出组(3-7)的基础解系线性表示,即

$$\boldsymbol{\eta}=k_1\boldsymbol{\eta}_1+k_2\boldsymbol{\eta}_2+\cdots+k_{n-r}\boldsymbol{\eta}_{n-r},$$

于是方程组(3-2)的全部解都可以表示为

$$\boldsymbol{x}=\boldsymbol{\eta}^*+k_1\boldsymbol{\eta}_1+k_2\boldsymbol{\eta}_2+\cdots+k_{n-r}\boldsymbol{\eta}_{n-r}. \tag{3-27}$$

式(3-27)也称为非齐次线性方程组(3-2)的**通解**, $\boldsymbol{\eta}^*$ 称为方程组(3-2)的一个**特解**.

推论　在方程组(3-2)有解的条件下,解唯一的充分必要条件是它的导出组(3-7)只有零解.

证　充分性. 如果方程组(3-2)有两个不同的解,那么它的差就是导出组的一个非零解. 因之,如果导出组只有零解,那么方程组有唯一解.

必要性. 如果导出组有非零解,那么这个解与方程组(3-2)的一个解(因为它有解)的和就是(3-2)的另一个解,也就是说,(3-2)不止一个解. 因此,如果方程组(3-2)有唯一解,那么它的导出组只有零解.

例 3　求线性方程组 $\begin{cases} x_1-x_2+x_4-x_5=1, \\ 2x_1+x_3-x_5=2, \\ 3x_1-x_2-x_3-x_4-x_5=0 \end{cases}$ 的全部解,并把它表示成向量形式.

解　将方程组的增广矩阵 $\overline{\boldsymbol{A}}$ 作初等行变换化成行简化阶梯形矩阵

$$\overline{\boldsymbol{A}}=\left(\begin{array}{ccccc:c} 1 & -1 & 0 & 1 & -1 & 1 \\ 2 & 0 & 1 & 0 & -1 & 2 \\ 3 & -1 & -1 & -1 & -1 & 0 \end{array}\right) \xrightarrow[r_3-3r_1]{r_2-2r_1} \left(\begin{array}{ccccc:c} 1 & -1 & 0 & 1 & -1 & 1 \\ 0 & 2 & 1 & -2 & 1 & 0 \\ 0 & 2 & -1 & -4 & 2 & -3 \end{array}\right)$$

$$\xrightarrow{r_3-r_2}\left(\begin{array}{ccccc|c}1&-1&0&1&-1&1\\0&2&1&-2&1&0\\0&0&-2&-2&1&-3\end{array}\right)\xrightarrow[r_2-r_3]{-\frac{1}{2}r_3}\left(\begin{array}{ccccc|c}1&-1&0&1&-1&1\\0&2&0&-3&\frac{3}{2}&-\frac{3}{2}\\0&0&1&1&-\frac{1}{2}&\frac{3}{2}\end{array}\right)$$

$$\xrightarrow[r_1+r_2]{\frac{1}{2}r_2}\left(\begin{array}{ccccc|c}1&0&0&-\frac{1}{2}&-\frac{1}{4}&\frac{1}{4}\\0&1&0&-\frac{3}{2}&\frac{3}{4}&-\frac{3}{4}\\0&0&1&1&-\frac{1}{2}&\frac{3}{2}\end{array}\right),$$

得原方程的同解方程组

$$\begin{cases}x_1=\frac{1}{4}+\frac{1}{2}x_4+\frac{1}{4}x_5,\\x_2=-\frac{3}{4}+\frac{3}{2}x_4-\frac{3}{4}x_5,\\x_3=\frac{3}{2}-x_4+\frac{1}{2}x_5,\end{cases}\tag{3-28}$$

其中 x_4,x_5 为自由未知量.

令自由未知量 $x_4=x_5=0$，代入上式解得 $x_1=\frac{1}{4},x_2=-\frac{3}{4},x_3=\frac{3}{2}$，从而原方程组的一个特解为

$$\boldsymbol{\eta}^*=\left(\frac{1}{4},-\frac{3}{4},\frac{3}{2},0,0\right)^{\mathrm{T}}.$$

下面再求它的导出组的一个基础解系.由于非齐次线性方程组与其导出组的系数矩阵相同，因此，我们只需在式(3-28)中把常数项换成零，就可以得到导出组的系数矩阵化为阶梯形并还原成方程组的形式：

$$\begin{cases}x_1=\frac{1}{2}x_4+\frac{1}{4}x_5,\\x_2=\frac{3}{2}x_4-\frac{3}{4}x_5,\\x_3=-x_4+\frac{1}{2}x_5,\end{cases}\tag{3-29}$$

其中 x_4,x_5 为自由未知量.

令 $x_4=1,x_5=0$，代入方程组(3-29)得 $x_1=\frac{1}{2},x_2=\frac{3}{2},x_3=-1$. 因此

$\boldsymbol{\eta}_1=\left(\frac{1}{2},\frac{3}{2},-1,1,0\right)^{\mathrm{T}}$；

令 $x_4=0, x_5=1$，代入方程组(3-29)得 $x_1=\frac{1}{4}, x_2=-\frac{3}{4}, x_3=\frac{1}{2}$，因此 $\boldsymbol{\eta}_2=\left(\frac{1}{4},-\frac{3}{4},\frac{1}{2},0,1\right)^{\mathrm{T}}$.

从而导出方程组的基础解系为 $\boldsymbol{\eta}_1$，$\boldsymbol{\eta}_2$，故原方程组的全部解可表示为

$$\boldsymbol{x}=\boldsymbol{\eta}^*+k_1\boldsymbol{\eta}_1+k_2\boldsymbol{\eta}_2,$$

其中 k_1, k_2 为任意常数.

例 4　问 k 为何值时，线性方程组 $\begin{cases} x_1+x_2+kx_3=4 \\ -x_1+kx_2+x_3=k^2 \\ x_1-x_2+2x_3=-4 \end{cases}$ 有唯一解、无解、有无穷多组解？在有无穷多组解的情况下求出其通解.

解　对其增广矩阵进行初等行变换，即

$$\overline{\boldsymbol{A}}=\left(\begin{array}{ccc:c} 1 & 1 & k & 4 \\ -1 & k & 1 & k^2 \\ 1 & -1 & 2 & -4 \end{array}\right)\xrightarrow[r_3-r_1]{r_2+r_1}\left(\begin{array}{ccc:c} 1 & 1 & k & 4 \\ 0 & k+1 & k+1 & k^2+4 \\ 0 & -2 & 2-k & -8 \end{array}\right)\xrightarrow{r_2\leftrightarrow r_3}\left(\begin{array}{ccc:c} 1 & 1 & k & 4 \\ 0 & -2 & 2-k & -8 \\ 0 & k+1 & k+1 & k^2+4 \end{array}\right)$$

$$\xrightarrow{r_3+\frac{k+1}{2}r_2}\left(\begin{array}{ccc:c} 1 & 1 & k & 4 \\ 0 & -2 & 2-k & -8 \\ 0 & 0 & (k+1)(4-k)/2 & k(k-4) \end{array}\right).$$

(1)当 $k\neq-1$ 且 $k\neq4$ 时，$r(\overline{\boldsymbol{A}})=r(\boldsymbol{A})=3$，故方程组有唯一解；

(2)当 $k=-1$ 时，$\overline{\boldsymbol{A}}\to\left(\begin{array}{ccc:c} 1 & 1 & -1 & 4 \\ 0 & 2 & -3 & 8 \\ 0 & 0 & 0 & 5 \end{array}\right)$，因 $r(\overline{\boldsymbol{A}})\neq r(\boldsymbol{A})$，故方程组无解；

(3)当 $k=4$ 时，$\overline{\boldsymbol{A}}\to\left(\begin{array}{ccc:c} 1 & 1 & 4 & 4 \\ 0 & 1 & 1 & 4 \\ 0 & 0 & 0 & 0 \end{array}\right)$，因 $r(\overline{\boldsymbol{A}})=r(\boldsymbol{A})=2<3$，故方程组有无穷多组解.

① 齐次线性方程组的阶梯形矩阵为 $\begin{pmatrix} 1 & 1 & 4 \\ 0 & 1 & 1 \\ 0 & 0 & 0 \end{pmatrix}$，自由变量为 x_3，对应的方程组为

$$\begin{cases} x_1+x_2+4x_3=0, \\ x_2+x_3=0, \end{cases}$$

取 $x_3=1$，得到基础解系为 $\boldsymbol{\eta}_1=\begin{pmatrix} -3 \\ -1 \\ 1 \end{pmatrix}$，所以齐次的通解为 $\boldsymbol{\eta}=c\boldsymbol{\eta}_1$，其中 c 是任意常数.

② 非齐次线性方程组的阶梯形矩阵为$\left(\begin{array}{ccc:c}1 & 1 & 4 & 4\\0 & 1 & 1 & 4\\0 & 0 & 0 & 0\end{array}\right)$,还原成为方程组为

$$\begin{cases}x_1+x_2+4x_3=4,\\ \qquad\; x_2+x_3=4,\end{cases}$$

取自由变量 $x_3=0$，得到非齐次的特解 $\boldsymbol{\xi}_0=\begin{pmatrix}0\\4\\0\end{pmatrix}$.

所以非齐次方程组的通解为

$$\boldsymbol{x}=\begin{pmatrix}0\\4\\0\end{pmatrix}+c\begin{pmatrix}-3\\-1\\1\end{pmatrix}\quad (c\text{ 是任意常数}).$$

注 对于含参数的方程组的求解，首先需要确定参数的范围，这往往借助于消元法实现，但在具体的讨论过程中，往往会漏解. 因此，如果系数阵是方阵，也可以通过克拉默法则得到参数的取值. 例如，例 4 中 k 的范围也可以这样得到：

$$|\boldsymbol{A}|=\begin{vmatrix}1 & 1 & k\\-1 & k & 1\\1 & -1 & 2\end{vmatrix}=(k+1)(4-k),$$

令 $|\boldsymbol{A}|=0$ 得到 k 的范围.

例 5 设四个未知数的非齐次线性方程组的系数矩阵的秩为 3，已知 $\boldsymbol{\eta}_1,\boldsymbol{\eta}_2,\boldsymbol{\eta}_3$ 是它的三个解向量，且 $\boldsymbol{\eta}_1=(2,\ 3,\ 4,\ 5)^{\mathrm{T}}$，$\boldsymbol{\eta}_2+\boldsymbol{\eta}_3=(1,\ 2,\ 3,\ 4)^{\mathrm{T}}$，求该方程组的全部解.

解 要求非齐次线性方程组的全部解，只需求出它的一个特解和对应齐次方程组的一个基础解系即可. 由条件知，$\boldsymbol{\eta}_1$ 即为非齐次方程的一个特解，下面求齐次方程组的一个基础解系.

因为系数矩阵的秩为 3，所以齐次方程组的基础解系包含 $4-3=1$ 个解向量. 由于 $\boldsymbol{\eta}_1,\ \boldsymbol{\eta}_2,\ \boldsymbol{\eta}_3$ 为非齐次方程组的解，则 $\boldsymbol{\xi}=\frac{1}{2}(\boldsymbol{\eta}_2+\boldsymbol{\eta}_3)$是非齐次的一个解. 所以

$$\boldsymbol{\eta}_1-\boldsymbol{\xi}=(2,\ 3,\ 4,\ 5)^{\mathrm{T}}-\left(\frac{1}{2},\ 1,\ \frac{3}{2},\ 2\right)^{\mathrm{T}}=\left(\frac{3}{2},\ 2,\ \frac{5}{2},\ 3\right)^{\mathrm{T}}$$

为导出组的一个基础解系，从而原方程组的全部解为

$$(2,\ 3,\ 4,\ 5)^{\mathrm{T}}+k(3,\ 4,\ 5,\ 6)^{\mathrm{T}},$$

其中 k 为任意常数.

习题三

(A)

1. 用高斯消元法解下列方程组：

(1) $\begin{cases} 4x_1+2x_2-x_3=2, \\ 3x_1-2x_2+2x_3=10, \\ 11x_1+x_2=8; \end{cases}$

(2) $\begin{cases} 2x_1+3x_2+x_3=4, \\ x_1-2x_2+4x_3=-5, \\ 3x_1+8x_2-2x_3=13, \\ 4x_1-x_2+9x_3=-16; \end{cases}$

(3) $\begin{cases} x_1+5x_2-x_3-x_4=-1, \\ x_1-2x_2+x_3+3x_4=3, \\ 3x_1+8x_2-x_3+x_4=1, \\ x_1-9x_2+3x_3+7x_4=7; \end{cases}$

(4) $\begin{cases} 2x_1+x_2-x_3+x_4=1, \\ 4x_1+2x_2-2x_3+x_4=2, \\ 2x_1+x_2-x_3-x_4=1. \end{cases}$

2. 设 3 阶矩阵 $\boldsymbol{A}$ 满足 $\boldsymbol{A\alpha}_i=i\boldsymbol{\alpha}_i(i=1,2,3)$，其中列向量 $\boldsymbol{\alpha}_1=(1,2,2)^{\mathrm{T}}$，$\boldsymbol{\alpha}_2=(2,-2,1)^{\mathrm{T}}$，$\boldsymbol{\alpha}_3=(-2,-1,2)^{\mathrm{T}}$，求矩阵 $\boldsymbol{A}$.

3. 判断向量 $\boldsymbol{\beta}$ 能否被向量组 $\boldsymbol{\alpha}_1$，$\boldsymbol{\alpha}_2$，$\boldsymbol{\alpha}_3$ 线性表示，若能，写出它的一种表示式：

(1) $\boldsymbol{\alpha}_1=(-1,3,0,-5)^{\mathrm{T}}$，$\boldsymbol{\alpha}_2=(2,0,7,-3)^{\mathrm{T}}$，$\boldsymbol{\alpha}_3=(-4,1,-2,-6)^{\mathrm{T}}$，$\boldsymbol{\beta}=(8,3,-1,-25)^{\mathrm{T}}$；

(2) $\boldsymbol{\alpha}_1=(3,-5,2,-4)^{\mathrm{T}}$，$\boldsymbol{\alpha}_2=(-1,7,-3,6)^{\mathrm{T}}$，$\boldsymbol{\alpha}_3=(3,11,-5,10)^{\mathrm{T}}$，$\boldsymbol{\beta}=(2,-30,13,-26)^{\mathrm{T}}$；

(3) $\boldsymbol{\alpha}_1=(1,1,1,1)^{\mathrm{T}}$，$\boldsymbol{\alpha}_2=(1,1,-1,-1)^{\mathrm{T}}$，$\boldsymbol{\alpha}_3=(1,-1,1,-1)^{\mathrm{T}}$，$\boldsymbol{\alpha}_4=(1,-1,-1,1)^{\mathrm{T}}$，$\boldsymbol{\beta}=(1,2,1,1)^{\mathrm{T}}$.

4. 已知 $\boldsymbol{\alpha}_1=(1,2,1)^{\mathrm{T}}$，$\boldsymbol{\alpha}_2=(1,1,2)^{\mathrm{T}}$，$\boldsymbol{\alpha}_3=(1,-1,4)^{\mathrm{T}}$，$\boldsymbol{\beta}=(1,0,a)^{\mathrm{T}}$，问 a 为何值时，(1) $\boldsymbol{\beta}$ 不能由 $\boldsymbol{\alpha}_1,\boldsymbol{\alpha}_2,\boldsymbol{\alpha}_3$ 线性表出；(2) $\boldsymbol{\beta}$ 可由 $\boldsymbol{\alpha}_1,\boldsymbol{\alpha}_2,\boldsymbol{\alpha}_3$ 线性表出，并写出线性表达式.

5. 证明：任意一个三维向量 $\boldsymbol{\alpha}=(a_1,a_2,a_3)^{\mathrm{T}}$ 都可被向量组 $\boldsymbol{\alpha}_1=(1,0,0)^{\mathrm{T}}$，$\boldsymbol{\alpha}_2=(1,1,0)^{\mathrm{T}}$，$\boldsymbol{\alpha}_3=(1,1,1)^{\mathrm{T}}$ 线性表示，并且表示式唯一，写出这种表示式.

6. 设 $\boldsymbol{\beta}_1=\boldsymbol{\alpha}_1+\boldsymbol{\alpha}_2$，$\boldsymbol{\beta}_2=\boldsymbol{\alpha}_2+\boldsymbol{\alpha}_3$，$\boldsymbol{\beta}_3=\boldsymbol{\alpha}_3+\boldsymbol{\alpha}_4$，$\boldsymbol{\beta}_4=\boldsymbol{\alpha}_4+\boldsymbol{\alpha}_1$，证明：$\boldsymbol{\beta}_1$，$\boldsymbol{\beta}_2$，$\boldsymbol{\beta}_3$，$\boldsymbol{\beta}_4$ 线性相关.

7. 设向量组 $\boldsymbol{\alpha}_1$，$\boldsymbol{\alpha}_2$，$\boldsymbol{\alpha}_3$ 线性无关，问当常数 l,m 满足什么条件时，向量组 $l\boldsymbol{\alpha}_2-\boldsymbol{\alpha}_1$，$m\boldsymbol{\alpha}_3-\boldsymbol{\alpha}_2$，$\boldsymbol{\alpha}_1-\boldsymbol{\alpha}_3$ 也线性无关.

8. 设 $\boldsymbol{\alpha}_1$，$\boldsymbol{\alpha}_2$，$\boldsymbol{\alpha}_3$ 线性无关，而 $\boldsymbol{\alpha}_2$，$\boldsymbol{\alpha}_3$，$\boldsymbol{\alpha}_4$ 线性相关，问：(1) $\boldsymbol{\alpha}_4$ 能被 $\boldsymbol{\alpha}_1$，$\boldsymbol{\alpha}_2$，$\boldsymbol{\alpha}_3$ 线性表出吗？(2) $\boldsymbol{\alpha}_1$ 能被 $\boldsymbol{\alpha}_2$，$\boldsymbol{\alpha}_3$，$\boldsymbol{\alpha}_4$ 线性表出吗？证明你的结论.

9. 设向量 $\boldsymbol{\beta}$ 可由向量组 $\boldsymbol{\alpha}_1, \boldsymbol{\alpha}_2, \cdots, \boldsymbol{\alpha}_m$ 线性表出,但不能由 $\boldsymbol{\alpha}_1, \boldsymbol{\alpha}_2, \cdots, \boldsymbol{\alpha}_{m-1}$ 线性表出,证明 $\boldsymbol{\alpha}_m$ 可由 $\boldsymbol{\alpha}_1, \boldsymbol{\alpha}_2, \cdots, \boldsymbol{\alpha}_{m-1}, \boldsymbol{\beta}$ 线性表出.

10. 设向量组 $\boldsymbol{\alpha}_1, \boldsymbol{\alpha}_2, \cdots, \boldsymbol{\alpha}_t\ (t > 2)$ 线性无关,试证向量组

$$\begin{aligned}
&\boldsymbol{\beta}_1 = \boldsymbol{\alpha}_2 + \boldsymbol{\alpha}_3 + \cdots + \boldsymbol{\alpha}_{t-1} + \boldsymbol{\alpha}_t,\\
&\boldsymbol{\beta}_2 = \boldsymbol{\alpha}_1 + \boldsymbol{\alpha}_3 + \cdots + \boldsymbol{\alpha}_{t-1} + \boldsymbol{\alpha}_t,\\
&\cdots\cdots\\
&\boldsymbol{\beta}_t = \boldsymbol{\alpha}_1 + \boldsymbol{\alpha}_2 + \cdots + \boldsymbol{\alpha}_{t-1},
\end{aligned}$$

也线性无关.

11. 设 n 维向量组(Ⅰ)$\boldsymbol{\alpha}_1, \boldsymbol{\alpha}_2, \cdots, \boldsymbol{\alpha}_s$ 线性无关,向量组(Ⅱ)$\boldsymbol{\beta}_1, \boldsymbol{\beta}_2, \cdots, \boldsymbol{\beta}_t$ 可由(Ⅰ)线性表示,即有 $s \times t$ 矩阵 $\boldsymbol{C}$ 使得

$$(\boldsymbol{\beta}_1, \boldsymbol{\beta}_2, \cdots, \boldsymbol{\beta}_t) = (\boldsymbol{\alpha}_1, \boldsymbol{\alpha}_2, \cdots, \boldsymbol{\alpha}_s)\boldsymbol{C},$$

称矩阵 $\boldsymbol{C}$ 为向量组 $\boldsymbol{\beta}_1, \boldsymbol{\beta}_2, \cdots, \boldsymbol{\beta}_t$ 对于向量组 $\boldsymbol{\alpha}_1, \boldsymbol{\alpha}_2, \cdots, \boldsymbol{\alpha}_s$ 的**表示矩阵**. 证明:以 $\boldsymbol{\beta}_1, \boldsymbol{\beta}_2, \cdots, \boldsymbol{\beta}_t$ 为列向量排成的矩阵与矩阵 $\boldsymbol{C}$ 有相同的秩.

12. 求下列向量组的一个极大无关组及秩,并把其余向量用极大无关组线性表出:

(1)$\boldsymbol{\alpha}_1 = (2, 1, 3, -1)^{\mathrm{T}}, \boldsymbol{\alpha}_2 = (3, -1, 2, 0)^{\mathrm{T}}, \boldsymbol{\alpha}_3 = (1, 3, 4, -2)^{\mathrm{T}}, \boldsymbol{\alpha}_4 = (4, -3, 1, 1)^{\mathrm{T}}$;

(2)$\boldsymbol{\alpha}_1 = (1, 1, 1, 1)^{\mathrm{T}}, \boldsymbol{\alpha}_2 = (1, 1, -1, -1)^{\mathrm{T}}, \boldsymbol{\alpha}_3 = (1, -1, -1, 1)^{\mathrm{T}}, \boldsymbol{\alpha}_4 = (-1, -1, 1, 1)^{\mathrm{T}}$;

(3)$\boldsymbol{\alpha}_1 = (1, -1, 2, 4)^{\mathrm{T}}, \boldsymbol{\alpha}_2 = (0, 3, 1, 2)^{\mathrm{T}}, \boldsymbol{\alpha}_3 = (3, 0, 7, 14)^{\mathrm{T}}, \boldsymbol{\alpha}_4 = (2, 1, 5, 6)^{\mathrm{T}}, \boldsymbol{\alpha}_5 = (1, -1, 2, 0)^{\mathrm{T}}$;

(4)$\boldsymbol{\alpha}_1 = (1, -2, 0, 3)^{\mathrm{T}}, \boldsymbol{\alpha}_2 = (2, -5, -3, 6)^{\mathrm{T}}, \boldsymbol{\alpha}_3 = (0, 1, 3, 0)^{\mathrm{T}}, \boldsymbol{\alpha}_4 = (2, -1, 4, -7)^{\mathrm{T}}, \boldsymbol{\alpha}_5 = (5, -8, 1, 2)^{\mathrm{T}}$.

13. 已知向量组 $\boldsymbol{\alpha}_1 = (1,-1,0,5)^{\mathrm{T}}, \boldsymbol{\alpha}_2 = (2,0,1,4)^{\mathrm{T}}, \boldsymbol{\alpha}_3 = (3,1,2,3)^{\mathrm{T}}, \boldsymbol{\alpha}_4 = (4,2,3,a)^{\mathrm{T}}$,其中 a 是参数. 求该向量组的秩与一个极大线性无关组,并将其余向量用该极大线性无关组线性表示.

14. 求向量组 $\boldsymbol{\alpha}_1 = \begin{pmatrix}1\\1\\1\\1\end{pmatrix}, \boldsymbol{\alpha}_2 = \begin{pmatrix}-1\\-3\\1\\7\end{pmatrix}, \boldsymbol{\alpha}_3 = \begin{pmatrix}-2\\-5\\a\\10\end{pmatrix}, \boldsymbol{\alpha}_4 = \begin{pmatrix}3\\2\\4\\7\end{pmatrix}$ 的秩与一个极大线性无关组,并用极大线性无关组线性表示其余向量.

15. 已知向量组(Ⅰ)$\boldsymbol{\alpha}_1, \boldsymbol{\alpha}_2, \boldsymbol{\alpha}_3$,向量组(Ⅱ)$\boldsymbol{\alpha}_1, \boldsymbol{\alpha}_2, \boldsymbol{\alpha}_3, \boldsymbol{\alpha}_4$ 和向量组(Ⅲ)$\boldsymbol{\alpha}_1, \boldsymbol{\alpha}_2, \boldsymbol{\alpha}_3, \boldsymbol{\alpha}_5$,如果各向量组的秩分别为 r(Ⅰ)$=r$(Ⅱ)$=3$,r(Ⅲ)$=4$,试证:向量组 $\boldsymbol{\alpha}_1, \boldsymbol{\alpha}_2, \boldsymbol{\alpha}_3, \boldsymbol{\alpha}_5 - \boldsymbol{\alpha}_4$ 的秩为 4.

16. 设向量组(Ⅰ)与向量组(Ⅱ)有相同的秩,且(Ⅰ)可以由(Ⅱ)线性表示,求证这两个向量组等价.

17. 设 $\boldsymbol{A}$ 是 $n \times m$ 矩阵,$\boldsymbol{B}$ 是 $m \times n$ 矩阵,其中 $n < m$,$\boldsymbol{E}$ 是 n 阶单位矩阵,若 $\boldsymbol{AB} = \boldsymbol{E}$,证明 $\boldsymbol{B}$ 的列向量组线性无关.

18. 如果 n 阶方阵满足 $\boldsymbol{A}^2 = \boldsymbol{E}$,求证:$r(\boldsymbol{A}+\boldsymbol{E}) + r(\boldsymbol{A}-\boldsymbol{E}) = n$.

19. 设 $\boldsymbol{A}$ 是 n 阶矩阵,且 $\boldsymbol{A} = \boldsymbol{A}^2$,试证 $r(\boldsymbol{A}) + r(\boldsymbol{A}-\boldsymbol{E}) = n$.

20. 设 $\boldsymbol{A}^*$ 是 n 阶方阵 $\boldsymbol{A}$ 的伴随矩阵,证明:

$$r(\boldsymbol{A}^*) = \begin{cases} n, & \text{当 } r(\boldsymbol{A}) = n, \\ 1, & \text{当 } r(\boldsymbol{A}) = n-1, \\ 0, & \text{当 } r(\boldsymbol{A}) < n-1. \end{cases}$$

21. 设 $\boldsymbol{a}_1, \boldsymbol{a}_2, \cdots, \boldsymbol{a}_k$ 是一组 n 维向量,其秩为 r;又 $\boldsymbol{b}_1, \boldsymbol{b}_2, \cdots, \boldsymbol{b}_l$ 是另一组 n 维向量,其秩为 s,证明:向量组 $\{\boldsymbol{a}_i + \boldsymbol{b}_j \mid i=1, 2, \cdots, k, ; j=1, 2, \cdots, l\}$ 的秩不超过 $\min\{r+s, n\}$.

22. 设 $\boldsymbol{A}$, $\boldsymbol{B}$ 皆为 n 阶方阵,且 $r(\boldsymbol{A}) = r_1$, $r(\boldsymbol{B}) = r_2$,试证:

$$r(\boldsymbol{AB}) \geqslant r_1 + r_2 - n.$$

23. 证明:$\boldsymbol{\alpha}_1 = (1, 1, 1, 1)^{\mathrm{T}}$, $\boldsymbol{\alpha}_2 = (1, 1, -1, -1)^{\mathrm{T}}$, $\boldsymbol{\alpha}_3 = (1, -1, 1, -1)^{\mathrm{T}}$, $\boldsymbol{\alpha}_4 = (1, -1, -1, 1)^{\mathrm{T}}$ 是 $\mathbf{R}^4$ 的一组基,且写出 $\boldsymbol{\beta} = (1, 2, 1, 1)^{\mathrm{T}}$ 在该组基下的坐标.

24. 设 $\boldsymbol{\alpha}_1 = (1, 1, 0)^{\mathrm{T}}$, $\boldsymbol{\alpha}_2 = (0, 1, 1)^{\mathrm{T}}$, $\boldsymbol{\alpha}_3 = (0, 0, 1)^{\mathrm{T}}$ 和 $\boldsymbol{\beta}_1 = (1, -1, -1)^{\mathrm{T}}$, $\boldsymbol{\beta}_2 = (1, 1, -1)^{\mathrm{T}}$, $\boldsymbol{\beta}_3 = (-1, 1, 0)^{\mathrm{T}}$ 是向量空间 $\boldsymbol{R}^3$ 的两组基.

(1)求由基 $\boldsymbol{\alpha}_1, \boldsymbol{\alpha}_2, \boldsymbol{\alpha}_3$ 到基 $\boldsymbol{\beta}_1, \boldsymbol{\beta}_2, \boldsymbol{\beta}_3$ 的过渡矩阵;

(2)求由基 $\boldsymbol{\beta}_1, \boldsymbol{\beta}_2, \boldsymbol{\beta}_3$ 到基 $\boldsymbol{\alpha}_1, \boldsymbol{\alpha}_2, \boldsymbol{\alpha}_3$ 的过渡矩阵;

(3)求向量 $\boldsymbol{\alpha} = \boldsymbol{\alpha}_1 + 2\boldsymbol{\alpha}_2 - 3\boldsymbol{\alpha}_3$ 在基 $\boldsymbol{\beta}_1, \boldsymbol{\beta}_2, \boldsymbol{\beta}_3$ 下的坐标.

25. 设 $\mathbf{R}^3$ 中基 $\boldsymbol{\alpha}_1, \boldsymbol{\alpha}_2, \boldsymbol{\alpha}_3$ 到基 $\boldsymbol{\beta}_1, \boldsymbol{\beta}_2, \boldsymbol{\beta}_3$ 的过渡阵为

$$\boldsymbol{A} = \begin{pmatrix} 1 & 1 & -1 \\ -1 & 1 & 1 \\ 1 & -1 & 1 \end{pmatrix},$$

如果

(1)$\boldsymbol{\alpha}_1 = (1, 0, 0)^{\mathrm{T}}$, $\boldsymbol{\alpha}_2 = (1, 1, 0)^{\mathrm{T}}$, $\boldsymbol{\alpha}_3 = (1, 1, 1)^{\mathrm{T}}$,求基 $\boldsymbol{\beta}_1, \boldsymbol{\beta}_2, \boldsymbol{\beta}_3$;

(2)$\boldsymbol{\beta}_1 = (0, 1, 1)^{\mathrm{T}}$, $\boldsymbol{\beta}_2 = (1, 0, 2)^{\mathrm{T}}$, $\boldsymbol{\beta}_3 = (2, 1, 0)^{\mathrm{T}}$,求基 $\boldsymbol{\alpha}_1, \boldsymbol{\alpha}_2, \boldsymbol{\alpha}_3$.

26. 已知 $\mathbf{R}^3$ 的两组基为:$\boldsymbol{\alpha}_1 = (1,2,1)^{\mathrm{T}}$, $\boldsymbol{\alpha}_2 = (2,3,3)^{\mathrm{T}}$, $\boldsymbol{\alpha}_3 = (3,7,1)^{\mathrm{T}}$;$\boldsymbol{\beta}_1 = (3,1,4)^{\mathrm{T}}$, $\boldsymbol{\beta}_2 = (5,2,1)^{\mathrm{T}}$, $\boldsymbol{\beta}_3 = (1,1,-6)^{\mathrm{T}}$.求:

(1) 向量 $\boldsymbol{\gamma} = (3, 6, 2)^{\mathrm{T}}$ 在基 $\boldsymbol{\alpha}_1, \boldsymbol{\alpha}_2, \boldsymbol{\alpha}_3$ 下的坐标;

(2) 基 $\boldsymbol{\alpha}_1, \boldsymbol{\alpha}_2, \boldsymbol{\alpha}_3$ 到基 $\boldsymbol{\beta}_1, \boldsymbol{\beta}_2, \boldsymbol{\beta}_3$ 的过渡矩阵;

(3)$\boldsymbol{\gamma}$ 在基 $\boldsymbol{\beta}_1$，$\boldsymbol{\beta}_2$，$\boldsymbol{\beta}_3$ 下的坐标.

27. 在 $\mathbf{R}^4$ 中找一个向量 $\boldsymbol{\gamma}$，它在自然基 $\boldsymbol{\varepsilon}_1$，$\boldsymbol{\varepsilon}_2$，$\boldsymbol{\varepsilon}_3$，$\boldsymbol{\varepsilon}_4$ 和基 $\boldsymbol{\beta}_1=(2,1,-1,1)^{\mathrm{T}}$，$\boldsymbol{\beta}_2=(0,3,1,0)^{\mathrm{T}}$，$\boldsymbol{\beta}_3=(5,3,2,1)^{\mathrm{T}}$，$\boldsymbol{\beta}_4=(6,6,1,3)^{\mathrm{T}}$ 下有相同的坐标.

28. 在 $\mathbf{R}^n$ 中，对任一个向量 $\boldsymbol{\alpha}$，设 $\boldsymbol{\alpha}$ 在基 $\boldsymbol{\alpha}_1$，$\boldsymbol{\alpha}_2$，…，$\boldsymbol{\alpha}_n$ 下的坐标为 $\boldsymbol{x}=(x_1, x_2, \cdots, x_n)^{\mathrm{T}}$，在基 $\boldsymbol{\beta}_1$，$\boldsymbol{\beta}_2$，…，$\boldsymbol{\beta}_n$ 下的坐标为 $\boldsymbol{y}=(y_1, y_2, \cdots, y_n)^{\mathrm{T}}$，且有下面的表达式成立

$$\begin{cases} y_1=x_1, \\ y_2=x_2-x_1, \\ y_3=x_3-x_2, \\ \quad\cdots\cdots \\ y_n=x_n-x_{n-1}, \end{cases}$$

求 $\boldsymbol{\alpha}_1$，$\boldsymbol{\alpha}_2$，…，$\boldsymbol{\alpha}_n$ 到 $\boldsymbol{\beta}_1$，$\boldsymbol{\beta}_2$，…，$\boldsymbol{\beta}_n$ 的过渡阵 $\boldsymbol{A}$.

29. 已知 $\boldsymbol{\alpha}_1$，$\boldsymbol{\alpha}_2$，$\boldsymbol{\alpha}_3$ 是三维向量空间 $\mathbf{V}$ 的一个基，又 $\boldsymbol{\beta}_1=\boldsymbol{\alpha}_1+\boldsymbol{\alpha}_2-\boldsymbol{\alpha}_3$，$\boldsymbol{\beta}_2=-\boldsymbol{\alpha}_1-2\boldsymbol{\alpha}_2+2\boldsymbol{\alpha}_3$，$\boldsymbol{\beta}_3=3\boldsymbol{\alpha}_1+4\boldsymbol{\alpha}_2-3\boldsymbol{\alpha}_3$.

(1)证明 $\boldsymbol{\beta}_1$，$\boldsymbol{\beta}_2$，$\boldsymbol{\beta}_3$ 也是 $\mathbf{V}$ 的一个基；

(2)求向量 $\boldsymbol{\xi}=\boldsymbol{\alpha}_1+\boldsymbol{\alpha}_2+\boldsymbol{\alpha}_3$ 在基 $\boldsymbol{\beta}_1$，$\boldsymbol{\beta}_2$，$\boldsymbol{\beta}_3$ 的坐标.

30. 已知 $\boldsymbol{R}^3$ 的向量 $\boldsymbol{\gamma}=(1, 0, -1)^{\mathrm{T}}$ 及 $\boldsymbol{R}^3$ 的一组基 $\boldsymbol{\varepsilon}_1=(1, 0, 1)^{\mathrm{T}}$，$\boldsymbol{\varepsilon}_2=(1, 1, 1)^{\mathrm{T}}$，$\boldsymbol{\varepsilon}_3=(1, 0, 0)^{\mathrm{T}}$. $\boldsymbol{A}$ 是一个 3 阶矩阵，且

$$\boldsymbol{A}\boldsymbol{\varepsilon}_1=\boldsymbol{\varepsilon}_1+\boldsymbol{\varepsilon}_2, \boldsymbol{A}\boldsymbol{\varepsilon}_2=\boldsymbol{\varepsilon}_2-\boldsymbol{\varepsilon}_3, \boldsymbol{A}\boldsymbol{\varepsilon}_3=2\boldsymbol{\varepsilon}_1-\boldsymbol{\varepsilon}_2+\boldsymbol{\varepsilon}_3,$$

求 $\boldsymbol{A\gamma}$ 在 $\boldsymbol{\varepsilon}_1$，$\boldsymbol{\varepsilon}_2$，$\boldsymbol{\varepsilon}_3$ 下的坐标.

31. 求下列齐次线性方程组的基础解系，并用此基础解系表示方程组的全部解：

(1) $\begin{cases} 2x_1-4x_2+5x_3+3x_4=0, \\ 3x_1-6x_2+4x_3+2x_4=0, \\ 4x_1-8x_2+17x_3+11x_4=0; \end{cases}$

(2) $\begin{cases} x_1+x_2-x_4-x_5=0, \\ x_1-x_2+2x_3-x_4=0, \\ 4x_1-2x_2+6x_3+3x_4-4x_5=0, \\ 2x_1+4x_2-2x_3+4x_4-7x_5=0. \end{cases}$

32. 已知向量组 $\boldsymbol{\alpha}_1=(1, 2, 0, -2)^{\mathrm{T}}$，$\boldsymbol{\alpha}_2=(0, 3, 1, 0)^{\mathrm{T}}$，$\boldsymbol{\alpha}_3=(-1, 4, 2, a)^{\mathrm{T}}$ 和向量组 $\boldsymbol{\beta}_1=(1, 8, 2, -2)^{\mathrm{T}}$，$\boldsymbol{\beta}_2=(1, 5, 1, -a)^{\mathrm{T}}$，$\boldsymbol{\beta}_3=(-5, 2, b, 10)^{\mathrm{T}}$ 都是齐次方程组 $\boldsymbol{Ax}=\boldsymbol{0}$ 的基础解系，求 a，b 的值.

33. 设 $\boldsymbol{A}=\begin{pmatrix} 1 & 2 & 1 \\ 1 & a+2 & a+1 \\ -1 & a-2 & 2a-3 \end{pmatrix}$，若存在 3 阶非零矩阵 $\boldsymbol{B}$，使 $\boldsymbol{AB}=\boldsymbol{O}$，

(1) 求 a 的值；

(2) 求方程组 $\boldsymbol{AX}=\boldsymbol{O}$ 的通解.

34. 设矩阵 $\boldsymbol{A}$ 的 n 个列向量为 $\boldsymbol{a}_i=(a_{1i},a_{2i},a_{mi})^{\mathrm{T}}(i=1,2,\cdots,n)$，$n$ 阶矩阵 $\boldsymbol{B}$ 的 n 个列向量为 $\boldsymbol{\alpha}_1+\boldsymbol{\alpha}_2,\boldsymbol{\alpha}_2+\boldsymbol{\alpha}_3,\cdots,\boldsymbol{\alpha}_{n-1}+\boldsymbol{\alpha}_n,\boldsymbol{\alpha}_n+\boldsymbol{\alpha}_1$. 试问：当 $\boldsymbol{A}$ 的秩 $r\boldsymbol{A}=n$ 时，线性齐次方程组 $\boldsymbol{Bx}=\boldsymbol{0}$ 是否有非零解？证明你的结论.

35. 证明线性方程组

$$\begin{cases}a_{11}x_1+a_{12}x_2+\cdots+a_{1n}x_n=0,\\a_{21}x_1+a_{22}x_2+\cdots+a_{2n}x_n=0,\\\quad\cdots\cdots\\a_{m1}x_1+a_{m2}x_2+\cdots+a_{mn}x_n=0\end{cases}\qquad①$$

的解是 $b_1x_1+b_2x_2+\cdots+b_nx_n=0$ 解的充要条件是 $\boldsymbol{\beta}$ 为 $\boldsymbol{\alpha}_1,\boldsymbol{\alpha}_2,\cdots,\boldsymbol{\alpha}_m$ 的线性组合，其中 $\boldsymbol{\beta}=(b_1,b_2,\cdots,b_n)$，$\boldsymbol{\alpha}_i=(a_{i1},a_{i2},\cdots,a_{in})(i=1,2,\cdots,m)$.

36. 设 $\boldsymbol{Ax}=\boldsymbol{0}$ 与 $\boldsymbol{Bx}=\boldsymbol{0}$ 均为 n 元齐次线性方程组，$r(\boldsymbol{A})=r(\boldsymbol{B})$ 且 $\boldsymbol{Ax}=\boldsymbol{0}$ 的解均为方程组 $\boldsymbol{Bx}=\boldsymbol{0}$ 的解. 证明：方程组 $\boldsymbol{Ax}=\boldsymbol{0}$ 与方程组 $\boldsymbol{Bx}=\boldsymbol{0}$ 同解.

37. 设 $\boldsymbol{A}$ 为 n 阶矩阵，$\boldsymbol{A}^{\mathrm{T}}$ 是 $\boldsymbol{A}$ 的转置矩阵，证明：线性方程组 $\boldsymbol{Ax}=\boldsymbol{0}$ 与 $\boldsymbol{A}^{\mathrm{T}}\boldsymbol{Ax}=\boldsymbol{0}$ 同解.

38. 设 $\boldsymbol{A}$ 是 $m\times n$ 矩阵，它的 m 个行向量是某个 n 元齐次线性方程组的一组基础解系，$\boldsymbol{B}$ 是一个 m 阶可逆矩阵. 证明：$\boldsymbol{BA}$ 的行向量组也构成该齐次方程组的一组基础解系.

39. 设矩阵 $\boldsymbol{A}=(\boldsymbol{\alpha}_1,\boldsymbol{\alpha}_2,\cdots,\boldsymbol{\alpha}_n)$，且 $r(\boldsymbol{A})=n$，若矩阵 $\boldsymbol{B}$ 的 n 个列向量为 $\boldsymbol{\alpha}_1+\boldsymbol{\alpha}_2$，$\boldsymbol{\alpha}_2+\boldsymbol{\alpha}_3,\cdots,\boldsymbol{\alpha}_{n-1}+\boldsymbol{\alpha}_n,\boldsymbol{\alpha}_n+\boldsymbol{\alpha}_1$，问线性方程组 $\boldsymbol{Bx}=\boldsymbol{0}$ 是否有非零解？

40. 设 $\boldsymbol{A},\boldsymbol{B}$ 均为 n 阶方阵，且 $r(\boldsymbol{A})+r(\boldsymbol{B})<n$. 证明：方程组 $\boldsymbol{Ax}=\boldsymbol{0}$ 与 $\boldsymbol{Bx}=\boldsymbol{0}$ 有非零公共解.

41. 设四元方程组（Ⅰ）$\begin{cases}x_1+x_2=0,\\x_2-x_4=0,\end{cases}$ 又已知齐次方程组（Ⅱ）的通解为 $k_1(0,1,1,0)^{\mathrm{T}}+k_2(-1,2,2,1)^{\mathrm{T}}$，$k_1,k_2$ 为任意常数.

(1)求方程组（Ⅰ）的基础解系；

(2)问线性方程组（Ⅰ）和（Ⅱ）是否有非零公共解？

42. 设向量组 $\boldsymbol{\alpha}_1,\boldsymbol{\alpha}_2,\cdots,\boldsymbol{\alpha}_r$ 是齐次线性方程组 $\boldsymbol{Ax}=\boldsymbol{0}$ 的一个基础解系，向量 $\boldsymbol{\beta}$ 不是方程组 $\boldsymbol{Ax}=\boldsymbol{0}$ 的解，即 $\boldsymbol{A\beta}\neq\boldsymbol{0}$. 证明：向量组

$$\boldsymbol{\beta},\boldsymbol{\beta}+\boldsymbol{\alpha}_1,\boldsymbol{\beta}+\boldsymbol{\alpha}_2,\cdots,\boldsymbol{\beta}+\boldsymbol{\alpha}_r$$

线性无关.

43. 设 $\boldsymbol{A}$ 为 $m\times n$ 矩阵，秩为 m；$\boldsymbol{B}$ 为 $n\times(n-m)$ 矩阵，秩为 $n-m$；又知 $\boldsymbol{AB}=\boldsymbol{O}$，$\boldsymbol{\alpha}$ 是满足条件 $\boldsymbol{A\alpha}=\boldsymbol{0}$ 的一个 n 维列向量. 证明：存在唯一的一个 $n-m$ 维列向量 $\boldsymbol{\beta}$，使得 $\boldsymbol{\alpha}=\boldsymbol{B\beta}$.

44. 求下列线性方程组的全部解,并把它表示成向量形式:

(1) $\begin{cases} 2x_1+x_2-x_3+x_4=1, \\ x_1+2x_2+x_3-x_4=2, \\ x_1+x_2+2x_3+x_4=3; \end{cases}$

(2) $\begin{cases} x_1+x_2-3x_4-x_5=2, \\ x_1-x_2+2x_3-x_4=1, \\ 4x_1-2x_2+6x_3+3x_4-4x_5=8, \\ 2x_1+4x_2-2x_3+4x_4-7x_5=9; \end{cases}$

(3) $\begin{cases} x_1+3x_3-x_4=1, \\ -x_1+x_2+2x_3-2x_4=6, \\ -2x_1+4x_2+14x_3-7x_4=20, \\ -x_1+4x_2+17x_3-8x_4=21. \end{cases}$

45. 设 $\boldsymbol{A}$ 是 4×5 矩阵,且 $\boldsymbol{A}$ 的行向量组线性无关,证明:

(1) $\boldsymbol{A}\boldsymbol{x}^{\mathrm{T}}=\boldsymbol{0}$ 只有零解;

(2) $\boldsymbol{A}^{\mathrm{T}}\boldsymbol{A}\boldsymbol{x}=\boldsymbol{0}$ 必有无穷多解;

(3) $\forall\, \boldsymbol{b}, \boldsymbol{A}\boldsymbol{x}=\boldsymbol{b}$ 必有无穷多解.

46. 已知 $\boldsymbol{x}_1=(0,1,0)^{\mathrm{T}}, \boldsymbol{x}_2=(-3,2,2)^{\mathrm{T}}$ 是线性方程组

$$\begin{cases} x_1-x_2+2x_3=-1, \\ 3x_1+x_2+4x_3=1, \\ ax_1+bx_2+cx_3=d \end{cases}$$

的两个解,求此方程组的通解.

47. 已知四元非齐次线性方程组 $\boldsymbol{A}\boldsymbol{x}=\boldsymbol{b}$ 中,$r(\boldsymbol{A})=3$,$\boldsymbol{\eta}_1, \boldsymbol{\eta}_2, \boldsymbol{\eta}_3$ 是它的 3 个解向量,其中

$$\boldsymbol{\eta}_1=(2,0,5,-1)^{\mathrm{T}}, \quad \boldsymbol{\eta}_2+\boldsymbol{\eta}_3=(1,9,8,8)^{\mathrm{T}}.$$

求 $\boldsymbol{A}\boldsymbol{x}=\boldsymbol{b}$ 的全部解.

48. 已知非齐次方程组

$$\begin{cases} a_1x_1+a_2x_2+a_3x_3+a_4x_4=a_5, \\ b_1x_1+b_2x_2+b_3x_3+b_4x_4=b_5, \\ c_1x_1+c_2x_2+c_3x_3+c_4x_4=c_5, \\ d_1x_1+d_2x_2+d_3x_3+d_4x_4=d_5 \end{cases}$$

有通解 $(2,1,0,1)^{\mathrm{T}}+k(1,-1,2,0)^{\mathrm{T}}$,记 $\boldsymbol{\alpha}_i=(a_i,b_i,c_i,d_i)^{\mathrm{T}}, i=1,2,\cdots,5$. 问 $\boldsymbol{\alpha}_4$ 能否由 $\boldsymbol{\alpha}_1, \boldsymbol{\alpha}_2, \boldsymbol{\alpha}_3$ 线性表示?为什么?

49. 已知 X, Y, Z 是方程组 $\begin{cases} x + z = a, \\ 2x - y + z = b, \\ 7x - 2y + 5z = c \end{cases}$ 的一组解.（1）讨论方程组的解是否唯一；（2）求此方程组的解.

50. 对于线性方程组

$$\begin{cases} x_1 + x_2 + x_3 = 2, \\ x_1 + 2x_2 + ax_3 = -1, \\ 2x_1 + 3x_2 = b, \end{cases}$$

讨论 a,b 取何值时，方程组无解、有唯一解和无穷多解，并在方程组有无穷多解时，求出通解.

51. 向量组

$$\boldsymbol{\alpha}_1 = \begin{pmatrix} -2 \\ 1 \\ 1 \end{pmatrix}, \boldsymbol{\alpha}_2 = \begin{pmatrix} 1 \\ -2 \\ 1 \end{pmatrix}, \boldsymbol{\alpha}_3 = \begin{pmatrix} 1 \\ 1 \\ a \end{pmatrix}, \boldsymbol{\beta} = \begin{pmatrix} 0 \\ 3 \\ b \end{pmatrix},$$

当 a,b 为何值时，向量 $\boldsymbol{\beta}$ 能由向量组 $\boldsymbol{\alpha}_1, \boldsymbol{\alpha}_2, \boldsymbol{\alpha}_3$ 线性表示；当表达式不唯一时，求其一般表示式.

52. 已知 $\boldsymbol{\alpha}_1 = (1, 4, 0, 2)^{\mathrm{T}}, \boldsymbol{\alpha}_2 = (2, 7, 1, 3)^{\mathrm{T}}, \boldsymbol{\alpha}_3 = (0, 1, -1, a)^{\mathrm{T}}, \boldsymbol{\beta} = (3, 10, b, 4)^{\mathrm{T}}$.

（1）a, b 取何值时，$\boldsymbol{\beta}$ 不能由 $\boldsymbol{\alpha}_1, \boldsymbol{\alpha}_2, \boldsymbol{\alpha}_3$ 线性表示；

（2）a, b 取何值时，$\boldsymbol{\beta}$ 可由 $\boldsymbol{\alpha}_1, \boldsymbol{\alpha}_2, \boldsymbol{\alpha}_3$ 线性表示？并写出具体的表达式.

53. 设线性方程组

$$\begin{cases} x_1 - x_2 + 2x_3 + x_4 = 1, \\ 2x_1 - x_2 + x_3 + 2x_4 = 3, \\ x_1 - x_3 + x_4 = 2, \\ 3x_1 - x_2 + 3x_4 = 5. \end{cases}$$

（1）求方程组的通解；

（2）求方程组满足条件 $x_1 = x_2$ 的全部解.

54. 设方程组（ⅰ）：$\begin{cases} x_1 + 2x_2 + x_3 = 0, \\ 2x_1 + 3x_2 + x_3 = -1, \\ x_2 + x_3 = 1, \end{cases}$ 方程组（ⅱ）：$ax_1 + bx_2 + 2x_3 = 2$.

（1）求方程组（ⅰ）的通解；

（2）若方程组（ⅰ）的解均为（ⅱ）的解，求 a, b 的值，并判断两方程组是否同解.

55. 设 $\boldsymbol{A}=\begin{pmatrix} a & 1 & 1 \\ 0 & a-1 & 0 \\ 1 & 1 & a \end{pmatrix}$，$\boldsymbol{\beta}=\begin{pmatrix} -2 \\ 1 \\ 1 \end{pmatrix}$，已知线性方程组 $\boldsymbol{Ax}=\boldsymbol{\beta}$ 有 2 个不同的解，求 a 的值和方程组 $\boldsymbol{Ax}=\boldsymbol{\beta}$ 的通解.

56. 设矩阵 $\boldsymbol{A}=\begin{pmatrix} 1 & -1 & -1 \\ -1 & 2 & 3 \\ 0 & 1 & 2 \\ 0 & -1 & 1 \end{pmatrix}$，$\boldsymbol{B}=\begin{pmatrix} 0 & -2 \\ 1 & 6 \\ 1 & a \\ -1 & 5 \end{pmatrix}$. 当 a 取何值时，存在矩阵 $\boldsymbol{X}$ 使得 $\boldsymbol{AX}=\boldsymbol{B}$?并求出矩阵 $\boldsymbol{X}$.

57. 已知 $A(1,1)$，$B(2,2)$，$C(a,1)$ 为坐标平面 xOy 上的点，其中 a 为参数，问是否存在经过点 A, B, C 的曲线 $y=k_1x+k_2x^2+k_3x^3$?如果存在，求出曲线方程.

58. 设 n 个未知数的非齐次线性方程组 $\boldsymbol{Ax}=\boldsymbol{b}$ 的系数矩阵的秩为 r，又设 $\boldsymbol{\eta}_1, \boldsymbol{\eta}_2, \cdots, \boldsymbol{\eta}_{n-r+1}$ 是其 $n-r+1$ 个线性无关的解向量，试证它的任一解 $\boldsymbol{\eta}$ 可表示为

$$\boldsymbol{\eta}=k_1\boldsymbol{\eta}_1+k_2\boldsymbol{\eta}_2+\cdots+k_{n-r+1}\boldsymbol{\eta}_{n-r+1},$$

其中 $k_1+k_2+\cdots+k_{n-r+1}=1$.

59. 已知四阶方阵 $\boldsymbol{A}=(\boldsymbol{\alpha}_1, \boldsymbol{\alpha}_2, \boldsymbol{\alpha}_3, \boldsymbol{\alpha}_4)$，$\boldsymbol{\alpha}_1, \boldsymbol{\alpha}_2, \boldsymbol{\alpha}_3, \boldsymbol{\alpha}_4$ 均为四维列向量，其中 $\boldsymbol{\alpha}_2, \boldsymbol{\alpha}_3, \boldsymbol{\alpha}_4$ 线性无关，$\boldsymbol{\alpha}_1=2\boldsymbol{\alpha}_2-\boldsymbol{\alpha}_3$. 如果 $\boldsymbol{\beta}=\boldsymbol{\alpha}_1+\boldsymbol{\alpha}_2+\boldsymbol{\alpha}_3+\boldsymbol{\alpha}_4$，求线性方程组 $\boldsymbol{Ax}=\boldsymbol{\beta}$ 的通解.

60. 已知三阶的实数矩阵 $\boldsymbol{A}=(a_{ij})_{3\times 3}$ 满足条件：(1) $a_{ij}=A_{ij}$，这里 $i,j=1,2,3$，A_{ij} 是 $\boldsymbol{A}$ 的代数余子式；(2) $a_{33}=-1$. 试求：（Ⅰ）$|\boldsymbol{A}|$ 的值；（Ⅱ）求解线性方程组 $\boldsymbol{Ax}=\boldsymbol{b}$，其中 $\boldsymbol{x}=(x_1,x_2,x_3)^{\mathrm{T}}$，$\boldsymbol{b}=(0,0,1)^{\mathrm{T}}$.

61. 设 $\boldsymbol{A}$ 为 $m\times n$ 矩阵，$\boldsymbol{b}$ 是 m 维向量. 证明：线性方程组 $\boldsymbol{A}^{\mathrm{T}}\boldsymbol{Ax}=\boldsymbol{A}^{\mathrm{T}}\boldsymbol{b}$ 必有解.

62. 设 $\boldsymbol{\eta}^*$ 是非齐次线性方程组 $\boldsymbol{Ax}=\boldsymbol{b}$ 的一个解，$\boldsymbol{\xi}_1, \boldsymbol{\xi}_2, \cdots, \boldsymbol{\xi}_{n-r}$ 是其导出组 $\boldsymbol{Ax}=\boldsymbol{0}$ 的一个基础解系. 证明：

(1) $\boldsymbol{\eta}^*, \boldsymbol{\xi}_1, \boldsymbol{\xi}_2, \cdots, \boldsymbol{\xi}_{n-r}$ 线性无关；

(2) $\boldsymbol{\eta}^*, \boldsymbol{\eta}^*+\boldsymbol{\xi}_1, \boldsymbol{\eta}^*+\boldsymbol{\xi}_2, \cdots, \boldsymbol{\eta}^*+\boldsymbol{\xi}_{n-r}$ 线性无关.

(B)

一、填空题

1. 设向量组 $\boldsymbol{\alpha}=(1,0,1)^{\mathrm{T}}$，$\boldsymbol{\beta}=(2,k,-1)^{\mathrm{T}}$，$\boldsymbol{\gamma}=(-1,1,-4)^{\mathrm{T}}$ 线性相关，则 $k=$ ________.

2. 设 $\boldsymbol{\alpha}_1=(1,0,5,2)^{\mathrm{T}}$，$\boldsymbol{\alpha}_2=(3,-2,3,-4)^{\mathrm{T}}$，$\boldsymbol{\alpha}_3=(-1,1,a,3)^{\mathrm{T}}$ 线性相关，则 $a=$ ________.

3. 设三阶矩阵 $\boldsymbol{A}=\begin{pmatrix}1&2&-2\\2&1&2\\3&0&4\end{pmatrix}$，三维列向量 $\boldsymbol{\alpha}=(a,1,1)^{\mathrm{T}}$. 已知 $\boldsymbol{A\alpha}$ 与 $\boldsymbol{\alpha}$ 线性相关，则 $a=$ ________.

4. 已知向量组 $\boldsymbol{\alpha}_1=(1,2,-1,1)$，$\boldsymbol{\alpha}_2=(2,0,t,0)$，$\boldsymbol{\alpha}_3=(0,-4,5,-2)$ 的秩为 2，则 $t=$ ________.

5. 已知 $\boldsymbol{A}=\begin{pmatrix}1&2&-2\\4&t&3\\3&-1&1\end{pmatrix}$，$\boldsymbol{B}$ 为三阶矩阵且 $r(\boldsymbol{B})=1$，若 $\boldsymbol{AB}=\boldsymbol{O}$，则 $t=$ ________.

6. 若向量组 $\boldsymbol{\alpha}_1=(1,1,1,1)^{\mathrm{T}}$，$\boldsymbol{\alpha}_2=(0,1,-1,2)^{\mathrm{T}}$，$\boldsymbol{\alpha}_3=(2,3,2+t,4)^{\mathrm{T}}$，$\boldsymbol{\alpha}_4=(3,1,5,9)^{\mathrm{T}}$ 不是四维向量空间 $\boldsymbol{R}^4$ 的一个基，则 $t=$ ________.

7. 已知三维线性空间的一组基底为 $\boldsymbol{\alpha}_1=(1,1,0)$，$\boldsymbol{\alpha}_2=(1,0,1)$，$\boldsymbol{\alpha}_3=(0,1,1)$，则向量 $\boldsymbol{u}=(2,0,0)$ 在上述基底下的坐标是________.

8. 从 $\boldsymbol{R}^2$ 的基 $\boldsymbol{\alpha}_1=\begin{pmatrix}1\\0\end{pmatrix}$，$\boldsymbol{\alpha}_2=\begin{pmatrix}1\\-1\end{pmatrix}$ 到基 $\boldsymbol{\beta}_1=\begin{pmatrix}1\\1\end{pmatrix}$，$\boldsymbol{\beta}_2=\begin{pmatrix}1\\2\end{pmatrix}$ 的过渡矩阵为________.

9. 设 $\boldsymbol{\alpha}_1=(1,2,-1,0)^{\mathrm{T}}$，$\boldsymbol{\alpha}_2=(1,1,0,2)^{\mathrm{T}}$，$\boldsymbol{\alpha}_3=(2,1,1,a)^{\mathrm{T}}$. 若由 $\boldsymbol{\alpha}_1,\boldsymbol{\alpha}_2,\boldsymbol{\alpha}_3$ 生成的向量空间的维数为 2，则 $a=$ ________.

10. 若方程组 $\begin{pmatrix}1&2&1\\1&1&a+1\\0&3&3\end{pmatrix}\begin{pmatrix}x_1\\x_2\\x_3\end{pmatrix}=\begin{pmatrix}0\\0\\0\end{pmatrix}$ 有非零解，则 $a=$ ________.

11. 设 n 阶矩阵 $\boldsymbol{A}$ 的各行元素之和均为零，且 $\boldsymbol{A}$ 的秩为 $n-1$，则线性方程组 $\boldsymbol{Ax}=\boldsymbol{0}$ 的通解为____________.

12. 齐次线性方程组 $\boldsymbol{Ax}=\boldsymbol{0}$ 以 $\boldsymbol{\eta}_1=(1,0,1)^{\mathrm{T}}$，$\boldsymbol{\eta}_2=(0,1,-1)^{\mathrm{T}}$ 为基础解系，则系数矩阵 $\boldsymbol{A}=$ ________.

13. 设 $\boldsymbol{A}$ 是 n 阶矩阵，秩 $r(\boldsymbol{A})=n-1$. 若行列式 $|\boldsymbol{A}|$ 的代数余子式 $A_{11}\neq 0$，则线性方程组 $\boldsymbol{Ax}=\boldsymbol{0}$ 的通解是________.

14. 设 $\boldsymbol{A}$ 为 n 阶方阵 $(n\geqslant 2)$，对任意 n 维向量 $\boldsymbol{\alpha}$ 均有 $\boldsymbol{A}^*\boldsymbol{\alpha}=\boldsymbol{0}$，则齐次线性方程组 $\boldsymbol{Ax}=\boldsymbol{0}$ 的基础解系中所含向量个数 k 应满足________.

15. 若线性方程组 $\begin{cases}x_1+x_2=-a_1,\\x_2+x_3=a_2,\\x_3+x_4=-a_3,\\x_4+x_1=a_4\end{cases}$ 有解，则常数 a_1,a_2,a_3,a_4 应满足条件________.

16. 设 $\boldsymbol{\eta}_1,\boldsymbol{\eta}_2,\cdots,\boldsymbol{\eta}_s$ 是非齐次线性方程组 $\boldsymbol{Ax}=\boldsymbol{b}$ 的一组解向量，如果 $c_1\boldsymbol{\eta}_1+c_2\boldsymbol{\eta}_2+$

$\cdots+c_s\boldsymbol{\eta}_s$ 也是该方程组的一个解，则 $c_1+c_2+\cdots+c_s=$ ________.

17. 如果向量 $\boldsymbol{\beta}=(1,0,k,2)^{\mathrm{T}}$ 能由向量组 $\boldsymbol{\alpha}_1=(1,3,0,5)^{\mathrm{T}}$，$\boldsymbol{\alpha}_2=(1,2,1,4)^{\mathrm{T}}$，$\boldsymbol{\alpha}_4=(1,-3,6,-1)^{\mathrm{T}}$ 线性表示，则 $k=$ ________.

18. 设三元非齐次线性方程组 $\boldsymbol{Ax}=\boldsymbol{b}$ 有三个特解 $\boldsymbol{\alpha}_1$，$\boldsymbol{\alpha}_2$，$\boldsymbol{\alpha}_3$，且 $\boldsymbol{\alpha}_1+\boldsymbol{\alpha}_2+\boldsymbol{\alpha}_3=(1,1,1)^{\mathrm{T}}$，$\boldsymbol{\alpha}_3-\boldsymbol{\alpha}_2=(1,0,0)^{\mathrm{T}}$，而 $r(\boldsymbol{A})=2$，则 $\boldsymbol{Ax}=\boldsymbol{b}$ 的通解为________.

19. 设 $\boldsymbol{A}$ 是 4×3 矩阵，$r(\boldsymbol{A})=2$，已知 $\boldsymbol{\eta}_1$，$\boldsymbol{\eta}_2$，$\boldsymbol{\eta}_3$ 是 $\boldsymbol{Ax}=\boldsymbol{b}$ 的三个解，且满足 $\boldsymbol{\eta}_1+\boldsymbol{\eta}_2=(1,2,1)^{\mathrm{T}}$，$\boldsymbol{\eta}_2+\boldsymbol{\eta}_3=(0,1,2)^{\mathrm{T}}$，则该方程组的通解 $\boldsymbol{x}=$ ____________.

20. 设 $\boldsymbol{A}=(a_{ij})_{3\times3}$ 是实矩阵，且满足 $\boldsymbol{A}^{\mathrm{T}}\boldsymbol{A}=\boldsymbol{E}$，$a_{11}=1$，$\boldsymbol{b}=(1,0,0)^{\mathrm{T}}$，则线性方程组 $\boldsymbol{Ax}=\boldsymbol{b}$ 的解是____________.

二、选择题

1. 向量组 $\boldsymbol{\alpha}_1$，$\boldsymbol{\alpha}_2$，$\cdots$，$\boldsymbol{\alpha}_m(m\geqslant2)$ 线性相关的充分必要条件是(　　).

(A)其中每个向量都是其余 $m-1$ 个向量的线性组合

(B)$\boldsymbol{\alpha}_1$，$\boldsymbol{\alpha}_2$，$\cdots$，$\boldsymbol{\alpha}_m$ 中至少有一个是零向量

(C)$\boldsymbol{\alpha}_1$，$\boldsymbol{\alpha}_2$，$\cdots$，$\boldsymbol{\alpha}_m$ 中任意两个向量成比例

(D)$\boldsymbol{\alpha}_1$，$\boldsymbol{\alpha}_2$，$\cdots$，$\boldsymbol{\alpha}_m$ 中存在一个向量可由其余 $m-1$ 个向量线性表出

2. n 维向量组 $\boldsymbol{\alpha}_1$，$\boldsymbol{\alpha}_2$，$\cdots$，$\boldsymbol{\alpha}_m(m\geqslant2)$ 线性无关的充分必要条件是(　　).

(A)$m<n$

(B)$\boldsymbol{\alpha}_1$，$\boldsymbol{\alpha}_2$，$\cdots$，$\boldsymbol{\alpha}_m$ 都不是零向量

(C)$\boldsymbol{\alpha}_1$，$\boldsymbol{\alpha}_2$，$\cdots$，$\boldsymbol{\alpha}_m$ 中任意一个向量都不能由其余向量线性表出

(D)$\boldsymbol{\alpha}_1$，$\boldsymbol{\alpha}_2$，$\cdots$，$\boldsymbol{\alpha}_m$ 中任意两个向量都不成比例

3. 若向量 $\boldsymbol{\alpha}$，$\boldsymbol{\beta}$，$\boldsymbol{\gamma}$ 线性无关，$\boldsymbol{\alpha}$，$\boldsymbol{\beta}$，$\boldsymbol{\delta}$ 线性相关，则(　　).

(A)$\boldsymbol{\alpha}$ 必可由 $\boldsymbol{\beta}$，$\boldsymbol{\gamma}$，$\boldsymbol{\delta}$ 线性表示　　(B)$\boldsymbol{\beta}$ 必不可由 $\boldsymbol{\alpha}$，$\boldsymbol{\gamma}$，$\boldsymbol{\delta}$ 线性表示

(C)$\boldsymbol{\delta}$ 必可由 $\boldsymbol{\alpha}$，$\boldsymbol{\beta}$，$\boldsymbol{\gamma}$ 线性表示　　(D)$\boldsymbol{\delta}$ 必不可由 $\boldsymbol{\alpha}$，$\boldsymbol{\beta}$，$\boldsymbol{\gamma}$ 线性表示

4. 设向量 $\boldsymbol{\beta}$ 可由 $\boldsymbol{\alpha}_1$，$\boldsymbol{\alpha}_2$，$\cdots$，$\boldsymbol{\alpha}_s$ 线性表出，但不能由向量组(Ⅰ)$\boldsymbol{\alpha}_1$，$\boldsymbol{\alpha}_2$，$\cdots$，$\boldsymbol{\alpha}_{s-1}$ 线性表出，记向量组(Ⅱ)$\boldsymbol{\alpha}_1$，$\boldsymbol{\alpha}_2$，$\cdots$，$\boldsymbol{\alpha}_{s-1}$，$\boldsymbol{\beta}$，则 $\boldsymbol{\alpha}_s$(　　).

(A)不能由(Ⅰ)，也不能由(Ⅱ)线性表出　(B)不能由(Ⅰ)，但可由(Ⅱ)线性表出

(C)可由(Ⅰ)，也可由(Ⅱ)线性表出　　　(D)可由(Ⅰ)，但不能由(Ⅱ)线性表出

5. 设向量组(Ⅰ)：$\boldsymbol{\alpha}_1=\begin{pmatrix}1\\0\\1\\1\end{pmatrix}$，$\boldsymbol{\alpha}_2=\begin{pmatrix}2\\1\\2\\1\end{pmatrix}$，$\boldsymbol{\alpha}_3=\begin{pmatrix}3\\b+4\\3\\1\end{pmatrix}$，$\boldsymbol{\alpha}_4=\begin{pmatrix}4\\5\\a-2\\-1\end{pmatrix}$，$\boldsymbol{\alpha}_5=\begin{pmatrix}4\\4\\8\\3\end{pmatrix}$；向量组(Ⅱ)：$\boldsymbol{\beta}_1=\begin{pmatrix}2\\1\\3\end{pmatrix}$，$\boldsymbol{\beta}_2=\begin{pmatrix}1\\3\\2\end{pmatrix}$，$\boldsymbol{\beta}_3=\begin{pmatrix}3\\2\\-1\end{pmatrix}$，则(　　).

(A)向量组(Ⅰ)线性相关,向量组(Ⅱ)线性无关

(B)向量组(Ⅰ)线性无关,向量组(Ⅱ)线性相关

(C)向量组(Ⅰ)线性无关,向量组(Ⅱ)线性无关

(D)向量组(Ⅰ)线性相关,向量组(Ⅱ)线性相关

6. 设$\boldsymbol{\beta}=(1,\ 2,\ t)^{\mathrm{T}}$,$\boldsymbol{\alpha}_1=(2,\ 1,\ 1)^{\mathrm{T}}$,$\boldsymbol{\alpha}_2=(-1,\ 2,\ 7)^{\mathrm{T}}$.若$\boldsymbol{\beta}$可以由$\boldsymbol{\alpha}_1$,$\boldsymbol{\alpha}_2$线性表出,则$t=$(　　).

(A)-5　　(B)5　　(C)-2　　(D)2

7. 已知向量组$\boldsymbol{\alpha}_1$,$\boldsymbol{\alpha}_2$,$\boldsymbol{\alpha}_3$线性无关,若向量组$\boldsymbol{\alpha}_1+\boldsymbol{\alpha}_2$,$\boldsymbol{\alpha}_2+\boldsymbol{\alpha}_3$,$k\boldsymbol{\alpha}_3+l\boldsymbol{\alpha}_1$线性相关,则数$k$和$l$应满足条件(　　).

(A)$k=l=1$　　(B)$k-l=1$　　(C)$k+l=1$　　(D)$k+l=0$

8. 设向量组Ⅰ:$\boldsymbol{\alpha}_1,\boldsymbol{\alpha}_2,\cdots,\boldsymbol{\alpha}_m$,其秩为$r$;向量组Ⅱ:$\boldsymbol{\alpha}_1,\boldsymbol{\alpha}_2,\cdots,\boldsymbol{\alpha}_m,\boldsymbol{\beta}$,其秩为$s$.则$r=s$是向量组Ⅰ与向量组Ⅱ等价的(　　).

(A)充分非必要条件　　(B)必要非充分条件

(C)充分必要条件　　(D)既非充分也非必要条件

9. 设向量组$\boldsymbol{\alpha}_1$,$\boldsymbol{\alpha}_2$,$\boldsymbol{\alpha}_3$与向量组$\boldsymbol{\alpha}_1$,$\boldsymbol{\alpha}_2$等价,则(　　).

(A)$\boldsymbol{\alpha}_1$,$\boldsymbol{\alpha}_2$线性相关　　(B)$\boldsymbol{\alpha}_1$,$\boldsymbol{\alpha}_2$线性无关

(C)$\boldsymbol{\alpha}_1$,$\boldsymbol{\alpha}_2$,$\boldsymbol{\alpha}_3$线性相关　　(D)$\boldsymbol{\alpha}_1$,$\boldsymbol{\alpha}_2$,$\boldsymbol{\alpha}_3$线性无关

10. 设向量组$\boldsymbol{\alpha}$,$\boldsymbol{\beta}$,$\boldsymbol{\gamma}$及数k,l,m满足$k\boldsymbol{\alpha}+l\boldsymbol{\beta}+m\boldsymbol{\gamma}=\mathbf{0}$,且$km\neq0$,则(　　).

(A)$\boldsymbol{\alpha}$,$\boldsymbol{\beta}$与$\boldsymbol{\alpha}$,$\boldsymbol{\gamma}$等价　　(B)$\boldsymbol{\alpha}$,$\boldsymbol{\beta}$与$\boldsymbol{\beta}$,$\boldsymbol{\gamma}$等价

(C)$\boldsymbol{\alpha}$,$\boldsymbol{\gamma}$与$\boldsymbol{\beta}$,$\boldsymbol{\gamma}$等价　　(D)$\boldsymbol{\alpha}$与$\boldsymbol{\gamma}$等价

11. 设向量组$\boldsymbol{\alpha}_1$,$\boldsymbol{\alpha}_2$,$\boldsymbol{\alpha}_3$线性无关,向量$\boldsymbol{\beta}_1$能由$\boldsymbol{\alpha}_1$,$\boldsymbol{\alpha}_2$,$\boldsymbol{\alpha}_3$线性表出,$\boldsymbol{\beta}_2$不能由$\boldsymbol{\alpha}_1$,$\boldsymbol{\alpha}_2$,$\boldsymbol{\alpha}_3$线性表出,则必有(　　).

(A)$\boldsymbol{\alpha}_1$,$\boldsymbol{\alpha}_2$,$\boldsymbol{\beta}_1$线性相关　　(B)$\boldsymbol{\alpha}_1$,$\boldsymbol{\alpha}_2$,$\boldsymbol{\beta}_1$线性无关

(C)$\boldsymbol{\alpha}_1$,$\boldsymbol{\alpha}_2$,$\boldsymbol{\beta}_2$线性相关　　(D)$\boldsymbol{\alpha}_1$,$\boldsymbol{\alpha}_2$,$\boldsymbol{\beta}_2$线性无关

12. 设向量组$\boldsymbol{\alpha}_1$,$\boldsymbol{\alpha}_2$,$\boldsymbol{\alpha}_3$线性无关,则下列向量组中线性无关的是(　　).

(A)$\boldsymbol{\alpha}_1-\boldsymbol{\alpha}_2$,$\boldsymbol{\alpha}_2-\boldsymbol{\alpha}_3$,$\boldsymbol{\alpha}_3-\boldsymbol{\alpha}_1$　　(B)$\boldsymbol{\alpha}_1+\boldsymbol{\alpha}_2$,$\boldsymbol{\alpha}_2-\boldsymbol{\alpha}_3$,$\boldsymbol{\alpha}_3+\boldsymbol{\alpha}_1$

(C)$\boldsymbol{\alpha}_1+\boldsymbol{\alpha}_2$,$\boldsymbol{\alpha}_2+\boldsymbol{\alpha}_3$,$\boldsymbol{\alpha}_3+\boldsymbol{\alpha}_1$　　(D)$\boldsymbol{\alpha}_1-\boldsymbol{\alpha}_2$,$\boldsymbol{\alpha}_2+\boldsymbol{\alpha}_3$,$\boldsymbol{\alpha}_3+\boldsymbol{\alpha}_1$

13. n维向量组$\boldsymbol{\alpha}_1,\boldsymbol{\alpha}_2,\cdots,\boldsymbol{\alpha}_s(3\leqslant s\leqslant n)$线性无关的充分必要条件是(　　).

(A)存在一组不全为0的数$k_1,k_2,\cdots,k_s$,使$k_1\boldsymbol{\alpha}_1+k_2\boldsymbol{\alpha}_2+\cdots+k_s\boldsymbol{\alpha}_s=0$

(B)$\boldsymbol{\alpha}_1,\boldsymbol{\alpha}_2,\cdots,\boldsymbol{\alpha}_s$中任意两个向量都线性无关

(C)$\boldsymbol{\alpha}_1,\boldsymbol{\alpha}_2,\cdots,\boldsymbol{\alpha}_s$中存在一个向量,它不能用其余向量线性表出

(D)$\boldsymbol{\alpha}_1,\boldsymbol{\alpha}_2,\cdots,\boldsymbol{\alpha}_s$中任意一个向量都不能用其余向量线性表出

14. 设$\boldsymbol{A}$为n阶方阵且$|\boldsymbol{A}|=0$,则(　　).

(A)$\boldsymbol{A}$中必有两行(列)的元素对应成比例

(B)$\boldsymbol{A}$ 中任意一行(列)向量是其余各行(列)向量的线性组合

(C)$\boldsymbol{A}$ 中必有一行(列)向量是其余各行(列)向量的线性组合

(D)$\boldsymbol{A}$ 中至少有一行(列)的元素全为 0

15. 设向量组(Ⅰ)$\boldsymbol{\alpha}_1,\boldsymbol{\alpha}_2,\cdots,\boldsymbol{\alpha}_r$ 可由向量组(Ⅱ)$\boldsymbol{\beta}_1,\boldsymbol{\beta}_2,\cdots,\boldsymbol{\beta}_s$ 线性表示,则(　　).

(A) 当 $r<s$ 时,向量组(Ⅱ)必线性相关

(B) 当 $r>s$ 时,向量组(Ⅱ)必线性相关

(C) 当 $r<s$ 时,向量组(Ⅰ)必线性相关

(D) 当 $r>s$ 时,向量组(Ⅰ)必线性相关

16. 已知 $\boldsymbol{\beta}_1=\boldsymbol{\alpha}_1+2\boldsymbol{\alpha}_2+3\boldsymbol{\alpha}_3,\boldsymbol{\beta}_2=-\boldsymbol{\alpha}_1+\boldsymbol{\alpha}_2,\boldsymbol{\beta}_3=5\boldsymbol{\alpha}_1+2\boldsymbol{\alpha}_2+7\boldsymbol{\alpha}_3$,则(　　).

(A)向量组 $\boldsymbol{\beta}_1,\boldsymbol{\beta}_2,\boldsymbol{\beta}_3$ 必线性无关

(B)向量组 $\boldsymbol{\beta}_1,\boldsymbol{\beta}_2,\boldsymbol{\beta}_3$ 必线性相关

(C)仅当向量组 $\boldsymbol{\alpha}_1,\boldsymbol{\alpha}_2,\boldsymbol{\alpha}_3$ 线性无关时,向量组 $\boldsymbol{\beta}_1,\boldsymbol{\beta}_2,\boldsymbol{\beta}_3$ 线性无关

(D)仅当向量组 $\boldsymbol{\alpha}_1,\boldsymbol{\alpha}_2,\boldsymbol{\alpha}_3$ 线性相关时,向量组 $\boldsymbol{\beta}_1,\boldsymbol{\beta}_2,\boldsymbol{\beta}_3$ 线性相关

17. 下列命题中正确的是(　　).

(A)若向量 $\boldsymbol{\alpha}_s$ 不能由向量组 $\boldsymbol{\alpha}_1,\boldsymbol{\alpha}_2,\cdots,\boldsymbol{\alpha}_{s-1}$ 线性表示,则向量组 $\boldsymbol{\alpha}_1,\boldsymbol{\alpha}_2,\cdots,\boldsymbol{\alpha}_s$ 线性无关

(B)若向量组 $\boldsymbol{\alpha}_1,\boldsymbol{\alpha}_2,\cdots,\boldsymbol{\alpha}_s$ 的一个部分组 $\boldsymbol{\alpha}_1,\boldsymbol{\alpha}_2,\cdots,\boldsymbol{\alpha}_t(t<s)$线性无关,则向量组 $\boldsymbol{\alpha}_1,\cdots,\boldsymbol{\alpha}_s$ 线性无关

(C)若向量组 $\boldsymbol{\alpha}_1,\boldsymbol{\alpha}_2,\cdots,\boldsymbol{\alpha}_s$ 能由向量组 $\boldsymbol{\beta}_1,\boldsymbol{\beta}_2,\cdots,\boldsymbol{\beta}_{s-1}$ 线性表示,则向量组 $\boldsymbol{\alpha}_1,\boldsymbol{\alpha}_2,\cdots,\boldsymbol{\alpha}_s$ 线性相关

(D)若向量组 $\boldsymbol{\alpha}_1,\boldsymbol{\alpha}_2,\cdots,\boldsymbol{\alpha}_s$ 不能由向量组 $\boldsymbol{\beta}_1,\boldsymbol{\beta}_2,\cdots,\boldsymbol{\beta}_{s-1}$ 线性表示,则向量组 $\boldsymbol{\alpha}_1,\boldsymbol{\alpha}_2,\cdots,\boldsymbol{\alpha}_s$ 线性无关

18. 若向量组 $\boldsymbol{\alpha}_1,\boldsymbol{\alpha}_2,\cdots,\boldsymbol{\alpha}_s$ 可由向量组 $\boldsymbol{\beta}_1,\boldsymbol{\beta}_2,\cdots,\boldsymbol{\beta}_s$ 线性表出,则 $\boldsymbol{\alpha}_1,\boldsymbol{\alpha}_2\cdots,\boldsymbol{\alpha}_s$ 线性无关是 $\boldsymbol{\beta}_1,\boldsymbol{\beta}_2,\cdots,\boldsymbol{\beta}_s$ 线性无关的(　　).

(A)充分必要条件　　(B)充分不必要条件

(C)必要不充分条件　　(D)既不充分也不必要条件

19. 设 3 维向量 $\boldsymbol{\alpha}_1,\boldsymbol{\alpha}_2,\boldsymbol{\alpha}_3,\boldsymbol{\alpha}_4$ 两两线性无关,则向量组 $\boldsymbol{\alpha}_1,\boldsymbol{\alpha}_2,\boldsymbol{\alpha}_3,\boldsymbol{\alpha}_4$ 的秩(　　).

(A)等于 2　　(B)等于 3　　(C)等于 4　　(D)不能确定

20. 设 3 维向量组 $\boldsymbol{\alpha}_1,\boldsymbol{\alpha}_2,\boldsymbol{\alpha}_3$ 的秩为 2,则向量组 $\boldsymbol{\alpha}_1-\boldsymbol{\alpha}_2,\boldsymbol{\alpha}_2-\boldsymbol{\alpha}_3,\boldsymbol{\alpha}_3-\boldsymbol{\alpha}_1$ 的秩是(　　).

(A)0 或 1　　(B)1 或 2　　(C)1 或 3　　(D)2 或 3

21. 设 $\boldsymbol{\eta}_1=(1,-1,1,0)^{\mathrm{T}},\boldsymbol{\eta}_2=\left(1,1,-\frac{1}{2},2\right)^{\mathrm{T}},\boldsymbol{\eta}_3=(-2,0,1,-2)^{\mathrm{T}},\boldsymbol{\eta}_4=(1,$

$-1, 0, 0)^{\mathrm{T}}$，$\boldsymbol{\eta}_5=(0,-2,1,-2)^{\mathrm{T}}$，则齐次方程组 $\begin{cases}x_1+x_2-x_3=0,\\2x_3+x_4=0\end{cases}$ 的基础解系是(　　).

(A)$\boldsymbol{\eta}_1$，$\boldsymbol{\eta}_2$　　(B)$\boldsymbol{\eta}_2$，$\boldsymbol{\eta}_3$　　(C)$\boldsymbol{\eta}_3$，$\boldsymbol{\eta}_4$　　(D)$\boldsymbol{\eta}_3$，$\boldsymbol{\eta}_4$，$\boldsymbol{\eta}_5$

22. 设 n 元齐次线性方程组 $\boldsymbol{AX}=\boldsymbol{0}$ 的系数矩阵 $\boldsymbol{A}$ 的秩为 r，则 $\boldsymbol{AX}=\boldsymbol{0}$ 有非零解的充分必要条件是(　　).

(A) $r=n$　　(B) $r<n$　　(C) $r\geqslant n$　　(D) $r>n$

23. 设 $\boldsymbol{A}$ 为 $m\times n$ 矩阵，齐次线性方程组 $\boldsymbol{AX}=\boldsymbol{0}$ 仅有零解的充分条件是(　　).

(A)$\boldsymbol{A}$ 的列向量线性无关　　(B)$\boldsymbol{A}$ 的列向量线性相关

(C)$\boldsymbol{A}$ 的行向量线性无关　　(D)$\boldsymbol{A}$ 的行向量线性相关

24. 设 $\boldsymbol{A}$ 为 $m\times n$ 矩阵，则齐次线性方程组 $\boldsymbol{Ax}=\boldsymbol{0}$ 有结论(　　).

(A)当 $m\geqslant n$ 时，方程组仅有零解

(B)当 $m<n$ 时，方程组有非零解，且基础解系中含 $n-m$ 个线性无关的解向量

(C)若 $\boldsymbol{A}$ 有 n 阶子式不为零，则方程组只有零解

(D)若所有 $n-1$ 阶子式不为零，则方程组只有零解

25. 设 $\boldsymbol{A}$ 为 n 阶方阵，齐次线性方程组 $\boldsymbol{Ax}=\boldsymbol{0}$ 有两个线性无关的解，$\boldsymbol{A}^*$ 是 $\boldsymbol{A}$ 的伴随矩阵，则有(　　).

(A)$\boldsymbol{A}^*\boldsymbol{x}=\boldsymbol{0}$ 的解均为 $\boldsymbol{Ax}=\boldsymbol{0}$ 的解

(B)$\boldsymbol{Ax}=\boldsymbol{0}$ 的解均为 $\boldsymbol{A}^*\boldsymbol{x}=\boldsymbol{0}$ 的解

(C)$\boldsymbol{Ax}=\boldsymbol{0}$ 与 $\boldsymbol{A}^*\boldsymbol{x}=\boldsymbol{0}$ 无非零公共解

(D)$\boldsymbol{Ax}=\boldsymbol{0}$ 与 $\boldsymbol{A}^*\boldsymbol{x}=\boldsymbol{0}$ 恰好有一个非零公共解

26. 设 $\boldsymbol{A}$ 为 n 阶方阵，且 $r(\boldsymbol{A})=n-1$，$\boldsymbol{\alpha}_1$，$\boldsymbol{\alpha}_2$ 是 $\boldsymbol{Ax}=\boldsymbol{0}$ 的两个不同的解向量，则 $\boldsymbol{Ax}=\boldsymbol{0}$ 的通解为(　　).

(A)$k\boldsymbol{\alpha}_1$　　(B)$k\boldsymbol{\alpha}_2$　　(C)$k(\boldsymbol{\alpha}_1-\boldsymbol{\alpha}_2)$　　(D)$k(\boldsymbol{\alpha}_1+\boldsymbol{\alpha}_2)$

27. 设 $\boldsymbol{A}$ 是 $m\times n$ 矩阵，$\boldsymbol{B}$ 是 $n\times m$ 矩阵，则线性方程组 $(\boldsymbol{AB})\boldsymbol{x}=\boldsymbol{0}$ (　　).

(A)当 $n>m$ 时仅有零解　　(B)当 $n>m$ 时必有非零解

(C)当 $m>n$ 时仅有零解　　(D)当 $m>n$ 时必有非零解

28. 设 $\boldsymbol{A}$ 为 4×5 阶矩阵，若 $\boldsymbol{\alpha}_1,\boldsymbol{\alpha}_2,\boldsymbol{\alpha}_3$ 为线性方程组 $\boldsymbol{A}^{\mathrm{T}}\boldsymbol{x}=\boldsymbol{0}$ 的基础解系，则 $r(\boldsymbol{A})=$ (　　).

(A)4　　(B)3　　(C)2　　(D)1

29. 设 $\boldsymbol{A}$，$\boldsymbol{B}$ 为满足 $\boldsymbol{AB}=\boldsymbol{O}$ 的任意两个非零矩阵，则必有(　　).

(A)$\boldsymbol{A}$ 的列向量组线性相关，$\boldsymbol{B}$ 的行向量组线性相关

(B)$\boldsymbol{A}$ 的列向量组线性相关，$\boldsymbol{B}$ 的列向量组线性相关

(C)$\boldsymbol{A}$ 的行向量组线性无关，$\boldsymbol{B}$ 的行向量组线性相关

(D)$\boldsymbol{A}$ 的行向量组线性无关,$\boldsymbol{B}$ 的列向量组线性相关

30. 设 $\boldsymbol{A},\boldsymbol{B}$ 为 5 阶非零矩阵,且 $\boldsymbol{AB}=\boldsymbol{O}$. 以下结论正确的是(　　).

(A) 若 $r(\boldsymbol{A})=1$,则 $r(\boldsymbol{B})=4$　　(B) 若 $r(\boldsymbol{A})=2$,则 $r(\boldsymbol{B})=3$

(C) 若 $r(\boldsymbol{A})=3$,则 $r(\boldsymbol{B})=2$　　(D) 若 $r(\boldsymbol{A})=4$,则 $r(\boldsymbol{B})=1$

31. 设 $\boldsymbol{A}$ 是 $m\times n$ 矩阵,且其列向量组线性无关,$\boldsymbol{B}$ 为 n 阶矩阵,且满足 $\boldsymbol{AB}=\boldsymbol{A}$,则矩阵 $\boldsymbol{B}$ 的秩 $r(\boldsymbol{B})$(　　).

(A)大于 n　　(B)小于 n　　(C)等于 n　　(D)不能确定

32. 要使 $\boldsymbol{\xi}_1=\begin{pmatrix}1\\0\\2\end{pmatrix},\boldsymbol{\xi}_2=\begin{pmatrix}0\\1\\-1\end{pmatrix}$都是线性方程组 $\boldsymbol{AX}=\boldsymbol{0}$ 的解,只要系数矩阵 $\boldsymbol{A}$ 为(　　).

(A)$(-2,1,1)$　　(B)$\begin{pmatrix}2&0&-1\\0&1&1\end{pmatrix}$

(C)$\begin{pmatrix}-1&0&2\\0&1&-1\end{pmatrix}$　　(D)$\begin{pmatrix}0&1&-1\\4&-2&-2\\0&1&1\end{pmatrix}$

33. 齐次线性方程组$\begin{cases}\lambda x_1+x_2+\lambda^2x_3=0,\\x_1+\lambda x_2+x_3=0,\\x_1+x_2+\lambda x_3=0\end{cases}$的系数矩阵记为 $\boldsymbol{A}$,若存在三阶矩阵 $\boldsymbol{B}\neq\boldsymbol{0}$,使得 $\boldsymbol{AB}=\boldsymbol{O}$,则(　　).

(A)$\lambda=-2$ 且 $|\boldsymbol{B}|=0$　　(B)$\lambda=-2$ 且 $|\boldsymbol{B}|\neq0$

(C)$\lambda=1$ 且 $|\boldsymbol{B}|=0$　　(D)$\lambda=1$ 且 $|\boldsymbol{B}|\neq0$

34. 设 $\boldsymbol{\alpha}_1,\boldsymbol{\alpha}_2,\boldsymbol{\alpha}_3$ 是齐次方程组 $\boldsymbol{Ax}=\boldsymbol{0}$的一个基础解系($\boldsymbol{A}$ 是 $m\times n$ 矩阵). 若 $\boldsymbol{\beta}_1=\boldsymbol{\alpha}_1+2\boldsymbol{\alpha}_2,\boldsymbol{\beta}_2=\boldsymbol{\alpha}_1+t\boldsymbol{\alpha}_3,\boldsymbol{\beta}_3=t\boldsymbol{\alpha}_1+\boldsymbol{\alpha}_2$ 也是 $\boldsymbol{Ax}=\boldsymbol{0}$的一个基础解系,则(　　).

(A)$t\neq0$　　(B)$t=1$ 或 $t=2$

(C)$t\neq0$ 且 $t\neq2$　　(D)$t\neq0$ 且 $t\neq\frac{1}{2}$

35. 若方程 $a_1x^{n-1}+a_2x^{n-2}+\cdots+a_{n-1}x+a_n=0$ 有 n 个不相等实根,则必有(　　).

(A)$a_1,a_2,\cdots,a_n$ 全为零　　(B)$a_1,a_2,\cdots,a_n$ 不全为零

(C)$a_1,a_2,\cdots,a_n$ 全不为零　　(D)$a_1,a_2,\cdots,a_n$ 为任意常数

36. 设 $\boldsymbol{A}$ 是 $m\times n$ 矩阵,$r(\boldsymbol{A})=r$,$\boldsymbol{B}$ 是 m 阶可逆方阵,$\boldsymbol{C}$ 是 m 阶不可逆方阵,且 $r(\boldsymbol{C})<r$,则(　　).

(A)$\boldsymbol{BAx}=\boldsymbol{0}$的基础解系由 $n-m$ 个向量组成

(B)$\boldsymbol{BAx}=\boldsymbol{0}$的基础解系由 $n-r$ 个向量组成

(C)$CAx=0$的基础解系由 $n-m$ 个向量组成

(D)$CAx=0$的基础解系由 $n-r$ 个向量组成

37. 设 $\boldsymbol{\eta}_1,\boldsymbol{\eta}_2$ 是线性方程组$\begin{cases}a_1x_1+a_2x_2+a_3x_3=a_4,\\ x_1+2x_2-x_3=1,\\ 2x_1+x_2+x_3=-4\end{cases}$的两个不同解,则该线性方程组的通解是(　　)(其中 k_1,k_2,k 为任意常数).

(A)$(k_1+1)\boldsymbol{\eta}_1+k_2\boldsymbol{\eta}_2$　　(B)$(k_1-1)\boldsymbol{\eta}_1+k_2\boldsymbol{\eta}_2$

(C)$(k+1)\boldsymbol{\eta}_1-k\boldsymbol{\eta}_2$　　(D)$(k-1)\boldsymbol{\eta}_1-k\boldsymbol{\eta}_2$

38. 已知 $\boldsymbol{A}_{m\times n}\boldsymbol{x}=\boldsymbol{b}$ 有无穷多解,$r(\boldsymbol{A})=r<n$,则该方程组线性无关解向量的个数最多应有(　　)个.

(A)$n-r$　　(B)r　　(C)$n-r+1$　　(D)$r+1$

39. 设 $\boldsymbol{A}$ 是 $m\times n$ 矩阵,$\boldsymbol{x}$ 是 n 维列向量,$\boldsymbol{b}$ 是 m 维列向量,且 $r(\boldsymbol{A})=r$,则(　　)

(A)$r=m$ 时 $\boldsymbol{Ax}=\boldsymbol{b}$ 有解.　　(B)$r=n$ 时 $\boldsymbol{Ax}=\boldsymbol{b}$ 有解.

(C)$r<n$ 时 $\boldsymbol{Ax}=\boldsymbol{b}$ 有无穷多解.　　(D)$m=n$ 时 $\boldsymbol{Ax}=\boldsymbol{b}$ 有唯一解.

40. 设 $\boldsymbol{A}$ 是 $m\times n$ 矩阵,$\boldsymbol{AX}=\boldsymbol{0}$ 是非齐次线性方程组 $\boldsymbol{AX}=\boldsymbol{b}$ 所对应的齐次线性方程组,则下列结论正确的是(　　).

(A)若 $\boldsymbol{AX}=\boldsymbol{0}$ 仅有零解,则 $\boldsymbol{AX}=\boldsymbol{b}$ 有唯一解

(B)若 $\boldsymbol{AX}=\boldsymbol{0}$ 有非零解,则 $\boldsymbol{AX}=\boldsymbol{b}$ 有无穷多个解

(C)若 $\boldsymbol{AX}=\boldsymbol{b}$ 有无穷多个解,则 $\boldsymbol{AX}=\boldsymbol{0}$ 仅有零解

(D)若 $\boldsymbol{AX}=\boldsymbol{b}$ 有无穷多个解,则 $\boldsymbol{AX}=\boldsymbol{0}$ 有非零解

41. 非齐次线性方程组 $\boldsymbol{AX}=\boldsymbol{b}$ 中未知量个数为 n,方程个数为 m,系数矩阵 $\boldsymbol{A}$ 的秩为 r,则(　　).

(A) $r=m$ 时,方程组 $\boldsymbol{AX}=\boldsymbol{b}$ 有解　　(B) $r=n$ 时,方程组 $\boldsymbol{AX}=\boldsymbol{b}$ 有唯一解

(C) $m=n$ 时,方程组 $\boldsymbol{AX}=\boldsymbol{b}$ 有唯一解　　(D) $r<n$ 时,方程组 $\boldsymbol{AX}=\boldsymbol{b}$ 有无穷多解

42. 已知 $\boldsymbol{\beta}_1$, $\boldsymbol{\beta}_2$ 是非齐次线性方程组 $\boldsymbol{Ax}=\boldsymbol{b}$ 的两个不同的解,$\boldsymbol{\alpha}_1$, $\boldsymbol{\alpha}_2$ 是相应齐次线性方程组 $\boldsymbol{Ax}=\boldsymbol{0}$的基础解系,$k_1$, k_2 是任意常数,则 $\boldsymbol{Ax}=\boldsymbol{b}$ 的通解是(　　).

(A)$k_1\boldsymbol{\alpha}_1+k_2(\boldsymbol{\alpha}_1+\boldsymbol{\alpha}_2)+\dfrac{\boldsymbol{\beta}_1-\boldsymbol{\beta}_2}{2}$　　(B)$k_1\boldsymbol{\alpha}_1+k_2(\boldsymbol{\alpha}_1-\boldsymbol{\alpha}_2)+\dfrac{\boldsymbol{\beta}_1+\boldsymbol{\beta}_2}{2}$

(C)$k_1\boldsymbol{\alpha}_1+k_2(\boldsymbol{\beta}_1-\boldsymbol{\beta}_2)+\dfrac{\boldsymbol{\beta}_1-\boldsymbol{\beta}_2}{2}$　　(D)$k_1\boldsymbol{\alpha}_1+k_2(\boldsymbol{\beta}_1-\boldsymbol{\beta}_2)+\dfrac{\boldsymbol{\beta}_1+\boldsymbol{\beta}_2}{2}$

43. 设 $\boldsymbol{A}=(\boldsymbol{\alpha}_1, \boldsymbol{\alpha}_2, \boldsymbol{\alpha}_3, \boldsymbol{\alpha}_4)$,$\boldsymbol{\alpha}_1$, $\boldsymbol{\alpha}_2$, $\boldsymbol{\alpha}_3$, $\boldsymbol{\alpha}_4$ 为四维向量. 又已知 $\boldsymbol{\alpha}_1$, $\boldsymbol{\alpha}_2$ 线性无关,且 $\boldsymbol{\alpha}_1+2\boldsymbol{\alpha}_2-\boldsymbol{\alpha}_3=\boldsymbol{\beta}$,$\boldsymbol{\alpha}_1+\boldsymbol{\alpha}_2+\boldsymbol{\alpha}_3+\boldsymbol{\alpha}_4=\boldsymbol{\beta}$,$2\boldsymbol{\alpha}_1+3\boldsymbol{\alpha}_2+\boldsymbol{\alpha}_3+2\boldsymbol{\alpha}_4=\boldsymbol{\beta}$,则线性方程组 $\boldsymbol{Ax}=\boldsymbol{\beta}$ 的通解为(　　)(其中 k_1, k_2 为任意常数).

(A) $\begin{pmatrix}1\\2\\-1\\0\end{pmatrix}+k_1\begin{pmatrix}1\\1\\1\\1\end{pmatrix}+k_2\begin{pmatrix}2\\3\\1\\2\end{pmatrix}$　　(B) $\begin{pmatrix}1\\1\\1\\1\end{pmatrix}+k_1\begin{pmatrix}1\\2\\0\\1\end{pmatrix}+k_2\begin{pmatrix}0\\1\\-2\\-1\end{pmatrix}$

(C) $\begin{pmatrix}2\\3\\1\\2\end{pmatrix}+k_1\begin{pmatrix}2\\3\\0\\1\end{pmatrix}+k_2\begin{pmatrix}1\\1\\2\\2\end{pmatrix}$　　(D) $\begin{pmatrix}0\\1\\-2\\-1\end{pmatrix}+k_1\begin{pmatrix}1\\2\\0\\1\end{pmatrix}+k_2\begin{pmatrix}1\\1\\2\\2\end{pmatrix}$

44. 设矩阵 $\boldsymbol{A}=\begin{pmatrix}1&-1&0&0\\0&1&-1&0\\0&0&1&-1\\-1&0&0&a\end{pmatrix}$，$\boldsymbol{\beta}=\begin{pmatrix}1\\2\\3\\b\end{pmatrix}$. 若线性方程组 $\boldsymbol{AX}=\boldsymbol{\beta}$ 无解，则(　　).

(A) $a=1,b\neq-6$　　(B) $a\neq1,b\neq-6$

(C) $a=1,b=-6$　　(D) $a\neq1,b=-6$

45. 若线性方程组 $\begin{cases}x_1+ax_2=1,\\x_2-ax_3=1,\\x_3-ax_4=1,\\ax_1+x_4=a\end{cases}$ 有无穷多解，则 $a=$(　　).

(A) 1　　(B) 0　　(C) -1　　(D) -2

46. 设 $\boldsymbol{\alpha}_1=\begin{pmatrix}1\\2\\1\end{pmatrix}$，$\boldsymbol{\alpha}_2=\begin{pmatrix}-1\\1\\2\end{pmatrix}$ 可以由 $\boldsymbol{\beta}_1=\begin{pmatrix}1\\0\\a\end{pmatrix}$，$\boldsymbol{\beta}_2=\begin{pmatrix}0\\1\\b\end{pmatrix}$ 线性表示，则(　　).

(A) $a=1,b=1$　　(B) $a=1,b=-1$

(C) $a=-1,b=1$　　(D) $a=-1,b=-1$

47. 设 $\boldsymbol{A}$ 是 $m\times n$ 阶矩阵，则非齐次线性方程组 $\boldsymbol{Ax}=\boldsymbol{b}$ 有解的充分条件是(　　).

(A) $r(\boldsymbol{A})=m$　　(B) $r(\boldsymbol{A})=n$　　(C) $r(\boldsymbol{A},\boldsymbol{b})=m$　　(D) $r(\boldsymbol{A},\boldsymbol{b})=n$

第 4 章　方阵的特征值和特征向量

方阵的特征值和特征向量的理论刻画了方阵的一些本质特征，是线性代数中十分重要的内容，有关结果在几何学、力学、常微分方程动力系统、管理工程及数量经济等领域都有着广泛的应用.

本章主要介绍方阵的特征值、特征向量和矩阵相似的概念及有关理论，讨论矩阵在相似意义下的对角化问题.

§4.1　矩阵的特征值和特征向量

4.1.1　矩阵的特征值与特征向量的概念

很多数学问题的求解，以及工程技术和经济管理的许多定量分析模型中，常常需要寻求数 $\boldsymbol{\lambda}$ 和非零向量 $\boldsymbol{\alpha}$，使得 $\boldsymbol{A\alpha}=\boldsymbol{\lambda\alpha}$.

例 1(预测问题)　污染与工业发展水平关系的定量分析.

设 x_0 是某地区的污染水平(以空气或河湖水质的某种污染指数为测量单位)，y_0 是目前的工业发展水平(以某种工业发展指数为测算单位). 以 5 年为一个发展周期，一个周期后的污染水平和工业发展水平分别记为 x_1 和 y_1. 它们之间的关系是

$$\begin{cases} x_1=3x_0+y_0, \\ y_1=2x_0+2y_0, \end{cases}$$

写成矩阵形式，就是

$$\begin{pmatrix} x_1 \\ y_1 \end{pmatrix}=\begin{pmatrix} 3 & 1 \\ 2 & 2 \end{pmatrix}\begin{pmatrix} x_0 \\ y_0 \end{pmatrix} \text{ 或 } \boldsymbol{\alpha}_1=\boldsymbol{A\alpha}_0,$$

其中 $\boldsymbol{\alpha}_1=\begin{pmatrix} x_1 \\ y_1 \end{pmatrix}$，$\boldsymbol{\alpha}_0=\begin{pmatrix} x_0 \\ y_0 \end{pmatrix}$，$\boldsymbol{A}=\begin{pmatrix} 3 & 1 \\ 2 & 2 \end{pmatrix}$.

如果当前的水平为 $\boldsymbol{\alpha}_0=\begin{pmatrix} 1 \\ 1 \end{pmatrix}$，则

$$\boldsymbol{\alpha}_1=\begin{pmatrix} x_1 \\ y_1 \end{pmatrix}=\begin{pmatrix} 3 & 1 \\ 2 & 2 \end{pmatrix}\begin{pmatrix} 1 \\ 1 \end{pmatrix}=4\begin{pmatrix} 1 \\ 1 \end{pmatrix}=4\boldsymbol{\alpha}_0,$$

即 $\boldsymbol{A\alpha}_0 = 4\boldsymbol{\alpha}_0$. 由此可以预测 n 个周期后的污染水平与工业发展水平：

$$\boldsymbol{\alpha}_n = 4\boldsymbol{\alpha}_{n-1} = 4^2\boldsymbol{\alpha}_{n-2} = \cdots = 4^n\boldsymbol{\alpha}_0.$$

上述讨论中，表达式 $\boldsymbol{A\alpha}_0 = 4\boldsymbol{\alpha}_0$ 反映了矩阵 $\boldsymbol{A}$ 作用在向量 $\boldsymbol{\alpha}_0$ 上只改变了常数倍的关系，类似的问题还有很多，我们把具有这种性质的非零向量 $\boldsymbol{\alpha}_0$ 称为矩阵 $\boldsymbol{A}$ 的特征向量，数 4 称为对应于 $\boldsymbol{\alpha}_0$ 的特征值.

定义 4.1 设 $\boldsymbol{A}$ 是 n 阶方阵，如果存在数 λ 以及 n 维非零列向量 $\boldsymbol{\alpha}$，满足

$$\boldsymbol{A\alpha} = \lambda\boldsymbol{\alpha}, \tag{4-1}$$

则称 λ 为方阵 $\boldsymbol{A}$ 的一个**特征值**，$\boldsymbol{\alpha}$ 为方阵 $\boldsymbol{A}$ 的属于(对应于) 特征值 λ 的一个**特征向量**.

注意：特征值问题是对方阵而言的，本章中的矩阵如不加说明，都指方阵.

例 2 对于 n 阶单位矩阵 $\boldsymbol{E}$ 及任一非零的 n 维列向量 $\boldsymbol{\alpha}$，有 $\boldsymbol{E\alpha} = \boldsymbol{\alpha}$，所以 $\lambda = 1$ 是 $\boldsymbol{E}$ 的一个特征值，任一非零的 n 维列向量 $\boldsymbol{\alpha}$ 都是 $\boldsymbol{E}$ 的属于特征值 $\lambda = 1$ 的特征向量.

例 3 已知向量 $\boldsymbol{\alpha} = \begin{pmatrix} 1 \\ 1 \\ -1 \end{pmatrix}$ 是方阵 $\boldsymbol{A} = \begin{pmatrix} 2 & -1 & 2 \\ 5 & a & 3 \\ -1 & b & -2 \end{pmatrix}$ 的一个特征向量，试确定参数 a,b 及特征向量 $\boldsymbol{\alpha}$ 所对应的特征值 λ.

解 由特征值和特征向量的定义知，$\boldsymbol{A\alpha} = \lambda\boldsymbol{\alpha}$，即

$$\begin{pmatrix} 2 & -1 & 2 \\ 5 & a & 3 \\ -1 & b & -2 \end{pmatrix}\begin{pmatrix} 1 \\ 1 \\ -1 \end{pmatrix} = \lambda\begin{pmatrix} 1 \\ 1 \\ -1 \end{pmatrix},$$

于是

$$\begin{pmatrix} -1 \\ 2+a \\ b+1 \end{pmatrix} = \begin{pmatrix} \lambda \\ \lambda \\ -\lambda \end{pmatrix},$$

故

$$-1=\lambda, \quad 2+a=\lambda, \quad 1+b=-\lambda,$$

从而解得 $\lambda=-1, a=-3, b=0$.

例 4 若 $\boldsymbol{A}^2 = \boldsymbol{A}$，证明 $\boldsymbol{A}$ 的特征值为 0 或 1.

证 由 $\boldsymbol{A\alpha} = \lambda\boldsymbol{\alpha}$，得

$$\boldsymbol{A}^2\boldsymbol{\alpha} = \boldsymbol{A}(\boldsymbol{A\alpha}) = \boldsymbol{A}(\lambda\boldsymbol{\alpha}) = \lambda(\boldsymbol{A\alpha}) = \lambda^2\boldsymbol{\alpha},$$

而 $\boldsymbol{A}^2 = \boldsymbol{A}$，故

$$\lambda^2\boldsymbol{\alpha} = \lambda\boldsymbol{\alpha}, \text{ 或 } (\lambda^2 - \lambda)\boldsymbol{\alpha} = \boldsymbol{0},$$

因为 $\boldsymbol{\alpha} \neq \boldsymbol{0}$，所以 $\lambda^2 - \lambda = 0$，即 λ 为 0 或 1.

4.1.2 特征值与特征向量的求法

现在给出寻找特征值和特征向量的方法. 将式(4-1) 改写为

$$(\lambda\boldsymbol{E}-\boldsymbol{A})\boldsymbol{\alpha}=\boldsymbol{0},$$

由于 $\boldsymbol{\alpha}\neq\boldsymbol{0}$,因此 $\boldsymbol{\alpha}$ 是齐次线性方程组

$$(\lambda\boldsymbol{E}-\boldsymbol{A})\boldsymbol{x}=\boldsymbol{0} \tag{4-2}$$

的非零解. 方程组(4-2) 有非零解当且仅当其系数行列式为零,即

$$|\lambda\boldsymbol{E}-\boldsymbol{A}|=0, \tag{4-3}$$

从而矩阵 $\boldsymbol{A}$ 的特征值 λ 是方程 $|\lambda\boldsymbol{E}-\boldsymbol{A}|=0$ 的根.

由行列式的定义知,式(4-3) 的左边展开是一个关于 λ 的 n 次多项式. 根据代数学基本定理,方程(4-3) 在复数范围内恰有 n 个根(包括重根),由此可知,若 $\boldsymbol{A}$ 是一个 n 阶方阵,则 $\boldsymbol{A}$ 在复数范围内恰有 n 个特征值(包括重根). 需要注意的是,即使矩阵 $\boldsymbol{A}$ 的元素全为实数,其特征值也可能是复数.

为了叙述方便,引入如下术语:

定义 4.2　设 n 阶方阵 $\boldsymbol{A}=(a_{ij})$,则称

$$f(\lambda)=|\lambda\boldsymbol{E}-\boldsymbol{A}|=\begin{vmatrix}\lambda-a_{11} & -a_{12} & \cdots & -a_{1n}\\ -a_{21} & \lambda-a_{22} & \cdots & -a_{2n}\\ \vdots & \vdots & & \vdots\\ -a_{n1} & -a_{n2} & \cdots & \lambda-a_{nn}\end{vmatrix} \tag{4-4}$$

为方阵 $\boldsymbol{A}$ 的**特征多项式**,$|\lambda\boldsymbol{E}-\boldsymbol{A}|=0$ 为方阵 $\boldsymbol{A}$ 的**特征方程**.

由此,确定方阵 $\boldsymbol{A}$ 的特征值和特征向量的方法可以分成以下几步:

(1) 求出特征方程 $|\lambda\boldsymbol{E}-\boldsymbol{A}|=0$ 全部的根,它们即是方阵 $\boldsymbol{A}$ 的全部特征值;

(2) 对每一个特征值 λ_i,解齐次线性方程组$(\lambda_i\boldsymbol{E}-\boldsymbol{A})\boldsymbol{x}=\boldsymbol{0}$,求出一组基础解系 $\boldsymbol{\alpha}_1$, $\boldsymbol{\alpha}_2,\cdots,\boldsymbol{\alpha}_{n-r_i}$,其中 r_i 为矩阵 $\lambda_i\boldsymbol{E}-\boldsymbol{A}$ 的秩(它们就是属于这个特征值的几个线性无关的特征向量),则矩阵 $\boldsymbol{A}$ 的属于特征值 λ_i 的全部特征向量为

$$k_1\boldsymbol{\alpha}_1+k_2\boldsymbol{\alpha}_2+\cdots+k_{n-r_i}\boldsymbol{\alpha}_{n-r_i},$$

其中 $k_1,k_2,\cdots,k_{n-r_i}$ 为不全为零的任意常数.

例 5　求矩阵 $\boldsymbol{A}=\begin{pmatrix}-2 & 1 & 1\\ 0 & 2 & 0\\ -4 & 1 & 3\end{pmatrix}$ 的特征值与特征向量.

解　矩阵 $\boldsymbol{A}$ 的特征方程为

$$|\lambda\boldsymbol{E}-\boldsymbol{A}|=\begin{vmatrix}\lambda+2 & -1 & -1\\ 0 & \lambda-2 & 0\\ 4 & -1 & \lambda-3\end{vmatrix}=(\lambda-2)^2(\lambda+1)=0,$$

所以矩阵 $\boldsymbol{A}$ 的特征值为 $\lambda_1=-1,\lambda_2=\lambda_3=2$(二重根).

当 $\lambda_1=-1$ 时,解齐次线性方程组$(-\boldsymbol{E}-\boldsymbol{A})\boldsymbol{x}=\boldsymbol{0}$,由

$$-E-A=\begin{pmatrix}1&-1&-1\\0&-3&0\\4&-1&-4\end{pmatrix}\to\begin{pmatrix}1&0&-1\\0&1&0\\0&0&0\end{pmatrix},$$

得基础解系为$\boldsymbol{\alpha}_1=(1,0,1)^{\mathrm{T}}$，于是属于特征值$\lambda_1=-1$的全部特征向量为$k_1\boldsymbol{\alpha}_1$（$k_1$为任意非零常数）.

当$\lambda_2=\lambda_3=2$时，解齐次线性方程组$(2\boldsymbol{E}-\boldsymbol{A})\boldsymbol{x}=\boldsymbol{0}$，由

$$2E-A=\begin{pmatrix}4&-1&-1\\0&0&0\\4&-1&-1\end{pmatrix}\to\begin{pmatrix}4&-1&-1\\0&0&0\\0&0&0\end{pmatrix},$$

得基础解系为$\boldsymbol{\alpha}_2=(1,4,0)^{\mathrm{T}}$，$\boldsymbol{\alpha}_3=(1,0,4)^{\mathrm{T}}$，于是属于特征值$\lambda_2=\lambda_3=2$的全部特征向量为$k_2\boldsymbol{\alpha}_2+k_3\boldsymbol{\alpha}_3$（$k_1,k_2$为不全为零的任意常数）.

例 6　求矩阵$\boldsymbol{A}=\begin{pmatrix}0&-1&0\\1&-2&0\\-1&0&-1\end{pmatrix}$的特征值与特征向量.

解　因为$\boldsymbol{A}$的特征方程为

$$|\lambda E-A|=\begin{vmatrix}\lambda&1&0\\-1&\lambda+2&0\\1&0&\lambda+1\end{vmatrix}=(\lambda+1)^3=0,$$

所以特征值为$\lambda_1=\lambda_2=\lambda_3=-1$.

当$\lambda_1=\lambda_2=\lambda_3=-1$时，解齐次线性方程组$(-\boldsymbol{E}-\boldsymbol{A})\boldsymbol{x}=\boldsymbol{0}$，由

$$-E-A=\begin{pmatrix}-1&1&0\\-1&1&0\\1&0&0\end{pmatrix}\to\begin{pmatrix}1&0&0\\0&1&0\\0&0&0\end{pmatrix},$$

得它的一个基础解系为$\boldsymbol{\alpha}=(0,0,1)^{\mathrm{T}}$，于是属于特征值$\lambda_1=\lambda_2=\lambda_3=-1$的全部特征向量为$k\boldsymbol{\alpha}$（$k$为任意非零常数）.

4.1.3　矩阵的特征值和特征向量的性质

下面我们讨论方阵的特征值和特征向量的性质.

定理 4.1　设n阶矩阵$\boldsymbol{A}=(a_{ij})$的n个特征值是$\lambda_1,\lambda_2,\cdots,\lambda_n$（包括重特征值），则

(1) $\sum\limits_{i=1}^{n}\lambda_i=\sum\limits_{i=1}^{n}a_{ii}$，其中$\sum\limits_{i=1}^{n}a_{ii}$称为$\boldsymbol{A}$的**迹**，记为$\mathrm{tr}(\boldsymbol{A})$；

(2) $\prod\limits_{i=1}^{n}\lambda_i=|\boldsymbol{A}|$.

证　因为方阵$\boldsymbol{A}=(a_{ij})$的特征多项式

$$f(\lambda)=|\lambda\boldsymbol{E}-\boldsymbol{A}|=\begin{vmatrix}\lambda-a_{11} & -a_{12} & \cdots & -a_{1n}\\ -a_{21} & \lambda-a_{22} & \cdots & -a_{2n}\\ \vdots & \vdots & & \vdots\\ -a_{n1} & -a_{n2} & \cdots & \lambda-a_{nn}\end{vmatrix}$$

展开式中,有一项是主对角元的连乘积

$$(\lambda-a_{11})(\lambda-a_{22})\cdots(\lambda-a_{nn}),$$

展开式的其余各项,至多包含 $n-2$ 个主对角元,它们对 λ 的次数最高是 $n-2$, 因此 $f(\lambda)$ 是关于 λ 的 n 次多项式,且 n 次和 $n-1$ 次的项只能在主对角元的连乘积中出现,它们是

$$\lambda^n-(a_{11}+a_{22}+\cdots+a_{nn})\lambda^{n-1},$$

在 $f(\lambda)$ 中令 $\lambda=0$, 即得常数项 $|-\boldsymbol{A}|=(-1)^n|\boldsymbol{A}|$,于是

$$f(\lambda)=\lambda^n-(a_{11}+a_{22}+\cdots+a_{nn})\lambda^{n-1}+\cdots+(-1)^n|\boldsymbol{A}|. \tag{4-5}$$

另一方面,设方阵 $\boldsymbol{A}$ 的特征值是 $\lambda_1,\lambda_2,\cdots,\lambda_n$,则

$$\begin{aligned}f(\lambda)&=(\lambda-\lambda_1)(\lambda-\lambda_2)\cdots(\lambda-\lambda_n)\\&=\lambda^n-(\lambda_1+\lambda_2+\cdots+\lambda_n)\lambda^{n-1}+\cdots+(-1)^n\lambda_1\lambda_2\cdots\lambda_n,\end{aligned} \tag{4-6}$$

比较(4-5),(4-6) 的系数,即得所要证明的结果.

由定理 4.1 易得:

推论　方阵 $\boldsymbol{A}$ 可逆的充分必要条件是 $\boldsymbol{A}$ 的特征值全不为零 .

定理 4.2　设 $\boldsymbol{\alpha}$ 是矩阵 $\boldsymbol{A}$ 的属于特征值 λ_0 的特征向量,则对任意的非零常数 k,向量 $k\boldsymbol{\alpha}$ 也是矩阵 $\boldsymbol{A}$ 的属于特征值 λ_0 的特征向量;若 $\boldsymbol{\alpha}$ 与 $\boldsymbol{\beta}$ 同是 $\boldsymbol{A}$ 的属于特征值 λ_0 的特征向量,则 $\boldsymbol{\alpha}+\boldsymbol{\beta}$ 也是 $\boldsymbol{A}$ 的属于特征值 λ_0 的特征向量.

证　因为 $\boldsymbol{A}(k\boldsymbol{\alpha})=k\boldsymbol{A}\boldsymbol{\alpha}=k(\lambda_0\boldsymbol{\alpha})=\lambda_0(k\boldsymbol{\alpha})$,所以 $k\boldsymbol{\alpha}$ 也是矩阵 $\boldsymbol{A}$ 的属于特征值 λ_0 的特征向量.

类似可证另一结论.

由定理 4.2 知,$\boldsymbol{A}$ 的若干个属于特征值 λ_0 的特征向量的任意非零线性组合,仍是 $\boldsymbol{A}$ 的属于特征值 λ_0 的特征向量. 也就是说,特征向量不是被特征值所唯一确定的. 相反,特征值却是被特征向量所唯一决定的,因为,一个特征向量只能属于一个特征值(读者可以自己验证).

定理 4.3　方阵 $\boldsymbol{A}$ 与它的转置 $\boldsymbol{A}^{\mathrm{T}}$ 有相同的特征值.

证　因为

$$|\lambda\boldsymbol{E}-\boldsymbol{A}^{\mathrm{T}}|=|(\lambda\boldsymbol{E}-\boldsymbol{A})^{\mathrm{T}}|=|\lambda\boldsymbol{E}-\boldsymbol{A}|,$$

即 $\boldsymbol{A}$ 和 $\boldsymbol{A}^{\mathrm{T}}$ 的特征多项式相同,因此特征值相同.

这里需要强调的是,尽管 $\boldsymbol{A}$ 和 $\boldsymbol{A}^{\mathrm{T}}$ 的特征值相同,但它们的特征向量却不一定相同.

定理 4.4　设 λ 是方阵 $\boldsymbol{A}$ 的特征值,$\boldsymbol{\alpha}$ 是 $\boldsymbol{A}$ 的属于 λ 的特征向量,则

(1) $k\lambda$ 是 k$\boldsymbol{A}$ 的特征值(k 是任意常数),且 $\boldsymbol{\alpha}$ 是 $k\boldsymbol{A}$ 的属于特征值 $k\lambda$ 的特征向量;

(2) λ^m 是 $\boldsymbol{A}^m$ 的特征值(m 是正整数),且 $\boldsymbol{\alpha}$ 是 $\boldsymbol{A}^m$ 的属于特征值 λ^m 的特征向量;

(3) 当 $\boldsymbol{A}$ 可逆时,λ^{-1} 是 $\boldsymbol{A}^{-1}$ 的特征值,且 $\boldsymbol{\alpha}$ 是 $\boldsymbol{A}^{-1}$ 的属于特征值 λ^{-1} 的特征向量;

(4) 当 $\boldsymbol{A}$ 可逆时,$\dfrac{|\boldsymbol{A}|}{\lambda}$ 是 $\boldsymbol{A}^*$ 的特征值,且 $\boldsymbol{\alpha}$ 是 $\boldsymbol{A}^*$ 的属于特征值 $\dfrac{|\boldsymbol{A}|}{\lambda}$ 的特征向量.

证 (1) 在已知条件 $\boldsymbol{A\alpha}=\lambda\boldsymbol{\alpha}$ 两边同乘常数 k,得

$$k(\boldsymbol{A\alpha})=k(\lambda\boldsymbol{\alpha}),\ \text{即}\ (k\boldsymbol{A})\boldsymbol{\alpha}=(k\lambda)\boldsymbol{\alpha}.$$

故 $k\lambda$ 是 $k\boldsymbol{A}$ 的特征值,且 $\boldsymbol{\alpha}$ 是 $k\boldsymbol{A}$ 的属于特征值 $k\lambda$ 的特征向量.

(2) 在 $\boldsymbol{A\alpha}=\lambda\boldsymbol{\alpha}$ 两边左乘 $\boldsymbol{A}$,得

$$\boldsymbol{A}(\boldsymbol{A\alpha})=\boldsymbol{A}(\lambda\boldsymbol{\alpha})=\lambda(\boldsymbol{A\alpha})=\lambda(\lambda\boldsymbol{\alpha}),$$

即

$$\boldsymbol{A}^2\boldsymbol{\alpha}=\lambda^2\boldsymbol{\alpha},$$

上述步骤再重复 $m-2$ 次,可得

$$\boldsymbol{A}^m\boldsymbol{\alpha}=\lambda^m\boldsymbol{\alpha},$$

故 λ^m 是 $\boldsymbol{A}^m$ 的特征值,$\boldsymbol{\alpha}$ 为 $\boldsymbol{A}^m$ 属于 λ^m 的特征向量.

(3) 当 $\boldsymbol{A}$ 可逆时,$\lambda\neq 0$. 在 $\boldsymbol{A\alpha}=\lambda\boldsymbol{\alpha}$ 两边左乘 $\boldsymbol{A}^{-1}$,得

$$\boldsymbol{\alpha}=\boldsymbol{A}^{-1}(\boldsymbol{A\alpha})=\boldsymbol{A}^{-1}(\lambda\boldsymbol{\alpha})=\lambda\boldsymbol{A}^{-1}\boldsymbol{\alpha},$$

因此

$$\boldsymbol{A}^{-1}\boldsymbol{\alpha}=\lambda^{-1}\boldsymbol{\alpha},$$

故 λ^{-1}是 $\boldsymbol{A}^{-1}$ 的特征值,且 $\boldsymbol{\alpha}$ 是 $\boldsymbol{A}^{-1}$ 的属于 λ^{-1} 的特征向量.

(4) 当 $\boldsymbol{A}$ 可逆时,由 $\boldsymbol{A}^*=|\boldsymbol{A}|\boldsymbol{A}^{-1}$ 及结论(1),即可得(3).

例 7 设 λ 是方阵 $\boldsymbol{A}$ 的特征值,$\boldsymbol{\alpha}$ 是相应的特征向量,

$$p(x)=a_mx^m+a_{m-1}x^{m-1}+\cdots+a_1x+a_0$$

为任一多项式,证明 $p(\lambda)$ 是矩阵多项式 p($\boldsymbol{A}$) 的特征值,$\boldsymbol{\alpha}$ 为相应的特征向量.

证 因为

$$\begin{aligned}p(\boldsymbol{A})\boldsymbol{\alpha}&=(a_m\boldsymbol{A}^m+a_{m-1}\boldsymbol{A}^{m-1}+\cdots+a_1\boldsymbol{A}+a_0\boldsymbol{E})\boldsymbol{\alpha}\\&=a_m\boldsymbol{A}^m\boldsymbol{\alpha}+a_{m-1}\boldsymbol{A}^{m-1}\boldsymbol{\alpha}+\cdots+a_1\boldsymbol{A\alpha}+a_0\boldsymbol{\alpha}\\&=a_m\lambda^m\boldsymbol{\alpha}+a_{m-1}\lambda^{m-1}\boldsymbol{\alpha}+\cdots+a_1\lambda\boldsymbol{\alpha}+a_0\boldsymbol{\alpha}\\&=p(\lambda)\boldsymbol{\alpha},\end{aligned}$$

故 $p(\lambda)$ 是 $p(\boldsymbol{A})$ 的特征值,$\boldsymbol{\alpha}$ 为相应的特征向量.

因此,求方阵多项式的特征值有非常简便的计算方法. 只要 λ 是方阵 $\boldsymbol{A}$ 的一个特征值,那么 $p(\lambda)$ 就是 $p(\boldsymbol{A})$ 的特征值.

定理 4.5 设 $\boldsymbol{A}$ 为 n 阶方阵,$\lambda_1,\lambda_2,\cdots,\lambda_m$ 是 $\boldsymbol{A}$ 的 m 个互不相同的特征值,$\boldsymbol{\alpha}_1,\boldsymbol{\alpha}_2,\cdots,\boldsymbol{\alpha}_m$ 分别是属于 $\lambda_1,\lambda_2,\cdots,\lambda_m$ 的特征向量,则 $\boldsymbol{\alpha}_1,\boldsymbol{\alpha}_2,\cdots,\boldsymbol{\alpha}_m$ 线性无关,即属于不同

特征值的特征向量线性无关.

证　用数学归纳法. 当 $m=1$ 时,因 $\boldsymbol{\alpha}_1$ 为 λ_1 对应的特征向量,故 $\boldsymbol{\alpha}_1 \neq \mathbf{0}$,从而必线性无关.

现假设结论对 $m-1$ 时成立,即 $\boldsymbol{\alpha}_1, \boldsymbol{\alpha}_2, \cdots, \boldsymbol{\alpha}_{m-1}$ 线性无关,要证明 $\boldsymbol{\alpha}_1, \boldsymbol{\alpha}_2, \cdots, \boldsymbol{\alpha}_m$ 线性无关. 设有 m 个数 $k_1, k_2, \cdots, k_m$,使得

$$k_1\boldsymbol{\alpha}_1 + k_2\boldsymbol{\alpha}_2 + \cdots + k_m\boldsymbol{\alpha}_m = \mathbf{0} \tag{4-7}$$

成立. 等式两边左乘 $\boldsymbol{A}$,得

$$k_1\boldsymbol{A}\boldsymbol{\alpha}_1 + k_2\boldsymbol{A}\boldsymbol{\alpha}_2 + \cdots + k_m\boldsymbol{A}\boldsymbol{\alpha}_m = \mathbf{0},$$

而 $\boldsymbol{A}\boldsymbol{\alpha}_k = \lambda_k\boldsymbol{\alpha}\ (k=1, 2, \cdots, m)$,因此

$$k_1\lambda_1\boldsymbol{\alpha}_1 + k_2\lambda_2\boldsymbol{\alpha}_2 + \cdots + k_m\lambda_m\boldsymbol{\alpha}_m = \mathbf{0}, \tag{4-8}$$

将式(4-7) 两边同乘以 λ_m,再与式(4-8) 相减,得

$$k_1(\lambda_m-\lambda_1)\boldsymbol{\alpha}_1 + k_2(\lambda_m-\lambda_2)\boldsymbol{\alpha}_2 + \cdots + k_{m-1}(\lambda_m-\lambda_{m-1})\boldsymbol{\alpha}_{m-1} = \mathbf{0},$$

由归纳假设,$\boldsymbol{\alpha}_1, \boldsymbol{\alpha}_2, \cdots, \boldsymbol{\alpha}_{m-1}$ 线性无关,因此

$$k_1(\lambda_m-\lambda_1)=k_2(\lambda_m-\lambda_2)=\cdots=k_{m-1}(\lambda_m-\lambda_{m-1})=0.$$

又因为 $\lambda_1, \lambda_2, \cdots, \lambda_m$ 互不相同,于是有

$$k_1=k_2=\cdots=k_{m-1}=0,$$

代入式(4-7) 得 $k_m\boldsymbol{\alpha}_m=\mathbf{0}$,而 $\boldsymbol{\alpha}_m \neq \mathbf{0}$,于是 $k_m=0$. 即 $\boldsymbol{\alpha}_1, \boldsymbol{\alpha}_2, \cdots, \boldsymbol{\alpha}_m$ 线性无关.

由数学归纳法,定理得证.

用类似证明定理 4.5 的方法,我们还可以证明下述更一般的定理.

定理 4.6　设 $\boldsymbol{A}$ 为 n 阶方阵,$\lambda_1, \lambda_2, \cdots, \lambda_m$ 是 $\boldsymbol{A}$ 的 m 个互不相同的特征值,$\boldsymbol{\alpha}_{i1}, \boldsymbol{\alpha}_{i2}, \cdots, \boldsymbol{\alpha}_{is_i}$ 是 $\boldsymbol{A}$ 的属于 $\lambda_i(i=1, 2, \cdots, m)$ 的线性无关的特征向量,则向量组

$$\boldsymbol{\alpha}_{11}, \boldsymbol{\alpha}_{12}, \cdots, \boldsymbol{\alpha}_{1s_1}, \boldsymbol{\alpha}_{21}, \boldsymbol{\alpha}_{22}, \cdots, \boldsymbol{\alpha}_{2s_2}, \cdots, \boldsymbol{\alpha}_{m1}, \boldsymbol{\alpha}_{m2}, \cdots, \boldsymbol{\alpha}_{ms_m}$$

线性无关,即属于各个特征值的线性无关的向量合在一起仍线性无关.

关于对应于同一个特征值的特征向量间的关系,有如下定理.

定理 4.7　若 λ 是方阵 $\boldsymbol{A}$ 的 k 重特征值,则对应于 λ 的线性无关特征向量的个数不超过 k 个.

根据定理 4.6 和定理 4.7,n 阶方阵 $\boldsymbol{A}$ 线性无关的特征向量的个数不会多于 n.

§4.2　相似矩阵与矩阵的对角化

对角矩阵可以认为是矩阵中最简单的一种. 任一 n 阶方阵 $\boldsymbol{A}$ 是否可化为对角矩阵,并保持 $\boldsymbol{A}$ 的许多原有性质,在理论和应用方面都具有重要意义.

4.2.1　相似矩阵的概念和性质

定义 4.3　设 $\boldsymbol{A}$ 与 $\boldsymbol{B}$ 是 n 阶方阵,如果存在 n 阶可逆方阵 $\boldsymbol{P}$,使得

$$P^{-1}AP = B,$$

则称矩阵 A 与 B **相似**,记作 $A \sim B$.

相似是同阶方阵之间的一种重要关系,容易证明相似矩阵具有下列三种基本特性:

(1) 反身性　对任何方阵 A,总有 $A \sim A$;

(2) 对称性　若 $A \sim B$,则 $B \sim A$;

(3) 传递性　若 $A \sim B, B \sim C$,则 $A \sim C$.

例如:$A = \begin{pmatrix} 3 & -1 \\ -1 & 3 \end{pmatrix}, P = \begin{pmatrix} 1 & -1 \\ -1 & 2 \end{pmatrix}, Q = \begin{pmatrix} -1 & 1 \\ 1 & 1 \end{pmatrix}$,显然 P, Q 均可逆. 由

$$P^{-1}AP = \begin{pmatrix} 1 & -1 \\ -1 & 2 \end{pmatrix}^{-1} \begin{pmatrix} 3 & -1 \\ -1 & 3 \end{pmatrix} \begin{pmatrix} 1 & -1 \\ -1 & 2 \end{pmatrix} = \begin{pmatrix} 4 & -3 \\ 0 & 2 \end{pmatrix},$$

$$Q^{-1}AQ = \begin{pmatrix} -1 & 1 \\ 1 & 1 \end{pmatrix}^{-1} \begin{pmatrix} 3 & -1 \\ -1 & 3 \end{pmatrix} \begin{pmatrix} -1 & 1 \\ 1 & 1 \end{pmatrix} = \begin{pmatrix} 4 & 0 \\ 0 & 2 \end{pmatrix},$$

得 $A \sim \begin{pmatrix} 4 & -3 \\ 0 & 2 \end{pmatrix}, A \sim \begin{pmatrix} 4 & 0 \\ 0 & 2 \end{pmatrix}$.

由此可以看出,与矩阵 A 相似的矩阵不是唯一的,也未必是对角矩阵. 然而,对某些矩阵,可以通过适当选取可逆矩阵 P,使得 $P^{-1}AP$ 为对角矩阵.

定理 4.8　相似矩阵有相同的特征多项式,从而有相同的特征值.

证　设矩阵 A 与 B 相似,即存在可逆矩阵 P,使得 $P^{-1}AP = B$,于是

$$|\lambda E - B| = |\lambda E - P^{-1}AP| = |P^{-1}(\lambda E - A)P| = |P^{-1}||\lambda E - A||P| = |\lambda E - A|,$$

即 A 与 B 的特征多项式相同,从而它们的特征值也完全相同.

由定理 4.8 及特征值的性质,我们不难得出如下推论.

推论　设矩阵 A 与 B 相似,则

(1) $|A| = |B|$,即 A 与 B 的行列式相等;

(2) $\mathrm{tr}(A) = \mathrm{tr}(B)$,即 A 与 B 的迹相等;

(3) $r(A) = r(B)$,即 A 与 B 的秩相等.

需要注意的是,定理 4.8 的逆定理不成立,即特征值相同的矩阵不一定相似. 例如对于矩阵 $A = \begin{pmatrix} 1 & 1 \\ 0 & 1 \end{pmatrix}$ 与 $E = \begin{pmatrix} 1 & 0 \\ 0 & 1 \end{pmatrix}$,两者有相同的特征多项式 $(\lambda - 1)^2$,但它们不相似. 因为若有 $P^{-1}AP = E$,则 $A = PEP^{-1} = E$,即单位矩阵只能与它自身相似.

定理 4.9　设 $A \sim B$,则

(1) $A^{\mathrm{T}} \sim B^{\mathrm{T}}$;

(2) $A^m \sim B^m$,其中 m 为正整数;

(3) 若 A 可逆,则 B 也可逆,且 $A^{-1} \sim B^{-1}, A^* \sim B^*$.

证　仅证明(3) 的一部分,其余结论的证明请读者自己完成.

由 $\boldsymbol{A}\sim\boldsymbol{B}$ 知存在可逆矩阵 $\boldsymbol{P}$，使得 $\boldsymbol{P}^{-1}\boldsymbol{A}\boldsymbol{P}=\boldsymbol{B}$. 当 $\boldsymbol{A}$ 可逆时，$\boldsymbol{B}$ 是可逆矩阵的乘积，故 $\boldsymbol{B}$ 也可逆，且

$$(\boldsymbol{P}^{-1}\boldsymbol{A}\boldsymbol{P})^{-1}=\boldsymbol{B}^{-1},$$

即

$$\boldsymbol{P}^{-1}\boldsymbol{A}^{-1}\boldsymbol{P}=\boldsymbol{B}^{-1},$$

所以 $\boldsymbol{A}^{-1}\sim\boldsymbol{B}^{-1}$.

例 1 已知矩阵 $\boldsymbol{A}=\begin{pmatrix}2&0&0\\0&0&1\\0&1&x\end{pmatrix}$ 与 $\boldsymbol{B}=\begin{pmatrix}2&0&0\\0&3&4\\0&-2&y\end{pmatrix}$ 相似，求 x,y 的值.

解 因为 $\boldsymbol{A}\sim\boldsymbol{B}$，所以 $\boldsymbol{A},\boldsymbol{B}$ 有相同的行列式和迹，即

$$-2=2(3y+8),$$

和

$$2+0+x=2+3+y,$$

由此可得 $x=0$，$y=-3$.

4.2.2 矩阵可相似对角化的条件

定理 4.8 及其推论表明，如果两个矩阵 $\boldsymbol{A}$ 与 $\boldsymbol{B}$ 相似，则 $\boldsymbol{A}$ 与 $\boldsymbol{B}$ 具有相同的行列式、相同的秩及相同的特征值，即相似矩阵在很多地方都存在相同的性质. 如果一个方阵 $\boldsymbol{A}$ 与一个较简单的矩阵 $\boldsymbol{B}$ 相似，则可以通过研究 $\boldsymbol{B}$ 的性质，获得 $\boldsymbol{A}$ 的若干性质，简化某些运算. 下面讨论方阵相似于对角矩阵的问题.

定义 4.4 如果方阵 $\boldsymbol{A}$ 相似于一个对角矩阵，则称矩阵 $\boldsymbol{A}$ **可(相似)对角化**.

并非任何一个方阵都可以对角化，例如矩阵 $\boldsymbol{A}=\begin{pmatrix}1&1\\0&1\end{pmatrix}$ 就不能对角化. 因此，需要先讨论矩阵可对角化的条件. 现在我们来证明以下基本定理.

定理 4.10 n 阶矩阵 $\boldsymbol{A}$ 与一个对角矩阵相似的充分必要条件是 $\boldsymbol{A}$ 有 n 个线性无关的特征向量.

证 必要性. 设 $\boldsymbol{A}$ 与对角矩阵 $\boldsymbol{\Lambda}=\mathrm{diag}(\lambda_1,\lambda_2,\cdots,\lambda_n)$ 相似，则存在可逆阵 $\boldsymbol{P}$，使得

$$\boldsymbol{P}^{-1}\boldsymbol{A}\boldsymbol{P}=\begin{pmatrix}\lambda_1&&&\\&\lambda_2&&\\&&\ddots&\\&&&\lambda_n\end{pmatrix}=\boldsymbol{\Lambda},$$

即

$$\boldsymbol{AP}=\boldsymbol{P}\begin{pmatrix}\lambda_1 & & & \\ & \lambda_2 & & \\ & & \ddots & \\ & & & \lambda_n\end{pmatrix}=\boldsymbol{P\Lambda}.$$

设可逆矩阵 $\boldsymbol{P}$ 按列分块为

$$\boldsymbol{P}=(\boldsymbol{\alpha}_1,\boldsymbol{\alpha}_2,\cdots,\boldsymbol{\alpha}_n),$$

则有

$$\boldsymbol{A}(\boldsymbol{\alpha}_1,\boldsymbol{\alpha}_2,\cdots,\boldsymbol{\alpha}_n)=(\boldsymbol{\alpha}_1,\boldsymbol{\alpha}_2,\cdots,\boldsymbol{\alpha}_n)\begin{pmatrix}\lambda_1 & & & \\ & \lambda_2 & & \\ & & \ddots & \\ & & & \lambda_n\end{pmatrix},$$

即有分块矩阵等式

$$(\boldsymbol{A\alpha}_1,\boldsymbol{A\alpha}_2,\cdots,\boldsymbol{A\alpha}_n)=(\lambda_1\boldsymbol{\alpha}_1,\lambda_2\boldsymbol{\alpha}_2,\cdots,\lambda_n\boldsymbol{\alpha}_n),$$

从而可得列向量等式

$$\boldsymbol{A\alpha}_i=\lambda_i\boldsymbol{\alpha}_i,\quad i=1,2,\cdots,n.$$

由于 $\boldsymbol{P}$ 可逆，$\boldsymbol{\alpha}_i\neq 0(i=1,2,\cdots,n)$，所以 $\boldsymbol{\alpha}_1,\boldsymbol{\alpha}_2,\cdots,\boldsymbol{\alpha}_n$ 分别是 $\boldsymbol{A}$ 的属于特征值 $\lambda_1,\lambda_2,\cdots,\lambda_n$ 的特征向量. 且由 $\boldsymbol{P}$ 可逆可知 $\boldsymbol{\alpha}_1,\boldsymbol{\alpha}_2,\cdots,\boldsymbol{\alpha}_n$ 线性无关，这就证明了 $\boldsymbol{P}$ 的 n 个列向量就是 $\boldsymbol{A}$ 的 n 个线性无关的特征向量.

充分性. 设 $\boldsymbol{\alpha}_1,\boldsymbol{\alpha}_2,\cdots,\boldsymbol{\alpha}_n$ 为 $\boldsymbol{A}$ 的分别属于特征值 $\lambda_1,\lambda_2,\cdots,\lambda_n$ 的 n 个线性无关的特征向量，则有

$$\boldsymbol{A\alpha}_i=\lambda_i\boldsymbol{\alpha}_i,\quad i=1,2,\cdots,n.$$

取 $\boldsymbol{P}=(\boldsymbol{\alpha}_1,\boldsymbol{\alpha}_2,\cdots,\boldsymbol{\alpha}_n)$，因为 $\boldsymbol{\alpha}_1,\boldsymbol{\alpha}_2,\cdots,\boldsymbol{\alpha}_n$ 线性无关，所以 $\boldsymbol{P}$ 可逆，于是由上式有

$$\boldsymbol{A}(\boldsymbol{\alpha}_1,\boldsymbol{\alpha}_2,\cdots,\boldsymbol{\alpha}_n)=(\boldsymbol{\alpha}_1,\boldsymbol{\alpha}_2,\cdots,\boldsymbol{\alpha}_n)\begin{pmatrix}\lambda_1 & & & \\ & \lambda_2 & & \\ & & \ddots & \\ & & & \lambda_n\end{pmatrix}.$$

记对角矩阵 $\boldsymbol{\Lambda}=\mathrm{diag}(\lambda_1,\lambda_2,\cdots,\lambda_n)$，上式就是 $\boldsymbol{AP}=\boldsymbol{P\Lambda}$，于是 $\boldsymbol{P}^{-1}\boldsymbol{AP}=\boldsymbol{\Lambda}$，即矩阵 $\boldsymbol{A}$ 与对角矩阵 $\boldsymbol{\Lambda}$ 相似.

推论 1 如果 n 阶矩阵 $\boldsymbol{A}$ 有 n 个互不相同的特征值，则矩阵 $\boldsymbol{A}$ 可相似对角化.

推论 1 给出了 $\boldsymbol{A}$ 可对角化的一个充分条件，事实上，由于 n 个互不相同的特征值对应的特征向量线性无关，所以矩阵 $\boldsymbol{A}$ 必有 n 个线性无关的特征向量，故矩阵 $\boldsymbol{A}$ 可对角化.

当矩阵 $\boldsymbol{A}$ 的特征方程有重根时，情况要复杂得多. 根据定理 4.7 与定理 4.8，$\boldsymbol{A}$ 能否对角化可由下面推论来判别.

推论 2　n 阶矩阵 $\boldsymbol{A}$ 可对角化的充分必要条件是 $\boldsymbol{A}$ 的每个重特征值对应的线性无关的特征向量个数等于其重数.

例如 §4.1 例 5 中，二重特征值 $\lambda_2=\lambda_3=2$ 对应两个线性无关的特征向量，所以矩阵可以对角化；而在例 6 中，三重特征值 $\lambda_1=\lambda_2=\lambda_3=-1$ 只对应一个线性无关的特征向量，所以矩阵不可以对角化.

定理 4.10 及推论 2 给出了一个矩阵可对角化的充要条件，而且定理 4.10 的证明本身还给出了对角化的具体方法. 现将 n 阶矩阵 $\boldsymbol{A}$ 对角化方法归纳如下：

(1) 解特征方程 $|\lambda\boldsymbol{E}-\boldsymbol{A}|=0$，求出 $\boldsymbol{A}$ 的所有特征值；

(2) 对于不同的特征值 λ_i，解方程组 $(\lambda_i\boldsymbol{E}-\boldsymbol{A})\boldsymbol{x}=\boldsymbol{0}$，求出基础解系. 如果每一个 λ_i 的重数等于基础解系中向量的个数，则 $\boldsymbol{A}$ 可对角化，否则，$\boldsymbol{A}$ 不可对角化；

(3) 若 $\boldsymbol{A}$ 可对角化，设所有线性无关的特征向量为 $\boldsymbol{\alpha}_1,\boldsymbol{\alpha}_2,\cdots,\boldsymbol{\alpha}_n$，则所求的可逆矩阵 $\boldsymbol{P}=(\boldsymbol{\alpha}_1,\boldsymbol{\alpha}_2,\cdots,\boldsymbol{\alpha}_n)$，并且有 $\boldsymbol{P}^{-1}\boldsymbol{A}\boldsymbol{P}=\boldsymbol{\Lambda}$，其中

$$\boldsymbol{\Lambda}=\begin{pmatrix}\lambda_1 & & & \\ & \lambda_2 & & \\ & & \ddots & \\ & & & \lambda_n\end{pmatrix}.$$

注意，$\boldsymbol{\Lambda}$ 的主对角线元素为全部的特征值，其排列顺序与 $\boldsymbol{P}$ 中列向量的排列顺序对应.

例 2　判断下面两个矩阵能否对角化，若能对角化，求可逆矩阵 $\boldsymbol{P}$ 及对角矩阵 $\boldsymbol{\Lambda}$，使得 $\boldsymbol{P}^{-1}\boldsymbol{A}\boldsymbol{P}=\boldsymbol{\Lambda}$：

$$(1)\boldsymbol{A}=\begin{pmatrix}2 & -1 & -1\\ 0 & -1 & 0\\ 0 & 2 & 1\end{pmatrix};\qquad (2)\boldsymbol{A}=\begin{pmatrix}4 & 2 & 3\\ 2 & 1 & 2\\ -1 & -2 & 0\end{pmatrix}.$$

解　(1) $\boldsymbol{A}$ 的特征方程为

$$|\lambda\boldsymbol{E}-\boldsymbol{A}|=\begin{vmatrix}\lambda-2 & 1 & 1\\ 0 & \lambda+1 & 0\\ 0 & -2 & \lambda-1\end{vmatrix}=(\lambda-2)(\lambda+1)(\lambda-1)=0,$$

故 $\boldsymbol{A}$ 的特征值为 $\lambda_1=2,\lambda_2=-1,\lambda_3=1$，全部是单根，所以 $\boldsymbol{A}$ 可以对角化.

当 $\lambda_1=2$ 时，解齐次线性方程组 $(2\boldsymbol{E}-\boldsymbol{A})\boldsymbol{x}=\boldsymbol{0}$，由

$$2\boldsymbol{E}-\boldsymbol{A}=\begin{pmatrix}0 & 1 & 1\\ 0 & 3 & 0\\ 0 & -2 & 1\end{pmatrix}\to\begin{pmatrix}0 & 1 & 0\\ 0 & 0 & 1\\ 0 & 0 & 0\end{pmatrix},$$

得基础解系 $\boldsymbol{\alpha}_1=(1,\ 0,\ 0)^{\mathrm{T}}$.

当 $\lambda_2=-1$ 时,解齐次线性方程组 $(-\boldsymbol{E}-\boldsymbol{A})\boldsymbol{x}=\boldsymbol{0}$,由

$$-\boldsymbol{E}-\boldsymbol{A}=\begin{pmatrix}-3&1&1\\0&0&0\\0&-2&-2\end{pmatrix}\to\begin{pmatrix}1&0&0\\0&1&1\\0&0&0\end{pmatrix},$$

得基础解系 $\boldsymbol{\alpha}_2=(0,-1,1)^{\mathrm{T}}$.

当 $\lambda_3=1$ 时,解齐次线性方程组 $(\boldsymbol{E}-\boldsymbol{A})\boldsymbol{x}=\boldsymbol{0}$,由

$$\boldsymbol{E}-\boldsymbol{A}=\begin{pmatrix}-1&1&1\\0&2&0\\0&-2&0\end{pmatrix}\to\begin{pmatrix}1&0&-1\\0&1&0\\0&0&0\end{pmatrix},$$

得基础解系 $\boldsymbol{\alpha}_3=(1,0,1)^{\mathrm{T}}$.

令

$$\boldsymbol{P}=(\boldsymbol{\alpha}_1,\boldsymbol{\alpha}_2,\boldsymbol{\alpha}_3)=\begin{pmatrix}1&0&1\\0&-1&0\\0&1&1\end{pmatrix},\quad \boldsymbol{\Lambda}=\begin{pmatrix}\lambda_1&&\\&\lambda_2&\\&&\lambda_3\end{pmatrix}=\begin{pmatrix}2&&\\&-1&\\&&1\end{pmatrix},$$

则有 $\boldsymbol{P}^{-1}\boldsymbol{A}\boldsymbol{P}=\boldsymbol{\Lambda}$.

(2)$\boldsymbol{A}$ 的特征方程为

$$|\lambda\boldsymbol{E}-\boldsymbol{A}|=\begin{vmatrix}\lambda-4&-2&-3\\-2&\lambda-1&-2\\1&2&\lambda\end{vmatrix}=(\lambda-1)^2(\lambda-3)=0,$$

故 $\boldsymbol{A}$ 的特征值为 $\lambda_1=\lambda_2=1,\lambda_3=3$.

当 $\lambda_1=\lambda_2=1$ 时,解齐次线性方程组 $(\boldsymbol{E}-\boldsymbol{A})\boldsymbol{x}=\boldsymbol{0}$,由

$$\boldsymbol{E}-\boldsymbol{A}=\begin{pmatrix}-3&-2&-3\\-2&0&-2\\1&2&1\end{pmatrix}\to\begin{pmatrix}1&0&1\\0&1&0\\0&0&0\end{pmatrix},$$

得基础解系 $\boldsymbol{\alpha}=(-1,0,1)^{\mathrm{T}}$.

因为属于 $\lambda_1=\lambda_2=1$ 的线性无关的特征向量只有一个,所以 $\boldsymbol{A}$ 不可对角化.

例 3 设 $\boldsymbol{A}=\begin{pmatrix}2&0&0\\1&2&-1\\1&0&1\end{pmatrix}$,求 $\boldsymbol{A}$ 的 5 次幂.

解 一般来说,求矩阵的高次幂是比较困难的,但若矩阵 $\boldsymbol{A}$ 能对角化,即存在可逆阵 $\boldsymbol{P}$,使得 $\boldsymbol{P}^{-1}\boldsymbol{A}\boldsymbol{P}=\boldsymbol{\Lambda}$,其中 $\boldsymbol{\Lambda}$ 是对角阵,则由 $\boldsymbol{A}=\boldsymbol{P}\boldsymbol{\Lambda}\boldsymbol{P}^{-1}$,有

$$\boldsymbol{A}^n=(\boldsymbol{P}\boldsymbol{\Lambda}\boldsymbol{P}^{-1})(\boldsymbol{P}\boldsymbol{\Lambda}\boldsymbol{P}^{-1})\cdots(\boldsymbol{P}\boldsymbol{\Lambda}\boldsymbol{P}^{-1})=\boldsymbol{P}\boldsymbol{\Lambda}^n\boldsymbol{P}^{-1},$$

而对角阵 $\boldsymbol{\Lambda}$ 的幂是容易计算的.

矩阵 $\boldsymbol{A}$ 的特征多项式为

$$|\lambda\boldsymbol{E}-\boldsymbol{A}|=\begin{vmatrix}\lambda-2 & 0 & 0\\ -1 & \lambda-2 & 1\\ -1 & 0 & \lambda-1\end{vmatrix}=(\lambda-1)(\lambda-2)^2,$$

故 $\boldsymbol{A}$ 的特征值为 $\lambda_1=1,\ \lambda_2=\lambda_3=2.$

当 $\lambda_1=1$ 时,解齐次线性方程组 $(\boldsymbol{E}-\boldsymbol{A})\boldsymbol{x}=\boldsymbol{0}$,由

$$\boldsymbol{E}-\boldsymbol{A}=\begin{pmatrix}-1 & 0 & 0\\ -1 & -1 & 1\\ -1 & 0 & 0\end{pmatrix}\to\begin{pmatrix}1 & 0 & 0\\ 0 & 1 & -1\\ 0 & 0 & 0\end{pmatrix},$$

得基础解系 $\boldsymbol{\alpha}_1=(0,\ 1,\ 1)^{\mathrm{T}}.$

当 $\lambda_2=\lambda_3=2$ 时,解齐次线性方程组 $(2\boldsymbol{E}-\boldsymbol{A})\boldsymbol{x}=\boldsymbol{0}$,由

$$2\boldsymbol{E}-\boldsymbol{A}=\begin{pmatrix}0 & 0 & 0\\ -1 & 0 & 1\\ -1 & 0 & 1\end{pmatrix}\to\begin{pmatrix}1 & 0 & -1\\ 0 & 0 & 0\\ 0 & 0 & 0\end{pmatrix}$$

得基础解系 $\boldsymbol{\alpha}_2=(0,\ 1,\ 0)^{\mathrm{T}},\boldsymbol{\alpha}_3=(1,\ 0,\ 1)^{\mathrm{T}}.$

取 $\boldsymbol{P}=\begin{pmatrix}0 & 0 & 1\\ 1 & 1 & 0\\ 1 & 0 & 1\end{pmatrix}$,则

$$\boldsymbol{P}^{-1}=\begin{pmatrix}-1 & 0 & 1\\ 1 & 1 & -1\\ 1 & 0 & 0\end{pmatrix},\qquad \boldsymbol{P}^{-1}\boldsymbol{A}\boldsymbol{P}=\begin{pmatrix}1 & & \\ & 2 & \\ & & 2\end{pmatrix},$$

于是

$$\boldsymbol{A}^5=\boldsymbol{P}\begin{pmatrix}1 & 0 & 0\\ 0 & 2 & 0\\ 0 & 0 & 2\end{pmatrix}^5\boldsymbol{P}^{-1}=\begin{pmatrix}0 & 0 & 1\\ 1 & 1 & 0\\ 1 & 0 & 1\end{pmatrix}\begin{pmatrix}1^5 & 0 & 0\\ 0 & 2^5 & 0\\ 0 & 0 & 2^5\end{pmatrix}\begin{pmatrix}-1 & 0 & 1\\ 1 & 1 & -1\\ 1 & 0 & 0\end{pmatrix}$$

$$=\begin{pmatrix}32 & 0 & 0\\ 31 & 32 & -31\\ 31 & 0 & 1\end{pmatrix}.$$

§4.3　实对称矩阵的对角化

一般的矩阵不一定可相似对角化,然而实对称矩阵却一定可相似对角化. 在经济计量学和一些经济数学模型中,经常会出现实对称矩阵,实对称矩阵的这一性质对于简化

问题有重要作用.为了讨论实对称矩阵的有关性质,先研究向量内积和正交矩阵的概念及性质.

4.3.1 向量的内积

定义 4.5 设 n 维实向量 $\boldsymbol{\alpha}=(a_1,a_2,\cdots,a_n)^{\mathrm{T}}$,$\boldsymbol{\beta}=(b_1,b_2,\cdots,b_n)^{\mathrm{T}}$,实数

$$\boldsymbol{\alpha}^{\mathrm{T}}\boldsymbol{\beta}=\sum_{i=1}^{n}a_ib_i=a_1b_1+a_2b_2+\cdots+a_nb_n$$

称为向量 $\boldsymbol{\alpha}$ 和 $\boldsymbol{\beta}$ 的**内积**,记作$(\boldsymbol{\alpha},\boldsymbol{\beta})$.

例如,设 $\boldsymbol{\alpha}=(-1,-3,-2,7)^{\mathrm{T}}$,$\boldsymbol{\beta}=(4,-2,1,0)^{\mathrm{T}}$,则

$$(\boldsymbol{\alpha},\boldsymbol{\beta})=(-1)\times4+(-3)\times(-2)+(-2)\times1+7\times0=0.$$

向量的内积具有下列基本性质:

(1) 对称性 $(\boldsymbol{\alpha},\boldsymbol{\beta})=(\boldsymbol{\beta},\boldsymbol{\alpha})$;

(2) 线性性 $(\mathrm{k}\boldsymbol{\alpha},\boldsymbol{\beta})=(\boldsymbol{\alpha},k\boldsymbol{\beta})=k(\boldsymbol{\alpha},\boldsymbol{\beta})$,$(\boldsymbol{\alpha}+\boldsymbol{\beta},\boldsymbol{\gamma})=(\boldsymbol{\alpha},\boldsymbol{\gamma})+(\boldsymbol{\beta},\boldsymbol{\gamma})$;

(3) 正定性 $(\boldsymbol{\alpha},\boldsymbol{\alpha})\geqslant0$,当且仅当 $\boldsymbol{\alpha}=\boldsymbol{0}$ 时$(\boldsymbol{\alpha},\boldsymbol{\alpha})=0$.

以上证明留给读者.

定义 4.6 设 $\boldsymbol{\alpha}$ 为 n 维实向量,将非负实数 $\sqrt{\boldsymbol{\alpha}^{\mathrm{T}}\boldsymbol{\alpha}}$ 定义为 $\boldsymbol{\alpha}$ 的长度,记为 $\|\boldsymbol{\alpha}\|$,即若 $\boldsymbol{\alpha}=(a_1,a_2,\cdots,a_n)^{\mathrm{T}}$,则有

$$\|\boldsymbol{\alpha}\|=\sqrt{\boldsymbol{\alpha}^{\mathrm{T}}\boldsymbol{\alpha}}=\sqrt{a_1^2+a_2^2+\cdots+a_n^2}.$$

当 $\|\boldsymbol{\alpha}\|=1$ 时,称 $\boldsymbol{\alpha}$ 为**单位向量**.

不难看出,若把三维向量 $\boldsymbol{\alpha}$ 看作空间中一个点的坐标,$\|\boldsymbol{\alpha}\|$ 就是该点到原点的距离.n 维向量的长度则是这一概念的推广.

由定义不难证明,向量的长度具有以下性质:

(1) $\|\boldsymbol{\alpha}\|\geqslant0$,当且仅当 $\boldsymbol{\alpha}=0$ 时 $\|\boldsymbol{\alpha}\|=0$;

(2) $\|k\boldsymbol{\alpha}\|=|k|\cdot\|\boldsymbol{\alpha}\|$ (k 为实数).

例 1 证明:对任意非零向量 $\boldsymbol{\alpha}$,$\dfrac{1}{\|\boldsymbol{\alpha}\|}\boldsymbol{\alpha}$ 为单位向量.

证 因为$\left\|\dfrac{1}{\|\boldsymbol{\alpha}\|}\boldsymbol{\alpha}\right\|=\dfrac{1}{\|\boldsymbol{\alpha}\|}\cdot\|\boldsymbol{\alpha}\|=1$,所以$\dfrac{1}{\|\boldsymbol{\alpha}\|}\boldsymbol{\alpha}$ 为单位向量.

通常把这种用非零向量 $\boldsymbol{\alpha}$ 数乘其长度倒数,得到一个单位向量的做法,称为把向量 $\boldsymbol{\alpha}$ **单位化**.

4.3.2 标准正交基和正交矩阵

定义 4.7 如果两个 n 维向量 $\boldsymbol{\alpha}$ 和 $\boldsymbol{\beta}$ 的内积等于零,即$(\boldsymbol{\alpha},\boldsymbol{\beta})=0$,则称向量 $\boldsymbol{\alpha}$ 与 $\boldsymbol{\beta}$ **正交(或垂直)**,记为 $\boldsymbol{\alpha}\perp\boldsymbol{\beta}$.

例如，设 $\boldsymbol{\alpha}=(-2,1)$，$\boldsymbol{\beta}=(1,2)$，则 $(\boldsymbol{\alpha},\boldsymbol{\beta})=0$，即 $\boldsymbol{\alpha}$ 与 $\boldsymbol{\beta}$ 正交. 其几何意义是，在坐标平面上，连结原点和点 $(-2,1)$、$(1,2)$ 的两个有向线段是相互垂直的. 两个 n 维向量正交的概念是这一事实的推广.

显然，零向量与任何向量都正交.

例 2　设 $\boldsymbol{\alpha}=(-1,0,3)^{\mathrm{T}}$，$\boldsymbol{\beta}=(1,-2,1)^{\mathrm{T}}$，求一个三维单位向量 $\boldsymbol{\gamma}$，使它与向量 $\boldsymbol{\alpha}$，$\boldsymbol{\beta}$ 都正交.

解　设 $\boldsymbol{\eta}=(x_1,\ x_2,\ x_3)^{\mathrm{T}}$ 与 $\boldsymbol{\alpha}$，$\boldsymbol{\beta}$ 都正交，依定义，有

$$\begin{cases}(\boldsymbol{\alpha},\boldsymbol{\eta})=-x_1+3x_3=0\\(\boldsymbol{\beta},\boldsymbol{\eta})=x_1-2x_2+x_3=0\end{cases}.$$

解这齐次线性方程组得通解为 $k(3,\ 2,\ 1)^{\mathrm{T}}$，特别取 $k=1$，得 $\boldsymbol{\eta}=(3,\ 2,\ 1)^{\mathrm{T}}$，将其单位化，得

$$\boldsymbol{\gamma}=\frac{1}{\|\boldsymbol{\eta}\|}\boldsymbol{\eta}=\frac{1}{\sqrt{3^2+2^2+1^2}}(3,\ 2,\ 1)^{\mathrm{T}}=\left(\frac{3}{\sqrt{14}},\ \frac{2}{\sqrt{14}},\ \frac{1}{\sqrt{14}}\right)^{\mathrm{T}}.$$

定义 4.8　若 n 维非零向量组 $\boldsymbol{\alpha}_1,\ \boldsymbol{\alpha}_2,\ \cdots,\ \boldsymbol{\alpha}_s$ 两两正交，即

$$(\boldsymbol{\alpha}_i,\ \boldsymbol{\alpha}_j)=0\quad(i,\ j=1,\ 2,\ \cdots,\ s,i\neq j),$$

则称向量组 $\boldsymbol{\alpha}_1,\boldsymbol{\alpha}_2,\cdots,\boldsymbol{\alpha}_s$ 为**正交向量组**.

定理 4.11　若 $\boldsymbol{\alpha}_1,\boldsymbol{\alpha}_2,\cdots,\boldsymbol{\alpha}_s$ 是正交向量组，则 $\boldsymbol{\alpha}_1,\boldsymbol{\alpha}_2,\cdots,\boldsymbol{\alpha}_s$ 线性无关.

证　设有数 $k_1,k_2,\cdots,k_s$，使得

$$k_1\boldsymbol{\alpha}_1+k_2\boldsymbol{\alpha}_2+\cdots+k_s\boldsymbol{\alpha}_s=\mathbf{0},$$

任取向量 $\boldsymbol{\alpha}_i(1\leqslant i\leqslant s)$，与上式两端作内积，得

$$k_1(\boldsymbol{\alpha}_i,\ \boldsymbol{\alpha}_1)+\cdots+k_i(\boldsymbol{\alpha}_i,\ \boldsymbol{\alpha}_i)+\cdots+k_s(\boldsymbol{\alpha}_i,\ \boldsymbol{\alpha}_s)=0.$$

由于 $(\boldsymbol{\alpha}_i,\ \boldsymbol{\alpha}_j)=0\ (j\neq i)$，所以

$$k_i(\boldsymbol{\alpha}_i,\ \boldsymbol{\alpha}_i)=0,$$

而 $(\boldsymbol{\alpha}_i,\ \boldsymbol{\alpha}_i)\neq 0$，所以 $k_i=0$，由 $\boldsymbol{\alpha}_i$ 的任意性，可得

$$k_1=k_2=\cdots=k_s=0,$$

即 $\boldsymbol{\alpha}_1,\boldsymbol{\alpha}_2,\cdots,\boldsymbol{\alpha}_s$ 线性无关.

进一步，若 n 维向量组 $\boldsymbol{\alpha}_1,\boldsymbol{\alpha}_2,\cdots,\boldsymbol{\alpha}_n$ 都是单位向量，且两两正交，则称 $\boldsymbol{\alpha}_1,\boldsymbol{\alpha}_2,\cdots,\boldsymbol{\alpha}_n$ 为 $\mathbf{R}^n$ 的一组**标准正交基(规范正交基)**.

我们常常把标准正交基所满足的两个条件合并写成内积等式

$$(\boldsymbol{\alpha}_i,\boldsymbol{\alpha}_j)=\delta_{ij}=\begin{cases}1,&i=j,\\0,&i\neq j\end{cases}\quad(i,j=1,2,\cdots,n),$$

其中专用记号 δ_{ij} 称为 Kronecker **符号**.

例如，$\boldsymbol{\varepsilon}_1=(1,0,\cdots,0)^{\mathrm{T}}$，$\boldsymbol{\varepsilon}_2=(0,1,\cdots,0)^{\mathrm{T}}$，$\cdots$，$\boldsymbol{\varepsilon}_n=(0,0,\cdots,1)^{\mathrm{T}}$ 就是一组标准正交基.

定理 4.11 说明，一个向量组线性无关是该向量组为正交向量组的必要条件，但要注意定理并不是可逆的. 然而，对于任一线性无关的向量组 $\boldsymbol{\alpha}_1,\boldsymbol{\alpha}_2,\cdots,\boldsymbol{\alpha}_s$，我们可以求出一个等价的正交向量组. 这一方法称为**施密特正交化方法**.

定理 4.12 设 $\boldsymbol{\alpha}_1,\boldsymbol{\alpha}_2,\cdots,\boldsymbol{\alpha}_s(s\geqslant 2)$ 是一个线性无关的向量组，令

$$\boldsymbol{\beta}_1=\boldsymbol{\alpha}_1,$$

$$\boldsymbol{\beta}_2=\boldsymbol{\alpha}_2-\frac{(\boldsymbol{\alpha}_2,\boldsymbol{\beta}_1)}{(\boldsymbol{\beta}_1,\boldsymbol{\beta}_1)}\boldsymbol{\beta}_1,$$

$$\boldsymbol{\beta}_3=\boldsymbol{\alpha}_3-\frac{(\boldsymbol{\alpha}_3,\boldsymbol{\beta}_1)}{(\boldsymbol{\beta}_1,\boldsymbol{\beta}_1)}\boldsymbol{\beta}_1-\frac{(\boldsymbol{\alpha}_3,\boldsymbol{\beta}_2)}{(\boldsymbol{\beta}_2,\boldsymbol{\beta}_2)}\boldsymbol{\beta}_2,$$

$$\cdots\cdots$$

$$\boldsymbol{\beta}_s=\boldsymbol{\alpha}_s-\frac{(\boldsymbol{\alpha}_s,\boldsymbol{\beta}_1)}{(\boldsymbol{\beta}_1,\boldsymbol{\beta}_1)}\boldsymbol{\beta}_1-\frac{(\boldsymbol{\alpha}_s,\boldsymbol{\beta}_2)}{(\boldsymbol{\beta}_2,\boldsymbol{\beta}_2)}\boldsymbol{\beta}_2-\cdots-\frac{(\boldsymbol{\alpha}_s,\boldsymbol{\beta}_{s-1})}{(\boldsymbol{\beta}_{s-1},\boldsymbol{\beta}_{s-1})}\boldsymbol{\beta}_{s-1},$$

则 $\boldsymbol{\beta}_1,\boldsymbol{\beta}_2,\cdots,\boldsymbol{\beta}_s$ 是正交向量组，且与 $\boldsymbol{\alpha}_1,\boldsymbol{\alpha}_2,\cdots,\boldsymbol{\alpha}_s$ 等价.

例 3 将向量组 $\boldsymbol{\alpha}_1=(0,1,1)^{\mathrm{T}},\boldsymbol{\alpha}_2=(0,-1,2)^{\mathrm{T}},\boldsymbol{\alpha}_3=(1,-1,-1)^{\mathrm{T}}$ 化为标准正交向量组.

解 先将 $\boldsymbol{\alpha}_1,\boldsymbol{\alpha}_2,\boldsymbol{\alpha}_3$ 正交化：

$$\boldsymbol{\beta}_1=\boldsymbol{\alpha}_1=(0,1,1)^{\mathrm{T}},$$

$$\boldsymbol{\beta}_2=\boldsymbol{\alpha}_2-\frac{(\boldsymbol{\alpha}_2,\boldsymbol{\beta}_1)}{(\boldsymbol{\beta}_1,\boldsymbol{\beta}_1)}\boldsymbol{\beta}_1=(0,-1,2)^{\mathrm{T}}-\frac{1}{2}(0,1,1)^{\mathrm{T}}=\frac{3}{2}(0,-1,1)^{\mathrm{T}},$$

$$\begin{aligned}\boldsymbol{\beta}_3&=\boldsymbol{\alpha}_3-\frac{(\boldsymbol{\alpha}_3,\boldsymbol{\beta}_1)}{(\boldsymbol{\beta}_1,\boldsymbol{\beta}_1)}\boldsymbol{\beta}_1-\frac{(\boldsymbol{\alpha}_3,\boldsymbol{\beta}_2)}{(\boldsymbol{\beta}_2,\boldsymbol{\beta}_2)}\boldsymbol{\beta}_2\\&=(1,-1,-1)^{\mathrm{T}}-\frac{-2}{2}(0,1,1)^{\mathrm{T}}-\frac{0}{\frac{9}{2}}\cdot\frac{3}{2}(0,-1,1)^{\mathrm{T}}=(1,0,0)^{\mathrm{T}}.\end{aligned}$$

再将 $\boldsymbol{\beta}_1,\boldsymbol{\beta}_2,\boldsymbol{\beta}_3$ 单位化：

$$\boldsymbol{\gamma}_1=\frac{1}{\sqrt{2}}(0,1,1)^{\mathrm{T}},\ \boldsymbol{\gamma}_2=\frac{1}{\sqrt{2}}(0,-1,1)^{\mathrm{T}},\ \boldsymbol{\gamma}_3=(1,0,0)^{\mathrm{T}}.$$

则 $\boldsymbol{\gamma}_1,\boldsymbol{\gamma}_2,\boldsymbol{\gamma}_3$ 就是一标准正交向量组.

定义 4.9 如果 n 阶实矩阵 $\boldsymbol{Q}$ 满足 $\boldsymbol{Q}^{\mathrm{T}}\boldsymbol{Q}=\boldsymbol{E}$，则称 $\boldsymbol{Q}$ 为**正交矩阵**.

例如单位矩阵 $\boldsymbol{E}$ 是正交矩阵.

正交矩阵有如下性质：

(1) 矩阵 $\boldsymbol{Q}$ 为正交矩阵的充分必要条件是 $\boldsymbol{Q}^{-1}=\boldsymbol{Q}^{\mathrm{T}}$；

(2) 正交矩阵是满秩的，且其行列式为 1 或 -1；

(3) 正交矩阵的逆矩阵仍为正交矩阵；

(4) 正交矩阵的伴随矩阵仍为正交矩阵；

(5) 两个正交矩阵之积仍为正交矩阵.

证　仅证明性质 5,其余性质请读者自己证明.

设 $\boldsymbol{P}$ 与 $\boldsymbol{Q}$ 都是 n 阶正交矩阵,则

$$(\boldsymbol{PQ})^{\mathrm{T}}(\boldsymbol{PQ}) = \boldsymbol{Q}^{\mathrm{T}}\boldsymbol{P}^{\mathrm{T}}\boldsymbol{PQ} = \boldsymbol{Q}^{\mathrm{T}}(\boldsymbol{P}^{\mathrm{T}}\boldsymbol{P})\boldsymbol{Q} = \boldsymbol{Q}^{\mathrm{T}}\boldsymbol{EQ} = \boldsymbol{Q}^{\mathrm{T}}\boldsymbol{Q} = \boldsymbol{E},$$

所以 $\boldsymbol{PQ}$ 是正交矩阵.

定理 4.13　n 阶矩阵 $\boldsymbol{Q}$ 为正交矩阵的充分必要条件是 $\boldsymbol{Q}$ 的行(列)向量组是标准正交向量组.

证　将 $\boldsymbol{Q}$ 用行向量组表示,则

$$\boldsymbol{QQ}^{\mathrm{T}} = \begin{pmatrix} \boldsymbol{\alpha}_1 \\ \boldsymbol{\alpha}_2 \\ \vdots \\ \boldsymbol{\alpha}_n \end{pmatrix}(\boldsymbol{\alpha}_1^{\mathrm{T}}, \boldsymbol{\alpha}_2^{\mathrm{T}}, \cdots, \boldsymbol{\alpha}_n^{\mathrm{T}}) = \begin{pmatrix} \boldsymbol{\alpha}_1\boldsymbol{\alpha}_1^{\mathrm{T}} & \boldsymbol{\alpha}_1\boldsymbol{\alpha}_2^{\mathrm{T}} & \cdots & \boldsymbol{\alpha}_1\boldsymbol{\alpha}_n^{\mathrm{T}} \\ \boldsymbol{\alpha}_2\boldsymbol{\alpha}_1^{\mathrm{T}} & \boldsymbol{\alpha}_2\boldsymbol{\alpha}_2^{\mathrm{T}} & \cdots & \boldsymbol{\alpha}_2\boldsymbol{\alpha}_n^{\mathrm{T}} \\ \vdots & \vdots & & \vdots \\ \boldsymbol{\alpha}_n\boldsymbol{\alpha}_1^{\mathrm{T}} & \boldsymbol{\alpha}_n\boldsymbol{\alpha}_2^{\mathrm{T}} & \cdots & \boldsymbol{\alpha}_n\boldsymbol{\alpha}_n^{\mathrm{T}} \end{pmatrix} = \boldsymbol{E}$$

等价于

$$\boldsymbol{\alpha}_i\boldsymbol{\alpha}_j^{\mathrm{T}} = \delta_{ij} = \begin{cases} 1, & i = j, \\ 0, & i \neq j \end{cases} \quad (i, j = 1, 2, \cdots, n).$$

由此说明 $\boldsymbol{Q}$ 为正交矩阵的充要条件是 $\boldsymbol{Q}$ 的行向量都是单位向量,且两两正交.

由于 $\boldsymbol{Q}$ 的行向量组就是 $\boldsymbol{Q}^{\mathrm{T}}$ 的列向量组,$\boldsymbol{Q}$ 是正交矩阵当且仅当 $\boldsymbol{Q}^{\mathrm{T}}$ 是正交矩阵,所以上述结论对 $\boldsymbol{Q}$ 的列向量也成立.

例 4　可以直接验证以下两个方阵都是正交矩阵:

$$\boldsymbol{A}_1 = \frac{1}{3}\begin{pmatrix} 2 & -1 & 2 \\ -1 & 2 & 2 \\ 2 & 2 & -1 \end{pmatrix}, \qquad \boldsymbol{A}_2 = \begin{pmatrix} 0 & \frac{1}{\sqrt{2}} & -\frac{1}{\sqrt{2}} \\ -\frac{2}{\sqrt{6}} & \frac{1}{\sqrt{6}} & \frac{1}{\sqrt{6}} \\ \frac{1}{\sqrt{3}} & \frac{1}{\sqrt{3}} & \frac{1}{\sqrt{3}} \end{pmatrix}.$$

验证方法如下:每个行向量中的各个分量的平方之和都为 1,而且任意两个行向量中对应分量乘积之和都为 0.

4.3.3　实对称矩阵的对角化

前面已经提到,实对称矩阵一定可以对角化,并且其特征值,特征向量还具有许多特殊的性质,下面我们将给出一些具体的结论. 为了证明这些重要结论,先介绍复矩阵和复向量的有关概念和性质.

定义 4.10　元素为复数的矩阵和向量,称为**复矩阵**和**复向量**.

定义 4.11　设 a_{ij} 为复数,$\boldsymbol{A} = (a_{ij})_{m\times n}$,$\overline{\boldsymbol{A}} = (\bar{a}_{ij})_{m\times n}$,$\bar{a}_{ij}$ 是 a_{ij} 的共轭复数,则称 $\overline{\boldsymbol{A}}$ 是

$\boldsymbol{A}$ 的共轭矩阵.

由定义 4.11 可知：$\overline{\overline{\boldsymbol{A}}}=\boldsymbol{A}$，$\overline{\boldsymbol{A}}^{\mathrm{T}}=\overline{\boldsymbol{A}^{\mathrm{T}}}$；当 $\boldsymbol{A}$ 为实对称矩阵时，$\overline{\boldsymbol{A}}^{\mathrm{T}}=\boldsymbol{A}$.

由上述定义及共轭复数的运算性质，易证共轭矩阵有以下性质：

(1) $\overline{k\boldsymbol{A}}=\bar{k}\,\overline{\boldsymbol{A}}$（$k$ 为复数）；

(2) $\overline{\boldsymbol{A}+\boldsymbol{B}}=\overline{\boldsymbol{A}}+\overline{\boldsymbol{B}}$；

(3) $\overline{\boldsymbol{AB}}=\overline{\boldsymbol{A}}\,\overline{\boldsymbol{B}}$；

(4) $\overline{(\boldsymbol{AB})^{\mathrm{T}}}=\overline{\boldsymbol{B}}^{\mathrm{T}}\,\overline{\boldsymbol{A}}^{\mathrm{T}}$；

(5) 若 $\boldsymbol{A}$ 可逆，则 $\overline{\boldsymbol{A}^{-1}}=(\overline{\boldsymbol{A}})^{-1}$；

(6) $|\overline{\boldsymbol{A}}|=\overline{|\boldsymbol{A}|}$.

定理 4.14　实对称矩阵的特征值都是实数.

证　设 λ 是 $\boldsymbol{A}$ 的任一特征值. 因为 $\boldsymbol{A}$ 是实对称矩阵，所以 $\overline{\boldsymbol{A}}=\boldsymbol{A}$，$\boldsymbol{A}^{\mathrm{T}}=\boldsymbol{A}$，而

$$\overline{\boldsymbol{\alpha}}^{\mathrm{T}}(\boldsymbol{A\alpha})=\overline{\boldsymbol{\alpha}}^{\mathrm{T}}\boldsymbol{A}^{\mathrm{T}}\boldsymbol{\alpha}=(\boldsymbol{A}\overline{\boldsymbol{\alpha}})^{\mathrm{T}}\boldsymbol{\alpha}=(\overline{\boldsymbol{A\alpha}})^{\mathrm{T}}\boldsymbol{\alpha},$$

上式左边为 $\lambda\overline{\boldsymbol{\alpha}}^{\mathrm{T}}\boldsymbol{\alpha}$，右边为 $\bar{\lambda}\overline{\boldsymbol{\alpha}}^{\mathrm{T}}\boldsymbol{\alpha}$，因此

$$\lambda\overline{\boldsymbol{\alpha}}^{\mathrm{T}}\boldsymbol{\alpha}=\bar{\lambda}\overline{\boldsymbol{\alpha}}^{\mathrm{T}}\boldsymbol{\alpha}.$$

又因为 $\boldsymbol{\alpha}$ 是非零向量，$\overline{\boldsymbol{\alpha}}^{\mathrm{T}}\boldsymbol{\alpha}>0$，所以 $\lambda=\bar{\lambda}$，即 λ 是实数.

定理 4.15　实对称矩阵的属于不同特征值的特征向量彼此正交.

证　设 $\boldsymbol{A}$ 是一个实对称矩阵，λ,μ 是 $\boldsymbol{A}$ 的两个不同的特征值，$\boldsymbol{\alpha},\boldsymbol{\beta}$ 分别是对应的特征向量，则由

$$\begin{aligned}\lambda(\boldsymbol{\alpha},\boldsymbol{\beta})&=(\lambda\boldsymbol{\alpha},\boldsymbol{\beta})=(\boldsymbol{A\alpha},\boldsymbol{\beta})=(\boldsymbol{A\alpha})^{\mathrm{T}}\boldsymbol{\beta}=\boldsymbol{\alpha}^{\mathrm{T}}\boldsymbol{A}^{\mathrm{T}}\boldsymbol{\beta}\\&=\boldsymbol{\alpha}^{\mathrm{T}}\boldsymbol{A\beta}=(\boldsymbol{\alpha},\boldsymbol{A\beta})=(\boldsymbol{\alpha},\mu\boldsymbol{\beta})=\mu(\boldsymbol{\alpha},\boldsymbol{\beta}),\end{aligned}$$

从而得

$$(\lambda-\mu)(\boldsymbol{\alpha},\boldsymbol{\beta})=0,$$

而 $\lambda\neq\mu$，故 $(\boldsymbol{\alpha},\boldsymbol{\beta})=0$，即 $\boldsymbol{\alpha}$ 与 $\boldsymbol{\beta}$ 正交.

定理 4.16　设 $\boldsymbol{A}$ 为 n 阶实对称矩阵，λ_i 是 $\boldsymbol{A}$ 的 n_i（$i=1,2,\cdots,s$）重互异特征值（$n_1+n_2+\cdots+n_s=n$），则 $\boldsymbol{A}$ 的属于特征值 λ_i 的线性无关的特征向量恰有 n_i 个，从而实对称矩阵 $\boldsymbol{A}$ 可对角化.

由齐次线性方程组解的性质知，将 n 阶实对称矩阵 $\boldsymbol{A}$ 的每个 n_i 重特征值 λ_i 对应的 n_i 个线性无关的特征向量用施密特正交化方法正交化后，再将它们单位化，仍是 $\boldsymbol{A}$ 的属于特征值 λ_i 的特征向量. 由此可知，n 阶实对称矩阵 $\boldsymbol{A}$ 一定有 n 个正交的单位特征向量. 用其构成正交矩阵 $\boldsymbol{Q}$，有

$$\boldsymbol{Q}^{-1}\boldsymbol{AQ}=\boldsymbol{\Lambda},$$

其中 $\boldsymbol{\Lambda}=\mathrm{diag}(\lambda_1,\lambda_2,\cdots,\lambda_n)$.

定理 4.17　设 $\boldsymbol{A}$ 是一实对称矩阵，则一定存在正交矩阵 $\boldsymbol{Q}$，使 $\boldsymbol{Q}^{-1}\boldsymbol{AQ}$ 为对角矩阵. 反

之，若实矩阵 $\boldsymbol{A}$ 正交相似于某个对角矩阵，则 $\boldsymbol{A}$ 一定是对称矩阵.

下面我们仅说明充分性.

当 $\boldsymbol{A}$ 正交相似于对角矩阵 $\boldsymbol{\Lambda}$ 时，根据 $\boldsymbol{Q}^{\mathrm{T}}\boldsymbol{A}\boldsymbol{Q}=\boldsymbol{\Lambda}$，就可推出

$$\boldsymbol{A}=(\boldsymbol{Q}^{\mathrm{T}})^{-1}\boldsymbol{\Lambda}\boldsymbol{Q}^{-1}=(\boldsymbol{Q}^{-1})^{\mathrm{T}}\boldsymbol{\Lambda}\boldsymbol{Q}^{-1},$$

又由于 $\boldsymbol{\Lambda}$ 本身也为对称矩阵，于是必有

$$\boldsymbol{A}^{\mathrm{T}}=(\boldsymbol{Q}^{-1})^{\mathrm{T}}\boldsymbol{\Lambda}^{\mathrm{T}}\boldsymbol{Q}^{-1}=(\boldsymbol{Q}^{-1})^{\mathrm{T}}\boldsymbol{\Lambda}\boldsymbol{Q}^{-1}=\boldsymbol{A}.$$

定理 4.17 表明，实方阵 $\boldsymbol{A}$ 正交相似于对角矩阵当且仅当 $\boldsymbol{A}$ 是对称矩阵.

例 5　设 $\boldsymbol{A}=\begin{pmatrix}4&2&2\\2&4&2\\2&2&4\end{pmatrix}$，求正交矩阵 $\boldsymbol{Q}$，使 $\boldsymbol{Q}^{-1}\boldsymbol{A}\boldsymbol{Q}$ 为对角阵.

解　特征方程为

$$|\lambda\boldsymbol{E}-\boldsymbol{A}|=\begin{vmatrix}\lambda-4&-2&-2\\-2&\lambda-4&-2\\-2&-2&\lambda-4\end{vmatrix}=(\lambda-8)(\lambda-2)^2=0,$$

故 $\boldsymbol{A}$ 的特征值为 $\lambda_1=8,\lambda_2=\lambda_3=2$.

对 $\lambda_1=8$，相应的特征向量为 $\boldsymbol{\alpha}_1=(1,1,1)^{\mathrm{T}}$；

对 $\lambda_2=\lambda_3=2$，相应的特征向量为 $\boldsymbol{\alpha}_2=(-1,1,0)^{\mathrm{T}}$，$\boldsymbol{\alpha}_3=(-1,0,1)^{\mathrm{T}}$，由施密特正交化方法，得

$$\boldsymbol{\beta}_2=\boldsymbol{\alpha}_2,\ \boldsymbol{\beta}_3=\boldsymbol{\alpha}_3-\frac{(\boldsymbol{\alpha}_3,\boldsymbol{\beta}_2)}{(\boldsymbol{\beta}_2,\boldsymbol{\beta}_2)}\boldsymbol{\beta}_2=\frac{1}{2}(-1,-1,2)^T.$$

再将 $\boldsymbol{\alpha}_1,\boldsymbol{\beta}_2,\boldsymbol{\beta}_3$ 单位化得，

$$\boldsymbol{\gamma}_1=\left(\frac{1}{\sqrt{3}},\frac{1}{\sqrt{3}},\frac{1}{\sqrt{3}}\right)^{\mathrm{T}},\quad \boldsymbol{\gamma}_2=\left(-\frac{1}{\sqrt{2}},\frac{1}{\sqrt{2}},0\right)^{\mathrm{T}},\quad \boldsymbol{\gamma}_3=\left(-\frac{1}{\sqrt{6}},-\frac{1}{\sqrt{6}},\frac{2}{\sqrt{6}}\right)^{\mathrm{T}},$$

于是得正交阵

$$\boldsymbol{Q}=(\boldsymbol{\gamma}_1,\boldsymbol{\gamma}_2,\boldsymbol{\gamma}_3)=\begin{pmatrix}\frac{1}{\sqrt{3}}&-\frac{1}{\sqrt{2}}&-\frac{1}{\sqrt{6}}\\\frac{1}{\sqrt{3}}&\frac{1}{\sqrt{2}}&-\frac{1}{\sqrt{6}}\\\frac{1}{\sqrt{3}}&0&\frac{2}{\sqrt{6}}\end{pmatrix},$$

使得

$$\boldsymbol{Q}^{-1}\boldsymbol{A}\boldsymbol{Q}=\begin{pmatrix}8&&\\&2&\\&&2\end{pmatrix}.$$

现在，我们把上述求解实方阵 $\boldsymbol{A}$ 的正交相似对角化的具体计算步骤归纳如下：

(1) 求出实对称矩阵 $\boldsymbol{A}$ 的全部特征值；

(2) 若特征值是单根，则求出一个特征向量，并加以单位化；若特征值是 n_i 重根，则求出 n_i 个线性无关的特征向量，然后用施密特正交化方法化为正交组，再单位化；

(3) 将这些两两正交的单位特征向量按列拼起来，就得到了正交矩阵 $\boldsymbol{Q}$.

例 6 设三阶实对称矩阵 $\boldsymbol{A}$ 的特征值是 1,2,3，属于特征值 1,2 的特征向量分别为 $\alpha_1 = (-1,-1,1)^{\mathrm{T}}$，$\alpha_2 = (1,-2,-1)^{\mathrm{T}}$. (1) 求属于特征值 3 的特征向量；(2) 求矩阵 $\boldsymbol{A}$.

解 (1) 设属于特征值 3 的特征向量为 $\boldsymbol{\alpha}_3 = (x_1, x_2, x_3)$，由于实对称矩阵的属于不同特征值的特征向量彼此正交，于是有 $\boldsymbol{\alpha}_1^{\mathrm{T}}\boldsymbol{\alpha}_3 = 0$，$\boldsymbol{\alpha}_2^{\mathrm{T}}\boldsymbol{\alpha}_3 = 0$，即

$$\begin{cases} -x_1 - x_2 + x_3 = 0 \\ x_1 - 2x_2 - x_3 = 0 \end{cases}.$$

解此齐次线性方程组，得其一个基础解系为 $(1,0,1)^T$，所以属于特征值 3 的全部特征向量为 $k(1,0,1)^{\mathrm{T}}$（k 为任意非零常数）.

(2) 记 $\boldsymbol{P} = \begin{pmatrix} -1 & 1 & 1 \\ -1 & -2 & 0 \\ 1 & -1 & 1 \end{pmatrix}$，求得 $\boldsymbol{P}^{-1} = \dfrac{1}{6}\begin{pmatrix} -2 & -2 & 2 \\ 1 & -2 & -1 \\ 3 & 0 & 3 \end{pmatrix}$，从而

$$\boldsymbol{A} = \boldsymbol{P}\begin{pmatrix} 1 & & \\ & 2 & \\ & & 3 \end{pmatrix}\boldsymbol{P}^{-1} = \frac{1}{6}\begin{pmatrix} -1 & 1 & 1 \\ -1 & -2 & 0 \\ 1 & -1 & 1 \end{pmatrix}\begin{pmatrix} 1 & & \\ & 2 & \\ & & 3 \end{pmatrix}\begin{pmatrix} -2 & -2 & 2 \\ 1 & -2 & -1 \\ 3 & 0 & 3 \end{pmatrix}$$

$$= \frac{1}{6}\begin{pmatrix} 13 & -2 & 5 \\ -2 & 10 & 2 \\ 5 & 2 & 13 \end{pmatrix}.$$

习 题 四

(A)

1. 求下列矩阵的特征值与特征向量：

(1) $\boldsymbol{A} = \begin{pmatrix} 1 & -2 \\ 1 & 4 \end{pmatrix}$；　(2) $\boldsymbol{A} = \begin{pmatrix} 0 & 1 & 0 \\ 0 & 0 & 1 \\ 0 & 0 & 0 \end{pmatrix}$；

(3) $\boldsymbol{A} = \begin{pmatrix} 0 & -1 & -1 \\ -1 & 0 & -1 \\ -1 & -1 & 0 \end{pmatrix}$；　(4) $\boldsymbol{A} = \begin{pmatrix} 0 & \frac{1}{2} & \frac{1}{2} \\ 1 & -\frac{1}{2} & \frac{1}{2} \\ 1 & -\frac{1}{2} & \frac{1}{2} \end{pmatrix}$.

2. 已知矩阵 $\boldsymbol{A}=\begin{pmatrix}0 & 1 & 0 & 0\\ 0 & 0 & 1 & 0\\ 0 & 0 & 0 & 1\\ -a_0 & -a_1 & -a_2 & -a_3\end{pmatrix}$.

(1)求 $\boldsymbol{A}$ 的特征多项式;

(2)如果 λ_0 是 $\boldsymbol{A}$ 的特征值,证明$(1, \lambda_0, \lambda_0^2, \lambda_0^3)^{\mathrm{T}}$ 是 λ_0 对应的特征向量.

3. 设

$$\boldsymbol{A}=\begin{pmatrix}-1 & 2 & 2\\ 2 & -1 & -2\\ 2 & -2 & -1\end{pmatrix}.$$

(1) 试求矩阵 $\boldsymbol{A}$ 的特征值;

(2) 利用(1) 小题的结果,求矩阵 $\boldsymbol{E}+\boldsymbol{A}^{-1}$ 的特征值,其中 $\boldsymbol{E}$ 是三阶单位矩阵.

4. 设 $\boldsymbol{A}=\begin{pmatrix}1 & -1 & 1\\ 2 & 4 & a\\ -3 & -3 & 5\end{pmatrix}$,6 是 $\boldsymbol{A}$ 的一个特征值,(1) 求 a 的值;(2) 求 $\boldsymbol{A}$ 的全部特征值和特征向量.

5. 设向量 $\boldsymbol{\alpha}=(-1,-2,1)^{\mathrm{T}}$ 是矩阵 $\boldsymbol{A}=\begin{pmatrix}-1 & 1 & 0\\ -4 & a & 0\\ b & 0 & 2\end{pmatrix}$ 的特征向量.

(1) 求常数 a,b 及向量 $\boldsymbol{\alpha}$ 所对应的特征值 λ;

(2) 求矩阵 $\boldsymbol{A}$ 的全部特征值和特征向量.

6. 设向量 $\boldsymbol{\beta}=(1, 1, 2)^{\mathrm{T}}$ 是矩阵 $\boldsymbol{A}=\begin{pmatrix}1 & a & -1\\ 1 & 1 & -1\\ 0 & 4 & b\end{pmatrix}$ 的特征向量.

(1)求 a,b 的值;

(2)求方程组 $\boldsymbol{A}^2\boldsymbol{x}=\boldsymbol{\beta}$ 的通解.

7. 已知 $\boldsymbol{\alpha}=(1, k, 1)^{\mathrm{T}}$ 是矩阵 $\boldsymbol{A}=\begin{pmatrix}2 & 1 & 1\\ 1 & 2 & 1\\ 1 & 1 & 2\end{pmatrix}$ 的逆矩阵 $\boldsymbol{A}^{-1}$ 的特征向量,求 k 值和 $\boldsymbol{A}^{-1}$ 的特征值,并问 $\boldsymbol{\alpha}$ 是属于 $\boldsymbol{A}^{-1}$ 的哪个特征值的特征向量.

8. 设 $\boldsymbol{A}=\begin{pmatrix}0 & 0 & 1\\ x & 1 & y\\ 1 & 0 & 0\end{pmatrix}$ 有三个线性无关的特征向量,求 x 和 y 应满足的条件.

9. 设三阶行列式 $\begin{vmatrix} a & -5 & 8 \\ 0 & a+1 & 8 \\ 0 & 3a+3 & 25 \end{vmatrix}=0$，而三阶矩阵 $\boldsymbol{A}$ 有 3 个特征值 1，−1，0，对应特征向量分别为 $\boldsymbol{\beta}_1=\begin{pmatrix} 1 \\ 2a \\ -1 \end{pmatrix}$，$\boldsymbol{\beta}_2=\begin{pmatrix} a \\ a+3 \\ a+2 \end{pmatrix}$，$\boldsymbol{\beta}_3=\begin{pmatrix} a-2 \\ -1 \\ a+1 \end{pmatrix}$，试确定参数 a，并求 $\boldsymbol{A}$.

10. 设 $\boldsymbol{A}$ 为 n 阶矩阵，λ_1 和 λ_2 是 $\boldsymbol{A}$ 的两个不同的特征值，$\boldsymbol{x}_1$，$\boldsymbol{x}_2$ 是分别属于 λ_1 和 λ_2 的特征向量. 试证明 $\boldsymbol{x}_1+\boldsymbol{x}_2$ 不是 $\boldsymbol{A}$ 的特征向量.

11. 设 $\boldsymbol{A}$ 是 n 阶矩阵，试证结论：

(1) 若 $\boldsymbol{A}$ 是幂零矩阵，即存在正整数 k，使 $\boldsymbol{A}^k=\boldsymbol{O}$，则 $\boldsymbol{A}$ 的特征值为 0；

(2) 若 $\boldsymbol{A}$ 是对合阵，即 $\boldsymbol{A}^2=\boldsymbol{E}$，则 $\boldsymbol{A}$ 的特征值为 1 或 −1.

12. 设 $\boldsymbol{A}$ 为 n 阶矩阵，任一非零的 n 维向量都是 $\boldsymbol{A}$ 的特征向量. 证明：$\boldsymbol{A}=\lambda\boldsymbol{E}$，即 $\boldsymbol{A}$ 为数量矩阵.

13. 试证反对称实矩阵的特征值是零或纯虚数.

14. 设矩阵 $\boldsymbol{A}=\begin{pmatrix} a & -1 & c \\ 5 & b & 3 \\ 1-c & 0 & -a \end{pmatrix}$，其行列式 $|\boldsymbol{A}|=-1$，又 $\boldsymbol{A}$ 的伴随矩阵 $\boldsymbol{A}^*$ 有一个特征值 λ_0，属于 λ_0 的一个特征向量为 $\boldsymbol{\alpha}=(-1,-1,1)^{\mathrm{T}}$，求 a,b,c 和 λ_0 的值.

15. 已知 $\boldsymbol{A}=\begin{pmatrix} 2 & a & 2 \\ 5 & b & 3 \\ -1 & 1 & -1 \end{pmatrix}$ 有特征值 ±1，问 $\boldsymbol{A}$ 能否对角化？并说明理由.

16. 设矩阵 $\boldsymbol{A}=\begin{pmatrix} 1 & 2 & -3 \\ -1 & 4 & -3 \\ 1 & a & 5 \end{pmatrix}$ 的特征方程有一个二重根，求 a 的值，并讨论 $\boldsymbol{A}$ 是否可相似对角化.

17. 已知 $\boldsymbol{\xi}=\begin{pmatrix} 1 \\ 1 \\ -1 \end{pmatrix}$ 是矩阵 $\boldsymbol{A}=\begin{pmatrix} 2 & -1 & 2 \\ 5 & a & 3 \\ -1 & b & -2 \end{pmatrix}$ 的一个特征向量.

(1) 试确定参数 a,b 及特征向量 $\boldsymbol{\xi}$ 所对应的特征值；

(2) 问 $\boldsymbol{A}$ 能否相似于对角阵？说明理由.

18. 已知 3 阶矩阵 $\boldsymbol{A}$ 的三个特征值为 $\lambda_1=\lambda_2=1$，$\lambda_3=2$，对应的特征向量为 $\boldsymbol{\alpha}_1=(1,2,1)^{\mathrm{T}}$，$\boldsymbol{\alpha}_2=(1,1,0)^{\mathrm{T}}$，$\boldsymbol{\alpha}_3=(2,0,-1)^{\mathrm{T}}$. 问 $\boldsymbol{A}$ 能否与对角阵 $\boldsymbol{B}$ 相似？如果相似，求 $\boldsymbol{A}$，$\boldsymbol{B}$ 和可逆矩阵 $\boldsymbol{P}$，使得 $\boldsymbol{A}=\boldsymbol{PBP}^{-1}$.

19. 已知矩阵 $\boldsymbol{A}=\begin{pmatrix}1 & -1 & 1\\ 2 & 4 & -2\\ -3 & -3 & 5\end{pmatrix}$.

(1) 求 $\boldsymbol{A}$ 的特征值；

(2) 求可逆矩阵和对角阵 $\boldsymbol{C}$，使得 $\boldsymbol{P}^{-1}\boldsymbol{A}\boldsymbol{P}=\boldsymbol{C}$.

20. 设 $\boldsymbol{A}=\begin{pmatrix}a & -1 & 1\\ -1 & 0 & 1\\ 1 & b & 0\end{pmatrix}$，$\boldsymbol{\alpha}=\begin{pmatrix}-1\\ -1\\ 1\end{pmatrix}$ 为 $\boldsymbol{A}$ 的属于特征值 -2 的特征向量.

(1) 求 a,b 的值；

(2) 求可逆矩阵 $\boldsymbol{P}$ 和对角矩阵 $\boldsymbol{Q}$，使得 $\boldsymbol{P}^{-1}\boldsymbol{A}\boldsymbol{P}=\boldsymbol{Q}$.

21. 设矩阵 $\boldsymbol{A}=\begin{pmatrix}1 & 0 & b\\ 0 & 2 & a\\ 1 & 0 & 1\end{pmatrix}$ 有特征向量 $\begin{pmatrix}1\\ 1\\ 1\end{pmatrix}$.

(1)求 a，b 的值；

(2)求可逆矩阵 $\boldsymbol{P}$，使得 $\boldsymbol{P}^{-1}\boldsymbol{A}\boldsymbol{P}$ 为对角矩阵.

22. 已知 1 是矩阵 $\boldsymbol{A}=\begin{pmatrix}0 & a & 1\\ 1 & 1 & -1\\ 1 & 0 & 0\end{pmatrix}$ 的二重特征值，(1) 求 a 的值；(2) 求可逆矩阵 $\boldsymbol{P}$ 和对角矩阵 $\boldsymbol{Q}$ 使 $\boldsymbol{P}^{-1}\boldsymbol{A}\boldsymbol{P}=\boldsymbol{Q}$.

23. 设矩阵 $\boldsymbol{A}=\begin{pmatrix}1 & a & -1\\ a & 1 & 0\\ 0 & 1 & a\end{pmatrix}$ 的一个特征值为 1.

(1)求 a 的值；

(2)求可逆矩阵 $\boldsymbol{P}$，使 $\boldsymbol{P}^{-1}\boldsymbol{A}\boldsymbol{A}^{\mathrm{T}}\boldsymbol{P}$ 为对角矩阵.

24. 设 3 阶矩阵 $\boldsymbol{A}$ 的特征值为 $1,1,-2$，对应的特征向量依次为

$$\boldsymbol{\alpha}_1=\begin{pmatrix}0\\ 1\\ 0\end{pmatrix},\boldsymbol{\alpha}_2=\begin{pmatrix}1\\ 0\\ 1\end{pmatrix},\boldsymbol{\alpha}_3=\begin{pmatrix}1\\ 0\\ -1\end{pmatrix}.$$

(1) 求矩阵 $\boldsymbol{A}$；

(2) 求 $\boldsymbol{A}^{2009}$.

25. 设矩阵 $\boldsymbol{A}=\begin{pmatrix}1 & 2 & 0\\ 2 & 1 & 0\\ 0 & 0 & -1\end{pmatrix}$.

(1) 求可逆矩阵 $\boldsymbol{P}$ 和对角矩阵 $\boldsymbol{\Lambda}$，使得 $\boldsymbol{P}^{-1}\boldsymbol{A}\boldsymbol{P}=\boldsymbol{\Lambda}$；

(2) 求 $\boldsymbol{A}^{101}$.

26. 设 3 阶矩阵 $\boldsymbol{A}$ 的特征值为 1,2,3,对应的特征向量分别为 $\boldsymbol{\alpha}_1=(1,1,1)^{\mathrm{T}}$,$\boldsymbol{\alpha}_2=(1,2,4)^{\mathrm{T}}$,$\boldsymbol{\alpha}_3=(1,3,9)^{\mathrm{T}}$,令 $\boldsymbol{\beta}=(1,1,3)^{\mathrm{T}}$,求 $\boldsymbol{A}^n\boldsymbol{\beta}$.

27. 已知矩阵 $\boldsymbol{A}=\begin{pmatrix}0&2&1\\0&1&0\\1&a&0\end{pmatrix}$ 相似于对角矩阵.

(1) 求 a 的值;

(2) 求可逆矩阵 $\boldsymbol{P}$ 和对角矩阵 $\boldsymbol{\Lambda}$,使得 $\boldsymbol{P}^{-1}\boldsymbol{A}\boldsymbol{P}=\boldsymbol{\Lambda}$.

28. 设矩阵 $\boldsymbol{A}$ 与 $\boldsymbol{B}$ 相似,且

$$\boldsymbol{A}=\begin{pmatrix}1&-2&-4\\-2&x&-2\\-4&-2&1\end{pmatrix},\boldsymbol{B}=\begin{pmatrix}5&&\\&y&\\&&-4\end{pmatrix},$$

(1) 求 x,y 的值;

(2) 求可逆矩阵 $\boldsymbol{P}$,使 $\boldsymbol{P}^{-1}\boldsymbol{A}\boldsymbol{P}=\boldsymbol{B}$.

29. 设矩阵 $\boldsymbol{A}$ 与 $\boldsymbol{B}$ 相似,且

$$\boldsymbol{A}=\begin{pmatrix}2&1&0\\1&2&0\\0&0&1\end{pmatrix},\quad \boldsymbol{B}=\begin{pmatrix}x&y&z\\0&1&0\\-1&-2&4\end{pmatrix}.$$

(1)求 x, y, z 的值;

(2)求可逆矩阵 $\boldsymbol{P}$,使得 $\boldsymbol{P}^{-1}\boldsymbol{A}\boldsymbol{P}=\boldsymbol{B}$.

30. 设

$$\boldsymbol{A}=\begin{pmatrix}2&0&0\\0&0&1\\0&1&0\end{pmatrix},\quad \boldsymbol{B}=\begin{pmatrix}1&0&0\\0&-1&0\\0&-6&2\end{pmatrix}.$$

试判断 $\boldsymbol{A}$、$\boldsymbol{B}$ 是否相似?若相似,求出可逆矩阵 $\boldsymbol{X}$ 使得 $\boldsymbol{B}=\boldsymbol{X}^{-1}\boldsymbol{A}\boldsymbol{X}$.

31. 已知 $\boldsymbol{A}=\begin{pmatrix}13&14&4\\14&24&18\\4&18&29\end{pmatrix}$,求满足 $\boldsymbol{X}^2=\boldsymbol{A}$ 的矩阵 $\boldsymbol{X}$.

32. 设 $\boldsymbol{P}=(\boldsymbol{\alpha}_1,\boldsymbol{\alpha}_2,\boldsymbol{\alpha}_3)$ 为 3 阶可逆矩阵,方阵 $\boldsymbol{A}$ 满足 $\boldsymbol{A}\boldsymbol{\alpha}_1=\boldsymbol{\alpha}_1+\boldsymbol{\alpha}_3$,$\boldsymbol{A}\boldsymbol{\alpha}_2=-\boldsymbol{\alpha}_1+2\boldsymbol{\alpha}_2+\boldsymbol{\alpha}_3$,$\boldsymbol{A}\boldsymbol{\alpha}_3=2\boldsymbol{\alpha}_3$.

(1) 求 $\boldsymbol{P}^{-1}\boldsymbol{A}\boldsymbol{P}$;

(2) 证明 $\boldsymbol{A}$ 可相似对角化.

33. 设矩阵 $\boldsymbol{A}=\begin{pmatrix}2&1\\3&a\end{pmatrix}$ 与 $\boldsymbol{B}=\begin{pmatrix}1&b\\2&1\end{pmatrix}$ 相似.

(1)求 a，b 的值；

(2)求可逆矩阵 $\boldsymbol{P}$,使 $\boldsymbol{B}=\boldsymbol{P}^{-1}\boldsymbol{AP}$.

34. 设 n 阶方阵 $\boldsymbol{A}$ 有 n 个互异的特征值,而矩阵 $\boldsymbol{B}$ 与 $\boldsymbol{A}$ 有相同的特征值,证明:$\boldsymbol{A}$ 与 $\boldsymbol{B}$ 相似.

35. 若实对称矩阵 $\boldsymbol{A}$ 与 $\boldsymbol{B}$ 有相同的特征值,证明:$\boldsymbol{A}$ 与 $\boldsymbol{B}$ 相似.

36. 设矩阵 $\boldsymbol{A}$ 的特征值都为 ± 1,且 $\boldsymbol{A}$ 可对角化,证明:$\boldsymbol{A}^2=\boldsymbol{E}$.

37. 设 $\boldsymbol{A}$ 是一个 n 阶方阵,满足 $\boldsymbol{A}^2=\boldsymbol{A}$,$r(\boldsymbol{A})=r$,且 $\boldsymbol{A}$ 有两个不同的特征值.

(1)证明 $\boldsymbol{A}$ 可对角化,并求对角阵 $\boldsymbol{\Lambda}$;

(2)计算行列式 $|\boldsymbol{A}-2\boldsymbol{E}|$.

38. 设 $\boldsymbol{A}$ 是 $n(n>1)$ 阶矩阵,$\boldsymbol{\xi}_1$，$\boldsymbol{\xi}_2$，…，$\boldsymbol{\xi}_n$. 若 $\boldsymbol{\xi}_n\neq\boldsymbol{0}$,且 $\boldsymbol{A\xi}_1=\boldsymbol{\xi}_2$,$\boldsymbol{A\xi}_2=\boldsymbol{\xi}_3$,…,$\boldsymbol{A\xi}_{n-1}=\boldsymbol{\xi}_n$,$\boldsymbol{A\xi}_n=\boldsymbol{0}$.

(1)证明 $\boldsymbol{\xi}_1$，$\boldsymbol{\xi}_2$，…，$\boldsymbol{\xi}_n$ 线性无关;

(2)证明 $\boldsymbol{A}$ 不能相似于对角阵.

39. 设 $\boldsymbol{A}_1$，$\boldsymbol{A}_2$，$\boldsymbol{B}_1$，$\boldsymbol{B}_2$ 均为 n 阶方阵,其中 $\boldsymbol{A}_2$，$\boldsymbol{B}_2$ 可逆,证明:存在可逆矩阵 $\boldsymbol{P}$,$\boldsymbol{Q}$ 使得 $\boldsymbol{PA}_i\boldsymbol{Q}=\boldsymbol{B}_i(i=1,\ 2)$成立的充分必要条件是 $\boldsymbol{A}_1\boldsymbol{A}_2^{-1}$ 和 $\boldsymbol{B}_1\boldsymbol{B}_2^{-1}$ 相似.

40. 已知三维向量 $\boldsymbol{\alpha}_1=(1,\ 2,\ 3)^{\mathrm{T}}$,试求非零向量 $\boldsymbol{\alpha}_2$,$\boldsymbol{\alpha}_3$ 使得 $\boldsymbol{\alpha}_1$,$\boldsymbol{\alpha}_2$，$\boldsymbol{\alpha}_3$ 成为正交向量组.

41. 利用施密特方法求与下列向量组等价的标准正交向量组:

(1)$\boldsymbol{\alpha}_1=(2,\ 1,\ 3,\ -1)^{\mathrm{T}}$,$\boldsymbol{\alpha}_2=(7,\ 4,\ 3,\ -3)^{\mathrm{T}}$,$\boldsymbol{\alpha}_3=(1,\ 1,\ -6,\ 0)^{\mathrm{T}}$;

(2)$\boldsymbol{\alpha}_1=(0,\ 1,\ -1)^{\mathrm{T}}$,$\boldsymbol{\alpha}_2=(1,\ 0,\ 0)^{\mathrm{T}}$,$\boldsymbol{\alpha}_3=(1,\ 1,\ 1)^{\mathrm{T}}$.

42. 判断下列矩阵是否是正交矩阵:

(1)$\begin{pmatrix} 1 & -\frac{1}{2} & \frac{1}{3} \\ -\frac{1}{2} & 1 & \frac{1}{2} \\ \frac{1}{3} & \frac{1}{2} & -1 \end{pmatrix}$;　(2)$\begin{pmatrix} \frac{1}{2} & \frac{1}{2} & \frac{1}{2} & \frac{1}{2} \\ \frac{1}{2} & \frac{1}{2} & -\frac{1}{2} & -\frac{1}{2} \\ \frac{1}{2} & -\frac{1}{2} & \frac{1}{2} & -\frac{1}{2} \\ \frac{1}{2} & -\frac{1}{2} & -\frac{1}{2} & \frac{1}{2} \end{pmatrix}$.

43. 求正交矩阵 $\boldsymbol{Q}$,使 $\boldsymbol{Q}^{-1}\boldsymbol{AQ}$ 为对角矩阵:

(1)$\boldsymbol{A}=\begin{pmatrix} 2 & 0 & 0 \\ 0 & 3 & 2 \\ 0 & 2 & 3 \end{pmatrix}$;　(2)$\boldsymbol{A}=\begin{pmatrix} 2 & 2 & -2 \\ 2 & 5 & -4 \\ -2 & -4 & 5 \end{pmatrix}$;　(3)$\boldsymbol{A}=\begin{pmatrix} 3 & 2 & 4 \\ 2 & 0 & 2 \\ 4 & 2 & 3 \end{pmatrix}$.

44. 设矩阵 $\boldsymbol{A}=\begin{pmatrix} 1 & 1 & a \\ 1 & a & 1 \\ a & 1 & 1 \end{pmatrix}$,$\boldsymbol{\beta}=\begin{pmatrix} 1 \\ 1 \\ -2 \end{pmatrix}$. 已知线性方程组 $\boldsymbol{AX}=\boldsymbol{\beta}$ 有解但不惟一,试求:

(1)a 的值;(2)正交矩阵 $\boldsymbol{Q}$,使 $\boldsymbol{Q}^{\mathrm{T}}\boldsymbol{AQ}$ 为对角矩阵.

45. 设 $\boldsymbol{A}$ 为三阶实对称矩阵,且满足条件 $\boldsymbol{A}^2-2\boldsymbol{A}=\boldsymbol{O}$. 已知 $r(\boldsymbol{A})=2$,$\boldsymbol{\xi}=\begin{pmatrix}1\\0\\1\end{pmatrix}$是齐次线性方程组 $\boldsymbol{Ax}=\boldsymbol{0}$ 的一个解向量,求 $\boldsymbol{A}$.

46. 设三阶实对称矩阵 $\boldsymbol{A}$ 的秩为 2,$\lambda_1=\lambda_2=6$ 是 $\boldsymbol{A}$ 的二重特征值. 若 $\boldsymbol{\alpha}_1=(1,1,0)^{\mathrm{T}}$,$\boldsymbol{\alpha}_2=(2,1,1)^{\mathrm{T}}$,$\boldsymbol{\alpha}_3=(-1,2,-3)^{\mathrm{T}}$ 都是 $\boldsymbol{A}$ 的属于特征值 6 的特征向量. (1)求 $\boldsymbol{A}$ 的另一特征值和对应的特征向量;(2)求矩阵 $\boldsymbol{A}$.

47. 已知 6,3,3 是 3 阶实对称矩阵 $\boldsymbol{A}$ 的三个特征值,又向量 $(-1,0,1)^{\mathrm{T}}$,$(1,-2,1)^{\mathrm{T}}$ 是 $\boldsymbol{A}$ 属于特征值 3 的两个特征向量. (1)求 $\boldsymbol{A}$ 属于特征值 6 的特征向量;(2)求矩阵 $\boldsymbol{A}$.

48. 已知 $\boldsymbol{T}^{\mathrm{T}}\boldsymbol{AT}=\begin{pmatrix}1&0&0\\0&3&0\\0&0&7\end{pmatrix}$,其中 $\boldsymbol{T}=\begin{pmatrix}-\frac{1}{\sqrt{3}}&\frac{1}{\sqrt{2}}&\frac{1}{\sqrt{6}}\\\frac{1}{\sqrt{3}}&\frac{1}{\sqrt{2}}&-\frac{1}{\sqrt{6}}\\\frac{1}{\sqrt{3}}&0&\frac{2}{\sqrt{6}}\end{pmatrix}$ 为正交矩阵,且 $\boldsymbol{A}=\begin{pmatrix}3&0&2\\0&3&-2\\2&-2&5\end{pmatrix}$,求 $\boldsymbol{A}$ 的特征值和特征向量.

49. 试构造一个三阶实对称矩阵 $\boldsymbol{A}$,使其特征值为 $\lambda_1=\lambda_2=1$,$\lambda_3=-1$,且有特征向量 $\boldsymbol{\xi}_1=(1,1,1)^{\mathrm{T}}$,$\boldsymbol{\xi}_2=(2,2,1)^{\mathrm{T}}$.

50. 设 $\boldsymbol{A}$ 与 $\boldsymbol{B}$ 正交相似,$\boldsymbol{B}$ 与 $\boldsymbol{C}$ 正交相似,证明:$\boldsymbol{A}$ 与 $\boldsymbol{C}$ 也正交相似.

51. 设分块矩阵 $\boldsymbol{X}=\begin{pmatrix}\boldsymbol{A}&\boldsymbol{B}\\\boldsymbol{O}&\boldsymbol{C}\end{pmatrix}$是正交矩阵,其中 $\boldsymbol{A}_{m\times m}$,$\boldsymbol{C}_{n\times n}$. 证明:$\boldsymbol{A}$,$\boldsymbol{C}$ 均为正交矩阵,且 $\boldsymbol{B}=\boldsymbol{O}$.

52. 设 $\boldsymbol{A}$,$\boldsymbol{B}$ 和 $\boldsymbol{A}+\boldsymbol{B}$ 都是 n 阶正交矩阵,证明 $(\boldsymbol{A}+\boldsymbol{B})^{-1}=\boldsymbol{A}^{-1}+\boldsymbol{B}^{-1}$.

53. 设 $\boldsymbol{A}$ 是 n 阶对称矩阵,且满足 $\boldsymbol{A}^2-4\boldsymbol{A}+3\boldsymbol{E}=\boldsymbol{O}$. 证明:$\boldsymbol{A}-2\boldsymbol{E}$ 为正交矩阵.

54. 若 $\boldsymbol{A}$ 是 n 阶正交矩阵,λ 是 $\boldsymbol{A}$ 的实特征值,$\boldsymbol{x}$ 是 $\boldsymbol{A}$ 的属于 λ 的特征向量. 证明:λ 只能是 ±1,并且 $\boldsymbol{x}$ 也是 $\boldsymbol{A}^{\mathrm{T}}$ 的特征向量.

55. 证明:矩阵 $\boldsymbol{A}$ 是正交矩阵的充分必要条件是 $|\boldsymbol{A}|=\pm1$,且 $|\boldsymbol{A}|=1$ 时,$a_{ij}=\mathrm{A}_{ij}$;当 $|\boldsymbol{A}|=-1$ 时,$a_{ij}=-\mathrm{A}_{ij}$.

56. (1)若 $\boldsymbol{A}$,$\boldsymbol{B}$ 都是正交矩阵,且 $\frac{|\boldsymbol{A}|}{|\boldsymbol{B}|}=-1$,试证:$r[(\boldsymbol{A}+\boldsymbol{B})^*]\leqslant1$.

(2)若 $\boldsymbol{A}$ 是正交矩阵,且 $|\boldsymbol{A}|=-1$,试证:$\boldsymbol{A}+\boldsymbol{E}$ 不可逆.

(3)若 $\boldsymbol{A}$，$\boldsymbol{B}$ 都是正交矩阵，$|\boldsymbol{A}|+|\boldsymbol{B}|=0$，试证：$|\boldsymbol{A}+\boldsymbol{B}|=0$.

57. 设实对称矩阵 $\boldsymbol{A}$ 与 $\boldsymbol{B}$ 相似，证明存在正交矩阵 $\boldsymbol{P}$，使得

$$\boldsymbol{P}^{-1}\boldsymbol{A}\boldsymbol{P}=\boldsymbol{P}^{\mathrm{T}}\boldsymbol{A}\boldsymbol{P}=\boldsymbol{B}.$$

58. 设 $\boldsymbol{A}$ 为实对称矩阵，且 $\boldsymbol{A}^2=\boldsymbol{A}$. 证明：存在正交矩阵 $\boldsymbol{Q}$ 使得

$$\boldsymbol{Q}^{-1}\boldsymbol{A}\boldsymbol{Q}=\begin{pmatrix}1 & & & & & \\ & \ddots & & & & \\ & & 1 & & & \\ & & & 0 & & \\ & & & & \ddots & \\ & & & & & 0\end{pmatrix}.$$

(B)

一、填空题

1. 已知 $\lambda_1=0$ 是三阶矩阵 $\boldsymbol{A}=\begin{pmatrix}1 & 0 & 1\\ 0 & 2 & 0\\ 1 & 0 & a\end{pmatrix}$ 的特征值，则 $a=$________，其他特征值 $\lambda_2=$________；$\lambda_3=$________.

2. 已知 λ 为 n 阶矩阵 $\boldsymbol{A}$ 的特征值，$\boldsymbol{\alpha}$ 为对应的特征向量，若 $\boldsymbol{P}$ 为 n 阶可逆阵，则 $\boldsymbol{P}^{-1}\boldsymbol{A}\boldsymbol{P}$ 必有特征值________，对应的特征向量为________.

3. n 阶零矩阵的全部特征向量为________.

4. 设 n 阶矩阵 $\boldsymbol{A}$ 的元素全为 1，则 $\boldsymbol{A}$ 的 n 个特征值是________.

5. 设 3 阶对称矩阵 $\boldsymbol{A}$ 的一个特征值 $\lambda=2$，对应的特征向量 $\boldsymbol{\alpha}=(1,2,-1)^{\mathrm{T}}$，且 $\boldsymbol{A}$ 的主对角线上元素全为零，则 $\boldsymbol{A}=$________.

6. 设 $\boldsymbol{A}$ 为 n 阶方阵，其秩满足 $r(\boldsymbol{E}+\boldsymbol{A})+r(\boldsymbol{A}-\boldsymbol{E})=n$，且 $\boldsymbol{A}\neq\boldsymbol{E}$，则 $\boldsymbol{A}$ 必有特征值________.

7. 设矩阵 $\boldsymbol{A}=\begin{pmatrix}1 & -1 & 0\\ 2 & x & 0\\ 4 & 2 & 1\end{pmatrix}$ 有特征值 $\lambda_1=1$，$\lambda_2=2$，则 $x=$________，$\boldsymbol{A}$ 的另一特征值 $\lambda_3=$________.

8. 设 3 阶矩阵 $\boldsymbol{A}$ 的特征值为 1，2，3，则行列式 $|2\boldsymbol{A}^{-1}|=$________.

9. 设 2 阶矩阵 $\boldsymbol{A}$ 的特征值为 1,2，则行列式 $|\boldsymbol{A}-3\boldsymbol{A}^{-1}|=$________.

10. 设四阶方阵 $\boldsymbol{A}$ 满足条件 $|3\boldsymbol{E}+\boldsymbol{A}|=0$，$\boldsymbol{A}\boldsymbol{A}^{\mathrm{T}}=2\boldsymbol{E}$，$|\boldsymbol{A}|<0$，其中 $\boldsymbol{E}$ 是四阶单位阵，则方阵 $\boldsymbol{A}$ 的伴随矩阵 $\boldsymbol{A}^*$ 的一个特征值为________.

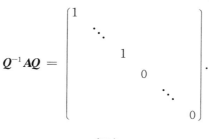

11. 设 $\boldsymbol{A}$ 是 3 阶矩阵，且 $|\boldsymbol{A}-\boldsymbol{E}|=|\boldsymbol{A}+2\boldsymbol{E}|=|2\boldsymbol{A}+3\boldsymbol{E}|=0$，则 $|2\boldsymbol{A}^*-3\boldsymbol{E}|=$________.

12. 若 n 阶矩阵 $\boldsymbol{A}$ 有 n 个属于特征值 λ_0 的线性无关的特征向量，则 $\boldsymbol{A}=$________.

13. 设 $\boldsymbol{A}$ 是三阶奇异矩阵，已知 $\boldsymbol{E}+\boldsymbol{A}$，$2\boldsymbol{E}-\boldsymbol{A}$ 均不可逆，则 $\boldsymbol{A}$ 相似于对角阵 $\boldsymbol{\Lambda}=$________.

14. 已知 $\boldsymbol{\alpha}=(1,2,-1)^{\mathrm{T}}$，$\boldsymbol{A}=\boldsymbol{\alpha}^{\mathrm{T}}\boldsymbol{\alpha}$，若矩阵 $\boldsymbol{A}$ 与 $\boldsymbol{B}$ 相似，则 $(\boldsymbol{B}+\boldsymbol{E})^*$ 的特征值为________.

15. 已知 $\boldsymbol{A}\sim\boldsymbol{B}=\begin{pmatrix}1&0&0&0\\0&1&0&0\\0&0&-1&2\\0&0&2&2\end{pmatrix}$，则 $r(\boldsymbol{A}-\boldsymbol{E})+r(\boldsymbol{A}-3\boldsymbol{E})=$________.

16. 设 $\boldsymbol{A}$ 为实对称矩阵，$\boldsymbol{\alpha}_1=(1,1,3)^{\mathrm{T}}$ 与 $\boldsymbol{\alpha}_2=(4,5,a)^{\mathrm{T}}$ 分别是属于 $\boldsymbol{A}$ 的互异特征值 λ_1 与 λ_2 的特征向量，则 $a=$________.

17. 设 $\boldsymbol{A},\boldsymbol{B}$ 是 n 阶正交矩阵，并且 $|\boldsymbol{A}|+|\boldsymbol{B}|=0$，则 $|\boldsymbol{A}+\boldsymbol{B}|=$________.

二、选择题

1. 设 $\boldsymbol{A}=\begin{pmatrix}3&-1&1\\2&0&1\\1&-1&2\end{pmatrix}$，则 $\boldsymbol{A}$ 的对应于特征值 2 的一个特征向量是(　　).

(A) $\begin{pmatrix}1\\0\\1\end{pmatrix}$　　(B) $\begin{pmatrix}1\\-1\\0\end{pmatrix}$　　(C) $\begin{pmatrix}0\\1\\-1\end{pmatrix}$　　(D) $\begin{pmatrix}1\\1\\0\end{pmatrix}$

2. 设四阶矩阵 $\boldsymbol{A}=\begin{pmatrix}1&1&1&1\\1&1&1&1\\1&1&1&1\\1&1&1&1\end{pmatrix}$，则 $\boldsymbol{A}$ 的特征值为(　　).

(A)0，1，1，1　　(B)0，0，0，4

(C)0，0，1，1　　(D)0，1，1，4

3. 设 $\boldsymbol{A}$ 是三阶可逆矩阵，且各列元素之和均为 2，则(　　).

(A)$\boldsymbol{A}$ 必有特征值 2　　(B)$\boldsymbol{A}^{-1}$ 必有特征值 2

(C)$\boldsymbol{A}$ 必有特征值 -2　　(D)$\boldsymbol{A}^{-1}$ 必有特征值 -2

4. 设三维向量 $\boldsymbol{x}=(b,1,1)^{\mathrm{T}}$ 是三阶矩阵 $\boldsymbol{A}=\begin{pmatrix}3&-1&a\\2&0&1\\1&-1&2\end{pmatrix}$ 的属于特征值 $\lambda=1$ 的一个特征向量，则 a,b 的值分别为(　　).

(A)0 和 1　　(B)3 和 1　　(C)-1 和 1　　(D)1 和 0

5. 下面各命题中，正确的是(　　).

(A)若 0 是某矩阵的特征值，与它对应的特征向量必然是零向量

(B)若两个矩阵有相同的特征值，则它们对应的特征向量必相同

(C)不同矩阵必有不同的特征多项式

(D)矩阵的一个特征值可以对应多个特征向量，但一个特征向量只可以属于一个特征值

6. 设 $\boldsymbol{A}$ 是 n 阶方阵，λ_1，λ_2 是 $\boldsymbol{A}$ 的特征值，$\boldsymbol{\xi}_1$，$\boldsymbol{\xi}_2$ 是 $\boldsymbol{A}$ 的分别属于 λ_1，λ_2 的特征向量，下列结论中正确的是(　　).

(A)若 $\lambda_1=\lambda_2$，则 $\boldsymbol{\xi}_1$ 与 $\boldsymbol{\xi}_2$ 对应分量成比例

(B)若 $\lambda_1\neq\lambda_2$，且 $\lambda_3=\lambda_1+\lambda_2$ 也是 $\boldsymbol{A}$ 的特征值，则对应的特征向量是 $\boldsymbol{\xi}_1+\boldsymbol{\xi}_2$

(C)若 $\lambda_1=\lambda_2$，则 $\boldsymbol{\xi}_1+\boldsymbol{\xi}_2$ 不可能是 $\boldsymbol{A}$ 的特征向量

(D)若 $\lambda_1=0$，则 $\boldsymbol{\xi}_1=\boldsymbol{0}$

7. 设 λ_1，λ_2 是矩阵 $\boldsymbol{A}$ 的两个不同的特征值，对应的特征向量分别为 $\boldsymbol{\alpha}_1$，$\boldsymbol{\alpha}_2$，则 $\boldsymbol{\alpha}_1$，$\boldsymbol{A}(\boldsymbol{\alpha}_1+\boldsymbol{\alpha}_2)$ 线性无关的充分必要条件是(　　).

(A)$\lambda_1\neq0$　　(B)$\lambda_2\neq0$　　(C)$\lambda_1=0$　　(D)$\lambda_2=0$

8. 设 $\boldsymbol{A}$ 是可逆矩阵，$\boldsymbol{A}^*$ 是 $\boldsymbol{A}$ 的伴随矩阵. 若 ξ 是 $\boldsymbol{A}$ 的属于特征值 λ 的特征向量，则 $\boldsymbol{A}^*$ 的一个特征值和相应的特征向量依次为(　　).

(A)$\dfrac{|\boldsymbol{A}|}{\lambda}$，$\boldsymbol{\xi}$　　(B)$\dfrac{\lambda}{|\boldsymbol{A}|}$，$\boldsymbol{\xi}$

(C)λ，$|\boldsymbol{A}|\boldsymbol{\xi}$　　(D)λ，$\dfrac{1}{|\boldsymbol{A}|}\boldsymbol{\xi}$

9. 设 $\boldsymbol{A}$ 是三阶矩阵，$|\boldsymbol{A}|=3$，$2\boldsymbol{A}-\boldsymbol{E}$，$\boldsymbol{A}-2\boldsymbol{E}$ 均不可逆，$\boldsymbol{A}^*$ 是 $\boldsymbol{A}$ 的伴随矩阵，则 $\boldsymbol{A}^*$ 的 3 个特征值是(　　).

(A)$0, \dfrac{1}{2}, \dfrac{1}{3}$　　(B)$1, 2, 3$

(C)$\dfrac{2}{3}, \dfrac{1}{6}, 1$　　(D)$\dfrac{3}{2}, 1, 6$

10. 设 $\lambda=2$ 是非奇异矩阵 $\boldsymbol{A}$ 的一个特征值，则矩阵 $\left(\dfrac{1}{3}\boldsymbol{A}^2\right)^{-1}$ 有一个特征值等于(　　).

(A) $\dfrac{4}{3}$　　(B) $\dfrac{3}{4}$　　(C) $\dfrac{1}{2}$　　(D) $\dfrac{1}{4}$

11. 设 $\boldsymbol{\alpha}$ 是 $\boldsymbol{A}$ 的属于特征值 λ 的特征向量，则 $\boldsymbol{\alpha}$ 不是(　　)的特征向量.

(A)$(\boldsymbol{A}+\boldsymbol{E})^2$　　(B)$-2\boldsymbol{A}$　　(C)$\boldsymbol{A}^{\mathrm{T}}$　　(D)$\boldsymbol{A}^*$

12. 已知 $\boldsymbol{A}$ 是三阶矩阵，$r(\boldsymbol{A})=1$，则 $\lambda=0$(　　).

(A) 必是 $\boldsymbol{A}$ 的二重特征值　　(B) 至少是 $\boldsymbol{A}$ 的二重特征值

(C) 至多是 $\boldsymbol{A}$ 的二重特征值　　(D) 一重、二重、三重特征值都可能

13. 已知三阶矩阵 $\boldsymbol{M}$ 特征值 $\lambda_1=-1,\lambda_2=0,\lambda_3=1$，它们所对应的特征向量分别为 $\boldsymbol{\alpha}_1=(1,\ 0,\ 0)^{\mathrm{T}}$，$\boldsymbol{\alpha}_2=(0,\ 2,\ 0)^{\mathrm{T}}$，$\boldsymbol{\alpha}_3=(0,\ 0,\ 1)^{\mathrm{T}}$，则矩阵 $\boldsymbol{M}$ 是(　　).

(A) $\begin{pmatrix}0&-1&0\\0&0&0\\0&0&1\end{pmatrix}$　　(B) $\begin{pmatrix}-1&1&-1\\0&0&1\\0&0&1\end{pmatrix}$

(C) $\begin{pmatrix}0&0&-1\\0&0&0\\1&0&0\end{pmatrix}$　　(D) $\begin{pmatrix}-1&0&0\\0&0&0\\0&0&1\end{pmatrix}$

14. 设 $\lambda=2$ 为三阶矩阵 $\boldsymbol{A}$ 的一个特征值，$\boldsymbol{\alpha}_1$，$\boldsymbol{\alpha}_2$ 是 $\boldsymbol{A}$ 的属于 $\lambda=2$ 的特征向量. 若 $\boldsymbol{\alpha}_1=(1,2,0)^{\mathrm{T}}$，$\boldsymbol{\alpha}_2=(1,0,1)^{\mathrm{T}}$，向量 $\boldsymbol{\beta}=(-1,\ 2,\ -2)^{\mathrm{T}}$，则 $\boldsymbol{A\beta}=($　　$)$.

(A) $(2,\ 2,\ 1)^{\mathrm{T}}$　　(B) $(-1,\ 2,\ -2)^{\mathrm{T}}$

(C) $(-2,\ 4,\ -4)^{\mathrm{T}}$　　(D) $(-2,\ -4,\ 4)^{\mathrm{T}}$

15. 已知四阶矩阵 $\boldsymbol{A}$ 的特征值为 1，2，3，4，则矩阵 $|\boldsymbol{E}+2\boldsymbol{A}|=($　　$)$.

(A) 49　　(B) 89　　(C) 625　　(D) 945

16. 设 $\boldsymbol{A}$ 是三阶不可逆矩阵，$\boldsymbol{E}$ 是三阶单位矩阵. 若线性齐次方程组 $(\boldsymbol{A}-3\boldsymbol{E})\boldsymbol{x}=\boldsymbol{0}$ 的基础解系由两个线性无关的解向量构成，则行列式 $|\boldsymbol{A}+\boldsymbol{E}|=($　　$)$.

(A) 2　　(B) 4　　(C) 8　　(D) 16

17. 设 $\boldsymbol{A}$ 为 4 阶实对称矩阵，$\boldsymbol{A}^*$ 是 $\boldsymbol{A}$ 的伴随矩阵. 若 $\boldsymbol{A}^*$ 的特征值是 1，-1，3，9，则不可逆矩阵是(　　).

(A) $\boldsymbol{A}-\boldsymbol{E}$　　(B) $\boldsymbol{A}+\boldsymbol{E}$　　(C) $\boldsymbol{A}+2\boldsymbol{E}$　　(D) $2\boldsymbol{A}+\boldsymbol{E}$

18. 若矩阵 $\begin{pmatrix}2&4&4\\a&-3&2\\0&0&b\end{pmatrix}$ 相似于矩阵 $\begin{pmatrix}1&0&0\\0&2&0\\0&0&-2\end{pmatrix}$，则(　　).

(A) $a=1,\ b=2$　　(B) $a=-1,\ b=-2$

(C) $a=1,\ b=-2$　　(D) $a=-1,\ b=2$

19. 下列矩阵中，不能与对角矩阵相似的是(　　).

(A) $\begin{pmatrix}1&0&0\\2&-1&0\\4&0&3\end{pmatrix}$　　(B) $\begin{pmatrix}1&1&-1\\1&0&-1\\-3&1&3\end{pmatrix}$

(C) $\begin{pmatrix}3&-4&0\\-4&7&0\\0&0&1\end{pmatrix}$　　(D) $\begin{pmatrix}1&1&-1\\1&1&-1\\-3&-3&3\end{pmatrix}$

20. 下列矩阵中，与对角阵$\begin{pmatrix}1&0&0\\0&1&0\\0&0&2\end{pmatrix}$相似的矩阵是(　　).

(A)$\begin{pmatrix}1&0&1\\0&2&1\\0&0&1\end{pmatrix}$　(B)$\begin{pmatrix}1&1&0\\0&2&1\\0&0&1\end{pmatrix}$　(C)$\begin{pmatrix}1&0&1\\0&1&0\\0&0&2\end{pmatrix}$　(D)$\begin{pmatrix}1&1&0\\0&1&0\\0&0&2\end{pmatrix}$

21. 若 $\boldsymbol{A}=\begin{pmatrix}1&-1&0\\-1&1&0\\-2&a&2\end{pmatrix}$与 $\boldsymbol{B}=\begin{pmatrix}2&0&0\\0&2&0\\0&0&0\end{pmatrix}$相似，则 $a=$(　　).

(A)-2　(B)-1　(C)1　(D)2

22. 设矩阵 $\boldsymbol{B}=\begin{pmatrix}0&0&1\\0&1&0\\1&0&0\end{pmatrix}$. 已知矩阵 $\boldsymbol{A}$ 相似于 $\boldsymbol{B}$，则秩$(\boldsymbol{A}-2\boldsymbol{E})$与秩$(\boldsymbol{A}-\boldsymbol{E})$之和等于(　　).

(A)2　(B)3　(C)4　(D)5

23. 三阶矩阵 $\boldsymbol{A}=\begin{pmatrix}0&0&1\\0&1&0\\1&0&0\end{pmatrix}$，且 $\boldsymbol{A}\sim\boldsymbol{B}$，则 $r(\boldsymbol{AB}-\boldsymbol{A})=$(　　).

(A)0　(B)1　(C)2　(D)3

24. 若矩阵 $\boldsymbol{B}=\begin{pmatrix}-1&0&0\\0&0&1\\0&1&0\end{pmatrix}$，$\boldsymbol{A}$ 是 $\boldsymbol{B}$ 的相似矩阵，则矩阵 $\boldsymbol{A}+\boldsymbol{E}$($\boldsymbol{E}$ 是单位矩阵)的秩是(　　).

(A)0　(B)1　(C)2　(D)3

25. n 阶方阵 $\boldsymbol{A}$ 具有 n 个不同的特征值是 $\boldsymbol{A}$ 与对角阵相似的(　　).

(A) 充分必要条件　(B) 充分而非必要条件

(C) 必要而非充分条件　(D) 既非充分也非必要条件

26. 设 1 与 -1 是矩阵 $\boldsymbol{A}=\begin{pmatrix}3&1&-2\\-t&-1&t\\4&1&-3\end{pmatrix}$的特征值，则当 $t=$(　　)时，矩阵 $\boldsymbol{A}$ 可对角化.

(A)-1　(B)0　(C)1　(D)2

27. 设 a, b 为实数,若矩阵 $\boldsymbol{A}=\begin{pmatrix}1&a&0\\0&1&b\\0&0&2\end{pmatrix}$ 可对角化,则必有(　　).

(A)$a=0,b=0$　　(B)$a\neq0,b\neq0$

(C)$a=0,b$ 任意　　(D)a 任意,$b=0$

28. 设 $\boldsymbol{A}=\begin{pmatrix}1&-1&1\\x&4&y\\-3&-3&5\end{pmatrix}$,且 $\boldsymbol{A}$ 有 3 个线性无关的特征向量,$\lambda=2$ 是二重特征值,则(　　).

(A)$x=-2,y=2$　　(B)$x=2,y=-2$

(C)$x=3,y=-1$　　(D)$x=-1,y=3$

29. 设 $\boldsymbol{A},\boldsymbol{B}$ 为 n 阶矩阵,且 $\boldsymbol{A}$ 与 $\boldsymbol{B}$ 相似,$\boldsymbol{E}$ 为 n 阶单位矩阵,则(　　).

(A)$\lambda\boldsymbol{E}-\boldsymbol{A}=\lambda\boldsymbol{E}-\boldsymbol{B}$

(B)$\boldsymbol{A}$ 与 $\boldsymbol{B}$ 有相同的特征值和特征向量

(C)$\boldsymbol{A}$ 与 $\boldsymbol{B}$ 都相似于一个对角矩阵

(D)对任意常数 t,$t\boldsymbol{E}-\boldsymbol{A}$ 与 $t\boldsymbol{E}-\boldsymbol{B}$ 相似

30. 设 $\boldsymbol{A}$ 是 n 阶实对称矩阵,$\boldsymbol{P}$ 是 n 阶可逆矩阵. 已知 n 维列向量 $\boldsymbol{\alpha}$ 是 $\boldsymbol{A}$ 的属于特征值 λ 的特征向量,则矩阵 $(\boldsymbol{P}^{-1}\boldsymbol{A}\boldsymbol{P})^{\mathrm{T}}$ 属于特征值 λ 的特征向量是(　　).

(A)$\boldsymbol{P}^{-1}\boldsymbol{\alpha}$　　(B)$\boldsymbol{P}^{\mathrm{T}}\boldsymbol{\alpha}$　　(C)$\boldsymbol{P}\boldsymbol{\alpha}$　　(D)$(\boldsymbol{P}^{-1})^{\mathrm{T}}\boldsymbol{\alpha}$

31. 下列各结论中不正确的是(　　)

(A)单位矩阵 $\boldsymbol{E}$ 是正交矩阵

(B)两个正交矩阵的和是正交矩阵

(C)两个正交矩阵的积是正交矩阵

(D)正交矩阵的逆矩阵是正交矩阵

32. 已知三阶矩阵 $\boldsymbol{A}$ 的特征值为 0, 1, 2,则下列结论不正确的是(　　).

(A)$\boldsymbol{A}$ 与 $\begin{pmatrix}1&0&0\\0&1&0\\0&0&0\end{pmatrix}$ 等价

(B)$\boldsymbol{A}$ 与 $\begin{pmatrix}0&0&0\\0&1&0\\0&0&2\end{pmatrix}$ 正交相似

(C)$\boldsymbol{A}$ 是不可逆矩阵

(D)以 0, 1, 2 为特征值的三阶矩阵都与 $\boldsymbol{A}$ 相似

第 5 章　实二次型

二次型的理论起源于解析几何中的二次曲线和二次曲面方程的化简问题. 在本章中,我们把在第 4 章中所建立的实对称矩阵的基本定理,具体运用到求实二次型的标准化问题,并讨论正定二次型和正定矩阵.

§5.1　实二次型的基本概念

5.1.1　实二次型的定义

定义 5.1　含有 n 个未知量 $x_1, x_2, \cdots, x_n$ 的实系数二次齐次多项式

$$\begin{aligned} f(x_1, x_2, \cdots, x_n) = & a_{11}x_1^2 + 2a_{12}x_1x_2 + 2a_{13}x_1x_3 + \cdots + 2a_{1n}x_1x_n \\ & + a_{22}x_2^2 + 2a_{23}x_2x_3 + \cdots + 2a_{2n}x_2x_n \\ & + \cdots\cdots \\ & + a_{n-1,n-1}x_{n-1}^2 + 2a_{n-1,n}x_{n-1}x_n \\ & + a_{n,n}x_n^2 \end{aligned} \quad (5\text{-}1)$$

称为 n **元实二次型**.

由于 $x_ix_j = x_jx_i$ 具有对称性,若令 $a_{ij} = a_{ji}$, 其中 $i, j = 1, 2, \cdots, n$, 则式(5-1) 可以写成如下的对称形式:

$$\begin{aligned} f(x_1, x_2, \cdots, x_n) = & a_{11}x_1^2 + a_{12}x_1x_2 + a_{13}x_1x_3 + \cdots + a_{1n}x_1x_n \\ & + a_{21}x_2x_1 + a_{22}x_2^2 + a_{23}x_2x_3 + \cdots + a_{2n}x_2x_n \\ & + \cdots \\ & + a_{n1}x_nx_1 + a_{n2}x_nx_2 + a_{n3}x_nx_3 + \cdots + a_{nn}x_n^2 \\ = & \sum_{i=1}^{n}\sum_{j=1}^{n} a_{ij}x_ix_j \end{aligned} \quad (5\text{-}2)$$

记

$$x=\begin{pmatrix}x_1\\x_2\\\vdots\\x_n\end{pmatrix},\qquad A=\begin{pmatrix}a_{11}&a_{12}&\cdots&a_{1n}\\a_{21}&a_{22}&\cdots&a_{2n}\\\vdots&\vdots&&\vdots\\a_{n1}&a_{n2}&\cdots&a_{nn}\end{pmatrix},$$

这里 $a_{ij}=a_{ji},i,j=1,2,\cdots,n$. 实二次型(5-1)可简写成矩阵形式：

$$\begin{aligned}f(x_1,x_2,\cdots,x_n)&=x_1(a_{11}x_1+a_{12}x_2+a_{13}x_3+\cdots+a_{1n}x_n)\\&\quad+x_2(a_{21}x_1+a_{22}x_2+a_{23}x_3+\cdots+a_{2n}x_n)\\&\quad+\cdots\cdots\\&\quad+x_n(a_{n1}x_1+a_{n2}x_2+a_{n3}x_3+\cdots+a_{nn}x_n)\\&=(x_1,x_2,\cdots,x_n)\begin{pmatrix}a_{11}x_1+a_{12}x_2+\cdots+a_{1n}x_n\\a_{21}x_1+a_{22}x_2+\cdots+a_{2n}x_n\\\vdots\\a_{n1}x_1+a_{n2}x_2+\cdots+a_{nn}x_n\end{pmatrix}\\&=(x_1,x_2,\cdots,x_n)\begin{pmatrix}a_{11}&a_{12}&\cdots&a_{1n}\\a_{21}&a_{22}&\cdots&a_{2n}\\\vdots&\vdots&&\vdots\\a_{n1}&a_{n2}&\cdots&a_{nn}\end{pmatrix}\begin{pmatrix}x_1\\x_2\\\vdots\\x_n\end{pmatrix}\\&=x^{\mathrm T}Ax,\end{aligned}$$

即

$$f(x_1,x_2,\cdots,x_n)=x^{\mathrm T}Ax,\tag{5-3}$$

其中 $A^{\mathrm T}=A$,也即 A 为实对称矩阵.

从上面的推导过程可以看到,任给一个二次型,可唯一地确定一个对称矩阵 A;反之,任给一个对称矩阵 A,也可唯一地确定一个二次型 $x^{\mathrm T}Ax$,这样二次型与对称矩阵之间就建立了一一对应关系. 因此,对称矩阵 A 称为**二次型 f 的矩阵**,也把 f 称为**对称矩阵 A 的二次型**,对称矩阵的秩称为**二次型 f 的秩**.

由此可见,n 元实二次型与 n 阶实对称矩阵之间密切相关,完全可以用第 4 章中关于实对称矩阵的结论讨论二次型.

例 1 设二次型 $f(x_1,x_2,x_3)=x_1^2-3x_3^2-4x_1x_2+2x_2x_3$,试求二次型的矩阵 A 及二次型的秩,并将二次型用矩阵形式表示.

解 所求的矩阵为

$$A=\begin{pmatrix}1&-2&0\\-2&0&1\\0&1&-3\end{pmatrix}.$$

对矩阵 $\boldsymbol{A}$ 施以初等行变换，有

$$\boldsymbol{A}=\begin{pmatrix}1&-2&0\\-2&0&1\\0&1&-3\end{pmatrix}\to\begin{pmatrix}1&-2&0\\0&1&-3\\0&0&-11\end{pmatrix},$$

所以 $r(\boldsymbol{A})=3$，即二次型 f 的秩为 3.

二次型的矩阵表示形式为

$$f(x_1,x_2,x_3)=(x_1,x_2,x_3)\begin{pmatrix}1&-2&0\\-2&0&1\\0&1&-3\end{pmatrix}\begin{pmatrix}x_1\\x_2\\x_3\end{pmatrix}.$$

例 2 设 $\boldsymbol{A}=\begin{pmatrix}3&-\frac{1}{2}&1\\-\frac{1}{2}&-1&\frac{1}{2}\\1&\frac{1}{2}&1\end{pmatrix}$，写出以 $\boldsymbol{A}$ 为矩阵的二次型.

解 由对称矩阵直接写出对应的二次型

$$f(x_1,x_2,x_3)=3x_1^2-x_1x_2+2x_1x_3-x_2^2+x_2x_3+x_3^2.$$

5.1.2 线性变换与矩阵的合同

在平面解析几何中，为了确定二次方程 $ax^2+2bxy+cy^2=d$ 所表示的曲线性态，通常利用转轴公式

$$\begin{cases}x=x'\cos\theta-y'\sin\theta,\\y=x'\sin\theta+y'\cos\theta.\end{cases}\tag{5-4}$$

选择适当的 θ，可使上面的二次方程化为

$$a'x'^2+b'y'^2=d.$$

式(5-4)中，x，y 由 x'，y' 的线性表达式给出，通常称为线性变换. 下面是一般的定义.

定义 5.2 设 $x_1,x_2,\cdots,x_n$ 和 $y_1,y_2,\cdots,y_n$ 是两组变量，它们之间的关系式

$$\begin{cases}x_1=c_{11}y_1+c_{12}y_2+\cdots+c_{1n}y_n,\\x_2=c_{21}y_1+c_{22}y_2+\cdots+c_{2n}y_n,\\\quad\vdots\\x_n=c_{n1}y_1+c_{n2}y_2+\cdots+c_{nn}x_n\end{cases}\tag{5-5}$$

称为由变量 $x_1,x_2,\cdots,x_n$ 到 $y_1,y_2,\cdots,y_n$ 的一个**线性变换**，简称线性变换.

记

$$\boldsymbol{C}=\begin{pmatrix}c_{11} & c_{12} & \cdots & c_{1n}\\ c_{21} & c_{22} & \cdots & c_{2n}\\ \vdots & \vdots & & \vdots\\ c_{n1} & c_{n2} & \cdots & c_{nn}\end{pmatrix},\quad \boldsymbol{x}=\begin{pmatrix}x_1\\ x_2\\ \vdots\\ x_n\end{pmatrix},\quad \boldsymbol{y}=\begin{pmatrix}y_1\\ y_2\\ \vdots\\ y_n\end{pmatrix},$$

则线性变换(5-5)可写成矩阵形式

$$\boldsymbol{x}=\boldsymbol{C}\boldsymbol{y}. \tag{5-6}$$

矩阵 $\boldsymbol{C}$ 称为**线性变换(5-5)或(5-6)的矩阵**. 若 $|\boldsymbol{C}|\neq 0$,则称线性变换为**可逆的或非退化的**. 特别地,当 $\boldsymbol{C}$ 是正交矩阵时,称这个线性变换为**正交线性变换**,简称**正交变换**.

将二次型 $f(x_1,x_2,\cdots,x_n)=\boldsymbol{x}^{\mathrm{T}}\boldsymbol{A}\boldsymbol{x}$ 代入可逆变换(5-6),得

$$\boldsymbol{x}^{\mathrm{T}}\boldsymbol{A}\boldsymbol{x}=(\boldsymbol{C}\boldsymbol{y})^{\mathrm{T}}\boldsymbol{A}(\boldsymbol{C}\boldsymbol{y})=\boldsymbol{y}^{\mathrm{T}}(\boldsymbol{C}^{\mathrm{T}}\boldsymbol{A}\boldsymbol{C})\boldsymbol{y},$$

由于 $\boldsymbol{A}$ 是实对称阵,则 $\boldsymbol{C}^{\mathrm{T}}\boldsymbol{A}\boldsymbol{C}$ 也是实对称阵,于是 $\boldsymbol{y}^{\mathrm{T}}(\boldsymbol{C}^{\mathrm{T}}\boldsymbol{A}\boldsymbol{C})\boldsymbol{y}$ 是一个以 $y_1,y_2,\cdots,y_n$ 为变量的二次型. 也就是说,经过一个可逆的线性变换,二次型还是变成二次型,且变换后二次型的矩阵 $\boldsymbol{B}=\boldsymbol{C}^{\mathrm{T}}\boldsymbol{A}\boldsymbol{C}$. 这个式子给出了变换前后两个二次型的矩阵之间的关系,由此引入

定义 5.3 设 $\boldsymbol{A}$, $\boldsymbol{B}$ 是两个 n 阶矩阵,如果存在 n 阶可逆矩阵 $\boldsymbol{C}$,使得

$$\boldsymbol{B}=\boldsymbol{C}^{\mathrm{T}}\boldsymbol{A}\boldsymbol{C},$$

则称 $\boldsymbol{A}$ 与 $\boldsymbol{B}$ 是**合同的**,或 $\boldsymbol{A}$ 合同于 $\boldsymbol{B}$,记作 $\boldsymbol{A}\simeq\boldsymbol{B}$.

由定义 5.3 知,经过可逆线性变换,新二次型的矩阵与原二次型的矩阵是合同的. 合同也是矩阵之间的一种关系,由定义容易证明,合同关系具有以下性质:

(1) 反身性　对任意的 n 阶方阵 $\boldsymbol{A}$,有 $\boldsymbol{A}\simeq\boldsymbol{A}$;

(2) 对称性　若 $\boldsymbol{A}\simeq\boldsymbol{B}$,则 $\boldsymbol{B}\simeq\boldsymbol{A}$;

(3) 传递性　若 $\boldsymbol{A}\simeq\boldsymbol{B}$,$\boldsymbol{B}\simeq\boldsymbol{C}$,则 $\boldsymbol{A}\simeq\boldsymbol{C}$.

注意,当所用的可逆线性变换是正交变换时,矩阵合同和矩阵相似是等价的.

容易得到:一个二次型经非退化线性变换后,原二次型的对应矩阵与新二次型的对应矩阵是合同的.

定理 5.1 任意实对称矩阵必合同于对角矩阵.

定理 5.1 就是运用矩阵合同的概念叙述定理 4.16 的结果.

§ 5.2　二次型的标准形

5.2.1　二次型的标准形

由于二次型中最简单的情况是只含有平方项的二次型

$$d_1 y_1^2 + d_2 y_2^2 + \cdots + d_n y_n^2,$$

因此二次型讨论的一个基本问题是：如何通过一个可逆的线性变换把二次型化为只含平方项而不含交叉项的二次型.

定义 5.4　如果二次型只含有变量的平方项，即

$$f(y_1, y_2, \cdots, y_n) = d_1 y_1^2 + d_2 y_2^2 + \cdots + d_n y_n^2 = (y_1, y_2, \cdots, y_n)\begin{pmatrix} d_1 & 0 & \cdots & 0 \\ 0 & d_2 & \cdots & 0 \\ \vdots & \vdots & & \vdots \\ 0 & 0 & \cdots & d_n \end{pmatrix}\begin{pmatrix} y_1 \\ y_2 \\ \vdots \\ y_n \end{pmatrix}, \tag{5-7}$$

则称这种形式为二次型的**标准形.**

不难看出，二次型的标准形(5-7)的矩阵是对角矩阵 $\boldsymbol{\Lambda} = \mathrm{diag}(d_1, d_2, \cdots, d_n)$，其秩为非零系数 $d_i(1 \leqslant i \leqslant n)$ 的个数.

从前面的分析可以看出，一个二次型是否可以经过一个可逆线性变换化成标准形就等价于二次型矩阵 $\boldsymbol{A}$ 是否存在可逆矩阵 $\boldsymbol{C}$，使得 $\boldsymbol{C}^{\mathrm{T}}\boldsymbol{AC}$ 成为对角矩阵，也即对称矩阵 $\boldsymbol{A}$ 是否合同于一个对角阵.

5.2.2　用正交变换法化二次型为标准形

由于二次型的矩阵为实对称矩阵，而对于实对称矩阵，一定存在正交矩阵 $\boldsymbol{Q}$，使 $\boldsymbol{Q}^{\mathrm{T}}\boldsymbol{AQ}$ 为对角矩阵，由此可得如下定理：

定理 5.2　对于一个二次型 $f(x_1, x_2, \cdots, x_n) = \boldsymbol{x}^{\mathrm{T}}\boldsymbol{Ax}$，一定存在一个正交线性变换 $\boldsymbol{x} = \boldsymbol{Qy}$，使得二次型化为标准形

$$\lambda_1 y_1^2 + \lambda_2 y_2^2 + \cdots + \lambda_n y_n^2,$$

其中 $\lambda_i(i=1, 2, \cdots, n)$ 是二次型矩阵 $\boldsymbol{A}$ 的全部特征值.

证　因为二次型的对应矩阵 $\boldsymbol{A}$ 是实对称阵，所以存在 n 阶正交矩阵 $\boldsymbol{Q}$，使得

$$\boldsymbol{Q}^{\mathrm{T}}\boldsymbol{AQ} = \boldsymbol{Q}^{-1}\boldsymbol{AQ} = \boldsymbol{\Lambda} = \mathrm{diag}(\lambda_1, \lambda_2, \cdots, \lambda_n),$$

其中 $\lambda_i(i=1, 2, \cdots, n)$ 是二次型矩阵 $\boldsymbol{A}$ 的全部特征值.

作正交线性变换 $\boldsymbol{x} = \boldsymbol{Qy}$，则

$$\begin{aligned} f(x_1, x_2, \cdots, x_n) &= \boldsymbol{x}^{\mathrm{T}}\boldsymbol{Ax} = (\boldsymbol{Qy})^{\mathrm{T}}\boldsymbol{A}(\boldsymbol{Qy}) = \boldsymbol{y}^{\mathrm{T}}(\boldsymbol{Q}^{\mathrm{T}}\boldsymbol{AQ})\boldsymbol{y} \\ &= \boldsymbol{y}^{\mathrm{T}}\boldsymbol{\Lambda y} = \lambda_1 y_1^2 + \lambda_2 y_2^2 + \cdots + \lambda_n y_n^2. \end{aligned}$$

定理 5.2 给出了用正交线性变换化二次型为标准形的具体步骤：

(1) 求出二次型矩阵的全部特征值 λ_1(n_1 重)，λ_2(n_2 重)，…，λ_s(n_s 重)，其中 $n_1 + n_2 + \cdots + n_s = n$；

(2) 对每一个 $\lambda_j(j=1, 2, \cdots, s)$，求出它的基础解系 $\boldsymbol{\alpha}_1^{(j)}, \boldsymbol{\alpha}_2^{(j)}, \cdots, \boldsymbol{\alpha}_{n_j}^{(j)}$ 并正交化；

(3) 以这些特征向量为列作正交矩阵 $\boldsymbol{Q}$,使 $\boldsymbol{Q}^{\mathrm{T}}\boldsymbol{A}\boldsymbol{Q} = \mathrm{diag}(\lambda_1, \lambda_2, \cdots, \lambda_n)$;

(4) 作正交线性变换 $\boldsymbol{x} = \boldsymbol{Q}\boldsymbol{y}$,其中 $\boldsymbol{y} = (y_1, y_2, \cdots, y_n)^{\mathrm{T}}$,则二次型 $f(x_1, x_2, \cdots, x_n)$ 化为标准形 $\lambda_1 y_1^2 + \lambda_2 y_2^2 + \cdots + \lambda_n y_n^2$.

例 3 用正交线性变换将二次型

$$f(x_1,x_2,x_3)=4x_1^2+4x_2^2+4x_3^2+4x_1x_2+4x_1x_3+4x_2x_3$$

化为标准形,并写出所用的正交线性变换.

解 二次型对应的矩阵为

$$\boldsymbol{A} = \begin{pmatrix} 4 & 2 & 2 \\ 2 & 4 & 2 \\ 2 & 2 & 4 \end{pmatrix},$$

其特征方程为

$$|\lambda\boldsymbol{E} - \boldsymbol{A}| = \begin{vmatrix} \lambda-4 & -2 & -2 \\ -2 & \lambda-4 & -2 \\ -2 & -2 & \lambda-4 \end{vmatrix} = (\lambda-2)^2(\lambda-8) = 0,$$

解得特征值为 $\lambda_1=\lambda_2=2$(二重)和 $\lambda_3=8$.

当 $\lambda_1=\lambda_2=2$ 时,解齐次线性方程组 $(2\boldsymbol{E}-\boldsymbol{A})\boldsymbol{x}=\boldsymbol{0}$,得它的一个基础解系

$$\boldsymbol{\alpha}_1 = (-1, 1, 0)^{\mathrm{T}}, \boldsymbol{\alpha}_2 = (-1, 0, 1)^{\mathrm{T}}.$$

将 $\boldsymbol{\alpha}_1, \boldsymbol{\alpha}_2$ 正交化,得

$$\boldsymbol{\beta}_1 = \boldsymbol{\alpha}_1 = (-1, 1, 0)^{\mathrm{T}},$$

$$\boldsymbol{\beta}_2 = \boldsymbol{\alpha}_2 - \frac{(\boldsymbol{\alpha}_2, \boldsymbol{\beta}_1)}{(\boldsymbol{\beta}_1, \boldsymbol{\beta}_1)}\boldsymbol{\beta}_1 = \left(-\frac{1}{2}, -\frac{1}{2}, 1\right)^{\mathrm{T}}.$$

再将 $\boldsymbol{\beta}_1, \boldsymbol{\beta}_2$ 单位化,得

$$\boldsymbol{\gamma}_1 = \frac{1}{\|\boldsymbol{\beta}_1\|}\boldsymbol{\beta}_1 = \left(-\frac{1}{\sqrt{2}}, \frac{1}{\sqrt{2}}, 0\right)^{\mathrm{T}},$$

$$\boldsymbol{\gamma}_2 = \frac{1}{\|\boldsymbol{\beta}_2\|}\boldsymbol{\beta}_2 = \left(-\frac{1}{\sqrt{6}}, -\frac{1}{\sqrt{6}}, \frac{2}{\sqrt{6}}\right)^{\mathrm{T}}.$$

当 $\lambda_3=8$ 时,解齐次线性方程组 $(8\boldsymbol{E}-\boldsymbol{A})\boldsymbol{x}=\boldsymbol{0}$,得它的一个基础解系

$$\boldsymbol{\alpha}_3 = (1, 1, 1)^{\mathrm{T}}.$$

将其单位化,得

$$\boldsymbol{\gamma}_3 = \frac{1}{\|\boldsymbol{\alpha}_3\|}\boldsymbol{\alpha}_3 = \left(\frac{1}{\sqrt{3}}, \frac{1}{\sqrt{3}}, \frac{1}{\sqrt{3}}\right)^{\mathrm{T}}.$$

令矩阵

$$Q=(\gamma_1,\gamma_2,\gamma_3)=\begin{pmatrix}-\frac{1}{\sqrt{2}} & -\frac{1}{\sqrt{6}} & \frac{1}{\sqrt{3}}\\ \frac{1}{\sqrt{2}} & -\frac{1}{\sqrt{6}} & \frac{1}{\sqrt{3}}\\ 0 & \frac{2}{\sqrt{6}} & \frac{1}{\sqrt{3}}\end{pmatrix},$$

则 Q 即为所求的正交矩阵，且有

$$Q^{\mathrm{T}}AQ=\begin{pmatrix}2 & & \\ & 2 & \\ & & 8\end{pmatrix}.$$

此时，作正交线性变换 $x=Qy$，则原二次型化为标准形

$$f=2y_1^2+2y_2^2+8y_3^2.$$

例 4　已知二次型

$$f(x_1,x_2,x_3)=x_1^2+ax_2^2+x_3^2+2bx_1x_2+2x_1x_3+2x_2x_3,$$

可经正交变换 $x=Qy$ 化为 $f(x_1,x_2,x_3)=f(y_1,y_2,y_3)=y_2^2+4y_3^2$，求 a,b 的值和正交矩阵 Q.

解　由题意可知矩阵 $A=\begin{pmatrix}1 & b & 1\\ b & a & 1\\ 1 & 1 & 1\end{pmatrix}$ 与矩阵 $B=\begin{pmatrix}0 & & \\ & 1 & \\ & & 4\end{pmatrix}$ 相似，所以 0,1,4 是矩阵 A 的特征值，从而

$$\begin{cases}2+a=5,\\ |A|=-(b-1)^2=0,\end{cases}$$

解得 $a=3$，$b=1$.

特征值 0,1,4 各自所对应的单位特征向量分别为

$$\alpha_1=\frac{1}{\sqrt{2}}(1,\ 0,\ -1)^{\mathrm{T}},\alpha_2=\frac{1}{\sqrt{3}}(1,\ -1,\ 1)^{\mathrm{T}},\alpha_3=\frac{1}{\sqrt{6}}(1,\ 2,\ 1)^{\mathrm{T}},$$

从而所求的正交矩阵为

$$Q=\begin{pmatrix}\frac{1}{\sqrt{2}} & \frac{1}{\sqrt{3}} & \frac{1}{\sqrt{6}}\\ 0 & -\frac{1}{\sqrt{3}} & \frac{2}{\sqrt{6}}\\ -\frac{1}{\sqrt{2}} & \frac{1}{\sqrt{3}} & \frac{1}{\sqrt{6}}\end{pmatrix}.$$

例 5　已知二次型

$$f(x_1,\ x_2,\ x_3)=5x_1^2+5x_2^2+cx_3^2-2x_1x_2+6x_1x_3-6x_2x_3$$

的秩为 2.

(1) 求参数 c 及二次型对应的矩阵的特征值;

(2) 指出方程 $f(x_1, x_2, x_3)=1$ 表示何种二次曲面.

解 二次型的对应矩阵为

$$\boldsymbol{A}=\begin{pmatrix}5 & -1 & 3\\ -1 & 5 & -3\\ 3 & -3 & c\end{pmatrix}.$$

(1) 用初等变换化 $\boldsymbol{A}$ 为阶梯形矩阵:

$$\boldsymbol{A}=\begin{pmatrix}5 & -1 & 3\\ -1 & 5 & -3\\ 3 & -3 & c\end{pmatrix}\rightarrow\begin{pmatrix}1 & -5 & 3\\ 0 & 2 & -1\\ 0 & 0 & c-3\end{pmatrix},$$

由 $r(\boldsymbol{A})=2$ 得 $c=3$.

矩阵 $\boldsymbol{A}$ 的特征方程为

$$|\lambda\boldsymbol{E}-\boldsymbol{A}|=\begin{vmatrix}\lambda-5 & 1 & -3\\ 1 & \lambda-5 & 3\\ -3 & 3 & \lambda-3\end{vmatrix}=\lambda(\lambda-4)(\lambda-9)=0,$$

则 $\boldsymbol{A}$ 的特征值为 0, 4, 9.

(2) 由于存在正交变换 $\boldsymbol{x}=\boldsymbol{Q}\boldsymbol{y}$, 把二次型 $f=\boldsymbol{x}^{\mathrm{T}}\boldsymbol{A}\boldsymbol{x}$ 化为标准形

$$f=\boldsymbol{y}^{\mathrm{T}}\begin{pmatrix}\lambda_1 & & \\ & \lambda_2 & \\ & & \lambda_3\end{pmatrix}\boldsymbol{y}=4y_1^2+9y_2^2,$$

故 $f(x_1, x_2, x_3)=1$ 可以通过正交变换 $\boldsymbol{x}=\boldsymbol{Q}\boldsymbol{y}$ 化为

$$4y_1^2+9y_2^2=1,$$

它表示椭圆柱面.

5.2.3 用配方法化二次型为标准形

除了用正交变换法把二次型化为标准形外,还可以作一般的可逆线性变换,将二次型化为标准形,其中一种常用的方法就是配方法,其具体步骤为:

(1) 若二次型含有 x_i 的平方项,则先把含有 x_i 的乘积项集中,然后配方,再对其余的变量重复上述过程,直到所有变量都配方成平方项为止,经过可逆线性变换,就得到标准形.

(2) 若二次型中不含有平方项,但是 $a_{ij}\neq 0\ (i\neq j)$, 则先作可逆变换

$$\begin{cases} x_i = y_i - y_j \\ x_j = y_i + y_j \quad (k=1, 2, \cdots, n \text{ 且 } k \neq i, j), \\ x_k = y_k \end{cases}$$

化二次型为含有平方项的二次型,然后再按(1) 中方法配方.

例 6　利用配方法将例 3 化为标准形,即利用配方法化二次型

$$f(x_1, x_2, x_3) = 4x_1^2 + 4x_2^2 + 4x_3^2 + 4x_1x_2 + 4x_1x_3 + 4x_2x_3$$

为标准形,并求所用的变换矩阵.

解　因 f 中含有 x_1 的平方项,故先把含 x_1 的项归并起来,再配方得

$$\begin{aligned} f &= 4(x_1^2 + x_1(x_2 + x_3)) + 4x_2^2 + 4x_3^2 + 4x_2x_3 \\ &= 4\left(x_1 + \frac{1}{2}x_2 + \frac{1}{2}x_3\right)^2 + 3x_2^2 + 2x_2x_3 + 3x_3^2 \\ &= 4\left(x_1 + \frac{1}{2}x_2 + \frac{1}{2}x_3\right)^2 + 3\left(x_2 + \frac{1}{3}x_3\right)^2 + \frac{8}{3}x_3^2. \end{aligned}$$

令

$$\begin{cases} y_1 = x_1 + \frac{1}{2}x_2 + \frac{1}{2}x_3, \\ y_2 = x_2 + \frac{1}{3}x_3, \\ y_3 = x_3, \end{cases}$$

即变换

$$\begin{cases} x_1 = y_1 - \frac{1}{2}y_2 - \frac{1}{3}y_3, \\ x_2 = y_2 - \frac{1}{3}y_3, \\ x_3 = y_3 \end{cases}$$

将 f 化成标准形

$$f = 4y_1^2 + 3y_2^2 + \frac{8}{3}y_3^2,$$

所用非退化线性变换的矩阵为

$$\boldsymbol{C} = \begin{pmatrix} 1 & -\frac{1}{2} & -\frac{1}{3} \\ 0 & 1 & -\frac{1}{3} \\ 0 & 0 & 1 \end{pmatrix}, \ |\boldsymbol{C}| = 1 \neq 0.$$

例 7　化二次型 $f(x_1, x_2, x_3) = x_1x_2 + x_1x_3 + 2x_2x_3$ 为标准形.

解　因 f 中不含有平方项,但是含有乘积项 x_1x_2,故令

$$\begin{cases} x_1 = y_1 + y_2, \\ x_2 = y_1 - y_2, \\ x_3 = y_3, \end{cases}$$

代入原二次型,配方得

$$f = y_1^2 + 3y_1y_3 - y_2^2 - y_2y_3 = \left(y_1 + \frac{3}{2}y_3\right)^2 - \frac{9}{4}y_3^2 - y_2^2 - y_2y_3$$

$$= \left(y_1 + \frac{3}{2}y_3\right)^2 - \left(y_2 + \frac{1}{2}y_3\right)^2 - 2y_3^2.$$

再令

$$\begin{cases} z_1 = y_1 + \frac{3}{2}y_3, \\ z_2 = y_2 + \frac{1}{2}y_3, \\ z_3 = y_3, \end{cases}$$

即

$$\begin{cases} y_1 = z_1 - \frac{3}{2}z_3, \\ y_2 = z_2 - \frac{1}{2}z_3, \\ y_3 = z_3, \end{cases}$$

则原二次型 f 化成标准形

$$f = z_1^2 - z_2^2 - 2z_3^2,$$

所用线性变换矩阵为

$$\boldsymbol{C} = \begin{pmatrix} 1 & 1 & 0 \\ 1 & -1 & 0 \\ 0 & 0 & 1 \end{pmatrix} \begin{pmatrix} 1 & 0 & -\frac{3}{2} \\ 0 & 1 & -\frac{1}{2} \\ 0 & 0 & 1 \end{pmatrix} = \begin{pmatrix} 1 & 1 & -2 \\ 1 & -1 & -1 \\ 0 & 0 & 1 \end{pmatrix}.$$

一般地,可以证明,任何二次型都可以利用配方法找到可逆线性变换,将其化为标准形,且在标准形中所含的项数等于二次型的秩.

5.2.4 初等变换法化二次型为标准形

由定理 5.1 知,任意实对称矩阵 $\boldsymbol{A}$ 必合同于对角矩阵 $\boldsymbol{\Lambda}$,即存在可逆矩阵 $\boldsymbol{P}$,使得

$$\boldsymbol{P}^{\mathrm{T}}\boldsymbol{A}\boldsymbol{P} = \boldsymbol{\Lambda}. \tag{5-8}$$

由于 $\boldsymbol{P}$ 可逆,所以 $\boldsymbol{P}$ 等于有限个初等矩阵 $\boldsymbol{P}_1, \boldsymbol{P}_2, \cdots, \boldsymbol{P}_s$ 的乘积,即

$$\boldsymbol{P}=\boldsymbol{P}_1\boldsymbol{P}_2\cdots\boldsymbol{P}_s,$$

因此(5-8)式可写为

$$(\boldsymbol{P}_1\boldsymbol{P}_2\cdots\boldsymbol{P}_s)^{\mathrm{T}}\boldsymbol{A}(\boldsymbol{P}_1\boldsymbol{P}_2\cdots\boldsymbol{P}_s)=\boldsymbol{\Lambda},$$

即

$$\boldsymbol{P}_s^{\mathrm{T}}\cdots\boldsymbol{P}_2^{\mathrm{T}}\boldsymbol{P}_1^{\mathrm{T}}\boldsymbol{A}\boldsymbol{P}_1\boldsymbol{P}_2\cdots\boldsymbol{P}_s=\boldsymbol{\Lambda}. \tag{5-9}$$

另外

$$\boldsymbol{E}\boldsymbol{P}_1\boldsymbol{P}_2\cdots\boldsymbol{P}_s=\boldsymbol{E}\boldsymbol{P}=\boldsymbol{P}. \tag{5-10}$$

由初等矩阵 $\boldsymbol{P}_i$ 右乘矩阵 $\boldsymbol{A}$ 与初等矩阵 $\boldsymbol{P}_i^{\mathrm{T}}$ 左乘矩阵 $\boldsymbol{A}$ 的初等变换意义及式(5-9)和式(5-10)知，利用矩阵的初等变换一定可把二次型化为标准形，具体方法为：

给定 n 个变量的二次型 $f=\boldsymbol{x}^{\mathrm{T}}\boldsymbol{A}\boldsymbol{x}$，由矩阵 $\boldsymbol{A}$ 和 n 阶单位矩阵 $\boldsymbol{E}$ 构成 $2n\times n$ 矩阵 $\begin{pmatrix}\boldsymbol{A}\\\boldsymbol{E}\end{pmatrix}$，对矩阵 $\begin{pmatrix}\boldsymbol{A}\\\boldsymbol{E}\end{pmatrix}$ 施以成对的行列初等变换，即对矩阵 $\begin{pmatrix}\boldsymbol{A}\\\boldsymbol{E}\end{pmatrix}$ 施以某种初等列变换的同时，也对其施以相同的初等行变换. 当把 $\begin{pmatrix}\boldsymbol{A}\\\boldsymbol{E}\end{pmatrix}$ 中的矩阵 $\boldsymbol{A}$ 变换为对角矩阵 $\boldsymbol{\Lambda}$ 时，$\begin{pmatrix}\boldsymbol{A}\\\boldsymbol{E}\end{pmatrix}$ 中的单位矩阵 $\boldsymbol{E}$ 就变换成了所求的可逆矩阵 $\boldsymbol{P}$，从而得到可逆线性变换 $\boldsymbol{x}=\boldsymbol{P}\boldsymbol{y}$ 把二次型 $f=\boldsymbol{x}^{\mathrm{T}}\boldsymbol{A}\boldsymbol{x}$ 化为标准形 $f=\boldsymbol{y}^{\mathrm{T}}\boldsymbol{\Lambda}\boldsymbol{y}$. 这就是化二次型为标准形的初等变换法.

例 8　用初等变换法把二次型

$$f(x_1,x_2,x_3)=x_1^2+2x_2^2+2x_3^2-2x_1x_2+4x_1x_3-6x_2x_3$$

化为标准形，并求出所用的非退化线性变换.

解　二次型 f 对应的矩阵

$$\boldsymbol{A}=\begin{pmatrix}1&-1&2\\-1&2&-3\\2&-3&2\end{pmatrix}.$$

于是

$$\begin{pmatrix}\boldsymbol{A}\\\boldsymbol{E}\end{pmatrix}=\begin{pmatrix}1&-1&2\\-1&2&-3\\2&-3&2\\1&0&0\\0&1&0\\0&0&1\end{pmatrix}\to\begin{pmatrix}1&0&0\\0&1&0\\0&0&-3\\1&1&-1\\0&1&1\\0&0&1\end{pmatrix}=\begin{pmatrix}\boldsymbol{\Lambda}\\\boldsymbol{P}\end{pmatrix},$$

则

$$\boldsymbol{P}=\begin{pmatrix}1&1&-1\\0&1&1\\0&0&1\end{pmatrix},\quad\boldsymbol{\Lambda}=\begin{pmatrix}1&&\\&1&\\&&-3\end{pmatrix},$$

所用的非退化线性变换为

$$x = Py, \text{即} \begin{pmatrix} x_1 \\ x_2 \\ x_3 \end{pmatrix} = \begin{pmatrix} 1 & 1 & -1 \\ 0 & 1 & 1 \\ 0 & 0 & 1 \end{pmatrix} \begin{pmatrix} y_1 \\ y_2 \\ y_3 \end{pmatrix}.$$

二次型的标准形为

$$f = \boldsymbol{y}^{\mathrm{T}} \boldsymbol{\Lambda} \boldsymbol{y} = y_1^2 + y_2^2 - 3y_3^2.$$

§5.3 二次型的规范形与惯性定理

由上节中的例题可以看出，一个二次型可以用不同的可逆线性变换化成不同的标准形，虽然二次型的标准形并不唯一，但是，同一个二次型在化为标准形后，标准形中所含正、负平方项的个数却是相同的.下面给出二次型的规范形的概念.

定义 5.5 如果二次型 $f(x_1, x_2, \cdots, x_n) = \boldsymbol{x}^{\mathrm{T}}\boldsymbol{A}\boldsymbol{x}$，经过可逆线性变换 $\boldsymbol{x} = \boldsymbol{C}\boldsymbol{y}$ 可以化为

$$y_1^2 + \cdots + y_p^2 - y_{p+1}^2 - \cdots - y_r^2 \quad (p \leqslant r \leqslant n), \tag{5-11}$$

则称式(5-11)为二次型 $f(x_1, x_2, \cdots, x_n)$ 的**规范形**.

定理 5.3(惯性定理) 任何一个二次型 $f(x_1, x_2, \cdots, x_n) = \boldsymbol{x}^{\mathrm{T}}\boldsymbol{A}\boldsymbol{x}$ 都可以经过可逆线性变换化为规范形

$$y_1^2 + \cdots + y_p^2 - y_{p+1}^2 - \cdots - y_r^2 \quad (p \leqslant r \leqslant n),$$

且其规范形是唯一的，其中 $r = r(\boldsymbol{A})$ 是二次型的秩.

这里所谓的唯一是指规范形中指标 p 和 r 由二次型唯一确定.

定义 5.6 在实二次型的规范形中，正项的个数 p 称为它的**正惯性指数**，负项的个数 $r-p$ 称为它的**负惯性指数**，它们的差 $2p-r$ 称为**符号差**.

推论 正(负)惯性指数即为 $\boldsymbol{A}$ 的正(负)的特征值的个数.

确定二次型的规范形的方法是：

(1) 先求二次型 $f(x_1, x_2, \cdots, x_n) = \boldsymbol{x}^{\mathrm{T}}\boldsymbol{A}\boldsymbol{x}$ 的标准形

$$d_1 y_1^2 + \cdots + d_p y_p^2 - d_{p+1} y_{p+1}^2 - \cdots - d_r y_r^2,$$

其中 $d_i > 0 \quad (i = 1, 2, \cdots, r)$；

(2) 再作可逆线性变换

$$\begin{cases} y_1 = \dfrac{1}{\sqrt{d_1}} z_1, \\ \cdots\cdots \\ y_r = \dfrac{1}{\sqrt{d_r}} z_r, \\ y_{r+1} = z_{r+1}, \\ y_n = z_n, \end{cases}$$

则原二次型化为规范形 $z_1^2+\cdots+z_p^2-z_{p+1}^2-\cdots-z_r^2$.

例 9　化二次型 $f=x_1x_2+x_1x_3+2x_2x_3$ 为规范形.

解　由例 7 知,通过配方法,将二次型 f 化为标准形 $f=z_1^2-z_2^2-2z_3^2$. 作可逆变换

$$\begin{cases} w_1 = z_1, \\ w_2 = z_2, \\ w_3 = \sqrt{2} z_3, \end{cases}$$

也即

$$\begin{cases} z_1 = w_1, \\ z_2 = w_2, \\ z_3 = \dfrac{1}{\sqrt{2}} w_3, \end{cases}$$

则原二次型 f 化为规范形 $f=w_1^2-w_2^2-w_3^2$.

二次型的规范形(5-11) 的矩阵是对角矩阵

$$\begin{pmatrix} \boldsymbol{E}_p & & \\ & -\boldsymbol{E}_{r-p} & \\ & & \boldsymbol{O}_{n-r} \end{pmatrix}.$$

惯性定理用矩阵的语言可表述为:任意一个秩为 r 的实对称矩阵 $\boldsymbol{A}$ 与对角矩阵

$$\begin{pmatrix} \boldsymbol{E}_p & & \\ & -\boldsymbol{E}_{r-p} & \\ & & \boldsymbol{O}_{n-r} \end{pmatrix}$$

合同.

利用惯性定理可得到实对称矩阵合同的判别方法.

定理 5.4　设 $\boldsymbol{A}$, $\boldsymbol{B}$ 都是 n 阶实对称矩阵,则 $\boldsymbol{A}$, $\boldsymbol{B}$ 合同的充要条件是 $\boldsymbol{A}$, $\boldsymbol{B}$ 有相同的秩和相同的正惯性指数.

例 10　设 $\boldsymbol{A}=\begin{pmatrix} 1 & 2 & 0 \\ 2 & 2 & 0 \\ 0 & 0 & -1 \end{pmatrix}$,试问

$$B=E,\quad C=\begin{pmatrix}1&&\\&1&\\&&-1\end{pmatrix},\quad D=\begin{pmatrix}1&&\\&-1&\\&&-1\end{pmatrix}$$

中哪个矩阵与 $\boldsymbol{A}$ 合同?并说明理由.

解 由 $|\lambda\boldsymbol{E}-\boldsymbol{A}|=(\lambda+1)(\lambda^2-3\lambda-2)=0$,得 $\boldsymbol{A}$ 的特征值 $\lambda_1=-1,\lambda_{2,3}=\dfrac{3\pm\sqrt{17}}{2}$. 从而 $r(\boldsymbol{A})=3$,且正惯性指数为 1. 而矩阵 $\boldsymbol{B}$, $\boldsymbol{C}$ 的正惯性指数分别为 3 和 2,所以矩阵 $\boldsymbol{B}$, $\boldsymbol{C}$ 与矩阵 $\boldsymbol{A}$ 不合同. 又矩阵 $\boldsymbol{D}$ 的正惯性指数为 1, $r(\boldsymbol{D})=3$,所以矩阵 $\boldsymbol{A}$ 与矩阵 $\boldsymbol{D}$ 合同.

§5.4 正定二次型和正定矩阵

二次型的规范形是唯一的,因此可以利用二次型的规范形(也可用标准形)对二次型进行分类. 在各种分类中,最重要的一类二次型就是正定二次型.

定义 5.7 设实二次型 $f(x_1, x_2, \cdots, x_n)=\boldsymbol{x}^{\mathrm{T}}\boldsymbol{A}\boldsymbol{x}$,如果对于任意的 $\boldsymbol{x}=(x_1, x_2, \cdots, x_n)^{\mathrm{T}}\neq\boldsymbol{0}$,有

$$f(x_1, x_2, \cdots, x_n)=\boldsymbol{x}^{\mathrm{T}}\boldsymbol{A}\boldsymbol{x}>0,$$

则称该二次型为**正定二次型**,并称 $\boldsymbol{A}$ 是**正定矩阵**.

例 11 二次型 $f(x_1, x_2, x_3)=x_1^2+2x_2^2+3x_3^2$ 是正定的,而 $g(x_1, x_2, x_3)=x_1^2+x_2^2-x_3^2$ 不是正定的.

解 因为对于任意的 $\boldsymbol{x}=(x_1, x_2, x_3)^{\mathrm{T}}\neq\boldsymbol{0}$,都有

$$f(x_1, x_2, x_3)=x_1^2+2x_2^2+3x_3^2>0,$$

所以二次型 $f(x_1, x_2, x_3)=x_1^2+2x_2^2+3x_3^2$ 是正定的.

而对于 $\boldsymbol{x}=(0, 0, 1)^{\mathrm{T}}\neq\boldsymbol{0}$,有 $g(0, 0, 1)=-1<0$,所以 $g(x_1, x_2, x_3)=x_1^2+x_2^2-x_3^2$ 不是正定的.

上面的例子说明,由二次型的标准形或规范形可以很容易地判别它的正定性. 那么通过可逆线性变换将二次型化为标准形或规范形是否改变二次型的正定性呢?

定理 5.5 可逆线性变换不改变二次型的正定性.

证 设二次型 $f(x_1, x_2, \cdots, x_n)=\boldsymbol{x}^{\mathrm{T}}\boldsymbol{A}\boldsymbol{x}$ 为正定二次型,经可逆线性变换 $\boldsymbol{x}=\boldsymbol{C}\boldsymbol{y}$,二次型化为

$$f(x_1, x_2, \cdots, x_n)=\boldsymbol{x}^{\mathrm{T}}\boldsymbol{A}\boldsymbol{x}=\boldsymbol{y}^{\mathrm{T}}\boldsymbol{B}\boldsymbol{y}=g(y_1, y_2, \cdots, y_n),$$

其中 $\boldsymbol{B}=\boldsymbol{C}^{\mathrm{T}}\boldsymbol{A}\boldsymbol{C}$.

下面证明 $g(y_1, y_2, \cdots, y_n)$ 也是正定的.

对于任意 $\boldsymbol{z}=(z_1, z_2, \cdots, z_n)^{\mathrm{T}}\neq\boldsymbol{0}$,由于 $\boldsymbol{C}$ 可逆,得 $\boldsymbol{r}=\boldsymbol{C}\boldsymbol{z}\neq\boldsymbol{0}$. 再由原二次型的正定性,有

$$g(\boldsymbol{z}) = \boldsymbol{z}^{\mathrm{T}}\boldsymbol{B}\boldsymbol{z} = \boldsymbol{z}^{\mathrm{T}}(\boldsymbol{C}^{\mathrm{T}}\boldsymbol{A}\boldsymbol{C})\boldsymbol{z} = \boldsymbol{r}^{\mathrm{T}}\boldsymbol{A}\boldsymbol{r} > 0,$$

因此,二次型 $g = \boldsymbol{y}^{\mathrm{T}}\boldsymbol{B}\boldsymbol{y}$ 也是正定二次型.

既然可逆线性变换不改变二次型的正定性,因此,可以先利用可逆线性变换将二次型化为标准形或规范形,再利用二次型的标准形或规范形的正定性来判别二次型的正定性.

根据二次型的标准形或规范形判别二次型为正定的判别方法可以归纳为如下定理.

定理 5.6　实二次型 $f(x_1, x_2, \cdots, x_n) = \boldsymbol{x}^{\mathrm{T}}\boldsymbol{A}\boldsymbol{x}$ 为正定的充分必要条件是它的标准形

$$f=d_1y_1^2+d_2y_2^2+\cdots+d_ny_n^2$$

的系数 $d_i>0\ (i=1, 2, \cdots, n)$,即它的规范形的 n 个系数全为1,也即它的正惯性指数等于 n.

证　设经可逆线性变换 $\boldsymbol{x} = \boldsymbol{C}\boldsymbol{y}$,将二次型 $f(x_1, x_2, \cdots, x_n) = \boldsymbol{x}^{\mathrm{T}}\boldsymbol{A}\boldsymbol{x}$ 化为标准形 $f = d_1y_1^2 + d_2y_2^2 + \cdots + d_ny_n^2$.

充分性. 设标准形的系数 $d_i>0\ (i=1, 2, \cdots, n)$,对任意的 $\boldsymbol{x} = (x_1, x_2, \cdots, x_n)^{\mathrm{T}} \neq \boldsymbol{0}$,则 $\boldsymbol{y} = \boldsymbol{C}^{-1}\boldsymbol{x} \neq \boldsymbol{0}$,即 $\boldsymbol{y}$ 中至少有一个分量 $y_s(1 \leqslant s \leqslant n)$ 不为零,因此

$$f(x_1, x_2, \cdots, x_n) = \boldsymbol{x}^{\mathrm{T}}\boldsymbol{A}\boldsymbol{x} = \boldsymbol{y}^{\mathrm{T}}(\boldsymbol{C}^{\mathrm{T}}\boldsymbol{A}\boldsymbol{C})\boldsymbol{y} = d_1y_1^2 + d_2y_2^2 + \cdots + d_ny_n^2 > 0,$$

即 $f(x_1, x_2, \cdots, x_n)$ 是正定二次型.

必要性. 用反证法. 假设标准形的某个系数 $d_i\leqslant 0$,则当

$$\boldsymbol{y} = \boldsymbol{\varepsilon}_i = (0, \cdots, 0, 1, 0, \cdots, 0)^{\mathrm{T}}$$

时,有 $\boldsymbol{x} = \boldsymbol{C}\boldsymbol{\varepsilon}_i \neq \boldsymbol{0}$,使得 $f = \boldsymbol{x}^{\mathrm{T}}\boldsymbol{A}\boldsymbol{x} = d_i \leqslant 0$,这与 $f = \boldsymbol{x}^{\mathrm{T}}\boldsymbol{A}\boldsymbol{x}$ 正定矛盾,所以标准形的系数$d_i > 0\ (i = 1, 2, \cdots, n)$.

实二次型的正定性可以由如下等价命题来判别.

定理 5.7　设二次型 $f(x_1, x_2, \cdots, x_n) = \boldsymbol{x}^{\mathrm{T}}\boldsymbol{A}\boldsymbol{x}$,其中 $\boldsymbol{A}$ 为 n 阶实对称矩阵,则下列命题等价:

(1) $f = \boldsymbol{x}^{\mathrm{T}}\boldsymbol{A}\boldsymbol{x}$ 是正定二次型(或 $\boldsymbol{A}$ 是正定矩阵);

(2) 矩阵 $\boldsymbol{A}$ 的特征值均大于零;

(3) $\boldsymbol{A}$ 与同阶单位矩阵 $\boldsymbol{E}$ 合同;

(4) 存在可逆矩阵 $\boldsymbol{P}$,使 $\boldsymbol{A} = \boldsymbol{P}^{\mathrm{T}}\boldsymbol{P}$.

证　(1)⇒(2) 对于实二次型 $f(x_1, x_2, \cdots, x_n) = \boldsymbol{x}^{\mathrm{T}}\boldsymbol{A}\boldsymbol{x}$,存在正交变换 $\boldsymbol{x} = \boldsymbol{C}\boldsymbol{y}$,使

$$f = \boldsymbol{x}^{\mathrm{T}}\boldsymbol{A}\boldsymbol{x} = \lambda_1y_1^2 + \lambda_2y_2^2 + \cdots + \lambda_ny_n^2,$$

其中 $\lambda_i(i=1, 2, \cdots, n)$ 是 $\boldsymbol{A}$ 的特征值.

因为 $\boldsymbol{A}$ 是正定的,由定理 5.6 知 $\lambda_i > 0(i = 1, 2, \cdots, n)$.

(2)⇒(3) 由于 $\boldsymbol{A}$ 的特征值均大于零,所以 $\boldsymbol{A}$ 的正惯性指数等于 n,因此存在可逆矩

阵 $\boldsymbol{P}$,使 $\boldsymbol{P}^{\mathrm{T}}\boldsymbol{A}\boldsymbol{P}=\boldsymbol{E}$,即 $\boldsymbol{A}$ 与单位矩阵 $\boldsymbol{E}$ 合同.

(3)⇒(4) 因为 $\boldsymbol{A}$ 与单位矩阵 $\boldsymbol{E}$ 合同,即存在可逆矩阵 $\boldsymbol{Q}$,使 $\boldsymbol{Q}^{\mathrm{T}}\boldsymbol{A}\boldsymbol{Q}=\boldsymbol{E}$,即

$$\boldsymbol{A}=(\boldsymbol{Q}^{\mathrm{T}})^{-1}\boldsymbol{Q}^{-1}=(\boldsymbol{Q}^{-1})^{\mathrm{T}}\boldsymbol{Q}^{-1},$$

令 $\boldsymbol{P}=\boldsymbol{Q}^{-1}$,则矩阵 $\boldsymbol{P}$ 可逆,且使 $\boldsymbol{A}=\boldsymbol{P}^{\mathrm{T}}\boldsymbol{P}$.

(4)⇒(1) 任取 $\boldsymbol{x}=(x_1, x_2, \cdots, x_n)^{\mathrm{T}}\neq\boldsymbol{0}$,因为 $\boldsymbol{P}$ 为可逆矩阵,则 $\boldsymbol{P}\boldsymbol{x}\neq\boldsymbol{0}$,于是

$$f=\boldsymbol{x}^{\mathrm{T}}\boldsymbol{A}\boldsymbol{x}=\boldsymbol{x}^{\mathrm{T}}\boldsymbol{P}^{\mathrm{T}}\boldsymbol{P}\boldsymbol{x}=(\boldsymbol{P}\boldsymbol{x})^{\mathrm{T}}(\boldsymbol{P}\boldsymbol{x})>0,$$

所以 $f=\boldsymbol{x}^{\mathrm{T}}\boldsymbol{A}\boldsymbol{x}$ 是正定的.

例 12 判断二次型 $f(x_1,x_2,x_3)=x_1^2+2x_2^2+3x_3^2-2x_1x_2-2x_2x_3$ 是否是正定的.

解 二次型对应的矩阵为

$$\boldsymbol{A}=\begin{pmatrix}1&-1&0\\-1&2&-1\\0&-1&3\end{pmatrix}.$$

由特征多项式

$$|\lambda\boldsymbol{E}-\boldsymbol{A}|=\begin{vmatrix}\lambda-1&1&0\\1&\lambda-2&1\\0&1&\lambda-3\end{vmatrix}=(\lambda-2)(\lambda^2-4\lambda+1),$$

求得 $\boldsymbol{A}$ 的特征值为 2, $2\pm\sqrt{3}$,全为正,因此二次型正定.

实对称矩阵 $\boldsymbol{A}$ 的正定性还可以通过 $\boldsymbol{A}$ 的行列式来判别.下面先给出矩阵 $\boldsymbol{A}$ 正定的两个必要条件,再给一个充分必要条件.

定理 5.8 设 $\boldsymbol{A}=(a_{ij})$ 为 n 阶正定矩阵,则

(1) $\boldsymbol{A}$ 的主对角元 $a_{ii}>0\ (i=1, 2, \cdots, n)$;

(2) $\boldsymbol{A}$ 的行列式 $|\boldsymbol{A}|>0$.

证 (1) 因为 $\boldsymbol{A}$ 是正定矩阵,所以

$$f=\boldsymbol{x}^{\mathrm{T}}\boldsymbol{A}\boldsymbol{x}=\sum_{i=1}^{n}\sum_{j=1}^{n}a_{ij}x_ix_j$$

是正定二次型.取 $\boldsymbol{x}_i=(0, \cdots, 1, \cdots, 0)^{\mathrm{T}}$,则 $f(\boldsymbol{x}_i)=a_{ii}>0\ (i=0, 1, \cdots, n)$.

(2) 因为 $\boldsymbol{A}$ 正定,所以 $\boldsymbol{A}$ 的特征值全大于零,即得 $|\boldsymbol{A}|=\lambda_1\lambda_2\cdots\lambda_n>0$.

定义 5.8 设 $\boldsymbol{A}=(a_{ij})$ 为 n 阶矩阵,称行列式

$$\Delta_k=\begin{vmatrix}a_{11}&a_{12}&\cdots&a_{1k}\\a_{21}&a_{22}&\cdots&a_{2k}\\\vdots&\vdots&&\vdots\\a_{k1}&a_{k2}&\cdots&a_{kk}\end{vmatrix}$$

为矩阵 $\boldsymbol{A}$ 的 $k(k=1, 2, \cdots, n)$ 阶**顺序主子式**.

例如三阶矩阵

$$A=\begin{pmatrix}1&-1&2\\-1&0&-1\\2&-1&2\end{pmatrix}$$

共有三个顺序主子式，它们是

$$\Delta_1=|1|,\quad \Delta_2=\begin{vmatrix}1&-1\\-1&0\end{vmatrix},\quad \Delta_3=\begin{vmatrix}1&-1&2\\-1&0&-1\\2&-1&2\end{vmatrix}=|A|.$$

定理 5.9　二次型 $f=x^{\mathrm{T}}Ax$ 正定的充分必要条件是矩阵 A 的全部顺序主子式均大于零.

例 13　判断二次型

$$f(x_1,x_2,x_3)=2x_1^2+5x_2^2+5x_3^2+4x_1x_2-4x_1x_3-8x_2x_3$$

是否正定.

解法 1　利用配方法将二次型化为标准形.

$$\begin{aligned}f(x_1,x_2,x_3)&=2x_1^2+5x_2^2+5x_3^2+4x_1x_2-4x_1x_3-8x_2x_3\\&=2(x_1+x_2-x_3)^2+3\left(x_2-\frac{2}{3}x_3\right)^2+\frac{5}{3}x_3^2.\end{aligned}$$

令

$$\begin{cases}y_1=x_1+x_2-x_3,\\y_2=x_2-\dfrac{2}{3}x_3,\\y_3=x_3,\end{cases}$$

则二次型的标准形为

$$f=2y_1^2+3y_2^2+\frac{5}{3}y_3^2.$$

因为它的标准形的 3 个系数均为正，即正惯性指数为 3，故二次型为正定的.

解法 2　利用矩阵 A 的特征值进行判别.

二次型 f 的矩阵为

$$A=\begin{pmatrix}2&2&-2\\2&5&-4\\-2&-4&5\end{pmatrix}.$$

矩阵 A 的特征方程为

$$|\lambda E-A|=\begin{vmatrix}\lambda-2&-2&2\\-2&\lambda-5&4\\2&4&\lambda-5\end{vmatrix}=(\lambda-1)^2(\lambda-10)=0,$$

则 $\boldsymbol{A}$ 的特征值为 1(二重特征根)和 10,均大于零,故二次型为正定的.

解法 3 利用矩阵 $\boldsymbol{A}$ 的顺序主子式进行判别.

由于

$$\Delta_1 = |2| = 2 > 0,\quad \Delta_2 = \begin{vmatrix} 2 & 2 \\ 2 & 5 \end{vmatrix} = 6 > 0,\quad \Delta_3 = \begin{vmatrix} 2 & 2 & -2 \\ 2 & 5 & -4 \\ -2 & -4 & 5 \end{vmatrix} = 10 > 0,$$

即 $\boldsymbol{A}$ 的各阶顺序主子式都为正,故二次型为正定的.

例 14 问 t 取何值时,二次型

$$f(x_1, x_2, x_3) = 2x_1^2 + 2x_2^2 + 2x_3^2 - 2tx_1x_2 - 2tx_1x_3 - 2tx_2x_3$$

为正定二次型?

解 二次型 f 的对应矩阵为

$$\boldsymbol{A} = \begin{pmatrix} 2 & -t & -t \\ -t & 2 & -t \\ -t & -t & 2 \end{pmatrix}.$$

要使 f 为正定,只需 $\boldsymbol{A}$ 的各阶顺序主子式都大于零,即

$$\Delta_1 = |2| = 2 > 0,\qquad \Delta_2 = \begin{vmatrix} 2 & -t \\ -t & 2 \end{vmatrix} = 4 - t^2 > 0,$$

$$\Delta_3 = \begin{vmatrix} 2 & -t & -t \\ -t & 2 & -t \\ -t & -t & 2 \end{vmatrix} = 2(1-t)(2+t)^2 > 0.$$

解联立不等式

$$\begin{cases} 4 - t^2 > 0, \\ 2(1-t)(2+t)^2 > 0, \end{cases}$$

得 $-2 < t < 1$,即当 $-2 < t < 1$ 时,二次型 f 为正定的.

例 15 如果 $\boldsymbol{A}$ 是正定矩阵,求证 $\boldsymbol{A}^{-1}$ 也是正定矩阵.

证 由 $\boldsymbol{A}$ 正定知 $|\boldsymbol{A}| > 0$,故 $\boldsymbol{A}$ 可逆,且 $\boldsymbol{A}^{-1}$ 是实对称阵.

设 λ 是 $\boldsymbol{A}$ 的任一特征值,则 $\lambda > 0$,于是 $\boldsymbol{A}^{-1}$ 的特征值 $\dfrac{1}{\lambda} > 0$. 由 λ 的任意性,说明 $\boldsymbol{A}^{-1}$ 的全部特征值都是正的,因此 $\boldsymbol{A}^{-1}$ 也是正定矩阵.

在二次型分类中,除了正定二次型之外,类似的还有负定二次型、半正定二次型、半负定二次型、不定二次型等概念. 这里,我们仅作简要介绍.

定义 5.9 设 $f = \boldsymbol{x}^{\mathrm{T}}\boldsymbol{A}\boldsymbol{x}$(其中 $\boldsymbol{A}^{\mathrm{T}} = \boldsymbol{A}$)是一个实二次型,对于任意的非零向量

$$\boldsymbol{x} = (x_1, x_2, \cdots, x_n)^{\mathrm{T}} \neq \boldsymbol{0}.$$

(1) 若恒有 $f = \boldsymbol{x}^{\mathrm{T}}\boldsymbol{A}\boldsymbol{x} \geqslant 0$,则称 f 是半正定二次型,$\boldsymbol{A}$ 称为**半正定矩阵**;

(2) 若恒有 $f = \boldsymbol{x}^{\mathrm{T}}\boldsymbol{A}\boldsymbol{x} < 0$,则称 f 是负定二次型,$\boldsymbol{A}$ 称为**负定矩阵**;

(3) 若恒有 $f = \boldsymbol{x}^{\mathrm{T}}\boldsymbol{A}\boldsymbol{x} \leqslant 0$,则称 f 是半负定二次型,$\boldsymbol{A}$ 称为**半负定矩阵**.

(4) 若二次型不是有定的,则称 f 为**不定二次型**.

定理 5.10　设实二次型 $f = \boldsymbol{x}^{\mathrm{T}}\boldsymbol{A}\boldsymbol{x}$,则下列命题等价:

(1) f 是负定二次型(或 $\boldsymbol{A}$ 是负定矩阵);

(2) f 的负惯性指数为 n;

(3) $\boldsymbol{A}$ 的特征值均小于零;

(4) $\boldsymbol{A}$ 的奇数阶顺序主子式全小于零,偶数阶顺序主子式全大于零.

例 16　判定下列二次型是否是有定二次型:

(1) $f=-2x_1^2+6x_2^2-4x_3^2+2x_1x_2+2x_1x_3$;

(2) $f=x_1^2+2x_2^2+3x_3^2-4x_1x_2-4x_2x_3$.

解　(1) f 的矩阵为

$$\boldsymbol{A}=\begin{pmatrix}-2 & 1 & 1\\ 1 & 6 & 0\\ 1 & 0 & -4\end{pmatrix},$$

其顺序主子式

$$\Delta_1=-2<0,\qquad \Delta_2=\begin{vmatrix}-2 & 1\\ 1 & 6\end{vmatrix}=-13<0,$$

$$\Delta_3=\begin{vmatrix}-2 & 1 & 1\\ 1 & 6 & 0\\ 1 & 0 & -4\end{vmatrix}=-38<0,$$

故二次型 f 为负定二次型.

(2) f 的矩阵为

$$\boldsymbol{A}=\begin{pmatrix}1 & -2 & 0\\ -2 & 2 & -2\\ 0 & -2 & 3\end{pmatrix},$$

其顺序主子式

$$\Delta_1=1>0,\qquad \Delta_2=\begin{vmatrix}1 & -2\\ -2 & 2\end{vmatrix}=-2<0,$$

故二次型 f 为不定二次型.

习题五

(A)

1. 写出下列二次型对应的矩阵：

(1) $f(x_1, x_2, x_3)=x_1^2+x_2^2+x_3^2+x_4^2+2x_1x_2-2x_1x_4-2x_2x_3+2x_3x_4$；

(2) $f(x_1, x_2, x_3)=2x_1x_2+2x_1x_3-2x_1x_4-2x_2x_3+2x_2x_4+2x_3x_4$.

2. 写出下列矩阵对应的二次型：

(1) $\boldsymbol{A}=\begin{pmatrix}0&0&2\\0&2&0\\2&0&0\end{pmatrix}$；　　(2) $\boldsymbol{A}=\begin{pmatrix}2&1&1\\1&0&3\\1&3&1\end{pmatrix}$.

3. 用正交变换化下列二次型为标准形，并写出所用的正交变换：

(1) $f(x_1, x_2, x_3)=2x_1^2+5x_2^2+5x_3^2+4x_1x_2-4x_1x_3-8x_2x_3$；

(2) $f(x_1, x_2, x_3)=2x_1x_2+2x_1x_3+2x_2x_3$；

(3) $f=x_1^2+4x_2^2+4x_3^2-4x_1x_2+4x_1x_3-8x_2x_3$.

4. 设二次型 $f(x_1, x_2, x_3)=3x_1^2+3x_2^2+5x_3^2+4x_1x_3-4x_2x_3$. (1) 写出二次型的矩阵表示；(2) 求正交矩阵 $\boldsymbol{P}$，作变换 $(x_1, x_2, x_3)^{\mathrm{T}}=\boldsymbol{P}(y_1, y_2, y_3)^{\mathrm{T}}$，化二次型为 y_1，y_2，y_3 的平方和.

5. 设有二次型

$$f(x_1, x_2, x_3)=ax_1^2+4x_2^2+bx_3^2+4x_1x_2-4x_1x_3+8x_2x_3,$$

经过正交变换化为 $y_1^2+6y_2^2-6y_3^2$，求 a，b 的值和正交变换矩阵 $\boldsymbol{P}$.

6. 设实二次型 $f(x_1, x_2, x_3)=x_1^2+x_2^2+x_3^2+2\alpha x_1x_2+2x_1x_3+2\beta x_2x_3$ 经正交变换 $\boldsymbol{x}=\boldsymbol{Q}\boldsymbol{y}$ 化成标准形 $f=y_2^2+2y_3^2$，求 α，β.

7. 已知二次型 $f(x_1, x_2, x_3)=2x_1^2+3x_2^2+3x_3^2+2ax_2x_3\,(a>0)$ 通过正交变换化成标准形 $f=y_1^2+2y_2^2+5y_3^2$，求参数 a 及所用的正交变换矩阵.

8. 用配方法化下列二次型为标准形，并求出所用的非退化线性变换：

(1) $f(x_1, x_2, x_3)=x_1^2+2x_2^2+2x_1x_2-2x_1x_3+2x_2x_3$；

(2) $f(x_1, x_2, x_3)=x_1^2+5x_2^2+5x_3^2+2x_1x_2-4x_1x_3$；

(3) $f(x_1, x_2, x_3)=x_1x_2+x_1x_3+x_2x_3$；

(4) $f(x_1, x_2, x_3)=2x_1x_2+4x_1x_3$.

9. 用初等变换法化二次型

$$f(x_1, x_2, x_3)=3x_1^2+2x_2^2-x_3^2+6x_1x_2-12x_1x_3-8x_2x_3$$

为标准形，并求出所用的非退化线性变换.

10. 已知二次型

$$f(x_1,x_2,x_3)=5x_1^2+5x_2^2+cx_3^2-2x_1x_2+6x_1x_3-6x_2x_3$$

的秩为 2,

(1)求参数 c 及此二次型对应的特征值.

(2)指出方程 $f(x_1,x_2,x_3)=1$ 表示何种二次曲面.

11. 用正交变换将二次曲面的方程 $x^2-2y^2-2z^2-4xy+4xz+8yz-27=0$ 化为标准方程,并说明该曲面是什么曲面.

12. 设 $\boldsymbol{A}$ 是 n 阶实对称矩阵,$r(\boldsymbol{A})=n$,二次型 $f(x_1,x_2,x_3)=\sum\limits_{i=1}^{n}\sum\limits_{j=1}^{n}\dfrac{A_{ij}}{|\boldsymbol{A}|}x_ix_j$,其中 A_{ij} 是 $\boldsymbol{A}$ 中元素 a_{ij} 的代数余子式.

(1) 记 $\boldsymbol{x}=(x_1,x_2,\cdots,x_n)^{\mathrm{T}}$,把 f 表示成矩阵形式,并证明 f 的矩阵为 $\boldsymbol{A}^{-1}$;

(2) 二次型 $g=\boldsymbol{x}^{\mathrm{T}}\boldsymbol{A}\boldsymbol{x}$ 与 f 的规范形是否相同?

13. 判定下列矩阵是否是正定矩阵:

(1)$\boldsymbol{A}=\begin{pmatrix}10&4&12\\4&2&-14\\12&-14&1\end{pmatrix}$;　　(2)$\boldsymbol{A}=\begin{pmatrix}1&1&1\\1&2&2\\1&2&3\end{pmatrix}$.

14. 讨论参数 t 满足什么条件时下列二次型是正定二次型:

(1) $f(x_1,x_2,x_3)=x_1^2+4x_2^2+2x_3^2+2tx_1x_2+2x_2x_3$;

(2) $f(x_1,x_2,x_3)=5x_1^2+x_2^2+tx_3^2+4x_1x_2-2x_1x_3+2x_2x_3$.

15. 设 $\boldsymbol{A}$ 是 n 阶正定矩阵,求方程组 $\boldsymbol{Ax}=\boldsymbol{0}$ 的解集合.

16. 设矩阵

$$\boldsymbol{A}=\begin{pmatrix}1&0&1\\0&2&0\\1&0&1\end{pmatrix},\qquad \boldsymbol{B}=(\boldsymbol{A}+k\boldsymbol{E})^2.$$

(1) 求对角矩阵 $\boldsymbol{\Lambda}$,使得 $\boldsymbol{B}\sim\boldsymbol{\Lambda}$;

(2)k 满足什么条件时 $\boldsymbol{B}$ 正定?

17. 设 $\boldsymbol{A}$ 是三阶实对称矩阵,且 $\boldsymbol{A}^2+2\boldsymbol{A}=\boldsymbol{O}$,$r(\boldsymbol{A})=2$.

(1) 求 $\boldsymbol{A}$ 全部特征值;

(2)k 为何值时,$\boldsymbol{A}+k\boldsymbol{E}$ 为正定矩阵.

18. 设 $\boldsymbol{A}$,$\boldsymbol{B}$ 都是 n 阶正定矩阵,证明 $\boldsymbol{A}+\boldsymbol{B}$ 也是正定矩阵.

19. 设 $\boldsymbol{A}$ 是正定矩阵,证明 $\boldsymbol{A}^*$ 也是正定矩阵.

20. 设 $\boldsymbol{A}$ 是 $m\times n$ 阶实矩阵,且 $r(\boldsymbol{A})=n$,证明 $\boldsymbol{A}^{\mathrm{T}}\boldsymbol{A}$ 是正定矩阵.

21. 设 $\boldsymbol{A}=(a_{ij})$是 n 阶正定矩阵,证明:$a_{ii}>0(1\leqslant i\leqslant n)$.

22. 设 $\boldsymbol{A}$ 是 n 阶正定矩阵,$\boldsymbol{E}$ 是 n 阶单位矩阵,证明 $|\boldsymbol{A}+\boldsymbol{E}|>1$.

23. 设 $\boldsymbol{A}$ 为实对称矩阵，且满足 $\boldsymbol{A}^2-3\boldsymbol{A}+2\boldsymbol{E}=\boldsymbol{O}$，证明 $\boldsymbol{A}$ 为正定矩阵.

24. 设 $\boldsymbol{A}$ 是 n 阶实对称矩阵，若 $\boldsymbol{A}-\boldsymbol{E}$ 是正定矩阵，证明：

(1) $\boldsymbol{A}$ 是正定矩阵；

(2) $\boldsymbol{E}-\boldsymbol{A}^{-1}$ 是正定矩阵.

25. 设 $\boldsymbol{A}$ 是实反对称矩阵，证明：$\boldsymbol{E}-\boldsymbol{A}^2$ 是正定矩阵.

26. $\boldsymbol{A}$ 是正定矩阵的充要条件是对任意实 n 阶可逆方阵 $\boldsymbol{C}$，$\boldsymbol{C}^{\mathrm{T}}\boldsymbol{A}\boldsymbol{C}$ 都是正定的.

27. 设 $\boldsymbol{A}$ 为 n 阶正定矩阵，$\boldsymbol{B}$ 为 $n\times m$ 实矩阵. 证明：如果 $r(\boldsymbol{B})=m$，则 m 阶实方阵 $\boldsymbol{B}^{\mathrm{T}}\boldsymbol{A}\boldsymbol{B}$ 必为正定的.

28. 设 $\boldsymbol{A}$ 是 n 阶实对称的幂等矩阵（$\boldsymbol{A}^2=\boldsymbol{A}$，$\boldsymbol{A}^{\mathrm{T}}=\boldsymbol{A}$），$r(\boldsymbol{A})=r(0<r<n)$. 证明：$\boldsymbol{A}+\boldsymbol{E}$ 是正定矩阵，并计算 $|\boldsymbol{E}+\boldsymbol{A}+\boldsymbol{A}^2+\cdots+\boldsymbol{A}^k|$.

29. 设 $\boldsymbol{A}$，$\boldsymbol{B}$ 分别是 m，n 阶正定矩阵，证明分块矩阵 $\begin{pmatrix}\boldsymbol{A} & \boldsymbol{O}\\ \boldsymbol{O} & \boldsymbol{B}\end{pmatrix}$ 也是正定矩阵.

30. 若 $\boldsymbol{A}$，$\boldsymbol{B}$ 是 n 阶正定矩阵，证明：$\boldsymbol{AB}$ 正定的充要条件是 $\boldsymbol{AB}=\boldsymbol{BA}$.

31. 设 $\boldsymbol{A}$，$\boldsymbol{B}$ 都是 $m\times n$ 实矩阵，且 $\boldsymbol{B}^{\mathrm{T}}\boldsymbol{A}$ 为可逆矩阵，证明：$\boldsymbol{A}^{\mathrm{T}}\boldsymbol{A}+\boldsymbol{B}^{\mathrm{T}}\boldsymbol{B}$ 是正定矩阵.

32. 已知 $\boldsymbol{A}$ 是 n 阶实对称矩阵，且 $\boldsymbol{AB}+\boldsymbol{B}^{\mathrm{T}}\boldsymbol{A}$ 是正定矩阵，证明：$\boldsymbol{A}$ 是可逆矩阵.

33. 设 $\boldsymbol{A}$ 是 n 阶正定矩阵，$\boldsymbol{B}$ 是 n 阶反对称矩阵，证明：矩阵 $\boldsymbol{A}-\boldsymbol{B}^2$ 可逆.

34. 证明：在 n 阶实对称矩阵中，正定矩阵只能与正定矩阵相似.

35. 证明：矩阵 $\boldsymbol{A}=\begin{pmatrix}1 & 0\\ 0 & 2\end{pmatrix}$，$\boldsymbol{B}=\begin{pmatrix}1 & 0\\ 0 & 4\end{pmatrix}$ 等价、合同但不相似.

36. 设 $\boldsymbol{A}$ 是 n 阶实对称矩阵. 证明：$\boldsymbol{A}$ 是正定矩阵的充要条件是 $\boldsymbol{A}$ 与单位矩阵合同.

37. 已知 $\boldsymbol{A}$ 是 n 阶正定矩阵，n 维非零列向量 $\boldsymbol{\alpha}_1$，$\boldsymbol{\alpha}_2$，$\cdots$，$\boldsymbol{\alpha}_s$ 满足

$$\boldsymbol{\alpha}_i^{\mathrm{T}}\boldsymbol{A}\boldsymbol{\alpha}_j=0\ (i\neq j,\ i,\ j=1,\ 2,\ \cdots,\ s),$$

证明：$\boldsymbol{\alpha}_1$，$\boldsymbol{\alpha}_2$，$\cdots$，$\boldsymbol{\alpha}_s$ 线性无关.

38. 设 $\boldsymbol{A}$ 是一个 n 阶实对称矩阵，且 $|\boldsymbol{A}|<0$. 证明存在实 n 维向量 $\boldsymbol{\alpha}$，使得 $\boldsymbol{\alpha}^{\mathrm{T}}\boldsymbol{A}\boldsymbol{\alpha}<0$.

39. 设

$$\boldsymbol{A}=\begin{pmatrix}1 & 1 & & & \\ 1 & 3 & & & \\ & & a & a^2 & a^3\\ & & 0 & a & a^2\\ & & 0 & 0 & a\end{pmatrix},\quad x=\begin{pmatrix}x_1\\ x_2\\ x_3\\ x_4\\ x_5\end{pmatrix}.$$

(1) 给出矩阵 $\boldsymbol{A}$ 可逆的条件，并求 $\boldsymbol{A}^{-1}$；

(2) 当 $\boldsymbol{A}$ 不可逆时，二次型 $\boldsymbol{x}^{\mathrm{T}}\boldsymbol{A}\boldsymbol{x}$ 是否正定，说明理由.

40. 设二次型 $f(x_1, x_2, x_3, x_4)=\boldsymbol{x}^{\mathrm{T}}\boldsymbol{A}\boldsymbol{x}$，其中

$$\boldsymbol{x}=\begin{pmatrix}x_1\\x_2\\x_3\\x_4\end{pmatrix},\quad \boldsymbol{A}=\begin{pmatrix}2 & a_0 & 2 & -2\\a & 0 & b & c\\d & e & o & f\\g & h & k & 4\end{pmatrix},$$

$a_0, a, b, c, d, e, f, g, h, k$ 皆为实数. 已知 $\lambda_1=2$ 是 $\boldsymbol{A}$ 的一个几何重数为 3 的特征值. 试回答以下问题：

(1)$\boldsymbol{A}$ 能否相似于对角矩阵？若能，请给出证明；若不能，请给出例子.

(2)当 $a_0=2$ 时，试求 $f(x_1, x_2, x_3, x_4)$在正交变换下的标准形.

41. 已知实矩阵 $\boldsymbol{A}=\begin{pmatrix}2 & 2\\2 & a\end{pmatrix}$，$\boldsymbol{B}=\begin{pmatrix}4 & b\\3 & 1\end{pmatrix}$. 证明：

(1)矩阵方程 $\boldsymbol{AX}=\boldsymbol{B}$ 有解但 $\boldsymbol{BY}=\boldsymbol{A}$ 无解的充要条件是 $a\neq 2, b=\dfrac{4}{3}$.

(2)$\boldsymbol{A}$ 相似于 $\boldsymbol{B}$ 的充要条件是 $a=3, b=\dfrac{2}{3}$.

(3)$\boldsymbol{A}$ 合同于 $\boldsymbol{B}$ 的充要条件是 $a<2, b=3$.

(B)

一、填空题

1. 二次型 $\boldsymbol{x}^{\mathrm{T}}\begin{pmatrix}1 & 2 & 3\\4 & 5 & 6\\7 & 8 & 9\end{pmatrix}\boldsymbol{x}$ 的矩阵是________.

2. 已知二次型 $f(x_1,x_2,x_3)=-2x_1^2-2x_2^2-x_3^2-2tx_1x_2-2x_2x_3$，当 $t=$ ________时，该二次型的秩为 2.

3. 已知二次型 $f=x_1^2-2x_2^2+ax_3^2+2x_1x_2-4x_1x_3+2x_2x_3$ 的秩为 2，则 f 的规范形为________.

4. 二次型 $f(x_1,x_2,x_3)=x_1^2+4x_1x_2+x_2^2+x_3^2$ 的正惯性指数为________，负惯性指数为________，符号差为________，秩为________.

5. 设二次型 $f(x_1, x_2, x_3)=x_1^2+ax_2^2+x_3^2+2x_1x_2-2x_2x_3-2ax_1x_3$ 的正、负惯性指数都是 1，则 $a=$________.

6. 设 $\boldsymbol{A}$ 是 n 阶实对称矩阵，且满足关系式 $\boldsymbol{A}^3+3\boldsymbol{A}^2+3\boldsymbol{A}+2\boldsymbol{E}=\boldsymbol{O}$，则二次型 $f=\boldsymbol{x}^{\mathrm{T}}\boldsymbol{A}\boldsymbol{x}$ 的负惯性指数为________.

7. 二次型 $f(x_1, x_2, x_3)=x_1^2-x_2^2-x_3^2+4x_1x_2+4x_1x_3-4x_2x_3$ 的正惯性指数为________.

8. 设实矩阵 $\begin{pmatrix} 2-a & 1 & 0 \\ 1 & 1 & 0 \\ 0 & 0 & a+3 \end{pmatrix}$ 为正定矩阵，则 a 的取值范围为________.

9. 设 $\boldsymbol{A}$ 是三阶实对称矩阵，且满足 $\boldsymbol{A}^2+2\boldsymbol{A}=\boldsymbol{O}$. 若 $k\boldsymbol{A}+\boldsymbol{E}$ 是正定矩阵，则 k ________.

10. 二次型 $f(x_1, x_2, \cdots, x_n)=x_1^2+x_2^2+\cdots+x_r^2$，则当 $r=$ ________ 时 f 正定.

11. 三阶实对称矩阵 $\boldsymbol{A}$ 的特征值为 $\lambda_1=\lambda_2=1, \lambda_3=2$，则二次型 $f(x_1, x_2, x_3)=\boldsymbol{x}^{\mathrm{T}}\boldsymbol{A}\boldsymbol{x}$ 的规范形为________.

12. 设 $\boldsymbol{A}$ 是可逆实对称矩阵，则将 $f=\boldsymbol{x}^{\mathrm{T}}\boldsymbol{A}\boldsymbol{x}$ 化为 $f=\boldsymbol{y}^{\mathrm{T}}\boldsymbol{A}^{-1}\boldsymbol{y}$ 的线性变换为________.

13. 设 $\boldsymbol{A}$ 是三阶实对称矩阵，且满足 $\boldsymbol{A}^2-3\boldsymbol{A}+2\boldsymbol{E}=\boldsymbol{O}$，又 $|\boldsymbol{A}|=2$，则二次型 $f=\boldsymbol{x}^{\mathrm{T}}\boldsymbol{A}\boldsymbol{x}$ 经正交变换化为标准形 $f=$________.

14. 已知实对称矩阵 $\boldsymbol{A}$ 与 $\boldsymbol{B}=\begin{pmatrix} 0 & 1 & 0 \\ 1 & 0 & 0 \\ 0 & 0 & 3 \end{pmatrix}$ 合同，则二次型 $f=\boldsymbol{x}^{\mathrm{T}}\boldsymbol{A}\boldsymbol{x}$ 的规范形 $f=$ ________.

15. 已知二次型 $f(x_1, x_2, \cdots, x_n)=\sum_{i=1}^{n}\left(x_i-\dfrac{x_1+x_2+\cdots+x_n}{n}\right)^2$，则 f 的规范形为________.

二、选择题

1. 下列多项式中为二次型的是(　　).

(A) $f(x_1,x_2)=x_1^2+2x_1x_2+4x_2^2-1$　　(B) $f(x_1,x_2,x_3)=x_1^2+2x_1x_2+x_2^2-3x_3$

(C) $f(x_1,x_2)=\sqrt{2}x_1^2+x_1x_2+\lg 5x_2^2-1$　　(D) $f(x_1,x_2,x_3)=3x_1^2-2x_2x_3$

2. 二次型 $f(x_1, x_2, x_3)=x_1^2+6x_1x_2+4x_1x_3+x_2^2+2x_2x_3+tx_3^2$，若其秩为 2，则 t 值应为(　　).

(A) 0　　(B) 2　　(C) $\dfrac{7}{8}$　　(D) 1

3. 任何一个 n 阶满秩矩阵必定与 n 阶单位矩阵(　　).

(A) 合同　　(B) 相似　　(C) 等价　　(D) 以上都不对

4. 设 $\boldsymbol{A}=\begin{pmatrix} 1 & 1 & 1 & 1 \\ 1 & 1 & 1 & 1 \\ 1 & 1 & 1 & 1 \\ 1 & 1 & 1 & 1 \end{pmatrix}$，$\boldsymbol{B}=\begin{pmatrix} 4 & 0 & 0 & 0 \\ 0 & 0 & 0 & 0 \\ 0 & 0 & 0 & 0 \\ 0 & 0 & 0 & 0 \end{pmatrix}$，则 $\boldsymbol{A}$ 与 $\boldsymbol{B}$(　　).

(A) 合同且相似　　(B) 合同但不相似

(C) 不合同但相似　　(D) 不合同且不相似

5. 设矩阵 $\boldsymbol{A}=\begin{pmatrix}2 & -1 & -1\\ -1 & 2 & -1\\ -1 & -1 & 2\end{pmatrix}$，$\boldsymbol{B}=\begin{pmatrix}1 & 0 & 0\\ 0 & 1 & 0\\ 0 & 0 & 0\end{pmatrix}$，则 $\boldsymbol{A}$ 与 $\boldsymbol{B}$（　　）.

(A) 合同且相似　　(B) 合同，但不相似
(C) 不合同，但相似　　(D) 既不合同，也不相似

6. 设 n 阶矩阵 $\boldsymbol{A}$ 合同于对角阵 $\boldsymbol{\Lambda}=\begin{pmatrix}\lambda_1 & & & \\ & \lambda_2 & & \\ & & \ddots & \\ & & & \lambda_n\end{pmatrix}$，则必有（　　）.

(A) $\lambda_1, \lambda_2, \cdots, \lambda_n$ 是 $\boldsymbol{A}$ 的特征值　　(B) $\lambda_1\lambda_2\cdots\lambda_n=|\boldsymbol{A}|$
(C) $\boldsymbol{A}$ 为正定矩阵　　(D) $\boldsymbol{A}$ 为对称矩阵

7. 设 $\boldsymbol{A}$，$\boldsymbol{B}$ 均为 n 阶实对称矩阵，且 $\boldsymbol{A}\simeq\boldsymbol{B}$，则（　　）.

(A) $\boldsymbol{A}$，$\boldsymbol{B}$ 都是对角矩阵　　(B) $\boldsymbol{A}$，$\boldsymbol{B}$ 有相同的特征值
(C) $|\boldsymbol{A}|=|\boldsymbol{B}|$　　(D) $r(\boldsymbol{A})=r(\boldsymbol{B})$

8. 已知三元二次型 $\boldsymbol{x}^{\mathrm{T}}\boldsymbol{A}\boldsymbol{x}$ 经正交变换化为 $-y_1^2-2y_2^2-y_3^2$，其中 $\boldsymbol{A}^{T}=\boldsymbol{A}$，则二次型 $\boldsymbol{x}^{\mathrm{T}}\boldsymbol{A}^{*}\boldsymbol{x}$ 的正惯性指数为（　　）.

(A) 0　　(B) 1　　(C) 2　　(D) 3

9. $\boldsymbol{A}=\begin{pmatrix}1 & 0 & 0\\ 0 & m & n+2\\ 0 & m-1 & m\end{pmatrix}$ 为正定矩阵，则 m 必满足（　　）.

(A) $m>\dfrac{1}{2}$　　(B) $m<\dfrac{3}{2}$
(C) $m>-2$　　(D) 与 n 有关，不能确定

10. 设 $\boldsymbol{A}$ 为 n 阶对称矩阵，$\boldsymbol{A}$ 是正定矩阵的充要条件是（　　）.

(A) 二次型 $\boldsymbol{x}^{\mathrm{T}}\boldsymbol{A}\boldsymbol{x}$ 的负惯性指数为零
(B) $\boldsymbol{A}$ 无负特征值
(C) $\boldsymbol{A}$ 与单位矩阵合同
(D) 存在 n 阶矩阵 $\boldsymbol{C}$，使得 $\boldsymbol{A}=\boldsymbol{C}^{\mathrm{T}}\boldsymbol{C}$

11. n 阶实对称矩阵 $\boldsymbol{A}$ 为正定矩阵的充分必要条件是（　　）.

(A) 所有 k 阶子式为正（$k=1, 2, \cdots, n$）
(B) $\boldsymbol{A}$ 的所有特征值非负
(C) $\boldsymbol{A}^{-1}$ 为正定矩阵
(D) $r(\boldsymbol{A})=n$

12. n 阶实对称矩阵 $\boldsymbol{A}$ 为正定矩阵的充分必要条件是（　　）.

(A) $r(\boldsymbol{A})=n$　　(B) $\boldsymbol{A}$ 的所有特征值非负

(C) $\boldsymbol{A}^*$ 为正定的　　(D) $\boldsymbol{A}$ 的主对角线上元素都大于零

13. 若 $\boldsymbol{A}$, $\boldsymbol{B}$ 为 n 阶正定矩阵,则(　　).

(A) $\boldsymbol{AB}$, $\boldsymbol{A}+\boldsymbol{B}$ 都正定　　(B) $\boldsymbol{AB}$ 正定, $\boldsymbol{A}+\boldsymbol{B}$ 非正定

(C) $\boldsymbol{AB}$ 非正定, $\boldsymbol{A}+\boldsymbol{B}$ 正定　　(D) $\boldsymbol{AB}$ 不一定正定, $\boldsymbol{A}+\boldsymbol{B}$ 正定

附录 习题全解

习 题 一 全 解

(A)

1. 计算下列行列式：

(1) $\begin{vmatrix} a^2 & ab \\ ab & b^2 \end{vmatrix}$； (2) $\begin{vmatrix} 1 & 0 & -1 \\ 3 & 5 & 0 \\ 0 & 4 & 1 \end{vmatrix}$； (3) $\begin{vmatrix} 1 & x & x \\ x & 2 & x \\ x & x & 3 \end{vmatrix}$.

解 (1) 原式 $=a^2\times b^2-ab\times ab=a^2b^2-a^2b^2=0$.

(2) 原式 $=1\times5\times1+0+(-1)\times3\times4-0-0-0=5-12=-7$.

(3) 原式 $=1\times2\times3+x\times x\times x+x\times x\times x-x\times2\times x-x\times x\times1-3\times x\times x$

$=2x^3-6x^2+6$.

2. 求以下六级排列的逆序数，并指出它们的奇偶性：

(1)531246； (2)264351； (3)416235.

解 (1) $\tau(531246)=4+2+0+0+0=6$，偶排列；

(2) $\tau(264351)=1+4+2+1+1=9$，奇排列；

(3) $\tau(416235)=3+0+3+0+0=6$，偶排列.

3. 在六阶行列式中，$a_{23}a_{31}a_{42}a_{56}a_{14}a_{65}$，$a_{32}a_{43}a_{14}a_{51}a_{66}a_{25}$这两项应带有什么符号？

解 $(-1)^{\tau(234516)+\tau(312645)}a_{23}a_{31}a_{42}a_{56}a_{14}a_{65}=(-1)^{4+4}a_{23}a_{31}a_{42}a_{56}a_{14}a_{65}$

$=a_{23}a_{31}a_{42}a_{56}a_{14}a_{65}$，

$(-1)^{\tau(341562)+\tau(234165)}a_{32}a_{43}a_{14}a_{51}a_{66}a_{25}=(-1)^{6+4}a_{32}a_{43}a_{14}a_{51}a_{66}a_{25}$

$=a_{32}a_{43}a_{14}a_{51}a_{66}a_{25}$.

4. 利用行列式的定义计算行列式：

(1) $\begin{vmatrix} 0 & 0 & \cdots & 0 & 1 \\ 0 & 0 & \cdots & 2 & 0 \\ \vdots & \vdots & & \vdots & \vdots \\ 0 & n-1 & \cdots & 0 & 0 \\ n & 0 & \cdots & 0 & 0 \end{vmatrix}$.

解　行列式只含一个非零项 $a_{1n}a_{2,n-1}\cdots a_{n-1,2}a_{n1}$，它带有符号

$$(-1)^{\tau(n(n-1)\cdots 1)}=(-1)^{(n-1)+(n-2)+\cdots+1}=(-1)^{\frac{n(n-1)}{2}},$$

因此

原式$=(-1)^{\frac{n(n-1)}{2}}1\cdot 2\cdots(n-1)\cdot n=(-1)^{\frac{n(n-1)}{2}}n!$.

(2) $\begin{vmatrix} 0 & 1 & 0 & \cdots & 0 \\ 0 & 0 & 2 & \cdots & 0 \\ \vdots & \vdots & \vdots & & \vdots \\ 0 & 0 & 0 & \cdots & n-1 \\ n & 0 & 0 & \cdots & 0 \end{vmatrix}$.

解　此行列式只有一个非零项 $a_{12}a_{23}\cdots a_{n-1n}a_{n1}$，它带有符号 $(-1)^{\tau(23\cdots n1)}=(-1)^{n-1}$，因此

原式$=(-1)^{n-1}1\cdot 2\cdots(n-1)\cdot n=(-1)^{n-1}n!$.

5. 利用行列式的性质计算行列式：

(1) $\begin{vmatrix} 246 & 427 & 327 \\ 1\,014 & 543 & 443 \\ -342 & 721 & 621 \end{vmatrix}$.

解　原式$\xlongequal{c_1+c_2+c_3}\begin{vmatrix} 1\,000 & 427 & 327 \\ 2\,000 & 543 & 443 \\ 1\,000 & 721 & 621 \end{vmatrix}\xlongequal{c_2-c_3}\begin{vmatrix} 1\,000 & 100 & 327 \\ 2\,000 & 100 & 443 \\ 1\,000 & 100 & 621 \end{vmatrix}$

$$=10^5\begin{vmatrix} 1 & 1 & 327 \\ 2 & 1 & 443 \\ 1 & 1 & 621 \end{vmatrix}\xlongequal{c_1-c_2}10^5\begin{vmatrix} 0 & 1 & 327 \\ 1 & 1 & 443 \\ 0 & 1 & 621 \end{vmatrix}$$

$$\xlongequal{\text{按第 1 列展开}}10^5(-1)^{2+1}\begin{vmatrix} 1 & 327 \\ 1 & 621 \end{vmatrix}=-10^5(621-327)=-294\times 10^5.$$

(2) $\begin{vmatrix} 1 & -3 & 2 \\ -2 & 3 & 1 \\ -203 & 300 & 105 \end{vmatrix}$.

解 原式 $\xlongequal{r_3-100r_2}\begin{vmatrix}1&-3&2\\-2&3&1\\-3&0&5\end{vmatrix}\xlongequal{r_1+2r_2}\begin{vmatrix}-1&0&3\\-2&3&1\\-3&0&5\end{vmatrix}$

$\xlongequal{\text{按第 2 列展开}}3(-1)^{2+2}\begin{vmatrix}-1&3\\-3&5\end{vmatrix}=3(-5+9)=12.$

(3) $\begin{vmatrix}1&1&1&1\\-1&1&1&1\\-1&-1&1&1\\-1&-1&-1&1\end{vmatrix}$.

解 原式 $\xlongequal[r_4+r_1]{\substack{r_2+r_1\\r_3+r_1}}\begin{vmatrix}1&1&1&1\\0&2&2&2\\0&0&2&2\\0&0&0&2\end{vmatrix}=1\times2\times2\times2=8.$

(4) $\begin{vmatrix}5&0&4&2\\1&-1&2&1\\4&1&2&0\\1&1&1&1\end{vmatrix}$.

解 原式 $\xlongequal{r_1\leftrightarrow r_4}-\begin{vmatrix}1&1&1&1\\1&-1&2&1\\4&1&2&0\\5&0&4&2\end{vmatrix}\xlongequal[r_4-5r_1]{\substack{r_2-r_1\\r_3-4r_1}}-\begin{vmatrix}1&1&1&1\\0&-2&1&0\\0&-3&-2&-4\\0&-5&-1&-3\end{vmatrix}$

$\xlongequal{r_2-r_3}-\begin{vmatrix}1&1&1&1\\0&1&3&4\\0&-3&-2&-4\\0&-5&-1&-3\end{vmatrix}\xlongequal[r_4+5r_2]{r_3+3r_2}-\begin{vmatrix}1&1&1&1\\0&1&3&4\\0&0&7&8\\0&0&14&17\end{vmatrix}$

$\xlongequal{r_4-2r_3}-\begin{vmatrix}1&1&1&1\\0&1&3&4\\0&0&7&8\\0&0&0&1\end{vmatrix}=-7.$

(5) $\begin{vmatrix}-2&5&-1&3\\1&-9&13&7\\3&-1&5&-5\\2&8&-7&-10\end{vmatrix}$.

解 原式 $\xlongequal{r_1\leftrightarrow r_2}\begin{vmatrix}1&-9&13&7\\-2&5&-1&3\\3&-1&5&-5\\2&8&-7&-10\end{vmatrix}\xlongequal[r_4-2r_1]{\substack{r_2+2r_1\\r_3-3r_1}}\begin{vmatrix}1&-9&13&7\\0&-13&25&17\\0&26&-34&-26\\0&26&-33&-24\end{vmatrix}$

$$\xlongequal[r_4+2r_2]{r_3+2r_2}\begin{vmatrix}1&-9&13&7\\0&-13&25&17\\0&0&16&8\\0&0&17&10\end{vmatrix}\xlongequal{r_4-\frac{17}{16}r_3}\begin{vmatrix}1&-9&13&7\\0&-13&25&17\\0&0&16&8\\0&0&0&\frac{3}{2}\end{vmatrix}$$

$$=1\times(-13)\times16\times\frac{3}{2}=312.$$

(6) $\begin{vmatrix}1&2&3&4\\2&3&4&1\\3&4&1&2\\4&1&2&3\end{vmatrix}$.

解 原式 $\xlongequal{r_1+r_2+r_3+r_4}10\begin{vmatrix}1&1&1&1\\2&3&4&1\\3&4&1&2\\4&1&2&3\end{vmatrix}\xlongequal[r_4-4r_1]{\substack{r_2-2r_1\\r_3-3r_1}}10\begin{vmatrix}1&1&1&1\\0&1&2&-1\\0&1&-2&-1\\0&-3&-2&-1\end{vmatrix}$

$$\xlongequal[r_4+3r_2]{r_3-r_2}10\begin{vmatrix}1&1&1&1\\0&1&2&-1\\0&0&-4&0\\0&0&4&-4\end{vmatrix}\xlongequal{r_4+r_3}10\begin{vmatrix}1&1&1&1\\0&1&2&-1\\0&0&-4&0\\0&0&0&-4\end{vmatrix}=160.$$

(7) $\begin{vmatrix}a+b+2c&a&b\\c&2a+b+c&b\\c&a&a+2b+c\end{vmatrix}$.

解 原式 $\xlongequal{c_1+c_2+c_3}2(a+b+c)\begin{vmatrix}1&a&b\\1&2a+b+c&b\\1&a&a+2b+c\end{vmatrix}$

$$\xlongequal[r_3-r_1]{r_2-r_1}2(a+b+c)\begin{vmatrix}1&a&b\\0&a+b+c&0\\0&0&a+b+c\end{vmatrix}=2(a+b+c)^3.$$

(8) $\begin{vmatrix} a^2 & (a+1)^2 & (a+2)^2 & (a+3)^2 \\ b^2 & (b+1)^2 & (b+2)^2 & (b+3)^2 \\ c^2 & (c+1)^2 & (c+2)^2 & (c+3)^2 \\ d^2 & (d+1)^2 & (d+2)^2 & (d+3)^2 \end{vmatrix}$.

解 原式 $\xlongequal[i=2,3,4]{c_i-c_1} \begin{vmatrix} a^2 & 2a+1 & 4a+4 & 6a+9 \\ b^2 & 2b+1 & 4b+4 & 6b+9 \\ c^2 & 2c+1 & 4c+4 & 6c+9 \\ d^2 & 2d+1 & 4d+4 & 6d+9 \end{vmatrix}$

$$\xlongequal[c_4-3c_2]{c_3-2c_2} \begin{vmatrix} a^2 & 2a+1 & 2 & 6 \\ b^2 & 2b+1 & 2 & 6 \\ c^2 & 2c+1 & 2 & 6 \\ d^2 & 2d+1 & 2 & 6 \end{vmatrix} = 0.$$

(9) $\begin{vmatrix} 1 & -1 & 1 & x-1 \\ 1 & -1 & x+1 & -1 \\ 1 & x-1 & 1 & -1 \\ x+1 & -1 & 1 & -1 \end{vmatrix}$.

解 原式 $\xlongequal{c_1+\sum_{i=2}^{4}c_i} \begin{vmatrix} x & -1 & 1 & x-1 \\ x & -1 & x+1 & -1 \\ x & x-1 & 1 & -1 \\ x & -1 & 1 & -1 \end{vmatrix} = x\begin{vmatrix} 1 & -1 & 1 & x-1 \\ 1 & -1 & x+1 & -1 \\ 1 & x-1 & 1 & -1 \\ 1 & -1 & 1 & -1 \end{vmatrix}$

$$\xlongequal[i=2,\ 3,\ 4]{r_i-r_1} x\begin{vmatrix} 1 & -1 & 1 & x-1 \\ 0 & 0 & x & -x \\ 0 & x & 0 & -x \\ 0 & 0 & 0 & -x \end{vmatrix} \xlongequal{\text{按第 1 列展开}} x\begin{vmatrix} 0 & x & -x \\ x & 0 & -x \\ 0 & 0 & -x \end{vmatrix}$$

$$\xlongequal{\text{按第 1 列展开}} x(-1)^{2+1}\begin{vmatrix} x & -x \\ 0 & -x \end{vmatrix} = x^4.$$

(10) $\begin{vmatrix} 1 & 1 & 2 & 3 \\ 1 & 2-x^2 & 2 & 3 \\ 2 & 3 & 1 & 5 \\ 2 & 3 & 1 & 9-x^2 \end{vmatrix}$.

解 当 $x=\pm 1$ 时，第 1，2 行对应元素相同，行列式为零，可见行列式中含有因子 $(x-1)(x+1)$；当 $x=\pm 2$ 时，第 3，4 行对应元素相同，行列式为零，可见行列式中含有因子 $(x-2)(x+2)$，故设行列式为

$$m(x-1)(x+1)(x-2)(x+2). \tag{①}$$

按定义,行列式中含 x^4 的项为

$$1\times(2-x^2)\times1\times(9-x^2)-2\times(2-x^2)\times2\times(9-x^2). \tag{②}$$

比较①、②式 x^4 的系数,得 $m=-3$,即原式 $=-3(x-1)(x+1)(x-2)(x+2)$.

6. 证明:$\begin{vmatrix} a_1+b_1 & b_1+c_1 & c_1+a_1 \\ a_2+b_2 & b_2+c_2 & c_2+a_2 \\ a_3+b_3 & b_3+c_3 & c_3+a_3 \end{vmatrix}=2\begin{vmatrix} a_1 & b_1 & c_1 \\ a_2 & b_2 & c_2 \\ a_3 & b_3 & c_3 \end{vmatrix}$.

证 左端 $\xlongequal{c_1+c_2+c_3}2\begin{vmatrix} a_1+b_1+c_1 & b_1+c_1 & c_1+a_1 \\ a_2+b_2+c_2 & b_2+c_2 & c_2+a_2 \\ a_3+b_3+c_3 & b_3+c_3 & c_3+a_3 \end{vmatrix}$

$$\xlongequal[c_3-c_1]{c_2-c_1}2\begin{vmatrix} a_1+b_1+c_1 & -a_1 & -b_1 \\ a_2+b_2+c_2 & -a_2 & -b_2 \\ a_3+b_3+c_3 & -a_3 & -b_3 \end{vmatrix}\xlongequal{c_1+c_2+c_3}2\begin{vmatrix} c_1 & -a_1 & -b_1 \\ c_2 & -a_2 & -b_2 \\ c_3 & -a_3 & -b_3 \end{vmatrix}$$

$$\xlongequal[c_2\leftrightarrow c_3]{c_1\leftrightarrow c_2}2\begin{vmatrix} -a_1 & -b_1 & c_1 \\ -a_2 & -b_2 & c_2 \\ -a_3 & -b_3 & c_3 \end{vmatrix}=2\begin{vmatrix} a_1 & b_1 & c_1 \\ a_2 & b_2 & c_2 \\ a_3 & b_3 & c_3 \end{vmatrix}.$$

7. 若 $f(x)$, $g(x)$, $h(x)$ 在 $[a,b]$ 上连续,在 (a,b) 内可导,证明:$\exists\xi\in(a,b)$,使得 $\begin{vmatrix} f(a) & g(a) & h(a) \\ f(b) & g(b) & h(b) \\ f'(\xi) & g'(\xi) & h'(\xi) \end{vmatrix}=0$,且由此导出拉格朗日中值定理和柯西中值定理.

证 设 $F(x)=\begin{vmatrix} f(a) & g(a) & h(a) \\ f(b) & g(b) & h(b) \\ f(x) & g(x) & h(x) \end{vmatrix}$,则 $F(x)$ 在 $[a,b]$ 上连续,在 (a,b) 内可导,且由行列式性质易知 $F(a)=F(b)=0$,则根据罗尔定理,$\exists\xi\in(a,b)$ 使得 $F'(\xi)=0$,即

$$\begin{vmatrix} f(a) & g(a) & h(a) \\ f(b) & g(b) & h(b) \\ f'(\xi) & g'(\xi) & h'(\xi) \end{vmatrix}=0.$$

若取 $g(x)=x$,$h(x)=1$,则行列式为

$$\begin{vmatrix} f(a) & a & 1 \\ f(b) & b & 1 \\ f'(\xi) & 1 & 0 \end{vmatrix}=0,\text{ 即 } f(b)-f(a)=f'(\xi)(b-a),$$

此即拉格朗日中值定理.

若取 $h(x)=1$，则行列式为

$$\begin{vmatrix} f(a) & g(a) & 1 \\ f(b) & g(b) & 1 \\ f'(\xi) & g'(\xi) & 0 \end{vmatrix}=0\text{，即 }\frac{f(b)-f(a)}{g(b)-g(a)}=\frac{f'(\xi)}{g'(\xi)},$$

此即柯西中值定理.

8. 若 n 阶行列式 D 的元素满足 $a_{ij}=-a_{ji}(i,\ j=1,2,\cdots,n)$，则称行列式 D 为**反对称行列式**. 证明奇数阶反对称行列式的值为零.

证 由 $a_{ij}=-a_{ji}(i,j=1,2,\cdots,n)$ 得 $a_{ii}=0\ (i=1,2,\cdots,n)$，于是 n 阶反对称行列式 D 为

$$D=\begin{vmatrix} 0 & a_{12} & \cdots & a_{1n} \\ -a_{12} & 0 & \cdots & a_{2n} \\ \vdots & \vdots & & \vdots \\ -a_{1n} & -a_{2n} & \cdots & 0 \end{vmatrix}.$$

依据性质 1 和性质 3 得，

$$D=D^T=\begin{vmatrix} 0 & -a_{12} & \cdots & -a_{1n} \\ a_{12} & 0 & \cdots & -a_{2n} \\ \vdots & \vdots & & \vdots \\ a_{1n} & a_{2n} & \cdots & 0 \end{vmatrix}=(-1)^n\begin{vmatrix} 0 & a_{12} & \cdots & a_{1n} \\ -a_{12} & 0 & \cdots & a_{2n} \\ \vdots & \vdots & & \vdots \\ -a_{1n} & -a_{2n} & \cdots & 0 \end{vmatrix}=(-1)^nD,$$

当 n 是奇数时，有 $D=-D$，即 $D=0$.

9. n 阶行列式 D 的第 i 行、第 j 列元素 $a_{ij}=|i-j|\ (i,\ j=1,\ 2,\ \cdots,\ n)$，试计算行列式 D.

解 由题设知

$$D=\begin{vmatrix} 0 & 1 & 2 & \cdots & n-1 \\ 1 & 0 & 1 & \cdots & n-2 \\ 2 & 1 & 0 & \cdots & n-3 \\ \vdots & \vdots & \vdots & & \vdots \\ n-1 & n-2 & n-3 & \cdots & 0 \end{vmatrix}.$$

从最后一行起每行减去前面一行，然后将 n 列分别加到它前面的每一列，得

$$D=\begin{vmatrix} n-1 & 1+(n-1) & 2+(n-1) & \cdots & n-1 \\ 0 & -2 & -2 & \cdots & -1 \\ 0 & 0 & -2 & \cdots & -1 \\ \vdots & \vdots & \vdots & & \vdots \\ 0 & 0 & 0 & \cdots & -1 \end{vmatrix}=(-1)^{n-1}(n-1)2^{n-2}.$$

10. 计算下列行列式的值：

(1) $D_n = \begin{vmatrix} 1 & 2 & 3 & \cdots & n \\ 1 & x+1 & 3 & \cdots & n \\ 1 & 2 & x+1 & \cdots & n \\ \vdots & \vdots & \vdots & & \vdots \\ 1 & 2 & 3 & \cdots & x+1 \end{vmatrix}$.

解 $D_n \xlongequal[i=2,3,\cdots,n]{r_i - r_1} \begin{vmatrix} 1 & 2 & 3 & \cdots & n \\ 0 & x-1 & 0 & \cdots & 0 \\ 0 & 0 & x-2 & \cdots & 0 \\ \vdots & \vdots & \vdots & & \vdots \\ 0 & 0 & 0 & \cdots & x-n+1 \end{vmatrix}$

$= (x-1)(x-2)\cdots(x-n+1)$.

(2) $D_n = \begin{vmatrix} a & b & 0 & \cdots & 0 & 0 \\ 0 & a & b & \cdots & 0 & 0 \\ 0 & 0 & a & \cdots & 0 & 0 \\ \vdots & \vdots & \vdots & & \vdots & \vdots \\ 0 & 0 & 0 & \cdots & a & b \\ b & 0 & 0 & \cdots & 0 & a \end{vmatrix}$.

解 $D_n \xlongequal{\text{按第 1 列展开}} a\begin{vmatrix} a & b & \cdots & 0 & 0 \\ 0 & a & \cdots & 0 & 0 \\ \vdots & \vdots & & \vdots & \vdots \\ 0 & 0 & \cdots & a & b \\ 0 & 0 & \cdots & 0 & a \end{vmatrix} + (-1)^{n+1} b \begin{vmatrix} b & 0 & \cdots & 0 & 0 \\ a & b & \cdots & 0 & 0 \\ 0 & a & \cdots & 0 & 0 \\ \vdots & \vdots & & \vdots & \vdots \\ 0 & 0 & \cdots & a & b \end{vmatrix}$

$= a \times a^{n-1} + (-1)^{n+1} b \times b^{n-1} = a^n + (-1)^{n+1} b^n$.

(3) $D_{n+1} = \begin{vmatrix} x & a_1 & a_2 & \cdots & a_{n-1} & 1 \\ a_1 & x & a_2 & \cdots & a_{n-1} & 1 \\ a_1 & a_2 & x & \cdots & a_{n-1} & 1 \\ \vdots & \vdots & \vdots & & \vdots & \vdots \\ a_1 & a_2 & a_3 & \cdots & x & 1 \\ a_1 & a_2 & a_3 & \cdots & a_n & 1 \end{vmatrix}$.

解 $D_{n+1} \xlongequal[i=1,2,\cdots,n-1]{r_i - r_{i+1}} \begin{vmatrix} x-a_1 & a_1-x & 0 & \cdots & 0 & 0 \\ 0 & x-a_2 & a_2-x & \cdots & 0 & 0 \\ 0 & 0 & x-a_3 & \cdots & 0 & 0 \\ \vdots & \vdots & \vdots & & \vdots & \vdots \\ 0 & 0 & 0 & \cdots & x-a_n & 0 \\ a_1 & a_2 & a_3 & \cdots & a_n & 1 \end{vmatrix}$

$\xlongequal{\text{按第 } n \text{ 列展开}} (x-a_1)(x-a_2)\cdots(x-a_n).$

(4) $D_{n+1} = \begin{vmatrix} a & ax & ax^2 & \cdots & ax^{n-1} & ax^n \\ -1 & a & ax & \cdots & ax^{n-2} & ax^{n-1} \\ 0 & -1 & a & \cdots & ax^{n-3} & ax^{n-2} \\ \vdots & \vdots & \vdots & & \vdots & \vdots \\ 0 & 0 & 0 & \cdots & a & ax \\ 0 & 0 & 0 & \cdots & -1 & a \end{vmatrix}.$

解 $D_{n+1} \xlongequal[i=n,n-1,\cdots,1]{r_{i-1}\times(-x)-r_i} \begin{vmatrix} a & 0 & 0 & \cdots & 0 & 0 \\ -1 & a+x & 0 & \cdots & 0 & 0 \\ 0 & -1 & a+x & \cdots & 0 & 0 \\ \vdots & \vdots & \vdots & & \vdots & \vdots \\ 0 & 0 & 0 & \cdots & a+x & 0 \\ 0 & 0 & 0 & \cdots & -1 & a+x \end{vmatrix}$

$= a(a+x)^n.$

(5) $D_n = \begin{vmatrix} a & 0 & 0 & \cdots & 0 & 1 \\ 0 & a & 0 & \cdots & 0 & 0 \\ 0 & 0 & a & \cdots & 0 & 0 \\ \vdots & \vdots & \vdots & & \vdots & \vdots \\ 0 & 0 & 0 & \cdots & a & 0 \\ 1 & 0 & 0 & \cdots & 0 & a \end{vmatrix}.$

解 $D_n \xlongequal{\text{按第 1 列展开}} a\begin{vmatrix} a & & & & \\ & a & & & \\ & & \ddots & & \\ & & & a & \\ & & & & a \end{vmatrix}_{n-1} + (-1)^{n+1}\begin{vmatrix} 0 & 0 & \cdots & 0 & 1 \\ a & 0 & \cdots & 0 & 0 \\ 0 & a & \cdots & 0 & 0 \\ \vdots & \vdots & & \vdots & \vdots \\ 0 & 0 & \cdots & a & 0 \end{vmatrix}_{n-1}$

$$\xlongequal{\text{后一个按第 1 行展开}} aa^{n-1}+(-1)^{n+1}(-1)^{1+(n-1)}\cdot 1\cdot\begin{vmatrix} a & 0 & \cdots & 0 & 0 \\ 0 & a & \cdots & 0 & 0 \\ 0 & 0 & a & 0 & 0 \\ \vdots & \vdots & & \vdots & \vdots \\ 0 & 0 & \cdots & 0 & a \end{vmatrix}_{n-2}$$

$$=a^n-a^{n-2}=a^{n-2}(a^2-1).$$

(6) $D_{n+1}=\begin{vmatrix} -a_1 & a_1 & 0 & \cdots & 0 & 0 \\ 0 & -a_2 & a_2 & \cdots & 0 & 0 \\ \vdots & \vdots & \vdots & & \vdots & \vdots \\ 0 & 0 & 0 & \cdots & -a_n & a_n \\ 1 & 1 & 1 & \cdots & 1 & 1 \end{vmatrix}.$

解 $D_{n+1}\xlongequal{\text{第 2 列到第 } n \text{ 列均加到第 1 列}}\begin{vmatrix} 0 & a_1 & 0 & \cdots & 0 & 0 \\ 0 & -a_2 & a_2 & \cdots & 0 & 0 \\ \vdots & \vdots & \vdots & & \vdots & \vdots \\ 0 & 0 & 0 & \cdots & -a_n & a_n \\ n+1 & 1 & 1 & \cdots & 1 & 1 \end{vmatrix}_{n+1}$

$$\xlongequal{\text{按第 1 列展开}}(-1)^{n+1+1}(n+1)\begin{vmatrix} a_1 & & & \\ & a_2 & & \\ & & \ddots & \\ & & & a_n \end{vmatrix}=(-1)^n(n+1)a_1a_2\cdots a_n.$$

(7) $D_{n+1}=\begin{vmatrix} a_0 & 1 & 1 & \cdots & 1 \\ 1 & a_1 & 0 & \cdots & 0 \\ 1 & 0 & a_2 & \cdots & 0 \\ \vdots & \vdots & \vdots & & \vdots \\ 1 & 0 & 0 & \cdots & a_n \end{vmatrix}(a_i\neq 0,i=1,2,\cdots,n).$

解 $D_{n+1}\xlongequal[i=2,\cdots,n+1]{c_1-\frac{1}{a_{i-1}}c_i}\begin{vmatrix} a_0-\frac{1}{a_1}-\frac{1}{a_2}\cdots-\frac{1}{a_n} & 1 & 1 & \cdots & 1 \\ 0 & a_1 & 0 & \cdots & 0 \\ 0 & 0 & a_2 & \cdots & 0 \\ \vdots & \vdots & \vdots & & \vdots \\ 0 & 0 & 0 & \cdots & a_n \end{vmatrix}$

$$=\left(a_0-\frac{1}{a_1}-\frac{1}{a_2}\cdots-\frac{1}{a_n}\right)a_1a_2\cdots a_n=\left(a_0-\sum_{i=1}^{n}\frac{1}{a_i}\right)\prod_{i=1}^{n}a_i.$$

$$(8)D_n=\begin{vmatrix}1+a_1 & 1 & 1 & \cdots & 1 & 1\\ 1 & 1+a_2 & 1 & \cdots & 1 & 1\\ 1 & 1 & 1+a_3 & \cdots & 1 & 1\\ \vdots & \vdots & \vdots & & \vdots & \vdots\\ 1 & 1 & 1 & \cdots & 1 & 1+a_n\end{vmatrix}(a_i\neq 0,i=1,2,\cdots,n).$$

解法 1 为 D_n 添加一行一列,得到一个与其相等的行列式.

$$D_n=\begin{vmatrix}1 & 1 & 1 & 1 & \cdots & 1 & 1\\ 0 & 1+a_1 & 1 & 1 & \cdots & 1 & 1\\ 0 & 1 & 1+a_2 & 1 & \cdots & 1 & 1\\ \vdots & \vdots & \vdots & \vdots & & \vdots & \vdots\\ 0 & 1 & 1 & 1 & \cdots & 1 & 1+a_n\end{vmatrix}_{n+1}$$

$$\xlongequal[i=2,\cdots,n+1]{r_i-r_1}\begin{vmatrix}1 & 1 & 1 & \cdots & 1 & 1\\ -1 & a_1 & 0 & \cdots & 0 & 0\\ -1 & 0 & a_2 & \cdots & 0 & 0\\ \vdots & \vdots & \vdots & & \vdots & \vdots\\ -1 & 0 & 0 & \cdots & 0 & a_n\end{vmatrix}$$

$$\xlongequal[i=1,2,3,\cdots,n]{c_1+\frac{1}{a_i}c_{i+1}}\begin{vmatrix}1+\sum_{i=1}^{n}\frac{1}{a_i} & 1 & 1 & \cdots & 1 & 1\\ 0 & a_1 & 0 & \cdots & 0 & 0\\ 0 & 0 & a_2 & \cdots & 0 & 0\\ \vdots & \vdots & \vdots & & \vdots & \vdots\\ 0 & 0 & 0 & \cdots & 0 & a_n\end{vmatrix}=\left(1+\sum_{i=1}^{n}\frac{1}{a_i}\right)\prod_{i=1}^{n}a_i.$$

解法 2 $D_n\xlongequal[i=2,3,\cdots,n]{r_i-r_1}\begin{vmatrix}1+a_1 & 1 & 1 & \cdots & 1 & 1\\ -a_1 & a_2 & 0 & \cdots & 0 & 0\\ -a_1 & 0 & a_3 & \cdots & 0 & 0\\ \vdots & \vdots & \vdots & & \vdots & \vdots\\ -a_1 & 0 & 0 & \cdots & 0 & a_n\end{vmatrix}$

$$=a_1a_2\cdots a_n\begin{vmatrix}1+\frac{1}{a_1} & \frac{1}{a_2} & \frac{1}{a_3} & \cdots & \frac{1}{a_{n-1}} & \frac{1}{a_n}\\ -1 & 1 & 0 & \cdots & 0 & 0\\ -1 & 0 & 1 & \cdots & 0 & 0\\ \vdots & \vdots & \vdots & & \vdots & \vdots\\ -1 & 0 & 0 & \cdots & 0 & 1\end{vmatrix}$$

$$\xlongequal[i=2,3,\cdots,n]{c_1+c_i} a_1a_2\cdots a_n\begin{vmatrix} 1+\sum\limits_{i=1}^{n}\frac{1}{a_i} & \frac{1}{a_2} & \frac{1}{a_3} & \cdots & \frac{1}{a_{n-1}} & \frac{1}{a_n} \\ 0 & 1 & 0 & \cdots & 0 & 0 \\ 0 & 0 & 1 & \cdots & 0 & 0 \\ \vdots & \vdots & \vdots & & \vdots & \vdots \\ 0 & 0 & 0 & \cdots & 0 & 1 \end{vmatrix}$$

$$= a_1a_2\cdots a_n\left(1+\sum_{i=1}^{n}\frac{1}{a_i}\right).$$

(9) $D_n=\begin{vmatrix} 1 & 1 & \cdots & 1 & -a \\ 1 & 1 & \cdots & -a & 1 \\ \vdots & \vdots & & \vdots & \vdots \\ 1 & -a & \cdots & 1 & 1 \\ -a & 1 & \cdots & 1 & 1 \end{vmatrix}$.

解 $D_n \xlongequal[i=2,3,\cdots,n]{r_i-r_1} \begin{vmatrix} 1 & 1 & \cdots & 1 & -a \\ 0 & 0 & \cdots & -1-a & 1+a \\ \vdots & \vdots & & \vdots & \vdots \\ 0 & -1-a & \cdots & 0 & 1+a \\ -1-a & 0 & \cdots & 0 & 1+a \end{vmatrix}$

$$=(1+a)^{n-1}\begin{vmatrix} 1 & 1 & \cdots & 1 & -a \\ 0 & 0 & \cdots & -1 & 1 \\ \vdots & \vdots & & \vdots & \vdots \\ 0 & -1 & \cdots & 0 & 1 \\ -1 & 0 & \cdots & 0 & 1 \end{vmatrix}$$

$$\xlongequal{c_n+c_{n-1}+\cdots+c_1}(1+a)^{n-1}\begin{vmatrix} 1 & 1 & \cdots & 1 & -a+n-1 \\ 0 & 0 & \cdots & -1 & 0 \\ \vdots & \vdots & & \vdots & \vdots \\ 0 & -1 & \cdots & 0 & 0 \\ -1 & 0 & \cdots & 0 & 0 \end{vmatrix}$$

$$\xlongequal{\text{按第 } n \text{ 列展开}}(1+a)^{n-1}(-1)^{1+n}(n-a-1)\begin{vmatrix} 0 & \cdots & 0 & -1 \\ 0 & \cdots & -1 & 0 \\ \vdots & & \vdots & \vdots \\ -1 & \cdots & 0 & 0 \end{vmatrix}_{n-1}$$

$$=(1+a)^{n-1}(-1)^{1+n}(n-a-1)(-1)^{\frac{(n-1)(n-2)}{2}}(-1)^{n-1}$$

$$=(-1)^{\frac{(n-1)(n-2)}{2}}(1+a)^{n-1}(n-a-1).$$

$$(10)D_n=\begin{vmatrix} \cos\theta & 1 & 0 & \cdots & 0 & 0 \\ 1 & 2\cos\theta & 1 & \cdots & 0 & 0 \\ 0 & 1 & 2\cos\theta & \cdots & 0 & 0 \\ \vdots & \vdots & \vdots & & \vdots & \vdots \\ 0 & 0 & 0 & \cdots & 1 & 2\cos\theta \end{vmatrix}.$$

解 由于 $D_1=\cos\theta,D_2=\begin{vmatrix} \cos\theta & 1 \\ 1 & 2\cos\theta \end{vmatrix}=2\cos^2\theta-1=\cos2\theta$,因而猜想

$$D_n=\cos n\theta.$$

现在用第二数学归纳法来证明.

当 $n=1$ 时结论成立.

归纳假设结论对 $\leqslant n-1$ 都成立,再证 n 时,对 D_n 按照第 n 列展开,得

$$D_n=2\cos\theta D_{n-1}-\begin{vmatrix} \cos\theta & 1 & & & \\ 1 & 2\cos\theta & 1 & & \\ & \ddots & \ddots & \ddots & \\ & & 1 & 2\cos\theta & 1 \\ & & & 0 & 1 \end{vmatrix}$$

$$=2\cos\theta D_{n-1}-D_{n-2}=2\cos\theta\cos(n-1)\theta-\cos(n-2)\theta$$

$$=\{\cos[\theta+(n-1)\theta]+\cos[(n-1)\theta-\theta]\}-\cos(n-2)\theta=\cos n\theta,$$

所以 $D_n=\cos n\theta$.

注 先由低阶行列式的值,归纳出高阶行列式的值,并用归纳法证明,是求 n 阶行列式(特别是三条线的行列式)的常用方法.

$$(11)D_n=\begin{vmatrix} 5 & 3 & 0 & 0 & \cdots & 0 & 0 & 0 \\ 2 & 5 & 3 & 0 & \cdots & 0 & 0 & 0 \\ 0 & 2 & 5 & 3 & \cdots & 0 & 0 & 0 \\ \vdots & \vdots & \vdots & \vdots & & \vdots & \vdots & \vdots \\ 0 & 0 & 0 & 0 & \cdots & 2 & 5 & 3 \\ 0 & 0 & 0 & 0 & \cdots & 0 & 2 & 5 \end{vmatrix}.$$

解 将行列式按第 1 行展开,得

$$D_n=5D_{n-1}-3\begin{vmatrix} 2 & 3 & 0 & \cdots & 0 & 0 \\ 0 & 5 & 3 & \cdots & 0 & 0 \\ 0 & 2 & 5 & \cdots & 0 & 0 \\ \vdots & \vdots & \vdots & & \vdots & \vdots \\ 0 & 0 & 0 & \cdots & 5 & 3 \\ 0 & 0 & 0 & \cdots & 2 & 5 \end{vmatrix}=5D_{n-1}-6D_{n-2}.$$

由 $D_n=5D_{n-1}-6D_{n-2}$ 可得 $D_n-2D_{n-1}=3(D_{n-1}-2D_{n-2})$. 递推下去得到

$$D_n-2D_{n-1}=3(D_{n-1}-2D_{n-2})=3^2(D_{n-2}-2D_{n-3})=\cdots=3^{n-2}(D_2-2D_1).$$

同样由 $D_n=5D_{n-1}-6D_{n-2}$ 可得 $D_n-3D_{n-1}=2(D_{n-1}-3D_{n-2})$. 递推下去得到

$$D_n-3D_{n-1}=2(D_{n-1}-3D_{n-2})=2^2(D_{n-2}-3D_{n-3})=\cdots=2^{n-2}(D_2-3D_1).$$

而 $D_1=|5|=5,D_2=\begin{vmatrix}5&3\\2&5\end{vmatrix}=19$,所以

$$\begin{cases}D_n-2D_{n-1}=3^n,\\D_n-3D_{n-1}=2^n,\end{cases}$$

解得 $D_n=3^{n+1}-2^{n+1}$.

$$(12)D_6=\begin{vmatrix}1&1&0&0&0&1\\x_1&x_2&0&0&0&x_3\\a_1&b_1&1&1&1&c_1\\a_2&b_2&x_1&x_2&x_3&c_2\\x_1^2&x_2^2&0&0&0&x_3^2\\a_3&b_3&x_1^2&x_2^2&x_3^2&c_3\end{vmatrix}.$$

分析 通过行列对换把零元素聚到一起.

解 先进行行变换:第五行依次与第四行、第三行对换,共进行了 2 次对换,得

$$D_6=(-1)^2\begin{vmatrix}1&1&0&0&0&1\\x_1&x_2&0&0&0&x_3\\x_1^2&x_2^2&0&0&0&x_3^2\\a_1&b_1&1&1&1&c_1\\a_2&b_2&x_1&x_2&x_3&c_2\\a_3&b_3&x_1^2&x_2^2&x_3^2&c_3\end{vmatrix}.$$

再进行列变换:第六列依次与第五列、第四列、第三列对换,共进行了 3 次对换,得

$$D_6=(-1)^2(-1)^3\begin{vmatrix}1&1&1&0&0&0\\x_1&x_2&x_3&0&0&0\\x_1^2&x_2^2&x_3^2&0&0&0\\a_1&b_1&c_1&1&1&1\\a_2&b_2&c_2&x_1&x_2&x_3\\a_3&b_3&c_3&x_1^2&x_2^2&x_3^2\end{vmatrix}.$$

故

$$D_6=-\begin{vmatrix}1&1&1\\x_1&x_2&x_3\\x_1^2&x_2^2&x_3^2\end{vmatrix}\cdot\begin{vmatrix}1&1&1\\x_1&x_2&x_3\\x_1^2&x_2^2&x_3^2\end{vmatrix}=-(x_2-x_1)^2(x_3-x_1)^2(x_3-x_2)^2.$$

11.用克拉默法则解下列线性方程组：

(1) $\begin{cases}2x_1+3x_2+11x_3+5x_4=2,\\ x_1+x_2+5x_3+2x_4=1,\\ 2x_1+x_2+3x_3+2x_4=-3,\\ x_1+x_2+3x_3+4x_4=-3.\end{cases}$

解　方程组的系数行列式

$$D=\begin{vmatrix}2&3&11&5\\1&1&5&2\\2&1&3&2\\1&1&3&4\end{vmatrix}\xlongequal[r_4-r_2]{\substack{r_1-2r_2\\r_3-2r_2}}\begin{vmatrix}0&1&1&1\\1&1&5&2\\0&-1&-7&-2\\0&0&-2&2\end{vmatrix}\xlongequal{\text{按第 1 列展开}}-\begin{vmatrix}1&1&1\\-1&-7&-2\\0&-2&2\end{vmatrix}$$

$$\xlongequal{r_2+r_1}-\begin{vmatrix}1&1&1\\0&-6&-1\\0&-2&2\end{vmatrix}\xlongequal{\text{按第 1 列展开}}-\begin{vmatrix}-6&-1\\-2&2\end{vmatrix}=-(-12-2)=14.$$

又

$$D_1=\begin{vmatrix}2&3&11&5\\1&1&5&2\\-3&1&3&2\\-3&1&3&4\end{vmatrix}=-28,\qquad D_2=\begin{vmatrix}2&2&11&5\\1&1&5&2\\2&-3&3&2\\1&-3&3&4\end{vmatrix}=0,$$

$$D_3=\begin{vmatrix}2&3&2&5\\1&1&1&2\\2&1&-3&2\\1&1&-3&4\end{vmatrix}=14,\qquad D_4=\begin{vmatrix}2&3&11&2\\1&1&5&1\\2&1&3&-3\\1&1&3&-3\end{vmatrix}=-14.$$

根据克拉默法则，方程组有唯一解

$$x_1=\frac{D_1}{D}=-2,\quad x_2=\frac{D_2}{D}=0,\quad x_3=\frac{D_3}{D}=1,\quad x_4=\frac{D_4}{D}=-1.$$

(2) $\begin{cases}x_1+3x_2-2x_3+x_4=1,\\ 2x_1+5x_2-3x_3+2x_4=3,\\ -3x_1+4x_2+8x_3-2x_4=4,\\ 6x_1-x_2-6x_3+4x_4=2.\end{cases}$

解　方程组的系数行列式

$$D=\begin{vmatrix}1&3&-2&1\\2&5&-3&2\\-3&4&8&-2\\6&-1&-6&4\end{vmatrix}\xlongequal[r_4-6r_1]{\substack{r_2-2r_1\\r_3+3r_1}}\begin{vmatrix}1&3&-2&1\\0&-1&1&0\\0&13&2&1\\0&-19&6&-2\end{vmatrix}\xlongequal{\text{按第 1 列展开}}\begin{vmatrix}-1&1&0\\13&2&1\\-19&6&-2\end{vmatrix}$$

$$\xlongequal{c_1+c_2}\begin{vmatrix}0&1&0\\15&2&1\\-13&6&-2\end{vmatrix}\xlongequal{\text{按第 1 行展开}}-\begin{vmatrix}15&1\\-13&-2\end{vmatrix}=17\neq 0.$$

又

$$D_1=\begin{vmatrix}1&3&-2&1\\3&5&-3&2\\4&4&8&-2\\2&-1&-6&4\end{vmatrix}=-34,\qquad D_2=\begin{vmatrix}1&1&-2&1\\2&3&-3&2\\-3&4&8&-2\\6&2&-6&4\end{vmatrix}=0,$$

$$D_3=\begin{vmatrix}1&3&1&1\\2&5&3&2\\-3&4&4&-2\\6&-1&2&4\end{vmatrix}=17,\qquad D_4=\begin{vmatrix}1&3&-2&1\\2&5&-3&3\\-3&4&8&4\\6&-1&-6&2\end{vmatrix}=85.$$

根据克拉默法则，方程组有唯一解：

$$x_1=\frac{D_1}{D}=-2,\quad x_2=\frac{D_2}{D}=0,\quad x_3=\frac{D_3}{D}=1,\quad x_4=\frac{D_4}{D}=5.$$

12. 已知三个平面 $\begin{cases}x=ay+bz,\\y=cz+ax,\\z=bx+cy,\end{cases}$ 求证：它们至少相交于一条直线的充要条件为 $a^2+b^2+c^2+2abc=1$.

证 显然三平面均过原点(0, 0, 0). 而三平面至少相交于一直线当且仅当三平面至少相交于另一点，当且仅当下列齐次线性方程组

$$\begin{cases}-x+ay+bz=0,\\ax-y+cz=0,\\bx+cy-z=0\end{cases}$$

有非零解，即系数行列式 $\begin{vmatrix}-1&a&b\\a&-1&c\\b&c&-1\end{vmatrix}=0$，或 $-1+2abc+a^2+b^2+c^2=0$. 故三平面至少相交于一条直线的充要条件为 $a^2+b^2+c^2+2abc=1$.

13. 设 $f(x)=a_0+a_1x+a_2x^2+\cdots+a_nx^n$，试用克拉默法则证明：若 $f(x)$ 有 $n+1$ 个不同的根，则 $f(x)\equiv 0$.

证　依题意,不妨设 $x_1, x_2, \cdots, x_{n+1}$ 是 $f(x)$ 的 $n+1$ 个互不相同的根,则

$$\begin{cases} a_0+a_1x_1+a_2x_1^2+\cdots+a_nx_1^n=0, \\ a_0+a_1x_2+a_2x_2^2+\cdots+a_nx_2^n=0, \\ \qquad\vdots \\ a_0+a_1x_{n+1}+a_2x_{n+1}^2+\cdots+a_nx_{n+1}^n=0. \end{cases}$$

上式是关于 $a_0, a_1, \cdots, a_n$ 的齐次线性方程组,其系数行列式为

$$D_{n+1}=\begin{vmatrix} 1 & x_1 & x_1^2 & \cdots & x_1^n \\ 1 & x_2 & x_2^2 & \cdots & x_2^n \\ \vdots & \vdots & \vdots & & \vdots \\ 1 & x_{n+1} & x_{n+1}^2 & \cdots & x_{n+1}^n \end{vmatrix}=\begin{vmatrix} 1 & 1 & 1 & 1 \\ x_1 & x_2 & \cdots & x_{n+1} \\ x_1^2 & x_2^2 & \cdots & x_{n+1}^2 \\ \vdots & \vdots & & \vdots \\ x_1^n & x_2^n & \cdots & x_{n+1}^n \end{vmatrix}=D_{n+1}^{\mathrm{T}},$$

显然 D_{n+1}^{T} 为 $n+1$ 阶范德蒙行列式,故

$$D_{n+1}=\prod_{1\leqslant j<i\leqslant n}(x_j-x_i)\neq 0.$$

根据克拉默法则,方程组只有零解,即 $a_0=a_1=\cdots=a_n=0$, 故 $f(x)\equiv 0$.

(B)

一、填空题

1. 若九级排列 $3972\,i\,15\,j\,4$ 是奇排列,则 $i=$ __8__, $j=$ __6__.

解　i, j 只能取 8 或 6.

$i=8, j=6$ 时, $\tau(397281564)=21$, 奇排列,

$i=6, j=8$ 时, $\tau(397261584)=20$, 偶排列.

故 $i=8, j=6$.

2. 行列式 $\begin{vmatrix} 1 & 1 & 1 & 1 \\ 1 & 2 & 0 & 0 \\ 1 & 0 & 3 & 0 \\ 1 & 0 & 0 & 4 \end{vmatrix}=$ __-2__.

解　原式 $\xlongequal{c_1-\sum\limits_{i=2}^{4}\frac{1}{i}c_i}\begin{vmatrix} 1-\frac{1}{2}-\frac{1}{3}-\frac{1}{4} & 1 & 1 & 1 \\ 0 & 2 & 0 & 0 \\ 0 & 0 & 3 & 0 \\ 0 & 0 & 0 & 4 \end{vmatrix}$

$$=\left(1-\frac{1}{2}-\frac{1}{3}-\frac{1}{4}\right)\times 2\times 3\times 4=-2.$$

3. 行列式 $\begin{vmatrix} a & 1 & 0 & 0 \\ b & a & 1 & 0 \\ 0 & b & a & 1 \\ 0 & 0 & b & a \end{vmatrix} = $ __$a^4-3a^2b+b^2$__.

解 原式 $=a\begin{vmatrix} a & 1 & 0 \\ b & a & 1 \\ 0 & b & a \end{vmatrix}-\begin{vmatrix} b & 1 & 0 \\ 0 & a & 1 \\ 0 & b & a \end{vmatrix}=a\left[a\begin{vmatrix} a & 1 \\ b & a \end{vmatrix}-\begin{vmatrix} b & 1 \\ 0 & a \end{vmatrix}\right]-b\begin{vmatrix} a & 1 \\ b & a \end{vmatrix}$

$=a[a(a^2-b)-ab]-b(a^2-b)=a^4-3a^2b+b^2.$

4. 行列式 $\begin{vmatrix} 1 & 0 & 2 & -1 \\ 0 & 2 & 1 & 0 \\ 1 & -1 & 0 & 1 \\ 1 & 2 & 3 & 4 \end{vmatrix} = $ __-15__.

解 原式 $\xlongequal[r_4-r_1]{r_3-r_1}\begin{vmatrix} 1 & 0 & 2 & -1 \\ 0 & 2 & 1 & 0 \\ 0 & -1 & -2 & 2 \\ 0 & 2 & 1 & 5 \end{vmatrix}\xlongequal{\text{按第 1 列展开}}\begin{vmatrix} 2 & 1 & 0 \\ -1 & -2 & 2 \\ 2 & 1 & 5 \end{vmatrix}$

$\xlongequal{r_1\leftrightarrow r_2}-\begin{vmatrix} -1 & -2 & 2 \\ 2 & 1 & 0 \\ 2 & 1 & 5 \end{vmatrix}\xlongequal[r_3+2r_1]{r_2+2r_1}-\begin{vmatrix} -1 & -2 & 2 \\ 0 & -3 & 4 \\ 0 & -3 & 9 \end{vmatrix}$

$\xlongequal{\text{按第 1 列展开}}-(-1)\begin{vmatrix} -3 & 4 \\ -3 & 9 \end{vmatrix}=-27+12=-15.$

5. 设行列式 $D=\begin{vmatrix} 3 & 0 & 4 & 0 \\ 2 & 2 & 2 & 2 \\ 0 & -7 & 0 & 0 \\ 5 & 3 & -2 & 2 \end{vmatrix}$，第四行各元素余子式之和的值为__$-28$__.

解 $M_{41}+M_{42}+M_{43}+M_{44}=-A_{41}+A_{42}-A_{43}+A_{44}=\begin{vmatrix} 3 & 0 & 4 & 0 \\ 2 & 2 & 2 & 2 \\ 0 & -7 & 0 & 0 \\ -1 & 1 & -1 & 1 \end{vmatrix}$

$\xlongequal{\text{按第 3 行展开}}-7\times(-1)^{3+2}\begin{vmatrix} 3 & 4 & 0 \\ 2 & 2 & 2 \\ -1 & -1 & 1 \end{vmatrix}=-28.$

6. 设 $f(x)=\begin{vmatrix} x & -1 & 0 & x \\ 2 & 2 & 3 & x \\ -7 & 10 & 4 & 3 \\ 1 & -7 & 1 & x \end{vmatrix}$，则 $f(x)$ 的常数项 $=$ __3__.

解法 1　常数项必不能含 x，观察行列式的第四列，有三个元素都是 x，故第四列只能选 3，它位于第三行. 同理，第三行选定后，第一行只能选(-1). 剩下第二行可以选 2 或 3. 有两种情况：

(1) 第二行若选 2，则第四行只能选 1，即 $-1, 2, 3, 1$，其行标是顺序，列标为 2,1,4,3，故一个常数项是 $(-1)^{\tau(2143)}(-1)\cdot 2\cdot 3\cdot 1=-6$；

(2) 第二行若选 3，则第四行只能选 1，即 $-1, 3, 3, 1$，其行标是顺序，列标为 2,3,4,1，故另一个一个常数项是 $(-1)^{\tau(2341)}(-1)\cdot 3\cdot 3\cdot 1=9$.

所以，$f(x)$ 的常数项为$(-6)+9=3$.

解法 2　常数项 $=f(0)=\begin{vmatrix} 0 & -1 & 0 & 0 \\ 2 & 2 & 3 & 0 \\ -7 & 10 & 4 & 3 \\ 1 & -7 & 1 & 0 \end{vmatrix} \xlongequal{\text{按第 4 列展开}} 3(-1)^{3+4}\begin{vmatrix} 0 & -1 & 0 \\ 2 & 2 & 3 \\ 1 & -7 & 1 \end{vmatrix}$

$$\xlongequal{c_3-c_1}-3\begin{vmatrix} 0 & -1 & 0 \\ 2 & 2 & 1 \\ 1 & -7 & 0 \end{vmatrix}\xlongequal{\text{按第 3 列展开}}-3(-1)^{2+3}\begin{vmatrix} 0 & -1 \\ 1 & -7 \end{vmatrix}=3.$$

7. 若 $\begin{vmatrix} 1 & 2 & 3 & 4 \\ 5 & 6 & 7 & 8 \\ 0 & 0 & \mathbf{x} & 3 \\ 0 & 0 & 4 & 5 \end{vmatrix}=0$，则 $x=$ __$\dfrac{12}{5}$__.

解　由 $\begin{vmatrix} 1 & 2 & 3 & 4 \\ 5 & 6 & 7 & 8 \\ 0 & 0 & x & 3 \\ 0 & 0 & 4 & 5 \end{vmatrix}=\begin{vmatrix} 1 & 2 \\ 5 & 6 \end{vmatrix}\begin{vmatrix} x & 3 \\ 4 & 5 \end{vmatrix}=(6-10)(5x-12)=0$，得 $x=\dfrac{12}{5}$.

8. $\begin{vmatrix} 1+x & 1 & 1 & 1 \\ 1 & 1-x & 1 & 1 \\ 1 & 1 & 1+y & 1 \\ 1 & 1 & 1 & 1-y \end{vmatrix}=$ __x^2y^2__.

解 原式

$$\xlongequal[r_3-r_4]{r_1-r_2}\begin{vmatrix} x & x & 0 & 0 \\ 1 & 1-x & 1 & 1 \\ 0 & 0 & y & y \\ 1 & 1 & 1 & 1-y \end{vmatrix}\xlongequal[c_4-c_3]{c_2-c_1}\begin{vmatrix} x & 0 & 0 & 0 \\ 1 & -x & 1 & 0 \\ 0 & 0 & y & 0 \\ 1 & 0 & 1 & -y \end{vmatrix}$$

$$\xlongequal{\text{按第 1 行展开}} x(-1)^{1+1}\begin{vmatrix} -x & 1 & 0 \\ 0 & y & 0 \\ 0 & 1 & -y \end{vmatrix}$$

$$\xlongequal{\text{按第 1 列展开}} x(-1)^{1+1}(-x)\begin{vmatrix} y & 0 \\ 1 & -y \end{vmatrix}=x^2y^2.$$

9. 设 $\begin{vmatrix} 1 & 1 & 1 & 1 \\ -1 & 1 & 2 & 3 \\ 1 & 1 & 4 & 15 \\ 1 & x & x^2 & x^3 \end{vmatrix}+\begin{vmatrix} 1 & 1 & 1 & 1 \\ 2 & 1 & 2 & 5 \\ 1 & 1 & 4 & 15 \\ 1 & x & x^2 & x^3 \end{vmatrix}+\begin{vmatrix} 1 & 1 & 1 & 1 \\ 1 & 2 & 4 & 8 \\ 0 & 2 & 5 & 12 \\ 1 & x & x^2 & x^3 \end{vmatrix}=0$，则方程的解为 $x=$ <u>1 或 2 或 3</u>.

分析 单独计算三个行列式很费时，观察前两个行列式，发现只有一行不同，故可逆用拆项性质，将前两个行列式合并.

解 由

$$\begin{vmatrix} 1 & 1 & 1 & 1 \\ -1 & 1 & 2 & 3 \\ 1 & 1 & 4 & 15 \\ 1 & x & x^2 & x^3 \end{vmatrix}+\begin{vmatrix} 1 & 1 & 1 & 1 \\ 2 & 1 & 2 & 5 \\ 1 & 1 & 4 & 15 \\ 1 & x & x^2 & x^3 \end{vmatrix}+\begin{vmatrix} 1 & 1 & 1 & 1 \\ 1 & 2 & 4 & 8 \\ 0 & 2 & 5 & 12 \\ 1 & x & x^2 & x^3 \end{vmatrix}$$

$$=\begin{vmatrix} 1 & 1 & 1 & 1 \\ 1 & 2 & 4 & 8 \\ 1 & 1 & 4 & 15 \\ 1 & x & x^2 & x^3 \end{vmatrix}+\begin{vmatrix} 1 & 1 & 1 & 1 \\ 1 & 2 & 4 & 8 \\ 0 & 2 & 5 & 12 \\ 1 & x & x^2 & x^3 \end{vmatrix}=\begin{vmatrix} 1 & 1 & 1 & 1 \\ 1 & 2 & 4 & 8 \\ 1 & 3 & 9 & 27 \\ 1 & x & x^2 & x^3 \end{vmatrix}$$

$$=(2-1)(3-1)(3-2)(x-1)(x-2)(x-3)=0,$$

得 $x=1$ 或 2 或 3.

10. 设 $x^4+3x^2+2x+1=0$ 的 4 个根为 $\alpha_1, \alpha_2, \alpha_3, \alpha_4$，则 $\begin{vmatrix} \alpha_1 & \alpha_2 & \alpha_3 & \alpha_4 \\ \alpha_2 & \alpha_3 & \alpha_4 & \alpha_1 \\ \alpha_3 & \alpha_4 & \alpha_1 & \alpha_2 \\ \alpha_4 & \alpha_1 & \alpha_2 & \alpha_3 \end{vmatrix}=$ <u>0</u>.

解 因为该多项式无 3 次项，故 4 个根之和为 0. 行列式的每一列加到第一列即可得到行列式的值为 0.

11. 设 a, b, c, d 是互不相同的正实数，x, y, z, w 是实数，满足 $a^x=bcd, b^y=cda$，

$c^z=dab, d^w=abc$,则行列式 $\begin{vmatrix} -x & 1 & 1 & 1 \\ 1 & -y & 1 & 1 \\ 1 & 1 & -z & 1 \\ 1 & 1 & 1 & -w \end{vmatrix}=$ <u>0</u>.

解 将所给 4 个等式取对数,得到以 $\ln a$, $\ln b$, $\ln c$, $\ln d$ 为解的线性方程组

$$\begin{cases} -x\ln a+\ln b+\ln c+\ln d=0, \\ \ln a-y\ln b+\ln c+\ln d=0, \\ \ln a+\ln b-z\ln c+\ln d=0, \\ \ln a+\ln b+\ln c-w\ln d=0. \end{cases}$$

因为 $\ln a$, $\ln b$, $\ln c$, $\ln d$ 至多一个为 0,所以齐次方程组有非零解,其系数行列式

$$\begin{vmatrix} -x & 1 & 1 & 1 \\ 1 & -y & 1 & 1 \\ 1 & 1 & -z & 1 \\ 1 & 1 & 1 & -w \end{vmatrix}=0.$$

二、选择题

1. n 阶行列式 D_n 中满足(**C**)条件,则 $D_n=0$.

(A) D_n 中零元素的个数大于 n 个　　(B) D_n 中主对角元素全为零

(C) D_n 中有一列是另外二列之和　　(D) D_n 中每个元素均为两数之和

解 选项 A 不正确. 例如 $D_3=\begin{vmatrix} 1 & 0 & 0 \\ 0 & 2 & 0 \\ 0 & -1 & 3 \end{vmatrix}=6\neq 0$,而零元素的个数大于 3.

选项 B 不正确. 例如 $D_2=\begin{vmatrix} 0 & 1 \\ 1 & 0 \end{vmatrix}=-1\neq 0$,而其主对角元素全为零.

选项 C 正确. 因为 D_n 中若有一列是另外二列之和,则 D_n 可以分解成两个阶行列式之和,而这两个行列式均有两列完全相同,值均为 0,故 $D_n=0+0=0$.

选项 D 也不正确. 例如 $D_2=\begin{vmatrix} 3 & 2 \\ 1 & 4 \end{vmatrix}\neq 0$,而 $\begin{vmatrix} 3 & 2 \\ 1 & 4 \end{vmatrix}=\begin{vmatrix} 1+2 & 1+1 \\ 1+0 & 2+2 \end{vmatrix}$.

2. 若 n 阶行列式 $|a_{ij}|$ 中等于零的个数大于 n^2-n,则该行列式 $|a_{ij}|=$(**A**).

(A) 0　　(B) 1　　(C) -1　　(D) 1 或 -1

解 n 阶行列式中共有 n^2 个元素,如果零元素的个数多于 n^2-n 个,则非零元素的个数少于 $n^2-(n^2-n)=n$ 个,故此行列式中至少有一行(或列)的元素全为 0,所以该行列式等于 0.

3. 多项式 $f(x)=\begin{vmatrix} 1 & 2 & 3 & x \\ 1 & 2 & x & 3 \\ 1 & x & 2 & 3 \\ x & 1 & 2 & x \end{vmatrix}$ 中 x^4 与 x^3 的系数依次为（ **B** ）.

(A) $-1,-1$　　(B) $1,-1$　　(C) $-1,1$　　(D) $1,1$

解　行列式是不同行不同列元素乘积的代数和，其一般项是

$$(-1)^{\tau(j_1j_2\cdots j_n)}a_{1j_1}a_{2j_2}\cdots a_{nj_n}.$$

本题中，含 x^4 项必须每行元素中都要有 x 项，因而只能是 $a_{14}a_{23}a_{32}a_{41}$，而 $\tau(4321)=3+2+1=6$，故 x^4 的系数为 1.

含 x^3 项是一定没有 a_{14}，也一定没有 a_{41} 的，那只有是 $a_{11}a_{23}a_{32}a_{44}$，而 $\tau(1324)=1$，故 x^3 的系数为 -1.

4. 行列式 $\begin{vmatrix} -2 & -x & 2x & -3x \\ 1 & 0 & x & 0 \\ x & 2x & 0 & 2 \\ -x & 0 & -1 & x \end{vmatrix}$ 展开式中 x^4 的系数是（ **B** ）.

(A) -5　　(B) 5　　(C) -6　　(D) 6

解　设 $D_4=\begin{vmatrix} -2 & -x & 2x & -3x \\ 1 & 0 & x & 0 \\ x & 2x & 0 & 2 \\ -x & 0 & -1 & x \end{vmatrix}$，本题只求 D_4 展开式中 x^4 的系数，因此不必把 D_4 全部算出，只要把 D_4 中含 x^4 的项找出就可以. 显然把 D_4 按第 2 行展开两部分：

$$D_4=1A_{21}+xA_{23}.$$

易见 $1A_{21}$ 不可能含 x^4 的项，只有 xA_{23} 这一部分含有 x^4 的项，按第 3 行展开计算如下：

$$xA_{23}=-x\begin{vmatrix} -2 & -x & -3x \\ x & 2x & 2 \\ -x & 0 & x \end{vmatrix}=-x\left[-x\begin{vmatrix} -x & -3x \\ 2x & 2 \end{vmatrix}+x\begin{vmatrix} -2 & -x \\ x & 2x \end{vmatrix}\right]$$

$$=x^2(-2x+6x^2)-x^2(-4x+x^2)=5x^4+\cdots.$$

故正确选项为 B.

5. 设三阶行列式 $\begin{vmatrix} a & 1 & 1 \\ 2 & -4 & b \\ -1 & 2 & b \end{vmatrix}\neq 0$，则（ **D** ）.

(A) $b\neq 0$　　(B) $a\neq -\frac{1}{2}$

(C) $b=0, a=-\frac{1}{2}$　　　　(D) $b\neq 0$ 且 $a\neq -\frac{1}{2}$

解　由

$$\begin{vmatrix} a & 1 & 1 \\ 2 & -4 & b \\ -1 & 2 & b \end{vmatrix} \xlongequal[c_3-c_2]{c_1-ac_2} \begin{vmatrix} 0 & 1 & 0 \\ 2+4a & -4 & b+4 \\ -1-2a & 2 & b-2 \end{vmatrix} \xlongequal{\text{按第1行展开}} -\begin{vmatrix} 2+4a & b+4 \\ -1-2a & b-2 \end{vmatrix}$$

$$=-(2+4a)(b-2)+(b+4)(-1-2a)=-3b(1+2a)\neq 0,$$

可知 $b\neq 0$ 且 $a\neq -\frac{1}{2}$.

6. 方程 $g(x)=\begin{vmatrix} x-1 & -1 & 0 \\ -1 & x & -1 \\ 0 & -1 & x-1 \end{vmatrix}=0$ 的根为(　**C**　).

(A) 1, 0, 1　　　　(B) 1, 1, 2

(C) −1, 1, 2　　　　(D) −1, 1, 1

解　由

$$g(x)\xlongequal{c_1+c_2+c_3}\begin{vmatrix} x-2 & -1 & 0 \\ x-2 & x & -1 \\ x-2 & -1 & x-1 \end{vmatrix}=(x-2)\begin{vmatrix} 1 & -1 & 0 \\ 1 & x & -1 \\ 1 & -1 & x-1 \end{vmatrix}$$

$$\xlongequal{c_2+c_1}(x-2)\begin{vmatrix} 1 & 0 & 0 \\ 1 & x+1 & -1 \\ 1 & 0 & x-1 \end{vmatrix}=(x-2)(x+1)(x-1)=0,$$

解得 $x_1=2, x_2=-1, x_3=1$.

7. 行列式 $\begin{vmatrix} 1 & 1 & 0 & 0 \\ 0 & 2 & 2 & 0 \\ 0 & 0 & 3 & 3 \\ 4 & 0 & 0 & 4 \end{vmatrix}=$(　**D**　).

(A) 48　　(B) 24　　(C) 12　　(D) 0

解　原式 $\xlongequal{\text{按第1列展开}}\begin{vmatrix} 2 & 2 & 0 \\ 0 & 3 & 3 \\ 0 & 0 & 4 \end{vmatrix}-4\begin{vmatrix} 1 & 0 & 0 \\ 2 & 2 & 0 \\ 0 & 3 & 3 \end{vmatrix}=2\times 3\times 4-4\times 1\times 2\times 3=0.$

8. 四阶行列式 $\begin{vmatrix} a_1 & 0 & 0 & b_1 \\ 0 & a_2 & b_2 & 0 \\ 0 & b_3 & a_3 & 0 \\ b_4 & 0 & 0 & a_4 \end{vmatrix}$ 的值等于(　**D**　).

(A)$a_1a_2a_3a_4-b_1b_2b_3b_4$　　(B)$a_1a_2a_3a_4+b_1b_2b_3b_4$

(C)$(a_1a_2-b_1b_2)(a_3a_4-b_3b_4)$　　(D)$(a_2a_3-b_2b_3)(a_1a_4-b_1b_4)$

解　原式$\xlongequal{\text{按第1行展开}}a_1\begin{vmatrix}a_2&b_2&0\\b_3&a_3&0\\0&0&a_4\end{vmatrix}-b_1\begin{vmatrix}0&a_2&b_2\\0&b_3&a_3\\b_4&0&0\end{vmatrix}$

$$=a_1a_4\begin{vmatrix}a_2&b_2\\b_3&a_3\end{vmatrix}-b_1b_4\begin{vmatrix}a_2&b_2\\b_3&a_3\end{vmatrix}=(a_2a_3-b_2b_3)(a_1a_4-b_1b_4).$$

9. 已知$\begin{vmatrix}a_{11}&a_{12}&a_{13}\\a_{21}&a_{22}&a_{23}\\a_{31}&a_{32}&a_{33}\end{vmatrix}=m\neq0$，则$\begin{vmatrix}a_{21}&a_{22}&a_{23}\\2a_{31}-5a_{11}&2a_{32}-5a_{12}&2a_{33}-5a_{13}\\3a_{11}+2a_{21}&3a_{12}+2a_{22}&3a_{13}+2a_{23}\end{vmatrix}=$(**A**).

(A)$6m$　　(B)$-6m$　　(C)$12m$　　(D)$-12m$

解　原式$\xlongequal{r_3-2r_1}\begin{vmatrix}a_{21}&a_{22}&a_{23}\\2a_{31}-5a_{11}&2a_{32}-5a_{12}&2a_{33}-5a_{13}\\3a_{11}&3a_{12}&3a_{13}\end{vmatrix}$

$$=3\begin{vmatrix}a_{21}&a_{22}&a_{23}\\2a_{31}-5a_{11}&2a_{32}-5a_{12}&2a_{33}-5a_{13}\\a_{11}&a_{12}&a_{13}\end{vmatrix}$$

$$\xlongequal{r_2+5r_3}3\begin{vmatrix}a_{21}&a_{22}&a_{23}\\2a_{31}&2a_{32}&2a_{33}\\a_{11}&a_{12}&a_{13}\end{vmatrix}=6\begin{vmatrix}a_{11}&a_{12}&a_{13}\\a_{21}&a_{22}&a_{23}\\a_{31}&a_{32}&a_{33}\end{vmatrix}=6m.$$

10. 行列式$\begin{vmatrix}0&a&0&0&b\\b&0&a&0&0\\0&b&0&a&0\\0&0&b&0&a\\a&0&0&b&0\end{vmatrix}=$(**A**).

(A)a^5+b^5　　(B)$-a^5+b^5$　　(C)a^5-b^5　　(D)$-a^5-b^5$

解　原式$\xlongequal{\text{按第1行展开}}-a\begin{vmatrix}b&a&0&0\\0&0&a&0\\0&b&0&a\\a&0&0&0\end{vmatrix}+b\begin{vmatrix}b&0&a&0\\0&b&0&a\\0&0&b&0\\a&0&0&b\end{vmatrix}$

$$\xlongequal[\text{后一四阶行列式按第 3 行展开}]{\text{前一四阶行列式按第 2 行展开}} a^2\begin{vmatrix} b & a & 0 \\ 0 & b & a \\ a & 0 & 0 \end{vmatrix} + b^2\begin{vmatrix} b & 0 & 0 \\ 0 & b & a \\ a & 0 & b \end{vmatrix}$$

$$\xlongequal[\text{后一三阶行列式按第 1 行展开}]{\text{前一三阶行列式按第 3 行展开}} a^3\begin{vmatrix} a & 0 \\ b & a \end{vmatrix} + b^3\begin{vmatrix} b & a \\ 0 & b \end{vmatrix} = a^5 + b^5.$$

11\. 设 $D=\begin{vmatrix} 1 & 2 & 3 & 4 \\ 2 & 3 & 4 & 1 \\ 3 & 4 & 1 & 2 \\ 4 & 1 & 2 & 3 \end{vmatrix}$，$A_{i4}$ 是 D 中元素 $a_{i4}(i=1, 2, 3, 4)$ 的代数余子式，则 $A_{14}+2A_{24}+3A_{34}+4A_{44}=$（ **A** ）.

(A)0　　(B)1　　(C)-1　　(D)D

分析 注意到 $A_{14}+2A_{24}+3A_{34}+4A_{44}$ 中四个代数余子式的系数 1,2,3,4 恰好是行列式 D 的第一列的值，也就是所求式子的值可看作第一列元素与第四列元素对应的代数余子式的乘积之和.

解 由于 $A_{14}+2A_{24}+3A_{34}+4A_{44}$ 是第一列元素与第四列元素对应的代数余子式的乘积之和，故为 0.

12\. 已知四阶行列式 D，其第 3 列元素分别为 1，3，-2，2，它们对应的余子式分别为 3，-2，1，1，则行列式 $D=$（ **B** ）.

(A)-5　　(B)5　　(C)-3　　(D)3

解 $D=a_{13}A_{13}+a_{23}A_{23}+a_{33}A_{33}+a_{43}A_{43}=a_{13}M_{13}-a_{23}M_{23}+a_{33}M_{33}-a_{43}M_{43}$

$=1\times3-3\times(-2)+(-2)\times1-2\times1=5.$

13\. 若线性方程组 $\begin{cases} x_1+kx_2-x_3=0, \\ 4x_2+x_3=0, \\ kx_1-7x_2-x_3=0 \end{cases}$ 只有零解，则 k 可为（ **A** ）.

(A)0　　(B)-3　　(C)-1　　(D)-1 或 -3

解 齐次线性方程组只有零解，即系数行列式

$$D=\begin{vmatrix} 1 & k & -1 \\ 0 & 4 & 1 \\ k & -7 & -1 \end{vmatrix}=k^2+4k+3=(k+1)(k+3)\neq0,$$

从而 $k\neq-1$ 且 $k\neq-3$.

14\. 若线性方程组 $\begin{cases} kx+z=0, \\ 2x+ky+z=0, \\ kx-2y+z=0 \end{cases}$ 有非零解，则 k 的值为（ **B** ）.

(A)0　　　　(B)2　　　　(C) -1　　　　(D) -2

解　齐次线性方程组有非零解,即系数行列式

$$D=\begin{vmatrix} k & 0 & 1 \\ 2 & k & 1 \\ k & -2 & 1 \end{vmatrix}=2k-4=0,$$

从而 $k=2$.

习题二全解

(A)

1. 设 $\boldsymbol{A}=\begin{pmatrix} 1 & 1 & -2 \\ 2 & 0 & 3 \end{pmatrix}$, $\boldsymbol{B}=\begin{pmatrix} -3 & -1 & 4 \\ 0 & 1 & 2 \end{pmatrix}$,求 $\boldsymbol{A}-\boldsymbol{B}$, $\boldsymbol{A}^{\mathrm{T}}\boldsymbol{B}$.

解　$\boldsymbol{A}-\boldsymbol{B}=\begin{pmatrix} 1-(-3) & 1-(-1) & -2-4 \\ 2-0 & 0-1 & 3-2 \end{pmatrix}=\begin{pmatrix} 4 & 2 & -6 \\ 2 & -1 & 1 \end{pmatrix}$.

$$\begin{aligned}\boldsymbol{A}^{\mathrm{T}}\boldsymbol{B}&=\begin{pmatrix} 1 & 2 \\ 1 & 0 \\ -2 & 3 \end{pmatrix}\begin{pmatrix} -3 & -1 & 4 \\ 0 & 1 & 2 \end{pmatrix}\\ &=\begin{pmatrix} 1\times(-3)+2\times 0 & 1\times(-1)+2\times 1 & 1\times 4+2\times 2 \\ 1\times(-3)+0\times 0 & 1\times(-1)+0\times 1 & 1\times 4+0\times 2 \\ (-2)\times(-3)+3\times 0 & (-2)\times(-1)+3\times 1 & (-2)\times 4+3\times 2 \end{pmatrix}\\ &=\begin{pmatrix} -3 & 1 & 8 \\ -3 & -1 & 4 \\ 6 & 5 & -2 \end{pmatrix}.\end{aligned}$$

2. 杀虫剂喷在植物上以防治昆虫. 然而,一些杀虫剂却被植物吸收. 当昆虫吃了喷有药剂的植物后,也同时吸收了药剂. 为了知道一只食草虫吃下的药剂量,我们如此进行:假设有 3 份杀虫剂、4 株植物,令 a_{ij} 代表被植物 j 吸收的杀虫剂 i 之量. 可以用矩阵表示如下:

$$\begin{array}{c} \quad\quad 植物1 \quad 植物2 \quad 植物3 \quad 植物4 \\ \boldsymbol{A}=\begin{pmatrix} 2 & 3 & 4 & 3 \\ 3 & 2 & 2 & 5 \\ 4 & 1 & 6 & 4 \end{pmatrix}\begin{matrix} 杀虫剂1 \\ 杀虫剂2. \\ 杀虫剂3 \end{matrix}\end{array}$$

设有 3 只食草虫,令 b_{ij} 表示食草虫 j 每月所食的植物 i 之量,这资料可以用矩阵表示

如下：

$$B=\begin{pmatrix} 20 & 12 & 8 \\ 28 & 15 & 15 \\ 30 & 12 & 10 \\ 40 & 16 & 20 \end{pmatrix}\begin{matrix}\text{植物 1}\\ \text{植物 2}\\ \text{植物 3}\\ \text{植物 4}\end{matrix}.$$

（列依次为：食草虫 1，食草虫 2，食草虫 3）

试问 AB 中的元素代表什么意思？

解 AB 中的元素 c_{ij} 表示昆虫 j 吸收了杀虫剂 i 之量. 比如，

$$c_{23}=3\times8+2\times15+2\times10+5\times20=174,$$

c_{23}表示食草虫 3 吸收杀虫剂 2 的量为 174 毫克.

3. 计算下列矩阵的乘积：

(1) $\begin{pmatrix}1 & 0 & -1\\ 1 & 1 & -3\end{pmatrix}\begin{pmatrix}0 & 3\\ 1 & 2\\ 3 & 1\end{pmatrix}$.

解 $\begin{pmatrix}1 & 0 & -1\\ 1 & 1 & -3\end{pmatrix}\begin{pmatrix}0 & 3\\ 1 & 2\\ 3 & 1\end{pmatrix}$

$$=\begin{pmatrix}1\times0+0\times1+(-1)\times3 & 1\times3+0\times2+(-1)\times1\\ 1\times0+1\times1+(-3)\times3 & 1\times3+1\times2+(-3)\times1\end{pmatrix}=\begin{pmatrix}-3 & 2\\ -8 & 2\end{pmatrix}.$$

(2) $(1,-1,2)\begin{pmatrix}2 & -1 & 0\\ 1 & 1 & 3\\ 4 & 2 & 1\end{pmatrix}$.

解 $(1,-1,2)\begin{pmatrix}2 & -1 & 0\\ 1 & 1 & 3\\ 4 & 2 & 1\end{pmatrix}$

$=(1\times2+(-1)\times1+2\times4,1\times(-1)+(-1)\times1+2\times2,1\times0+(-1)\times3+2\times1)$

$=(9,2,-1)$.

(3) $\begin{pmatrix}2 & -1 & 0\\ 1 & 1 & 3\\ 4 & 2 & 1\end{pmatrix}\begin{pmatrix}1\\ -1\\ 2\end{pmatrix}$.

解 $\begin{pmatrix}2 & -1 & 0\\ 1 & 1 & 3\\ 4 & 2 & 1\end{pmatrix}\begin{pmatrix}1\\ -1\\ 2\end{pmatrix}=\begin{pmatrix}2\times1+(-1)\times(-1)+0\times2\\ 1\times1+1\times(-1)+3\times2\\ 4\times1+2\times(-1)+1\times2\end{pmatrix}=\begin{pmatrix}3\\ 6\\ 4\end{pmatrix}$.

(4)$(2,3,-1)\begin{pmatrix}1\\-1\\-1\end{pmatrix}$.

解 $(2,3,-1)\begin{pmatrix}1\\-1\\-1\end{pmatrix}=2\times1+3\times(-1)+(-1)\times(-1)=0.$

(5)$\begin{pmatrix}1\\-1\\-1\end{pmatrix}(2,3,-1)$.

解
$$\begin{pmatrix}1\\-1\\-1\end{pmatrix}(2,3,-1)=\begin{pmatrix}1\times2 & 1\times3 & 1\times(-1)\\(-1)\times2 & (-1)\times3 & (-1)\times(-1)\\1\times2 & (-1)\times3 & (-1)\times(-1)\end{pmatrix}$$
$$=\begin{pmatrix}2 & 3 & -1\\-2 & -3 & 1\\-2 & -3 & 1\end{pmatrix}.$$

(6)$(x_1,x_2)\begin{pmatrix}a_{11} & a_{12}\\a_{21} & a_{22}\end{pmatrix}\begin{pmatrix}x_1\\x_2\end{pmatrix}$.

解
$$(x_1,x_2)\begin{pmatrix}a_{11} & a_{12}\\a_{21} & a_{22}\end{pmatrix}\begin{pmatrix}x_1\\x_2\end{pmatrix}=(x_1,x_2)\begin{pmatrix}a_{11}x_1+a_{12}x_2\\a_{21}x_1+a_{22}x_2\end{pmatrix}$$
$$=x_1(a_{11}x_1+a_{12}x_2)+x_2(a_{21}x_1+a_{22}x_2)$$
$$=a_{11}x_1^2+(a_{12}+a_{21})x_1x_2+a_{22}x_2^2.$$

4.求所有与 $\boldsymbol{A}$ 可交换的矩阵,其中:

(1)$\boldsymbol{A}=\begin{pmatrix}1 & 1\\0 & 1\end{pmatrix}$.

解 设与 $\boldsymbol{A}$ 可交换的矩阵为 $\boldsymbol{B}=\begin{pmatrix}b_{11} & b_{12}\\b_{21} & b_{22}\end{pmatrix}$,由 $\boldsymbol{AB}=\boldsymbol{BA}$,即
$$\begin{pmatrix}b_{11}+b_{21} & b_{12}+b_{22}\\b_{21} & b_{22}\end{pmatrix}=\begin{pmatrix}b_{11} & b_{12}+b_{11}\\b_{21} & b_{22}+b_{21}\end{pmatrix},$$
解得 $b_{21}=0$, $b_{22}=b_{11}$,b_{12} 为任意常数,即
$$\boldsymbol{B}=\begin{pmatrix}a & b\\0 & a\end{pmatrix}(a,\ b\ 为任意常数).$$

(2)$\boldsymbol{A}=\begin{pmatrix}1 & 1 & 0\\0 & 1 & 1\\0 & 0 & 1\end{pmatrix}$.

解 设 $\boldsymbol{B}=\begin{bmatrix} b_{11} & b_{12} & b_{13} \\ b_{21} & b_{22} & b_{23} \\ b_{31} & b_{32} & b_{33} \end{bmatrix}$,由 $\boldsymbol{AB}=\boldsymbol{BA}$,即

$$\begin{bmatrix} b_{11}+b_{21} & b_{12}+b_{22} & b_{13}+b_{23} \\ b_{21}+b_{31} & b_{22}+b_{32} & b_{23}+b_{33} \\ b_{31} & b_{32} & b_{33} \end{bmatrix}=\begin{bmatrix} b_{11} & b_{11}+b_{12} & b_{12}+b_{13} \\ b_{21} & b_{21}+b_{22} & b_{22}+b_{23} \\ b_{31} & b_{31}+b_{32} & b_{32}+b_{33} \end{bmatrix},$$

从而解得 $b_{21}=b_{31}=b_{32}=0$,$b_{11}=b_{22}=b_{33}$,$b_{12}=b_{23}$,b_{13} 为任意常数,即

$$\boldsymbol{B}=\begin{bmatrix} a & b & c \\ 0 & a & b \\ 0 & 0 & a \end{bmatrix}(a,\ b,\ c\text{ 为任意常数}).$$

5.计算下列矩阵的幂:

(1) $\begin{pmatrix} 1 & 1 \\ 0 & 1 \end{pmatrix}^n$.

解 设 $\boldsymbol{A}=\begin{pmatrix} 1 & 1 \\ 0 & 1 \end{pmatrix}=\begin{pmatrix} 1 & 0 \\ 0 & 1 \end{pmatrix}+\begin{pmatrix} 0 & 1 \\ 0 & 0 \end{pmatrix}=\boldsymbol{E}+\boldsymbol{B}$,则

$$\boldsymbol{A}^n=(\boldsymbol{E}+\boldsymbol{B})^n=\boldsymbol{E}^n+C_n^1\boldsymbol{E}^{n-1}\boldsymbol{B}+C_n^2\boldsymbol{E}^{n-2}\boldsymbol{B}^2+\cdots+\boldsymbol{B}^n,$$

而

$$\boldsymbol{B}^0=\boldsymbol{E},\ \boldsymbol{B}^1=\boldsymbol{B},\ \boldsymbol{B}^2=\boldsymbol{B}^3=\cdots=\boldsymbol{O},$$

故

$$\boldsymbol{A}^n=\boldsymbol{E}^n+C_n^1\boldsymbol{B}^1\boldsymbol{E}^{n-1}=\boldsymbol{E}+n\boldsymbol{B}=\begin{pmatrix} 1 & n \\ 0 & 1 \end{pmatrix}.$$

注 该题也可以利用归纳法求取.

(2) $\begin{pmatrix} 0 & 1 \\ -1 & 0 \end{pmatrix}^n$.

解 设 $\boldsymbol{A}=\begin{pmatrix} 0 & 1 \\ -1 & 0 \end{pmatrix}$,则 $\boldsymbol{A}^2=-\boldsymbol{E}$,所以

$$\begin{pmatrix} 0 & 1 \\ -1 & 0 \end{pmatrix}^n=\begin{cases} (-1)^k\boldsymbol{E}, & n=2k, \\ (-1)^k\boldsymbol{A}, & n=2k+1. \end{cases}$$

(3) $\begin{pmatrix} \cos\varphi & -\sin\varphi \\ \sin\varphi & \cos\varphi \end{pmatrix}^n$.

解 设 $A=\begin{pmatrix} \cos\varphi & -\sin\varphi \\ \sin\varphi & \cos\varphi \end{pmatrix}$,则

$$\boldsymbol{A}^2=\begin{bmatrix} \cos^2\varphi-\sin^2\varphi & -2\sin\varphi\cos\varphi \\ 2\sin\varphi\cos\varphi & \cos^2\varphi-\sin^2\varphi \end{bmatrix}=\begin{pmatrix} \cos 2\varphi & -\sin 2\varphi \\ \sin 2\varphi & \cos 2\varphi \end{pmatrix}.$$

猜测

$$\boldsymbol{A}^n=\begin{pmatrix}\cos n\varphi & -\sin n\varphi\\ \sin n\varphi & \cos n\varphi\end{pmatrix}.$$

下证:当幂次为 $n+1$ 时也满足上述表达式. 因为

$$\begin{aligned}\boldsymbol{A}^{n+1}&=A^nA=\begin{pmatrix}\cos n\varphi & -\sin n\varphi\\ \sin n\varphi & \cos n\varphi\end{pmatrix}\begin{pmatrix}\cos \varphi & -\sin \varphi\\ \sin \varphi & \cos \varphi\end{pmatrix}\\ &=\begin{pmatrix}\cos n\varphi\cos\varphi-\sin n\varphi\sin\varphi & -\cos n\varphi\sin\varphi-\sin n\varphi\cos\varphi\\ \sin n\varphi\cos\varphi+\cos n\varphi\sin\varphi & \cos n\varphi\cos\varphi-\sin n\varphi\sin\varphi\end{pmatrix}\\ &=\begin{pmatrix}\cos(n+1)\varphi & -\sin(n+1)\varphi\\ \sin(n+1)\varphi & \cos(n+1)\varphi\end{pmatrix},\end{aligned}$$

所以,结论成立.

(4) $\begin{pmatrix}0&1&0&0\\0&0&1&0\\0&0&0&1\\0&0&0&0\end{pmatrix}^n$.

解 设 $\boldsymbol{A}=\begin{pmatrix}0&1&0&0\\0&0&1&0\\0&0&0&1\\0&0&0&0\end{pmatrix}$,直接求幂可得

$$\boldsymbol{A}^2=\begin{pmatrix}0&0&1&0\\0&0&0&1\\0&0&0&0\\0&0&0&0\end{pmatrix},\ \boldsymbol{A}^3=\begin{pmatrix}0&0&0&1\\0&0&0&0\\0&0&0&0\\0&0&0&0\end{pmatrix},\ \boldsymbol{A}^4=\begin{pmatrix}0&0&0&0\\0&0&0&0\\0&0&0&0\\0&0&0&0\end{pmatrix},$$

当 $n\geqslant 5$ 时,

$$\boldsymbol{A}^n=\begin{pmatrix}0&0&0&0\\0&0&0&0\\0&0&0&0\\0&0&0&0\end{pmatrix}.$$

(5) $\begin{pmatrix}1&-1&2\\2&-2&4\\-1&1&-2\end{pmatrix}^n$.

解 设

$$A=\begin{pmatrix}1&-1&2\\2&-2&4\\-1&1&-2\end{pmatrix}=\begin{pmatrix}1\\2\\-1\end{pmatrix}(1,-1,2)=\boldsymbol{\alpha}^{\mathrm{T}}\boldsymbol{\beta},$$

其中 $\boldsymbol{\alpha}=(1,2,-1)$，$\boldsymbol{\beta}=(1,-1,2)$.

又因为 $\boldsymbol{\beta}\boldsymbol{\alpha}^{\mathrm{T}}=(1,-1,2)\begin{pmatrix}1\\2\\-1\end{pmatrix}=-3$，所以

$$\begin{aligned}A^n&=(\boldsymbol{\alpha}^{\mathrm{T}}\boldsymbol{\beta})^n=(\boldsymbol{\alpha}^{\mathrm{T}}\boldsymbol{\beta})(\boldsymbol{\alpha}^{\mathrm{T}}\boldsymbol{\beta})(\boldsymbol{\alpha}^{\mathrm{T}}\boldsymbol{\beta})\cdots(\boldsymbol{\alpha}^{\mathrm{T}}\boldsymbol{\beta})\\&=\boldsymbol{\alpha}^{\mathrm{T}}\underbrace{(\boldsymbol{\beta}\boldsymbol{\alpha}^{\mathrm{T}})(\boldsymbol{\beta}\boldsymbol{\alpha}^{\mathrm{T}})\cdots(\boldsymbol{\beta}\boldsymbol{\alpha}^{\mathrm{T}})}_{(n-1)\text{个}}\boldsymbol{\beta}=(-3)^{n-1}\boldsymbol{\alpha}^{\mathrm{T}}\boldsymbol{\beta}=(-3)^{n-1}A.\end{aligned}$$

(6) $\begin{pmatrix}1&2&0\\0&1&1\\0&0&1\end{pmatrix}^n$.

解 设

$$A=\begin{pmatrix}1&2&0\\0&1&1\\0&0&1\end{pmatrix}=E+\begin{pmatrix}0&2&0\\0&0&1\\0&0&0\end{pmatrix},$$

令 $B=\begin{pmatrix}0&2&0\\0&0&1\\0&0&0\end{pmatrix}$，易得

$$B^2=\begin{pmatrix}0&0&2\\0&0&0\\0&0&0\end{pmatrix},\quad B^n=O\quad(n\geqslant 3).$$

由二项式定理，得

$$A^n=(E+B)^n=E+nB+\frac{n(n-1)}{2}B^2=\begin{pmatrix}1&2n&n^2-n\\0&1&n\\0&0&1\end{pmatrix}.$$

注 这一解法将 A 分解为两个可交换矩阵的和，且两个新矩阵的 n 次幂都容易计算，然后利用二项式展开定理求出结果，其中 $B^k=O(k\geqslant 3)$ 是重要的.

6. 设 $f(x)=3x^2-2x+5$，$A=\begin{pmatrix}1&-2&3\\2&-4&1\\3&-5&2\end{pmatrix}$，求 $f(A)$.

解 $f(\boldsymbol{A})=3\boldsymbol{A}^2-2\boldsymbol{A}+5\boldsymbol{E}=\begin{pmatrix}18&-27&21\\-9&21&12\\-3&12&24\end{pmatrix}-\begin{pmatrix}2&-4&6\\4&-8&2\\6&-10&4\end{pmatrix}+5\boldsymbol{E}$

$$=\begin{pmatrix}21&-23&15\\-13&34&10\\-9&22&25\end{pmatrix}.$$

7. 对于任意 n 阶矩阵 $\boldsymbol{A}$，证明：

(1) $\boldsymbol{A}+\boldsymbol{A}^{\mathrm{T}}$ 是对称矩阵，$\boldsymbol{A}-\boldsymbol{A}^{\mathrm{T}}$ 是反对称矩阵；

(2) $\boldsymbol{A}$ 可表示为一对称矩阵与一反对称矩阵之和.

证 (1) 由于 $(\boldsymbol{A}+\boldsymbol{A}^{\mathrm{T}})^{\mathrm{T}}=\boldsymbol{A}^{\mathrm{T}}+(\boldsymbol{A}^{\mathrm{T}})^{\mathrm{T}}=\boldsymbol{A}^{\mathrm{T}}+\boldsymbol{A}=\boldsymbol{A}+\boldsymbol{A}^{\mathrm{T}}$，故 $\boldsymbol{A}+\boldsymbol{A}^{\mathrm{T}}$ 是对称的. 由于 $(\boldsymbol{A}-\boldsymbol{A}^{\mathrm{T}})^{\mathrm{T}}=\boldsymbol{A}^{\mathrm{T}}-(\boldsymbol{A}^{\mathrm{T}})^{\mathrm{T}}=\boldsymbol{A}^{\mathrm{T}}-\boldsymbol{A}=-(\boldsymbol{A}-\boldsymbol{A}^{\mathrm{T}})$，故 $\boldsymbol{A}-\boldsymbol{A}^{\mathrm{T}}$ 是反对称的.

(2) 因为 $\boldsymbol{A}=\dfrac{1}{2}[(\boldsymbol{A}+\boldsymbol{A}^{\mathrm{T}})+(\boldsymbol{A}-\boldsymbol{A}^{T})]$，故由(1)知结论成立.

8. 设 $\boldsymbol{A}$，$\boldsymbol{B}$ 都是 n 阶对称矩阵. 证明：

(1) $\boldsymbol{A}+\boldsymbol{B}$，$\boldsymbol{A}-2\boldsymbol{B}$ 也都是对称矩阵；

(2) $\boldsymbol{AB}$ 是对称矩阵的充分必要条件是 $\boldsymbol{A}$ 与 $\boldsymbol{B}$ 可交换；

(3) 若 $\boldsymbol{AB}+\boldsymbol{E}$ 可逆，$(\boldsymbol{AB}+\boldsymbol{E}^{-1})\boldsymbol{A}$ 也是对称矩阵。

证 (1) 因为 $\boldsymbol{A}^{\mathrm{T}}=\boldsymbol{A}$，$\boldsymbol{B}^{\mathrm{T}}=\boldsymbol{B}$，而

$$(\boldsymbol{A}+\boldsymbol{B})^{\mathrm{T}}=\boldsymbol{A}^{\mathrm{T}}+\boldsymbol{B}^{\mathrm{T}}=\boldsymbol{A}+\boldsymbol{B},\qquad (\boldsymbol{A}-2\boldsymbol{B})^{\mathrm{T}}=\boldsymbol{A}^{\mathrm{T}}-2\boldsymbol{B}^{\mathrm{T}}=\boldsymbol{A}-2\boldsymbol{B},$$

所以，$\boldsymbol{A}+\boldsymbol{B}$ 和 $\boldsymbol{A}-2\boldsymbol{B}$ 都是对称矩阵.

(2) 因为 $(\boldsymbol{AB})^{\mathrm{T}}=\boldsymbol{B}^{\mathrm{T}}\boldsymbol{A}^{\mathrm{T}}=\boldsymbol{BA}$，所以 $(\boldsymbol{AB})^{\mathrm{T}}=\boldsymbol{AB}$ 的充分必要条件是 $\boldsymbol{AB}=\boldsymbol{BA}$，即 $\boldsymbol{A}$ 与 $\boldsymbol{B}$ 可交换；

(3) 因为

$$\begin{aligned}[(\boldsymbol{AB}+\boldsymbol{E})^{-1}\boldsymbol{A}]^{\mathrm{T}}&=\boldsymbol{A}^{\mathrm{T}}[(\boldsymbol{AB}+\boldsymbol{E})^{-1}]^{\mathrm{T}}=\boldsymbol{A}(\boldsymbol{B}^{\mathrm{T}}\boldsymbol{A}^{\mathrm{T}}+\boldsymbol{E}^{\mathrm{T}})^{-1}\\&=\boldsymbol{A}(\boldsymbol{BA}+\boldsymbol{E})^{-1}=[(\boldsymbol{BA}+\boldsymbol{E})\boldsymbol{A}^{-1}]^{-1}=(\boldsymbol{B}+\boldsymbol{A}^{-1})^{-1}\\&=[\boldsymbol{A}^{-1}(\boldsymbol{AB}+\boldsymbol{E})]^{-1}=(\boldsymbol{AB}+\boldsymbol{E})^{-1}\boldsymbol{A},\end{aligned}$$

所以 $(\boldsymbol{AB}+\boldsymbol{E})^{-1}\boldsymbol{A}$ 为对称矩阵.

9. 设 $\boldsymbol{A}$ 为 n 阶方阵且 $\boldsymbol{AA}^{\mathrm{T}}=\boldsymbol{E}$，又 $|\boldsymbol{A}|<0$. (1) 求行列式 $|\boldsymbol{A}|$ 的值；(2) 求证行列式 $|\boldsymbol{A}+\boldsymbol{E}|=0$.

解 (1) 由 $|\boldsymbol{AA}^{\mathrm{T}}|=|\boldsymbol{A}|^2=1$，且 $|\boldsymbol{A}|<0$ 知，$|\boldsymbol{A}|=-1$.

(2) 由

$$\begin{aligned}|\boldsymbol{A}+\boldsymbol{E}|&=|\boldsymbol{A}+\boldsymbol{AA}^{\mathrm{T}}|=|\boldsymbol{A}(\boldsymbol{E}+\boldsymbol{A}^{\mathrm{T}})|=|\boldsymbol{A}||\boldsymbol{E}+\boldsymbol{A}^{\mathrm{T}}|\\&=-|(\boldsymbol{E}+\boldsymbol{A})^{\mathrm{T}}|=-|\boldsymbol{E}+\boldsymbol{A}|,\end{aligned}$$

得 $|\boldsymbol{A}+\boldsymbol{E}|=0$.

10. n 阶矩阵 $\boldsymbol{A}=(a_{ij})_{n\times n}$ 主对角线上元素之和称为矩阵 $\boldsymbol{A}$ 的**迹**,记作 $\mathrm{tr}\boldsymbol{A}$,即 $\mathrm{tr}\boldsymbol{A}=\mathrm{a}_{11}+\mathrm{a}_{22}+\cdots+\mathrm{a}_{\mathrm{nn}}=\sum\limits_{\mathrm{i}=1}^{\mathrm{n}}\mathrm{a}_{\mathrm{ii}}$. 设 $\boldsymbol{A}$, $\boldsymbol{B}$ 均为 n 阶矩阵,证明:

(1) $\mathrm{tr}(\boldsymbol{A}+\boldsymbol{B})=\mathrm{tr}\boldsymbol{A}+\mathrm{tr}\boldsymbol{B}$;　　(2) $\mathrm{tr}(k\boldsymbol{A})=k\mathrm{tr}\boldsymbol{A}$($k$ 为任意常数);

(3) $\mathrm{tr}\boldsymbol{A}^{\mathrm{T}}=\mathrm{tr}\boldsymbol{A}$;　　(4) $\mathrm{tr}(\boldsymbol{AB})=\mathrm{tr}(\boldsymbol{BA})$.

证　由迹的定义显然可知(1)(2)(3)成立,下面只证明(4):

$$\mathrm{tr}(\boldsymbol{AB})=\sum_{i=1}^{n}\sum_{k=1}^{n}a_{ik}b_{ki}=\sum_{k=1}^{n}\sum_{i=1}^{n}b_{ki}a_{ik}=tr(\boldsymbol{BA}).$$

11. 判断下列方阵是否可逆,如果可逆,求其逆矩阵:

(1) $\begin{pmatrix}2&5\\1&3\end{pmatrix}$.

解　设 $\boldsymbol{A}=\begin{pmatrix}2&5\\1&3\end{pmatrix}$. 因为 $|\boldsymbol{A}|=1\neq 0$,所以 $\boldsymbol{A}$ 可逆,且

$$\boldsymbol{A}^{-1}=\frac{1}{|\boldsymbol{A}|}\boldsymbol{A}^{*}=\begin{pmatrix}3&-5\\-1&2\end{pmatrix}.$$

(2) $\begin{pmatrix}1&1&-1\\2&1&0\\1&-1&0\end{pmatrix}$.

解　设 $\boldsymbol{A}=\begin{pmatrix}1&1&-1\\2&1&0\\1&-1&0\end{pmatrix}$. 因为 $|\boldsymbol{A}|=\begin{vmatrix}1&1&-1\\2&1&0\\1&-1&0\end{vmatrix}=3\neq 0$,所以 $\boldsymbol{A}$ 可逆,且

$$\boldsymbol{A}^{-1}=\frac{1}{|\boldsymbol{A}|}\boldsymbol{A}^{*}=\frac{1}{|\boldsymbol{A}|}\begin{pmatrix}A_{11}&A_{21}&A_{31}\\A_{12}&A_{22}&A_{32}\\A_{13}&A_{23}&A_{33}\end{pmatrix}=\frac{1}{3}\begin{pmatrix}0&1&1\\0&1&-2\\-3&2&-1\end{pmatrix}.$$

12. 设矩阵 $\boldsymbol{A}=\begin{pmatrix}1&2&1\\3&4&a\\1&2&2\end{pmatrix}$,其中 a 为常数,矩阵 $\boldsymbol{B}$ 满足关系式 $\boldsymbol{AB}=\boldsymbol{A}-\boldsymbol{B}+\boldsymbol{E}$,其中 $\boldsymbol{E}$ 为单位矩阵且 $\boldsymbol{B}\neq\boldsymbol{E}$. 试求常数 a 的值.

解　由题设关系式 $\boldsymbol{AB}=\boldsymbol{A}-\boldsymbol{B}+\boldsymbol{E}$,得 $(\boldsymbol{A}+\boldsymbol{E})(\boldsymbol{B}-\boldsymbol{E})=\boldsymbol{O}$. 若 $\boldsymbol{A}+\boldsymbol{E}$ 可逆,则有 $\boldsymbol{B}-\boldsymbol{E}=\boldsymbol{O}$,与题设矛盾,因此 $\boldsymbol{A}+\boldsymbol{E}$ 不可逆,这等价于 $|\boldsymbol{A}+\boldsymbol{E}|=0$. 易知

$$|\boldsymbol{A}+\boldsymbol{E}|=\begin{vmatrix}2&2&1\\3&5&a\\1&2&3\end{vmatrix}=13-2a,$$

解得 $a=\dfrac{13}{2}$.

13. 证明：如果 $\boldsymbol{A}$ 为可逆对称矩阵，则 $\boldsymbol{A}^{-1}$ 也是对称矩阵.

证 由 $\boldsymbol{A}$ 可逆知 $\boldsymbol{A}^{-1}$ 也是可逆的，且 $(\boldsymbol{A}^{-1})^{\mathrm{T}}=(\boldsymbol{A}^{\mathrm{T}})^{-1}=\boldsymbol{A}^{-1}$，所以 $\boldsymbol{A}^{-1}$ 也是对称矩阵.

14. 设 $\boldsymbol{A}$ 为 n 阶反对称阵，证明：当 n 为奇数时，$\boldsymbol{A}^*$ 是对称阵；当 n 为偶数时，$\boldsymbol{A}^*$ 是反对称阵.

证 由题设 $\boldsymbol{A}^{\mathrm{T}}=-\boldsymbol{A}$ 有 $(\boldsymbol{A}^{\mathrm{T}})^*=(-\boldsymbol{A})^*$，而

$$(\boldsymbol{A}^{T})^*=(\boldsymbol{A}^*)^{\mathrm{T}},\quad (-\boldsymbol{A})^*=(-1)^{n-1}\boldsymbol{A}^*.$$

所以 $(\boldsymbol{A}^*)^{\mathrm{T}}=(-1)^n\boldsymbol{A}^*$.

当 n 为奇数时，$(\boldsymbol{A}^*)^{\mathrm{T}}=\boldsymbol{A}^*$，即 $\boldsymbol{A}^*$ 是对称阵.

当 n 为偶数时，$(\boldsymbol{A}^*)^{\mathrm{T}}=-\boldsymbol{A}^*$，即 $\boldsymbol{A}^*$ 是反对称阵.

15. 设 $\boldsymbol{A}$，$\boldsymbol{B}$ 都是 n 阶对称矩阵，且 $\boldsymbol{A}$，$\boldsymbol{E}+\boldsymbol{AB}$ 都是可逆的. 证明：$(\boldsymbol{E}+\boldsymbol{AB})^{-1}\boldsymbol{A}$ 为对称矩阵.

证

$$\begin{aligned}[(\boldsymbol{E}+\boldsymbol{AB})^{-1}\boldsymbol{A}]^{\mathrm{T}}&=\boldsymbol{A}^{\mathrm{T}}[\boldsymbol{E}+\boldsymbol{AB})^{-1}]^{\mathrm{T}}=\boldsymbol{A}^{\mathrm{T}}[(\boldsymbol{E}+\boldsymbol{AB})^{\mathrm{T}}]^{-1}\\&=\boldsymbol{A}^{\mathrm{T}}(\boldsymbol{E}+\boldsymbol{B}^{\mathrm{T}}\boldsymbol{A}^{\mathrm{T}})^{-1}=\boldsymbol{A}(\boldsymbol{E}+\boldsymbol{BA})^{-1}\\&=(\boldsymbol{A}^{-1})^{-1}(\boldsymbol{E}+\boldsymbol{BA})^{-1}=[(\boldsymbol{E}+\boldsymbol{BA})\boldsymbol{A}^{-1}]^{-1}\\&=(\boldsymbol{A}^{-1}+\boldsymbol{B})^{-1}=[(\boldsymbol{A}^{-1}(\boldsymbol{E}+\boldsymbol{AB})]^{-1}=(\boldsymbol{E}+\boldsymbol{AB})^{-1}\boldsymbol{A},\end{aligned}$$

即 $(\boldsymbol{E}+\boldsymbol{AB})^{-1}\boldsymbol{A}$ 为对称矩阵.

16. 设 $\boldsymbol{A}$，$\boldsymbol{B}$，$\boldsymbol{C}$ 为同阶方阵，其中 $\boldsymbol{C}$ 为可逆矩阵，且满足 $\boldsymbol{C}^{-1}\boldsymbol{AC}=\boldsymbol{B}$. 求证：对任意正整数 m，有 $\boldsymbol{C}^{-1}\boldsymbol{A}^m\boldsymbol{C}=\boldsymbol{B}^m$.

证

$$\begin{aligned}\boldsymbol{B}^m&=\underbrace{(\boldsymbol{C}^{-1}\boldsymbol{AC})(\boldsymbol{C}^{-1}\boldsymbol{AC})\cdots(\boldsymbol{C}^{-1}\boldsymbol{AC})}_{m个}\\&=\boldsymbol{C}^{-1}\boldsymbol{A}(\boldsymbol{C}\boldsymbol{C}^{-1})\boldsymbol{A}(\boldsymbol{C}\boldsymbol{C}^{-1})\cdots(\boldsymbol{C}\boldsymbol{C}^{-1})\boldsymbol{AC}=\boldsymbol{C}^{-1}\boldsymbol{A}^m\boldsymbol{C}.\end{aligned}$$

17. 设 $\boldsymbol{A}$ 为 n 阶矩阵，存在正整数 $k>1$，使 $\boldsymbol{A}^k=\boldsymbol{O}$（称 $\boldsymbol{A}$ 为**幂零矩阵**）. 证明：$\boldsymbol{E}-\boldsymbol{A}$ 可逆，且 $(\boldsymbol{E}-\boldsymbol{A})^{-1}=\boldsymbol{E}+\boldsymbol{A}+\boldsymbol{A}^2+\cdots+\boldsymbol{A}^{k-1}$.

证 因为

$$(\boldsymbol{E}-\boldsymbol{A})(\boldsymbol{E}+\boldsymbol{A}+\boldsymbol{A}^2+\cdots+\boldsymbol{A}^{k-1})=\boldsymbol{E}-\boldsymbol{A}^k=\boldsymbol{E},$$

所以 $\boldsymbol{E}-\boldsymbol{A}$ 可逆，且 $(\boldsymbol{E}-\boldsymbol{A})^{-1}=\boldsymbol{E}+\boldsymbol{A}+\boldsymbol{A}^2+\cdots+\boldsymbol{A}^{k-1}$.

18. 证明：若 $\boldsymbol{A}$ 是**幂等矩阵**（即 $\boldsymbol{A}^2=\boldsymbol{A}$），且 $\boldsymbol{A}\neq\boldsymbol{E}$，则 $\boldsymbol{A}$ 不可逆.

证 反证法. 假设 $\boldsymbol{A}$ 可逆，则 $\boldsymbol{A}^{-1}$ 存在，在 $\boldsymbol{A}^2=\boldsymbol{A}$ 两边分别左乘 $\boldsymbol{A}^{-1}$，得到 $\boldsymbol{A}=\boldsymbol{E}$，与已知矛盾. 所以假设错误，即 $\boldsymbol{A}$ 不可逆.

19. 设 $\boldsymbol{A}$，$\boldsymbol{B}$ 均为幂等矩阵，证明 $\boldsymbol{A}+\boldsymbol{B}$ 是幂等矩阵的充要条件是 $\boldsymbol{AB}=\boldsymbol{BA}=\boldsymbol{O}$.

证 由题设知 $\boldsymbol{A}^2=\boldsymbol{A}$，$\boldsymbol{B}^2=\boldsymbol{B}$，则

$$(\boldsymbol{A}+\boldsymbol{B})^2=\boldsymbol{A}^2+\boldsymbol{AB}+\boldsymbol{BA}+\boldsymbol{B}^2=\boldsymbol{A}+\boldsymbol{AB}+\boldsymbol{BA}+\boldsymbol{B}. \quad ①$$

若 $\boldsymbol{AB}=\boldsymbol{BA}=\boldsymbol{O}$,则有 $(\boldsymbol{A}+\boldsymbol{B})^2=\boldsymbol{A}+\boldsymbol{B}$,即 $\boldsymbol{A}+\boldsymbol{B}$ 是幂等矩阵.

若 $(\boldsymbol{A}+\boldsymbol{B})^2=\boldsymbol{A}+\boldsymbol{B}$,则由①式可知

$$\boldsymbol{AB}+\boldsymbol{BA}=\boldsymbol{O},\text{即 } \boldsymbol{AB}=-\boldsymbol{BA}. \quad ②$$

从而有

$$\boldsymbol{AB}=\boldsymbol{A}^2\boldsymbol{B}=\boldsymbol{A}(\boldsymbol{AB})=\boldsymbol{A}(-\boldsymbol{BA})=-(\boldsymbol{AB})\boldsymbol{A}=-(-\boldsymbol{BA})\boldsymbol{A}=\boldsymbol{BA}^2=\boldsymbol{BA}.$$

与②式比较,得 $\boldsymbol{BA}=-\boldsymbol{BA}$,由此 $\boldsymbol{AB}=\boldsymbol{BA}=\boldsymbol{O}$.

20. 设方阵 $\boldsymbol{A}$ 满足 $\boldsymbol{A}^2-\boldsymbol{A}-2\boldsymbol{E}=\boldsymbol{O}$. 证明:

(1) $\boldsymbol{A}$ 和 $\boldsymbol{E}-\boldsymbol{A}$ 都是可逆矩阵,并求它们的逆矩阵;

(2) $\boldsymbol{A}+\boldsymbol{E}$ 和 $\boldsymbol{A}-2\boldsymbol{E}$ 不可能同时都是可逆的.

证 (1) 由 $\boldsymbol{A}^2-\boldsymbol{A}-2\boldsymbol{E}=\boldsymbol{O}$ 可得

$$\boldsymbol{A}\frac{\boldsymbol{A}-\boldsymbol{E}}{2}=\boldsymbol{E} \text{ 和 } -\frac{\boldsymbol{A}}{2}(\boldsymbol{E}-\boldsymbol{A})=\boldsymbol{E}.$$

因此,$\boldsymbol{A}$ 和 $\boldsymbol{E}-\boldsymbol{A}$ 都是可逆矩阵,且

$$\boldsymbol{A}^{-1}=\frac{\boldsymbol{A}-\boldsymbol{E}}{2} \text{ 和 } (\boldsymbol{E}-\boldsymbol{A})^{-1}=-\frac{\boldsymbol{A}}{2}.$$

(2) $\boldsymbol{A}^2-\boldsymbol{A}-2\boldsymbol{E}=(\boldsymbol{A}+\boldsymbol{E})(\boldsymbol{A}-2\boldsymbol{E})=\boldsymbol{O}$,两边取行列式得

$$|\boldsymbol{A}+\boldsymbol{E}||\boldsymbol{A}-2\boldsymbol{E}|=0,\text{ 即 } |\boldsymbol{A}+\boldsymbol{E}|=0 \text{ 或 } |\boldsymbol{A}-2\boldsymbol{E}|=0,$$

所以 $\boldsymbol{A}+\boldsymbol{E}$ 和 $\boldsymbol{A}-2\boldsymbol{E}$ 不可能同时都是可逆的.

21. 设 $\boldsymbol{A}$, $\boldsymbol{B}$ 均为 n 阶矩阵,且 $\boldsymbol{AB}=\boldsymbol{A}+\boldsymbol{B}$. 证明 $\boldsymbol{A}-\boldsymbol{E}$ 可逆,并求其逆.

解 由 $\boldsymbol{AB}=\boldsymbol{A}+\boldsymbol{B}$,得 $(\boldsymbol{A}-\boldsymbol{E})(\boldsymbol{B}-\boldsymbol{E})=\boldsymbol{E}$,所以 $\boldsymbol{A}-\boldsymbol{E}$ 可逆,且 $(\boldsymbol{A}-\boldsymbol{E})^{-1}=\boldsymbol{B}-\boldsymbol{E}$.

22. 设 n 阶方阵 $\boldsymbol{A}$, $\boldsymbol{B}$, $\boldsymbol{A}+\boldsymbol{B}$ 都是可逆矩阵,证明 $\boldsymbol{A}^{-1}+\boldsymbol{B}^{-1}$ 可逆,并给出逆矩阵的表达式.

证 由于

$$\begin{aligned}\boldsymbol{A}^{-1}+\boldsymbol{B}^{-1}&=\boldsymbol{A}^{-1}\boldsymbol{E}+\boldsymbol{E}\boldsymbol{B}^{-1}=\boldsymbol{A}^{-1}\boldsymbol{B}\boldsymbol{B}^{-1}+\boldsymbol{A}^{-1}\boldsymbol{A}\boldsymbol{B}^{-1}\\&=\boldsymbol{A}^{-1}(\boldsymbol{B}+\boldsymbol{A})\boldsymbol{B}^{-1}=\boldsymbol{A}^{-1}(\boldsymbol{A}+\boldsymbol{B})\boldsymbol{B}^{-1},\end{aligned}$$

而 $\boldsymbol{A}$, $\boldsymbol{B}$, $\boldsymbol{A}+\boldsymbol{B}$ 都是可逆矩阵,所以 $\boldsymbol{A}^{-1}(\boldsymbol{A}+\boldsymbol{B})\boldsymbol{B}^{-1}$ 可逆,即 $\boldsymbol{A}^{-1}+\boldsymbol{B}^{-1}$ 可逆,且

$$\begin{aligned}(\boldsymbol{A}^{-1}+\boldsymbol{B}^{-1})^{-1}&=[\boldsymbol{A}^{-1}(\boldsymbol{A}+\boldsymbol{B})\boldsymbol{B}^{-1}]^{-1}=(\boldsymbol{B}^{-1})^{-1}(\boldsymbol{A}+\boldsymbol{B})^{-1}(\boldsymbol{A}^{-1})^{-1}\\&=\boldsymbol{B}(\boldsymbol{A}+\boldsymbol{B})^{-1}\boldsymbol{A}.\end{aligned}$$

23. 如果非奇异 n 阶方阵 $\boldsymbol{A}$ 的每行元素和均为 a,试证:$\boldsymbol{A}^{-1}$ 的行元素和必为 $\frac{1}{a}$.

证 由题设,得

$$\boldsymbol{A}\begin{pmatrix}1\\1\\\vdots\\1\end{pmatrix}=\begin{pmatrix}a\\a\\\vdots\\a\end{pmatrix}, \quad (*)$$

因为 $\boldsymbol{A}$ 是非奇异的，从而 $\boldsymbol{A}$ 可逆，用 $\boldsymbol{A}^{-1}$ 左乘（ * ）式两边得

$$\boldsymbol{A}^{-1}\begin{pmatrix} a \\ a \\ \vdots \\ a \end{pmatrix}=\begin{pmatrix} 1 \\ 1 \\ \vdots \\ 1 \end{pmatrix}，\text{即 } a\boldsymbol{A}^{-1}\begin{pmatrix} 1 \\ 1 \\ \vdots \\ 1 \end{pmatrix}=\begin{pmatrix} 1 \\ 1 \\ \vdots \\ 1 \end{pmatrix}\text{ 或 }\boldsymbol{A}^{-1}\begin{pmatrix} 1 \\ 1 \\ \vdots \\ 1 \end{pmatrix}=\begin{pmatrix} \frac{1}{a} \\ \frac{1}{a} \\ \vdots \\ \frac{1}{a} \end{pmatrix},$$

即 $\boldsymbol{A}^{-1}$ 的行元素和为$\frac{1}{a}$.

24. 将矩阵适当分块后计算：

(1) $\left(\begin{array}{cc:cc} 0 & 0 & 1 & 0 \\ 0 & 0 & 0 & 1 \\ \hdashline 1 & 0 & 2 & 3 \\ 0 & 1 & 1 & -2 \end{array}\right)\left(\begin{array}{cc:cc} -2 & -1 & 3 & 0 \\ 1 & 2 & 0 & 3 \\ \hdashline 1 & 0 & 0 & 0 \\ 0 & 1 & 0 & 0 \end{array}\right)$.

解

$$\left(\begin{array}{cc:cc} 0 & 0 & 1 & 0 \\ 0 & 0 & 0 & 1 \\ \hdashline 1 & 0 & 2 & 3 \\ 0 & 1 & 1 & -2 \end{array}\right)\left(\begin{array}{cc:cc} -2 & -1 & 3 & 0 \\ 1 & 2 & 0 & 3 \\ \hdashline 1 & 0 & 0 & 0 \\ 0 & 1 & 0 & 0 \end{array}\right)=\begin{pmatrix} \boldsymbol{O} & \boldsymbol{E} \\ \boldsymbol{E} & \boldsymbol{A}_1 \end{pmatrix}\begin{pmatrix} \boldsymbol{B}_1 & 3\boldsymbol{E} \\ \boldsymbol{E} & \boldsymbol{O} \end{pmatrix}$$

$$=\begin{pmatrix} \boldsymbol{E} & \boldsymbol{O} \\ \boldsymbol{B}_1+\boldsymbol{A}_1 & 3\boldsymbol{E} \end{pmatrix}=\left(\begin{array}{cc:cc} 1 & 0 & 0 & 0 \\ 0 & 1 & 0 & 0 \\ \hdashline 0 & 2 & 3 & 0 \\ 2 & 0 & 0 & 3 \end{array}\right),$$

其中 $\boldsymbol{A}_1=\begin{pmatrix} 2 & 3 \\ 1 & -2 \end{pmatrix}$，$\boldsymbol{B}_1=\begin{pmatrix} -2 & -1 \\ 1 & 2 \end{pmatrix}$.

(2) $\left(\begin{array}{cc:cc} 1 & 0 & -2 & 0 \\ 0 & 1 & 0 & -2 \\ \hdashline 0 & 0 & 5 & 3 \end{array}\right)\left(\begin{array}{c:cc} 3 & 0 & -2 \\ 1 & 2 & 0 \\ \hdashline 0 & 1 & 0 \\ 0 & 0 & 1 \end{array}\right)$.

解 令 $\boldsymbol{\alpha}=\begin{pmatrix} 5 \\ 3 \end{pmatrix}$，$\boldsymbol{\beta}=\begin{pmatrix} 3 \\ 1 \end{pmatrix}$，$\boldsymbol{B}_1=\begin{pmatrix} 0 & -2 \\ 2 & 0 \end{pmatrix}$，则

$$\left(\begin{array}{cc:cc} 1 & 0 & -2 & 0 \\ 0 & 1 & 0 & -2 \\ \hdashline 0 & 0 & 5 & 3 \end{array}\right)\left(\begin{array}{c:cc} 3 & 0 & -2 \\ 1 & 2 & 0 \\ \hdashline 0 & 1 & 0 \\ 0 & 0 & 1 \end{array}\right)=\begin{pmatrix} \boldsymbol{E} & -2\boldsymbol{E} \\ \boldsymbol{0} & \boldsymbol{\alpha}^{\mathrm{T}} \end{pmatrix}\begin{pmatrix} \boldsymbol{\beta} & \boldsymbol{B}_1 \\ \boldsymbol{0} & \boldsymbol{E} \end{pmatrix}$$

$$=\begin{pmatrix}\boldsymbol{\beta} & \boldsymbol{B}_1-2\boldsymbol{E}\\ 0 & \boldsymbol{\alpha}^{\mathrm{T}}\end{pmatrix}=\begin{pmatrix}3 & -2 & -2\\ 1 & 2 & -2\\ 0 & 5 & 3\end{pmatrix}.$$

25. 设 $\boldsymbol{A}$ 和 $\boldsymbol{B}$ 为可逆矩阵,$\boldsymbol{X}=\begin{pmatrix}\boldsymbol{O} & \boldsymbol{A}\\ \boldsymbol{B} & \boldsymbol{O}\end{pmatrix}$为分块矩阵,求 $\boldsymbol{X}^{-1}$.

解 设 $\boldsymbol{X}^{-1}=\begin{pmatrix}\boldsymbol{X}_{11} & \boldsymbol{X}_{12}\\ \boldsymbol{X}_{21} & \boldsymbol{X}_{22}\end{pmatrix}$,则

$$\begin{pmatrix}\boldsymbol{O} & \boldsymbol{A}\\ \boldsymbol{B} & \boldsymbol{O}\end{pmatrix}\begin{pmatrix}\boldsymbol{X}_{11} & \boldsymbol{X}_{12}\\ \boldsymbol{X}_{21} & \boldsymbol{X}_{22}\end{pmatrix}=\begin{pmatrix}\boldsymbol{A}\boldsymbol{X}_{21} & \boldsymbol{A}\boldsymbol{X}_{22}\\ \boldsymbol{B}\boldsymbol{X}_{11} & \boldsymbol{B}\boldsymbol{X}_{12}\end{pmatrix}=\begin{pmatrix}\boldsymbol{E}_r & \boldsymbol{O}\\ \boldsymbol{O} & \boldsymbol{E}_s\end{pmatrix},$$

比较等式两边,得

$$\begin{cases}\boldsymbol{A}\boldsymbol{X}_{21}=\boldsymbol{E}_r,\\ \boldsymbol{A}\boldsymbol{X}_{22}=\boldsymbol{O},\\ \boldsymbol{B}\boldsymbol{X}_{11}=\boldsymbol{O},\\ \boldsymbol{B}\boldsymbol{X}_{12}=\boldsymbol{E}_s,\end{cases}\quad\text{即}\quad\begin{cases}\boldsymbol{X}_{21}=\boldsymbol{A}^{-1},\\ \boldsymbol{X}_{22}=\boldsymbol{O},\\ \boldsymbol{X}_{11}=\boldsymbol{O},\\ \boldsymbol{X}_{12}=\boldsymbol{B}^{-1},\end{cases}$$

从而 $\boldsymbol{X}^{-1}=\begin{pmatrix}\boldsymbol{O} & \boldsymbol{B}^{-1}\\ \boldsymbol{A}^{-1} & \boldsymbol{O}\end{pmatrix}$.

26. 设有分块矩阵 $\begin{pmatrix}\boldsymbol{A} & \boldsymbol{B}\\ \boldsymbol{C} & \boldsymbol{D}\end{pmatrix}$,其中矩阵 $\boldsymbol{A}$, $\boldsymbol{D}$ 皆可逆. 试证

$$\begin{vmatrix}\boldsymbol{A} & \boldsymbol{B}\\ \boldsymbol{C} & \boldsymbol{D}\end{vmatrix}=|\boldsymbol{A}-\boldsymbol{B}\boldsymbol{D}^{-1}\boldsymbol{C}|\,|\boldsymbol{D}|.$$

证 设 $\boldsymbol{E}_1$,$\boldsymbol{E}_2$ 分别是与 $\boldsymbol{A}$, $\boldsymbol{D}$ 同阶的单位矩阵. 由于

$$\begin{pmatrix}\boldsymbol{E}_1 & -\boldsymbol{B}\boldsymbol{D}^{-1}\\ \boldsymbol{O} & \boldsymbol{E}_2\end{pmatrix}\begin{pmatrix}\boldsymbol{A} & \boldsymbol{B}\\ \boldsymbol{C} & \boldsymbol{D}\end{pmatrix}=\begin{pmatrix}\boldsymbol{A}-\boldsymbol{B}\boldsymbol{D}^{-1}\boldsymbol{C} & \boldsymbol{B}-\boldsymbol{B}\boldsymbol{D}^{-1}\boldsymbol{D}\\ \boldsymbol{C} & \boldsymbol{D}\end{pmatrix}$$

$$=\begin{pmatrix}\boldsymbol{A}-\boldsymbol{B}\boldsymbol{D}^{-1}\boldsymbol{C} & \boldsymbol{O}\\ \boldsymbol{C} & \boldsymbol{D}\end{pmatrix},$$

所以

$$\begin{vmatrix}\boldsymbol{E}_1 & -\boldsymbol{B}\boldsymbol{D}^{-1}\\ \boldsymbol{O} & \boldsymbol{E}_2\end{vmatrix}\begin{vmatrix}\boldsymbol{A} & \boldsymbol{B}\\ \boldsymbol{C} & \boldsymbol{D}\end{vmatrix}=\begin{vmatrix}\boldsymbol{A}-\boldsymbol{B}\boldsymbol{D}^{-1}\boldsymbol{C} & \boldsymbol{O}\\ \boldsymbol{C} & \boldsymbol{D}\end{vmatrix}=|\boldsymbol{A}-\boldsymbol{B}\boldsymbol{D}^{-1}\boldsymbol{C}|\,|\boldsymbol{D}|.$$

而 $\begin{vmatrix}\boldsymbol{E}_1 & -\boldsymbol{B}\boldsymbol{D}^{-1}\\ \boldsymbol{O} & \boldsymbol{E}_2\end{vmatrix}=|\boldsymbol{E}_1|\,|\boldsymbol{E}_2|=1$, 故

$$\begin{vmatrix}\boldsymbol{A} & \boldsymbol{B}\\ \boldsymbol{C} & \boldsymbol{D}\end{vmatrix}=|\boldsymbol{A}-\boldsymbol{B}\boldsymbol{D}^{-1}\boldsymbol{C}|\,|\boldsymbol{D}|.$$

27. 用分块矩阵求逆公式求出下面矩阵的逆矩阵:

(1) $\begin{pmatrix} 1 & 2 & 0 & 0 \\ 3 & 4 & 0 & 0 \\ 0 & 0 & 5 & 6 \\ 0 & 0 & 7 & 8 \end{pmatrix}$.

解 $$\begin{pmatrix} 1 & 2 & 0 & 0 \\ 3 & 4 & 0 & 0 \\ 0 & 0 & 5 & 6 \\ 0 & 0 & 7 & 8 \end{pmatrix}^{-1} = \left(\begin{array}{cc:cc} 1 & 2 & 0 & 0 \\ 3 & 4 & 0 & 0 \\ \hdashline 0 & 0 & 5 & 6 \\ 0 & 0 & 7 & 8 \end{array}\right)^{-1} = \begin{pmatrix} \boldsymbol{A} & \boldsymbol{O} \\ \boldsymbol{O} & \boldsymbol{B} \end{pmatrix}^{-1} = \begin{pmatrix} \boldsymbol{A}^{-1} & \boldsymbol{O} \\ \boldsymbol{O} & \boldsymbol{B}^{-1} \end{pmatrix}$$

$$= \begin{pmatrix} -2 & 1 & 0 & 0 \\ \frac{3}{2} & -\frac{1}{2} & 0 & 0 \\ 0 & 0 & -4 & 3 \\ 0 & 0 & \frac{7}{2} & -\frac{5}{2} \end{pmatrix}.$$

(2) $\begin{pmatrix} 1 & 0 & 1 & 2 \\ 0 & 1 & 3 & 4 \\ 0 & 0 & 1 & 0 \\ 0 & 0 & 0 & 1 \end{pmatrix}$.

解 $$\begin{pmatrix} 1 & 0 & 1 & 2 \\ 0 & 1 & 3 & 4 \\ 0 & 0 & 1 & 0 \\ 0 & 0 & 0 & 1 \end{pmatrix}^{-1} = \left(\begin{array}{cc:cc} 1 & 0 & 1 & 2 \\ 0 & 1 & 3 & 4 \\ \hdashline 0 & 0 & 1 & 0 \\ 0 & 0 & 0 & 1 \end{array}\right)^{-1} = \begin{pmatrix} \boldsymbol{A} & \boldsymbol{C} \\ \boldsymbol{O} & \boldsymbol{B} \end{pmatrix}^{-1} = \begin{pmatrix} \boldsymbol{A}^{-1} & -\boldsymbol{A}^{-1}\boldsymbol{C}\boldsymbol{B}^{-1} \\ \boldsymbol{O} & \boldsymbol{B}^{-1} \end{pmatrix}$$

$$= \begin{pmatrix} 1 & 0 & -1 & -2 \\ 0 & 1 & -3 & -4 \\ 0 & 0 & 1 & 0 \\ 0 & 0 & 0 & 1 \end{pmatrix}.$$

(3) $\begin{pmatrix} 0 & a_1 & 0 & \cdots & 0 \\ 0 & 0 & a_2 & \cdots & 0 \\ \vdots & \vdots & \vdots & & \vdots \\ 0 & 0 & 0 & \cdots & a_{n-1} \\ a_n & 0 & 0 & \cdots & 0 \end{pmatrix}$，其中$\prod_{i=1}^{n} a_i \neq 0$.

解 $\begin{pmatrix} 0 & a_1 & 0 & \cdots & 0 \\ 0 & 0 & a_2 & \cdots & 0 \\ \vdots & \vdots & \vdots & & \vdots \\ 0 & 0 & 0 & \cdots & a_{n-1} \\ a_n & 0 & 0 & \cdots & 0 \end{pmatrix}^{-1} = \left(\begin{array}{c:cccc} 0 & a_1 & 0 & \cdots & 0 \\ 0 & 0 & a_2 & \cdots & 0 \\ \vdots & \vdots & \vdots & & \vdots \\ 0 & 0 & 0 & \cdots & a_{n-1} \\ \hdashline a_n & 0 & 0 & \cdots & 0 \end{array}\right)^{-1}$

$$= \begin{pmatrix} \boldsymbol{O} & \boldsymbol{A} \\ a_n & \boldsymbol{O} \end{pmatrix}^{-1} = \begin{pmatrix} \boldsymbol{O} & a_n^{-1} \\ \boldsymbol{A}^{-1} & \boldsymbol{O} \end{pmatrix} = \begin{pmatrix} 0 & 0 & \cdots & 0 & \frac{1}{a_n} \\ \frac{1}{a_1} & 0 & \cdots & 0 & 0 \\ 0 & \frac{1}{a_2} & \cdots & 0 & 0 \\ \vdots & \vdots & & \vdots & \vdots \\ 0 & 0 & \cdots & \frac{1}{a_{n-1}} & 0 \end{pmatrix}.$$

28. 用初等行变换法求下列矩阵的逆矩阵：

(1) $\begin{pmatrix} 2 & 2 & 3 \\ 1 & -1 & 0 \\ -1 & 2 & 1 \end{pmatrix}$.

解 $\left(\begin{array}{ccc:ccc} 2 & 2 & 3 & 1 & 0 & 0 \\ 1 & -1 & 0 & 0 & 1 & 0 \\ -1 & 2 & 1 & 0 & 0 & 1 \end{array}\right) \xrightarrow{r_1 \leftrightarrow r_2} \left(\begin{array}{ccc:ccc} 1 & -1 & 0 & 0 & 1 & 0 \\ 2 & 2 & 3 & 1 & 0 & 0 \\ -1 & 2 & 1 & 0 & 0 & 1 \end{array}\right)$

$$\xrightarrow[r_3+r_1]{r_2+(-2)r_1} \left(\begin{array}{ccc:ccc} 1 & -1 & 0 & 0 & 1 & 0 \\ 0 & 4 & 3 & 1 & -2 & 0 \\ 0 & 1 & 1 & 0 & 1 & 1 \end{array}\right) \xrightarrow{r_2 \leftrightarrow r_3} \left(\begin{array}{ccc:ccc} 1 & -1 & 0 & 0 & 1 & 0 \\ 0 & 1 & 1 & 0 & 1 & 1 \\ 0 & 4 & 3 & 1 & -2 & 0 \end{array}\right)$$

$$\xrightarrow{r_3-4r_2} \left(\begin{array}{ccc:ccc} 1 & -1 & 0 & 0 & 1 & 0 \\ 0 & 1 & 1 & 0 & 1 & 1 \\ 0 & 0 & -1 & 1 & -6 & -4 \end{array}\right) \xrightarrow[\substack{r_1+r_2 \\ (-1)\cdot r_3}]{r_2+r_3} \left(\begin{array}{ccc:ccc} 1 & 0 & 0 & 1 & -4 & -3 \\ 0 & 1 & 0 & 1 & -5 & -3 \\ 0 & 0 & 1 & -1 & 6 & 4 \end{array}\right),$$

所以 $\begin{pmatrix} 2 & 2 & 3 \\ 1 & -1 & 0 \\ -1 & 2 & 1 \end{pmatrix}^{-1} = \begin{pmatrix} 1 & -4 & -3 \\ 1 & -5 & -3 \\ -1 & 6 & 4 \end{pmatrix}$.

(2) $\begin{pmatrix} 1 & 2 & -1 \\ 3 & 1 & 0 \\ -1 & 0 & -2 \end{pmatrix}$.

解 $\left(\begin{array}{ccc|ccc}1&2&-1&1&0&0\\3&1&0&0&1&0\\-1&0&-2&0&0&1\end{array}\right)\xrightarrow[r_3+r_1]{r_2-3r_1}\left(\begin{array}{ccc|ccc}1&2&-1&1&0&0\\0&-5&3&-3&1&0\\0&2&-3&1&0&1\end{array}\right)$

$\xrightarrow{r_2+2r_3}\left(\begin{array}{ccc|ccc}1&2&-1&1&0&0\\0&-1&-3&-1&1&2\\0&2&-3&1&0&1\end{array}\right)\xrightarrow{r_3+2r_2}\left(\begin{array}{ccc|ccc}1&2&-1&1&0&0\\0&-1&-3&-1&1&2\\0&0&-9&-1&2&5\end{array}\right)$

$\xrightarrow[\left(-\frac{1}{9}\right)r_3]{\substack{(-1)r_2\\ r_1-2r_2}}\left(\begin{array}{ccc|ccc}1&0&-7&-1&2&4\\0&1&3&1&-1&-2\\0&0&1&\frac{1}{9}&-\frac{2}{9}&-\frac{5}{9}\end{array}\right)\xrightarrow[r_1+7r_3]{r_2-3r_3}\left(\begin{array}{ccc|ccc}1&0&0&-\frac{2}{9}&\frac{4}{9}&\frac{1}{9}\\0&1&0&\frac{2}{3}&-\frac{1}{3}&-\frac{1}{3}\\0&0&1&\frac{1}{9}&-\frac{2}{9}&-\frac{5}{9}\end{array}\right)$，

所以 $\begin{pmatrix}1&2&-1\\3&1&0\\-1&0&-2\end{pmatrix}^{-1}=\begin{pmatrix}-\frac{2}{9}&\frac{4}{9}&\frac{1}{9}\\\frac{2}{3}&-\frac{1}{3}&-\frac{1}{3}\\\frac{1}{9}&-\frac{2}{9}&-\frac{5}{9}\end{pmatrix}$.

(3) $\begin{pmatrix}2&1&0&0\\3&2&0&0\\5&7&1&8\\-1&-3&-1&-6\end{pmatrix}$.

解 $\left(\begin{array}{cccc|cccc}2&1&0&0&1&0&0&0\\3&2&0&0&0&1&0&0\\5&7&1&8&0&0&1&0\\-1&-3&-1&-6&0&0&0&1\end{array}\right)$

$\xrightarrow{r_1-r_2}\left(\begin{array}{cccc|cccc}-1&-1&0&0&1&-1&0&0\\3&2&0&0&0&1&0&0\\5&7&1&8&0&0&1&0\\-1&-3&-1&-6&0&0&0&1\end{array}\right)$

$\xrightarrow{\substack{r_2+3r_1\\ r_3+5r_1\\ r_4-r_1}}\left(\begin{array}{cccc|cccc}-1&-1&0&0&1&-1&0&0\\0&-1&0&0&3&-2&0&0\\0&2&1&8&5&-5&1&0\\0&-2&-1&-6&-1&1&0&1\end{array}\right)$

$$\xrightarrow[r_4-2r_2]{r_3+2r_2}\left(\begin{array}{cccc:cccc}-1&0&0&0&-2&1&0&0\\0&-1&0&0&3&-2&0&0\\0&0&1&8&11&-9&1&0\\0&0&-1&-6&-7&5&0&1\end{array}\right)$$

$$\xrightarrow{r_4+r_3}\left(\begin{array}{cccc:cccc}-1&0&0&0&-2&1&0&0\\0&-1&0&0&3&-2&0&0\\0&0&1&8&11&-9&1&0\\0&0&0&2&4&-4&1&1\end{array}\right)$$

$$\xrightarrow[r_3-8r_4]{\frac{1}{2}r_4}\left(\begin{array}{cccc:cccc}1&0&0&0&2&-1&0&0\\0&1&0&0&-3&2&0&0\\0&0&1&0&-5&7&-3&-4\\0&0&0&1&2&-2&\frac{1}{2}&\frac{1}{2}\end{array}\right),$$

所以$\begin{pmatrix}2&1&0&0\\3&2&0&0\\5&7&1&8\\-1&-3&-1&-6\end{pmatrix}^{-1}=\begin{pmatrix}2&-1&0&0\\-3&2&0&0\\-5&7&-3&-4\\2&-2&\frac{1}{2}&\frac{1}{2}\end{pmatrix}$.

29.求解下列矩阵方程：

(1)$\begin{pmatrix}1&1&4\\0&1&2\\2&-1&0\end{pmatrix}\boldsymbol{X}=\begin{pmatrix}0&-1\\-2&6\\4&-4\end{pmatrix}$.

解　$\boldsymbol{X}=\begin{pmatrix}1&1&4\\0&1&2\\2&-1&0\end{pmatrix}^{-1}\begin{pmatrix}0&-1\\-2&6\\4&-4\end{pmatrix}=\begin{pmatrix}-1&2&1\\-2&4&1\\1&-\frac{3}{2}&-\frac{1}{2}\end{pmatrix}\begin{pmatrix}0&-1\\-2&6\\4&-4\end{pmatrix}$

$=\begin{pmatrix}0&9\\-4&22\\1&-8\end{pmatrix}$.

(2)$\boldsymbol{X}\begin{pmatrix}1&0&0\\1&1&0\\1&1&1\end{pmatrix}=\begin{pmatrix}1&-2&1\\0&1&-1\end{pmatrix}$.

解　$\boldsymbol{X}=\begin{pmatrix}1&-2&1\\0&1&-1\end{pmatrix}\begin{pmatrix}1&0&0\\1&1&0\\1&1&1\end{pmatrix}^{-1}=\begin{pmatrix}1&-2&1\\0&1&-1\end{pmatrix}\begin{pmatrix}1&0&0\\-1&1&0\\0&-1&1\end{pmatrix}$

$$= \begin{pmatrix} 3 & -3 & 1 \\ -1 & 2 & -1 \end{pmatrix}.$$

(3) $\begin{pmatrix} 1 & 2 & 3 \\ 2 & 1 & 2 \\ 1 & 3 & 4 \end{pmatrix} \boldsymbol{X} \begin{pmatrix} 7 & 9 \\ 4 & 5 \end{pmatrix} = \begin{pmatrix} 1 & 2 \\ 1 & 0 \\ 2 & 3 \end{pmatrix}$.

解 $\boldsymbol{X} = \begin{pmatrix} 1 & 2 & 3 \\ 2 & 1 & 2 \\ 1 & 3 & 4 \end{pmatrix}^{-1} \begin{pmatrix} 1 & 2 \\ 1 & 0 \\ 2 & 3 \end{pmatrix} \begin{pmatrix} 7 & 9 \\ 4 & 5 \end{pmatrix}^{-1}$

$$= \begin{pmatrix} -2 & 1 & 1 \\ -6 & 1 & 4 \\ 5 & -1 & -3 \end{pmatrix} \begin{pmatrix} 1 & 2 \\ 1 & 0 \\ 2 & 3 \end{pmatrix} \begin{pmatrix} -5 & 9 \\ 4 & -7 \end{pmatrix} = \begin{pmatrix} -9 & 16 \\ -15 & 27 \\ 14 & -25 \end{pmatrix}.$$

30. 若矩阵 $\boldsymbol{A}$ 是 $\boldsymbol{B} = \begin{pmatrix} 1 & -1 & 1 \\ 2 & 1 & 0 \\ 2 & 1 & 1 \end{pmatrix}$ 的逆矩阵，求 $(\boldsymbol{A}+2\boldsymbol{E})^{-1}(\boldsymbol{A}^2-4\boldsymbol{E})$，其中 $\boldsymbol{E}$ 为 3 阶单位阵.

解 由于

$$|\boldsymbol{B}| = \begin{vmatrix} 1 & -1 & 1 \\ 2 & 1 & 0 \\ 2 & 1 & 1 \end{vmatrix} = 3,$$

所以

$$\boldsymbol{A} = \boldsymbol{B}^{-1} = \boldsymbol{B}^{*} = \frac{1}{3}\begin{pmatrix} 1 & 2 & -1 \\ -2 & -1 & 2 \\ 0 & -3 & 3 \end{pmatrix}.$$

$$(\boldsymbol{A}+2\boldsymbol{E})^{-1}(\boldsymbol{A}^2-4\boldsymbol{E}) = (\boldsymbol{A}+2\boldsymbol{E})^{-1}(\boldsymbol{A}+2\boldsymbol{E})(\boldsymbol{A}-2\boldsymbol{E}) = \boldsymbol{A}-2\boldsymbol{E}$$

$$= \begin{pmatrix} 1 & 2 & -1 \\ -1 & -1 & 1 \\ -1 & -3 & 2 \end{pmatrix} - \begin{pmatrix} 2 & 0 & 0 \\ 0 & 2 & 0 \\ 0 & 0 & 2 \end{pmatrix} = \begin{pmatrix} -1 & 2 & -1 \\ -1 & -3 & 1 \\ -1 & -3 & 0 \end{pmatrix}.$$

31. 已知矩阵 $\boldsymbol{A} = \begin{pmatrix} \frac{1}{2} & \frac{1}{2} & \frac{1}{3} \\ \frac{1}{2} & -\frac{1}{2} & 1 \\ 0 & 0 & -\frac{1}{3} \end{pmatrix}$，$\boldsymbol{B} = \begin{pmatrix} 1 & 1 & 1 \\ 1 & -1 & 1 \\ -2 & 0 & 1 \end{pmatrix}$，又 $\boldsymbol{C} = \boldsymbol{A}^{-1}(\boldsymbol{ABA}-\boldsymbol{B}^{-1})$，试求 $\boldsymbol{C}$.

解　$\boldsymbol{C}=\boldsymbol{A}^{-1}\boldsymbol{ABA}-\boldsymbol{A}^{-1}\boldsymbol{B}^{-1}=\boldsymbol{BA}-(\boldsymbol{BA})^{-1}$，而

$$\boldsymbol{BA}=\begin{pmatrix}1&1&1\\1&-1&1\\-2&0&1\end{pmatrix}\begin{pmatrix}\frac{1}{2}&\frac{1}{2}&\frac{1}{3}\\\frac{1}{2}&-\frac{1}{2}&1\\0&0&-\frac{1}{3}\end{pmatrix}=\begin{pmatrix}1&0&1\\0&1&-1\\-1&-1&-1\end{pmatrix}.$$

又由

$$(\boldsymbol{BA}|\boldsymbol{E})=\left(\begin{array}{ccc:ccc}1&0&1&1&0&0\\0&1&-1&0&1&0\\-1&-1&-1&0&0&1\end{array}\right)\xrightarrow{r_3+r_1}\left(\begin{array}{ccc:ccc}1&0&1&1&0&0\\0&1&-1&0&1&0\\0&-1&0&1&0&1\end{array}\right)$$

$$\xrightarrow{r_2\leftrightarrow r_3}\left(\begin{array}{ccc:ccc}1&0&1&1&0&0\\0&-1&0&1&0&1\\0&1&-1&0&1&0\end{array}\right)\xrightarrow[r_2\times(-1)]{r_3+r_2}\left(\begin{array}{ccc:ccc}1&0&1&1&0&0\\0&1&0&-1&0&-1\\0&0&-1&1&1&1\end{array}\right)$$

$$\xrightarrow[r_3\times(-1)]{r_1+r_3}\left(\begin{array}{ccc:ccc}1&0&0&2&1&1\\0&1&0&-1&0&-1\\0&0&1&-1&-1&-1\end{array}\right),$$

故 $(\boldsymbol{BA})^{-1}=\begin{pmatrix}2&1&1\\-1&0&-1\\-1&-1&-1\end{pmatrix}$.

$$\boldsymbol{C}=\boldsymbol{BA}-(\boldsymbol{BA})^{-1}=\begin{pmatrix}1&0&1\\0&1&-1\\-1&-1&-1\end{pmatrix}-\begin{pmatrix}2&1&1\\-1&0&-1\\-1&-1&-1\end{pmatrix}=\begin{pmatrix}-1&-1&0\\1&1&0\\0&0&0\end{pmatrix}.$$

32. 设 $\boldsymbol{AB}=\boldsymbol{A}-2\boldsymbol{B}$，其中 $\boldsymbol{A}=\begin{pmatrix}-1&-1&0\\-1&0&1\\2&2&1\end{pmatrix}$，求矩阵 $\boldsymbol{B}$.

解　由题设有 $(\boldsymbol{A}+2\boldsymbol{E})\boldsymbol{B}=\boldsymbol{A}$. 由于

$$|\boldsymbol{A}+2\boldsymbol{E}|=\begin{vmatrix}1&-1&0\\-1&2&1\\2&2&3\end{vmatrix}=-1\neq0,$$

故 $\boldsymbol{A}+2\boldsymbol{E}$ 可逆，从而 $\boldsymbol{B}=(\boldsymbol{A}+2\boldsymbol{E})^{-1}\boldsymbol{A}$.

$$(\boldsymbol{A}+2\boldsymbol{E}|\boldsymbol{E})=\left(\begin{array}{ccc:ccc}1&-1&0&1&0&0\\-1&2&1&0&1&0\\2&2&3&0&0&1\end{array}\right)\xrightarrow[r_3-2r_1]{r_2+r_1}\left(\begin{array}{ccc:ccc}1&-1&0&1&0&0\\0&1&1&1&1&0\\0&4&3&-2&0&1\end{array}\right)$$

$$\xrightarrow{r_3-4r_2}\left(\begin{array}{ccc:ccc}1&-1&0&1&0&0\\0&1&1&1&1&0\\0&0&-1&-6&-4&1\end{array}\right)$$

$$\xrightarrow[r_3\times(-1)]{r_2+r_3}\left(\begin{array}{ccc:ccc}1&-1&0&1&0&0\\0&1&0&-5&-3&1\\0&0&1&6&4&-1\end{array}\right)$$

$$\xrightarrow{r_1+r_2}\left(\begin{array}{ccc:ccc}1&0&0&-4&-3&1\\0&1&0&-5&-3&1\\0&0&1&6&4&-1\end{array}\right),$$

因此

$$\boldsymbol{B}=(\boldsymbol{A}+2\boldsymbol{E})^{-1}\boldsymbol{A}=\begin{pmatrix}-4&-3&1\\-5&-3&1\\6&4&-1\end{pmatrix}\begin{pmatrix}-1&-1&0\\-1&0&1\\2&2&1\end{pmatrix}=\begin{pmatrix}9&6&-2\\10&7&-2\\-12&-8&3\end{pmatrix}.$$

33. 已知 $\boldsymbol{X}=\boldsymbol{A}\boldsymbol{X}+\boldsymbol{B}$,其中 $\boldsymbol{A}=\begin{pmatrix}0&1&0\\-1&1&1\\-1&0&-1\end{pmatrix}$,$\boldsymbol{B}=\begin{pmatrix}1&-1\\2&0\\5&-3\end{pmatrix}$,求矩阵 $\boldsymbol{X}$.

解 $\boldsymbol{X}=(\boldsymbol{E}-\boldsymbol{A})^{-1}\boldsymbol{B}=\begin{pmatrix}1&-1&0\\1&0&-1\\1&0&2\end{pmatrix}^{-1}\begin{pmatrix}1&-1\\2&0\\5&-3\end{pmatrix}$

$$=\frac{1}{3}\begin{pmatrix}0&2&1\\3&2&1\\0&-1&1\end{pmatrix}\begin{pmatrix}1&-1\\2&0\\5&-3\end{pmatrix}=\begin{pmatrix}3&-1\\2&0\\1&-1\end{pmatrix}.$$

34. 设矩阵 $\boldsymbol{A}=\begin{pmatrix}3&0&0\\2&4&0\\1&1&5\end{pmatrix}$,矩阵 $\boldsymbol{X}$ 满足等式 $\boldsymbol{X}\boldsymbol{A}=2\boldsymbol{X}+\boldsymbol{A}$,求矩阵 $\boldsymbol{X}$.

解 由 $\boldsymbol{X}\boldsymbol{A}=2\boldsymbol{X}+\boldsymbol{A}$ 得 $\boldsymbol{X}(\boldsymbol{A}-2\boldsymbol{E})=\boldsymbol{A}$,而

$$\boldsymbol{A}-2\boldsymbol{E}=\begin{pmatrix}1&0&0\\2&2&0\\1&1&3\end{pmatrix}$$

可逆,因此

$$\boldsymbol{X}=\boldsymbol{A}(\boldsymbol{A}-2\boldsymbol{E})^{-1}=\begin{pmatrix}3&0&0\\2&4&0\\1&1&5\end{pmatrix}\begin{pmatrix}1&0&0\\2&2&0\\1&1&3\end{pmatrix}^{-1}$$

$$=\begin{pmatrix}3&0&0\\2&4&0\\1&1&5\end{pmatrix}\begin{pmatrix}1&0&0\\-1&\frac{1}{2}&0\\0&-\frac{1}{6}&\frac{1}{3}\end{pmatrix}=\begin{pmatrix}3&0&0\\-2&2&0\\0&-\frac{1}{3}&\frac{5}{3}\end{pmatrix}.$$

35. 设 3 阶矩阵 $\boldsymbol{X}$ 满足等式 $\boldsymbol{AX}=\boldsymbol{B}+2\boldsymbol{X}$，其中

$$\boldsymbol{A}=\begin{pmatrix}3&1&1\\0&1&2\\0&0&4\end{pmatrix},\boldsymbol{B}=\begin{pmatrix}1&1&0\\1&0&2\\2&0&2\end{pmatrix},$$

求矩阵 $\boldsymbol{X}$.

解 由 $\boldsymbol{AX}=\boldsymbol{B}+2\boldsymbol{X}$ 可推出 $(\boldsymbol{A}-2\boldsymbol{E})\boldsymbol{X}=\boldsymbol{B}$，其中

$$\boldsymbol{A}-2\boldsymbol{E}=\begin{pmatrix}3&1&1\\0&1&2\\0&0&4\end{pmatrix}-\begin{pmatrix}2&0&0\\0&2&0\\0&0&2\end{pmatrix}=\begin{pmatrix}1&1&1\\0&-1&2\\0&0&2\end{pmatrix},$$

其逆矩阵为

$$(\boldsymbol{A}-2\boldsymbol{E})^{-1}=\begin{pmatrix}1&1&-\frac{3}{2}\\0&-1&1\\0&0&\frac{1}{2}\end{pmatrix},$$

所以

$$\boldsymbol{X}=(\boldsymbol{A}-2\boldsymbol{E})^{-1}\boldsymbol{B}=\begin{pmatrix}1&1&-\frac{3}{2}\\0&-1&1\\0&0&\frac{1}{2}\end{pmatrix}\begin{pmatrix}1&1&0\\1&0&2\\2&0&2\end{pmatrix}=\begin{pmatrix}-1&1&-1\\1&0&0\\1&0&1\end{pmatrix}.$$

36. 设矩阵 $\boldsymbol{A}=\begin{pmatrix}1&2&0&0\\1&3&0&0\\0&0&0&2\\0&0&-1&2\end{pmatrix}$，矩阵 $\boldsymbol{B}$ 满足 $\left[\left(\frac{1}{2}\boldsymbol{A}\right)^*\right]^{-1}\boldsymbol{BA}^{-1}=2\boldsymbol{AB}+12\boldsymbol{E}$，求矩阵 $\boldsymbol{B}$.

解 由 $|\boldsymbol{A}|=\begin{vmatrix}1&2\\1&3\end{vmatrix}\begin{vmatrix}0&2\\-1&2\end{vmatrix}=2\neq0$ 知矩阵 $\boldsymbol{A}$ 可逆. 又

$$\left[\left(\frac{1}{2}\boldsymbol{A}\right)^*\right]^{-1}=\left[\left(\frac{1}{2}\right)^{4-1}\boldsymbol{A}^*\right]^{-1}=\left(\frac{1}{8}\boldsymbol{A}^*\right)^{-1}=8(\boldsymbol{A}^*)^{-1}=8\,\frac{1}{|\boldsymbol{A}|}\boldsymbol{A}=4\boldsymbol{A},$$

于是

$$4ABA^{-1}=2AB+12E,\text{即 }2ABA^{-1}=AB+6E.$$

分别以 A^{-1} 和 A 左,右乘上式两边,得

$$2B=BA+6E,\text{即}(2E-A)B=6E.$$

所以

$$B=6(2E-A)^{-1}=6\begin{pmatrix}1&-2&0&0\\-1&-1&0&0\\0&0&2&-2\\0&0&1&2\end{pmatrix}^{-1}=\begin{pmatrix}2&-4&0&0\\-2&-2&0&0\\0&0&2&2\\0&0&-1&2\end{pmatrix}.$$

37. 设四阶矩阵

$$B=\begin{pmatrix}1&-1&0&0\\0&1&-1&0\\0&0&1&-1\\0&0&0&1\end{pmatrix},\quad C=\begin{pmatrix}2&1&3&4\\0&2&1&3\\0&0&2&1\\0&0&0&2\end{pmatrix},$$

且矩阵 A 满足关系式 $A(E-C^{-1}B)^{T}C^{T}=E$,其中 E 为四阶单位矩阵. 将上述关系式化简并求矩阵 A.

解 因为

$$A(E-C^{-1}B)^{T}C^{T}=A[C(E-C^{-1}B)]^{T}=A(C-B)^{T}=E,$$

于是

$$A=[(C-B)^{T}]^{-1}=\begin{pmatrix}1&0&0&0\\2&1&0&0\\3&2&1&0\\4&3&2&1\end{pmatrix}^{-1}=\begin{pmatrix}1&0&0&0\\-2&1&0&0\\1&-2&1&0\\0&1&-2&1\end{pmatrix}.$$

38. 设 $A=\begin{pmatrix}1&0&0\\1&1&0\\1&1&1\end{pmatrix}$,$B=\begin{pmatrix}0&1&1\\1&0&1\\1&1&0\end{pmatrix}$,$X$ 是 3 阶方阵且满足

$$AXA+BXB=AXB+BXA+E,$$

求 X.

解 由题设得 $(AXA-AXB)-(BXA-BXB)=E$, 即

$$AX(A-B)-BX(A-B)=E,\text{ 亦即 }(A-B)X(A-B)=E.$$

由

$$|A-B|=\begin{vmatrix}1&-1&-1\\0&1&-1\\0&0&1\end{vmatrix}=1\neq0$$

知 $\boldsymbol{A}-\boldsymbol{B}$ 可逆.

所以

$$\boldsymbol{X}=(\boldsymbol{A}-\boldsymbol{B})^{-1}(\boldsymbol{A}-\boldsymbol{B})^{-1}=\begin{pmatrix}1&1&2\\0&1&1\\0&0&1\end{pmatrix}\begin{pmatrix}1&1&2\\0&1&1\\0&0&1\end{pmatrix}=\begin{pmatrix}1&2&5\\0&1&2\\0&0&1\end{pmatrix}.$$

39. 已知矩阵 $\boldsymbol{A}=\begin{pmatrix}1&-1&1\\-1&1&-1\\1&-1&1\end{pmatrix}$，$\boldsymbol{E}$ 为三阶单位矩阵，向量 $\boldsymbol{\alpha}=(1,-1,1)^{\mathrm{T}}$，设矩阵 $\boldsymbol{X}$ 满足 $\boldsymbol{AX}=\boldsymbol{X}+\boldsymbol{\alpha\alpha}^{\mathrm{T}}$.

(1) 证明 $\boldsymbol{A}-\boldsymbol{E}$ 可逆；

(2) 求 $\boldsymbol{X}$.

解 (1) 因为

$$\boldsymbol{A}-\boldsymbol{E}=\begin{pmatrix}1&-1&1\\-1&1&-1\\1&-1&1\end{pmatrix}-\begin{pmatrix}1&0&0\\0&1&0\\0&0&1\end{pmatrix}=\begin{pmatrix}0&-1&1\\-1&0&-1\\1&-1&0\end{pmatrix},$$

而 $|\boldsymbol{A}-\boldsymbol{E}|=2\neq0$，所以 $\boldsymbol{A}-\boldsymbol{E}$ 可逆.

(2) 由 $\boldsymbol{AX}=\boldsymbol{X}+\boldsymbol{\alpha\alpha}^{\mathrm{T}}$ 得 $\boldsymbol{X}=(\boldsymbol{A}-\boldsymbol{E})^{-1}\boldsymbol{\alpha\alpha}^{\mathrm{T}}$.

因为

$$(\boldsymbol{A}-\boldsymbol{E})^{-1}=\frac{1}{2}\begin{pmatrix}-1&-1&1\\-1&-1&-1\\1&-1&-1\end{pmatrix},\quad \boldsymbol{\alpha\alpha}^{\mathrm{T}}=\begin{pmatrix}1&-1&1\\-1&1&-1\\1&-1&1\end{pmatrix},$$

所以

$$\boldsymbol{X}=\frac{1}{2}\begin{pmatrix}-1&-1&1\\-1&-1&-1\\1&-1&-1\end{pmatrix}\begin{pmatrix}1&-1&1\\-1&1&-1\\1&-1&1\end{pmatrix}=\frac{1}{2}\begin{pmatrix}1&-1&1\\-1&1&-1\\1&-1&1\end{pmatrix}.$$

40. 已知 $\boldsymbol{AP}=\boldsymbol{PB}$，其中 $\boldsymbol{B}=\begin{pmatrix}1&0&0\\0&0&1\\0&1&0\end{pmatrix}$，$\boldsymbol{P}=\begin{pmatrix}1&0&0\\2&-1&0\\2&1&1\end{pmatrix}$，求 $\boldsymbol{A}$ 及 $\boldsymbol{A}^n$，其中 n 是正整数.

解 由 $|\boldsymbol{P}|=-1\neq0$ 知 $\boldsymbol{P}$ 可逆，则 $\boldsymbol{A}=\boldsymbol{PBP}^{-1}$，而

$$\boldsymbol{P}^{-1}=\begin{pmatrix}1&0&0\\2&-1&0\\-4&1&1\end{pmatrix}.$$

所以

$$A=\begin{pmatrix}1&0&0\\2&-1&0\\2&1&1\end{pmatrix}\begin{pmatrix}1&0&0\\0&0&1\\0&1&0\end{pmatrix}\begin{pmatrix}1&0&0\\2&-1&0\\-4&1&1\end{pmatrix}=\begin{pmatrix}1&0&0\\6&-1&-1\\0&0&1\end{pmatrix}.$$

由于 $B^2=E$，所以

$$A^n=(PBP^{-1})(PBP^{-1})\cdots(PBP^{-1})=PB^nP^{-1}=\begin{cases}E, & 当\ n\ 为偶数,\\ A, & 当\ n\ 为奇数.\end{cases}$$

41. 设 $A=\begin{pmatrix}1&0&0\\1&0&1\\0&1&0\end{pmatrix}$，试证：当 $n\geqslant3$ 时，恒有 $A^n=A^{n-2}+A^2-E$，其中 n 为自然数，并利用它计算 A^{100}.

证 当 $n=3$ 时，由

$$A^3=A^2A=\begin{pmatrix}1&0&0\\1&0&1\\0&1&0\end{pmatrix}^2\begin{pmatrix}1&0&0\\1&0&1\\0&1&0\end{pmatrix}=\begin{pmatrix}1&0&0\\1&1&0\\1&0&1\end{pmatrix}\begin{pmatrix}1&0&0\\1&0&1\\0&1&0\end{pmatrix}=\begin{pmatrix}1&0&0\\2&0&1\\1&1&0\end{pmatrix},$$

$$A^{3-2}+A^2-E=\begin{pmatrix}1&0&0\\1&0&1\\0&1&0\end{pmatrix}+\begin{pmatrix}1&0&0\\1&1&0\\1&0&1\end{pmatrix}-\begin{pmatrix}1&0&0\\0&1&0\\0&0&1\end{pmatrix}=\begin{pmatrix}1&0&0\\2&0&1\\1&1&0\end{pmatrix},$$

知 $A^3=A^{3-2}+A^2-E$，即命题成立.

假设 $n=k$ 时命题成立，则当 $n=k+1$ 时，有

$$\begin{aligned}A^{k+1}&=A^kA=(A^{k-2}+A^2-E)A=A^{k-1}+A^3-A\\&=A^{(k+1)-2}+(A^{3-2}+A^2-E)-A=A^{(k+1)-2}+A^2-E,\end{aligned}$$

命题也成立，故当 $n\geqslant3$ 时，等式 $A^n=A^{n-2}+A^2-E$ 恒成立.

$$\begin{aligned}A^{100}&=A^{98}+A^2-E=A^{96}+2A^2-2E=\cdots=50A^2-49E\\&=50\begin{pmatrix}1&0&0\\1&1&0\\1&0&1\end{pmatrix}-49\begin{pmatrix}1&0&0\\0&0&1\\0&0&1\end{pmatrix}=\begin{pmatrix}1&0&0\\50&1&0\\50&0&1\end{pmatrix}.\end{aligned}$$

42. 求下列矩阵的秩：

(1) $\begin{pmatrix}1&1&-1\\3&4&-2\\2&4&0\\0&1&1\end{pmatrix}$.

解 $A=\begin{pmatrix}1&1&-1\\3&4&-2\\2&4&0\\0&1&1\end{pmatrix}\xrightarrow[r_3-2r_1]{r_2-3r_1}\begin{pmatrix}1&1&-1\\0&1&1\\0&2&2\\0&1&1\end{pmatrix}\xrightarrow[r_4-r_2]{r_3-2r_2}\begin{pmatrix}1&1&-1\\0&1&1\\0&0&0\\0&0&0\end{pmatrix}$,

所以 $r(\boldsymbol{A})=2$.

(2) $\begin{pmatrix}1 & -1 & 2 & 1 & 0\\ 2 & -2 & 4 & -2 & 0\\ 3 & 0 & 6 & -1 & 1\\ 0 & 3 & 0 & 0 & 1\end{pmatrix}$.

解 $$\boldsymbol{A}=\begin{pmatrix}1 & -1 & 2 & 1 & 0\\ 2 & -2 & 4 & -2 & 0\\ 3 & 0 & 6 & -1 & 1\\ 0 & 3 & 0 & 0 & 1\end{pmatrix}\xrightarrow[r_3-3r_1]{r_2-2r_1}\begin{pmatrix}1 & -1 & 2 & 1 & 0\\ 0 & 0 & 0 & -4 & 0\\ 0 & 3 & 0 & -4 & 1\\ 0 & 3 & 0 & 0 & 1\end{pmatrix}$$

$$\xrightarrow[r_3\leftrightarrow r_4]{r_2\leftrightarrow r_3}\begin{pmatrix}1 & -1 & 2 & 1 & 0\\ 0 & 3 & 0 & -4 & 1\\ 0 & 3 & 0 & 0 & 1\\ 0 & 0 & 0 & -4 & 0\end{pmatrix}\xrightarrow{r_3-r_2}\begin{pmatrix}1 & -1 & 2 & 1 & 0\\ 0 & 3 & 0 & -4 & 1\\ 0 & 0 & 0 & 4 & 0\\ 0 & 0 & 0 & -4 & 0\end{pmatrix}$$

$$\xrightarrow{r_4+r_3}\begin{pmatrix}1 & -1 & 2 & 1 & 0\\ 0 & 3 & 0 & -4 & 1\\ 0 & 0 & 0 & 4 & 0\\ 0 & 0 & 0 & 0 & 0\end{pmatrix},$$

所以 $r(\boldsymbol{A})=3$.

(3) $\begin{pmatrix}0 & 1 & 1 & -1 & 2\\ 0 & 2 & -2 & -2 & 0\\ 0 & -1 & -1 & 1 & 1\\ 1 & 1 & 0 & 1 & -1\end{pmatrix}$.

解 取 $\boldsymbol{A}=\begin{pmatrix}1 & 1 & -1 & 2\\ 2 & -2 & -2 & 0\\ -1 & -1 & 1 & 1\\ 1 & 0 & 1 & -1\end{pmatrix}$,则 $|\boldsymbol{A}|$ 是所给矩阵的一个 4 阶子式,注意到 $|\boldsymbol{A}|=24\neq 0$,所以所给矩阵的秩至少为 4. 又因为它只有 4 行,所以它的秩至多为 4,因此,所给矩阵的秩为 4.

43. 设 $\boldsymbol{A}$ 是 n 阶矩阵,$r(\boldsymbol{A})=1$. 证明:

(1) $\boldsymbol{A}=\begin{pmatrix}a_1\\ a_2\\ \vdots\\ a_n\end{pmatrix}(b_1,b_2,\cdots,b_n)$;

(2)$\boldsymbol{A}^2=k\boldsymbol{A}$,其中 k 是 $\boldsymbol{A}$ 的主对角线元素之和.

证 (1) 因 $r(\boldsymbol{A})=1$,则 $\boldsymbol{A}$ 中至少有一行不全为零,而其余各行都是它的倍数.于是可设

$$\boldsymbol{A}=\begin{pmatrix} a_1b_1 & a_1b_2 & \cdots & a_1b_n \\ a_2b_1 & a_2b_2 & \cdots & a_2b_n \\ \vdots & \vdots & & \vdots \\ a_nb_1 & a_nb_2 & \cdots & a_nb_n \end{pmatrix},$$

由此即知 $\boldsymbol{A}=\begin{pmatrix} a_1 \\ a_2 \\ \vdots \\ a_n \end{pmatrix}(b_1,b_2,\cdots,b_n)$.

$$(2)\boldsymbol{A}^2=\begin{pmatrix} a_1 \\ a_2 \\ \vdots \\ a_n \end{pmatrix}(b_1,b_2,\cdots,b_n)\begin{pmatrix} a_1 \\ a_2 \\ \vdots \\ a_n \end{pmatrix}(b_1,b_2,\cdots,b_n)$$

$$=\begin{pmatrix} a_1 \\ a_2 \\ \vdots \\ a_n \end{pmatrix}k(b_1,b_2,\cdots,b_n)=k\begin{pmatrix} a_1 \\ a_2 \\ \vdots \\ a_n \end{pmatrix}(b_1,b_2,\cdots,b_n),$$

其中 $k=a_1b_1+a_2b_2+\cdots+a_nb_n$.

44. 设 $\boldsymbol{A}$ 是 $m\times n$ 矩阵,$\boldsymbol{B}$ 是 $\boldsymbol{A}$ 的前 s 行构成的 $s\times n$ 矩阵.证明:$r(\boldsymbol{B})\geqslant r(\boldsymbol{A})+s-m$.

证 考虑 $\boldsymbol{A}$ 去掉 $\boldsymbol{B}$ 剩下的 $m-s$ 行,我们记为 $\boldsymbol{C}$,则 $r(\boldsymbol{C})\leqslant m-s$.而 $r(\boldsymbol{A})\leqslant r(\boldsymbol{C})+r(\boldsymbol{B})$,因此 $r(\boldsymbol{A})-r(\boldsymbol{B})\leqslant m-s$,即 $r(\boldsymbol{B})\geqslant r(\boldsymbol{A})+s-m$.

45. 设 $\boldsymbol{A}$, $\boldsymbol{B}$ 都是 $m\times n$ 矩阵.证明:$\boldsymbol{A}$ 与 $\boldsymbol{B}$ 等价的充分必要条件是 $r(\boldsymbol{A})=r(\boldsymbol{B})$.

证 先证必要性.如果 $\boldsymbol{A}$ 与 $\boldsymbol{B}$ 等价,则存在可逆阵 $\boldsymbol{P}$, $\boldsymbol{Q}$,使得 $\boldsymbol{A}=\boldsymbol{PBQ}$,所以 $r(\boldsymbol{A})=r(\boldsymbol{B})$.

再证充分性.因为 $r(\boldsymbol{A})=r(\boldsymbol{B})=r$,依题设得

$$\boldsymbol{A}\cong\begin{pmatrix} \boldsymbol{E}_r & \boldsymbol{O} \\ \boldsymbol{O} & \boldsymbol{O} \end{pmatrix}_{m\times n},\quad \boldsymbol{B}\cong\begin{pmatrix} \boldsymbol{E}_r & \boldsymbol{O} \\ \boldsymbol{O} & \boldsymbol{O} \end{pmatrix}_{m\times n},$$

故由等价的对称性和传递性得 $\boldsymbol{A}\cong\boldsymbol{B}$.

46. 已知 $\boldsymbol{A}$, $\boldsymbol{B}$ 皆为 n 阶方阵,且 $\boldsymbol{AB}=\boldsymbol{O}$. 若 $\boldsymbol{A}$ 给定,证明必存在满足题设的矩阵 $\boldsymbol{B}$ 使 $r(\boldsymbol{A})+r(\boldsymbol{B})=k$, 其中 k 满足 $r(\boldsymbol{A})\leqslant k\leqslant n$.

证 设 $r(\boldsymbol{A})=r$, 则存在可逆矩阵 $\boldsymbol{P}$, $\boldsymbol{Q}$ 使得

$$PAQ=\begin{pmatrix} E_r & \\ & O \end{pmatrix},\text{ 即 } A=P^{-1}\begin{pmatrix} E_r & \\ & O \end{pmatrix}Q^{-1}.$$

对于 $r\leqslant k\leqslant n$ 的 k，取 $B=Q\begin{pmatrix} O & & \\ & E_{k-r} & \\ & & O \end{pmatrix}P$，显然 $r(B)=k-r$. 此时

$$AB=P^{-1}\begin{pmatrix} E_r & \\ & O \end{pmatrix}Q^{-1}Q\begin{pmatrix} O & & \\ & E_{k-r} & \\ & & O \end{pmatrix}P=O,$$

且 $r(A)+r(B)=r+(n-k)=k$.

(B)

一、填空题

1. 设 A 为 4×3 矩阵，且 $A^{T}A=\begin{pmatrix} 4 & -3 & 4 \\ a & 5 & b \\ c & 2 & 8 \end{pmatrix}$，则 $a=$ __-3__，$b=$ __2__，$c=$ __4__.

解 由 $(A^{T}A)^{T}=A^{T}(A^{T})^{T}=A^{T}A$ 知 $A^{T}A$ 是对称矩阵，故 $a=-3,b=2,c=4$.

2. 设 n 维行向量 $\alpha=\left(\frac{1}{2},0,\cdots,0,\frac{1}{2}\right)$，矩阵 $A=E-\alpha^{T}\alpha$，$B=E+2\alpha^{T}\alpha$，其中 E 为 n 阶单位矩阵，则 $AB=$ __E__.

解
$$\begin{aligned} AB&=(E-\alpha^{T}\alpha)(E+2\alpha^{T}\alpha)=E+\alpha^{T}\alpha-2\alpha^{T}\alpha\alpha^{T}\alpha=E\\ &=E+(1-2\alpha\alpha^{T})\alpha^{T}\alpha=E+\left(1-2\times\frac{1}{2}\right)\alpha^{T}\alpha=E. \end{aligned}$$

注 设 $\alpha=(a_1,a_2,\cdots,a_n)$，$\beta=(b_1,b_2,\cdots,b_n)$，则

$$\alpha^{T}\beta=\begin{pmatrix} a_1 \\ a_2 \\ \vdots \\ a_n \end{pmatrix}(b_1,b_2,\cdots,b_n)=\begin{pmatrix} a_1b_1 & a_1b_2 & \cdots & a_1b_n \\ a_2b_1 & a_2b_2 & \cdots & a_2b_n \\ \vdots & \vdots & & \vdots \\ a_nb_1 & a_nb_2 & \cdots & a_nb_n \end{pmatrix},$$

$$\beta\alpha^{T}=(b_1,b_2,\cdots,b_n)\begin{pmatrix} a_1 \\ a_2 \\ \vdots \\ a_n \end{pmatrix}=a_1b_1+a_2b_2+\cdots+a_nb_n.$$

注意：$\alpha^{T}\beta$ 是 $n\times n$ 矩阵，而 $\beta\alpha^{T}$ 是一个数，且等于其主对角线上元素之和.

3. 设 $A=\begin{pmatrix} 1 & -1 & 1 \\ 1 & 2 & 3 \end{pmatrix}$，$A^{T}$ 为 A 的转置矩阵，则行列式 $|A^{T}A|=$ __0__.

解 由 $\boldsymbol{A}$ 是 2×3 矩阵，知 $\boldsymbol{A}^{\mathrm{T}}\boldsymbol{A}$ 是 3 阶矩阵，而 $r(\boldsymbol{A}^{\mathrm{T}}\boldsymbol{A})\leqslant r(\boldsymbol{A})\leqslant 2$，故 $|\boldsymbol{A}^{\mathrm{T}}\boldsymbol{A}|=0$.

4. 设 $\boldsymbol{A},\boldsymbol{B}$ 为 n 阶矩阵，满足 $\boldsymbol{A}\boldsymbol{A}^{\mathrm{T}}=\boldsymbol{E},\boldsymbol{B}\boldsymbol{B}^{\mathrm{T}}=\boldsymbol{E}$，且 $|\boldsymbol{A}|+|\boldsymbol{B}|=0$，则 $|\boldsymbol{A}+\boldsymbol{B}|=$ __0__.

解 由

$$\begin{aligned}|\boldsymbol{A}+\boldsymbol{B}|&=|\boldsymbol{A}\boldsymbol{B}^{\mathrm{T}}\boldsymbol{B}+\boldsymbol{A}\boldsymbol{A}^{\mathrm{T}}\boldsymbol{B}|=|\boldsymbol{A}(\boldsymbol{B}^{\mathrm{T}}+\boldsymbol{A}^{\mathrm{T}})\boldsymbol{B}|=|\boldsymbol{A}(\boldsymbol{A}+\boldsymbol{B})^{\mathrm{T}}\boldsymbol{B}|\\&=|\boldsymbol{A}||(\boldsymbol{A}+\boldsymbol{B})^{\mathrm{T}}||\boldsymbol{B}|=|\boldsymbol{A}||\boldsymbol{A}+\boldsymbol{B}||\boldsymbol{B}|\end{aligned}$$

得 $(1-|\boldsymbol{A}||\boldsymbol{B}|)|\boldsymbol{A}+\boldsymbol{B}|=0$.

由 $\boldsymbol{A}\boldsymbol{A}^{\mathrm{T}}=\boldsymbol{E},\boldsymbol{B}\boldsymbol{B}^{\mathrm{T}}=\boldsymbol{E}$ 得 $|\boldsymbol{A}|=\pm1,|\boldsymbol{B}|=\pm1$；再由 $|\boldsymbol{A}|+|\boldsymbol{B}|=0$ 可知 $|\boldsymbol{A}||\boldsymbol{B}|=-1$，从而 $1-|\boldsymbol{A}||\boldsymbol{B}|=2\neq0$，所以 $|\boldsymbol{A}+\boldsymbol{B}|=0$.

5. 设 4 阶矩阵 $\boldsymbol{A}=(\boldsymbol{\alpha},\boldsymbol{\gamma}_1,\boldsymbol{\gamma}_2,\boldsymbol{\gamma}_3),\boldsymbol{B}=(\boldsymbol{\beta},\boldsymbol{\gamma}_1,\boldsymbol{\gamma}_2,\boldsymbol{\gamma}_3)$，其中 $\boldsymbol{\alpha},\boldsymbol{\beta},\boldsymbol{\gamma}_1,\boldsymbol{\gamma}_2,\boldsymbol{\gamma}_3$ 均为 4 维列向量，且已知 $|\boldsymbol{A}|=4,|\boldsymbol{B}|=1$，则 $|\boldsymbol{A}+\boldsymbol{B}|=$ __40__.

解
$$\begin{aligned}|\boldsymbol{A}+\boldsymbol{B}|&=|\boldsymbol{\alpha}+\boldsymbol{\beta},2\boldsymbol{\gamma}_1,2\boldsymbol{\gamma}_2,2\boldsymbol{\gamma}_3|=2^3|\boldsymbol{\alpha}+\boldsymbol{\beta},\boldsymbol{\gamma}_1,\boldsymbol{\gamma}_2,\boldsymbol{\gamma}_3|\\&=8(|\boldsymbol{A}|+|\boldsymbol{B}|)=8(4+1)=40.\end{aligned}$$

6. 设 3 阶矩阵 $\boldsymbol{A}=(\boldsymbol{\alpha}_1,\boldsymbol{\alpha}_2,\boldsymbol{\alpha}_3),\boldsymbol{B}=(\boldsymbol{\alpha}_1+\boldsymbol{\alpha}_3,\boldsymbol{\alpha}_1+2\boldsymbol{\alpha}_2,\boldsymbol{\alpha}_2-2\boldsymbol{\alpha}_3)$. 若 $|\boldsymbol{A}|=-1$，则 $|\boldsymbol{B}|=$ __3__.

解
$$\boldsymbol{B}=(\boldsymbol{\alpha}_1+\boldsymbol{\alpha}_3,\boldsymbol{\alpha}_1+2\boldsymbol{\alpha}_2,\boldsymbol{\alpha}_2-2\boldsymbol{\alpha}_3)=(\boldsymbol{\alpha}_1,\boldsymbol{\alpha}_2,\boldsymbol{\alpha}_3)\begin{pmatrix}1&1&0\\0&2&1\\1&0&-2\end{pmatrix}=\boldsymbol{A}\begin{pmatrix}1&1&0\\0&2&1\\1&0&-2\end{pmatrix},$$

$$|\boldsymbol{B}|=|\boldsymbol{A}|\begin{vmatrix}1&1&0\\0&2&1\\1&0&-2\end{vmatrix}=-1\times(-3)=3.$$

7. 已知矩阵 $\boldsymbol{A}=\begin{pmatrix}1&1&0\\0&1&0\\0&0&1\end{pmatrix}$，则 $(\boldsymbol{A}^2+\boldsymbol{A}+\boldsymbol{E})^{-1}$ 的行列式的值为 __$\dfrac{1}{27}$__.

解
$$\boldsymbol{A}^2=\begin{pmatrix}1&1&0\\0&1&0\\0&0&1\end{pmatrix}\begin{pmatrix}1&1&0\\0&1&0\\0&0&1\end{pmatrix}=\begin{pmatrix}1&2&0\\0&1&0\\0&0&1\end{pmatrix},$$

$$\boldsymbol{A}^2+\boldsymbol{A}+\boldsymbol{E}=\begin{pmatrix}1&2&0\\0&1&0\\0&0&1\end{pmatrix}+\begin{pmatrix}1&1&0\\0&1&0\\0&0&1\end{pmatrix}+\begin{pmatrix}1&0&0\\0&1&0\\0&0&1\end{pmatrix}=\begin{pmatrix}3&3&0\\0&3&0\\0&0&3\end{pmatrix},$$

$$|\boldsymbol{A}^2+\boldsymbol{A}+\boldsymbol{E}|=\begin{vmatrix}3&3&0\\0&3&0\\0&0&3\end{vmatrix}=27,$$

$$|(\boldsymbol{A}^2+\boldsymbol{A}+\boldsymbol{E})^{-1}|=\frac{1}{|\boldsymbol{A}^2+\boldsymbol{A}+\boldsymbol{E}|}=\frac{1}{27}.$$

8. 设 2 维向量 $\boldsymbol{\alpha}_1, \boldsymbol{\alpha}_2, \boldsymbol{\beta}_1, \boldsymbol{\beta}_2$ 满足 $\boldsymbol{\beta}_1=2\boldsymbol{\alpha}_1+\boldsymbol{\alpha}_2, \boldsymbol{\beta}_2=-\boldsymbol{\alpha}_1+\boldsymbol{\alpha}_2$. 若行列式 $|\boldsymbol{\beta}_1, \boldsymbol{\beta}_2|=2$, 则 $|\boldsymbol{\alpha}_1, \boldsymbol{\alpha}_2|=$ $\underline{\dfrac{2}{3}}$.

解 由

$$2=|\boldsymbol{\beta}_1, \boldsymbol{\beta}_2|=|2\boldsymbol{\alpha}_1+\boldsymbol{\alpha}_2, -\boldsymbol{\alpha}_1+\boldsymbol{\alpha}_2|=\left|(\boldsymbol{\alpha}_1, \boldsymbol{\alpha}_2)\begin{pmatrix}2 & -1\\ 1 & 1\end{pmatrix}\right|=3|\boldsymbol{\alpha}_1, \boldsymbol{\alpha}_2|$$

解得 $|\boldsymbol{\alpha}_1, \boldsymbol{\alpha}_2|=\dfrac{2}{3}$.

9. 设 2 阶矩阵 $\boldsymbol{A}=(\boldsymbol{\alpha}, \boldsymbol{\beta}), \boldsymbol{B}=\boldsymbol{\alpha}\boldsymbol{\beta}^{\mathrm{T}}-\boldsymbol{\beta}\boldsymbol{\alpha}^{\mathrm{T}}$, 若 $\boldsymbol{A}$ 的行列式 $|\boldsymbol{A}|=-2$, 则 $|\boldsymbol{B}|=$ $\underline{\quad 4 \quad}$.

解 设 $\boldsymbol{\alpha}=\begin{pmatrix}x_1\\ x_2\end{pmatrix}, \boldsymbol{\beta}=\begin{pmatrix}y_1\\ y_2\end{pmatrix}$, 则有

$$|\boldsymbol{A}|=|\boldsymbol{\alpha}, \boldsymbol{\beta}|=\begin{vmatrix}x_1 & y_1\\ x_2 & y_2\end{vmatrix}=x_1y_2-x_2y_1=-2.$$

于是

$$\boldsymbol{B}=\begin{pmatrix}x_1\\ x_2\end{pmatrix}(y_1, y_2)-\begin{pmatrix}y_1\\ y_2\end{pmatrix}(x_1, x_2)=\begin{pmatrix}x_1y_1 & x_1y_2\\ x_2y_1 & x_2y_2\end{pmatrix}-\begin{pmatrix}x_1y_1 & x_2y_1\\ x_1y_2 & x_2y_2\end{pmatrix}$$

$$=\begin{pmatrix}0 & x_1y_2-x_2y_1\\ x_2y_1-x_1y_2 & 0\end{pmatrix}=\begin{pmatrix}0 & -2\\ 2 & 0\end{pmatrix},$$

$$|\boldsymbol{B}|=\begin{vmatrix}0 & -2\\ 2 & 0\end{vmatrix}=0-(-4)=4.$$

10. 设 $\boldsymbol{A}=\begin{pmatrix}1 & 0 & 1\\ 0 & 2 & 0\\ 0 & 0 & 1\end{pmatrix}$, 则 $(\boldsymbol{A}+3\boldsymbol{E})^{-1}(\boldsymbol{A}^2-9\boldsymbol{E})=$ $\underline{\begin{pmatrix}-2 & 0 & 1\\ 0 & -1 & 0\\ 0 & 0 & -2\end{pmatrix}}$.

解 原式 $=(\boldsymbol{A}+3\boldsymbol{E})^{-1}(\boldsymbol{A}+3\boldsymbol{E})(\boldsymbol{A}-3\boldsymbol{E})=\boldsymbol{A}-3\boldsymbol{E}=\begin{pmatrix}-2 & 0 & 1\\ 0 & -1 & 0\\ 0 & 0 & -2\end{pmatrix}$.

11. 设矩阵 $\boldsymbol{A}=\begin{pmatrix}0 & 0 & 1\\ 0 & 2 & 2\\ 1 & 1 & 2\end{pmatrix}$, 则 $\boldsymbol{A}^{-1}=$ $\underline{\begin{pmatrix}-1 & -\frac{1}{2} & 1\\ -1 & \frac{1}{2} & 0\\ 1 & 0 & 0\end{pmatrix}}$.

解

$$(\boldsymbol{A}\mid\boldsymbol{E})=\left(\begin{array}{ccc|ccc}0 & 0 & 1 & 1 & 0 & 0\\ 0 & 2 & 2 & 0 & 1 & 0\\ 1 & 1 & 2 & 0 & 0 & 1\end{array}\right)\xrightarrow{r_1\leftrightarrow r_3}\left(\begin{array}{cccccc}1 & 1 & 2 & 0 & 0 & 1\\ 0 & 2 & 2 & 0 & 1 & 0\\ 0 & 0 & 1 & 1 & 0 & 0\end{array}\right)$$

$$\xrightarrow[r_2-2r_3]{r_1-2r_3}\begin{pmatrix}1&1&0&-2&0&1\\0&2&0&-2&1&0\\0&0&1&1&0&0\end{pmatrix}\xrightarrow[r_2\div 2]{r_1-\frac{1}{2}r_2}\begin{pmatrix}1&0&0&-1&-\frac{1}{2}&1\\0&1&0&-1&\frac{1}{2}&0\\0&0&1&1&0&0\end{pmatrix},$$

所以 $\boldsymbol{A}^{-1}=\begin{pmatrix}-1&-\frac{1}{2}&1\\-1&\frac{1}{2}&0\\1&0&0\end{pmatrix}$.

12. 设矩阵 $\boldsymbol{A}=\begin{pmatrix}0&0&1\\0&1&0\\1&0&0\end{pmatrix}$，$\boldsymbol{C}=\begin{pmatrix}1&-1&0\\0&1&0\\0&0&1\end{pmatrix}$，$\boldsymbol{D}=\begin{pmatrix}1&2&3\\0&2&3\\0&0&3\end{pmatrix}$，且 3 阶矩阵 $\boldsymbol{B}$ 满足 $\boldsymbol{ABC}=\boldsymbol{D}$，则 $|\boldsymbol{B}^{-1}|=$ $\underline{-\frac{1}{6}}$.

解 对 $\boldsymbol{ABC}=\boldsymbol{D}$ 两边取行列式得 $|\boldsymbol{ABC}|=|\boldsymbol{D}|$，即 $|\boldsymbol{A}||\boldsymbol{B}||\boldsymbol{C}|=|\boldsymbol{D}|$. 而

$$|\boldsymbol{A}|=\begin{vmatrix}0&0&1\\0&1&0\\1&0&0\end{vmatrix}=-1,\ |\boldsymbol{C}|=\begin{vmatrix}1&-1&0\\0&1&0\\0&0&1\end{vmatrix}=1,\ |\boldsymbol{D}|=\begin{vmatrix}1&2&3\\0&2&3\\0&0&3\end{vmatrix}=6,$$

所以 $|\boldsymbol{B}|=-6$，$|\boldsymbol{B}^{-1}|=|\boldsymbol{B}|^{-1}=-\frac{1}{6}$.

13. 当 $\boldsymbol{A}=\begin{pmatrix}\frac{1}{2}&-\frac{\sqrt{3}}{2}\\\frac{\sqrt{3}}{2}&\frac{1}{2}\end{pmatrix}$ 时，$\boldsymbol{A}^6=\boldsymbol{E}$，求 $\boldsymbol{A}^{11}=$ $\underline{\frac{1}{2}\begin{pmatrix}1&\sqrt{3}\\-\sqrt{3}&1\end{pmatrix}}$.

解 由 $\boldsymbol{A}^6=\boldsymbol{E}$，得 $\boldsymbol{A}^{12}=\boldsymbol{A}^{11}\boldsymbol{A}=\boldsymbol{E}$，故 $\boldsymbol{A}^{11}=\boldsymbol{A}^{-1}=\frac{1}{2}\begin{pmatrix}1&\sqrt{3}\\-\sqrt{3}&1\end{pmatrix}$.

14. 设 $\boldsymbol{A}$，$\boldsymbol{B}$，$\boldsymbol{C}$ 均为 n 阶矩阵，且 $\boldsymbol{AB}=\boldsymbol{BC}=\boldsymbol{CA}=\boldsymbol{E}$，则 $\boldsymbol{A}^2+\boldsymbol{B}^2+\boldsymbol{C}^2=$ $\underline{3\boldsymbol{E}}$.

解 依题设可知 $\boldsymbol{A}$，$\boldsymbol{B}$，$\boldsymbol{C}$ 均可逆，且有 $\boldsymbol{A}^{-1}=\boldsymbol{B}=\boldsymbol{C}^{-1}=\boldsymbol{A}$，即 $\boldsymbol{B}=\boldsymbol{A}$. 同理可得 $\boldsymbol{C}=\boldsymbol{A}$. 于是

$$\boldsymbol{A}^2+\boldsymbol{B}^2+\boldsymbol{C}^2=3\boldsymbol{A}^2=3\boldsymbol{E}.$$

15. 设 $\boldsymbol{A}$ 为四阶矩阵，$\boldsymbol{A}^*$ 为 $\boldsymbol{A}$ 的伴随矩阵，已知 $|\boldsymbol{A}|=\frac{1}{3}$，则 $|(3\boldsymbol{A})^{-1}-3\boldsymbol{A}^*|=$ $\underline{\frac{16}{27}}$.

解　$|(3\boldsymbol{A})^{-1}-3\boldsymbol{A}^*|=\left|\frac{1}{3}\boldsymbol{A}^{-1}-3|\boldsymbol{A}|\boldsymbol{A}^{-1}\right|=\left|-\frac{2}{3}\boldsymbol{A}^{-1}\right|=\left(-\frac{2}{3}\right)^4|\boldsymbol{A}|^{-1}=\frac{16}{27}.$

16. 设 $\boldsymbol{A}$，$\boldsymbol{B}$ 均为 n 阶可逆矩阵，且 $(\boldsymbol{AB}-\boldsymbol{E})^{-1}=\boldsymbol{AB}-\boldsymbol{E}$，则 $\boldsymbol{AB}=$ __$2\boldsymbol{E}$__.

解　由 $(\boldsymbol{AB}-\boldsymbol{E})^{-1}=\boldsymbol{AB}-\boldsymbol{E}$ 知 $(\boldsymbol{AB}-\boldsymbol{E})(\boldsymbol{AB}-\boldsymbol{E})=\boldsymbol{E}$，由此得 $\boldsymbol{AB}(\boldsymbol{AB}-2\boldsymbol{E})=\boldsymbol{O}$. 又因为 $\boldsymbol{A}$，$\boldsymbol{B}$ 均可逆，所以 $\boldsymbol{AB}-2\boldsymbol{E}=\boldsymbol{O}$，即 $\boldsymbol{AB}=2\boldsymbol{E}$.

17. 设 $\boldsymbol{A}$，$\boldsymbol{B}$ 均为三阶方阵，$\boldsymbol{E}$ 为三阶单位矩阵，已知 $\boldsymbol{AB}=2\boldsymbol{A}+\boldsymbol{B}$，$\boldsymbol{B}=\begin{pmatrix}2&0&2\\0&4&0\\2&0&2\end{pmatrix}$，则 $(\boldsymbol{A}-\boldsymbol{E})^{-1}=$ __$\begin{pmatrix}0&0&1\\0&1&0\\1&0&0\end{pmatrix}$__.

解　由 $\boldsymbol{AB}=2\boldsymbol{A}+\boldsymbol{B}$ 有，$(\boldsymbol{A}-\boldsymbol{E})\boldsymbol{B}=2(\boldsymbol{A}-\boldsymbol{E})+2\boldsymbol{E}$，即 $\frac{1}{2}(\boldsymbol{B}-2\boldsymbol{E})(\boldsymbol{A}-\boldsymbol{E})=\boldsymbol{E}$，故

$$(\boldsymbol{A}-\boldsymbol{E})^{-1}=\frac{1}{2}(\boldsymbol{B}-2\boldsymbol{E})=\begin{pmatrix}0&0&1\\0&1&0\\1&0&0\end{pmatrix}.$$

18. 设 $\boldsymbol{ABA}=\boldsymbol{C}$，其中 $\boldsymbol{A}=\begin{pmatrix}1&0&0\\1&1&3\\0&1&-1\end{pmatrix}$，$\boldsymbol{C}=\begin{pmatrix}1&0&1\\0&1&0\\0&0&1\end{pmatrix}$，则 $\boldsymbol{B}$ 的伴随矩阵 $\boldsymbol{B}^*=$ __$\frac{1}{16}\begin{pmatrix}1&-1&1\\2&3&1\\1&0&4\end{pmatrix}$__.

解　显然矩阵 $\boldsymbol{C}$ 可逆，再由 $\boldsymbol{ABA}=\boldsymbol{C}$ 可知 $\boldsymbol{A}$ 和 $\boldsymbol{B}$ 都可逆，所以

$$\boldsymbol{B}^{-1}=(\boldsymbol{A}^{-1}\boldsymbol{CA}^{-1})^{-1}=\boldsymbol{AC}^{-1}\boldsymbol{A}$$
$$=\begin{pmatrix}1&0&0\\1&1&3\\0&1&-1\end{pmatrix}\begin{pmatrix}1&0&-1\\1&1&3\\0&1&-1\end{pmatrix}\begin{pmatrix}1&0&0\\1&1&3\\0&1&-1\end{pmatrix}=\begin{pmatrix}1&-1&1\\2&3&1\\1&0&4\end{pmatrix}.$$

$\boldsymbol{ABA}=\boldsymbol{C}$ 取行列式可得

$$|\boldsymbol{B}|=\frac{|\boldsymbol{C}|}{|\boldsymbol{A}|^2}=\frac{1}{16}.$$

从而

$$\boldsymbol{B}^*=|\boldsymbol{B}|\boldsymbol{B}^{-1}=\frac{1}{16}\begin{pmatrix}1&-1&1\\2&3&1\\1&0&4\end{pmatrix}.$$

19. 设 $\boldsymbol{A}=\begin{pmatrix}1&0&0&0\\1&1&0&0\\1&1&1&0\\1&1&1&1\end{pmatrix}$，则 $|\boldsymbol{A}|$ 中所有元素代数余子式之和等于 $\underline{\quad 1 \quad}$.

解　$|\boldsymbol{A}|$ 中所有元素代数余子式之和即为 $\boldsymbol{A}^*$ 中所有元素之和，而

$$\boldsymbol{A}^*=|\boldsymbol{A}|\boldsymbol{A}^{-1}=\begin{pmatrix}1&0&0&0\\1&1&0&0\\1&1&1&0\\1&1&1&1\end{pmatrix}^{-1}=\begin{pmatrix}1&0&0&0\\-1&1&0&0\\0&-1&1&0\\0&0&-1&1\end{pmatrix},$$

故所求之和等于 1.

20. 设 $\boldsymbol{A}=\begin{pmatrix}0&1&0&0\\0&0&\frac{1}{2}&0\\0&0&0&\frac{1}{3}\\\frac{1}{4}&0&0&0\end{pmatrix}$，那么行列式 $|\boldsymbol{A}|$ 所有元素的代数余子式之和为 $\underline{\quad -\frac{5}{12} \quad}$.

分析　由于 $\boldsymbol{A}^*=(A_{ij})^{\mathrm{T}}$，故只要能求出 $\boldsymbol{A}$ 的伴随矩阵，就可求出 $\sum A_{ij}$.

解　由分块矩阵求逆，有

$$\boldsymbol{A}^{-1}=\begin{pmatrix}0&1&0&0\\0&0&\frac{1}{2}&0\\0&0&0&\frac{1}{3}\\\frac{1}{4}&0&0&0\end{pmatrix}^{-1}=\begin{pmatrix}0&0&0&4\\1&0&0&0\\0&2&0&0\\0&0&3&0\end{pmatrix}.$$

又

$$\boldsymbol{A}^*=|\boldsymbol{A}|\boldsymbol{A}^{-1}=-\frac{1}{24}\begin{pmatrix}0&0&0&4\\1&0&0&0\\0&2&0&0\\0&0&3&0\end{pmatrix},$$

从而 $\sum A_{ij}=-\frac{1}{24}(1+2+3+4)=-\frac{5}{12}$.

21. $\begin{pmatrix}0&0&2&1\\0&0&1&1\\2&5&0&0\\1&3&0&0\end{pmatrix}^{-1}=$ $\underline{\begin{pmatrix}0&0&3&-5\\0&0&-1&2\\1&-1&0&0\\-1&2&0&0\end{pmatrix}}$.

解 $\begin{pmatrix}0&0&2&1\\0&0&1&1\\2&5&0&0\\1&3&0&0\end{pmatrix}^{-1}=\begin{pmatrix}\boldsymbol{O}&\boldsymbol{A}\\\boldsymbol{B}&\boldsymbol{O}\end{pmatrix}^{-1}=\begin{pmatrix}\boldsymbol{O}&\boldsymbol{B}^{-1}\\\boldsymbol{A}^{-1}&\boldsymbol{O}\end{pmatrix}=\begin{pmatrix}0&0&3&-5\\0&0&-1&2\\1&-1&0&0\\-1&2&0&0\end{pmatrix}$.

22. 设矩阵 $\boldsymbol{A}=\begin{pmatrix}1&1\\-1&2\end{pmatrix}$，$\boldsymbol{A}^*$ 是 $\boldsymbol{A}$ 的伴随矩阵. 将 $\boldsymbol{A}$ 的第 2 列加到第 1 列得矩阵 $\boldsymbol{B}$，则 $|\boldsymbol{A}^*\boldsymbol{B}|=$ $\underline{\quad 9 \quad}$.

解 令 $\boldsymbol{P}=\begin{pmatrix}1&0\\1&1\end{pmatrix}$，由题设：$\boldsymbol{B}=\boldsymbol{AP}$，则 $|\boldsymbol{A}^*\boldsymbol{B}|=|\boldsymbol{A}^*\boldsymbol{AP}|=||\boldsymbol{A}|\boldsymbol{E}||\boldsymbol{P}|=|\boldsymbol{A}|^2=9$.

23. $\begin{pmatrix}0&0&1\\0&1&0\\1&0&0\end{pmatrix}^9\begin{pmatrix}2&1&1\\3&1&2\\1&-1&0\end{pmatrix}\begin{pmatrix}0&0&1\\0&1&0\\1&0&0\end{pmatrix}^9=$ $\underline{\begin{pmatrix}0&-1&1\\2&1&3\\1&1&2\end{pmatrix}}$.

解 令 $\boldsymbol{P}=\begin{pmatrix}0&0&1\\0&1&0\\1&0&0\end{pmatrix}$，$\boldsymbol{A}=\begin{pmatrix}2&1&1\\3&1&2\\1&-1&0\end{pmatrix}$. 显然 $\boldsymbol{P}$ 是由单位矩阵 $\boldsymbol{E}$ 交换第一行和第三行所得到的初等矩阵，$\boldsymbol{PA}$ 即对 $\boldsymbol{A}$ 作相应的行变换：交换其第一行和第三行. $\boldsymbol{AP}$ 即对 $\boldsymbol{A}$ 作相应的列变换：交换其第一列和第三列. 注意到 $\boldsymbol{P}^2=\boldsymbol{E}$，则

$$\begin{pmatrix}0&0&1\\0&1&0\\1&0&0\end{pmatrix}^9\begin{pmatrix}2&1&1\\3&1&2\\1&-1&0\end{pmatrix}\begin{pmatrix}0&0&1\\0&1&0\\1&0&0\end{pmatrix}^9=\boldsymbol{P}^9\boldsymbol{AP}^9=\boldsymbol{PAP}=\begin{pmatrix}0&-1&1\\2&1&3\\1&1&2\end{pmatrix}.$$

24. 若矩阵 $\begin{pmatrix}1&-1&1\\2&3&0\\3&2&a\end{pmatrix}$ 与 $\begin{pmatrix}1&0&0\\0&1&0\\0&0&0\end{pmatrix}$ 等价，则 $a=$ $\underline{\quad 1 \quad}$.

解 设 $\boldsymbol{A}=\begin{pmatrix}1&-1&1\\2&3&0\\3&2&a\end{pmatrix}$，$\boldsymbol{B}=\begin{pmatrix}1&0&0\\0&1&0\\0&0&0\end{pmatrix}$. 由 $\boldsymbol{A}$ 与 $\boldsymbol{B}$ 等价知，$r(\boldsymbol{A})=r(\boldsymbol{B})=2$，即有

$$|\boldsymbol{A}|=\begin{vmatrix}1 & -1 & 1\\ 2 & 3 & 0\\ 3 & 2 & a\end{vmatrix}=0,$$

解得 $a=1$.

25. 设 $\boldsymbol{A}$ 为二阶非零矩阵，且满足 $\boldsymbol{A}^2=\boldsymbol{O}$，则 $r(\boldsymbol{A})=$ __1__.

解 由 $\boldsymbol{A}$ 为非零矩阵知 $r(\boldsymbol{A})\geqslant 1$；又由 $\boldsymbol{A}^2=\boldsymbol{O}$ 得 $|\boldsymbol{A}|=0$，即 $r(\boldsymbol{A})\leqslant 1$. 故 $r(\boldsymbol{A})=1$.

26. 已知矩阵 $\boldsymbol{A}=(a_{ij})_{3\times 3}$ 满足 $a_{11}\neq 0$，且 $a_{ij}=A_{ij}(i,j=1,2,3)$，其中 A_{ij} 是 a_{ij} 的代数余子式，则 $r(\boldsymbol{A})=$ __3__.

解 注意到 $a_{11}\neq 0$，则

$$|\boldsymbol{A}|=a_{11}A_{11}+a_{12}A_{12}+a_{13}A_{13}=a_{11}^2+a_{12}^2+a_{13}^2>0,$$

故 $r(\boldsymbol{A})=3$.

二、单项选择题

1. 设向量组 $\boldsymbol{\alpha}_1,\boldsymbol{\alpha}_2,\boldsymbol{\alpha}_3$ 为 3 维列向量，矩阵 $\boldsymbol{A}=(\boldsymbol{\alpha}_1,\boldsymbol{\alpha}_2,\boldsymbol{\alpha}_3)$，$\boldsymbol{B}=(\boldsymbol{\alpha}_2,2\boldsymbol{\alpha}_1+\boldsymbol{\alpha}_2,\boldsymbol{\alpha}_3)$. 若行列式 $|\boldsymbol{A}|=3$，则行列式 $|\boldsymbol{B}|=$（ **D** ）.

(A) 6　　(B) 3　　(C) -3　　(D) -6

解
$$\begin{aligned}|\boldsymbol{B}|&=|\boldsymbol{\alpha}_2,2\boldsymbol{\alpha}_1+\boldsymbol{\alpha}_2,\boldsymbol{\alpha}_3|=|\boldsymbol{\alpha}_2,2\boldsymbol{\alpha}_1,\boldsymbol{\alpha}_3|+|\boldsymbol{\alpha}_2,\boldsymbol{\alpha}_2,\boldsymbol{\alpha}_3|\\&=2|\boldsymbol{\alpha}_2,\boldsymbol{\alpha}_1,\boldsymbol{\alpha}_3|+0=-2|\boldsymbol{\alpha}_1,\boldsymbol{\alpha}_2,\boldsymbol{\alpha}_3|=-2\times 3=-6.\end{aligned}$$

2. 设 $\boldsymbol{A}$，$\boldsymbol{B}$ 都是 n 阶矩阵，$\boldsymbol{A}\neq\boldsymbol{O}$，且 $\boldsymbol{AB}=\boldsymbol{O}$，则（ **B** ）.

(A) $\boldsymbol{B}=\boldsymbol{O}$　　(B) $|\boldsymbol{B}|=0$ 或 $|\boldsymbol{A}|=0$

(C) $\boldsymbol{BA}=\boldsymbol{O}$　　(D) $(\boldsymbol{A}-\boldsymbol{B})^2=\boldsymbol{A}^2+\boldsymbol{B}^2$

解 $\boldsymbol{AB}=\boldsymbol{O}$ 两边取行列式仍相等，即 $|\boldsymbol{AB}|=|\boldsymbol{A}||\boldsymbol{B}|=0$，于是得 $|\boldsymbol{B}|=0$ 或 $|\boldsymbol{A}|=0$ 的结论，故选项 B 正确.

由于矩阵相乘不满足消去律，因此由 $\boldsymbol{AB}=\boldsymbol{O}$ 及 $\boldsymbol{A}\neq\boldsymbol{O}$ 得不到 $\boldsymbol{B}=\boldsymbol{O}$ 的结论，故选项 A 不正确.

由于矩阵相乘不满足交换律，因此由 $\boldsymbol{AB}=\boldsymbol{O}$ 推不出 $\boldsymbol{BA}=\boldsymbol{O}$，从而

$$(\boldsymbol{A}-\boldsymbol{B})^2=\boldsymbol{A}^2-\boldsymbol{AB}-\boldsymbol{BA}+\boldsymbol{B}^2=\boldsymbol{A}^2-\boldsymbol{BA}+\boldsymbol{B}^2\neq\boldsymbol{A}^2+\boldsymbol{B}^2,$$

故选项 C 与 D 也不正确.

3. 设 $\boldsymbol{A}$，$\boldsymbol{B}$ 都是 n 阶矩阵，以下各式不正确的是（ **A** ）.

(A) $|\boldsymbol{A}+\boldsymbol{B}|=|\boldsymbol{A}|+|\boldsymbol{B}|$　　(B) $|\boldsymbol{AB}^{\mathrm{T}}|=|\boldsymbol{A}||\boldsymbol{B}|$

(C) $||\boldsymbol{A}|\boldsymbol{B}|=|\boldsymbol{A}|^n|\boldsymbol{B}|$　　(D) $|\boldsymbol{A}+\boldsymbol{B}||\boldsymbol{A}-\boldsymbol{B}|=|\boldsymbol{A}-\boldsymbol{B}||\boldsymbol{A}+\boldsymbol{B}|$

解 $|\boldsymbol{A}+\boldsymbol{B}|=|\boldsymbol{A}|+|\boldsymbol{B}|$ 不正确. 例如

$$\boldsymbol{A}=\begin{pmatrix}1 & 0\\ 0 & 1\end{pmatrix},\quad |\boldsymbol{A}|=1,\quad \boldsymbol{B}=\begin{pmatrix}-1 & 0\\ 0 & -1\end{pmatrix},\quad |\boldsymbol{B}|=1,$$

而 $\boldsymbol{A}+\boldsymbol{B}=\begin{pmatrix}0 & 0\\0 & 0\end{pmatrix}$，$|\boldsymbol{A}+\boldsymbol{B}|=0$，$|\boldsymbol{A}|+|\boldsymbol{B}|=2$.

选项 B 中，$|\boldsymbol{A}\boldsymbol{B}^{\mathrm{T}}|=|\boldsymbol{A}||\boldsymbol{B}^{\mathrm{T}}|=|\boldsymbol{A}||\boldsymbol{B}|$.

选项 C 中，$||\boldsymbol{A}|\boldsymbol{B}|=|\boldsymbol{A}|^n|\boldsymbol{B}|$，因 $|\boldsymbol{A}|\boldsymbol{B}$ 相当于数乘 $\boldsymbol{B}$.

选项 D 中，$|\boldsymbol{A}+\boldsymbol{B}|$ 与 $|\boldsymbol{A}-\boldsymbol{B}|$ 为两个数，相乘可交换.

4. 已知 $\boldsymbol{x}$ 为 n 维单位向量，$\boldsymbol{x}^{\mathrm{T}}$ 为 $\boldsymbol{x}$ 的转置. 若 $\boldsymbol{C}=\boldsymbol{x}\boldsymbol{x}^{\mathrm{T}}$，则 $\boldsymbol{C}^2=$（ A ）.

(A)$\boldsymbol{C}$　　(B)$\pm\boldsymbol{C}$　　(C)1　　(D)$\boldsymbol{E}_n$

解　由于 $\boldsymbol{x}$ 为 n 维单位向量，所以 $\boldsymbol{x}^{\mathrm{T}}\boldsymbol{x}=1$，于是

$$\boldsymbol{C}^2=\boldsymbol{x}\boldsymbol{x}^{\mathrm{T}}\boldsymbol{x}\boldsymbol{x}^{\mathrm{T}}=\boldsymbol{x}(\boldsymbol{x}^{\mathrm{T}}\boldsymbol{x})\boldsymbol{x}^{\mathrm{T}}=\boldsymbol{x}\boldsymbol{x}^{\mathrm{T}}=\boldsymbol{C}.$$

5. 设 $\boldsymbol{A}$，$\boldsymbol{B}$ 都是 n 阶矩阵，$\boldsymbol{E}$ 是 n 阶单位矩阵，下列命题正确的是（ C ）.

(A)$(\boldsymbol{A}+\boldsymbol{B})^2=\boldsymbol{A}^2+2\boldsymbol{A}\boldsymbol{B}+\boldsymbol{B}^2$　　(B)$(\boldsymbol{A}+\boldsymbol{B})(\boldsymbol{A}-\boldsymbol{B})=\boldsymbol{A}^2-\boldsymbol{B}^2$

(C)$\boldsymbol{A}^2-\boldsymbol{E}=(\boldsymbol{A}+\boldsymbol{E})(\boldsymbol{A}-\boldsymbol{E})$　　(D)$(\boldsymbol{A}\boldsymbol{B})^3=\boldsymbol{A}^3\boldsymbol{B}^3$

解　注意到一般的 n 阶矩阵 $\boldsymbol{A}$，$\boldsymbol{B}$ 相乘是不满足交换律，即 $\boldsymbol{A}\boldsymbol{B}\neq\boldsymbol{B}\boldsymbol{A}$，但若其中一个是 $\boldsymbol{E}$，则满足交换律，即 $(\boldsymbol{A}+\boldsymbol{E})(\boldsymbol{A}-\boldsymbol{E})=\boldsymbol{A}^2-\boldsymbol{E}$. 故正确的选择应为 C.

6. 设 $\boldsymbol{A}$ 为 n 阶反对称矩阵，则必有（ C ）.

(A)$|\boldsymbol{A}|=0$　　(B)$|\boldsymbol{A}|>0$

(C)$\boldsymbol{A}+\boldsymbol{A}^{\mathrm{T}}=\boldsymbol{O}$　　(D)$\boldsymbol{A}^2$ 也是 n 阶反对称矩阵

解　由 $\boldsymbol{A}$ 为 n 阶反对称矩阵，即 $\boldsymbol{A}=-\boldsymbol{A}^{\mathrm{T}}$，立即可得 $A+A^{\mathrm{T}}=\boldsymbol{O}$. 而

$$(\boldsymbol{A}^2)^{\mathrm{T}}=(\boldsymbol{A}^{\mathrm{T}})^2=(-\boldsymbol{A})(-\boldsymbol{A})=\boldsymbol{A}^2,$$

即 $\boldsymbol{A}^2$ 是 n 阶对称矩阵.

7. 设 $\boldsymbol{A}$，$\boldsymbol{B}$，$\boldsymbol{C}$ 均是 n 阶矩阵，则下列结论中正确的是（ C ）.

(A) 若 $\boldsymbol{A}\neq\boldsymbol{B}$，则 $|\boldsymbol{A}|\neq|\boldsymbol{B}|$　　(B) 若 $\boldsymbol{A}=\boldsymbol{B}\boldsymbol{C}$，则 $\boldsymbol{A}^{\mathrm{T}}=\boldsymbol{B}^{\mathrm{T}}\boldsymbol{C}^{\mathrm{T}}$

(C) 若 $\boldsymbol{A}=\boldsymbol{B}\boldsymbol{C}$，则 $|\boldsymbol{A}|=|\boldsymbol{B}||\boldsymbol{C}|$　　(D) 若 $\boldsymbol{A}=\boldsymbol{B}+\boldsymbol{C}$，则 $|\boldsymbol{A}|\leqslant|\boldsymbol{B}|+|\boldsymbol{C}|$

解　取 $\boldsymbol{A}=\begin{pmatrix}1 & 0\\0 & 1\end{pmatrix}$，$\boldsymbol{B}=\begin{pmatrix}-1 & 0\\0 & -1\end{pmatrix}$，则 $\boldsymbol{A}\neq\boldsymbol{B}$，但 $|\boldsymbol{A}|=|\boldsymbol{B}|=1$，故选项 A 不对.

若 $\boldsymbol{A}=\boldsymbol{B}\boldsymbol{C}$，则 $\boldsymbol{A}^{\mathrm{T}}=\boldsymbol{C}^{\mathrm{T}}\boldsymbol{B}^{\mathrm{T}}$，而矩阵乘积是不能交换顺序的，故选项 B 不对.

取 $\boldsymbol{B}=\begin{pmatrix}1 & 0\\0 & 0\end{pmatrix}$，$\boldsymbol{C}=\begin{pmatrix}0 & 0\\0 & 1\end{pmatrix}$，则 $\boldsymbol{A}=\boldsymbol{B}+\boldsymbol{C}=\begin{pmatrix}1 & 0\\0 & 1\end{pmatrix}$，而 $|\boldsymbol{A}|=1$，$|\boldsymbol{B}|+|\boldsymbol{C}|=0$，故 $|\boldsymbol{A}|\leqslant|\boldsymbol{B}|+|\boldsymbol{C}|$ 不成立.

8. 已知 $\boldsymbol{A}$，$\boldsymbol{B}$，$\boldsymbol{C}$ 均为 n 阶可逆矩阵，且 $\boldsymbol{A}\boldsymbol{B}\boldsymbol{C}=\boldsymbol{E}$，则下面结论必定成立的是（ D ）.

(A)$\boldsymbol{A}\boldsymbol{C}\boldsymbol{B}=\boldsymbol{E}$　　(B)$\boldsymbol{C}\boldsymbol{B}\boldsymbol{A}=\boldsymbol{E}$　　(C)$\boldsymbol{B}\boldsymbol{A}\boldsymbol{C}=\boldsymbol{E}$　　(D)$\boldsymbol{B}\boldsymbol{C}\boldsymbol{A}=\boldsymbol{E}$

解法 1　由关系式 $\boldsymbol{A}\boldsymbol{B}\boldsymbol{C}=\boldsymbol{E}$ 知 $\boldsymbol{A}$ 是可逆的，在此等式两边左乘 $\boldsymbol{A}^{-1}$，同时右乘 $\boldsymbol{A}$ 得 $\boldsymbol{A}^{-1}(\boldsymbol{A}\boldsymbol{B}\boldsymbol{C})\boldsymbol{A}=\boldsymbol{A}^{-1}\boldsymbol{E}\boldsymbol{A}$，即 $\boldsymbol{B}\boldsymbol{C}\boldsymbol{A}=\boldsymbol{E}$.

解法 2　由 $\boldsymbol{A}\boldsymbol{B}\boldsymbol{C}=\boldsymbol{E}$ 可知 $\boldsymbol{A}$ 与 $\boldsymbol{B}\boldsymbol{C}$ 是互逆的，所以 $\boldsymbol{B}\boldsymbol{C}\boldsymbol{A}=\boldsymbol{E}$.

9. 已知 $\boldsymbol{A}$, $\boldsymbol{B}$, $\boldsymbol{C}$ 均为 n 阶矩阵，且 $\boldsymbol{AB}=\boldsymbol{BC}=\boldsymbol{CA}=\boldsymbol{E}$，则 $\boldsymbol{A}^2+\boldsymbol{B}^2+\boldsymbol{C}^2=$（　**B**　）.

(A)$3\boldsymbol{E}$　　(B)$2\boldsymbol{E}$　　(C)$\boldsymbol{E}$　　(D)$\boldsymbol{O}$

解　由 $\boldsymbol{AB}=\boldsymbol{E}$ 得 $\boldsymbol{A}^{-1}=\boldsymbol{B}$；由 $\boldsymbol{CA}=\boldsymbol{E}$ 得 $\boldsymbol{A}^{-1}=\boldsymbol{C}$，由于 $\boldsymbol{A}$ 的逆矩阵是唯一的，故 $\boldsymbol{B}=\boldsymbol{C}$. 同理可得 $\boldsymbol{A}=\boldsymbol{C}$，故 $\boldsymbol{A}=\boldsymbol{B}=\boldsymbol{C}$，即 $\boldsymbol{A}^{-1}=\boldsymbol{A}$，$\boldsymbol{B}^{-1}=\boldsymbol{B}$，$\boldsymbol{C}^{-1}=\boldsymbol{C}$. 因此 $\boldsymbol{A}^2=\boldsymbol{E}$，$\boldsymbol{B}^2=\boldsymbol{E}$，$\boldsymbol{C}^2=\boldsymbol{E}$，即 $\boldsymbol{A}^2+\boldsymbol{B}^2+\boldsymbol{C}^2=3\boldsymbol{E}$.

10. 设 $\boldsymbol{A}$, $\boldsymbol{B}$, $\boldsymbol{C}$ 均为 n 阶矩阵，则下列结论中不正确的是（　**D**　）.

(A)若 $\boldsymbol{ABC}=\boldsymbol{E}$，则 $\boldsymbol{A}$, $\boldsymbol{B}$, $\boldsymbol{C}$ 都可逆

(B)若 $\boldsymbol{AB}=\boldsymbol{AC}$，且 $\boldsymbol{A}$ 可逆，则 $\boldsymbol{B}=\boldsymbol{C}$

(C)若 $\boldsymbol{AB}=\boldsymbol{AC}$，且 $\boldsymbol{A}$ 可逆，则 $\boldsymbol{BA}=\boldsymbol{CA}$

(D)若 $\boldsymbol{AB}=\boldsymbol{O}$，且 $\boldsymbol{A}\neq\boldsymbol{O}$，则 $\boldsymbol{B}=\boldsymbol{O}$

解　(A)$\boldsymbol{ABC}=\boldsymbol{E}$ 两边取行列式，得 $|\boldsymbol{A}||\boldsymbol{B}||\boldsymbol{C}|=1$，则有 $|\boldsymbol{A}|\neq 0$，$|\boldsymbol{B}|\neq 0$，$|\boldsymbol{C}|\neq 0$，即 $\boldsymbol{A}$, $\boldsymbol{B}$, $\boldsymbol{C}$ 都可逆.

(B)若 $\boldsymbol{AB}=\boldsymbol{AC}$，且 $\boldsymbol{A}$ 可逆，则 $\boldsymbol{A}^{-1}(\boldsymbol{AB})=\boldsymbol{A}^{-1}(\boldsymbol{AC})$，即有 $\boldsymbol{B}=\boldsymbol{C}$.

(C)由(B)知 $\boldsymbol{B}=\boldsymbol{C}$，两边同时右乘 $\boldsymbol{A}$ 可得 $\boldsymbol{BA}=\boldsymbol{CA}$.

(D)取 $\boldsymbol{A}=\begin{pmatrix}1 & 1\\ 1 & 1\end{pmatrix}\neq\boldsymbol{O}$，$\boldsymbol{B}=\begin{pmatrix}-1 & 1\\ 1 & -1\end{pmatrix}$ 满足 $\boldsymbol{AB}=\boldsymbol{O}$，但 $\boldsymbol{B}\neq\boldsymbol{O}$.

11. 已知 n 阶矩阵 $\boldsymbol{A}$，$\boldsymbol{B}$，$\boldsymbol{C}$，其中 $\boldsymbol{B}$，$\boldsymbol{C}$ 均可逆，且 $2\boldsymbol{A}=\boldsymbol{AB}^{-1}+\boldsymbol{C}$，则 $\boldsymbol{A}=$（　**D**　）.

(A)$\boldsymbol{C}(2\boldsymbol{E}-\boldsymbol{B})$　　(B)$\boldsymbol{C}\left(\frac{1}{2}\boldsymbol{E}-\boldsymbol{B}\right)$

(C)$\boldsymbol{B}(2\boldsymbol{B}-\boldsymbol{E})^{-1}\boldsymbol{C}$　　(D)$\boldsymbol{C}(2\boldsymbol{B}-\boldsymbol{E})^{-1}\boldsymbol{B}$

解　由 $2\boldsymbol{A}=\boldsymbol{AB}^{-1}+\boldsymbol{C}$，得 $\boldsymbol{A}(2\boldsymbol{E}-\boldsymbol{B}^{-1})=\boldsymbol{C}$，则

$$\boldsymbol{A}=\boldsymbol{C}(2\boldsymbol{E}-\boldsymbol{B}^{-1})^{-1}=\boldsymbol{C}(\boldsymbol{B}^{-1}(2\boldsymbol{B}-\boldsymbol{E}))^{-1}=\boldsymbol{C}(2\boldsymbol{B}-\boldsymbol{E})^{-1}\boldsymbol{B}.$$

12. 设 $\boldsymbol{A}$ 为 3 阶矩阵，$\boldsymbol{E}$ 为 3 阶单位矩阵，且 $(\boldsymbol{A}-\boldsymbol{E})^{-1}=\boldsymbol{A}^2+\boldsymbol{A}+\boldsymbol{E}$，则 $\boldsymbol{A}$ 的行列式 $|\boldsymbol{A}|=$（　**B**　）.

(A)0　　(B)2　　(C)4　　(D)8

解　由 $(\boldsymbol{A}-\boldsymbol{E})^{-1}=\boldsymbol{A}^2+\boldsymbol{A}+\boldsymbol{E}$ 知 $\boldsymbol{E}=(\boldsymbol{A}-\boldsymbol{E})(\boldsymbol{A}^2+\boldsymbol{A}+\boldsymbol{E})$，即 $\boldsymbol{E}=\boldsymbol{A}^3-\boldsymbol{E}$，亦即 $\boldsymbol{A}^3=2\boldsymbol{E}$. 两边取行列式得：$|\boldsymbol{A}|^3=2^3$，从而 $|\boldsymbol{A}|=2$.

13. 设 $\boldsymbol{A}$ 为 n 阶矩阵，且满足 $\boldsymbol{A}^2+\boldsymbol{A}=\boldsymbol{O}$，则错误的结论是（　**B**　）.

(A)$\boldsymbol{A}+2\boldsymbol{E}$ 可逆　　(B)$\boldsymbol{A}+\boldsymbol{E}$ 可逆

(C)$\boldsymbol{A}-\boldsymbol{E}$ 可逆　　(D)$\boldsymbol{A}-2\boldsymbol{E}$ 可逆

解　由 $\boldsymbol{A}^2+\boldsymbol{A}=\boldsymbol{O}$ 得，$\boldsymbol{A}(\boldsymbol{A}+\boldsymbol{E})=\boldsymbol{O}$，两边取行列式得 $|\boldsymbol{A}||\boldsymbol{A}+\boldsymbol{E}|=0$，从而 $|\boldsymbol{A}|=0$ 或 $|\boldsymbol{A}+\boldsymbol{E}|=0$. 故肯定 $|\boldsymbol{A}+\boldsymbol{E}|\neq 0$，即 $\boldsymbol{A}+\boldsymbol{E}$ 可逆不正确.

由 $\boldsymbol{A}^2+\boldsymbol{A}=\boldsymbol{O}$ 可推出

$$(\boldsymbol{A}+2\boldsymbol{E})(\boldsymbol{A}-\boldsymbol{E})+2\boldsymbol{E}=\boldsymbol{O}，即(\boldsymbol{A}+2\boldsymbol{E})(\boldsymbol{A}-\boldsymbol{E})=-2\boldsymbol{E},$$

从而 $\boldsymbol{A}+2\boldsymbol{E}$ 与 $\boldsymbol{A}-\boldsymbol{E}$ 均可逆.

由 $\boldsymbol{A}^2+\boldsymbol{A}=\boldsymbol{O}$ 可推出

$$(\boldsymbol{A}-2\boldsymbol{E})(\boldsymbol{A}+3\boldsymbol{E})+6\boldsymbol{E}=\boldsymbol{O},\text{即}(\boldsymbol{A}-2\boldsymbol{E})(\boldsymbol{A}+3\boldsymbol{E})=-6\boldsymbol{E},$$

从而 $\boldsymbol{A}-2\boldsymbol{E}$ 也可逆.

14. 设 n 阶矩阵 $\boldsymbol{A}$，$\boldsymbol{B}$，$\boldsymbol{A}+\boldsymbol{B}$ 均可逆，则 $(\boldsymbol{A}^{-1}+\boldsymbol{B}^{-1})^{-1}=$(　**D**　).

(A) $\boldsymbol{A}+\boldsymbol{B}$　　(B) $(\boldsymbol{A}+\boldsymbol{B})^{-1}$

(C) $\boldsymbol{A}(\boldsymbol{A}+\boldsymbol{B})\boldsymbol{B}$　　(D) $\boldsymbol{B}(\boldsymbol{A}+\boldsymbol{B})^{-1}\boldsymbol{A}$

解　由 $\boldsymbol{A}^{-1}+\boldsymbol{B}^{-1}=\boldsymbol{A}^{-1}(\boldsymbol{E}+\boldsymbol{A}\boldsymbol{B}^{-1})=\boldsymbol{A}^{-1}(\boldsymbol{B}+\boldsymbol{A})\boldsymbol{B}^{-1}$，可知 $\boldsymbol{A}^{-1}+\boldsymbol{B}^{-1}$ 可逆，故 $(\boldsymbol{A}^{-1}+\boldsymbol{B}^{-1})^{-1}=[\boldsymbol{A}^{-1}(\boldsymbol{B}+\boldsymbol{A})\boldsymbol{B}^{-1}]^{-1}=(\boldsymbol{B}^{-1})^{-1}(\boldsymbol{B}+\boldsymbol{A})^{-1}(\boldsymbol{A}^{-1})^{-1}=\boldsymbol{B}(\boldsymbol{A}+\boldsymbol{B})^{-1}\boldsymbol{A}.$

15. 矩阵 $\begin{bmatrix}0&0&a\\0&b&0\\c&0&0\end{bmatrix}$ 的伴随矩阵是(　**B**　).

(A) $\begin{bmatrix}0&0&-bc\\0&-ac&0\\-ab&0&0\end{bmatrix}$　　(B) $\begin{bmatrix}0&0&-ab\\0&-ac&0\\-bc&0&0\end{bmatrix}$

(C) $\begin{bmatrix}0&0&-bc\\0&ac&0\\-ab&0&0\end{bmatrix}$　　(D) $\begin{bmatrix}0&0&-ab\\0&ac&0\\-bc&0&0\end{bmatrix}$

解　设 $\boldsymbol{A}=\begin{bmatrix}0&0&a\\0&b&0\\c&0&0\end{bmatrix}$，则

$$A_{11}=\begin{vmatrix}b&0\\0&0\end{vmatrix}=0,\quad A_{21}=-\begin{vmatrix}0&a\\0&0\end{vmatrix}=0,\quad A_{31}=\begin{vmatrix}0&a\\b&0\end{vmatrix}=-ab,$$

$$A_{12}=-\begin{vmatrix}0&0\\c&0\end{vmatrix}=0,\quad A_{22}=\begin{vmatrix}0&a\\c&0\end{vmatrix}=-ac,\quad A_{32}=-\begin{vmatrix}0&a\\0&0\end{vmatrix}=0,$$

$$A_{13}=\begin{vmatrix}0&b\\c&0\end{vmatrix}=-bc,\quad A_{23}=-\begin{vmatrix}0&0\\c&0\end{vmatrix}=0,\quad A_{33}=\begin{vmatrix}0&0\\0&b\end{vmatrix}=0.$$

所以

$$\boldsymbol{A}^*=\begin{bmatrix}A_{11}&A_{21}&A_{31}\\A_{12}&A_{22}&A_{32}\\A_{13}&A_{23}&A_{33}\end{bmatrix}=\begin{bmatrix}0&0&-ab\\0&-ac&0\\-bc&0&0\end{bmatrix}.$$

16. 设矩阵 $\boldsymbol{A}=\begin{pmatrix}a&b\\c&d\end{pmatrix}$，且 $ad-bc=1$，则 $\boldsymbol{A}^{-1}=$(　**A**　).

(A) $\begin{pmatrix} d & -b \\ -c & a \end{pmatrix}$ (B) $\begin{pmatrix} a & -b \\ -c & d \end{pmatrix}$

(C) $\begin{pmatrix} a & -c \\ -b & d \end{pmatrix}$ (D) $\begin{pmatrix} d & -c \\ -b & a \end{pmatrix}$

解 $\boldsymbol{A}^{-1} = \frac{1}{|\boldsymbol{A}|}\boldsymbol{A}^* = \frac{1}{ad-bc}\begin{pmatrix} d & -b \\ -c & a \end{pmatrix} = \begin{pmatrix} d & -b \\ -c & a \end{pmatrix}$.

17. 设 $\boldsymbol{A} = \begin{pmatrix} 1 & 0 & 0 \\ 0 & 2 & 0 \\ 0 & 0 & 3 \end{pmatrix}$，$\boldsymbol{B} = \begin{pmatrix} 1 & 1 & 0 \\ 1 & 2 & 2 \\ 0 & 1 & 3 \end{pmatrix}$，$\boldsymbol{C} = \boldsymbol{AB}^{-1}$，则矩阵 $\boldsymbol{C}^{-1}$ 中第 3 行第 2 列的元素是（ **B** ）.

(A) $\frac{1}{3}$ (B) $\frac{1}{2}$ (C) $-\frac{1}{3}$ (D) $-\frac{3}{2}$

解 $\boldsymbol{C}^{-1} = (\boldsymbol{AB}^{-1})^{-1} = \boldsymbol{BA}^{-1} = \begin{pmatrix} 1 & 1 & 0 \\ 1 & 2 & 2 \\ 0 & 1 & 3 \end{pmatrix}\begin{pmatrix} 1 & 0 & 0 \\ 0 & \frac{1}{2} & 0 \\ 0 & 0 & \frac{1}{3} \end{pmatrix} = \begin{pmatrix} * & * & * \\ * & * & * \\ * & \frac{1}{2} & * \end{pmatrix}$.

18. 已知矩阵 $\boldsymbol{A} = \begin{pmatrix} 1 & 1 & 1 & 1 \\ 3 & 2 & 1 & -2 \\ 0 & -1 & -2 & -5 \end{pmatrix}$，$\boldsymbol{B} = \begin{pmatrix} 1 & 0 & -1 & -4 \\ 0 & 1 & 2 & 5 \\ 0 & 0 & 0 & 0 \end{pmatrix}$. 若可逆矩阵 $\boldsymbol{P}$ 满足 $\boldsymbol{PA} = \boldsymbol{B}$，则 $\boldsymbol{P}$ 可以为（ **C** ）.

(A) $\begin{pmatrix} -2 & 1 & 0 \\ 3 & 1 & 0 \\ -3 & 1 & -1 \end{pmatrix}$ (B) $\begin{pmatrix} 1 & 0 & 0 \\ -3 & 1 & 0 \\ -3 & 1 & 1 \end{pmatrix}$

(C) $\begin{pmatrix} 1 & 0 & 1 \\ 0 & 0 & -1 \\ -3 & 1 & -1 \end{pmatrix}$ (D) $\begin{pmatrix} 1 & 1 & -3 \\ 0 & 1 & -1 \\ 0 & 0 & -1 \end{pmatrix}$

解法 1 由于 $\begin{pmatrix} -2 & 1 & 0 \\ 3 & 1 & 0 \\ -3 & 1 & -1 \end{pmatrix}\boldsymbol{A} = \begin{pmatrix} 1 & 0 & -1 & -4 \\ 6 & 5 & 4 & 1 \\ 0 & 0 & 0 & 0 \end{pmatrix} \neq \boldsymbol{B}$，所以排除选项 A.

由于 $\begin{pmatrix} 1 & 0 & 0 \\ -3 & 1 & 0 \\ -3 & 1 & 1 \end{pmatrix}\boldsymbol{A} = \begin{pmatrix} 1 & 1 & 1 & 1 \\ 0 & -1 & -2 & -5 \\ 0 & -2 & -4 & -10 \end{pmatrix} \neq \boldsymbol{B}$，所以排除选项 B.

由于$\begin{pmatrix}1&0&1\\0&0&-1\\-3&1&-1\end{pmatrix}\boldsymbol{A}=\begin{pmatrix}1&0&-1&-4\\0&1&2&5\\0&0&0&0\end{pmatrix}=\boldsymbol{B}$,所以选项 C 正确.

解法 2　由

$$(\boldsymbol{A}\vdots\boldsymbol{E})=\left(\begin{array}{cccc:ccc}1&1&1&1&1&0&0\\3&2&1&-2&0&1&0\\0&-1&-2&-5&0&0&1\end{array}\right)$$

$$\xrightarrow{r_2-3r_1}\left(\begin{array}{cccc:ccc}1&1&1&1&1&0&0\\0&-1&-2&-5&-3&1&0\\0&-1&-2&-5&0&0&1\end{array}\right)$$

$$\xrightarrow[r_2-r_3]{r_1+r_3}\left(\begin{array}{cccc:ccc}1&0&-1&-4&1&0&1\\0&0&0&0&-3&1&-1\\0&-1&-2&-5&0&0&1\end{array}\right)$$

$$\xrightarrow[r_2\times(-1)]{r_2\leftrightarrow r_3}\left(\begin{array}{cccc:ccc}1&0&-1&-4&1&0&1\\0&1&2&5&0&0&-1\\0&0&0&0&-3&1&-1\end{array}\right)=(\boldsymbol{B}\vdots\boldsymbol{P}),$$

可知$\boldsymbol{P}=\begin{pmatrix}1&0&1\\0&0&-1\\-3&1&-1\end{pmatrix}$或$\boldsymbol{P}=\begin{pmatrix}1&0&1\\0&0&-1\\3&-1&1\end{pmatrix}$.

19. 设$\boldsymbol{A}$为 3 阶矩阵,$\boldsymbol{E}$为 3 阶单位矩阵,且$(\boldsymbol{A}-\boldsymbol{E})^{-1}=\boldsymbol{A}^2+\boldsymbol{A}+\boldsymbol{E}$,则$\boldsymbol{A}$的行列式$|\boldsymbol{A}|=($ **B** $)$.

(A)0　　(B)2　　(C)4　　(D)8

解　由$(\boldsymbol{A}-\boldsymbol{E})^{-1}=\boldsymbol{A}^2+\boldsymbol{A}+\boldsymbol{E}$知$\boldsymbol{E}=(\boldsymbol{A}-\boldsymbol{E})(\boldsymbol{A}^2+\boldsymbol{A}+\boldsymbol{E})$,即$\boldsymbol{E}=\boldsymbol{A}^3-\boldsymbol{E}$,亦即$\boldsymbol{A}^3=2\boldsymbol{E}$. 两边取行列式得:$|\boldsymbol{A}|^3=2^3$,从而$|\boldsymbol{A}|=2$.

20. 设$\boldsymbol{A}=\begin{pmatrix}2&0&1\\0&3&0\\2&0&2\end{pmatrix}$,$\boldsymbol{B}=\begin{pmatrix}1&0&0\\0&-1&0\\0&0&0\end{pmatrix}$,若$\boldsymbol{X}$满足$\boldsymbol{AX}+2\boldsymbol{B}=\boldsymbol{BA}+2\boldsymbol{X}$,则$\boldsymbol{X}^4=$(**B**).

(A)$\begin{pmatrix}0&0&0\\1&0&0\\0&0&2\end{pmatrix}$　　(B)$\begin{pmatrix}0&0&0\\0&1&0\\0&0&1\end{pmatrix}$　　(C)$\begin{pmatrix}1&0&0\\0&1&0\\0&0&1\end{pmatrix}$　　(D)$\begin{pmatrix}1&0&0\\0&-1&0\\0&0&1\end{pmatrix}$

解　由已知$\boldsymbol{AX}+2\boldsymbol{B}=\boldsymbol{BA}+2\boldsymbol{X}$,得

$$\boldsymbol{AX}-2\boldsymbol{X}=\boldsymbol{BA}-2\boldsymbol{B},\text{即}(\boldsymbol{A}-2\boldsymbol{E})\boldsymbol{X}=\boldsymbol{B}(\boldsymbol{A}-2\boldsymbol{E}),$$

其中 $A-2E=\begin{pmatrix}0&0&1\\0&1&0\\2&0&0\end{pmatrix}$ 可逆，且 $(A-2E)^{-1}=\begin{pmatrix}0&0&\frac{1}{2}\\0&1&0\\1&0&0\end{pmatrix}$.

于是

$$X^4=(A-2E)^{-1}B^4(A-2E)$$
$$=\begin{pmatrix}0&0&\frac{1}{2}\\0&1&0\\1&0&0\end{pmatrix}\begin{pmatrix}1^4&0&0\\0&(-1)^4&0\\0&0&0^4\end{pmatrix}\begin{pmatrix}0&0&0\\0&1&0\\0&0&1\end{pmatrix}=\begin{pmatrix}0&0&0\\0&1&0\\0&0&1\end{pmatrix}.$$

21. 设 A 为 3 阶矩阵，A^* 为 A 的伴随矩阵，A 的行列式 $|A|=2$，则 $|-2A^*|=$（ A ）.

(A) -2^5 (B) -2^3 (C) 2^3 (D) 2^5

解 $|-2A^*|=(-2)^3|A^*|=(-2)^3|A|^{3-1}=(-2)^3\cdot 2^2=-2^5$.

22. 设 n 阶矩阵 A 非奇异（$n\geqslant 2$），A^* 是 A 的伴随矩阵，则下列结论错误的是（ C ）.

(A) $(A^*)^{\mathrm T}=(A^{\mathrm T})^*$ (B) $(A^{-1})^*=(A^*)^{-1}$

(C) $(kA)^*=k^nA^*$，k 为常数，且 $k\neq 0$ (D) $(A^*)^*=|A|^{n-2}A$

解 (A) $(A^*)^{\mathrm T}=(|A|A^{-1})^{\mathrm T}=|A|(A^{-1})^{\mathrm T}=|A^{\mathrm T}|(A^{\mathrm T})^{-1}=(A^{\mathrm T})^*$.

(B) $A^{-1}=\frac{1}{|A|}A^*$ 两边取逆得

$$(A^{-1})^{-1}=\left(\frac{1}{|A|}A^*\right)^{-1}=|A|(A^*)^{-1}\text{，即}(A^*)^{-1}=\frac{1}{|A|}A.$$

在 $A^{-1}=\frac{1}{|A|}A^*$ 中，用 A^{-1} 代换 A，得

$$A=\frac{1}{|A^{-1}|}(A^{-1})^*=|A|(A^{-1})^*\text{，即}(A^{-1})^*=\frac{1}{|A|}A.$$

由此即证得 $(A^{-1})^*=(A^*)^{-1}$.

(C) 设 $A=(a_{ij})_{n\times n}$，$(kA)^*=(b_{ij})_{n\times n}$，那么 b_{ij} 为行列式 $|kA|$ 中划去第 j 行和第 i 列的代数余子式（$n-1$ 阶行列式），若其中每行提出公因子 k 后，有 $b_{ij}=k^{n-1}A_{ji}$ $(i,j=1,2,\cdots,n)$. 由此可得 $(kA)^*=k^{n-1}A^*$.

(D) 伴随矩阵的基本关系式为 $AA^*=A^*A=|A|E$. 将 A^* 视为关系式中的矩阵 A，则有 $A^*(A^*)^*=|A^*|E$. 利用结果 $|A^*|=|A|^{n-1}$ 及 $(A^*)^{-1}=\frac{1}{|A|}A$，可得

$$(A^*)^*=|A^*|(A^*)^{-1}=|A|^{n-1}\frac{1}{|A|}A=|A|^{n-2}A.$$

注 $AA^*=A^*A=|A|E$，这是一个基本关系式，在证明中常用到. 值得注意的是，每一个矩阵 A，不论其是否可逆都有伴随矩阵 A^*，而且等式 $AA^*=A^*A=|A|E$ 不论 A 是

否可逆均成立，只是在 $\boldsymbol{A}$ 不可逆时 $\boldsymbol{A}\boldsymbol{A}^*=\boldsymbol{A}^*\boldsymbol{A}=\boldsymbol{O}$ 而已.

23. 设 n 阶矩阵 $\boldsymbol{A}$ 与 $\boldsymbol{B}$ 等价，则必有（ D ）.

(A)当 $|\boldsymbol{A}|=a(a\neq 0)$ 时，$|\boldsymbol{B}|=a$　　(B)当 $|\boldsymbol{A}|=a(a\neq 0)$ 时，$|\boldsymbol{B}|=-a$

(C)当 $|\boldsymbol{A}|\neq 0$ 时，$|\boldsymbol{B}|=0$　　(D)当 $|\boldsymbol{A}|=0$ 时，$|\boldsymbol{B}|=0$

解　矩阵 $\boldsymbol{A}$ 与 $\boldsymbol{B}$ 等价，由矩阵等价的定义，存在可逆矩阵 $\boldsymbol{P}$ 和 $\boldsymbol{Q}$ 使得 $\boldsymbol{A}=\boldsymbol{PBQ}$，两边取行列式，得 $|\boldsymbol{A}|=|\boldsymbol{P}|\cdot|\boldsymbol{B}|\cdot|\boldsymbol{Q}|$. 由矩阵 $\boldsymbol{P}$ 和 $\boldsymbol{Q}$ 可逆，有 $|\boldsymbol{P}|\cdot|\boldsymbol{Q}|\neq 0$，所以当 $|\boldsymbol{A}|=0$ 时，$|\boldsymbol{B}|=0$，即选(D). 也可根据 $\boldsymbol{A}$ 与 $\boldsymbol{B}$ 等价，当且仅当 $r(\boldsymbol{A})=r(\boldsymbol{B})$ 这一结论来考虑：当 $|\boldsymbol{A}|=0$ 时，$r(\boldsymbol{A})<n$，故 $r(\boldsymbol{B})<n$，即 $|\boldsymbol{B}|=0$，所以选(D). 还可以用排除法，由于 $2\boldsymbol{E}$ 与 $\boldsymbol{E}$ 等价，于是(A)，(B)，(C)不正确，即选(D).

24. 已知矩阵 $\boldsymbol{A}=\begin{pmatrix}1&1&1\\1&1&1\\1&1&1\end{pmatrix}$，$\boldsymbol{B}=\begin{pmatrix}0&0&1\\0&0&2\\0&0&3\end{pmatrix}$，则（ B ）.

(A) $\boldsymbol{A}$ 与 $\boldsymbol{B}$ 等价，$\boldsymbol{AB}=\boldsymbol{BA}$　　(B) $\boldsymbol{A}$ 与 $\boldsymbol{B}$ 等价，$\boldsymbol{AB}\neq\boldsymbol{BA}$

(C) $\boldsymbol{A}$ 与 $\boldsymbol{B}$ 不等价，$\boldsymbol{AB}=\boldsymbol{BA}$　　(D) $\boldsymbol{A}$ 与 $\boldsymbol{B}$ 不等价，$\boldsymbol{AB}\neq\boldsymbol{BA}$

解　易知 $r(\boldsymbol{A})=1=r(\boldsymbol{B})$，于是 $\boldsymbol{A}$ 与 $\boldsymbol{B}$ 等价. 而

$$\begin{pmatrix}0&0&6\\0&0&6\\0&0&6\end{pmatrix}=\boldsymbol{AB}\neq\boldsymbol{BA}=\begin{pmatrix}1&1&1\\2&2&2\\3&3&3\end{pmatrix}.$$

25. 设矩阵 $\boldsymbol{A}=\begin{pmatrix}1&2&1\\2&ab+4&2\\2&4&a+2\end{pmatrix}$ 的秩为 2，则（ C ）.

(A) $a=0,b=0$　　(B) $a=0,b\neq 0$

(C) $a\neq 0,b=0$　　(D) $a\neq 0,b\neq 0$

解　由于 $\boldsymbol{A}=\begin{pmatrix}1&2&1\\2&ab+4&2\\2&4&a+2\end{pmatrix}\to\begin{pmatrix}1&2&1\\0&ab&0\\0&0&a\end{pmatrix}$，而 $r(\boldsymbol{A})=2$，所以 $a\neq 0,b=0$.

26. 设 $\boldsymbol{A}=\begin{pmatrix}1&-1&2\\2&1&-3\\-1&-2&5\end{pmatrix}$，$\boldsymbol{B}=\begin{pmatrix}3&a&-2\\0&5&a\\0&0&-1\end{pmatrix}$，则 $r(\boldsymbol{AB}-\boldsymbol{A})=$（ D ）.

(A)0　　(B)1　　(C)2　　(D)3

解　由

$$|\boldsymbol{B}-\boldsymbol{E}|=\begin{vmatrix}2&a&-2\\0&4&a\\0&0&-2\end{vmatrix}=-8\neq 0$$

知 $\boldsymbol{B}-\boldsymbol{E}$ 可逆.

又

$$\boldsymbol{A}=\begin{pmatrix}1&-1&2\\2&1&-3\\-1&-2&5\end{pmatrix}\xrightarrow[r_3+r_1]{r_2-2r_1}\begin{pmatrix}1&-1&2\\0&3&-7\\0&-3&7\end{pmatrix},$$

则 $r(\boldsymbol{A})=3$.

于是

$$r(\boldsymbol{AB}-\boldsymbol{A})=r[\boldsymbol{A}(\boldsymbol{B}-\boldsymbol{E})]=r(\boldsymbol{A})=3.$$

27. 设矩阵 $\boldsymbol{A}=\begin{pmatrix}a_1b_1&a_1b_2&\cdots&a_1b_n\\a_2b_1&a_2b_2&\cdots&a_2b_n\\\vdots&\vdots&&\vdots\\a_nb_1&a_nb_2&\cdots&a_nb_n\end{pmatrix}(a_ib_i\neq0,i,j=1,2,\cdots,n)$,则矩阵 $\boldsymbol{A}$ 的秩为(**B**).

(A)0　　(B)1　　(C)n　　(D) 无法确定

解　设 $\boldsymbol{\alpha}=\begin{pmatrix}a_1\\a_2\\\vdots\\a_n\end{pmatrix},\boldsymbol{\beta}=\begin{pmatrix}b_1\\b_2\\\vdots\\b_n\end{pmatrix}$,则

$$\boldsymbol{A}=\begin{pmatrix}a_1b_1&a_1b_2&\cdots&a_1b_n\\a_2b_1&a_2b_2&\cdots&a_2b_n\\\vdots&\vdots&&\vdots\\a_nb_1&a_nb_2&\cdots&a_nb_n\end{pmatrix}=\begin{pmatrix}a_1\\a_2\\\vdots\\a_n\end{pmatrix}(b_1,b_2,\cdots,b_n)=\boldsymbol{\alpha\beta}^{\mathrm{T}}.$$

由 $r(\boldsymbol{A})=r(\boldsymbol{\alpha\beta}^{\mathrm{T}})\leqslant r(\boldsymbol{\alpha})\leqslant1$ 知,$\boldsymbol{A}$ 的秩要么是 0,要么是 1. 又 $\boldsymbol{A}$ 中有非零元素 $a_1b_1\neq0$,所以 $\boldsymbol{A}$ 的秩是 1.

28. 设 $\boldsymbol{A}$ 是 $m\times n$ 矩阵,$\boldsymbol{B}$ 是 $n\times m$ 矩阵,且 $m>n$,则(**A**).

(A) $|\boldsymbol{AB}|=0$　　(B) $|\boldsymbol{AB}|\neq0$

(C) $|\boldsymbol{BA}|=0$　　(D) $|\boldsymbol{BA}|\neq0$

解　由已知得 $\boldsymbol{AB}$ 是 m 阶矩阵,$\boldsymbol{BA}$ 是 n 阶矩阵,又 $m>n$,有 $r(\boldsymbol{A})\leqslant n$,故

$$r(\boldsymbol{AB})\leqslant r(\boldsymbol{A})\leqslant n<m,$$

因此必有 $|\boldsymbol{AB}|=0$,而 $r(\boldsymbol{BA})\leqslant r(\boldsymbol{A})\leqslant n$,不能判定 $r(\boldsymbol{BA})<n$ 还是 $r(\boldsymbol{BA})=n$.

29. 设 $\boldsymbol{P}$ 是三阶非零矩阵,满足 $\boldsymbol{PQ}=\boldsymbol{O}$,其中 $\boldsymbol{Q}=\begin{pmatrix}1&2&3\\-1&-2&t\\2&4&6\end{pmatrix}$,则(**A**).

(A)$t=-3$ 时,$r(\boldsymbol{P})=1$　　(B)$t=-3$ 时,$r(\boldsymbol{P})=2$

(C)$t\neq-3$ 时,$r(\boldsymbol{P})=1$　　(D)$t\neq-3$ 时,$r(\boldsymbol{P})=2$

解　由

$$\boldsymbol{Q}=\begin{pmatrix}1&2&3\\-1&-2&t\\2&4&6\end{pmatrix}\to\begin{pmatrix}1&2&3\\0&0&t+3\\0&0&0\end{pmatrix}$$

可知 $t=-3$ 时,$r(\boldsymbol{Q})=1$;$t\neq-3$ 时,$r(\boldsymbol{Q})=2$.

由已知 $\boldsymbol{PQ}=\boldsymbol{O}$ 得,$r(\boldsymbol{P})+r(\boldsymbol{Q})\leqslant 3$,从而 $r(\boldsymbol{P})\leqslant 3-r(\boldsymbol{Q})$. 又 $t\neq-3$ 时,$r(\boldsymbol{Q})=2$,此时,$r(\boldsymbol{P})\leqslant 3-2=1$,而 $\boldsymbol{P}\neq\boldsymbol{O}$,故 $r(\boldsymbol{P})\geqslant 1$. 所以此时 $r(\boldsymbol{P})=1$,即选项 C 正确,选项 D 不正确.

如果 $t=-3$,则 $r(\boldsymbol{Q})=1$,此时 $r(\boldsymbol{P})\leqslant 3-1=2$,故 $r(\boldsymbol{P})=1$ 或 $r(\boldsymbol{P})=2$. 所以选项 A 与选项 B 均有可能成立,但不能确定.

30. 设 $\boldsymbol{A}$ 是四阶矩阵,其伴随矩阵 $\boldsymbol{A}^*$ 的秩 $r(\boldsymbol{A}^*)=1$,则 $r(\boldsymbol{A})=$(　**C**　).

(A)1　　(B)2　　(C)3　　(D)4

解　因 $r(\boldsymbol{A}^*)=1$,则 $\boldsymbol{A}^*$ 中有非零元素,而 $\boldsymbol{A}^*$ 中每个元素都是 $\boldsymbol{A}$ 中元素的代数余子式,这说明 $\boldsymbol{A}$ 中存在三阶子式不为零,故 $r(\boldsymbol{A})\geqslant 3$,即 $r(\boldsymbol{A})=3$ 或 $r(\boldsymbol{A})=4$.

但若 $r(\boldsymbol{A})=4$,则四阶矩阵 $\boldsymbol{A}$ 的行列式 $|\boldsymbol{A}|\neq 0$,这样 $|\boldsymbol{A}^*|=|\boldsymbol{A}|^3\neq 0$,得 $r(\boldsymbol{A}^*)=4$,与题设 $r(\boldsymbol{A}^*)=1$ 矛盾!

31. 设矩阵

$$\boldsymbol{A}=\begin{pmatrix}a_{11}&a_{12}&a_{13}\\a_{21}&a_{22}&a_{23}\\a_{31}&a_{32}&a_{33}\end{pmatrix},\quad \boldsymbol{B}=\begin{pmatrix}a_{21}&a_{22}&a_{23}\\a_{11}&a_{12}&a_{13}\\a_{31}+a_{11}&a_{32}+a_{12}&a_{33}+a_{13}\end{pmatrix},$$

$$\boldsymbol{P}_1=\begin{pmatrix}0&1&0\\1&0&0\\0&0&1\end{pmatrix},\quad \boldsymbol{P}_2=\begin{pmatrix}1&0&0\\0&1&0\\1&0&1\end{pmatrix},$$

则必有(　**A**　).

(A)$\boldsymbol{P}_1\boldsymbol{P}_2\boldsymbol{A}=\boldsymbol{B}$　　(B)$\boldsymbol{P}_2\boldsymbol{P}_1\boldsymbol{A}=\boldsymbol{B}$

(C)$\boldsymbol{A}\boldsymbol{P}_1\boldsymbol{P}_2=\boldsymbol{B}$　　(D)$\boldsymbol{A}\boldsymbol{P}_2\boldsymbol{P}_1=\boldsymbol{B}$

解　$\boldsymbol{B}$ 可视为将 $\boldsymbol{A}$ 进行下列行变换:交换 $\boldsymbol{A}$ 的第一、二行,再将 $\boldsymbol{A}$ 的第二行加到第三行上,或者将 $\boldsymbol{A}$ 的第一行加到第三行上,再交换 $\boldsymbol{A}$ 的第一、二行,即 $\boldsymbol{P}_1\boldsymbol{P}_2\boldsymbol{A}=\boldsymbol{B}$.

32. 将二阶矩阵 $\boldsymbol{A}$ 的第 2 列加到第 1 列得矩阵 $\boldsymbol{B}$,再交换 $\boldsymbol{B}$ 的第 1 行与第 2 行得单位矩阵,则 $\boldsymbol{A}=$(　**D**　).

(A)$\begin{pmatrix}0&1\\1&1\end{pmatrix}$　　(B)$\begin{pmatrix}0&1\\1&-1\end{pmatrix}$　　(C)$\begin{pmatrix}1&1\\1&0\end{pmatrix}$　　(D)$\begin{pmatrix}-1&1\\1&0\end{pmatrix}$

解 由题设得

$$E=\begin{pmatrix}0&1\\1&0\end{pmatrix}B=\begin{pmatrix}0&1\\1&0\end{pmatrix}A\begin{pmatrix}1&0\\1&1\end{pmatrix},$$

所以

$$A=\begin{pmatrix}0&1\\1&0\end{pmatrix}^{-1}\begin{pmatrix}1&0\\1&1\end{pmatrix}^{-1}=\left[\begin{pmatrix}1&0\\1&0\end{pmatrix}\begin{pmatrix}0&1\\1&0\end{pmatrix}\right]^{-1}=\begin{pmatrix}0&1\\1&1\end{pmatrix}^{-1}=\begin{pmatrix}-1&1\\1&0\end{pmatrix}.$$

33. 设 A 为 2 阶可逆矩阵，A^* 为 A 的伴随矩阵，将 A 的第 1 行乘以 -1 得到矩阵 B，则（ **B** ）.

(A) A^{-1} 的第 1 行乘以 -1 得到矩阵 B^{-1}

(B) A^{-1} 的第 1 列乘以 -1 得到矩阵 B^{-1}

(C) A^* 的第 1 行乘以 -1 得到矩阵 B^*

(D) A^* 的第 1 列乘以 -1 得到矩阵 B^*

解 由题设知 $P_1(-1)A=B$，则

$$[P_1(-1)A]^{-1}=B^{-1}，即 A^{-1}[P_1(-1)]^{-1}=B^{-1}，亦即 A^{-1}P_1(-1)=B^{-1}.$$

由此可知选项(B)正确.

34. 设 A 为 n 阶可逆矩阵，A 的第二行乘以 2 为矩阵 B，则 A^{-1} 的（ **D** ）为 B^{-1}.

(A) 第二行乘以 2　　(B) 第二列乘以 2

(C) 第二行乘以 $\frac{1}{2}$　　(D) 第二列乘以 $\frac{1}{2}$

解 设 P 为 E 的第二行乘以 2 所得，即 $P=\begin{pmatrix}1&&&&\\&2&&&\\&&1&&\\&&&\ddots&\\&&&&1\end{pmatrix}$，那么 A 的第二行乘以 2 为矩阵 B 即为 $PA=B$.

易得 $P^{-1}=\begin{pmatrix}1&&&&\\&\frac{1}{2}&&&\\&&1&&\\&&&\ddots&\\&&&&1\end{pmatrix}$，在 $PA=B$ 两边取逆得 $A^{-1}P^{-1}=B^{-1}$，即 A^{-1} 的第二列乘以 $\frac{1}{2}$ 为 B^{-1}.

35. 将 3 阶矩阵 A 的第 1 行加到第 2 行得矩阵 B，再将 B 的第 1 列加到第 2 列得矩阵

C,令 $P=\begin{pmatrix}1&0&0\\1&1&0\\0&0&1\end{pmatrix}$,则(**B**).

(A)$C=PAP$ (B)$C=PAP^{\mathrm{T}}$ (C)$C=P^{\mathrm{T}}AP$ (D)$C=P^{\mathrm{T}}AP^{\mathrm{T}}$

解 对一矩阵作初等行(列)变换就相当于用相应的初等矩阵去左(右)乘这个矩阵.依题意,

$$A\xrightarrow{r_2+r_1}B\xrightarrow{c_2+c_1}C,$$

即 $B=PA$,$C=BP^{\mathrm{T}}$,也即 $C=PAP^{\mathrm{T}}$.

习题三全解

(A)

1.用高斯消元法解下列方程组:

(1) $\begin{cases}4x_1+2x_2-x_3=2,\\3x_1-2x_2+2x_3=10,\\11x_1+x_2=8.\end{cases}$

解 $\bar{A}=\left(\begin{array}{ccc:c}4&2&-1&2\\3&-2&2&10\\11&1&0&8\end{array}\right)\xrightarrow{r_1-r_2}\left(\begin{array}{ccc:c}1&4&-3&-8\\3&-2&2&10\\11&1&0&8\end{array}\right)$

$$\xrightarrow[r_3-11r_1]{r_2-3r_1}\left(\begin{array}{ccc:c}1&4&-3&-8\\0&-14&11&34\\0&-43&33&96\end{array}\right)\xrightarrow{-r_3+r_2}\left(\begin{array}{ccc:c}1&4&-3&-8\\0&-14&11&34\\0&1&0&6\end{array}\right)$$

$$\xrightarrow[r_3+14r_3]{r_2\leftrightarrow r_3}\left(\begin{array}{ccc:c}1&4&-3&-8\\0&1&0&6\\0&0&11&118\end{array}\right)\xrightarrow[r_1+3r_3]{\frac{1}{11}r_3}\left(\begin{array}{ccc:c}1&4&0&\frac{266}{11}\\0&1&0&6\\0&0&1&\frac{118}{11}\end{array}\right)$$

$$\xrightarrow{r_1-4r_2}\left(\begin{array}{ccc:c}1&0&0&\frac{2}{11}\\0&1&0&6\\0&0&1&\frac{118}{11}\end{array}\right).$$

由于 $r(\overline{\mathbf{A}})=r(\mathbf{A})=3$，所以方程组有唯一解 $\begin{cases} x_1=\dfrac{2}{11}, \\ x_2=6, \\ x_3=\dfrac{118}{11}. \end{cases}$

(2) $\begin{cases} 2x_1+3x_2+x_3=4, \\ x_1-2x_2+4x_3=-5, \\ 3x_1+8x_2-2x_3=13, \\ 4x_1-x_2+9x_3=-16. \end{cases}$

解 $\overline{\mathbf{A}}=\left(\begin{array}{ccc:c} 2 & 3 & 1 & 4 \\ 1 & -2 & 4 & -5 \\ 3 & 8 & -2 & 13 \\ 4 & -1 & 9 & -16 \end{array}\right) \xrightarrow{r_1 \leftrightarrow r_2} \left(\begin{array}{ccc:c} 1 & -2 & 4 & -5 \\ 2 & 3 & 1 & 4 \\ 3 & 8 & -2 & 13 \\ 4 & -1 & 9 & -16 \end{array}\right)$

$\xrightarrow[r_4-4r_1]{\substack{r_2-2r_1 \\ r_3-3r_1}} \left(\begin{array}{ccc:c} 1 & -2 & 4 & -5 \\ 0 & 7 & -7 & 14 \\ 0 & 14 & -14 & 28 \\ 0 & 7 & -7 & 4 \end{array}\right) \xrightarrow[r_4-r_2]{r_3-2r_2} \left(\begin{array}{ccc:c} 1 & -2 & 4 & -5 \\ 0 & 7 & -7 & 14 \\ 0 & 0 & 0 & 0 \\ 0 & 0 & 0 & -10 \end{array}\right)$

$\xrightarrow{r_3 \leftrightarrow r_4} \left(\begin{array}{ccc:c} 1 & -2 & 4 & -5 \\ 0 & 7 & -7 & 14 \\ 0 & 0 & 0 & -10 \\ 0 & 0 & 0 & 0 \end{array}\right),$

由于 $r(\overline{\mathbf{A}})=3\neq r(\mathbf{A})=2$，所以方程组无解.

(3) $\begin{cases} x_1+5x_2-x_3-x_4=-1, \\ x_1-2x_2+x_3+3x_4=3, \\ 3x_1+8x_2-x_3+x_4=1, \\ x_1-9x_2+3x_3+7x_4=7. \end{cases}$

解 $\overline{\mathbf{A}}=\left(\begin{array}{cccc:c} 1 & 5 & -1 & -1 & -1 \\ 1 & -2 & 1 & 3 & 3 \\ 3 & 8 & -1 & 1 & 1 \\ 1 & -9 & 3 & 7 & 7 \end{array}\right) \xrightarrow[r_4-r_1]{\substack{r_2-r_1 \\ r_3-3r_1}} \left(\begin{array}{cccc:c} 1 & 5 & -1 & -1 & -1 \\ 0 & -7 & 2 & 4 & 4 \\ 0 & -7 & 2 & 4 & 4 \\ 0 & -14 & 4 & 8 & 8 \end{array}\right)$

$$\xrightarrow[r_4-2r_2]{r_3-r_2}\left(\begin{array}{cccc:c}1&5&-1&-1&-1\\0&-7&2&4&4\\0&0&0&0&0\\0&0&0&0&0\end{array}\right)\to\left(\begin{array}{cccc:c}1&0&\frac{3}{7}&\frac{13}{7}&\frac{13}{7}\\0&1&-\frac{2}{7}&-\frac{4}{7}&-\frac{4}{7}\\0&0&0&0&0\\0&0&0&0&0\end{array}\right),$$

由于 $r(\bar{A})=r(A)=2<4$,于是方程组有无穷多个解：

$$\begin{cases}x_1=\frac{1}{7}(13-3x_3-13x_4),\\x_2=-\frac{1}{7}(4-2x_3-4x_4)\end{cases}\quad(x_3,x_4\text{ 为自由变量}).$$

(4) $\begin{cases}2x_1+x_2-x_3+x_4=1,\\4x_1+2x_2-2x_3+x_4=2,\\2x_1+x_2-x_3-x_4=1.\end{cases}$

解 $\bar{\boldsymbol{A}}=\left(\begin{array}{cccc:c}2&1&-1&1&1\\4&2&-2&1&2\\2&1&-1&-1&1\end{array}\right)\xrightarrow[r_3-r_1]{r_2-2r_1}\left(\begin{array}{cccc:c}2&1&-1&1&1\\0&0&0&-1&0\\0&0&0&-2&0\end{array}\right)$

$$\xrightarrow[-r_2]{r_3-2r_2}\left(\begin{array}{cccc:c}2&1&-1&1&1\\0&0&0&1&0\\0&0&0&0&0\end{array}\right)\to\left(\begin{array}{cccc:c}1&\frac{1}{2}&-\frac{1}{2}&0&\frac{1}{2}\\0&0&0&1&0\\0&0&0&0&0\end{array}\right).$$

由于 $r(\bar{\boldsymbol{A}})=r(\boldsymbol{A})=2<4$,于是方程组有无穷多解：

$$\begin{cases}x_1=\frac{1}{2}-\frac{1}{2}x_2+\frac{1}{2}x_3,\\x_4=0\end{cases}\quad(x_2,x_3\text{ 为自由变量}).$$

2. 设3阶矩阵 $\boldsymbol{A}$ 满足 $\boldsymbol{A}\boldsymbol{\alpha}_i=i\boldsymbol{\alpha}_i(i=1,2,3)$,其中列向量 $\boldsymbol{\alpha}_1=(1,2,2)^{\mathrm{T}}$,$\boldsymbol{\alpha}_2=(2,-2,1)^{\mathrm{T}}$,$\boldsymbol{\alpha}_3=(-2,-1,2)^{\mathrm{T}}$,求矩阵 $\boldsymbol{A}$.

解 由题设有

$$\boldsymbol{A}(\boldsymbol{\alpha}_1,\boldsymbol{\alpha}_2,\boldsymbol{\alpha}_3)=(\boldsymbol{\alpha}_1,2\boldsymbol{\alpha}_2,3\boldsymbol{\alpha}_3).$$

记 $\boldsymbol{P}=(\boldsymbol{\alpha}_1,\boldsymbol{\alpha}_2,\boldsymbol{\alpha}_3)$,$\boldsymbol{B}=(\boldsymbol{\alpha}_1,2\boldsymbol{\alpha}_2,3\boldsymbol{\alpha}_3)$,则上式可写成 $\boldsymbol{AP}=\boldsymbol{B}$.

由

$$|\boldsymbol{P}|=|\boldsymbol{\alpha}_1,\boldsymbol{\alpha}_2,\boldsymbol{\alpha}_3|=\begin{vmatrix}1&2&-2\\2&-2&-1\\2&1&2\end{vmatrix}=-27\neq0$$

知 $\boldsymbol{P}$ 可逆,故

$$A=BP^{-1}=\begin{pmatrix}1&4&-6\\2&-4&-3\\2&2&6\end{pmatrix}\frac{1}{9}\begin{pmatrix}1&2&2\\2&-2&1\\-2&-1&2\end{pmatrix}=\begin{pmatrix}\frac{7}{3}&0&-\frac{2}{3}\\0&\frac{5}{3}&-\frac{2}{3}\\-\frac{2}{3}&-\frac{2}{3}&2\end{pmatrix}.$$

3. 判断向量 $\boldsymbol{\beta}$ 能否被向量组 $\boldsymbol{\alpha}_1, \boldsymbol{\alpha}_2, \boldsymbol{\alpha}_3$ 线性表示，若能，写出它的一种表示式：

(1) $\boldsymbol{\alpha}_1=(-1, 3, 0, -5)^{\mathrm{T}}, \boldsymbol{\alpha}_2=(2, 0, 7, -3)^{\mathrm{T}}, \boldsymbol{\alpha}_3=(-4, 1, -2, -6)^{\mathrm{T}}, \boldsymbol{\beta}=(8, 3, -1, -25)^{\mathrm{T}}$.

解 $(\boldsymbol{\alpha}_1, \boldsymbol{\alpha}_2, \boldsymbol{\alpha}_3, \boldsymbol{\beta})=\begin{pmatrix}-1&2&-4&8\\3&0&1&3\\0&7&-2&-1\\-5&-3&-6&-25\end{pmatrix}\xrightarrow[r_4-5r_1]{r_2+3r_1}\begin{pmatrix}-1&2&-4&8\\0&6&-11&27\\0&7&-2&-1\\0&-13&14&-65\end{pmatrix}$

$$\xrightarrow{r_2-r_3}\begin{pmatrix}-1&2&-4&8\\0&-1&-9&28\\0&7&-2&-1\\0&-13&14&-65\end{pmatrix}\xrightarrow[r_4-13r_2]{r_3+7r_2}\begin{pmatrix}-1&2&-4&8\\0&-1&-9&28\\0&0&-65&195\\0&0&131&-429\end{pmatrix}$$

$$\xrightarrow{r_4+2r_3}\begin{pmatrix}-1&2&-4&8\\0&-1&-9&28\\0&0&-65&195\\0&0&1&-39\end{pmatrix}\xrightarrow{r_3\leftrightarrow r_4}\begin{pmatrix}-1&2&-4&8\\0&-1&-9&28\\0&0&1&-39\\0&0&-65&195\end{pmatrix}$$

$$\xrightarrow{\frac{1}{65}r_4}\begin{pmatrix}-1&2&-4&8\\0&-1&-9&28\\0&0&1&-39\\0&0&-1&3\end{pmatrix}\xrightarrow{r_4+r_3}\begin{pmatrix}-1&2&-4&8\\0&-1&-9&28\\0&0&1&-39\\0&0&0&-36\end{pmatrix}.$$

因为 $r(\boldsymbol{\alpha}_1, \boldsymbol{\alpha}_2, \boldsymbol{\alpha}_3)=3\neq 4=r(\boldsymbol{\alpha}_1, \boldsymbol{\alpha}_2, \boldsymbol{\alpha}_3, \boldsymbol{\beta})$，所以 $\boldsymbol{\beta}$ 不能被向量组 $\boldsymbol{\alpha}_1, \boldsymbol{\alpha}_2, \boldsymbol{\alpha}_3$ 线性表示.

(2) $\boldsymbol{\alpha}_1=(3, -5, 2, -4)^{\mathrm{T}}, \boldsymbol{\alpha}_2=(-1, 7, -3, 6)^{\mathrm{T}}, \boldsymbol{\alpha}_3=(3, 11, -5, 10)^{\mathrm{T}}, \boldsymbol{\beta}=(2, -30, 13, -26)^{\mathrm{T}}$.

解 $(\boldsymbol{\alpha}_1, \boldsymbol{\alpha}_2, \boldsymbol{\alpha}_3, \boldsymbol{\beta})=\begin{pmatrix}3&-1&3&2\\-5&7&11&-30\\2&-3&-5&13\\-4&6&10&-26\end{pmatrix}$

$$\xrightarrow{r_2-r_4}\begin{pmatrix}3&-1&3&2\\-1&1&1&-4\\2&-3&-5&13\\-4&6&10&-26\end{pmatrix}\xrightarrow{r_1\leftrightarrow r_2}\begin{pmatrix}-1&1&1&-4\\3&-1&3&2\\2&-3&-5&13\\-4&6&10&-26\end{pmatrix}$$

$$\xrightarrow[\substack{r_3+2r_1\\r_4-4r_1}]{r_2+3r_1}\begin{pmatrix}-1&1&1&-4\\0&2&6&-10\\0&-1&-3&5\\0&2&6&-10\end{pmatrix}\xrightarrow[\substack{r_3+r_2\\r_4-2r_2}]{\frac{1}{2}r_2}\begin{pmatrix}-1&1&1&-4\\0&1&3&-5\\0&0&0&0\\0&0&0&0\end{pmatrix}$$

$$\xrightarrow[r_1+r_2]{-r_1}\begin{pmatrix}1&0&2&-1\\0&1&3&-5\\0&0&0&0\\0&0&0&0\end{pmatrix}.$$

由于 $r(\boldsymbol{\alpha}_1,\boldsymbol{\alpha}_2,\boldsymbol{\alpha}_3)=r(\boldsymbol{\alpha}_1,\boldsymbol{\alpha}_2,\boldsymbol{\alpha}_3,\boldsymbol{\beta})$，所以 $\boldsymbol{\beta}$ 能被向量组 $\boldsymbol{\alpha}_1,\boldsymbol{\alpha}_2,\boldsymbol{\alpha}_3$ 线性表示.上述非齐次方程组的无穷解为：

$$\begin{cases}x_1=-1-2x_3,\\x_2=-5-3x_3.\end{cases}$$

令 $x_3=0$，解得 $x_1=-1,x_2=-5$，则 $\boldsymbol{\beta}$ 可以被向量组 $\boldsymbol{\alpha}_1,\boldsymbol{\alpha}_2,\boldsymbol{\alpha}_3$ 线性表示为：$\boldsymbol{\beta}=-\boldsymbol{\alpha}_1-5\boldsymbol{\alpha}_2$.

(3)$\boldsymbol{\alpha}_1=(1,1,1,1)^{\mathrm{T}}$，$\boldsymbol{\alpha}_2=(1,1,-1,-1)^{\mathrm{T}}$，$\boldsymbol{\alpha}_3=(1,-1,1,-1)^{\mathrm{T}}$，$\boldsymbol{\alpha}_4=(1,-1,-1,1)^{\mathrm{T}}$，$\boldsymbol{\beta}=(1,2,1,1)^{\mathrm{T}}$.

解 $(\boldsymbol{\alpha}_1,\boldsymbol{\alpha}_2,\boldsymbol{\alpha}_3,\boldsymbol{\alpha}_4,\boldsymbol{\beta})=\begin{pmatrix}1&1&1&1&1\\1&1&-1&-1&2\\1&-1&1&-1&1\\1&-1&-1&1&1\end{pmatrix}\rightarrow\begin{pmatrix}1&0&0&0&\frac{5}{4}\\0&1&0&0&\frac{1}{4}\\0&0&1&0&-\frac{1}{4}\\0&0&0&1&-\frac{1}{4}\end{pmatrix}$.

由于 $r(\boldsymbol{\alpha}_1,\boldsymbol{\alpha}_2,\boldsymbol{\alpha}_3,\boldsymbol{\alpha}_4)=r(\boldsymbol{\alpha}_1,\boldsymbol{\alpha}_2,\boldsymbol{\alpha}_3,\boldsymbol{\alpha}_4,\boldsymbol{\beta})=4$，故 $\boldsymbol{\beta}$ 能被向量组 $\boldsymbol{\alpha}_1,\boldsymbol{\alpha}_2,\boldsymbol{\alpha}_3,\boldsymbol{\alpha}_4$ 唯一表示，且

$$\boldsymbol{\beta}=\frac{5}{4}\boldsymbol{\alpha}_1+\frac{1}{4}\boldsymbol{\alpha}_2-\frac{1}{4}\boldsymbol{\alpha}_3-\frac{1}{4}\boldsymbol{\alpha}_4.$$

4.已知 $\boldsymbol{\alpha}_1=(1,2,1)^{\mathrm{T}}$，$\boldsymbol{\alpha}_2=(1,1,2)^{\mathrm{T}}$，$\boldsymbol{\alpha}_3=(1,-1,4)^{\mathrm{T}}$，$\boldsymbol{\beta}=(1,0,a)^{\mathrm{T}}$，问 a 为何值时，(1)$\boldsymbol{\beta}$ 不能由 $\boldsymbol{\alpha}_1,\boldsymbol{\alpha}_2,\boldsymbol{\alpha}_3$ 线性表出；(2)$\boldsymbol{\beta}$ 可由 $\boldsymbol{\alpha}_1,\boldsymbol{\alpha}_2,\boldsymbol{\alpha}_3$ 线性表出，并写出线性表达式.

解 (1)设 $\boldsymbol{\beta}=x_1\boldsymbol{\alpha}_1+x_2\boldsymbol{\alpha}_2+x_3\boldsymbol{\alpha}_3$,则

$$\begin{cases}x_1+x_2+x_3=1,\\2x_1+x_2-x_3=0,\\x_1+2x_2+4x_3=a,\end{cases}$$

因为

$$\overline{\boldsymbol{A}}=\begin{pmatrix}1&1&1&1\\2&1&-1&0\\1&2&4&a\end{pmatrix}\to\begin{pmatrix}1&1&1&1\\0&-1&-3&-2\\0&1&3&a-1\end{pmatrix}\to\begin{pmatrix}1&1&1&1\\0&1&3&2\\0&0&0&a-3\end{pmatrix}.$$

所以,当 $a\neq 3$ 时,$\boldsymbol{\beta}$ 不能由 $\boldsymbol{\alpha}_1,\boldsymbol{\alpha}_2,\boldsymbol{\alpha}_3$ 线性表出.

(2)当 $a=3$ 时,$\boldsymbol{\beta}$ 可由 $\boldsymbol{\alpha}_1,\boldsymbol{\alpha}_2,\boldsymbol{\alpha}_3$ 线性表出,此时

$$\overline{\boldsymbol{A}}\to\begin{pmatrix}1&1&1&1\\0&1&3&2\\0&0&0&0\end{pmatrix}\to\begin{pmatrix}1&0&-2&-1\\0&1&3&2\\0&0&0&0\end{pmatrix},$$

其同解方程组为

$$\begin{cases}x_1-2x_3=-1,\\x_2+3x_3=2,\end{cases}$$

令 $x_3=k$,其中 k 是任意实数,得方程组的一般解:$x_1=2k-1,x_2=2-3k$,即

$$\boldsymbol{\beta}=(2k-1)\boldsymbol{\alpha}_1+(2-3k)\boldsymbol{\alpha}_2+k\boldsymbol{\alpha}_3,\text{其中 }k\text{ 是任意实数}.$$

5. 证明:任意一个三维向量 $\boldsymbol{\alpha}=(a_1,\ a_2,\ a_3)^{\mathrm{T}}$ 都可被向量组 $\boldsymbol{\alpha}_1=(1,\ 0,\ 0)^{\mathrm{T}}$,$\boldsymbol{\alpha}_2=(1,\ 1,\ 0)^{\mathrm{T}}$,$\boldsymbol{\alpha}_3=(1,\ 1,\ 1)^{\mathrm{T}}$ 线性表示,并且表示式唯一,写出这种表示式.

证法 1 设 $\boldsymbol{\alpha}=k_1\boldsymbol{\alpha}_1+k_2\boldsymbol{\alpha}_2+k_3\boldsymbol{\alpha}_3$,对方程组的增广矩阵施行初等行变换,有

$$(\boldsymbol{\alpha}_1,\boldsymbol{\alpha}_2,\boldsymbol{\alpha}_3,\boldsymbol{\alpha})=\left(\begin{array}{ccc:c}1&1&1&a_1\\0&1&1&a_2\\0&0&1&a_3\end{array}\right)\to\left(\begin{array}{ccc:c}1&0&0&a_1-a_2\\0&1&0&a_2-a_3\\0&0&1&a_3\end{array}\right),$$

故结论成立,且有 $\boldsymbol{\alpha}=(a_1-a_2)\boldsymbol{\alpha}_1+(a_2-a_3)\boldsymbol{\alpha}_2+a_3\boldsymbol{\alpha}_3$.

证法 2 设 $\boldsymbol{\alpha}=k_1\boldsymbol{\alpha}_1+k_2\boldsymbol{\alpha}_2+k_3\boldsymbol{\alpha}_3$,因为

$$|\boldsymbol{\alpha}_1,\boldsymbol{\alpha}_2,\boldsymbol{\alpha}_3|=\begin{vmatrix}1&1&1\\0&1&1\\0&0&1\end{vmatrix}=1\neq 0,$$

所以结论成立.

下面求表出系数,即方程组的解 $\begin{pmatrix}k_1\\k_2\\k_3\end{pmatrix}=(\boldsymbol{\alpha}_1,\boldsymbol{\alpha}_2,\boldsymbol{\alpha}_3)^{-1}\begin{pmatrix}a_1\\a_2\\a_3\end{pmatrix}$.

注意到$(\boldsymbol{\alpha}_1,\boldsymbol{\alpha}_2,\boldsymbol{\alpha}_3)^{-1}=\begin{pmatrix}1&1&1\\0&1&1\\0&0&1\end{pmatrix}^{-1}=\begin{pmatrix}1&-1&0\\0&1&-1\\0&0&1\end{pmatrix}$，所以$\begin{pmatrix}k_1\\k_2\\k_3\end{pmatrix}=\begin{pmatrix}a_1-a_2\\a_2-a_3\\a_3\end{pmatrix}$，即

$$\boldsymbol{\alpha}=(a_1-a_2)\boldsymbol{\alpha}_1+(a_2-a_3)\boldsymbol{\alpha}_2+a_3\boldsymbol{\alpha}_3.$$

6. 设$\boldsymbol{\beta}_1=\boldsymbol{\alpha}_1+\boldsymbol{\alpha}_2,\boldsymbol{\beta}_2=\boldsymbol{\alpha}_2+\boldsymbol{\alpha}_3,\boldsymbol{\beta}_3=\boldsymbol{\alpha}_3+\boldsymbol{\alpha}_4,\boldsymbol{\beta}_4=\boldsymbol{\alpha}_4+\boldsymbol{\alpha}_1$，证明：$\boldsymbol{\beta}_1,\boldsymbol{\beta}_2,\boldsymbol{\beta}_3,\boldsymbol{\beta}_4$线性相关.

证法 1 直接观察有下列等式：

$$\boldsymbol{\beta}_1-\boldsymbol{\beta}_2+\boldsymbol{\beta}_3-\boldsymbol{\beta}_4=(\boldsymbol{\alpha}_1+\boldsymbol{\alpha}_2)-(\boldsymbol{\alpha}_2+\boldsymbol{\alpha}_3)+(\boldsymbol{\alpha}_3+\boldsymbol{\alpha}_4)-(\boldsymbol{\alpha}_4+\boldsymbol{\alpha}_1)=\boldsymbol{0},$$

即存在不全零的数 1，−1，1，−1，使$\boldsymbol{\beta}_1-\boldsymbol{\beta}_2+\boldsymbol{\beta}_3-\boldsymbol{\beta}_4=\boldsymbol{0}$成立，故向量组$\boldsymbol{\beta}_1,\boldsymbol{\beta}_2,\boldsymbol{\beta}_3,\boldsymbol{\beta}_4$线性相关.

证法 2 设

$$k_1\boldsymbol{\beta}_1+k_2\boldsymbol{\beta}_2+k_3\boldsymbol{\beta}_3+k_4\boldsymbol{\beta}_4=\boldsymbol{0},\tag{*}$$

即
$$k_1(\boldsymbol{\alpha}_1+\boldsymbol{\alpha}_2)+k_2(\boldsymbol{\alpha}_2+\boldsymbol{\alpha}_3)+k_3(\boldsymbol{\alpha}_3+\boldsymbol{\alpha}_4)+k_4(\boldsymbol{\alpha}_4+\boldsymbol{\alpha}_1)=\boldsymbol{0}.$$

整理得
$$(k_1+k_4)\boldsymbol{\alpha}_1+(k_1+k_2)\boldsymbol{\alpha}_2+(k_2+k_3)\boldsymbol{\alpha}_3+(k_3+k_4)\boldsymbol{\alpha}_4=\boldsymbol{0},$$

令

$$\begin{cases}k_1+k_4=0,\\k_1+k_2=0,\\k_2+k_3=0,\\k_3+k_4=0.\end{cases}$$

因方程组的系数矩阵的行列式为

$$\begin{vmatrix}1&0&0&1\\1&1&0&0\\0&1&1&0\\0&0&1&1\end{vmatrix}=0,$$

方程组(*)有非零解，即存在不全为零的数k_1,k_2,k_3,k_4使(*)成立，故向量组$\boldsymbol{\beta}_1,\boldsymbol{\beta}_2,\boldsymbol{\beta}_3,\boldsymbol{\beta}_4$线性相关.

7. 设向量组$\boldsymbol{\alpha}_1,\boldsymbol{\alpha}_2,\boldsymbol{\alpha}_3$线性无关，问当常数$l,m$满足什么条件时，向量组$l\boldsymbol{\alpha}_2-\boldsymbol{\alpha}_1$，$m\boldsymbol{\alpha}_3-\boldsymbol{\alpha}_2$，$\boldsymbol{\alpha}_1-\boldsymbol{\alpha}_3$也线性无关.

证 设$k_1(l\boldsymbol{\alpha}_2-\boldsymbol{\alpha}_1)+k_2(m\boldsymbol{\alpha}_3-\boldsymbol{\alpha}_2)+k_3(\boldsymbol{\alpha}_1-\boldsymbol{\alpha}_3)=0$，即

$$(-k_1+k_3)\boldsymbol{\alpha}_1+(lk_1-k_2)\boldsymbol{\alpha}_2+(mk_2-k_3)\boldsymbol{\alpha}_3=0.$$

由$\boldsymbol{\alpha}_1,\boldsymbol{\alpha}_2,\boldsymbol{\alpha}_3$线性无关，得

$$\begin{cases}-k_1+k_3=0,\\lk_1-k_2=0,\\mk_2-k_3=0.\end{cases}$$

当方程组的系数行列式

$$\begin{vmatrix} -1 & 0 & 1 \\ l & -1 & 0 \\ 0 & m & -1 \end{vmatrix} \neq 0,$$

即 $lm \neq 0$ 时,方程组有唯一零解,亦即向量组 $l\boldsymbol{\alpha}_2 - \boldsymbol{\alpha}_1$, $m\boldsymbol{\alpha}_3 - \boldsymbol{\alpha}_2$, $\boldsymbol{\alpha}_1 - \boldsymbol{\alpha}_3$ 线性无关.

8. 设 $\boldsymbol{\alpha}_1$, $\boldsymbol{\alpha}_2$, $\boldsymbol{\alpha}_3$ 线性无关,而 $\boldsymbol{\alpha}_2$, $\boldsymbol{\alpha}_3$, $\boldsymbol{\alpha}_4$ 线性相关,问:(1) $\boldsymbol{\alpha}_4$ 能被 $\boldsymbol{\alpha}_1$, $\boldsymbol{\alpha}_2$, $\boldsymbol{\alpha}_3$ 线性表出吗?(2) $\boldsymbol{\alpha}_1$ 能被 $\boldsymbol{\alpha}_2$, $\boldsymbol{\alpha}_3$, $\boldsymbol{\alpha}_4$ 线性表出吗?证明你的结论.

证 (1)能.因向量组 $\boldsymbol{\alpha}_1,\boldsymbol{\alpha}_2,\boldsymbol{\alpha}_3$ 线性无关,所以其部分组向量组 $\boldsymbol{\alpha}_2,\boldsymbol{\alpha}_3$ 也线性无关,又已知向量组 $\boldsymbol{\alpha}_2,\boldsymbol{\alpha}_3,\boldsymbol{\alpha}_4$ 线性相关,故 $\boldsymbol{\alpha}_4$ 可由 $\boldsymbol{\alpha}_2,\boldsymbol{\alpha}_3$ 线性表示,也可由 $\boldsymbol{\alpha}_1,\boldsymbol{\alpha}_2,\boldsymbol{\alpha}_3$ 线性表示.

(2)不能.反证法.假设 $\boldsymbol{\alpha}_1$ 能由 $\boldsymbol{\alpha}_2,\boldsymbol{\alpha}_3,\boldsymbol{\alpha}_4$ 线性表示,即有数 k_2,k_3,k_4 使

$$\boldsymbol{\alpha}_1 = k_2\boldsymbol{\alpha}_2 + k_3\boldsymbol{\alpha}_3 + k_4\boldsymbol{\alpha}_4, \tag{*}$$

又由(1),$\boldsymbol{\alpha}_4$ 可由 $\boldsymbol{\alpha}_2,\boldsymbol{\alpha}_3$ 线性表示,即有 $\boldsymbol{\alpha}_4 = a\boldsymbol{\alpha}_2 + b\boldsymbol{\alpha}_3$,代入(*)式得

$$\boldsymbol{\alpha}_1 = k_2\boldsymbol{\alpha}_2 + k_3\boldsymbol{\alpha}_3 + k_4\boldsymbol{\alpha}_4 = (k_2 + ak_4)\boldsymbol{\alpha}_2 + (k_3 + bk_4)\boldsymbol{\alpha}_3,$$

说明 $\boldsymbol{\alpha}_1$ 能由 $\boldsymbol{\alpha}_2,\boldsymbol{\alpha}_3$ 线性表示,即 $\boldsymbol{\alpha}_1,\boldsymbol{\alpha}_2,\boldsymbol{\alpha}_3$ 线性相关,与题设矛盾,所以 $\boldsymbol{\alpha}_1$ 不能由 $\boldsymbol{\alpha}_2,\boldsymbol{\alpha}_3,\boldsymbol{\alpha}_4$ 线性表示.

9. 设向量 $\boldsymbol{\beta}$ 可由向量组 $\boldsymbol{\alpha}_1$, $\boldsymbol{\alpha}_2$, $\cdots$, $\boldsymbol{\alpha}_m$ 线性表出,但不能由 $\boldsymbol{\alpha}_1$, $\boldsymbol{\alpha}_2$, $\cdots$, $\boldsymbol{\alpha}_{m-1}$ 线性表出,证明 $\boldsymbol{\alpha}_m$ 可由 $\boldsymbol{\alpha}_1$, $\boldsymbol{\alpha}_2$, $\cdots$, $\boldsymbol{\alpha}_{m-1}$, $\boldsymbol{\beta}$ 线性表出.

证 $\boldsymbol{\beta}$ 可由向量组 $\boldsymbol{\alpha}_1$, $\boldsymbol{\alpha}_2$, $\cdots$, $\boldsymbol{\alpha}_m$ 线性表出,则存在 k_1, k_2, $\cdots$, k_m,使得

$$\boldsymbol{\beta} = k_1\boldsymbol{\alpha}_1 + k_2\boldsymbol{\alpha}_2 + \cdots + k_m\boldsymbol{\alpha}_m.$$

注意到 $\boldsymbol{\beta}$ 不能由 $\boldsymbol{\alpha}_1,\boldsymbol{\alpha}_2$, $\cdots$, $\boldsymbol{\alpha}_{m-1}$ 线性表出,所以 $k_m \neq 0$. 因此有

$$\boldsymbol{\alpha}_m = \frac{k_1}{k_m}\boldsymbol{\alpha}_1 + \frac{k_2}{k_m}\boldsymbol{\alpha}_2 + \cdots + \frac{k_{m-1}}{k_m}\boldsymbol{\alpha}_{m-1} - \frac{1}{k_m}\boldsymbol{\beta},$$

即 $\boldsymbol{\alpha}_m$ 可由 $\boldsymbol{\alpha}_1$, $\boldsymbol{\alpha}_2$, $\cdots$, $\boldsymbol{\alpha}_{m-1}$, $\boldsymbol{\beta}$ 线性表出.

10. 设向量组 $\boldsymbol{\alpha}_1$, $\boldsymbol{\alpha}_2$, $\cdots$, $\boldsymbol{\alpha}_t$ ($t > 2$)线性无关,试证向量组

$$\begin{aligned} \boldsymbol{\beta}_1 &= \boldsymbol{\alpha}_2 + \boldsymbol{\alpha}_3 + \cdots + \boldsymbol{\alpha}_{t-1} + \boldsymbol{\alpha}_t, \\ \boldsymbol{\beta}_2 &= \boldsymbol{\alpha}_1 + \boldsymbol{\alpha}_3 + \cdots + \boldsymbol{\alpha}_{t-1} + \boldsymbol{\alpha}_t, \\ &\cdots\cdots \\ \boldsymbol{\beta}_t &= \boldsymbol{\alpha}_1 + \boldsymbol{\alpha}_2 + \cdots + \boldsymbol{\alpha}_{t-1}, \end{aligned}$$

也线性无关.

证 设 $k_1\boldsymbol{\beta}_1 + k_2\boldsymbol{\beta}_2 + \cdots + k_t\boldsymbol{\beta}_t = \mathbf{0}$,即

$$(k_2 + k_3 + \cdots + k_t)\boldsymbol{\alpha}_1 + (k_1 + k_3 + \cdots + k_t)\boldsymbol{\alpha}_2 + \cdots + (k_1 + k_2 + \cdots + k_{t-1})\boldsymbol{\alpha}_t = \mathbf{0}.$$

由 $\boldsymbol{\alpha}_1$, $\boldsymbol{\alpha}_2$, $\cdots$, $\boldsymbol{\alpha}_t$ 线性无关,得

$$\begin{cases} k_2+k_3+\cdots+k_t=0, \\ k_1+k_3+\cdots+k_t=0, \\ \cdots\cdots \\ k_1+k_2+\cdots+k_{t-1}=0. \end{cases} \qquad (*)$$

将(*)中诸式相加得

$$(k_1+k_2+\cdots+k_t)(t-2)=0.$$

由 $t>2$ 可得 $k_1+k_2+\cdots+k_t=0$. 用此式分别减去(*)中的诸式,可得 $k_1=k_2=\cdots=k_t=0$,因而向量组 $\boldsymbol{\beta}_1, \boldsymbol{\beta}_2, \cdots, \boldsymbol{\beta}_t$ 也线性无关.

11. 设 n 维向量组(Ⅰ)$\boldsymbol{\alpha}_1, \boldsymbol{\alpha}_2, \cdots, \boldsymbol{\alpha}_s$ 线性无关,向量组(Ⅱ)$\boldsymbol{\beta}_1, \boldsymbol{\beta}_2, \cdots, \boldsymbol{\beta}_t$ 可由(Ⅰ)线性表示,即有 $s\times t$ 矩阵 $\boldsymbol{C}$ 使得

$$(\boldsymbol{\beta}_1, \boldsymbol{\beta}_2, \cdots, \boldsymbol{\beta}_t)=(\boldsymbol{\alpha}_1, \boldsymbol{\alpha}_2, \cdots, \boldsymbol{\alpha}_s)\boldsymbol{C},$$

称矩阵 $\boldsymbol{C}$ 为向量组 $\boldsymbol{\beta}_1, \boldsymbol{\beta}_2, \cdots, \boldsymbol{\beta}_t$ 对于向量组 $\boldsymbol{\alpha}_1, \boldsymbol{\alpha}_2, \cdots, \boldsymbol{\alpha}_s$ 的**表示矩阵**. 证明:以 $\boldsymbol{\beta}_1, \boldsymbol{\beta}_2, \cdots, \boldsymbol{\beta}_t$ 为列向量排成的矩阵与矩阵 $\boldsymbol{C}$ 有相同的秩.

证 设 $\boldsymbol{A}=(\boldsymbol{\alpha}_1, \boldsymbol{\alpha}_2, \cdots, \boldsymbol{\alpha}_s)$,$\boldsymbol{B}=(\boldsymbol{\beta}_1, \boldsymbol{\beta}_2, \cdots, \boldsymbol{\beta}_t)$,则 $\boldsymbol{B}_{n\times t}=\boldsymbol{A}_{n\times s}\boldsymbol{C}_{s\times t}$,于是

$$r(\boldsymbol{B})\leqslant \min\{r(\boldsymbol{A}), r(\boldsymbol{C})\}\leqslant r(\boldsymbol{C}).$$

另一方面,由 $\boldsymbol{\alpha}_1, \boldsymbol{\alpha}_2, \cdots, \boldsymbol{\alpha}_s$ 线性无关知 $r(\boldsymbol{A})=s$,从而存在可逆矩阵 $\boldsymbol{P}, \boldsymbol{Q}$ 使得

$$\boldsymbol{A}=\boldsymbol{P}\begin{pmatrix}\boldsymbol{E}_s\\ \boldsymbol{O}\end{pmatrix}\boldsymbol{Q},$$

其中 $\boldsymbol{E}_s$ 为 s 阶单位矩阵.

令 $\boldsymbol{D}=\boldsymbol{Q}^{-1}(\boldsymbol{E}_s, \boldsymbol{O})\boldsymbol{P}^{-1}$,则

$$\boldsymbol{DB}=\boldsymbol{Q}^{-1}(\boldsymbol{E}_s, \boldsymbol{O})\boldsymbol{P}^{-1}\boldsymbol{P}\begin{pmatrix}\boldsymbol{E}_s\\ \boldsymbol{O}\end{pmatrix}\boldsymbol{QC}=\boldsymbol{E}_s\boldsymbol{C}=\boldsymbol{C},$$

从而 $r(\boldsymbol{C})\leqslant \min\{r(\boldsymbol{D}), r(\boldsymbol{B})\}\leqslant r(\boldsymbol{B})$,故 $r(\boldsymbol{B})=r(\boldsymbol{C})$.

注 已知向量组(Ⅰ)线性无关,且向量组(Ⅱ)可由向量组(Ⅰ)线性表示,判定向量组(Ⅱ)的线性相关性,一个方法用定义,另一个方法便是本题的结论,利用表示矩阵的秩.

12. 求下列向量组的一个极大无关组及秩,并把其余向量用极大无关组线性表出:

(1)$\boldsymbol{\alpha}_1=(2, 1, 3, -1)^{\mathrm{T}}$,$\boldsymbol{\alpha}_2=(3, -1, 2, 0)^{\mathrm{T}}$,$\boldsymbol{\alpha}_3=(1, 3, 4, -2)^{\mathrm{T}}$,$\boldsymbol{\alpha}_4=(4, -3, 1, 1)^{\mathrm{T}}$.

解 $$(\boldsymbol{\alpha}_1, \boldsymbol{\alpha}_2, \boldsymbol{\alpha}_3, \boldsymbol{\alpha}_4)=\begin{pmatrix}2&3&1&4\\1&-1&3&-3\\3&2&4&1\\-1&0&-2&1\end{pmatrix}\to\begin{pmatrix}1&-1&3&-3\\2&3&1&4\\3&2&4&1\\-1&0&-2&1\end{pmatrix}$$

$$\rightarrow\begin{pmatrix}1&-1&3&-3\\0&5&-5&10\\0&5&-5&10\\0&-1&1&-2\end{pmatrix}\rightarrow\begin{pmatrix}1&-1&3&-3\\0&1&-1&2\\0&0&0&0\\0&0&0&0\end{pmatrix}\rightarrow\begin{pmatrix}1&0&2&-1\\0&1&-1&2\\0&0&0&0\\0&0&0&0\end{pmatrix},$$

可得向量组的秩为 2,取 $\boldsymbol{\alpha}_1$，$\boldsymbol{\alpha}_2$ 为一极大无关组,且

$$\boldsymbol{\alpha}_3=2\boldsymbol{\alpha}_1-\boldsymbol{\alpha}_2,\quad \boldsymbol{\alpha}_4=-\boldsymbol{\alpha}_1+2\boldsymbol{\alpha}_2.$$

(2)$\boldsymbol{\alpha}_1=(1,1,1,1)^T$,$\boldsymbol{\alpha}_2=(1,1,-1,-1)^T$,$\boldsymbol{\alpha}_3=(1,-1,-1,1)^T$,$\boldsymbol{\alpha}_4=(-1,-1,1,1)^T$.

解 $$(\boldsymbol{\alpha}_1,\boldsymbol{\alpha}_2,\boldsymbol{\alpha}_3,\boldsymbol{\alpha}_4)=\begin{pmatrix}1&1&1&-1\\1&1&-1&-1\\1&-1&-1&1\\1&-1&1&1\end{pmatrix}\rightarrow\begin{pmatrix}1&1&1&-1\\0&0&-2&0\\0&-2&-2&2\\0&-2&0&2\end{pmatrix}$$

$$\rightarrow\begin{pmatrix}1&1&1&-1\\0&-2&0&2\\0&0&-2&0\\0&0&-2&0\end{pmatrix}\rightarrow\begin{pmatrix}1&1&1&-1\\0&1&0&-1\\0&0&1&0\\0&0&0&0\end{pmatrix}\rightarrow\begin{pmatrix}1&0&0&0\\0&1&0&-1\\0&0&1&0\\0&0&0&0\end{pmatrix},$$

得向量组的秩为 3,取极大无关组为 $\boldsymbol{\alpha}_1$，$\boldsymbol{\alpha}_2$，$\boldsymbol{\alpha}_3$,且 $\boldsymbol{\alpha}_4=-\boldsymbol{\alpha}_2$.

(3)$\boldsymbol{\alpha}_1=(1,-1,2,4)^T$,$\boldsymbol{\alpha}_2=(0,3,1,2)^T$,$\boldsymbol{\alpha}_3=(3,0,7,14)^T$,$\boldsymbol{\alpha}_4=(2,1,5,6)^T$,$\boldsymbol{\alpha}_5=(1,-1,2,0)^T$.

解 $$(\boldsymbol{\alpha}_1,\boldsymbol{\alpha}_2,\boldsymbol{\alpha}_3,\boldsymbol{\alpha}_4,\boldsymbol{\alpha}_5)=\begin{pmatrix}1&0&3&2&1\\-1&3&0&1&-1\\2&1&7&5&2\\4&2&14&6&0\end{pmatrix}\rightarrow\begin{pmatrix}1&0&3&2&1\\0&3&3&3&0\\0&1&1&1&0\\0&2&2&-2&-4\end{pmatrix}$$

$$\rightarrow\begin{pmatrix}1&0&3&2&1\\0&1&1&1&0\\0&0&0&0&0\\0&0&0&-4&-4\end{pmatrix}\rightarrow\begin{pmatrix}1&0&3&2&1\\0&1&1&1&0\\0&0&0&1&1\\0&0&0&0&0\end{pmatrix}$$

$$\rightarrow\begin{pmatrix}1&0&3&0&-1\\0&1&1&0&-1\\0&0&0&1&1\\0&0&0&0&0\end{pmatrix},$$

所以向量组的秩为 3,取极大无关组为 $\boldsymbol{\alpha}_1$，$\boldsymbol{\alpha}_2$，$\boldsymbol{\alpha}_4$,且

$$\boldsymbol{\alpha}_3=3\boldsymbol{\alpha}_1+\boldsymbol{\alpha}_2,\quad \boldsymbol{\alpha}_5=-\boldsymbol{\alpha}_1-\boldsymbol{\alpha}_2+\boldsymbol{\alpha}_4.$$

(4) $\boldsymbol{\alpha}_1=(1,-2,0,3)^{\mathrm{T}}, \boldsymbol{\alpha}_2=(2,-5,-3,6)^{\mathrm{T}}, \boldsymbol{\alpha}_3=(0,1,3,0)^{\mathrm{T}}, \boldsymbol{\alpha}_4=(2,-1,4,-7)^{\mathrm{T}}, \boldsymbol{\alpha}_5=(5,-8,1,2)^{\mathrm{T}}$.

解　$(\boldsymbol{\alpha}_1, \boldsymbol{\alpha}_2, \boldsymbol{\alpha}_3, \boldsymbol{\alpha}_4, \boldsymbol{\alpha}_s)=\begin{pmatrix}1 & 2 & 0 & 2 & 5\\ -2 & -5 & 1 & -1 & -8\\ 0 & -3 & 3 & 4 & 1\\ 3 & 6 & 0 & -7 & 2\end{pmatrix}$

$$\xrightarrow[r_4-3r_1]{r_2+2r_1}\begin{pmatrix}1 & 2 & 0 & 2 & 5\\ 0 & -1 & 1 & 3 & 2\\ 0 & -3 & 3 & 4 & 1\\ 0 & 0 & 0 & -13 & -13\end{pmatrix}\xrightarrow[r_4\div(-13)]{r_3-3r_1}\begin{pmatrix}1 & 2 & 0 & 2 & 5\\ 0 & -1 & 1 & 3 & 2\\ 0 & 0 & 0 & -5 & -5\\ 0 & 0 & 0 & 1 & 1\end{pmatrix}$$

$$\xrightarrow[r_4-r_3]{r_3\div(-5)}\begin{pmatrix}1 & 2 & 0 & 2 & 5\\ 0 & -1 & 1 & 3 & 2\\ 0 & 0 & 0 & 1 & 1\\ 0 & 0 & 0 & 0 & 0\end{pmatrix}\xrightarrow[r_2\times(-1)]{r_1+2r_2}\begin{pmatrix}1 & 0 & 2 & 8 & 9\\ 0 & 1 & -1 & -3 & -2\\ 0 & 0 & 0 & 1 & 1\\ 0 & 0 & 0 & 0 & 0\end{pmatrix}$$

$$\xrightarrow[r_2+3r_3]{r_1-8r_3}\begin{pmatrix}1 & 0 & 2 & 0 & 1\\ 0 & 1 & -1 & 0 & 1\\ 0 & 0 & 0 & 1 & 1\\ 0 & 0 & 0 & 0 & 0\end{pmatrix}.$$

所以向量组的秩为 3,取极大无关组为 $\boldsymbol{\alpha}_1, \boldsymbol{\alpha}_2, \boldsymbol{\alpha}_4$,且

$$\boldsymbol{\alpha}_3=2\boldsymbol{\alpha}_1-2\boldsymbol{\alpha}_2, \boldsymbol{\alpha}_5=\boldsymbol{\alpha}_1+\boldsymbol{\alpha}_2+\boldsymbol{\alpha}_4.$$

13. 已知向量组 $\boldsymbol{\alpha}_1=(1,-1,0,5)^{\mathrm{T}}, \boldsymbol{\alpha}_2=(2,0,1,4)^{\mathrm{T}}, \boldsymbol{\alpha}_3=(3,1,2,3)^{\mathrm{T}}, \boldsymbol{\alpha}_4=(4,2,3,a)^{\mathrm{T}}$,其中 a 是参数.求该向量组的秩与一个极大线性无关组,并将其余向量用该极大线性无关组线性表示.

解　经初等行变换得

$$(\boldsymbol{\alpha}_1, \boldsymbol{\alpha}_2, \boldsymbol{\alpha}_3, \boldsymbol{\alpha}_4)=\begin{pmatrix}1 & 2 & 3 & 4\\ -1 & 0 & 1 & 2\\ 0 & 1 & 2 & 3\\ 5 & 4 & 3 & a\end{pmatrix}\to\begin{pmatrix}1 & 0 & -1 & -2\\ 0 & 1 & 2 & 3\\ 0 & 0 & 0 & a-2\\ 0 & 0 & 0 & 0\end{pmatrix}.$$

所以,当 $a=2$ 时,向量组 $\boldsymbol{\alpha}_1, \boldsymbol{\alpha}_2, \boldsymbol{\alpha}_3, \boldsymbol{\alpha}_4$ 的秩为 2,一个极大线性无关组为 $\boldsymbol{\alpha}_1, \boldsymbol{\alpha}_2$.

$$\boldsymbol{\alpha}_3=-\boldsymbol{\alpha}_1+2\boldsymbol{\alpha}_2;\qquad \boldsymbol{\alpha}_4=-2\boldsymbol{\alpha}_1+3\boldsymbol{\alpha}_2.$$

当 $a\neq 2$ 时,向量组 $\boldsymbol{\alpha}_1, \boldsymbol{\alpha}_2, \boldsymbol{\alpha}_3, \boldsymbol{\alpha}_4$ 的秩为 3,一个极大线性无关组为 $\boldsymbol{\alpha}_1, \boldsymbol{\alpha}_2, \boldsymbol{\alpha}_4$.

$$\boldsymbol{\alpha}_3=-\boldsymbol{\alpha}_1+2\boldsymbol{\alpha}_2+0\boldsymbol{\alpha}_4.$$

14. 求向量组 $\boldsymbol{\alpha}_1=\begin{pmatrix}1\\1\\1\\1\end{pmatrix},\boldsymbol{\alpha}_2=\begin{pmatrix}-1\\-3\\1\\7\end{pmatrix},\boldsymbol{\alpha}_3=\begin{pmatrix}-2\\-5\\a\\10\end{pmatrix},\boldsymbol{\alpha}_4=\begin{pmatrix}3\\2\\4\\7\end{pmatrix}$ 的秩与一个极大线性无关组,并用极大线性无关组线性表示其余向量.

解 对矩阵$(\boldsymbol{\alpha}_1,\boldsymbol{\alpha}_2,\boldsymbol{\alpha}_3,\boldsymbol{\alpha}_4)$施以初等行变换得

$$(\boldsymbol{\alpha}_1,\boldsymbol{\alpha}_2,\boldsymbol{\alpha}_3,\boldsymbol{\alpha}_4)=\begin{pmatrix}1&-1&-2&3\\1&-3&-5&2\\1&1&a&4\\1&7&10&7\end{pmatrix}\to\begin{pmatrix}1&0&-\frac{1}{2}&\frac{7}{2}\\0&1&\frac{3}{2}&\frac{1}{2}\\0&0&a-1&0\\0&0&0&0\end{pmatrix}.$$

当 $a\neq1$ 时,

$$(\boldsymbol{\alpha}_1,\boldsymbol{\alpha}_2,\boldsymbol{\alpha}_3,\boldsymbol{\alpha}_4)\to\begin{pmatrix}1&0&0&\frac{7}{2}\\0&1&0&\frac{1}{2}\\0&0&1&0\\0&0&0&0\end{pmatrix},$$

故向量组 $\boldsymbol{\alpha}_1,\boldsymbol{\alpha}_2,\boldsymbol{\alpha}_3,\boldsymbol{\alpha}_4$ 的秩为 3,$\boldsymbol{\alpha}_1,\boldsymbol{\alpha}_2,\boldsymbol{\alpha}_3$ 为一个极大线性无关组,且

$$\boldsymbol{\alpha}_4=\frac{7}{2}\boldsymbol{\alpha}_1+\frac{1}{2}\boldsymbol{\alpha}_2+0\boldsymbol{\alpha}_3.$$

当 $a=1$ 时,

$$(\boldsymbol{\alpha}_1,\boldsymbol{\alpha}_2,\boldsymbol{\alpha}_3,\boldsymbol{\alpha}_4)\to\begin{pmatrix}1&0&-\frac{1}{2}&\frac{7}{2}\\0&1&\frac{3}{2}&\frac{1}{2}\\0&0&0&0\\0&0&0&0\end{pmatrix},$$

故向量组 $\boldsymbol{\alpha}_1,\boldsymbol{\alpha}_2,\boldsymbol{\alpha}_3,\boldsymbol{\alpha}_4$ 的秩为 2,$\boldsymbol{\alpha}_1,\boldsymbol{\alpha}_2$ 为一个极大线性无关组,且

$$\boldsymbol{\alpha}_3=-\frac{1}{2}\boldsymbol{\alpha}_1+\frac{3}{2}\boldsymbol{\alpha}_2;\ \boldsymbol{\alpha}_4=\frac{7}{2}\boldsymbol{\alpha}_1+\frac{1}{2}\boldsymbol{\alpha}_2.$$

15. 已知向量组(Ⅰ)$\boldsymbol{\alpha}_1,\boldsymbol{\alpha}_2,\boldsymbol{\alpha}_3$,向量组(Ⅱ)$\boldsymbol{\alpha}_1,\boldsymbol{\alpha}_2,\boldsymbol{\alpha}_3,\boldsymbol{\alpha}_4$ 和向量组(Ⅲ)$\boldsymbol{\alpha}_1,\boldsymbol{\alpha}_2,\boldsymbol{\alpha}_3,\boldsymbol{\alpha}_5$,如果各向量组的秩分别为 r(Ⅰ)$=r$(Ⅱ)$=3$,r(Ⅲ)$=4$,试证:向量组 $\boldsymbol{\alpha}_1,\boldsymbol{\alpha}_2,\boldsymbol{\alpha}_3,\boldsymbol{\alpha}_5-\boldsymbol{\alpha}_4$ 的秩为 4.

证 即要证 $\boldsymbol{\alpha}_1,\boldsymbol{\alpha}_2,\boldsymbol{\alpha}_3,\boldsymbol{\alpha}_5-\boldsymbol{\alpha}_4$ 线性无关. 反证法. 假设 $\boldsymbol{\alpha}_1,\boldsymbol{\alpha}_2,\boldsymbol{\alpha}_3,\boldsymbol{\alpha}_5-\boldsymbol{\alpha}_4$ 线性相

关.由 $r(\text{Ⅰ})=3$ 知 $\boldsymbol{\alpha}_1,\boldsymbol{\alpha}_2,\boldsymbol{\alpha}_3$ 线性无关,则 $\boldsymbol{\alpha}_5-\boldsymbol{\alpha}_4$ 可由 $\boldsymbol{\alpha}_1,\boldsymbol{\alpha}_2,\boldsymbol{\alpha}_3$ 线性表示,设为

$$\boldsymbol{\alpha}_5-\boldsymbol{\alpha}_4=l_1\boldsymbol{\alpha}_1+l_2\boldsymbol{\alpha}_2+l_3\boldsymbol{\alpha}_3. \tag{1}$$

又 $r(\text{Ⅱ})=3$ 知 $\boldsymbol{\alpha}_4$ 可由 $\boldsymbol{\alpha}_1,\boldsymbol{\alpha}_2,\boldsymbol{\alpha}_3$ 线性表示,即

$$\boldsymbol{\alpha}_4=k_1\boldsymbol{\alpha}_1+k_2\boldsymbol{\alpha}_2+k_3\boldsymbol{\alpha}_3. \tag{2}$$

(1)、(2)两式相加,可得

$$\boldsymbol{\alpha}_5=(k_1+l_1)\boldsymbol{\alpha}_1+(k_2+l_2)\boldsymbol{\alpha}_2+(k_3+l_3)\boldsymbol{\alpha}_3,$$

即 $\boldsymbol{\alpha}_5$ 可由 $\boldsymbol{\alpha}_1,\boldsymbol{\alpha}_2,\boldsymbol{\alpha}_3$ 线性表示,这与 $r(\text{Ⅲ})=4$ 矛盾,假设错误,即 $\boldsymbol{\alpha}_1,\boldsymbol{\alpha}_2,\boldsymbol{\alpha}_3,\boldsymbol{\alpha}_5-\boldsymbol{\alpha}_4$ 线性无关,其秩为 4.

16.设向量组(Ⅰ)与向量组(Ⅱ)有相同的秩,且(Ⅰ)可以由(Ⅱ)线性表示,求证这两个向量组等价.

分析 只需证向量组(Ⅱ)可以由向量组(Ⅰ)线性表示.

解 设向量组(Ⅰ)$\boldsymbol{\alpha}_1,\boldsymbol{\alpha}_2,\cdots,\boldsymbol{\alpha}_s$,其极大无关组设为(Ⅰ′)$\boldsymbol{\alpha}_1,\boldsymbol{\alpha}_2,\cdots,\boldsymbol{\alpha}_r$;设向量组(Ⅱ)$\boldsymbol{\beta}_1,\boldsymbol{\beta}_2,\cdots,\boldsymbol{\beta}_t$,其极大无关组设为(Ⅱ′)$\boldsymbol{\beta}_1,\boldsymbol{\beta}_2,\cdots,\boldsymbol{\beta}_r$.

构造向量组(Ⅲ)$\boldsymbol{\alpha}_1,\boldsymbol{\alpha}_2,\cdots,\boldsymbol{\alpha}_s,\boldsymbol{\beta}_1,\boldsymbol{\beta}_2,\cdots,\boldsymbol{\beta}_t$,则依题设知,向量组(Ⅲ)可以由向量组(Ⅱ)线性表示,且向量组(Ⅱ′)是向量组(Ⅲ)的极大无关组,因而(Ⅲ)的秩也为 r.

又向量组(Ⅰ′)也是向量组(Ⅲ)的部分组,且线性无关,因而向量组(Ⅰ′)是向量组(Ⅲ)的极大无关组,从而向量组(Ⅱ)可以由向量组(Ⅰ′)线性表示,也即向量组(Ⅱ)可以由向量组(Ⅰ)线性表示.

17.设 $\boldsymbol{A}$ 是 $n\times m$ 矩阵,$\boldsymbol{B}$ 是 $m\times n$ 矩阵,其中 $n<m$,$\boldsymbol{E}$ 是 n 阶单位矩阵,若 $\boldsymbol{AB}=\boldsymbol{E}$,证明 $\boldsymbol{B}$ 的列向量组线性无关.

证法 1 只需证得 $\boldsymbol{B}$ 的秩为 n.利用结论 $r(\boldsymbol{AB})\leqslant\min[r(\boldsymbol{A}),r(\boldsymbol{B})]$ 证明 $\boldsymbol{B}$ 的秩为 n.

由矩阵秩的定义可得 $r(\boldsymbol{B})\leqslant n$;又由结论:$n=r(\boldsymbol{E})=r(\boldsymbol{AB})\leqslant r(\boldsymbol{B})$,即有 $r(\boldsymbol{B})=n$.由此说明 $\boldsymbol{B}$ 的列向量线性无关.

证法 2 直接用线性无关的定义证明.设 $\boldsymbol{B}$ 的列向量为 $\boldsymbol{\beta}_1,\boldsymbol{\beta}_2,\cdots,\boldsymbol{\beta}_n$,若 $x_1\boldsymbol{\beta}_1+x_2\boldsymbol{\beta}_2+\cdots+x_n\boldsymbol{\beta}_n=\boldsymbol{0}$ 成立,即

$$(\boldsymbol{\beta}_1,\boldsymbol{\beta}_2,\cdots,\boldsymbol{\beta}_n)\begin{pmatrix}x_1\\x_2\\\vdots\\x_n\end{pmatrix}=\begin{pmatrix}0\\0\\\vdots\\0\end{pmatrix}$$

成立,亦即 $\boldsymbol{Bx}=\boldsymbol{0}$,其中 $\boldsymbol{x}=(x_1,x_2,\cdots,x_n)^{\mathrm{T}}$.两边左乘 $\boldsymbol{A}$,得

$$(\boldsymbol{AB})\boldsymbol{x}=\boldsymbol{0},\ 即\ \boldsymbol{Ex}=\boldsymbol{0},\ 得\ \boldsymbol{x}=\boldsymbol{0},$$

故 $\boldsymbol{B}$ 的列向量组 $\boldsymbol{\beta}_1,\boldsymbol{\beta}_2,\cdots,\boldsymbol{\beta}_n$ 线性无关.

18.如果 n 阶方阵满足 $\boldsymbol{A}^2=\boldsymbol{E}$,求证:$r(\boldsymbol{A}+\boldsymbol{E})+r(\boldsymbol{A}-\boldsymbol{E})=n$.

证 等式 $\boldsymbol{A}^2=\boldsymbol{E}$ 可以改写成 $(\boldsymbol{A}+\boldsymbol{E})(\boldsymbol{A}-\boldsymbol{E})=\boldsymbol{O}$,故

$$r(\boldsymbol{A}+\boldsymbol{E})+r(\boldsymbol{A}-\boldsymbol{E})\leqslant n.$$

又因为 $r(\boldsymbol{A}-\boldsymbol{E})=r(\boldsymbol{E}-\boldsymbol{A})$,所以

$$r(\boldsymbol{A}+\boldsymbol{E})+r(\boldsymbol{A}-\boldsymbol{E})=r(\boldsymbol{A}+\boldsymbol{E})+r(\boldsymbol{E}-\boldsymbol{A})\geqslant r(2\boldsymbol{E}).$$

注意到 $r(2\boldsymbol{E})=n$,所以 $r(\boldsymbol{A}+\boldsymbol{E})+r(\boldsymbol{A}-\boldsymbol{E})\geqslant n$. 因此,

$$r(\boldsymbol{A}+\boldsymbol{E})+r(\boldsymbol{A}-\boldsymbol{E})=n.$$

19. 设 $\boldsymbol{A}$ 是 n 阶矩阵,且 $\boldsymbol{A}=\boldsymbol{A}^2$,试证 $r(\boldsymbol{A})+r(\boldsymbol{A}-\boldsymbol{E})=n$.

证 由 $\boldsymbol{A}=\boldsymbol{A}^2$,得 $\boldsymbol{A}(\boldsymbol{A}-\boldsymbol{E})=\boldsymbol{O}$,故 $r(\boldsymbol{A})+r(\boldsymbol{A}-\boldsymbol{E})\leqslant n$.

另一方面,又有

$$n=r(\boldsymbol{E})=r[\boldsymbol{A}+(\boldsymbol{E}-\boldsymbol{A})]\leqslant r(\boldsymbol{A})+r(\boldsymbol{E}-\boldsymbol{A})=r(\boldsymbol{A})+r(\boldsymbol{A}-\boldsymbol{E}),$$

从而 $r(A)+r(A-E)=n$.

20. 设 $\boldsymbol{A}^*$ 是 n 阶方阵 $\boldsymbol{A}$ 的伴随矩阵,证明:

$$r(\boldsymbol{A}^*)=\begin{cases} n, & \text{当 } r(\boldsymbol{A})=n, \\ 1, & \text{当 } r(\boldsymbol{A})=n-1, \\ 0, & \text{当 } r(\boldsymbol{A})<n-1. \end{cases}$$

证 $\boldsymbol{A}^*$ 和 $\boldsymbol{A}$ 满足 $\boldsymbol{A}^*\boldsymbol{A}=|\boldsymbol{A}|\boldsymbol{E}$.

(1)若 $r(\boldsymbol{A})=n$,即 $\boldsymbol{A}$ 可逆,故 $\boldsymbol{A}^*$ 也可逆,从而 $r(\boldsymbol{A}^*)=n$.

(2)若 $r(\boldsymbol{A})=n-1$,即 $|\boldsymbol{A}|=0$,则有 $\boldsymbol{A}\boldsymbol{A}^*=\boldsymbol{O}$,所以 $r(\boldsymbol{A}^*)+r(\boldsymbol{A})\leqslant n$,即 $r(\boldsymbol{A}^*)\leqslant 1$.

又由 $r(\boldsymbol{A})=n-1$ 知,$\boldsymbol{A}$ 至少存在一个非零 $n-1$ 阶子式,而 $\boldsymbol{A}$ 的所有 $n-1$ 阶子式也即为 $\boldsymbol{A}^*$ 的所有元素,从而 $\boldsymbol{A}^*$ 是非零矩阵,故 $r(\boldsymbol{A}^*)\geqslant 1$. 因此 $r(\boldsymbol{A}^*)=1$.

(3)若 $r(\boldsymbol{A})<n-1$,因 $\boldsymbol{A}^*$ 的元素由 $\boldsymbol{A}$ 的 n^2 个 $n-1$ 阶子式构成,而 $r(\boldsymbol{A})<n-1$ 表明 $\boldsymbol{A}$ 的所有 $n-1$ 阶子式均为零,即 $\boldsymbol{A}^*=\boldsymbol{O}$,所以 $r(\boldsymbol{A}^*)=0$.

21. 设 $\boldsymbol{a}_1, \boldsymbol{a}_2, \cdots, \boldsymbol{a}_k$ 是一组 n 维向量,其秩为 r;又 $\boldsymbol{b}_1, \boldsymbol{b}_2, \cdots, \boldsymbol{b}_l$ 是另一组 n 维向量,其秩为 s,证明:向量组 $\{\boldsymbol{a}_i+\boldsymbol{b}_j \mid i=1, 2, \cdots, k;\ j=1, 2, \cdots, l\}$ 的秩不超过 $\min\{r+s, n\}$.

证 若 $n\leqslant r+s$,结论显然成立.

若 $n>r+s$,不妨设 $\boldsymbol{a}_1, \boldsymbol{a}_2, \cdots, \boldsymbol{a}_r$ 和 $\boldsymbol{b}_1, \boldsymbol{b}_2, \cdots, \boldsymbol{b}_s$ 分别是题设两组向量的极大无关组,则 $\{\boldsymbol{a}_i+\boldsymbol{b}_j \mid i=1, 2, \cdots, k, ;j=1, 2, \cdots, l\}$ 中的任意向量均可由下面 $r+s$ 个向量

$$\boldsymbol{a}_1, \boldsymbol{a}_2, \cdots, \boldsymbol{a}_r, \boldsymbol{b}_1, \boldsymbol{b}_2, \cdots, \boldsymbol{b}_s$$

线性表出.

因此,向量组 $\boldsymbol{a}_i+\boldsymbol{b}_j$ 的秩不超过 $r+s=\min\{r+s, n\}$,即

$$r(\boldsymbol{a}_i+\boldsymbol{b}_j)\leqslant \min\{r+s, n\}.$$

22. 设 $\boldsymbol{A}, \boldsymbol{B}$ 皆为 n 阶方阵,且 $r(\boldsymbol{A})=r_1, r(\boldsymbol{B})=r_2$,试证:

$$r(\boldsymbol{AB}) \geqslant r_1 + r_2 - n.$$

证 由题设 $r(\boldsymbol{A}) = r_1$ 知,存在可逆矩阵 $\boldsymbol{P}, \boldsymbol{Q}$ 使得

$$\boldsymbol{PAQ} = \begin{pmatrix} \boldsymbol{E}_{r_1} & \boldsymbol{O} \\ \boldsymbol{O} & \boldsymbol{O} \end{pmatrix}.$$

令 $\boldsymbol{Q}^{-1}\boldsymbol{B} = \begin{pmatrix} \boldsymbol{B}_1 \\ \boldsymbol{B}_2 \end{pmatrix}$,其中 $\boldsymbol{B}_1$ 是 $r_1 \times n$ 矩阵,$\boldsymbol{B}_2$ 是 $(n - r_1) \times n$ 矩阵.

因为 $r(\boldsymbol{AB}) = r(\boldsymbol{PAQQ}^{-1}\boldsymbol{B})$,而

$$\boldsymbol{PAQQ}^{-1}\boldsymbol{B} = \begin{pmatrix} \boldsymbol{E}_{r_1} & \boldsymbol{O} \\ \boldsymbol{O} & \boldsymbol{O} \end{pmatrix} \begin{pmatrix} \boldsymbol{B}_1 \\ \boldsymbol{B}_2 \end{pmatrix} = \begin{pmatrix} \boldsymbol{B}_1 \\ \boldsymbol{O} \end{pmatrix}.$$

设 $r(\boldsymbol{AB}) = r$,则 $r\begin{pmatrix} \boldsymbol{B}_1 \\ \boldsymbol{O} \end{pmatrix} = r(\boldsymbol{B}_1) = r$. 但 $r(\boldsymbol{Q}^{-1}\boldsymbol{B}) = r(\boldsymbol{B}) = r_2$,故 $\boldsymbol{B}_2$ 中线性无关的行数为 $r_2 - r$,而 $\boldsymbol{B}$ 的行数为 $n - r_1$,所以

$$r_2 - r \leqslant n - r_1,\ 即\ r \geqslant r_1 + r_2 - n.$$

注 矩阵的秩的不等式:$r(\boldsymbol{A}) + r(\boldsymbol{B}) - n \leqslant r(\boldsymbol{AB}) \leqslant \min\{r(\boldsymbol{A}), r(\boldsymbol{B})\}$,称为西尔维斯特不等式.

23. 证明:$\boldsymbol{\alpha}_1 = (1, 1, 1, 1)^{\mathrm{T}}$,$\boldsymbol{\alpha}_2 = (1, 1, -1, -1)^{\mathrm{T}}$,$\boldsymbol{\alpha}_3 = (1, -1, 1, -1)^{\mathrm{T}}$,$\boldsymbol{\alpha}_4 = (1, -1, -1, 1)^{\mathrm{T}}$ 是 $\mathbf{R}^4$ 的一组基,且写出 $\boldsymbol{\beta} = (1, 2, 1, 1)^{\mathrm{T}}$ 在该组基下的坐标.

证 只需证明 $\boldsymbol{\alpha}_1, \boldsymbol{\alpha}_2, \boldsymbol{\alpha}_3, \boldsymbol{\alpha}_4$ 线性无关即可. 因为

$$|\boldsymbol{A}| = |\boldsymbol{\alpha}_1, \boldsymbol{\alpha}_2, \boldsymbol{\alpha}_3, \boldsymbol{\alpha}_4| = \begin{vmatrix} 1 & 1 & 1 & 1 \\ 1 & 1 & -1 & -1 \\ 1 & -1 & 1 & -1 \\ 1 & -1 & -1 & 1 \end{vmatrix} = -16 \neq 0,$$

所以 $\boldsymbol{\alpha}_1, \boldsymbol{\alpha}_2, \boldsymbol{\alpha}_3, \boldsymbol{\alpha}_4$ 线性无关,从而是 $\mathbf{R}^4$ 的一组基.

另一方面,由

$$(\boldsymbol{\alpha}_1, \boldsymbol{\alpha}_2, \boldsymbol{\alpha}_3, \boldsymbol{\alpha}_4, \boldsymbol{\beta}) = \left(\begin{array}{cccc:c} 1 & 1 & 1 & 1 & 1 \\ 1 & 1 & -1 & -1 & 2 \\ 1 & -1 & 1 & -1 & 1 \\ 1 & -1 & -1 & 1 & 1 \end{array}\right) \to \left(\begin{array}{cccc:c} 1 & 0 & 0 & 0 & \frac{5}{4} \\ 0 & 1 & 0 & 0 & \frac{1}{4} \\ 0 & 0 & 1 & 0 & -\frac{1}{4} \\ 0 & 0 & 0 & 1 & -\frac{1}{4} \end{array}\right),$$

得 $\boldsymbol{\beta}$ 在基 $\boldsymbol{\alpha}_1, \boldsymbol{\alpha}_2, \boldsymbol{\alpha}_3, \boldsymbol{\alpha}_4$ 下的坐标为 $\boldsymbol{A}^{-1}\boldsymbol{\beta} = \left(\frac{5}{4}, \frac{1}{4}, -\frac{1}{4}, -\frac{1}{4}\right)^{\mathrm{T}}$.

24. 设 $\boldsymbol{\alpha}_1=(1,1,0)^{\mathrm{T}}$，$\boldsymbol{\alpha}_2=(0,1,1)^{\mathrm{T}}$，$\boldsymbol{\alpha}_3=(0,0,1)^{\mathrm{T}}$ 和 $\boldsymbol{\beta}_1=(1,-1,-1)^{\mathrm{T}}$，$\boldsymbol{\beta}_2=(1,1,-1)^{\mathrm{T}}$，$\boldsymbol{\beta}_3=(-1,1,0)^{\mathrm{T}}$ 是向量空间 $\mathbf{R}^3$ 的两组基.

(1) 求由基 $\boldsymbol{\alpha}_1,\boldsymbol{\alpha}_2,\boldsymbol{\alpha}_3$ 到基 $\boldsymbol{\beta}_1,\boldsymbol{\beta}_2,\boldsymbol{\beta}_3$ 的过渡矩阵；

(2) 求由基 $\boldsymbol{\beta}_1,\boldsymbol{\beta}_2,\boldsymbol{\beta}_3$ 到基 $\boldsymbol{\alpha}_1,\boldsymbol{\alpha}_2,\boldsymbol{\alpha}_3$ 的过渡矩阵；

(3) 求向量 $\boldsymbol{\alpha}=\boldsymbol{\alpha}_1+2\boldsymbol{\alpha}_2-3\boldsymbol{\alpha}_3$ 在基 $\boldsymbol{\beta}_1,\boldsymbol{\beta}_2,\boldsymbol{\beta}_3$ 下的坐标.

解 (1) 设基 $\boldsymbol{\alpha}_1,\boldsymbol{\alpha}_2,\boldsymbol{\alpha}_3$ 到基 $\boldsymbol{\beta}_1,\boldsymbol{\beta}_2,\boldsymbol{\beta}_3$ 的过渡矩阵为 $\boldsymbol{A}$，则

$$(\boldsymbol{\beta}_1,\boldsymbol{\beta}_2,\boldsymbol{\beta}_3)=(\boldsymbol{\alpha}_1,\boldsymbol{\alpha}_2,\boldsymbol{\alpha}_3)\boldsymbol{A}\text{，即}\begin{pmatrix}1&1&-1\\-1&1&1\\-1&-1&0\end{pmatrix}=\begin{pmatrix}1&0&0\\1&1&0\\0&1&1\end{pmatrix}\boldsymbol{A}.$$

所以

$$\boldsymbol{A}=\begin{pmatrix}1&0&0\\1&1&0\\0&1&1\end{pmatrix}^{-1}\begin{pmatrix}1&1&-1\\-1&1&1\\-1&-1&0\end{pmatrix}=\begin{pmatrix}1&0&0\\-1&1&0\\1&-1&1\end{pmatrix}\begin{pmatrix}1&1&-1\\-1&1&1\\-1&-1&0\end{pmatrix}$$
$$=\begin{pmatrix}1&1&-1\\-2&0&2\\1&-1&-2\end{pmatrix}.$$

(2) 由 $(\boldsymbol{\beta}_1,\boldsymbol{\beta}_2,\boldsymbol{\beta}_3)=(\boldsymbol{\alpha}_1,\boldsymbol{\alpha}_2,\boldsymbol{\alpha}_3)\boldsymbol{A}$ 知 $(\boldsymbol{\alpha}_1,\boldsymbol{\alpha}_2,\boldsymbol{\alpha}_3)=(\boldsymbol{\beta}_1,\boldsymbol{\beta}_2,\boldsymbol{\beta}_3)\boldsymbol{A}^{-1}$，也就是 $\boldsymbol{A}^{-1}$ 就是基 $\boldsymbol{\beta}_1,\boldsymbol{\beta}_2,\boldsymbol{\beta}_3$ 到基 $\boldsymbol{\alpha}_1,\boldsymbol{\alpha}_2,\boldsymbol{\alpha}_3$ 的过渡矩阵，则

$$\boldsymbol{A}^{-1}=\begin{pmatrix}1&1&-1\\-2&0&2\\1&-1&-2\end{pmatrix}^{-1}=\begin{pmatrix}-1&-\frac{3}{2}&-1\\1&\frac{1}{2}&0\\-1&-1&-1\end{pmatrix}.$$

(3) 已知 $\boldsymbol{\alpha}$ 在基 $\boldsymbol{\alpha}_1,\boldsymbol{\alpha}_2,\boldsymbol{\alpha}_3$ 下的坐标为 $(1,2,-3)^{\mathrm{T}}$，设 $\boldsymbol{\alpha}$ 在基 $\boldsymbol{\beta}_1,\boldsymbol{\beta}_2,\boldsymbol{\beta}_3$ 下的坐标为 $(y_1,y_2,y_3)^{\mathrm{T}}$，则

$$\begin{pmatrix}y_1\\y_2\\y_3\end{pmatrix}=\boldsymbol{A}^{-1}\begin{pmatrix}1\\2\\-3\end{pmatrix}=\begin{pmatrix}1&1&-1\\-2&0&2\\1&-1&-2\end{pmatrix}^{-1}\begin{pmatrix}1\\2\\-3\end{pmatrix}=\begin{pmatrix}-1\\2\\0\end{pmatrix}.$$

25. 设 $\mathbf{R}^3$ 中基 $\boldsymbol{\alpha}_1,\boldsymbol{\alpha}_2,\boldsymbol{\alpha}_3$ 到基 $\boldsymbol{\beta}_1,\boldsymbol{\beta}_2,\boldsymbol{\beta}_3$ 的过渡阵为

$$\boldsymbol{A}=\begin{pmatrix}1&1&-1\\-1&1&1\\1&-1&1\end{pmatrix}.$$

如果

(1) $\boldsymbol{\alpha}_1=(1,0,0)^{\mathrm{T}}$，$\boldsymbol{\alpha}_2=(1,1,0)^{\mathrm{T}}$，$\boldsymbol{\alpha}_3=(1,1,1)^{\mathrm{T}}$，求基 $\boldsymbol{\beta}_1,\boldsymbol{\beta}_2,\boldsymbol{\beta}_3$；

(2)$\boldsymbol{\beta}_1=(0,\ 1,\ 1)^{\mathrm T}$，$\boldsymbol{\beta}_2=(1,\ 0,\ 2)^{\mathrm T}$，$\boldsymbol{\beta}_3=(2,\ 1,\ 0)^{\mathrm T}$，求基 $\boldsymbol{\alpha}_1,\ \boldsymbol{\alpha}_2,\ \boldsymbol{\alpha}_3$.

解 (1)$(\boldsymbol{\beta}_1,\ \boldsymbol{\beta}_2,\ \boldsymbol{\beta}_3)=(\boldsymbol{\alpha}_1,\ \boldsymbol{\alpha}_2,\ \boldsymbol{\alpha}_3)\boldsymbol{A}=\begin{pmatrix}1&1&1\\0&1&1\\0&0&1\end{pmatrix}\begin{pmatrix}1&1&-1\\-1&1&1\\1&-1&1\end{pmatrix}$

$$=\begin{pmatrix}1&1&1\\0&0&2\\1&-1&1\end{pmatrix}.$$

即 $\boldsymbol{\beta}_1=(1,\ 0,\ 1)^{\mathrm T}$，$\boldsymbol{\beta}_2=(1,\ 0,-1)^{\mathrm T}$，$\boldsymbol{\beta}_3=(1,2,\ 1)^{\mathrm T}$.

(2)$(\boldsymbol{\alpha}_1,\ \boldsymbol{\alpha}_2,\ \boldsymbol{\alpha}_3)=(\boldsymbol{\beta}_1,\ \boldsymbol{\beta}_2,\ \boldsymbol{\beta}_3)\boldsymbol{A}^{-1}=\begin{pmatrix}0&1&2\\1&0&1\\1&2&0\end{pmatrix}\begin{pmatrix}1&1&-1\\-1&1&1\\1&-1&1\end{pmatrix}^{-1}$

$$=\begin{pmatrix}0&1&2\\1&0&1\\1&2&0\end{pmatrix}\begin{pmatrix}\frac12&0&\frac12\\\frac12&\frac12&0\\0&\frac12&\frac12\end{pmatrix}=\begin{pmatrix}\frac12&\frac32&1\\\frac12&\frac12&1\\\frac32&1&\frac12\end{pmatrix},$$

即 $\boldsymbol{\alpha}_1=\left(\frac12,\ \frac12,\ \frac32\right)^{\mathrm T}$，$\boldsymbol{\alpha}_2=\left(\frac32,\ \frac12,\ 1\right)^{\mathrm T}$，$\boldsymbol{\alpha}_3=\left(1,\ 1,\ \frac12\right)^{\mathrm T}$.

26. 已知 $\mathbf{R}^3$ 的两组基为：$\boldsymbol{\alpha}_1=(1,2,1)^{\mathrm T}$，$\boldsymbol{\alpha}_2=(2,3,3)^{\mathrm T}$，$\boldsymbol{\alpha}_3=(3,7,1)^{\mathrm T}$；$\boldsymbol{\beta}_1=(3,1,4)^{\mathrm T}$，$\boldsymbol{\beta}_2=(5,2,1)^{\mathrm T}$，$\boldsymbol{\beta}_3=(1,1,-6)^{\mathrm T}$. 求：

(1)向量 $\boldsymbol{\gamma}=(3,\ 6,\ 2)^{\mathrm T}$ 在基 $\boldsymbol{\alpha}_1,\ \boldsymbol{\alpha}_2,\ \boldsymbol{\alpha}_3$ 下的坐标；

(2)基 $\boldsymbol{\alpha}_1,\ \boldsymbol{\alpha}_2,\ \boldsymbol{\alpha}_3$ 到基 $\boldsymbol{\beta}_1,\ \boldsymbol{\beta}_2,\ \boldsymbol{\beta}_3$ 的过渡矩阵；

(3)$\boldsymbol{\gamma}$ 在基 $\boldsymbol{\beta}_1,\ \boldsymbol{\beta}_2,\ \boldsymbol{\beta}_3$ 下的坐标.

解 (1)设 $\boldsymbol{\gamma}=k_1\boldsymbol{\alpha}_1+k_2\boldsymbol{\alpha}_2+k_3\boldsymbol{\alpha}_3$，由

$$\left(\begin{array}{ccc:c}1&2&3&3\\2&3&7&6\\1&3&1&2\end{array}\right)\to\left(\begin{array}{ccc:c}1&2&3&3\\0&-1&1&0\\0&1&-2&-1\end{array}\right)\to\cdots\to\left(\begin{array}{ccc:c}1&0&0&-2\\0&1&0&1\\0&0&1&1\end{array}\right),$$

得 $\boldsymbol{\gamma}$ 在基 $\boldsymbol{\alpha}_1,\ \boldsymbol{\alpha}_2,\ \boldsymbol{\alpha}_3$ 下的坐标为 $\boldsymbol{x}=(-2,\ 1,\ 1)^{\mathrm T}$.

(2)由$(\boldsymbol{\beta}_1,\ \boldsymbol{\beta}_2,\ \boldsymbol{\beta}_3)=(\boldsymbol{\alpha}_1,\ \boldsymbol{\alpha}_2,\ \boldsymbol{\alpha}_3)\boldsymbol{K}$，得基 $\boldsymbol{\alpha}_1,\ \boldsymbol{\alpha}_2,\ \boldsymbol{\alpha}_3$ 到基 $\boldsymbol{\beta}_1,\ \boldsymbol{\beta}_2,\ \boldsymbol{\beta}_3$ 的过渡矩阵为

$$\boldsymbol{K}=(\boldsymbol{\alpha}_1,\ \boldsymbol{\alpha}_2,\ \boldsymbol{\alpha}_3)^{-1}(\boldsymbol{\beta}_1,\ \boldsymbol{\beta}_2,\ \boldsymbol{\beta}_3)=\begin{pmatrix}-27&-71&-41\\9&20&9\\4&12&8\end{pmatrix}.$$

(3)由坐标转换公式知，$\boldsymbol{\gamma}$ 在基 $\boldsymbol{\beta}_1,\ \boldsymbol{\beta}_2,\ \boldsymbol{\beta}_3$ 下的坐标为

$$y=K^{-1}x=\begin{pmatrix}-27&-71&-41\\9&20&9\\4&12&8\end{pmatrix}^{-1}\begin{pmatrix}-2\\1\\1\end{pmatrix}=\frac{1}{4}\begin{pmatrix}153\\-106\\83\end{pmatrix}.$$

27. 在 $\mathbf{R}^4$ 中找一个向量 $\boldsymbol{\gamma}$，它在自然基 $\boldsymbol{\varepsilon}_1,\boldsymbol{\varepsilon}_2,\boldsymbol{\varepsilon}_3,\boldsymbol{\varepsilon}_4$ 和基 $\boldsymbol{\beta}_1=(2,1,-1,1)^{\mathrm{T}}$，$\boldsymbol{\beta}_2=(0,3,1,0)^{\mathrm{T}}$，$\boldsymbol{\beta}_3=(5,3,2,1)^{\mathrm{T}}$，$\boldsymbol{\beta}_4=(6,6,1,3)^{\mathrm{T}}$ 下有相同的坐标.

解 设向量 $\boldsymbol{\gamma}$ 在 $\boldsymbol{\varepsilon}_1,\boldsymbol{\varepsilon}_2,\boldsymbol{\varepsilon}_3,\boldsymbol{\varepsilon}_4$ 基与 $\boldsymbol{\beta}_1,\boldsymbol{\beta}_2,\boldsymbol{\beta}_3,\boldsymbol{\beta}_4$ 基下的坐标为 $\boldsymbol{x}$，即

$$(\boldsymbol{\varepsilon}_1,\boldsymbol{\varepsilon}_2,\boldsymbol{\varepsilon}_3,\boldsymbol{\varepsilon}_4)\boldsymbol{x}=(\boldsymbol{\beta}_1,\boldsymbol{\beta}_2,\boldsymbol{\beta}_3,\boldsymbol{\beta}_4)\boldsymbol{x},$$

记 $\boldsymbol{B}=(\boldsymbol{\beta}_1,\boldsymbol{\beta}_2,\boldsymbol{\beta}_3,\boldsymbol{\beta}_4)$，则上式即为 $(\boldsymbol{B}-\boldsymbol{E})\boldsymbol{x}=\boldsymbol{0}$，此时

$$\boldsymbol{B}-\boldsymbol{E}=\begin{pmatrix}1&0&5&6\\1&2&3&6\\-1&1&1&1\\1&0&1&2\end{pmatrix}\rightarrow\cdots\rightarrow\begin{pmatrix}1&0&0&1\\0&1&0&1\\0&0&1&1\\0&0&0&0\end{pmatrix}.$$

所以，所求向量为 $\boldsymbol{\gamma}=k(1,1,1,-1)^{\mathrm{T}}$，其中 k 为任意常数.

28. 在 $\mathbf{R}^n$ 中，对任一个向量 $\boldsymbol{\alpha}$，设 $\boldsymbol{\alpha}$ 在基 $\boldsymbol{\alpha}_1,\boldsymbol{\alpha}_2,\cdots,\boldsymbol{\alpha}_n$ 下的坐标为 $x=(x_1,\cdots,x_n)^{\mathrm{T}}$，在基 $\boldsymbol{\beta}_1,\boldsymbol{\beta}_2,\cdots,\boldsymbol{\beta}_n$ 下的坐标为 $\boldsymbol{y}=(y_1,\cdots,y_n)^{\mathrm{T}}$，且有下面的表达式成立

$$\begin{cases}y_1=x_1,\\y_2=x_2-x_1,\\y_3=x_3-x_2,\\\quad\cdots\cdots\\y_n=x_n-x_{n-1},\end{cases}$$

求 $\boldsymbol{\alpha}_1,\boldsymbol{\alpha}_2,\cdots,\boldsymbol{\alpha}_n$ 到 $\boldsymbol{\beta}_1,\boldsymbol{\beta}_2,\cdots,\boldsymbol{\beta}_n$ 的过渡阵 $\boldsymbol{A}$.

解 由题设，得

$$\boldsymbol{y}=\begin{pmatrix}1&0&\cdots&0&0\\-1&1&\cdots&0&0\\0&-1&\cdots&0&0\\\vdots&\vdots&&\vdots&\vdots\\0&0&\cdots&-1&1\end{pmatrix}\boldsymbol{x}=\boldsymbol{B}\boldsymbol{x}.$$

另一方面，由于 $\boldsymbol{\alpha}=(\boldsymbol{\alpha}_1,\boldsymbol{\alpha}_2,\cdots,\boldsymbol{\alpha}_n)\boldsymbol{x}=(\boldsymbol{\beta}_1,\boldsymbol{\beta}_2,\cdots,\boldsymbol{\beta}_n)\boldsymbol{y}$，且

$$(\boldsymbol{\beta}_1,\boldsymbol{\beta}_2,\cdots,\boldsymbol{\beta}_n)=(\boldsymbol{\alpha}_1,\boldsymbol{\alpha}_2,\cdots,\boldsymbol{\alpha}_n)\boldsymbol{A},$$

所以 $\boldsymbol{x}=\boldsymbol{A}\boldsymbol{y}$，因此，

$$\boldsymbol{A}=\boldsymbol{B}^{-1}=\begin{pmatrix}1&&&&\\1&1&&&\\1&1&1&&\\\vdots&\vdots&\vdots&\ddots&\\1&1&1&\cdots&1\end{pmatrix}.$$

29. 已知$\boldsymbol{\alpha}_1, \boldsymbol{\alpha}_2, \boldsymbol{\alpha}_3$是三维向量空间$\mathbf{V}$的一个基,又$\boldsymbol{\beta}_1=\boldsymbol{\alpha}_1+\boldsymbol{\alpha}_2-\boldsymbol{\alpha}_3$,$\boldsymbol{\beta}_2=-\boldsymbol{\alpha}_1-2\boldsymbol{\alpha}_2+2\boldsymbol{\alpha}_3$,$\boldsymbol{\beta}_3=3\boldsymbol{\alpha}_1+4\boldsymbol{\alpha}_2-3\boldsymbol{\alpha}_3$.

(1) 证明$\boldsymbol{\beta}_1, \boldsymbol{\beta}_2, \boldsymbol{\beta}_3$也是$\mathbf{V}$的一个基;

(2) 求向量$\boldsymbol{\xi}=\boldsymbol{\alpha}_1+\boldsymbol{\alpha}_2+\boldsymbol{\alpha}_3$在基$\boldsymbol{\beta}_1, \boldsymbol{\beta}_2, \boldsymbol{\beta}_3$的坐标.

解 (1) 由题设,有

$$(\boldsymbol{\beta}_1, \boldsymbol{\beta}_2, \boldsymbol{\beta}_3)=(\boldsymbol{\alpha}_1, \boldsymbol{\alpha}_2, \boldsymbol{\alpha}_3)\begin{pmatrix}1 & -1 & 3\\ 1 & -2 & 4\\ -1 & 2 & -3\end{pmatrix}=(\boldsymbol{\alpha}_1, \boldsymbol{\alpha}_2, \boldsymbol{\alpha}_3)\boldsymbol{C}.$$

由$|\boldsymbol{C}|=-1\neq 0$知$\boldsymbol{C}$可逆,因而$\boldsymbol{\beta}_1, \boldsymbol{\beta}_2, \boldsymbol{\beta}_3$线性无关,即$\boldsymbol{\beta}_1, \boldsymbol{\beta}_2, \boldsymbol{\beta}_3$也是$\mathbf{V}$的一个基.

(2) 由(1)可知基$\boldsymbol{\alpha}_1, \boldsymbol{\alpha}_2, \boldsymbol{\alpha}_3$到基$\boldsymbol{\beta}_1, \boldsymbol{\beta}_2, \boldsymbol{\beta}_3$的过渡矩阵为$\boldsymbol{C}$. 由题设,向量$\boldsymbol{\xi}$在基$\boldsymbol{\alpha}_1, \boldsymbol{\alpha}_2, \boldsymbol{\alpha}_3$下的坐标为$(1, 1, 1)^{\mathrm{T}}$,设向量$\boldsymbol{\xi}$在基$\boldsymbol{\beta}_1, \boldsymbol{\beta}_2, \boldsymbol{\beta}_3$下的坐标为$(y_1, y_2, y_3)^{\mathrm{T}}$. 根据坐标变换公式,有

$$\begin{pmatrix}y_1\\ y_2\\ y_3\end{pmatrix}=\boldsymbol{C}^{-1}\begin{pmatrix}1\\ 1\\ 1\end{pmatrix}=\begin{pmatrix}2 & -3 & -2\\ 1 & 0 & 1\\ 0 & 1 & 1\end{pmatrix}\begin{pmatrix}1\\ 1\\ 1\end{pmatrix}=\begin{pmatrix}-3\\ 2\\ 2\end{pmatrix}.$$

30. 已知$\mathbf{R}^3$的向量$\boldsymbol{\gamma}=(1, 0, -1)^{\mathrm{T}}$及$\mathbf{R}^3$的一组基$\boldsymbol{\varepsilon}_1=(1, 0, 1)^{\mathrm{T}}$,$\boldsymbol{\varepsilon}_2=(1, 1, 1)^{\mathrm{T}}$,$\boldsymbol{\varepsilon}_3=(1, 0, 0)^{\mathrm{T}}$. $\boldsymbol{A}$是一个3阶矩阵,且

$$\boldsymbol{A}\boldsymbol{\varepsilon}_1=\boldsymbol{\varepsilon}_1+\boldsymbol{\varepsilon}_2,\boldsymbol{A}\boldsymbol{\varepsilon}_2=\boldsymbol{\varepsilon}_2-\boldsymbol{\varepsilon}_3,\boldsymbol{A}\boldsymbol{\varepsilon}_3=2\boldsymbol{\varepsilon}_1-\boldsymbol{\varepsilon}_2+\boldsymbol{\varepsilon}_3,$$

求$\boldsymbol{A}\boldsymbol{\gamma}$在$\boldsymbol{\varepsilon}_1, \boldsymbol{\varepsilon}_2, \boldsymbol{\varepsilon}_3$下的坐标.

解 由题设知

$$\boldsymbol{A}(\boldsymbol{\varepsilon}_1, \boldsymbol{\varepsilon}_2, \boldsymbol{\varepsilon}_3)=(\boldsymbol{\varepsilon}_1, \boldsymbol{\varepsilon}_2, \boldsymbol{\varepsilon}_3)\begin{pmatrix}1 & 0 & 2\\ 0 & 1 & -1\\ 1 & -1 & 1\end{pmatrix}.$$

设$\boldsymbol{A}\boldsymbol{\gamma}$在$\boldsymbol{\varepsilon}_1, \boldsymbol{\varepsilon}_2, \boldsymbol{\varepsilon}_3$下的坐标为$\boldsymbol{x}$,则由$\boldsymbol{A}\boldsymbol{\gamma}=(\boldsymbol{\varepsilon}_1, \boldsymbol{\varepsilon}_2, \boldsymbol{\varepsilon}_3)\boldsymbol{x}$可得

$$\boldsymbol{x}=(\boldsymbol{\varepsilon}_1, \boldsymbol{\varepsilon}_2, \boldsymbol{\varepsilon}_3)^{-1}\boldsymbol{A}\boldsymbol{\gamma}=(\boldsymbol{\varepsilon}_1, \boldsymbol{\varepsilon}_2, \boldsymbol{\varepsilon}_3)^{-1}(\boldsymbol{\varepsilon}_1, \boldsymbol{\varepsilon}_2, \boldsymbol{\varepsilon}_3)\begin{pmatrix}1 & 0 & 2\\ 0 & 1 & -1\\ 1 & -1 & 1\end{pmatrix}(\boldsymbol{\varepsilon}_1, \boldsymbol{\varepsilon}_2, \boldsymbol{\varepsilon}_3)^{-1}\boldsymbol{\gamma}$$

$$=\begin{pmatrix}1 & 0 & 2\\ 0 & 1 & -1\\ 1 & -1 & 1\end{pmatrix}(\boldsymbol{\varepsilon}_1, \boldsymbol{\varepsilon}_2, \boldsymbol{\varepsilon}_3)^{-1}\boldsymbol{\gamma}=\begin{pmatrix}1 & 0 & 2\\ 0 & 1 & -1\\ 1 & -1 & 1\end{pmatrix}\begin{pmatrix}1 & 1 & 1\\ 0 & 1 & 0\\ 1 & 1 & 0\end{pmatrix}^{-1}\begin{pmatrix}2\\ -2\\ 1\end{pmatrix}$$

$$=\begin{pmatrix}1 & 0 & 2\\ 0 & 1 & -1\\ 1 & -1 & 1\end{pmatrix}\begin{pmatrix}0 & -1 & 1\\ 0 & 1 & 0\\ 1 & 0 & -1\end{pmatrix}\begin{pmatrix}2\\ -2\\ 1\end{pmatrix}=\begin{pmatrix}3\\ -2\\ 1\end{pmatrix}.$$

31. 求下列齐次线性方程组的基础解系，并用此基础解系表示方程组的全部解：

(1) $\begin{cases}2x_1-4x_2+5x_3+3x_4=0\\3x_1-6x_2+4x_3+2x_4=0.\\4x_1-8x_2+17x_3+11x_4=0\end{cases}$

解 用矩阵的初等行变换把系数矩阵 $\boldsymbol{A}$ 化为行简化阶梯形矩阵：

$$\boldsymbol{A}=\begin{pmatrix}2&-4&5&3\\3&-6&4&2\\4&-8&17&11\end{pmatrix}\to\begin{pmatrix}-1&2&1&1\\3&-6&4&2\\4&-8&17&11\end{pmatrix}\to\begin{pmatrix}-1&2&1&1\\0&0&7&5\\0&0&21&15\end{pmatrix}$$

$$\to\begin{pmatrix}-1&2&1&1\\0&0&7&5\\0&0&0&0\end{pmatrix}\to\begin{pmatrix}1&-2&0&-\frac{2}{7}\\0&0&1&\frac{5}{7}\\0&0&0&0\end{pmatrix}.$$

因为系数矩阵的秩 $r(\boldsymbol{A})=2$，所以方程组的基础解系含有 $4-2=2$ 个解向量，取 x_2，x_4 作为自由变量，则还原为方程组的形式为

$$\begin{cases}x_1=2x_2+\dfrac{2}{7}x_4,\\x_3=-\dfrac{5}{7}x_4.\end{cases}$$

分别取 $x_2=1$，$x_4=0$ 和 $x_2=0$，$x_4=1$，得方程组的基础解系为

$$\boldsymbol{\eta}_1=(2,1,0,0)^{\mathrm{T}},\quad \boldsymbol{\eta}_2=\left(\frac{2}{7},0,-\frac{5}{7},1\right)^{\mathrm{T}}.$$

于是方程组的全部解为

$$\boldsymbol{x}=k_1\boldsymbol{\eta}_1+k_2\boldsymbol{\eta}_2(k_1,k_2\text{ 为任意常数}).$$

(2) $\begin{cases}x_1+x_2-x_4-x_5=0,\\x_1-x_2+2x_3-x_4=0,\\4x_1-2x_2+6x_3+3x_4-4x_5=0,\\2x_1+4x_2-2x_3+4x_4-7x_5=0.\end{cases}$

解 用矩阵的初等行变换把系数矩阵 $\boldsymbol{A}$ 化为行简化阶梯形矩阵：

$$\boldsymbol{A}=\begin{pmatrix}1&1&0&-1&-1\\1&-1&2&-1&0\\4&-2&6&3&-4\\2&4&-2&4&-7\end{pmatrix}\to\begin{pmatrix}1&1&0&-1&-1\\0&-2&2&0&1\\0&-6&6&7&0\\0&2&-2&6&-5\end{pmatrix}$$

$$\rightarrow\begin{pmatrix}1&1&0&-1&-1\\0&-2&2&0&1\\0&0&0&7&-3\\0&0&0&6&-4\end{pmatrix}\rightarrow\begin{pmatrix}1&1&0&-1&-1\\0&-2&2&0&1\\0&0&0&1&1\\0&0&0&6&-4\end{pmatrix}$$

$$\rightarrow\begin{pmatrix}1&1&0&-1&-1\\0&-2&2&0&1\\0&0&0&1&1\\0&0&0&0&-10\end{pmatrix}\rightarrow\cdots\rightarrow\begin{pmatrix}1&0&1&0&0\\0&1&-1&0&0\\0&0&0&1&0\\0&0&0&0&1\end{pmatrix}.$$

因为系数矩阵的秩 $r(\boldsymbol{A})=4$,方程组的基础解系含有 $5-4=1$ 个解向量,取 x_3 作为自由变量,则还原为方程组的形式为:

$$\begin{cases}x_1=-x_3,\\x_2=x_3,\\x_4=0,\\x_5=0.\end{cases}$$

取 $x_3=1$,得方程组的基础解系为 $\boldsymbol{\eta}=(-1,1,1,0,0)^{\mathrm{T}}$. 于是方程组的全部解为 $\boldsymbol{x}=k\boldsymbol{\eta}$,其中 k 为任意常数.

32. 已知向量组 $\boldsymbol{\alpha}_1=(1,2,0,-2)^{\mathrm{T}}$,$\boldsymbol{\alpha}_2=(0,3,1,0)^{\mathrm{T}}$,$\boldsymbol{\alpha}_3=(-1,4,2,a)^{\mathrm{T}}$ 和向量组 $\boldsymbol{\beta}_1=(1,8,2,-2)^{\mathrm{T}}$,$\boldsymbol{\beta}_2=(1,5,1,-a)^{\mathrm{T}}$,$\boldsymbol{\beta}_3=(-5,2,b,10)^{\mathrm{T}}$ 都是齐次方程组 $\boldsymbol{Ax}=\boldsymbol{0}$ 的基础解系,求 a, b 的值.

解 对以 $\boldsymbol{\alpha}_1,\boldsymbol{\alpha}_2,\boldsymbol{\alpha}_3,\boldsymbol{\beta}_1,\boldsymbol{\beta}_2,\boldsymbol{\beta}_3$ 为列的矩阵施行初等行变换,有

$$(\boldsymbol{\alpha}_1,\boldsymbol{\alpha}_2,\boldsymbol{\alpha}_3,\boldsymbol{\beta}_1,\boldsymbol{\beta}_2,\boldsymbol{\beta}_3)=\begin{pmatrix}1&0&-1&1&1&-5\\2&3&4&8&5&2\\0&1&2&2&1&b\\-2&0&a&-2&-a&10\end{pmatrix}$$

$$\rightarrow\begin{pmatrix}1&0&-1&1&1&-5\\0&1&2&2&1&4\\0&0&a-2&0&2-a&0\\0&0&0&0&0&b-4\end{pmatrix}.$$

由 $\boldsymbol{\alpha}_1,\boldsymbol{\alpha}_2,\boldsymbol{\alpha}_3$ 和 $\boldsymbol{\beta}_1,\boldsymbol{\beta}_2,\boldsymbol{\beta}_3$ 都是 $\boldsymbol{Ax}=\boldsymbol{0}$ 的基础解系可知 $\boldsymbol{\alpha}_1,\boldsymbol{\alpha}_2,\boldsymbol{\alpha}_3$ 和 $\boldsymbol{\beta}_1,\boldsymbol{\beta}_2,\boldsymbol{\beta}_3$ 都线性无关且等价,即有

$$r(\boldsymbol{\alpha}_1,\boldsymbol{\alpha}_2,\boldsymbol{\alpha}_3,\boldsymbol{\beta}_1,\boldsymbol{\beta}_2,\boldsymbol{\beta}_3)=r(\boldsymbol{\alpha}_1,\boldsymbol{\alpha}_2,\boldsymbol{\alpha}_3)=r(\boldsymbol{\beta}_1,\boldsymbol{\beta}_2,\boldsymbol{\beta}_3)=3,$$

故 $a\neq 2$,$b=4$.

33. 设 $\boldsymbol{A}=\begin{pmatrix}1&2&1\\1&a+2&a+1\\-1&a-2&2a-3\end{pmatrix}$，若存在 3 阶非零矩阵 $\boldsymbol{B}$，使 $\boldsymbol{AB}=\boldsymbol{O}$.

(1)求 a 的值；

(2)求方程组 $\boldsymbol{AX}=\boldsymbol{O}$ 的通解.

解 (1)由题设知 $\boldsymbol{AX}=\boldsymbol{O}$ 有非零解，所以 $|\boldsymbol{A}|=0$，即

$$\begin{vmatrix}1&2&1\\1&a+2&a+1\\-1&a-2&2a-3\end{vmatrix}=\begin{vmatrix}1&2&1\\0&a&a\\0&a&2a-2\end{vmatrix}=\begin{vmatrix}1&2&1\\0&a&a\\0&0&a-2\end{vmatrix}=a(a-2)=0,$$

所以 $a=0$ 或 $a=2$.

(2)当 $a=0$ 时，

$$\boldsymbol{A}=\begin{pmatrix}1&2&1\\1&2&1\\-1&-2&-3\end{pmatrix}\to\begin{pmatrix}1&2&1\\0&0&0\\0&0&-2\end{pmatrix}\to\begin{pmatrix}1&2&0\\0&0&0\\0&0&1\end{pmatrix},$$

取自由未知量 $x_2=1$，得 $\boldsymbol{\xi}_1=(-2,1,0)^{\mathrm{T}}$，即 $\boldsymbol{AX}=\boldsymbol{O}$ 的通解为

$$\boldsymbol{x}=k_1\boldsymbol{\xi}_1=k_1(-2,1,0)^{\mathrm{T}}(k_1\text{ 为任意常数}).$$

当 $a=2$ 时，

$$\boldsymbol{A}=\begin{pmatrix}1&2&1\\1&4&3\\-1&0&1\end{pmatrix}\to\begin{pmatrix}1&2&1\\0&2&2\\-1&0&1\end{pmatrix}\to\begin{pmatrix}1&2&2\\0&2&2\\-1&0&1\end{pmatrix}\to\begin{pmatrix}0&1&1\\0&0&0\\-1&0&1\end{pmatrix},$$

取自由未知量 $x_3=1$，得 $\boldsymbol{\xi}_2=(1,-1,1)^{\mathrm{T}}$，即 $\boldsymbol{AX}=\boldsymbol{O}$ 的通解为

$$\boldsymbol{x}=k_2\boldsymbol{\xi}_2=k_2(1,-1,1)^{\mathrm{T}}(k_2\text{ 为任意常数}).$$

34. 设矩阵 $\boldsymbol{A}$ 的 n 个列向量为 $\boldsymbol{\alpha}_i=(a_{1i},a_{2i},a_{ni})^{\mathrm{T}}(i=1,2,\cdots,n)$，$n$ 阶矩阵 $\boldsymbol{B}$ 的 n 个列向量为 $\boldsymbol{\alpha}_1+\boldsymbol{\alpha}_2,\boldsymbol{\alpha}_2+\boldsymbol{\alpha}_3,\cdots,\boldsymbol{\alpha}_{n-1}+\boldsymbol{\alpha}_n,\boldsymbol{\alpha}_n+\boldsymbol{\alpha}_1$. 试问：当 $\boldsymbol{A}$ 的秩 $r(\boldsymbol{A})=n$ 时，线性齐次方程组 $\boldsymbol{Bx}=0$ 是否有非零解？证明你的结论.

解 设

$$k_1(\boldsymbol{\alpha}_1+\boldsymbol{\alpha}_2)+k_2(\boldsymbol{\alpha}_2+\boldsymbol{\alpha}_3)+\cdots+k_{n-1}(\boldsymbol{\alpha}_{n-1}+\boldsymbol{\alpha}_n)+k_n(\boldsymbol{\alpha}_n+\boldsymbol{\alpha}_1)=\boldsymbol{0},\qquad ①$$

即

$$(k_1+k_n)\boldsymbol{\alpha}_1+(k_1+k_2)\boldsymbol{\alpha}_2+\cdots+(k_{n-1}+k_n)\boldsymbol{\alpha}_n=\boldsymbol{0}.$$

由 $r(\boldsymbol{A})=n$ 知 $\boldsymbol{\alpha}_1,\boldsymbol{\alpha}_2,\cdots,\boldsymbol{\alpha}_n$ 线性无关，得方程组

$$\begin{cases}k_1+k_n=0,\\k_1+k_2=0,\\\qquad\cdots\cdots\\k_{n-1}+k_n=0,\end{cases}\qquad ②$$

其系数行列式

$$\begin{vmatrix} 1 & 0 & 0 & \cdots & 0 & 1 \\ 1 & 1 & 0 & \cdots & 0 & 0 \\ \vdots & \vdots & \vdots & & \vdots & \vdots \\ 0 & 0 & 0 & \cdots & 0 & 1 \\ 0 & 0 & 0 & \cdots & 1 & 1 \end{vmatrix} = \begin{cases} 0, & n \text{ 为偶数}, \\ 2, & n \text{ 为奇数}. \end{cases}$$

(1)当 n 为偶数时,方程组②有非零解,即有不全为 0 的数 k_i ($i=1, 2, \cdots, n$)使式子①成立,亦即 $\boldsymbol{\alpha}_1+\boldsymbol{\alpha}_2, \boldsymbol{\alpha}_2+\boldsymbol{\alpha}_3, \cdots, \boldsymbol{\alpha}_{n-1}+\boldsymbol{\alpha}_n, \boldsymbol{\alpha}_n+\boldsymbol{\alpha}_1$ 线性相关. 由此知 $r(\boldsymbol{B})<n$, 即知 $\boldsymbol{Bx}=\boldsymbol{0}$ 有非零解.

(2)当 n 为奇数时,方程组②仅有零解,即只有全为 0 的数 k_i ($i=1, 2, \cdots, n$)使式子①成立,亦即 $\boldsymbol{\alpha}_1+\boldsymbol{\alpha}_2, \boldsymbol{\alpha}_2+\boldsymbol{\alpha}_3, \cdots, \boldsymbol{\alpha}_{n-1}+\boldsymbol{\alpha}_n, \boldsymbol{\alpha}_n+\boldsymbol{\alpha}_1$ 线性无关. 由此知 $r(\boldsymbol{B})=n$, 即知 $\boldsymbol{Bx}=\boldsymbol{0}$ 只有零解.

35. 证明线性方程组

$$\begin{cases} a_{11}x_1+a_{12}x_2+\cdots+a_{1n}x_n=0, \\ a_{21}x_1+a_{22}x_2+\cdots+a_{2n}x_n=0, \\ \cdots\cdots \\ a_{m1}x_1+a_{m2}x_2+\cdots+a_{mn}x_n=0 \end{cases} \qquad ①$$

的解是 $b_1x_1+b_2x_2+\cdots+b_nx_n=0$ 解的充要条件是 $\boldsymbol{\beta}$ 为 $\boldsymbol{\alpha}_1, \boldsymbol{\alpha}_2, \cdots, \boldsymbol{\alpha}_m$ 的线性组合,其中 $\boldsymbol{\beta}=(b_1, b_2, \cdots, b_n)$, $\boldsymbol{\alpha}_i=(a_{i1}, a_{i2}, \cdots, a_{in})(i=1, 2, \cdots, m)$.

证 充分性. 设存在一组数 $k_1, k_2, \cdots, k_m$ 使得

$$\boldsymbol{\beta}=k_1\boldsymbol{\alpha}_1+k_2\boldsymbol{\alpha}_2+\cdots+k_m\boldsymbol{\alpha}_m.$$

设 $\boldsymbol{x}=(x_1, x_2, \cdots, x_n)^{\mathrm{T}}$ 为 $\boldsymbol{Ax}=\boldsymbol{0}$ 的解,其中 $\boldsymbol{A}=\begin{pmatrix} \boldsymbol{\alpha}_1 \\ \boldsymbol{\alpha}_2 \\ \vdots \\ \boldsymbol{\alpha}_3 \end{pmatrix}$,即

$$\boldsymbol{\alpha}_i\boldsymbol{x}=0, i=1, 2, \cdots, m.$$

于是

$$bx_1+b_2x_2+\cdots+b_nx_n=\boldsymbol{\beta x}=k_1\boldsymbol{\alpha}_1\boldsymbol{x}_1+k_2\boldsymbol{\alpha}_2\boldsymbol{x}_2+\cdots+k_m\boldsymbol{\alpha}_m\boldsymbol{x}=0.$$

必要性. 构造方程组

$$\begin{cases} a_{11}x_1+a_{12}x_2+\cdots+a_{1n}x_n=0, \\ \cdots\cdots \\ a_{m1}x_1+a_{m2}x_2+\cdots+a_{mn}x_n=0, \\ b_1x_1+b_2x_2+\cdots+b_nx_n=0\ . \end{cases} \qquad ②$$

①,② 的系数矩阵分别为

$$\boldsymbol{A}=\begin{pmatrix}\boldsymbol{\alpha}_1\\ \boldsymbol{\alpha}_2\\ \vdots\\ \boldsymbol{\alpha}_m\end{pmatrix}\text{和}\boldsymbol{B}=\begin{pmatrix}\boldsymbol{\alpha}_1\\ \boldsymbol{\alpha}_2\\ \vdots\\ \boldsymbol{\alpha}_m\\ \boldsymbol{\beta}\end{pmatrix}.$$

要证 $\boldsymbol{\beta}$ 为 $\boldsymbol{\alpha}_1,\boldsymbol{\alpha}_2,\cdots,\boldsymbol{\alpha}_m$ 的线性组合,只须证 $r(\boldsymbol{A})=r(\boldsymbol{B})$,继而转为证明 ① 和 ② 同解.而 ① 的解必满足方程式 $b_1x_1+b_2x_2+\cdots+b_nx_n=0$,因此是 ② 的解.反之 ② 的解显然是 ① 的解,故 ① 和 ② 同解,从而 $r(\boldsymbol{A})=r(\boldsymbol{B})$,故 $\boldsymbol{\beta}$ 可由 $\boldsymbol{\alpha}_1,\boldsymbol{\alpha}_2,\cdots,\boldsymbol{\alpha}_m$ 线性表示.

36. 设 $\boldsymbol{Ax}=\boldsymbol{0}$ 与 $\boldsymbol{Bx}=\boldsymbol{0}$ 均为 n 元齐次线性方程组,$r(\boldsymbol{A})=r(\boldsymbol{B})$ 且 $\boldsymbol{Ax}=\boldsymbol{0}$ 的解均为方程组 $\boldsymbol{Bx}=\boldsymbol{0}$ 的解,证明:方程组 $\boldsymbol{Ax}=\boldsymbol{0}$ 与方程组 $\boldsymbol{Bx}=\boldsymbol{0}$ 同解.

证 因为 $r(\boldsymbol{A})=r(\boldsymbol{B})$,不妨设它们的秩都为 r,记 $\boldsymbol{Ax}=\boldsymbol{0}$ 与 $\boldsymbol{Bx}=\boldsymbol{0}$ 的基础解系分别为

$$(\text{Ⅰ})\boldsymbol{\xi}_1,\boldsymbol{\xi}_2,\cdots,\boldsymbol{\xi}_{n-r};(\text{Ⅱ})\boldsymbol{\eta}_1,\boldsymbol{\eta}_2,\cdots,\boldsymbol{\eta}_{n-r}.$$

考察

$$(\text{Ⅲ})\boldsymbol{\xi}_1,\boldsymbol{\xi}_2,\cdots,\boldsymbol{\xi}_{n-r},\boldsymbol{\eta}_1,\boldsymbol{\eta}_2,\cdots,\boldsymbol{\eta}_{n-r}.$$

由已知(Ⅰ)可由(Ⅱ)线性表示,所以 $\boldsymbol{\eta}_1,\boldsymbol{\eta}_2,\cdots,\boldsymbol{\eta}_{n-r}$ 是(Ⅲ)的一个极大线性无关组,但 $\boldsymbol{\xi}_1,\boldsymbol{\xi}_2,\cdots,\boldsymbol{\xi}_{n-r}$ 也线性无关,所以 $\boldsymbol{\xi}_1,\boldsymbol{\xi}_2,\cdots,\boldsymbol{\xi}_{n-r}$ 也是(Ⅲ)的一个极大线性无关组,故 $\boldsymbol{\eta}_1,\boldsymbol{\eta}_2,\cdots,\boldsymbol{\eta}_{n-r}$ 可由 $\boldsymbol{\xi}_1,\boldsymbol{\xi}_2,\cdots,\boldsymbol{\xi}_{n-r}$ 线性表示,即(Ⅱ)可由(Ⅰ)线性表示,说明 $\boldsymbol{Bx}=\boldsymbol{0}$ 任意解也是 $\boldsymbol{Ax}=\boldsymbol{0}$ 的解,所以 $\boldsymbol{Ax}=\boldsymbol{0}$ 与 $\boldsymbol{Bx}=\boldsymbol{0}$ 是同解方程组.

37. 设 $\boldsymbol{A}$ 为 n 阶矩阵,$\boldsymbol{A}^{\mathrm{T}}$ 是 $\boldsymbol{A}$ 的转置矩阵,证明:线性方程组 $\boldsymbol{Ax}=\boldsymbol{0}$ 与 $\boldsymbol{A}^{\mathrm{T}}\boldsymbol{Ax}=\boldsymbol{0}$ 同解.

证 一方面,若 $\boldsymbol{\alpha}$ 是 $\boldsymbol{Ax}=\boldsymbol{0}$ 的解,即 $\boldsymbol{A\alpha}=\boldsymbol{0}$,则 $\boldsymbol{A}^{\mathrm{T}}\boldsymbol{A\alpha}=\boldsymbol{A}^{\mathrm{T}}\boldsymbol{0}=\boldsymbol{0}$,说明 $\boldsymbol{\alpha}$ 也是 $\boldsymbol{A}^{\mathrm{T}}\boldsymbol{Ax}=\boldsymbol{0}$ 的解.

另一方面,若 $\boldsymbol{\beta}$ 是 $\boldsymbol{A}^{\mathrm{T}}\boldsymbol{Ax}=\boldsymbol{0}$ 的解,即 $\boldsymbol{A}^{\mathrm{T}}\boldsymbol{A\beta}=\boldsymbol{0}$,则两边同乘 $\boldsymbol{\beta}^{\mathrm{T}}$,有

$$\boldsymbol{\beta}^{\mathrm{T}}\boldsymbol{A}^{\mathrm{T}}\boldsymbol{A\beta}=\boldsymbol{0},\text{亦即}(\boldsymbol{A\beta})^{\mathrm{T}}(\boldsymbol{A\beta})=\boldsymbol{0}.$$

若 $\boldsymbol{A\beta}\neq\boldsymbol{0}$,不妨设 $\boldsymbol{A\beta}=(b_1,b_2,\cdots,b_n)^{\mathrm{T}}$,$b_1>0$,则

$$(\boldsymbol{A\beta})^{\mathrm{T}}(\boldsymbol{A\beta})=b_1^2+\sum_{i=2}^{n}b_i^2>0,$$

这与 $(\boldsymbol{A\beta})^{\mathrm{T}}(\boldsymbol{A\beta})=\boldsymbol{0}$ 矛盾,因而 $\boldsymbol{A\beta}=\boldsymbol{0}$,说明 $\boldsymbol{\beta}$ 也是 $\boldsymbol{Ax}=\boldsymbol{0}$ 的解.

综上可知,线性方程组 $\boldsymbol{Ax}=\boldsymbol{0}$ 与 $\boldsymbol{A}^{\mathrm{T}}\boldsymbol{Ax}=\boldsymbol{0}$ 同解.

38. 设 $\boldsymbol{A}$ 是 $m\times n$ 矩阵,它的 m 个行向量是某个 n 元齐次线性方程组的一组基础解系,$\boldsymbol{B}$ 是一个 m 阶可逆矩阵.证明:$\boldsymbol{BA}$ 的行向量组也构成该齐次方程组的一组基础解系.

证 因为 $\boldsymbol{A}$ 的 m 个行向量(n 维向量)为线性方程组的基础解系,所以 $\boldsymbol{A}$ 的行向量组

线性无关，即 $r(\boldsymbol{A}) = m$.

若设该方程组为 $\boldsymbol{Cx} = \boldsymbol{0}$，则 $r(\boldsymbol{C}) = n - m$.

由 $\boldsymbol{B}$ 可逆可知 $r(\boldsymbol{BA}) = m$. 又 $\boldsymbol{BA}$ 仍为 $m \times n$ 矩阵，所以 $\boldsymbol{BA}$ 的行向量组线性无关.

设

$$\boldsymbol{BA} = \begin{pmatrix} \boldsymbol{\beta}_1 \\ \boldsymbol{\beta}_2 \\ \vdots \\ \boldsymbol{\beta}_m \end{pmatrix}, \quad \boldsymbol{A} = \begin{pmatrix} \boldsymbol{\alpha}_1 \\ \boldsymbol{\alpha}_2 \\ \vdots \\ \boldsymbol{\alpha}_m \end{pmatrix}, \quad \boldsymbol{B} = \begin{pmatrix} b_{11} & b_{12} & \cdots & b_{1m} \\ b_{21} & b_{22} & \cdots & b_{2m} \\ \vdots & \vdots & & \vdots \\ b_{m1} & b_{m2} & \cdots & b_{mm} \end{pmatrix},$$

则

$$\boldsymbol{\beta}_i = \sum_{k=1}^{m} b_{ik} \boldsymbol{\alpha}_k, i = 1, 2, \cdots, m,$$

即 $\boldsymbol{BA}$ 的各行均为 $\boldsymbol{A}$ 的行向量的线性组合，而 $\boldsymbol{A}$ 的行向量组为 $\boldsymbol{Cx} = \boldsymbol{0}$ 的基础解系，所以 $\boldsymbol{BA}$ 的行向量组 $\boldsymbol{\beta}_1, \boldsymbol{\beta}_2, \cdots, \boldsymbol{\beta}_m$ 也满足 $\boldsymbol{Cx} = \boldsymbol{0}$.

又由 $r(\boldsymbol{BA}) = m = n - r(\boldsymbol{C})$ 可知 $\boldsymbol{\beta}_1, \boldsymbol{\beta}_2, \cdots, \boldsymbol{\beta}_m$ 构成 $\boldsymbol{Cx} = \boldsymbol{0}$ 的基础解系.

39. 设矩阵 $\boldsymbol{A}=(\boldsymbol{\alpha}_1, \boldsymbol{\alpha}_2, \cdots, \boldsymbol{\alpha}_n)$，且 $r(\boldsymbol{A})=n$，若矩阵 $\boldsymbol{B}$ 的 n 个列向量为 $\boldsymbol{\alpha}_1+\boldsymbol{\alpha}_2, \boldsymbol{\alpha}_2+\boldsymbol{\alpha}_3, \cdots, \boldsymbol{\alpha}_{n-1}+\boldsymbol{\alpha}_n, \boldsymbol{\alpha}_n+\boldsymbol{\alpha}_1$，问线性方程组 $\boldsymbol{Bx}=\boldsymbol{0}$ 是否有非零解？

解 令

$$\boldsymbol{C}=\begin{pmatrix} 1 & 0 & \cdots & 0 & 1 \\ 1 & 1 & \cdots & 0 & 0 \\ 0 & 1 & \cdots & 0 & 0 \\ \vdots & \vdots & & \vdots & \vdots \\ 0 & 0 & \cdots & 1 & 0 \\ 0 & 0 & \cdots & 1 & 1 \end{pmatrix}, \ \boldsymbol{y}=\boldsymbol{Cx}.$$

由题意得 $\boldsymbol{B}=\boldsymbol{AC}$. 因此，$\boldsymbol{Bx}=\boldsymbol{0}$ 等价于 $\boldsymbol{Ay}=\boldsymbol{0}$. 又因为 $r(\boldsymbol{A})=n$，所以 $\boldsymbol{Ay}=\boldsymbol{0}$ 只有零解，即 $\boldsymbol{Cx}=\boldsymbol{0}$. 而上式是否有非零解取决于 $|\boldsymbol{C}|$ 是否为零. 注意到

$$|\boldsymbol{C}| \xlongequal{\text{按最后一列展开}} (-1)^{n+1}+1,$$

因此，当 n 是偶数时，$|\boldsymbol{C}|=0$，$\boldsymbol{Cx}=\boldsymbol{0}$ 有非零解，即 $\boldsymbol{Bx}=\boldsymbol{0}$ 有非零解；当 n 是奇数时，$|\boldsymbol{C}| \neq 0$，$\boldsymbol{Cx}=\boldsymbol{0}$ 只有零解，即 $\boldsymbol{Bx}=\boldsymbol{0}$ 只有零解.

40. 设 $\boldsymbol{A}, \boldsymbol{B}$ 均为 n 阶方阵，且 $r(\boldsymbol{A}) + r(\boldsymbol{B}) < n$，证明：方程组 $\boldsymbol{Ax} = \boldsymbol{0}$ 与 $\boldsymbol{Bx} = \boldsymbol{0}$ 有非零公共解.

证 构造齐次方程组

$$\begin{cases} \boldsymbol{Ax} = \boldsymbol{0}, \\ \boldsymbol{Bx} = \boldsymbol{0}. \end{cases} \tag{\#}$$

设 $\boldsymbol{\alpha}_{i1}, \boldsymbol{\alpha}_{i2}, \cdots, \boldsymbol{\alpha}_{ir}$ 与 $\boldsymbol{\beta}_{j1}, \boldsymbol{\beta}_{j2}, \cdots, \boldsymbol{\beta}_{jt}$ 分别是 $\boldsymbol{A}$ 与 $\boldsymbol{B}$ 的行向量组的极大线性无关组，则矩阵 $\begin{pmatrix}\boldsymbol{A}\\\boldsymbol{B}\end{pmatrix}$ 的行向量组可由 $\boldsymbol{\alpha}_{i1}, \boldsymbol{\alpha}_{i2}, \cdots, \boldsymbol{\alpha}_{ir}, \boldsymbol{\beta}_{j1}, \boldsymbol{\beta}_{j2}, \cdots, \boldsymbol{\beta}_{jt}$ 线性表示，从而

$$r\begin{pmatrix}\boldsymbol{A}\\\boldsymbol{B}\end{pmatrix} \leqslant r(\boldsymbol{\alpha}_{i1}, \boldsymbol{\alpha}_{i2}, \cdots, \boldsymbol{\alpha}_{ir}, \boldsymbol{\beta}_{j1}, \boldsymbol{\beta}_{j2}, \cdots, \boldsymbol{\beta}_{jt}) \leqslant r+t = r(\boldsymbol{A})+r(\boldsymbol{B}) < n,$$

所以（#）有非零解，即方程组 $\boldsymbol{Ax}=\boldsymbol{0}$ 与 $\boldsymbol{Bx}=\boldsymbol{0}$ 有非零公共解.

41. 设四元方程组（Ⅰ）$\begin{cases}x_1+x_2=0,\\x_2-x_4=0,\end{cases}$ 又已知齐次方程组（Ⅱ）的通解为 $k_1(0,1,1,0)^{\mathrm{T}}+k_2(-1,2,2,1)^{\mathrm{T}}$，$k_1, k_2$ 为任意常数.

（1）求方程组（Ⅰ）的基础解系；

（2）问线性方程组（Ⅰ）和（Ⅱ）是否有非零公共解？

解 （1）对方程组（Ⅰ）的系数矩阵进行初等行变换：

$$\boldsymbol{A}=\begin{pmatrix}1&1&0&0\\0&1&0&-1\end{pmatrix}\to\begin{pmatrix}1&0&0&1\\0&1&0&-1\end{pmatrix},$$

解得（Ⅰ）的基础解系为 $\boldsymbol{\eta}_1=(0,0,1,0)^{\mathrm{T}}$，$\boldsymbol{\eta}_2=(-1,1,0,1)^{\mathrm{T}}$.

（2）将（Ⅱ）的通解代入方程组（Ⅰ），得

$$\begin{cases}-k_2+k_1+2k_2=0,\\k_1+2k_2-k_2=0,\end{cases}$$

解得 $k_1=-k_2$.

所以 $-k_2(0,1,1,0)^{\mathrm{T}}+k_2(-1,2,2,1)^{\mathrm{T}}=k_2(-1,1,1,1)^{\mathrm{T}}$（其中 k_2 为任意常数）是方程组（Ⅰ）与（Ⅱ）的公共解，也就是方程组（Ⅰ）与（Ⅱ）有非零解，所有非零解为 $k(-1,1,1,1)^{\mathrm{T}}$，其中 k 为任意非零常数.

42. 设向量组 $\boldsymbol{\alpha}_1, \boldsymbol{\alpha}_2, \cdots, \boldsymbol{\alpha}_r$ 是齐次线性方程组 $\boldsymbol{Ax}=\boldsymbol{0}$ 的一个基础解系，向量 $\boldsymbol{\beta}$ 不是方程组 $\boldsymbol{Ax}=\boldsymbol{0}$ 的解，即 $\boldsymbol{A\beta}\neq\boldsymbol{0}$. 证明：向量组

$$\boldsymbol{\beta}, \boldsymbol{\beta}+\boldsymbol{\alpha}_1, \boldsymbol{\beta}+\boldsymbol{\alpha}_2, \cdots, \boldsymbol{\beta}+\boldsymbol{\alpha}_r$$

线性无关.

证 设有一组数 $k, k_1, k_2, \cdots, k_r$ 使得 $k\boldsymbol{\beta}+\sum_{i=1}^{r}k_i(\boldsymbol{\beta}+\boldsymbol{\alpha}_i)=\boldsymbol{0}$，即

$$\left(k+\sum_{i=1}^{r}k_i\right)\boldsymbol{\beta}=-\sum_{i=1}^{r}k_i\boldsymbol{\alpha}_i. \qquad ①$$

上式两边同左乘矩阵 $\boldsymbol{A}$，有

$$\left(k+\sum_{i=1}^{r}k_i\right)\boldsymbol{A\beta}=-\sum_{i=1}^{r}k_i\boldsymbol{A\alpha}_i=\boldsymbol{0},$$

而 $\boldsymbol{A\beta}\neq\boldsymbol{0}$，所以必须

$$k+\sum_{i=1}^{r}k_i=0. \qquad ②$$

把 ② 代入 ①,得

$$-\sum_{i=1}^{r}k_i\boldsymbol{\alpha}_i=\mathbf{0}.$$

由于 $\boldsymbol{\alpha}_1,\boldsymbol{\alpha}_2,\cdots,\boldsymbol{\alpha}_r$ 是齐次线性方程组 $\boldsymbol{Ax}=\mathbf{0}$ 的一个基础解系必线性无关,所以 $k_1=k_2=\cdots=k_r=0$. 再将 $k_1=k_2=\cdots=k_r=0$ 代入 ② 得 $k=0$. 故向量组 $\boldsymbol{\beta},\boldsymbol{\beta}+\boldsymbol{\alpha}_1,\boldsymbol{\beta}+\boldsymbol{\alpha}_2,\cdots,\boldsymbol{\beta}+\boldsymbol{\alpha}_r$ 线性无关.

43. 设 $\boldsymbol{A}$ 为 $m\times n$ 矩阵,秩为 m;$\boldsymbol{B}$ 为 $n\times(n-m)$ 矩阵,秩为 $n-m$;又知 $\boldsymbol{AB}=\boldsymbol{O}$,$\boldsymbol{\alpha}$ 是满足条件 $\boldsymbol{A\alpha}=\mathbf{0}$ 的一个 n 维列向量. 证明:存在唯一的一个 $n-m$ 维列向量 $\boldsymbol{\beta}$,使得 $\boldsymbol{\alpha}=\boldsymbol{B\beta}$.

证 设 $\boldsymbol{\eta}_1,\boldsymbol{\eta}_2,\cdots,\boldsymbol{\eta}_{n-m}$ 是矩阵 $\boldsymbol{B}$ 的 $n-m$ 个列向量,由 $r(\boldsymbol{B})=n-m$ 可知 $\boldsymbol{\eta}_1,\boldsymbol{\eta}_2,\cdots,\boldsymbol{\eta}_{n-m}$ 线性无关.

由 $\boldsymbol{AB}=\boldsymbol{O}$ 可知 $\boldsymbol{A\eta}_i=\mathbf{0}(i=1,2,\cdots,n-m)$,从而 $\boldsymbol{\eta}_1,\boldsymbol{\eta}_2,\cdots,\boldsymbol{\eta}_{n-m}$ 是线性方程组 $\boldsymbol{Ax}=\mathbf{0}$ 的 $n-m$ 个线性无关的解向量.

由 $r(\boldsymbol{A})=m$ 知 $\boldsymbol{Ax}=\mathbf{0}$ 的基础解系含有 $n-m$ 个解向量.

综上可知,矩阵 $\boldsymbol{B}$ 的 $n-m$ 列向量 $\boldsymbol{\eta}_1,\boldsymbol{\eta}_2,\cdots,\boldsymbol{\eta}_{n-m}$ 就是方程组 $\boldsymbol{Ax}=\mathbf{0}$ 的基础解系.

由 $\boldsymbol{A\alpha}=\mathbf{0}$ 知 $\boldsymbol{\alpha}$ 是 $\boldsymbol{Ax}=\mathbf{0}$ 的一个解向量,从而存在一组数 $k_1,k_2,\cdots,k_{n-m}$,使得

$$\boldsymbol{\alpha}=k_1\boldsymbol{\eta}_1+k_2\boldsymbol{\eta}_2+\cdots+k_{n-m}\boldsymbol{\eta}_{n-m}=(\boldsymbol{\eta}_1,\boldsymbol{\eta}_2,\cdots,\boldsymbol{\eta}_{n-m})(k_1,k_2,\cdots,k_{n-m})^{\mathrm{T}}.$$

取 $\boldsymbol{\beta}=(k_1,k_2,\cdots,k_{n-m})^{\mathrm{T}}$,则 $\boldsymbol{\alpha}=\boldsymbol{B\beta}$.

最后证明唯一性.

假设 $\boldsymbol{\beta}_1,\boldsymbol{\beta}_2$ 是两个 $n-m$ 维列向量,满足 $\boldsymbol{\alpha}=\boldsymbol{B\beta}_1$,$\boldsymbol{\alpha}=\boldsymbol{B\beta}_2$,则

$$\boldsymbol{B}(\boldsymbol{\beta}_1-\boldsymbol{\beta}_2)=\mathbf{0}.$$

又因为 $r(\boldsymbol{B})=n-m$,所以方程组 $\boldsymbol{Bx}=\mathbf{0}$ 只有零解,从而 $\boldsymbol{\beta}_1-\boldsymbol{\beta}_2=\mathbf{0}$,即 $\boldsymbol{\beta}_1=\boldsymbol{\beta}_2$. 所以满足 $\boldsymbol{\alpha}=\boldsymbol{B\beta}$ 的 $n-m$ 维列向量 $\boldsymbol{\beta}$ 是唯一的.

44. 求下列线性方程组的全部解,并把它表示成向量形式:

$$(1)\begin{cases}2x_1+x_2-x_3+x_4=1,\\ x_1+2x_2+x_3-x_4=2,\\ x_1+x_2+2x_3+x_4=3.\end{cases}$$

解 用初等行变换将增广矩阵 $\overline{\boldsymbol{A}}$ 化为行简化阶梯形矩阵:

$$\overline{\boldsymbol{A}}=\left(\begin{array}{cccc:c}2&1&-1&1&1\\1&2&1&-1&2\\1&1&2&1&3\end{array}\right)\to\left(\begin{array}{cccc:c}1&0&-3&0&-2\\0&1&3&0&3\\0&0&2&1&2\end{array}\right),$$

因为 $r(\boldsymbol{A})=r(\overline{\boldsymbol{A}})=3<n=4$,所以方程组有无穷多解:

$$\begin{cases} x_1 = -2 + 3x_3, \\ x_2 = 3 - 3x_3, \\ x_4 = 2 - 2x_3 \end{cases} \quad (x_3 \text{ 为自由未知量}).$$

取 $x_3 = 0$ 得方程组的特解为 $\boldsymbol{\eta}^* = (-2, 3, 0, 2)^{\mathrm{T}}$.

另一方面,原方程组的导出组为

$$\begin{cases} x_1 = 3x_3, \\ x_2 = -3x_3, \\ x_4 = -2x_3 \end{cases} (x_3 \text{ 为自由未知量}),$$

取 $x_3 = 1$,得导出组的基础解系为 $\boldsymbol{\eta} = (3, -3, 1, -2)^{\mathrm{T}}$,因此原方程组的全部解为

$$\boldsymbol{x} = \boldsymbol{\eta}^* + k\boldsymbol{\eta} \ (k \text{ 为任意常数}).$$

(2) $\begin{cases} x_1 + x_2 - 3x_4 - x_5 = 2, \\ x_1 - x_2 + 2x_3 - x_4 = 1, \\ 4x_1 - 2x_2 + 6x_3 + 3x_4 - 4x_5 = 8, \\ 2x_1 + 4x_2 - 2x_3 + 4x_4 - 7x_5 = 9. \end{cases}$

解 用初等行变换将增广矩阵 $\overline{\mathbf{A}}$ 化为行简化阶梯形矩阵:

$$\overline{\mathbf{A}} = \left(\begin{array}{ccccc:c} 1 & 1 & 0 & -3 & -1 & 2 \\ 1 & -1 & 2 & -1 & 0 & 1 \\ 4 & -2 & 6 & 3 & -4 & 8 \\ 2 & 4 & -2 & 4 & -7 & 9 \end{array}\right) \to \left(\begin{array}{ccccc:c} 1 & 0 & 1 & 0 & -\frac{7}{6} & \frac{13}{6} \\ 0 & 1 & -1 & 0 & -\frac{5}{6} & \frac{5}{6} \\ 0 & 0 & 0 & 1 & -\frac{1}{3} & \frac{1}{3} \\ 0 & 0 & 0 & 0 & 0 & 0 \end{array}\right),$$

因为 $r(\mathbf{A}) = r(\overline{\mathbf{A}}) = 3 < n = 5$,所以方程组有无穷多解,其解为

$$\begin{cases} x_1 = \frac{13}{6} - x_3 + \frac{7}{6}x_5, \\ x_2 = \frac{5}{6} + x_3 + \frac{5}{6}x_5, \\ x_4 = \frac{1}{3} + \frac{1}{3}x_5 \end{cases} \quad (x_3, x_5 \text{ 为自由变量}),$$

取 $x_3 = x_5 = 0$ 得方程组的特解为 $\boldsymbol{\eta}^* = \left(\frac{13}{6}, \frac{5}{6}, 0, \frac{1}{3}, 0\right)^{\mathrm{T}}$.

另一方面,原方程组的导出组为

$$\begin{cases} x_1 = -x_3 + \frac{7}{6}x_5, \\ x_2 = x_3 + \frac{5}{6}x_5, \\ x_4 = \frac{1}{3}x_5 \end{cases} \quad (x_3, x_5 \text{ 为自由变量}),$$

分别取 $x_3=1$，$x_5=0$ 和 $x_3=0$，$x_5=6$，得导出组的基础解系为

$$\boldsymbol{\eta}_1=(-1,1,1,0,0)^{\mathrm{T}},\quad \boldsymbol{\eta}_2=(7,5,0,2,6)^{\mathrm{T}}.$$

因此原方程组的全部解为

$$\boldsymbol{x}=\boldsymbol{\eta}^*+k_1\boldsymbol{\eta}_1+k_2\boldsymbol{\eta}_2(k_1,k_2\text{ 为任意常数}).$$

(3) $\begin{cases}x_1+3x_3-x_4=1,\\-x_1+x_2+2x_3-2x_4=6,\\-2x_1+4x_2+14x_3-7x_4=20,\\-x_1+4x_2+17x_3-8x_4=21.\end{cases}$

解 $$\overline{\boldsymbol{A}}=\left(\begin{array}{cccc|c}1&0&3&-1&1\\-1&1&2&-2&6\\-2&4&14&-7&20\\-1&4&17&-8&21\end{array}\right)\xrightarrow[r_4+r_1]{\substack{r_2+r_1\\r_3+2r_1}}\left(\begin{array}{cccc|c}1&0&3&-1&1\\0&1&5&-3&7\\0&4&20&-9&22\\0&4&20&-9&22\end{array}\right)$$

$$\xrightarrow[r_4-4r_2]{r_3-4r_2}\left(\begin{array}{cccc|c}1&0&3&-1&1\\0&1&5&-3&7\\0&0&0&3&-6\\0&0&0&0&0\end{array}\right)\xrightarrow{r_3\div 3}\left(\begin{array}{cccc|c}1&0&3&-1&1\\0&1&5&-3&7\\0&0&0&1&-2\\0&0&0&0&0\end{array}\right).$$

由于 $r(\boldsymbol{A})=r(\overline{\boldsymbol{A}})=3<n=4$，故线性方程组有无穷多组解.

原方程组对应齐次方程组同解方程组为

$$\begin{cases}x_1+3x_3-x_4=0,\\x_2+5x_3-3x_4=0,\\x_4=0,\end{cases}\text{即}\begin{cases}x_1-x_4=-3x_3,\\x_2-3x_4=-5x_3,\\x_4=0.\end{cases}$$

取自由未知量 $x_3=1$ 得基础解系 $\boldsymbol{\xi}=(-3,-5,1,0)^{\mathrm{T}}$.

原方程组同解的非齐次方程组为

$$\begin{cases}x_1+3x_3-x_4=1,\\x_2+5x_3-3x_4=7,\\x_4=-2,\end{cases}\text{即}\begin{cases}x_1-x_4=1-3x_3,\\x_2-3x_4=7-5x_3,\\x_4=-2.\end{cases}$$

取自由未知量 $x_3=0$ 得特解 $\boldsymbol{\eta}=(-1,1,0,-2)^{\mathrm{T}}$.

原方程组的通解为

$$\boldsymbol{x}=k\boldsymbol{\xi}+\boldsymbol{\eta}=k(-3,-5,1,0)^{\mathrm{T}}+(-1,1,0,-2)^{\mathrm{T}}(\text{其中 } k \text{ 为任意常数}).$$

45. 设 $\boldsymbol{A}$ 是 4×5 矩阵，且 $\boldsymbol{A}$ 的行向量组线性无关，证明：

(1) $\boldsymbol{A}\boldsymbol{x}^{\mathrm{T}}=\boldsymbol{0}$ 只有零解；

(2) $\boldsymbol{A}^{\mathrm{T}}\boldsymbol{A}\boldsymbol{x}=\boldsymbol{0}$ 必有无穷多解；

(3) $\forall\,\boldsymbol{b}$，$\boldsymbol{A}\boldsymbol{x}=\boldsymbol{b}$ 必有无穷多解.

证 (1) 由题设可知 $\boldsymbol{A}$ 的行向量组的秩为 4，即 $r(\boldsymbol{A})=4$，而 $r(\boldsymbol{A}^{\mathrm{T}})=r(\boldsymbol{A})=4$，但 $\boldsymbol{A}^{\mathrm{T}}$ 是 5×4 的矩阵，即齐次方程组 $\boldsymbol{A}\boldsymbol{x}^{\mathrm{T}}=\boldsymbol{0}$ 的系数矩阵的秩 r 等于未知量的个数 n，故 $\boldsymbol{A}\boldsymbol{x}^{\mathrm{T}}=\boldsymbol{0}$ 只有零解.

(2) $\boldsymbol{A}^{\mathrm{T}}\boldsymbol{A}$ 为 5 阶矩阵，而 $r(\boldsymbol{A}^{\mathrm{T}}\boldsymbol{A})\leqslant r(\boldsymbol{A})=4<5$，故 $|\boldsymbol{A}^{\mathrm{T}}\boldsymbol{A}|=0$，从而 $\boldsymbol{A}^{\mathrm{T}}\boldsymbol{A}\boldsymbol{x}=\boldsymbol{0}$ 必有无穷多解.

(3) 对于任意的 4 维向量 $\boldsymbol{b}$，因为 $(\boldsymbol{A},\ \boldsymbol{b})$ 为 4×6 矩阵，所以 $r(\boldsymbol{A},\ \boldsymbol{b})\leqslant4$，而 $r(\boldsymbol{A})=4$，则 $r(\boldsymbol{A},\ \boldsymbol{b})=r(\boldsymbol{A})=4<n=5$，故 $\boldsymbol{A}\boldsymbol{x}=\boldsymbol{b}$ 必有无穷多解.

46. 已知 $\boldsymbol{x}_1=(0,\ 1,\ 0)^{\mathrm{T}}$，$\boldsymbol{x}_2=(-3,\ 2,\ 2)^{\mathrm{T}}$ 是线性方程组

$$\begin{cases} x_1-x_2+2x_3=-1, \\ 3x_1+x_2+4x_3=1, \\ ax_1+bx_2+cx_3=d \end{cases}$$

的两个解，求此方程组的通解.

解 设线性方程组为 $\boldsymbol{A}\boldsymbol{x}=\boldsymbol{b}$，其系数矩阵为

$$\boldsymbol{A}=\begin{pmatrix}1&-1&2\\3&1&4\\a&b&c\end{pmatrix}.$$

由题设 $\boldsymbol{A}\boldsymbol{x}=\boldsymbol{b}$ 有两个不同解 $\boldsymbol{x}_1$，$\boldsymbol{x}_2$ 知 $\boldsymbol{A}\boldsymbol{x}=\boldsymbol{b}$ 有解但不唯一，即有无穷多解，从而 $r(\bar{\boldsymbol{A}})=r(\boldsymbol{A})<3$.

由 $\boldsymbol{A}$ 有二阶子式 $\begin{vmatrix}1&-1\\3&1\end{vmatrix}\neq0$ 可知 $r(\boldsymbol{A})\geqslant2$，从而 $r(\boldsymbol{A})=2$，所以导出组 $\boldsymbol{A}\boldsymbol{x}=\boldsymbol{0}$ 的基础解系含有一个非零向量，故 $\boldsymbol{\xi}=\boldsymbol{x}_1-\boldsymbol{x}_2=(3,-1,-2)^{\mathrm{T}}\neq\boldsymbol{0}$ 是 $\boldsymbol{A}\boldsymbol{x}=\boldsymbol{0}$ 的基础解系. 因此 $\boldsymbol{A}\boldsymbol{x}=\boldsymbol{b}$ 的通解为

$$k\boldsymbol{\xi}+\boldsymbol{x}_1=k(3,-1,-2)^{\mathrm{T}}+(0,\ 1,\ 0)^{\mathrm{T}},\ k\ 为任意常数.$$

47. 已知四元非齐次线性方程组 $\boldsymbol{A}\boldsymbol{x}=\boldsymbol{b}$ 中，$r(\boldsymbol{A})=3$，$\boldsymbol{\eta}_1$，$\boldsymbol{\eta}_2$，$\boldsymbol{\eta}_3$ 是它的 3 个解向量，其中

$$\boldsymbol{\eta}_1=(2,\ 0,\ 5,\ -1)^{\mathrm{T}},\quad \boldsymbol{\eta}_2+\boldsymbol{\eta}_3=(1,\ 9,\ 8,\ 8)^{\mathrm{T}}.$$

求 $\boldsymbol{A}\boldsymbol{x}=\boldsymbol{b}$ 的全部解.

解 因 $r(\boldsymbol{A})=3$，$n=4$，故对应的齐次线性方程组 $\boldsymbol{A}\boldsymbol{x}=\boldsymbol{0}$ 的基础解系应由 1 个非零解构成. 因

$$\boldsymbol{A}(\boldsymbol{\eta}_2+\boldsymbol{\eta}_3-2\boldsymbol{\eta}_1)=\boldsymbol{A}\boldsymbol{\eta}_2+\boldsymbol{A}\boldsymbol{\eta}_3-2\boldsymbol{A}\boldsymbol{\eta}_1=\boldsymbol{b}+\boldsymbol{b}-2\boldsymbol{b}=\boldsymbol{0},$$

则由非齐次线性方程组解的性质与齐次线性方程组解的性质可知

$$\boldsymbol{\eta}_2+\boldsymbol{\eta}_3-2\boldsymbol{\eta}_1=(-3,\ 9,\ -2,\ 10)^{\mathrm{T}}\neq\boldsymbol{0}$$

为对应的齐次线性方程组 $\boldsymbol{A}\boldsymbol{x}=\boldsymbol{0}$ 的基础解系. 故 $\boldsymbol{A}\boldsymbol{x}=\boldsymbol{b}$ 的全部解（通解）为

$$x = k(-3, 9, -2, 10)^{\mathrm{T}} + (2, 0, 5, -1)^{\mathrm{T}}.$$

48. 已知非齐次方程组

$$\begin{cases} a_1x_1 + a_2x_2 + a_3x_3 + a_4x_4 = a_5, \\ b_1x_1 + b_2x_2 + b_3x_3 + b_4x_4 = b_5, \\ c_1x_1 + c_2x_2 + c_3x_3 + c_4x_4 = c_5, \\ d_1x_1 + d_2x_2 + d_3x_3 + d_4x_4 = d_5 \end{cases}$$

有通解$(2, 1, 0, 1)^{\mathrm{T}} + k(1, -1, 2, 0)^{\mathrm{T}}$,记$\boldsymbol{\alpha}_i = (a_i, b_i, c_i, d_i)^{\mathrm{T}}$,$i = 1, 2, \cdots, 5$. 问$\boldsymbol{\alpha}_4$能否由$\boldsymbol{\alpha}_1, \boldsymbol{\alpha}_2, \boldsymbol{\alpha}_3$线性表示?为什么?

解　一方面,由$\boldsymbol{\alpha} = (1, -1, 2, 0)^{\mathrm{T}}$为方程组导出组的基础解系知,基础解系所含向量个数为1,而$n = 4$,从而系数矩阵$\boldsymbol{A} = (\boldsymbol{\alpha}_1, \boldsymbol{\alpha}_2, \boldsymbol{\alpha}_3, \boldsymbol{\alpha}_4)$的秩$r(\boldsymbol{A}) = 4 - 1 = 3$,即

$$r(\boldsymbol{\alpha}_1, \boldsymbol{\alpha}_2, \boldsymbol{\alpha}_3, \boldsymbol{\alpha}_4) = 3. \qquad ①$$

另一方面,$\boldsymbol{\alpha} = (1, -1, 2, 0)^{\mathrm{T}}$必满足$\boldsymbol{A\alpha} = \boldsymbol{0}$,即

$$(\boldsymbol{\alpha}_1, \boldsymbol{\alpha}_2, \boldsymbol{\alpha}_3, \boldsymbol{\alpha}_4)\begin{pmatrix} 1 \\ -1 \\ 2 \\ 0 \end{pmatrix} = \boldsymbol{0}.$$

得$\boldsymbol{\alpha}_1 - \boldsymbol{\alpha}_2 + 2\boldsymbol{\alpha}_3 + 0\boldsymbol{\alpha}_4 = \boldsymbol{0}$,说明$\boldsymbol{\alpha}_1, \boldsymbol{\alpha}_2, \boldsymbol{\alpha}_3$线性相关,从而

$$r(\boldsymbol{\alpha}_1, \boldsymbol{\alpha}_2, \boldsymbol{\alpha}_3) < 3. \qquad ②$$

结合①,②式可以说明$\boldsymbol{\alpha}_4$能由$\boldsymbol{\alpha}_1, \boldsymbol{\alpha}_2, \boldsymbol{\alpha}_3$线性表示.

49. 已知X, Y, Z是方程组$\begin{cases} x + z = a, \\ 2x - y + z = b, \\ 7x - 2y + 5z = c \end{cases}$的一组解.(1)讨论方程组的解是否唯一;(2)求此方程组的解.

解　(1)由于方程组的系数行列式

$$D = \begin{vmatrix} 1 & 0 & 1 \\ 2 & -1 & 1 \\ 7 & -2 & 5 \end{vmatrix} = 0,$$

所以方程组如果有解就不唯一. 现已知方程组有一组解,所以方程组的解不是唯一的.

(2)所给方程组对应的齐次方程组是$\begin{cases} x + z = 0, \\ 2x - y + z = 0, \\ 7x - 2y + 5z = 0. \end{cases}$对它的系数矩阵进行初等行变换:

$$\begin{pmatrix}1 & 0 & 1\\2 & -1 & 1\\7 & -2 & 5\end{pmatrix}\to\begin{pmatrix}1 & 0 & 1\\0 & -1 & -1\\0 & -2 & -2\end{pmatrix}\to\begin{pmatrix}1 & 0 & 1\\0 & 1 & 1\\0 & 0 & 0\end{pmatrix}.$$

因此，齐次方程组的通解是 $k(1,\ 1,\ -1)^{\mathrm{T}}$.

所以，所求方程组的通解是

$$k(1,\ 1,\ -1)^{\mathrm{T}}+(X,\ Y,\ Z)^{\mathrm{T}}.$$

50. 对于线性方程组

$$\begin{cases}x_1+\ x_2+\ x_3=2,\\x_1+2x_2+ax_3=-1,\\2x_1+3x_2\qquad\ =b,\end{cases}$$

讨论 a,b 取何值时，方程组无解、有唯一解和无穷多解，并在方程组有无穷多解时，求出通解.

解法 1 方程组系数行列式

$$D=\begin{vmatrix}1 & 1 & 1\\1 & 2 & a\\2 & 3 & 0\end{vmatrix}=-1-a.$$

当 $D\neq0$，即 $a\neq-1$ 时，由克莱姆法则知方程组有唯一解.

当 $a=-1$ 时，方程组的系数矩阵 $\boldsymbol{A}=\begin{pmatrix}1 & 1 & 1\\1 & 2 & -1\\2 & 3 & 0\end{pmatrix}$.

对方程组的增广矩阵施行初等行变换得

$$\boldsymbol{B}=\begin{pmatrix}1 & 1 & 1 & 2\\1 & 2 & -1 & -1\\2 & 3 & 0 & b\end{pmatrix}\to\begin{pmatrix}1 & 1 & 1 & 2\\0 & 1 & -2 & -3\\0 & 0 & 0 & b-1\end{pmatrix}.$$

当 $b\neq1$ 时，$r(\boldsymbol{A})=2$，$r(\boldsymbol{B})=3$，$r(\boldsymbol{A})\neq r(\boldsymbol{B})$，线性方程组无解.

当 $b=1$ 时，$r(\boldsymbol{A})=r(\boldsymbol{B})=2<3$，线性方程组有无穷多解，其通解为

$$\begin{pmatrix}x_1\\x_2\\x_3\end{pmatrix}=\begin{pmatrix}5\\-3\\0\end{pmatrix}+k\begin{pmatrix}-3\\2\\1\end{pmatrix}，其中 k 为任意常数.$$

解法 2 方程组的系数矩阵 $\boldsymbol{A}=\begin{pmatrix}1 & 1 & 1\\1 & 2 & a\\2 & 3 & 0\end{pmatrix}$.

对方程组的增广矩阵施行初等行变换得

$$\boldsymbol{B}=\begin{pmatrix}1&1&1&2\\1&2&a&-1\\2&3&0&b\end{pmatrix}\to\begin{pmatrix}1&1&1&2\\0&1&a-1&-3\\0&0&-a-1&b-1\end{pmatrix}.$$

当 $a=-1,b\neq1$ 时，$r(\boldsymbol{A})=2,r(\boldsymbol{B})=3,r(\boldsymbol{A})\neq r(\boldsymbol{B})$，线性方程组无解；

当 $a\neq-1$，b 任意时，$r(\boldsymbol{A})=r(\boldsymbol{B})=3$，线性方程组有唯一解；

当 $a=-1,b=1$ 时，$r(\boldsymbol{A})=r(\boldsymbol{B})=2<3$，线性方程组有无穷多解，其通解为

$$\begin{pmatrix}x_1\\x_2\\x_3\end{pmatrix}=\begin{pmatrix}5\\-3\\0\end{pmatrix}+k\begin{pmatrix}-3\\2\\1\end{pmatrix}，\text{其中 } k \text{ 为任意常数}.$$

注　对含参数的线性方程组的解进行讨论时，常出现的错误是矩阵的初等变换不熟练，从而导致错误.另外，对含参数的方程组讨论其解时出现遗漏，从而答案不全面，这是解题时应多加注意的地方.

51. 向量组

$$\boldsymbol{\alpha}_1=\begin{pmatrix}-2\\1\\1\end{pmatrix},\boldsymbol{\alpha}_2=\begin{pmatrix}1\\-2\\1\end{pmatrix},\boldsymbol{\alpha}_3=\begin{pmatrix}1\\1\\a\end{pmatrix},\boldsymbol{\beta}=\begin{pmatrix}0\\3\\b\end{pmatrix},$$

当 a,b 为何值时，向量 $\boldsymbol{\beta}$ 能由向量组 $\boldsymbol{\alpha}_1,\boldsymbol{\alpha}_2,\boldsymbol{\alpha}_3$ 线性表示；当表达式不唯一时，求其一般表示式.

解　设 $x_1\boldsymbol{\alpha}_1+x_2\boldsymbol{\alpha}_2+x_3\boldsymbol{\alpha}_3=\boldsymbol{\beta}$，对此方程组的增广矩阵作初等行变换：

$$\overline{\boldsymbol{A}}=(\boldsymbol{A\beta})=\begin{pmatrix}-2&1&1&0\\1&-2&1&3\\1&1&a&b\end{pmatrix}\xrightarrow{r_1\leftrightarrow r_2}\begin{pmatrix}1&-2&1&3\\-2&1&1&0\\1&1&a&b\end{pmatrix}$$

$$\xrightarrow[r_3-r_1]{r_2+2r_1}\begin{pmatrix}1&-2&1&3\\0&-3&3&6\\0&3&a-1&b-3\end{pmatrix}\xrightarrow[r_2\div(-1)]{r_3+r_2}\begin{pmatrix}1&-2&1&3\\0&1&-1&-2\\0&0&a+2&b+3\end{pmatrix}$$

$$\xrightarrow{r_1+2r_2}\begin{pmatrix}1&0&-1&-1\\0&1&-1&-2\\0&0&a+2&b+3\end{pmatrix}.$$

当 $a\neq-2$ 时，$r(\boldsymbol{A})=r(\overline{\boldsymbol{A}})=3$，方程组有唯一解，即向量 $\boldsymbol{\beta}$ 能由向量组 $\boldsymbol{\alpha}_1,\boldsymbol{\alpha}_2,\boldsymbol{\alpha}_3$ 线性表示且表达式唯一.

当 $a=-2,b=-3$ 时，$r(\boldsymbol{A})=r(\overline{\boldsymbol{A}})=2<3$，方程组有无穷多解，即向量 $\boldsymbol{\beta}$ 能由向量组 $\boldsymbol{\alpha}_1,\boldsymbol{\alpha}_2,\boldsymbol{\alpha}_3$ 线性表示且表达式不唯一.此时等价线性方程组为

$$\begin{cases}x_1-x_3=-1,\\x_2-x_3=-2,\end{cases}$$

其通解为

$$\begin{pmatrix}-1\\-2\\0\end{pmatrix}+k\begin{pmatrix}1\\1\\1\end{pmatrix},k \text{ 为任意常数.}$$

故

$$\boldsymbol{\beta}=(k-1)\boldsymbol{\alpha}_1+(k-2)\boldsymbol{\alpha}_2+k\boldsymbol{\alpha}_3,k \text{ 为任意常数.}$$

52. 已知 $\boldsymbol{\alpha}_1=(1,4,0,2)^{\mathrm{T}}$,$\boldsymbol{\alpha}_2=(2,7,1,3)^{\mathrm{T}}$,$\boldsymbol{\alpha}_3=(0,1,-1,a)^{\mathrm{T}}$,$\boldsymbol{\beta}=(3,10,b,4)^{\mathrm{T}}$.

(1)a,b 取何值时,$\boldsymbol{\beta}$ 不能由 $\boldsymbol{\alpha}_1$,$\boldsymbol{\alpha}_2$,$\boldsymbol{\alpha}_3$ 线性表示;

(2)a,b 取何值时,$\boldsymbol{\beta}$ 可由 $\boldsymbol{\alpha}_1$,$\boldsymbol{\alpha}_2$,$\boldsymbol{\alpha}_3$ 线性表示?并写出具体的表达式.

解 (1) 设 $x_1\boldsymbol{\alpha}_1+x_2\boldsymbol{\alpha}_2+x_3\boldsymbol{\alpha}_3=\boldsymbol{\beta}$,即有方程组

$$\begin{cases}x_1+2x_2=3,\\4x_1+7x_2+x_3=10,\\2x_1-x_3=b,\\2x_1+3x_2+ax_3=4.\end{cases}$$

对方程组的增广矩阵施以初等行变换:

$$\overline{\mathbf{A}}=\begin{pmatrix}1&2&0&3\\4&7&1&10\\0&1&-1&b\\2&3&a&4\end{pmatrix}\to\begin{pmatrix}1&2&0&3\\0&1&-1&2\\0&0&a-1&0\\0&0&0&b-2\end{pmatrix}.$$

所以

(1) 当 $b\neq 2$ 时,$r(\mathbf{A})\neq r(\overline{\mathbf{A}})$,方程组无解,从而 $\boldsymbol{\beta}$ 不能由 $\boldsymbol{\alpha}_1$,$\boldsymbol{\alpha}_2$,$\boldsymbol{\alpha}_r$ 线性表示.

(2) 当 $b=2$ 时,$r(\mathbf{A})=r(\overline{\mathbf{A}})$,方程组有解,从而 $\boldsymbol{\beta}$ 可由 $\boldsymbol{\alpha}_1$,$\boldsymbol{\alpha}_2$,$\boldsymbol{\alpha}_3$ 线性表示.

(ⅰ)当 $a=1$ 时,

$$\overline{\mathbf{A}}\to\begin{pmatrix}1&2&0&3\\0&1&-1&2\\0&0&0&0\\0&0&0&0\end{pmatrix}\to\begin{pmatrix}1&0&2&-1\\0&1&-1&2\\0&0&0&0\\0&0&0&0\end{pmatrix}.$$

原方程可变为

$$\begin{cases}x_1=-2x_3-1,\\x_2=x_3+2.\end{cases}$$

所以方程组的通解为

$$k\begin{pmatrix}-2\\1\\1\end{pmatrix}+\begin{pmatrix}-1\\2\\0\end{pmatrix},$$

从而 $\boldsymbol{\beta}=(-2k-1)\boldsymbol{\alpha}_1+(k+2)\boldsymbol{\alpha}_2+k\boldsymbol{\alpha}_3$，$k$ 为任意常数.

（ⅱ）当 $a\neq 1$ 时，

$$\overline{\boldsymbol{A}}\to\begin{pmatrix}1&2&0&3\\0&1&-1&2\\0&0&a-1&0\\0&0&0&0\end{pmatrix}\to\begin{pmatrix}1&2&0&3\\0&1&-1&2\\0&0&1&0\\0&0&0&0\end{pmatrix}\to\begin{pmatrix}1&0&0&-1\\0&1&0&2\\0&0&1&0\\0&0&0&0\end{pmatrix},$$

所以方程组的通解为

$$\begin{pmatrix}-1\\2\\0\end{pmatrix},$$

从而 $\boldsymbol{\beta}=-\boldsymbol{\alpha}_1+2\boldsymbol{\alpha}_2$.

注 非齐次线性方程组 $\boldsymbol{Ax}=\boldsymbol{b}$ 的解与线性表示之间的关系：(1) 非齐次线性方程组 $\boldsymbol{Ax}=\boldsymbol{b}$ 无解的充分必要条件是常数列 $\boldsymbol{b}$ 不能由 $\boldsymbol{A}$ 的列向量组线性表示；(2) 非齐次线性方程组 $\boldsymbol{Ax}=\boldsymbol{b}$ 有唯一解的充分必要条件是常数列 $\boldsymbol{b}$ 能由 $\boldsymbol{A}$ 的列向量组线性表示，且表达式唯一；(3) 非齐次线性方程组 $\boldsymbol{Ax}=\boldsymbol{b}$ 有无穷多解的充分必要条件是常数列 $\boldsymbol{b}$ 能由 $\boldsymbol{A}$ 的列向量组线性表示，但表达式不唯一.

53. 设线性方程组

$$\begin{cases}x_1-x_2+2x_3+x_4=1,\\2x_1-x_2+x_3+2x_4=3,\\x_1-x_3+x_4=2,\\3x_1-x_2+3x_4=5.\end{cases}$$

(1)求方程组的通解；

(2)求方程组满足条件 $x_1=x_2$ 的全部解.

解 (1)对方程组的增广矩阵施以初等行变换：

$$\begin{pmatrix}1&-1&2&1&1\\2&-1&1&2&3\\1&0&-1&1&2\\3&-1&0&3&5\end{pmatrix}\to\begin{pmatrix}1&0&-1&1&2\\0&1&-3&0&1\\0&0&0&0&0\\0&0&0&0&0\end{pmatrix}.$$

原方程组同解于

$$\begin{cases}x_1-x_3+x_4=2,\\x_2-3x_3=1.\end{cases}$$

故方程组的通解为

$$\boldsymbol{x}=\begin{pmatrix}2\\1\\0\\0\end{pmatrix}+k_1\begin{pmatrix}1\\3\\1\\0\end{pmatrix}+k_2\begin{pmatrix}-1\\0\\0\\1\end{pmatrix}\text{，其中 } k_1,k_2 \text{ 为任意常数.}$$

(2)当 $x_1=x_2$ 时，$2+k_1-k_2=1+3k_1$，即 $k_2=1-2k_1$. 此时，方程组的全部解为

$$\boldsymbol{x}=\begin{pmatrix}1\\1\\0\\1\end{pmatrix}+k\begin{pmatrix}3\\3\\1\\-2\end{pmatrix}\text{，其中 } k \text{ 为任意常数.}$$

54. 设方程组(ⅰ)：$\begin{cases}x_1+2x_2+x_3=0,\\2x_1+3x_2+x_3=-1,\\x_2+x_3=1,\end{cases}$方程组(ⅱ)：$ax_1+bx_2+2x_3=2$.

(1) 求方程组(ⅰ)的通解；

(2) 若方程组(ⅰ)的解均为(ⅱ)的解，求 a，b 的值，并判断两方程组是否同解.

解　(1) 对方程组(ⅰ)的增广矩阵施以初等行变换

$$\left(\begin{array}{ccc:c}1&2&1&0\\2&3&1&-1\\0&1&1&1\end{array}\right)\to\left(\begin{array}{ccc:c}1&0&-1&-2\\0&1&1&1\\0&0&0&0\end{array}\right).$$

所以方程组(ⅰ)的通解为

$$\boldsymbol{x}=\begin{pmatrix}-2\\1\\0\end{pmatrix}+k\begin{pmatrix}1\\-1\\1\end{pmatrix}\text{，} k \text{ 任意常数.}$$

(2) 因为方程组(ⅰ)的解为方程组(ⅱ)的解，所以

$a(-2+k)+b(1-k)+2k=2$，即$(-2a+b-2)+k(a-b+2)=0$.

由 k 的任意性，得

$$\begin{cases}-2a+b-2=0,\\a-b+2=0,\end{cases}$$

解得 $a=0,b=2$.

方程组(ⅱ)化成 $x_2+x_3=1$，通解为 $\boldsymbol{x}=\begin{pmatrix}0\\1\\0\end{pmatrix}+k_1\begin{pmatrix}1\\0\\0\end{pmatrix}+k_2\begin{pmatrix}0\\-1\\1\end{pmatrix}$，$k_1$，$k_2$ 任意常数.

此时，方程组（ⅱ）的解 $\boldsymbol{x}_0=\begin{pmatrix}0\\1\\0\end{pmatrix}$ 不是方程组（ⅰ）的解，所以方程组（ⅰ）与方程组（ⅱ）不同解.

55. 设 $\boldsymbol{A}=\begin{pmatrix}a&1&1\\0&a-1&0\\1&1&a\end{pmatrix}$，$\boldsymbol{\beta}=\begin{pmatrix}-2\\1\\1\end{pmatrix}$，已知线性方程组 $\boldsymbol{Ax}=\boldsymbol{\beta}$ 有 2 个不同的解，求 a 的值和方程组 $\boldsymbol{Ax}=\boldsymbol{\beta}$ 的通解.

解 因为方程组 $\boldsymbol{Ax}=\boldsymbol{\beta}$ 有 2 个不同的解，所以 $r(\boldsymbol{A})=r(\boldsymbol{A},\boldsymbol{\beta})<3$，故

$$|\boldsymbol{A}|=\begin{vmatrix}a&1&1\\0&a-1&0\\1&1&a\end{vmatrix}=(a-1)^2(a+1)=0,$$

解得 $a=1$ 或 $a=-1$.

当 $a=1$ 时，$r(\boldsymbol{A})=1\neq r(\boldsymbol{A},\boldsymbol{\beta})=2$，此时方程组无解，这与条件矛盾，舍去. 所以 $a=-1$.

对方程组 $\boldsymbol{Ax}=\boldsymbol{\beta}$ 的增广矩阵作初等行变换，有

$$(\boldsymbol{A}|\boldsymbol{\beta})=\left(\begin{array}{ccc:c}-1&1&1&-2\\0&-2&0&1\\1&1&-1&1\end{array}\right)\to\left(\begin{array}{ccc:c}1&-1&-1&2\\0&2&0&-1\\0&0&0&0\end{array}\right)\to\left(\begin{array}{ccc:c}1&0&-1&\frac{3}{2}\\0&1&0&-\frac{1}{2}\\0&0&0&0\end{array}\right),$$

得同解方程组

$$\begin{cases}x_1-x_3=\dfrac{3}{2}\\x_2=-\dfrac{1}{2}\end{cases}\text{即}\begin{cases}x_1=x_3+\dfrac{3}{2}\\x_2=0\cdot x_3-\dfrac{1}{2}\\x_3=x_3\end{cases}\text{即}\begin{pmatrix}x_1\\x_2\\x_3\end{pmatrix}=x_3\begin{pmatrix}1\\0\\1\end{pmatrix}+\begin{pmatrix}\frac{3}{2}\\-\frac{1}{2}\\0\end{pmatrix}.$$

因此，所求通解为 $\boldsymbol{x}=C(1,0,1)^{\mathrm{T}}+(\frac{3}{2},-\frac{1}{2},0)^{\mathrm{T}}$，$C$ 为任意常数.

56. 设矩阵 $\boldsymbol{A}=\begin{pmatrix}1&-1&-1\\-1&2&3\\0&1&2\\0&-1&1\end{pmatrix}$，$\boldsymbol{B}=\begin{pmatrix}0&-2\\1&6\\1&a\\-1&5\end{pmatrix}$. 当 a 取何值时，存在矩阵 $\boldsymbol{X}$ 使得 $\boldsymbol{AX}=\boldsymbol{B}$，并求出矩阵 $\boldsymbol{X}$.

解 设矩阵 $\boldsymbol{X}=(\boldsymbol{x}_1,\boldsymbol{x}_2)$，$\boldsymbol{B}=(\boldsymbol{\beta}_1,\boldsymbol{\beta}_2)$，其中 $\boldsymbol{\beta}_1=\begin{pmatrix}0\\1\\1\\-1\end{pmatrix}$，$\boldsymbol{\beta}_2=\begin{pmatrix}-2\\6\\a\\5\end{pmatrix}$. 因此，存在矩阵 $\boldsymbol{X}$ 使得 $\boldsymbol{AX}=\boldsymbol{B}$ 当且仅当方程组 $\boldsymbol{Ax}_1=\boldsymbol{\beta}_1$，$\boldsymbol{Ax}_2=\boldsymbol{\beta}_2$ 均有解.

对矩阵 $(\boldsymbol{A}\vdots\boldsymbol{B})$ 施以初等行变换得

$$(\boldsymbol{A}\vdots\boldsymbol{B})=\left(\begin{array}{ccc:cc}1&-1&-1&0&-2\\-1&2&3&1&6\\0&1&2&1&a\\0&-1&1&-1&5\end{array}\right)\rightarrow\left(\begin{array}{ccc:cc}1&0&0&1&-1\\0&1&0&1&-2\\0&0&1&0&3\\0&0&0&0&a-4\end{array}\right).$$

当 $a\neq4$ 时，$\boldsymbol{Ax}_2=\boldsymbol{\beta}_2$ 无解. 此时，不存在满足条件的矩阵 $\boldsymbol{X}$.

当 $a=4$ 时，$\boldsymbol{Ax}_1=\boldsymbol{\beta}_1$，$\boldsymbol{Ax}_2=\boldsymbol{\beta}_2$ 均有解. 此时

$$(\boldsymbol{A}\vdots\boldsymbol{B})\rightarrow\left(\begin{array}{ccc:cc}1&0&0&1&-1\\0&1&0&1&-2\\0&0&1&0&3\\0&0&0&0&0\end{array}\right),$$

所以 $\boldsymbol{X}=\begin{pmatrix}1&-1\\1&-2\\0&3\end{pmatrix}$.

57. 已知 $A(1,\ 1)$，$B(2,\ 2)$，$C(a,\ 1)$ 为坐标平面 xOy 上的点，其中 a 为参数，问是否存在经过点 A,B,C 的曲线 $y=k_1x+k_2x^2+k_3x^3$？如果存在，求出曲线方程.

解 假设存在经过点 A,B,C 的曲线 $y=k_1x+k_2x^2+k_3x^3$. 由题设得

$$\begin{cases}k_1+k_2+k_3=1,\\2k_1+4k_2+8k_3=2,\\ak_1+a^2k_2+a^3k_3=1.\end{cases}$$

以 k_1,k_2,k_3 为未知量，解此线性方程组，对其增广矩阵 $(\boldsymbol{A}\quad\boldsymbol{b})$ 施以初等行变换得

$$(\boldsymbol{A}\vdots\boldsymbol{b})=\left(\begin{array}{ccc:c}1&1&1&1\\2&4&8&2\\a&a^2&a^3&1\end{array}\right)\rightarrow\left(\begin{array}{ccc:c}1&0&-2&1\\0&1&3&0\\0&0&a(a-1)(a-2)&1-a\end{array}\right).$$

(1) 当 $a\neq0$，$a\neq1$，$a\neq2$ 时，

$$(\boldsymbol{A} \vdots \boldsymbol{b}) \to \begin{pmatrix} 1 & 0 & 0 & \vdots & 1-\dfrac{2}{a(a-2)} \\ 0 & 1 & 0 & \vdots & \dfrac{3}{a(a-2)} \\ 0 & 0 & 1 & \vdots & -\dfrac{1}{a(a-2)} \end{pmatrix}.$$

此时方程组有唯一解

$$k_1 = 1-\frac{2}{a(a-2)}, k_2 = \frac{3}{a(a-2)}, k_3 = -\frac{1}{a(a-2)}.$$

于是得到经过点 A, B, C 的曲线

$$y = \left(1-\frac{2}{a(a-2)}\right)x + \frac{3}{a(a-2)}x^2 - \frac{1}{a(a-2)}x^3.$$

(2)当 $a=1$ 时,点 A 与点 C 重合,此时

$$(\boldsymbol{A} \vdots \boldsymbol{b}) \to \begin{pmatrix} 1 & 0 & -2 & \vdots & 1 \\ 0 & 1 & 3 & \vdots & 0 \\ 0 & 0 & 0 & \vdots & 0 \end{pmatrix},$$

方程组有无穷多解,其通解为

$$\begin{pmatrix} k_1 \\ k_2 \\ k_3 \end{pmatrix} = c\begin{pmatrix} 2 \\ -3 \\ 1 \end{pmatrix} + \begin{pmatrix} 1 \\ 0 \\ 0 \end{pmatrix}, c \text{ 为任意常数}.$$

于是得到无穷多条经过点 A, B, C 的曲线,其方程的一般形式为

$$y = (1+2c)x - 3cx^2 + cx^3, c \text{ 为任意常数}.$$

(3)当 $a=0$ 或 $a=2$ 时,

$$(\boldsymbol{A} \vdots \boldsymbol{b}) \to \begin{pmatrix} 1 & 0 & -2 & \vdots & 1 \\ 0 & 1 & 3 & \vdots & 0 \\ 0 & 0 & 0 & \vdots & 1 \end{pmatrix},$$

方程组无解,此时不存在满足题中要求的曲线.

58. 设 n 个未知数的非齐次线性方程组 $\boldsymbol{Ax}=\boldsymbol{b}$ 的系数矩阵的秩为 r,又设 $\boldsymbol{\eta}_1$, $\boldsymbol{\eta}_2$, $\cdots$, $\boldsymbol{\eta}_{n-r+1}$ 是其 $n-r+1$ 个线性无关的解向量,试证它的任一解 $\boldsymbol{\eta}$ 可表示为

$$\boldsymbol{\eta} = k_1\boldsymbol{\eta}_1 + k_2\boldsymbol{\eta}_2 + \cdots + k_{n-r+1}\boldsymbol{\eta}_{n-r+1},$$

其中 $k_1 + k_2 + \cdots + k_{n-r+1} = 1$.

证 由 $r(\boldsymbol{A})=r$ 知,$\boldsymbol{Ax}=\boldsymbol{b}$ 的导出组 $\boldsymbol{Ax}=\boldsymbol{0}$ 的基础解系中含有 $n-r$ 个线性无关的解向量.又因为 $\eta_1, \eta_2, \cdots, \eta_{n-r+1}$ 是方程组 $\boldsymbol{Ax}=\boldsymbol{b}$ 的 $n-r+1$ 个线性无关的解向量,所以 $\boldsymbol{\eta}_2-\boldsymbol{\eta}_1$, $\boldsymbol{\eta}_3-\boldsymbol{\eta}_1$, $\cdots$, $\boldsymbol{\eta}_{n-r+1}-\boldsymbol{\eta}_1$ 是导出组 $\boldsymbol{Ax}=\boldsymbol{0}$ 的 $n-r$ 个解,以下证明这 $n-r$ 个解是线性无关的.设

$$k_2(\boldsymbol{\eta}_2-\boldsymbol{\eta}_1)+k_3(\boldsymbol{\eta}_3-\boldsymbol{\eta}_1)+\cdots+k_{n-r+1}(\boldsymbol{\eta}_{n-r+1}-\boldsymbol{\eta}_1)=\mathbf{0},$$

整理得

$$-(k_2+k_3+\cdots+k_{n-r+1})\boldsymbol{\eta}_1+k_2\boldsymbol{\eta}_2+\cdots+k_{n-r+1}\boldsymbol{\eta}_{n-r+1}=\mathbf{0}.$$

因为 $\boldsymbol{\eta}_1, \boldsymbol{\eta}_2, \cdots, \boldsymbol{\eta}_{n-r+1}$ 线性无关,所以 $k_2=\cdots=k_{n-r+1}=0$,即向量组 $\boldsymbol{\eta}_2-\boldsymbol{\eta}_1, \boldsymbol{\eta}_3-\boldsymbol{\eta}_1,\cdots,\boldsymbol{\eta}_{n-r+1}-\boldsymbol{\eta}_1$ 线性无关,从而 $\boldsymbol{\eta}_2-\boldsymbol{\eta}_1, \boldsymbol{\eta}_3-\boldsymbol{\eta}_1, \cdots, \boldsymbol{\eta}_{n-r+1}-\boldsymbol{\eta}_1$ 是导出组 $\boldsymbol{Ax}=\mathbf{0}$ 的基础解系.

又已知 $\boldsymbol{\eta}_1$ 是 $\boldsymbol{Ax}=\boldsymbol{b}$ 的一个特解,故该方程组的全部解可表示为:

$$\boldsymbol{\eta}=\boldsymbol{\eta}_1+k_2(\boldsymbol{\eta}_2-\boldsymbol{\eta}_1)+k_3(\boldsymbol{\eta}_3-\boldsymbol{\eta}_1)+\cdots+k_{n-r+1}(\boldsymbol{\eta}_{n-r+1}-\boldsymbol{\eta}_1),$$

整理得

$$\boldsymbol{\eta}=k_1\boldsymbol{\eta}_1+k_2\boldsymbol{\eta}_2+\cdots+k_{n-r+1}\boldsymbol{\eta}_{n-r+1},$$

此处 $k_1=1-k_2-\cdots-k_{n-r+1}$,即 $k_1+k_2+\cdots+k_{n-r+1}=1$.

59. 已知四阶方阵 $\boldsymbol{A}=(\boldsymbol{\alpha}_1, \boldsymbol{\alpha}_2, \boldsymbol{\alpha}_3, \boldsymbol{\alpha}_4)$,$\boldsymbol{\alpha}_1, \boldsymbol{\alpha}_2, \boldsymbol{\alpha}_3, \boldsymbol{\alpha}_4$ 均为四维列向量,其中 $\boldsymbol{\alpha}_2, \boldsymbol{\alpha}_3, \boldsymbol{\alpha}_4$ 线性无关,$\boldsymbol{\alpha}_1=2\boldsymbol{\alpha}_2-\boldsymbol{\alpha}_3$. 如果 $\boldsymbol{\beta}=\boldsymbol{\alpha}_1+\boldsymbol{\alpha}_2+\boldsymbol{\alpha}_3+\boldsymbol{\alpha}_4$,求线性方程组 $\boldsymbol{Ax}=\boldsymbol{\beta}$ 的通解.

解 由 $\boldsymbol{\alpha}_1=2\boldsymbol{\alpha}_2-\boldsymbol{\alpha}_3$ 和 $\boldsymbol{\alpha}_2, \boldsymbol{\alpha}_3, \boldsymbol{\alpha}_4$ 的线性无关性,得 $r(\boldsymbol{A})=3$. 因此,$\boldsymbol{Ax}=\mathbf{0}$ 的基础解系只有一个解向量. 注意到

$$(\boldsymbol{\alpha}_1, \boldsymbol{\alpha}_2, \boldsymbol{\alpha}_3, \boldsymbol{\alpha}_4)\begin{pmatrix}1\\-2\\1\\0\end{pmatrix}=\boldsymbol{A}\begin{pmatrix}1\\-2\\1\\0\end{pmatrix}=\begin{pmatrix}0\\0\\0\\0\end{pmatrix},$$

所以,齐次方程组 $\boldsymbol{Ax}=\mathbf{0}$ 的通解为 $k(1,-2,1,0)^{\mathrm{T}}$(k 为任意常数).

下面求 $\boldsymbol{Ax}=\boldsymbol{\beta}$ 的一个特解. 条件 $\boldsymbol{\beta}=\boldsymbol{\alpha}_1+\boldsymbol{\alpha}_2+\boldsymbol{\alpha}_3+\boldsymbol{\alpha}_4$ 隐含着

$$(\boldsymbol{\alpha}_1, \boldsymbol{\alpha}_2, \boldsymbol{\alpha}_3, \boldsymbol{\alpha}_4)\begin{pmatrix}1\\1\\1\\1\end{pmatrix}=\boldsymbol{A}\begin{pmatrix}1\\1\\1\\1\end{pmatrix}=\boldsymbol{\beta},$$

因此 $(1,1,1,1)^{\mathrm{T}}$ 是非齐次方程 $\boldsymbol{Ax}=\boldsymbol{\beta}$ 的特解,从而 $\boldsymbol{Ax}=\boldsymbol{\beta}$ 的通解为

$$k(1,-2,1,0)^{\mathrm{T}}+(1,1,1,1)^{\mathrm{T}}(k\text{ 为任意常数}).$$

60. 已知三阶的实数矩阵 $\boldsymbol{A}=(a_{ij})_{3\times3}$ 满足条件:(1) $a_{ij}=A_{ij}$,这里 $i, j=1, 2, 3$, A_{ij} 是 $\boldsymbol{A}$ 的代数余子式;(2) $a_{33}=-1$. 试求:(Ⅰ)$|\boldsymbol{A}|$ 的值;(Ⅱ)求解线性方程组 $\boldsymbol{Ax}=\boldsymbol{b}$,其中 $\boldsymbol{x}=(x_1, x_2, x_3)^{\mathrm{T}}$,$\boldsymbol{b}=(0,0,1)^{\mathrm{T}}$.

解 (Ⅰ)由题设知,$\boldsymbol{A}^*=\boldsymbol{A}^{\mathrm{T}}$,$\boldsymbol{AA}^*=|\boldsymbol{A}|\boldsymbol{E}$,则有

$$|\boldsymbol{A}|^2=|\boldsymbol{AA}^{\mathrm{T}}|=|\boldsymbol{AA}^*|=||\boldsymbol{A}|\boldsymbol{E}|=|\boldsymbol{A}|^3,$$

由此得 $|\boldsymbol{A}|=0$ 或 $|\boldsymbol{A}|=1$.

又

$|\boldsymbol{A}|=a_{31}A_{31}+a_{32}A_{32}+a_{33}A_{33}=a_{31}^2+a_{32}^2+a_{33}^2=a_{31}^2+a_{32}^2+(-1)^2>0$,

故 $|\boldsymbol{A}|=1$.

(Ⅱ)由(Ⅰ)可知 $a_{31}=a_{32}=0$,而 $\boldsymbol{A}^{-1}=\dfrac{1}{|\boldsymbol{A}|}\boldsymbol{A}^*=\boldsymbol{A}^*$,则有

$$\boldsymbol{x}=\boldsymbol{A}^{-1}\boldsymbol{b}=\boldsymbol{A}^*\boldsymbol{b}=\begin{pmatrix}A_{11}&A_{21}&A_{31}\\A_{12}&A_{22}&A_{32}\\A_{13}&A_{23}&A_{33}\end{pmatrix}\begin{pmatrix}0\\0\\1\end{pmatrix}=\begin{pmatrix}A_{31}\\A_{32}\\A_{33}\end{pmatrix}=\begin{pmatrix}a_{31}\\a_{32}\\a_{33}\end{pmatrix}=\begin{pmatrix}0\\0\\-1\end{pmatrix}.$$

61. 设 $\boldsymbol{A}$ 为 $m\times n$ 矩阵,$\boldsymbol{b}$ 是 m 维向量,证明:线性方程组 $\boldsymbol{A}^{\mathrm{T}}\boldsymbol{A}\boldsymbol{x}=\boldsymbol{A}^{\mathrm{T}}\boldsymbol{b}$ 必有解.

证 由线性方程组 $\boldsymbol{A}^{\mathrm{T}}\boldsymbol{A}\boldsymbol{x}=\boldsymbol{0}$ 与 $\boldsymbol{A}\boldsymbol{x}=\boldsymbol{0}$ 同解可知

$$r(\boldsymbol{A}^{\mathrm{T}}\boldsymbol{A})=r(\boldsymbol{A})=r(\boldsymbol{A}^{\mathrm{T}}).$$

下面证明 $r(\boldsymbol{A}^{\mathrm{T}}\boldsymbol{A},\ \boldsymbol{A}^{\mathrm{T}}\boldsymbol{b})=r(\boldsymbol{A}^{\mathrm{T}}\boldsymbol{A})$.

设线性方程组 $\boldsymbol{A}^{\mathrm{T}}\boldsymbol{A}\boldsymbol{x}=\boldsymbol{A}^{\mathrm{T}}\boldsymbol{b}$ 的常数列 $\boldsymbol{A}^{\mathrm{T}}\boldsymbol{b}=\boldsymbol{\beta}$,并设

$$\boldsymbol{A}^{\mathrm{T}}=(\boldsymbol{\alpha}_1,\ \boldsymbol{\alpha}_2,\ \cdots,\ \boldsymbol{\alpha}_m),\quad \boldsymbol{b}=(b_1,\ b_2,\ \cdots,\ b_m)^{\mathrm{T}}.$$

于是

$$\boldsymbol{\beta}=\boldsymbol{A}^{\mathrm{T}}\boldsymbol{b}=(\boldsymbol{\alpha}_1,\ \boldsymbol{\alpha}_2,\ \cdots,\ \boldsymbol{\alpha}_m)\begin{pmatrix}b_1\\b_2\\\vdots\\b_m\end{pmatrix}=b_1\boldsymbol{\alpha}_1+b_2\boldsymbol{\alpha}_2+\cdots+b_m\boldsymbol{\alpha}_m,$$

即 $\boldsymbol{\beta}$ 为 $\boldsymbol{A}^{\mathrm{T}}$ 的各列(列向量组)的线性组合.

又设 $\boldsymbol{A}^{\mathrm{T}}\boldsymbol{A}=(\boldsymbol{\beta}_1,\ \boldsymbol{\beta}_2,\ \cdots,\ \boldsymbol{\beta}_n)$,$\boldsymbol{A}=(a_{ij})_{m\times n}$,则

$$\boldsymbol{A}^{\mathrm{T}}\boldsymbol{A}=(\boldsymbol{\beta}_1,\ \boldsymbol{\beta}_2,\ \cdots,\ \boldsymbol{\beta}_n)=(\boldsymbol{\alpha}_1,\ \boldsymbol{\alpha}_2,\ \cdots,\ \boldsymbol{\alpha}_m)\begin{pmatrix}a_{11}&a_{12}&\cdots&a_{1n}\\a_{21}&a_{22}&\cdots&a_{2n}\\\vdots&\vdots&&\vdots\\a_{m1}&a_{m2}&\cdots&a_{mn}\end{pmatrix},$$

由此得 $\boldsymbol{\beta}_i=\sum\limits_{j=1}^{m}a_{ji}\boldsymbol{\alpha}_j\ (i=1,\ 2,\ \cdots,\ n)$,即系数矩阵 $\boldsymbol{A}^{\mathrm{T}}\boldsymbol{A}$ 的列向量组也是 $\boldsymbol{A}^{\mathrm{T}}$ 的列向量组的线性组合.

所以线性方程组 $\boldsymbol{A}^{\mathrm{T}}\boldsymbol{A}\boldsymbol{x}=\boldsymbol{A}^{\mathrm{T}}\boldsymbol{b}$ 的增广矩阵$(\boldsymbol{A}^{\mathrm{T}}\boldsymbol{A},\ \boldsymbol{A}^{\mathrm{T}}\boldsymbol{b})$的列向量组

$$\boldsymbol{\beta}_1,\ \boldsymbol{\beta}_2,\ \cdots,\ \boldsymbol{\beta}_n,\ \boldsymbol{\beta}$$

均可被 $\boldsymbol{A}^{\mathrm{T}}$ 的列向量组 $\boldsymbol{\alpha}_1,\ \boldsymbol{\alpha}_2,\ \cdots,\ \boldsymbol{\alpha}_m$ 线性表示.

另一方面,由 $r(\boldsymbol{A}^{\mathrm{T}}\boldsymbol{A})=r(\boldsymbol{A}^{\mathrm{T}})$ 和 $\boldsymbol{A}^{\mathrm{T}}\boldsymbol{A}$ 的列向量组 $\boldsymbol{\beta}_1,\ \boldsymbol{\beta}_2,\ \cdots,\ \boldsymbol{\beta}_n$ 可被 $\boldsymbol{A}^{\mathrm{T}}$ 的列向量组 $\boldsymbol{\alpha}_1,\ \boldsymbol{\alpha}_2,\ \cdots,\ \boldsymbol{\alpha}_m$ 线性表示,得 $\boldsymbol{\beta}_1,\ \boldsymbol{\beta}_2,\ \cdots,\ \boldsymbol{\beta}_n$ 与 $\boldsymbol{\alpha}_1,\ \boldsymbol{\alpha}_2,\ \cdots,\ \boldsymbol{\alpha}_m$ 可以互相线性表示,从而有 $\boldsymbol{\beta}=\boldsymbol{A}^{\mathrm{T}}\boldsymbol{b}$ 可被 $\boldsymbol{\beta}_1,\ \boldsymbol{\beta}_2,\ \cdots,\ \boldsymbol{\beta}_n$ 线性表示,即

$$r(\boldsymbol{A}^{\mathrm{T}}\boldsymbol{A}) = r(\boldsymbol{A}^{\mathrm{T}}\boldsymbol{A}, \boldsymbol{A}^{\mathrm{T}}\boldsymbol{b}),$$

所以线性方程组 $\boldsymbol{A}^{\mathrm{T}}\boldsymbol{A}\boldsymbol{x} = \boldsymbol{A}^{\mathrm{T}}\boldsymbol{b}$ 必有解.

注 欲证明 $\boldsymbol{A}^{\mathrm{T}}\boldsymbol{A}\boldsymbol{x} = \boldsymbol{A}^{\mathrm{T}}\boldsymbol{b}$ 必有解，只需证明 $r(\boldsymbol{A}^{\mathrm{T}}\boldsymbol{A}, \boldsymbol{A}^{\mathrm{T}}\boldsymbol{b}) = r(\boldsymbol{A}^{\mathrm{T}}\boldsymbol{A})$，即线性方程解组的系数矩阵的秩等于增广矩阵的秩. 考察方程组的常数列 $\boldsymbol{A}^{\mathrm{T}}\boldsymbol{b}$，它为 $\boldsymbol{A}^{\mathrm{T}}$ 的列向量组的线性组合，而系数矩阵 $\boldsymbol{A}^{\mathrm{T}}\boldsymbol{A}$ 的各列也为 $\boldsymbol{A}^{\mathrm{T}}$ 的列向量组的线性组合. 这样就得到方程组的列向量组为 $\boldsymbol{A}^{\mathrm{T}}$ 的列向量组的线性组合.

另一方面，从矩阵运算后秩的变化关系又可推得 $r(\boldsymbol{A}^{\mathrm{T}}\boldsymbol{A}) = r(\boldsymbol{A}) = r(\boldsymbol{A}^{\mathrm{T}})$，这样就得到 $\boldsymbol{A}^{\mathrm{T}}\boldsymbol{A}$ 的列向量组与 $\boldsymbol{A}^{\mathrm{T}}$ 的列向量组可以互相线性表示，从而得 $\boldsymbol{A}^{\mathrm{T}}\boldsymbol{b}$ 也可被 $\boldsymbol{A}^{\mathrm{T}}\boldsymbol{A}$ 的列向量组线性表示，于是就证明了 $r(\boldsymbol{A}^{\mathrm{T}}\boldsymbol{A}, \boldsymbol{A}^{\mathrm{T}}\boldsymbol{b}) = r(\boldsymbol{A}^{\mathrm{T}}\boldsymbol{A})$.

62. 设 $\boldsymbol{\eta}^*$ 是非齐次线性方程组 $\boldsymbol{A}\boldsymbol{x} = \boldsymbol{b}$ 的一个解，$\boldsymbol{\xi}_1, \boldsymbol{\xi}_2, \cdots, \boldsymbol{\xi}_{n-r}$ 是其导出组 $\boldsymbol{A}\boldsymbol{x} = \boldsymbol{0}$ 的一个基础解系，证明：

(1) $\boldsymbol{\eta}^*, \boldsymbol{\xi}_1, \boldsymbol{\xi}_2, \cdots, \boldsymbol{\xi}_{n-r}$ 线性无关；

(2) $\boldsymbol{\eta}^*, \boldsymbol{\eta}^* + \boldsymbol{\xi}_1, \boldsymbol{\eta}^* + \boldsymbol{\xi}_2, \cdots, \boldsymbol{\eta}^* + \boldsymbol{\xi}_{n-r}$ 线性无关.

证 (1) 设有一组数 $k, k_1, k_2, \cdots, k_{n-r}$ 使得

$$k\boldsymbol{\eta}^* + k_1\boldsymbol{\xi}_1 + k_2\boldsymbol{\xi}_2 + \cdots k_{n-r}\boldsymbol{\xi}_{n-r} = \boldsymbol{0}. \tag{$*$}$$

① 式两边同左乘矩阵 $\boldsymbol{A}$，有

$$k\boldsymbol{A}\boldsymbol{\eta}^* + k_1\boldsymbol{A}\boldsymbol{\xi}_1 + k_2\boldsymbol{A}\boldsymbol{\xi}_2 + \cdots k_{n-r}\boldsymbol{A}\boldsymbol{\xi}_{n-r} = \boldsymbol{0}.$$

将题设条件 $\boldsymbol{A}\boldsymbol{\eta}^* = \boldsymbol{b}, \boldsymbol{A}\boldsymbol{\xi}_i = \boldsymbol{0} (i = 1, 2, \cdots, n-r)$ 代入上式，得 $k\boldsymbol{b} = \boldsymbol{0}$，故 $k = 0$.

将 $k = 0$ 代回($*$)式，得

$$k_1\boldsymbol{\xi}_1 + k_2\boldsymbol{\xi}_2 + \cdots k_{n-r}\boldsymbol{\xi}_{n-r} = \boldsymbol{0}.$$

由 $\boldsymbol{\xi}_1, \boldsymbol{\xi}_2, \cdots, \boldsymbol{\xi}_{n-r}$ 是其导出组 $\boldsymbol{A}\boldsymbol{x} = \boldsymbol{0}$ 的一个基础解系知其线性无关，从而 $k_1 = k_2 = \cdots = k_{n-r} = 0$.

综上可知，$\boldsymbol{\eta}^*, \boldsymbol{\xi}_1, \boldsymbol{\xi}_2, \cdots, \boldsymbol{\xi}_{n-r}$ 线性无关.

(2) 设有一组数 $l, l_1, l_2, \cdots, l_{n-r}$ 使得

$$l\boldsymbol{\eta}^* + l_1(\boldsymbol{\eta}^* + \boldsymbol{\xi}_1) + l_2(\boldsymbol{\eta}^* + \boldsymbol{\xi}_2) + \cdots l_{n-r}(\boldsymbol{\eta}^* + \boldsymbol{\xi}_{n-r}) = \boldsymbol{0},$$

即

$$(l + l_1 + \cdots + l_{n-r})\boldsymbol{\eta}^* + l_1\boldsymbol{\xi}_1 + l_2\boldsymbol{\xi}_2 + \cdots l_{n-r}\boldsymbol{\xi}_{n-r} = \boldsymbol{0}.$$

由(1)可知

$$l + l_1 + \cdots + l_{n-r} = l_1 = l_2 = \cdots = l_{n-r} = 0,$$

解得 $l = l_1 = l_2 = \cdots = l_{n-r} = 0$.

所以 $\boldsymbol{\eta}^*, \boldsymbol{\eta}^* + \boldsymbol{\xi}_1, \boldsymbol{\eta}^* + \boldsymbol{\xi}_2, \cdots, \boldsymbol{\eta}^* + \boldsymbol{\xi}_{n-r}$ 线性无关.

(B)

一、填空题

1. 设向量组 $\boldsymbol{\alpha}=(1,0,1)^{\mathrm{T}}$,$\boldsymbol{\beta}=(2,k,-1)^{\mathrm{T}}$,$\boldsymbol{\gamma}=(-1,1,-4)^{\mathrm{T}}$ 线性相关,则 $k=$__1__.

解 令 $\boldsymbol{A}=(\boldsymbol{\alpha},\boldsymbol{\beta},\boldsymbol{\gamma})=\begin{pmatrix}1&2&-1\\0&k&1\\1&-1&-4\end{pmatrix}$,则由 $\boldsymbol{\alpha},\boldsymbol{\beta},\boldsymbol{\gamma}$ 的线性相关性知 $|\boldsymbol{A}|=0$,即 $-3k+3=0$,得 $k=1$.

2. 设 $\boldsymbol{\alpha}_1=(1,0,5,2)^{\mathrm{T}}$,$\boldsymbol{\alpha}_2=(3,-2,3,-4)^{\mathrm{T}}$,$\boldsymbol{\alpha}_3=(-1,1,a,3)^{\mathrm{T}}$ 线性相关,则 $a=$__1__.

解 因为

$$(\boldsymbol{\alpha}_1,\boldsymbol{\alpha}_2,\boldsymbol{\alpha}_3)=\begin{pmatrix}1&3&-1\\0&-2&1\\5&3&a\\2&-4&3\end{pmatrix}\to\begin{pmatrix}1&3&-1\\0&-2&1\\0&0&a-1\\0&0&0\end{pmatrix},$$

而由 $\boldsymbol{\alpha}_1,\boldsymbol{\alpha}_2,\boldsymbol{\alpha}_3$ 线性相关知 $r(\boldsymbol{\alpha}_1,\boldsymbol{\alpha}_2,\boldsymbol{\alpha}_3)<3$,所以 $a=1$.

3. 设三阶矩阵 $\boldsymbol{A}=\begin{pmatrix}1&2&-2\\2&1&2\\3&0&4\end{pmatrix}$,三维列向量 $\boldsymbol{\alpha}=(a,1,1)^{\mathrm{T}}$. 已知 $\boldsymbol{A\alpha}$ 与 $\boldsymbol{\alpha}$ 线性相关,则 $a=$__-1__.

解 $\boldsymbol{A\alpha}=\begin{pmatrix}1&2&-2\\2&1&2\\3&0&4\end{pmatrix}\begin{pmatrix}a\\1\\1\end{pmatrix}=\begin{pmatrix}a\\2a+3\\3a+4\end{pmatrix}$.

由于 $\boldsymbol{A\alpha}$ 与 $\boldsymbol{\alpha}$ 线性相关,因此,存在一不为零的数 k 使 $\boldsymbol{A\alpha}=k\boldsymbol{\alpha}$,即

$$\begin{pmatrix}(1-k)a\\2a+3-k\\3a+4-k\end{pmatrix}=0.$$

解得 $a=-1,k=1$.

4. 已知向量组 $\boldsymbol{\alpha}_1=(1,2,-1,1)$,$\boldsymbol{\alpha}_2=(2,0,t,0)$,$\boldsymbol{\alpha}_3=(0,-4,5,-2)$ 的秩为 2,则 $t=$__3__.

解 由于 $r(\boldsymbol{\alpha}_1,\boldsymbol{\alpha}_2,\boldsymbol{\alpha}_3)=2$,则矩阵 $\begin{pmatrix}1&2&-1&1\\2&0&t&0\\0&-4&5&-2\end{pmatrix}$ 的任一个三阶子阵的行列式

的值为零,即$\begin{vmatrix}1 & 2 & -1\\ 2 & 0 & t\\ 0 & -4 & 5\end{vmatrix}=0$,由此得 $t=3$.

5. 已知 $\boldsymbol{A}=\begin{pmatrix}1 & 2 & -2\\ 4 & t & 3\\ 3 & -1 & 1\end{pmatrix}$,$\boldsymbol{B}$ 为三阶矩阵且 $r(\boldsymbol{B})=1$,若 $\boldsymbol{AB}=\boldsymbol{O}$,则 $t=$ $\underline{\quad -3\quad}$.

解 由 $\boldsymbol{AB}=\boldsymbol{O}$ 得 $r(\boldsymbol{A})+r(\boldsymbol{B})\leqslant 3$,又 $r(\boldsymbol{B})=1$,故 $r(\boldsymbol{A})\leqslant 2$. 而显然 $r(\boldsymbol{A})\geqslant 2$,故 $r(\boldsymbol{A})=2$. 由

$$\boldsymbol{A}=\begin{pmatrix}1 & 2 & -2\\ 4 & t & 3\\ 3 & -1 & 1\end{pmatrix}\rightarrow\cdots\rightarrow\begin{pmatrix}1 & 2 & -2\\ 0 & 1 & -1\\ 0 & 0 & t+3\end{pmatrix},$$

得 $t=-3$.

6. 若向量组 $\boldsymbol{\alpha}_1=(1,1,1,1)^{\mathrm{T}}$,$\boldsymbol{\alpha}_2=(0,1,-1,2)^{\mathrm{T}}$,$\boldsymbol{\alpha}_3=(2,3,2+t,4)^{\mathrm{T}}$,$\boldsymbol{\alpha}_4=(3,1,5,9)^{\mathrm{T}}$ 不是四维向量空间 $\boldsymbol{R}^4$ 的一个基,则 $t=$ $\underline{\quad -1\quad}$.

解 对以 $\boldsymbol{\alpha}_1,\boldsymbol{\alpha}_2,\boldsymbol{\alpha}_3,\boldsymbol{\alpha}_4$ 为列构成的矩阵 $\boldsymbol{A}$ 施行初等行变换:

$$\boldsymbol{A}=\begin{pmatrix}1 & 0 & 2 & 3\\ 1 & 1 & 3 & 1\\ 1 & -1 & 2+t & 5\\ 1 & 2 & 4 & 9\end{pmatrix}\rightarrow\begin{pmatrix}1 & 0 & 2 & 3\\ 0 & 1 & 1 & -2\\ 0 & 0 & t+1 & 0\\ 0 & 0 & 0 & 10\end{pmatrix}.$$

由上易知,当 $t=-1$ 时,$r(\boldsymbol{A})=3<4$,向量组 $\boldsymbol{\alpha}_1,\boldsymbol{\alpha}_2,\boldsymbol{\alpha}_3,\boldsymbol{\alpha}_4$ 线性相关,也就是当 $t=-1$ 时,$\boldsymbol{\alpha}_1,\boldsymbol{\alpha}_2,\boldsymbol{\alpha}_3,\boldsymbol{\alpha}_4$ 不是四维向量空间 $\boldsymbol{R}^4$ 的基.

7. 已知三维线性空间的一组基底为 $\boldsymbol{\alpha}_1=(1,1,0)$,$\boldsymbol{\alpha}_2=(1,0,1)$,$\boldsymbol{\alpha}_3=(0,1,1)$,则向量 $\boldsymbol{u}=(2,0,0)$ 在上述基底下的坐标是 $\underline{\quad (1,1,-1)\quad}$.

解 设 $\boldsymbol{u}$ 在 $\boldsymbol{\alpha}_1,\boldsymbol{\alpha}_2,\boldsymbol{\alpha}_3$ 下的坐标为 (x_1,x_2,x_3),即 $\boldsymbol{u}=(\boldsymbol{\alpha}_1,\boldsymbol{\alpha}_2,\boldsymbol{\alpha}_3)\begin{pmatrix}x_1\\ x_2\\ x_3\end{pmatrix}$. 于是

$$\begin{pmatrix}x_1\\ x_2\\ x_3\end{pmatrix}=(\boldsymbol{\alpha}_1,\boldsymbol{\alpha}_2,\boldsymbol{\alpha}_3)^{-1}\boldsymbol{u}=\begin{pmatrix}1 & 1 & 0\\ 1 & 0 & 1\\ 0 & 1 & 1\end{pmatrix}^{-1}\begin{pmatrix}2\\ 0\\ 0\end{pmatrix}=\frac{1}{2}\begin{pmatrix}1 & 1 & -1\\ 1 & -1 & 1\\ -1 & 1 & 1\end{pmatrix}\begin{pmatrix}2\\ 0\\ 0\end{pmatrix}=\begin{pmatrix}1\\ 1\\ -1\end{pmatrix}.$$

8. 从 $\boldsymbol{R}^2$ 的基 $\boldsymbol{\alpha}_1=\begin{pmatrix}1\\ 0\end{pmatrix}$,$\boldsymbol{\alpha}_2=\begin{pmatrix}1\\ -1\end{pmatrix}$ 到基 $\boldsymbol{\beta}_1=\begin{pmatrix}1\\ 1\end{pmatrix}$,$\boldsymbol{\beta}_2=\begin{pmatrix}1\\ 2\end{pmatrix}$ 的过渡矩阵为 $\underline{\begin{pmatrix}2 & 3\\ -1 & -2\end{pmatrix}}$.

解 设过渡矩阵为 $\boldsymbol{P}$,则 $(\boldsymbol{\alpha}_1,\boldsymbol{\alpha}_2)\boldsymbol{P}=(\boldsymbol{\beta}_1,\boldsymbol{\beta}_2)$,因而

$$\boldsymbol{P}=(\boldsymbol{\alpha}_1,\boldsymbol{\alpha}_2)^{-1}(\boldsymbol{\beta}_1,\boldsymbol{\beta}_2)=\begin{pmatrix}1 & 1\\ 0 & -1\end{pmatrix}^{-1}\begin{pmatrix}1 & 1\\ 1 & 2\end{pmatrix}=\begin{pmatrix}1 & 1\\ 0 & -1\end{pmatrix}\begin{pmatrix}1 & 1\\ 1 & 2\end{pmatrix}=\begin{pmatrix}2 & 3\\ -1 & -2\end{pmatrix}.$$

9. 设 $\boldsymbol{\alpha}_1=(1,2,-1,0)^{\mathrm T}$，$\boldsymbol{\alpha}_2=(1,1,0,2)^{\mathrm T}$，$\boldsymbol{\alpha}_3=(2,1,1,a)^{\mathrm T}$. 若由 $\boldsymbol{\alpha}_1,\boldsymbol{\alpha}_2,\boldsymbol{\alpha}_3$ 生成的向量空间的维数为 2，则 $a=$ ___6___.

解法 1 对矩阵$(\boldsymbol{\alpha}_1,\boldsymbol{\alpha}_2,\boldsymbol{\alpha}_3)$作初等行变换：

$$(\boldsymbol{\alpha}_1,\boldsymbol{\alpha}_2,\boldsymbol{\alpha}_3)=\begin{pmatrix}1&1&2\\2&1&1\\-1&0&1\\0&2&a\end{pmatrix}\rightarrow\begin{pmatrix}1&1&2\\0&1&3\\0&0&a-6\\0&0&0\end{pmatrix}.$$

由于此矩阵的秩为 2，故 $a=6$.

解法 2 由于 $\boldsymbol{\alpha}_1,\boldsymbol{\alpha}_2$ 线性无关，$\boldsymbol{\alpha}_1,\boldsymbol{\alpha}_2,\boldsymbol{\alpha}_3$ 线性相关，故有唯一的线性表示式：

$$\boldsymbol{\alpha}_3=k_1\boldsymbol{\alpha}_1+k_2\boldsymbol{\alpha}_2.$$

即有

$$\begin{cases}k_1+k_2=2,\\2k_1+k_2=1,\\-k_1=1,\\2k_2=a,\end{cases}$$

解得 $k_1=-1,k_2=3,a=6$.

10. 若方程组 $\begin{pmatrix}1&2&1\\1&1&a+1\\0&3&3\end{pmatrix}\begin{pmatrix}x_1\\x_2\\x_3\end{pmatrix}=\begin{pmatrix}0\\0\\0\end{pmatrix}$ 有非零解，则 $a=$ ___-1___.

解 由题设知

$$\begin{vmatrix}1&2&1\\1&1&a+1\\0&3&3\end{vmatrix}=0,\text{即}-3(a+1)=0,$$

解得 $a=-1$.

11. 设 n 阶矩阵 $\boldsymbol{A}$ 的各行元素之和均为零，且 $\boldsymbol{A}$ 的秩为 $n-1$，则线性方程组 $\boldsymbol{Ax}=\boldsymbol{0}$ 的通解为 ___$k(1,1,\cdots,1)^{\mathrm T}$($k$ 为任意常数)___.

解 因 $\boldsymbol{A}$ 的各行元素之和均为零，所以可得$(1,1,\cdots,1)^{\mathrm T}$ 是方程组 $\boldsymbol{Ax}=\boldsymbol{0}$ 的一个解，而 $\boldsymbol{A}$ 的秩为 $n-1$，故方程组 $\boldsymbol{Ax}=\boldsymbol{0}$ 的基础解系只含有一个解向量，即方程组 $\boldsymbol{Ax}=\boldsymbol{0}$ 的通解为 $k(1,1,\cdots,1)^{\mathrm T}$($k$ 为任意常数).

12. 齐次线性方程组 $\boldsymbol{Ax}=\boldsymbol{0}$ 以 $\boldsymbol{\eta}_1=(1,0,1)^{\mathrm T}$，$\boldsymbol{\eta}_2=(0,1,-1)^{\mathrm T}$ 为基础解系，则系数矩阵 $\boldsymbol{A}=$ ___$(-1,1,1)$___.

解 由基础解系所含向量个数为 $3-r(\boldsymbol{A})=2$ 知 $r(\boldsymbol{A})=1$，从而设方程组为 $ax_1+bx_2+cx_3=0$. 将 $\boldsymbol{\eta}_1=(1,0,1)^{\mathrm T}$，$\boldsymbol{\eta}_2=(0,1,-1)^{\mathrm T}$ 代入解得 $a=-c,b=c$，即方程组

为 $-x_1+x_2+x_3=0$,亦即 $\boldsymbol{A}=(-1,1,1)$.

13. 设 $\boldsymbol{A}$ 是 n 阶矩阵,秩 $r(\boldsymbol{A})=n-1$. 若行列式 $|\boldsymbol{A}|$ 的代数余子式 $A_{11}\neq 0$,则线性方程组 $\boldsymbol{Ax}=\boldsymbol{0}$ 的通解是 $\underline{k(A_{11},A_{12},\cdots,A_{1n})^{\mathrm{T}}, k \text{ 为任意常数}}$.

解 由 $r(\boldsymbol{A})=n-1$ 知行列式 $|\boldsymbol{A}|=0$,则 $\boldsymbol{AA}^*=|\boldsymbol{A}|\boldsymbol{E}=\boldsymbol{0}$,所以伴随矩阵 $\boldsymbol{A}^*$ 的每一列都是齐次线性方程组 $\boldsymbol{Ax}=\boldsymbol{0}$ 的解. 对于

$$\boldsymbol{A}^*=\begin{pmatrix} A_{11} & A_{21} & \cdots & A_{n1} \\ A_{12} & A_{22} & \cdots & A_{n2} \\ \vdots & \vdots & & \vdots \\ A_{1n} & A_{2n} & \cdots & A_{nn} \end{pmatrix},$$

由 $A_{11}\neq 0$ 知 $(A_{11},A_{12},\cdots,A_{1n})^{\mathrm{T}}$ 是齐次线性方程组 $\boldsymbol{Ax}=\boldsymbol{0}$ 的一个非零解,所以其通解为 $k(A_{11},A_{12},\cdots,A_{1n})^{\mathrm{T}}$,$k$ 为任意常数.

14. 设 $\boldsymbol{A}$ 为 n 阶方阵($n\geqslant 2$),对任意 n 维向量 $\boldsymbol{\alpha}$ 均有 $\boldsymbol{A}^*\boldsymbol{\alpha}=\boldsymbol{0}$,则齐次线性方程组 $\boldsymbol{Ax}=\boldsymbol{0}$ 的基础解系中所含向量个数 k 应满足 $\underline{k>1}$.

解 由题设"对任意 n 维向量 $\boldsymbol{\alpha}$ 均有 $\boldsymbol{A}^*\boldsymbol{\alpha}=\boldsymbol{0}$"知齐次线性方程组 $\boldsymbol{A}^*\boldsymbol{\alpha}=\boldsymbol{0}$ 的基础解系中解向量个数应为 n 个,即 $n-r(\boldsymbol{A}^*)=n$,从而 $r(\boldsymbol{A}^*)=0$,亦即 $\boldsymbol{A}^*=\boldsymbol{O}$. 根据矩阵 $\boldsymbol{A}$ 与其伴随矩阵 $\boldsymbol{A}^*$ 秩之间的关系,有 $r(\boldsymbol{A})<n-1$,即 $n-k<n-1$,故 $k>1$.

15. 若线性方程组 $\begin{cases} x_1+x_2=-a_1, \\ x_2+x_3=a_2, \\ x_3+x_4=-a_3, \\ x_4+x_1=a_4 \end{cases}$ 有解,则常数 a_1,a_2,a_3,a_4 应满足条件 $\underline{a_1+a_2+a_3+a_4=0}$.

解 根据线性方程组解的一般理论,线性方程组有解的充分必要条件是其系数矩阵的秩等于其增广矩阵的秩. 一般地,利用初等行变换将线性方程组化为阶梯形方程组,视最后的一个或几个等式是否为"0=0"来判断方程组是有解还是无解. 对于本题

$$\left(\begin{array}{cccc:c} 1 & 1 & 0 & 0 & -a_1 \\ 0 & 1 & 1 & 0 & a_2 \\ 0 & 0 & 1 & 1 & -a_3 \\ 1 & 0 & 0 & 1 & a_4 \end{array}\right) \to \left(\begin{array}{cccc:c} 1 & 1 & 0 & 0 & -a_1 \\ 0 & 1 & 1 & 0 & a_2 \\ 0 & 0 & 1 & 1 & -a_3 \\ 0 & 0 & 0 & 0 & a_1+a_2+a_3+a_4 \end{array}\right).$$

为使方程组有解,必须有 $a_1+a_2+a_3+a_4=0$.

16. 设 $\boldsymbol{\eta}_1,\boldsymbol{\eta}_2,\cdots,\boldsymbol{\eta}_s$ 是非齐次线性方程组 $\boldsymbol{Ax}=\boldsymbol{b}$ 的一组解向量,如果 $c_1\boldsymbol{\eta}_1+c_2\boldsymbol{\eta}_2+\cdots+c_s\boldsymbol{\eta}_s$ 也是该方程组的一个解,则 $c_1+c_2+\cdots+c_s=\underline{1}$.

解 由题设,有

$$\boldsymbol{A\eta}_i=\boldsymbol{b}, i=1,2,\cdots,s.$$

若 $c_1\boldsymbol{\eta}_1+c_2\boldsymbol{\eta}_2+\cdots+c_s\boldsymbol{\eta}_s$ 也是 $\boldsymbol{Ax}=\boldsymbol{b}$ 的解，则有

$$\boldsymbol{A}(c_1\boldsymbol{\eta}_1+c_2\boldsymbol{\eta}_2+\cdots+c_s\boldsymbol{\eta}_s)=\boldsymbol{b},\text{即}(c_1+c_2+\cdots+c_s)\boldsymbol{b}=\boldsymbol{b},$$

从而 $c_1+c_2+\cdots+c_s=1$.

17. 如果向量 $\boldsymbol{\beta}=(1,0,k,2)^{\mathrm{T}}$ 能由向量组 $\boldsymbol{\alpha}_1=(1,3,0,5)^{\mathrm{T}}$，$\boldsymbol{\alpha}_2=(1,2,1,4)^{\mathrm{T}}$，$\boldsymbol{\alpha}_4=(1,-3,6,-1)^{\mathrm{T}}$ 线性表示，则 $k=$ <u>3</u>.

解 $$(\boldsymbol{\alpha}_1,\boldsymbol{\alpha}_2,\boldsymbol{\alpha}_3,\boldsymbol{\alpha}_4,\boldsymbol{\beta})=\begin{pmatrix}1&1&1&1&1\\3&2&1&-3&0\\0&1&2&6&k\\5&4&3&-1&2\end{pmatrix}$$

$$\xrightarrow[r_4-5r_1]{r_2-3r_1}\begin{pmatrix}1&1&1&1&1\\0&-1&-2&-6&-3\\0&1&2&6&k\\0&-1&-2&-6&-3\end{pmatrix}$$

$$\xrightarrow[r_4-r_2]{r_3+r_2}\begin{pmatrix}1&1&1&1&1\\0&-1&-2&-6&-3\\0&0&0&0&k-3\\0&0&0&0&0\end{pmatrix}.$$

由于 $\boldsymbol{\beta}$ 能由向量组 $\boldsymbol{\alpha}_1,\boldsymbol{\alpha}_2,\boldsymbol{\alpha}_3,\boldsymbol{\alpha}_4$ 线性表示，所以

$$2=r(\boldsymbol{\alpha}_1,\boldsymbol{\alpha}_2,\boldsymbol{\alpha}_3,\boldsymbol{\alpha}_4)=r(\boldsymbol{\alpha}_1,\boldsymbol{\alpha}_2,\boldsymbol{\alpha}_3,\boldsymbol{\alpha}_4,\boldsymbol{\beta}),$$

即 $k=3$.

18. 设三元非齐次线性方程组 $\boldsymbol{Ax}=\boldsymbol{b}$ 有三个特解 $\boldsymbol{\alpha}_1,\boldsymbol{\alpha}_2,\boldsymbol{\alpha}_3$，且 $\boldsymbol{\alpha}_1+\boldsymbol{\alpha}_2+\boldsymbol{\alpha}_3=(1,1,1)^{\mathrm{T}}$，$\boldsymbol{\alpha}_3-\boldsymbol{\alpha}_2=(1,0,0)^{\mathrm{T}}$，而 $r(\boldsymbol{A})=2$，则 $\boldsymbol{Ax}=\boldsymbol{b}$ 的通解为 <u>$\frac{1}{3}(1,1,1)^{\mathrm{T}}+k(1,0,0)^{\mathrm{T}}$，$k$ 为任意常数</u>.

解 由 $n=3$，$r(\boldsymbol{A})=2$ 知导出组的基础解系只含一个解向量，而 $\boldsymbol{\alpha}_3-\boldsymbol{\alpha}_2$ 为导出组的一个非零解向量，故可作为基础解系.

由于 $\boldsymbol{A}\dfrac{\boldsymbol{\alpha}_1+\boldsymbol{\alpha}_2+\boldsymbol{\alpha}_3}{3}=\dfrac{1}{3}(\boldsymbol{A\alpha}_1+\boldsymbol{A\alpha}_2+\boldsymbol{A\alpha}_3)=\boldsymbol{b}$，所以 $\boldsymbol{Ax}=\boldsymbol{b}$ 的一个特解可取为 $\dfrac{\boldsymbol{\alpha}_1+\boldsymbol{\alpha}_2+\boldsymbol{\alpha}_3}{3}$. 因此 $\boldsymbol{Ax}=\boldsymbol{b}$ 的通解可表示为

$$\frac{\boldsymbol{\alpha}_1+\boldsymbol{\alpha}_2+\boldsymbol{\alpha}_3}{3}+k(\boldsymbol{\alpha}_3-\boldsymbol{\alpha}_2)=\frac{1}{3}(1,1,1)^{\mathrm{T}}+k(1,0,0)^{\mathrm{T}}.$$

19. 设 $\boldsymbol{A}$ 是 4×3 矩阵，$r(\boldsymbol{A})=2$，已知 $\boldsymbol{\eta}_1,\boldsymbol{\eta}_2,\boldsymbol{\eta}_3$ 是 $\boldsymbol{Ax}=\boldsymbol{b}$ 的三个解，且满足 $\boldsymbol{\eta}_1+\boldsymbol{\eta}_2=(1,2,1)^{\mathrm{T}}$，$\boldsymbol{\eta}_2+\boldsymbol{\eta}_3=(0,1,2)^{\mathrm{T}}$，则该方程组的通解 $\boldsymbol{x}=$ <u>$\frac{1}{2}(1,2,1)^{\mathrm{T}}+k(-1,-1,1)^{\mathrm{T}}$（$k$ 为任</u>

意常数）.

解 因为 $\boldsymbol{A}$ 列数为 3，即方程组的未知量为 3，$r(\boldsymbol{A})=2$，所以相应导出组的基础解系向量个数为 1. 其基础解系为

$$\boldsymbol{\eta}_3-\boldsymbol{\eta}_1=(\boldsymbol{\eta}_3+\boldsymbol{\eta}_2)-(\boldsymbol{\eta}_1+\boldsymbol{\eta}_2)=(-1,-1,1)^{\mathrm{T}},$$

而非齐次方程组的一个特解为 $\dfrac{\boldsymbol{\eta}_1+\boldsymbol{\eta}_2}{2}=\dfrac{1}{2}(1,2,1)^{\mathrm{T}}$，从而非齐次线性方程组的通解为

$$\boldsymbol{x}=\frac{1}{2}(1,2,1)^{\mathrm{T}}+k(-1,-1,1)^{\mathrm{T}}(k\text{ 为任意常数}).$$

20. 设 $\boldsymbol{A}=(a_{ij})_{3\times3}$ 是实矩阵，且满足 $\boldsymbol{A}^{\mathrm{T}}\boldsymbol{A}=\boldsymbol{E}$，$a_{11}=1$，$\boldsymbol{b}=(1,\ 0,\ 0)^{\mathrm{T}}$，则线性方程组 $\boldsymbol{Ax}=\boldsymbol{b}$ 的解是 $(1,\ 0,\ 0)^{\mathrm{T}}$.

解 由 $\boldsymbol{A}^{\mathrm{T}}\boldsymbol{A}=\boldsymbol{E}$ 可得 $a_{11}^2+a_{21}^2+a_{31}^2=1$，而 $a_{11}=1$，故 $a_{12}=a_{13}=0$.

又由 $\boldsymbol{A}^{\mathrm{T}}\boldsymbol{A}=\boldsymbol{E}$ 可得 $|\boldsymbol{A}|=\pm1$，$\boldsymbol{A}^{-1}=\boldsymbol{A}^{\mathrm{T}}$，即 $r(\boldsymbol{A})=3$. 从而 $\boldsymbol{Ax}=\boldsymbol{b}$ 有唯一解 $\boldsymbol{x}=\boldsymbol{A}^{-1}\boldsymbol{b}=\boldsymbol{A}^{\mathrm{T}}\boldsymbol{b}=(a_{11},\ a_{12},\ a_{13})^{\mathrm{T}}=(1,\ 0,\ 0)^{\mathrm{T}}$.

二、选择题

1. 向量组 $\boldsymbol{\alpha}_1,\ \boldsymbol{\alpha}_2,\ \cdots,\ \boldsymbol{\alpha}_m(m\geqslant2)$ 线性相关的充分必要条件是（ **D** ）.

(A) 其中每个向量都是其余 $m-1$ 个向量的线性组合

(B) $\boldsymbol{\alpha}_1,\ \boldsymbol{\alpha}_2,\ \cdots,\ \boldsymbol{\alpha}_m$ 中至少有一个是零向量

(C) $\boldsymbol{\alpha}_1,\ \boldsymbol{\alpha}_2,\ \cdots,\ \boldsymbol{\alpha}_m$ 中任意两个向量成比例

(D) $\boldsymbol{\alpha}_1,\ \boldsymbol{\alpha}_2,\ \cdots,\ \boldsymbol{\alpha}_m$ 中存在一个向量可由其余 $m-1$ 个向量线性表出

解 若选项 A 成立，则 $\boldsymbol{\alpha}_1,\ \boldsymbol{\alpha}_2,\ \cdots,\ \boldsymbol{\alpha}_m$ 线性相关，但反之，$\boldsymbol{\alpha}_1,\ \boldsymbol{\alpha}_2,\ \cdots,\ \boldsymbol{\alpha}_m$ 线性相关得不到每个向量都可由其余向量线性表出的结论. 例如，

$$\boldsymbol{\alpha}_1=(1,\ 0)^{\mathrm{T}},\boldsymbol{\alpha}_2=(0,\ 1)^{\mathrm{T}},\boldsymbol{\alpha}_3=(1,\ 0)^{\mathrm{T}}$$

线性相关，因为 $\boldsymbol{\alpha}_3$ 可由 $\boldsymbol{\alpha}_1,\ \boldsymbol{\alpha}_2$ 线性表出：$\boldsymbol{\alpha}_3=1\boldsymbol{\alpha}_1+0\boldsymbol{\alpha}_2$，但 $\boldsymbol{\alpha}_2$ 不能由 $\boldsymbol{\alpha}_1,\ \boldsymbol{\alpha}_3$ 线性表出. 故选项(A) 只是向量组 $\boldsymbol{\alpha}_1,\ \boldsymbol{\alpha}_2,\ \cdots,\ \boldsymbol{\alpha}_m$ 线性相关的充分条件，但不是必要条件.

若选项(B) 成立，则 $\boldsymbol{\alpha}_1,\boldsymbol{0},\cdots,\ \boldsymbol{\alpha}_m$ 线性相关，但反之，$\boldsymbol{\alpha}_1,\ \boldsymbol{\alpha}_2,\ \cdots,\ \boldsymbol{\alpha}_m$ 线性相关并不一定包含零向量，如上例. 故选项 B 也是充分条件，不是必要条件.

若选项(C) 成立，即任意两个向量成比例，得任意两个向量线性相关. 设 $\boldsymbol{\alpha}_1,\boldsymbol{\alpha}_2$ 线性相关，增加向量个数到 $\boldsymbol{\alpha}_1,\ \boldsymbol{\alpha}_2,\ \cdots,\ \boldsymbol{\alpha}_m$ 仍然相关. 反之，$\boldsymbol{\alpha}_1,\ \boldsymbol{\alpha}_2,\ \cdots,\ \boldsymbol{\alpha}_m$ 线性相关，如上例 $\boldsymbol{\alpha}_1=(1,\ 0)^{\mathrm{T}},\boldsymbol{\alpha}_2=(0,\ 1)^{\mathrm{T}},\boldsymbol{\alpha}_3=(1,\ 0)^{\mathrm{T}}$ 线性相关，但 $\boldsymbol{\alpha}_1,\ \boldsymbol{\alpha}_2$ 不成比例.

据向量组线性相关判别的充分必要条件，应选(D).

2. n 维向量组 $\boldsymbol{\alpha}_1,\ \boldsymbol{\alpha}_2,\ \cdots,\ \boldsymbol{\alpha}_m(m\geqslant2)$ 线性无关的充分必要条件是（ D ）.

(A) $m<n$

(B) $\boldsymbol{\alpha}_1,\ \boldsymbol{\alpha}_2,\ \cdots,\ \boldsymbol{\alpha}_m$ 都不是零向量

(C) $\boldsymbol{\alpha}_1,\ \boldsymbol{\alpha}_2,\ \cdots,\ \boldsymbol{\alpha}_m$ 中任意一个向量都不能由其余向量线性表出

(D)$\boldsymbol{\alpha}_1$，$\boldsymbol{\alpha}_2$，…，$\boldsymbol{\alpha}_m$ 中任意两个向量都不成比例

解　由线性无关的充分必要可知(C) 正确.

若(A) 成立，即向量的维数大于向量的个数，并不能保证向量组线性无关. 例如

$$\boldsymbol{\alpha}_1=(1,0,0)^{\mathrm{T}},\boldsymbol{\alpha}_2=(2,0,0)^{\mathrm{T}},$$

虽然 $n=3>2=m$，但 $\boldsymbol{\alpha}_1$，$\boldsymbol{\alpha}_2$ 却线性相关. 反之，若维向量组 $\boldsymbol{\alpha}_1$，$\boldsymbol{\alpha}_2$，…，$\boldsymbol{\alpha}_m$ 线性无关，必然有 $m\leqslant n$，故选项(A) 既不充分，也不必要.

(B) 只是必要条件. 因含有零向量必线性相关，但不是充分条件，即 $\boldsymbol{\alpha}_1$，$\boldsymbol{\alpha}_2$，…，$\boldsymbol{\alpha}_m$ 都不是零向量也不一定线性无关.

对(D)，若 $\boldsymbol{\alpha}_1$，$\boldsymbol{\alpha}_2$，…，$\boldsymbol{\alpha}_m$ 线性无关，则任意两个向量都无关，即任两个向量不成比例. 但反之，任两个向量不成比例，即线性无关，不能保证全体向量线性无关. 例如，

$$\boldsymbol{\alpha}_1=(1,0)^{\mathrm{T}},\boldsymbol{\alpha}_2=(0,1)^{\mathrm{T}},\boldsymbol{\alpha}_3=(1,1)^{\mathrm{T}}$$

是线性相关的，但它们任意两个向量均不成比例，故(D) 只是必要条件而不是充分条件.

3. 若向量 $\boldsymbol{\alpha}$，$\boldsymbol{\beta}$，$\boldsymbol{\gamma}$ 线性无关，$\boldsymbol{\alpha}$，$\boldsymbol{\beta}$，$\boldsymbol{\delta}$ 线性相关，则(　**C**　).

(A)$\boldsymbol{\alpha}$ 必可由 $\boldsymbol{\beta}$，$\boldsymbol{\gamma}$，$\boldsymbol{\delta}$ 线性表示

(B)$\boldsymbol{\beta}$ 必不可由 $\boldsymbol{\alpha}$，$\boldsymbol{\gamma}$，$\boldsymbol{\delta}$ 线性表示

(C)$\boldsymbol{\delta}$ 必可由 $\boldsymbol{\alpha}$，$\boldsymbol{\beta}$，$\boldsymbol{\gamma}$ 线性表示

(D)$\boldsymbol{\delta}$ 必不可由 $\boldsymbol{\alpha}$，$\boldsymbol{\beta}$，$\boldsymbol{\gamma}$ 线性表示

解　因 $\boldsymbol{\alpha}$，$\boldsymbol{\beta}$，$\boldsymbol{\gamma}$ 线性无关，所以 $\boldsymbol{\alpha}$，$\boldsymbol{\beta}$ 线性无关，又 $\boldsymbol{\alpha}$，$\boldsymbol{\beta}$，$\boldsymbol{\delta}$ 线性相关，因此 $\boldsymbol{\delta}$ 可由 $\boldsymbol{\alpha}$，$\boldsymbol{\beta}$ 线性表示，进而 $\boldsymbol{\delta}=k_1\boldsymbol{\alpha}+k_2\boldsymbol{\beta}+0\boldsymbol{\gamma}$. 于是选(C)，而不选(D).

如果取 $\boldsymbol{\delta}=\mathbf{0}$，由 $\boldsymbol{\alpha}$，$\boldsymbol{\beta}$，$\boldsymbol{\gamma}$ 线性无关可得 $\boldsymbol{\alpha}$ 不可由 $\boldsymbol{\beta}$，$\boldsymbol{\gamma}$，$\boldsymbol{\delta}$ 线性表示，因此不选(A).

如果取 $\boldsymbol{\delta}=2\boldsymbol{\beta}$，则 $\boldsymbol{\beta}=\dfrac{1}{2}\boldsymbol{\delta}+0\boldsymbol{\alpha}+0\boldsymbol{\gamma}$，这表明 $\boldsymbol{\beta}$ 可由 $\boldsymbol{\alpha}$，$\boldsymbol{\gamma}$，$\boldsymbol{\delta}$ 线性表示，所以不选(B).

4. 设向量 $\boldsymbol{\beta}$ 可由 $\boldsymbol{\alpha}_1$，$\boldsymbol{\alpha}_2$，…，$\boldsymbol{\alpha}_s$ 线性表出，但不能由向量组(Ⅰ)：$\boldsymbol{\alpha}_1$，$\boldsymbol{\alpha}_2$，…，$\boldsymbol{\alpha}_{s-1}$ 线性表出，记向量组(Ⅱ)：$\boldsymbol{\alpha}_1$，$\boldsymbol{\alpha}_2$，…，$\boldsymbol{\alpha}_{s-1}$，$\boldsymbol{\beta}$，则 $\boldsymbol{\alpha}_s$(　**B**　).

(A) 不能由(Ⅰ)，也不能由(Ⅱ) 线性表出

(B) 不能由(Ⅰ)，但可由(Ⅱ) 线性表出

(C) 可由(Ⅰ)，也可由(Ⅱ) 线性表出

(D) 可由(Ⅰ)，但不能由(Ⅱ) 线性表出

解　由题设，有

$$\boldsymbol{\beta}=k_1\boldsymbol{\alpha}_1+k_2\boldsymbol{\alpha}_2+\cdots+k_{s-1}\boldsymbol{\alpha}_{s-1}+k_s\boldsymbol{\alpha}_s,k_s\neq 0,$$

即有

$$\boldsymbol{\alpha}_s=-\frac{1}{k_1}\boldsymbol{\alpha}_1-\frac{1}{k_2}\boldsymbol{\alpha}_2-\cdots-\frac{1}{k_{s-1}}\boldsymbol{\alpha}_{s-1}+\frac{1}{k_s}\boldsymbol{\beta}.$$

说明 $\boldsymbol{\alpha}_s$ 可由向量组(Ⅱ) 线性表出.

但 $\boldsymbol{\alpha}_s$ 不能由向量组（Ⅰ）线性表出，否则 $\boldsymbol{\beta}$ 也可由向量组（Ⅰ）线性表出了，这与题设矛盾.

5. 设向量组（Ⅰ）：$\boldsymbol{\alpha}_1=\begin{pmatrix}1\\0\\1\\1\end{pmatrix},\boldsymbol{\alpha}_2=\begin{pmatrix}2\\1\\2\\1\end{pmatrix},\boldsymbol{\alpha}_3=\begin{pmatrix}3\\b+4\\3\\1\end{pmatrix},\boldsymbol{\alpha}_4=\begin{pmatrix}4\\5\\a-2\\-1\end{pmatrix},\boldsymbol{\alpha}_5=\begin{pmatrix}4\\4\\8\\3\end{pmatrix}$；向量组（Ⅱ）：$\boldsymbol{\beta}_1=\begin{pmatrix}2\\1\\3\end{pmatrix},\boldsymbol{\beta}_2=\begin{pmatrix}1\\3\\2\end{pmatrix},\boldsymbol{\beta}_3=\begin{pmatrix}3\\2\\-1\end{pmatrix}$，则（ **A** ）.

(A) 向量组（Ⅰ）线性相关，向量组（Ⅱ）线性无关
(B) 向量组（Ⅰ）线性无关，向量组（Ⅱ）线性相关
(C) 向量组（Ⅰ）线性无关，向量组（Ⅱ）线性无关
(D) 向量组（Ⅰ）线性相关，向量组（Ⅱ）线性相关

解 向量组（Ⅰ）所含向量的个数大于向量的维数，所以向量组（Ⅰ）线性相关.

对于向量组（Ⅱ），有

$$\begin{pmatrix}\boldsymbol{\beta}_3^{\mathrm{T}}\\\boldsymbol{\beta}_1^{\mathrm{T}}\\\boldsymbol{\beta}_2^{\mathrm{T}}\end{pmatrix}=\begin{pmatrix}3&2&-1\\2&1&3\\1&3&2\end{pmatrix}\xrightarrow{r_1-r_2}\begin{pmatrix}1&1&-4\\2&1&3\\1&3&2\end{pmatrix}$$

$$\xrightarrow[r_3-r_1]{r_2-2r_1}\begin{pmatrix}1&2&-4\\0&-1&11\\0&2&6\end{pmatrix}\xrightarrow{r_3+2r_2}\begin{pmatrix}1&2&-4\\0&-1&11\\0&0&28\end{pmatrix},$$

则 $r(\boldsymbol{\beta}_1,\boldsymbol{\beta}_2,\boldsymbol{\beta}_3)=3=$ 向量组（Ⅱ）所含向量的个数，所以向量组（Ⅱ）线性无关.

6. 设 $\boldsymbol{\beta}=(1,2,t)^{\mathrm{T}},\boldsymbol{\alpha}_1=(2,1,1)^{\mathrm{T}},\boldsymbol{\alpha}_2=(-1,2,7)^{\mathrm{T}}$. 若 $\boldsymbol{\beta}$ 可以由 $\boldsymbol{\alpha}_1,\boldsymbol{\alpha}_2$ 线性表出，则 $t=$（ **B** ）.

(A) -5　　(B) 5　　(C) -2　　(D) 2

解 易知 $\boldsymbol{\alpha}_1,\boldsymbol{\alpha}_2$ 不成比例，故 $\boldsymbol{\alpha}_1,\boldsymbol{\alpha}_2$ 线性无关. 若 $\boldsymbol{\beta}$ 可以由 $\boldsymbol{\alpha}_1,\boldsymbol{\alpha}_2$ 线性表出，则 $\boldsymbol{\alpha}_1,\boldsymbol{\alpha}_2,\boldsymbol{\beta}$ 线性相关. 而这又是 3 维向量，故 $\boldsymbol{\alpha}_1,\boldsymbol{\alpha}_2,\boldsymbol{\beta}$ 线性相关的充要条件是

$$|\boldsymbol{\alpha}_1,\boldsymbol{\alpha}_2,\boldsymbol{\beta}|=0,\text{即}\begin{vmatrix}2&-1&1\\1&2&2\\1&7&t\end{vmatrix}=\begin{vmatrix}1&2&2\\0&-5&-3\\0&0&t-5\end{vmatrix}=5(t-5)=0,$$

解得 $t=5$.

7. 已知向量组 $\boldsymbol{\alpha}_1,\boldsymbol{\alpha}_2,\boldsymbol{\alpha}_3$ 线性无关，若向量组 $\boldsymbol{\alpha}_1+\boldsymbol{\alpha}_2,\boldsymbol{\alpha}_2+\boldsymbol{\alpha}_3,k\boldsymbol{\alpha}_3+l\boldsymbol{\alpha}_1$ 线性相关，则数 k 和 l 应满足条件（ **D** ）.

(A)$k=l=1$　　(B)$k-l=1$　　(C)$k+l=1$　　(D)$k+l=0$

解　设有一组数 x_1，x_2，x_3 使得

$$x_1(\boldsymbol{\alpha}_1+\boldsymbol{\alpha}_2)+x_2(\boldsymbol{\alpha}_2+\boldsymbol{\alpha}_3)+x_3(k\boldsymbol{\alpha}_3+l\boldsymbol{\alpha}_1)=\mathbf{0}, \qquad ①$$

即

$$(x_1+lx_3)\boldsymbol{\alpha}_1+(x_1+x_2)\boldsymbol{\alpha}_2+(x_2+kx_3)\boldsymbol{\alpha}_3=\mathbf{0}.$$

由 $\boldsymbol{\alpha}_1$，$\boldsymbol{\alpha}_2$，$\boldsymbol{\alpha}_3$ 线性无关知

$$\begin{cases}x_1+lx_3=0,\\x_1+x_2=0,\\x_2+kx_3=0.\end{cases} \qquad ②$$

由 $\boldsymbol{\alpha}_1+\boldsymbol{\alpha}_2$，$\boldsymbol{\alpha}_2+\boldsymbol{\alpha}_3$，$k\boldsymbol{\alpha}_3+l\boldsymbol{\alpha}_1$ 线性相关知有不全为零的一组数 x_1，x_2，x_3 使 ① 成立，也就是方程组 ② 有非零解，则 ② 的系数行列式

$$\begin{vmatrix}1&0&l\\1&1&0\\0&1&k\end{vmatrix}=0,$$

解得 $k+l=0$.

8. 设向量组Ⅰ：$\boldsymbol{\alpha}_1,\boldsymbol{\alpha}_2,\cdots,\boldsymbol{\alpha}_m$，其秩为 r；向量组Ⅱ：$\boldsymbol{\alpha}_1,\boldsymbol{\alpha}_2,\cdots,\boldsymbol{\alpha}_m,\boldsymbol{\beta}$，其秩为 s. 则 $r=s$ 是向量组Ⅰ与向量组Ⅱ等价的(　**C**　).

(A)充分非必要条件　　(B)必要非充分条件

(C)充分必要条件　　(D)既非充分也非必要条件

解　若向量组Ⅰ与向量组Ⅱ等价，则 $r=s$；若 $r=s$，则 $\boldsymbol{\beta}$ 能由 $\boldsymbol{\alpha}_1,\boldsymbol{\alpha}_2,\cdots,\boldsymbol{\alpha}_m$ 即向量组Ⅰ线性表出，否则 $r<s$，而向量组Ⅰ显然能由向量组Ⅱ线性表出. 所以向量组Ⅰ与向量组Ⅱ能互相线性表出，即它们等价.

9. 设向量组 $\boldsymbol{\alpha}_1$，$\boldsymbol{\alpha}_2$，$\boldsymbol{\alpha}_3$ 与向量组 $\boldsymbol{\alpha}_1$，$\boldsymbol{\alpha}_2$ 等价，则(　**C**　)

(A) $\boldsymbol{\alpha}_1$，$\boldsymbol{\alpha}_2$ 线性相关.　　(B) $\boldsymbol{\alpha}_1$，$\boldsymbol{\alpha}_2$ 线性无关.

(C) $\boldsymbol{\alpha}_1$，$\boldsymbol{\alpha}_2$，$\boldsymbol{\alpha}_3$ 线性相关.　　(D) $\boldsymbol{\alpha}_1$，$\boldsymbol{\alpha}_2$，$\boldsymbol{\alpha}_3$ 线性无关.

解　由于向量组 $\boldsymbol{\alpha}_1$，$\boldsymbol{\alpha}_2$，$\boldsymbol{\alpha}_3$ 与向量组 $\boldsymbol{\alpha}_1$，$\boldsymbol{\alpha}_2$ 等价，所以向量 $\boldsymbol{\alpha}_3$ 可由向量组 $\boldsymbol{\alpha}_1$，$\boldsymbol{\alpha}_2$ 线性表出，从而向量组 $\boldsymbol{\alpha}_1$，$\boldsymbol{\alpha}_2$，$\boldsymbol{\alpha}_3$ 线性相关.

10. 设向量组 $\boldsymbol{\alpha}$，$\boldsymbol{\beta}$，$\boldsymbol{\gamma}$ 及数 k，l，m 满足：$k\boldsymbol{\alpha}+l\boldsymbol{\beta}+m\boldsymbol{\gamma}=\mathbf{0}$，且 $km\neq 0$，则(　**B**　).

(A)$\boldsymbol{\alpha}$，$\boldsymbol{\beta}$ 与 $\boldsymbol{\alpha}$，$\boldsymbol{\gamma}$ 等价　　(B)$\boldsymbol{\alpha}$，$\boldsymbol{\beta}$ 与 $\boldsymbol{\beta}$，$\boldsymbol{\gamma}$ 等价

(C)$\boldsymbol{\alpha}$，$\boldsymbol{\gamma}$ 与 $\boldsymbol{\beta}$，$\boldsymbol{\gamma}$ 等价　　(D)$\boldsymbol{\alpha}$ 与 $\boldsymbol{\gamma}$ 等价

解　因为不知 l 是否为零，所以不能确定 $\boldsymbol{\beta}$ 可否可由 $\boldsymbol{\alpha}$，$\boldsymbol{\gamma}$ 线性表示，从而排除选项(A)、(C)、(D).

由 $k\boldsymbol{\alpha}+l\boldsymbol{\beta}+m\boldsymbol{\gamma}=\mathbf{0}$ 且 $km\neq 0$ 知 $\boldsymbol{\alpha}$ 可由 $\boldsymbol{\beta}$，$\boldsymbol{\gamma}$ 线性表示，$\boldsymbol{\gamma}$ 可由 $\boldsymbol{\alpha}$，$\boldsymbol{\beta}$ 线性表示；又 $\boldsymbol{\beta}$

$=1\cdot\boldsymbol{\beta}+0\cdot\boldsymbol{\gamma},\boldsymbol{\beta}=1\cdot\boldsymbol{\beta}+0\cdot\boldsymbol{\alpha}$,所以 $\boldsymbol{\alpha},\boldsymbol{\beta}$ 与 $\boldsymbol{\beta},\boldsymbol{\gamma}$ 等价.

11. 设向量组 $\boldsymbol{\alpha}_1,\boldsymbol{\alpha}_2,\boldsymbol{\alpha}_3$ 线性无关,向量 $\boldsymbol{\beta}_1$ 能由 $\boldsymbol{\alpha}_1,\boldsymbol{\alpha}_2,\boldsymbol{\alpha}_3$ 线性表出,$\boldsymbol{\beta}_2$ 不能由 $\boldsymbol{\alpha}_1,\boldsymbol{\alpha}_2,\boldsymbol{\alpha}_3$ 线性表出,则必有(**D**).

(A)$\boldsymbol{\alpha}_1,\boldsymbol{\alpha}_2,\boldsymbol{\beta}_1$ 线性相关 (B)$\boldsymbol{\alpha}_1,\boldsymbol{\alpha}_2,\boldsymbol{\beta}_1$ 线性无关

(C)$\boldsymbol{\alpha}_1,\boldsymbol{\alpha}_2,\boldsymbol{\beta}_2$ 线性相关 (D)$\boldsymbol{\alpha}_1,\boldsymbol{\alpha}_2,\boldsymbol{\beta}_2$ 线性无关

解 由 $\boldsymbol{\beta}_1$ 能由 $\boldsymbol{\alpha}_1,\boldsymbol{\alpha}_2,\boldsymbol{\alpha}_3$ 线性表出,只能断定向量组 $\boldsymbol{\alpha}_1,\boldsymbol{\alpha}_2,\boldsymbol{\alpha}_3,\boldsymbol{\beta}_1$ 线性相关,不能确定 $\boldsymbol{\alpha}_1,\boldsymbol{\alpha}_2,\boldsymbol{\beta}_1$ 是否线性相关或线性无关.例如

$$\boldsymbol{\alpha}_1=(1,0,0)^{\mathrm T},\boldsymbol{\alpha}_2=(0,1,0)^{\mathrm T},\boldsymbol{\alpha}_3=(0,0,1)^{\mathrm T},$$

当 $\boldsymbol{\beta}_1=(0,0,2)^{\mathrm T}$ 时,$\boldsymbol{\alpha}_1,\boldsymbol{\alpha}_2,\boldsymbol{\beta}_1$ 线性无关;当 $\boldsymbol{\beta}_1=(2,0,0)^{\mathrm T}$ 时,$\boldsymbol{\alpha}_1,\boldsymbol{\alpha}_2,\boldsymbol{\beta}_1$ 线性相关.因此不选(A)和(B).

若取 $\boldsymbol{\alpha}_1=(1,0,0,0)^{\mathrm T},\boldsymbol{\alpha}_2=(0,1,0,0)^{\mathrm T},\boldsymbol{\alpha}_3=(0,0,1,0)^{\mathrm T},\boldsymbol{\beta}_2=(0,0,0,1)^{\mathrm T}$,则 $\boldsymbol{\alpha}_1,\boldsymbol{\alpha}_2,\boldsymbol{\beta}_2$ 线性无关,因此不选(C).

由排除法,正确选项为(D).

事实上,因向量组 $\boldsymbol{\alpha}_1,\boldsymbol{\alpha}_2,\boldsymbol{\alpha}_3$ 线性无关,$\boldsymbol{\beta}_2$ 不能由 $\boldsymbol{\alpha}_1,\boldsymbol{\alpha}_2,\boldsymbol{\alpha}_3$ 线性表出,所以 $\boldsymbol{\alpha}_1,\boldsymbol{\alpha}_2,\boldsymbol{\alpha}_3,\boldsymbol{\beta}_2$ 线性无关,从而部分组 $\boldsymbol{\alpha}_1,\boldsymbol{\alpha}_2,\boldsymbol{\beta}_2$ 线性无关.

12. 设向量组 $\boldsymbol{\alpha}_1,\boldsymbol{\alpha}_2,\boldsymbol{\alpha}_3$ 线性无关,则下列向量组中线性无关的是(**C**).

(A) $\boldsymbol{\alpha}_1-\boldsymbol{\alpha}_2,\boldsymbol{\alpha}_2-\boldsymbol{\alpha}_3,\boldsymbol{\alpha}_3-\boldsymbol{\alpha}_1$ (B) $\boldsymbol{\alpha}_1+\boldsymbol{\alpha}_2,\boldsymbol{\alpha}_2-\boldsymbol{\alpha}_3,\boldsymbol{\alpha}_3+\boldsymbol{\alpha}_1$

(C) $\boldsymbol{\alpha}_1+\boldsymbol{\alpha}_2,\boldsymbol{\alpha}_2+\boldsymbol{\alpha}_3,\boldsymbol{\alpha}_3+\boldsymbol{\alpha}_1$ (D) $\boldsymbol{\alpha}_1-\boldsymbol{\alpha}_2,\boldsymbol{\alpha}_2+\boldsymbol{\alpha}_3,\boldsymbol{\alpha}_3+\boldsymbol{\alpha}_1$

解法 1 由观察

选项(A) $(\boldsymbol{\alpha}_1-\boldsymbol{\alpha}_2)+(\boldsymbol{\alpha}_2-\boldsymbol{\alpha}_3)+(\boldsymbol{\alpha}_3-\boldsymbol{\alpha}_1)=\boldsymbol{0}$.

选项(B) $(\boldsymbol{\alpha}_1+\boldsymbol{\alpha}_2)-(\boldsymbol{\alpha}_2-\boldsymbol{\alpha}_3)-(\boldsymbol{\alpha}_3+\boldsymbol{\alpha}_1)=\boldsymbol{0}$.

选项(D) $(\boldsymbol{\alpha}_1-\boldsymbol{\alpha}_2)+(\boldsymbol{\alpha}_2+\boldsymbol{\alpha}_3)-(\boldsymbol{\alpha}_3+\boldsymbol{\alpha}_1)=\boldsymbol{0}$.

可知(A)、(B)、(D)均线性相关,故选(C).

解法 2 由于

$$(\boldsymbol{\alpha}_1+\boldsymbol{\alpha}_2,\boldsymbol{\alpha}_2+\boldsymbol{\alpha}_3,\boldsymbol{\alpha}_3+\boldsymbol{\alpha}_1)=(\boldsymbol{\alpha}_1,\boldsymbol{\alpha}_2,\boldsymbol{\alpha}_3)\begin{pmatrix}1&0&1\\1&1&0\\0&1&1\end{pmatrix},$$

而 $\begin{pmatrix}1&0&1\\1&1&0\\0&1&1\end{pmatrix}$ 可逆,所以向量组 $\boldsymbol{\alpha}_1+\boldsymbol{\alpha}_2,\boldsymbol{\alpha}_2+\boldsymbol{\alpha}_3,\boldsymbol{\alpha}_3+\boldsymbol{\alpha}_1$ 与向量组 $\boldsymbol{\alpha}_1,\boldsymbol{\alpha}_2,\boldsymbol{\alpha}_3$ 具有相同的线性相关性,即向量组 $\boldsymbol{\alpha}_1+\boldsymbol{\alpha}_2,\boldsymbol{\alpha}_2+\boldsymbol{\alpha}_3,\boldsymbol{\alpha}_3+\boldsymbol{\alpha}_1$ 线性无关.

13. n 维向量组 $\boldsymbol{\alpha}_1,\boldsymbol{\alpha}_2,\cdots,\boldsymbol{\alpha}_s(3\leqslant s\leqslant n)$ 线性无关的充分必要条件是(**D**).

(A)存在一组不全为 0 的数 $k_1,k_2,\cdots,k_s$,使 $k_1\boldsymbol{\alpha}_1+k_2\boldsymbol{\alpha}_2+\cdots+k_s\boldsymbol{\alpha}_s=\boldsymbol{0}$

(B)$\boldsymbol{\alpha}_1,\boldsymbol{\alpha}_2,\cdots,\boldsymbol{\alpha}_s$ 中任意两个向量都线性无关

(C)$\boldsymbol{\alpha}_1,\boldsymbol{\alpha}_2,\cdots,\boldsymbol{\alpha}_s$ 中存在一个向量，它不能用其余向量线性表出

(D)$\boldsymbol{\alpha}_1,\boldsymbol{\alpha}_2,\cdots,\boldsymbol{\alpha}_s$ 中任意一个向量都不能用其余向量线性表出

解 由向量组线性相关的定义知：

$\boldsymbol{\alpha}_1,\boldsymbol{\alpha}_2,\cdots,\boldsymbol{\alpha}_s$ 线性相关的充分必要条件是 $\boldsymbol{\alpha}_1,\boldsymbol{\alpha}_2,\cdots,\boldsymbol{\alpha}_s$ 中至少有一个向量可由其余向量线性表出.

上述命题的逆否命题正是(D).

14. 设 $\boldsymbol{A}$ 为 n 阶方阵且 $|\boldsymbol{A}|=0$，则（ **C** ）.

(A)$\boldsymbol{A}$ 中必有两行(列)的元素对应成比例

(B)$\boldsymbol{A}$ 中任意一行(列)向量是其余各行(列)向量的线性组合

(C)$\boldsymbol{A}$ 中必有一行(列)向量是其余各行(列)向量的线性组合

(D)$\boldsymbol{A}$ 中至少有一行(列)的元素全为 0

解 根据行列式的性质，(A)和(D)显然都是 n 阶方阵 $\boldsymbol{A}$ 的行列式 $|\boldsymbol{A}|=0$ 的充分条件，但非必要条件，应首先排除.

由于 $|\boldsymbol{A}|=0$，可见 $\boldsymbol{A}$ 的秩应小于 n，故其 n 个行(列)构成的向量组必为线性相关. 若设 $\boldsymbol{\alpha}_1,\boldsymbol{\alpha}_2,\cdots,\boldsymbol{\alpha}_n$ 为其 n 个行(列)向量，则必存在 n 个不全为零的实数 $k_1,k_2,\cdots,k_n$ 使得

$$k_1\boldsymbol{\alpha}_1+k_2\boldsymbol{\alpha}_2+\cdots+k_n\boldsymbol{\alpha}_n=\mathbf{0}.$$

由于 $k_1,k_2,\cdots,k_n$ 不全为零(并不意味着 $k_1,k_2,\cdots,k_n$ 全不为零)，不妨设 $k_i\neq0$，则上式可写成：

$$\boldsymbol{\alpha}_i=-\frac{k_1}{k_i}\boldsymbol{\alpha}_1-\cdots-\frac{k_{i-1}}{k_i}\boldsymbol{\alpha}_{i-1}-\frac{k_{i+1}}{k_i}\boldsymbol{\alpha}_{i+1}-\cdots-\frac{k_n}{k_i}\boldsymbol{\alpha}_n,$$

即 $\boldsymbol{\alpha}_i$ 是 $\boldsymbol{\alpha}_1,\cdots,\boldsymbol{\alpha}_{i-1},\boldsymbol{\alpha}_{i+1},\cdots,\boldsymbol{\alpha}_n$ 的线性组合，因而(C)正确.

15. 设向量组Ⅰ：$\boldsymbol{\alpha}_1,\boldsymbol{\alpha}_2,\cdots,\boldsymbol{\alpha}_r$ 可由向量组Ⅱ：$\boldsymbol{\beta}_1,\boldsymbol{\beta}_2,\cdots,\boldsymbol{\beta}_s$ 线性表示，则（ **D** ）.

(A)当 $r<s$ 时，向量组Ⅱ必线性相关　　(B)当 $r>s$ 时，向量组Ⅱ必线性相关

(C)当 $r<s$ 时，向量组Ⅰ必线性相关　　(D)当 $r>s$ 时，向量组Ⅰ必线性相关

解 向量组Ⅰ的秩记为 r(Ⅰ)，Ⅱ的秩记为 r(Ⅱ). 因为Ⅰ可由Ⅱ线性表示，所以 r(Ⅰ)$\leqslant r$(Ⅱ)，又 r(Ⅱ)$\leqslant s$，若 $r>s$，则 $r>s\geqslant r$(Ⅱ)$\geqslant r$(Ⅰ)，所以Ⅰ组必线性相关.

也可用下述快速办法来否定(A)、(B)、(C). 例如Ⅱ线性无关，删去其中若干个得Ⅰ，Ⅰ可由Ⅱ线性表示，且 $r<s$. 但Ⅰ线性无关，Ⅱ也线性无关，故(A)、(C)均不对. 也可在线性无关组Ⅱ中添上若干个向量，例如添 $2\boldsymbol{\beta}_1,3\boldsymbol{\beta}_1$ 等而得到Ⅰ，当然Ⅰ可由Ⅱ线性表示，$r>s$，但Ⅱ线性无关，(B)不成立.

16. 已知 $\boldsymbol{\beta}_1=\boldsymbol{\alpha}_1+2\boldsymbol{\alpha}_2+3\boldsymbol{\alpha}_3,\boldsymbol{\beta}_2=-\boldsymbol{\alpha}_1+\boldsymbol{\alpha}_2,\boldsymbol{\beta}_3=5\boldsymbol{\alpha}_1+2\boldsymbol{\alpha}_2+7\boldsymbol{\alpha}_3$，则（ **B** ）.

(A) 向量组 $\boldsymbol{\beta}_1,\boldsymbol{\beta}_2,\boldsymbol{\beta}_3$ 必线性无关

(B) 向量组 $\boldsymbol{\beta}_1,\boldsymbol{\beta}_2,\boldsymbol{\beta}_3$ 必线性相关

(C) 仅当向量组 $\boldsymbol{\alpha}_1, \boldsymbol{\alpha}_2, \boldsymbol{\alpha}_3$ 线性无关时,向量组 $\boldsymbol{\beta}_1, \boldsymbol{\beta}_2, \boldsymbol{\beta}_3$ 线性无关

(D) 仅当向量组 $\boldsymbol{\alpha}_1, \boldsymbol{\alpha}_2, \boldsymbol{\alpha}_3$ 线性相关时,向量组 $\boldsymbol{\beta}_1, \boldsymbol{\beta}_2, \boldsymbol{\beta}_3$ 线性相关

解　题设可表示为

$$(\boldsymbol{\beta}_1, \boldsymbol{\beta}_2, \boldsymbol{\beta}_3) = (\boldsymbol{\alpha}_1, \boldsymbol{\alpha}_2, \boldsymbol{\alpha}_3)\begin{pmatrix} 1 & -1 & 5 \\ 2 & 1 & 2 \\ 3 & 0 & 7 \end{pmatrix}. \tag{$*$}$$

记

$$\boldsymbol{A} = (\boldsymbol{\beta}_1, \boldsymbol{\beta}_2, \boldsymbol{\beta}_3), \quad \boldsymbol{B} = (\boldsymbol{\alpha}_1, \boldsymbol{\alpha}_2, \boldsymbol{\alpha}_3), \quad \boldsymbol{C} = \begin{pmatrix} 1 & -1 & 5 \\ 2 & 1 & 2 \\ 3 & 0 & 7 \end{pmatrix},$$

则($*$)式可写成 $\boldsymbol{A} = \boldsymbol{BC}$.

利用乘积矩阵的秩的关系式有 $r(\boldsymbol{A}) \leqslant \min\{r(\boldsymbol{B}), r(\boldsymbol{C})\}$. 又因

$$|\boldsymbol{C}| = \begin{vmatrix} 1 & -1 & 5 \\ 2 & 1 & 2 \\ 3 & 0 & 7 \end{vmatrix} = 0,$$

故 $r(\boldsymbol{C}) \leqslant 2$,从而 $r(\boldsymbol{\beta}_1, \boldsymbol{\beta}_2, \boldsymbol{\beta}_3) = r(\boldsymbol{A}) < 3$,故向量组 $\boldsymbol{\beta}_1, \boldsymbol{\beta}_2, \boldsymbol{\beta}_3$ 线性相关(无论 $\boldsymbol{\alpha}_1, \boldsymbol{\alpha}_2, \boldsymbol{\alpha}_3$ 线性相关还是线性无关,即无论 $r(\boldsymbol{B}) = 3$ 还是 $r(\boldsymbol{B}) < 3$).

17. 下列命题中正确的是(　**C**　).

(A) 若向量 $\boldsymbol{\alpha}_s$ 不能由向量组 $\boldsymbol{\alpha}_1, \boldsymbol{\alpha}_2, \cdots, \boldsymbol{\alpha}_{s-1}$ 线性表示,则向量组 $\boldsymbol{\alpha}_1, \boldsymbol{\alpha}_2, \cdots, \boldsymbol{\alpha}_s$ 线性无关

(B) 若向量组 $\boldsymbol{\alpha}_1, \boldsymbol{\alpha}_2, \cdots, \boldsymbol{\alpha}_s$ 的一个部分组 $\boldsymbol{\alpha}_1, \boldsymbol{\alpha}_2, \cdots, \boldsymbol{\alpha}_t (t < s)$ 线性无关,则向量组 $\boldsymbol{\alpha}_1, \cdots, \boldsymbol{\alpha}_s$ 线性无关

(C) 若向量组 $\boldsymbol{\alpha}_1, \boldsymbol{\alpha}_2, \cdots, \boldsymbol{\alpha}_s$ 能由向量组 $\boldsymbol{\beta}_1, \boldsymbol{\beta}_2, \cdots, \boldsymbol{\beta}_{s-1}$ 线性表示,则向量组 $\boldsymbol{\alpha}_1, \boldsymbol{\alpha}_2, \cdots, \boldsymbol{\alpha}_s$ 线性相关

(D) 若向量组 $\boldsymbol{\alpha}_1, \boldsymbol{\alpha}_2, \cdots, \boldsymbol{\alpha}_s$ 不能由向量组 $\boldsymbol{\beta}_1, \boldsymbol{\beta}_2, \cdots, \boldsymbol{\beta}_{s-1}$ 线性表示,则向量组 $\boldsymbol{\alpha}_1, \boldsymbol{\alpha}_2, \cdots, \boldsymbol{\alpha}_s$ 线性无关

解　若向量组 $\boldsymbol{\alpha}_1, \boldsymbol{\alpha}_2, \cdots, \boldsymbol{\alpha}_s$ 能由向量组 $\boldsymbol{\beta}_1, \boldsymbol{\beta}_2, \cdots, \boldsymbol{\beta}_{s-1}$ 线性表示,则

$$r(\boldsymbol{\alpha}_1, \boldsymbol{\alpha}_2, \cdots, \boldsymbol{\alpha}_s) \leqslant r(\boldsymbol{\beta}_1, \boldsymbol{\beta}_2, \cdots, \boldsymbol{\beta}_{s-1}) \leqslant s-1 < s.$$

对于(A),由于 $\boldsymbol{\alpha}_3 = \begin{pmatrix} 0 \\ 1 \end{pmatrix}$ 不能由向量 $\boldsymbol{\alpha}_1 = \begin{pmatrix} 1 \\ 0 \end{pmatrix}, \boldsymbol{\alpha}_2 = \begin{pmatrix} 0 \\ 0 \end{pmatrix}$ 线性表示,但向量组 $\boldsymbol{\alpha}_1, \boldsymbol{\alpha}_2, \boldsymbol{\alpha}_3$ 线性相关,故(A)不正确.

对于(B),取向量组 $\boldsymbol{\alpha}_1 = \begin{pmatrix} 1 \\ 0 \end{pmatrix}, \boldsymbol{\alpha}_2 = \begin{pmatrix} 0 \\ 1 \end{pmatrix}, \boldsymbol{\alpha}_3 = \begin{pmatrix} 1 \\ 1 \end{pmatrix}$,它的部分组 $\boldsymbol{\alpha}_1 = \begin{pmatrix} 1 \\ 0 \end{pmatrix}, \boldsymbol{\alpha}_2 =$

$\begin{pmatrix}0\\1\end{pmatrix}$是线性无关的,但 $\boldsymbol{\alpha}_1$, $\boldsymbol{\alpha}_2$, $\boldsymbol{\alpha}_3$ 线性相关,故(B)不正确.

对于(D),取向量组 $\boldsymbol{\alpha}_1=\begin{pmatrix}1\\0\\0\end{pmatrix}$, $\boldsymbol{\alpha}_2=\begin{pmatrix}1\\1\\0\end{pmatrix}$, $\boldsymbol{\alpha}_3=\begin{pmatrix}0\\1\\0\end{pmatrix}$和 $\boldsymbol{\beta}_1=\begin{pmatrix}0\\1\\0\end{pmatrix}$, $\boldsymbol{\beta}_2=\begin{pmatrix}0\\0\\1\end{pmatrix}$,于是 $\boldsymbol{\alpha}_1$, $\boldsymbol{\alpha}_2$, $\boldsymbol{\alpha}_3$ 不能由 $\boldsymbol{\beta}_1$, $\boldsymbol{\beta}_2$ 线性表示,但向量组 $\boldsymbol{\alpha}_1$, $\boldsymbol{\alpha}_2$, $\boldsymbol{\alpha}_3$ 线性相关.

18. 若向量组 $\boldsymbol{\alpha}_1$, $\boldsymbol{\alpha}_2$, $\cdots$, $\boldsymbol{\alpha}_s$ 可由向量组 $\boldsymbol{\beta}_1$, $\boldsymbol{\beta}_2$, $\cdots$, $\boldsymbol{\beta}_s$ 线性表出,则 $\boldsymbol{\alpha}_1$, $\boldsymbol{\alpha}_2\cdots$, $\boldsymbol{\alpha}_s$ 线性无关是 $\boldsymbol{\beta}_1$, $\boldsymbol{\beta}_2$, $\cdots$, $\boldsymbol{\beta}_s$ 线性无关的(　**B**　).

(A) 充分必要条件　　(B) 充分不必要条件

(C) 必要不充分条件　　(D) 既不充分也不必要条件

解　由题设可设$(\boldsymbol{\alpha}_1, \boldsymbol{\alpha}_2, \cdots, \boldsymbol{\alpha}_s)=(\boldsymbol{\beta}_1, \boldsymbol{\beta}_2, \cdots, \boldsymbol{\beta}_s)\boldsymbol{K}_{s\times s}$,则

$$r(\boldsymbol{\alpha}_1, \boldsymbol{\alpha}_2, \cdots, \boldsymbol{\alpha}_s)\leqslant \min\{r(\boldsymbol{\beta}_1, \boldsymbol{\beta}_2, \cdots, \boldsymbol{\beta}_s), r(\boldsymbol{K})\}.$$

ⅰ) 若 $\boldsymbol{\alpha}_1$, $\boldsymbol{\alpha}_2$, $\cdots$, $\boldsymbol{\alpha}_s$ 线性无关,即 $r(\boldsymbol{\alpha}_1, \boldsymbol{\alpha}_2, \cdots, \boldsymbol{\alpha}_s)=s$,则有

$$s\leqslant r(\boldsymbol{\beta}_1, \boldsymbol{\beta}_2, \cdots, \boldsymbol{\beta}_s),$$

而 $r(\boldsymbol{\beta}_1, \boldsymbol{\beta}_2, \cdots, \boldsymbol{\beta}_s)\leqslant s$,所以 $r(\boldsymbol{\beta}_1, \boldsymbol{\beta}_2, \cdots, \boldsymbol{\beta}_s)=s$,即 $\boldsymbol{\beta}_1$, $\boldsymbol{\beta}_2$, $\cdots$, $\boldsymbol{\beta}_s$ 线性无关.

ⅱ) 若 $\boldsymbol{\beta}_1$, $\boldsymbol{\beta}_2$, $\cdots$, $\boldsymbol{\beta}_s$ 线性无关,取 $\boldsymbol{K}=\boldsymbol{O}$,则有$(\boldsymbol{\alpha}_1, \boldsymbol{\alpha}_2, \cdots, \boldsymbol{\alpha}_s)=\boldsymbol{O}$,即 $\boldsymbol{\alpha}_1$, $\boldsymbol{\alpha}_2$, $\cdots$, $\boldsymbol{\alpha}_s$ 线性相关.

综上可知,$\boldsymbol{\alpha}_1$, $\boldsymbol{\alpha}_2$, $\cdots$, $\boldsymbol{\alpha}_s$ 线性无关是 $\boldsymbol{\beta}_1$, $\boldsymbol{\beta}_2$, $\cdots$, $\boldsymbol{\beta}_s$ 线性无关的充分不必要条件.

19. 设 3 维向量 $\boldsymbol{\alpha}_1$, $\boldsymbol{\alpha}_2$, $\boldsymbol{\alpha}_3$, $\boldsymbol{\alpha}_4$ 两两线性无关,则向量组 $\boldsymbol{\alpha}_1$, $\boldsymbol{\alpha}_2$, $\boldsymbol{\alpha}_3$, $\boldsymbol{\alpha}_4$ 的秩(　**D**　).

(A) 等于 2　　(B) 等于 3　　(C) 等于 4　　(D) 不能确定

解　由于向量组的个数大于向量的维数,所以向量组的秩 $r\leqslant 3$;又由于向量两两线性无关,所以向量组的秩 $r\geqslant 2$. 由此知,向量组的秩无法确定.

20. 设 3 维向量组 $\boldsymbol{\alpha}_1$, $\boldsymbol{\alpha}_2$, $\boldsymbol{\alpha}_3$ 的秩为 2,则向量组 $\boldsymbol{\alpha}_1-\boldsymbol{\alpha}_2$, $\boldsymbol{\alpha}_2-\boldsymbol{\alpha}_3$, $\boldsymbol{\alpha}_3-\boldsymbol{\alpha}_1$ 的秩是(　**B**　).

(A)0 或 1　　(B)1 或 2　　(C)1 或 3　　(D)2 或 3

解法 1　注意到$(\boldsymbol{\alpha}_1-\boldsymbol{\alpha}_2)+(\boldsymbol{\alpha}_2-\boldsymbol{\alpha}_3)+(\boldsymbol{\alpha}_3-\boldsymbol{\alpha}_1)=\boldsymbol{0}$,说明 $\boldsymbol{\alpha}_1-\boldsymbol{\alpha}_2$, $\boldsymbol{\alpha}_2-\boldsymbol{\alpha}_3$, $\boldsymbol{\alpha}_3-\boldsymbol{\alpha}_1$ 线性相关,因而有 $r(\boldsymbol{\alpha}_1-\boldsymbol{\alpha}_2, \boldsymbol{\alpha}_2-\boldsymbol{\alpha}_3, \boldsymbol{\alpha}_3-\boldsymbol{\alpha}_1)\leqslant 2$.

因为向量组 $\boldsymbol{\alpha}_1$, $\boldsymbol{\alpha}_2$, $\boldsymbol{\alpha}_3$ 的秩为 2,不妨设 $\boldsymbol{\alpha}_1$, $\boldsymbol{\alpha}_2$ 是它的一个极大无关组,则有 $\boldsymbol{\alpha}_1-\boldsymbol{\alpha}_2\neq\boldsymbol{0}$,因而 $r(\boldsymbol{\alpha}_1-\boldsymbol{\alpha}_2, \boldsymbol{\alpha}_2-\boldsymbol{\alpha}_3, \boldsymbol{\alpha}_3-\boldsymbol{\alpha}_1)\geqslant 1$.

综上可知,$\boldsymbol{\alpha}_1-\boldsymbol{\alpha}_2$, $\boldsymbol{\alpha}_2-\boldsymbol{\alpha}_3$, $\boldsymbol{\alpha}_3-\boldsymbol{\alpha}_1$ 的秩是 1 或 2.

解法 2　$(\boldsymbol{\alpha}_1-\boldsymbol{\alpha}_2, \boldsymbol{\alpha}_2-\boldsymbol{\alpha}_3, \boldsymbol{\alpha}_3-\boldsymbol{\alpha}_1)=(\boldsymbol{\alpha}_1, \boldsymbol{\alpha}_2, \boldsymbol{\alpha}_3)\begin{pmatrix}1&0&-1\\-1&1&0\\0&-1&1\end{pmatrix}$.

记 $\boldsymbol{A}=(\boldsymbol{\alpha}_1,\boldsymbol{\alpha}_2,\boldsymbol{\alpha}_3)$，$\boldsymbol{B}=\begin{pmatrix}1&0&-1\\-1&1&0\\0&-1&1\end{pmatrix}$，已知 $r(\boldsymbol{A})=2$，易知 $r(\boldsymbol{B})=2$.

由

$$1=r(\boldsymbol{A})+r(\boldsymbol{B})-3\leqslant r(\boldsymbol{AB})\leqslant\min\{r(\boldsymbol{A}),r(\boldsymbol{B})\}=2,$$

即知 $r(\boldsymbol{AB})=r(\boldsymbol{\alpha}_1-\boldsymbol{\alpha}_2,\boldsymbol{\alpha}_2-\boldsymbol{\alpha}_3,\boldsymbol{\alpha}_3-\boldsymbol{\alpha}_1)$ 等于 1 或 2.

21. 设 $\boldsymbol{\eta}_1=(1,-1,1,0)^{\mathrm{T}}$，$\boldsymbol{\eta}_2=\left(1,1,-\frac{1}{2},2\right)^{\mathrm{T}}$，$\boldsymbol{\eta}_3=(-2,0,1,-2)^{\mathrm{T}}$，$\boldsymbol{\eta}_4=(1,-1,0,0)^{\mathrm{T}}$，$\boldsymbol{\eta}_5=(0,-2,1,-2)^{\mathrm{T}}$，则齐次方程组 $\begin{cases}x_1+x_2-x_3=0,\\2x_3+x_4=0\end{cases}$ 的基础解系是（ **C** ）.

(A) $\boldsymbol{\eta}_1,\boldsymbol{\eta}_2$　　(B) $\boldsymbol{\eta}_2,\boldsymbol{\eta}_3$　　(C) $\boldsymbol{\eta}_3,\boldsymbol{\eta}_4$　　(D) $\boldsymbol{\eta}_3,\boldsymbol{\eta}_4,\boldsymbol{\eta}_5$

解　要构成方程组的基础解系，首先这些向量必须是解向量，容易检验，$\boldsymbol{\eta}_1$ 只满足方程组中第 1 个方程，不满足第 2 个方程，故 $\boldsymbol{\eta}_1$ 不是方程组的解向量，故选项(A) 应排除. 同样，$\boldsymbol{\eta}_2$ 也不是方程组的解向量，故选项(B) 也应排除.

而 $\boldsymbol{\eta}_3,\boldsymbol{\eta}_4,\boldsymbol{\eta}_5$ 均满足方程组中的两个方程，它们是解向量.

其次，构成基础解系的解向量必须线性无关.

第三，基础解系所含解向量的个数应为 $n-r(\boldsymbol{A})$. 本题中未知量个数 $n=4$，而 $r(\boldsymbol{A})=2$，这是因为 $\boldsymbol{A}=\begin{pmatrix}1&1&0&-1\\0&0&2&1\end{pmatrix}$，故 $n-r(\boldsymbol{A})=2$，容易判断解向量 $\boldsymbol{\eta}_3,\boldsymbol{\eta}_4$ 不成比例，线性无关. 因此 $\boldsymbol{\eta}_3,\boldsymbol{\eta}_4$ 为该方程组的基础解系，而选项(D) 包含 3 个解向量，应排除.

22. 设 n 元齐次线性方程组 $\boldsymbol{AX}=\boldsymbol{0}$ 的系数矩阵 $\boldsymbol{A}$ 的秩为 r，则 $\boldsymbol{AX}=\boldsymbol{0}$ 有非零解的充分必要条件是（ **B** ）.

(A) $r=n$　　(B) $r<n$　　(C) $r\geqslant n$　　(D) $r>n$

解　$\boldsymbol{AX}=\boldsymbol{0}$ 有非零解意味着其基础解系含非零解的个数 $n-r>0$，故 $\boldsymbol{AX}=\boldsymbol{0}$ 有非零解的充分必要条件为 $r<n$.

注　由克拉默法则 $\boldsymbol{AX}=\boldsymbol{0}$ 有非零解，推出 $|\boldsymbol{A}|=0$，从而 $r(\boldsymbol{A})<n$，导出(B)为正确选项. 这种推理过程是错误的，因为 $\boldsymbol{A}$ 可能为 $m\times n$ 矩阵，不是方阵.

23. 设 $\boldsymbol{A}$ 为 $m\times n$ 矩阵，齐次线性方程组 $\boldsymbol{AX}=\boldsymbol{0}$ 仅有零解的充分条件是（ **A** ）.

(A) $\boldsymbol{A}$ 的列向量线性无关　　(B) $\boldsymbol{A}$ 的列向量线性相关

(C) $\boldsymbol{A}$ 的行向量线性无关　　(D) $\boldsymbol{A}$ 的行向量线性相关

解　由于齐次线性方程组 $\boldsymbol{AX}=\boldsymbol{0}$ 仅有零解的充分条件为 $\boldsymbol{A}$ 的秩等于 n，而矩阵 $\boldsymbol{A}$ 的列秩 $=$ 矩阵 $\boldsymbol{A}$ 的行秩 $=n$（n 为 $\boldsymbol{A}$ 的列数），即 $\boldsymbol{A}$ 的列向量组是线性无关的. 因此四个选项中(A)为正确选项.

24. 设 $\boldsymbol{A}$ 为 $m\times n$ 矩阵，则齐次线性方程组 $\boldsymbol{Ax}=\boldsymbol{0}$ 有结论（　C　）.

(A) 当 $m\geqslant n$ 时，方程组仅有零解

(B) 当 $m<n$ 时，方程组有非零解，且基础解系中含 $n-m$ 个线性无关的解向量

(C) 若 $\boldsymbol{A}$ 有 n 阶子式不为零，则方程组只有零解

(D) 若所有 $n-1$ 阶子式不为零，则方程组只有零解

解　$m\geqslant n$ 不能保证 $r(\boldsymbol{A})=n$，排除选项(A)

虽然 $m<n$ 能保证 $r(\boldsymbol{A})<n$，即有非零解，但此条件不能保证 $r(\boldsymbol{A})=m$，故不能保证基础解系中含 $n-m$ 个向量，排除选项(B).

由"$\boldsymbol{A}$ 有 n 阶子式不为零"知，$n\leqslant r(\boldsymbol{A})\leqslant\min\{m,n\}$，即 $r(\boldsymbol{A})=n$，从而 $\boldsymbol{Ax}=\boldsymbol{0}$ 只有零解，所以选项(C) 正确.

25. 设 $\boldsymbol{A}$ 为 n 阶方阵，齐次线性方程组 $\boldsymbol{Ax}=\boldsymbol{0}$ 有两个线性无关的解，$\boldsymbol{A}^*$ 是 $\boldsymbol{A}$ 的伴随矩阵，则有（　B　）.

(A) $\boldsymbol{A}^*\boldsymbol{x}=\boldsymbol{0}$ 的解均为 $\boldsymbol{Ax}=\boldsymbol{0}$ 的解

(B) $\boldsymbol{Ax}=\boldsymbol{0}$ 的解均为 $\boldsymbol{A}^*\boldsymbol{x}=\boldsymbol{0}$ 的解

(C) $\boldsymbol{Ax}=\boldsymbol{0}$ 与 $\boldsymbol{A}^*\boldsymbol{x}=\boldsymbol{0}$ 无非零公共解

(D) $\boldsymbol{Ax}=\boldsymbol{0}$ 与 $\boldsymbol{A}^*\boldsymbol{x}=\boldsymbol{0}$ 恰好有一个非零公共解

解　由题意 $n-r(\boldsymbol{A})\geqslant 2$，即 $r(\boldsymbol{A})\leqslant n-2$. 由 $r(\boldsymbol{A})$ 与 $r(\boldsymbol{A}^*)$ 之间关系知 $r(\boldsymbol{A}^*)=0$，即 $\boldsymbol{A}^*=\boldsymbol{O}$，所以任选一个 n 维向量均为 $\boldsymbol{A}^*\boldsymbol{x}=\boldsymbol{0}$ 的解.

26. 设 $\boldsymbol{A}$ 为 n 阶方阵，且 $r(\boldsymbol{A})=n-1$，$\boldsymbol{\alpha}_1$，$\boldsymbol{\alpha}_2$ 是 $\boldsymbol{Ax}=\boldsymbol{0}$ 的两个不同的解向量，则 $\boldsymbol{Ax}=\boldsymbol{0}$ 的通解为（　C　）.

(A) $k\boldsymbol{\alpha}_1$　　(B) $k\boldsymbol{\alpha}_2$　　(C) $k(\boldsymbol{\alpha}_1-\boldsymbol{\alpha}_2)$　　(D) $k(\boldsymbol{\alpha}_1+\boldsymbol{\alpha}_2)$

解　由 $n-r(\boldsymbol{A})=n-(n-1)=1$ 知 $\boldsymbol{Ax}=\boldsymbol{0}$ 的基础解系只含一个解向量，且基础解系中的解向量应是线性无关的，当然是非零向量.

由于 $\boldsymbol{\alpha}_1$，$\boldsymbol{\alpha}_2$ 是 $\boldsymbol{Ax}=\boldsymbol{0}$ 的两个不同的解向量，所以 $\boldsymbol{\alpha}_1-\boldsymbol{\alpha}_2\neq\boldsymbol{0}$. 又 $\boldsymbol{\alpha}_1-\boldsymbol{\alpha}_2$ 也是 $\boldsymbol{Ax}=\boldsymbol{0}$ 的解，故 $\boldsymbol{\alpha}_1-\boldsymbol{\alpha}_2$ 是基础解系，$\boldsymbol{Ax}=\boldsymbol{0}$ 的通解应为 $k(\boldsymbol{\alpha}_1-\boldsymbol{\alpha}_2)$，$k$ 为任意常数.

27. 设 $\boldsymbol{A}$ 是 $m\times n$ 矩阵，$\boldsymbol{B}$ 是 $n\times m$ 矩阵，则线性方程组 $(\boldsymbol{AB})\boldsymbol{x}=\boldsymbol{0}$（　D　）.

(A) 当 $n>m$ 时仅有零解　　(B) 当 $n>m$ 时必有非零解

(C) 当 $m>n$ 时仅有零解　　(D) 当 $m>n$ 时必有非零解

解　$\boldsymbol{AB}$ 为 m 阶方阵. 如能判定 $\boldsymbol{AB}$ 的秩 $r(\boldsymbol{AB})=m$，则 $(\boldsymbol{AB})\boldsymbol{x}=\boldsymbol{0}$ 仅有零解；如 $r(\boldsymbol{AB})<m$，则 $(\boldsymbol{AB})\boldsymbol{x}=\boldsymbol{0}$ 必有非零解.

当 $m>n$ 时，若 $r(\boldsymbol{AB})=m$，则

$$n<m=r(\boldsymbol{AB})\leqslant\min(r(\boldsymbol{A}),r(\boldsymbol{B}))\leqslant n,$$

即 $n<r(\boldsymbol{AB})\leqslant n$，矛盾.

故 $r(\boldsymbol{AB})<m$，从而(D)成立.

28. 设 $\boldsymbol{A}$ 为 4×5 阶矩阵，若 $\boldsymbol{\alpha}_1,\boldsymbol{\alpha}_2,\boldsymbol{\alpha}_3$ 为线性方程组 $\boldsymbol{A}^{\mathrm{T}}\boldsymbol{x}=\boldsymbol{0}$ 的基础解系，则 $r(\boldsymbol{A})=$(**D**).

(A)4　　(B)3　　(C)2　　(D)1

解　由于 $\boldsymbol{A}^{\mathrm{T}}\boldsymbol{x}=\boldsymbol{0}$ 是 5 个方程 4 个未知量的齐次方程组，其基础解系含 3 个解向量，故有

$$n-r(\boldsymbol{A}^{\mathrm{T}})=4-r(\boldsymbol{A}^{\mathrm{T}})=3,$$

所以 $r(\boldsymbol{A}^{\mathrm{T}})=1$，亦即 $r(\boldsymbol{A})=1$.

29. 设 $\boldsymbol{A}$，$\boldsymbol{B}$ 为满足 $\boldsymbol{AB}=\boldsymbol{O}$ 的任意两个非零矩阵，则必有(**A**).

(A)$\boldsymbol{A}$ 的列向量组线性相关，$\boldsymbol{B}$ 的行向量组线性相关

(B)$\boldsymbol{A}$ 的列向量组线性相关，$\boldsymbol{B}$ 的列向量组线性相关

(C)$\boldsymbol{A}$ 的行向量组线性无关，$\boldsymbol{B}$ 的行向量组线性相关

(D)$\boldsymbol{A}$ 的行向量组线性无关，$\boldsymbol{B}$ 的列向量组线性相关

解法 1　设 $\boldsymbol{A}$ 为 $m\times n$ 矩阵，$\boldsymbol{B}$ 为 $n\times s$ 矩阵. 则由 $\boldsymbol{AB}=\boldsymbol{O}$ 知 $r(\boldsymbol{A})+r(\boldsymbol{B})\leqslant n$. 另一方面，由 $\boldsymbol{A}$，$\boldsymbol{B}$ 为非零矩阵知 $r(\boldsymbol{A})\geqslant1$，$r(\boldsymbol{B})\geqslant1$. 从而 $r(\boldsymbol{A})\leqslant n-1$，$r(\boldsymbol{B})\leqslant n-1$，故 $\boldsymbol{A}$ 的行向量组线性无关，$\boldsymbol{B}$ 的列向量组线性相关.

解法 2　由 $\boldsymbol{AB}=\boldsymbol{O}$ 知 $\boldsymbol{B}$ 的每一列都是线性方程组 $\boldsymbol{Ax}=\boldsymbol{0}$ 的解，而 $\boldsymbol{B}$ 为非零矩阵，即 $\boldsymbol{Ax}=\boldsymbol{0}$ 有非零解，故 $\boldsymbol{A}$ 的列向量组线性相关.

由 $\boldsymbol{AB}=\boldsymbol{O}$ 得 $\boldsymbol{B}^{\mathrm{T}}\boldsymbol{A}^{\mathrm{T}}=\boldsymbol{O}$，类似上述讨论可得 $\boldsymbol{B}^{\mathrm{T}}$ 的列向量组线性相关，从而 $\boldsymbol{B}$ 的行向量组线性相关.

注　解法 1 利用了矩阵的秩，解法 2 利用了线性方程组的解的相关理论. 这里注意与 $\boldsymbol{AB}=\boldsymbol{O}$ 有关的两个结论：(1)$r(\boldsymbol{A})+r(\boldsymbol{B})\leqslant n$；(2)$\boldsymbol{B}$ 的每个列向量均为 $\boldsymbol{Ax}=\boldsymbol{0}$ 的解.

30. 设 $\boldsymbol{A},\boldsymbol{B}$ 为 5 阶非零矩阵，且 $\boldsymbol{AB}=\boldsymbol{O}$. 以下结论正确的是(**D**).

(A)若 $r(\boldsymbol{A})=1$，则 $r(\boldsymbol{B})=4$　　(B)若 $r(\boldsymbol{A})=2$，则 $r(\boldsymbol{B})=3$

(C)若 $r(\boldsymbol{A})=3$，则 $r(\boldsymbol{B})=2$　　(D)若 $r(\boldsymbol{A})=4$，则 $r(\boldsymbol{B})=1$

解　由于 $\boldsymbol{A},\boldsymbol{B}$ 均为 5 阶矩阵，且 $\boldsymbol{AB}=\boldsymbol{O}$，则

$$r(\boldsymbol{A})+r(\boldsymbol{B})\leqslant5.$$

若 $r(\boldsymbol{A})=4$，则有 $r(\boldsymbol{B})\leqslant1$. 又由 $\boldsymbol{B}$ 为非零矩阵知 $r(\boldsymbol{B})\geqslant1$. 所以 $r(\boldsymbol{B})=1$.

31. 设 $\boldsymbol{A}$ 是 $m\times n$ 矩阵，且其列向量组线性无关，$\boldsymbol{B}$ 为 n 阶矩阵，且满足 $\boldsymbol{AB}=\boldsymbol{A}$，则矩阵 $\boldsymbol{B}$ 的秩 $r(\boldsymbol{B})$(**C**).

(A) 大于 n　　(B) 小于 n　　(C) 等于 n　　(D) 不能确定

解　由 $\boldsymbol{A}$ 的列向量组线性无关，可知

$$r(\boldsymbol{A})=r(\boldsymbol{A}\text{ 的列向量组})=n.$$

由 $\boldsymbol{AB}=\boldsymbol{A}$ 得 $\boldsymbol{A}(\boldsymbol{B}-\boldsymbol{E})=\boldsymbol{O}$，故有 $r(\boldsymbol{A})+r(\boldsymbol{B}-\boldsymbol{E})\leqslant n$，从而得

$$r(\boldsymbol{B}-\boldsymbol{E})\leqslant n-r(\boldsymbol{A})=n-n=0,$$

但 $r(\boldsymbol{B}-\boldsymbol{E})\geqslant0$，所以 $r(\boldsymbol{B}-\boldsymbol{E})=0$，即 $\boldsymbol{B}=\boldsymbol{E}_n$，这时 $r(\boldsymbol{B})=n$.

32. 要使 $\boldsymbol{\xi}_1=\begin{pmatrix}1\\0\\2\end{pmatrix}$，$\boldsymbol{\xi}_2=\begin{pmatrix}0\\1\\-1\end{pmatrix}$ 都是线性方程组 $\boldsymbol{AX}=\boldsymbol{0}$ 的解，只要系数矩阵 $\boldsymbol{A}$ 为（　**A**　）.

(A) $(-2,1,1)$　　　　(B) $\begin{pmatrix}2&0&-1\\0&1&1\end{pmatrix}$

(C) $\begin{pmatrix}-1&0&2\\0&1&-1\end{pmatrix}$　　　　(D) $\begin{pmatrix}0&1&-1\\4&-2&-2\\0&1&1\end{pmatrix}$

解　我们知道，若 $\boldsymbol{x}_1,\boldsymbol{x}_2,\cdots,\boldsymbol{x}_k$ 是齐次线性方程组 $\boldsymbol{AX}=\boldsymbol{0}$ 的 k 个线性无关的解向量，$\boldsymbol{AX}=\boldsymbol{0}$ 的任一解向量都是 $\boldsymbol{x}_1,\boldsymbol{x}_2,\cdots,\boldsymbol{x}_k$ 的线性组合，则 $\boldsymbol{x}_1,\boldsymbol{x}_2,\cdots,\boldsymbol{x}_k$ 为 $\boldsymbol{AX}=\boldsymbol{0}$ 的基础解系，且所含解向量的数目 $k=n-r(\boldsymbol{A})$，其中 n 为矩阵 $\boldsymbol{A}$ 的列数.

由于 $\boldsymbol{\xi}_1,\boldsymbol{\xi}_2$ 为 $\boldsymbol{AX}=\boldsymbol{0}$ 的解，知 $n=3$. 又因 $\boldsymbol{\xi}_1$ 和 $\boldsymbol{\xi}_2$ 是线性无关的，故 $k\geqslant 2$. 因而 $r(\boldsymbol{A})\leqslant 1$，而(A)、(B)、(C)、(D)四个选项中满足 $r(\boldsymbol{A})\leqslant 1$ 的矩阵只有(A)项中的 $(-2,1,1)$.

对于本题，最简单的方法是直接验证.

33. 齐次线性方程组 $\begin{cases}\lambda x_1+x_2+\lambda^2x_3=0,\\x_1+\lambda x_2+x_3=0,\\x_1+x_2+\lambda x_3=0\end{cases}$ 的系数矩阵记为 $\boldsymbol{A}$，若存在三阶矩阵 $\boldsymbol{B}\neq\boldsymbol{O}$，使得 $\boldsymbol{AB}=\boldsymbol{O}$，则（　**C**　）.

(A) $\lambda=-2$ 且 $|\boldsymbol{B}|=0$　　　　(B) $\lambda=-2$ 且 $|\boldsymbol{B}|\neq 0$

(C) $\lambda=1$ 且 $|\boldsymbol{B}|=0$　　　　(D) $\lambda=1$ 且 $|\boldsymbol{B}|\neq 0$

解　由存在三阶矩阵 $\boldsymbol{B}\neq\boldsymbol{O}$，使得 $\boldsymbol{AB}=\boldsymbol{O}$，知 $\boldsymbol{B}$ 的每一列均为 $\boldsymbol{Ax}=\boldsymbol{0}$ 的解向量，而 $\boldsymbol{B}$ 的 3 列中至少有一列是非零的三维向量，进而知 $\boldsymbol{Ax}=\boldsymbol{0}$ 有非零解，则由

$$|\boldsymbol{A}|=\begin{vmatrix}\lambda&1&\lambda^2\\1&\lambda&1\\1&1&\lambda\end{vmatrix}=(1-\lambda)^2=0$$

得 $\lambda=1$.

当 $\lambda=1$ 时，$\boldsymbol{A}\neq\boldsymbol{O}$，则 $r(\boldsymbol{A})\geqslant 1$. 再由 $\boldsymbol{AB}=\boldsymbol{O}$ 可知 $r(\boldsymbol{A})+r(\boldsymbol{B})\leqslant 3$，从而 $r(\boldsymbol{B})<3$，所以 $|\boldsymbol{B}|=0$.

34. 设 $\boldsymbol{\alpha}_1,\boldsymbol{\alpha}_2,\boldsymbol{\alpha}_3$ 是齐次方程组 $\boldsymbol{Ax}=\boldsymbol{0}$ 的一个基础解系（$\boldsymbol{A}$ 是 $m\times n$ 矩阵）. 若

$$\boldsymbol{\beta}_1=\boldsymbol{\alpha}_1+2\boldsymbol{\alpha}_2,\ \boldsymbol{\beta}_2=\boldsymbol{\alpha}_1+t\boldsymbol{\alpha}_3,\ \boldsymbol{\beta}_3=t\boldsymbol{\alpha}_1+\boldsymbol{\alpha}_2$$

也是 $\boldsymbol{Ax}=\boldsymbol{0}$ 的一个基础解系，则（　**D**　）.

(A) $t\neq 0$　　　　(B) $t=1$ 或 $t=2$

(C) $t\neq 0$ 且 $t\neq 2$　　　　(D) $t\neq 0$ 且 $t\neq \dfrac{1}{2}$

解 因 $\boldsymbol{\alpha}_1, \boldsymbol{\alpha}_2, \boldsymbol{\alpha}_3$ 是齐次方程组 $\boldsymbol{Ax}=\boldsymbol{0}$ 的一个基础解系，说明它们是 $\boldsymbol{Ax}=\boldsymbol{0}$ 的线性无关的解向量，且 $n-r(\boldsymbol{A})=3$. 而 $\boldsymbol{\beta}_1, \boldsymbol{\beta}_2, \boldsymbol{\beta}_3$ 是 $\boldsymbol{\alpha}_1, \boldsymbol{\alpha}_2, \boldsymbol{\alpha}_3$ 的线性组合，因此它们也是 $\boldsymbol{Ax}=\boldsymbol{0}$ 的解，且它们的个数也为 3，所以它们是 $\boldsymbol{Ax}=\boldsymbol{0}$ 基础解系的关键就在于它们是否线性无关了. 设

$$x_1\boldsymbol{\beta}_1+x_2\boldsymbol{\beta}_2+x_3\boldsymbol{\beta}_3=\boldsymbol{0},$$

即

$$x_1(\boldsymbol{\alpha}_1+2\boldsymbol{\alpha}_2)+x_2(\boldsymbol{\alpha}_1+t\boldsymbol{\alpha}_3)+x_3(t\boldsymbol{\alpha}_1+\boldsymbol{\alpha}_2)=\boldsymbol{0},$$

或

$$(x_1+x_2+tx_3)\boldsymbol{\alpha}_1+(2x_1+x_3)\boldsymbol{\alpha}_2)+tx_2\boldsymbol{\alpha}_3=\boldsymbol{0}.$$

因 $\boldsymbol{\alpha}_1, \boldsymbol{\alpha}_2, \boldsymbol{\alpha}_3$ 线性无关，故

$$\begin{cases}x_1+x_2+tx_3=0,\\2x_1+x_3=0,\\tx_2=0.\end{cases}$$

此线性方程组只有零解 $\Leftrightarrow \begin{vmatrix}1&1&t\\2&0&1\\0&t&0\end{vmatrix}=t(1-2t)\neq 0$，故 $t\neq 0$ 且 $t\neq \dfrac{1}{2}$ 时，$\boldsymbol{\beta}_1, \boldsymbol{\beta}_2, \boldsymbol{\beta}_3$ 线性无关.

35. 若方程 $a_1x^{n-1}+a_2x^{n-2}+\cdots+a_{n-1}x+a_n=0$ 有 n 个不相等实根，则必有（ **A** ）.

(A) $a_1, a_2, \cdots, a_n$ 全为零 (B) $a_1, a_2, \cdots, a_n$ 不全为零

(C) $a_1, a_2, \cdots, a_n$ 全不为零 (D) $a_1, a_2, \cdots, a_n$ 为任意常数

解 设方程的 n 个不相等实根为 $x_1, x_2, \cdots, x_n$，则有

$$\begin{cases}a_n+a_{n-1}x_1+\cdots+a_2x_1^{n-2}+a_1x_1^{n-1}=0,\\a_n+a_{n-1}x_2+\cdots+a_2x_2^{n-2}+a_1x_2^{n-1}=0,\\\quad\cdots\cdots\\a_n+a_{n-1}x_n+\cdots+a_2x_n^{n-2}+a_1x_n^{n-1}=0.\end{cases}$$

若 $x_1, x_2, \cdots, x_n$ 已知，求 $a_1, a_2, \cdots, a_n$ 这是一个齐次线性方程组，其系数矩阵的行列式是

$$\begin{vmatrix}1&x_1&x_1^2&\cdots&x_1^{n-1}\\1&x_2&x_2^2&\cdots&x_2^{n-1}\\\vdots&\vdots&\vdots&&\vdots\\1&x_n&x_n^2&\cdots&x_n^{n-1}\end{vmatrix}=\prod_{1\leqslant i<j\leqslant n}(x_j-x_i)\neq 0,$$

所以齐次方程组只有零解，即 $a_1=a_2=\cdots=a_n=0$，故选(A).

36. 设 $\boldsymbol{A}$ 是 $m\times n$ 矩阵，$r(\boldsymbol{A})=r$，$\boldsymbol{B}$ 是 m 阶可逆方阵，$\boldsymbol{C}$ 是 m 阶不可逆方阵，且 $r(\boldsymbol{C})$

$< r$,则（　**B**　）.

(A) $BAx = 0$ 的基础解系由 $n - m$ 个向量组成

(B) $BAx = 0$ 的基础解系由 $n - r$ 个向量组成

(C) $CAx = 0$ 的基础解系由 $n - m$ 个向量组成

(D) $CAx = 0$ 的基础解系由 $n - r$ 个向量组成

解　齐次线性方程组 $Ax = 0$ 的基础解系含有 $n-r$ 个解向量,又因矩阵 B 是 m 阶可逆方阵,所以 $BAx = 0$ 与 $Ax = 0$ 是同解的线性方程组. 因而选(B),而不选(A).

由于

$$r(CA) \leqslant \min\{r(A),\ r(C)\} < r,$$

所以 $CAx = 0$ 的基础解系所含解向量个数大于 $n - r$. 故选项(D) 不正确.

由于 C 是 m 阶不可逆方阵,且 $r(C) < r$,矩阵 A 是 $m \times n$ 矩阵,$r(A) = r$,所以

$$r(C) < m, r(CA) \leqslant \min\{r(A),\ r(C)\} < m,$$

所以 $CAx = 0$ 的基础解系中所含解向量个数大于 $n - m$. 故选项(C) 不正确.

37. 设 η_1, η_2 是线性方程组

$$\begin{cases} a_1x_1 + a_2x_2 + a_3x_3 = a_4, \\ x_1 + 2x_2 - x_3 = 1, \\ 2x_1 + x_2 + x_3 = -4 \end{cases}$$

的两个不同解,则该线性方程组的通解是（　**C**　）(其中 k_1, k_2, k 为任意常数).

(A) $(k_1 + 1)\eta_1 + k_2\eta_2$　　(B) $(k_1 - 1)\eta_1 + k_2\eta_2$

(C) $(k + 1)\eta_1 - k\eta_2$　　(D) $(k - 1)\eta_1 - k\eta_2$

解　设

$$A = \begin{pmatrix} a_1 & a_2 & a_3 \\ 1 & 2 & -1 \\ 2 & 1 & 1 \end{pmatrix}, x = \begin{pmatrix} x_1 \\ x_2 \\ x_3 \end{pmatrix}, b = \begin{pmatrix} a_4 \\ 1 \\ -4 \end{pmatrix},$$

则线性方程组可写为 $Ax = b$. 由于此方程组有两个不同的解,所以 $r(A, b) = r(A) < 3$.
又因 A 中有一个二阶子式 $\begin{vmatrix} 1 & 2 \\ 2 & 1 \end{vmatrix} \neq 0$,因此 $r(A) \geqslant 2$. 故 $r(A) = 2$,从而对应的齐次线性方程组 $Ax = 0$ 的基础解系中有一个解向量 $\eta_1 - \eta_2$,进而可得 $Ax = b$ 的通解是

$$k(\eta_1 - \eta_2) + \eta_1 = (k + 1)\eta_1 - k\eta_2 \text{(其中 } k \text{ 为任意常数)}.$$

38. 已知 $A_{m\times n}x = b$ 有无穷多解,$r(A) = r < n$,则该方程组线性无关解向量的个数最多应有（　**C**　）个.

(A) $n - r$　　(B) r　　(C) $n - r + 1$　　(D) $r + 1$

解　由 $r(A) = r$ 知 $Ax = 0$ 的基础解系中应有 $n-r$ 个线性无关的解向量 $\alpha_1, \alpha_2, \cdots, \alpha_{n-r}$.

设 $\boldsymbol{\beta}$ 为 $\boldsymbol{Ax}=\boldsymbol{b}$ 的解向量，则 $\boldsymbol{\beta}, \boldsymbol{\alpha}_1, \boldsymbol{\alpha}_2, \cdots, \boldsymbol{\alpha}_{n-r}$ 线性无关，而 $\boldsymbol{Ax}=\boldsymbol{b}$ 的通解可表示为 $\boldsymbol{\beta}+k_1\boldsymbol{\alpha}_1+k_2\boldsymbol{\alpha}_2+\cdots+k_{n-r}\boldsymbol{\alpha}_{n-r}$，即 $\boldsymbol{Ax}=\boldsymbol{b}$ 的任一解均可用 $\boldsymbol{\beta}, \boldsymbol{\alpha}_1, \boldsymbol{\alpha}_2, \cdots, \boldsymbol{\alpha}_{n-r}$ 线性表示，所以 $\boldsymbol{Ax}=\boldsymbol{b}$ 最多应有 $n-r+1$ 个解向量.

39. 设 $\boldsymbol{A}$ 是 $m\times n$ 矩阵，$\boldsymbol{x}$ 是 n 维列向量，$\boldsymbol{b}$ 是 m 维列向量，且 $r(\boldsymbol{A})=r$，则(　**A**　).

(A) $r=m$ 时 $\boldsymbol{Ax}=\boldsymbol{b}$ 有解

(B) $r=n$ 时 $\boldsymbol{Ax}=\boldsymbol{b}$ 有解

(C) $r<n$ 时 $\boldsymbol{Ax}=\boldsymbol{b}$ 有无穷多解

(D) $m=n$ 时 $\boldsymbol{Ax}=\boldsymbol{b}$ 有唯一解

解　当 $r=m$ 时，$r(\boldsymbol{A})=r(\bar{\boldsymbol{A}})$，选(A)；当 $r=n$ 时，$r(\bar{\boldsymbol{A}})$ 可能等于 $n+1$，不选(B)；当 $r<n$ 和 $m=n$ 时，不能确定 $r(\boldsymbol{A})$ 是否等于 $r(\bar{\boldsymbol{A}})$，不选(C)，(D). 故正确选项为(A).

40. 设 $\boldsymbol{A}$ 是 $m\times n$ 矩阵，$\boldsymbol{AX}=\boldsymbol{0}$ 是非齐次线性方程组 $\boldsymbol{AX}=\boldsymbol{b}$ 所对应的齐次线性方程组，则下列结论正确的是(　**D**　).

(A) 若 $\boldsymbol{AX}=\boldsymbol{0}$ 仅有零解，则 $\boldsymbol{AX}=\boldsymbol{b}$ 有唯一解

(B) 若 $\boldsymbol{AX}=\boldsymbol{0}$ 有非零解，则 $\boldsymbol{AX}=\boldsymbol{b}$ 有无穷多个解

(C) 若 $\boldsymbol{AX}=\boldsymbol{b}$ 有无穷多个解，则 $\boldsymbol{AX}=\boldsymbol{0}$ 仅有零解

(D) 若 $\boldsymbol{AX}=\boldsymbol{b}$ 有无穷多个解，则 $\boldsymbol{AX}=\boldsymbol{0}$ 有非零解

解　方程组 $\boldsymbol{AX}=\boldsymbol{b}$ 与其对应的齐次线性方程组 $\boldsymbol{AX}=\boldsymbol{0}$ 的解之间有密切的关系，本题给出四种关系，要求选出正确的一组. 正确作答本题要求掌握以下结论：

①非齐次线性方程组 $\boldsymbol{AX}=\boldsymbol{b}$ 有解的充要条件为方程组的增广矩阵的秩等于矩阵 $\boldsymbol{A}$ 的秩.

②在非齐次线性方程组 $\boldsymbol{AX}=\boldsymbol{b}$ 有解的条件下，解唯一的充分必要条件是齐次线性方程组 $\boldsymbol{AX}=\boldsymbol{0}$ 只有零解.

③非齐次线性方程组 $\boldsymbol{AX}=\boldsymbol{b}$ 的任意两个解之差是齐次线性方程组 $\boldsymbol{AX}=\boldsymbol{0}$ 的解.

由于题干及(A)、(B)项中均未指明 $\boldsymbol{AX}=\boldsymbol{b}$ 有解，即 $\boldsymbol{A}$ 的秩不一定等于增广矩阵 $\bar{\boldsymbol{A}}$ 的秩，故(A)、(B)两项为干扰项. 由结论③知(D)为正确选项.

41. 非齐次线性方程组 $\boldsymbol{AX}=\boldsymbol{b}$ 中未知量个数为 n，方程个数为 m，系数矩阵 $\boldsymbol{A}$ 的秩为 r，则(　**A**　).

(A) $r=m$ 时，方程组 $\boldsymbol{AX}=\boldsymbol{b}$ 有解

(B) $r=n$ 时，方程组 $\boldsymbol{AX}=\boldsymbol{b}$ 有唯一解

(C) $m=n$ 时，方程组 $\boldsymbol{AX}=\boldsymbol{b}$ 有唯一解

(D) $r<n$ 时，方程组 $\boldsymbol{AX}=\boldsymbol{b}$ 有无穷多解

解　由题意知，矩阵 $\boldsymbol{A}$ 为 $m\times n$ 矩阵，且 $r(\boldsymbol{A})=r$，若 $r=m$，则 $\boldsymbol{A}$ 的 m 个行向量线性无关，增广矩阵 $(\boldsymbol{A},\boldsymbol{b})$ 的 m 个行向量也是线性无关的，因为线性无关的向量组加长维数后仍线性无关. 故 $r(\boldsymbol{A},\boldsymbol{b})=r(\boldsymbol{A})=m$，所以方程组 $\boldsymbol{AX}=\boldsymbol{b}$ 有解. 方程组 $\boldsymbol{AX}=\boldsymbol{b}$ 有唯一解的

条件是$m=n=r$,即$\boldsymbol{A}$为可逆方阵.此时,唯一解$\boldsymbol{X}=\boldsymbol{A}^{-1}\boldsymbol{b}$,可见(B)、(C)均不对.对于(D),$r<n$,能保证齐次方程$\boldsymbol{AX}=\boldsymbol{0}$的基础解系有$n-r$个未知常数,但不能保证$r(\boldsymbol{A},\boldsymbol{b})=r(\boldsymbol{A})$,因而不能保证方程组$\boldsymbol{AX}=\boldsymbol{b}$有解,因此(D)也不对.

42. 已知$\boldsymbol{\beta}_1,\boldsymbol{\beta}_2$是非齐次线性方程组$\boldsymbol{Ax}=\boldsymbol{b}$的两个不同的解,$\boldsymbol{\alpha}_1,\boldsymbol{\alpha}_2$是相应齐次线性方程组$\boldsymbol{Ax}=\boldsymbol{0}$的基础解系,$k_1,k_2$是任意常数,则$\boldsymbol{Ax}=\boldsymbol{b}$的通解是(**B**).

(A)$k_1\boldsymbol{\alpha}_1+k_2(\boldsymbol{\alpha}_1+\boldsymbol{\alpha}_2)+\dfrac{\boldsymbol{\beta}_1-\boldsymbol{\beta}_2}{2}$　　(B)$k_1\boldsymbol{\alpha}_1+k_2(\boldsymbol{\alpha}_1-\boldsymbol{\alpha}_2)+\dfrac{\boldsymbol{\beta}_1+\boldsymbol{\beta}_2}{2}$

(C)$k_1\boldsymbol{\alpha}_1+k_2(\boldsymbol{\beta}_1-\boldsymbol{\beta}_2)+\dfrac{\boldsymbol{\beta}_1-\boldsymbol{\beta}_2}{2}$　　(D)$k_1\boldsymbol{\alpha}_1+k_2(\boldsymbol{\beta}_1-\boldsymbol{\beta}_2)+\dfrac{\boldsymbol{\beta}_1+\boldsymbol{\beta}_2}{2}$

解　由$\boldsymbol{\beta}_1,\boldsymbol{\beta}_2$是$\boldsymbol{Ax}=\boldsymbol{b}$的解,有$k(\boldsymbol{\beta}_1-\boldsymbol{\beta}_2)$是导出组$\boldsymbol{Ax}=\boldsymbol{0}$的解,$\dfrac{\boldsymbol{\beta}_1+\boldsymbol{\beta}_2}{2}$是$\boldsymbol{Ax}=\boldsymbol{b}$的解.在(A),(C)中,没有$\boldsymbol{Ax}=\boldsymbol{b}$的特解,按线性方程组解的结构,(A),(C)不正确.在(D)中,虽然$\boldsymbol{\alpha}_1,\boldsymbol{\beta}_1-\boldsymbol{\beta}_2$是导出组$\boldsymbol{Ax}=\boldsymbol{0}$的解,但不能确定$\boldsymbol{\alpha}_1,\boldsymbol{\beta}_1-\boldsymbol{\beta}_2$是否线性无关,(D)错.由排除法.故正确选项为(B).

事实上,由$\boldsymbol{\alpha}_1,\boldsymbol{\alpha}_2$是$\boldsymbol{Ax}=\boldsymbol{0}$的基础解系,有$\boldsymbol{\alpha}_1,\boldsymbol{\alpha}_2$线性无关,因此$\boldsymbol{\alpha}_1,\boldsymbol{\alpha}_1-\boldsymbol{\alpha}_2$也线性无关,进而$\boldsymbol{\alpha}_1,\boldsymbol{\alpha}_1-\boldsymbol{\alpha}_2$是$\boldsymbol{Ax}=\boldsymbol{0}$的基础解系,又$\dfrac{\boldsymbol{\beta}_1+\boldsymbol{\beta}_2}{2}$是$\boldsymbol{Ax}=\boldsymbol{b}$的特解.故正确选项为(B).

43. 设$\boldsymbol{A}=(\boldsymbol{\alpha}_1,\boldsymbol{\alpha}_2,\boldsymbol{\alpha}_3,\boldsymbol{\alpha}_4)$,$\boldsymbol{\alpha}_1,\boldsymbol{\alpha}_2,\boldsymbol{\alpha}_3,\boldsymbol{\alpha}_4$为四维向量.又已知$\boldsymbol{\alpha}_1,\boldsymbol{\alpha}_2$线性无关,且

$$\boldsymbol{\alpha}_1+2\boldsymbol{\alpha}_2-\boldsymbol{\alpha}_3=\boldsymbol{\beta},\boldsymbol{\alpha}_1+\boldsymbol{\alpha}_2+\boldsymbol{\alpha}_3+\boldsymbol{\alpha}_4=\boldsymbol{\beta},2\boldsymbol{\alpha}_1+3\boldsymbol{\alpha}_2+\boldsymbol{\alpha}_3+2\boldsymbol{\alpha}_4=\boldsymbol{\beta},$$

则线性方程组$\boldsymbol{Ax}=\boldsymbol{\beta}$的通解为(**B**)(其中$k_1,k_2$为任意常数)

(A)$\begin{pmatrix}1\\2\\-1\\0\end{pmatrix}+k_1\begin{pmatrix}1\\1\\1\\1\end{pmatrix}+k_2\begin{pmatrix}2\\3\\1\\2\end{pmatrix}$　　(B)$\begin{pmatrix}1\\1\\1\\1\end{pmatrix}+k_1\begin{pmatrix}1\\2\\0\\1\end{pmatrix}+k_2\begin{pmatrix}0\\1\\-2\\-1\end{pmatrix}$

(C)$\begin{pmatrix}2\\3\\1\\2\end{pmatrix}+k_1\begin{pmatrix}2\\3\\0\\1\end{pmatrix}+k_2\begin{pmatrix}1\\1\\2\\2\end{pmatrix}$　　(D)$\begin{pmatrix}0\\1\\-2\\-1\end{pmatrix}+k_1\begin{pmatrix}1\\2\\0\\1\end{pmatrix}+k_2\begin{pmatrix}1\\1\\2\\2\end{pmatrix}$

解　由已知$\boldsymbol{\alpha}_1+2\boldsymbol{\alpha}_2-\boldsymbol{\alpha}_3=\boldsymbol{\beta}$,得

$$(\boldsymbol{\alpha}_1,\boldsymbol{\alpha}_2,\boldsymbol{\alpha}_3,\boldsymbol{\alpha}_4)\begin{pmatrix}1\\2\\-1\\0\end{pmatrix}=\boldsymbol{\beta},\text{即 }\boldsymbol{A}\begin{pmatrix}1\\2\\-1\\0\end{pmatrix}=\boldsymbol{\beta},$$

故知 $\boldsymbol{\eta}_1=(1,2,-1,0)^{\mathrm{T}}$ 是线性方程组 $\boldsymbol{A}\boldsymbol{x}=\boldsymbol{\beta}$ 的一个解向量.

同理可知 $\boldsymbol{\eta}_2=(1,1,1,1)^{\mathrm{T}}$,$\boldsymbol{\eta}_3=(2,3,1,2)^{\mathrm{T}}$ 也是线性方程组 $\boldsymbol{A}\boldsymbol{x}=\boldsymbol{\beta}$ 的解.

又

$$\boldsymbol{\xi}_1=\boldsymbol{\eta}_1-\boldsymbol{\eta}_2=(0,1,-2,-1)^{\mathrm{T}},\boldsymbol{\xi}_2=\boldsymbol{\eta}_3-\boldsymbol{\eta}_2=(1,2,0,1)^{\mathrm{T}}$$

是齐次方程组 $\boldsymbol{A}\boldsymbol{x}=\boldsymbol{0}$ 的两个解,容易判断 $\boldsymbol{\xi}_1$,$\boldsymbol{\xi}_2$ 线性无关,即 $\boldsymbol{A}\boldsymbol{x}=\boldsymbol{0}$ 至少有两个线性无关的解向量,从而 $\boldsymbol{A}\boldsymbol{x}=\boldsymbol{0}$ 的基础解系所含线性无关解的个数 $t=n-r(\boldsymbol{A})=4-r(\boldsymbol{A})\geqslant 2$,即 $r(\boldsymbol{A})\leqslant 2$. 又由已知 $\boldsymbol{\alpha}_1$,$\boldsymbol{\alpha}_2$ 线性无关,得到 $r(\boldsymbol{A})\geqslant 2$,故 $r(\boldsymbol{A})=2$,即 $t=4-2=2$. 因此 $\boldsymbol{\xi}_1$,$\boldsymbol{\xi}_2$ 即为 $\boldsymbol{A}\boldsymbol{x}=\boldsymbol{0}$ 的基础解系. 据非齐次线性方程组 $\boldsymbol{A}\boldsymbol{x}=\boldsymbol{\beta}$ 的解的结构,应选(B).

44. 设矩阵 $\boldsymbol{A}=\begin{pmatrix}1&-1&0&0\\0&1&-1&0\\0&0&1&-1\\-1&0&0&a\end{pmatrix}$,$\boldsymbol{\beta}=\begin{pmatrix}1\\2\\3\\b\end{pmatrix}$. 若线性方程组 $\boldsymbol{AX}=\boldsymbol{\beta}$ 无解,则(**A**).

(A)$a=1,b\neq-6$　　(B)$a\neq1,b\neq-6$

(C)$a=1,b=-6$　　(D)$a\neq1,b=-6$

解　对方程组 $\boldsymbol{AX}=\boldsymbol{\beta}$ 的增广矩阵 $\overline{\boldsymbol{A}}$ 施以初等行变换,得

$$\overline{\boldsymbol{A}}=(\boldsymbol{A}\ \vdots\ \boldsymbol{\beta})=\left(\begin{array}{cccc:c}1&-1&0&0&1\\0&1&-1&0&2\\0&0&1&-1&3\\-1&0&0&a&b\end{array}\right)$$

$$\xrightarrow{r_4+r_1+r_2+r_3}\left(\begin{array}{cccc:c}1&-1&0&0&1\\0&1&-1&0&2\\0&0&1&-1&3\\0&0&0&a-1&b+6\end{array}\right).$$

当 $a=1,b\neq-6$ 时,$r(\boldsymbol{A})=3\neq4=r(\overline{\boldsymbol{A}})$,这时方程组 $\boldsymbol{AX}=\boldsymbol{\beta}$ 无解.

45. 若线性方程组 $\begin{cases}x_1+ax_2=1,\\x_2-ax_3=1,\\x_3-ax_4=1,\\ax_1+x_4=a\end{cases}$ 有无穷多解,则 $a=$(**C**).

(A)1　　(B)0　　(C)-1　　(D)-2

解　系数行列式

$$D=\begin{vmatrix}1&a&0&0\\0&1&-a&0\\0&0&1&-a\\a&0&0&1\end{vmatrix}=\begin{vmatrix}1&-a&0\\0&1&-a\\0&0&1\end{vmatrix}-a\begin{vmatrix}a&0&0\\1&-a&0\\0&1&-a\end{vmatrix}=1-a^4,$$

令 $D=0$ 得 $a=\pm 1$.

当 $a=1$ 时，对增广矩阵施以初等行变换：

$$\overline{\boldsymbol{A}}=\left(\begin{array}{cccc:c}1&1&0&0&1\\0&1&-1&0&1\\0&0&1&-1&1\\1&0&0&1&1\end{array}\right)\rightarrow\left(\begin{array}{cccc:c}1&1&0&0&1\\0&1&-1&0&1\\0&0&1&-1&1\\0&0&0&0&2\end{array}\right),$$

因为 $3=r(\boldsymbol{A})\neq r(\overline{\boldsymbol{A}})=4$，所以此时方程组无解.

当 $a=-1$ 时，对增广矩阵施以初等行变换：

$$\overline{\boldsymbol{A}}=\left(\begin{array}{cccc:c}1&-1&0&0&1\\0&1&1&0&1\\0&0&1&1&1\\-1&0&0&1&-1\end{array}\right)\rightarrow\left(\begin{array}{cccc:c}1&-1&0&0&1\\0&1&1&0&1\\0&0&1&1&1\\0&0&0&0&0\end{array}\right),$$

因为 $r(\boldsymbol{A})=r(\overline{\boldsymbol{A}})=3<4$，所以此时方程组有无穷多解.

46. 设 $\boldsymbol{\alpha}_1=\begin{pmatrix}1\\2\\1\end{pmatrix}$，$\boldsymbol{\alpha}_2=\begin{pmatrix}-1\\1\\2\end{pmatrix}$ 可以由 $\boldsymbol{\beta}_1=\begin{pmatrix}1\\0\\a\end{pmatrix}$，$\boldsymbol{\beta}_2=\begin{pmatrix}0\\1\\b\end{pmatrix}$ 线性表示，则（ **C** ）.

(A) $a=1,b=1$　　(B) $a=1,b=-1$

(C) $a=-1,b=1$　　(D) $a=-1,b=-1$

解 由题设知 $r(\boldsymbol{\beta}_1,\boldsymbol{\beta}_2)=r(\boldsymbol{\beta}_1,\boldsymbol{\beta}_2,\boldsymbol{\alpha}_1,\boldsymbol{\alpha}_2)$，显然 $r(\boldsymbol{\beta}_1,\boldsymbol{\beta}_2)=2$，而

$$(\boldsymbol{\beta}_1,\boldsymbol{\beta}_2,\boldsymbol{\alpha}_1,\boldsymbol{\alpha}_2)=\begin{pmatrix}1&0&1&-1\\0&1&2&1\\a&b&1&2\end{pmatrix}\rightarrow\begin{pmatrix}1&0&1&-1\\0&1&2&1\\0&0&1-a-2b&2+a-b\end{pmatrix}.$$

要使 $r(\boldsymbol{\beta}_1,\boldsymbol{\beta}_2,\boldsymbol{\alpha}_1,\boldsymbol{\alpha}_2)=2$，则

$$\begin{cases}1-a-2b=0\\2+a-b=0\end{cases},$$

解得 $a=-1,b=1$.

47. 设 $\boldsymbol{A}$ 是 $m\times n$ 阶矩阵，则非齐次线性方程组 $\boldsymbol{Ax}=\boldsymbol{b}$ 有解的充分条件是（ **A** ）.

(A) $r(\boldsymbol{A})=m$　　(B) $r(\boldsymbol{A})=n$

(C) $r(\boldsymbol{A},\boldsymbol{b})=m$　　(D) $r(\boldsymbol{A},\boldsymbol{b})=n$

解 非齐次线性方程组 $\boldsymbol{Ax}=\boldsymbol{b}$ 有解的充分条件是 $r(\boldsymbol{A})=r(\boldsymbol{A},\boldsymbol{b})$，而 $\boldsymbol{A}$ 是 $m\times n$ 阶矩阵，所以 $r(\boldsymbol{A})\leqslant\min\{m,n\}$.

(1) 当 $m<n$ 时，$r(\boldsymbol{A})\leqslant m$，则

(ⅰ) 若 $r(\boldsymbol{A})<m$，则 $r(\boldsymbol{A},\boldsymbol{b})$ 不一定与 $r(\boldsymbol{A})$ 相同，例如取

$$\boldsymbol{A}=\begin{pmatrix}1&0&0\\0&0&0\end{pmatrix},\quad (\boldsymbol{A},\ \boldsymbol{b})=\begin{pmatrix}1&0&0&0\\0&0&0&1\end{pmatrix},$$

这时 $r(\boldsymbol{A})=1<m=2=r(\boldsymbol{A},\ \boldsymbol{b})$，非齐次线性方程组 $\boldsymbol{Ax}=\boldsymbol{b}$ 无解.

（ⅱ）若 $r(\boldsymbol{A})=m$ 等于 $\boldsymbol{A}$ 的行数，而 $(\boldsymbol{A},\ \boldsymbol{b})$ 只有 m 行，则 $r(\boldsymbol{A})=m=r(\boldsymbol{A},\ \boldsymbol{b})$，这时非齐次线性方程组 $\boldsymbol{Ax}=\boldsymbol{b}$ 有解.

(2) 当 $m>n$ 时，$r(\boldsymbol{A})\leqslant n$，则

（ⅰ）若 $r(\boldsymbol{A})<n$，则 $r(\boldsymbol{A},\ \boldsymbol{b})$ 不一定与 $r(\boldsymbol{A})$ 相同，例如取

$$\boldsymbol{A}=\begin{pmatrix}1&0\\0&0\\0&0\end{pmatrix},\quad (\boldsymbol{A},\ \boldsymbol{b})=\begin{pmatrix}1&0&0\\0&0&1\\0&0&0\end{pmatrix},$$

这时 $r(\boldsymbol{A})=1<n=2=r(\boldsymbol{A},\ \boldsymbol{b})$，非齐次线性方程组 $\boldsymbol{Ax}=\boldsymbol{b}$ 无解.

（ⅱ）若 $r(\boldsymbol{A})=n$，则 $r(\boldsymbol{A},\ \boldsymbol{b})$ 不一定与 $r(\boldsymbol{A})$ 相同，例如取

$$\boldsymbol{A}=\begin{pmatrix}1&0\\0&1\\0&0\end{pmatrix},\quad (\boldsymbol{A},\ \boldsymbol{b})=\begin{pmatrix}1&0&0\\0&1&1\\0&0&0\end{pmatrix},$$

这时 $r(\boldsymbol{A})=1<n=2\neq r(\boldsymbol{A},\ \boldsymbol{b})=3=m$，非齐次线性方程组 $\boldsymbol{Ax}=\boldsymbol{b}$ 无解.

(3) 若 $m=n$，则 $r(\boldsymbol{A})=m$ 时，也同(1)（ⅱ）理，非齐次线性方程组 $\boldsymbol{Ax}=\boldsymbol{b}$ 有解.

综上所述，非齐次线性方程组 $\boldsymbol{Ax}=\boldsymbol{b}$ 有解的充分必要是 $r(\boldsymbol{A})=m$，即(A) 是正确选项.

习题四全解

(A)

1. 求下列矩阵的特征值与特征向量：

(1)$\boldsymbol{A}=\begin{pmatrix}1&-2\\1&4\end{pmatrix}$.

解 矩阵 $\boldsymbol{A}$ 的特征方程为

$$|\lambda\boldsymbol{E}-\boldsymbol{A}|=\begin{vmatrix}\lambda-1&2\\-1&\lambda-4\end{vmatrix}=(\lambda-2)(\lambda-3)=0,$$

由此得矩阵 $\boldsymbol{A}$ 的特征值：$\lambda_1=2,\lambda_2=3$.

对于特征值 $\lambda_1=2$，解齐次线性方程组 $(2\boldsymbol{E}-\boldsymbol{A})\boldsymbol{x}=\boldsymbol{0}$，有

$$2\boldsymbol{E}-\boldsymbol{A}=\begin{pmatrix}1&2\\-1&-2\end{pmatrix}\to\begin{pmatrix}1&2\\0&0\end{pmatrix},$$

解得基础解系为 $\boldsymbol{\xi}_1=(2,-1)^{\mathrm{T}}$.

因此,矩阵 $\boldsymbol{A}$ 对应于特征值 $\lambda_1=2$ 的特征向量为 $k_1\boldsymbol{\xi}_1$,k_1 为非零常数.

对于特征值 $\lambda_2=3$,解齐次线性方程组 $(3\boldsymbol{E}-\boldsymbol{A})\boldsymbol{x}=\boldsymbol{0}$,有

$$3\boldsymbol{E}-\boldsymbol{A}=\begin{pmatrix}2&2\\-1&-1\end{pmatrix}\to\begin{pmatrix}1&1\\0&0\end{pmatrix},$$

解得基础解系为 $\boldsymbol{\xi}_2=(1,-1)^{\mathrm{T}}$.

因此,矩阵 $\boldsymbol{A}$ 对应于特征值 $\lambda_2=3$ 的特征向量为 $k_2\boldsymbol{\xi}_2$,k_2 为非零常数.

(2) $\boldsymbol{A}=\begin{pmatrix}0&1&0\\0&0&1\\0&0&0\end{pmatrix}$.

解　因为 $\boldsymbol{A}$ 的特征方程为

$$|\lambda\boldsymbol{E}-\boldsymbol{A}|=\begin{vmatrix}\lambda&-1&0\\0&\lambda&-1\\0&0&\lambda\end{vmatrix}=\lambda^3=0,$$

所以 $\boldsymbol{A}$ 的特征值为 $\lambda_1=\lambda_2=\lambda_3=0$.

当 $\lambda_1=\lambda_2=\lambda_3=0$ 时,解齐次线性方程组 $(0\boldsymbol{E}-\boldsymbol{A})\boldsymbol{x}=\boldsymbol{0}$,解得基础解系为 $\boldsymbol{\alpha}=(1,0,0)^{\mathrm{T}}$,于是属于特征值 $\lambda_1=\lambda_2=\lambda_3=0$ 的全部特征向量为

$$k\boldsymbol{\alpha}\,(k\text{ 为非零常数}).$$

(3) $\boldsymbol{A}=\begin{pmatrix}0&-1&-1\\-1&0&-1\\-1&-1&0\end{pmatrix}$.

解　因为 $\boldsymbol{A}$ 的特征方程为

$$|\lambda\boldsymbol{E}-\boldsymbol{A}|=\begin{vmatrix}\lambda&1&1\\1&\lambda&1\\1&1&\lambda\end{vmatrix}=(\lambda-1)(\lambda+2)^2=0,$$

所以 $\boldsymbol{A}$ 的特征值为 $\lambda_1=\lambda_2=-2$,$\lambda_3=1$.

当 $\lambda_1=\lambda_2=-2$ 时,解齐次线性方程组 $(-2\boldsymbol{E}-\boldsymbol{A})\boldsymbol{x}=\boldsymbol{0}$,得基础解系为 $\boldsymbol{\alpha}_1=(1,1,1)^{\mathrm{T}}$,于是属于特征值 $\lambda_1=\lambda_2=-2$ 的全部特征向量为

$$k_1\boldsymbol{\alpha}_1\,(k_1\text{ 为非零常数}).$$

当 $\lambda_3=1$ 时,解齐次线性方程组 $(\boldsymbol{E}-\boldsymbol{A})\boldsymbol{x}=\boldsymbol{0}$,得基础解系为 $\boldsymbol{\alpha}_2=(-1,1,0)^{\mathrm{T}}$,$\boldsymbol{\alpha}_3=(-1,0,1)^{\mathrm{T}}$,于是属于特征值 $\lambda_3=1$ 的全部特征向量为

$$k_2\boldsymbol{\alpha}_2+k_3\boldsymbol{\alpha}_3\,(k_2,k_3\text{ 为不全为零的常数}).$$

$$(4)\boldsymbol{A}=\begin{pmatrix}0 & \frac{1}{2} & \frac{1}{2}\\ 1 & -\frac{1}{2} & \frac{1}{2}\\ 1 & -\frac{1}{2} & \frac{1}{2}\end{pmatrix}.$$

解　因为 $\boldsymbol{A}$ 的特征方程为

$$|\lambda\boldsymbol{E}-\boldsymbol{A}|=\begin{vmatrix}\lambda-1 & -\frac{1}{2} & -\frac{1}{2}\\ \lambda-1 & \lambda+\frac{1}{2} & -\frac{1}{2}\\ \lambda-1 & \frac{1}{2} & \lambda-\frac{1}{2}\end{vmatrix}=\lambda(\lambda-1)(\lambda+1)=0,$$

所以 $\boldsymbol{A}$ 的特征值为 $\lambda_1=0,\lambda_2=-1,\lambda_3=1$.

当 $\lambda_1=0$ 时,解齐次线性方程组 $(0\boldsymbol{E}-\boldsymbol{A})\boldsymbol{x}=\boldsymbol{0}$,得基础解系为 $\boldsymbol{\alpha}_1=(-1,-1,1)^{\mathrm{T}}$,于是属于特征值 $\lambda_1=0$ 的全部特征向量为

$$k_1\boldsymbol{\alpha}_1(k_1\text{ 为非零常数}).$$

当 $\lambda_2=-1$ 时,解齐次线性方程组 $(-\boldsymbol{E}-\boldsymbol{A})\boldsymbol{x}=\boldsymbol{0}$,得基础解系为 $\boldsymbol{\alpha}_2=(-2,2,2)^{\mathrm{T}}$,于是属于特征值 $\lambda_2=-1$ 的全部特征向量为

$$k_2\boldsymbol{\alpha}_2(k_2\text{ 为非零常数}).$$

当 $\lambda_3=1$ 时,解齐次线性方程组 $(-\boldsymbol{E}-\boldsymbol{A})\boldsymbol{x}=\boldsymbol{0}$,得基础解系为 $\boldsymbol{\alpha}_3=(1,1,1)^{\mathrm{T}}$,于是属于特征值 $\lambda_2=-1$ 的全部特征向量为

$$k_3\boldsymbol{\alpha}_3(k_3\text{ 为非零常数}).$$

2. 已知矩阵 $\boldsymbol{A}=\begin{pmatrix}0 & 1 & 0 & 0\\ 0 & 0 & 1 & 0\\ 0 & 0 & 0 & 1\\ -a_0 & -a_1 & -a_2 & -a_3\end{pmatrix}$.

(1) 求 $\boldsymbol{A}$ 的特征多项式;

(2) 如果 λ_0 是 $\boldsymbol{A}$ 的特征值,证明 $(1,\lambda_0,\lambda_0^2,\lambda_0^3)^{\mathrm{T}}$ 是 λ_0 对应的特征向量.

解　(1)$\boldsymbol{A}$ 的特征多项式为

$$|\lambda\boldsymbol{E}-\boldsymbol{A}|=\begin{vmatrix}\lambda & -1 & 0 & 0\\ 0 & \lambda & -1 & 0\\ 0 & 0 & \lambda & -1\\ a_0 & a_1 & a_2 & \lambda+a_3\end{vmatrix}=a_0+a_1\lambda+a_2\lambda^2+a_3\lambda^3+\lambda^4.$$

(2) 由 λ_0 是 $\boldsymbol{A}$ 的特征值知 $|\lambda_0\boldsymbol{E}-\boldsymbol{A}|=0$,即

$$a_0 + a_1\lambda_0 + a_2\lambda_0^2 + a_3\lambda_0^3 + \lambda_0^4 = 0.$$

于是

$$\boldsymbol{A}\begin{pmatrix}1\\ \lambda_0\\ \lambda_0^2\\ \lambda_0^3\end{pmatrix} = \begin{pmatrix}0 & 1 & 0 & 0\\ 0 & 0 & 1 & 0\\ 0 & 0 & 0 & 1\\ -a_0 & -a_1 & -a_2 & -a_3\end{pmatrix}\begin{pmatrix}1\\ \lambda_0\\ \lambda_0^2\\ \lambda_0^3\end{pmatrix}$$

$$= \begin{pmatrix}\lambda_0\\ \lambda_0^2\\ \lambda_0^3\\ -a_0 - a_1\lambda_0 - a_2\lambda_0^2 - a_3\lambda_0^3\end{pmatrix} = \begin{pmatrix}\lambda_0\\ \lambda_0^2\\ \lambda_0^3\\ \lambda_0^4\end{pmatrix} = \lambda_0\begin{pmatrix}1\\ \lambda_0\\ \lambda_0^2\\ \lambda_0^3\end{pmatrix},$$

说明$(1, \lambda_0, \lambda_0^2, \lambda_0^3)^{\mathrm{T}}$是$\lambda_0$对应的特征向量.

3. 设

$$\boldsymbol{A} = \begin{pmatrix}-1 & 2 & 2\\ 2 & -1 & -2\\ 2 & -2 & -1\end{pmatrix}.$$

(1)试求矩阵 $\boldsymbol{A}$ 的特征值;

(2)利用(1)小题的结果,求矩阵 $\boldsymbol{E}+\boldsymbol{A}^{-1}$ 的特征值,其中 $\boldsymbol{E}$ 是三阶单位矩阵.

解　(1)矩阵 $\boldsymbol{A}$ 的特征方程为

$$|\lambda\boldsymbol{E} - \boldsymbol{A}| = \begin{vmatrix}\lambda+1 & -2 & -2\\ -2 & \lambda+1 & 2\\ -2 & 2 & \lambda+1\end{vmatrix} = (\lambda-1)^2(\lambda+5) = 0.$$

由此得矩阵 $\boldsymbol{A}$ 的特征值:1,1,−5.

(2)设矩阵 $\boldsymbol{A}$ 对应于特征值 λ 的特征向量为 $\boldsymbol{\alpha}$,则

$$\boldsymbol{A\alpha} = \lambda\boldsymbol{\alpha}, \qquad \boldsymbol{E\alpha} = \boldsymbol{\alpha}.$$

因此 $\boldsymbol{A}^{-1}\boldsymbol{\alpha} = \lambda^{-1}\boldsymbol{\alpha}$ 且 $(\boldsymbol{E}+\boldsymbol{A}^{-1})\boldsymbol{\alpha} = \boldsymbol{E\alpha} + \boldsymbol{A}^{-1}\boldsymbol{\alpha} = (1+\lambda^{-1})\boldsymbol{\alpha}$. 根据特征值和特征向量的定义知 $1+\lambda^{-1}$ 为矩阵 $\boldsymbol{E}+\boldsymbol{A}^{-1}$ 的特征值. 将 $\lambda=1,1,-5$ 代入 $1+\lambda^{-1}$,便得到 $\boldsymbol{E}+\boldsymbol{A}^{-1}$ 的特征值为 $2,2,\dfrac{4}{5}$.

4. 设 $\boldsymbol{A} = \begin{pmatrix}1 & -1 & 1\\ 2 & 4 & a\\ -3 & -3 & 5\end{pmatrix}$,6 是 $\boldsymbol{A}$ 的一个特征值,(1)求 a 的值;(2)求 $\boldsymbol{A}$ 的全部特征值和特征向量.

解　(1)由于 6 是 $\boldsymbol{A}$ 的一个特征值,故 $|6\boldsymbol{E}-\boldsymbol{A}|=0$,即

$$\begin{vmatrix} 5 & 1 & -1 \\ -2 & 2 & -a \\ 3 & 3 & 1 \end{vmatrix} = 12a + 24 = 0,$$

解得 $a=-2$.

(2)矩阵 $\boldsymbol{A}$ 的特征方程为

$$|\lambda \boldsymbol{E}-\boldsymbol{A}| = \begin{vmatrix} \lambda-1 & 1 & -1 \\ -2 & \lambda-4 & 2 \\ 3 & 3 & \lambda-5 \end{vmatrix} = (\lambda-2)^2(\lambda-6)=0.$$

由此得矩阵 $\boldsymbol{A}$ 的特征值：$\lambda_1=\lambda_2=2,\lambda_3=6$.

对于特征值 $\lambda_1=\lambda_2=2$，解齐次线性方程组 $(2\boldsymbol{E}-\boldsymbol{A})\boldsymbol{x}=\boldsymbol{0}$，有

$$2\boldsymbol{E}-\boldsymbol{A} = \begin{pmatrix} 1 & 1 & -1 \\ -2 & -2 & 2 \\ 3 & 3 & -3 \end{pmatrix} \to \begin{pmatrix} 1 & 1 & -1 \\ 0 & 0 & 0 \\ 0 & 0 & 0 \end{pmatrix},$$

解得基础解系为

$$\boldsymbol{\xi}_1=(-1,1,0)^{\mathrm{T}}, \quad \boldsymbol{\xi}_2=(1,0,1)^{\mathrm{T}}.$$

因此，矩阵 $\boldsymbol{A}$ 对应于特征值 $\lambda_1=\lambda_2=2$ 的特征向量为

$$k_1\boldsymbol{\xi}_1+k_2\boldsymbol{\xi}_2, k_1, k_2 \text{ 不同时为零}.$$

对于特征值 $\lambda_3=6$，解齐次线性方程组 $(6\boldsymbol{E}-\boldsymbol{A})\boldsymbol{x}=\boldsymbol{0}$，有

$$6\boldsymbol{E}-\boldsymbol{A} = \begin{pmatrix} 5 & 1 & -1 \\ -2 & 2 & 2 \\ 3 & 3 & 1 \end{pmatrix} \to \begin{pmatrix} 1 & -1 & -1 \\ 0 & 3 & 2 \\ 0 & 0 & 0 \end{pmatrix},$$

解得基础解系为

$$\boldsymbol{\xi}_3=(1,-2,3)^{\mathrm{T}}.$$

因此，矩阵 $\boldsymbol{A}$ 对应于特征值 $\lambda_3=6$ 的特征向量为

$$k_3\boldsymbol{\xi}_3, k_3 \neq 0.$$

5. 设向量 $\boldsymbol{\alpha}=(-1,-2,1)^{\mathrm{T}}$ 是矩阵 $\boldsymbol{A}=\begin{pmatrix} -1 & 1 & 0 \\ -4 & a & 0 \\ b & 0 & 2 \end{pmatrix}$ 的特征向量.

(1)求常数 a,b 及向量 $\boldsymbol{\alpha}$ 所对应的特征值 λ；

(2)求矩阵 $\boldsymbol{A}$ 的全部特征值和特征向量.

解 (1)设 $\boldsymbol{A\alpha}=\lambda\boldsymbol{\alpha}$，即

$$\begin{pmatrix} -1 & 1 & 0 \\ -4 & a & 0 \\ b & 0 & 2 \end{pmatrix}\begin{pmatrix} -1 \\ -2 \\ 1 \end{pmatrix} = \lambda \begin{pmatrix} -1 \\ -2 \\ 1 \end{pmatrix}, \text{亦即} \begin{cases} 1-2 = -\lambda, \\ 4-2a = -2\lambda, \\ -b+2=\lambda, \end{cases}$$

解得 $\lambda=1,a=3,b=1$.

(2)矩阵 $\boldsymbol{A}$ 的特征方程为

$$|\lambda\boldsymbol{E}-\boldsymbol{A}|=\begin{vmatrix}\lambda+1 & -1 & 0\\ 4 & \lambda-3 & 0\\ -1 & 0 & \lambda-2\end{vmatrix}=(\lambda-2)(\lambda-1)^2=0,$$

由此得矩阵 $\boldsymbol{A}$ 的特征值为 $\lambda_1=2,\lambda_2=\lambda_3=1$.

对于特征值 $\lambda_1=2$,解线性方程组 $(2\boldsymbol{E}-\boldsymbol{A})\boldsymbol{X}=\boldsymbol{0}$,有

$$\lambda_1\boldsymbol{E}-\boldsymbol{A}=\begin{pmatrix}3 & -1 & 0\\ 4 & -1 & 0\\ -1 & 0 & 0\end{pmatrix}\to\begin{pmatrix}1 & 0 & 0\\ 0 & 1 & 0\\ 0 & 0 & 0\end{pmatrix},$$

解得基础解系为 $\boldsymbol{\alpha}_1=(0,0,1)^{\mathrm{T}}$,则对应 $\lambda_1=2$ 的全部特征向量为

$$k_1\boldsymbol{\alpha}_1=k_1(0,0,1)^{\mathrm{T}},k_1\neq0.$$

对于特征值 $\lambda_2=\lambda_3=1$,解线性方程组 $(1\boldsymbol{E}-\boldsymbol{A})\boldsymbol{X}=\boldsymbol{0}$,有

$$\lambda_2\boldsymbol{E}-\boldsymbol{A}=\begin{pmatrix}2 & -1 & 0\\ 4 & -2 & 0\\ -1 & 0 & -1\end{pmatrix}\to\begin{pmatrix}1 & 0 & 1\\ 0 & 1 & 2\\ 0 & 0 & 0\end{pmatrix},$$

解得基础解系为 $\boldsymbol{\alpha}_2=(-1,-2,1)^{\mathrm{T}}$,则对应 $\lambda_2=\lambda_3=1$ 的全部特征向量为

$$k_2\boldsymbol{\alpha}_2=k_2(-1,-2,1)^{\mathrm{T}},k_2\neq0.$$

6. 设向量 $\boldsymbol{\beta}=(1,\ 1,\ 2)^{\mathrm{T}}$ 是矩阵 $\boldsymbol{A}=\begin{pmatrix}1 & a & -1\\ 1 & 1 & -1\\ 0 & 4 & b\end{pmatrix}$ 的特征向量.

(1)求 a,b 的值;

(2)求方程组 $\boldsymbol{A}^2\boldsymbol{x}=\boldsymbol{\beta}$ 的通解.

解 (1)设 $\boldsymbol{A\beta}=\lambda\boldsymbol{\beta}$,即

$$\begin{pmatrix}1 & a & -1\\ 1 & 1 & -1\\ 0 & 4 & b\end{pmatrix}\begin{pmatrix}1\\ 1\\ 2\end{pmatrix}=\lambda\begin{pmatrix}1\\ 1\\ 2\end{pmatrix},\text{亦即}\begin{cases}1+a-2=\lambda,\\ 0=\lambda,\\ 4+2b=2\lambda,\end{cases}$$

解得 $\lambda=0,a=1,b=-2$.

$$(2)\ (\boldsymbol{A}^2,\ \boldsymbol{\beta})=\begin{pmatrix}2 & -2 & 0 & 1\\ 2 & -2 & 0 & 1\\ 4 & -4 & 0 & 2\end{pmatrix}\to\begin{pmatrix}2 & -2 & 0 & 1\\ 0 & 0 & 0 & 0\\ 0 & 0 & 0 & 0\end{pmatrix}.$$

由于 $r(\boldsymbol{A}^2)=r(\boldsymbol{A}^2,\ \boldsymbol{\beta})=1<3$,方程组有无穷多解,这时与原方程通解的方程为

$$2x_1-2x_2=1.$$

令 $x_2 = x_3 = 0$ 得方程组的一个特解 $\boldsymbol{\eta} = \left(\frac{1}{2}, 0, 0\right)^{\mathrm{T}}$.

方程组的导出组与下列方程通解：

$$2x_1 - 2x_2 = 0.$$

依次令 $x_2 = 1, x_3 = 0; x_2 = 0, x_3 = 1$ 得导出组的一个基础解系为

$$\boldsymbol{\xi}_1 = (1, 1, 0)^{\mathrm{T}}, \quad \boldsymbol{\xi}_2 = (0, 0, 1)^{\mathrm{T}}.$$

故方程组 $\boldsymbol{A}^2\boldsymbol{x} = \boldsymbol{\beta}$ 的通解为

$$\boldsymbol{x} = c_1\boldsymbol{\xi}_1 + c_2\boldsymbol{\xi}_2 + \boldsymbol{\eta}\ (c_1, c_2 \text{ 为任意常数}).$$

7. 已知 $\boldsymbol{\alpha} = (1, k, 1)^{\mathrm{T}}$ 是矩阵 $\boldsymbol{A} = \begin{pmatrix} 2 & 1 & 1 \\ 1 & 2 & 1 \\ 1 & 1 & 2 \end{pmatrix}$ 的逆矩阵 $\boldsymbol{A}^{-1}$ 的特征向量，求 k 值和 $\boldsymbol{A}^{-1}$ 的特征值，并问 $\boldsymbol{\alpha}$ 是属于 $\boldsymbol{A}^{-1}$ 的哪个特征值的特征向量.

解 设 $\boldsymbol{A}^{-1}\boldsymbol{\alpha} = \lambda\boldsymbol{\alpha}$，即 $\lambda\boldsymbol{A}\boldsymbol{\alpha} = \boldsymbol{\alpha}$，亦即

$$\lambda\begin{pmatrix} 2 & 1 & 1 \\ 1 & 2 & 1 \\ 1 & 1 & 2 \end{pmatrix}\begin{pmatrix} 1 \\ k \\ 1 \end{pmatrix} = \begin{pmatrix} 1 \\ k \\ 1 \end{pmatrix}.$$

由此得

$$\begin{cases} \lambda(k+3) = 1, \\ \lambda(2k+2) = k, \end{cases}$$

解得 $k_1 = 1, \lambda_1 = \frac{1}{4}; k_2 = -2, \lambda_2 = 1$，即知 $\boldsymbol{A}$ 有两个特征值 $\mu_1 = 4, \mu_2 = 1$.

设 $\boldsymbol{A}$ 的另外一个特征值为 μ_3，则由 $\mathrm{tr}(\boldsymbol{A}) = \mu_1 + \mu_2 + \mu_3$，即

$$2+2+2 = 4+1+\mu_3$$

解得 $\mu_3 = 1$.

所以，$\boldsymbol{A}^{-1}$ 的特征值为 4, 1, 1.

对于 $k_1 = 1$，有 $\lambda_1 = \frac{1}{4}$，$\boldsymbol{\alpha}_1 = (1, 1, 1)^{\mathrm{T}}$ 是 $\boldsymbol{A}^{-1}$ 的属于特征值 $\frac{1}{4}$ 的特征向量.

对于 $k_2 = -2$，有 $\lambda_2 = 1$，$\boldsymbol{\alpha}_2 = (1, -2, 1)^{\mathrm{T}}$ 是 $\boldsymbol{A}^{-1}$ 的属于特征值 1 的特征向量.

8. 设 $\boldsymbol{A} = \begin{pmatrix} 0 & 0 & 1 \\ x & 1 & y \\ 1 & 0 & 0 \end{pmatrix}$ 有三个线性无关的特征向量，求 x 和 y 应满足的条件.

分析 首先应求出 $\boldsymbol{A}$ 的特征值 $\lambda_i (i=1,2,3)$，然后判定齐次方程组 $(\lambda_i\boldsymbol{E} - \boldsymbol{A})\boldsymbol{X} = \boldsymbol{0}$ 基础解系的个数，注意属于不同特征值的特征向量线性无关.

解 解特征方程

$$|\lambda \boldsymbol{E}-\boldsymbol{A}|=\lambda^3-\lambda^2-\lambda+1=(\lambda-1)^2(\lambda+1)=0$$

得特征值 $\lambda_1=1$(二重),$\lambda_2=-1$.

欲使 $\lambda_1=1$ 有两个线性无关的特征向量,矩阵

$$1\cdot\boldsymbol{E}-\boldsymbol{A}=\begin{pmatrix}1&0&-1\\-x&0&-y\\-1&0&1\end{pmatrix}\to\begin{pmatrix}1&0&-1\\-x&0&-y\\0&0&0\end{pmatrix}$$

的秩必须等于1,故 $\begin{vmatrix}1&-1\\-x&-y\end{vmatrix}=-y-x=0$,于是得 $x+y=0$.

因为不同特征值所对应的特征向量线性无关,所以矩阵 $\boldsymbol{A}$ 要有三个线性无关的特征向量,必须满足条件 $x+y=0$.

注 本题主要考查两个重要知识点:①不同特征值对应的特征向量线性无关.②三阶矩阵要有三个线性无关特征向量,则重特征值时,对应的线性无关特征向量的个数必须等于特征值的重数.相应的特征矩阵的秩 $r(\lambda\boldsymbol{E}-\boldsymbol{A})=n-$特征值的重数.

9. 设三阶行列式 $\begin{vmatrix}a&-5&8\\0&a+1&8\\0&3a+3&25\end{vmatrix}=0$,而三阶矩阵 $\boldsymbol{A}$ 有3个特征值 $1,-1,0$,对应特征向量分别为 $\boldsymbol{\beta}_1=\begin{pmatrix}1\\2a\\-1\end{pmatrix}$,$\boldsymbol{\beta}_2=\begin{pmatrix}a\\a+3\\a+2\end{pmatrix}$,$\boldsymbol{\beta}_3=\begin{pmatrix}a-2\\-1\\a+1\end{pmatrix}$,试确定参数 a,并求 $\boldsymbol{A}$.

解 由

$$\begin{vmatrix}a&-5&8\\0&a+1&8\\0&3a+3&25\end{vmatrix}=a(a+1)=0$$

解得 $a=0$ 或 $a=-1$.

由于 $a=-1$ 时,$\boldsymbol{\beta}_1=\begin{pmatrix}1\\-2\\-1\end{pmatrix}$,$\boldsymbol{\beta}_2=\begin{pmatrix}-1\\2\\1\end{pmatrix}$,$\boldsymbol{\beta}_3=\begin{pmatrix}-3\\-1\\0\end{pmatrix}$线性相关,故舍去.

由于 $a=0$ 时,$\boldsymbol{\beta}_1=\begin{pmatrix}1\\0\\-1\end{pmatrix}$,$\boldsymbol{\beta}_2=\begin{pmatrix}0\\3\\2\end{pmatrix}$,$\boldsymbol{\beta}_3=\begin{pmatrix}-2\\-1\\1\end{pmatrix}$线性无关,故 $a=0$.

设 $\boldsymbol{A}$ 的特征值为 $\lambda_1=1$,$\lambda_2=-1$,$\lambda_3=0$,则由

$$\boldsymbol{A}(\boldsymbol{\beta}_1,\boldsymbol{\beta}_2,\boldsymbol{\beta}_3)=(\boldsymbol{A\beta}_1,\boldsymbol{A\beta}_2,\boldsymbol{A\beta}_3)=(\lambda_1\boldsymbol{\beta}_1,\lambda_2\boldsymbol{\beta}_2,\lambda_3\boldsymbol{\beta}_3)$$

得

$$\boldsymbol{A}=(\lambda_1\boldsymbol{\beta}_1,\lambda_2\boldsymbol{\beta}_2,\lambda_3\boldsymbol{\beta}_3)(\boldsymbol{\beta}_1,\boldsymbol{\beta}_2,\boldsymbol{\beta}_3)^{-1}$$

$$=\begin{pmatrix}1&0&0\\0&-3&0\\-1&-2&0\end{pmatrix}\begin{pmatrix}1&0&-2\\0&3&-1\\-1&2&1\end{pmatrix}^{-1}=\begin{pmatrix}1&0&0\\0&-3&0\\-1&-2&0\end{pmatrix}\begin{pmatrix}-5&4&-6\\-1&1&-1\\-3&2&-3\end{pmatrix}$$

$$=\begin{pmatrix}-5&4&-6\\3&-3&3\\7&-6&8\end{pmatrix}.$$

10. 设 $\boldsymbol{A}$ 为 n 阶矩阵，λ_1 和 λ_2 是 $\boldsymbol{A}$ 的两个不同的特征值，$\boldsymbol{x}_1$，$\boldsymbol{x}_2$ 是分别属于 λ_1 和 λ_2 的特征向量. 试证明 $\boldsymbol{x}_1+\boldsymbol{x}_2$ 不是 $\boldsymbol{A}$ 的特征向量.

证 因为 $\boldsymbol{A}\boldsymbol{x}_1=\lambda_1\boldsymbol{x}_1$，$\boldsymbol{A}\boldsymbol{x}_2=\lambda_2\boldsymbol{x}_2$，$\lambda_1\neq\lambda_2$，所以

$$\boldsymbol{A}(\boldsymbol{x}_1+\boldsymbol{x}_2)=\boldsymbol{A}\boldsymbol{x}_1+\boldsymbol{A}\boldsymbol{x}_2=\lambda_1\boldsymbol{x}_1+\lambda_2\boldsymbol{x}_2.$$

设 $\boldsymbol{x}_1+\boldsymbol{x}_2$ 是 $\boldsymbol{A}$ 的特征向量，则

$$\boldsymbol{A}(\boldsymbol{x}_1+\boldsymbol{x}_2)=\lambda_1\boldsymbol{x}_1+\lambda_2\boldsymbol{x}_2,\qquad \lambda_1\boldsymbol{x}_1+\lambda_2\boldsymbol{x}_2=\lambda(\boldsymbol{x}_1+\boldsymbol{x}_2),$$

$$(\lambda_1-\lambda)\boldsymbol{x}_1+(\lambda_2-\lambda)\boldsymbol{x}_2=0.$$

由于 $\boldsymbol{x}_1$，$\boldsymbol{x}_2$ 线性无关，故有 $\lambda_1-\lambda=0$，$\lambda_2-\lambda=0$，即 $\lambda_1=\lambda_2$，这与假设矛盾，所以 $\boldsymbol{x}_1+\boldsymbol{x}_2$ 不是 $\boldsymbol{A}$ 的特征向量.

11. 设 $\boldsymbol{A}$ 是 n 阶矩阵，试证结论：

(1)若 $\boldsymbol{A}$ 是幂零矩阵，即存在正整数 k，使 $\boldsymbol{A}^k=\boldsymbol{O}$，则 $\boldsymbol{A}$ 的特征值为 0；

(2)若 $\boldsymbol{A}$ 是对合阵，即 $\boldsymbol{A}^2=\boldsymbol{E}$，则 $\boldsymbol{A}$ 的特征值为 1 或 -1.

证 (1)由 $\boldsymbol{A}^k=\boldsymbol{O}$ 可得 $\lambda^k\boldsymbol{\alpha}=\boldsymbol{0}$，而 $\boldsymbol{\alpha}\neq 0$，故 $\lambda^k=0$，即 $\lambda=0$，亦即 $\boldsymbol{A}$ 的特征值只能为 0.

(2)由 $\boldsymbol{A}^2=\boldsymbol{E}$ 可得 $\lambda^2\boldsymbol{\alpha}=\boldsymbol{\alpha}$，而 $\boldsymbol{\alpha}\neq\boldsymbol{0}$，所以 $\lambda^2=1$ 即 $\lambda=\pm 1$，亦即 $\boldsymbol{A}$ 的特征值只能为 1 或 -1.

12. 设 $\boldsymbol{A}$ 为 n 阶矩阵，任一非零的 n 维向量都是 $\boldsymbol{A}$ 的特征向量. 证明：$\boldsymbol{A}=\lambda\boldsymbol{E}$，即 $\boldsymbol{A}$ 为数量矩阵.

解 设 $a_{ij}(i,j=1,2,\cdots,n)$ 是 $\boldsymbol{A}$ 的第 i 行第 j 列元素，由题设知 n 维单位向量组 $\boldsymbol{\varepsilon}_1,\boldsymbol{\varepsilon}_2,\cdots,\boldsymbol{\varepsilon}_n$ 也是 $\boldsymbol{A}$ 的特征向量，若 $\lambda_1,\lambda_2,\cdots,\lambda_n$ 是对应的特征值，则有

$$\boldsymbol{A}\boldsymbol{\varepsilon}_i=\lambda_i\boldsymbol{\varepsilon}_i,i=1,2,\cdots,n.$$

即

$$\boldsymbol{A}\boldsymbol{\varepsilon}_i=\begin{pmatrix}a_{1i}\\\vdots\\a_{ii}\\\vdots\\a_{ni}\end{pmatrix}=\begin{pmatrix}0\\\vdots\\\lambda_i\\\vdots\\0\end{pmatrix},i=1,2,\cdots,n.$$

由此知 $a_{ii}=\lambda_i, a_{ji}=0(j\neq i)$.

由 $\boldsymbol{\varepsilon}_i+\boldsymbol{\varepsilon}_j$ 也是 $\boldsymbol{A}$ 的特征向量,即

$$\boldsymbol{A}(\boldsymbol{\varepsilon}_i+\boldsymbol{\varepsilon}_j)=\lambda(\boldsymbol{\varepsilon}_i+\boldsymbol{\varepsilon}_j)=\lambda_i\boldsymbol{\varepsilon}_i+\lambda_j\boldsymbol{\varepsilon}_j$$

可得 $\lambda_i=\lambda_j=\lambda$.

综上,$\boldsymbol{A}=\mathrm{diag}(\lambda)=\lambda\boldsymbol{E}$,即 $\boldsymbol{A}$ 为数量矩阵.

13. 试证反对称实矩阵的特征值是零或纯虚数.

证 设 $\boldsymbol{A}$ 是反对称矩阵,λ 是它任一特征值. 则有$\overline{\boldsymbol{A}}=\boldsymbol{A}, \boldsymbol{A}^{\mathrm{T}}=-\boldsymbol{A}$,而

$$\overline{\boldsymbol{\alpha}}^{\mathrm{T}}(\boldsymbol{A}\boldsymbol{\alpha})=-\overline{\boldsymbol{\alpha}}^{\mathrm{T}}\boldsymbol{A}^{\mathrm{T}}\boldsymbol{\alpha}=-(\boldsymbol{A}\overline{\boldsymbol{\alpha}})^{\mathrm{T}}\boldsymbol{\alpha}=-(\overline{\boldsymbol{A}\boldsymbol{\alpha}})^{\mathrm{T}}\boldsymbol{\alpha},$$

上式左边为 $\lambda\overline{\boldsymbol{\alpha}}^{\mathrm{T}}\boldsymbol{\alpha}$,右边为 $-\overline{\lambda}\overline{\boldsymbol{\alpha}}^{\mathrm{T}}\boldsymbol{\alpha}$,故 $\lambda\overline{\boldsymbol{\alpha}}^{\mathrm{T}}\boldsymbol{\alpha}=-\overline{\lambda}\overline{\boldsymbol{\alpha}}^{\mathrm{T}}\boldsymbol{\alpha}$,从而 $\lambda=-\overline{\lambda}$. 由此说明 λ 是零或纯虚数.

14. 设矩阵 $\boldsymbol{A}=\begin{pmatrix} a & -1 & c \\ 5 & b & 3 \\ 1-c & 0 & -a \end{pmatrix}$,其行列式 $|\boldsymbol{A}|=-1$,又 $\boldsymbol{A}$ 的伴随矩阵 $\boldsymbol{A}^*$ 有一个特征值 λ_0,属于 λ_0 的一个特征向量为 $\boldsymbol{\alpha}=(-1,-1,1)^{\mathrm{T}}$,求 a,b,c 和 λ_0 的值.

分析 尽管看上去要计算的参数较多,但如果能找到所给条件之间的联系,并转化为求方程组的解,问题就简单得多. 根据题目条件,可以联想到以下公式和定义:

$$\boldsymbol{A}\boldsymbol{A}^*=|\boldsymbol{A}|\boldsymbol{E};\ \boldsymbol{A}^*\boldsymbol{\alpha}=\lambda_0\boldsymbol{\alpha},$$

继而得出方程组 $\lambda_0\boldsymbol{A}\boldsymbol{\alpha}=-\boldsymbol{\alpha}$.

解 根据题设可得

$$\boldsymbol{A}\boldsymbol{A}^*=|\boldsymbol{A}|\boldsymbol{E}=-\boldsymbol{E} \text{ 和 } \boldsymbol{A}^*\boldsymbol{\alpha}=\lambda_0\boldsymbol{\alpha}.$$

于是

$$\boldsymbol{A}\boldsymbol{A}^*\boldsymbol{\alpha}=\boldsymbol{A}(\lambda_0\boldsymbol{\alpha})=\lambda_0\boldsymbol{A}\boldsymbol{\alpha}.$$

又 $\boldsymbol{A}\boldsymbol{A}^*\boldsymbol{\alpha}=-\boldsymbol{E}\boldsymbol{\alpha}=-\boldsymbol{\alpha}$,所以 $\lambda_0\boldsymbol{A}\boldsymbol{\alpha}=-\boldsymbol{\alpha}$,即

$$\lambda_0\begin{pmatrix} a & -1 & c \\ 5 & b & 3 \\ 1-c & 0 & -a \end{pmatrix}\begin{pmatrix} -1 \\ -1 \\ 1 \end{pmatrix}=-\begin{pmatrix} -1 \\ -1 \\ 1 \end{pmatrix}.$$

由此可得

$$\begin{cases} \lambda_0(-a+1+c)=1, & (1) \\ \lambda_0(-5-b+3)=1, & (2) \\ \lambda_0(-1+c-a)=-1. & (3) \end{cases}$$

由(1)和(3)解得 $\lambda_0=1$.

将 $\lambda_0=1$ 代入(2)和(1),得 $b=-3, a=c$.

由$|\boldsymbol{A}|=-1$和$a=c$,有$\begin{vmatrix} a & -1 & a \\ 5 & -3 & 3 \\ 1-a & 0 & -a \end{vmatrix}=a-3=-1$,故$a=c=2$.

因此,$a=2,b=-3,c=2,\lambda_0=1$.

15. 已知$\boldsymbol{A}=\begin{pmatrix} 2 & a & 2 \\ 5 & b & 3 \\ -1 & 1 & -1 \end{pmatrix}$有特征值$\pm 1$,问$\boldsymbol{A}$能否对角化?并说明理由.

解 设$\boldsymbol{A}$的特征值为$\lambda_1,\lambda_2,\lambda_3$,其中$\lambda_1=-1,\lambda_2=1$.由题设,有

$$\begin{cases} |\lambda_1\boldsymbol{E}-\boldsymbol{A}|=-2(b+3)=0, \\ |\lambda_2\boldsymbol{E}-\boldsymbol{A}|=-7(a+1)=0, \end{cases}$$

解得$a=-1,b=-3$.

由$\mathrm{tr}(\boldsymbol{A})=2+b-1=\lambda_1+\lambda_2+\lambda_3$解得$\lambda_3=-2$.

由于$\boldsymbol{A}$有三个不同的特征值,所以$\boldsymbol{A}$能相似对角化.

16. 设矩阵$\boldsymbol{A}=\begin{pmatrix} 1 & 2 & -3 \\ -1 & 4 & -3 \\ 1 & a & 5 \end{pmatrix}$的特征方程有一个二重根,求$a$的值,并讨论$\boldsymbol{A}$是否可相似对角化.

解 $\boldsymbol{A}$的特征多项式为

$$|\lambda\boldsymbol{E}-\boldsymbol{A}|=\begin{vmatrix} \lambda-1 & -2 & 3 \\ 1 & \lambda-4 & 3 \\ -1 & -a & \lambda-5 \end{vmatrix}=(\lambda-2)(\lambda^2-8\lambda+18+3a).$$

若$\lambda=2$是特征方程的二重根,则有$2^2-16+18+3a=0$,得$a=-2$.

当$a=-2$时,$\boldsymbol{A}$的特征根为2,2,6,而矩阵$2\boldsymbol{E}-\boldsymbol{A}=\begin{pmatrix} 1 & -2 & 3 \\ 1 & -2 & 3 \\ -1 & 2 & -3 \end{pmatrix}$的秩为1,故$\lambda=2$对应的线性无关的特征向量有两个,从而$\boldsymbol{A}$可相似对角化.

若$\lambda=2$不是特征方程的二重根,则$\lambda^2-8\lambda+18+3a$为完全平方,从而$18+3a=16$,解得$a=-\dfrac{2}{3}$.

当$a=-\dfrac{2}{3}$时,$\boldsymbol{A}$的特征根为2,4,4,而矩阵$4\boldsymbol{E}-\boldsymbol{A}=\begin{pmatrix} 3 & -2 & 3 \\ 1 & 0 & 3 \\ -1 & \dfrac{2}{3} & -3 \end{pmatrix}$的秩为2,故$\lambda=4$对应的线性无关的特征向量只有一个,从而$\boldsymbol{A}$不可相似对角化.

注　矩阵 $\boldsymbol{A}$ 能否与对角阵相似，关键看二重特征值是否有两个线性无关的特征向量.

17. 已知 $\boldsymbol{\xi}=\begin{pmatrix}1\\1\\-1\end{pmatrix}$ 是矩阵 $\boldsymbol{A}=\begin{pmatrix}2&-1&2\\5&a&3\\-1&b&-2\end{pmatrix}$ 的一个特征向量.

(1)试确定参数 a,b 及特征向量 $\boldsymbol{\xi}$ 所对应的特征值；

(2)问 $\boldsymbol{A}$ 能否相似于对角阵？说明理由.

分析　设特征向量 $\boldsymbol{\xi}$ 所对应的特征值为 λ，则 $(\lambda\boldsymbol{E}-\boldsymbol{A})\boldsymbol{\xi}=\boldsymbol{0}$，这是一个含 λ、a 和 b 的方程组，由此可解出 λ、a 和 b. $\boldsymbol{A}$ 能否相似于对角阵取决于 $\boldsymbol{A}$ 是否存在 3 个线性无关的特征向量，这就要求出 $\boldsymbol{A}$ 的所有特征值及其对应的线性无关的特征向量的个数.

解　(1)由

$$(\lambda\boldsymbol{E}-\boldsymbol{A})\boldsymbol{\xi}=\begin{pmatrix}\lambda-2&1&-2\\-5&\lambda-a&-3\\1&-b&\lambda+2\end{pmatrix}\begin{pmatrix}1\\1\\-1\end{pmatrix}=\boldsymbol{0}\text{，即}\begin{cases}\lambda-2+1+2=0,\\-5+\lambda-a+3=0,\\1-b-\lambda-2=0.\end{cases}$$

解得 $a=-3,b=0,\lambda=-1$.

(2)由 $\boldsymbol{A}=\begin{pmatrix}2&-1&2\\5&-3&3\\-1&0&-2\end{pmatrix}$，$|\lambda\boldsymbol{E}-\boldsymbol{A}|=\begin{vmatrix}\lambda-2&1&-2\\-5&\lambda+3&-3\\1&0&\lambda+2\end{vmatrix}=(\lambda+1)^3$ 知 $\lambda=-1$ 是 $\boldsymbol{A}$ 的三重特征值. 但

$$r(-\boldsymbol{E}-\boldsymbol{A})=r\begin{pmatrix}-3&1&-2\\-5&2&-3\\1&0&1\end{pmatrix}=2,$$

从而 $\lambda=-1$ 对应的线性无关特征值只有一个，故 $\boldsymbol{A}$ 不能相似于对角阵.

18. 已知3阶矩阵 $\boldsymbol{A}$ 的三个特征值为 $\lambda_1=\lambda_2=1,\lambda_3=2$，对应的特征向量为 $\boldsymbol{\alpha}_1=(1,2,1)^{\mathrm{T}},\boldsymbol{\alpha}_2=(1,1,0)^{\mathrm{T}},\boldsymbol{\alpha}_3=(2,0,-1)^{\mathrm{T}}$. 问 $\boldsymbol{A}$ 能否与对角阵 $\boldsymbol{B}$ 相似？如果相似，求 $\boldsymbol{A}$，$\boldsymbol{B}$ 和可逆矩阵 $\boldsymbol{P}$，使得 $\boldsymbol{A}=\boldsymbol{P}\boldsymbol{B}\boldsymbol{P}^{-1}$.

解　由

$$|\boldsymbol{\alpha}_1,\boldsymbol{\alpha}_2,\boldsymbol{\alpha}_3|=\begin{vmatrix}1&1&2\\2&1&0\\1&0&-1\end{vmatrix}=-1\neq 0$$

知 $\boldsymbol{\alpha}_1,\boldsymbol{\alpha}_2,\boldsymbol{\alpha}_3$ 是 $\boldsymbol{A}$ 的三个线性无关的特征向量，故 $\boldsymbol{A}$ 可相似对角化.

由于

$$\boldsymbol{A}(\boldsymbol{\alpha}_1,\boldsymbol{\alpha}_2,\boldsymbol{\alpha}_3)=(\lambda_1\boldsymbol{\alpha}_1,\lambda_2\boldsymbol{\alpha}_2,\lambda_3\boldsymbol{\alpha}_3)=(\boldsymbol{\alpha}_1,\boldsymbol{\alpha}_2,\boldsymbol{\alpha}_3)\begin{pmatrix}\lambda_1&&\\&\lambda_2&\\&&\lambda_3\end{pmatrix},$$

故取

$$B=\begin{pmatrix}\lambda_1 & & \\ & \lambda_2 & \\ & & \lambda_3\end{pmatrix}=\begin{pmatrix}1 & & \\ & 1 & \\ & & 2\end{pmatrix},P=(\boldsymbol{\alpha}_1,\boldsymbol{\alpha}_2,\boldsymbol{\alpha}_3)=\begin{pmatrix}1 & 1 & 2\\ 2 & 1 & 0\\ 1 & 0 & -1\end{pmatrix}.$$

从而

$$A=PBP^{-1}=\begin{pmatrix}1 & 1 & 2\\ 2 & 1 & 0\\ 1 & 0 & -1\end{pmatrix}\begin{pmatrix}1 & & \\ & 1 & \\ & & 2\end{pmatrix}\begin{pmatrix}1 & 1 & 2\\ 2 & 1 & 0\\ 1 & 0 & -1\end{pmatrix}^{-1}$$

$$=\begin{pmatrix}1 & 1 & 2\\ 2 & 1 & 0\\ 1 & 0 & -1\end{pmatrix}\begin{pmatrix}1 & & \\ & 1 & \\ & & 2\end{pmatrix}\begin{pmatrix}1 & -1 & 2\\ -2 & 3 & -4\\ 1 & -1 & 1\end{pmatrix}=\begin{pmatrix}3 & -2 & 2\\ 0 & 1 & 0\\ -1 & 1 & 0\end{pmatrix}.$$

19. 已知矩阵 $A=\begin{pmatrix}1 & -1 & 1\\ 2 & 4 & -2\\ -3 & -3 & 5\end{pmatrix}$.

(1)求 A 的特征值；

(2)求可逆矩阵和对角阵 C，使得 $P^{-1}AP=C$.

解 (1)由

$$|\lambda E-A|=\begin{vmatrix}\lambda-1 & 1 & -1\\ -2 & \lambda-4 & 2\\ 3 & 3 & \lambda-5\end{vmatrix}=(\lambda-2)^2(\lambda-6)$$

可得 A 的特征值 $\lambda_1=\lambda_2=2,\lambda_3=6$.

(2)对于 $\lambda_1=\lambda_2=2$，有

$$2E-A=\begin{pmatrix}1 & 1 & -1\\ -2 & -2 & 2\\ 3 & 3 & -3\end{pmatrix}\to\begin{pmatrix}1 & 1 & -1\\ 0 & 0 & 0\\ 0 & 0 & 0\end{pmatrix},$$

对应的特征向量为 $\boldsymbol{\alpha}_1=(-1,1,0)^{\mathrm{T}},\boldsymbol{\alpha}_2=(1,0,1)^{\mathrm{T}}$.

对于 $\lambda_3=6$，有

$$6E-A=\begin{pmatrix}5 & 1 & -1\\ -2 & 2 & 2\\ 3 & 3 & 1\end{pmatrix}\to\begin{pmatrix}1 & -1 & -1\\ 0 & 3 & 2\\ 0 & 0 & 0\end{pmatrix},$$

对应的特征向量为 $\boldsymbol{\alpha}_3=(1,-2,3)^{\mathrm{T}}$.

令

$$P=(\boldsymbol{\alpha}_1,\boldsymbol{\alpha}_2,\boldsymbol{\alpha}_3)=\begin{pmatrix}-1&1&1\\1&0&-2\\0&1&3\end{pmatrix},$$

则

$$P^{-1}AP=C=\begin{pmatrix}2&0&0\\0&2&0\\0&0&6\end{pmatrix}.$$

20. 设 $A=\begin{pmatrix}a&-1&1\\-1&0&1\\1&b&0\end{pmatrix}$，$\boldsymbol{\alpha}=\begin{pmatrix}-1\\-1\\1\end{pmatrix}$为 A 的属于特征值-2 的特征向量.

(1)求 a,b 的值；

(2)求可逆矩阵 P 和对角矩阵 Q，使得 $P^{-1}AP=Q$.

解　(1)由题设可知

$$\begin{pmatrix}a&-1&1\\-1&0&1\\1&b&0\end{pmatrix}\begin{pmatrix}-1\\-1\\1\end{pmatrix}=-2\begin{pmatrix}-1\\-1\\1\end{pmatrix},\text{即}\begin{pmatrix}2-a\\2\\-1-b\end{pmatrix}=\begin{pmatrix}2\\2\\-2\end{pmatrix},$$

于是 $a=0,b=1$.

(2)矩阵 A 的特征多项式为

$$|\lambda E-A|=\begin{vmatrix}\lambda&1&-1\\1&\lambda&-1\\-1&-1&\lambda\end{vmatrix}=(\lambda-1)^2(\lambda+2),$$

于是 A 的特征值为 $\lambda_1=\lambda_2=1,\lambda_3=-2$.

当 $\lambda_1=\lambda_2=1$ 时，由方程组 $(E-A)x=0$，求得属于 1 的两个线性无关的特征向量

$$\boldsymbol{\xi}_1=\begin{pmatrix}-1\\1\\0\end{pmatrix},\quad \boldsymbol{\xi}_2=\begin{pmatrix}1\\0\\1\end{pmatrix}.$$

由题设，$\boldsymbol{\alpha}$ 为 A 的属于-2 的特征向量，于是令

$$P=(\boldsymbol{\alpha},\boldsymbol{\xi}_1,\boldsymbol{\xi}_2)=\begin{pmatrix}-1&-1&1\\-1&1&0\\1&0&1\end{pmatrix},Q=\begin{pmatrix}-2&0&0\\0&1&0\\0&0&1\end{pmatrix}.$$

则 $P^{-1}AP=Q$，故 P 和 Q 为所求的矩阵.

21. 设矩阵 $A=\begin{pmatrix}1&0&b\\0&2&a\\1&0&1\end{pmatrix}$有特征向量$\begin{pmatrix}1\\1\\1\end{pmatrix}$.

(1) 求 a, b 的值;

(2) 求可逆矩阵 $\boldsymbol{P}$,使得 $\boldsymbol{P}^{-1}\boldsymbol{AP}$ 为对角矩阵.

解 (1) 由 $\boldsymbol{A}\begin{pmatrix}1\\1\\1\end{pmatrix}=\lambda\begin{pmatrix}1\\1\\1\end{pmatrix}$,即$\begin{cases}b+1=\lambda,\\2+a=\lambda,\\2=\lambda,\end{cases}$得 $a=0$,$b=1$.

(2) 由(1) 得 $\boldsymbol{A}=\begin{pmatrix}1&0&1\\0&2&0\\1&0&1\end{pmatrix}$,矩阵 $\boldsymbol{A}$ 的特征多项式为

$$|\lambda\boldsymbol{E}-\boldsymbol{A}|=\begin{vmatrix}\lambda-1&0&-1\\0&\lambda-2&0\\-1&0&\lambda-1\end{vmatrix}=(\lambda-2)^2\lambda,$$

则 $\boldsymbol{A}$ 的特征值为 $\lambda_1=\lambda_2=2$,$\lambda_3=0$.

当 $\lambda_1=\lambda_2=2$ 时,由方程组$(2\boldsymbol{E}-\boldsymbol{A})=\boldsymbol{0}$,得属于 $\lambda_1=\lambda_2=2$ 的线性无关的特征向量 $\boldsymbol{\alpha}_1=\begin{pmatrix}0\\1\\0\end{pmatrix}$,$\boldsymbol{\alpha}_2=\begin{pmatrix}1\\0\\1\end{pmatrix}$.

当 $\lambda_3=0$ 时,由方程组$(0\boldsymbol{E}-\boldsymbol{A})=\boldsymbol{0}$,得属于 $\lambda_3=0$ 的特征向量 $\boldsymbol{\alpha}_3=\begin{pmatrix}-1\\0\\1\end{pmatrix}$.

令 $\boldsymbol{P}=(\boldsymbol{\alpha}_1,\boldsymbol{\alpha}_2,\boldsymbol{\alpha}_3)=\begin{pmatrix}0&1&-1\\1&0&0\\0&1&1\end{pmatrix}$,则 $\boldsymbol{P}^{-1}\boldsymbol{AP}=\begin{pmatrix}2&0&0\\0&2&0\\0&0&0\end{pmatrix}$.

22. 已知 1 是矩阵 $\boldsymbol{A}=\begin{pmatrix}0&a&1\\1&1&-1\\1&0&0\end{pmatrix}$的二重特征值,(1)求 a 的值;(2)求可逆矩阵 $\boldsymbol{P}$ 和对角矩阵 $\boldsymbol{Q}$ 使 $\boldsymbol{P}^{-1}\boldsymbol{AP}=\boldsymbol{Q}$.

解 (1)设 $\boldsymbol{A}$ 的特征值为 $\lambda_1,\lambda_2,\lambda_3$,由题设知 $\lambda_1=\lambda_2=1$.

由 $\mathrm{tr}\boldsymbol{A}=\lambda_1+\lambda_2+\lambda_3=1$ 得 $\lambda_3=-1$.

由 $|\boldsymbol{A}|=\lambda_1\lambda_2\lambda_3$ 即 $-a-1=-1$ 得 $a=0$.

(2)当 $\lambda_1=\lambda_2=1$ 时,解线性方程组$(\boldsymbol{E}-\boldsymbol{A})\boldsymbol{x}=\boldsymbol{0}$,由

$$\boldsymbol{E}-\boldsymbol{A}=\begin{pmatrix}1&0&-1\\-1&0&1\\-1&0&1\end{pmatrix}\rightarrow\begin{pmatrix}1&0&-1\\0&0&0\\0&0&0\end{pmatrix},$$

得基础解系 $\boldsymbol{\alpha}_1=(0,1,0)^{\mathrm{T}}$,$\boldsymbol{\alpha}_2=(1,0,1)^{\mathrm{T}}$.

当 $\lambda_3=-1$ 时，解线性方程组 $(-\boldsymbol{E}-\boldsymbol{A})\boldsymbol{x}=\boldsymbol{0}$，由

$$-\boldsymbol{E}-\boldsymbol{A}=\begin{pmatrix}-1&0&-1\\-1&-2&1\\-1&0&-1\end{pmatrix}\to\begin{pmatrix}1&0&1\\0&1&-1\\0&0&0\end{pmatrix},$$

得基础解系 $\boldsymbol{\alpha}_3=(-1,1,1)^{\mathrm{T}}$.

令

$$\boldsymbol{P}=(\boldsymbol{\alpha}_1,\boldsymbol{\alpha}_2,\boldsymbol{\alpha}_3)=\begin{pmatrix}0&1&-1\\1&0&1\\0&1&1\end{pmatrix},\qquad \boldsymbol{Q}=\begin{pmatrix}1&&\\&1&\\&&-1\end{pmatrix},$$

则 $\boldsymbol{P}^{-1}\boldsymbol{A}\boldsymbol{P}=\boldsymbol{Q}$.

23. 设矩阵 $\boldsymbol{A}=\begin{pmatrix}1&a&-1\\a&1&0\\0&1&a\end{pmatrix}$ 的一个特征值为 1.

(1) 求 a 的值；

(2) 求可逆矩阵 $\boldsymbol{P}$，使 $\boldsymbol{P}^{-1}\boldsymbol{A}\boldsymbol{A}^{\mathrm{T}}\boldsymbol{P}$ 为对角矩阵.

解 (1) 因为 1 是 $\boldsymbol{A}$ 的特征值，所以

$$|\boldsymbol{E}-\boldsymbol{A}|=\begin{vmatrix}0&-a&1\\-a&0&-1\\0&-1&1-a\end{vmatrix}=a(a^2-a+1)=0,$$

解得 $a=0$.

(2) 由于

$$\boldsymbol{A}\boldsymbol{A}^{\mathrm{T}}=\begin{pmatrix}1&0&-1\\0&1&0\\0&1&0\end{pmatrix}\begin{pmatrix}1&0&0\\0&1&1\\-1&0&0\end{pmatrix}=\begin{pmatrix}2&0&0\\0&1&1\\0&1&1\end{pmatrix},$$

$$|\lambda\boldsymbol{E}-\boldsymbol{A}\boldsymbol{A}^{\mathrm{T}}|=\begin{vmatrix}\lambda-2&0&0\\0&\lambda-1&-1\\0&-1&\lambda-1\end{vmatrix}=\lambda(\lambda-2)^2,$$

解得 $\boldsymbol{A}\boldsymbol{A}^{\mathrm{T}}$ 的特征值为 $\lambda_1=\lambda_2=2,\lambda_3=0$.

当 $\lambda_1=\lambda_2=2$ 时，解方程组 $(2\boldsymbol{E}-\boldsymbol{A}\boldsymbol{A}^{\mathrm{T}})\boldsymbol{x}=\boldsymbol{0}$，得 $\boldsymbol{A}\boldsymbol{A}^{\mathrm{T}}$ 的两个线性无关的特征向量

$$\boldsymbol{\xi}_1=\begin{pmatrix}1\\0\\0\end{pmatrix},\boldsymbol{\xi}_2=\begin{pmatrix}0\\1\\1\end{pmatrix};$$

当 $\lambda_3=0$ 时,解方程组 $(0\boldsymbol{E}-\boldsymbol{A}\boldsymbol{A}^{\mathrm{T}})\boldsymbol{x}=\boldsymbol{0}$,得 $\boldsymbol{A}\boldsymbol{A}^{\mathrm{T}}$ 的特征向量 $\boldsymbol{\xi}_3=\begin{pmatrix}0\\-1\\1\end{pmatrix}$.

令 $\boldsymbol{P}=(\boldsymbol{\xi}_1,\boldsymbol{\xi}_2,\boldsymbol{\xi}_3)=\begin{pmatrix}1&0&0\\0&1&-1\\0&1&1\end{pmatrix}$,则 $\boldsymbol{P}^{-1}\boldsymbol{A}\boldsymbol{A}^{\mathrm{T}}\boldsymbol{P}=\begin{pmatrix}2&0&0\\0&2&0\\0&0&0\end{pmatrix}$.

24. 设 3 阶矩阵 $\boldsymbol{A}$ 的特征值为 $1,1,-2$,对应的特征向量依次为

$$\boldsymbol{\alpha}_1=\begin{pmatrix}0\\1\\0\end{pmatrix},\boldsymbol{\alpha}_2=\begin{pmatrix}1\\0\\1\end{pmatrix},\boldsymbol{\alpha}_3=\begin{pmatrix}1\\0\\-1\end{pmatrix}.$$

(1)求矩阵 $\boldsymbol{A}$;

(2)求 $\boldsymbol{A}^{2009}$.

解 (1)因为 $\boldsymbol{A}$ 有三个完全不同的特征值,所以 $\boldsymbol{A}$ 可对角化.

令 $\boldsymbol{P}=(\boldsymbol{\alpha}_1,\boldsymbol{\alpha}_2,\boldsymbol{\alpha}_3)$,则

$$\boldsymbol{P}^{-1}\boldsymbol{A}\boldsymbol{P}=\boldsymbol{\Lambda}=\begin{pmatrix}1&0&0\\0&1&0\\0&0&-2\end{pmatrix},$$

即 $\boldsymbol{A}=\boldsymbol{P}\boldsymbol{\Lambda}\boldsymbol{P}^{-1}$.

利用初等行变换求 $\boldsymbol{P}^{-1}$,有

$$(\boldsymbol{P}\,\vdots\,\boldsymbol{E})=\left(\begin{array}{ccc:ccc}0&1&1&1&0&0\\1&0&0&0&1&0\\0&1&-1&0&0&1\end{array}\right)\to\left(\begin{array}{ccc:ccc}1&0&0&0&1&0\\0&1&1&1&0&0\\0&1&-1&0&0&1\end{array}\right)$$

$$\to\left(\begin{array}{ccc:ccc}1&0&0&0&1&0\\0&1&1&1&0&0\\0&0&-2&-1&0&1\end{array}\right)\to\left(\begin{array}{ccc:ccc}1&0&0&0&1&0\\0&1&0&\frac{1}{2}&0&\frac{1}{2}\\0&0&1&\frac{1}{2}&0&-\frac{1}{2}\end{array}\right),$$

即 $\boldsymbol{P}^{-1}=\begin{pmatrix}0&1&0\\\frac{1}{2}&0&\frac{1}{2}\\\frac{1}{2}&0&-\frac{1}{2}\end{pmatrix}$,于是

$$A=P\Lambda P^{-1}=\begin{pmatrix}0&1&1\\1&0&0\\0&1&-1\end{pmatrix}\begin{pmatrix}1&0&0\\0&1&0\\0&0&-2\end{pmatrix}\begin{pmatrix}0&1&0\\\frac{1}{2}&0&\frac{1}{2}\\\frac{1}{2}&0&-\frac{1}{2}\end{pmatrix}=\begin{pmatrix}-\frac{1}{2}&0&\frac{3}{2}\\0&1&0\\\frac{3}{2}&0&-\frac{1}{2}\end{pmatrix}.$$

(2)$A^{2009}=(P\Lambda P^{-1})^{2009}=\underbrace{(P\Lambda P^{-1})(P\Lambda P^{-1})\cdots(P\Lambda P^{-1})}_{2009个}=P\Lambda^{2009}P^{-1}$

$$=\begin{pmatrix}0&1&1\\1&0&0\\0&1&-1\end{pmatrix}\begin{pmatrix}1&0&0\\0&1&0\\0&0&-2^{2009}\end{pmatrix}\begin{pmatrix}0&1&0\\\frac{1}{2}&0&\frac{1}{2}\\\frac{1}{2}&0&-\frac{1}{2}\end{pmatrix}$$

$$=\begin{pmatrix}\frac{1}{2}-2^{2008}&0&\frac{1}{2}+2^{2008}\\0&1&0\\\frac{1}{2}+2^{2008}&0&\frac{1}{2}-2^{2008}\end{pmatrix}.$$

25. 设矩阵 $A=\begin{pmatrix}1&2&0\\2&1&0\\0&0&-1\end{pmatrix}$.

(1)求可逆矩阵 P 和对角矩阵 Λ,使得 $P^{-1}AP=\Lambda$;

(2)求 A^{101}.

解 (1)由题设,

$$|\lambda E-A|=\begin{vmatrix}\lambda-1&-2&0\\-2&\lambda-1&0\\0&0&\lambda+1\end{vmatrix}=(\lambda+1)^2(\lambda-3),$$

得 A 的特征值为 $\lambda_1=3,\lambda_2=\lambda_3=-1$.

当 $\lambda_1=3$ 时,解方程组 $(3E-A)x=0$,得 $\lambda_1=3$ 对应的一个特征向量 $p_1=\begin{pmatrix}1\\1\\0\end{pmatrix}$.

当 $\lambda_2=\lambda_3=-1$ 时,解方程组 $(-E-A)x=0$,得 $\lambda_2=\lambda_3=-1$ 对应的两个线性无关的特征向量 $p_2=\begin{pmatrix}-1\\1\\0\end{pmatrix}$,$p_3=\begin{pmatrix}0\\0\\1\end{pmatrix}$.

令 $\boldsymbol{P}=(\boldsymbol{p}_1,\boldsymbol{p}_2,\boldsymbol{p}_3)=\begin{pmatrix}1&-1&0\\1&1&0\\0&0&1\end{pmatrix}$，$\boldsymbol{\Lambda}=\begin{pmatrix}3&0&0\\0&-1&0\\0&0&-1\end{pmatrix}$，则 $\boldsymbol{P}^{-1}\boldsymbol{A}\boldsymbol{P}=\boldsymbol{\Lambda}$.

(2)由(1)得 $\boldsymbol{A}=\boldsymbol{P}\begin{pmatrix}3&0&0\\0&-1&0\\0&0&-1\end{pmatrix}\boldsymbol{P}^{-1}$，所以

$$\boldsymbol{A}^{101}=\boldsymbol{P}\begin{pmatrix}3&0&0\\0&-1&0\\0&0&-1\end{pmatrix}^{101}\boldsymbol{P}^{-1}=\begin{pmatrix}1&-1&0\\1&1&0\\0&0&1\end{pmatrix}\begin{pmatrix}3^{101}&&\\&-1&\\&&-1\end{pmatrix}\begin{pmatrix}\frac{1}{2}&\frac{1}{2}&0\\-\frac{1}{2}&\frac{1}{2}&0\\0&0&1\end{pmatrix}$$

$$=\begin{pmatrix}\frac{3^{101}-1}{2}&\frac{3^{101}+1}{2}&0\\\frac{3^{101}-1}{2}&\frac{3^{101}-1}{2}&0\\0&0&-1\end{pmatrix}.$$

26. 设3阶矩阵 $\boldsymbol{A}$ 的特征值为1，2，3，对应的特征向量分别为 $\boldsymbol{\alpha}_1=(1,1,1)^{\mathrm{T}}$，$\boldsymbol{\alpha}_2=(1,2,4)^{\mathrm{T}}$，$\boldsymbol{\alpha}_3=(1,3,9)^{\mathrm{T}}$. 令 $\boldsymbol{\beta}=(1,1,3)^{\mathrm{T}}$，求 $\boldsymbol{A}^n\boldsymbol{\beta}$.

解　由题设有

$$\boldsymbol{A}(\boldsymbol{\alpha}_1,\boldsymbol{\alpha}_2,\boldsymbol{\alpha}_3)=(\boldsymbol{\alpha}_1,\boldsymbol{\alpha}_2,\boldsymbol{\alpha}_3)\begin{pmatrix}1&&\\&2&\\&&3\end{pmatrix}.$$

记 $\boldsymbol{P}=(\boldsymbol{\alpha}_1,\boldsymbol{\alpha}_2,\boldsymbol{\alpha}_3)$，$\boldsymbol{B}=\begin{pmatrix}1&&\\&2&\\&&3\end{pmatrix}$，则 $\boldsymbol{A}=\boldsymbol{P}\boldsymbol{B}\boldsymbol{P}^{-1}$. 于是

$$\boldsymbol{A}^n\boldsymbol{\beta}=\boldsymbol{P}\boldsymbol{B}^n\boldsymbol{P}^{-1}\boldsymbol{\beta}=\begin{pmatrix}1&1&1\\1&2&3\\1&4&9\end{pmatrix}\begin{pmatrix}1^n&&\\&2^n&\\&&3^n\end{pmatrix}\begin{pmatrix}1&1&1\\1&2&3\\1&4&9\end{pmatrix}^{-1}\begin{pmatrix}1\\1\\3\end{pmatrix}$$

$$=\begin{pmatrix}1&1&1\\1&2&3\\1&4&9\end{pmatrix}\begin{pmatrix}1^n&&\\&2^n&\\&&3^n\end{pmatrix}\frac{1}{2}\begin{pmatrix}6&-5&1\\-6&8&-2\\2&-3&1\end{pmatrix}\begin{pmatrix}1\\1\\3\end{pmatrix}=\begin{pmatrix}2-2^{n+1}+3^n\\2-2^{n+2}+3^{n+1}\\2-2^{n+3}+3^{n+2}\end{pmatrix}.$$

27. 已知矩阵 $\boldsymbol{A}=\begin{pmatrix}0&2&1\\0&1&0\\1&a&0\end{pmatrix}$ 相似于对角矩阵.

(1)求 a 的值；

(2)求可逆矩阵 $\boldsymbol{P}$ 和对角矩阵 $\boldsymbol{\Lambda}$，使得 $\boldsymbol{P}^{-1}\boldsymbol{AP}=\boldsymbol{\Lambda}$.

解 (1)由 $\boldsymbol{A}$ 的特征多项式

$$|\lambda\boldsymbol{E}-\boldsymbol{A}|=\begin{vmatrix}\lambda & -2 & -1\\ 0 & \lambda-1 & 0\\ -1 & -a & \lambda\end{vmatrix}=(\lambda-1)^2(\lambda+1),$$

得特征值 $\lambda_1=\lambda_2=1,\lambda_3=-1$.

因为 $\boldsymbol{A}$ 相似于对角矩阵，$\lambda_1=\lambda_2=1$ 为二重特征值，所以 $r(\boldsymbol{E}-\boldsymbol{A})=1$，又

$$\boldsymbol{E}-\boldsymbol{A}=\begin{pmatrix}1 & -2 & -1\\ 0 & 0 & 0\\ -1 & -a & 1\end{pmatrix}\to\begin{pmatrix}1 & -2 & -1\\ 0 & a+2 & 0\\ 0 & 0 & 0\end{pmatrix},$$

于是 $a=-2$.

(2)当 $\lambda_1=\lambda_2=1$ 时，由 $(\boldsymbol{E}-\boldsymbol{A})\boldsymbol{x}=\boldsymbol{0}$ 可求得属于特征值 1 的两个线性无关的特征向量为 $\boldsymbol{\alpha}_1=\begin{pmatrix}2\\1\\0\end{pmatrix},\boldsymbol{\alpha}_2=\begin{pmatrix}1\\0\\1\end{pmatrix}$.

当 $\lambda_3=-1$ 时，由 $(-\boldsymbol{E}-\boldsymbol{A})\boldsymbol{x}=\boldsymbol{0}$ 可求得属于特征值 -1 的一个特征向量为 $\boldsymbol{\alpha}_3=\begin{pmatrix}-1\\0\\1\end{pmatrix}$.

令 $\boldsymbol{P}=(\boldsymbol{\alpha}_1,\boldsymbol{\alpha}_2,\boldsymbol{\alpha}_3)=\begin{pmatrix}2 & 1 & -1\\ 1 & 0 & 0\\ 0 & 1 & 1\end{pmatrix}$，则 $\boldsymbol{P}^{-1}\boldsymbol{AP}=\boldsymbol{\Lambda}=\begin{pmatrix}1 & & \\ & 1 & \\ & & -1\end{pmatrix}$.

28. 设矩阵 $\boldsymbol{A}$ 与 $\boldsymbol{B}$ 相似，且

$$\boldsymbol{A}=\begin{pmatrix}1 & -2 & -4\\ -2 & x & -2\\ -4 & -2 & 1\end{pmatrix},\qquad \boldsymbol{B}=\begin{pmatrix}5 & & \\ & y & \\ & & -4\end{pmatrix},$$

(1)求 x,y 的值；

(2)求可逆矩阵 $\boldsymbol{P}$，使 $\boldsymbol{P}^{-1}\boldsymbol{AP}=\boldsymbol{B}$.

解 (1)因为 $\boldsymbol{A}\sim\boldsymbol{B}$，所以 $\boldsymbol{A},\boldsymbol{B}$ 有相同的行列式和迹，即

$$2+x=1+y \text{ 和 } |\boldsymbol{A}|=-15x-40=-20y=|\boldsymbol{B}|,$$

由此可得 $x=4,y=5$.

(2)由(1)知，

$$A=\begin{pmatrix}1&-2&-4\\-2&4&-2\\-4&-2&1\end{pmatrix},\qquad B=\begin{pmatrix}5&&\\&5&\\&&-4\end{pmatrix}.$$

计算得 A 的特征值为 $\lambda_1=\lambda_2=5$ 和 $\lambda_3=-4$.

当 $\lambda_1=\lambda_2=5$ 时,得两个线性无关的特征向量 $\alpha_1=(-1,2,0)^T$,$\alpha_2=(-1,0,1)^T$.

当 $\lambda_3=-4$ 时,可得它的一个特征向量 $\alpha_3=(2,1,2)^T$.

令

$$P=(\alpha_1,\alpha_2,\alpha_3)=\begin{pmatrix}-1&-1&2\\2&0&1\\0&1&2\end{pmatrix},$$

则满足 $P^{-1}AP=B$.

29. 设矩阵 A 与 B 相似,且

$$A=\begin{pmatrix}2&1&0\\1&2&0\\0&0&1\end{pmatrix},\quad B=\begin{pmatrix}x&y&z\\0&1&0\\-1&-2&4\end{pmatrix}.$$

(1) 求 x, y, z 的值;

(2) 求可逆矩阵 P,使得 $P^{-1}AP=B$.

解 (1) 因为 $A\sim B$,所以 A,B 有相同的行列式和迹,即

$$2+2+1=x+1+4 \text{ 和 } |A|=3=4x+z=|B|,$$

由此可得 $x=0$, $z=3$.

矩阵 A 的特征方程为

$$|\lambda E-A|=\begin{vmatrix}\lambda-2&-1&0\\-1&\lambda-2&0\\0&0&\lambda-1\end{vmatrix}=(\lambda-1)^2(\lambda-3)=0,$$

所以 A 的特征值为 $\lambda_1=\lambda_2=1$, $\lambda_3=3$.

因为 $A\sim B$,所以 B 的特征值也是 $\lambda_1=\lambda_2=1$, $\lambda_3=3$,由此知 $r(1E-B)=1$.而

$$E-B=\begin{pmatrix}1&-y&-3\\0&0&0\\1&2&-3\end{pmatrix}\to\begin{pmatrix}0&-y-2&0\\0&0&0\\1&2&-3\end{pmatrix},$$

所以 $-y-2=0$,即 $y=-2$.

(2) 经计算可得,把实对称矩阵 A 化为对角阵的相似变换矩阵可取

$$P_1=\begin{pmatrix}-1&0&1\\1&0&1\\0&1&0\end{pmatrix},$$

即

$$P_1^{-1}AP_1=\begin{pmatrix}1&0&0\\0&1&0\\0&0&3\end{pmatrix}.$$

经计算可得，把实对称矩阵 B 化为对角阵的相似变换矩阵可取

$$P_2=\begin{pmatrix}-2&3&1\\1&0&0\\0&1&1\end{pmatrix},$$

即

$$P_2^{-1}AP_2=\begin{pmatrix}1&0&0\\0&1&0\\0&0&3\end{pmatrix}.$$

取

$$P=P_1P_2^{-1}=\begin{pmatrix}-1&0&1\\1&0&1\\0&1&0\end{pmatrix}\begin{pmatrix}0&1&0\\\frac{1}{2}&1&-\frac{1}{2}\\-\frac{1}{2}&-1&\frac{3}{2}\end{pmatrix}=\frac{1}{2}\begin{pmatrix}-1&-4&3\\-1&0&3\\1&2&-1\end{pmatrix},$$

则有

$$P^{-1}AP=P_2P_1^{-1}AP_1P_2^{-1}=P_2\begin{pmatrix}1&0&0\\0&1&0\\0&0&3\end{pmatrix}P_2^{-1}=B.$$

30. 设

$$A=\begin{pmatrix}2&0&0\\0&0&1\\0&1&0\end{pmatrix},\quad B=\begin{pmatrix}1&0&0\\0&-1&0\\0&-6&2\end{pmatrix}.$$

试判断 A、B 是否相似?若相似，求出可逆矩阵 X 使得 $B=X^{-1}AX$.

解　矩阵 A 的特征方程为

$$|\lambda E-A|=\begin{vmatrix}\lambda-2&0&0\\0&\lambda&-1\\0&-1&\lambda\end{vmatrix}=(\lambda-2)(\lambda-1)(\lambda+1)=0,$$

所以 A 的特征值为 $\lambda_1=2,\lambda_2=1,\lambda_3=-1$.

对于 $\lambda_1=2$，解齐次线性方程组 $(2E-A)x=0$，得对应的特征向量为

$$\alpha_1=(1,\ 0,\ 0)^T.$$

对于 $\lambda_2 = 1$,解齐次线性方程组 $(\boldsymbol{E}-\boldsymbol{A})\boldsymbol{x}=\boldsymbol{0}$,得对应的特征向量为

$$\boldsymbol{\alpha}_2 = (0,\ 1,\ 1)^{\mathrm{T}}.$$

对于 $\lambda_3 = -1$,解齐次线性方程组 $(-\boldsymbol{E}-\boldsymbol{A})\boldsymbol{x}=\boldsymbol{0}$,得对应的特征向量为

$$\boldsymbol{\alpha}_3 = (0,\ 1,\ -1)^{\mathrm{T}}.$$

令 $\boldsymbol{P}=(\boldsymbol{\alpha}_1,\ \boldsymbol{\alpha}_2,\ \boldsymbol{\alpha}_3)=\begin{pmatrix}1&0&0\\0&1&1\\0&1&-1\end{pmatrix}$,则

$$\boldsymbol{P}^{-1}\boldsymbol{A}\boldsymbol{P}=\begin{pmatrix}2&&\\&1&\\&&-1\end{pmatrix}.$$

矩阵 $\boldsymbol{B}$ 的特征方程为

$$|\lambda\boldsymbol{E}-\boldsymbol{B}|=\begin{vmatrix}\lambda-1&0&0\\0&\lambda+1&-1\\0&6&\lambda-2\end{vmatrix}=(\lambda-2)(\lambda-1)(\lambda+1)=0,$$

所以 $\boldsymbol{B}$ 的特征值为 $\lambda_1=2,\lambda_2=1,\lambda_3=-1$.

对于 $\lambda_1=2$,解齐次线性方程组 $(2\boldsymbol{E}-\boldsymbol{B})\boldsymbol{x}=\boldsymbol{0}$,得对应的特征向量为

$$\boldsymbol{\beta}_1=(0,\ 2,\ 1)^{\mathrm{T}}.$$

对于 $\lambda_2=1$,解齐次线性方程组 $(\boldsymbol{E}-\boldsymbol{B})\boldsymbol{x}=\boldsymbol{0}$,得对应的特征向量为

$$\boldsymbol{\beta}_2=(1,\ 0,\ 0)^{\mathrm{T}}.$$

对于 $\lambda_3=-1$,解齐次线性方程组 $(-\boldsymbol{E}-\boldsymbol{B})\boldsymbol{x}=\boldsymbol{0}$,得对应的特征向量为

$$\boldsymbol{\beta}_3=(0,\ -1,\ 0)^{\mathrm{T}}.$$

令 $\boldsymbol{Q}=(\boldsymbol{\beta}_1,\ \boldsymbol{\beta}_2,\ \boldsymbol{\beta}_3)=\begin{pmatrix}0&1&0\\2&0&-1\\1&0&0\end{pmatrix}$,则

$$\boldsymbol{Q}^{-1}\boldsymbol{B}\boldsymbol{Q}=\begin{pmatrix}2&&\\&1&\\&&-1\end{pmatrix}.$$

由 $\boldsymbol{P}^{-1}\boldsymbol{A}\boldsymbol{P}=\boldsymbol{Q}^{-1}\boldsymbol{B}\boldsymbol{Q}$,可得

$$\boldsymbol{B}=\boldsymbol{Q}\boldsymbol{P}^{-1}\boldsymbol{A}\boldsymbol{P}\boldsymbol{Q}^{-1}=(\boldsymbol{P}\boldsymbol{Q}^{-1})^{-1}\boldsymbol{A}(\boldsymbol{P}\boldsymbol{Q}^{-1}).$$

取

$$\boldsymbol{X}=\boldsymbol{P}\boldsymbol{Q}^{-1}=\begin{pmatrix}1&0&0\\0&1&1\\0&1&-1\end{pmatrix}\begin{pmatrix}0&1&0\\2&0&-1\\1&0&0\end{pmatrix}^{-1}=\begin{pmatrix}0&0&1\\1&-1&2\\1&1&-2\end{pmatrix}$$

即为所求.

31. 已知 $\boldsymbol{A}=\begin{pmatrix}13&14&4\\14&24&18\\4&18&29\end{pmatrix}$，求满足 $\boldsymbol{X}^2=\boldsymbol{A}$ 的矩阵 $\boldsymbol{X}$.

解　由

$$|\lambda\boldsymbol{E}-\boldsymbol{A}|=\begin{vmatrix}\lambda-13&-14&-4\\-14&\lambda-24&-18\\-4&-18&\lambda-29\end{vmatrix}=(\lambda-1)(\lambda-16)(\lambda-49)=0$$

解得 $\boldsymbol{A}$ 的特征值 $\lambda_1=1,\lambda_2=16,\lambda_3=49$.

对于 $\lambda_1=1$，解齐次线性方程组 $(1\boldsymbol{E}-\boldsymbol{A})\boldsymbol{x}=\boldsymbol{0}$ 得一个基础解系

$$\boldsymbol{\alpha}_1=(2,-2,1)^{\mathrm{T}};$$

对于 $\lambda_2=16$，解齐次线性方程组 $(16\boldsymbol{E}-\boldsymbol{A})\boldsymbol{x}=\boldsymbol{0}$ 得一个基础解系

$$\boldsymbol{\alpha}_2=(2,1,-2)^{\mathrm{T}};$$

对于 $\lambda_3=49$，解齐次线性方程组 $(49\boldsymbol{E}-\boldsymbol{A})\boldsymbol{x}=\boldsymbol{0}$ 得一个基础解系

$$\boldsymbol{\alpha}_3=(1,2,2)^{\mathrm{T}}.$$

取

$$\boldsymbol{P}=(\boldsymbol{\alpha}_1,\boldsymbol{\alpha}_2,\boldsymbol{\alpha}_3)=\begin{pmatrix}2&2&1\\-2&1&2\\1&-2&2\end{pmatrix},$$

则

$$\boldsymbol{P}^{-1}\boldsymbol{A}\boldsymbol{P}=\begin{pmatrix}1&&\\&16&\\&&49\end{pmatrix}，即\ \boldsymbol{A}=\boldsymbol{P}\begin{pmatrix}1&&\\&16&\\&&49\end{pmatrix}\boldsymbol{P}^{-1}.$$

要使 $\boldsymbol{X}^2=\boldsymbol{A}$，只要取

$$\begin{aligned}\boldsymbol{X}&=\boldsymbol{P}\begin{pmatrix}\pm1&&\\&\pm4&\\&&\pm7\end{pmatrix}\boldsymbol{P}^{-1}\\&=\begin{pmatrix}2&2&1\\-2&1&2\\1&-2&2\end{pmatrix}\begin{pmatrix}\pm1&&\\&\pm4&\\&&\pm7\end{pmatrix}\frac{1}{9}\begin{pmatrix}2&-2&1\\2&1&-2\\1&2&2\end{pmatrix}\\&=\begin{pmatrix}\pm3&\pm2&0\\\pm2&\pm4&\pm2\\0&\pm2&\pm5\end{pmatrix}.\end{aligned}$$

32. 设 $\boldsymbol{P}=(\boldsymbol{\alpha}_1,\boldsymbol{\alpha}_2,\boldsymbol{\alpha}_3)$ 为 3 阶可逆矩阵，方阵 $\boldsymbol{A}$ 满足 $\boldsymbol{A\alpha}_1=\boldsymbol{\alpha}_1+\boldsymbol{\alpha}_3$，$\boldsymbol{A\alpha}_2=-\boldsymbol{\alpha}_1+2\boldsymbol{\alpha}_2+\boldsymbol{\alpha}_3$，$\boldsymbol{A\alpha}_3=2\boldsymbol{\alpha}_3$.

(1)求 $\boldsymbol{P}^{-1}\boldsymbol{AP}$；

(2)证明 $\boldsymbol{A}$ 可相似对角化.

解 (1)由题设得

$$\boldsymbol{A}(\boldsymbol{\alpha}_1,\boldsymbol{\alpha}_2,\boldsymbol{\alpha}_3)=(\boldsymbol{\alpha}_1,\boldsymbol{\alpha}_2,\boldsymbol{\alpha}_3)\begin{pmatrix}1&-1&0\\0&2&0\\1&1&2\end{pmatrix},$$

即 $\boldsymbol{AP}=\boldsymbol{P}\begin{pmatrix}1&-1&0\\0&2&0\\1&1&2\end{pmatrix}$.

因为 $\boldsymbol{P}$ 可逆，所以 $\boldsymbol{P}^{-1}\boldsymbol{AP}=\begin{pmatrix}1&-1&0\\0&2&0\\1&1&2\end{pmatrix}$.

(2)由(1)可知，矩阵 $\boldsymbol{A}$ 与矩阵 $\boldsymbol{B}=\begin{pmatrix}1&-1&0\\0&2&0\\1&1&2\end{pmatrix}$ 相似.

由于 $|\lambda\boldsymbol{E}-\boldsymbol{B}|=(\lambda-1)(\lambda-2)^2$，所以矩阵的特征值为 $\lambda_1=1$，$\lambda_2=\lambda_3=2$.

对于二重特征值 2，$r(2\boldsymbol{E}-\boldsymbol{B})=1$.

综上，矩阵有 3 个线性无关的特征向量，故矩阵可相似对角化，于是矩阵 $\boldsymbol{A}$ 可相似对角化.

33. 设矩阵 $\boldsymbol{A}=\begin{pmatrix}2&1\\3&a\end{pmatrix}$ 与 $\boldsymbol{B}=\begin{pmatrix}1&b\\2&1\end{pmatrix}$ 相似.

(1) 求 a，b 的值；

(2) 求可逆矩阵 $\boldsymbol{P}$，使 $\boldsymbol{B}=\boldsymbol{P}^{-1}\boldsymbol{AP}$.

解 (1) 因为 $\boldsymbol{A}$ 与 $\boldsymbol{B}$ 相似，所以它们有相同的迹和行列式，故

$$2+a=1+1,\quad 2a-3=1-2b,$$

解得 $a=0$，$b=2$.

(2) 由(1) 得，$\boldsymbol{A}$ 与 $\boldsymbol{B}$ 的特征多项式为

$$|\lambda\boldsymbol{E}-\boldsymbol{A}|=|\lambda\boldsymbol{E}-\boldsymbol{B}|=\lambda^2-2\lambda-3,$$

所以 $\boldsymbol{A}$ 与 $\boldsymbol{B}$ 的特征值为 $\lambda_1=-1$，$\lambda_2=3$.

解方程组 $(-\boldsymbol{E}-\boldsymbol{A})\boldsymbol{x}=\boldsymbol{0}$，得 $\boldsymbol{A}$ 的属于特征值 λ_1 的特征向量为 $\boldsymbol{\xi}_1=\begin{pmatrix}1\\-3\end{pmatrix}$；

解方程组$(3\boldsymbol{E}-\boldsymbol{A})\boldsymbol{x}=\boldsymbol{0}$,得$\boldsymbol{A}$的属于特征值$\lambda_2$的特征向量为$\boldsymbol{\xi}_2=\begin{pmatrix}1\\1\end{pmatrix}$;

解方程组$(-\boldsymbol{E}-\boldsymbol{B})\boldsymbol{x}=\boldsymbol{0}$,得$\boldsymbol{B}$的属于特征值$\lambda_1$的特征向量为;$\boldsymbol{\eta}_1=\begin{pmatrix}-1\\1\end{pmatrix}$;

解方程组$(3\boldsymbol{E}-\boldsymbol{B})\boldsymbol{x}=\boldsymbol{0}$,得$\boldsymbol{B}$的属于特征值$\lambda_2$的特征向量为$\boldsymbol{\eta}_2=\begin{pmatrix}1\\1\end{pmatrix}$.

令$\boldsymbol{C}=(\boldsymbol{\xi}_1,\boldsymbol{\xi}_2)=\begin{pmatrix}1&1\\-3&1\end{pmatrix}$,$\boldsymbol{D}=(\boldsymbol{\eta}_1,\boldsymbol{\eta}_2)=\begin{pmatrix}-1&1\\1&1\end{pmatrix}$,则

$$\boldsymbol{C}^{-1}\boldsymbol{A}\boldsymbol{C}=\boldsymbol{D}^{-1}\boldsymbol{B}\boldsymbol{D}=\begin{pmatrix}-1&0\\0&3\end{pmatrix}.$$

记$\boldsymbol{P}=\boldsymbol{C}\boldsymbol{D}^{-1}$,则$\boldsymbol{B}=\boldsymbol{P}^{-1}\boldsymbol{A}\boldsymbol{P}$.

34. 设n阶方阵$\boldsymbol{A}$有n个互异的特征值,而矩阵$\boldsymbol{B}$与$\boldsymbol{A}$有相同的特征值,证明:$\boldsymbol{A}$与$\boldsymbol{B}$相似.

证　不妨设$\boldsymbol{A}$的n个互异的特征值为$\lambda_1,\lambda_2,\cdots,\lambda_n$,则存在可逆矩阵$\boldsymbol{P}$使得

$$\boldsymbol{P}^{-1}\boldsymbol{A}\boldsymbol{P}=\begin{pmatrix}\lambda_1&&&\\&\lambda_2&&\\&&\ddots&\\&&&\lambda_n\end{pmatrix}.$$

又$\lambda_1,\lambda_2,\cdots,\lambda_n$也是$\boldsymbol{B}$的特征值,则存在可逆矩阵$\boldsymbol{Q}$使得

$$\boldsymbol{Q}^{-1}\boldsymbol{B}\boldsymbol{Q}=\begin{pmatrix}\lambda_1&&&\\&\lambda_2&&\\&&\ddots&\\&&&\lambda_n\end{pmatrix}.$$

于是

$$\boldsymbol{P}^{-1}\boldsymbol{A}\boldsymbol{P}=\boldsymbol{Q}^{-1}\boldsymbol{B}\boldsymbol{Q},\text{即}(\boldsymbol{Q}\boldsymbol{P}^{-1})\boldsymbol{A}(\boldsymbol{Q}\boldsymbol{P}^{-1})^{-1}=\boldsymbol{B},$$

所以$\boldsymbol{A}$与$\boldsymbol{B}$相似.

35. 若实对称矩阵$\boldsymbol{A}$与$\boldsymbol{B}$有相同的特征值,证明:$\boldsymbol{A}$与$\boldsymbol{B}$相似.

证　设$\boldsymbol{A}$与$\boldsymbol{B}$的特征值为$\lambda_1,\lambda_2,\cdots,\lambda_n$,由$\boldsymbol{A}$与$\boldsymbol{B}$都是实对称矩阵知存在可逆矩阵$\boldsymbol{P}$和$\boldsymbol{Q}$,使得$\boldsymbol{A}$与$\boldsymbol{B}$相似于同一对角矩阵:

$$\boldsymbol{P}^{-1}\boldsymbol{A}\boldsymbol{P}=\boldsymbol{Q}^{-1}\boldsymbol{B}\boldsymbol{Q}=\begin{pmatrix}\lambda_1&&&\\&\lambda_2&&\\&&\ddots&\\&&&\lambda_n\end{pmatrix}.$$

由 $\boldsymbol{P}^{-1}\boldsymbol{AP} = \boldsymbol{Q}^{-1}\boldsymbol{BQ}$，得

$$\boldsymbol{QP}^{-1}\boldsymbol{APQ}^{-1} = \boldsymbol{B}，即(\boldsymbol{PQ}^{-1})^{-1}\boldsymbol{A}(\boldsymbol{PQ}^{-1}) = \boldsymbol{B}.$$

若取 $\boldsymbol{R} = \boldsymbol{PQ}^{-1}$，则 $\boldsymbol{R}$ 是可逆矩阵，且 $\boldsymbol{R}^{-1}\boldsymbol{AR} = \boldsymbol{B}$，即 $\boldsymbol{A}$ 与 $\boldsymbol{B}$ 相似.

36. 设矩阵 $\boldsymbol{A}$ 的特征值都为±1，且 $\boldsymbol{A}$ 可对角化，证明：$\boldsymbol{A}^2=\boldsymbol{E}$.

证　因为 $\boldsymbol{A}$ 可对角化且 $\boldsymbol{A}$ 的特征值都为±1，所以存在可逆矩阵 $\boldsymbol{P}$，使得 $\boldsymbol{P}^{-1}\boldsymbol{AP}=\boldsymbol{\Lambda}$，其中 $\boldsymbol{\Lambda}$ 为对角阵且主对角线的元素为 1 或 -1. 于是 $\boldsymbol{\Lambda}^2=\boldsymbol{E}$，而

$$\boldsymbol{A}^2=\boldsymbol{P\Lambda P}^{-1}\boldsymbol{P\Lambda P}^{-1}=\boldsymbol{P\Lambda}^2\boldsymbol{P}^{-1}=\boldsymbol{PEP}^{-1}=\boldsymbol{E}.$$

37. 设 $\boldsymbol{A}$ 是一个 n 阶方阵，满足 $\boldsymbol{A}^2 = \boldsymbol{A}$，$r(\boldsymbol{A}) = r$，且 $\boldsymbol{A}$ 有两个不同的特征值.

(1) 证明 $\boldsymbol{A}$ 可对角化，并求对角阵 $\boldsymbol{\Lambda}$；

(2) 计算行列式 $|\boldsymbol{A} - 2\boldsymbol{E}|$.

解　(1) 设 λ 是 $\boldsymbol{A}$ 的特征值，由 $\boldsymbol{A}^2 = \boldsymbol{A}$ 可得 $\lambda^2 = \lambda$；又由 $\boldsymbol{A}$ 有两个不同的特征值可得 $\lambda_1 = 1$，$\lambda_2 = 0$.

由 $\boldsymbol{A}^2 = \boldsymbol{A}$ 得 $\boldsymbol{A}(\boldsymbol{A} - \boldsymbol{E}) = \boldsymbol{O}$，从而

$$r(\boldsymbol{A}) + r(\boldsymbol{A} - \boldsymbol{E}) \leqslant n.$$

另一方面，由于 $\boldsymbol{E} - \boldsymbol{A}$ 和 $\boldsymbol{A} - \boldsymbol{E}$ 的秩相同，从而又有

$$n = r(\boldsymbol{E}) = r((\boldsymbol{E} - \boldsymbol{A}) + \boldsymbol{A}) \leqslant r(\boldsymbol{E} - \boldsymbol{A}) + r(\boldsymbol{A}) = r(\boldsymbol{A} - \boldsymbol{E}) + r(\boldsymbol{A}).$$

综上，$r(\boldsymbol{A}) + r(\boldsymbol{A} - \boldsymbol{E}) = n$.

当 $\lambda_1 = 1$ 时，由 $r(\boldsymbol{A} - \boldsymbol{E}) = n - r$ 知齐次线性方程组 $(1\boldsymbol{E} - \boldsymbol{A})\boldsymbol{x} = \boldsymbol{0}$ 的基础解系含有 r 个解向量，因此 $\boldsymbol{A}$ 属于特征值 1 有 r 个线性无关特征向量，记为 $\boldsymbol{\eta}_1, \boldsymbol{\eta}_2, \cdots, \boldsymbol{\eta}_r$.

当 $\lambda_2 = 0$ 时，由 $r(\boldsymbol{A}) = r$ 知齐次线性方程组 $(0\boldsymbol{E} - \boldsymbol{A})\boldsymbol{x} = \boldsymbol{0}$ 的基础解系含有 $n - r$ 个解向量，因此 $\boldsymbol{A}$ 的属于特征值 0 有 $n - r$ 个线性无关特征向量，记为 $\boldsymbol{\eta}_{r+1}, \boldsymbol{\eta}_{r+2}, \cdots, \boldsymbol{\eta}_n$.

于是 $\boldsymbol{\eta}_1, \boldsymbol{\eta}_2, \cdots, \boldsymbol{\eta}_n$ 是 $\boldsymbol{A}$ 的 n 个线性无关的特征向量，所以 $\boldsymbol{A}$ 可对角化，并且对角阵为

$$\boldsymbol{\Lambda} = \begin{pmatrix} \boldsymbol{E}_r & \\ & \boldsymbol{O} \end{pmatrix}.$$

38. 设 $\boldsymbol{A}$ 是 $n(n > 1)$ 阶矩阵，$\boldsymbol{\xi}_1, \boldsymbol{\xi}_2, \cdots, \boldsymbol{\xi}_n$. 若 $\boldsymbol{\xi}_n \neq \boldsymbol{0}$，且

$$\boldsymbol{A\xi}_1 = \boldsymbol{\xi}_2, \boldsymbol{A\xi}_2 = \boldsymbol{\xi}_3, \cdots, \boldsymbol{A\xi}_{n-1} = \boldsymbol{\xi}_n, \boldsymbol{A\xi}_n = \boldsymbol{0}.$$

(1) 证明 $\boldsymbol{\xi}_1, \boldsymbol{\xi}_2, \cdots, \boldsymbol{\xi}_n$ 线性无关；

(2) 证明 $\boldsymbol{A}$ 不能相似于对角阵.

证　(1) 由题设知

$$\boldsymbol{A\xi}_k = \boldsymbol{A}^k\boldsymbol{\xi}_1 = \boldsymbol{\xi}_{k+1} (k = 1, 2, \cdots, n-1),$$

$$\boldsymbol{A}^n\boldsymbol{\xi}_1 = \boldsymbol{A}^{n-1}\boldsymbol{\xi}_2 = \cdots = \boldsymbol{A\xi}_n = \boldsymbol{0}.$$

设有一组数 $x_1, x_2, \cdots, x_n$，使得

$$x_1\boldsymbol{\xi}_1+x_2\boldsymbol{\xi}_2+\cdots x_n\boldsymbol{\xi}_n=\mathbf{0}.$$

以 $\boldsymbol{A}^{n-1}$ 左乘上式两边，得 $x_1\boldsymbol{\xi}_n=\mathbf{0}$，而 $\boldsymbol{\xi}_n\neq\mathbf{0}$，故 $x_1=0$. 类似地，可得 $x_2=x_3=\cdots=x_n=0$，即 $\boldsymbol{\xi}_1,\boldsymbol{\xi}_2,\cdots,\boldsymbol{\xi}_n$ 线性无关.

(2) 将题设 $\boldsymbol{A\xi}_1=\boldsymbol{\xi}_2,\boldsymbol{A\xi}_2=\boldsymbol{\xi}_3,\cdots\boldsymbol{A\xi}_{n-1}=\boldsymbol{\xi}_n,\boldsymbol{A\xi}_n=\mathbf{0}$ 用矩阵表示，有

$$\boldsymbol{A}(\boldsymbol{\xi}_1,\boldsymbol{\xi}_2,\cdots,\boldsymbol{\xi}_n)=(\boldsymbol{\xi}_1,\boldsymbol{\xi}_2,\cdots,\boldsymbol{\xi}_n)\begin{pmatrix}0&0&\cdots&0&0\\1&0&\cdots&0&0\\\vdots&\vdots&&\vdots&\vdots\\0&0&\cdots&0&0\\0&0&\cdots&1&0\end{pmatrix}.$$

因为 $\boldsymbol{\xi}_1,\boldsymbol{\xi}_2,\cdots,\boldsymbol{\xi}_n$ 线性无关，所以矩阵 $\boldsymbol{P}=(\boldsymbol{\xi}_1,\boldsymbol{\xi}_2,\cdots,\boldsymbol{\xi}_n)$ 可逆，从而矩阵 $\boldsymbol{A}$ 与矩阵

$$\boldsymbol{B}=\begin{pmatrix}0&0&\cdots&0&0\\1&0&\cdots&0&0\\\vdots&\vdots&&\vdots&\vdots\\0&0&\cdots&0&0\\0&0&\cdots&1&0\end{pmatrix}$$

相似. 于是 $r(\boldsymbol{A})=r(\boldsymbol{B})=n-1$，且 $\boldsymbol{A}$ 的特征值全为 0，故 $\boldsymbol{A}$ 的线性无关的特征向量仅有 $n-r(\boldsymbol{A})=1$ 个，因此 $\boldsymbol{A}$ 不能相似于对角阵.

39. 设 $\boldsymbol{A}_1,\boldsymbol{A}_2,\boldsymbol{B}_1,\boldsymbol{B}_2$ 均为 n 阶方阵，其中 $\boldsymbol{A}_2,\boldsymbol{B}_2$ 可逆，证明：存在可逆矩阵 $\boldsymbol{P},\boldsymbol{Q}$ 使得 $\boldsymbol{PA}_i\boldsymbol{Q}=\boldsymbol{B}_i(i=1,2)$ 成立的充分必要条件是 $\boldsymbol{A}_1\boldsymbol{A}_2^{-1}$ 和 $\boldsymbol{B}_1\boldsymbol{B}_2^{-1}$ 相似.

证 必要性. 若 $\boldsymbol{PA}_i\boldsymbol{Q}=\boldsymbol{B}_i$，则由可逆条件得 $\boldsymbol{Q}^{-1}\boldsymbol{A}_2^{-1}\boldsymbol{P}^{-1}=\boldsymbol{B}_2^{-1}$. 于是

$$\boldsymbol{PA}_1\boldsymbol{QQ}^{-1}\boldsymbol{A}_2^{-1}\boldsymbol{P}^{-1}=\boldsymbol{B}_1\boldsymbol{B}_2^{-1}\text{，即 }\boldsymbol{PA}_1\boldsymbol{A}_2^{-1}\boldsymbol{P}^{-1}=\boldsymbol{B}_1\boldsymbol{B}_2^{-1}.$$

故 $\boldsymbol{A}_1\boldsymbol{A}_2^{-1}$ 和 $\boldsymbol{B}_1\boldsymbol{B}_2^{-1}$ 相似.

充分性. 设 $\boldsymbol{A}_1\boldsymbol{A}_2^{-1}$ 和 $\boldsymbol{B}_1\boldsymbol{B}_2^{-1}$ 相似，即存在可逆矩阵 $\boldsymbol{P}$，使得 $\boldsymbol{PA}_1\boldsymbol{A}_2^{-1}\boldsymbol{P}^{-1}=\boldsymbol{B}_1\boldsymbol{B}_2^{-1}$，则

$$\boldsymbol{PA}_1(\boldsymbol{A}_2^{-1}\boldsymbol{P}^{-1}\boldsymbol{B}_2)=\boldsymbol{B}_1,\quad \boldsymbol{PA}_2(\boldsymbol{A}_2^{-1}\boldsymbol{P}^{-1}\boldsymbol{B}_2)=\boldsymbol{B}_2.$$

记 $\boldsymbol{Q}=\boldsymbol{A}_2^{-1}\boldsymbol{P}^{-1}\boldsymbol{B}_2$，则 $\boldsymbol{Q}$ 是可逆矩阵，且 $\boldsymbol{PA}_1\boldsymbol{Q}=\boldsymbol{B}_1,\boldsymbol{PA}_2\boldsymbol{Q}=\boldsymbol{B}_2$.

40. 已知三维向量 $\boldsymbol{\alpha}_1=(1,2,3)^{\mathrm{T}}$，试求非零向量 $\boldsymbol{\alpha}_2,\boldsymbol{\alpha}_3$ 使得 $\boldsymbol{\alpha}_1,\boldsymbol{\alpha}_2,\boldsymbol{\alpha}_3$ 成为正交向量组.

解 设 $\boldsymbol{\alpha}=(x_1,x_2,x_3)^{\mathrm{T}}$，若 $\boldsymbol{\alpha}$ 与 $\boldsymbol{\alpha}_1$ 正交，则

$$x_1+2x_2+3x_3=0,$$

求 $\boldsymbol{\alpha}_2,\boldsymbol{\alpha}_3$ 即是求解上述方程的基础解系，然后将其正交化.

令 $\begin{pmatrix}x_2\\x_3\end{pmatrix}$ 依次取 $\begin{pmatrix}1\\0\end{pmatrix},\begin{pmatrix}0\\1\end{pmatrix}$ 可得基础解系

$$\boldsymbol{\beta}_2=(-2,1,0)^{\mathrm{T}},\boldsymbol{\beta}_3=(-3,0,1)^{\mathrm{T}}.$$

由施密特正交化方法，令

$$\boldsymbol{\alpha}_2=\boldsymbol{\beta}_2=(-2,1,0)^{\mathrm{T}},$$

$$\boldsymbol{\alpha}_3=\boldsymbol{\beta}_3-\frac{(\boldsymbol{\beta}_3,\boldsymbol{\alpha}_2)}{(\boldsymbol{\alpha}_2,\boldsymbol{\alpha}_2)}\boldsymbol{\alpha}_2=(-3,0,1)^{\mathrm{T}}-\frac{6}{5}(-2,1,0)^{\mathrm{T}}=\frac{1}{5}(-3,-6,5)^{\mathrm{T}}.$$

41. 利用施密特方法求与下列向量组等价的标准正交向量组：

(1) $\boldsymbol{\alpha}_1=(2,1,3,-1)^{\mathrm{T}},\boldsymbol{\alpha}_2=(7,4,3,-3)^{\mathrm{T}},\boldsymbol{\alpha}_3=(1,1,-6,0)^{\mathrm{T}}$.

解 根据施密特正交化方法，先将 $\boldsymbol{\alpha}_1,\boldsymbol{\alpha}_2,\boldsymbol{\alpha}_3$ 正交化：

$$\boldsymbol{\beta}_1=\boldsymbol{\alpha}_1=(2,1,3,-1)^{\mathrm{T}},$$

$$\boldsymbol{\beta}_2=\boldsymbol{\alpha}_2-\frac{(\boldsymbol{\alpha}_2,\boldsymbol{\beta}_1)}{(\boldsymbol{\beta}_1,\boldsymbol{\beta}_1)}\boldsymbol{\beta}_1=(3,2,-3,-1)^{\mathrm{T}},$$

$$\boldsymbol{\beta}_3=\boldsymbol{\alpha}_3-\frac{(\boldsymbol{\alpha}_3,\boldsymbol{\beta}_1)}{(\boldsymbol{\beta}_1,\boldsymbol{\beta}_1)}\boldsymbol{\beta}_1-\frac{(\boldsymbol{\alpha}_3,\boldsymbol{\beta}_2)}{(\boldsymbol{\beta}_2,\boldsymbol{\beta}_2)}\boldsymbol{\beta}_2=(0,0,0,0)^{\mathrm{T}}.$$

再将 $\boldsymbol{\beta}_1,\boldsymbol{\beta}_2,\boldsymbol{\beta}_3$ 单位化：

$$\boldsymbol{\eta}_1=\frac{\boldsymbol{\beta}_1}{\|\boldsymbol{\beta}_1\|}=\frac{1}{\sqrt{15}}(2,1,3,-1)^{\mathrm{T}},$$

$$\boldsymbol{\eta}_2=\frac{\boldsymbol{\beta}_2}{\|\boldsymbol{\beta}_2\|}=\frac{1}{\sqrt{23}}(3,2,-3,-1)^{\mathrm{T}},$$

$$\boldsymbol{\eta}_3=\frac{\boldsymbol{\beta}_3}{\|\boldsymbol{\beta}_3\|}=(0,0,0,0)^{\mathrm{T}}.$$

则 $\boldsymbol{\eta}_1,\boldsymbol{\eta}_2,\boldsymbol{\eta}_3$ 即为所求.

(2) $\boldsymbol{\alpha}_1=(0,1,-1)^{\mathrm{T}},\boldsymbol{\alpha}_2=(1,0,0)^{\mathrm{T}},\boldsymbol{\alpha}_3=(1,1,1)^{\mathrm{T}}$.

解 根据施密特正交化方法，先将 $\boldsymbol{\alpha}_1,\boldsymbol{\alpha}_2,\boldsymbol{\alpha}_3$ 正交化：

$$\boldsymbol{\beta}_1=\boldsymbol{\alpha}_1=(0,1,-1)^{\mathrm{T}},$$

$$\boldsymbol{\beta}_2=\boldsymbol{\alpha}_2-\frac{(\boldsymbol{\alpha}_2,\boldsymbol{\beta}_1)}{(\boldsymbol{\beta}_1,\boldsymbol{\beta}_1)}\boldsymbol{\beta}_1=(1,0,0)^{\mathrm{T}},$$

$$\boldsymbol{\beta}_3=\boldsymbol{\alpha}_3-\frac{(\boldsymbol{\alpha}_3,\boldsymbol{\beta}_1)}{(\boldsymbol{\beta}_1,\boldsymbol{\beta}_1)}\boldsymbol{\beta}_1-\frac{(\boldsymbol{\alpha}_3,\boldsymbol{\beta}_2)}{(\boldsymbol{\beta}_2,\boldsymbol{\beta}_2)}\boldsymbol{\beta}_2=(0,1,1)^{\mathrm{T}}.$$

再将 $\boldsymbol{\beta}_1,\boldsymbol{\beta}_2,\boldsymbol{\beta}_3$ 单位化：

$$\boldsymbol{\eta}_1=\frac{\boldsymbol{\beta}_1}{\|\boldsymbol{\beta}_1\|}=\frac{1}{\sqrt{2}}(0,1,-1)^{\mathrm{T}},$$

$$\boldsymbol{\eta}_2=\frac{\boldsymbol{\beta}_2}{\|\boldsymbol{\beta}_2\|}=(1,0,0)^{\mathrm{T}},$$

$$\boldsymbol{\eta}_3=\frac{\boldsymbol{\beta}_3}{\|\boldsymbol{\beta}_3\|}=\frac{1}{\sqrt{2}}(0,1,1)^{\mathrm{T}}.$$

则 $\boldsymbol{\eta}_1$，$\boldsymbol{\eta}_2$，$\boldsymbol{\eta}_3$ 即为所求.

42.判断下列矩阵是否是正交矩阵：

(1) $\begin{pmatrix} 1 & -\frac{1}{2} & \frac{1}{3} \\ -\frac{1}{2} & 1 & \frac{1}{2} \\ \frac{1}{3} & \frac{1}{2} & -1 \end{pmatrix}$；　(2) $\begin{pmatrix} \frac{1}{2} & \frac{1}{2} & \frac{1}{2} & \frac{1}{2} \\ \frac{1}{2} & \frac{1}{2} & -\frac{1}{2} & -\frac{1}{2} \\ \frac{1}{2} & -\frac{1}{2} & \frac{1}{2} & -\frac{1}{2} \\ \frac{1}{2} & -\frac{1}{2} & -\frac{1}{2} & \frac{1}{2} \end{pmatrix}$.

解　(1)由于 $1^2+\left(-\frac{1}{2}\right)^2+\left(\frac{1}{3}\right)^2=\frac{49}{36}\neq 1$,即矩阵的第一个行向量不是单位向量，故所给的矩阵不是正交阵.

(2)设所给矩阵为 $\boldsymbol{Q}$,显然 $\boldsymbol{Q}$ 为对称阵,由正交矩阵的定义验证.由于

$$\boldsymbol{Q}^{\mathrm{T}}\boldsymbol{Q}=\boldsymbol{Q}^2=\begin{pmatrix} \frac{1}{2} & \frac{1}{2} & \frac{1}{2} & \frac{1}{2} \\ \frac{1}{2} & \frac{1}{2} & -\frac{1}{2} & -\frac{1}{2} \\ \frac{1}{2} & -\frac{1}{2} & \frac{1}{2} & -\frac{1}{2} \\ \frac{1}{2} & -\frac{1}{2} & -\frac{1}{2} & \frac{1}{2} \end{pmatrix}\begin{pmatrix} \frac{1}{2} & \frac{1}{2} & \frac{1}{2} & \frac{1}{2} \\ \frac{1}{2} & \frac{1}{2} & -\frac{1}{2} & -\frac{1}{2} \\ \frac{1}{2} & -\frac{1}{2} & \frac{1}{2} & -\frac{1}{2} \\ \frac{1}{2} & -\frac{1}{2} & -\frac{1}{2} & \frac{1}{2} \end{pmatrix}=\boldsymbol{E},$$

故所给的矩阵是正交阵.

43.求正交矩阵 $\boldsymbol{Q}$,使 $\boldsymbol{Q}^{-1}\boldsymbol{A}\boldsymbol{Q}$ 为对角矩阵：

(1) $\boldsymbol{A}=\begin{pmatrix} 2 & 0 & 0 \\ 0 & 3 & 2 \\ 0 & 2 & 3 \end{pmatrix}$.

解　$\boldsymbol{A}$ 的特征多项式为

$$|\lambda\boldsymbol{E}-\boldsymbol{A}|=\begin{vmatrix} \lambda-2 & 0 & 0 \\ 0 & \lambda-3 & -2 \\ 0 & -2 & \lambda-3 \end{vmatrix}=(\lambda-1)(\lambda-2)(\lambda-5),$$

所以 $\boldsymbol{A}$ 的特征值为 $\lambda_1=1,\lambda_2=2,\lambda_3=5$.

当 $\lambda_1=1$ 时,对应的特征向量为 $\boldsymbol{\alpha}_1=(0,-1,1)^{\mathrm{T}}$,将 $\boldsymbol{\alpha}_1$ 单位化,得

$$\boldsymbol{\eta}_1=\frac{1}{\|\boldsymbol{\alpha}_1\|}\boldsymbol{\alpha}_1=\left(0,-\frac{\sqrt{2}}{2},\frac{\sqrt{2}}{2}\right)^{\mathrm{T}}.$$

当 $\lambda_2=2$ 时,对应的特征向量为 $\boldsymbol{\alpha}_2=(1,0,0)^{\mathrm{T}}$,将 $\boldsymbol{\alpha}_2$ 单位化,得

$$\boldsymbol{\eta}_2=\frac{1}{\|\boldsymbol{\alpha}_2\|}\boldsymbol{\alpha}_2=(1,\ 0,\ 0)^{\mathrm{T}},$$

当 $\lambda_3=5$ 时，对应的特征向量为 $\boldsymbol{\alpha}_3=(0,\ 1,\ 1)^{\mathrm{T}}$. 将 $\boldsymbol{\alpha}_3$ 单位化，得

$$\boldsymbol{\eta}_3=\frac{1}{\|\boldsymbol{\alpha}_3\|}\boldsymbol{\alpha}_3=\left(0,\ \frac{\sqrt{2}}{2},\ \frac{\sqrt{2}}{2}\right)^{\mathrm{T}}.$$

取

$$\boldsymbol{Q}=(\boldsymbol{\eta}_1,\ \boldsymbol{\eta}_2,\ \boldsymbol{\eta}_3)=\begin{pmatrix}0 & 1 & 0\\ -\frac{\sqrt{2}}{2} & 0 & \frac{\sqrt{2}}{2}\\ \frac{\sqrt{2}}{2} & 0 & \frac{\sqrt{2}}{2}\end{pmatrix},$$

则 $\boldsymbol{Q}$ 为正交矩阵，且有 $\boldsymbol{Q}^{-1}\boldsymbol{A}\boldsymbol{Q}=\begin{pmatrix}1 & & \\ & 2 & \\ & & 5\end{pmatrix}$.

(2) $\boldsymbol{A}=\begin{pmatrix}2 & 2 & -2\\ 2 & 5 & -4\\ -2 & -4 & 5\end{pmatrix}$.

解 $\boldsymbol{A}$ 的特征值多项式为

$$|\lambda\boldsymbol{E}-\boldsymbol{A}|=\begin{vmatrix}\lambda-2 & -2 & 2\\ -2 & \lambda-5 & 4\\ 2 & 4 & \lambda-5\end{vmatrix}=(\lambda-1)^2(\lambda-10),$$

所以 $\boldsymbol{A}$ 的特征值为 $\lambda_1=\lambda_2=1$ 和 $\lambda_3=10$.

当 $\lambda_1=\lambda_2=1$ 时，对应线性无关的特征向量为

$$\boldsymbol{\alpha}_1=(2,\ 0,\ 1)^{\mathrm{T}},\quad \boldsymbol{\alpha}_2=(-2,\ 1,\ 0)^{\mathrm{T}}.$$

将 $\boldsymbol{\alpha}_1$，$\boldsymbol{\alpha}_2$ 正交化，得

$$\boldsymbol{\beta}_1=\boldsymbol{\alpha}_1=(2,\ 0,\ 1)^{\mathrm{T}},\quad \boldsymbol{\beta}_2=\boldsymbol{\alpha}_2-\frac{(\boldsymbol{\alpha}_2,\ \boldsymbol{\beta}_1)}{(\boldsymbol{\beta}_1,\ \boldsymbol{\beta}_1)}\boldsymbol{\beta}_1=\frac{1}{5}(2,\ 4,\ 5)^{\mathrm{T}}.$$

再将 $\boldsymbol{\beta}_1$，$\boldsymbol{\beta}_2$ 单位化，得

$$\boldsymbol{\eta}_1=\frac{\boldsymbol{\beta}_1}{\|\boldsymbol{\beta}_1\|}=\left(-\frac{2}{\sqrt{5}},\ \frac{1}{\sqrt{5}},\ 0\right)^{\mathrm{T}},\quad \boldsymbol{\eta}_2=\frac{\boldsymbol{\beta}_2}{\|\boldsymbol{\beta}_2\|}=\left(\frac{2}{3\sqrt{5}},\ \frac{4}{3\sqrt{5}},\ \frac{5}{3\sqrt{5}}\right)^{\mathrm{T}}.$$

当 $\lambda_3=10$ 时，对应的特征向量为 $\boldsymbol{\alpha}_3=(-1,-2,\ 2)^{\mathrm{T}}$. 单位化，得

$$\boldsymbol{\eta}_3=\frac{\boldsymbol{\alpha}_3}{\|\boldsymbol{\alpha}_3\|}=\left(-\frac{1}{3},-\frac{2}{3},\ \frac{2}{3}\right)^{\mathrm{T}}.$$

取

$$Q=(\boldsymbol{\eta}_1,\boldsymbol{\eta}_2,\boldsymbol{\eta}_3)=\begin{pmatrix}-\frac{2}{\sqrt{5}} & \frac{2}{3\sqrt{5}} & -\frac{1}{3}\\ \frac{1}{\sqrt{5}} & \frac{4}{3\sqrt{5}} & -\frac{2}{3}\\ 0 & \frac{5}{3\sqrt{5}} & \frac{2}{3}\end{pmatrix},$$

则 $\boldsymbol{Q}$ 为正交矩阵，且有 $\boldsymbol{Q}^{-1}\boldsymbol{AQ}=\begin{pmatrix}1 & & \\ & 1 & \\ & & 10\end{pmatrix}$.

44. 设矩阵 $\boldsymbol{A}=\begin{pmatrix}1 & 1 & a\\ 1 & a & 1\\ a & 1 & 1\end{pmatrix}$，$\boldsymbol{\beta}=\begin{pmatrix}1\\ 1\\ -2\end{pmatrix}$. 已知线性方程组 $\boldsymbol{AX}=\boldsymbol{\beta}$ 有解但不惟一，试求 (1) a 的值；(2) 正交矩阵 $\boldsymbol{Q}$，使 $\boldsymbol{Q}^{\mathrm{T}}\boldsymbol{AQ}$ 为对角矩阵.

分析 对于问题(1)有两个途径，一是将其增广矩阵通过行初等变换化为阶梯型后视最后一行或几行是否为 0. 二是通过计算 $|\boldsymbol{A}|=0$ 求出 a，只有当 $r(\boldsymbol{A})=r(\boldsymbol{A\beta})$ 时，才满足条件. 对于问题(2)，先计算出特征值及其对应的特征向量，由单位化的特征向量构成的矩阵即为所求的正交矩阵 $\boldsymbol{Q}$.

解法 1 (1) 对线性方程组 $\boldsymbol{AX}=\boldsymbol{\beta}$ 的增广矩阵作初等变换，有

$$(\boldsymbol{A\beta})=\begin{pmatrix}1 & 1 & a & 1\\ 1 & a & 1 & 1\\ a & 1 & 1 & -2\end{pmatrix}\to\begin{pmatrix}1 & 1 & a & 1\\ 0 & a-1 & 1-a & 0\\ 0 & 0 & (a-1)(a+2) & a+2\end{pmatrix}.$$

因为方程组 $\boldsymbol{AX}=\boldsymbol{\beta}$ 有解但不惟一，所以秩$(\boldsymbol{A})$=秩$(\boldsymbol{A\beta})<3$，故 $a=-2$.

(2) 由(1)，有

$$\boldsymbol{A}=\begin{pmatrix}1 & 1 & -2\\ 1 & -2 & 1\\ -2 & 1 & 1\end{pmatrix}.$$

$\boldsymbol{A}$ 的特征多项式

$$|\lambda\boldsymbol{E}-\boldsymbol{A}|=\lambda(\lambda-3)(\lambda+3),$$

故 $\boldsymbol{A}$ 的特征值为

$$\lambda_1=3,\lambda_2=-3,\lambda_3=0.$$

对应的特征向量依次是

$$\boldsymbol{\alpha}_1=(1,0,-1)^{\mathrm{T}},\boldsymbol{\alpha}_2=(1,-2,1)^{\mathrm{T}},\boldsymbol{\alpha}_3=(1,1,1)^{\mathrm{T}}.$$

将 $\boldsymbol{\alpha}_1,\boldsymbol{\alpha}_2,\boldsymbol{\alpha}_3$ 单位化，得

$$\boldsymbol{\beta}_1=(\frac{1}{\sqrt{2}},0,-\frac{1}{\sqrt{2}})^{\mathrm{T}},\boldsymbol{\beta}_2=(\frac{1}{\sqrt{6}},-\frac{2}{\sqrt{6}},\frac{1}{\sqrt{6}})^{\mathrm{T}},\boldsymbol{\beta}_3=(\frac{1}{\sqrt{3}},\frac{1}{\sqrt{3}},\frac{1}{\sqrt{3}})^{\mathrm{T}}.$$

令 $\boldsymbol{Q}=\begin{pmatrix}\frac{1}{\sqrt{2}} & \frac{1}{\sqrt{6}} & \frac{1}{\sqrt{3}}\\ 0 & -\frac{2}{\sqrt{6}} & \frac{1}{\sqrt{3}}\\ -\frac{1}{\sqrt{2}} & \frac{1}{\sqrt{6}} & \frac{1}{\sqrt{3}}\end{pmatrix}$，则有

$$\boldsymbol{Q}^{\mathrm{T}}\boldsymbol{AQ}=\begin{pmatrix}3 & 0 & 0\\ 0 & -3 & 0\\ 0 & 0 & 0\end{pmatrix}.$$

解法 2 (1)因为线性方程组 $\boldsymbol{AX}=\boldsymbol{\beta}$ 有解但不惟一，所以

$$|\boldsymbol{A}|=\begin{vmatrix}1 & 1 & a\\ 1 & a & 1\\ a & 1 & 1\end{vmatrix}=-(a-1)^2(a+2)=0.$$

当 $a=1$ 时，秩$(\boldsymbol{A})\neq$秩$(\boldsymbol{A\beta})$，此时方程组无解；当 $a=-2$ 时，秩$(\boldsymbol{A})=$秩$(\boldsymbol{A\beta})$，此时方程组的解存在但不惟一. 于是 $a=-2$.

(2)同解法 1.

45. 设 $\boldsymbol{A}$ 为三阶实对称矩阵，且满足条件 $\boldsymbol{A}^2-2\boldsymbol{A}=\boldsymbol{O}$. 已知 $r(\boldsymbol{A})=2$，$\boldsymbol{\xi}=\begin{pmatrix}1\\0\\1\end{pmatrix}$ 是齐次线性方程组 $\boldsymbol{Ax}=\boldsymbol{0}$ 的一个解向量，求 $\boldsymbol{A}$.

解 设 λ 是 $\boldsymbol{A}$ 的任一特征值，其对应的特征向量为 $\boldsymbol{\eta}$，即 $\boldsymbol{A\eta}=\lambda\boldsymbol{\eta}$，于是

$$(\boldsymbol{A}^2-2\boldsymbol{A})\boldsymbol{\eta}=(\lambda^2-2\lambda)\boldsymbol{\eta}=\boldsymbol{0}.$$

而 $\boldsymbol{\eta}\neq\boldsymbol{0}$，故 $\lambda^2-2\lambda=0$，解得 $\lambda=2$ 或 $\lambda=0$.

实对称矩阵 $\boldsymbol{A}$ 能与对角矩阵相似，又 $r(\boldsymbol{A})=2$，所以 $\boldsymbol{A}$ 的全部特征值为 $\lambda_1=\lambda_2=2$，$\lambda_3=0$.

由题设 $\boldsymbol{A\xi}=\boldsymbol{0}$ 知 $\boldsymbol{\xi}$ 是特征值 $\lambda_3=0$ 对应的特征向量. 属于 $\lambda_1=\lambda_2=2$ 的特征向量 $(x_1, x_2, x_3)^{\mathrm{T}}$ 应与 $\boldsymbol{\xi}$ 正交，即有

$$x_1+x_3=0,$$

解得其基础解系 $\boldsymbol{\xi}_1=(0, 1, 0)^{\mathrm{T}}$，$\boldsymbol{\xi}_2=(-1, 0, 1)^{\mathrm{T}}$.

取 $\boldsymbol{P}=(\boldsymbol{\xi}_1, \boldsymbol{\xi}_2, \boldsymbol{\xi})$，则

$$\boldsymbol{P}^{-1}\boldsymbol{AP}=\begin{pmatrix}2 & & \\ & 2 & \\ & & 0\end{pmatrix}.$$

因此

$$A=P\begin{pmatrix}2&&\\&2&\\&&0\end{pmatrix}P^{-1}=\begin{pmatrix}0&-1&1\\1&0&0\\0&1&1\end{pmatrix}\begin{pmatrix}2&&\\&2&\\&&0\end{pmatrix}\begin{pmatrix}0&-1&1\\1&0&0\\0&1&1\end{pmatrix}^{-1}$$

$$=\begin{pmatrix}0&-1&1\\1&0&0\\0&1&1\end{pmatrix}\begin{pmatrix}2&&\\&2&\\&&0\end{pmatrix}\begin{pmatrix}0&1&0\\-\frac{1}{2}&0&\frac{1}{2}\\\frac{1}{2}&0&\frac{1}{2}\end{pmatrix}=\begin{pmatrix}1&0&-1\\0&2&0\\-1&0&1\end{pmatrix}.$$

46. 设三阶实对称矩阵 $\boldsymbol{A}$ 的秩为 2，$\lambda_1=\lambda_2=6$ 是 $\boldsymbol{A}$ 的二重特征值. 若 $\boldsymbol{\alpha}_1=(1,1,0)^{\mathrm{T}}$，$\boldsymbol{\alpha}_2=(2,1,1)^{\mathrm{T}}$，$\boldsymbol{\alpha}_3=(-1,2,-3)^{\mathrm{T}}$ 都是 $\boldsymbol{A}$ 的属于特征值 6 的特征向量.（1）求 $\boldsymbol{A}$ 的另一特征值和对应的特征向量；（2）求矩阵 $\boldsymbol{A}$.

分析 由 $r(\boldsymbol{A})=2$，可知 $\boldsymbol{A}$ 的另一特征值为 $\lambda_3=0$. 由实对称矩阵属于不同特征值的特征向量正交，求出属于特征值 0 的特征向量，于是可求出矩阵 $\boldsymbol{A}$. 也可以根据特征向量的定义以及矩阵的迹等于特征值之和求 $\boldsymbol{A}$.

解法 1 （1）由 $r(\boldsymbol{A})=2$，知 $|\boldsymbol{A}|=0$，所以 $\boldsymbol{A}$ 的另一特征值 $\lambda_3=0$. 由题设知 $\boldsymbol{\alpha}_1=(1,1,0)^{\mathrm{T}}$，$\boldsymbol{\alpha}_2=(2,1,1)^{\mathrm{T}}$ 为 $\boldsymbol{A}$ 的属于特征值 6 的线性无关特征向量. 设属于 $\lambda_3=0$ 的特征向量为 $\boldsymbol{\alpha}=(x_1,x_2,x_3)^{\mathrm{T}}$，则有 $\boldsymbol{\alpha}_1^{\mathrm{T}}\boldsymbol{\alpha}=0$，$\boldsymbol{\alpha}_2^{\mathrm{T}}\boldsymbol{\alpha}=0$，即

$$\begin{cases}x_1+x_2=0,\\2x_1+x_2+x_3=0,\end{cases}$$

解得此方程组的基础解系为 $(-1,1,1)^{\mathrm{T}}$，即 $\boldsymbol{A}$ 的属于特征值 $\lambda_3=0$ 的全部特征向量为

$$k\boldsymbol{\alpha}_3=k(-1,1,1)^{\mathrm{T}}（k\text{ 为任意非零常数}）.$$

（2）令矩阵 $\boldsymbol{P}=(\boldsymbol{\alpha}_1,\boldsymbol{\alpha}_2,\boldsymbol{\alpha}_3)$，则

$$P^{-1}AP=\begin{pmatrix}6&&\\&6&\\&&0\end{pmatrix},$$

所以

$$A=P\begin{pmatrix}6&&\\&6&\\&&0\end{pmatrix}P^{-1}=\begin{pmatrix}1&2&-1\\1&1&1\\0&1&1\end{pmatrix}\begin{pmatrix}6&&\\&6&\\&&0\end{pmatrix}\begin{pmatrix}0&1&-1\\\frac{1}{3}&-\frac{1}{3}&\frac{2}{3}\\-\frac{1}{3}&\frac{1}{3}&\frac{1}{3}\end{pmatrix}$$

$$=\begin{pmatrix}4 & 2 & 2\\ 2 & 4 & -2\\ 2 & -2 & 4\end{pmatrix}.$$

解法 2　由 $r(\boldsymbol{A})=2$ 知 $|\boldsymbol{A}|=0$，所以 $\boldsymbol{A}$ 的另一特征值 $\lambda_3=0$. 设

$$\boldsymbol{A}=\begin{pmatrix}a & d & e\\ d & b & f\\ e & f & c\end{pmatrix},$$

由 $\boldsymbol{A}\boldsymbol{\alpha}_i=6\boldsymbol{\alpha}_i$，$i=1,2$ 以及 $a+b+c=12$，建立方程组，可以求出 $\boldsymbol{A}$，然后再求属于 0 的特征向量.

47. 已知 6，3，3 是 3 阶实对称矩阵 $\boldsymbol{A}$ 的三个特征值，又向量 $(-1,\ 0,\ 1)^{\mathrm{T}}$，$(1,\ -2,\ 1)^{\mathrm{T}}$ 是 $\boldsymbol{A}$ 属于特征值 3 的两个特征向量.(1) 求 $\boldsymbol{A}$ 属于特征值 6 的特征向量；(2) 求矩阵 $\boldsymbol{A}$.

解　(1) 设 $\boldsymbol{A}$ 属于特征值 6 的特征向量为 $(x_1,\ x_2,\ x_3)^{\mathrm{T}}$. 由“属于实对称矩阵的不同特征向量彼此正交”知

$$\begin{cases}-x_1+x_3=0,\\ x_1-2x_2+x_3=0.\end{cases}$$

解得上面方程组的一个基础解系 $(1,\ 1,\ 1)^{\mathrm{T}}$，所以 $\boldsymbol{A}$ 属于特征值 6 的特征向量为 $k(1,\ 1,\ 1)^{\mathrm{T}}(k\neq 0)$.

记 $\boldsymbol{\alpha}_1=(1,\ 1,\ 1)^{\mathrm{T}}$，$\boldsymbol{\alpha}_2=(-1,\ 0,\ 1)^{\mathrm{T}}$，$\boldsymbol{\alpha}_3=(1,\ -2,\ 1)^{\mathrm{T}}$. 先将 $\boldsymbol{\alpha}_1,\ \boldsymbol{\alpha}_2,\ \boldsymbol{\alpha}_3$ 正交化：

$$\boldsymbol{\beta}_1=\boldsymbol{\alpha}_1=(1,\ 1,\ 1)^{\mathrm{T}};$$

$$\boldsymbol{\beta}_2=\boldsymbol{\alpha}_2-\frac{(\boldsymbol{\alpha}_2,\ \boldsymbol{\beta}_1)}{(\boldsymbol{\beta}_1,\ \boldsymbol{\beta}_1)}\boldsymbol{\beta}_1=(-1,\ 0,\ 1)^{\mathrm{T}};$$

$$\boldsymbol{\beta}_3=\boldsymbol{\alpha}_3-\frac{(\boldsymbol{\alpha}_3,\ \boldsymbol{\beta}_1)}{(\boldsymbol{\beta}_1,\ \boldsymbol{\beta}_1)}\boldsymbol{\beta}_1-\frac{(\boldsymbol{\alpha}_3,\ \boldsymbol{\beta}_2)}{(\boldsymbol{\beta}_2,\ \boldsymbol{\beta}_2)}\boldsymbol{\beta}_2=(1,\ -2,\ 1)^{\mathrm{T}}.$$

再将 $\boldsymbol{\beta}_1,\ \boldsymbol{\beta}_2,\ \boldsymbol{\beta}_3$ 单位化：

$$\boldsymbol{\gamma}_1=\frac{\boldsymbol{\beta}_1}{\|\boldsymbol{\beta}_1\|}=\left(\frac{1}{\sqrt{3}},\ \frac{1}{\sqrt{3}},\ \frac{1}{\sqrt{3}}\right)^{\mathrm{T}};$$

$$\boldsymbol{\gamma}_2=\frac{\boldsymbol{\beta}_2}{\|\boldsymbol{\beta}_2\|}=\left(\frac{-1}{\sqrt{2}},\ 0,\ \frac{1}{\sqrt{2}}\right)^{\mathrm{T}};$$

$$\boldsymbol{\gamma}_3=\frac{\boldsymbol{\beta}_3}{\|\boldsymbol{\beta}_3\|}=\left(\frac{1}{\sqrt{6}},\ \frac{-2}{\sqrt{6}},\ \frac{1}{\sqrt{6}}\right)^{\mathrm{T}}.$$

令

$$P=(\gamma_1,\gamma_2,\gamma_3)=\begin{pmatrix}\frac{1}{\sqrt{3}} & \frac{-1}{\sqrt{2}} & \frac{1}{\sqrt{6}}\\ \frac{1}{\sqrt{3}} & 0 & \frac{-2}{\sqrt{6}}\\ \frac{1}{\sqrt{3}} & \frac{1}{\sqrt{2}} & \frac{1}{\sqrt{6}}\end{pmatrix}.$$

由于 $\boldsymbol{P}$ 为正交矩阵，即 $\boldsymbol{P}^{-1}=\boldsymbol{P}^{\mathrm{T}}$，所以有

$$\boldsymbol{A}=\boldsymbol{P}\begin{pmatrix}6 & & \\ & 3 & \\ & & 3\end{pmatrix}\boldsymbol{P}^{-1}=\boldsymbol{P}\begin{pmatrix}6 & & \\ & 3 & \\ & & 3\end{pmatrix}\boldsymbol{P}^{\mathrm{T}}=\begin{pmatrix}4 & 1 & 1\\ 1 & 4 & 1\\ 1 & 1 & 4\end{pmatrix}.$$

48. 已知 $\boldsymbol{T}^{\mathrm{T}}\boldsymbol{A}\boldsymbol{T}=\begin{pmatrix}1 & 0 & 0\\ 0 & 3 & 0\\ 0 & 0 & 7\end{pmatrix}$，其中 $\boldsymbol{T}=\begin{pmatrix}-\frac{1}{\sqrt{3}} & \frac{1}{\sqrt{2}} & \frac{1}{\sqrt{6}}\\ \frac{1}{\sqrt{3}} & \frac{1}{\sqrt{2}} & -\frac{1}{\sqrt{6}}\\ \frac{1}{\sqrt{3}} & 0 & \frac{2}{\sqrt{6}}\end{pmatrix}$ 为正交矩阵，且 $\boldsymbol{A}=\begin{pmatrix}3 & 0 & 2\\ 0 & 3 & -2\\ 2 & -2 & 5\end{pmatrix}$，求 $\boldsymbol{A}$ 的特征值和特征向量.

解 由 $\boldsymbol{T}$ 为正交矩阵知 $\boldsymbol{T}^{\mathrm{T}}=\boldsymbol{T}^{-1}$，再由 $\boldsymbol{T}^{-1}\boldsymbol{A}\boldsymbol{T}=\mathrm{diag}(1,3,7)$ 可知 $\boldsymbol{A}$ 的特征值为 $\lambda_1=1,\lambda_2=3,\lambda_3=7$.

对于 $\lambda_1=1$，解方程组 $(1\boldsymbol{E}-\boldsymbol{A})\boldsymbol{x}=\boldsymbol{0}$，得对应的特征向量为

$$\boldsymbol{\alpha}_1=k_1(-1,1,1)^{\mathrm{T}}\ (k_1\neq 0\text{ 常数});$$

对于 $\lambda_1=3$，解方程组 $(3\boldsymbol{E}-\boldsymbol{A})\boldsymbol{x}=\boldsymbol{0}$，得对应的特征向量为

$$\boldsymbol{\alpha}_2=k_2(1,1,0)^{\mathrm{T}}\ (k_2\neq 0\text{ 常数});$$

对于 $\lambda_1=7$，解方程组 $(7\boldsymbol{E}-\boldsymbol{A})\boldsymbol{x}=\boldsymbol{0}$，得对应的特征向量为

$$\boldsymbol{\alpha}_3=k_3(1,-1,0)^{\mathrm{T}}\ (k_3\neq 0\text{ 常数}).$$

49. 试构造一个三阶实对称矩阵 $\boldsymbol{A}$，使其特征值为 $\lambda_1=\lambda_2=1,\lambda_3=-1$，且有特征向量 $\boldsymbol{\xi}_1=(1,1,1)^{\mathrm{T}},\boldsymbol{\xi}_2=(2,2,1)^{\mathrm{T}}$.

解 因为 $\boldsymbol{\xi}_1,\boldsymbol{\xi}_2$ 线性无关，且 $\boldsymbol{\xi}_1$ 与 $\boldsymbol{\xi}_2$ 不正交，所以 $\boldsymbol{\xi}_1,\boldsymbol{\xi}_2$ 为特征值 $\lambda_1=\lambda_2=1$ 所对应的线性无关的特征向量.

法 1 设 $\boldsymbol{\xi}=(x_1,x_2,x_2)^{\mathrm{T}}$ 为属于 $\lambda_3=-1$ 的特征向量，则 $\boldsymbol{\xi}_1,\boldsymbol{\xi}_2$ 都与 $\boldsymbol{\xi}$ 正交，于是

$$\begin{cases}x_1+x_2+x_3=0,\\ 2x_1+2x_2+x_3=0,\end{cases}$$

解得其一个基础解系为 $\boldsymbol{\xi}_3=(-1,1,0)^{\mathrm{T}}$.

令 $\boldsymbol{P}=(\boldsymbol{\alpha}_1,\boldsymbol{\alpha}_2,\boldsymbol{\alpha}_3)=\begin{pmatrix}1&2&-1\\1&2&1\\1&1&0\end{pmatrix}$,则有

$$\boldsymbol{P}^{-1}\boldsymbol{AP}=\begin{pmatrix}1&&\\&1&\\&&-1\end{pmatrix}.$$

因此

$$\boldsymbol{A}=\boldsymbol{P}\begin{pmatrix}1&&\\&1&\\&&-1\end{pmatrix}\boldsymbol{P}^{-1}=\begin{pmatrix}1&2&-1\\1&2&1\\1&1&0\end{pmatrix}\begin{pmatrix}1&&\\&1&\\&&-1\end{pmatrix}\begin{pmatrix}1&2&-1\\1&2&1\\1&1&0\end{pmatrix}^{-1}$$

$$=\begin{pmatrix}1&2&-1\\1&2&1\\1&1&0\end{pmatrix}\begin{pmatrix}1&&\\&1&\\&&-1\end{pmatrix}\begin{pmatrix}-\frac{1}{2}&-\frac{1}{2}&2\\\frac{1}{2}&\frac{1}{2}&-1\\-\frac{1}{2}&\frac{1}{2}&0\end{pmatrix}=\begin{pmatrix}0&1&0\\1&0&0\\0&0&1\end{pmatrix}.$$

法 2　先将 $\boldsymbol{A}$ 的对应特征值 1 的特征向量 $\boldsymbol{\xi}_1=(1,1,1)^{\mathrm{T}}$,$\boldsymbol{\xi}_2=(2,2,1)^{\mathrm{T}}$ 正交化:

$\boldsymbol{\beta}_1=\boldsymbol{\alpha}_1=(2,2,1)^{\mathrm{T}}$;

$\boldsymbol{\beta}_2=\boldsymbol{\alpha}_2-\dfrac{(\boldsymbol{\alpha}_2,\boldsymbol{\beta}_1)}{(\boldsymbol{\beta}_1,\boldsymbol{\beta}_1)}\boldsymbol{\beta}_1=\left(-\dfrac{1}{9},-\dfrac{1}{9},\dfrac{4}{9}\right)^{\mathrm{T}}$.

再将 $\boldsymbol{\beta}_1$, $\boldsymbol{\beta}_2$ 单位化:

$\boldsymbol{\gamma}_1=\dfrac{\boldsymbol{\beta}_1}{\|\boldsymbol{\beta}_1\|}=\left(\dfrac{2}{3},\dfrac{2}{3},\dfrac{1}{3}\right)^{\mathrm{T}}$;

$\boldsymbol{\gamma}_2=\dfrac{\boldsymbol{\beta}_2}{\|\boldsymbol{\beta}_2\|}=\left(\dfrac{-1}{3\sqrt{2}},\dfrac{-1}{3\sqrt{2}},\dfrac{4}{3\sqrt{2}}\right)^{\mathrm{T}}$.

设

$$\boldsymbol{P}=\begin{pmatrix}\frac{2}{3}&\frac{-1}{3\sqrt{2}}&x_1\\\frac{2}{3}&\frac{-1}{3\sqrt{2}}&x_2\\\frac{1}{3}&\frac{4}{3\sqrt{2}}&x_3\end{pmatrix}.$$

由 $\boldsymbol{P}$ 的正交性,有

$$\begin{cases}2x_1+2x_2+x_3=0,\\-x_1-x_2+4x_3=0,\\x_1^2+x_2^2+x_3^2=1,\end{cases}$$

解得非零解 $x_1=\dfrac{1}{\sqrt{2}}, x_2=-\dfrac{1}{\sqrt{2}}, x_3=0$.

于是

$$\boldsymbol{P}=\begin{pmatrix}\dfrac{2}{3} & \dfrac{-1}{3\sqrt{2}} & \dfrac{1}{\sqrt{2}}\\ \dfrac{2}{3} & \dfrac{-1}{3\sqrt{2}} & \dfrac{-1}{\sqrt{2}}\\ \dfrac{1}{3} & \dfrac{4}{3\sqrt{2}} & 0\end{pmatrix}.$$

而 $\boldsymbol{P}^{\mathrm{T}}\boldsymbol{AP}=\mathrm{diag}(1,1,-1)$,且 $\boldsymbol{P}^{\mathrm{T}}=\boldsymbol{P}^{-1}$,故

$$\boldsymbol{A}=\boldsymbol{P}\begin{pmatrix}1 & & \\ & 1 & \\ & & -1\end{pmatrix}\boldsymbol{P}^{\mathrm{T}}=\begin{pmatrix}0 & 1 & 0\\ 1 & 0 & 0\\ 0 & 0 & 1\end{pmatrix}.$$

50. 设 $\boldsymbol{A}$ 与 $\boldsymbol{B}$ 正交相似,$\boldsymbol{B}$ 与 $\boldsymbol{C}$ 正交相似,证明:$\boldsymbol{A}$ 与 $\boldsymbol{C}$ 也正交相似.

证 由 $\boldsymbol{A}$ 与 $\boldsymbol{B}$ 正交相似可知,存在可逆阵 $\boldsymbol{P}$,使得 $\boldsymbol{B}=\boldsymbol{P}^{-1}\boldsymbol{AP}$,且 $\boldsymbol{P}^{-1}=\boldsymbol{P}^{\mathrm{T}}$.

由 $\boldsymbol{B}$ 与 $\boldsymbol{C}$ 正交相似可知,存在可逆阵 $\boldsymbol{Q}$,使得 $\boldsymbol{C}=\boldsymbol{Q}^{-1}\boldsymbol{BQ}$,且 $\boldsymbol{Q}^{-1}=\boldsymbol{Q}^{\mathrm{T}}$.

因此

$$\boldsymbol{C}=\boldsymbol{Q}^{-1}(\boldsymbol{P}^{-1}\boldsymbol{AP})\boldsymbol{Q}=\boldsymbol{Q}^{-1}\boldsymbol{P}^{-1}\boldsymbol{APQ}=(\boldsymbol{PQ})^{-1}\boldsymbol{A}(\boldsymbol{PQ}).$$

因为 $\boldsymbol{P}$ 与 $\boldsymbol{Q}$ 均为正交阵,所以 $(\boldsymbol{PQ})^{-1}=\boldsymbol{Q}^{\mathrm{T}}\boldsymbol{P}^{\mathrm{T}}=(\boldsymbol{PQ})^{\mathrm{T}}$,即 $\boldsymbol{PQ}$ 也是正交阵,即 $\boldsymbol{C}=(\boldsymbol{PQ})^{\mathrm{T}}\boldsymbol{A}(\boldsymbol{PQ})$,说明 $\boldsymbol{A}$ 与 $\boldsymbol{C}$ 正交相似.

51. 设分块矩阵 $\boldsymbol{X}=\begin{pmatrix}\boldsymbol{A} & \boldsymbol{B}\\ \boldsymbol{O} & \boldsymbol{C}\end{pmatrix}$ 是正交矩阵,其中 $\boldsymbol{A}_{m\times m}$,$\boldsymbol{C}_{n\times n}$. 证明:$\boldsymbol{A}$,$\boldsymbol{C}$ 均为正交矩阵,且 $\boldsymbol{B}=\boldsymbol{O}$.

证 由题设有

$$\begin{pmatrix}\boldsymbol{A} & \boldsymbol{B}\\ \boldsymbol{O} & \boldsymbol{C}\end{pmatrix}\begin{pmatrix}\boldsymbol{A} & \boldsymbol{B}\\ \boldsymbol{O} & \boldsymbol{C}\end{pmatrix}^{\mathrm{T}}=\begin{pmatrix}\boldsymbol{E}_m & \boldsymbol{O}\\ \boldsymbol{O} & \boldsymbol{E}_n\end{pmatrix},$$

即

$$\begin{pmatrix}\boldsymbol{A} & \boldsymbol{B}\\ \boldsymbol{O} & \boldsymbol{C}\end{pmatrix}\begin{pmatrix}\boldsymbol{A}^{\mathrm{T}} & \boldsymbol{O}^{\mathrm{T}}\\ \boldsymbol{B}^{\mathrm{T}} & \boldsymbol{C}^{\mathrm{T}}\end{pmatrix}^{\mathrm{T}}=\begin{pmatrix}\boldsymbol{AA}^{\mathrm{T}}+\boldsymbol{BB}^{\mathrm{T}} & \boldsymbol{BC}^{\mathrm{T}}\\ \boldsymbol{CB}^{\mathrm{T}} & \boldsymbol{CC}^{\mathrm{T}}\end{pmatrix}\begin{pmatrix}\boldsymbol{E}_m & \boldsymbol{O}\\ \boldsymbol{O} & \boldsymbol{E}_n\end{pmatrix}.$$

因此

$$\boldsymbol{AA}^{\mathrm{T}}+\boldsymbol{BB}^{\mathrm{T}}=\boldsymbol{E}_m,\quad \boldsymbol{BC}^{\mathrm{T}}=\boldsymbol{O},\quad \boldsymbol{CB}^{\mathrm{T}}=\boldsymbol{O},\quad \boldsymbol{CC}^{\mathrm{T}}=\boldsymbol{E}_n.$$

可见 $\boldsymbol{C}$ 为正交矩阵，从而可逆.

由 $\boldsymbol{CB}^{\mathrm{T}}=\boldsymbol{O}$ 和 $\boldsymbol{C}$ 可逆可得 $\boldsymbol{B}^{\mathrm{T}}=\boldsymbol{O}$，即 $\boldsymbol{B}=\boldsymbol{O}$. 代入 $\boldsymbol{AA}^{\mathrm{T}}+\boldsymbol{BB}^{\mathrm{T}}=\boldsymbol{E}_m$ 可得 $\boldsymbol{AA}^{\mathrm{T}}=\boldsymbol{E}_m$，即 $\boldsymbol{A}$ 也是正交矩阵.

52. 设 $\boldsymbol{A}$，$\boldsymbol{B}$ 和 $\boldsymbol{A}+\boldsymbol{B}$ 都是 n 阶正交矩阵，证明 $(\boldsymbol{A}+\boldsymbol{B})^{-1}=\boldsymbol{A}^{-1}+\boldsymbol{B}^{-1}$.

证 根据正交矩阵的性质，有

$$(\boldsymbol{A}+\boldsymbol{B})^{-1}=(\boldsymbol{A}+\boldsymbol{B})^{\mathrm{T}}=\boldsymbol{A}^{\mathrm{T}}+\boldsymbol{B}^{\mathrm{T}}=\boldsymbol{A}^{-1}+\boldsymbol{B}^{-1}.$$

53. 设 $\boldsymbol{A}$ 是 n 阶对称矩阵，且满足 $\boldsymbol{A}^2-4\boldsymbol{A}+3\boldsymbol{E}=\boldsymbol{O}$. 证明：$\boldsymbol{A}-2\boldsymbol{E}$ 为正交矩阵.

证 因为

$$\begin{aligned}(\boldsymbol{A}-2\boldsymbol{E})(\boldsymbol{A}-2\boldsymbol{E})^{\mathrm{T}}&=(\boldsymbol{A}-2\boldsymbol{E})(\boldsymbol{A}^{\mathrm{T}}-2\boldsymbol{E}^{\mathrm{T}})=(\boldsymbol{A}-2\boldsymbol{E})(\boldsymbol{A}-2\boldsymbol{E})\\&=\boldsymbol{A}^2-4\boldsymbol{A}+3\boldsymbol{E}+\boldsymbol{E}=\boldsymbol{O}+\boldsymbol{E}=\boldsymbol{E},\end{aligned}$$

所以 $\boldsymbol{A}-2\boldsymbol{E}$ 为正交矩阵.

54. 若 $\boldsymbol{A}$ 是 n 阶正交矩阵，λ 是 $\boldsymbol{A}$ 的实特征值，$\boldsymbol{x}$ 是 $\boldsymbol{A}$ 的属于 λ 的特征向量. 证明：λ 只能是 ±1，并且 $\boldsymbol{x}$ 也是 $\boldsymbol{A}^{\mathrm{T}}$ 的特征向量.

证 因 λ 是 $\boldsymbol{A}$ 的特征值，从而也是 $\boldsymbol{A}^{\mathrm{T}}$ 的特征值. 又 $\boldsymbol{AA}^{\mathrm{T}}=\boldsymbol{E}$，所以 $\lambda^2=1$，即 $\lambda=\pm1$.

若 $\lambda=1$，则 $\boldsymbol{Ax}=1\boldsymbol{x}$. 两边左乘 $\boldsymbol{A}^{\mathrm{T}}$ 得 $\boldsymbol{A}^{\mathrm{T}}\boldsymbol{Ax}=\boldsymbol{A}^{\mathrm{T}}\boldsymbol{x}$，即 $\boldsymbol{A}^{\mathrm{T}}\boldsymbol{x}=\boldsymbol{Ex}=\boldsymbol{x}$，所以 $\boldsymbol{x}$ 也是 $\boldsymbol{A}^{\mathrm{T}}$ 的属于 $\lambda=1$ 的特征向量. 同理可证，当 $\lambda=-1$ 时，由 $\boldsymbol{Ay}=-\boldsymbol{y}$ 可得 $\boldsymbol{A}^{\mathrm{T}}\boldsymbol{y}=-\boldsymbol{y}$. 故 $\boldsymbol{A}$ 与 $\boldsymbol{A}^{\mathrm{T}}$ 的属于 $\lambda=\pm1$ 的特征向量相同.

55. 证明：矩阵 $\boldsymbol{A}$ 是正交矩阵的充分必要条件是 $|\boldsymbol{A}|=\pm1$，且 $|\boldsymbol{A}|=1$ 时，$a_{ij}=A_{ij}$；当 $|\boldsymbol{A}|=-1$ 时，$a_{ij}=-A_{ij}$.

证 若矩阵 $\boldsymbol{A}$ 是正交矩阵，则 $\boldsymbol{AA}^{\mathrm{T}}=\boldsymbol{E}$，从而有 $|\boldsymbol{A}|^2=1$，即 $|\boldsymbol{A}|=\pm1$.

当 $|\boldsymbol{A}|=1$ 时，由 $\boldsymbol{AA}^*=\boldsymbol{E}$ 知 $\boldsymbol{A}^*=\boldsymbol{A}^{-1}=\boldsymbol{A}^{\mathrm{T}}$，即有 $a_{ij}=A_{ij}$.

当 $|\boldsymbol{A}|=-1$ 时，由 $\boldsymbol{AA}^*=-\boldsymbol{E}$ 知 $\boldsymbol{A}^*=-\boldsymbol{A}^{-1}=-\boldsymbol{A}^{\mathrm{T}}$，即有 $a_{ij}=-A_{ij}$.

若 $|\boldsymbol{A}|=1$，$a_{ij}=A_{ij}$ 时，则有 $\boldsymbol{A}^*=\boldsymbol{A}^{\mathrm{T}}$，由此 $\boldsymbol{AA}^*=\boldsymbol{E}$，所以 $\boldsymbol{A}^{\mathrm{T}}\boldsymbol{A}=\boldsymbol{E}$，即 $\boldsymbol{A}$ 是正交矩阵.

若 $|\boldsymbol{A}|=-1$，$a_{ij}=-A_{ij}$ 时，则有 $\boldsymbol{A}^*=-\boldsymbol{A}^{\mathrm{T}}$，由此 $\boldsymbol{AA}^*=-E$，所以 $\boldsymbol{AA}^{\mathrm{T}}=\boldsymbol{E}$，即 $\boldsymbol{A}$ 是正交矩阵.

56. (1) 若 $\boldsymbol{A}$，$\boldsymbol{B}$ 都是正交矩阵，且 $\dfrac{|\boldsymbol{A}|}{|\boldsymbol{B}|}=-1$，试证：$r[(\boldsymbol{A}+\boldsymbol{B})^*]\leqslant1$.

(2) 若 $\boldsymbol{A}$ 是正交矩阵，且 $|\boldsymbol{A}|=-1$，试证：$\boldsymbol{A}+\boldsymbol{E}$ 不可逆.

(3) 若 $\boldsymbol{A}$，$\boldsymbol{B}$ 都是正交矩阵，$|\boldsymbol{A}|+|\boldsymbol{B}|=0$，试证：$|\boldsymbol{A}+\boldsymbol{B}|=0$.

证 (1) 由 $\boldsymbol{A}$，$\boldsymbol{B}$ 是正交矩阵可知 $\boldsymbol{AB}^{-1}$ 也是正交矩阵. 再由 $|\boldsymbol{AB}^{-1}|=\dfrac{|\boldsymbol{A}|}{|\boldsymbol{B}|}=-1$ 及正交矩阵的性质知 -1 为 $\boldsymbol{AB}^{-1}$ 的特征值，即

$$|-\boldsymbol{E}-\boldsymbol{AB}^{-1}|=0. \tag{*}$$

又

$$|-\boldsymbol{E}-\boldsymbol{A}\boldsymbol{B}^{-1}|=|-\boldsymbol{B}-\boldsymbol{A}||\boldsymbol{B}^{-1}|=(-1)^n|\boldsymbol{B}^{-1}||\boldsymbol{A}+\boldsymbol{B}|.$$

由 $\boldsymbol{B}$ 正定知 $|\boldsymbol{B}|\neq 0$，即得 $(-1)^n|\boldsymbol{B}^{-1}|\neq 0$，从而由(*)式得 $|\boldsymbol{A}+\boldsymbol{B}|=0$，由此知 $r(\boldsymbol{A}+\boldsymbol{B})\leqslant n-1$. 再由伴随矩阵的性质就得：$r[(\boldsymbol{A}+\boldsymbol{B})^*]\leqslant 1$.

(2)由 $\boldsymbol{A}$ 是正交矩阵，且 $|\boldsymbol{A}|=-1$ 知 $\boldsymbol{A}$ 有特征值 -1，即 $|-\boldsymbol{E}-\boldsymbol{A}|=0$，从而 $|\boldsymbol{A}+\boldsymbol{E}|=0$，故 $\boldsymbol{A}+\boldsymbol{E}$ 不可逆.

(3)由 $\boldsymbol{A}$，$\boldsymbol{B}$ 都是正交矩阵，且 $|\boldsymbol{A}|+|\boldsymbol{B}|=0$ 知 $\dfrac{|\boldsymbol{A}|}{|\boldsymbol{B}|}=-1$，由(1)的证明可知有 $|\boldsymbol{A}+\boldsymbol{B}|=0$.

57. 设实对称矩阵 $\boldsymbol{A}$ 与 $\boldsymbol{B}$ 相似，证明存在正交矩阵 $\boldsymbol{P}$，使得

$$\boldsymbol{P}^{-1}\boldsymbol{A}\boldsymbol{P}=\boldsymbol{P}^{\mathrm{T}}\boldsymbol{A}\boldsymbol{P}=\boldsymbol{B}.$$

证 因 $\boldsymbol{A}$ 与 $\boldsymbol{B}$ 相似，故它们有相同的特征值，设为 $\lambda_1,\lambda_2,\cdots,\lambda_n$.

又因 $\boldsymbol{A}$ 与 $\boldsymbol{B}$ 为实对称矩阵，故存在正交矩阵 $\boldsymbol{P}_1$，$\boldsymbol{P}_2$，使得

$$\boldsymbol{P}_1^{-1}\boldsymbol{A}\boldsymbol{P}_1=\begin{pmatrix}\lambda_1&&&\\&\lambda_2&&\\&&\ddots&\\&&&\lambda_n\end{pmatrix},\quad \boldsymbol{P}_2^{-1}\boldsymbol{B}\boldsymbol{P}_2=\begin{pmatrix}\lambda_1&&&\\&\lambda_2&&\\&&\ddots&\\&&&\lambda_n\end{pmatrix}.$$

由 $\boldsymbol{P}_1^{-1}\boldsymbol{A}\boldsymbol{P}_1=\boldsymbol{P}_2^{-1}\boldsymbol{B}\boldsymbol{P}_2$，得 $\boldsymbol{P}_2\boldsymbol{P}_1^{-1}\boldsymbol{A}\boldsymbol{P}_1\boldsymbol{P}_2^{-1}=\boldsymbol{B}$，即 $(\boldsymbol{P}_1\boldsymbol{P}_2^{-1})^{-1}\boldsymbol{A}(\boldsymbol{P}_1\boldsymbol{P}_2^{-1})=\boldsymbol{B}$. 于是，令 $\boldsymbol{P}=\boldsymbol{P}_1\boldsymbol{P}_2^{-1}$，则

$$(\boldsymbol{P}_1\boldsymbol{P}_2^{-1})^{\mathrm{T}}(\boldsymbol{P}_1\boldsymbol{P}_2^{-1})=(\boldsymbol{P}_2^{-1})^{\mathrm{T}}\boldsymbol{P}_1^{\mathrm{T}}\boldsymbol{P}_1\boldsymbol{P}_2^{-1}=\boldsymbol{P}_2\boldsymbol{P}_1^{\mathrm{T}}\boldsymbol{P}_1\boldsymbol{P}_2^{-1}=\boldsymbol{P}_2\boldsymbol{P}_2^{-1}=\boldsymbol{E},$$

说明 $\boldsymbol{P}$ 为正交矩阵，所以 $\boldsymbol{P}^{-1}\boldsymbol{A}\boldsymbol{P}=\boldsymbol{P}^{\mathrm{T}}\boldsymbol{A}\boldsymbol{P}=\boldsymbol{B}$.

58. 设 $\boldsymbol{A}$ 为实对称矩阵，且 $\boldsymbol{A}^2=\boldsymbol{A}$. 证明：存在正交矩阵 $\boldsymbol{Q}$ 使得

$$\boldsymbol{Q}^{-1}\boldsymbol{A}\boldsymbol{Q}=\begin{pmatrix}1&&&&&\\&\ddots&&&&\\&&1&&&\\&&&0&&\\&&&&\ddots&\\&&&&&0\end{pmatrix}.$$

证 设 λ 是 $\boldsymbol{A}$ 的任一特征值，且 $\boldsymbol{A}\boldsymbol{\alpha}=\lambda\boldsymbol{\alpha}$，$\boldsymbol{\alpha}\neq\boldsymbol{0}$. 由于 $\boldsymbol{A}^2=\boldsymbol{A}$，故

$$\lambda\boldsymbol{\alpha}=\boldsymbol{A}\boldsymbol{\alpha}=\boldsymbol{A}^2\boldsymbol{\alpha}=\boldsymbol{A}(\lambda\boldsymbol{\alpha})=\lambda^2\boldsymbol{\alpha}.$$

从而有 $\lambda=\lambda^2$，解得 $\lambda=1$ 或 $\lambda=0$，即 $\boldsymbol{A}$ 的特征值只能是 1 或 0.

由于 $\boldsymbol{A}$ 是实对称矩阵，故存在正交矩阵 $\boldsymbol{Q}$ 使得

$$Q^{-1}AQ=\begin{pmatrix}1&&&&&\\&\ddots&&&&\\&&1&&&\\&&&0&&\\&&&&\ddots&\\&&&&&0\end{pmatrix}.$$

(B)

一、填空题

1. 已知 $\lambda_1=0$ 是三阶矩阵 $\boldsymbol{A}=\begin{pmatrix}1&0&1\\0&2&0\\1&0&a\end{pmatrix}$ 的特征值，则 $a=$ __1__，其他特征值 $\lambda_2=$ __2__；$\lambda_3=$ __2__.

解 由 $\lambda_1=0$ 是矩阵 $\boldsymbol{A}$ 的特征值知 $|\boldsymbol{A}|=0$，即 $|\boldsymbol{A}|=2(a-1)=0$，解得 $a=1$.

将 $a=1$ 代入矩阵 $\boldsymbol{A}$，通过计算得

$$|\lambda\boldsymbol{E}-\boldsymbol{A}|=\lambda(\lambda-2)^2,$$

所以 $\lambda_2=\lambda_3=2$.

2. 已知 λ 为 n 阶矩阵 $\boldsymbol{A}$ 的特征值，$\boldsymbol{\alpha}$ 为对应的特征向量，若 $\boldsymbol{P}$ 为 n 阶可逆阵，则 $\boldsymbol{P}^{-1}\boldsymbol{AP}$ 必有特征值__λ__，对应的特征向量为__$\boldsymbol{P}^{-1}\boldsymbol{\alpha}$__.

解 由 $\boldsymbol{A\alpha}=\lambda\boldsymbol{\alpha}$ 可得 $\boldsymbol{P}^{-1}\boldsymbol{A\alpha}=\lambda\boldsymbol{P}^{-1}\boldsymbol{\alpha}$，而

$$\boldsymbol{P}^{-1}\boldsymbol{AP}(\boldsymbol{P}^{-1}\boldsymbol{\alpha})=\boldsymbol{P}^{-1}\boldsymbol{A\alpha}=\lambda(\boldsymbol{P}^{-1}\boldsymbol{\alpha}),$$

由此可知，$\boldsymbol{P}^{-1}\boldsymbol{AP}$ 有特征值为 λ，对应的特征向量为 $\boldsymbol{P}^{-1}\boldsymbol{\alpha}$.

3. n 阶零矩阵的全部特征向量为__任意 n 维非零向量__.

解 由 $|\lambda\boldsymbol{E}-\boldsymbol{O}|=\lambda^n|\boldsymbol{E}|=\lambda^n=0$，即零矩阵的特征值均为 0. 又由 $\boldsymbol{O\alpha}=0\boldsymbol{\alpha}$ 知，$\boldsymbol{\alpha}$ 可取任意 n 维非零的向量.

4. 设 n 阶矩阵 $\boldsymbol{A}$ 的元素全为 1，则 $\boldsymbol{A}$ 的 n 个特征值是__n, 0（$n-1$ 重根）__.

解 由特征方程 $|\lambda\boldsymbol{E}-\boldsymbol{A}|=(\lambda-n)\lambda^{n-1}=0$ 得特征值为 n, 0($n-1$ 重).

5. 设 3 阶对称矩阵 $\boldsymbol{A}$ 的一个特征值 $\lambda=2$，对应的特征向量 $\boldsymbol{\alpha}=(1,2,-1)^{\mathrm{T}}$，且 $\boldsymbol{A}$ 的主对角线上元素全为零，则 $\boldsymbol{A}=$ __$\begin{pmatrix}0&2&2\\2&0&-2\\2&-2&0\end{pmatrix}$__.

解 设 $\boldsymbol{A}=\begin{pmatrix}0&x&y\\x&0&z\\y&z&0\end{pmatrix}$，则由 $\boldsymbol{A\alpha}=2\boldsymbol{\alpha}$ 有

$$\begin{pmatrix}0&x&y\\x&0&z\\y&z&0\end{pmatrix}\begin{pmatrix}1\\2\\-1\end{pmatrix}=\begin{pmatrix}2\\4\\-2\end{pmatrix},即\begin{cases}2x-y=2,\\x-z=4,\\y+2z=-2,\end{cases}$$

解得 $x=y=2$，$z=-2$.

6. 设 $\boldsymbol{A}$ 为 n 阶方阵，其秩满足 $r(\boldsymbol{E}+\boldsymbol{A})+r(\boldsymbol{A}-\boldsymbol{E})=n$，且 $\boldsymbol{A}\neq\boldsymbol{E}$，则 $\boldsymbol{A}$ 必有特征值 $\underline{\quad -1\quad}$.

解 由 $\boldsymbol{A}\neq\boldsymbol{E}$ 知 $r(\boldsymbol{A}-\boldsymbol{E})\geqslant 1$. 又由 $r(\boldsymbol{E}+\boldsymbol{A})+r(\boldsymbol{A}-\boldsymbol{E})=n$，可得

$$r(\boldsymbol{E}+\boldsymbol{A})\leqslant n-1,\ 即\ |\boldsymbol{E}+\boldsymbol{A}|=0,$$

于是 $(-1)^n\ |(-1)\boldsymbol{E}-\boldsymbol{A}|=0$，即 $\boldsymbol{A}$ 有特征值 -1.

7. 设矩阵 $\boldsymbol{A}=\begin{pmatrix}1&-1&0\\2&x&0\\4&2&1\end{pmatrix}$ 有特征值 $\lambda_1=1$，$\lambda_2=2$，则 $x=\underline{\quad 4\quad}$，$\boldsymbol{A}$ 的另一特征值 $\lambda_3=\underline{\quad 3\quad}$.

解 由 $\begin{cases}\lambda_1+\lambda_2+\lambda_3=1+x+1\\\lambda_1\cdot\lambda_2\cdot\lambda_3=|\boldsymbol{A}|=x+2\end{cases}$ 解得 $\begin{cases}x=4\\\lambda_3=3\end{cases}$.

8. 设 3 阶矩阵 $\boldsymbol{A}$ 的特征值为 1，2，3，则行列式 $|2\boldsymbol{A}^{-1}|=\underline{\quad \dfrac{4}{3}\quad}$.

解 $|2\boldsymbol{A}^{-1}|=2^3\ |\boldsymbol{A}^{-1}|=\dfrac{8}{|\boldsymbol{A}|}=\dfrac{8}{1\times2\times3}=\dfrac{4}{3}$.

9. 设 2 阶矩阵 $\boldsymbol{A}$ 的特征值为 1,2，则行列式 $|\boldsymbol{A}-3\boldsymbol{A}^{-1}|=\underline{\quad -1\quad}$.

解 由 $\boldsymbol{A}$ 的特征值为 1,2 可得，$\boldsymbol{A}^2-3\boldsymbol{E}$ 的特征值为 -2,1；$\boldsymbol{A}^{-1}$ 特征值为 1，$\dfrac{1}{2}$. 所以

$$\begin{aligned}|\boldsymbol{A}-3\boldsymbol{A}^{-1}|&=|\boldsymbol{A}^2\boldsymbol{A}^{-1}-3\boldsymbol{A}^{-1}|=|(\boldsymbol{A}^2-3\boldsymbol{E})\boldsymbol{A}^{-1}|\\&=|\boldsymbol{A}^2-3\boldsymbol{E}||\boldsymbol{A}^{-1}|=(-2\times1)\cdot(1\times\frac{1}{2})=-1.\end{aligned}$$

10. 设四阶方阵 $\boldsymbol{A}$ 满足条件 $|3\boldsymbol{E}+\boldsymbol{A}|=0$，$\boldsymbol{A}\boldsymbol{A}^{\mathrm{T}}=2\boldsymbol{E}$，$|\boldsymbol{A}|<0$，其中 $\boldsymbol{E}$ 是四阶单位阵，则方阵 $\boldsymbol{A}$ 的伴随矩阵 $\boldsymbol{A}^*$ 的一个特征值为 $\underline{\quad \dfrac{4}{3}\quad}$.

解 由 $|3\boldsymbol{E}+\boldsymbol{A}|=|(-1)(-3\boldsymbol{E}-\boldsymbol{A})|=(-1)^4\,|-3\boldsymbol{E}-\boldsymbol{A}|=0$，得 $\boldsymbol{A}$ 的一个特征值 $\lambda=-3$.

在 $\boldsymbol{A}\boldsymbol{A}^{\mathrm{T}}=2\boldsymbol{E}$ 两边取行列式，得 $|\boldsymbol{A}|^2=2^4$，而 $|\boldsymbol{A}|<0$，故 $|\boldsymbol{A}|=-4$.

所以方阵 $\boldsymbol{A}$ 的伴随矩阵 $\boldsymbol{A}^*$ 的一个特征值为 $\dfrac{|\boldsymbol{A}|}{\lambda}=\dfrac{4}{3}$.

11. 设 $\boldsymbol{A}$ 是 3 阶矩阵，且 $|\boldsymbol{A}-\boldsymbol{E}|=|\boldsymbol{A}+2\boldsymbol{E}|=|2\boldsymbol{A}+3\boldsymbol{E}|=0$，则 $|2\boldsymbol{A}^*-3\boldsymbol{E}|=\underline{\quad 126\quad}$.

解　由题设可知

$$|E-A|=|-2E-A|=\left|-\frac{3}{2}E-A\right|=0,$$

即 A 的特征值为 $1,-2,-\frac{3}{2}$，从而 $|A|=1\times(-2)\times\left(-\frac{3}{2}\right)=3$. 于是 $2A^*-3E$ 的特征值为 $3,-6,-7$，所以 $|2A^*-3E|=3\times(-6)\times(-7)=126$.

12. 若 n 阶矩阵 A 有 n 个属于特征值 λ_0 的线性无关的特征向量，则 $A=$ $\underline{\lambda_0 E}$.

解　设 $\alpha_1,\alpha_2,\cdots,\alpha_n$ 是 A 属于 λ_0 的 n 个线性无关的特征向量，则

$$A(\alpha_1,\alpha_2,\cdots,\alpha_n)=\lambda_0(\alpha_1,\alpha_2,\cdots,\alpha_n).$$

又由 $\alpha_1,\alpha_2,\cdots,\alpha_n$ 线性无关知矩阵 $(\alpha_1,\alpha_2,\cdots,\alpha_n)$ 可逆，所以 $A=\lambda_0 E$.

13. 设 A 是三阶奇异矩阵，已知 $E+A$，$2E-A$ 均不可逆，则 A 相似于对角阵 Λ $=\underline{\begin{pmatrix}0&&\\&-1&\\&&2\end{pmatrix}}$.

解　由 A 奇异知 A 有特征值 $\lambda_1=0$. 由 $E+A$，$2E-A$ 均不可逆知 $|E+A|=0$，$|2E-A|=0$，从而 $\lambda_2=-1$，$\lambda_3=2$. 即 A 有三个不同的特征值 $\lambda_1,\lambda_2,\lambda_3$，则

$$A\sim\Lambda=\begin{pmatrix}0&&\\&-1&\\&&2\end{pmatrix}.$$

14. 已知 $\alpha=(1,2,-1)^{\mathrm T}$，$A=\alpha^{\mathrm T}\alpha$，若矩阵 A 与 B 相似，则 $(B+E)^*$ 的特征值为 $\underline{1,7,7}$.

解　由题设

$$A=\begin{pmatrix}1\\2\\-1\end{pmatrix}(1,2,-1)=\begin{pmatrix}1&2&-1\\2&4&-2\\-1&-2&1\end{pmatrix}.$$

计算得 A 的特征值为 $6,0,0$.

由于 A 与 B 相似，所以 B 的特征值也为 $6,0,0$，从而 $B+E$ 的特征值为 $7,1,1$，且 $|B+E|=7\times1\times1=7$. 因此 $(B+E)^*$ 的特征值为 $1,7,7$.

15. 已知 $A\sim B=\begin{pmatrix}1&0&0&0\\0&1&0&0\\0&0&-1&2\\0&0&2&2\end{pmatrix}$，则 $r(A-E)+r(A-3E)=$ $\underline{5}$.

解　由 $A\sim B$ 知存在可逆矩阵 P，使得 $P^{-1}BP=A$. 于是

$$r(A-E)+r(A-3E)=r(P^{-1}BP-E)+r(P^{-1}BP-3E)$$

$$= r(\boldsymbol{P}^{-1}(\boldsymbol{B}-\boldsymbol{E})\boldsymbol{P}) + r(\boldsymbol{P}^{-1}(\boldsymbol{B}-3\boldsymbol{E})\boldsymbol{P}) = r(\boldsymbol{B}-\boldsymbol{E}) + r(\boldsymbol{B}-3\boldsymbol{E})$$

$$= r\left(\begin{pmatrix} 0 & 0 & 0 & 0 \\ 0 & 0 & 0 & 0 \\ 0 & 0 & -2 & 2 \\ 0 & 0 & 2 & 1 \end{pmatrix}\right) + r\left(\begin{pmatrix} -2 & 0 & 0 & 0 \\ 0 & -2 & 0 & 0 \\ 0 & 0 & -4 & 2 \\ 0 & 0 & 2 & -1 \end{pmatrix}\right) = 2+3=5.$$

16. 设 $\boldsymbol{A}$ 为实对称矩阵，$\boldsymbol{\alpha}_1=(1,1,3)^{\mathrm{T}}$ 与 $\boldsymbol{\alpha}_2=(4,5,a)^{\mathrm{T}}$ 分别是属于 $\boldsymbol{A}$ 的互异特征值 λ_1 与 λ_2 的特征向量，则 $a=$ <u>-3</u>.

解 由 $\boldsymbol{\alpha}_1$ 与 $\boldsymbol{\alpha}_2$ 正交得 $(\boldsymbol{\alpha}_1,\boldsymbol{\alpha}_2)=1\times4+1\times5+3a=0$，从而解得 $a=-3$.

17. 设 $\boldsymbol{A},\boldsymbol{B}$ 是 n 阶正交矩阵，并且 $|\boldsymbol{A}|+|\boldsymbol{B}|=0$，则 $|\boldsymbol{A}+\boldsymbol{B}|=$ <u>0</u>.

解 由题设有 $\boldsymbol{A}^{\mathrm{T}}\boldsymbol{A}=\boldsymbol{E}=\boldsymbol{B}^{\mathrm{T}}\boldsymbol{B}$，$|\boldsymbol{A}|=-|\boldsymbol{B}|$. 再由

$$|\boldsymbol{A}+\boldsymbol{B}| = |\boldsymbol{A}\boldsymbol{B}^{\mathrm{T}}\boldsymbol{B}+\boldsymbol{A}\boldsymbol{A}^{\mathrm{T}}\boldsymbol{B}| = |\boldsymbol{A}(\boldsymbol{B}^{\mathrm{T}}+\boldsymbol{A}^{\mathrm{T}})\boldsymbol{B}| = |\boldsymbol{A}(\boldsymbol{A}+\boldsymbol{B})^{\mathrm{T}}\boldsymbol{B}|$$
$$= |\boldsymbol{A}|\,|(\boldsymbol{A}+\boldsymbol{B})^{\mathrm{T}}|\,|\boldsymbol{B}| = -|\boldsymbol{B}|^2|\boldsymbol{A}+\boldsymbol{B}| = -|\boldsymbol{A}+\boldsymbol{B}|$$

得 $|\boldsymbol{A}+\boldsymbol{B}|=0$.

二、选择题

1. 设 $\boldsymbol{A}=\begin{pmatrix} 3 & -1 & 1 \\ 2 & 0 & 1 \\ 1 & -1 & 2 \end{pmatrix}$，则 $\boldsymbol{A}$ 的对应于特征值 2 的一个特征向量是(**D**).

(A) $\begin{pmatrix} 1 \\ 0 \\ 1 \end{pmatrix}$ (B) $\begin{pmatrix} 1 \\ -1 \\ 0 \end{pmatrix}$ (C) $\begin{pmatrix} 0 \\ 1 \\ -1 \end{pmatrix}$ (D) $\begin{pmatrix} 1 \\ 1 \\ 0 \end{pmatrix}$

解法 1 设 $\boldsymbol{A}$ 的对应于特征值 2 的一个特征向量是 $\boldsymbol{x}=(x_1,x_2,x_3)^{\mathrm{T}}$，则有

$$(\boldsymbol{A}-2\boldsymbol{E})\boldsymbol{x}=\boldsymbol{0}，即 \begin{pmatrix} 1 & -1 & 0 \\ 2 & -2 & 1 \\ 1 & -1 & 0 \end{pmatrix}\begin{pmatrix} x_1 \\ x_2 \\ x_3 \end{pmatrix}=\begin{pmatrix} 0 \\ 0 \\ 0 \end{pmatrix}.$$

由

$$\begin{pmatrix} 1 & -1 & 0 \\ 2 & -2 & 1 \\ 1 & -1 & 0 \end{pmatrix} \xrightarrow[r_3-r_1]{r_2-2r_1} \begin{pmatrix} 1 & -1 & 0 \\ 0 & 0 & 1 \\ 0 & 0 & 0 \end{pmatrix}$$

解得 $x_1=x_2, x_3=0$.

令 $x_2=1$，有

$$\begin{pmatrix} x_1 \\ x_2 \\ x_3 \end{pmatrix}=\begin{pmatrix} 1 \\ 1 \\ 0 \end{pmatrix}.$$

故正确选项为(D).

解法 2　利用选项代入法也可迅速得出正确的选项.

$$A-2E=\begin{pmatrix}1&-1&0\\2&-2&1\\1&-1&0\end{pmatrix},$$

而只需用选项(A),(B),(C)中的向量去乘$A-2E$的第一行,发现均不为零,由排除法,正确选项为(D).

2. 设四阶矩阵 $A=\begin{pmatrix}1&1&1&1\\1&1&1&1\\1&1&1&1\\1&1&1&1\end{pmatrix}$,则$A$的特征值为(**B**).

(A)0, 1, 1, 1　　(B)0, 0, 0, 4

(C)0, 0, 1, 1　　(D)0, 1, 1, 4

解法 1　由

$$|\lambda E-A|=\begin{vmatrix}\lambda-1&-1&-1&-1\\-1&\lambda-1&-1&-1\\-1&-1&\lambda-1&-1\\-1&-1&-1&\lambda-1\end{vmatrix}=(\lambda-4)\begin{vmatrix}1&-1&-1&-1\\1&\lambda-1&-1&-1\\1&-1&\lambda-1&-1\\1&-1&-1&\lambda-1\end{vmatrix}$$

$$=(\lambda-4)\begin{vmatrix}1&-1&-1&-1\\0&\lambda&0&0\\0&0&\lambda&0\\0&0&0&\lambda\end{vmatrix}=\lambda^3(\lambda-4)=0,$$

解得$\lambda_1=\lambda_2=\lambda_3=0,\lambda_4=4$.

解法 2　由$|A|=0$知A有特征值$\lambda=0$,而$\lambda=0$对应的特征向量x由齐次方程组$(0E-A)x=0$,即$Ax=0$解出.由于$r(A)=1$,则$Ax=0$的基础解系包含$4-1=3$个线性无关的解向量,即属于$\lambda=0$的线性无关的特征向量有3个,故$\lambda=0$的重数大于等于3.但A的特征值$\lambda=0$的重数不可能为4,否则$\mathrm{tr}(A)=0+0+0+0=0$,这与实际矛盾.所以A的特征值$\lambda=0$的重数为3,而

$$4=\mathrm{tr}(A)=\lambda_1+\lambda_2+\lambda_3+\lambda_4=0+0+0+\lambda_4.$$

3. 设A是三阶可逆矩阵,且各列元素之和均为2,则(**A**).

(A)A必有特征值2　　(B)A^{-1}必有特征值2

(C)A必有特征值-2　　(D)A^{-1}必有特征值-2

解 设 $\boldsymbol{A}=\begin{pmatrix}a_{11}&a_{12}&a_{13}\\a_{21}&a_{22}&a_{23}\\a_{31}&a_{32}&a_{33}\end{pmatrix}$,则由题设,有

$$\begin{cases}a_{11}+a_{12}+a_{13}=2,\\a_{21}+a_{22}+a_{23}=2,\\a_{31}+a_{32}+a_{33}=2,\end{cases}\text{即 }\boldsymbol{A}^{\mathrm{T}}\begin{pmatrix}1\\1\\1\end{pmatrix}=2\begin{pmatrix}1\\1\\1\end{pmatrix}.$$

由此知 $\lambda=2$ 是 $\boldsymbol{A}^{\mathrm{T}}$ 的一个特征值.

由于 $\boldsymbol{A}^{\mathrm{T}}$ 与 $\boldsymbol{A}$ 有相同的特征值,所以 $\lambda=2$ 也是 $\boldsymbol{A}$ 的特征值.

本题也可直接利用计算来求得.

由于

$$|\boldsymbol{A}-\lambda\boldsymbol{E}|=\begin{vmatrix}a_{11}-\lambda&a_{12}&a_{13}\\a_{21}&a_{22}-\lambda&a_{23}\\a_{31}&a_{32}&a_{33}-\lambda\end{vmatrix}$$

$$=\begin{vmatrix}a_{11}+a_{21}+a_{31}-\lambda&a_{12}+a_{22}+a_{32}-\lambda&a_{13}+a_{23}+a_{33}-\lambda\\a_{21}&a_{22}-\lambda&a_{23}\\a_{31}&a_{32}&a_{33}-\lambda\end{vmatrix}$$

$$=\begin{vmatrix}2-\lambda&2-\lambda&2-\lambda\\a_{21}&a_{22}-\lambda&a_{23}\\a_{31}&a_{32}&a_{33}-\lambda\end{vmatrix}=(2-\lambda)\begin{vmatrix}1&1&1\\a_{21}&a_{22}-\lambda&a_{23}\\a_{31}&a_{32}&a_{33}-\lambda\end{vmatrix},$$

所以 $\lambda=2$ 是 $\boldsymbol{A}$ 的特征值.

4. 设三维向量 $\boldsymbol{x}=(b,1,1)^{\mathrm{T}}$ 是三阶矩阵 $\boldsymbol{A}=\begin{pmatrix}3&-1&a\\2&0&1\\1&-1&2\end{pmatrix}$ 的属于特征值 $\lambda=1$ 的一个特征向量,则 a,b 的值分别为(**D**).

(A)0 和 1　　(B)3 和 1　　(C)-1 和 1　　(D)1 和 0

解 由题设,有 $\boldsymbol{Ax}=\lambda\boldsymbol{x}$,即

$$\begin{pmatrix}3&-1&a\\2&0&1\\1&-1&2\end{pmatrix}\begin{pmatrix}b\\1\\1\end{pmatrix}=1\cdot\begin{pmatrix}b\\1\\1\end{pmatrix},\text{亦即}\begin{cases}3b-1+a=b,\\2b+1=1,\\b-1+2=1.\end{cases}$$

解得 $a=1,b=0$.

5. 下面各命题中,正确的是(**D**).

(A) 若 0 是某矩阵的特征值,与它对应的特征向量必然是零向量

(B) 若两个矩阵有相同的特征值,则它们对应的特征向量必相同

(C) 不同矩阵必有不同的特征多项式

(D) 矩阵的一个特征值可以对应多个特征向量,但一个特征向量只可以属于一个特征值

解 选项(A)不正确.特征向量不能为零向量,0 特征值对应的特征向量也是非零向量.

选项(B)不正确.矩阵不同,但特征值(或特征多项式)可能相同.例如,$\boldsymbol{A}=\begin{pmatrix}1&1\\0&1\end{pmatrix}$,特征多项式 $|\lambda\boldsymbol{E}-\boldsymbol{A}|=(\lambda-1)^2$,特征根 $\lambda_1=\lambda_2=1$,特征向量 $\begin{pmatrix}1\\0\end{pmatrix}$;$\boldsymbol{B}=\begin{pmatrix}1&0\\1&1\end{pmatrix}$,特征多项式 $|\lambda\boldsymbol{E}-\boldsymbol{B}|=(\lambda-1)^2$,特征根 $\lambda_1=\lambda_2=1$,特征向量 $\begin{pmatrix}0\\1\end{pmatrix}$. $\boldsymbol{A}$ 与 $\boldsymbol{B}$ 的特征值相同,而特征向量却不同.

选项(C)不正确.不同的矩阵可以有相同的特征多项式,例如选项(B)中例子,$\boldsymbol{A}=\begin{pmatrix}1&1\\0&1\end{pmatrix}$,$\boldsymbol{B}=\begin{pmatrix}1&0\\1&1\end{pmatrix}$矩阵不同,但特征多项式却相同.

选项(D)正确.根据定义,每个特征向量是只属于某个特征值的,而若 $\boldsymbol{Ax}=\lambda\boldsymbol{x}$,则 $\boldsymbol{A}(k\boldsymbol{x})=\lambda(k\boldsymbol{x})(k\neq0$ 常数),即 $\boldsymbol{A}$ 有特征值 λ 对应的特征向量 $\boldsymbol{x}$,就有 $k\boldsymbol{x}$ 也是属于 λ 的特征向量.

6. 设 $\boldsymbol{A}$ 是 n 阶方阵,λ_1,λ_2 是 $\boldsymbol{A}$ 的特征值,$\boldsymbol{\xi}_1$,$\boldsymbol{\xi}_2$ 是 $\boldsymbol{A}$ 的分别属于 λ_1,λ_2 的特征向量,下列结论中正确的是(**C**).

(A) 若 $\lambda_1=\lambda_2$,则 $\boldsymbol{\xi}_1$ 与 $\boldsymbol{\xi}_2$ 对应分量成比例

(B) 若 $\lambda_1\neq\lambda_2$,且 $\lambda_3=\lambda_1+\lambda_2$ 也是 $\boldsymbol{A}$ 的特征值,则对应的特征向量是 $\boldsymbol{\xi}_1+\boldsymbol{\xi}_2$

(C) 若 $\lambda_1=\lambda_2$,则 $\boldsymbol{\xi}_1+\boldsymbol{\xi}_2$ 不可能是 $\boldsymbol{A}$ 的特征向量

(D) 若 $\lambda_1=0$,则 $\boldsymbol{\xi}_1=\boldsymbol{0}$

解 若 $\lambda_1=\lambda_2$ 为重根,则 $\boldsymbol{\xi}_1$ 与 $\boldsymbol{\xi}_2$ 可能线性无关,此时 $\boldsymbol{\xi}_1$ 与 $\boldsymbol{\xi}_2$ 的对应分量不成比例,排除选项(A).

若 $\boldsymbol{\xi}_1+\boldsymbol{\xi}_2$ 是 $\lambda_3=\lambda_1+\lambda_2$ 的特征向量,则有

$$\boldsymbol{A}(\boldsymbol{\xi}_1+\boldsymbol{\xi}_2)=\lambda_3(\boldsymbol{\xi}_1+\boldsymbol{\xi}_2)=\lambda_1\boldsymbol{\xi}_1+\lambda_2\boldsymbol{\xi}_2,$$

即

$$(\lambda_3-\lambda_1)\boldsymbol{\xi}_1+(\lambda_3-\lambda_2)\boldsymbol{\xi}_2=\boldsymbol{0}.$$

因为 $\boldsymbol{\xi}_1$ 与 $\boldsymbol{\xi}_2$ 线性无关,所以 $\lambda_3=\lambda_1=\lambda_2$,这与 $\lambda_1\neq\lambda_2$ 矛盾!排除选项(B).

选项(D)显然不成立.

7. 设 λ_1,λ_2 是矩阵 $\boldsymbol{A}$ 的两个不同的特征值,对应的特征向量分为 $\boldsymbol{\alpha}_1$,$\boldsymbol{\alpha}_2$,则 $\boldsymbol{\alpha}_1$,$\boldsymbol{A}(\boldsymbol{\alpha}_1+\boldsymbol{\alpha}_2)$线性无关的充分必要条件是(**B**).

(A)$\lambda_1 \neq 0$　　(B)$\lambda_2 \neq 0$　　(C)$\lambda_1 = 0$　　(D)$\lambda_2 = 0$

分析　因为 $\boldsymbol{A}(\boldsymbol{\alpha}_1+\boldsymbol{\alpha}_2)=\lambda_1\boldsymbol{\alpha}_1+\lambda_2\boldsymbol{\alpha}_2$，所以若 $\lambda_2=0$，$\boldsymbol{\alpha}_1$ 与 $\boldsymbol{A}(\boldsymbol{\alpha}_1+\boldsymbol{\alpha}_2)=\lambda_1\boldsymbol{\alpha}_1$ 必线性相关，即不能选(D). 另一方面，当 $\lambda_1=0$ 时，$\boldsymbol{\alpha}_1$ 与 $\boldsymbol{A}(\boldsymbol{\alpha}_1+\boldsymbol{\alpha}_2)=\lambda_2\boldsymbol{\alpha}_2$ 必线性无关. 但 $\lambda_1=0$ 只是 $\boldsymbol{\alpha}_1$ 与 $\boldsymbol{A}(\boldsymbol{\alpha}_1+\boldsymbol{\alpha}_2)$ 线性无关的充分条件，并不必要，不能选(C).

解法 1　设 $k_1\boldsymbol{\alpha}_1+k_2\boldsymbol{A}(\boldsymbol{\alpha}_1+\boldsymbol{\alpha}_2)=\boldsymbol{0}$，则有

$$(k_1+\lambda_1k_2)\boldsymbol{\alpha}_1+\lambda_2k_2\boldsymbol{\alpha}_2=\boldsymbol{0}.$$

由于 $\boldsymbol{\alpha}_1$ 与 $\boldsymbol{\alpha}_2$ 是对应于 $\boldsymbol{A}$ 的两个不同特征值的特征向量，所以它们线性无关，即必有

$$\begin{cases} k_1+\lambda_1k_2=0, \\ \lambda_2k_2=0, \end{cases}$$

于是 $\boldsymbol{\alpha}_1$ 与 $\boldsymbol{A}(\boldsymbol{\alpha}_1+\boldsymbol{\alpha}_2)$ 线性无关的充分必要条件是上述关于 k_1, k_2 的齐次线性方程组只有零解，这等价于其系数行列式 $\begin{vmatrix} 1 & \lambda_1 \\ 0 & \lambda_2 \end{vmatrix}=\lambda_2\neq 0$，由此知选项(B)是正确的.

解法 2　因为 $(\boldsymbol{\alpha}_1, \boldsymbol{A}(\boldsymbol{\alpha}_1+\boldsymbol{\alpha}_2))=(\boldsymbol{\alpha}_1, \lambda_1\boldsymbol{\alpha}_1+\lambda_2\boldsymbol{\alpha}_2)=(\boldsymbol{\alpha}_1, \boldsymbol{\alpha}_2)\begin{pmatrix} 1 & \lambda_1 \\ 0 & \lambda_2 \end{pmatrix}$，且 $\boldsymbol{\alpha}_1, \boldsymbol{\alpha}_2$ 线性无关，所以 $\boldsymbol{\alpha}_1, \boldsymbol{A}(\boldsymbol{\alpha}_1+\boldsymbol{\alpha}_2)$ 线性无关 $\Leftrightarrow \begin{vmatrix} 1 & \lambda_1 \\ 0 & \lambda_2 \end{vmatrix}\neq 0 \Leftrightarrow \lambda_2\neq 0$，即选项(B)正确.

8. 设 $\boldsymbol{A}$ 是可逆矩阵，$\boldsymbol{A}^*$ 是 $\boldsymbol{A}$ 的伴随矩阵. 若 ξ 是 $\boldsymbol{A}$ 的属于特征值 λ 的特征向量，则 $\boldsymbol{A}^*$ 的一个特征值和相应的特征向量依次为(　**A**　).

(A) $\dfrac{|\boldsymbol{A}|}{\lambda}$, $\boldsymbol{\xi}$　　(B) $\dfrac{\lambda}{|\boldsymbol{A}|}$, $\boldsymbol{\xi}$　　(C)λ, $|\boldsymbol{A}|\boldsymbol{\xi}$　　(D)λ, $\dfrac{1}{|\boldsymbol{A}|}\boldsymbol{\xi}$

解　由题设有 $\boldsymbol{A\xi}=\lambda\boldsymbol{\xi}$，两边左乘 $\boldsymbol{A}^*$ 得

$$\boldsymbol{A}^*\boldsymbol{A\xi}=\boldsymbol{A}^*(\lambda\boldsymbol{\xi})，即\ \lambda\boldsymbol{A}^*\boldsymbol{\xi}=|\boldsymbol{A}|\boldsymbol{\xi}，亦即\ \boldsymbol{A}^*\boldsymbol{\xi}=\frac{|\boldsymbol{A}|}{\lambda}\boldsymbol{\xi}.$$

所以 $\dfrac{|\boldsymbol{A}|}{\lambda}$ 是 $\boldsymbol{A}^*$ 的一个特征值，对应的特征向量是 $\boldsymbol{\xi}$.

9. 设 $\boldsymbol{A}$ 是三阶矩阵，$|\boldsymbol{A}|=3$，$2\boldsymbol{A}-\boldsymbol{E}$，$\boldsymbol{A}-2\boldsymbol{E}$ 均不可逆，$\boldsymbol{A}^*$ 是 $\boldsymbol{A}$ 的伴随矩阵，则 $\boldsymbol{A}^*$ 的 3 个特征值是(　**D**　)

(A)0, $\dfrac{1}{2}$, $\dfrac{1}{3}$.　　(B)1, 2, 3.　　(C) $\dfrac{2}{3}$, $\dfrac{1}{6}$, 1.　　(D) $\dfrac{3}{2}$, 1, 6.

解　由 $2\boldsymbol{A}-\boldsymbol{E}$，$\boldsymbol{A}-2\boldsymbol{E}$ 均不可逆可知，$|2\boldsymbol{A}-\boldsymbol{E}|=0$，$|\boldsymbol{A}-2\boldsymbol{E}|=0$，这表明 $\lambda_1=\dfrac{1}{2}$，$\lambda_2=2$ 是 $\boldsymbol{A}$ 的特征值；又由 $|\boldsymbol{A}|=\lambda_1\lambda_2\lambda_3=3$ 得 $\lambda_3=3$. 因而 $\boldsymbol{A}^*$ 的 3 个特征值分别是

$$\frac{|A|}{\lambda_1}=6,\frac{|A|}{\lambda_2}=\frac{3}{2},\frac{|A|}{\lambda_3}=1.$$

10. 设$\lambda=2$是非奇异矩阵$\boldsymbol{A}$的一个特征值，则矩阵$(\frac{1}{3}\boldsymbol{A}^2)^{-1}$有一个特征值等于（　**B**　）.

(A)$\frac{4}{3}$　　(B)$\frac{3}{4}$　　(C)$\frac{1}{2}$　　(D)$\frac{1}{4}$

解　由于$\boldsymbol{A}$是非奇异矩阵，故$|\boldsymbol{A}|\neq0$，因而$|\boldsymbol{A}^2|=|\boldsymbol{A}|\neq0$，故矩阵$\frac{1}{3}\boldsymbol{A}^2$是可逆的，设$\boldsymbol{\alpha}$是矩阵$\boldsymbol{A}$相应于特征值$\lambda=2$的特征向量，则有$\boldsymbol{A\alpha}=2\boldsymbol{\alpha}$. 从而$\frac{1}{3}\boldsymbol{A}^2\boldsymbol{\alpha}=\frac{2^2}{3}\boldsymbol{\alpha}$，故

$$\left(\frac{1}{3}\boldsymbol{A}^2\right)^{-1}\boldsymbol{\alpha}=\frac{3}{4}\boldsymbol{\alpha}.$$

根据特征值和特征向量的定义知，$\frac{3}{4}$为矩阵$\left(\frac{1}{3}\boldsymbol{A}^2\right)^{-1}$的一个特征根.

11. 设$\boldsymbol{\alpha}$是$\boldsymbol{A}$的属于特征值λ的特征向量，则$\boldsymbol{\alpha}$不是（　**C**　）的特征向量.

(A)$(\boldsymbol{A}+\boldsymbol{E})^2$　　(B)$-2\boldsymbol{A}$　　(C)$\boldsymbol{A}^{\mathrm{T}}$　　(D)$\boldsymbol{A}^*$

解　由题设有$\boldsymbol{A\alpha}=\lambda\boldsymbol{\alpha}$，则

$$(\boldsymbol{A}+\boldsymbol{E})^2\boldsymbol{\alpha}=(\lambda+1)^2\boldsymbol{\alpha},\quad -2\boldsymbol{A\alpha}=-2\lambda\boldsymbol{\alpha},\quad \boldsymbol{A}^*\boldsymbol{\alpha}=\frac{|\boldsymbol{A}|}{\lambda}\boldsymbol{\alpha}.$$

显见$\boldsymbol{\alpha}$是$(\boldsymbol{A}+\boldsymbol{E})^2$，$-2\boldsymbol{A}$，$\boldsymbol{A}^*$的特征向量.

选项(C)一般不成立. 例如$\boldsymbol{A}=\begin{pmatrix}2&0&0\\1&2&-1\\1&0&1\end{pmatrix}$，特征值$\lambda=1$对应特征向量为$\boldsymbol{\alpha}=(0,1,1)^{\mathrm{T}}$，但

$$(\boldsymbol{E}-\boldsymbol{A})^{\mathrm{T}}\begin{pmatrix}0\\1\\1\end{pmatrix}=\begin{pmatrix}1&-1&-1\\0&-1&0\\0&1&0\end{pmatrix}\begin{pmatrix}0\\1\\1\end{pmatrix}=\begin{pmatrix}-2\\-1\\1\end{pmatrix}\neq\boldsymbol{0}.$$

12. 已知$\boldsymbol{A}$是三阶矩阵，$r(\boldsymbol{A})=1$，则$\lambda=0$（　**B**　）.

(A)必是$\boldsymbol{A}$的二重特征值　　(B)至少是$\boldsymbol{A}$的二重特征值

(C)至多是$\boldsymbol{A}$的二重特征值　　(D)一重、二重、三重特征值都可能

解　由$\boldsymbol{A}$是三阶矩阵，$r(\boldsymbol{A})=1$，可得$r(0\boldsymbol{E}-\boldsymbol{A})=1$，即$(0\boldsymbol{E}-\boldsymbol{A})\boldsymbol{x}=\boldsymbol{0}$有两个线性无关特征向量，故$\lambda=0$至少是二重特征值，也可能是三重，例如$\boldsymbol{A}=\begin{pmatrix}0&0&1\\0&0&0\\0&0&0\end{pmatrix}$，满足$r(\boldsymbol{A})=1$，可验证$\lambda=0$是其三重特征值.

13. 已知三阶矩阵$\boldsymbol{M}$特征值$\lambda_1=-1$，$\lambda_2=0$，$\lambda_3=1$，它们所对应的特征向量分别为

$\boldsymbol{\alpha}_1=(1,0,0)^{\mathrm T}$，$\boldsymbol{\alpha}_2=(0,2,0)^{\mathrm T}$，$\boldsymbol{\alpha}_3=(0,0,1)^{\mathrm T}$，则矩阵 $\boldsymbol{M}$ 是(　**D**　).

(A) $\begin{pmatrix}0&-1&0\\0&0&0\\0&0&1\end{pmatrix}$　　(B) $\begin{pmatrix}-1&1&-1\\0&0&1\\0&0&1\end{pmatrix}$

(C) $\begin{pmatrix}0&0&-1\\0&0&0\\1&0&0\end{pmatrix}$　　(D) $\begin{pmatrix}-1&0&0\\0&0&0\\0&0&1\end{pmatrix}$

解　由题设有

$$\boldsymbol{M}\boldsymbol{\alpha}_1=-\boldsymbol{\alpha}_1,\boldsymbol{M}\boldsymbol{\alpha}_2=0\boldsymbol{\alpha}_2,\boldsymbol{M}\boldsymbol{\alpha}_3=\boldsymbol{\alpha}_3,\text{即}\ \boldsymbol{M}(\boldsymbol{\alpha}_1,\boldsymbol{\alpha}_2,\boldsymbol{\alpha}_3)=(-\boldsymbol{\alpha}_1,0\boldsymbol{\alpha}_2,\boldsymbol{\alpha}_3),$$

于是有

$$\boldsymbol{M}\begin{pmatrix}1&0&0\\0&2&0\\0&0&1\end{pmatrix}=\begin{pmatrix}-1&0&0\\0&0&0\\0&0&1\end{pmatrix},$$

$$\boldsymbol{M}=\begin{pmatrix}-1&0&0\\0&0&0\\0&0&1\end{pmatrix}\begin{pmatrix}1&0&0\\0&2&0\\0&0&1\end{pmatrix}^{-1}=\begin{pmatrix}-1&0&0\\0&0&0\\0&0&1\end{pmatrix}\begin{pmatrix}1&0&0\\0&\frac{1}{2}&0\\0&0&1\end{pmatrix}=\begin{pmatrix}-1&0&0\\0&0&0\\0&0&1\end{pmatrix}.$$

故正确选项为(D).

14. 设 $\lambda=2$ 为三阶矩阵 $\boldsymbol{A}$ 的一个特征值，$\boldsymbol{\alpha}_1$，$\boldsymbol{\alpha}_2$ 是 $\boldsymbol{A}$ 的属于 $\lambda=2$ 的特征向量. 若 $\boldsymbol{\alpha}_1=(1,2,0)^{\mathrm T}$，$\boldsymbol{\alpha}_2=(1,0,1)^{\mathrm T}$，向量 $\boldsymbol{\beta}=(-1,2,-2)^{\mathrm T}$，则 $\boldsymbol{A}\boldsymbol{\beta}=$(　**C**　).

(A)$(2,2,1)^{\mathrm T}$　　(B)$(-1,2,-2)^{\mathrm T}$

(C)$(-2,4,-4)^{\mathrm T}$　　(D)$(-2,-4,4)^{\mathrm T}$

解 由

$$(\boldsymbol{\alpha}_1,\boldsymbol{\alpha}_2,\boldsymbol{\beta})=\begin{pmatrix}1&1&-1\\2&0&2\\0&1&-2\end{pmatrix}\to\begin{pmatrix}1&1&-1\\0&-2&4\\0&1&-2\end{pmatrix}\to\begin{pmatrix}1&0&1\\0&1&-2\\0&0&0\end{pmatrix},$$

得 $\boldsymbol{\beta}=\boldsymbol{\alpha}_1-2\boldsymbol{\alpha}_2$.

又由 $\boldsymbol{A}\boldsymbol{\alpha}_1=2\boldsymbol{\alpha}_1$，$\boldsymbol{A}\boldsymbol{\alpha}_2=2\boldsymbol{\alpha}_2$，从而

$$\boldsymbol{A}\boldsymbol{\beta}=\boldsymbol{A}\boldsymbol{\alpha}_1-2\boldsymbol{A}\boldsymbol{\alpha}_2=2\boldsymbol{\alpha}_1-4\boldsymbol{\alpha}_2=(-2,4,-4)^{\mathrm T}.$$

15. 已知四阶矩阵 $\boldsymbol{A}$ 的特征值为 1，2，3，4，则矩阵 $|\boldsymbol{E}+2\boldsymbol{A}|=$(　**C**　).

(A)49　　(B)89　　(C)625　　(D)945

解　$\boldsymbol{E}+2\boldsymbol{A}$ 的特征值分别为 $1+2\times1$，$1+2\times2$，$1+2\times3$，$1+2\times4$，即 3，5，7，9，则 $|\boldsymbol{E}+2\boldsymbol{A}|=3\times5\times7\times9=945$.

16. 设 $\boldsymbol{A}$ 是三阶不可逆矩阵，$\boldsymbol{E}$ 是三阶单位矩阵. 若线性齐次方程组 $(\boldsymbol{A}-3\boldsymbol{E})\boldsymbol{x}=\boldsymbol{0}$ 的

基础解系由两个线性无关的解向量构成，则行列式 $|\boldsymbol{A}+\boldsymbol{E}|=$（ **D** ）.

(A)2　　(B)4　　(C)8　　(D)16

解　由 $\boldsymbol{A}$ 是三阶不可逆矩阵有 $|\boldsymbol{A}|=0$，因此 $\lambda_1=0$ 是矩阵 $\boldsymbol{A}$ 的一个特征值. 因线性齐次方程组 $(\boldsymbol{A}-3\boldsymbol{E})\boldsymbol{x}=\boldsymbol{0}$ 有两个线性无关的解，把 $(\boldsymbol{A}-3\boldsymbol{E})\boldsymbol{x}=\boldsymbol{0}$ 写为 $\boldsymbol{A}\boldsymbol{x}=3\boldsymbol{x}$，由此可得 $\lambda_2=\lambda_3=3$ 是矩阵 $\boldsymbol{A}$ 的一个二重特征值.

若 λ 是矩阵 $\boldsymbol{A}$ 的一个特征值，$\boldsymbol{x}$ 是 $\boldsymbol{A}$ 的属于 λ 的特征向量，则

$$(\boldsymbol{A}+\boldsymbol{E})\boldsymbol{x}=(\lambda+1)\boldsymbol{x},$$

即 $\lambda+1$ 是矩阵 $\boldsymbol{A}+\boldsymbol{E}$ 的特征值. 在本题中 1，4，4 是矩阵 $\boldsymbol{A}+\boldsymbol{E}$ 的特征值. 由特征值与矩阵行列式的关系得 $|\boldsymbol{A}+\boldsymbol{E}|=1\times4\times4=16$. 故正确选项为(D).

17. 设 $\boldsymbol{A}$ 为 4 阶实对称矩阵，$\boldsymbol{A}^*$ 是 $\boldsymbol{A}$ 的伴随矩阵. 若 $\boldsymbol{A}^*$ 的特征值是 $1,-1,3,9$，则不可逆矩阵是（ **B** ）.

(A)$\boldsymbol{A}-\boldsymbol{E}$　　(B)$\boldsymbol{A}+\boldsymbol{E}$　　(C)$\boldsymbol{A}+2\boldsymbol{E}$　　(D)$2\boldsymbol{A}+\boldsymbol{E}$

解　由 $\boldsymbol{A}^*$ 的特征值是 $1,-1,3,9$ 可得 $|\boldsymbol{A}^*|=1\times(-1)\times3\times9=-27$.

又因 $|\boldsymbol{A}^*|=|\boldsymbol{A}|^{n-1}$，所以 $|\boldsymbol{A}|^3=-27$，即 $|\boldsymbol{A}|=-3$.

根据特征值的性质：如果可逆矩阵 $\boldsymbol{A}$ 的特征值是 λ，其伴随矩阵 $\boldsymbol{A}^*$ 的特征值为 λ^*，则有 $\lambda=\dfrac{|\boldsymbol{A}|}{\lambda^*}$. 所以 $\boldsymbol{A}$ 的特征值是 $-3,3,-1,-\dfrac{1}{3}$，从而 $\boldsymbol{A}+\boldsymbol{E}$ 的特征值是 $-2,4,0,\dfrac{2}{3}$. 因 $\boldsymbol{A}+\boldsymbol{E}$ 的特征值中有为零的数，所以 $\boldsymbol{A}+\boldsymbol{E}$ 不可逆.

18. 若矩阵 $\begin{pmatrix}2&4&4\\a&-3&2\\0&0&b\end{pmatrix}$ 相似于矩阵 $\begin{pmatrix}1&0&0\\0&2&0\\0&0&-2\end{pmatrix}$，则（ **D** ）.

(A)$a=1,\ b=2$　　(B)$a=-1,\ b=-2$

(C)$a=1,\ b=-2$　　(D)$a=-1,\ b=2$

解　设 $\boldsymbol{A}=\begin{pmatrix}2&4&4\\a&-3&2\\0&0&b\end{pmatrix}$，$\boldsymbol{B}=\begin{pmatrix}1&0&0\\0&2&0\\0&0&-2\end{pmatrix}$，则按题设有

$$\begin{cases}\mathrm{tr}(\boldsymbol{A})=\mathrm{tr}(\boldsymbol{B}),\\|\boldsymbol{A}|=|\boldsymbol{B}|,\end{cases}\text{即}\begin{cases}2-3+b=1+2-2,\\b(-6-4a)=-4.\end{cases}$$

解得 $a=-1,b=2$.

19. 下列矩阵中，不能与对角矩阵相似的是（ **B** ）.

(A)$\begin{pmatrix}1&0&0\\2&-1&0\\4&0&3\end{pmatrix}$　　(B)$\begin{pmatrix}1&1&-1\\1&0&-1\\-3&1&3\end{pmatrix}$

(C) $\begin{pmatrix} 3 & -4 & 0 \\ -4 & 7 & 0 \\ 0 & 0 & 1 \end{pmatrix}$ (D) $\begin{pmatrix} 1 & 1 & -1 \\ 1 & 1 & -1 \\ -3 & -3 & 3 \end{pmatrix}$

解 设

$$\boldsymbol{A} = \begin{pmatrix} 1 & 0 & 0 \\ 2 & -1 & 0 \\ 4 & 0 & 3 \end{pmatrix}, \quad \boldsymbol{B} = \begin{pmatrix} 1 & 1 & -1 \\ 1 & 0 & -1 \\ -3 & 1 & 3 \end{pmatrix},$$

$$\boldsymbol{C} = \begin{pmatrix} 3 & -4 & 0 \\ -4 & 7 & 0 \\ 0 & 0 & 1 \end{pmatrix}, \quad \boldsymbol{D} = \begin{pmatrix} 1 & 1 & -1 \\ 1 & 1 & -1 \\ -3 & -3 & 3 \end{pmatrix}.$$

选项(A):矩阵 $\boldsymbol{A}$ 有三个不同的特征值,所以可以对角化.

选项(B):由

$$|\boldsymbol{B} - \lambda\boldsymbol{E}| = \begin{vmatrix} 1-\lambda & 1 & -1 \\ 1 & -\lambda & -1 \\ -3 & 1 & 3-\lambda \end{vmatrix} = \lambda^2(4-\lambda),$$

得矩阵 $\boldsymbol{B}$ 的特征值为 $\lambda_1 = \lambda_2 = 0, \lambda_3 = 4$.

对于 $\lambda_1 = \lambda_2 = 0$,有

$$\boldsymbol{B} - \lambda\boldsymbol{E} = \begin{pmatrix} 1 & 1 & -1 \\ 1 & 0 & -1 \\ -3 & 1 & 3 \end{pmatrix} \to \begin{pmatrix} 1 & 1 & -1 \\ 0 & -1 & 0 \\ 0 & 0 & 0 \end{pmatrix},$$

显然 $r(\boldsymbol{B} - \lambda\boldsymbol{E}) = 2$,所以齐次方程组$(\boldsymbol{B} - \lambda\boldsymbol{E})\boldsymbol{x} = \boldsymbol{0}$ 的基础解系中只有一个向量,即 $\lambda_1 = \lambda_2 = 0$ 只有一个线性无关的特征向量.因此矩阵 $\boldsymbol{B}$ 没有三个线性无关的特征向量,从而 $\boldsymbol{B}$ 不能对角化.

选项(C):矩阵 $\boldsymbol{C}$ 是对称矩阵,所以可以对角化.

选项(D):由

$$|\boldsymbol{D} - \lambda\boldsymbol{E}| = \begin{vmatrix} 1-\lambda & 1 & -1 \\ 1 & 1-\lambda & -1 \\ -3 & -3 & 3-\lambda \end{vmatrix} = \lambda^2(5-\lambda),$$

得矩阵 $\boldsymbol{D}$ 的特征值为 $\lambda_1 = \lambda_2 = 0, \lambda_3 = 5$.

对于 $\lambda_1 = \lambda_2 = 0$,有

$$\boldsymbol{D} - \lambda\boldsymbol{E} = \begin{pmatrix} 1 & 1 & -1 \\ 1 & 1 & -1 \\ -3 & -3 & 3 \end{pmatrix} \to \begin{pmatrix} 1 & 1 & -1 \\ 0 & 0 & 0 \\ 0 & 0 & 0 \end{pmatrix},$$

显然 $r(\boldsymbol{D} - \lambda\boldsymbol{E}) = 1$,所以 $\lambda_1 = \lambda_2 = 0$ 对应于两个线性无关的特征向量,从而 $\boldsymbol{D}$ 可以对角化.

20. 下列矩阵中,与对角阵$\begin{pmatrix}1&0&0\\0&1&0\\0&0&2\end{pmatrix}$相似的矩阵是(C).

(A)$\begin{pmatrix}1&0&1\\0&2&1\\0&0&1\end{pmatrix}$ (B)$\begin{pmatrix}1&1&0\\0&2&1\\0&0&1\end{pmatrix}$ (C)$\begin{pmatrix}1&0&1\\0&1&0\\0&0&2\end{pmatrix}$ (D)$\begin{pmatrix}1&1&0\\0&1&0\\0&0&2\end{pmatrix}$

解 设

$$\boldsymbol{A}=\begin{pmatrix}1&0&1\\0&2&1\\0&0&1\end{pmatrix},\boldsymbol{B}=\begin{pmatrix}1&1&0\\0&2&1\\0&0&1\end{pmatrix},\boldsymbol{C}=\begin{pmatrix}1&0&1\\0&1&0\\0&0&2\end{pmatrix},\boldsymbol{D}=\begin{pmatrix}1&1&0\\0&1&0\\0&0&2\end{pmatrix}.$$

n 阶矩阵与 n 阶对角阵相似的充要条件是该矩阵的每一个特征值的重数等于该特征值所对应线性无关的特征向量的个数. 4 个选项中的矩阵的特征值 $\lambda_1=\lambda_2=1$ 都是二重特征值,需要从中找出一个对应两个线性无关的特征向量的矩阵. 为此,计算 $r(\boldsymbol{A}-\lambda_1\boldsymbol{E})$ 等.

$$\boldsymbol{A}-\lambda_1\boldsymbol{E}=\begin{pmatrix}0&0&1\\0&1&1\\0&0&1\end{pmatrix},$$

显然 $r(\boldsymbol{A}-\lambda_1\boldsymbol{E})=2$,这表明矩阵 $\boldsymbol{A}$ 属于 $\lambda_1=\lambda_2=1$ 线性无关的特征向量只有一个.

$$\boldsymbol{B}-\lambda_1\boldsymbol{E}=\begin{pmatrix}0&1&0\\0&1&1\\0&0&0\end{pmatrix},$$

显然 $r(\boldsymbol{B}-\lambda_1\boldsymbol{E})=2$,这表明矩阵 $\boldsymbol{B}$ 属于 $\lambda_1=\lambda_2=1$ 线性无关的特征向量只有一个.

$$\boldsymbol{C}-\lambda_1\boldsymbol{E}=\begin{pmatrix}0&0&1\\0&0&0\\0&0&1\end{pmatrix},$$

显然 $r(\boldsymbol{C}-\lambda_1\boldsymbol{E})=1$,这表明矩阵 $\boldsymbol{C}$ 属于 $\lambda_1=\lambda_2=1$ 线性无关的特征向量有两个. 故正确选项为(C).

21. 若 $\boldsymbol{A}=\begin{pmatrix}1&-1&0\\-1&1&0\\-2&a&2\end{pmatrix}$ 与 $\boldsymbol{B}=\begin{pmatrix}2&0&0\\0&2&0\\0&0&0\end{pmatrix}$ 相似,则 $a=$(A).

(A) -2 (B) -1 (C)1 (D)2

解 根据题设,$\lambda=2$ 是矩阵 $\boldsymbol{B}$ 的一个二重特征值,而

$$B-2E=\begin{pmatrix}0&0&0\\0&0&0\\0&0&-2\end{pmatrix},$$

故 $r(B-2E)=1$. 由于矩阵 A 与对角矩阵 B 相似，所以 $\lambda=2$ 也是矩阵 A 的一个二重特征值，且 $r(A-2E)=1$.

$$A-2E=\begin{pmatrix}-1&-1&0\\-1&-1&0\\-2&a&0\end{pmatrix}\to\begin{pmatrix}-1&-1&0\\0&a+2&0\\0&0&0\end{pmatrix},$$

当 $a+2=0$，即 $a=-2$ 时，$r(A-2E)=1$. 故正确选项为(A).

22. 设矩阵 $B=\begin{pmatrix}0&0&1\\0&1&0\\1&0&0\end{pmatrix}$. 已知矩阵 A 相似于 B，则秩$(A-2E)$与秩$(A-E)$之和等于(**C**).

(A)2　　(B)3　　(C)4　　(D)5

解 因为 $A\sim B$，则存在可逆矩阵 P，使得 $A=P^{-1}BP$. 于是

$$A-2E=P^{-1}BP-2P^{-1}P=P^{-1}(B-2E)P,$$

即 $A-2E\sim B-2E$，类似可得 $A-E\sim B-E$.

相似矩阵的秩相同，只需求矩阵 $B-2E$ 和 $B-E$ 的秩. 容易得到秩$(B-2E)=3$，秩$(A-E)=1$. 故本题应选(C).

注 本题也可求出矩阵 B 的特征值，再求出矩阵 A、$A-2E$ 和 $A-E$ 的特征值. 注意到矩阵 B 为实对称矩阵，必可对角化，矩阵 $A-2E$ 和 $A-E$ 的亦可对角化. 故只需观察 $A-2E$ 和 $A-E$ 的非零特征值的个数就可得出相应的结论.

23. 三阶矩阵 $A=\begin{pmatrix}0&0&1\\0&1&0\\1&0&0\end{pmatrix}$，且 $A\sim B$，则 $r(AB-A)=$(**B**).

(A)0　　(B)1　　(C)2　　(D)3

解法 1 因 $A\sim B$，不妨设 $B=A$，则

$$AB-A=A(B-E)=A(A-E).$$

由于 $|A|=-1\neq 0$，即 A 可逆，所以

$$r(AB-A)=r[A(B-E)]=r(A-E).$$

而

$$A-E=\begin{pmatrix}-1&0&1\\0&0&0\\1&0&-1\end{pmatrix}\to\begin{pmatrix}-1&0&1\\0&0&0\\0&0&0\end{pmatrix},$$

故 $r(\boldsymbol{A}-\boldsymbol{E})=1$，即 $r(\boldsymbol{AB}-\boldsymbol{A})=1$.

解法 2　因为 $\boldsymbol{A}\sim\boldsymbol{B}$，所以存在三阶可逆矩阵 $\boldsymbol{P}$，使得 $\boldsymbol{B}=\boldsymbol{P}^{-1}\boldsymbol{AP}$，于是

$$\boldsymbol{AB}-\boldsymbol{A}=\boldsymbol{A}(\boldsymbol{B}-\boldsymbol{E})=\boldsymbol{A}(\boldsymbol{P}^{-1}\boldsymbol{AP}-\boldsymbol{P}^{-1}\boldsymbol{P})=\boldsymbol{AP}^{-1}(\boldsymbol{A}-\boldsymbol{E})\boldsymbol{P}.$$

由于 $|\boldsymbol{A}|=-1\neq 0$，即 $\boldsymbol{A}$ 可逆，所以 $\boldsymbol{AP}^{-1}$ 及 $\boldsymbol{P}$ 均为可逆矩阵，故

$$r(\boldsymbol{AB}-\boldsymbol{A})=r(\boldsymbol{A}-\boldsymbol{E}).$$

同解法 1 得 $r(\boldsymbol{AB}-\boldsymbol{A})=1$.

解法 3　由 $\boldsymbol{A}\sim\boldsymbol{B}$ 知 $\boldsymbol{A}$ 与 $\boldsymbol{B}$ 有相同的特征值. 先求 $\boldsymbol{A}$ 的特征值，令

$$|\lambda\boldsymbol{E}-\boldsymbol{A}|=\begin{vmatrix}\lambda & 0 & -1\\ 0 & \lambda-1 & 0\\ -1 & 0 & \lambda\end{vmatrix}=(\lambda-1)^2(\lambda+1)=0,$$

得 $\lambda_1=-1$，$\lambda_2=\lambda_3=1$.

当 $\lambda_2=\lambda_3=1$ 时，有

$$\lambda\boldsymbol{E}-\boldsymbol{A}=\begin{pmatrix}1 & 0 & -1\\ 0 & 0 & 0\\ -1 & 0 & 1\end{pmatrix}\to\begin{pmatrix}1 & 0 & -1\\ 0 & 0 & 0\\ 0 & 0 & 0\end{pmatrix},$$

此时线性方程组 $(1\boldsymbol{E}-\boldsymbol{A})\boldsymbol{x}=\boldsymbol{0}$ 的系数矩阵 $1\boldsymbol{E}-\boldsymbol{A}$ 的秩为 1，故此线性方程组具有两个线性无关的解向量，即此时 $\boldsymbol{A}$ 具有两个线性无关的特征向量.

而当 $\lambda_1=-1$ 时，$\boldsymbol{A}$ 必有一个线性无关的特征向量.

所以 $\boldsymbol{A}$ 可对角化，即

$$\boldsymbol{A}\sim\begin{pmatrix}-1 & 0 & 0\\ 0 & 1 & 0\\ 0 & 0 & 1\end{pmatrix}\xlongequal{\text{def}}\boldsymbol{B}.$$

又 $\boldsymbol{AB}-\boldsymbol{A}=\boldsymbol{A}(\boldsymbol{B}-\boldsymbol{E})$，而 $|\boldsymbol{A}|=-1\neq 0$，所以 $\boldsymbol{A}$ 为可逆矩阵. 因此

$$r(\boldsymbol{AB}-\boldsymbol{A})=r[\boldsymbol{A}(\boldsymbol{B}-\boldsymbol{E})]=r(\boldsymbol{B}-\boldsymbol{E}).$$

而

$$\boldsymbol{B}-\boldsymbol{E}=\begin{pmatrix}-2 & 0 & 0\\ 0 & 0 & 0\\ 0 & 0 & 0\end{pmatrix},$$

故 $r(\boldsymbol{B}-\boldsymbol{E})=1$，从而得 $r(\boldsymbol{AB}-\boldsymbol{A})=r(\boldsymbol{B}-\boldsymbol{E})=1$.

24. 若矩阵 $\boldsymbol{B}=\begin{pmatrix}-1 & 0 & 0\\ 0 & 0 & 1\\ 0 & 1 & 0\end{pmatrix}$，$\boldsymbol{A}$ 是 $\boldsymbol{B}$ 的相似矩阵，则矩阵 $\boldsymbol{A}+\boldsymbol{E}$（$\boldsymbol{E}$ 是单位矩阵）的秩是（　**B**　）.

(A)0　　(B)1　　(C)2　　(D)3

解法1 令

$$|\boldsymbol{B}-\lambda\boldsymbol{E}|=\begin{vmatrix}-1-\lambda & 0 & 0\\ 0 & -\lambda & 1\\ 0 & 1 & -\lambda\end{vmatrix}=(-1-\lambda)(\lambda^2-1)=0,$$

得矩阵 $\boldsymbol{B}$ 的特征值为 $\lambda_1=\lambda_2=-1,\lambda_3=1$. 因 $\boldsymbol{A}$ 是 $\boldsymbol{B}$ 的相似矩阵,所以 $\boldsymbol{A}$ 的特征值也是 $\lambda_1=\lambda_2=-1,\lambda_3=1$,而

$$\boldsymbol{B}-\lambda_1\boldsymbol{E}=\begin{pmatrix}0&0&0\\0&1&1\\0&1&1\end{pmatrix}\to\begin{pmatrix}0&0&0\\0&0&0\\0&1&1\end{pmatrix},r(\boldsymbol{B}-\lambda_1\boldsymbol{E})=1,$$

因此 $\lambda_1=\lambda_2=-1$ 对应两个线性无关的特征向量,所以 $\boldsymbol{B}$ 可对角化. 进而可设

$$\boldsymbol{A}=\begin{pmatrix}-1&0&0\\0&-1&0\\0&0&1\end{pmatrix},$$

则 $\boldsymbol{A}+\boldsymbol{E}=\begin{pmatrix}0&0&0\\0&0&0\\0&0&2\end{pmatrix}$,$r(\boldsymbol{A}+\boldsymbol{E})=1$. 故正确选项为(B).

解法2 由于 $\boldsymbol{A}$ 是 $\boldsymbol{B}$ 的相似矩阵,所以存在可逆矩阵 $\boldsymbol{P}$ 使得 $\boldsymbol{A}=\boldsymbol{P}^{-1}\boldsymbol{B}\boldsymbol{P}$,于是

$$\boldsymbol{A}+\boldsymbol{E}=\boldsymbol{P}^{-1}\boldsymbol{B}\boldsymbol{P}+\boldsymbol{P}^{-1}\boldsymbol{P}=\boldsymbol{P}^{-1}(\boldsymbol{B}+\boldsymbol{E})\boldsymbol{P},$$

从而 $r(\boldsymbol{A}+\boldsymbol{E})=r[\boldsymbol{P}^{-1}(\boldsymbol{B}+\boldsymbol{E})\boldsymbol{P}]=r(\boldsymbol{B}+\boldsymbol{E})$.

又

$$\boldsymbol{B}+\boldsymbol{E}=\begin{pmatrix}-1&0&0\\0&0&1\\0&1&0\end{pmatrix}+\begin{pmatrix}1&0&0\\0&1&0\\0&0&1\end{pmatrix}=\begin{pmatrix}0&0&0\\0&1&1\\0&1&1\end{pmatrix},$$

显然 $r(\boldsymbol{B}+\boldsymbol{E})=1$,故 $r(\boldsymbol{A}+\boldsymbol{E})=1$. 故正确选项为(B).

25. n 阶方阵 $\boldsymbol{A}$ 具有 n 个不同的特征值是 $\boldsymbol{A}$ 与对角阵相似的(**B**).

(A)充分必要条件　　(B)充分而非必要条件

(C)必要而非充分条件　　(D)既非充分也非必要条件

解 根据判别矩阵 $\boldsymbol{A}$ 与一对角阵相似的定理知:n 阶矩阵 $\boldsymbol{A}$ 与对角阵相似的充要条件是 $\boldsymbol{A}$ 有 n 个线性无关的特征向量.

当 n 阶矩阵 $\boldsymbol{A}$ 有 n 个不同的特征值时,由于对应于不同特征值的特征向量是线性无关的,所以矩阵 $\boldsymbol{A}$ 一定存在 n 个线性无关的特征向量. 因此 n 阶方阵 $\boldsymbol{A}$ 具有 n 个不同的特征值是 $\boldsymbol{A}$ 与对角阵相似的充分条件,但它不是必要的.

实际上,对于任何一个 n 阶实对称矩阵 $\boldsymbol{A}$,即使它有重根时也一定存在一个 n 阶正交矩阵 $\boldsymbol{T}$,使 $\boldsymbol{T}^{\mathrm{T}}\boldsymbol{A}\boldsymbol{T}=\boldsymbol{T}^{-1}\boldsymbol{A}\boldsymbol{T}$ 成对角形.

26. 设 1 与 −1 是矩阵 $\boldsymbol{A}=\begin{pmatrix}3 & 1 & -2\\ -t & -1 & t\\ 4 & 1 & -3\end{pmatrix}$ 的特征值，则当 $t=$（ **B** ）时，矩阵 $\boldsymbol{A}$ 可对角化.

(A) −1　　(B) 0　　(C) 1　　(D) 2

解　$\lambda_1=1,\lambda_2=-1,\lambda_3$ 是 $\boldsymbol{A}$ 的特征值，则

$$\lambda_1+\lambda_2+\lambda_3=\mathrm{tr}(A)=3+(-1)+(-3)=-1,$$

因而 $\lambda_3=-1$，即 $\lambda_2=\lambda_3=-1$ 是 $|\boldsymbol{A}-\lambda_2\boldsymbol{E}|=0$ 的二重根.

$$\boldsymbol{A}-\lambda_2\boldsymbol{E}=\begin{pmatrix}4 & 1 & -2\\ -t & 0 & t\\ 4 & 1 & -2\end{pmatrix}\rightarrow\begin{pmatrix}4 & 1 & -2\\ -t & 0 & t\\ 0 & 0 & 0\end{pmatrix},$$

因而使 $r(\boldsymbol{A}-\lambda_2\boldsymbol{E})=1$，即 $t=0$，这时 $(\boldsymbol{A}-\lambda_2\boldsymbol{E})\boldsymbol{x}=\boldsymbol{0}$ 才有两个线性无关的解. 故正确选项为(B).

27. 设 a,b 为实数，若矩阵 $\boldsymbol{A}=\begin{pmatrix}1 & a & 0\\ 0 & 1 & b\\ 0 & 0 & 2\end{pmatrix}$ 可对角化，则必有（ **C** ）.

(A) $a=0,b=0$　　(B) $a\neq0,b\neq0$

(C) $a=0,b$ 任意　　(D) a 任意，$b=0$

解　由 $|\boldsymbol{A}-\lambda\boldsymbol{E}|=0$，即

$$\begin{vmatrix}1-\lambda & a & 0\\ 0 & 1-\lambda & b\\ 0 & 0 & 2-\lambda\end{vmatrix}=(1-\lambda)^2(2-\lambda)=0,$$

解得 $\lambda=1,\lambda=2$.

因为 $\lambda=1$ 是矩阵 $\boldsymbol{A}$ 的二重根，所以矩阵 $\boldsymbol{A}$ 可对角化的充要条件是 $\lambda=1$ 对应着两个线性无关的特征向量，即 $r(\boldsymbol{A}-\boldsymbol{E})=1$. 由于

$$\boldsymbol{A}-\boldsymbol{E}=\begin{pmatrix}0 & a & 0\\ 0 & 0 & b\\ 0 & 0 & 1\end{pmatrix},$$

所以 $r(\boldsymbol{A}-\boldsymbol{E})=1$ 的充要条件是 $a=0,b$ 任意. 故正确选项为(C).

28. 设 $\boldsymbol{A}=\begin{pmatrix}1 & -1 & 1\\ x & 4 & y\\ -3 & -3 & 5\end{pmatrix}$，且 $\boldsymbol{A}$ 有 3 个线性无关的特征向量，$\lambda=2$ 是二重特征值，则（ **B** ）.

(A) $x=-2,y=2$　　(B) $x=2,y=-2$

(C)$x=3,y=-1$　　　　(D)$x=-1,y=3$

解　因为三阶矩阵$\boldsymbol{A}$有3个线性无关的特征向量，所以$\boldsymbol{A}$可对角化，从而得每个特征值的重数等于其对应的线性无关的特征向量的个数.

由$\lambda=2$是$\boldsymbol{A}$的二重特征值知，$n-n_i=3-2=1=r(2\boldsymbol{E}-\boldsymbol{A})$，而

$$2\boldsymbol{E}-\boldsymbol{A}=\begin{pmatrix}1&1&-1\\-x&-2&-y\\3&3&-3\end{pmatrix}\to\begin{pmatrix}1&1&-1\\0&x-2&-x-y\\0&0&0\end{pmatrix}.$$

要使$r(2\boldsymbol{E}-\boldsymbol{A})=1$，则$x-2=0$且$-x-y=0$，解得$x=2,y=-2$.

29. 设$\boldsymbol{A},\boldsymbol{B}$为$n$阶矩阵，且$\boldsymbol{A}$与$\boldsymbol{B}$相似，$\boldsymbol{E}$为$n$阶单位矩阵，则(　**D**　).

(A)$\lambda\boldsymbol{E}-\boldsymbol{A}=\lambda\boldsymbol{E}-\boldsymbol{B}$

(B)$\boldsymbol{A}$与$\boldsymbol{B}$有相同的特征值和特征向量

(C)$\boldsymbol{A}$与$\boldsymbol{B}$都相似于一个对角矩阵

(D)对任意常数t，$t\boldsymbol{E}-\boldsymbol{A}$与$t\boldsymbol{E}-\boldsymbol{B}$相似

解　(A)项首先被排除，因为它意味着$\boldsymbol{A}=\boldsymbol{B}$；$\boldsymbol{A}$与$\boldsymbol{B}$相似，则$\boldsymbol{A}$与$\boldsymbol{B}$有相同的特征值，但不一定有相同的特征向量，故(B)排除；$\boldsymbol{A}$与$\boldsymbol{B}$相似于同一对角矩阵的充分条件是$\boldsymbol{A}$与$\boldsymbol{B}$有n个相同的且互不相等的特征值，故(C)也被排除.(D)是正确选项，因为$\boldsymbol{A}$与$\boldsymbol{B}$相似，存在可逆矩阵$\boldsymbol{P}$使$\boldsymbol{P}^{-1}\boldsymbol{A}\boldsymbol{P}=\boldsymbol{B}$.而$\boldsymbol{P}^{-1}(t\boldsymbol{E}-\boldsymbol{A})\boldsymbol{P}=t\boldsymbol{E}-\boldsymbol{P}^{-1}\boldsymbol{A}\boldsymbol{P}=\boldsymbol{P}^{-1}(t\boldsymbol{E}-\boldsymbol{B})\boldsymbol{P}$，因而$t\boldsymbol{E}-\boldsymbol{A}$与$t\boldsymbol{E}-\boldsymbol{B}$相似.

30. 设$\boldsymbol{A}$是n阶实对称矩阵，$\boldsymbol{P}$是n阶可逆矩阵.已知n维列向量$\boldsymbol{\alpha}$是$\boldsymbol{A}$的属于特征值λ的特征向量，则矩阵$(\boldsymbol{P}^{-1}\boldsymbol{A}\boldsymbol{P})^{\mathrm{T}}$属于特征值$\lambda$的特征向量是(　**B**　).

(A)$\boldsymbol{P}^{-1}\boldsymbol{\alpha}$　　(B)$\boldsymbol{P}^{\mathrm{T}}\boldsymbol{\alpha}$　　(C)$\boldsymbol{P}\boldsymbol{\alpha}$　　(D)$(\boldsymbol{P}^{-1})^{\mathrm{T}}\boldsymbol{\alpha}$

解　因为$\boldsymbol{\alpha}$是$\boldsymbol{A}$的属于特征值λ的特征向量，故$\boldsymbol{A}\boldsymbol{\alpha}=\lambda\boldsymbol{\alpha}$.矩阵$(\boldsymbol{P}^{-1}\boldsymbol{A}\boldsymbol{P})^{\mathrm{T}}$属于特征值$\lambda$的特征向量$\boldsymbol{\beta}$必须满足$(\boldsymbol{P}^{-1}\boldsymbol{A}\boldsymbol{P})^{\mathrm{T}}\boldsymbol{\beta}=\lambda\boldsymbol{\beta}$.

将(A)、(B)、(C)、(D)四个向量代入上式，只有$\boldsymbol{\beta}=\boldsymbol{P}^{\mathrm{T}}\boldsymbol{\alpha}$满足.因为

$$(\boldsymbol{P}^{-1}\boldsymbol{A}\boldsymbol{P})^{\mathrm{T}}(\boldsymbol{P}^{\mathrm{T}}\boldsymbol{\alpha})=\boldsymbol{P}^{\mathrm{T}}\boldsymbol{A}^{\mathrm{T}}(\boldsymbol{P}^{-1})^{\mathrm{T}}\cdot\boldsymbol{P}^{\mathrm{T}}\boldsymbol{\alpha}=\boldsymbol{P}^{\mathrm{T}}\boldsymbol{A}^{\mathrm{T}}(\boldsymbol{P}^{\mathrm{T}})^{-1}\boldsymbol{P}^{\mathrm{T}}\boldsymbol{\alpha}=\boldsymbol{P}^{\mathrm{T}}\boldsymbol{A}\boldsymbol{\alpha}=\lambda(\boldsymbol{P}^{-1}\boldsymbol{\alpha}).$$

31. 下列各结论中不正确的是(　　)

(A)单位矩阵E是正交矩阵

(B)两个正交矩阵的和是正交矩阵

(C)两个正交矩阵的积是正交矩阵

(D)正交矩阵的逆矩阵是正交矩阵

解：由$\boldsymbol{E}^{\mathrm{T}}\boldsymbol{E}=\boldsymbol{E}$知选项$A$成立.

设$\boldsymbol{A}$与$\boldsymbol{B}$为正交矩阵，即$\boldsymbol{A}^{\mathrm{T}}\boldsymbol{A}=\boldsymbol{E},\boldsymbol{B}^{\mathrm{T}}\boldsymbol{B}=\boldsymbol{E}$，则

$$(\boldsymbol{A}\boldsymbol{B})^{\mathrm{T}}\boldsymbol{A}\boldsymbol{B}=\boldsymbol{B}^{\mathrm{T}}\boldsymbol{A}^{\mathrm{T}}\boldsymbol{A}\boldsymbol{B}=\boldsymbol{E},$$

$$(\boldsymbol{A}^{-1})^{\mathrm{T}}\boldsymbol{A}^{-1}=(\boldsymbol{A}^{\mathrm{T}})^{-1}\boldsymbol{A}^{-1}=(\boldsymbol{A}\boldsymbol{A}^{\mathrm{T}})^{-1}=\boldsymbol{E},$$

即选项(C),(D)成立.

又由

$$(\boldsymbol{A}+\boldsymbol{B})^{\mathrm{T}}(\boldsymbol{A}+\boldsymbol{B})=(\boldsymbol{A}^{\mathrm{T}}+\boldsymbol{B}^{\mathrm{T}})(\boldsymbol{A}+\boldsymbol{B})=2\boldsymbol{E}+\boldsymbol{A}^{\mathrm{T}}\boldsymbol{B}+\boldsymbol{B}^{\mathrm{T}}\boldsymbol{A},$$

知选项(B)不一定成立.

32. 已知三阶矩阵 $\boldsymbol{A}$ 的特征值为 0，1，2,则下列结论不正确的是(**B**).

(A)$\boldsymbol{A}$ 与 $\begin{pmatrix}1&0&0\\0&1&0\\0&0&0\end{pmatrix}$ 等价

(B)$\boldsymbol{A}$ 与 $\begin{pmatrix}0&0&0\\0&1&0\\0&0&2\end{pmatrix}$ 正交相似

(C)$\boldsymbol{A}$ 是不可逆矩阵

(D) 以 0，1，2 为特征值的三阶矩阵都与 $\boldsymbol{A}$ 相似

解 由题设知 $\boldsymbol{A}$ 与 $\begin{pmatrix}0&0&0\\0&1&0\\0&0&2\end{pmatrix}$ 相似,因 $r(\boldsymbol{A})=2$,故 $\boldsymbol{A}$ 与 $\begin{pmatrix}1&0&0\\0&1&0\\0&0&0\end{pmatrix}$ 等价且 $\boldsymbol{A}$ 是不可逆的. 因此选项(A) 和(C) 正确.

因为以 0，1，2 为特征值的三阶矩阵必与对角阵 $\begin{pmatrix}0&0&0\\0&1&0\\0&0&2\end{pmatrix}$ 相似，而 $\boldsymbol{A}$ 又相似于 $\begin{pmatrix}0&0&0\\0&1&0\\0&0&2\end{pmatrix}$,所以选项(D) 正确.

事实上,$\boldsymbol{A}=\begin{pmatrix}0&0&1\\0&1&0\\0&0&2\end{pmatrix}$ 与 $\begin{pmatrix}0&0&0\\0&1&0\\0&0&2\end{pmatrix}$ 不能正交相似,故应选(B).

习题五全解

(A)

1. 写出下列二次型对应的矩阵：

(1) $f(x_1, x_2, x_3)=x_1^2+x_2^2+x_3^2+x_4^2+2x_1x_2-2x_1x_4-2x_2x_3+2x_3x_4$；

(2) $f(x_1, x_2, x_3)=2x_1x_2+2x_1x_3-2x_1x_4-2x_2x_3+2x_2x_4+2x_3x_4$.

解 由二次型的定义，f 对应的矩阵为

$$(1)\boldsymbol{A}=\begin{pmatrix}1&1&0&-1\\1&1&-1&0\\0&-1&1&1\\-1&0&1&1\end{pmatrix};\qquad (2)\boldsymbol{A}=\begin{pmatrix}0&1&1&-1\\1&0&-1&1\\1&-1&0&1\\-1&1&1&0\end{pmatrix}.$$

2.写出下列矩阵对应的二次型：

$$(1)\boldsymbol{A}=\begin{pmatrix}0&0&2\\0&2&0\\2&0&0\end{pmatrix};\qquad (2)\boldsymbol{A}=\begin{pmatrix}2&1&1\\1&0&3\\1&3&1\end{pmatrix}.$$

解 由对称矩阵 $\boldsymbol{A}$ 直接写出对应的二次型为

(1) $f(x_1,x_2,x_3)=2x_2^2+4x_1x_3$.

(2) $f(x_1,x_2,x_3)=2x_1^2+x_3^2+2x_1x_2+2x_1x_3+6x_2x_3$.

3.用正交变换化下列二次型为标准形,并写出所用的正交变换：

(1) $f(x_1,x_2,x_3)=2x_1^2+5x_2^2+5x_3^2+4x_1x_2-4x_1x_3-8x_2x_3$.

解 二次型 f 对应的矩阵为

$$\boldsymbol{A}=\begin{pmatrix}2&2&-2\\2&5&-4\\-2&-4&5\end{pmatrix},$$

其特征方程为

$$|\lambda\boldsymbol{E}-\boldsymbol{A}|=\begin{vmatrix}\lambda-2&-2&2\\-2&\lambda-5&4\\2&4&\lambda-5\end{vmatrix}=(1-\lambda)^2(10-\lambda)=0,$$

所以 $\boldsymbol{A}$ 的特征值为 $\lambda_1=\lambda_2=1,\lambda_3=10$.

对于 $\lambda_1=\lambda_2=1$,解线性方程组 $(\boldsymbol{E}-\boldsymbol{A})\boldsymbol{x}=\boldsymbol{0}$,得基础解系 $\boldsymbol{\alpha}_1=(-2,1,0)^{\mathrm{T}}$,$\boldsymbol{\alpha}_2=(2,0,1)^{\mathrm{T}}$.

将 $\boldsymbol{\alpha}_1$, $\boldsymbol{\alpha}_2$ 正交化,得

$$\boldsymbol{\beta}_1=\boldsymbol{\alpha}_1=(-2,1,0)^{\mathrm{T}},\qquad \boldsymbol{\beta}_2=\boldsymbol{\alpha}_2-\frac{(\boldsymbol{\alpha}_2,\boldsymbol{\beta}_1)}{(\boldsymbol{\beta}_1,\boldsymbol{\beta}_1)}\boldsymbol{\beta}_1=\frac{1}{5}(2,4,5)^{\mathrm{T}}.$$

再将 $\boldsymbol{\beta}_1$, $\boldsymbol{\beta}_2$ 单位化,得

$$\boldsymbol{\eta}_1=\left(\frac{-2}{\sqrt{5}},\frac{1}{\sqrt{5}},0\right)^{\mathrm{T}},\qquad \boldsymbol{\eta}_2=\left(\frac{2}{3\sqrt{5}},\frac{4}{3\sqrt{5}},\frac{5}{3\sqrt{5}}\right)^{\mathrm{T}}.$$

对于 $\lambda_3=10$,解线性方程组 $(10\boldsymbol{E}-\boldsymbol{A})\boldsymbol{x}=\boldsymbol{0}$,得基础解系 $\boldsymbol{\alpha}_3=(1,2,-2)^{\mathrm{T}}$.

将 $\boldsymbol{\alpha}_3$ 单位化,得 $\boldsymbol{\eta}_3=\left(\frac{1}{3},\frac{2}{3},-\frac{2}{3}\right)^{\mathrm{T}}$.

令矩阵

$$Q=(\boldsymbol{\eta}_1,\boldsymbol{\eta}_2,\boldsymbol{\eta}_3)=\begin{pmatrix}\frac{-2}{\sqrt{5}} & \frac{2}{3\sqrt{5}} & \frac{1}{3}\\ \frac{1}{\sqrt{5}} & \frac{4}{3\sqrt{5}} & \frac{2}{3}\\ 0 & \frac{5}{3\sqrt{5}} & \frac{-2}{3}\end{pmatrix},$$

则 $\boldsymbol{Q}$ 即为所求的正交矩阵,且有

$$\boldsymbol{Q}^{\mathrm{T}}\boldsymbol{A}\boldsymbol{Q}=\begin{pmatrix}1 & & \\ & 1 & \\ & & 10\end{pmatrix}.$$

此时,作正交线性变换 $\boldsymbol{x}=\boldsymbol{Q}\boldsymbol{y}$,则原二次型化为标准形 $f=y_1^2+y_2^2+10y_3^2$.

(2) $f(x_1, x_2, x_3)=2x_1x_2+2x_1x_3+2x_2x_3$.

解 二次型 f 对应的矩阵为 $\boldsymbol{A}=\begin{pmatrix}0 & 1 & 1\\ 1 & 0 & 1\\ 1 & 1 & 0\end{pmatrix}$,其特征方程为

$$|\lambda\boldsymbol{E}-\boldsymbol{A}|=\begin{vmatrix}\lambda & -1 & -1\\ -1 & \lambda & -1\\ -1 & -1 & \lambda\end{vmatrix}=(\lambda+1)^2(\lambda-2)=0,$$

所以 $\boldsymbol{A}$ 的特征值为 $\lambda_1=\lambda_2=-1$,$\lambda_3=2$.

对于 $\lambda_1=\lambda_2=-1$,解线性方程组 $(-\boldsymbol{E}-\boldsymbol{A})\boldsymbol{x}=\boldsymbol{0}$,得基础解系 $\boldsymbol{\alpha}_1=(-1, 1, 0)^{\mathrm{T}}$, $\boldsymbol{\alpha}_2=(-1, 0, 1)^{\mathrm{T}}$.

将 $\boldsymbol{\alpha}_1$, $\boldsymbol{\alpha}_2$ 正交化,得

$$\boldsymbol{\beta}_1=\boldsymbol{\alpha}_1=(-1, 1, 0)^{\mathrm{T}},\qquad \boldsymbol{\beta}_2=\boldsymbol{\alpha}_2-\frac{(\boldsymbol{\alpha}_2, \boldsymbol{\beta}_1)}{(\boldsymbol{\beta}_1, \boldsymbol{\beta}_1)}\boldsymbol{\beta}_1=\left(-\frac{1}{2}, -\frac{1}{2}, 1\right)^{\mathrm{T}}.$$

再将 $\boldsymbol{\beta}_1$, $\boldsymbol{\beta}_2$ 单位化,得

$$\boldsymbol{\eta}_1=\left(-\frac{1}{\sqrt{2}}, \frac{1}{\sqrt{2}}, 0\right)^{\mathrm{T}},\qquad \boldsymbol{\eta}_2=\left(-\frac{1}{\sqrt{6}}, -\frac{1}{\sqrt{6}}, \frac{2}{\sqrt{6}}\right)^{\mathrm{T}}.$$

对于 $\lambda_3=2$,解线性方程组 $(2\boldsymbol{E}-\boldsymbol{A})\boldsymbol{x}=\boldsymbol{0}$,得基础解系 $\boldsymbol{\alpha}_3=(1, 1, 1)^{\mathrm{T}}$.

将 $\boldsymbol{\alpha}_3$ 单位化,得

$$\boldsymbol{\eta}_3=\left(\frac{1}{\sqrt{3}}, \frac{1}{\sqrt{3}}, \frac{1}{\sqrt{3}}\right)^{\mathrm{T}}.$$

令矩阵

$$Q=(\boldsymbol{\eta}_1,\boldsymbol{\eta}_2,\boldsymbol{\eta}_3)=\begin{pmatrix}-\frac{1}{\sqrt{2}} & -\frac{1}{\sqrt{6}} & \frac{1}{\sqrt{3}}\\ \frac{1}{\sqrt{2}} & -\frac{1}{\sqrt{6}} & \frac{1}{\sqrt{3}}\\ 0 & \frac{2}{\sqrt{6}} & \frac{1}{\sqrt{3}}\end{pmatrix},$$

则 Q 即为所求的正交矩阵,且有

$$Q^{\mathrm{T}}AQ=\begin{pmatrix}-1 & & \\ & -1 & \\ & & 2\end{pmatrix}.$$

此时,作正交线性变换 $\boldsymbol{x}=Q\boldsymbol{y}$,则原二次型化为标准形

$$f=-y_1^2-y_2^2+2y_3^2.$$

(3) $f=x_1^2+4x_2^2+4x_3^2-4x_1x_2+4x_1x_3-8x_2x_3$.

解 二次型 f 的矩阵为

$$A=\begin{pmatrix}1 & -2 & 2\\ -2 & 4 & -4\\ 2 & -4 & 4\end{pmatrix}.$$

A 的特征多项式为

$$|\lambda E-A|=\begin{vmatrix}\lambda-1 & 2 & -2\\ 2 & \lambda-4 & 4\\ -2 & 4 & \lambda-4\end{vmatrix}=\lambda^2(\lambda-9),$$

所以 A 的特征值为 $\lambda_1=\lambda_2=0$, $\lambda_3=9$.

对于 $\lambda_1=\lambda_2=0$,解得对应的特征向量为 $\boldsymbol{\xi}_1=(2,1,0)^{\mathrm{T}}$, $\boldsymbol{\xi}_2=(-2,0,1)^{\mathrm{T}}$.

将 $\boldsymbol{\xi}_1$, $\boldsymbol{\xi}_2$ 正交单位化,得 $\boldsymbol{\eta}_1=\left(\frac{2}{\sqrt{5}},\frac{1}{\sqrt{5}},0\right)^{\mathrm{T}}$, $\boldsymbol{\eta}_2=\left(\frac{-2}{3\sqrt{5}},\frac{4}{3\sqrt{5}},\frac{5}{3\sqrt{5}}\right)^{\mathrm{T}}$.

对于 $\lambda_3=9$,解得对应的特征向量 $\boldsymbol{\xi}_3=(1,-2,2)^{\mathrm{T}}$.

将 $\boldsymbol{\xi}_3$ 单位化,得 $\boldsymbol{\eta}_3=\left(\frac{1}{3},-\frac{2}{3},\frac{2}{3}\right)^{\mathrm{T}}$.

取

$$Q=\begin{pmatrix}\frac{2}{\sqrt{5}} & -\frac{2}{3\sqrt{5}} & \frac{1}{3}\\ \frac{1}{\sqrt{5}} & \frac{4}{3\sqrt{5}} & -\frac{2}{3}\\ 0 & \frac{5}{3\sqrt{5}} & \frac{2}{3}\end{pmatrix},$$

则 $\boldsymbol{Q}$ 是正交矩阵，且二次型 f 经正交变换

$$\begin{pmatrix} x_1 \\ x_2 \\ x_3 \end{pmatrix} = \boldsymbol{Q} \begin{pmatrix} y_1 \\ y_2 \\ y_3 \end{pmatrix}$$

化为标准形 $f = 9y_3^2$.

4. 设二次型 $f(x_1, x_2, x_3) = 3x_1^2 + 3x_2^2 + 5x_3^2 + 4x_1x_3 - 4x_2x_3$. (1)写出二次型的矩阵表示；(2)求正交矩阵 $\boldsymbol{P}$，作变换 $(x_1, x_2, x_3)^{\mathrm{T}} = \boldsymbol{P}(y_1, y_2, y_3)^{\mathrm{T}}$，化二次型为 y_1, y_2, y_3 的平方和.

解 (1)二次型的矩阵表示为

$$f(x_1, x_2, x_3) = (x_1, x_2, x_3) \begin{pmatrix} 3 & 0 & 2 \\ 0 & 3 & -2 \\ 2 & -2 & 5 \end{pmatrix} \begin{pmatrix} x_1 \\ x_2 \\ x_3 \end{pmatrix}.$$

(2)二次型对应的矩阵为

$$\boldsymbol{A} = \begin{pmatrix} 3 & 0 & 2 \\ 0 & 3 & -2 \\ 2 & -2 & 5 \end{pmatrix},$$

其特征方程为

$$|\lambda \boldsymbol{E} - \boldsymbol{A}| = \begin{vmatrix} \lambda - 3 & 0 & -2 \\ 0 & \lambda - 3 & 2 \\ -2 & 2 & \lambda - 5 \end{vmatrix} = (\lambda - 1)(\lambda - 3)(\lambda - 7) = 0,$$

解得特征值为 $\lambda_1 = 1, \lambda_2 = 3, \lambda_3 = 7$.

对于 $\lambda_1 = 1$，解齐次线性方程组 $(2\boldsymbol{E} - \boldsymbol{A})\boldsymbol{x} = \boldsymbol{0}$，得它的一个基础解系

$$\boldsymbol{\alpha}_1 = (-1, 1, 1)^{\mathrm{T}};$$

对于 $\lambda_2 = 3$，解齐次线性方程组 $(3\boldsymbol{E} - \boldsymbol{A})\boldsymbol{x} = \boldsymbol{0}$，得它的一个基础解系

$$\boldsymbol{\alpha}_2 = (1, 1, 0)^{\mathrm{T}};$$

对于 $\lambda_3 = 7$，解齐次线性方程组 $(7\boldsymbol{E} - \boldsymbol{A})\boldsymbol{x} = \boldsymbol{0}$，得它的一个基础解系

$$\boldsymbol{\alpha}_3 = (1, -1, 2)^{\mathrm{T}}.$$

将 $\boldsymbol{\alpha}_1, \boldsymbol{\alpha}_2, \boldsymbol{\alpha}_3$ 单位化，得

$$\boldsymbol{\beta}_1 = \left(\frac{-1}{\sqrt{3}}, \frac{1}{\sqrt{3}}, \frac{1}{\sqrt{3}}\right)^{\mathrm{T}}, \boldsymbol{\beta}_2 = \left(\frac{1}{\sqrt{2}}, \frac{1}{\sqrt{2}}, 0\right)^{\mathrm{T}}, \boldsymbol{\beta}_3 = \left(\frac{1}{\sqrt{6}}, \frac{-1}{\sqrt{6}}, \frac{2}{\sqrt{6}}\right)^{\mathrm{T}}.$$

令

$$P=(\boldsymbol{\beta}_1,\boldsymbol{\beta}_2,\boldsymbol{\beta}_3)=\begin{pmatrix}\frac{-1}{\sqrt{3}} & \frac{1}{\sqrt{2}} & \frac{1}{\sqrt{6}}\\ \frac{1}{\sqrt{3}} & \frac{1}{\sqrt{2}} & \frac{-1}{\sqrt{6}}\\ \frac{1}{\sqrt{3}} & 0 & \frac{2}{\sqrt{6}}\end{pmatrix},$$

则

$$P^{\mathrm{T}}AP=\begin{pmatrix}1 & & \\ & 3 & \\ & & 7\end{pmatrix}=\boldsymbol{\Lambda}.$$

令 $\boldsymbol{x}=P\boldsymbol{y}$ 可有

$$f(x_1,x_2,x_3)=\boldsymbol{x}^{\mathrm{T}}A\boldsymbol{x}=\boldsymbol{y}^{\mathrm{T}}P^{\mathrm{T}}AP\boldsymbol{y}=\boldsymbol{y}^{\mathrm{T}}\boldsymbol{\Lambda}\boldsymbol{y}=y_1^2+3y_2^2+7y_3^2.$$

5. 设有二次型

$$f(x_1,x_2,x_3)=ax_1^2+4x_2^2+bx_3^2+4x_1x_2-4x_1x_3+8x_2x_3,$$

经过正交变换化为 $y_1^2+6y_2^2-6y_3^2$，求 a，b 的值和正交变换矩阵 P.

解　由题设，正交变换前后二次型 f 的对应矩阵分别为

$$A=\begin{pmatrix}a & 2 & -2\\ 2 & 4 & 4\\ -2 & 4 & b\end{pmatrix},\qquad \boldsymbol{\Lambda}=\begin{pmatrix}1 & & \\ & 6 & \\ & & -6\end{pmatrix}.$$

因为它们是(正交)相似的，于是有 $|A|=|\boldsymbol{\Lambda}|$，$\mathrm{tr}(A)=\mathrm{tr}(\boldsymbol{\Lambda})$，即

$$\begin{cases}4(a-1)(b-4)-64=-36,\\ a+b+4=1,\end{cases}$$

解得 $a=0$，$b=-3$，$a=-6$，$b=3$.

由于 A 与 $\boldsymbol{\Lambda}$ 有相同的特征值，所以 A 的特征值为 $\lambda_1=1$，$\lambda_2=6$，$\lambda_3=-6$.

当 $\lambda_1=1$ 时，对应的特征向量为 $\boldsymbol{\alpha}_1=(-2,0,1)^{\mathrm{T}}$，单位化得

$$\boldsymbol{\eta}_1=\frac{1}{\|\boldsymbol{\alpha}_1\|}\boldsymbol{\alpha}_1=\left(-\frac{2}{\sqrt{5}},0,\frac{1}{\sqrt{5}}\right)^{\mathrm{T}}.$$

当 $\lambda_2=6$ 时，对应的特征向量为 $\boldsymbol{\alpha}_2=(1,5,2)^{\mathrm{T}}$，单位化得

$$\boldsymbol{\eta}_2=\frac{1}{\|\boldsymbol{\alpha}_2\|}\boldsymbol{\alpha}_2=\left(\frac{1}{\sqrt{30}},\frac{5}{\sqrt{30}},\frac{2}{\sqrt{30}}\right)^{\mathrm{T}}.$$

当 $\lambda_3=-6$ 时，对应的特征向量为 $\boldsymbol{\alpha}_3=(-1,1,-2)^{\mathrm{T}}$，单位化得

$$\boldsymbol{\eta}_3=\frac{1}{\|\boldsymbol{\alpha}_3\|}\boldsymbol{\alpha}_3=\left(-\frac{1}{\sqrt{6}},\frac{1}{\sqrt{6}},-\frac{2}{\sqrt{6}}\right)^{\mathrm{T}}.$$

令矩阵

$$P=(\boldsymbol{\eta}_1,\boldsymbol{\eta}_2,\boldsymbol{\eta}_3)=\begin{pmatrix}-\frac{2}{\sqrt{5}} & \frac{1}{\sqrt{30}} & -\frac{1}{\sqrt{6}}\\ 0 & \frac{5}{\sqrt{30}} & \frac{1}{\sqrt{6}}\\ \frac{1}{\sqrt{5}} & \frac{2}{\sqrt{30}} & -\frac{2}{\sqrt{6}}\end{pmatrix},$$

$\boldsymbol{P}$ 即为所求的正交变换矩阵.

6. 设实二次型 $f(x_1,x_2,x_3)=x_1^2+x_2^2+x_3^2+2\alpha x_1x_2+2x_1x_3+2\beta x_2x_3$ 经正交变换 $\boldsymbol{x}=\boldsymbol{Q}\boldsymbol{y}$ 化成标准形 $f=y_2^2+2y_3^2$,求 α,β.

解 二次型变换前和变换后对应的矩阵分别为

$$\boldsymbol{A}=\begin{pmatrix}1 & \alpha & 1\\ \alpha & 1 & \beta\\ 1 & \beta & 1\end{pmatrix},\qquad \boldsymbol{\Lambda}=\begin{pmatrix}0 & & \\ & 1 & \\ & & 2\end{pmatrix}.$$

因为二次型 f 经正交变换 $\boldsymbol{x}=\boldsymbol{Q}\boldsymbol{y}$ 化成标准形 $f=y_2^2+2y_3^2$,所以矩阵 $\boldsymbol{A}$ 的特征值为 $\lambda_1=0,\lambda_2=1,\lambda_3=2$. 故有

$$|0\boldsymbol{E}-\boldsymbol{A}|=\begin{vmatrix}-1 & -\alpha & -1\\ -\alpha & -1 & -\beta\\ -1 & -\beta & -1\end{vmatrix}=(\alpha-\beta)^2=0,$$

$$|1\boldsymbol{E}-\boldsymbol{A}|=\begin{vmatrix}0 & -\alpha & -1\\ -\alpha & 0 & -\beta\\ -1 & -\beta & 0\end{vmatrix}=-2\alpha\beta=0,$$

$$|2\boldsymbol{E}-\boldsymbol{A}|=\begin{vmatrix}1 & -\alpha & -1\\ -\alpha & 1 & -\beta\\ -1 & -\beta & 1\end{vmatrix}=-(\alpha+\beta)^2=0.$$

由此可解得 $\alpha=\beta=0$.

7. 已知二次型 $f(x_1,x_2,x_3)=2x_1^2+3x_2^2+3x_3^2+2ax_2x_3\ (a>0)$ 通过正交变换化成标准形 $f=y_1^2+2y_2^2+5y_3^2$,求参数 a 及所用的正交变换矩阵.

解 二次型 f 的矩阵为

$$\boldsymbol{A}=\begin{pmatrix}2 & 0 & 0\\ 0 & 3 & a\\ 0 & a & 3\end{pmatrix}.$$

f 的标准形矩阵为

$$\boldsymbol{B}=\begin{pmatrix}1 & 0 & 0\\ 0 & 2 & 0\\ 0 & 0 & 5\end{pmatrix}.$$

由题设知 $\boldsymbol{A}$ 与 $\boldsymbol{B}$ 相似，从而 $|\lambda\boldsymbol{E}-\boldsymbol{A}|=|\lambda\boldsymbol{E}-\boldsymbol{B}|$，即

$$\begin{vmatrix}\lambda-2 & 0 & 0\\ 0 & \lambda-3 & -a\\ 0 & -a & \lambda-3\end{vmatrix}=\begin{vmatrix}\lambda-1 & 0 & 0\\ 0 & \lambda-2 & 0\\ 0 & 0 & \lambda-5\end{vmatrix},$$

即

$$(\lambda-2)(\lambda^2-6\lambda+9-a^2)=(\lambda-2)(\lambda-1)(\lambda-5).$$

用待定系数法可求得 $a=2$（$a=-2$ 舍去），这时 $\boldsymbol{A}$ 的特征值为 $\lambda_1=1,\lambda_2=2,\lambda_3=5$.

对于 $\lambda_1=1$，解齐次线性方程组 $(1\boldsymbol{E}-\boldsymbol{A})\boldsymbol{x}=\boldsymbol{0}$ 得对应的特征向量为

$$\boldsymbol{\alpha}_1=(0,\ -1,\ 1)^{\mathrm{T}}.$$

对于 $\lambda_2=2$，解齐次线性方程组 $(2\boldsymbol{E}-\boldsymbol{A})\boldsymbol{x}=\boldsymbol{0}$ 得对应的特征向量为

$$\boldsymbol{\alpha}_2=(1,\ 0,\ 0)^{\mathrm{T}}.$$

对于 $\lambda_3=5$，解齐次线性方程组 $(5\boldsymbol{E}-\boldsymbol{A})\boldsymbol{x}=\boldsymbol{0}$ 得对应的特征向量为

$$\boldsymbol{\alpha}_3=(0,\ 1,\ 1)^{\mathrm{T}}.$$

将 $\boldsymbol{\alpha}_1,\boldsymbol{\alpha}_2,\boldsymbol{\alpha}_3$ 单位化，得

$$\boldsymbol{\eta}_1=\frac{\boldsymbol{\alpha}_1}{\|\boldsymbol{\alpha}_1\|}=(0,\ \frac{-1}{\sqrt{2}},\ \frac{1}{\sqrt{2}})^{\mathrm{T}},$$

$$\boldsymbol{\eta}_2=\frac{\boldsymbol{\alpha}_2}{\|\boldsymbol{\alpha}_2\|}=(1,\ 0,\ 0)^{\mathrm{T}},$$

$$\boldsymbol{\eta}_3=\frac{\boldsymbol{\alpha}_3}{\|\boldsymbol{\alpha}_3\|}=(0,\ \frac{1}{\sqrt{2}},\ \frac{1}{\sqrt{2}})^{\mathrm{T}}.$$

故所用的正交矩阵为

$$\boldsymbol{Q}=(\boldsymbol{\eta}_1,\boldsymbol{\eta}_2,\boldsymbol{\eta}_3)=\begin{pmatrix}0 & 1 & 0\\ -\frac{1}{\sqrt{2}} & 0 & \frac{1}{\sqrt{2}}\\ \frac{1}{\sqrt{2}} & 0 & \frac{1}{\sqrt{2}}\end{pmatrix}.$$

8. 用配方法化下列二次型为标准形，并求出所用的非退化线性变换：

(1) $f(x_1,x_2,x_3)=x_1^2+2x_2^2+2x_1x_2-2x_1x_3+2x_2x_3$.

解　因 f 中含有 x_1 的平方项，故先把含 x_1 的项归并起来，再配方得

$$\begin{aligned}f&=x_1^2+2x_1(x_2-x_3)+2x_2^2+2x_2x_3=(x_1+x_2-x_3)^2+x_2^2+4x_2x_3-x_3^2\\&=(x_1+x_2-x_3)^2+(x_2+2x_3)^2-5x_3^2.\end{aligned}$$

令

$$\begin{cases}y_1=x_1+x_2-x_3,\\ y_2=x_2+2x_3,\\ y_3=x_3,\end{cases}\quad \text{即}\begin{cases}x_1=y_1-y_2+3y_3,\\ x_2=y_2-2y_3,\\ x_3=y_3\end{cases}$$

将 f 化成标准形

$$f = y_1^2 + y_2^2 - 5y_3^2.$$

所用非退化线性变换的矩阵为

$$\boldsymbol{C}=\begin{pmatrix}1 & -1 & 3\\0 & 1 & -2\\0 & 0 & 1\end{pmatrix},|\boldsymbol{C}|=1\neq 0.$$

(2) $f(x_1, x_2, x_3)=x_1^2+5x_2^2+5x_3^2+2x_1x_2-4x_1x_3$.

解 $f(x_1, x_2, x_3)=x_1^2+5x_2^2+5x_3^2+2x_1x_2-4x_1x_3$

$$=x_1^2+2x_1(x_2-2x_3)+(x_2-2x_3)^2+5x_2^2+5x_3^2-(x_2-2x_3)^2$$

$$=(x_1+x_2-2x_3)^2+4x_2^2+4x_2x_3+x_3^2=(x_1+x_2-2x_3)^2+(2x_2+x_3)^2.$$

令

$$\begin{cases}y_1=x_1+x_2-2x_3,\\y_2=\quad 2x_2+x_3,\\y_3=\quad x_3,\end{cases}\text{即}\begin{cases}x_1=y_1-\dfrac{1}{2}y_2+\dfrac{5}{2}y_3,\\x_2=\quad\dfrac{1}{2}y_2+\dfrac{1}{2}y_3,\\x_3=\quad y_3,\end{cases}$$

则有 $f=y_1^2+y_2^2$.

(3) $f(x_1, x_2, x_3) = x_1x_2 + x_1x_3 + x_2x_3$.

解 因 f 中不含有平方项,但是含有乘积项 x_1x_2,故令

$$\begin{cases}x_1 = y_1 + y_2,\\x_2 = y_1 - y_2,\\x_3 = y_3\end{cases}$$

代入,再配方得

$$f = y_1^2 + 2y_1y_3 - y_2^2 = (y_1 + y_3)^2 - y_2^2 - y_3^2.$$

令

$$\begin{cases}z_1 = y_1 + y_3,\\z_2 = y_2,\\z_3 = y_3,\end{cases}\quad\text{即}\begin{cases}y_1 = z_1 - z_3,\\y_2 = z_2,\\y_3 = z_3,\end{cases}$$

把 f 化成标准形

$$f = z_1^2 - z_2^2 - z_3^2.$$

所用线性变换矩阵为

$$\boldsymbol{C}=\begin{pmatrix}1 & 1 & 0\\1 & -1 & 0\\0 & 0 & 1\end{pmatrix}\begin{pmatrix}1 & 0 & -1\\0 & 1 & 0\\0 & 0 & 1\end{pmatrix}=\begin{pmatrix}1 & 1 & -1\\1 & -1 & -1\\0 & 0 & 1\end{pmatrix}.$$

(4) $f(x_1, x_2, x_3)=2x_1x_2+4x_1x_3$.

解　由于 f 中不含平方项,含有 x_1x_2 项,故先令

$$\begin{cases} x_1=y_1+y_2, \\ x_2=y_1-y_2, \\ x_3=y_3, \end{cases}$$

则

$$\begin{aligned} f&=2x_1x_2+4x_1x_3=2(y_1+y_2)(y_1-y_2)+4(y_1+y_2)y_3 \\ &=2y_1^2-2y_2^2+4y_1y_3+4y_2y_3=2y_1^2+4y_1y_3+2y_3^2-2y_2^2+4y_2y_3-2y_3^2 \\ &=2(y_1+y_3)^2-2(y_2-y_3)^2. \end{aligned}$$

再令

$$\begin{cases} z_1=y_1+y_3, \\ z_2=y_2-y_3, \\ z_3=y_3, \end{cases} 即 \begin{cases} y_1=z_1+z_3, \\ y_2=z_2+z_3, \\ y_3=z_3, \end{cases}$$

亦即经非退化线性变换

$$\begin{cases} x_1=z_1+z_2, \\ x_2=z_1-z_2-2z_3, \\ x_3=z_3, \end{cases}$$

二次型化为标准形 $f=2z_1^2-2z_2^2$.

9. 用初等变换法化二次型

$$f(x_1, x_2, x_3)=3x_1^2+2x_2^2-x_3^2+6x_1x_2-12x_1x_3-8x_2x_3$$

为标准形,并求出所用的非退化线性变换.

解　二次型 f 的矩阵

$$\boldsymbol{A}=\begin{pmatrix} 3 & 3 & -6 \\ 3 & 2 & -4 \\ -6 & -4 & -1 \end{pmatrix}.$$

于是

$$\begin{pmatrix} \boldsymbol{A} \\ \boldsymbol{E} \end{pmatrix} \to \begin{pmatrix} 3 & 0 & 0 \\ 0 & -1 & 0 \\ 0 & 0 & -9 \\ 1 & -1 & 0 \\ 0 & 1 & 2 \\ 0 & 0 & 1 \end{pmatrix}=\begin{pmatrix} \boldsymbol{\Lambda} \\ \boldsymbol{P} \end{pmatrix}.$$

则

$$P=\begin{pmatrix}1&-1&0\\0&1&2\\0&0&1\end{pmatrix},\quad \Lambda=\begin{pmatrix}3&&\\&-1&\\&&-9\end{pmatrix}.$$

所用的非退化线性变换为

$$x=Py,\text{即}\begin{pmatrix}x_1\\x_2\\x_3\end{pmatrix}=\begin{pmatrix}1&-1&0\\0&1&2\\0&0&1\end{pmatrix}\begin{pmatrix}y_1\\y_2\\y_3\end{pmatrix}.$$

二次型的标准形为

$$f=y^{\mathrm{T}}\Lambda y=3y_1^2-y_2^2-9y_3^2.$$

10. 已知二次型

$$f(x_1,x_2,x_3)=5x_1^2+5x_2^2+cx_3^2-2x_1x_2+6x_1x_3-6x_2x_3$$

的秩为 2，

(1) 求参数 c 及此二次型对应的特征值；

(2) 指出方程 $f(x_1,x_2,x_3)=1$ 表示何种二次曲面.

分析 二次型的秩为 2 是指二次型对应矩阵 A 的秩为 2，由于 A 是三阶的，故其行列式的值一定为零，由此求出参数 c. 此时 A 的特征值即为特征方程 $|\lambda E-A|=0$ 的解. A 的非零特征值的个数及其正负号决定了二次型的标准型，从而决定了方程 $f(x_1,x_2,x_3)=1$ 表示何种二次曲面.

解 (1) 此二次型对应矩阵为

$$A=\begin{pmatrix}5&-1&3\\-1&5&-3\\3&-3&c\end{pmatrix}.$$

因 $r(A)=2$，故 $|A|=\begin{vmatrix}5&-1&3\\-1&5&-3\\3&-3&c\end{vmatrix}=0$，解得 $c=3$. 容易验证，此时 A 的秩的确是 2.

这时，$|\lambda E-A|=\begin{vmatrix}\lambda-5&1&-3\\1&\lambda-5&3\\-3&3&\lambda-3\end{vmatrix}=\lambda(\lambda-4)(\lambda-9)$，故所求特征值为 $\lambda_1=0,\lambda_2=4,\lambda_3=9$.

(2) 由上述特征值可知，$f(x_1,x_2,x_3)=1$ 表示椭圆柱面.

注 为什么 $f(x_1,x_2,x_3)=1$ 表示椭圆柱面呢？因为根据 §5.2 的知识知，二次型矩阵 A 与对角矩阵 $\mathrm{diag}(0,4,9)$ 合同，即 $f(x_1,x_2,x_3)=1$ 可以经过适当的非退化线性变换

化为 $4y_2^2+9y_3^2=1$. 此方程在 $O-y_1y_2y_3$ 坐标系中表示一椭圆柱面.

11. 用正交变换将二次曲面的方程 $x^2-2y^2-2z^2-4xy+4xz+8yz-27=0$ 化为标准方程,并说明该曲面是什么曲面.

解 设 $\boldsymbol{A}=\begin{pmatrix}1&-2&2\\-2&-2&4\\2&4&-2\end{pmatrix}$, $\boldsymbol{X}=\begin{pmatrix}x\\y\\z\end{pmatrix}$,则曲面方程为 $\boldsymbol{X}^{\mathrm{T}}\boldsymbol{A}\boldsymbol{X}=27$.

易知,$\boldsymbol{A}$ 的特征多项式为

$$|\lambda\boldsymbol{E}-\boldsymbol{A}|=\begin{vmatrix}\lambda-1&2&-2\\2&\lambda+2&-4\\-2&-4&\lambda+2\end{vmatrix}=(\lambda-2)^2(\lambda+7),$$

所以矩阵 $\boldsymbol{A}$ 的特征值为 $\lambda_1=\lambda_2=2$(二重根),$\lambda_3=-7$.

对 $\lambda_1=\lambda_2=2$,解齐次线性方程组 $(2\boldsymbol{E}-\boldsymbol{A})\boldsymbol{x}=\boldsymbol{0}$,得相应的特征向量为

$$\boldsymbol{\alpha}_1=\begin{pmatrix}-2\\1\\0\end{pmatrix},\boldsymbol{\alpha}_2=\begin{pmatrix}2\\0\\1\end{pmatrix}.$$

由 Schmidt 正交化方法,得

$$\boldsymbol{\beta}_1=\boldsymbol{\alpha}_1=\frac{1}{\sqrt{5}}\begin{pmatrix}-2\\1\\0\end{pmatrix},\boldsymbol{\beta}_2=\boldsymbol{\alpha}_1-\frac{(\boldsymbol{\alpha}_1,\boldsymbol{\beta}_1)}{(\boldsymbol{\beta}_1,\boldsymbol{\beta}_1)}=\frac{1}{3\sqrt{5}}\begin{pmatrix}2\\4\\5\end{pmatrix}.$$

对 $\lambda_3=-7$,解齐次线性方程组 $(-7\boldsymbol{E}-\boldsymbol{A})\boldsymbol{x}=\boldsymbol{0}$,得相应的特征向量为

$$\boldsymbol{\alpha}_3=\begin{pmatrix}1\\2\\-2\end{pmatrix},$$

单位化得 $\boldsymbol{\beta}_3=\frac{1}{3}\begin{pmatrix}1\\2\\-2\end{pmatrix}$.

取正交矩阵 $\boldsymbol{Q}=(\boldsymbol{\beta}_1,\boldsymbol{\beta}_2,\boldsymbol{\beta}_3)$,令 $\boldsymbol{X}'=\begin{pmatrix}x'\\y'\\z'\end{pmatrix}$,则正交变换 $\boldsymbol{X}=\boldsymbol{Q}\boldsymbol{X}'$ 将曲面的方程化为如下标准方程

$$2x'^2+2y'^2-7z'^2=27,$$

这是单叶双曲面.

12. 设 $\boldsymbol{A}$ 是 n 阶实对称矩阵,$r(\boldsymbol{A})=n$,二次型

$$f(x_1, x_2, x_3) = \sum_{i=1}^{n}\sum_{j=1}^{n} \frac{A_{ij}}{|\boldsymbol{A}|} x_i x_j,$$

其中 A_{ij} 是 $\boldsymbol{A}$ 中元素 a_{ij} 的代数余子式.

(1) 记 $\boldsymbol{x} = (x_1, x_2, \cdots, x_n)^{\mathrm{T}}$,把 f 表示成矩阵形式,并证明 f 的矩阵为 $\boldsymbol{A}^{-1}$;

(2) 二次型 $g = \boldsymbol{x}^{\mathrm{T}}\boldsymbol{A}\boldsymbol{x}$ 与 f 的规范形是否相同?

解 (1) 由二次型的矩阵表示方法,有

$$f = \boldsymbol{x}^{\mathrm{T}} \frac{1}{|\boldsymbol{A}|}\begin{pmatrix} A_{11} & A_{12} & \cdots & A_{n1} \\ A_{12} & A_{22} & \cdots & A_{n2} \\ \vdots & \vdots & & \vdots \\ A_{1n} & A_{2n} & \cdots & A_{nn} \end{pmatrix}\boldsymbol{x}.$$

由 $r(\boldsymbol{A}) = n$ 知 $\boldsymbol{A}$ 可逆,且有 $\boldsymbol{A}^{-1} = \dfrac{1}{|\boldsymbol{A}|}\boldsymbol{A}^*$. 又由于

$$(\boldsymbol{A}^{-1})^{\mathrm{T}} = (\boldsymbol{A}^{\mathrm{T}})^{-1} = \boldsymbol{A}^{-1},$$

所以 $\boldsymbol{A}^{-1}$ 也是实对称矩阵,说明 f 的矩阵为 $\boldsymbol{A}^{-1}$.

(2) 二次型 $g = \boldsymbol{x}^{\mathrm{T}}\boldsymbol{A}\boldsymbol{x}$ 与 f 的规范形相同. 由于

$$(\boldsymbol{A}^{-1})^{\mathrm{T}}\boldsymbol{A}\boldsymbol{A}^{-1} = (\boldsymbol{A}^{\mathrm{T}})^{-1}\boldsymbol{A}\boldsymbol{A}^{-1} = \boldsymbol{A}^{-1}\boldsymbol{A}\boldsymbol{A}^{-1} = \boldsymbol{A}^{-1},$$

所以 $\boldsymbol{A}$ 与 $\boldsymbol{A}^{-1}$ 合同,从而二次型 g 与 f 的规范形相同.

13. 判定下列矩阵是否是正定矩阵:

(1) $\boldsymbol{A} = \begin{pmatrix} 10 & 4 & 12 \\ 4 & 2 & -14 \\ 12 & -14 & 1 \end{pmatrix}$; (2) $\boldsymbol{A} = \begin{pmatrix} 1 & 1 & 1 \\ 1 & 2 & 2 \\ 1 & 2 & 3 \end{pmatrix}$.

解 (1) 由于 $\Delta_3 = |\boldsymbol{A}| = \begin{vmatrix} 10 & 4 & 12 \\ 4 & 2 & -14 \\ 12 & -14 & 1 \end{vmatrix} = -4 \times 897 < 0$,即 $\boldsymbol{A}$ 的三阶顺序主子式为负,故 $\boldsymbol{A}$ 不是正定矩阵.

(2) 由于

$$\Delta_1 = 1 > 0, \quad \Delta_2 = \begin{vmatrix} 1 & 1 \\ 1 & 2 \end{vmatrix} = 1 > 0, \quad \Delta_3 = \begin{vmatrix} 1 & 1 & 1 \\ 1 & 2 & 2 \\ 1 & 2 & 3 \end{vmatrix} = 1 > 0,$$

即 $\boldsymbol{A}$ 的各阶顺序主子式都为正,故 $\boldsymbol{A}$ 为正定矩阵.

14. 讨论参数 t 满足什么条件时下列二次型是正定二次型:

(1) $f(x_1, x_2, x_3) = x_1^2 + 4x_2^2 + 2x_3^2 + 2tx_1x_2 + 2x_2x_3$.

解 二次型 f 的矩阵为 $\boldsymbol{A} = \begin{pmatrix} 1 & t & 0 \\ t & 4 & 1 \\ 0 & 1 & 2 \end{pmatrix}$,要使 f 为正定,只需 $\boldsymbol{A}$ 的各阶顺序主子式

都大于零,即

$$\Delta_1 = 1 > 0, \quad \Delta_2 = \begin{vmatrix} 1 & t \\ t & 4 \end{vmatrix} = 4 - t^2 > 0, \quad \Delta_3 = \begin{vmatrix} 1 & t & 0 \\ t & 4 & 1 \\ 0 & 1 & 2 \end{vmatrix} = 7 - 2t^2 > 0,$$

解方程组

$$\begin{cases} 4 - t^2 > 0 \\ 4 - t^2 > \dfrac{1}{2} \end{cases},$$

得 $|t| < \dfrac{\sqrt{14}}{2}$. 此时,二次型 f 为正定的.

(2) $f(x_1, x_2, x_3) = 5x_1^2 + x_2^2 + tx_3^2 + 4x_1x_2 - 2x_1x_3 + 2x_2x_3$.

解　二次型 f 的矩阵为 $\boldsymbol{A} = \begin{pmatrix} 5 & 2 & -1 \\ 2 & 1 & 1 \\ -1 & 1 & t \end{pmatrix}$. 要使 f 为正定,只须 $\boldsymbol{A}$ 的各阶顺序主子式都大于零,由

$$\Delta_1 = 5 > 0, \quad \Delta_2 = \begin{vmatrix} 5 & 2 \\ 2 & 1 \end{vmatrix} = 1 > 0, \quad \Delta_3 = \begin{vmatrix} 5 & 2 & -1 \\ 2 & 1 & 1 \\ -1 & 1 & t \end{vmatrix} = t - 10 > 0,$$

解得 $t > 10$. 此时,二次型 f 为正定的.

15. 设 $\boldsymbol{A}$ 是 n 阶正定矩阵,求方程组 $\boldsymbol{Ax} = \boldsymbol{0}$ 的解集合.

解　若 $\boldsymbol{A}$ 是正定矩阵,则对任何 $\boldsymbol{x} \neq \boldsymbol{0}$,均有 $\boldsymbol{x}^{\mathrm{T}}\boldsymbol{Ax} = 0$. 故要使 $\boldsymbol{x}^{\mathrm{T}}\boldsymbol{Ax} = 0$,那么 $\boldsymbol{x} = \boldsymbol{0}$. 于是 $\boldsymbol{Ax} = \boldsymbol{0}$ 的解集合为 $\{\boldsymbol{x} \mid \boldsymbol{x} = \boldsymbol{0}\}$.

16. 设矩阵

$$\boldsymbol{A} = \begin{pmatrix} 1 & 0 & 1 \\ 0 & 2 & 0 \\ 1 & 0 & 1 \end{pmatrix}, \qquad \boldsymbol{B} = (\boldsymbol{A} + k\boldsymbol{E})^2.$$

(1) 求对角矩阵 $\boldsymbol{\Lambda}$,使得 $\boldsymbol{B} \sim \boldsymbol{\Lambda}$;

(2) k 满足什么条件时 $\boldsymbol{B}$ 正定?

分析　先求出 $\boldsymbol{A}$ 的特征值 λ,则 $\boldsymbol{B}$ 的特征值为 $(k + \lambda)^2$,$\boldsymbol{B}$ 正定的充分必要条件是所有特征值全大于零.

解　(1) 由 $\boldsymbol{A}$ 的特征方程

$$|\lambda\boldsymbol{A} - \boldsymbol{E}| = \begin{vmatrix} 1-\lambda & 0 & 1 \\ 0 & 2-\lambda & 0 \\ 1 & 0 & 1-\lambda \end{vmatrix} = -\lambda(\lambda - 2)^2 = 0,$$

可得 $\boldsymbol{A}$ 的特征值为 2(二重) 和 0,所以 $\boldsymbol{B}$ 的特征值为$(2+k)^2$(二重) 和 k^2.

又由 $\boldsymbol{A}$ 是实对称矩阵知 $\boldsymbol{B}$ 也是实对称矩阵,于是

$$\boldsymbol{B} \sim \boldsymbol{\Lambda} = \begin{pmatrix} k^2 & & \\ & (k+2)^2 & \\ & & (k+2)^2 \end{pmatrix}.$$

(2) 易得当 $k \neq 0$ 且 $k \neq -2$ 时,$\boldsymbol{B}$ 的全部特征值均为正数,此时 $\boldsymbol{B}$ 为正定矩阵.

17. 设 $\boldsymbol{A}$ 是三阶实对称矩阵,且 $\boldsymbol{A}^2 + 2\boldsymbol{A} = \boldsymbol{O}, r(\boldsymbol{A}) = 2$.

(1) 求 $\boldsymbol{A}$ 全部特征值;

(2)k 为何值时,$\boldsymbol{A} + k\boldsymbol{E}$ 为正定矩阵.

解 (1) 设 λ 为 $\boldsymbol{A}$ 的一个特征值,对应的特征向量为 $\boldsymbol{\alpha}(\neq \boldsymbol{0})$,则

$$\boldsymbol{A\alpha} = \lambda\boldsymbol{\alpha}, \quad \boldsymbol{A}^2\boldsymbol{\alpha} = \lambda^2\boldsymbol{\alpha}.$$

于是$(\boldsymbol{A}^2 + 2\boldsymbol{A})\boldsymbol{\alpha} = (\lambda^2 + 2\lambda)\boldsymbol{\alpha}$.

由条件 $\boldsymbol{A}^2 + 2\boldsymbol{A} = \boldsymbol{O}$ 推知$(\lambda^2 + 2\lambda)\boldsymbol{\alpha} = \boldsymbol{0}$. 又由于 $\boldsymbol{\alpha} \neq \boldsymbol{0}$,故有 $\lambda^2 + 2\lambda = 0$,解得 $\lambda = -2$, $\lambda = 0$.

因为实对称矩阵 $\boldsymbol{A}$ 必可对角化,且 $r(\boldsymbol{A}) = 2$,所以

$$\boldsymbol{A} \to \begin{pmatrix} -2 & & \\ & -2 & \\ & & 0 \end{pmatrix} = \boldsymbol{\Lambda}.$$

因此,矩阵 $\boldsymbol{A}$ 的全部特征值为 $\lambda_1 = \lambda_2 = -2, \lambda_3 = 0$.

(2) 矩阵 $\boldsymbol{A} + k\boldsymbol{E}$ 仍为实对称矩阵. 由(1) 知,$\boldsymbol{A} + k\boldsymbol{E}$ 的全部特征值为 $-2+k, -2+k, k$. 于是,当 $k > 2$ 时矩阵 $\boldsymbol{A} + k\boldsymbol{E}$ 的全部特征值大于零,因此,这时矩阵 $\boldsymbol{A} + k\boldsymbol{E}$ 为正定矩阵.

18. 设 $\boldsymbol{A}, \boldsymbol{B}$ 都是 n 阶正定矩阵,证明 $\boldsymbol{A} + \boldsymbol{B}$ 也是正定矩阵.

证 由$(\boldsymbol{A} + \boldsymbol{B})^{\mathrm{T}} = \boldsymbol{A}^{\mathrm{T}} + \boldsymbol{B}^{\mathrm{T}} = \boldsymbol{A} + \boldsymbol{B}$ 知 $\boldsymbol{A} + \boldsymbol{B}$ 是对称的,而

$$\boldsymbol{x}^{\mathrm{T}}(\boldsymbol{A} + \boldsymbol{B})\boldsymbol{x} = \boldsymbol{x}^{\mathrm{T}}\boldsymbol{A}\boldsymbol{x} + \boldsymbol{x}^{\mathrm{T}}\boldsymbol{B}\boldsymbol{x} > 0 \ (\boldsymbol{x} \neq \boldsymbol{0}),$$

所以 $\boldsymbol{A} + \boldsymbol{B}$ 是正定矩阵.

19. 设 $\boldsymbol{A}$ 是正定矩阵,证明 $\boldsymbol{A}^*$ 也是正定矩阵.

证法 1 由 $\boldsymbol{A}$ 正定知,存在可逆矩阵 $\boldsymbol{P}$ 使得 $\boldsymbol{A} = \boldsymbol{P}^{\mathrm{T}}\boldsymbol{P}$, 从而

$$\boldsymbol{A}^* = (\boldsymbol{P}^{\mathrm{T}}\boldsymbol{P})^* = \boldsymbol{P}^*(\boldsymbol{P}^{\mathrm{T}})^* = \boldsymbol{P}^*(\boldsymbol{P}^*)^{\mathrm{T}},$$

即知 $\boldsymbol{A}^*$ 也是正定矩阵.

证法 2 由 $\boldsymbol{A}$ 正定知 $|\boldsymbol{A}| > 0$,$\boldsymbol{A}$ 的特征值 $\lambda_i > 0$ ($i=1, 2, \cdots, n$),而 $\boldsymbol{A}^*$ 的特征值 $\frac{1}{\lambda_i^*} = \frac{|A|}{\lambda_i} > 0$ ($i=1, 2, \cdots, n$),即知 $\boldsymbol{A}^*$ 也是正定矩阵.

20. 设 $\boldsymbol{A}$ 是 $m \times n$ 阶实矩阵,且 $r(\boldsymbol{A}) = n$,证明 $\boldsymbol{A}^{\mathrm{T}}\boldsymbol{A}$ 是正定矩阵.

证 若 $r(\boldsymbol{A})=n$，则齐次方程组 $\boldsymbol{Ax}=\boldsymbol{0}$ 只有零解，于是对任何 $\boldsymbol{x}\neq\boldsymbol{0}$，均有 $\boldsymbol{Ax}\neq\boldsymbol{0}$，故

$$0<(\boldsymbol{Ax},\boldsymbol{Ax})=(\boldsymbol{Ax})^{\mathrm{T}}(\boldsymbol{Ax})=\boldsymbol{x}^{\mathrm{T}}(\boldsymbol{A}^{\mathrm{T}}\boldsymbol{A})\boldsymbol{x},$$

即 $\boldsymbol{A}^{\mathrm{T}}\boldsymbol{A}$ 是正定阵.

21. 设 $\boldsymbol{A}=(a_{ij})$ 是 n 阶正定矩阵，证明：$a_{ii}>0(1\leqslant i\leqslant n)$.

证 由 $\boldsymbol{A}$ 正定知，存在可逆矩阵 $\boldsymbol{P}$，使得 $\boldsymbol{A}=\boldsymbol{P}^{\mathrm{T}}\boldsymbol{P}$.

令 $\boldsymbol{P}=(b_{ij})$，则 $a_{ii}=b_{i1}^2+b_{i2}^2+\cdots+b_{in}^2$. 又 $\boldsymbol{P}$ 可逆，故 $b_{i1}, b_{i2}, \cdots, b_{i2}$ 不全为零，所以 $a_{ii}>0(1\leqslant i\leqslant n)$.

22. 设 $\boldsymbol{A}$ 是 n 阶正定矩阵，$\boldsymbol{E}$ 是 n 阶单位矩阵，证明 $|\boldsymbol{A}+\boldsymbol{E}|>1$.

证 由 $\boldsymbol{A}$ 是正定矩阵可知 $\boldsymbol{A}$ 的 n 个特征值 $\lambda_1, \lambda_2, \cdots, \lambda_n$ 均大于零，从而 $\boldsymbol{A}+\boldsymbol{E}$ 的 n 个特征值 $\lambda_1+1, \lambda_2+1, \cdots, \lambda_n+1$ 均大于 1，所以

$$|\boldsymbol{A}+\boldsymbol{E}|=(\lambda_1+1)(\lambda_2+1)\cdots(\lambda_n+1)>1.$$

23. 设 $\boldsymbol{A}$ 为实对称矩阵，且满足 $\boldsymbol{A}^2-3\boldsymbol{A}+2\boldsymbol{E}=\boldsymbol{O}$，证明 $\boldsymbol{A}$ 为正定矩阵.

证 若 λ 是 $\boldsymbol{A}$ 的特征值，则 λ 必满足

$$\lambda^3+\lambda^2+\lambda=3, \text{即}(\lambda-1)(\lambda^2+2\lambda+3)=0.$$

因为 $\boldsymbol{A}$ 是实对称矩阵，从而其特征值全为实数，所以 $\boldsymbol{A}$ 的特征值全为 1. 由此可知 $\boldsymbol{A}$ 是正定矩阵.

24. 设 $\boldsymbol{A}$ 是 n 阶实对称矩阵，若 $\boldsymbol{A}-\boldsymbol{E}$ 是正定矩阵，证明：

(1) $\boldsymbol{A}$ 是正定矩阵；

(2) $\boldsymbol{E}-\boldsymbol{A}^{-1}$ 是正定矩阵.

证 (1)设 $\lambda_1, \lambda_2, \cdots, \lambda_n$ 是 $\boldsymbol{A}$ 的特征值，则 $\boldsymbol{A}-\boldsymbol{E}$ 的特征值为 $\lambda_1-1, \lambda_2-1, \cdots, \lambda_n-1$. 由于 $\boldsymbol{A}-\boldsymbol{E}$ 是正定矩阵，则 $\lambda_i-1>0$，即 $\lambda_i>1(i=1, 2, \cdots, n)$，故 $\boldsymbol{A}$ 是正定矩阵.

(2)由于

$$(\boldsymbol{E}-\boldsymbol{A}^{-1})^{\mathrm{T}}=\boldsymbol{E}-(\boldsymbol{A}^{-1})^{\mathrm{T}}=\boldsymbol{E}-(\boldsymbol{A}^{\mathrm{T}})^{-1}=\boldsymbol{E}-\boldsymbol{A}^{-1},$$

所以 $\boldsymbol{E}-\boldsymbol{A}^{-1}$ 是实对称矩阵.

又 $\boldsymbol{E}-\boldsymbol{A}^{-1}$ 的特征值为 $1-\dfrac{1}{\lambda_1}, 1-\dfrac{1}{\lambda_2}, \cdots, 1-\dfrac{1}{\lambda_n}$，而 $\lambda_i>1(i=1, 2, \cdots, n)$，则 $\boldsymbol{E}-\boldsymbol{A}^{-1}$ 的特征值全大于零，因此 $\boldsymbol{E}-\boldsymbol{A}^{-1}$ 是正定矩阵.

25. 设 $\boldsymbol{A}$ 是实反对称矩阵，证明：$\boldsymbol{E}-\boldsymbol{A}^2$ 是正定矩阵.

证 因为 $(\boldsymbol{E}-\boldsymbol{A}^2)^{\mathrm{T}}=\boldsymbol{E}-(\boldsymbol{A}^{\mathrm{T}})^2=\boldsymbol{E}-(-\boldsymbol{A})^2=\boldsymbol{E}-\boldsymbol{A}^2$，所以 $\boldsymbol{E}-\boldsymbol{A}^2$ 是实对称矩阵.

对任意的 n 维实向量 $\boldsymbol{x}$，由 $\boldsymbol{A}$ 为反对称矩阵，有

$$\boldsymbol{x}^{\mathrm{T}}(\boldsymbol{E}-\boldsymbol{A}^2)\boldsymbol{x}=\boldsymbol{x}^{\mathrm{T}}\boldsymbol{x}-\boldsymbol{x}^{\mathrm{T}}\boldsymbol{AAx}=\boldsymbol{x}^{\mathrm{T}}\boldsymbol{x}+\boldsymbol{x}^{\mathrm{T}}\boldsymbol{A}^{\mathrm{T}}\boldsymbol{Ax}=\boldsymbol{x}^{\mathrm{T}}\boldsymbol{x}+(\boldsymbol{Ax})^{\mathrm{T}}(\boldsymbol{Ax})>0,$$

所以 $\boldsymbol{E}-\boldsymbol{A}^2$ 是正定矩阵.

26. $\boldsymbol{A}$ 是正定矩阵的充要条件是对任意实 n 阶可逆方阵 $\boldsymbol{C}$，$\boldsymbol{C}^{\mathrm{T}}\boldsymbol{AC}$ 都是正定的.

证 设 $\boldsymbol{A}$ 是正定矩阵，则 $\boldsymbol{A}$ 对称，从而

$$(\boldsymbol{C}^{\mathrm{T}}\boldsymbol{A}\boldsymbol{C})^{\mathrm{T}}=\boldsymbol{C}^{\mathrm{T}}\boldsymbol{A}(\boldsymbol{C}^{\mathrm{T}})^{\mathrm{T}}=\boldsymbol{C}^{\mathrm{T}}\boldsymbol{A}\boldsymbol{C},$$

即 $\boldsymbol{C}^{\mathrm{T}}\boldsymbol{A}\boldsymbol{C}$ 为对称矩阵.

因为 $\boldsymbol{C}$ 可逆，所以齐次线性方程 $\boldsymbol{C}\boldsymbol{x}=\boldsymbol{0}$ 只有零解，即对任意非零 n 维向量 $\boldsymbol{x}$，有 $\boldsymbol{C}\boldsymbol{x}\neq\boldsymbol{0}$. 因为 $\boldsymbol{A}$ 是正定的，所以 $\boldsymbol{x}^{\mathrm{T}}\boldsymbol{C}^{\mathrm{T}}\boldsymbol{C}\boldsymbol{x}=(\boldsymbol{C}\boldsymbol{x})^{\mathrm{T}}(\boldsymbol{C}\boldsymbol{x})>0$，即 $\boldsymbol{C}^{\mathrm{T}}\boldsymbol{A}\boldsymbol{C}$ 是正定矩阵.

反之，若对任意 n 阶可逆方阵 $\boldsymbol{C}$，$\boldsymbol{C}^{\mathrm{T}}\boldsymbol{A}\boldsymbol{C}$ 是正定的，则取

$$\boldsymbol{C}=\boldsymbol{E},\boldsymbol{C}^{\mathrm{T}}\boldsymbol{A}\boldsymbol{C}=\boldsymbol{E}^{\mathrm{T}}\boldsymbol{A}\boldsymbol{E}=\boldsymbol{A}$$

也是正定的.

27. 设 $\boldsymbol{A}$ 为 n 阶正定矩阵，$\boldsymbol{B}$ 为 $n\times m$ 实矩阵. 证明：如果 $r(\boldsymbol{B})=m$，则 m 阶实方阵 $\boldsymbol{B}^{\mathrm{T}}\boldsymbol{A}\boldsymbol{B}$ 必为正定的.

证 由于 $(\boldsymbol{B}^{\mathrm{T}}\boldsymbol{A}\boldsymbol{B})^{\mathrm{T}}=\boldsymbol{B}^{\mathrm{T}}\boldsymbol{A}^{\mathrm{T}}(\boldsymbol{B}^{\mathrm{T}})^{\mathrm{T}}=\boldsymbol{B}^{\mathrm{T}}\boldsymbol{A}\boldsymbol{B}$，故 $\boldsymbol{B}^{\mathrm{T}}\boldsymbol{A}\boldsymbol{B}$ 是 m 阶实对称矩阵.

因为 $r(\boldsymbol{B})=m$，所以齐次线性方程组 $\boldsymbol{B}\boldsymbol{x}=\boldsymbol{0}$ 只有零解，即对任意非零 n 维向量 $\boldsymbol{x}$，有 $\boldsymbol{B}\boldsymbol{x}\neq\boldsymbol{0}$.

由于 $\boldsymbol{A}$ 是正定的，有

$$(\boldsymbol{B}\boldsymbol{x})^{\mathrm{T}}\boldsymbol{A}(\boldsymbol{B}\boldsymbol{x})>0,\text{即 }\boldsymbol{x}^{\mathrm{T}}(\boldsymbol{B}^{\mathrm{T}}\boldsymbol{A}\boldsymbol{B})\boldsymbol{x}>0,$$

所以 $\boldsymbol{B}^{\mathrm{T}}\boldsymbol{A}\boldsymbol{B}$ 是正定矩阵.

28. 设 $\boldsymbol{A}$ 是 n 阶实对称的幂等矩阵（$\boldsymbol{A}^2=\boldsymbol{A},\boldsymbol{A}^{\mathrm{T}}=\boldsymbol{A}$），$r(\boldsymbol{A})=r(0<r<n)$. 证明：$\boldsymbol{A}+\boldsymbol{E}$ 是正定矩阵，并计算 $|\boldsymbol{E}+\boldsymbol{A}+\boldsymbol{A}^2+\cdots+\boldsymbol{A}^k|$.

证 设 λ 是 $\boldsymbol{A}$ 的特征值，由 $\boldsymbol{A}^2=\boldsymbol{A}$ 可得 $\lambda^2=\lambda$，即 $\boldsymbol{A}$ 特征值为 0 和 1，从而 $\boldsymbol{A}+\boldsymbol{E}$ 的特征值为 1 和 2，均大于零. 又

$$(\boldsymbol{A}+\boldsymbol{E})^{\mathrm{T}}=\boldsymbol{A}^{\mathrm{T}}+\boldsymbol{E}^{\mathrm{T}}=\boldsymbol{A}+\boldsymbol{E},$$

所以 $\boldsymbol{A}+\boldsymbol{E}$ 是正定矩阵.

由 $r(\boldsymbol{A})=r$ 可知，1 是 $\boldsymbol{A}$ 的 r 重特征值，0 是 $\boldsymbol{A}$ 的 $n-r$ 重特征值.

由 $\boldsymbol{A}^2=\boldsymbol{A}$ 可得 $\boldsymbol{A}^k=\boldsymbol{A}^{k-1}=\cdots=\boldsymbol{A}^2=\boldsymbol{A}$，于是

$$\boldsymbol{E}+\boldsymbol{A}+\boldsymbol{A}^2+\cdots+\boldsymbol{A}^k=\boldsymbol{E}+k\boldsymbol{A}.$$

因为 $\boldsymbol{E}+k\boldsymbol{A}$ 的特征值是 $1+k$ 和 k，且 $1+k$ 是 $\boldsymbol{E}+k\boldsymbol{A}$ 的 r 重特征值，k 是 $\boldsymbol{E}+k\boldsymbol{A}$ 的 $n-r$ 重特征值，所以

$$|\boldsymbol{E}+\boldsymbol{A}+\boldsymbol{A}^2+\cdots+\boldsymbol{A}^k|=|\boldsymbol{E}+k\boldsymbol{A}|=(1+k)^r.$$

29. 设 $\boldsymbol{A},\boldsymbol{B}$ 分别是 m,n 阶正定矩阵，证明分块矩阵 $\begin{pmatrix}\boldsymbol{A}&\boldsymbol{O}\\\boldsymbol{O}&\boldsymbol{B}\end{pmatrix}$ 也是正定矩阵.

证 由 $\begin{pmatrix}\boldsymbol{A}&\boldsymbol{O}\\\boldsymbol{O}&\boldsymbol{B}\end{pmatrix}^{\mathrm{T}}=\begin{pmatrix}\boldsymbol{A}^{\mathrm{T}}&\boldsymbol{O}\\\boldsymbol{O}&\boldsymbol{B}^{\mathrm{T}}\end{pmatrix}=\begin{pmatrix}\boldsymbol{A}&\boldsymbol{O}\\\boldsymbol{O}&\boldsymbol{B}\end{pmatrix}$ 知 $\begin{pmatrix}\boldsymbol{A}&\boldsymbol{O}\\\boldsymbol{O}&\boldsymbol{B}\end{pmatrix}$ 是实对称矩阵.

设 $\boldsymbol{Z}=\begin{pmatrix}x\\y\end{pmatrix}$，其中 $\boldsymbol{x}=(x_1,x_2,\cdots,x_m)^{\mathrm{T}}$，$\boldsymbol{y}=(y_1,y_2,\cdots,y_n)^{\mathrm{T}}$. 当 $\boldsymbol{Z}\neq\boldsymbol{0}$ 时，x 与

y 中至少有一个不为零. 由 $\boldsymbol{A}$, $\boldsymbol{B}$ 正定可知: $\boldsymbol{x}^{\mathrm{T}}\boldsymbol{A}\boldsymbol{x}$ 和 $\boldsymbol{y}^{\mathrm{T}}\boldsymbol{A}\boldsymbol{y}$ 都为正,所以

$$\boldsymbol{Z}^{\mathrm{T}}\begin{pmatrix}\boldsymbol{A} & \boldsymbol{O}\\ \boldsymbol{O} & \boldsymbol{B}\end{pmatrix}\boldsymbol{Z}=(\boldsymbol{x}^{\mathrm{T}},\ \boldsymbol{y}^{\mathrm{T}})\begin{pmatrix}\boldsymbol{A} & \boldsymbol{O}\\ \boldsymbol{O} & \boldsymbol{B}\end{pmatrix}\begin{pmatrix}x\\ y\end{pmatrix}=\boldsymbol{x}^{\mathrm{T}}\boldsymbol{A}\boldsymbol{x}+\boldsymbol{y}^{\mathrm{T}}\boldsymbol{A}\boldsymbol{y}>0,$$

即 $\begin{pmatrix}\boldsymbol{A} & \boldsymbol{O}\\ \boldsymbol{O} & \boldsymbol{B}\end{pmatrix}$ 正定.

30. 若 $\boldsymbol{A}$, $\boldsymbol{B}$ 是 n 阶正定矩阵,证明: $\boldsymbol{AB}$ 正定的充要条件是 $\boldsymbol{AB}=\boldsymbol{BA}$.

证 由于 $\boldsymbol{A}$, $\boldsymbol{B}$ 都是正定矩阵,所以 $\boldsymbol{A}$ 和 $\boldsymbol{B}$ 都是实对称矩阵,即 $\boldsymbol{A}^{\mathrm{T}}=\boldsymbol{A}$, $\boldsymbol{B}^{\mathrm{T}}=\boldsymbol{B}$.

若 $\boldsymbol{AB}$ 正定,则 $\boldsymbol{AB}$ 亦是实对称矩阵,即 $(\boldsymbol{AB})^{\mathrm{T}}=\boldsymbol{AB}$,而

$$(\boldsymbol{AB})^{\mathrm{T}}=\boldsymbol{B}^{\mathrm{T}}\boldsymbol{A}^{\mathrm{T}}=\boldsymbol{BA},$$

所以有 $\boldsymbol{AB}=\boldsymbol{BA}$.

若 $\boldsymbol{AB}=\boldsymbol{BA}$,则 $(\boldsymbol{AB})^{\mathrm{T}}=\boldsymbol{B}^{\mathrm{T}}\boldsymbol{A}^{\mathrm{T}}=\boldsymbol{BA}=\boldsymbol{AB}$,即 $\boldsymbol{AB}$ 是实对称矩阵. 由 $\boldsymbol{A}$, $\boldsymbol{B}$ 都是正定矩阵知,存在可逆矩阵 $\boldsymbol{P}$ 及 $\boldsymbol{Q}$,使得 $\boldsymbol{A}=\boldsymbol{P}^{\mathrm{T}}\boldsymbol{P}$, $\boldsymbol{B}=\boldsymbol{Q}^{\mathrm{T}}\boldsymbol{Q}$. 于是

$$\boldsymbol{AB}=\boldsymbol{P}^{\mathrm{T}}\boldsymbol{P}\boldsymbol{Q}^{\mathrm{T}}\boldsymbol{Q},\ (\boldsymbol{P}^{\mathrm{T}})^{-1}\boldsymbol{AB}\boldsymbol{P}^{\mathrm{T}}=\boldsymbol{P}\boldsymbol{Q}^{\mathrm{T}}\boldsymbol{Q}\boldsymbol{P}^{\mathrm{T}}=(\boldsymbol{Q}\boldsymbol{P}^{\mathrm{T}})^{\mathrm{T}}(\boldsymbol{Q}\boldsymbol{P}^{\mathrm{T}}),$$

且 $\boldsymbol{Q}\boldsymbol{P}^{\mathrm{T}}$ 可逆,故 $(\boldsymbol{P}^{\mathrm{T}})^{-1}\boldsymbol{AB}\boldsymbol{P}^{\mathrm{T}}$ 正定. 因为 $\boldsymbol{AB}$ 与 $(\boldsymbol{P}^{\mathrm{T}})^{-1}\boldsymbol{AB}\boldsymbol{P}^{\mathrm{T}}$ 相似,则 $\boldsymbol{AB}$ 的特征值全为正,所以 $\boldsymbol{AB}$ 也是正定的.

31. 设 $\boldsymbol{A}$, $\boldsymbol{B}$ 都是 $m\times n$ 实矩阵,且 $\boldsymbol{B}^{\mathrm{T}}\boldsymbol{A}$ 为可逆矩阵,证明: $\boldsymbol{A}^{\mathrm{T}}\boldsymbol{A}+\boldsymbol{B}^{\mathrm{T}}\boldsymbol{B}$ 是正定矩阵.

证 由

$$(\boldsymbol{A}^{\mathrm{T}}\boldsymbol{A}+\boldsymbol{B}^{\mathrm{T}}\boldsymbol{B})^{\mathrm{T}}=(\boldsymbol{A}^{\mathrm{T}}\boldsymbol{A})^{\mathrm{T}}+(\boldsymbol{B}^{\mathrm{T}}\boldsymbol{B})^{\mathrm{T}}=\boldsymbol{A}^{\mathrm{T}}(\boldsymbol{A}^{\mathrm{T}})^{\mathrm{T}}+\boldsymbol{B}^{\mathrm{T}}(\boldsymbol{B}^{\mathrm{T}})^{\mathrm{T}}=\boldsymbol{A}^{\mathrm{T}}\boldsymbol{A}+\boldsymbol{B}^{\mathrm{T}}\boldsymbol{B}$$

可知 $\boldsymbol{A}^{\mathrm{T}}\boldsymbol{A}+\boldsymbol{B}^{\mathrm{T}}\boldsymbol{B}$ 是实对称矩阵.

由于 $\boldsymbol{B}^{\mathrm{T}}\boldsymbol{A}$ 可逆,而 $n=r(\boldsymbol{B}^{\mathrm{T}}\boldsymbol{A})\leqslant r(\boldsymbol{A})\leqslant n$,故 $r(\boldsymbol{A})=n$,所以齐次线性方程组 $\boldsymbol{Ax}=\boldsymbol{0}$ 只有零解. 于是,对任意实向量 $\boldsymbol{x}\neq\boldsymbol{0}$,有 $\boldsymbol{Ax}\neq\boldsymbol{0}$,则

$$\boldsymbol{x}^{\mathrm{T}}\boldsymbol{A}^{\mathrm{T}}\boldsymbol{A}\boldsymbol{x}=(\boldsymbol{Ax})^{\mathrm{T}}(\boldsymbol{Ax})>0,\ \boldsymbol{x}^{\mathrm{T}}\boldsymbol{B}^{\mathrm{T}}\boldsymbol{B}\boldsymbol{x}=(\boldsymbol{Bx})^{\mathrm{T}}(\boldsymbol{Bx})\geqslant 0.$$

因此,对任意实向量 $\boldsymbol{x}\neq\boldsymbol{0}$,都有

$$\boldsymbol{x}^{\mathrm{T}}(\boldsymbol{A}^{\mathrm{T}}\boldsymbol{A}+\boldsymbol{B}^{\mathrm{T}}\boldsymbol{B})\boldsymbol{x}=\boldsymbol{x}^{\mathrm{T}}\boldsymbol{A}^{\mathrm{T}}\boldsymbol{A}\boldsymbol{x}+\boldsymbol{x}^{\mathrm{T}}\boldsymbol{B}^{\mathrm{T}}\boldsymbol{B}\boldsymbol{x}>0,$$

即 $\boldsymbol{A}^{\mathrm{T}}\boldsymbol{A}+\boldsymbol{B}^{\mathrm{T}}\boldsymbol{B}$ 为正定矩阵.

32. 已知 $\boldsymbol{A}$ 是 n 阶实对称矩阵,且 $\boldsymbol{AB}+\boldsymbol{B}^{\mathrm{T}}\boldsymbol{A}$ 是正定矩阵,证明: $\boldsymbol{A}$ 是可逆矩阵.

证 对于任意 $\boldsymbol{x}\neq\boldsymbol{0}$,由于 $\boldsymbol{AB}+\boldsymbol{B}^{\mathrm{T}}\boldsymbol{A}$ 是正定矩阵, $\boldsymbol{A}$ 是实对称矩阵,总有

$$\boldsymbol{x}^{\mathrm{T}}(\boldsymbol{AB}+\boldsymbol{B}^{\mathrm{T}}\boldsymbol{A})\boldsymbol{x}=(\boldsymbol{Ax})^{\mathrm{T}}(\boldsymbol{Bx})+(\boldsymbol{Bx})^{\mathrm{T}}(\boldsymbol{Ax})>0.$$

由此,对于任意 $\boldsymbol{x}\neq\boldsymbol{0}$,恒有 $\boldsymbol{Ax}\neq\boldsymbol{0}$,即 $\boldsymbol{Ax}=\boldsymbol{0}$ 只有零解,从而 $\boldsymbol{A}$ 可逆.

33. 设 $\boldsymbol{A}$ 是 n 阶正定矩阵, $\boldsymbol{B}$ 是 n 阶反对称矩阵,证明:矩阵 $\boldsymbol{A}-\boldsymbol{B}^2$ 可逆.

证 由 $\boldsymbol{A}$ 是正定矩阵知 $\boldsymbol{A}^{\mathrm{T}}=\boldsymbol{A}$; $\boldsymbol{B}$ 是反对称矩阵知 $\boldsymbol{B}^{\mathrm{T}}=-\boldsymbol{B}$. 于是

$$(\boldsymbol{A}-\boldsymbol{B}^2)^{\mathrm{T}}=(\boldsymbol{A}+\boldsymbol{B}^{\mathrm{T}}\boldsymbol{B})^{\mathrm{T}}=\boldsymbol{A}^{\mathrm{T}}+\boldsymbol{B}^{\mathrm{T}}(\boldsymbol{B}^{\mathrm{T}})^{\mathrm{T}}=\boldsymbol{A}+\boldsymbol{B}^{\mathrm{T}}\boldsymbol{B}=\boldsymbol{A}-\boldsymbol{B}^2,$$

即 $\boldsymbol{A}-\boldsymbol{B}^2$ 是对称矩阵.

构造二次型 $\boldsymbol{x}^{\mathrm{T}}(\boldsymbol{A}-\boldsymbol{B}^2)\boldsymbol{x}$,有

$$\boldsymbol{x}^{\mathrm{T}}(\boldsymbol{A}-\boldsymbol{B}^2)\boldsymbol{x}=\boldsymbol{x}^{\mathrm{T}}(\boldsymbol{A}+\boldsymbol{B}^{\mathrm{T}}\boldsymbol{B})\boldsymbol{x}=\boldsymbol{x}^{\mathrm{T}}\boldsymbol{A}\boldsymbol{x}+(\boldsymbol{B}\boldsymbol{x})^{\mathrm{T}}\boldsymbol{B}\boldsymbol{x}.$$

因为对任意 $\boldsymbol{x}\neq\boldsymbol{0}$,恒有 $\boldsymbol{x}^{\mathrm{T}}\boldsymbol{A}\boldsymbol{x}>0$,$(\boldsymbol{B}\boldsymbol{x})^{\mathrm{T}}\boldsymbol{B}\boldsymbol{x}\geqslant 0$,即对任意 $\boldsymbol{x}\neq\boldsymbol{0}$,恒有

$$\boldsymbol{x}^{\mathrm{T}}(\boldsymbol{A}-\boldsymbol{B}^2)\boldsymbol{x}>0,$$

所以 $\boldsymbol{x}^{\mathrm{T}}(\boldsymbol{A}-\boldsymbol{B}^2)\boldsymbol{x}$ 是正定二次型,那么 $|\boldsymbol{A}-\boldsymbol{B}^2|>0$,也即矩阵 $\boldsymbol{A}-\boldsymbol{B}^2$ 可逆.

34. 证明:在 n 阶实对称矩阵中,正定矩阵只能与正定矩阵相似.

证 设 $\boldsymbol{A}$, $\boldsymbol{B}$ 是两个 n 阶实对称矩阵,且两者相似.当 $\boldsymbol{A}$ 为正定矩阵时,其特征值全是正实数.但相似方阵有相同的特征值,故 $\boldsymbol{B}$ 的特征值也全是正实数,从而 $\boldsymbol{B}$ 为正定矩阵.

35. 证明:矩阵 $\boldsymbol{A}=\begin{pmatrix}1&0\\0&2\end{pmatrix}$,$\boldsymbol{B}=\begin{pmatrix}1&0\\0&4\end{pmatrix}$等价、合同但不相似.

证 因为 $r(\boldsymbol{A})=r(\boldsymbol{B})$,所以 $\boldsymbol{A}$ 与 $\boldsymbol{B}$ 等价;因为 $\boldsymbol{A}$ 与 $\boldsymbol{B}$ 特征值不相同,所以 $\boldsymbol{A}$ 与 $\boldsymbol{B}$ 不相似;因为 $\boldsymbol{x}^{\mathrm{T}}\boldsymbol{A}\boldsymbol{x}=x_1^2+2x_2^2$ 与 $\boldsymbol{x}^{\mathrm{T}}\boldsymbol{B}\boldsymbol{x}=x_1^2+4x_2^2$ 有相同的正、负惯性指数,所以 $\boldsymbol{A}$ 与 $\boldsymbol{B}$ 合同.

36. 设 $\boldsymbol{A}$ 是 n 阶实对称矩阵.证明:$\boldsymbol{A}$ 是正定矩阵的充要条件是 $\boldsymbol{A}$ 与单位矩阵合同.

证 若 $\boldsymbol{A}$ 是正定的,即二次型

$$f(x_1,x_2,\cdots,x_n)=\boldsymbol{x}^{\mathrm{T}}\boldsymbol{A}\boldsymbol{x}$$

是正定的,从而可通过非退化线性变换 $\boldsymbol{x}=\boldsymbol{C}\boldsymbol{y}$ 化为

$$g(y_1,y_2,\cdots,y_n)=\boldsymbol{y}^{\mathrm{T}}(\boldsymbol{C}^{\mathrm{T}}\boldsymbol{A}\boldsymbol{C})\boldsymbol{y}=y_1^2+y_2^2+\cdots+y_n^2=\boldsymbol{y}^{\mathrm{T}}\boldsymbol{E}\boldsymbol{y},$$

即 $\boldsymbol{C}^{\mathrm{T}}\boldsymbol{A}\boldsymbol{C}=\boldsymbol{E}$,亦即 $\boldsymbol{A}$ 与 $\boldsymbol{E}$ 合同.

反之,若 $\boldsymbol{A}$ 与 $\boldsymbol{E}$ 合同,则 f 可通过非退化线性变换化为 g.因 g 是正定的,故 f 也是正定的,即 $\boldsymbol{A}$ 为正定矩阵.

37. 已知 $\boldsymbol{A}$ 是 n 阶正定矩阵,n 维非零列向量 $\boldsymbol{\alpha}_1,\boldsymbol{\alpha}_2,\cdots,\boldsymbol{\alpha}_s$ 满足

$$\boldsymbol{\alpha}_i^{\mathrm{T}}\boldsymbol{A}\boldsymbol{\alpha}_j=0(i\neq j,\ i,\ j=1,2,\cdots,s),$$

证明:$\boldsymbol{\alpha}_1,\boldsymbol{\alpha}_2,\cdots,\boldsymbol{\alpha}_s$ 线性无关.

证 设

$$k_1\boldsymbol{\alpha}_1+k_2\boldsymbol{\alpha}_2+\cdots+k_s\boldsymbol{\alpha}_s=\boldsymbol{0}, \qquad ①$$

用 $\boldsymbol{\alpha}_1^{\mathrm{T}}\boldsymbol{A}$ 左乘①式,有

$$k_1\boldsymbol{\alpha}_1^{\mathrm{T}}\boldsymbol{A}\boldsymbol{\alpha}_1+k_2\boldsymbol{\alpha}_1^{\mathrm{T}}\boldsymbol{A}\boldsymbol{\alpha}_2+\cdots+k_s\boldsymbol{\alpha}_1^{\mathrm{T}}\boldsymbol{A}\boldsymbol{\alpha}_s=\boldsymbol{0}, \qquad ②$$

因为 $\boldsymbol{\alpha}_i^{\mathrm{T}}\boldsymbol{A}\boldsymbol{\alpha}_j=0(i\neq j)$,②成为

$$k_1\boldsymbol{\alpha}_1^{\mathrm{T}}\boldsymbol{A}\boldsymbol{\alpha}_1=\boldsymbol{0}.$$

因为 $\boldsymbol{A}$ 正定,$\boldsymbol{\alpha}_1\neq\boldsymbol{0}$,有 $\boldsymbol{\alpha}_1^{\mathrm{T}}\boldsymbol{A}\boldsymbol{\alpha}_1>0$,则必有 $k_1=0$.同理可得 $k_2=k_3=\cdots=k_s=0$.因此 $\boldsymbol{\alpha}_1,\boldsymbol{\alpha}_2,\cdots,\boldsymbol{\alpha}_s$ 线性无关.

38. 设 $\boldsymbol{A}$ 是一个 n 阶实对称矩阵,且 $|\boldsymbol{A}|<0$.证明存在实 n 维向量 $\boldsymbol{\alpha}$,使得 $\boldsymbol{\alpha}^{\mathrm{T}}\boldsymbol{A}\boldsymbol{\alpha}<0$.

证 由题设知二次型 $f(x_1, x_2, \cdots, x_n)=\boldsymbol{x}^{\mathrm{T}}\boldsymbol{A}\boldsymbol{x}$ 的秩为 n，且不是正定的，其标准形中负惯性指数至少是 1.

若 f 可经过可逆线性变换 $\boldsymbol{x}=\boldsymbol{C}\boldsymbol{y}$ 化成

$$f=\boldsymbol{x}^{\mathrm{T}}\boldsymbol{A}\boldsymbol{x}=\boldsymbol{y}^{\mathrm{T}}\boldsymbol{C}^{\mathrm{T}}\boldsymbol{A}\boldsymbol{C}\boldsymbol{y}=y_1^2+y_2^2+\cdots+y_s^2-y_{s+1}^2-\cdots-y_n^2,$$

其中 $1\leqslant s<n$.

显然，当 $\boldsymbol{y}_0=\boldsymbol{e}_n^{\mathrm{T}}=(0, 0, \cdots, 0, 1)^{\mathrm{T}}$ 时上式右端小于 0.

又 $\boldsymbol{x}=\boldsymbol{C}\boldsymbol{y}$ 中 $\boldsymbol{C}$ 是可逆矩阵，故 $\boldsymbol{y}_0\neq 0$，则 $\boldsymbol{\alpha}=\boldsymbol{C}\boldsymbol{y}_0\neq 0$ 可使

$$f=\boldsymbol{\alpha}^{\mathrm{T}}\boldsymbol{A}\boldsymbol{\alpha}<0.$$

这只需注意到

$$f(\boldsymbol{y}_0)=\boldsymbol{y}_0^{\mathrm{T}}(\boldsymbol{C}^{\mathrm{T}}\boldsymbol{A}\boldsymbol{C})\boldsymbol{y}_0=0^2+0^2+\cdots+0^2-1=-1<0.$$

又

$$\boldsymbol{y}_0^{\mathrm{T}}(\boldsymbol{C}^{\mathrm{T}}\boldsymbol{A}\boldsymbol{C})\boldsymbol{y}_0=(\boldsymbol{C}\boldsymbol{y}_0)^{\mathrm{T}}\boldsymbol{A}(\boldsymbol{C}\boldsymbol{y}_0)=\boldsymbol{\alpha}^{\mathrm{T}}\boldsymbol{A}\boldsymbol{\alpha},$$

故 $f(\boldsymbol{\alpha})=-1<0$.

39. 设

$$\boldsymbol{A}=\begin{pmatrix}1&1&&&\\1&3&&&\\&&a&a^2&a^3\\&&0&a&a^2\\&&0&0&a\end{pmatrix},\quad x=\begin{pmatrix}x_1\\x_2\\x_3\\x_4\\x_5\end{pmatrix}.$$

(1) 给出矩阵 $\boldsymbol{A}$ 可逆的条件，并求 $\boldsymbol{A}^{-1}$；

(2) 当 $\boldsymbol{A}$ 不可逆时，二次型 $\boldsymbol{x}^{\mathrm{T}}\boldsymbol{A}\boldsymbol{x}$ 是否正定，说明理由.

解 设

$$\boldsymbol{A}=\begin{pmatrix}\boldsymbol{A}_1&\boldsymbol{O}\\\boldsymbol{O}&\boldsymbol{A}_2\end{pmatrix}，其中\ \boldsymbol{A}_1=\begin{pmatrix}1&1\\1&3\end{pmatrix},\boldsymbol{A}_2=\begin{pmatrix}a&a^2&a^3\\0&a&a^2\\0&0&a\end{pmatrix}.$$

(1) 由分块矩阵行列式性质知

$$|\boldsymbol{A}|=\begin{vmatrix}1&1\\1&3\end{vmatrix}\begin{vmatrix}a&a^2&a^3\\0&a&a^2\\0&0&a\end{vmatrix}=2a^3.$$

若 $\boldsymbol{A}$ 可逆，则 $|\boldsymbol{A}|\neq 0$，即 $a\neq 0$. 于是

$$\boldsymbol{A}=\begin{pmatrix}\boldsymbol{A}_1^{-1}&\boldsymbol{O}\\\boldsymbol{O}&\boldsymbol{A}_2^{-1}\end{pmatrix}.$$

而

$$A_1^{-1}=\begin{pmatrix}1 & -\frac{1}{2}\\ -\frac{1}{2} & \frac{1}{2}\end{pmatrix},\quad A_2^{-1}=\begin{pmatrix}\frac{1}{a} & -1 & 0\\ 0 & \frac{1}{a} & -1\\ 0 & 0 & \frac{1}{a}\end{pmatrix},$$

所以

$$A^{-1}=\begin{pmatrix}1 & -\frac{1}{2} & & & \\ -\frac{1}{2} & \frac{1}{2} & & & \\ & & \frac{1}{a} & -1 & 0\\ & & 0 & \frac{1}{a} & -1\\ & & 0 & 0 & \frac{1}{a}\end{pmatrix}.$$

(2) $\boldsymbol{A}$ 不可逆时，$|\boldsymbol{A}|=0$ 即 $a=0$. 此时二次型如

$$\boldsymbol{x}^{\mathrm{T}}\boldsymbol{A}\boldsymbol{x}=(x_1,\ x_2,\ x_3,\ x_4,\ x_5)\begin{pmatrix}1 & 1 & & & \\ 1 & 3 & & & \\ & & 0 & 0 & 0\\ & & 0 & 0 & 0\\ & & 0 & 0 & 0\end{pmatrix}\begin{pmatrix}x_1\\ x_2\\ x_3\\ x_4\\ x_5\end{pmatrix}=x_1^2+2x_1x_2+3x_2^2,$$

它不是正定的,理由如下：

① 取 $\boldsymbol{x}=(0,\ 0,\ 1,\ 0,\ 0)^{\mathrm{T}}\neq 0$, 得 $\boldsymbol{x}^{\mathrm{T}}\boldsymbol{A}\boldsymbol{x}=0$.

② 由 $|\boldsymbol{A}|=0$ 知 $\boldsymbol{A}$ 不是正定矩阵,从而 $\boldsymbol{x}^{\mathrm{T}}\boldsymbol{A}\boldsymbol{x}$ 不是正定二次型.

③ 正定矩阵的主对角线上元素全为正,而 $\boldsymbol{A}$ 此时不是.

40. 设二次型 $f(x_1,\ x_2,\ x_3,\ x_4)=\boldsymbol{x}^{\mathrm{T}}\boldsymbol{A}\boldsymbol{x}$,其中

$$\boldsymbol{x}=\begin{pmatrix}x_1\\ x_2\\ x_3\\ x_4\end{pmatrix},\quad \boldsymbol{A}=\begin{pmatrix}2 & a_0 & 2 & -2\\ a & 0 & b & c\\ d & e & 0 & f\\ g & h & k & 4\end{pmatrix},$$

a_0, a, b, c, d, e, f, g, h, k 皆为实数. 已知 $\lambda_1=2$ 是 $\boldsymbol{A}$ 的一个几何重数为 3 的特征值. 试回答一下问题：

(1) $\boldsymbol{A}$ 能否相似于对角矩阵? 若能,请给出证明;若不能,请给出例子.

(2)当 $a_0=2$ 时,试求 $f(x_1, x_2, x_3, x_4)$在正交变换下的标准形.

证 (1)由于 $\mathrm{tr}(\boldsymbol{A})$是 $\boldsymbol{A}$ 的特征值之和,得 λ_1 的代数重数也是 3,而 $\boldsymbol{A}$ 的另一特征值 $\lambda_2=0$,且 λ_2 的代数重数为 1.结果 $\boldsymbol{A}$ 有四个线性无关的特征向量.故 $\boldsymbol{A}$ 可对角化.

(2)由于 $\lambda_1=2$ 的重数为 3,故有

$$1=r(\boldsymbol{A}-2\boldsymbol{E})=\begin{pmatrix}0&2&2&-2\\a&-2&b&c\\d&e&-2&f\\g&h&k&2\end{pmatrix}.$$

进而,

由 $0/a=2/-2=2/b=-2/c$,得 $a=0,b=-2,c=2$;

由 $0/d=2/e=2/-2=-2/f$,得 $d=0,e=-2,f=2$;

由 $0/g=2/h=2/k=-2/2$,得 $g=0,h=-2,k=-2$.

于是

$$\boldsymbol{A}=\begin{pmatrix}2&2&2&-2\\0&0&-2&2\\0&-2&0&2\\0&-2&-2&4\end{pmatrix}.$$

注意到 $f(x_1, x_2, x_3, x_4)=\boldsymbol{x}^{\mathrm{T}}\boldsymbol{A}\boldsymbol{x}=\boldsymbol{x}^{\mathrm{T}}\boldsymbol{B}\boldsymbol{x}$,其中

$$\boldsymbol{B}=\frac{\boldsymbol{A}+\boldsymbol{A}^{\mathrm{T}}}{2}=\begin{pmatrix}2&1&1&-1\\1&0&-2&0\\1&-2&0&0\\-1&0&0&4\end{pmatrix},$$

$\boldsymbol{B}$ 的特征值为$\lambda_1=2$(二重),$\lambda_{2,3}=1\pm2\sqrt{3}$(一重).故 $f(x_1, x_2, x_3, x_4)$在正交变换下的标准形为 $2y_1^2+(1+2\sqrt{3})y_2^2+(1-2\sqrt{3})y_3^2$.

41. 已知实矩阵 $\boldsymbol{A}=\begin{pmatrix}2&2\\2&a\end{pmatrix}$,$\boldsymbol{B}=\begin{pmatrix}4&b\\3&1\end{pmatrix}$.证明:

(1)矩阵方程 $\boldsymbol{AX}=\boldsymbol{B}$ 有解但 $\boldsymbol{BY}=\boldsymbol{A}$ 无解的充要条件是 $a\neq2,b=\dfrac{4}{3}$.

(2)$\boldsymbol{A}$ 相似于 $\boldsymbol{B}$ 的充要条件是 $a=3,b=\dfrac{2}{3}$.

(3)$\boldsymbol{A}$ 合同于 $\boldsymbol{B}$ 的充要条件是 $a<2,b=3$.

证 (1)矩阵方程 $\boldsymbol{AX}=\boldsymbol{B}$ 有解等价于 $\boldsymbol{B}$ 的列向量可由 $\boldsymbol{A}$ 的列向量线性表示.$\boldsymbol{BY}=\boldsymbol{A}$ 无解等价于 $\boldsymbol{A}$ 的某个列向量不能由 $\boldsymbol{B}$ 的列向量线性表示.对$(\boldsymbol{A}, \boldsymbol{B})$作初等行变换:

$$(\boldsymbol{A},\ \boldsymbol{B})=\begin{pmatrix}2&2&4&b\\2&a&3&1\end{pmatrix}\to\begin{pmatrix}2&2&4&b\\0&a-2&-1&1-b\end{pmatrix},$$

可知，$\boldsymbol{B}$ 的列向量可由 $\boldsymbol{A}$ 的列向量线性表示当且仅当 $a\neq 2$. 对矩阵$(\boldsymbol{B},\ \boldsymbol{A})$作初等行变换：

$$(\boldsymbol{B},\ \boldsymbol{A})=\begin{pmatrix}4&b&2&2\\3&1&2&a\end{pmatrix}\to\begin{pmatrix}4&b&2&2\\0&1-\frac{3b}{4}&\frac{1}{2}&a-\frac{3}{2}\end{pmatrix},$$

由此可知 $\boldsymbol{A}$ 的列向量不能由 $\boldsymbol{B}$ 的列向量线性表示的充要条件是 $b=\frac{4}{3}$.

所以矩阵方程 $\boldsymbol{AX}=\boldsymbol{B}$ 有解但 $\boldsymbol{BY}=\boldsymbol{A}$ 无解的充要条件是 $a\neq 2, b=\frac{4}{3}$.

(2)若 $\boldsymbol{A},\boldsymbol{B}$ 相似，则有 $\mathrm{tr}(\boldsymbol{A})=\mathrm{tr}(\boldsymbol{B})$且$|\boldsymbol{A}|=|\boldsymbol{B}|$，故有 $a=3, b=\frac{2}{3}$. 反之，若 $a=3$，$b=\frac{2}{3}$，则有

$$\boldsymbol{A}=\begin{pmatrix}2&2\\2&3\end{pmatrix},\quad \boldsymbol{B}=\begin{pmatrix}4&\frac{2}{3}\\3&1\end{pmatrix},$$

$\boldsymbol{A}$ 和 $\boldsymbol{B}$ 的特征多项式均为 $\lambda^2-5\lambda+2$. 由于 $\lambda^2-5\lambda+2=0$ 有两个不同的根，从而 $\boldsymbol{A}$ 和 $\boldsymbol{B}$ 都可以相似于同一对角阵，所以 $\boldsymbol{A}$ 和 $\boldsymbol{B}$ 相似.

(3)由于 $\boldsymbol{A}$ 为对称阵，若 $\boldsymbol{A}$ 和 $\boldsymbol{B}$ 合同，则 $\boldsymbol{B}$ 也是对称阵，故 $b=3$. 矩阵 $\boldsymbol{B}$ 对应的二次型为

$$g(x_1,\ x_2)=4x_1^2+6x_1x_2+x_2^2=(3x_1+x_2)^2-5x_1^2.$$

在可逆线性变换 $y_1=3x_1+x_2, y_2=x_1$ 下，$g(x_1,\ x_2)$变成标准形 $y_1^2-5y_2^2$. 由此，$\boldsymbol{B}$ 正负惯性指数都为 1. 类似地，$\boldsymbol{A}$ 对应的二次型为

$$f(x_1,\ x_2)=2x_1^2+4x_1x_2+ax_2^2=2(x_1+x_2)^2+(a-2)x_2^2.$$

在可逆线性变换 $z_1=x_1+x_2, z_2=x_2$ 下，$f(x_1,\ x_2)$变成标准形

$$2z_1^2+(a-2)z_2^2.$$

$\boldsymbol{A}$ 和 $\boldsymbol{B}$ 合同的充要条件是它们有相同的正负惯性指数，故 $\boldsymbol{A}$ 合同的 $\boldsymbol{B}$ 的充要条件是 $a<2, b=3$.

(B)

一、填空题

1. 二次型 $\boldsymbol{x}^{\mathrm{T}}\begin{pmatrix}1&2&3\\4&5&6\\7&8&9\end{pmatrix}\boldsymbol{x}$ 的矩阵是 $\underline{\begin{pmatrix}1&3&5\\3&5&7\\5&7&9\end{pmatrix}}$.

解 $\boldsymbol{x}^{\mathrm{T}}\begin{pmatrix}1&2&3\\4&5&6\\7&8&9\end{pmatrix}\boldsymbol{x}=(x_1,\ x_2,\ x_3)\begin{pmatrix}1&2&3\\4&5&6\\7&8&9\end{pmatrix}\begin{pmatrix}x_1\\x_2\\x_3\end{pmatrix}$

$$=x_1^2+5x_2^2+9x_3^2+6x_1x_2+10x_1x_3+14x_2x_3,$$

故二次型的矩阵为$\begin{pmatrix}1&3&5\\3&5&7\\5&7&9\end{pmatrix}$.

2. 已知二次型 $f(x_1,x_2,x_3)=-2x_1^2-2x_2^2-x_3^2-2tx_1x_2-2x_2x_3$，当 $t=$ __$\pm\sqrt{2}$__ 时，该二次型的秩为 2.

解 二次型对应的矩阵 $\boldsymbol{A}=\begin{pmatrix}-2&-t&0\\-t&-2&-1\\0&-1&-1\end{pmatrix}$，则 $r(\boldsymbol{A})=2$，即

$$|\boldsymbol{A}|=\begin{vmatrix}-2&-t&0\\-t&-2&-1\\0&-1&-1\end{vmatrix}=\begin{vmatrix}-2&-t&0\\-t&-1&0\\0&-1&-1\end{vmatrix}=(-1)\begin{vmatrix}-2&-t\\-t&-1\end{vmatrix}=t^2-2=0,$$

从而 $t=\pm\sqrt{2}$.

3. 已知二次型 $f=x_1^2-2x_2^2+ax_3^2+2x_1x_2-4x_1x_3+2x_2x_3$ 的秩为 2，则 f 的规范形为 __$y_1^2-y_2^2$__.

解 二次型 f 的矩阵为

$$\boldsymbol{A}=\begin{pmatrix}1&1&-2\\1&-2&1\\-2&1&a\end{pmatrix}.$$

由 $r(\boldsymbol{A})=2$ 知 $|\boldsymbol{A}|=0$，即 $3(1-a)=0$，解得 $a=1$.

$\boldsymbol{A}$ 的特征多项式

$$|\lambda\boldsymbol{E}-\boldsymbol{A}|=\begin{vmatrix}\lambda-1&-1&2\\-1&\lambda+2&-1\\2&-1&\lambda-1\end{vmatrix}=\lambda(\lambda-3)(\lambda+3),$$

所以 $\boldsymbol{A}$ 的特征值为 $\lambda_1=0,\ \lambda_2=3,\ \lambda_3=-3$.

由于 $\boldsymbol{A}$ 的正、负特征值各有一个，因此 f 的规范形为 $y_1^2-y_2^2$.

4. 二次型 $f(x_1,x_2,x_3)=x_1^2+4x_1x_2+x_2^2+x_3^2$ 的正惯性指数为 __2__，负惯性指数为 __1__，符号差为 __1__，秩为 __3__.

解 由配方法知，

$$f=(x_1+2x_2)^2-3x_2^2+x_3^2=y_1^2-3y_2^2+y_3^2=z_1^2+z_2^2-z_3^2,$$

从而二次型的秩 $r=3$，正惯性指数 $p=2$，负惯性指数 $r-p=1$，符号差 $2p-r=1$.

5. 设二次型 $f(x_1,x_2,x_3)=x_1^2+ax_2^2+x_3^2+2x_1x_2-2x_2x_3-2ax_1x_3$ 的正、负惯性指数都是 1，则 $a=$ $\underline{\quad -2 \quad}$.

解 由题意知二次型 f 的秩为 2. 对 f 的矩阵 $\boldsymbol{A}$ 作初等行变换：

$$\boldsymbol{A}=\begin{pmatrix}1 & 1 & a\\ 1 & a & -1\\ -a & -1 & 1\end{pmatrix}\to\begin{pmatrix}1 & 1 & -a\\ 0 & a-1 & a-1\\ 0 & 0 & 2-a-a^2\end{pmatrix}.$$

要使 $r(\boldsymbol{A})=2$，则必须 $\begin{cases}a-1\neq 0,\\ 2-a-a^2=0,\end{cases}$ 即 $a=-2$.

6. 设 $\boldsymbol{A}$ 是 n 阶实对称矩阵，且满足关系式 $\boldsymbol{A}^3+3\boldsymbol{A}^2+3\boldsymbol{A}+2\boldsymbol{E}=\boldsymbol{O}$，则二次型 $f=\boldsymbol{x}^{\mathrm{T}}\boldsymbol{A}\boldsymbol{x}$ 的负惯性指数为 $\underline{\quad n \quad}$.

解 设 λ 是 $\boldsymbol{A}$ 的任一特征值，则由题设知，λ 必满足方程

$$\lambda^3+3\lambda^2+3\lambda+2=0，即(\lambda+2)(\lambda^2+\lambda+1)=0.$$

由于实对称矩阵的特征值必为实数，所以 $\boldsymbol{A}$ 的特征值只能为 -2. 因此 $\boldsymbol{A}$ 的负惯性指数为 n.

注 正（负）惯性指数等于矩阵的正（负）特征值的个数.

7. 二次型 $f(x_1,x_2,x_3)=x_1^2-x_2^2-x_3^2+4x_1x_2+4x_1x_3-4x_2x_3$ 的正惯性指数为 $\underline{\quad 2 \quad}$.

解 二次型的矩阵为

$$\boldsymbol{A}=\begin{pmatrix}-1 & 2 & 2\\ 2 & -1 & -2\\ 2 & -2 & -1\end{pmatrix}.$$

$\boldsymbol{A}$ 的特征多项式为

$$|\lambda\boldsymbol{E}-\boldsymbol{A}|=\begin{vmatrix}\lambda+1 & -2 & -2\\ -2 & \lambda+1 & 2\\ -2 & 2 & \lambda+1\end{vmatrix}=(\lambda-1)^2(\lambda+5),$$

所以 $\boldsymbol{A}$ 的特征值为 $\lambda_1=\lambda_2=1,\lambda_3=-5$

因为 $\boldsymbol{A}$ 有两个正的特征值，所以二次型 f 的正惯性指数为 2.

8. 设实矩阵 $\begin{pmatrix}2-a & 1 & 0\\ 1 & 1 & 0\\ 0 & 0 & a+3\end{pmatrix}$ 为正定矩阵，则 a 的取值范围为 $\underline{\quad -3<a<1 \quad}$.

解 矩阵正定的等价条件是其所有顺序主子式均大于零，即

$$\Delta_1=2-a>0,$$

$$\Delta_2=\begin{vmatrix}2-a & 1\\ 1 & 1\end{vmatrix}=1-a>0,$$

$$\Delta_3=\begin{vmatrix}2-a & 1 & 0\\ 1 & 1 & 0\\ 0 & 0 & a+3\end{vmatrix}=(a+3)(1-a)>0,$$

由此解得 $-3<a<1$.

9. 设 $r(\boldsymbol{A})=2$ 是三阶实对称矩阵，且满足 $\boldsymbol{A}^2+2\boldsymbol{A}=\boldsymbol{O}$. 若 $k\boldsymbol{A}+\boldsymbol{E}$ 是正定矩阵，则 k $\underline{<\frac{1}{2}}$.

解　设 λ 是 $r(\boldsymbol{A})=2$ 的特征值，则由 $\boldsymbol{A}^2+2\boldsymbol{A}=\boldsymbol{O}$ 可得 $\lambda^2+2\lambda=0$，即 $r(\boldsymbol{A})=2$ 的特征值为 0 或 -2，从而 $k\boldsymbol{A}+\boldsymbol{E}$ 的特征值为 1 和 $1-2k$.

$k\boldsymbol{A}+\boldsymbol{E}$ 是正定矩阵的充要条件是其特征值全大于零，即 $k<\frac{1}{2}$.

10. 二次型 $f(x_1, x_2, \cdots, x_n)=x_1^2+x_2^2+\cdots+x_r^2$，则当 $r=$ $\underline{n}$ 时 f 正定.

解 二次型 f 正定的充分必要条件是它的正惯性指数等于 n.

11. 三阶实对称矩阵 $\boldsymbol{A}$ 的特征值为 $\lambda_1=\lambda_2=1, \lambda_3=2$，则二次型 $f(x_1, x_2, x_3)=\boldsymbol{x}^{\mathrm{T}}\boldsymbol{A}\boldsymbol{x}$ 的规范形为 $\underline{z_1^2+z_2^2+z_3^2}$.

分析　实对称矩阵 $\boldsymbol{A}$ 可经过正交变换化为对角矩阵，相应的二次型 $f(\boldsymbol{x})=\boldsymbol{x}^T\boldsymbol{A}x$ 就化为标准形.

解　二次型 f 的标准形为 $y_1^2+y_2^2+2y_3^2$，故其规范形为 $z_1^2+z_2^2+z_3^2$.

12. 设 $\boldsymbol{A}$ 是可逆实对称矩阵，则将 $f=\boldsymbol{x}^{\mathrm{T}}\boldsymbol{A}\boldsymbol{x}$ 化为 $f=\boldsymbol{y}^{\mathrm{T}}\boldsymbol{A}^{-1}\boldsymbol{y}$ 的线性变换为 $\underline{\boldsymbol{x}=\boldsymbol{A}^{-1}\boldsymbol{y}}$.

解　因 $\boldsymbol{A}$ 是实对称矩阵，从而 $(\boldsymbol{A}^{-1})^{\mathrm{T}}=(\boldsymbol{A}^{\mathrm{T}})^{-1}=\boldsymbol{A}^{-1}$，故 $\boldsymbol{x}=\boldsymbol{A}^{-1}\boldsymbol{y}$ 是非退化变换. 在此变换下，

$$f=(\boldsymbol{A}^{-1}\boldsymbol{y})^{\mathrm{T}}\boldsymbol{A}(\boldsymbol{A}^{-1}\boldsymbol{y})=\boldsymbol{y}^{\mathrm{T}}\boldsymbol{A}^{-1}\boldsymbol{y}.$$

13. 设 $\boldsymbol{A}$ 是三阶实对称矩阵，且满足 $\boldsymbol{A}^2-3\boldsymbol{A}+2\boldsymbol{E}=\boldsymbol{O}$，又 $|\boldsymbol{A}|=2$，则二次型 $f=\boldsymbol{x}^{\mathrm{T}}\boldsymbol{A}\boldsymbol{x}$ 经正交变换化为标准形 $f=$ $\underline{y_1^2+y_2^2+2y_3^2}$.

解　设 λ 是 $\boldsymbol{A}$ 的任一特征值，由题设 $\boldsymbol{A}^2-3\boldsymbol{A}+2\boldsymbol{E}=\boldsymbol{O}$ 知，λ 必满足

$$\lambda^2-3\lambda+2=0,$$

解得 $\lambda=1$ 或 $\lambda=2$.

又由 $|\boldsymbol{A}|=2$ 知 $\boldsymbol{A}$ 的三个特征值之积为 2，所以 $\boldsymbol{A}$ 的特征值因为 $\lambda_1=\lambda_2=1, \lambda_3=2$. 因此 $f=\boldsymbol{x}^{\mathrm{T}}\boldsymbol{A}\boldsymbol{x}$ 经正交变换化为标准形 $f=y_1^2+y_2^2+2y_3^2$.

14. 已知实对称矩阵 $\boldsymbol{A}$ 与 $\boldsymbol{B}=\begin{pmatrix}0 & 1 & 0\\ 1 & 0 & 0\\ 0 & 0 & 3\end{pmatrix}$ 合同，则二次型 $f=\boldsymbol{x}^{\mathrm{T}}\boldsymbol{A}\boldsymbol{x}$ 的规范形 $f=$ $\underline{y_1^2+y_2^2-y_3^2}$.

解 矩阵 $\boldsymbol{B}$ 的特征多项式 $|\lambda\boldsymbol{E}-\boldsymbol{B}|=(\lambda-3)(\lambda-1)(\lambda+1)$，所以 $\boldsymbol{B}$ 的特征值为 $\lambda_1=3$，$\lambda_2=1$，$\lambda_3=-1$. 所以二次型 $g=\boldsymbol{x}^{\mathrm{T}}\boldsymbol{B}\boldsymbol{x}$ 的规范形为

$$y_1^2+y_2^2-y_3^2.$$

因为 $\boldsymbol{A}$ 与 $\boldsymbol{B}$ 合同，所以二次型 $f=\boldsymbol{x}^{\mathrm{T}}\boldsymbol{A}\boldsymbol{x}$ 的规范形也是 $y_1^2+y_2^2-y_3^2$.

15. 已知二次型 $f(x_1,x_2,\cdots,x_n)=\sum\limits_{i=1}^{n}\left(x_i-\dfrac{x_1+x_2+\cdots+x_n}{n}\right)^2$，则 f 的规范形为 $\underline{\ y_1^2+y_2^2+\cdots+y_{n-1}^2\ }$.

解 二次型的矩阵为

$$\boldsymbol{A}=\begin{pmatrix}1-\dfrac{1}{n} & -\dfrac{1}{n} & \cdots & -\dfrac{1}{n}\\ -\dfrac{1}{n} & \ddots & \ddots & \vdots\\ \vdots & \ddots & \ddots & \\ -\dfrac{1}{n} & \cdots & -\dfrac{1}{n} & 1-\dfrac{1}{n}\end{pmatrix}.$$

易知，$\boldsymbol{A}$ 的特征多项式为

$$|\lambda\boldsymbol{E}-\boldsymbol{A}|=\left|(\lambda-1)\boldsymbol{E}+\frac{1}{n}\begin{pmatrix}1\\ \vdots\\ 1\end{pmatrix}(1,\cdots,1)\right|=\lambda(\lambda-1)^{n-1},$$

所以 $\boldsymbol{A}$ 特征值为 $\lambda=1$（$n-1$ 重），$\lambda=0$. 因此，二次型的规范形为

$$y_1^2+y_2^2+\cdots+y_{n-1}^2.$$

二、选择题

1. 下列多项式中为二次型的是（ **D** ）.

(A) $f(x_1,x_2)=x_1^2+2x_1x_2+4x_2^2-1$

(B) $f(x_1,x_2,x_3)=x_1^2+2x_1x_2+x_2^2-3x_3$

(C) $f(x_1,x_2)=\sqrt{2}x_1^2+x_1x_2+\lg 5x_2^2-1$

(D) $f(x_1,x_2,x_3)=3x_1^2-2x_2x_3$

解 由二次型的定义知，二次型不含常数项，排除(A)、(C)；也不含一次项，排除(B).

2. 二次型 $f(x_1,x_2,x_3)=x_1^2+6x_1x_2+4x_1x_3+x_2^2+2x_2x_3+tx_3^2$，若其秩为 2，则 t 值应为（ **C** ）.

(A) 0　　(B) 2　　(C) $\dfrac{7}{8}$　　(D) 1

解 二次型矩阵

$$A=\begin{pmatrix}1&3&2\\3&1&1\\2&1&t\end{pmatrix}\to\begin{pmatrix}1&3&2\\0&1&\frac{5}{8}\\0&0&t-\frac{7}{8}\end{pmatrix},$$

故当 $t=\frac{7}{8}$ 时，$r(\boldsymbol{A})=2$.

3. 任何一个 n 阶满秩矩阵必定与 n 阶单位矩阵（ **C** ）.

(A) 合同　　(B) 相似　　(C) 等价　　(D) 以上都不对

解　任一个 n 阶满秩矩阵都可以经过有限次的初等变换化为 n 阶单位矩阵，故 n 阶满秩矩阵都与 n 阶单位矩阵等价. 只有单位矩阵与单位矩阵相似. 只有正定矩阵与单位矩阵合同.

4. 设 $\boldsymbol{A}=\begin{pmatrix}1&1&1&1\\1&1&1&1\\1&1&1&1\\1&1&1&1\end{pmatrix}$，$\boldsymbol{B}=\begin{pmatrix}4&0&0&0\\0&0&0&0\\0&0&0&0\\0&0&0&0\end{pmatrix}$，则 $\boldsymbol{A}$ 与 $\boldsymbol{B}$（ **A** ）.

(A) 合同且相似　　(B) 合同但不相似

(C) 不合同但相似　　(D) 不合同且不相似

解　两个同阶实对称矩阵相似的充要条件是它们有相同的特征值及重数；两个同阶实对称矩阵合同的充要条件是它们有相同的秩及相同的正惯性指数. 经过计算知，$\boldsymbol{A}$ 有特征值 4,0,0,0，$\boldsymbol{B}$ 也有特征值 4,0,0,0，可见 $\boldsymbol{A}\sim\boldsymbol{B}$，且 $\boldsymbol{A}$ 与 $\boldsymbol{B}$ 的秩都是 1，正惯性指数也都是 1，故 $\boldsymbol{A}$ 与 $\boldsymbol{B}$ 合同. 故选(A).

5. 设矩阵 $\boldsymbol{A}=\begin{pmatrix}2&-1&-1\\-1&2&-1\\-1&-1&2\end{pmatrix}$，$\boldsymbol{B}=\begin{pmatrix}1&0&0\\0&1&0\\0&0&0\end{pmatrix}$，则 $\boldsymbol{A}$ 与 $\boldsymbol{B}$（ **B** ）.

(A) 合同且相似　　(B) 合同，但不相似

(C) 不合同，但相似　　(D) 既不合同，也不相似

分析　若存在 n 阶可逆矩阵 $\boldsymbol{P}$，使得 $\boldsymbol{B}=\boldsymbol{P}^{-1}\boldsymbol{AP}$，称 n 阶矩阵 $\boldsymbol{A}$ 与 $\boldsymbol{B}$ 相似；若存在 n 阶可逆矩阵 $\boldsymbol{C}$ 使 $\boldsymbol{B}=\boldsymbol{C}^{\mathrm{T}}\boldsymbol{AC}$，称 $\boldsymbol{A}$ 与 $\boldsymbol{B}$ 合同. 相似矩阵具有相同的特征值，且相似的实对称矩阵必是合同的，所以先求矩阵 $\boldsymbol{A}$ 的特征值，判断它们是否相似.

解　因为

$$|\lambda\boldsymbol{E}-\boldsymbol{A}|=\begin{vmatrix}\lambda-2&1&1\\1&\lambda-2&1\\1&1&\lambda-2\end{vmatrix}=\lambda(\lambda-3)^2,$$

所以矩阵 $\boldsymbol{A}$ 的特征值为 3,3,0. 由此可知矩阵 $\boldsymbol{A}$ 与 $\boldsymbol{B}$ 不相似,从而选项(A) 和(C) 错.

又因为实对称矩阵 $\boldsymbol{A}$ 相似且合同于对角矩阵

$$\boldsymbol{C}=\begin{pmatrix}3&0&0\\0&3&0\\0&0&0\end{pmatrix},$$

而矩阵 $\boldsymbol{C}$ 显然合同于矩阵 $\boldsymbol{B}$,根据合同关系的传递性知矩阵 $\boldsymbol{A}$ 合同于 $\boldsymbol{B}$,即选项(B) 正确.

注 有如下的结论:两个矩阵合同的充要条件是它们的秩与正惯性指数分别相等. 由此直接可得矩阵 $\boldsymbol{A}$ 与 $\boldsymbol{B}$ 是合同的

6. 设 n 阶矩阵 $\boldsymbol{A}$ 合同于对角阵 $\boldsymbol{\Lambda}=\begin{pmatrix}\lambda_1&&&\\&\lambda_2&&\\&&\ddots&\\&&&\lambda_n\end{pmatrix}$,则必有(**D**).

(A) $\lambda_1, \lambda_2, \cdots, \lambda_n$ 是 $\boldsymbol{A}$ 的特征值　　(B) $\lambda_1\lambda_2\cdots\lambda_n=|\boldsymbol{A}|$

(C) $\boldsymbol{A}$ 为正定矩阵　　(D) $\boldsymbol{A}$ 为对称矩阵

解 由于 $\boldsymbol{A}$ 与 $\boldsymbol{\Lambda}$ 合同,即存在可逆矩阵 $\boldsymbol{C}$,使得 $\boldsymbol{C}^{\mathrm{T}}\boldsymbol{\Lambda}\boldsymbol{C}=\boldsymbol{A}$. 于是

$$\boldsymbol{A}^{\mathrm{T}}=\boldsymbol{C}^{\mathrm{T}}\boldsymbol{\Lambda}^{\mathrm{T}}(\boldsymbol{C}^{\mathrm{T}})^{\mathrm{T}}=\boldsymbol{C}^{\mathrm{T}}\boldsymbol{\Lambda}\boldsymbol{C}=\boldsymbol{A},$$

即 $\boldsymbol{A}$ 是对称矩阵.

由于 $\boldsymbol{A}$ 与 $\boldsymbol{\Lambda}$ 未必相似,所以选项(A),(B)都不正确. 因为没有表明 $\lambda_i(i=1, 2, \cdots, n)$ 全为正,所以选项(C)也不正确.

7. 设 $\boldsymbol{A}, \boldsymbol{B}$ 均为 n 阶实对称矩阵,且 $\boldsymbol{A}\simeq\boldsymbol{B}$,则(**D**).

(A) $\boldsymbol{A}, \boldsymbol{B}$ 都是对角矩阵　　(B) $\boldsymbol{A}, \boldsymbol{B}$ 有相同的特征值

(C) $|\boldsymbol{A}|=|\boldsymbol{B}|$　　(D) $r(\boldsymbol{A})=r(\boldsymbol{B})$

解 $\boldsymbol{A}\simeq\boldsymbol{B}$ 意味着存在可逆矩阵 $\boldsymbol{C}$,使得 $\boldsymbol{C}^T\boldsymbol{A}\boldsymbol{C}=\boldsymbol{B}$,并未涉及 $\boldsymbol{A}$ 或 $\boldsymbol{B}$ 是否为对角矩阵. 例如,设

$$\boldsymbol{A}=\begin{pmatrix}2&3\\3&1\end{pmatrix},\quad \boldsymbol{B}=\begin{pmatrix}2&1\\3&2\end{pmatrix},\quad \boldsymbol{C}=\begin{pmatrix}1&-1\\0&1\end{pmatrix}.$$

不难验证 $\boldsymbol{C}^T\boldsymbol{A}\boldsymbol{C}=\boldsymbol{B}$. 但 $\boldsymbol{A}, \boldsymbol{B}$ 都不是对角矩阵,并且 $|\boldsymbol{A}|=-7$, $|\boldsymbol{B}|=1$, $|\boldsymbol{A}|=|\boldsymbol{B}|$,故选项(A) 和(C) 不一定成立.

矩阵间合同与矩阵间相似的关系完全不同. 由 $\boldsymbol{A}\simeq\boldsymbol{B}$,不能得到它们的特征值相同的结论. 例如,设

$$\boldsymbol{A}=\begin{pmatrix}1&-\frac{1}{2}\\-\frac{1}{2}&1\end{pmatrix},\quad \boldsymbol{B}=\begin{pmatrix}1&0\\0&\frac{3}{4}\end{pmatrix},\quad \boldsymbol{C}=\begin{pmatrix}1&\frac{1}{2}\\0&1\end{pmatrix}.$$

不难验证 $C^TAC=B$，即 $A\simeq B$，但 A 的特征值为 $\frac{1}{2}$ 和 $\frac{3}{2}$；B 的特征值为 1 和 $\frac{3}{4}$，故选项(B) 不正确.

综上分析，本题只有选项(D) 正确. 实际上，由 $C^TAC=B$，C 可逆，可得 $r(A)=r(B)$.

8. 已知三元二次型 x^TAx 经正交变换化为 $-y_1^2-2y_2^2-y_3^2$，其中 $A^T=A$，则二次型 x^TA^*x 的正惯性指数为(**D**).

(A)0　　(B)1　　(C)2　　(D)3

解　由题意知，二次型矩阵 A 与对角阵 $\begin{pmatrix}-1&&\\&-2&\\&&-1\end{pmatrix}$ 正交相似，即有正交矩阵 Q，使得

$$Q^TAQ=Q^{-1}AQ=\begin{pmatrix}-1&&\\&-2&\\&&-1\end{pmatrix},$$

由此得 $|A|=-2$，且

$$Q^{-1}A^{-1}Q=Q^{-1}\left(\frac{1}{|A|}A^*\right)Q=\begin{pmatrix}-1&&\\&-\frac{1}{2}&\\&&-1\end{pmatrix}.$$

所以

$$Q^{-1}A^*Q=|A|\begin{pmatrix}-1&&\\&-\frac{1}{2}&\\&&-1\end{pmatrix}=\begin{pmatrix}2&&\\&1&\\&&2\end{pmatrix},$$

即 A^* 的特征值为 2，1，2，故二次型 x^TA^*x 的正惯性指数为 3.

9. $A=\begin{pmatrix}1&0&0\\0&m&n+2\\0&m-1&m\end{pmatrix}$ 为正定矩阵，则 m 必满足(**A**).

(A)$m>\frac{1}{2}$　　(B)$m<\frac{3}{2}$

(C)$m>-2$　　(D) 与 n 有关，不能确定

解　由正定矩阵的性质：

(1) 正定矩阵的主对角元均大于零，可得 $m>0$；

(2) 正定矩阵也是对称矩阵，可得 $n+2=m-1$；

(3) 正定矩阵的行列式大于零，即 $m^2-(m-1)(n+2)>0$.

综上可得

$$m^2-(m-1)^2=2m-1>0，即 m>\frac{1}{2}.$$

10. 设 $\boldsymbol{A}$ 为 n 阶对称矩阵，$\boldsymbol{A}$ 是正定矩阵的充要条件是（ C ）.

(A) 二次型 $\boldsymbol{x}^{\mathrm{T}}\boldsymbol{A}\boldsymbol{x}$ 的负惯性指数为零　　(B) $\boldsymbol{A}$ 无负特征值

(C) $\boldsymbol{A}$ 与单位矩阵合同　　(D) 存在 n 阶矩阵 $\boldsymbol{C}$，使得 $\boldsymbol{A}=\boldsymbol{C}^{\mathrm{T}}\boldsymbol{C}$

解　选项(A)中，矩阵正定不仅是负惯性指数为零，还需要正惯性指数 $p=n$. 选项(B)中，若 $\boldsymbol{A}$ 有零特征值，$\boldsymbol{A}$ 就为非正定的. 选项(D)中，矩阵 $\boldsymbol{C}$ 要求是非退化的才行.

11. n 阶实对称矩阵 $\boldsymbol{A}$ 为正定矩阵的充分必要条件是（ C ）.

(A) 所有 k 阶子式为正($k=1, 2, \cdots, n$)

(B) $\boldsymbol{A}$ 的所有特征值非负

(C) $\boldsymbol{A}^{-1}$ 为正定矩阵

(D) $r(\boldsymbol{A})=n$

解　选项(A)是充分非必要条件；选项(B)、(D)是必要非充分条件，只有选项(C)为正确选项. 事实上，设 $\boldsymbol{A}$ 的特征值为 $\lambda_1, \lambda_2, \cdots, \lambda_n$，则 $\boldsymbol{A}^{-1}$ 的特征值为 $\frac{1}{\lambda_1}, \frac{1}{\lambda_2}, \cdots, \frac{1}{\lambda_n}$. 由 $\boldsymbol{A}$ 是正定矩阵，所以 $\lambda_i>0(i=1, 2, \cdots, n)$，从而 $\frac{1}{\lambda_i}>0(i=1, 2, \cdots, n)$，即 $\boldsymbol{A}$ 是正定的.

12. n 阶实对称矩阵 $\boldsymbol{A}$ 为正定矩阵的充分必要条件是（ C ）.

(A) $r(\boldsymbol{A})=n$　　(B) $\boldsymbol{A}$ 的所有特征值非负

(C) $\boldsymbol{A}^*$ 为正定的　　(D) $\boldsymbol{A}$ 的主对角线上元素都大于零

解　对于选项(C)，由 $\boldsymbol{A}$ 正定知其特征值 $\lambda_i>0(i=1, 2, \cdots, n)$，$\boldsymbol{A}^*$ 的特征值为 $\frac{|\boldsymbol{A}|}{\lambda_i}>0(i=1, 2, \cdots, n)$，即 $\boldsymbol{A}^*$ 是正定的，反之亦成立.

选项(B)显然不成立.

对于选项(A)，(D)举反例：取 $\boldsymbol{A}=\begin{pmatrix}1&5\\5&2\end{pmatrix}$，$r(A)=2$，但 $\boldsymbol{A}$ 不是正定的；又 $a_{11}>0, a_{22}>0$ 也得不出 $\boldsymbol{A}$ 是正定的.

13. 若 $\boldsymbol{A}, \boldsymbol{B}$ 为 n 阶正定矩阵，则（ D ）.

(A) $\boldsymbol{AB}$, $\boldsymbol{A}+\boldsymbol{B}$ 都正定　　(B) $\boldsymbol{AB}$ 正定，$\boldsymbol{A}+\boldsymbol{B}$ 非正定

(C) $\boldsymbol{AB}$ 非正定，$\boldsymbol{A}+\boldsymbol{B}$ 正定　　(D) $\boldsymbol{AB}$ 不一定正定，$\boldsymbol{A}+\boldsymbol{B}$ 正定

解　由于 $\boldsymbol{A}, \boldsymbol{B}$ 是正定的，所以 $\boldsymbol{A}, \boldsymbol{B}$ 是对称矩阵，从而 $\boldsymbol{A}+\boldsymbol{B}$ 也为对称矩阵. 又 $f=\boldsymbol{x}^{\mathrm{T}}\boldsymbol{A}\boldsymbol{x}$，$g=\boldsymbol{x}^{\mathrm{T}}\boldsymbol{B}\boldsymbol{x}$ 为正定二次型，则对于任意的 $\boldsymbol{x}\neq\boldsymbol{0}$，有 $f=\boldsymbol{x}^{\mathrm{T}}\boldsymbol{A}\boldsymbol{x}>0$，$g=\boldsymbol{x}^{\mathrm{T}}\boldsymbol{B}\boldsymbol{x}>0$，所以

$$h=\boldsymbol{x}^{\mathrm{T}}(\boldsymbol{A}+\boldsymbol{B})\boldsymbol{x}=\boldsymbol{x}^{\mathrm{T}}\boldsymbol{A}\boldsymbol{x}+\boldsymbol{x}^{\mathrm{T}}\boldsymbol{B}\boldsymbol{x}>0,$$

即二次型 $h=\boldsymbol{x}^{\mathrm{T}}(\boldsymbol{A}+\boldsymbol{B})\boldsymbol{x}$ 为正定的，故 $\boldsymbol{A}+\boldsymbol{B}$ 为正定矩阵.

因为 $\boldsymbol{AB}$ 不一定是对称矩阵，因此不一定正定.